“十二五”“十三五”国家重点图书出版规划项目

China South-to-North Water Diversion Project

中国南水北调工程

● 质量监督卷

《中国南水北调工程》编纂委员会　编著

· 北京 ·

内 容 提 要

南水北调工程质量是南水北调工程建设中至关重要的环节与内容，本书从如何有效保证南水北调工程质量这一核心任务出发，坚持指导性和实用性兼顾原则，系统梳理南水北调工程建设过程中的质量监管和质量管理方面的实际做法、创新成果等，介绍南水北调工程质量的方针和目标、监管体系和机制、制度措施、激励机制、应用成效等内容；介绍在工程建设过程中，国务院南水北调办全程保持高压严管态势，通过飞检、站点监督、专项稽查和有奖举报“三查一举”监管工作，狠抓工程质量等一系列做法，以及南水北调工程各项目法人在加强质量管理、保证工程质量方面的做法；总结南水北调工程质量监管实践经验，以期为重大基础设施建设质量管理提供借鉴与参考。

图书在版编目（CIP）数据

中国南水北调工程. 质量监督卷 / 《中国南水北调工程》编纂委员会编著. -- 北京 : 中国水利水电出版社, 2018.12

ISBN 978-7-5170-7049-8

Ⅰ. ①中… Ⅱ. ①中… Ⅲ. ①南水北调－水利工程－工程质量监督 Ⅳ. ①TV68

中国版本图书馆CIP数据核字(2018)第241864号

书　　名	中国南水北调工程 质量监督卷 ZHONGGUO NANSHUIBEIDIAO GONGCHENG ZHILIANG JIANDU JUAN
作　　者	《中国南水北调工程》编纂委员会　编著
出版发行	中国水利水电出版社 (北京市海淀区玉渊潭南路1号D座 100038) 网址: www.waterpub.com.cn E-mail: sales@waterpub.com.cn 电话: (010) 68367658 (营销中心)
经　　售	北京科水图书销售中心 (零售) 电话: (010) 88383994、63202643、68545874 全国各地新华书店和相关出版物销售网点
排　　版	中国水利水电出版社装帧出版部
印　　刷	北京中科印刷有限公司
规　　格	210mm×285mm　16开本　44.5印张　1137千字　18插页
版　　次	2018年12月第1版　2018年12月第1次印刷
印　　数	0001—3000册
定　　价	280.00元

2011 年 7 月，国务院南水北调办主任鄂竟平检查东线东湖水库工程土质含水量

2012 年 5 月，国务院南水北调办主任鄂竟平检查中线禹长段工程混凝土施工质量

2009 年 7 月，国务院南水北调办主任张基尧检查中线京石段工程渠道面板混凝土质量

2011 年 6 月，国务院南水北调办副主任张野检查实体工程质量

2012 年 11 月，国务院南水北调办副主任蒋旭光检查沙河渡槽混凝土质量

2013 年 8 月，国务院南水北调办副主任蒋旭光现场查勘设计图纸

2011 年 6 月，国务院南水北调办副主任于幼军检查中线潮河段渠道高填方工程质量

2009 年 11 月，监察部部长马馼在国务院南水北调办副主任李津成的陪同下，在穿黄隧洞内详细了解盾构掘进情况

2012 年 2 月，国务院南水北调办主任鄂竟平与河南省副省长刘满仓为南水北调工程建设举报公告牌揭幕

2012 年 6 月，国家发展改革委重大项目稽察办稽查穿黄工程

2011 年 1 月，中线邯石段南沙河倒虹吸管身段浇筑现场

2009 年 11 月，专家检查钢筋套筒连接质量

2010 年 8 月，专家检查指导混凝土浇筑

2010 年 8 月，南水北调工程建设监管中心检查原材料质量

2012 年 8 月，质量检测人员检查济南以东明渠段工程护坡衬砌平整度

2012 年 11 月，东线鲁北小运河渠道坡脚混凝土齿墙举报调查

监理人员检查钢筋绑扎情况

监理人员现场检测混凝土坍落度

穿黄隧洞混凝土实体质量检测

回弹法检测混凝土强度

检查橡胶止水施工质量

泵站进口流道侧墙混凝土取芯

渡槽混凝土强度检测

检测渠道混凝土衬砌厚度

渠道边坡衬砌质量检测

质检人员检查高填方段回填土厚度

环刀取样检测回填土压实度

探地雷达检测渠道边坡

巡查人员检查拌和站数据登记情况

参建各方现场研究飞检提出的问题

检查质量问题整改资料

检查质量控制过程资料

2005 年 8 月，南水北调工程建设稽查工作交流会

2006 年 6 月，南水北调工程建设项目委托稽查工作座谈会

2007 年 4 月，南水北调工程建设稽查专家培训班

2009 年度南水北调工程建设稽查工作座谈会

2013 年 5 月，南水北调工程监理专项整治工作会

工程质量问题责任追究通知

工程质量检测报告

南水北调工程质量问题
责任追究通报

（2013 年第 1 期）

国务院南水北调办　　　　2013 年 4 月 8 日

关于南水北调中线临城县段工程 SG12 标
质量问题责任追究情况的通报

3 月 21 日，国务院南水北调办对南水北调中线河北省临城县段工程 SG12 标质量问题整改和工程质量进行了质量检查，发现工程存在以下严重质量问题：

通报通告

多种方式通报工程质量问题

◆《中国南水北调工程》编纂委员会

◆《中国南水北调工程》编纂委员会办公室

◆《质量监督卷》编纂工作人员

主　　编：王松春　刘春生

副 主 编：皮　军　袁其田　吴　健

撰 稿 人：（按姓氏笔画排序）

丁晓唐　丁继勇　王松春　由国文　皮　军　庆　瑜　刘文平

刘春生　汤元昌　孙建峰　杨高升　杨　鹏　李卫东　李笑一

李舜才　吴　健　邱立军　张云宁　罗　辉　赵　镝　荣迎春

侯鹏生　俞妙言　袁其田　徐大雷　高立军　高　辉　黄　莹

曹雪玲　彭继莹　蒋　勇　韩小虎　简迎辉　熊雁晖　魏　伟

审稿专家：汪易森　岳修斌　瞿　潇　程德虎　李国胜　吴　庆

照片提供：张存有　魏　伟　李笑一　侯鹏生　熊雁晖　邱立军

序

水是生命之源、生产之要、生态之基。中国水资源时空分布不均，南多北少，与社会生产力布局不相匹配，已成为中国经济社会可持续发展的突出瓶颈。1952 年 10 月，毛泽东同志提出“南方水多，北方水少，如有可能，借点水来也是可以的”伟大设想。自此以后，在党中央、国务院领导的关怀下，广大科技工作者经过长达半个世纪的反复比选和科学论证，形成了南水北调工程总体规划，并经国务院正式批复同意。

南水北调工程通过东线、中线、西线三条调水线路，与长江、黄河、淮河和海河四大江河，构成水资源“四横三纵、南北调配、东西互济”的总体布局。南水北调工程总体规划调水总规模为 448 亿 m^3，其中东线 148 亿 m^3、中线 130 亿 m^3、西线 170 亿 m^3。工程将根据实际情况分期实施，供水面积 145 万 km^2，受益人口 4.38 亿人。

南水北调工程是当今世界上最宏伟的跨流域调水工程，是解决中国北方地区水资源短缺，优化水资源配置，改善生态环境的重大战略举措，是保障中国经济社会和生态协调可持续发展的特大型基础设施。它的实施，对缓解中国北方水资源短缺局面，推动经济结构战略性调整，改善生态环境，提高人民生产生活水平，促进地区经济社会协调和可持续发展，不断增强综合国力，具有极为重要的作用。

2002 年 12 月 27 日，南水北调工程开工建设，中华民族的跨世纪梦想终于付诸实施。来自全国各地 1000 多家参建单位铺展在长近 3000km 的工地现场，艰苦奋战，用智慧和汗水攻克一个又一个世界级难关。有关部门和沿线七省市干部群众全力保障工程推进，四十余万移民征迁群众舍家为国，为调水梦的实现，作出了卓越的贡献。

经过十几年的奋战，东、中线一期工程分别于 2013 年 11 月、2014 年 12 月如期实现通水目标，造福于沿线人民，社会反响良好。为此，中共中央总书记、国家主席、中央军委主席习近平作出重要指示，强调南水北调工程是实现我国水资源优化配置、促进经济社会可持续发展、保障和改善民生的重大战略性基础设施。经过几十万建设大军的艰苦奋斗，南水北调工程实现了中线一期工程正式通水，标志着东、中线一期工程建设目标全面实现。这是我国改革开放和社会主义现代化建设的一件大事，成果来之不易。习近平对工程建设取得的成就表示祝贺，向全体建设者和为工程建设作出贡献的广大干部群众表示慰问。习近平指出，南水北调工程功在当代，利在千秋。希望继续坚持先节水后调水、先治污后通水、先环保后用水的原则，加强运行管理，深化水质保护，强抓节约用水，保障移民发展，做好后续工程筹划，使之不断造福民族、造福人民。

中共中央政治局常委、国务院总理李克强作出重要批示，指出南水北调是造福当代、泽被后人的民生民心工程。中线工程正式通水，是有关部门和沿线省市全力推进、二十余万建设大军艰苦奋战、四十余万移民舍家为国的成果。李克强向广大工程建设者、广大移民和沿线干部群众表示感谢，希望继续精心组织、科学管理，确保工程安全平稳运行，移民安稳致富。充分发挥工程综合效益，惠及亿万群众，为经济社会发展提供有力支撑。

中共中央政治局常委、国务院副总理、国务院南水北调工程建设委员会主任张高丽就贯彻落实习近平重要指示和李克强批示作出部署，要求有关部门和地方按照中央部署，扎实做好工程建设、管理、环保、节水、移民等各项工作，确保工程运行安全高效、水质稳定达标。

南水北调工程从提出设想到如期通水，凝聚了几代中央领导集体的心血，集中了几代科学家和工程技术人员的智慧，得益于中央各部门、沿线各级党委、政府和广大人民群众的理解和支持。

南水北调东、中线一期工程建成通水，取得了良好的社会效益、经济效益和生态效益，在规划设计、建设管理、征地移民、环保治污、文物保护等方面积累了很多成功经验，在工程管理体制、关键技术研究等方面取得了重要突破。这些成果不仅在国内被采用，对国外工程建设同样具有重要的借鉴作用。

为全面、系统、准确地反映南水北调工程建设全貌，国务院南水北调工程建设委员会办公室自2012年启动《中国南水北调工程》丛书的编纂工作。丛书以南水北调工程建设、技术、管理资料为依据，由相关司分工负责，组织项目法人、科研院校、参建单位的专家、学者、技术人员对资料进行收集、整理、加工和提炼，并补充完善相关的理论依据和实践成果，分门别类进行编纂，形成南水北调工程总结性全书，为中国工程建设乃至国际跨流域调水留下宝贵的参考资料和可借鉴的成果。

国务院南水北调工程建设委员会办公室高度重视《中国南水北调工程》丛书的编纂工作。自2012年正式启动以来，组成了以机关各司、相关部委司局、系统内各单位为成员单位的编纂委员会，确定了全书的编纂方案、实施方案，成立了专家组和分卷编纂机构，明确了相关工作要求。各卷参编单位攻坚克难，在完成日常业务工作的同时，克服重重困难，对丛书编纂工作给予支持。各卷编写人员和有关专家兢兢业业、无私奉献、埋头著述，保证了丛书的编纂质量和出版进度，并力求全面展现南水北调工程的成果和特点。编委会办公室和各卷编纂工作人员上下沟通，多方协调，充分发挥了桥梁和纽带作用。经中国水利水电出版社申请，丛书被列为国家“十二五”“十三五”重点图书。

在全体编纂人员及审稿专家的共同努力下，经过多年的不懈努力，《中国南水北调工程》丛书终于得以面世。《中国南水北调工程》丛书是全面总结南水北调工程建设经验和成果的重要文献，其编纂是南水北调事业的一件大事，不仅对南水北调工程技术人员有阅读参考价值，而且有助于社会各界对南水北调工程的了解和研究。

希望《中国南水北调工程》丛书的编纂出版，为南水北调工程建设者和关心南水北调工程的读者提供全面、准确、权威的信息媒介，相信会对南水北调的建设、运行、生产、管理、科研等工作有所帮助。

前言

南水北调工程是党中央、国务院着眼于解决北方地区水资源严重短缺问题，促进全国社会经济全面协调可持续发展的一项利国利民的重大战略性基础设施。南水北调工程分为东线、中线和西线三条调水路线，通过跨流域的水资源合理配置，促进我国南方和北方经济、社会与人口、资源、环境的协调发展。

1952年，毛泽东同志提出南水北调的伟大构想。此后历经半个世纪的规划设计、科学论证和反复比选，最终形成了东线、中线、西线三条调水线路方案，通过兴建南水北调工程，实现东线、中线、西线三条调水线路与长江、淮河、黄河和海河四大江河的联系，构建“四横三纵”的中国大水网整体布局，实现水资源南北调配、东西共济。工程建成后，将实现总调水规模448亿m^3，其中东线148亿m^3，中线130亿m^3，西线170亿m^3，这对于缓解我国北方水资源短缺局面，改善生态环境，提高人民群众生活水平，增强综合国力，具有十分重大的意义。2002年12月南水北调东、中线一期工程正式开工，2013年11月东线工程通水，2014年12月中线工程通水。初步实现了在全国范围内水资源优化配置的伟大构想。

质量是工程的生命及根本意义所在，关系到人民生命财产的安危，关系到广大群众的福祉，关系到国民经济的发展，是决定南水北调工程建设成败的关键。质量管理是南水北调工程建设至关重要的环节与内容。2002年12月工程开工以来，党中央、国务院对南水北调工程建设质量多次作出指示，要求“要按照规划，精心设计、精心施工、严格管理，高水平、高质量地完成各项建设任务”“要严格执行规划，坚持质量第一，高标准、高效率地搞好工程建设”，南水北调工程参建各方按照党中央的指示严格管理，使南水北调工程质量得到了有效保证。2011年以来，南水北调工程建设进入高峰期、关键期，建设工期紧、任务重、技术难度大，工程质量风险进一步加大，党中央对南水北调工程质量做出明确指示，并且分量一年比一年重，强调“质量是生命线，是核心任务；容不得半点疏忽，不能给工程留隐患，不给后代留遗憾”，国务院南水北调工程建设委员会办公室（简称“国务院南水北调办”）认真贯彻党中央、国务院对工程建设质量的指示，完善制度建设，严格日常监管，确保了南水北调工程质量经得起历史检验。

南水北调工程具有规模大、战线长、涉及领域多、技术复杂、建设周期长、质量要求高等特点，为了保证南水北调工程质量，国务院南水北调办始终把质量监管作为核心任务来抓，在质量监管工作方面全程保持高压严管态势，即使在进度压力空前的情况下，也始终贯彻“高压高压再高压，延伸完善抓关键”的总体思路。按照“政府宏观调控、准市场机制运作、企业化管理、用水户参与”原则，创建了“横向到边、竖向到底”“三位一体”“五部联处”特色鲜明、效果显著的质量监管体制机制。通过飞检工作、站点监督、专项稽查和有奖举报的“三查一举”监管工作来预防和发现质量问题，依靠“查、认、罚”工作机制实现质量问题的快速认证和责任追究。通过明确质量监管责任，规范质量监管行为，实现南水北调工程质量监管的制度化，保证质量监管工作有章可循，有规可依。

质量意识和质量行为是南水北调工程建设质量保证的前提和基础。国务院南水北调办通过不断强化领导飞检、派驻监管、特派监管、挂牌督办、“311”监理整治行动、再加高压“167”亮剑行动、充水前质量问题排查行动、中线穿黄工程质量监管专项行动、天津暗涵工程质量监管专项行动、中线工程通水前质量监管联合行动和五部联席会议等20多项监管措施，开展质量全面排查、专项检查和集中整治，保持对参建方的质量高压态势，形成了良好的质量氛围。国务院南水北调办在紧盯问题整改的同时，根据质量问题性质实施严格责任追究，采取通报批评、留用察看、解除合同、清退出场等方式从重处理，促使各参建单位提高质量责任意识。在工程建设中对承包商实施信用总评价，制定了信用评价工作流程、信用评价信息上网公示方案等，通过规范的工作程序，确保参建单位严格履行合同承诺，实现工程建设目标。这些质量监管工作促进全系统质量意识提高、规范了各方的质量行为，为保证工程建设质量奠定了坚实基础。

点面结合、突出重点的监管方式是南水北调工程质量保障的核心。国务院南水北调办结合工程特点梳理重点、提炼关键，在质量监管前期研究确定了渠道、渡槽、倒虹吸、水闸、跨渠桥梁等5类工程质量关键点，确定了渠道、桥梁、混凝土建筑物各类工程质量重点监管项目和相应35种不放心类质量问题。在2014年通水全面排查阶段，又梳理明确了6类404km渠道、44座建筑物、31座桥梁质量重点监管项目和重点排查内容，针对质量监管重点、关键点和关键工序实施专项检查。正是这种明确的质量指导思想和得力的监管措施，有效地确保了南水北调工程质量目标的实现。

国务院南水北调办采取有效措施在系统内充分调动省（直辖市）南水北调办、项目法人及各建设单位的积极性、主动性和创造性，发挥项目法人、建管单位的质量管理作用，形成了上下联动、片区结合、协同配合的质量监管局面。有关省（直辖市）政府、项目法人及各建设单位认真贯彻国务院南水北调办各项质量监管要求，依法依规建设，健全体系、完善制度、落实责任、创新措施，加强工程质量事前、事中、事后全过程质量管理。项目法人严把市场准入关，加强直接管控、奖惩并重，依靠科技创新，注重工艺研究，有效解决了工程建设中一系列复杂技术问题，对质量问题严格按程序处理，使工程质量始终处于可控状态；在系统外联合水利部、住房和城乡建设部、国家工商行政管理总局、国务院国有资产监督管理委员会等部委，建立了南水北调工程建设联席会议机制，共同部署南水北调工程质量管理工作，共同应对质量监管工作中发现的问题。国务院南水北调办持续保持高压、狠抓工程质量的做法，多处创新，自成体系，打破了以往国家重点工程质量监管的惯常做法，在系统内形成了重视质量、严抓质量、保证质量的良好氛围，有利于消除质量隐患，规范质量管理行为，提高参建人员的质量意识，保证了南水北调工程按时保质顺利完工。在系统外直面社会监督，乐于接受群众意见，提升了南水北调工程正面形象，得到了党中央、国务院和社会各界的充分肯定。

南水北调一期工程自通水运行以来，经受了汛期运行、冰期输水等考验，机电设备运转正常、调度协调通畅、工程运行安全平稳，效益显著。本书的编纂旨在系统梳理南水北调工程建设过程中的质量监管创新成果，总结工程质量监管实践经验，以期为重大基础设施建设质量管理提供借鉴与参考。

全书分质量监管篇和质量管理篇。质量监管篇主要介绍南水北调工程建设质量监管体制、机制和制度措施，以及实施效果。本篇共分十二章：第一章为总论，主要介绍南水北调工程质量方针、质量目标、质量管理体系和质量监管，以及质量管理总体效果；第二章为建设参与方及其质量风险，主要是对建设参与方及相互关系，以及委托代理情况下的主要质量风险及应对策略进行分析；第三章为质量监管体系，主要是对质量监管目标、对象与内容进行总结，分析质量监管组织体系、职责分工与工作制度；第四章为质量监管机制框架构建，主要是分析监管机制设立的必要性以及国外相关经验借鉴，分析南水北调这一准公益性工程项目政府质量监管机制的创新设计；第五章为质量激励机制，结合南水北调工程特点分析质量监管的激励模型与激励原则，在对建设主体和相关质量监督人员的激励需要、质量绩效度量分析的基础上，确定相应的激励方式和手段；第六章为建设信用机制，主要分析对南水北调工程建设承包商建立信用机制的必要性，以及信用档案建设的内容、信息的采集、信用评价和评价结果发布与使用；第七章为质量监管制度建设，主要是分析基于不同建设阶段的监管制度创新，梳理建立质量监管制度体系，重点介绍建设高峰期、关键期和收尾期的质量监管制度特点与成效；第八章为参建方质量行为监管，主要分析国务院南水北调办、项目法人等对工程建设单位的质量行为考核，如何用信用机制、集中整治、“311”行动及“167”亮剑行动等分别对承包商和监理单位的质量行为进行监管，培养质量意识、规范质量行为；第九章为工程实体质量监管主要措施，介绍针对南水北调工程实体质量监管的措施，主要有站点监督、专项稽查、飞检、有奖举报和特派监管 5 种质量监管措施；第十章为质量问题处理和责任追究，主要介绍质量问题的分析与认证、整改与销号及责任追究；第十一章为质量监管抓重点、关键点、关键阶段，主要是对重点工程项目、质量关键点及建设关键阶段的监管进行分析；第十二章为质量监管工作总结，从工作创新与工作成效两方面对南水北调工程质量监管进行总结。质量管理篇主要反映各项目法人加强质量管理，保证工程质量的做法和经验。第十三章到十八章分别描述了中线和东线上的中线水源有限责任公司、中线干线工程建设管理局、湖北省南水北调管理局、淮河水利委员会治淮工程建设管理局、东线江苏水源有限责任公司、东线山东干线有限责任公司 6 个项目法人工程质量监管实施情况。

本书在编纂过程中，坚持指导性和实用性兼顾的原则，力求全方位反映南水北调工程建设过程中质量监管和质量管理方面的实际做法，归纳总结其在质量监管体系、机制、制度、措施等方面的创新和应用成效。本书既是南水北调工程质量监管工作的总结，也可以为其他调水工程提供资料参考，具有较高的实用价值。

序

前言

质量监管篇

质 量 监 管 篇

第一章 总 论

第一节 南水北调工程质量方针和质量目标

一、南水北调工程质量方针

南水北调工程是党中央、国务院着眼于解决北方地区水资源严重短缺问题，促进全国经济社会全面协调可持续发展的一项利国利民的重大战略性水利工程。工程具有线性分布、工程量大、工程形式多、参建单位多、管理模式多样等特点，这使得工程建设过程变得异常复杂，容易出现质量问题，因此制定一个强有力的质量方针至关重要。

党中央、国务院特别重视南水北调工程质量。2004年3月，时任中共中央总书记胡锦涛在中央人口资源环境工作座谈会上指出，南水北调是缓解我国北方水资源短缺和生态环境恶化状况、促进全国水资源整体优化配置的重要战略举措，要按照规划，精心设计、精心施工、严格管理，高水平、高质量地完成各项建设任务。2003年8月，时任国务院总理温家宝在国务院南水北调工程建设委员会（简称“建委会”）第一次全体会议上强调，南水北调工程建设必须遵循客观规律，严格按照基本建设程序和原则办事，要严格执行规划，坚持质量第一，高标准、高效率地搞好工程建设。2008年以来，党中央、国务院始终高度重视南水北调工程建设，多次强调：质量是生命线，是核心任务，容不得半点疏忽，不能给工程留隐患，不给后代留遗憾。南水北调中线一期工程于2014年12月12日正式通水，习近平总书记作出重要指示，强调南水北调工程是实现我国水资源优化配置、促进经济社会可持续发展、保障和改善民生的重大战略性基础设施，今后要坚持先节水后调水、先治污后通水、先环保后利用的原则，加强运行管理，深化水质保护，强抓节约用水，保障移民发展，做好后续工程筹划，使之不断造福民族、造福人民。

在党中央、国务院的领导和对南水北调工程质量的高要求下，南水北调工程建设质量方针确定为“质量第一，规范管理，利国利民”。质量第一，表明了南水北调工程对于质量的重视，质量是放在第一位的；规范管理，通过制度化的措施来保证各项工程活动正常开展；利国利民，表明南水北调工程是造福国家和人民的公共工程，要注重社会效益。

质量方针的制定与践行，对保证南水北调工程的最终质量发挥了重要作用。

（1）南水北调工程质量方针的制定，统一了工程参建人员的质量意识。“质量第一”的方针，让南水北调工程参建方以及基层建设人员都感受到国家对工程质量的高度重视，有助于提高大家的质量意识，建立起科学的工程质量管理体系，合理分解质量管理职能，组建高效管理组织，进行全员全方位全过程的质量控制，使南水北调工程质量从源头得以保证。

（2）南水北调工程质量方针的制定，为质量问题的解决提供了正确指导。工程建设的目标管理会出现矛盾与冲突，南水北调工程也不例外。“质量第一”的方针引导南水北调工程建设参与方制定明确的质量目标、科学分配建设资源。在解决质量与成本、进度等目标冲突时，采取一切以保证工程质量为前提的措施来预防质量问题的出现，严格控制质量水平，及时发现质量问题，正确分析原因，及时纠正与追责。

二、南水北调工程质量目标

根据 GB/T 19000—2000（ISO 9001：2000）质量目标内涵，在“质量第一，规范管理，利国利民”质量方针指引下确定南水北调工程的质量总目标为“争创优质精品工程”，且满足以下三个方面的要求：①坚持持续改进、不断提高质量的理念，既要考虑当前需求又要考虑未来的需求；②将总质量目标分解到质量管理体系各职能和层次上，以确保质量目标的落实和实现；③明确质量目标的可测量性，通过检验、计算或其他测量方法确定其量值。

“争创优质精品工程”的南水北调工程质量总目标，对保证工程建设质量和建成后的有效运行起到积极作用。实现南水北调优质精品工程质量总目标不仅为工程参建方带来经济利益，也能为其品牌建设加分，关系到他们的切身利益。质量总目标的制定能激励工程参建方为了自己的切身利益而全力以赴保证工程建设质量。这就要求工程参建方分析现存的质量问题，并针对产生质量问题的原因，采取纠正和预防措施，消除可能存在的质量问题，从而使南水北调工程质量达到一个新高度，实现质量总目标。

南水北调工程是一个复杂的系统工程，由众多的单项工程、单位工程、分部工程和单元（分项）工程组成，由众多的项目参与者共同协作完成。要实现南水北调工程的“争创优质精品工程”的质量总目标，离不开各子系统、子项目分目标的实现，离不开众多参与者围绕目标

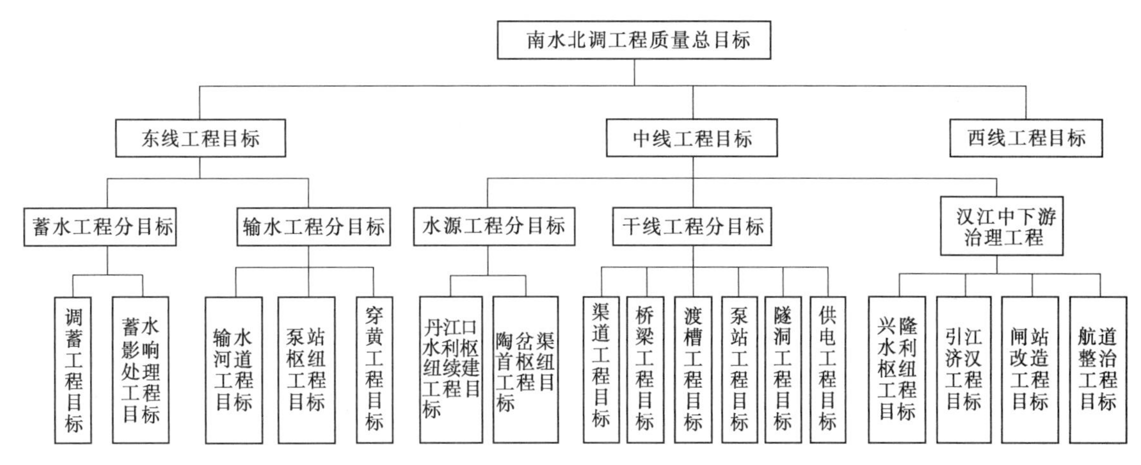

图 1-1-1　南水北调工程主体工程质量目标示意图

实现的协作与努力。

南水北调工程分为若干个主体工程。南水北调一期工程分为东线一期工程和中线一期工程，其中东线一期工程主要包括蓄水工程和输水工程，中线一期工程主要有水源工程、干线工程和汉江中下游治理工程。每个主体工程都以南水北调工程的质量总目标为准则，制定了各自的质量目标，形成了南水北调工程的质量目标体系。南水北调工程主体工程质量目标示意图如图 1-1-1 所示。

第二节 南水北调工程质量管理体系

南水北调工程质量管理体系是在质量方面进行指挥和控制的组织管理体系，通常包括制定质量方针、目标以及质量策划、质量控制、质量保证和质量改进等活动，是质量管理的基础。

根据《南水北调工程总体规划》，在南水北调工程建设初期，建设管理体制的总体框架分为政府行政监管、工程建设管理和决策咨询三个方面。建委会第二次全体会议明确，要按照政企分开、政事分开的原则，严格实行项目法人责任制、建设监理制、招标承包制和合同管理制。

南水北调工程建设在项目法人的主导下，实行直接管理与委托管理相结合的方式，并且试行代建制管理的新型建设管理模式，确立了“政府监督、项目法人负责、监理控制、设计服务和施工保证”的质量管理体系，如图 1-2-1 所示。

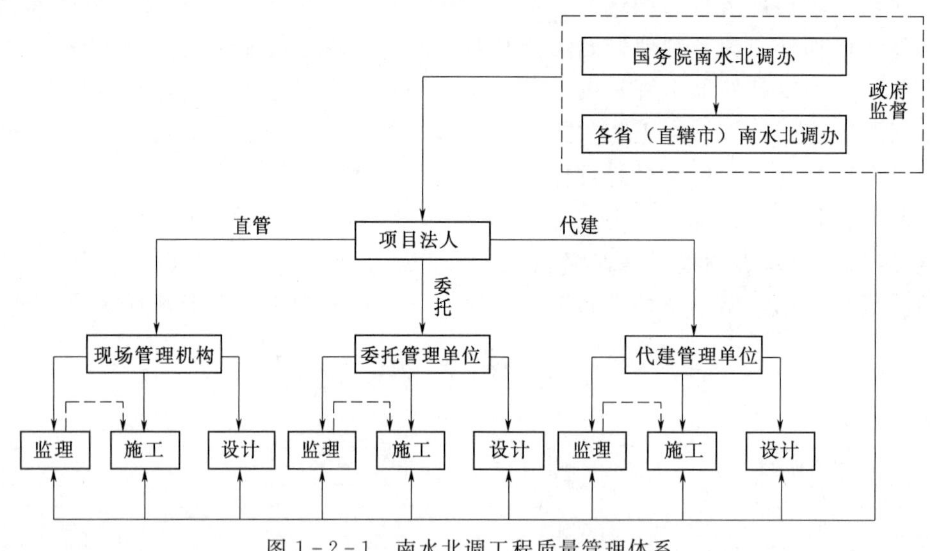

图 1-2-1 南水北调工程质量管理体系

一、政府质量监督体系

南水北调工程有其特殊性，无论是工程本身特点还是外部建设环境，都决定了南水北调工程不能参照其他工程原有的管理经验，其政府质量监督体系必须通过体制、机制、制度、措施等方面的创新才能贯彻既定的“质量第一，规范管理，利国利民”工程质量方针，实现“争创优质精品工程”的质量目标。

（一）政府质量监督体系相关机构

根据南水北调工程建设管理体制及其职责分工，国务院南水北调工程建设委员会作为工程建设高层次的决策机构，决定南水北调工程建设的重大方针、政策、措施和其他重大问题。

国务院南水北调办，作为国务院南水北调工程建设委员会的办事机构，其职责为：①负责研究提出南水北调工程建设的有关政策和管理办法，起草有关法规草案；②协调国务院有关部门加强节水、治污和生态环境保护；③对南水北调主体工程建设实施政府行政管理。

工程沿线各省（直辖市）成立南水北调工程建设领导小组和办事机构，有北京市南水北调工程建设委员会办公室（简称“北京市南水北调办”）、天津市南水北调工程建设委员会办公室（简称“天津市南水北调办”）、河北省南水北调工程建设委员会办公室（简称“河北省南水北调办”）、河南省南水北调中线工程建设领导小组办公室（简称“河南省南水北调办”）、湖北省南水北调工程领导小组办公室（简称“湖北省南水北调办”）、山东省南水北调工程建设管理局（简称“山东省南水北调建管局”）和江苏省南水北调工程建设领导小组办公室（简称“江苏省南水北调办”）。其主要任务为：①贯彻落实国家有关南水北调工程建设法律法规、政策、措施和决定；②负责组织协调征地拆迁、移民安置；③参与协调省（直辖市）有关部门实施节水治污及生态环境保护工作，检查监督治污工程建设；④受国务院南水北调办委托，对委托由地方管理的南水北调主体工程实施部分政府管理职责；⑤负责南水北调地方配套工程建设组织实施，研究制定配套工程建设管理办法。

综上所述，南水北调工程政府质量监督体系包含两个层次：①国务院南水北调办的政府质量监督；②各省（直辖市）南水北调办事机构的政府质量监督。

（二）国务院南水北调办政府质量监督体系

国务院南水北调办积极落实建委会第一次会议提出的“坚持质量第一，高标准、高效率地搞好工程建设”的目标。在国家社会监督体制下，国务院南水北调办组建国务院南水北调办监督司（简称“监督司”）和南水北调工程建设监管中心（简称“监管中心”）来负责南水北调工程的质量监督，制定政府质量监督制度，同时实施监督、稽查和巡查等相应的质量监督措施。

自2002年12月27日，南水北调工程正式开工以来，国务院南水北调办适时分析工程建设形势，根据工程实际情况，采取监督、稽查和巡查等措施，积极开展工程质量监督检查工作，有力地保证了工程质量。2011年，南水北调工程建设进入高峰期、关键期，出现了诸如同时进行施工的项目多、各工种间协调配合要求高、参建人员多且素质差异大、技能培训任务重、企业考核过分强调经济利益、社会诚信体系不健全等新情况，给南水北调工程建设质量管理带来了新挑战。国务院南水北调办针对南水北调工程建设出现的新形势，提出了“高压高压再高压，延伸完善抓关键”的质量监管工作方针，在原来监管措施基础上，进一步强化了质量监管措施，逐步完善了质量监管制度，理顺了体制机制，加大了监管力度，对质量问题和质量违规行为从速、从严、从重进行责任追究。完善“三位一体”和“三查一举”等监管体制机制，有效地促进了参建单位质量管理效率的提高，保证了工程建设质量。

（1）组织体系。为保证南水北调工程建设质量，国务院南水北调办建立了以监督司、监管中心、稽察大队为中坚力量的“三位一体”质量监管体系，对参建方的质量行为和工程实体质量进行监督，对于工程质量问题进行分析、认定和责任追究。质量监管“三位一体”组织体系

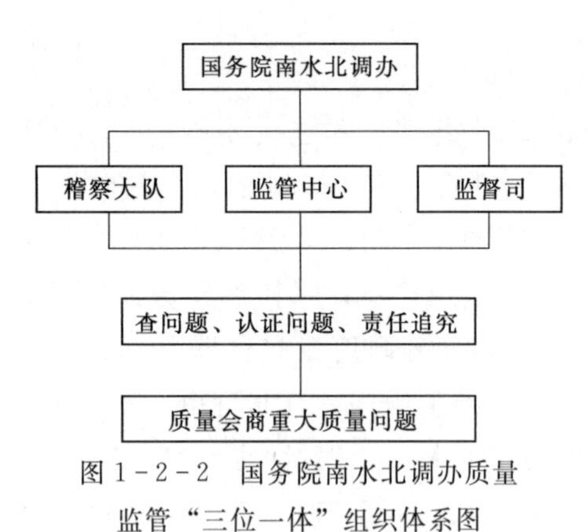

图 1-2-2 国务院南水北调办质量监管“三位一体”组织体系图

如图 1-2-2 所示。

(2) 质量监管措施体系。为适应南水北调工程质量管理特点，根据不同建设阶段的实际情况，国务院南水北调办适时调整和创新质量监管措施。建设初期，采用的质量监管措施主要包括监督、稽查和巡查等，对保证工程质量起到了一定的作用。随着工程的推进及社会建设大环境的变化，国务院南水北调办适时调整质量监管措施，特别是进入高峰期和关键期之后，国务院南水北调办采取了新的质量监管措施以适应高压质量监管的需要，包括质量问题的集中整治、质量问题有奖举报、质量飞检、关键工序考核、站点监督、专项稽查、质量问题会商、信用管理等，形成了南水北调工程“查、认、改、罚”的质量监管措施体系，如图 1-2-3 所示。

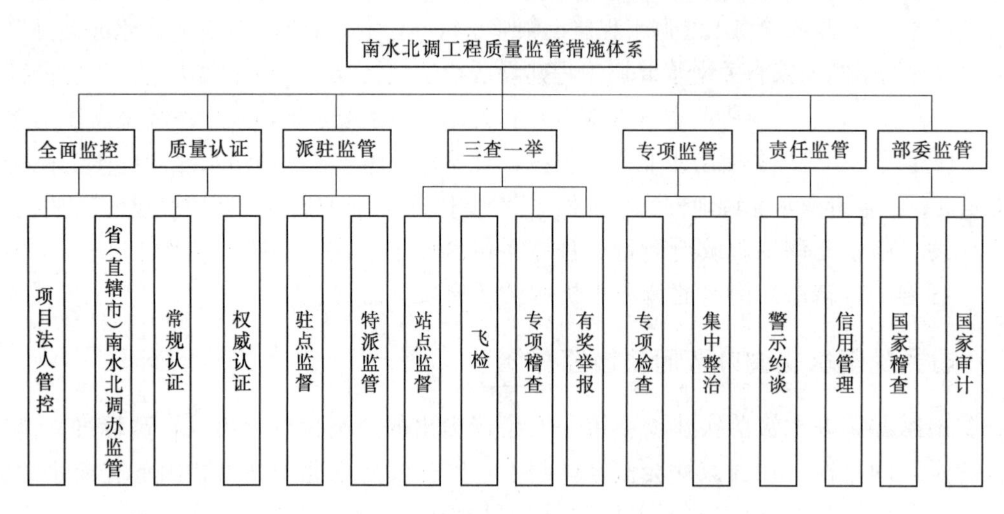

图 1-2-3 南水北调工程质量监管措施体系

(三) 各省(直辖市)政府质量监督体系

各省(直辖市)南水北调办主要包括南水北调工程所在的北京、天津、河北、江苏、山东、河南、湖北 7 省(直辖市)的南水北调办公室。各省(直辖市)南水北调办的质量监管组织基本相同，一般下设质量监督站和建设管理处或工程管理处，山东省和河南省还分别设有稽察处和监督处。在工程建设质量监督方面主要负责贯彻落实国家有关南水北调工程建设的法律法规、政策、措施和决定；同时受国务院南水北调办委托，对其管辖的南水北调工程建设质量实施监督管理。为配合国务院南水北调办质量监管，落实各项质量监管制度，各省(直辖市)南水北调办制定了一套较为完善的质量管理体系，如图 1-2-4 所示。

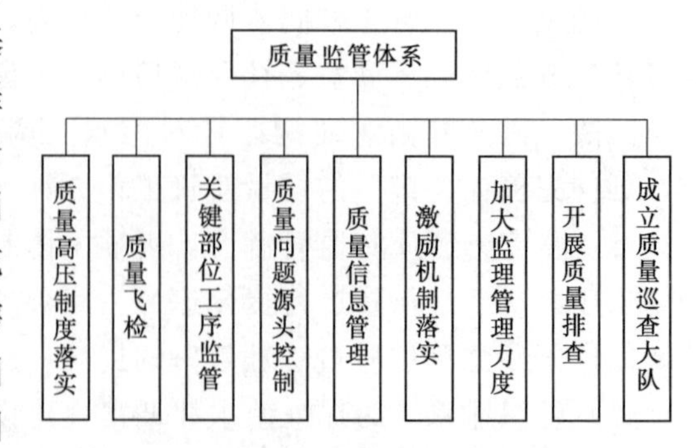

图 1-2-4 各省(直辖市)南水北调办质量监管体系示例

二、南水北调工程项目法人负责及监理控制体系

（一）项目法人质量管理体系

南水北调工程设立6个项目法人，分别是东线江苏水源有限责任公司（简称“江苏水源公司”）、东线山东干线有限责任公司（简称“山东干线公司”）、中线水源有限责任公司（简称“中线水源公司”）、中线干线工程建设管理局（简称“中线建管局”）、湖北省南水北调管理局和淮河水利委员会治淮工程建设管理局（简称“淮委建设局”）。为了实现对南水北调工程建设质量的有效控制，各项目法人建立了完善的质量控制体系，制定了工程质量控制标准、主要控制点及质量控制措施，监督检查机构，进行实时质量监测和监督检查。如中线建管局，依据国家及行业颁布的质量管理法规、现行技术规程规范与标准、南水北调工程的质量管理方针与管理目标制定了工程质量管理措施，不断完善质量管理制度，建立适用中线工程实际情况的质量管理体系，如图1-2-5所示。

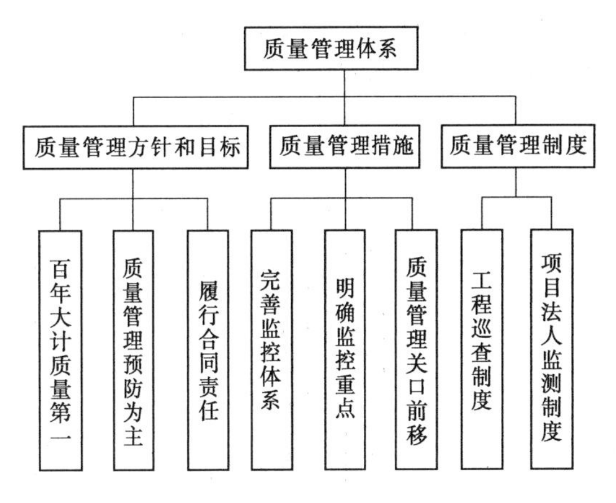

图1-2-5　中线建管局质量管理体系

（二）监理单位质量控制体系

东、中线一期工程包含2700多个单位工程，约有207个工程监理标段，共50家监理单位。监理单位受项目法人委托，对南水北调工程建设项目实施过程中的质量、进度、资金、安全等进行管理，是施工质量过程控制中的重要力量，在质量管理体系中具有至关重要的作用。监理单位，受建设单位委托，按照监理合同，对工程施工单位的行为进行监控和督导。建设监理单位根据国家有关工程建设的法律、法规、规程、规范和批准的项目建设文件、工程建设合同、建设监理合同，坚持“守法、诚信、公正、科学”的原则，控制工程建设的投资、进度、质量，实施环境保护和安全文明施工管理，协调建设各方的关系。

为做好工程质量控制，各监理单位制定了比较完善的质量控制制度（图1-2-6）和操作性较强的质量控制措施，主要包括以下方面内容：

（1）制定质量控制制度。成立质量控制小组，明确质量控制小组的职责，检查督促监理部各职能部门以及各监理组严格按照监理部质量控制体系的各项规定和制度规范地进行监理工作。

（2）制定质量监理实施细则，使质量控制有章可循，有法可依，标准统一。

（3）质量控制主要监理手段。

1）现场记录。认真填写监理日志、监理日记，完整记录每天的人员、设备、材料、天气和施工等情况。

2）发布文件。通过通知、指示、批复、签认等形式进行施工全过程的管理和控制。

3）现场旁站。对关键部位和主要工序的施工实施全过程旁站监理，如在混凝土浇筑时，实行 24h 专人专岗进行全过程旁站，有效地控制了工程质量。

4）巡视检验。对质量、安全、进度等各方面进行现场巡视，定期、不定期地组织检查、检验。

5）跟踪检测。对承包人的检测人员、设备进行审核，对检测程序、方法进行审定，对原材料中间产品从取样、送检和检测全过程进行监督。

6）平行检测。在承包人自行检测的同时，委托具有相应检验资质的质量检测机构对原材料和中间产品按规范要求进行抽检。

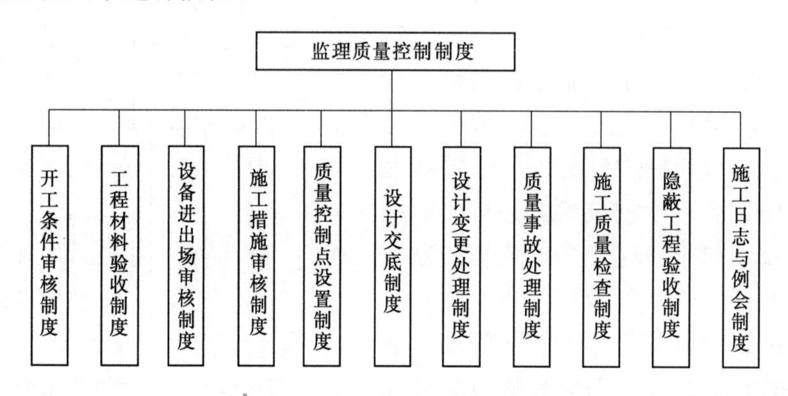

图 1-2-6　监理单位质量控制制度

三、设计、施工单位质量保证体系

（一）设计单位质量保证体系

设计质量是工程质量安全保障的源头和根本。南水北调工程各设计单位充分认识到国家对南水北调工程质量的要求以及工程建设可能遭遇的严峻挑战，担负起工程设计质量职责，认真履行合同义务。为了保证设计图纸质量，提高设计单位服务水平，各设计单位制定了全方位的质量保证体系。

（1）建立组织机构。实行设计项目负责人责任制，以项目管理为中心，按设计单位质量体系文件，明确各级设计人员的岗位职责和质量责任，并按照合同约定派驻现场设计代表。

（2）设计单位质量管理职责。设计单位对所承担的工程设计质量负责，其主要职责包括：①建立健全质量保证体系；②实行项目管理总负责制，严格设计成果校审制度，保证供图进度和质量；③在设计文件和招标文件中明确设计意图以及施工、验收、材料、设备等的质量标准；④及时进行设计交底，做好现场技术服务工作；⑤及时研究处理参建各方发现的设计问题；⑥参加工程质量事故调查、处理和验收工作；⑦参加有关单位组织的工程质量检查、工程验收和工程安全鉴定工作。

（3）设计单位质量保证制度。为了保证设计成果质量，更好地配合施工现场，落实设计人员责任，设计单位制定了设计变更管理制度。主要包括以下方面内容。

1）重大设计变更。由项目法人组织有关单位分析、研究提出设计变更处理意见。设计单位接到提议单位的正式书面材料后，应在 20 天内完成方案研究、现场会审和编制重大设计变

更设计方案的研究文件，并报项目法人审核；设计单位接到项目法人、施工、监理单位反馈意见后，及时组织必要的现场踏勘工作，并在20天内完成重大设计变更文件的编制工作报项目法人进行初审，经项目法人提出报审意见后，报国务院南水北调办审查审批。

2）一般设计变更。在建管单位组织设计、施工、监理单位进行现场核对并形成纪要后，变更设计若需进行验算的处理方案，设计单位5天内完成，若需出图时，10天内完成变更设计报送建设单位审定；由设计、施工、建管、监理以外的单位提议的变更设计，根据具体情况确定变更设计的时限；各类变更设计若需进行勘察工作的，变更设计的时限另行协商确定。

（二）施工单位质量保证体系

为认真贯彻国务院南水北调办、各省（直辖市）南水北调办和南水北调项目法人的各种质量管理规定，以保证南水北调工程施工质量，南水北调工程各施工单位确立了质量目标，制定了全方位的质量保证体系。

为保证施工质量达到预定质量目标要求，按照施工单位GB/T 19001—2000/ISO 9001：2000质量体系要求，并遵循合同文件，由施工单位总公司宏观控制，项目经理直接领导，项目副经理和技术负责人组织、实施和中间控制，由质量部进行检查和监控，形成项目经理到施工班组的质量管理网络。同时，项目部建立以思想体系为基础，组织体系为保证，管理体系为控制，质量保证制度为依据，来规范质量管理行为严密的质量保证体系，并明确了各责任主体的职责和权限。施工单位质量保证体系如图1-2-7所示。

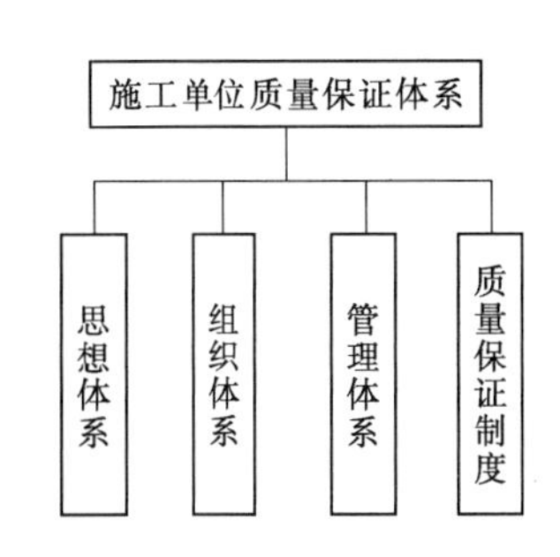

图1-2-7　施工单位质量保证体系

（1）思想体系。加强有关质量方针、目标、法规及措施的教育，增强全员质量意识，教育职工牢固树立“质量第一、业主第一”的思想，健全质量保证体系，确保工期、质量、安全目标实现；确保工程质量达到优良标准，要使广大职工熟悉工程指标要求，用工作质量确保工序质量，工序质量确保工程质量，自觉为实现总目标努力工作。

（2）组织体系。施工单位质量管理组织机构及管理人员主要包括11个方面：项目经理、项目副经理、项目技术负责人、工程技术部、质量部、物资设备部、测量员、质检员、材料员、施工班组及班组长。各职能部门、施工班组以及相应的各层次管理人员都制定有明确的岗位职责。

（3）管理体系。为实现工程项目的质量目标，满足相关法律及业主和其他相关方的要求，项目部严格按照GB/T 19001—2000/ISO 9001：2000的标准建立并保持文件化的质量管理体系，在工程施工过程中，严格按照体系要求运行并持续改进，确保向业主提供满意工程。

（4）质量保证制度。建立完善的施工质量管理办法，确保整个施工过程处于受控状态，是保证工程质量的重要途径。在质量管理工作中，施工单位制定了以下管理制度并在施工过程中贯彻执行：质量责任制度、质量信息管理制度、例会制度、开工前技术交底制度、工程材料和设备的管理制度、工序检查制度、“三检制”及验收制度、隐蔽工程验收制度、质量奖罚制度、竣工资料文件的整理制度及开展QC小组活动制度。

第三节 南水北调工程质量监管

百年大计，质量第一，质量是工程的生命。南水北调工程质量，不仅关系到国家建设资金的有效使用，而且关系国家经济持续快速健康发展和人民群众生命财产安全。在工程建设过程中，不但需要责任主体各负其责，还需要各级政府行政主管部门和其他有关部门加强对工程建设各参与主体的行为和工程实体的质量监督管理，加强对有关法律法规和强制性标准执行情况的检查，以保证南水北调工程质量总目标的实现。

一、质量监管的性质与任务

（一）质量监管的性质

工程质量监管是指国家建设行政主管部门或国务院有关专业部门依据有关法律、法规以及规定的职权，代表国家对建设工程质量活动进行的监督和管理行为。根据《中华人民共和国建筑法》和《建设工程质量管理条例》（国务院令第 279 号）规定，我国实行建设工程质量监督制度，从法律上明确了质量监督管理的地位和性质。政府的监督管理行为具有宏观性、权威性、强制性和综合性等特点。

质量监督是政府管理建设质量的具体行为，是政府对建设行为各方的建设质量行为的强制约束。南水北调工程是国家重大投资项目，关系国计民生和人民群众生命财产安全，在建设过程中政府对于工程质量实行全面、全过程监管是必要的。

（二）质量监管的任务

根据《中华人民共和国建筑法》和《建设工程质量管理条例》规定，政府对南水北调工程质量监管的任务主要包括两个方面：①对参加建设工程活动的各方主体质量行为进行监管；②对建设工程实体质量实施监管。南水北调工程政府质量监管任务如图 1-3-1 所示。

1. 对建设工程参建各方质量行为监管

南水北调工程建设参与方是工程质量问题的责任主体，对工程质量负有不同的责任。在新的建设管理体制下，南水北调工程质量监管的对象除了传统管理体制下的项目法人（建设管理单位）、监理单位、施工单位和设计单位的质量行为依然是监管重点外，还包括对质量监督站的监督、管理等。

依据《中华人民共和国建筑法》和《建设工程质量管理条例》质量监管的任务，主要是：①对项目法人（建设管理单位）的质量管理行为进行监管；②对南水北调工程各勘察设计单位进入条件、成果文件以及建设过程的设计服务质量进行监督；③对监理单位市场准入和市场行为、监理工作内容、监理单位责任、监理单位派驻现场人员资格、监理形式等方面进行监管；④对施工单位市场准入和市场行为，总、分包单位的质量责任，施工单位对建筑材料、构配件、设备和商品混凝土采购等质量责任，施工质量检验制度以及隐蔽工程检查责任，施工单位教育培训责任等进行监管；⑤对材料设备供应商的质量管理行为和所供材料设备的质量进行监

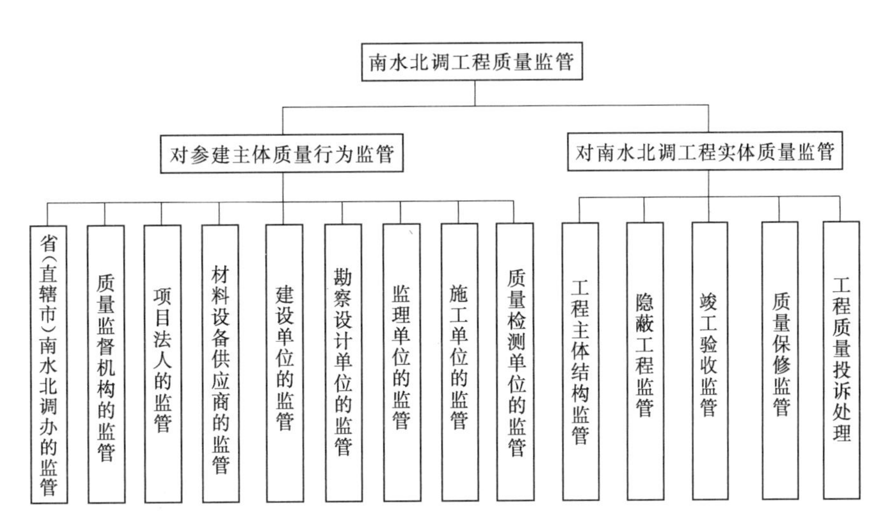

图 1-3-1　南水北调工程政府质量监管任务图

管；⑥对质量检测单位的质量检测行为进行监管；⑦对各工程项目质量监督站（巡查组）的质量监督行为进行监管。

2. 对建设工程实体的质量监管

依据《中华人民共和国建筑法》和《建设工程质量管理条例》，南水北调工程实体质量的监管主要包括以下五个方面：①必须确保地基基础工程和主体结构的质量；②要求施工单位在隐蔽工程隐蔽前，在做好检查和记录同时，通知项目法人和建设工程质量监督机构，以接受法人和政府监督；③加强竣工验收阶段的政府监督管理；④接受来自群众的检举、控告和投诉，并根据国家有关规定，认真处理；⑤认真执行建设工程质量保修制度。

二、质量监管组织体系

建设初期南水北调工程建设管理体制的总体框架分为政府行政监管、工程建设管理和决策咨询三个方面。2004 年在《南水北调工程建设管理的若干意见》（国调委发〔2004〕5 号）中，明确了南水北调主体工程建设采用项目法人直接管理、代建制和委托制三种建设管理模式，确立了“政府监督、项目法人负责、监理控制、设计服务和施工保证”的质量管理体系。

2011 年起，南水北调工程进入工程建设高峰期，也是实现通水目标的关键时期，工程施工战线长、规模大、施工强度高，工程推进的难度加大。高峰期不仅是工程量进入高峰期，而且问题和困难也进入高峰期，在质量、投资、关键技术等诸多方面均有体现，质量监管工作任务艰巨。面对如此情况，国务院南水北调办统筹规划、整体布局，适时创新具有特色的“横向到边、竖向到底”“三位一体”“五部联处”的质量监管体制，完善并加强了南水北调工程的质量监管组织体系，确保了南水北调工程的质量，具体组织体系安排如图 1-3-2 所示。

三、各级组织权责划分

南水北调工程的质量监管体系由国务院南水北调办统一领导，由监督司、监管中心、稽察大队进行质量监管工作。省（直辖市）南水北调办事机构下设质量监督站具体进行各项质量监管工作。

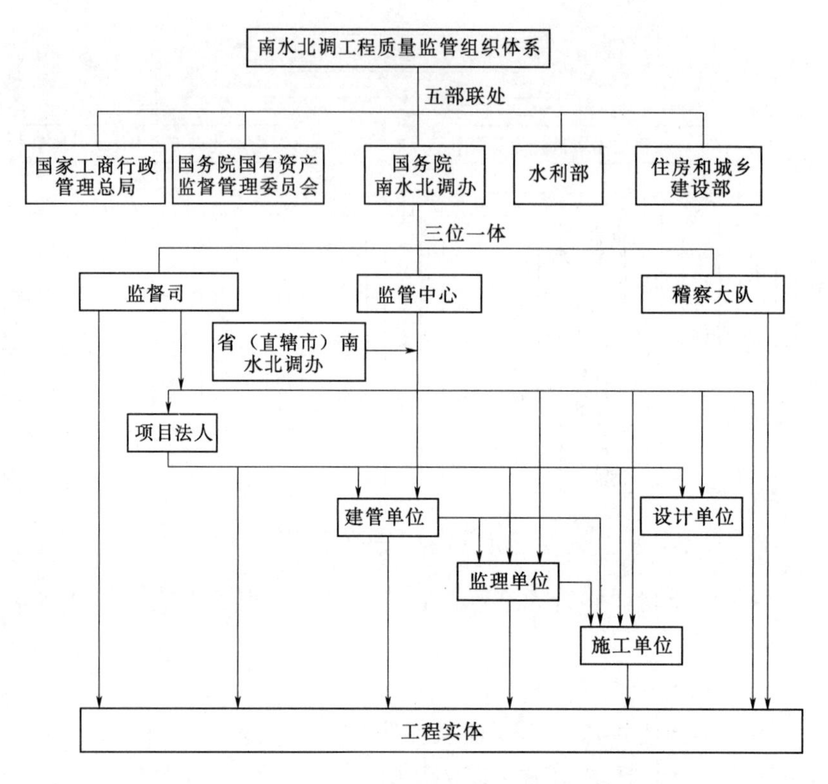

图 1-3-2 南水北调工程质量监管组织体系

（1）国务院南水北调办的主要职责。研究提出南水北调工程建设的有关政策和管理办法，起草有关法规草案；负责监督控制南水北调工程投资总量，监督工程建设项目投资执行情况；负责协调、落实和监督南水北调工程建设资金的筹措、管理和使用；负责南水北调工程建设质量监督管理；组织协调南水北调工程建设中的重大技术问题；负责南水北调工程（枢纽和干线工程、治污工程及移民工程）的监督检查和经常性稽查工作；具体承办南水北调工程阶段性验收工作；负责南水北调工程建设的信息收集、整理、发布及宣传、信访工作；负责南水北调工程建设中与外国政府机构、组织及国际组织间的合作与交流。

（2）国务院南水北调办监督司主要职责。负责组织对南水北调枢纽和干线工程建设情况进行经常性稽查、专项稽查和稽查复查；督促检查南水北调工程建设稽查整改意见的落实；负责受理南水北调工程建设各类举报，提出办理意见，组织或协调举报调查；对质量问题的责任单位和责任人进行责任追究。

（3）南水北调工程建设监管中心的主要职责。为南水北调工程的投资计划管理、建设管理、监督检查和经常性稽查提供技术支持和服务，承办有关工作；负责贯彻执行国务院南水北调办有关工程质量监督的规章制度以及有关工程建设质量管理的方针政策和法律法规；负责对南水北调东、中线一期工程中由项目法人直接管理和代建管理项目的有关质量监督实施机构和人员的责任落实情况进行监督管理；负责南水北调工程质量监督经费申报与管理；负责对南水北调东、中线一期工程站点监督机构和人员考核；定期向国务院南水北调办汇总报送工程质量监督信息和质量监督成果。

（4）稽察大队的主要职责。对工程建设质量、进度、安全等进行飞检，快速检查并及时、

准确发现工程建设中的质量、进度、安全问题，并及时解决问题，确保工程质量、进度、安全满足要求。

(5) 省（直辖市）南水北调办的主要职责。负责委托项目的质量监督工作；负责制定委托项目的质量监督年度计划和年度经费预算；负责对委托项目的项目站（巡查组）及人员的考核工作；负责落实站长负责制；抽查所管辖标段质量管理体系运行情况，各施工、监理单位质量管理人员工作情况；抽查参建单位质量管理行为、质量关键点、重要部位、关键环节等质量责任措施落实情况；抽查分部、单元工程验收情况；抽查监理、检测单位提交的原材料、中间产品检测报告；抽查提交的设计单元工程验收质量监督报告。

(6) 省（直辖市）质量监督站的主要职责。贯彻执行国家和国务院南水北调办有关工程建设质量管理的方针政策和法律法规；负责委托项目的质量监督，具体实施东线工程和中线干线工程委托项目、汉江中下游治理工程的质量监督工作；设立项目站或组织巡回检查组并向国务院南水北调办备案；定期向国务院南水北调办汇总报送工程质量监督信息。

四、质量监管机制

为了保证南水北调工程质量，建立从工程自身、政府和社会等方面的监管机制，主要包括政府质量监控机制、社会举报机制、质量认证机制、激励机制、信用机制、市场监管机制和责任追究机制，如图1-3-3所示。

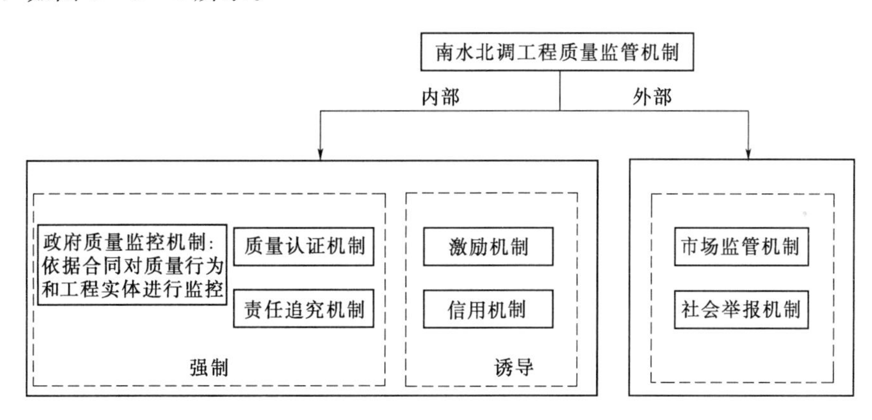

图1-3-3　南水北调质量监管机制

(1) 政府质量监控机制。南水北调工程政府质量监控机制是整个工程质量管理体系的重要组成部分。它由国务院南水北调办策划与领导，工程各项目法人负责，承建单位提供质量保证，监理实施现场控制，国务院南水北调办及项目法人实行定期或不定期的巡查和稽查的机制。为适应工程建设高峰期和关键期的特殊要求，国务院南水北调办适时完善传统的政府质量监管方法，创新政府质量监督机制，把质量监管关口前移，实行全过程、全方位、全面的质量监管。采取了质量飞检、站点监督、专项稽查等措施全面加强政府质量监控，为把南水北调工程建成质量可靠放心的工程，提供了有力保障。

(2) 社会举报机制。为了实现南水北调工程“精品工程、放心工程、廉洁工程”的建设目标，国务院南水北调办在质量监管上采取高压态势。为了更好地开展质量监管工作，南水北调办广泛发动社会各界力量，发挥社会监督的各种手段，主动接受社会监督，建立完善的有奖社会举报机制。在南水北调工程建设进入决战决胜的关键阶段，开展有奖举报工作，是快捷高效推进质量监管的又一条重要途径。通过受理举报，可以更快更准地查处南水北调工程建设中质量和资金等方面的违规违纪行为，维护正常的市场秩序，确保工程资金和人民生命财产安全，确保干部队伍清正廉洁、经得住检验。因此，国务院南水北调办结合南水北调工程的特点，适时创新社会举报机制，保证举报机制的社会监督作用落到实处，能够迅速、准确地处理举报问题。

(3) 质量认证机制。质量认证是对查出的质量问题进行定性。国务院南水北调办为了更准确、更权威地对检查出的质量问题进行定性，根据《南水北调工程建设质量问题责任追究管理办法》(国调办监督〔2012〕239号）的质量问题分类，对不同类型的质量问题，采用不同的认证程序，完善质量问题认证工作，细化质量问题认证标准。质量问题认证工作的范围是指国务院南水北调办组织的质量检查、质量监督、质量稽查、质量飞检和举报调查等涉及需要认证的质量问题。质量问题认证工作以事实为依据，按照法律、法规和技术标准进行检查、检验、检测，对质量问题的情况进行全面、准确、公平和公正的表述，对质量问题的严重程度进行明确界定。通过各项检查和举报调查发现的疑似影响工程质量安全的问题，需要进一步确认时，按质量问题季度会商意见，由国务院南水北调办向监管中心书面下达认证任务，明确需认证的项目、范围、工作时限及工作要求，监管中心负责认证工作的组织和实施。

(4) 激励机制。在南水北调工程建设的高峰期和关键期，为了提高建设管理水平，保证工程质量，加快工程进度，国务院南水北调办采取了目标考核、绩效评价、经济奖惩等激励措施，充分调动参建各方的积极性，激发员工的建设热情，保证工程建设目标的实现。

(5) 信用机制。为加强南水北调工程建设信用管理，根据《建设工程质量管理条例》和南水北调工程建设质量问题责任追究、进度考核、安全生产考核等有关规定，结合南水北调工程建设实际，国务院南水北调办制定了相应的信用管理制度，包括《南水北调工程建设信用管理办法》和《关于进一步加强南水北调工程施工单位信用管理的意见》(国调办建管〔2008〕179号）。信用机制充分利用现代信息网络手段，实现多行业监管系统的信息共享。把信用记录向社会公开，让全社会了解各企业和有关人员质量安全管理状况和素质，形成社会舆论监督和市场引导选择机制。

(6) 市场监管机制。无论在建设领域还是在其他领域，市场监管机制都有着不可替代的作用。经过国务院批准，国务院南水北调办与水利部、住房和城乡建设部、国家工商行政管理总局和国务院国有资产监督管理委员会联合建立了市场监管机制，对于严重质量问题和质量违规行为，采取对参建单位降低资质等级、吊销资质证书，对个人采取注销资质证书等措施。根据南水北调工程建设发生的具体问题，依法需对企业资质和人员资格进行处理的，由国务院南水北调办提出建议，水利部门、住房和城乡建设部门按照有关规定依法处理；工商行政管理部门加强对责任单位企业工商登记事项的监督管理；国资委系统加强对所出资建筑施工企业工程建设质量工作的指导和监督。

(7) 责任追究机制。质量责任追究是“高压高压再高压”的具体落实，体现了国务院南水北调办狠抓质量、严肃责任追究的坚定决心，确保工程质量，确保“不给工程留隐患，不给后代留遗憾”，确保工程建设目标。国务院南水北调办出台了《南水北调工程建设质量问题责任追究管理办法》(国调办监督〔2012〕239号），构建了量化统一、累计加重和多措并举的责任追究标准，是国务院南水北调办突出高压抓质量的重要举措，使责任单位和责任人不敢越过红

线，形成了违规必受罚、受罚促整改的格局。

五、质量监管制度与措施

国务院南水北调办本着点面结合的原则、预防与控制的原则和奖励与惩罚的原则，制定了成体系的制度措施。质量监管程序见图1-3-4。

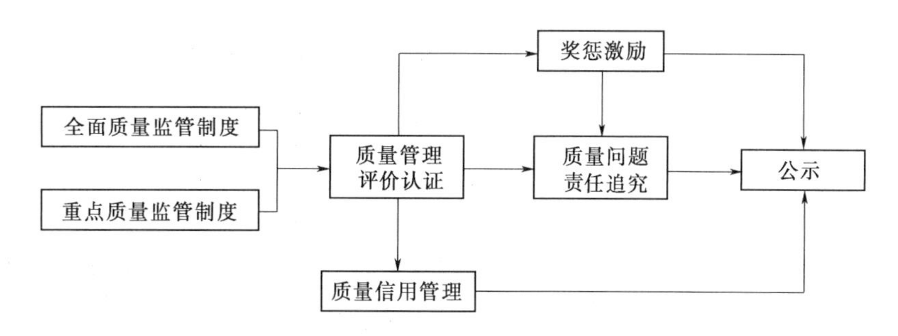

图1-3-4　南水北调工程质量监管程序图

本着工程质量全过程控制原则，国务院南水北调办从工程开工前的要素监管到施工过程的全方位控制，再到事后的验收进行了全过程的质量监管。对工程的质量进行评价和问题认证，对质量问题进行责任追究，对承包商进行激励和信用评价，制定了相应的监管制度与监管措施，见表1-3-1。

表1-3-1　南水北调工程质量监管制度及监管措施一览表

质量监管内容	监管制度	监管措施（发布的相关文件）
全面质量监管	专项稽查制度 站点监督制度 质量监督人员考核制度 飞检制度 合同监督制度	《南水北调工程稽察管理办法》 《质量专项稽察实施方案》 《南水北调工程建设稽察专家聘用管理办法》 《南水北调工程建设稽察工作手册》 《关于加强南水北调工程质量监督站管理工作的通知》 《站点监督质量监管实施办法》 《南水北调工程质量监督人员考核办法》 《关于对南水北调工程建设质量、安全、进度开展飞检工作的通知》 《南水北调工程建设合同监督管理办法（试行）》
重点质量监管	质量关键点监管制度 重点项目监管制度	《关于加强对南水北调工程建设质量关键点监督管理的意见》 《南水北调重点监管项目方案》 《关于加强南水北调工程中线干线高填方渠段工程质量监管的通知》 《关于委托对南水北调中线干线重要跨渠建筑物基础及隐蔽工程进行专项稽查的函》 《关于加强中线干线工程桥梁桩柱结合问题处理的通知》 《南水北调工程建设关键工序施工质量考核奖惩办法（试行）》 《关于开展中线工程质量监管“回头看”集中整治活动的通知》
质量管理评价认证	质量认证制度 质量管理评价制度	《南水北调工程质量问题认证实施方案》 《南水北调工程质量管理评价指标体系》

续表

质量监管内容	监管制度	监管措施（发布的相关文件）
质量问题责任追究	质量责任终身制 质量问题责任追究制度	《南水北调工程质量责任终身制实施办法（试行）》 《南水北调工程建设质量问题责任追究管理办法》 《关于进一步加强南水北调工程建设管理的通知》 《南水北调工程建设质量问题责任追究会商办法》
奖惩激励	奖惩举报制度	《南水北调工程建设举报奖励细则》 《南水北调工程建设举报受理工作意见》 《国务院南水北调办工程建设举报受理管理办法》 《南水北调工程建设举报受理工作手册》 《南水北调工程现场参建单位建设目标考核奖励办法（试行）》
信用管理	质量信用管理制度	《南水北调工程建设信用管理办法》
公示	公示制度	《关于对南水北调工程建设中发生质量、进度、安全等问题的责任单位进行网络公示的通知》

可见，国务院南水北调办所制定的质量监管制度及措施，从全面与重点相结合、预防与控制相结合、奖惩相结合等方面体现了南水北调监管制度及措施的全面性、灵活性、针对性，从而保证了南水北调工程的工程质量。

六、质量监管工作开展

（一）国务院南水北调工程建设委员会的质量监管工作

在历次国务院南水北调工程建设委员会全体会议上，建委会都着重强调工程质量，始终把加强工程质量管理放在建设管理的首位。

2003 年，建委会第一次全体会议确立了南水北调工程“项目法人责任制、招标投标制、建设监理制、合同管理制”的建设管理体制。2004 年，第二次全体会议强调，切实加强工程质量管理，建立质量责任制和责任追究制，实行全过程质量监督，努力把南水北调工程建设成为一流的水利工程，并提出了南水北调工程可实行委托制、代建制和直接管理相结合的管理模式。2008 年，第三次全体会议强调，质量和安全是南水北调工程的生命线，必须坚持质量第一、安全第一，坚持进度服从质量、服从安全，把质量和安全作为南水北调工程建设管理的核心任务，抓好关键技术、工艺攻关，健全并严格落实质量管理和安全生产责任制。2009 年，第四次全体会议强调，质量和安全是南水北调工程的生命线，必须把工程质量作为工程建设的核心任务，全面落实质量管理责任制，严格质量监督检查，做到安全生产常抓不懈，不给工程留隐患，不给后代留遗憾，把南水北调工程建成经得起时间和历史检验的精品工程、放心工程。2011 年，工程建设进入关键期和高峰期，第五次全体会议强调，南水北调工程已进入投资的高峰期和建设的关键期，越是在这种时候，越要加强质量控制和安全生产监督，扎实推进主体工程建设，同步建设配套工程，确保如期实现通水目标、发挥效益，确保建设质量一流，确保资金安全无虞，使南水北调工程经得起历史和人民的检验。2012 年，第六次全体会议再次强调，

把工程建成质量可靠放心的工程，在确保通水的同时，绝不能放松工程质量和水质安全，要加强工程质量监管。

此外，国务院南水北调工程建设委员会专家委员会（简称“专家委员会”）根据关键技术保障的需要制定调研方案，组成工程质量调研组对东、中线工程质量进行调研。各调研小组通过听取汇报、查看施工现场、查阅质量记录资料及文件，与相关单位进行了座谈，形成调研报告，解决了一批影响工程质量、制约工程进度的技术难题。

（二）南水北调工程正常施工期的质量监管

建设初期，在建委会的领导下，南水北调工程参建各方完善制度、加强管理、强化科技支撑、严格市场准入、加强教育培训，基本形成了“政府监督、项目法人负责、监理控制、设计和施工保证”的质量管理体系。

在此期间，质量监管的主要工作有：①国务院南水北调办印发了《南水北调工程建设管理的若干意见》《南水北调工程质量监督管理办法》《南水北调工程建设稽察办法》等质量监管制度，为质量监管规范化奠定了基础；②成立质量监管组织机构，国务院南水北调办先后组建了南水北调工程质量监督机构，设立北京、河北、山东、江苏、天津、河北等质量监督站和丹江口大坝加高、中线穿黄、漕河渡槽、惠南庄泵站等重要单项工程质量监督项目站，聘请具有丰富经验的人员担任质量监督站站长；③落实质量监管责任，各质量监督站按照各自的分工，认真落实监管职责，针对工程实际编制质量监督工作计划和细则，并有计划地开展质量行为和实体工程质量检查；及时抽查质量资料，检测原材料和中间产品，印发监督通知书（单）和质量监督工作简报，加强日常监督。

（三）南水北调工程高峰期、关键期的质量监管

南水北调工程参建队伍和建管模式有其独特的特点：①南水北调工程建设管理体制比较复杂，地方政府与项目法人职责交叉，专项设施产权涉及部门多，单位协调困难，在工程建设的关键期、高峰期问题尤为突出，采用传统质量监管体制机制难以保证工程质量，需要进行改进和创新。②参与南水北调工程建设的队伍，既有水利水电系统的国有企业、地方企业，也有铁道、建筑、交通等系统的施工单位。行业与行业之间的管理既有封闭性，也有差异性，在执行国家标准、行业标准的过程中，存在着不同认识，这极有可能对南水北调工程质量造成影响。③南水北调工程实行直管、委托、代建三种建管模式，虽然这些模式有利于调动沿线各省市的积极性，发挥社会管理资源在工程建设中的作用，降低建设管理成本，但也容易产生多头管理造成的责任落实不到位的隐患。

这些特点的存在给工程建设质量管理带来了极大的挑战，在工程建设进入高峰期、关键期尤为突出。质量是南水北调工程的生命。党中央、国务院高度重视南水北调工程质量，多次强调把南水北调工程建设成优质可靠放心工程。国务院南水北调办深入贯彻落实中央领导重要指示精神，本着对国家、对人民、对历史高度负责的态度，紧密结合工程本身的特点，转变观念，探索创新，提出了“三位一体”“三查一举”“质量问题认证”“质量考核激励”“信用管理”“有奖举报”和“责任追究”等有效的质量监管体制机制，确保了南水北调工程质量。

2011 年进入工程的高峰期和关键期，东、中线全长 2500 多 km，共有 514 个标段，参建单

位200多个，质量监管任务异常繁重。国务院南水北调办在2011年工程建设工作会议上，提出了“六抓”，对于质量安全管理狠抓严管，确保施工管理到位、监督检查到位、问题处理到位，对质量安全责任一抓到底，决不姑息。2011年7月，南水北调工程质量问题约谈会强调，国务院南水北调办对工程质量管理将高标准、严要求，始终保持高压态势，进一步狠抓工程质量管理。2012年，国务院南水北调办在工程建设工作扩大会议指出，工程质量管理要继续突出高压抓质量，“高压高压再高压，延伸完善抓关键”。高压，就是严查严处严罚，绝不手软：①将过去一季度处罚一次提升为一个月处罚一次；②简化质量问题处理程序，快速处理现场质量问题；③不但要现场处理，还要通报给受罚的上级单位，通报给东、中两条线。延伸，就是改变过去只对半成品、成品质量检查和处罚，而向两头延伸。向前延伸到施工环节，对施工的关键工序开展考核奖惩，同时质量检查也要延伸到工序质量控制；往后延伸，就是实施质量终身责任制。完善，是指2012年国务院南水北调办采取一些新的措施完善质量监管体系抓质量。抓关键，是指控制关键标段，一旦这个标段出现质量事故，就会影响通水目标，这是决不允许的。

（四）南水北调工程收尾期的质量监管

2013年，南水北调工程进入了收尾期、决战期。国务院南水北调办认真贯彻落实国务院领导视察国务院南水北调办时的重要指示精神，继续贯彻“高压高压再高压，延伸完善抓关键”的质量监管总体思路，从提高全系统思想认识入手，着眼质量管理行为和工程实体质量，又采取了一系列强有力的措施，出重拳、用重典，加大力度查找质量问题，从重追究责任，严防质量意外，确保把南水北调工程建成优质放心工程。

（1）用信用管理机制增强参建单位和人员的质量意识、诚信意识，确保各参建单位严格履行合同承诺，实现工程建设目标。《南水北调工程建设信用管理办法》以结果为导向，依据工程质量、建设进度、安全生产等信用信息三大要素，明确信用管理优秀单位、可信单位、基本可信单位、不可信单位的评价标准，对责任追究和考核结果实施季度和年度信用评价，并通过门户网站向社会公布信用评价结果。通过信用评价、公示信用，惩戒失信行为，使失信者“一处失信，寸步难行”。这对提高各参建单位质量意识、责任意识，发挥质量管理的积极性、主动性和创造性，从而提高质量管理水平，具有重要意义。

（2）通过“311”行动规范监理行为。《关于开展以“三清除一降级一吊销”为核心的监理整治行动的通知》（国调办监督〔2013〕108号）明确了实施“三清除一降级一吊销”责任追究的标准，要求加大对监理单位质量管理行为的监督检查力度，对出现严重违规行为、造成严重质量问题的监理单位和监理人员，进行严查严处。情节严重的，对责任单位和责任人，实施清除出场、降低资质等级、注销资格证书，直至吊销资质证书的处罚。同时，特别提出要对项目法人、建管单位、现场建管部门实施连带责任追究，也制定了相应的责任追究标准。“311”整治行动的开展，对规范监理行为，强化监理质量过程管控作用，对项目法人、建管单位进一步认清责任，切实加强监理合同管理，共同提高监理水平，更好地管控工程质量，都起到了重要作用。

（3）用“再加高压”消除质量隐患。为消除危及工程结构安全、可能引发严重后果的工程实体质量问题和恶性质量管理违规行为，国务院南水北调办在一系列高压措施的基础上，又提出再加高压实施质量监管，从“查、认、罚”三个环节予以强化，明确了严查质量问题、快速

质量认证、从重责任追究等方面的具体要求和措施：①严查质量问题，要求各质量检查单位一律实行“飞检式”质量检查，加力查找质量问题，对“三查一举”提出检查频次、时间量化标准。②快速质量认证，明确常规质量认证和权威质量认证的时限和要求，集中体现在“快”字。③从重责任追究，梳理了35种危及工程结构安全、可能引发严重后果的工程实体质量问题和7种恶性质量管理违规行为，对施工单位、监理单位实施5级从重责任追究和经济处罚，对项目法人、建管单位实施连带责任追究。同时，对查找质量问题的有功单位和个人进行精神和物质奖励。

（4）为确保工程质量万无一失，积极开展“回头看”集中整治工作。中线工程进入决战、收尾期阶段，以往查出来的质量问题都报过整改报告，部分问题也进行了复查，但还是有必要对质量问题整改情况进行集中检查，检验质量监管的实际效果。因此，国务院南水北调办决定对中线工程开展质量监管“回头看”集中整治活动。“回头看”的主要任务：一是重点检查2012年、2013年国务院南水北调办“三查一举”等质量检查发现的严重质量问题整改情况；二是深入查找不放心类质量问题，消除质量隐患；三是对“回头看”检查发现的质量问题，严格实施责任追究。

“回头看”具有以下特点：

（1）重点突出。重点就是2012年以来被国务院南水北调办实施通报批评或责成通报批评以上处罚的施工标段；另一个是过去查出的影响工程结构安全、可能影响通水目标的质量问题，要集中回顾整改。

（2）目标明确。“回头看”就是要看曾经出现的质量问题是否已经整改到位，隐患是否得到消除，类似的质量问题是否还有发生，是否还存在不放心类问题。通过“回头看”做到对问题整改情况心中有数、对质量状况心中有数。

（3）方式明了。“回头看”主要是以飞检方式进行检查。对照质量问题，直接去工地现场查看，检查实体质量是否整改到位。

（4）责任清晰。“回头看”对检查单位提出了明确要求。谁查谁签字，检查单位和人员要对检查结果负责。查完之后，如果出了问题，除了对责任单位和人员实施责任追究，还要对检查单位和人员进行连带责任追究。

正是有党中央、国务院对南水北调工程质量的高度重视，强调一定要把南水北调工程建设成优质可靠放心工程；正是有国务院南水北调办深入贯彻落实中央领导重要指示精神，有对国家、对人民、对历史高度负责的态度，进行艰苦卓绝的创造性工作；正是有10多万名工程建设者的努力和辛勤付出，才确保了南水北调这一伟大工程的一流质量。

第四节　南水北调工程质量管理总体效果

一、东线验收概况

（1）江苏段工程通水验收完成情况。2012年7月至2013年5月，江苏段与通水有关的25个设计单元工程完成了通水（完工）验收，除淮安四站由国务院南水北调办主持外，其余全部由江苏省南水北调办主持验收。其中，先期开工的三阳河潼河、宝应站、淮阴三站、淮安四站、淮安四站输水河道、刘山站、解台站等7个工程已完成设计单元工程完工验收，江都站改造工程已完成设计单元工程完工验收技术性初步验收，刘老涧二站等其他17个工程完成设计单元工程通水验收。

(2) 省际段工程通水验收完成情况。2012年11月至2013年5月，省际段与通水有关的8个设计单元工程均由国务院南水北调办组织完成了通水（完工）验收。除二级坝泵站完成设计单元工程通水验收外，其余7个工程均完成了设计单元工程完工验收技术性初步验收。

(3) 山东段工程通水验收完成情况。2010年10月至2013年6月，山东段与通水有关的22个设计单元工程完成了通水（完工）验收，除济平干渠和穿黄河工程由国务院南水北调办主持外，其余全部由山东省南水北调建管局主持验收。其中，济平干渠工程完成了设计单元工程完工验收，八里湾泵站、梁济运河段、柳长河段和东平湖输蓄水影响处理4个工程完成了设计单元工程通水验收，其他17个工程完成了设计单元工程完工验收技术性初步验收。

2013年11月，在南水北调东线工程全面通水前，专家委员会对其质量进行了总体评价。评价结论为："施工质量满足设计要求，试通水和试运行期间，工程运行正常、可靠。东线一期工程经受了试通水、试运行的检验，质量总体优良，具备全线安全通水条件。"

二、中线通水验收概况

设计单元工程通水验收完成情况。除京石段应急供水工程2008年5月完成临时通水验收外，2013年8月至2014年9月，相继完成了中线一期工程56个设计单元工程通水（完工）验收，其中由国务院南水北调办主持验收30个、天津市南水北调办主持验收1个、河北省南水北调办主持验收10个、河南省南水北调办主持验收14个，湖北省南水北调办主持验收1个。

(1) 责任区段通水检查。2014年7月22—24日，中线建管局组织开展了京石段应急供水工程通水检查工作；2014年9月1—5日，中线建管局组织开展了陶岔渠首至石家庄段（不含穿黄工程）通水检查工作；2014年9月12—13日，中线建管局组织开展了天津干线工程通水检查工作；2014年9月15—17日，中线建管局组织开展了穿黄工程通水检查工作；2014年7月20日，淮委治淮工程建设管理局组织开展了陶岔渠首枢纽工程通水检查工作。同时分别形成了责任区段通水检查工作报告，主要结论：工程具备通水条件，满足全线通水验收要求。

(2) 全线通水验收技术性检查。国务院南水北调办分别于2014年7月28—31日、9月14—15日组织完成了南水北调中线京石段应急供水工程和天津干线工程技术性检查工作，提出了分段检查报告，并于9月21—27日在组织完成陶岔渠首至黄河北段和黄河北至古运河南段技术性检查、提出分段检查报告后，召开全线通水验收技术性检查会议，提出了中线一期工程全线通水验收技术性检查报告。技术性检查评价意见为："南水北调中线一期工程全线通水验收技术性检查涉及的工程与通水有关的项目已按批复的设计内容基本建成，未完工程已作安排；工程设计符合国家和行业有关技术标准的规定，质量监督机构评价各设计单元工程施工和设备制作安装质量合格；有关设计单元工程已完成通水验收，发现的问题已基本整改落实；充水试验中发现的问题已采取了处理措施；责任区段通水检查发现的问题已作处理安排；责任区段结合部位未发现影响工程通水的问题；运行管理措施基本落实，工程运用方案、度汛方案及事故应急处理预案等已初步编制。南水北调中线一期工程具备全线通水验收条件。"

2014 年 10 月，在南水北调中线一期工程全面通水前，专家委员会对其质量进行了总体评价。评价结论为："中线一期工程建设难度大，技术难题处理成果新，质量管理指导思想正确，质量管理体系运行良好，质量管理措施到位，全线工程质量始终处于可控状态，工程结构工作性态整体正常，经受了充水试验的初步考验，工程建设总体质量良好，具备全线安全通水条件。"

三、质量管理主要成效

南水北调东、中线一期工程建设具有规模大、战线长、涉及领域广、施工环境复杂等管理难点。其中，东线工程大型泵站密集，平原水库、穿黄隧洞等工程施工技术要求高，工程需要满足调水、供水、排涝、航运等方面需求；中线干线工程面临膨胀土（岩）处理、特大型渡槽、穿黄隧洞、高填方渠段、煤矿采空区、高地下水位等设计和施工技术难题，质量管理难度大、极具挑战性。国务院南水北调办、项目法人、监理、设计和施工等各参建单位和专家委员会在党中央、国务院的关心下，始终保持正确的质量管理思想、完善质量监督体系、创新质量管理制度措施，使得工程建设进展顺利，质量总体良好，应急供水、防洪抗旱、生态保护等综合效益初步显现，取得了一批创新性的科技成果。

（一）实现了工程实体质量优良的目标

专家委员会于 2013 年 11 月和 2014 年 10 月分别对东线和中线工程开展通水工程质量评价，专家委员会一致认为，"各参建单位在工程建设过程中，严把市场准入关，优化工程设计，重视技术攻关，严格施工过程控制，强化技术指导，有效提升施工技术水平，提高了工程质量"，"东、中线工程经受了试通水、试运行的检验，质量总体优良，具备全线通水运行条件"。目前，各工程均能安全稳定投运，输水能力满足规划设计要求；水情、工情正常，相关河道水流平顺，过流良好，调蓄湖库运行正常。经安全监测，工程性状一切正常。

（二）创立了政府主导的质量监管体系

国务院南水北调办认真贯彻国务院南水北调工程建设委员会的决策部署，高度重视工程质量，针对特大型线性工程特点和当前建筑市场现状，建立健全以质量责任制为核心的质量监管体制机制，创新监管制度措施，加大质量问题处罚力度、持续保持高压态势，为将南水北调工程打造成优质精品工程奠定了坚实基础。其主要特点有：①通过建立、健全质量监管制度体系，落实质量监管责任，实现了南水北调工程质量监管的制度化和规范化；②构建"三位一体"质量监管体系，强化领导、健全机构，加强了质量监管力量；③强化以"查、认、罚"为核心的质量责任追究和信用管理机制；④开展质量集中整治、专项检查、飞检、全面排查、派驻监管、联合行动、专项行动等，创新了质量监管方式；⑤突出重点，紧盯关键，确定质量关键点和重点监管项目；⑥统筹协调，形成南水北调系统上下联动、片区结合、协同配合、合力管控工程质量的局面。国务院南水北调办质量指导思想明确，措施得力，成效显著，对于重大基础设施建设提高质量管理水平有重要意义。

（三）保障了工程效益有效发挥

2013 年 11 月，南水北调东线工程全面建成通水。截至 2016 年 7 月，累计向山东省调水

12.12 亿 m^3；抗旱抽水 18.4 亿 m^3，抽排涝水 6482 万 m^3，发挥了应有的效益，赢得了当地政府和群众的高度认可。

2014 年 12 月，南水北调中线一期工程建成通水。截至 2016 年 7 月，向北京市安全调水超 14 亿 m^3，人均水资源增加近五成；累计向天津供水 6.9 亿 m^3，安全输水 537 天，水质常规监测 24 项指标一直保持在地表水Ⅱ类标准及以上，稳定达标。北京市 2017 年实现再生水出水稳定达到地表Ⅳ类水，重大园林绿化工程良种使用率达 95%，提高生态承载能力 25%。

南水北调工程自通水以来，质量可靠，运行安全，供水稳定，缓解了华北地区水资源紧缺的矛盾，促进了调入地区的社会经济发展，改善了城乡居民的生活供水条件，在沿线省市保民生、稳增长、调结构、促转型和增效益等方面发挥了重要支撑作用，产生了巨大的社会、经济与环境效益。

第二章　南水北调工程建设参与方及其质量风险

百年大计，质量第一，质量是南水北调工程的生命。南水北调工程的质量是由南水北调工程本身的建设特点和工程建设各参与主体的行为共同决定的，因此深刻认识南水北调工程的经济属性，把握南水北调工程建设的具体特点，理顺南水北调工程建设各参与方之间的相互关系，对于及时发现南水北调工程的质量问题、开展南水北调工程质量管理和质量监督工作，以及落实工程质量责任等均具有重要意义。

第一节　南水北调工程经济属性与建设特点

南水北调工程与其他工程相比，有自身独特的经济属性和建设特点，这决定了南水北调工程建设参与方之间相互关系和工程质量问题的特殊性。

一、经济属性

根据项目区分理论，工程建设项目可按照项目的经济特性与投资主体的不同进行分类。根据投资主体的不同，工程项目通常可分为政府投资项目、企业投资项目、非营利组织投资项目和个人投资项目；按资金来源不同及项目社会效益的影响不同，将工程项目分为公共项目和私人项目；按照工程项目产品或服务的属性，可以将工程项目分为经营性工程项目、公益性工程项目和准公益性工程项目。

经营性工程项目指能够通过市场收费的机制来获得回报的项目，通常主要由社会投资，如各种所有制的企业、非营利组织和个人等非政府投资主体进行投资建设；公益性工程项目指具有外部经济性，单个成本与社会成本不对称，无法通过市场收费的机制来获得回报的项目，因此公益性工程项目主要由政府投资供给；准公益性工程项目指项目的部分产品或服务具有（纯）私人物品性质，而部分产品或服务具有（纯）公共物品性质，因此准公益性项目有现金流入，但其现金流入无法补偿所有项目资产的耗费，需要政府资金投入或给予政策优惠维持运营。

南水北调工程是缓解我国北方水资源严重短缺局面的战略性工程。南水北调工程通过跨流域的水资源合理配置，大大缓解了我国北方水资源严重短缺的问题，促进南北方经济、社会与人口、资源、环境的协调发展。从这个层面上说，南水北调工程具有公益性项目的特点。

根据《南水北调工程供用水管理条例》，用水者应当及时、足额缴纳水费，专项用于南水北调工程运行维护和偿还贷款；南水北调工程供水实行由基本水价和计量水价构成的两部制水价；南水北调工程受水区省（直辖市）人民政府授权的部门或者单位应当与南水北调工程管理单位签订供水合同。供水合同应当包括年度供水量、供水水质、交水断面、交水方式、水价、水费缴纳时间和方式、违约责任等。这可以看出南水北调工程又具有经营性工程项目的特点。

此外，一般水利工程是采取中央投资、地方配套的方式，由政府组织实施的，但是南水北调工程是实行项目法人负责制的工程，公益性和经营性相结合，按照市场经济运作。

综上所述，南水北调工程同时具有公益性和经营性的特点，故可认为南水北调工程属于准公益性工程项目。

二、建设特点

南水北调工程作为迄今为止世界上最大规模的调水工程，涉及政治、经济、社会、文化、生态环境等诸多领域，工作关系十分复杂，工程建设的复杂性、艰巨性、紧迫性前所未有。南水北调工程有着区别于一般水利工程的自身特点，认识和把握这些特点，对于建设好南水北调工程十分重要。

（一）工程特点

从工程本身来看，南水北调工程具有以下突出特点：

(1) 南水北调工程点多、线长。南水北调工程是单位工程的集成，包括了数以千计的单项工程。按工程类别划分，南水北调工程包括水源工程、输水工程、骨干工程、配套工程、治污工程及补偿工程等，这些工程项目特点不同，建设周期各异，组成复杂。

(2) 南水北调工程涉及区域广。南水北调东、中线一期工程涉及7省（直辖市）100多个县，利益主体多元化，协调任务十分繁重。

(3) 南水北调工程前期工作任务重，时间紧迫。南水北调工程总体规划经国务院批复后，即进入实施阶段。要实现建委会第二次全体会议确定的东、中线一期工程通水目标，前期工作的进度和深度明显不适应工程建设的需要。

(4) 南水北调工程施工组织管理复杂。在南水北调东、中线一期工程近3000km的战线上展开工程建设，要统筹安排好几百个单位工程建设的组织管理工作，其复杂程度前所未遇。

(5) 南水北调工程技术要求高。南水北调中线穿黄、丹江口大坝加高，东线低扬程、大流量水泵的选型、制造，以及工程的调度运行和自动化管理都是技术要求很高的新课题，都需要在工程建设中进行深入研究和创新。

（二）社会特点

南水北调工程具有以下社会特点：

(1) 南水北调工程与各种社会层面工作的关联度高。如征地移民，东线治污，中线水源保

护，北方地区地下水限采以及生态环境的保护与改善等，无论哪个方面出了问题，都将影响到调水目标的最终实现。

(2) 南水北调工程征地移民问题远较一般水利工程复杂。南水北调东、中线一期工程涉及7省（直辖市），永久占地约100万亩❶，临时占地约50万亩；移民近40万人，仅丹江口大坝加高后的库区移民就将近30万人。征地移民既有水库移民又有干线拆迁移民，既有农村征地又有城市拆迁，工作涉及许多区域的协调。建委会第二次全体会议明确了征地移民补偿标准，但针对不同地区、城市和乡村还要区别对待，做进一步的细化工作。

(3) 南水北调工程对工程建设区域的环境保护工作要求高。南水北调工程是一个调水工程，更是一个生态工程、可持续发展的工程。因此，在工程建设中，要从人水和谐发展的角度来规范工程建设，加强管理，加强施工和生活垃圾的处理，防止造成新的环境污染和破坏，形成新的水土流失。

(4) 南水北调工程沿线历史遗迹多，文物保护工作任务繁重，受到社会各界的关注。一方面要抓紧文物勘探调查，制定切实的保护方案，及时纳入东、中线一期工程总体移民安置规划；另一方面各项目法人要积极配合文物管理部门，共同做好文物保护工作。

(5) 南水北调工程协调关系复杂。南水北调工程东、中线一期工程涉及地方7省（直辖市）和国务院众多部门，涉及不同的行业和领域，各项工作关联程度之高是前所未有的。要达到认识的统一，协调工作量远较一般工程要大。

(6) 南水北调工程社会影响深远。南水北调工程是调水工程，更是一项生态工程，对我国经济社会的发展具有极其重要的作用，不仅党中央、国务院高度重视，全社会也非常关注。因此要求工程建设主体必须以如履薄冰、如临深渊的态度认真做好各项工作。

(三) 融资特点

南水北调工程是公益性与经营性相结合的工程，以准市场的方式进行运作。南水北调工程投资由中央拨款、南水北调基金和银行贷款等组成。这种资金构成反映了以下几方面特点：

(1) 南水北调工程具有公益性与经营性相结合的特点。这是由水资源的双重属性所决定的。不同于纯公益性水利工程，完全由政府拨款建设；也不同于纯经营性工程，在较低资本金下通过自有资金和贷款来建设。

(2) 南水北调工程属大型跨流域、跨区域工程项目，由中央政府主管，南水北调建委会具体负责。虽然基金由各省（直辖市）负责筹集并全部作为各省（直辖市）的资本金使用，但必须由中央统一安排，通过项目法人投入到工程建设中去。同时根据不同时段资金需求的变化，由建委会研究投资变化后的有关政策。

(3) 在资金的管理上，项目法人对资金的筹集、使用和还贷负有完全的责任，既要考虑今后的还贷又要考虑用水户的承受能力。因此，要求项目法人必须优化方案设计，降低工程造价，提高资金的使用效益，努力降低水价及减少后续还贷压力。于是，在实施过程中传统观念和经济体制改革的新要求不可避免地发生碰撞。一个新的体制、一项新的制度或者一个新的举措出台，都会与传统思维、习惯作法发生碰撞，都会在不同方面遇到困难。

---

❶ 1亩≈0.667hm^2。

（四）管理特点

（1）管理架构与过去不同。南水北调工程建设管理体制总体上分为政府管理机构和项目管理机构（项目法人）两个层面，具体由领导机构、工作机构、工程建设管理机构（项目法人）和项目建设管理机构四个部分组成。

1）领导机构。国务院南水北调工程建设委员会作为工程建设高层次的领导决策机构，负责决定南水北调工程建设的重大方针、政策、措施和其他重大问题。各省（直辖市）南水北调工程建设委员会或领导小组是地方南水北调配套工程的协调决策机构。

2）工作机构。国务院南水北调工程建设委员会办公室，作为建委会的办事机构，主要负责工程建设的组织、协调、监督、指导，规范南水北调建筑市场，协调国务院有关部门加强节水、治污和生态环境保护等社会层面的工作。各省（直辖市）南水北调办，根据国务院南水北调办的授权，负责主体工程建设的部分管理工作，并负责本区域社会层面工作的协调和管理以及配套工程的建设管理。

3）工程建设管理机构（项目法人）。对工程筹资、建设、运营管理、还贷、资产保值增值全过程负责，负责工程建设管理和运行管理，同时参与征地移民等社会层面的工作。

4）项目建设管理机构。是受项目法人委托的建设管理单位和代建管理单位，承担具体项目建设管理任务。

（2）项目法人的组建和管理机制不同。南水北调工程共组建了6个项目法人，它们的组建方式有较大差异。湖北省的项目是补偿工程，属公益性，全部由中央投资，所以项目法人性质是事业单位；山东省和江苏省项目的中央投资是由地方暂时代为管理，机构组建委托地方进行，工程建设管理和服务由国务院南水北调办领导。中线水源公司和中线管理局，分别由水利部和国务院南水北调办负责组建，工程建设管理的政府职责均由国务院南水北调办实施。无论组建方式如何，工作的目标都是一致的，都是按照总体规划的要求，完成工程建设，向社会提供工程产品，这是南水北调工程的一个特殊性。

（3）管理模式与过去不同。建委会第二次全体会议确定南水北调主体工程建设采用项目法人直接管理、代建制和委托制管理相结合的管理模式，这是由南水北调工程自身特点决定的。对工程技术复杂、工期压力大的枢纽、重要渠（河）段及省（直辖市）边界工程，由项目法人直接建设管理或招标选择专业建设管理机构实行代建制管理；对技术含量低、工期压力小的渠（河）段工程，由项目法人以合同方式委托地方政府指定或组建的建设管理机构组织建设。不论采取何种方式，工程竣工后均由项目法人统一管理。南水北调工程建设实行项目法人直接管理与委托和代建相结合的建管模式，是与南水北调工程建设管理要求相适应的体制创新。这种管理模式还需要项目法人在工程建设管理的实践中不断摸索、磨合，探索其更为有效的实现方式。在工程建设中，项目法人要切实加强标段划分审查、工程质量管理、设计修改审批、建设资金控制等环节的管理；要坚持依法行政，照章建设，抓紧完善各项管理制度，全面实行工程建设的合同化管理；要规范工程建设招投标行为，通过竞争机制择优选择设计、施工、监理和管理队伍；要健全工程质量、安全、进度等各项管理制度和监管体系，为优质、高效地推进工程建设提供制度保障。

（4）工程建设的时机和要求与以往不同。一般工程在开工建设以后，按顺序开始建设，投

资曲线呈倒U形。南水北调工程建设则是整个工程建设在不同的时段开工，按计划在同一时段竣工，投资曲线是逐渐增大，最后形成高峰。基于南水北调工程建设的特殊性，有的项目并不适宜早日开工，因早开工将来并不能早运行，早开工的项目不但增加维修压力，同时增加了管理压力。合理的开工秩序是根据优化的工程建设总体进度网络图来实施的。在初步设计具备条件的基础上，一定要严格按照工程建设的前后顺序和总体进度网络图来安排工程建设。

综上所述，与其他大型工程不同，南水北调工程具有线性、工程量大、工程形式多、参建单位多等特点。南水北调工程的特点和建设背景，决定了南水北调工程建设管理模式的选择，不能照搬一般大型基础设施项目的模式，也不能脱离社会主义市场经济条件的大背景，而要紧密结合工程本身的特点，转变观念，探索创新，走出一条符合南水北调工程实际，实现科学管理、有序运作的建设管理道路。

第二节　南水北调工程建设参与方及相互关系

由于南水北调工程属准公益性大型工程项目，涉及参与方众多，各方关系较一般工程更为复杂，因此有必要对南水北调工程建设各参与方的任务以及相互关系进行梳理。

一、建设参与方及其任务

南水北调工程从策划到建成运行，有众多单位参与，总体上和其他工程项目类似，包括工程项目投资方、工程项目业主/项目法人方、工程设计方、工程施工/设备制造方和工程材料供应方等。他们在项目中扮演不同的角色，发挥着不同的作用。从项目管理角度看，他们具体的管理职责、范围、采用的管理技术都会有所区别。

（一）工程投资方及其任务

1. 南水北调工程的投资来源

南水北调工程投资由中央拨款、南水北调工程基金、国家重大水利工程建设基金（以下简称“重大水利基金”）和银行贷款四部分组成。

（1）中央拨款包括中央预算内投资（中央财政）和中央预算内专项资金（国债）。

（2）南水北调工程基金根据《南水北调工程基金筹集和使用管理办法》进行征收和管理。南水北调工程基金在南水北调工程受水区的北京、天津、河北、江苏、山东、河南6省（直辖市）范围内筹集。6省（直辖市）所筹集的基金数量，按其承诺的用水量及南水北调主体工程投资规模和结构等因素确定。6省（直辖市）人民政府确保南水北调工程基金及时足额上缴中央国库。南水北调工程基金全部作为地方资本金使用，6省（直辖市）在南水北调工程项目中所占股份，根据各自筹集上缴中央国库的基金数额确定。

（3）国家重大水利工程建设基金根据《国家重大水利工程建设基金征收使用管理暂行办法》进行征收和管理。重大水利基金是国家为支持南水北调工程建设、解决三峡工程后续问题以及加强中西部地区重大水利工程建设而设立的政府性基金。重大水利基金利用三峡工程建设基金停征后的电价空间设立。用于南水北调工程建设的重大水利基金，由南水北调工程项目法人根据工程建设进度提出年度投资建议，报国务院南水北调办审查，经国务院南水北调办报国家发展和改革委员会审核后，纳入国家固定资产投资计划。同时，国务院南水北调办要编制重大水利基金年度支出预算，报财政部审核。财政部根据批准的年度投资计划、基金收支预算和基金实际征收入库情况安排资金。重大水利基金用于南水北调工程建设，暂作为中央资本金管理。

（4）银行贷款部分，由国家开发银行牵头、中国建设银行等9家银行组成的银团，协议向南水北调工程贷款，贷款的本息由重大水利基金偿还。

可以看出，南水北调工程的主要投资方为中央政府和南水北调工程受水区省（直辖市）政府。值得注意的是，南水北调工程是中央直属的工程项目，针对大型跨流域、跨区域工程的特点，必须由中央主导。虽然南水北调工程基金由各省（直辖市）负责筹集并全部作为各省（直辖市）的资本金使用，但必须由中央统一安排，通过项目法人，投入到工程建设中去。

2. 中央和地方政府对工程投资的监管

作为工程投资方的中央和地方政府，其主要责任在投资决策上，管理的重点是在项目启动阶段，采用的主要手段是项目评估。但是，要真正取得期望的投资收益，中央和地方政府仍需要对南水北调工程项目的整个生命期进行全程的监控和管理。

为确保南水北调工程的顺利实施，国务院成立了南水北调工程建设委员会，以加强对南水北调工程建设的领导，它是高层次的决策机构，其任务是决定南水北调工程建设的重大方针、政策、措施和工程投资、建设部署、治污环保、征地移民等方面的重大问题。建委会下设办公室，即国务院南水北调办，是国务院南水北调工程建委会的办事机构，承担南水北调工程建设期的工程建设行政管理职能。主要职责有：

（1）研究提出南水北调工程建设的有关政策和管理办法，起草有关法规草案；负责建委会全体会议以及办公会议的准备工作，督促、检查会议决定事项的落实；就南水北调工程建设中的重大问题与有关省、自治区、直辖市人民政府和中央有关部门进行协调；协调落实南水北调工程建设的有关重大措施。

（2）负责监督控制南水北调工程投资总量，监督工程建设项目投资执行情况；参与南水北调工程规划、立项和可行性研究以及初步设计等前期工作；汇总南水北调工程年度开工项目及投资规模并提出建议；负责组织并指导南水北调工程项目建设年度投资计划的实施和监督管理；负责计划、资金和工程建设进度的相互协调、综合平衡；审查并提出工程预备费项目和中央投资结余使用计划的建议；提出因政策调整及不可预见因素增加的工程投资建议；审查年度投资价格指数和价差。

（3）负责协调、落实和监督南水北调工程建设资金的筹措、管理和使用；参与研究并参与协调中央有关部门和地方提出的南水北调工程基金方案；参与研究南水北调工程供水水价方案。

（4）负责南水北调工程建设质量监督管理；组织协调南水北调工程建设中的重大技术问题。

（5）参与协调南水北调工程项目区环境保护和生态建设工作。

（6）组织制定南水北调工程移民迁建的管理办法；指导南水北调工程移民安置工作，监督

移民安置规划的实施；参与指导、监督工程影响区文物保护工作。

（7）负责南水北调工程（枢纽和干线工程、治污工程及移民工程）的监督检查和经常性稽查工作；具体承办南水北调工程阶段性验收工作。

（8）负责南水北调工程建设的信息收集、整理、发布及宣传、信访工作；负责南水北调工程建设中与外国政府机构、组织及国际组织间的合作与交流。

（9）承办国务院和建委会交办的其他事项。

南水北调工程沿线有关省、自治区、直辖市也分别组建了南水北调工程建设领导机构及其办事机构，其主要任务为：贯彻落实国家有关南水北调工程建设的法律、法规、政策、措施和决定；负责组织或协调征地拆迁、移民安置；参与协调省、自治区、直辖市有关部门实施节水治污及生态环境保护工作，检查监督治污工程建设；负责南水北调地方配套工程建设的组织协调，提出配套工程建设管理办法。

（二）工程项目法人及其任务

根据国务院批准的《南水北调工程项目法人组建方案》，基于南水北调工程总体规划和分期建设要求，并考虑到历史情况、现状条件以及工程运用功能，分别组建东线山东干线有限责任公司、东线江苏水源有限责任公司、中线干线工程建设管理局和中线水源有限责任公司、湖北省南水北调管理局、淮河水利委员会治淮工程建设管理局等6个项目法人。南水北调主体工程建设采用项目法人直接管理、代建制和委托制管理相结合的管理模式。项目法人组建方案具体如图2-2-1所示。

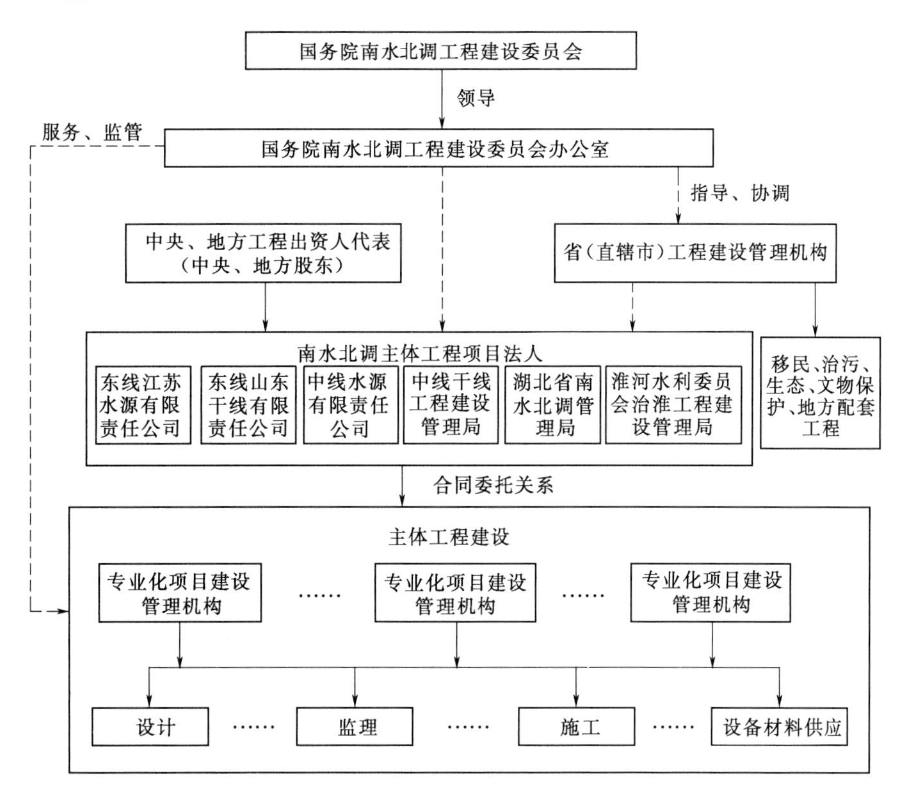

图2-2-1　项目法人组建方案

1. 南水北调东线山东干线有限责任公司

按照建委会批准的《南水北调工程项目法人组建方案》的要求，南水北调东线一期工程由山东省出资人代表组建南水北调东线干线有限责任公司，作为一期工程的项目法人。中央在山东境内东线工程的投资（资产），建设期间委托山东省管理。二期工程追加中央、河北省和天津市投资，改组为由中央控股，山东省、河北省和天津市参股的南水北调东线山东干线有限责任公司，作为东线干线二期工程及三期工程的项目法人，负责东线干线二、三期工程建设和全部工程的运行管理。

2004 年 12 月 30 日，南水北调东线山东干线有限责任公司完成了注册登记手续，标志着南水北调东线山东干线项目法人成立。

南水北调东线山东干线有限责任公司是经建委会和山东省人民政府批准成立、省政府委托省南水北调工程建设管理局组建的国有独资公司，其主要任务是承担南水北调东线一期山东省境内工程建设的组织实施和运行管理。工程建设期间，在济南设总部，在工程现场设韩庄、穿黄、两湖、济东和鲁北 5 个建设管理局。工程运行期间，在济南设总部，并拟在枣庄、济宁、泰安、济南、聊城、德州、潍坊 7 市设管理局，在工程沿线部分县（市、区）设管理处。

2. 南水北调东线江苏水源有限责任公司

由江苏省在江苏供水公司的基础上组建南水北调东线江苏水源有限责任公司，作为东线江苏省境内工程的项目法人。经建委会批准同意，江苏省政府于 2004 年批复成立江苏水源公司，作为省属国有独资企业，履行项目法人职责，负责工程建设管理和运营管理工作。江苏水源有限责任公司于 2005 年 3 月组建成立，是国家和江苏省政府共同出资设立的国有独资企业，在工程建设期，主要承担项目法人职责，负责南水北调东线江苏省境内工程建设管理；工程建成后，负责东线江苏省境内工程的供水经营业务。

3. 南水北调中线干线工程建设管理局

按照国务院南水北调工程建委会批准的《南水北调工程项目法人组建方案》的要求，由中央与有关省（直辖市）出资人代表按照各方的出资比例，共同组建由中央控股的中线干线工程建设管理局，作为中线干线工程的项目法人，负责中线干线工程建设及运行管理。后根据需要，设立河南分公司、河北分公司、北京分公司、天津分公司和直属工程分公司。各分公司受干线有限责任公司的委托，负责各段干线工程的建设和运营。

南水北调中线干线项目法人是 6 个项目法人中最大、涉及省市最多的一个。考虑到中线工程涉及河南、河北、北京、天津 4 省（直辖市），涉及面广，管理的单项工程多，协调工作量大，短期内不具备组建有限责任公司的条件，为满足中线干线工程尽快实现全面建设的需要，经国务院南水北调工程建设委员会领导同意，中线干线工程项目法人的组建分步实施，先期组建中线干线工程建设管理局（企业），作为工程建设管理的责任主体履行建设期间的项目法人职责，由国务院南水北调办负责建设期管理。

2004 年 7 月 13 日，南水北调中线干线工程建设管理局正式成立，标志着南水北调中线干线项目法人到位并开始全面履行中线干线主体工程建设管理职责。南水北调中线干线工程建设管理局履行南水北调中线干线主体工程建设期间的项目法人职责，待条件具备时，改组成南水北调中线干线有限责任公司。

中线干线工程建设管理局是负责南水北调中线干线工程建设和管理，履行工程项目法人职责的国有大型企业。按照国家批准的南水北调中线干线工程初步设计和投资计划，在国务院南水北调办的领导和监管下，依法经营，照章纳税，维护国家利益，自主进行南水北调中线干线工程建设及运行管理和各项经营活动，努力实现筹资、建设、运营、还贷、资产保值增值等目标；中线干线工程采用直接建设管理、代建制建设管理和委托制建设管理三种管理模式，对中线干线工程进行建设管理。

中线建管局主要职责是：①贯彻落实建委会的方针政策和重大决策，执行国家及南水北调工程建设管理的法律法规，对中线干线工程的投资、质量、进度、安全负责；②负责中线干线工程建设计划和资金的落实与管理；③负责中线干线工程建设的组织实施；④负责组织中线干线工程合同项目的验收；⑤负责为中线干线工程建成后的运行管理创造条件；⑥负责协调工程项目的外部关系，协助地方政府做好移民征地和环境保护工作；⑦转为运行管理后，负责中线干线工程的运营、还贷、资产保值增值等。

4. 南水北调中线水源有限责任公司

根据政企分开、政事分开的原则，以汉江水利水电（集团）有限责任公司为基础，主辅分离、资产重组、供水与发电结合，组建南水北调中线水源有限责任公司作为项目法人，在国务院南水北调办的领导和监督下，负责丹江口大坝加高和水库移民等工程建设、管理工作。

5. 湖北省南水北调管理局

在国务院南水北调办和湖北省委、省政府的领导下，2003 年 8 月成立湖北省南水北调管理局作为湖北省南水北调工程（汉江中下游治理工程）的项目法人，负责组织实施南水北调汉江中下游的兴隆水利枢纽、引江济汉、部分闸站改造和局部航运整治四项治理工程，对工程质量负总责，负责工程建设质量的管理工作。

2010 年 5 月，湖北省南水北调管理局成立了“湖北省兴隆水利枢纽工程建设管理处”和“湖北省引江济汉工程管理处”，作为管理局的直属管理机构，负责所辖项目工程建设质量的管理工作。

2014 年 6 月，根据工程管理运行的需要，分别更名为“湖北省兴隆水利枢纽工程管理局”和“湖北省引江济汉工程管理局”，负责有关建设管理和工程运行工作。

6. 淮河水利委员会治淮工程建设管理局

淮河水利委员会治淮工程建设管理局是一支长年工作于建设管理一线、经验丰富、工作能力突出的建设管理队伍，在南水北调一期工程建设中，承担了东线苏鲁省际大部分工程和中线陶岔渠首枢纽的现场建设管理工作。

淮委建设局对南水北调工程十分重视，抽调主要骨干组建南水北调东线工程建设管理局，对苏鲁省际工程中的台儿庄泵站工程、蔺家坝泵站工程、二级坝泵站工程、骆马湖水资源控制工程、大沙河节制闸、杨官屯河闸、姚楼河闸、潘庄引河闸、南四湖水资源监测工程，承担建设管理工作。

受国务院南水北调办委托，2009 年 3 月，淮委建设局又组建了南水北调中线一期陶岔渠首枢纽工程建设管理局（简称“陶岔建管局”），负责陶岔渠首枢纽工程现场建设管理工作。这是淮委建设局首次跨流域承担工程建设管理任务，尽管不是项目法人，但要承担项目法人的建管职责，具有较强挑战性，也是对淮委建管局建管水平的一次严峻考验。

南水北调工程各项目法人是工程建设和运营的责任主体。在建设期间，主体工程的项目法人对主体工程的质量、安全、进度、筹资和资金使用负总责。其主要任务为：依据国家有关南水北调工程建设的法律、法规、政策、措施和决定，负责组织编制单项工程初步设计，负责落实主体工程建设计划和资金，对主体工程质量、安全、进度和资金等进行管理，为工程建成后的运行管理提供条件，协调工程建设的外部关系。

（三）工程施工单位/设备制造单位及其任务

南水北调工程项目施工单位/设备制造单位，分别指承担工程施工的施工企业和工程设备的制造企业，按照工程承发包合同的约定，完成相应的工程建设任务。

《关于进一步规范南水北调工程施工招标标段划分的指导意见》（国调办建管〔2008〕113号）给出了标段划分的指导原则和指导意见，指出南水北调工程枢纽建筑物单个施工标段招标概算一般控制在3亿元以上；招标概算3亿元以下的建筑物与渠道（河道、箱涵）组合分标：中线渠道工程单个施工标段长度宜在10km以上，招标概算宜控制在2.5亿元以上；中线天津段箱涵工程单个施工标段长度宜在3km以上，招标概算宜控制在1.5亿元以上；东线渠道（河道）工程单个施工标段长度宜在10km以上，招标概算宜控制在1亿元以上；单个设计单元工程划分为1个施工标段，招标概算规模仍不能达到上述要求的，划分为1个施工标段。

根据上述指导意见，南水北调东、中线对各自范围内的工程项目进行标段划分，通过招标选择相应施工单位或设备制造单位。以南水北调东线一期江苏段为例，江苏省境内工程主要建设内容包括调水工程和治污工程两个部分。调水工程主要内容为：扩建、改造运河一线调水工程，新辟、完善三阳河、金宝航道、徐洪河一线调水工程，新建14座泵站、改造4座泵站，形成以运河线为主，运西线为辅的双线输水格局。再以三阳河潼河宝应站为例，其施工和设备制造分为20个标段，通过招标确定各标段的施工单位或设备制造单位（表2-2-1），可以看出南水北调工程标段之多，因而相应参加南水北调工程的施工单位也非常之多。

表2-2-1　南水北调东线一期工程三阳河潼河宝应站项目参建施工单位或设备制造单位

序号	施　工　标　段	施工单位/制造单位	所属项目
1	潼河施工ⅰ标	江苏省水利建设工程总公司	三阳河潼河河道工程
2	潼河施工ⅱ标		
3	三阳河施工ⅰ标	扬州水利建筑工程公司	
4	三阳河施工ⅴ标	淮阴水利建设集团有限公司	
5	潼河施工ⅳ标	江都市水电建筑安装工程总公司	
6	三阳河施工ⅱ标	扬州水利建筑工程公司	
7	三阳河施工ⅲ标	山东省水利疏浚工程处	
8	三阳河施工ⅳ标	江苏省水利建设工程总公司	
9	潼河施工ⅴ标	高邮市水利建筑安装工程总公司	
10	潼河施工ⅵ标	扬州水利建筑工程公司	
11	潼河施工ⅶ标	淮阴水利建设集团有限公司	
12	三阳河施工ⅹ标	南京水利建筑安装工程公司	

续表

序号	施　工　标　段	施工单位/制造单位	所属项目
13	桥梁施工ⅰ标	高邮市水利建筑安装工程总公司	三阳河潼河跨河桥梁工程
14	桥梁施工ⅱ标	江都市水电建筑安装工程总公司	
15	桥梁施工ⅲ标	扬州水利建筑工程公司	
16	桥梁施工ⅳ标	扬州水利建筑工程公司	
17	桥梁施工ⅴ标	江苏省水利建设工程总公司	
18	宝应站工程土建施工及设备安装	江苏省水利建设工程总公司	宝应站工程
19	宝应站工程水泵及其附属设备	无锡市锡泵制造有限公司	
20	宝应站工程电机及其附属设备	哈尔滨电机厂有限责任公司	

工程施工单位的具体任务包括：①通过投标或协商，承揽南水北调工程建筑、安装或改造任务；②按照承包合同要求，编制施工组织设计和施工计划，做好人力与物质准备工作，准备开工；③按照与南水北调工程相关项目法人商定的分工，做好材料与设备的采购、供应和管理工作；④严格按照设计图纸、规程规范和合同要求进行工程施工，确保南水北调工程工程质量，保证在合同规定的工期内完成施工任务；⑤合同工程完工后，负责清理现场，按时提交完整的竣工验收资料，交工验收，并在合同规定的保修期内负责南水北调工程相关标段的维修；⑥对由其分包给其他施工企业的子项工程，负责施工监督和协调，使之满足合同规定要求。

（四）工程设计方及其任务

南水北调工程设计方，是指参与南水北调工程设计的工程设计企业，其按照与南水北调工程相关项目法人签订的设计合同，完成相应的设计任务。

(1) 工程设计准备阶段的设计工作。包括：①了解业主资信与投资意图，参与设计招标；②设计谈判签约；③组织设计班子，编制设计进度计划；④收集设计资料，研究设计思路提出勘察任务。

(2) 工程初步设计阶段的设计工作。包括：①总体设计；②编制方案设计，明确设计要求；草拟设计方案（包括工艺设计、建筑设计），进行方案比选；③编制初步设计文件，分专业设计并汇总，编制设计说明与概算。

(3) 工程技术设计阶段的设计工作。包括：①提出技术设计计划，包括工艺流程试验研究，特殊设备的研制，特殊技术的研究等；②编制技术设计文件；③参加初审，并作必要的修改。

(4) 工程施工图设计阶段的设计工作。包括：①建筑、结构、设备的设计；②专业设计的协调；③编制设计文件，包括汇总设计图表、编制施工图预算，编写设计说明；④校审会签，按审核意见作必要修改。

(5) 工程施工阶段的设计工作。包括：①在图纸会审、技术交底会上介绍设计意图，向工程施工单位进行技术交底并答疑；②必要时修改设计文件，督促工程施工单位按图施工；③参加隐蔽工程的验收；④解决施工中的设计问题，参加工程竣工验收。

（五）工程监理方及其任务

南水北调工程建设监理，是指参加南水北调工程项目监理工作的建设监理公司，按与南水北调工程相关项目法人签订的监理合同，提供监理服务。

同样以南水北调东线一期工程三阳河潼河宝应站项目为例，通过招标确定了不同标段的监理单位，见表2-2-2。

表2-2-2　南水北调东线一期工程三阳河潼河宝应站项目参建监理单位

序号	监理标段	监理单位	所属项目
1	潼河监理ⅰ标	南京江宏监理咨询有限责任公司	三阳河潼河河道工程
2	征地拆迁监理标	江苏省苏源工程建设监理中心	
3	三阳河监理ⅰ标	上海宏波建设工程监理有限公司	
4	三阳河监理ⅱ标	盐城市河海工程建设监理中心	
5	潼河监理ⅱ标	南京江宏监理咨询有限责任公司	
6	潼河监理ⅲ标	南京江宏监理咨询有限责任公司	
7	桥梁监理ⅰ标	南京江宏监理咨询有限责任公司	三阳河潼河跨河桥梁工程
8	桥梁监理ⅱ标	江苏省苏水工程建设监理中心	
9	桥梁监理ⅲ标	江苏省苏水工程建设监理中心	
10	桥梁监理ⅳ标	南京江宏监理咨询有限责任公司	
11	桥梁监理ⅴ标	江苏九天工程顾问有限公司	
12	宝应站工程建设监理标	江苏河海工程建设监理有限公司	宝应站工程

在南水北调工程建设过程中，工程监理单位的主要任务包括以下内容：

（1）合同管理。包括工程投资控制、进度（工期）控制、质量控制和施工安全控制等。监理工程师应站在公正立场上，尽可能地调解南水北调工程相关项目法人和施工单位双方在履行合同中出现的各种纠纷，维护当事人的合法权益，并利用合同手段，实现工程项目控制以期达到既定的项目目标。

（2）工期控制。监理工程师运用网络计划技术等手段，审查、修改南水北调工程项目施工组织设计与进度计划，并在工程实施中随时掌握工程进展情况，督促施工单位按合同要求实现各项工期目标。

（3）投资控制。主要是在施工准备阶段协助确定好标底和合同造价；施工阶段准确计量工程量，审核支付进度款支付，以及用控制索赔等手段达到控制费用的目的。

（4）质量控制。通过对施工前各项基础条件的质量把关，施工过程中的监督和审核，以及通过对最后施工的各种验收，严格控制南水北调工程施工质量。

（5）施工安全控制。根据《中华人民共和国安全生产法》和《建设工程安全生产管理条例》的规定，监督检查施工单位严格按照安全生产操作规程进行施工，发现存在安全事故隐患，立即要求整改。严重的要求施工单位立即暂停施工。杜绝安全事故发生。

（6）组织协调。南水北调工程项目在实施过程中，项目法人与设计单位、项目法人与施工

单位、设计单位和施工单位以及施工单位之间有许多工作上的结合部位，经常会出现许多矛盾，这些矛盾由监理工程师去协调解决。

（六）工程相关的其他参与主体

南水北调工程相关的其他参与主体包括政府的计划管理部门、建设管理部门、环境管理部门、审计部门等，分别对南水北调工程项目立项、工程建设质量、工程建设对环境的影响和工程建设资金的使用等方面进行管理。此外，建筑材料的供应商、工程招标代理公司、工程设备租赁公司、保险公司、银行等，均与南水北调工程项目法人签订合同，提供服务或产品等。

二、建设参与方的相互关系

（一）从工程建设模式角度看参与方的合同关系与监管关系

南水北调工程采用的是设计、施工相分离的DBB模式，即设计—招标—建造模式，工程建设主要参与各方（项目法人、设计单位、施工单位、监理单位等）的关系如图2-2-2所示。

图2-2-2中，发包人即指项目法人，其与工程设计单位、工程监理单位分别签订工程设计和工程监理合同；项目法人与施工承包单位签订工程承包类合同，当全部工程施工作为一个标段发包时，即为施工总承包；施工承包方或施工总承包方在得到发包方批准的条件下，可将非主体的部分工程进行分包，并与施工分包方签订分包合同，施工分包方对施工承包方或施工总承包方负责；工程监理与工程施工方无直接合同关系，但他们在工程承包合同、工程监理合同的规定下，形成了监理与被监理的关系；工程设计方与工程监理方、工程施工方无合同关系，他们在项目法人的统一组织、协调下参与南水北调工程项目活动。

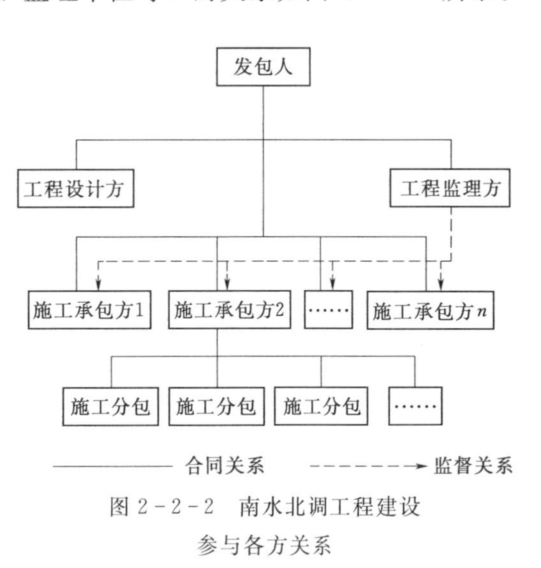

图2-2-2　南水北调工程建设参与各方关系

南水北调工程项目由上述建设参与方形成的联合组织完成，他们形成的联合组织不是独立的经济组织，而是以合同为纽带、临时的多边组织。他们之间存在各种交易关系，而不是企业的层级关系。参与方虽长期利益各不相同，但有共同的短期目标。

（二）从经济学角度看各方关系

从经济学角度看，南水北调工程建设参与方之间还存在典型的委托代理关系。由于南水北调工程属政府投资项目，使得参与方之间的委托代理关系共同形成多重委托代理链，如图2-2-3所示。

根据詹森和麦克林对委托代理的解释："一个人或一些人（委托人）委托其他人（代理人）根据委托人的利益从事某些活动并相应地授予代理人某些决策权的契约关系"。在南水北调工

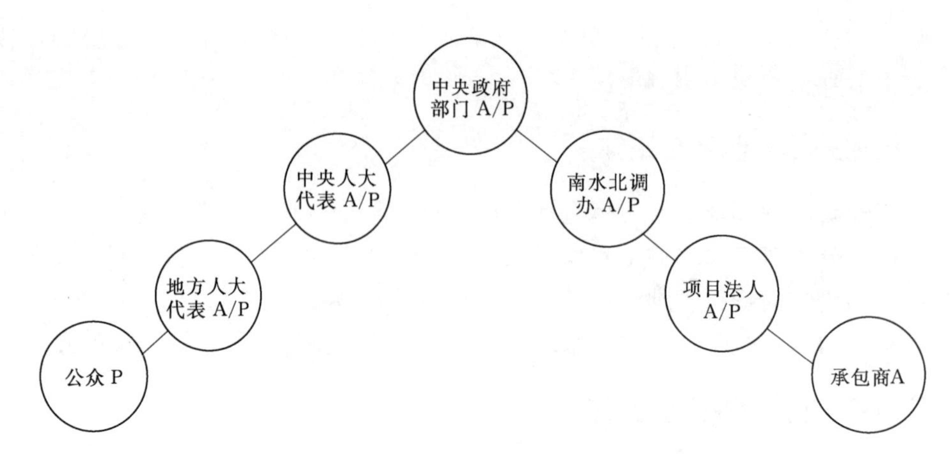

图 2-2-3　南水北调工程项目的委托代理链

程中，施工承包人是受项目法人的委托，这种委托是以投标并中标获得施工合同的形式。这里，项目法人是委托人，施工承包单位是代理人，这种委托代理关系中，施工单位主要提供的服务和拥有的权力如下：进行专业分包和劳务分包；进行工程施工以提供工程产品；自行采购材料或设备；指导工程的整体施工；调配并管理进入工程项目的人力、资金、物资和机械设备等生产要素；负责施工现场的安全以及其他被授予的权力等。委托方（项目法人）权利如下：对主体工程的质量、安全、进度、筹集和资金使用进行管理，为工程建成后的运行管理提供条件；协调工程建设的外部关系；在监理委托合同、设计合同、施工合同中分别约定各参建单位的质量管理目标等。

根据项目法人与施工承包单位之间形成关系的特点，在经济学的角度上可以认为项目法人和施工承包单位之间存在委托代理关系，这里的委托代理关系泛指任何一种涉及非对称信息的交易，交易中具有信息优势的一方称为代理人，另一方称为委托人，而且代理人的私人信息（行动或知识）会影响委托人的利益。也就是说，经济学中的委托代理关系形成的前提是信息不对称。在项目法人和施工承包人所形成的关系中就存在着信息不对称，在合同签订前的招投标阶段和合同签订后的实施阶段都存在信息不对称，表现在以下方面：

（1）在招投标阶段，投标人（施工企业）比业主更了解关于自身特征的某些方面如真实的施工水平和履约能力，为了能中标，投标人可能采取的策略是隐瞒可能影响中标的不利因素，即试图从保持信息的私人性中获利，如提供虚假资料、编造工程经验等。

（2）中标后，在实际履行合同进行工程施工时，施工承包人比业主更了解自己的建造行为，如使用人员的素质、材料的质量、建造方法与技术等，可能为了企业的利润而采用选择材料设备时以次充好、非道德索赔等方法谋求更大利益。另外，施工承包人的施工能力、施工经验、施工技术方案、所使用人员的素质、材料好坏等都会影响最终建筑产品的质量，从而影响业主的利益。所以说，施工承包人的私人信息和行动会影响到委托人的利益。

由以上分析可知，从信息经济学的角度来看，业主和施工承包人显然是一种典型的委托代理关系。业主方（委托人）想使承包人（代理人）按照业主的利益（例如使工程项目整体效益最大化）选择行动，但是业主却不能直接观测到承包人选择了什么行动（例如努力提供高质量的服务还是偷工减料），能观测到的只是承包人行为选择结果的另一些变量（如最终交付的工程），而这些结果就是由承包人的行动和其他外生的随机因素共同决定的，因而只是承包人行

为的不完全信息。

第三节　委托代理理论视角下南水北调工程面临的质量风险

根据南水北调工程的独特特点，以及南水北调工程建设各参与方之间的相互关系，可利用委托代理理论来分析南水北调工程面临的质量风险。这有利于深入认识南水北调工程质量监管工作的必要性，并为探寻南水北调工程中质量问题的应对措施提供理论支撑。

一、委托代理理论下的工程质量风险

根据上一节的理论分析，在南水北调工程建设过程中，存在典型的委托代理关系和代理问题。其中主要的风险体现在南水北调工程质量上，需要通过科学的理论分析制定合理的应对措施。

（一）委托合同机制的自身缺陷

1. 合同的不完备性

（1）南水北调工程系统复杂。南水北调工程是一个复杂系统，参与单位众多，包含很多子项目，各个子项目之间又存在界面，界面管理十分复杂。由于人的有限理性，难以用明确清晰的合同语言将合同各方的权利义务界定清楚。即使可以，在谈判过程中所耗费的时间和费用也难以承受。合同双方在签订合同时往往宁愿暂时忽视这些问题。这是南水北调工程合同不完备的原因之一。

（2）南水北调工程建设周期长，外部环境变化大，不确定性因素多。首先，同样由于人的理性有限，对南水北调工程外部环境的不确定性无法完全预计，因而不可能预见所有未来可能发生的事件，更不可能在合同中制订好应对上述事件的具体条款；其次，即使人们能够预见未来所有可能发生的事件，但是要预先了解和制定针对这些可能事件的措施，所花费的成本也是相当高的。从这两方面来看，南水北调工程合同的不完备性不可避免。

（3）对合同履约的度量及判断存在模糊性。这种履约判断的模糊性主要表现在工程质量的检查和验收上，对某些隐蔽工程质量的检验由于缺乏相应的科学检测手段，常常采用专家判断法，这带有较大的主观性。而在合同双方发生争议时，当诉诸第三方监理工程师、法院或仲裁庭时，第三方也难以证实或观察一切，无法强制执行。抑或即使第三方能够证实或观察，这种履约判断花费的费用和时间也是合同双方难以承受的。

2. 合同双方信息的不对称性

信息不对称性也是工程合同不完备的重要原因之一。在南水北调工程合同履行过程中，发包人不清楚承包人的行动，虽然可以请监理工程师，但有时作为第三方的监理工程师甚至也无法对某些问题进行验证，或即使能够验证，也需要花费很大的物力、财力和精力，经济上不划算。因此，南水北调工程合同履行过程中存在隐藏行动的信息不对称。

3. 承包方机会主义行为倾向

机会主义行为倾向是“经济人”的一个重要特征。所谓机会主义行为倾向，是指人具有随机应变、投机取巧、为自己谋取更大利益的行为倾向。用经济学的语言描述是，在非均衡市场上，人们追求收益的内在成本外部化、逃避经济责任的行为。从理论上讲，承发包双方均存在机会主义倾向，但由于履行合同中的信息不对称，信息占优的承包方的机会主义倾向更容易得到实施。这就是发包方的道德风险的根源。

（二）南水北调项目法人的质量风险

由于业主方和施工承包人的委托代理关系，加上南水北调工程合同的不完备性特点，造成了南水北调工程业主方目标与施工承包人目标的差异。业主方从追求自身效用最大化出发，希望南水北调工程产品质量高、造价低，而施工承包人是以谋求更高利润为目标的，提供高质量的工程产品意味着成本更高，利润更少，因此施工承包人可能会有如下道德风险行为：使用不达标的材料、施工工艺流程不规范、施工人员懈怠对待工程施工等，这些行为可以增加承包人的效益，但却会损害业主方的利益。所以业主方的问题就是如何根据能够观测到的信息来奖惩承包人，以激励其选择对业主方有利的行动，这便是典型的委托代理问题。对业主方而言，需要应用激励手段，在满足承包人激励相容和激励参与约束下实现自己的利益目标同时也实现自身的利益目标。

在工程实践中，发包人面临的道德风险具体表现为承包人的偷工减料、钻合同漏洞、设置“陷阱”进行恶意索赔，以及工程质量低劣，使质量水平经常处于“合格”与“不合格”的“灰色边缘”地带等，甚至还有向其他项目参与方寻租（如监理工程师），形成共谋共同欺骗发包人的行为，这是一种更为隐蔽、狡猾的欺骗形式。

二、应对质量风险的基本措施分析

（一）委托代理问题的一般解决方案

针对委托代理关系的问题，20世纪70年代以来，许多经济学家进行了不懈的探索，提出种种解决方案和设想，归纳起来主要包括以下三个方面：

（1）让代理人拥有剩余索取权，从而激励代理人。由于合同的不完备性和交易中的不确定性，剩余控制权的存在是必然的，这就需要赋予有剩余控制权的人以一定的剩余索取权，使剩余控制权与剩余索取权尽量相对应，使委托人的利益与代理人的利益能够相容，这种相容就是委托人与代理人共同分享剩余。如果拥有剩余控制权的人没有剩余索取权，就不可能有积极性做出好的决策，而很可能最终选择滥用剩余控制权以谋求自身利益。

（2）利用市场竞争机制来约束代理人的行为。利用各种竞争手段对代理人的行为进行约束，主要是通过市场竞争来实现。在整个社会范围内通过公平竞争来选择最适合的代理人，而能力差或努力不够的代理人以后将更难获得和委托人合作的机会，这就是市场发挥了对代理人的制约作用。

（3）设计有效的激励约束机制，并对代理人的工作进行严格监督和准确评价。根据代理人的行为目标，用收益来实现激励和约束，激励代理人努力工作和能力的发挥，用富有弹性的收益指标来约束代理人的行为。同时可利用声誉对代理人进行约束，因为代理人的声誉将影响其未来机会。

（二）委托代理下质量风险的具体应对——构建完善的质量监管体系

工程项目作为一种临时的多边组织，与企业存在较大差异，但是在委托代理问题上具有相似之处，因而可以借鉴企业代理问题的解决思路。结合南水北调工程的特点，对于工程中的质量风险问题，应对的主要措施可归结为：通过政府、工程建设市场以及工程建设行业来产生和提供有效的监管机制，包括激励机制、监督机制以及制约机制。

（1）构建有效的激励机制。一个有效的激励机制能够使工程项目中承包人（代理人）与项目法人（委托人）的利益一致起来，使前者能够努力实现项目法人利益的最大化。其目的是吸引最佳的承包人且最大程度地调动他们的主观能动性。设计科学的且具有吸引力的激励机制，包括物质激励和精神激励（如声誉激励、权利激励、工作过程激励、竞争激励、情感激励等），可以降低承包人的道德风险。

（2）构建有效的监督机制。监督机制是工程项目委托人（包括政府、项目法人等不同层次）对工程产品、代理人（包括项目法人和承包人等不同层次）行为或决策所进行的一系列客观而及时的审核、监察与分析的行动。南水北调工程中存在多层次委托代理关系，同一个建设参与方可能既是委托人又是代理人，为确保南水北调工程质量，需要建立完善的监督体系。通过完善对工程产品、不同层次代理人行为的考核与监督，降低代理人的道德风险。

（3）构建有效的制约机制。制约机制是根据对南水北调工程产品及对工程项目中承包人等不同代理人各种行为的监察结果，政府、项目法人等不同层级委托人做出适时、公正的奖惩决定。制约机制包括内部约束和外部约束。内部约束主要包括权利约束、制度约束，构建权利约束机制关键在于建立规范的项目治理机构，形成健全的权力约束机制。外部约束主要包括市场约束和法律约束，市场对承包人等代理人行为的约束力最终来源于建设市场上的竞争和退出机制。

上述三个机制是相辅相成的。激励机制是规定好将来工程建设成果的利益分配，监督机制是记录承包人等代理人的业绩与行为，制约机制是根据监督机制的记录结果实施奖惩。这三个机制，促使工程项目各级代理人全力以赴，像实施自己的工程那样来实施委托人的工程，使委托代理下的质量风险问题得到有效的解决，使代理成本降到最低点。对于南水北调工程各级委托人来讲，主要是如何制定有效的三个机制来吸引一流的代理人，使代理人能够发挥最大的主观能动性来实施好南水北调工程。从激励机制产生的动力加上制约机制产生的压力才能使代理人努力实施工程，优胜劣汰。非常重要的一点是，激励机制要具有足够的激励效果，制约机制则要客观“无情”，对代理人构成足够的威慑与心理压力。

第三章 南水北调工程质量监管体系

南水北调工程以质量为生命、以责任为核心，始终把质量监管工作摆在重要位置。创造性地建立了具有鲜明特色的从严高压质量监管体系，有效保障了南水北调工程的质量安全。本章主要介绍南水北调工程的质量监管体系，包括南水北调工程质量监管目标、对象与内容，南水北调工程质量监管组织体系，南水北调工程质量监管体系职责分工与工作制度。

第一节 南水北调工程质量监管目标、对象与内容

构建工程质量监管体系，首先要了解工程质量监管的目标、对象和内容。南水北调工程具有区别于其他工程的特点，因而质量监管的具体目标、对象和内容也有其特殊性。

一、质量监管目标

工程质量关系到人民生命财产的安危，直接影响国民经济的发展。质量是南水北调工程的生命，是决定南水北调工程建设成败的关键。质量管理是南水北调工程建设管理的核心，质量监督管理是保证南水北调工程健康、有序建设的关键。与其他大型工程不同，南水北调工程具有线性、工程量大、工程形式多、参建单位多等特点。南水北调工程的特点和建设背景，决定了南水北调工程建设管理模式的选择，不能照搬一般大型基础设施项目的模式，要紧密结合工程本身的特点，转变观念，探索创新，走出一条符合南水北调工程实际，实现科学管理、有序运作的建设管理道路。

南水北调工程质量监管的目标就是通过运用各种监管机制、制度和措施，确保工程质量管理到位，工程质量监督检查到位，工程质量问题处理到位，进而确保南水北调工程质量达到要求，工程顺利完工通水。

二、质量监管对象

根据《中华人民共和国建筑法》和《建设工程质量管理条例》规定，政府对工程质量的监

管任务主要包括两个方面：一是对参加建设工程活动各方主体质量行为进行监管；二是对建设工程实体质量进行监管。《中华人民共和国建筑法》和《建设工程质量管理条例》中对各方质量责任和义务以及原材料、工程实体质量要求做了相关规定，是政府监管的最主要依据。

南水北调工程线路长、工程类别多、控制节点多、技术要求高、施工组织管理复杂、利益主体多元化以及采用直接管理、委托管理和代建管理相结合的管理模式，决定了其质量监管的特点。其监管对象主要包括南水北调工程建设参与方和南水北调工程实体本身两个方面。具体如图 3-1-1 所示。

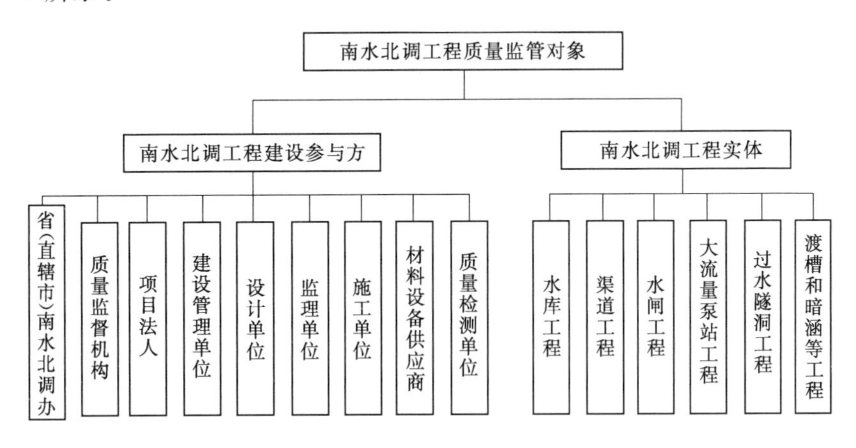

图 3-1-1　南水北调工程质量监管对象

（1）对南水北调工程建设参与方的监管。南水北调工程建设参与方是工程质量问题的潜在责任主体，对工程质量负有不同的责任。在新的建设管理体制下，南水北调工程质量监管的对象除了传统管理体制下的项目法人（建设管理单位）、监理单位、施工单位和设计单位，还包括南水北调工程特殊体制下的各省（直辖市）南水北调工程建设领导机构、质量监督站等。

（2）对南水北调工程实体的监管。依据《中华人民共和国建筑法》和《建设工程质量管理条例》，政府对南水北调工程实体质量监管包括主体结构的质量监管、重要隐蔽工程验收、保修期的质量监管，贯穿整个南水北调工程并形成建议过程。南水北调工程形式多样，工程量巨大，仅东、中线一期工程就包含单位工程 2700 余个，土石方开挖量 17.8 亿 m^3，土石方填筑量 6.2 亿 m^3，混凝土量 6300 万 m^3。工程形式包括水库，渠道，水闸，大流量泵站，超长、超大过水隧洞，超大渡槽、暗涵等。其中，中线干线工程长 1432km，铁路交叉 62 处，穿渠建筑物 479 座，跨渠桥梁 1255 座。其规模和难度国内外均无先例，导致对南水北调工程实体质量的监管十分复杂。

三、质量监管内容

南水北调的工程特点和独具特色的建设管理体制同样决定了政府质量监管内容的特殊性和复杂性。对于南水北调工程建设参与方，质量监管的内容是南水北调工程建设参与方的具体质量行为，即包括传统体制下项目法人、监理单位、施工单位和设计单位的质量行为，也包括南水北调工程特殊体制下各省（直辖市）南水北调工程建设领导机构、建设管理单位、质量监督站等的质量行为；对南水北调工程实体，质量监管的内容包括原材料的质量监管、工程关键部位质量监管、薄弱环节质量监管和质量关键点监管等。南水北调工程质量监管内容如图3-1-2所示。

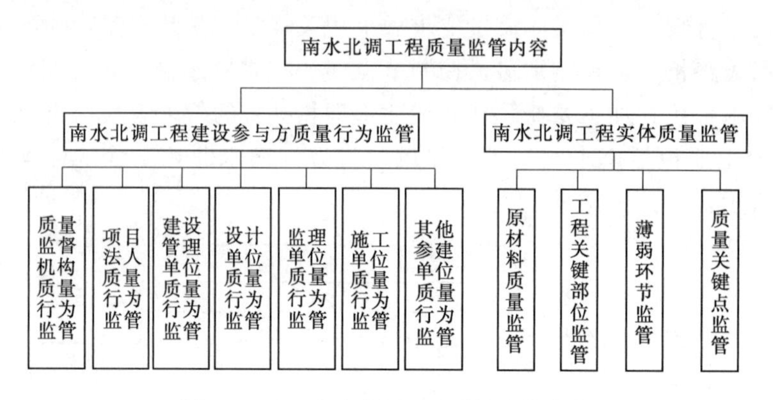

图3-1-2 南水北调工程质量监管内容

（一）对建设参与方质量行为的监管

1. 对各省（直辖市）南水北调工程建设领导机构的监管

为进一步加强南水北调工程的政府监管，自2003年下半年开始起，工程沿线各省（直辖市）政府先后成立了省（直辖市）南水北调工程建设委员会或领导小组，下设办事机构。2003年9月，国务院南水北调办向有关省（直辖市）政府印发了《关于有关省市组建南水北调工程办事机构意见的函》，进一步规范了各省（直辖市）南水北调办事机构的设置，明确了职责。

2003年7—12月，湖北、河南、河北、江苏、天津、北京相继成立了南水北调工程建设委员会或领导小组，各省（直辖市）南水北调工程建设委员会或领导小组均设办事机构。在工程建设期，各省（直辖市）南水北调工程办事机构要接受国务院南水北调办和国家其他相关部门的监管，监管对象和内容主要是质量行为的监管。各省（直辖市）南水北调工程办事机构的质量行为主要包括：①负责各行政区域内南水北调受水区供水配套工程的行政监管工作；②承担各行政区域内采用委托制管理方式的南水北调主体工程建设项目的行政监管工作；③配合国家有关部门参与各行政区域内南水北调工程的行政监管工作；承担国务院南水北调办委托的行政监管工作；④受理各行政区域内南水北调工程举报工作。

2. 对质量监督站的监管

《南水北调工程建设管理的若干意见》提出：南水北调工程质量监督工作，采用统一集中管理、分项目实施的质量监督管理体制。国务院南水北调办依法对主体工程质量实施监督管理，各项目法人、建管单位、勘测设计、监理、施工等单位依照法律法规承担工程质量责任。南水北调工程质量监督采用巡回抽查和派驻项目站现场监督相结合的工作方式。国务院南水北调办在重要单项工程设立质量监督项目站和巡查组。

为加强南水北调工程质量监督管理，规范质量监督行为，保证工程质量，2005年5月国务院南水北调办印发了《南水北调工程质量监督管理办法》，明确了质量监督机构和质量监督内容。具体内容如下：

（1）南水北调工程质量监督工作，采用统一集中管理、分项目实施的质量监督管理体制，由国务院南水北调办负责实施监督管理。

（2）南水北调东线主体工程、中线干线工程委托项目和汉江中下游治理工程项目，质量监督工作由国务院南水北调办委托有关省（直辖市）南水北调办事机构负责实施。

（3）国务院南水北调办在南水北调主体工程所在省（直辖市）设立南水北调工程省（直辖市）质量监督站。省（直辖市）质量监督站的具体组建和日常管理工作由国务院南水北调办委托相关省（直辖市）南水北调办事机构负责。省（直辖市）质量监督站的主要任务为：贯彻执行国家和国务院南水北调办有关工程建设质量管理的方针政策和法律法规；负责委托项目的质量监督，具体实施东线工程和中线干线工程委托项目、汉江中下游治理工程的质量监督工作；定期向国务院南水北调办汇总报送工程质量监督信息。

（4）国务院南水北调办委托南水北调工程建设监管中心承担质量监督管理的有关具体工作。南水北调工程建设监管中心质量监督工作的主要任务为：贯彻执行国家和国务院南水北调办有关工程建设质量管理的方针政策和法律法规；受国务院南水北调办委托具体实施丹江口大坝加高工程、中线干线工程中由项目法人直接管理和代建管理项目的质量监督；定期向国务院南水北调办汇总报送工程质量监督信息；承办国务院南水北调办委托的其他质量监督管理方面的具体工作。

根据《南水北调工程质量监督管理办法》，质量监督机构设置和质量监督对象如图 3-1-3 所示。

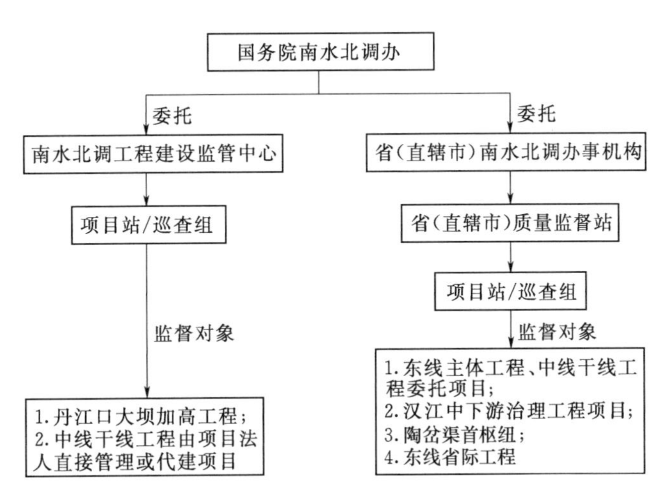

图 3-1-3　南水北调工程质量监督机构设置和监督对象

3. 对项目法人的监管

根据《南水北调工程建设管理的若干意见》《南水北调工程代建项目管理办法（试行）》及《南水北调工程委托项目管理办法（试行）》，项目法人的质量行为主要有以下内容：

（1）直接管理项目。项目法人对直接管理项目的质量监督管理主要包括两个方面：①对设计、监理、施工、材料供应和质量检测等单位的市场准入和建设期的质量行为进行监督管理；②采用有效手段和方法对工程实体质量进行监督管理。

（2）委托管理项目。项目法人对委托管理项目的质量行为主要包括以下几个方面：招标选择勘察设计单位；监督管理委托项目管理单位对监理、施工和重要设备供应单位的招标选择以及合同的签订；与委托项目管理单位签订委托合同，划分项目管理责任；项目法人依据国家有关规定以及建设管理委托合同，对委托项目进行监督管理；项目法人作为委托项目责任主体对工程项目的质量、安全、进度、投资负最终管理责任。

（3）代建管理项目。项目法人对代建管理项目的质量行为主要包括以下几个方面：招标选择勘察设计单位和监理单位；招标选择代建项目管理单位；监督管理代建项目管理单位对施工单位以及重要设备供应单位的招标选择以及合同签订；监督管理代建项目管理单位。

4. 对建设管理单位的监管

建设管理单位是指通过直接管理、代建管理、委托管理等方式，在施工现场具体实施南水北调工程建设管理的机构。南水北调工程的建设管理单位也分为直接管理、委托管理和代建管理三种。

（1）直接管理建设管理单位。直接管理建设管理单位是项目法人的派出机构，代表项目法人负责工程项目建设实施的组织管理工作，其质量管理行为主要包括以下几个方面：①建立健全现场质量管理体系；②贯彻执行项目法人有关工程项目建设及内部管理的各项规章制度；③根据工程建设需要，建立健全所辖工程项目建设管理办法，完善工程建设进度、质量及安全保证体系并负责组织实施；④负责对工程建设现场的全面管理；⑤负责对参与工程建设的设计、监理、施工等单位的组织协调与监督管理；⑥负责建设现场的文明施工与环境保护工作；⑦参与工程验收，配合做好工程阶段性验收和竣工验收的准备工作；⑧负责组织单项施工合同完工验收工作；⑨制定内部管理规章制度，负责本建管部财务、审计、资产、劳动人事、物资设备的管理以及工程建设档案资料管理工作；⑩负责调水运行管理的筹备工作。

（2）委托项目建设管理单位。委托项目建设管理是指经国务院南水北调办核准，项目法人将南水北调部分工程项目的建设管理工作直接委托项目所在地［有关省（直辖市）］项目建设管理单位负责。负责委托项目建设管理的项目建设管理单位由项目所在地省（直辖市）南水北调办事机构指定或组建。

根据《南水北调工程委托项目管理办法（试行）》，委托项目建设管理单位的质量行为主要包括以下几方面：①建立健全现场质量管理体系；②承担委托项目在初步设计批复后建设实施阶段全过程（初步设计批复后至项目竣工验收）的建设管理，项目建设管理单位依据国家有关规定以及签订的委托合同，独立进行委托项目的建设管理并承担相应责任，同时接受依法进行的行政监督；③项目建设管理单位负责项目建设监理、施工、重要设备供应等单位的招标工作，并与中标单位签订合同；④项目建设管理单位是委托项目实施阶段的建设管理责任主体，依据国家有关规定和建设管理委托合同对项目法人负责，对委托项目的质量、进度、投资及安全负直接责任；⑤组织监理、施工、重要设备供应等单位招标时，委托项目的招标分标方案报项目法人并经国务院南水北调办核准，招标工作计划和招标结果报项目法人备案，并同时抄报有关省（直辖市）南水北调办事机构；⑥将签订的施工、监理、重要设备供应合同报项目法人备案，国家有相关合同示范文本的，项目建设管理单位应当采用示范文本；⑦及时组织委托项目的质量评定和工程验收，对于具备移交条件的委托项目，应当及时移交项目法人运行管理；⑧项目建设管理单位负责完成委托项目的竣工报告、竣工决算的编制并完成竣工决算审计。

（3）代建项目管理单位。代建项目管理单位是指在南水北调主体工程建设中，项目法人通过招标方式择优选择具备项目建设管理能力，具有独立法人资格的项目建设管理机构或具有独立签订合同权利的其他组织（即项目管理单位），承担南水北调工程中一个或若干个单项、设计单元、单位工程项目全过程或其中部分阶段建设管理活动的建设管理单位。

根据《南水北调工程代建项目管理办法（试行）》，代建项目建设管理单位的质量行为主要包括以下几方面：①建立健全现场质量管理体系；②项目管理单位依据国家有关规定以及与项目法人签署的委托合同，独立进行项目建设管理并承担相应责任，同时接受依法进行的行政监督及合同约定范围内项目法人的检查；③项目管理单位通过招标方式择优选择南水北调工程项目施工单位以及重要设备供应单位，招标文件以及中标候选人需报项目法人备案；④项目管理单位在合同约定范围内就工程项目建设的质量、安全、进度和投资效益对项目法人负责，并在工程设计使用年限内负质量责任；⑤项目管理单位的具体职责范围、工作内容、权限及奖惩等，由项目法人与项目管理单位在项目建设管理委托合同中约定；⑥项目管理单位派驻现场的人员应与投标承诺的人员结构、数量、资格相一致，派驻人员的调整需经项目法人同意。

5. 对监理单位的监管

监理单位受项目法人（建设管理单位）委托，对工程建设项目实施中的质量、进度、资金、安全等进行管理，是施工质量过程控制中的重要力量，是工程质量的“守护神”，在质量监控体系中具有至关重要的作用。监理单位质量行为监管主要依据国家相关法律、法规、规章和其他规范性文件以及所签订的监理委托合同。其质量行为主要包括以下几个方面：①建立健全质量控制体系；②负责审查、复核、签发设计单位提供的设计图纸及文件（含设计变更）；③组织设计交底工作；④审查施工单位的质量保证体系，督促施工单位进行全面的质量控制；⑤审查批复施工单位提交的施工组织设计、施工技术措施以及按合同规定由施工单位完成的设计图纸和文件；⑥检查用于工程的设备、材料和构配件的质量；⑦按合同规定进行全过程的施工质量监督与控制；⑧及时向项目法人（或建管单位）报告工程质量事故，组织或参加工程质量事故的调查、事故处理方案的审查，并监督工程质量事故的处理；⑨定期向项目法人（或建管单位）报告工程质量情况，对工程质量进行统计、分析与评价；⑩参加工程安全鉴定工作。

6. 对勘测设计单位的监管

勘测设计单位是指与项目法人签订勘测设计合同的单位，对所承担的工程设计质量负责；对设计单位质量行为监管主要依据国家相关法律法规、规章和其他规范性文件以及所签订的勘察设计合同。其质量行为主要包括以下几个方面：①建立健全设计质量保证和服务体系；②实行项目管理设总负责制，严格设计成果校审制度，保证供图进度和供图质量；③在设计文件和招标文件中，明确设计意图以及施工、验收、材料、设备等的质量标准；④及时进行设计交底，做好现场技术服务工作；⑤及时研究处理各参建单位发现并提出的设计问题；⑥参与重大工程质量事故调查、处理和验收工作；⑦参与有关单位组织的工程质量检查、工程验收和工程安全鉴定工作。

7. 对施工单位的监管

施工单位对所承包工程项目的施工质量负直接责任，监理单位、建设管理单位或者项目法人的工程质量检查签证与验收不替代也不减轻施工单位对施工质量应负的直接责任。其质量行为主要包括以下几个方面：①建立健全质量保证体系，加强施工人员的岗位技术培训、质量意识教育；②在施工组织设计中制定保证施工质量的技术措施；③按施工规程、规范及合同规定的技术要求进行施工，规范施工行为，严格质量管理，严格实施保证施工质量的技术措施；④设立满足现场需要的工地实验室；⑤按合同规定对进场工程材料及设备进行试验检测、验收，保证试验检测数据的及时性、完整性、准确性和真实性；⑥定期向监理单位报告工程质量情况；⑦及时向监理单位报告工程质量事故，提供质量事故的分析报告，并实施工程质量事故的处理；⑧配合做好工程验收和工程安全鉴定工作；⑨接受监理单位、建设管理单位和政府质量监督机构对施工质量的检查监督，并予以支持和积极配合。

8. 对材料、设备供应商的监管

材料、设备供应商质量行为监管主要依据国家相关法律、法规、规章和其他规范性文件以及所签订的材料、设备供应合同。其质量行为主要包括以下几个方面：①建立健全质量保证体系，明确制定保证产品质量的技术措施；②按行业规程、规范及合同规定的技术要求进行加工制造，严格质量管理，严格实施保证供应产品质量的技术措施；③接受并配合监理单位的随机抽检及驻厂监造工作；④产品出厂时，必须提交相应的出厂证明、产品合格证及质量检验报告；⑤配合做好有关方组织的出厂验收；⑥做好产品的售后服务工作。

9. 对质量检测单位的监管

依据《南水北调工程建设管理若干意见》，工程质量检测（检验）是南水北调工程质量检查、验收和质量监督的重要手段。南水北调主体工程质量检测（检验），由国务院南水北调办委托的工程质量检测单位进行。对质量检测单位质量行为的监管主要包括以下几个方面：①建立质量管理体系；②取样频率和取样方法符合规范和技术标准要求；③实验室环境符合要求，管理规范，包括检测流程科学，实验室管理规范，湿温度和环境满足要求；④档案资料管理规范，包括原始记录齐全，检测报告签字规范。

（二）对工程实体质量的监管

根据南水北调工程自身特点，对工程实体质量的监管贯穿于工程实体形成的全过程，但每个阶段的具体监管内容不同。具体包括对工程实体形成前的监管（对原材料的检查、混凝土配合比的审查等）、工程实体形成过程中的监管（在施工过程中进行的质量检查）和工程实体形成后的监管（对形成工程实体的检测）。分别简称为事前监管、事中监管和事后监管。

（1）事前监管。主要是在施工前对原材料和中间产品进行检查，包括原材料、中间产品的存放、报验程序和原材料以及中间产品的质量等方面的监管。现场监管机构做好例行检查，填写检查记录表并针对发现的问题跟踪督促整改。项目法人充分发挥质量检测中心的作用，并结合国务院南水北调办飞检，对现场原材料及中间产品质量开展抽检。

（2）事中监管。主要是对施工过程进行监管，监管的重点为关键工序、关键点、薄弱环节等方面的工程质量。

1）对关键工序质量的监管。为了使控制关口前移，加强施工质量过程控制，减少质量“常见病”和“多发病”，督促关键工序施工人员增强质量意识，实现工程质量总体建设目标，国务院南水北调办结合工程实际，对关键工序质量进行监控。根据影响南水北调工程质量和安全的重要环节，确定将建筑物混凝土工程、渠道衬砌工程、土石方填筑工程等三类作为关键工序考核工程类型。

2）对质量关键点的监管。南水北调工程质量关键点是指对工程质量和安全有严重影响的工程关键部位、关键工序、关键质量控制指标。质量关键点一旦出现严重质量问题，不但影响工程建设进度，也给工程建成后的运行带来严重隐患。因此，根据南水北调工程建设实际情况，确定将建渠道、渡槽、倒虹吸、水闸、跨渠桥梁等5类工程11个关键部位15项关键工序

16个关键质量控制指标列为质量关键点。

国务院南水北调办、省（直辖市）南水北调办（建管局）负责对质量关键点实施监督管理，组织质量监督检查、质量认证和质量问题责任追究，每月分析汇总质量关键点质量管理情况，及时督促解决质量关键点质量管理问题。

监管中心负责组织质量监督站和巡查组每月对质量关键点实施一次巡查，组织专项稽查；督促责任单位对质量关键点质量问题进行整改；建立质量关键点质量巡查、专项稽查工作档案。

南水北调工程建设稽察大队把质量关键点列为质量飞检的重点，建立质量关键点质量问题零报告制度，跟踪复查质量关键点质量问题整改，建立质量关键点质量飞检工作档案。

质量关键点关键质量控制指标不符合设计要求和两次以上出现质量问题的施工标段，对被列为国务院南水北调办、省（直辖市）南水北调办（建管局）重点监管标段，实施挂牌专项监管，高频检查。

3）对薄弱环节的质量监管。薄弱环节是指施工技术比较薄弱、易出现问题或在质量检查过程中出现问题比较多的过程或部位。在施工过程中，南水北调工程的薄弱环节主要有高填方渠段、膨胀土渠段、跨渠桥梁和大型渡槽等。

高填方渠段：稽察大队把高填方渠段作为质量飞检的重点；监管中心对高填方渠段工程进行重点质量巡查和专项稽查，并采用探地雷达和钻孔取样等方式对高填方填筑质量进行检测；河北省、河南省南水北调办对委托项目高填方渠段工程质量进行定期重点检查。国务院南水北调办对项目法人和建设管理单位实行的质量重点监管项目及质量关键点挂牌督办制度、派驻质量监管员、实施质量责任联保制度等执行情况进行监督检查。

膨胀土（岩）渠段：南水北调中线干线工程总干渠总计有膨胀土（岩）渠段361km，占总干渠总长（1276km）的28%，其中242km位于黄河以南地区，占膨胀土（岩）渠段总长的67%，占黄河以南段工程渠线总长的51%。由于分布范围广、设计及施工技术复杂，膨胀土（岩）渠段换填技术方案是南水北调中线干线工程的关键技术问题之一。目前强膨胀土（岩）渠段的处理方案尚不十分成熟，存在一定的未知风险。鉴于膨胀土（岩）换填渠段自身设计和施工技术的复杂性，以及黄河以南地区雨季长、雨量充沛、地下水丰富、土壤含水量大等因素，膨胀土（岩）渠段施工的质量安全控制风险极大，同时也是制约总工期的关键施工项目之一。

跨渠桥梁：南水北调在建工程跨渠桥梁共1754座，跨渠桥梁建设是南水北调工程建设的重要组成部分，能否与渠道工程建设协调推进并超前完工，将直接影响渠道工程建设进度，影响整个南水北调工程通水总目标的实现。跨渠桥梁建设是个复杂的系统工程，从南水北调工程建设实践特别是中线京石段工程建设的经验和教训看，跨渠桥梁建设存在外界影响多、协调难度大、与渠道施工交叉作业和施工干扰大，组织困难等诸多问题，往往成为工程顺利建设的重要制约因素。

为加强协调督导，及时解决跨渠桥梁建设中遇到的突出问题，国务院南水北调办于2011年8月成立了南水北调中线干线工程跨渠桥梁建设协调小组，协调小组对跨渠桥梁质量检查和质量处理工作进行专项质量监督、对已处理完成的跨渠桥梁质量进行专项检查，并将跨渠桥梁质量检查和质量处理情况及时报国务院南水北调办，加快推进了跨渠桥梁建设的步伐。

大型渡槽：渡槽是南水北调中线工程4种主要输水建筑物结构型式之一，其中中线干线输水建筑物有27座渡槽，主要有湍河渡槽、沙河渡槽、贾河渡槽、洺河渡槽、双洎河渡槽、草墩河渡槽、漕河渡槽、午河渡槽等。在南水北调中线工程中，渡槽承担着较大的过水流量，建筑物型式和所处的地形地质条件较复杂，施工难度大，技术要求高，每个渡槽涉及的质量关键点多，如槽身混凝土的浇筑、止水带的安装、预应力施工等，充水试验期的安全监测及质量监管更是质量管理的一大重点，因此渡槽的质量管理相对复杂。

为强化渡槽工程的质量管理，国务院南水北调办在一般质量管理措施的基础上，以质量专项检查和特派质量监管为特色来发现渡槽质量问题，通过快速质量问题认证、责任追究、问题整改来高效解决质量问题和提高质量监管意识。质量专项检查主要是对渡槽常发质量隐患的检查，如混凝土保护层厚度不足、抗裂不满足设计要求、部分锚固端预应力钢绞线切割后外露长度不满足规范要求等，以提高渡槽工程的质量监管效率；特派质量监管旨在全面监控渡槽工程质量重点监管项目中质量问题的整改，彻底消除可能存在的渡槽质量隐患，严防意外，坚决杜绝影响通水目标实现的质量问题的发生，确保渡槽工程质量。

（3）事后监管。主要是对形成的工程实体进行检查以及对发现的质量问题进行处理。国务院南水北调办采用多种形式和手段对工程实体质量进行检查，并对检查出的质量问题进行登记汇总，建立了质量问题检查专项档案，便于跟踪处理。对质量问题处理采取了质量认证、质量责任追究的系统处理方法；对已经处理的质量问题经过“回头看”阶段，形成了“查、认、罚、改”系统的工程实体质量监管体系，确保了工程质量。

1）“三查一举”和质量特派监管工作组检查质量问题。稽察大队进行不间断质量飞检，监管中心充分发挥站点监督和专项稽查的作用，举报中心及时核实举报问题。此外，国务院南水北调办还专门抽调56人组成质量特派监管工作组，紧盯渠道、桥梁、混凝土建筑物等工程质量重点监管项目，监督严重质量问题整改，排查不放心类质量问题。

2）质量问题认证。质量问题认证是指通过科学认定、试验检测、专项稽查、专家咨询等方式，对取证后的严重质量问题进行认证，对重大工程质量隐患、质量问题集中的工程项目进行深入检查，督促整改以消除工程质量隐患。在中线工程结尾期、决战期，为保证快速处理质量问题，实行了快速质量认证，评估质量问题对工程结构安全的影响，认证质量问题性质。

3）质量问题责任追究。质量问题责任追究是指按照有关规定，对发生严重质量问题或质量问题集中出现的工程项目参建单位给予处罚，主要采取清除出场、留用察看、约谈、通报批评、责令整改、追究法律责任等处罚方式。①清除出场：责令项目法人、建设管理单位终止与责任单位的合同；责令责任单位限期离开南水北调工程建设现场，3年内不得承揽南水北调工程建设任务。②留用察看：对责任单位给予留用察看3个月，向主管单位通报，就责任单位的质量问题向其主管单位通报，要求主管单位督促其限期整改。③约谈（诫勉谈话）：就责任单位的质量问题约谈（诫勉谈话）责任单位负责人，要求其限期整改。④通报批评：向主管单位通报，以书面形式公布责任单位的质量问题并指出批评意见。⑤责令整改、经济处罚，责令责任单位整改质量问题，责成项目法人、建设管理单位对责任单位实施经济处罚。⑥追究法律责任：质量管理相关法律、法规规定的其他责任追究方式。

4）质量问题整改。对“三查一举”检查发现的质量问题，除了现场整改通知外，国务院南水北调办监督司每月召开警示工作会，专门下发质量问题警示通知书，确保已经发现的问题

能早日整改到位，消除质量隐患。对集中发生或反复出现的质量缺陷，认真分析，提出预防措施，对不同部位、不同标段，要求做到举一反三，确保工程不留隐患。对检查发现的不放心类质量问题，要求相关单位分析问题产生的原因，抓紧提出处理方案并及时组织整改。

5）“回头看”阶段。这是国务院南水北调办决定组织对中线工程开展质量监管的一次集中整治活动。要求相关单位对已经查出来的质量问题上报整改报告，对部分问题进行复查，对质量问题整改情况进行一次集中检查，检验质量监管的实际效果。

第二节　南水北调工程质量监管组织体系

南水北调工程质量监管组织体系可分为国家、地方［省（直辖市）］和项目法人三个层面。每个层面监管组织存在差异，同一层面的组织也有不同形式。

一、质量监管体制框架

（一）“五部联处”和“三位一体”质量监管体系的建立

为规范南水北调工程的建设管理，确保工程质量、安全、进度和投资效益，根据工程特点，国务院南水北调办按照“政府宏观调控、准市场机制运作、企业化管理、用水户参与”原则，确立了南水北调工程的建设管理体制。

根据南水北调工程的工程建设管理体制及管理模式，南水北调工程创建了具有特色的“横向到边、竖向到底”“三位一体”的质量监管体制。横向到边是指监管主体，除了国务院南水北调办对质量的监管，还建立了国家工商行政管理总局、国务院国有资产监督管理委员会、国务院南水北调办、水利部、住房和城乡建设部协调管理的“五部联处”监管机制以及国家发展改革委对质量的监管。竖向到底是指从国务院南水北调办、项目法人到建管单位、监理单位、设计单位、施工单位质量行为监管以及工程实体质量监管，具体如图3-2-1所示。

（二）“五部联处”的市场监管体制

2011年工程进入高峰期、关键期之后，质量监管难度加大，传统的质量监管体制已不能适应工程建设需要，针对工程参建单位涉及部门多的特点，结合工程建设单位情况，国务院南水北调办会同水利部、住房和城乡建设部、国家工商行政管理总局、国务院国有资产监督管理委员会等部门联合印发文件，共同部署南水北调工程建设质量管理工作，形成了“五部联处”的质量监管体制。

国务院南水北调办继续深入开展南水北调工程质量专项稽查和飞检工作，建立以政府质量监督、稽查、飞检等信息为基础的质量管理信息库。南水北调工程质量管理信息库是全国建筑市场信用体系的重要组成部分，可作为有关单位或个人资质、资格升降的重要依据。根据南水北调工程建设发生的具体问题，依法需对企业资质和人员资格进行处理的，由国务院南水北调办提出建议，水利部、住房和城乡建设部按照有关规定依法处理；国家工商行政管理总局加强对责任单位企业工商登记事项的监督管理；国务院国有资产监督管理委员会系统加强对所出资

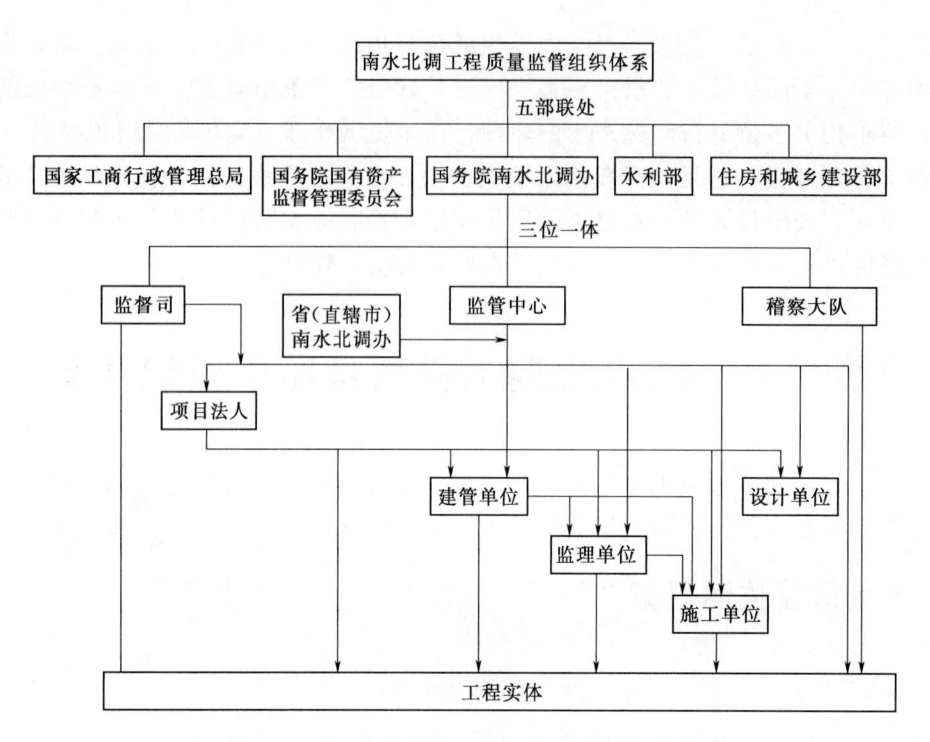

图 3-2-1 南水北调工程质量监管体制框架图

建筑施工企业工程建设质量工作的指导和监督。

单靠一个部门的监管在监管力度上会大打折扣，“五部联处”质量监管体制形成了上层机构质量监管的合力，对参建单位或个人都起到了一定的震慑作用。尤其是实施了“五部联处”后，将施工、监理、设计等单位在南水北调工程上的建设行为直接纳入市场信用体系中，并且将各个市场主体的质量管理行为和质量管理效果直接与企业资质挂钩，一旦市场主体的质量违规行为和实体质量问题导致了严重的后果，可以在资质等级上对市场主体进行处罚。

自从实施“五部联处”以后，各参建单位的最高或主要领导靠前指挥，专门成立相应的南水北调工程质量管理协调机构，定期和不定期检查指导现场的质量管理工作。各参建单位建立了各具特色的质量奖惩制度，通过检查、评比、考核等措施将奖惩制度落实到位，有效地提高了参建单位的质量管理水平，工程质量总体向好。

通过建立“五部联处”体制，国务院南水北调办获得了其他四部委积极主动的支持和配合。水利部及沿线省（直辖市）水利厅（局），进一步加强了对水利系统监理单位和施工单位的资质管理，对国务院南水北调办处罚公示的责任单位，及时转载公示，并记入水利系统信用档案。住房和城乡建设部全面加强了对建筑业领域施工企业和监理单位的资质管理，加大对人员的资格管理。国务院国有资产监督管理委员会加强了对参与南水北调工程建设的中央企业领导班子的教育和管理，多次对中能集团、中电集团、中国铁建股份有限公司的主要负责同志提出明确要求，要求其下属企业切实重视南水北调工程建设质量，要通过南水北调工程树立中央企业的品牌和良好形象。国家工商行政管理总局加强了对参与南水北调工程建设企业在工商登记、年审时的把关控制。

“五部联处”体制沟通了南水北调工程情况，交流了经验，加强了部委间合作，对加强质量监管工作起到了重要作用。

（三）“三位一体”政府监管体制

2011年，随着南水北调工程进入高峰期和关键期，国务院南水北调办组建南水北调工程建设稽察大队，这是贯彻国务院南水北调建设委员会第五次会议确定的建设目标所采取的加强工程建设监督稽查工作的重要举措。组建这支队伍的目的是建设优质、高效、廉洁工程；在工程建设进入高峰期、关键期时，通过超常规稽查工作加强对工程质量、进度、安全生产控制；总结以往监督稽查工作经验，快速发现处理工程质量、进度、安全问题；营造南水北调工程建设系统更加重视质量、进度、安全生产管理的氛围和环境。稽察大队的主要职责是对工程建设质量、进度、安全等进行飞检，快速检查并及时、准确地发现工程建设中的质量、进度、安全问题并得到及时解决，确保工程质量、进度、安全满足要求。采取这项措施，对提高高峰期、关键期南水北调工程监督稽查工作效能，加强南水北调工程质量、进度、安全控制与管理，具有重要作用。

南水北调工程建设监管中心受国务院南水北调办委托，为南水北调工程（包括治污及移民工程）的建设管理、监督检查和经常性稽查提供技术支持和服务，承担南水北调工程（包括治污工程及移民工程）建设质量检测和质量评价工作，承担南水北调工程建设质量监督的具体实施，为南水北调水质保护、工程运行监管提供技术支持和服务以及承办具体工作。

监督司负责组织对南水北调枢纽和干线工程建设情况进行经常性稽查、专项稽查和稽查复查；督促检查南水北调工程建设稽查整改意见的落实；负责受理南水北调工程建设各类举报，提出办理意见，组织或协调举报调查；对质量问题的责任单位和责任人进行责任追究。对责任单位，采取清退出场、留用察看、通报批评、向主管单位通报、约谈（诫勉谈话）、责令整改和经济处罚等直接责任追究措施。

监督司、监管中心与稽察大队构成了国务院南水北调办“三位一体”的质量监管体制，按照分工独立工作，协同监管。监督司牵头组织，形成质量监管的合力，以月商季处为纽带，联动有序地落实质量监管各项措施，开展相关工作，将发现问题、认证问题、责任追究有机结合起来，形成了“闭环式”的质量监管模式，强化了政府监管职能，完善了政府监管程序。

监督司、监管中心与稽察大队依据《南水北调工程建设质量责任追究管理办法》和《南水北调工程合同监督管理规定》，按照“三位一体”的监管体制全方位开展质量监管工作，扭转了质量管理被动局面，降低了质量风险。

通过“三位一体”监管体制的建立和实施，各参建单位自觉对照《南水北调工程建设质量责任追究管理办法》和《南水北调工程合同监督管理规定》检查各自的质量管理行为和质量问题，客观上促进了参建单位的质量管理水平的提高，减少了质量违规行为和工程实体质量问题数量，为保障南水北调工程质量奠定了坚实的基础。

二、国务院南水北调办质量监管组织

党中央、国务院高度重视南水北调工程建设。在建委会的领导下，自2002年年底工程开工建设以来，各项工作从无到有，组织、机制、制度等各方面的建设取得了长足进展，在建立工作联系、理顺管理关系、建立协调机制等方面逐步取得经验。国务院南水北调办积极落实建委会第一次全体会议提出的“坚持质量第一，高标准、高效率地搞好工程建设”的目标，在国家社会监督体制下，监督司和监管中心负责南水北调工程的质量监督；制定了政府质量监督制度，包括《南水北调工程建设稽察办法》《南水北调工程质量监督管理办法》和《南水北调工程建设项目举报受理及办理管理办法》；采取了相应措施，包括监督、稽查和巡查等措施，在一定时期对保证工程质量起了很大作用，南水北调工程质量监督工作稳步向前推进。

2011年是南水北调工程建设的分水岭。2011年工程建设进入高峰期、关键期，原来的监管模式已不能完全适应工程建设形势。国务院南水北调办提出了“高压高压再高压，延伸完善抓关键”的质量监管工作方针，在原来监管措施基础上，进一步强化了质量监管措施，逐步完善了质量监管制度，理顺了体制机制，加大了监管力度，对质量问题和质量违规行为从速、从严、从重进行责任追究，有效地促进了参建单位的质量管理。

2011年国务院确定了东线一期工程2013年通水、中线一期工程2014年汛后通水的目标，南水北调全体建设者面临着艰巨的任务，在工程进度、质量和生产安全等方面承担着很大的压力。全线155个设计单元中还有41项控制性工程需完工，工期十分紧张，与此同时，工程质量、施工安全问题也不容忽视。面对高峰期、关键期的紧迫形势，国务院南水北调办于2011年成立了稽察大队，开展对南水北调工程质量、进度、安全进行飞检。监督司、监管中心与稽察大队形成了国务院南水北调办质量监管的合力，构成了“三位一体”质量监管体系。

三、省（直辖市）南水北调办质量监管组织

省（直辖市）南水北调办主要包括南水北调工程所在的北京市、天津市、河北省、河南省、湖北省、江苏省、山东省等7省（直辖市）的南水北调办公室或建设管理局。各省（直辖市）南水北调办的质量监管组织基本相同，一般下设质量监督站和建设管理处或工程管理处，山东省和河南省还分别设有稽察处和监督处。省（直辖市）南水北调办质量监管组织如图3-2-2所示。

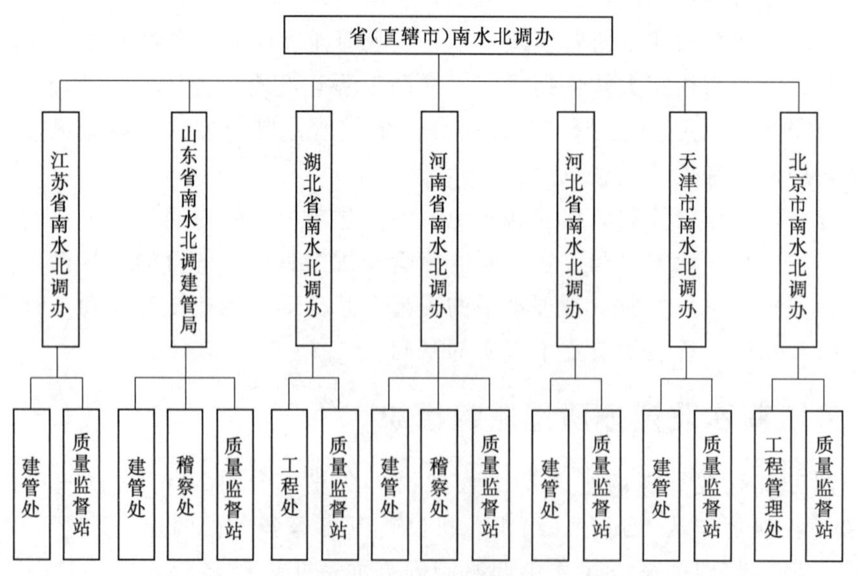

图3-2-2　省（直辖市）南水北调办质量监管组织

四、项目法人质量监管组织

组建南水北调工程项目法人，是保障工程顺利建设及工程建成后良性运行和充分发挥效益的关键。南水北调工程主要设立的6个项目法人：东线江苏水源公司、东线山东干线公司、中线水源公司、中线建管局、湖北省南水北调管理局、淮委建设局，形成了相互合作、分工管控的组织体系，在工程建设中发挥着重要作用。

另外，各地方配套工程由地方组建项目法人，负责相应配套工程的建设和运行管理。汉江中下游治理工程由湖北省组建项目法人，负责相应工程建设和运行管理。建委会二次全会确定的南水北调工程建设实行项目法人直接管理与委托和代建相结合的建管模式，这是与南水北调工程建设管理要求相适应的建设管理体制创新。

在质量监管方面，各项目法人一般设立建设管理局和工程建设部或监督管理中心、审计稽察部等，具体如图3-2-3所示。

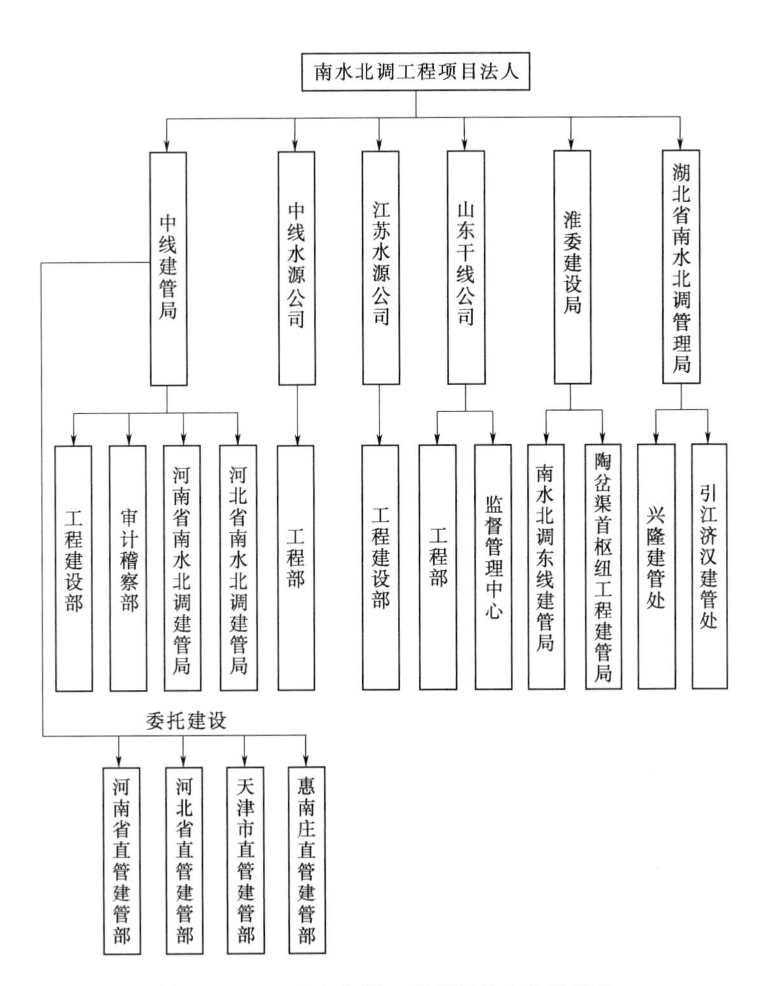

图3-2-3 南水北调工程项目法人监管组织

国务院南水北调办对各项目法人和省（直辖市）南水北调办监督管理组织结构如图3-2-4所示。

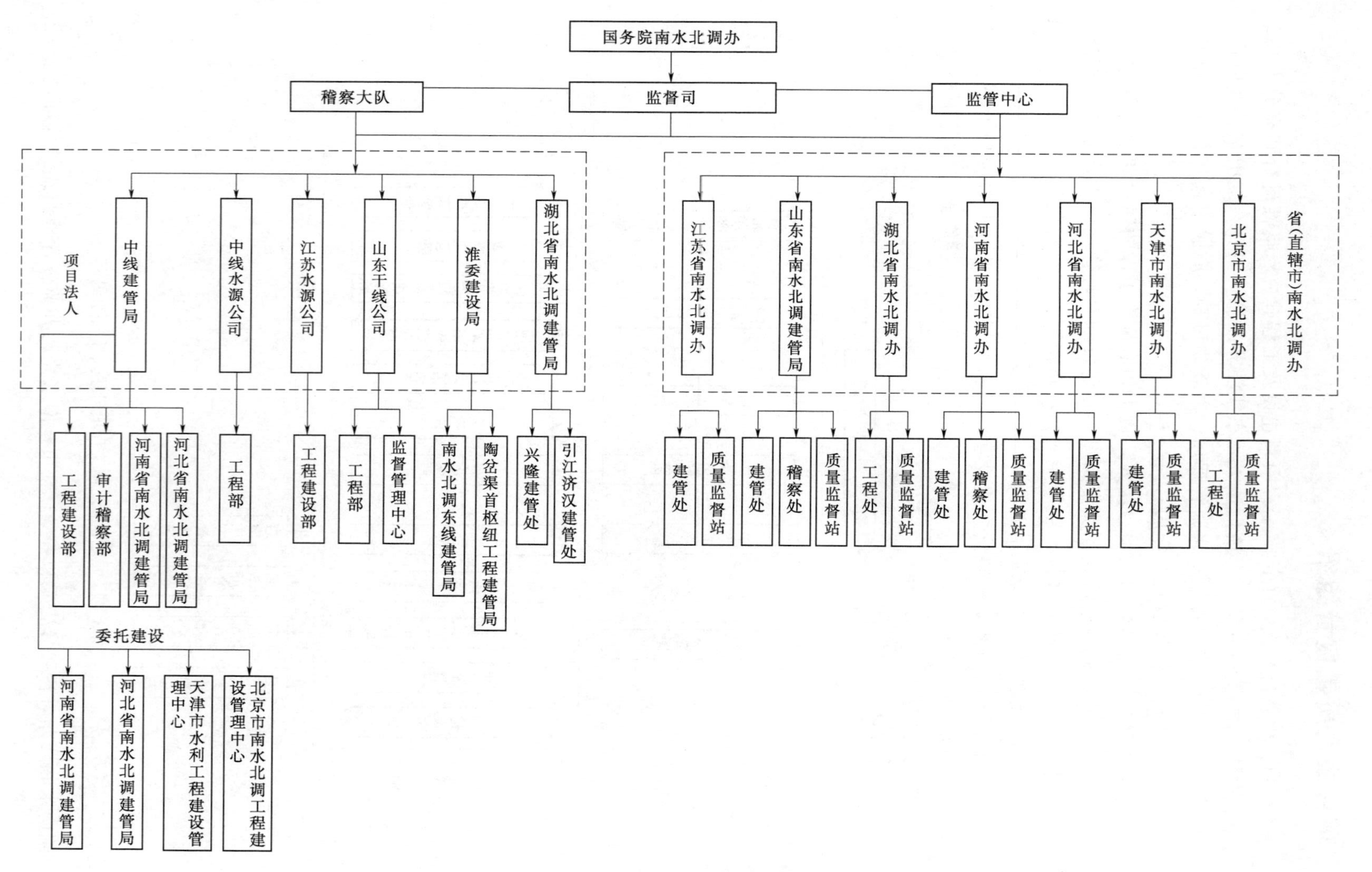

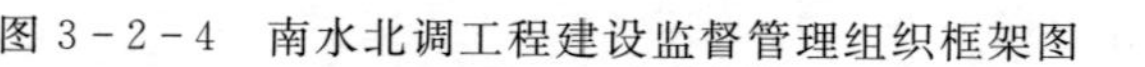
图 3-2-4 南水北调工程建设监督管理组织框架图

第三节　南水北调工程质量监管体系职责分工与工作制度

南水北调工程质量监管体系中，从国务院南水北调办到各省（直辖市）南水北调办，再到项目法人，各层级承担不同的职责，在整个体系运行中也形成了一系列独特的具体工作制度。

一、质量监管体系的职责分工

（一）国务院南水北调办的主要职责

国务院南水北调办负责质量监管的主要部门包括建设管理司、监督司、监管中心和稽察大队。

（1）建设管理司主要职责。协调、指导和监督、检查南水北调工程的建设工作；监督管理南水北调工程建设市场和工程招标投标；监督管理南水北调工程建设监理和工程质量；指导监督南水北调工程安全生产管理；组织协调南水北调工程建设中的重大技术问题；组织管理南水北调工程建设科研工作；拟定南水北调工程建设特殊的规章制度、技术标准；承办南水北调工程阶段性验收组织协调工作及竣工验收的准备工作；指导监督南水北调建设期的工程运行管理；承办国务院南水北调办领导交办的其他事项。

（2）监督司主要职责。组织对南水北调枢纽和干线工程及移民工程的监督检查和经常性稽查，提出监督检查和稽查报告，督促监督检查和稽查整改意见的落实；协调配合对南水北调截污导流工程进行稽查；受理南水北调工程建设举报及调查办理有关事宜；承办国务院南水北调办领导交办的其他事项。

（3）监管中心主要职责。为南水北调工程的投资计划管理、建设管理、监督检查和经常性稽查提供技术支持和服务，承办有关工作；负责贯彻执行国务院南水北调办有关工程质量监督的规章制度以及有关工程建设质量管理的方针政策和法律法规；负责对南水北调东、中线一期工程中项目法人直接管理和代建管理项目有关质量监督实施机构和人员的责任落实情况进行监督管理；负责南水北调工程质量监督经费申报与管理；负责对南水北调东、中线一期工程站点监督机构和人员考核；定期向国务院南水北调办汇总报送工程质量监督信息和质量监督成果。

（4）稽察大队主要职责。对南水北调工程建设质量、进度、安全等进行飞检，快速检查并及时、准确发现工程建设中的质量、进度、安全问题，及时解决，确保工程质量、进度、安全满足要求。

（二）省（直辖市）南水北调办的主要职责

在工程建设期，各省（直辖市）南水北调办要接受国务院南水北调办和国家其他相关部门的监管，对本省（直辖市）范围内的南水北调工程境内段进行监管。其具体职责基本类似，此处以河北省为例进行说明。

根据《国务院办公厅关于印发〈国务院南水北调工程建委会办公室主要职责内设机构和人

员编制规定〉的通知》精神，河北省人民政府2003年11月23日批准设立河北省南水北调办（正厅级），为河北省南水北调工程建设委员会的办事机构，挂靠河北省水利厅。

河北省南水北调办的主要职责如下：

（1）贯彻、执行国家南水北调工程建设的有关政策和管理办法；负责省南水北调工程建设委员会全体会议及办公会议的准备工作，督促、检查会议决定事项的落实；就省南水北调工程建设中的重大问题与有关市、县（区）人民政府和省直属有关部门进行协调；协调落实国家、省南水北调工程建设的有关重大措施。

（2）配合项目法人进行南水北调河北段主体工程建设管理；负责省南水北调配套工程建设管理。

（3）负责监督控制省南水北调配套工程投资总量并监督工程建设项目投资执行情况；负责组织省南水北调主体工程、配套工程规划、项目建议书、可行性研究以及初步设计等前期工作；汇总年度开工项目及投资规模并提出建议；组织、指导工程项目建设年度投资计划的实施和监督管理；负责计划、资金和工程建设进度的相互协调、综合平衡；审查并提出工程预备费项目和投资结余使用计划的建议；提出因政策调整及不可预见因素增加的工程投资建议；审查年度投资价格指数和价差。

（4）负责协调、落实和监督省南水北调工程建设资金的筹措、管理和使用；参与研究并参与协调国家有关部门提出的南水北调工程河北省基金方案和实施细则；参与研究并参与协调河北省配套工程筹资方案；参与研究南水北调工程省用户供水水价方案。

（5）负责省南水北调工程建设质量监督管理；组织协调省南水北调工程建设中的重大技术问题。

（6）参与协调省南水北调工程项目区环境保护和生态建设工作；组织拟订省南水北调主体和配套工程占地、拆迁、安置移民实施细则并监督实施；参与指导、监督工程影响区文物保护工作。

（7）协助国家有关部门对河北段南水北调主体工程的监督检查和经常性稽查工作；负责省配套工程的监督检查和经常性稽查工作并具体承办省配套工程阶段性验收工作。

（8）负责工程建设信息收集、整理、发布及宣传、信访工作；负责省南水北调工程建设中与外省及国际组织间的合作与交流。

（9）承办省政府和省南水北调工程建设委员会交办的其他事项。

根据上述主要职责，河北省南水北调办内设5个职能机构：综合处、投资计划处、经济与财务处、建设管理处、设计与环境处。各机构主要职责如下：

（1）配合国家有关部门协调、监督、服务南水北调省内干线工程、水源工程的建设工作。

（2）协调、指导和监督、检查省内南水北调工程的建设工作。

（3）监督管理省内南水北调工程招投标、建设监理、质量监督工作。

（4）负责建设期征地的协调管理工作。

（5）监督实施行业规程规范、技术标准。

（6）监督、组织南水北调工程建设特殊的规章制度、技术标准的实施。

（7）参与南水北调省配套工程阶段性验收、单位工程验收和竣工验收。

（8）组织解决南水北调省配套工程建设的重大技术问题。

（9）组织管理省内南水北调工程建设科研及咨询工作。

（10）配合国家有关部门研究中线干线工程建设管理体制；组织研究省内配套供水工程建设管理体制。

（11）配合协调省内南水北调工程建设环境问题。

（12）承办国务院南水北调办领导交办的其他事项。

（三）质量监督站的主要职责

为加强南水北调工程质量监督工作，且与现有南水北调工程建设管理体制相协调，国务院南水北调办在南水北调主体工程所在省（直辖市）设立南水北调工程省（直辖市）质量监督站，颁布了《南水北调工程质量监督管理办法》和《站点监督工作实施方案》等系列管理办法，使南水北调工程质量监督工作得以规范化、标准化和精细化。省（直辖市）质量监督站的具体组建和日常管理工作由相关省（直辖市）南水北调办事机构负责。

省（直辖市）质量监督站的主要任务为：贯彻执行国家和国务院南水北调办有关工程建设质量管理的方针政策和法律法规；负责委托项目的质量监督，具体实施东线工程和中线干线工程委托项目、汉江中下游治理工程的质量监督工作；设立项目站或巡回检查组并向国务院南水北调办备案；定期向国务院南水北调办汇总报送工程质量监督信息。

（四）项目法人的主要职责

国务院批复的《南水北调工程项目法人组建方案》和《南水北调工程建设管理的若干意见》对项目法人组建形式、原则和在工程建设管理中的作用、责任都做了明确规定。项目法人根据国务院南水北调办制定的有关办法，负责初步设计、招标投标、工程质量、安全生产、设计修改审查、建设资金控制、招标结余资金调剂使用等环节的管理。各项目法人在工作中贯彻落实国务院南水北调办总体工作部署，执行国家及南水北调工程建设管理的各项规章制度。国务院南水北调办对项目法人负有协调、指导、检查、监督的责任；各项目法人在所负责的工程范围内独立自主地开展南水北调工程建设管理工作，接受国务院南水北调办的监督管理。

南水北调工程项目法人是工程建设和运营的责任主体。建设期间，主体工程的项目法人对主体工程建设的质量、安全、进度、筹资和资金使用负总责；负责组织编制单项工程初步设计；协调工程建设的外部关系。主要职责如下：

（1）初步设计组织责任。建委会第二次全体会议决定，初步设计的组织工作交由项目法人负责。项目法人要充分发挥在初步设计中的作用，通过合同的方式委托初步设计的责任单位，保证初步设计的质量和进度，进行初步设计阶段的工作协调。

（2）招标投标责任。各项目法人应将招标投标的视野放在全国有资质的施工单位上，通过选择最优秀的施工企业来提高施工管理水平，确保工程质量。在招标投标中如何做到公开公平公正，如何做到打破地区和行业的保护，是项目法人需要努力解决的问题。不论是项目法人直接管理的项目，还是委托地方管理的项目，国务院南水北调办均鼓励各项目法人大力推行代建制，以提高专业化管理水平，降低工程成本和工程建成后项目法人的冗余负担。

（3）资金筹集责任。项目法人在资金筹措方面应按照工程的进度要求，提出合理的开工计划和建设计划。在计划当中应体现资金的配比和使用时段，体现最大效益的原则。项目法人应保证资金供应，保证工程不出现由于资金问题带来的停工。

（4）工程质量责任。根据南水北调工程建设管理体制和管理模式，南水北调工程实行政府监督，项目法人负责，建设管理单位和监理单位控制，设计单位和施工单位保证的质量管理和保证体系。项目法人是工程质量的责任主体，应通过建立健全内部质量管理体系，落实质量管理机构与人员，完善质量管理规章制度，建立责任制和责任追究制，采取有效措施，加强对勘测设计、监理、施工单位质量工作的管理，确保工程质量。

（5）资金管理责任。南水北调工程建设资金量大，如何管好用好这些资金，不仅关系到工程建设成本，也关系到工程建设的资金安全和干部安全。各项目法人应对所管辖的工程制订相应的资金管理制度和办法，严格资金的审查和审批，加强资金使用的监督和检查。特别要加强对间接费和临建费、招投标结余的资金管理、检查，确保建设资金都用在工程上。

（6）社会责任。南水北调工程的复杂性不仅体现在工程技术层面，而且体现在社会层面，其中包括工程占用或者淹没大量的土地，需要迁移安置人口、迁建城集镇和专项设施、进行文物发掘和保护等。由于项目法人作为中央政府及各省市政府（出资方）的代表，负责南水北调工程建设管理和承担向银行贷款及还贷的责任，在征地移民投资占工程总投资比重较大的情况下，从投资管理责任来看，项目法人参与征地移民工作是必要的，是南水北调工程与征地移民紧密结合的工程特点以及市场经济的运作方式决定的。因此，项目法人在征地移民工作中要充分认识征地移民工作是工程建设顺利进行的前提和重要组成部分，要进一步明确职责，到位不越位，切实做好征地移民初步设计阶段的各项工作，筹集征地移民资金，监督资金的使用和保证移民安置的效果等。

二、质量监管体系的工作制度

南水北调工程的特殊性决定了南水北调工程建设管理体制机制和相关工作制度都应进行创新。在南水北调工程质量监管工作中，通过质量管理体系中各层级的共同努力，形成了一套独特的质量监管工作体系（见图 3-3-1），并制定了相关的工作制度。

（一）国务院南水北调办制定的相关工作制度

为适应南水北调工程特点和高压质量监管的要求，规范质量监管，进一步加强南水北调工程质量管理，确保工程建设质量，国务院南水北调办建立健全质量监管体制机制，完善了质量管理制度，创新了质量监管措施，对消除质量隐患，保证工程质量起到了重要作用。2002 年工程开工，历经高峰期、关键期以及收尾期、决战期，为了实现建设一流工程的建设目标，国务院南水北调办根据不同建设阶段的需要，制定了相应的制度，为南水北调工程质量监管提供了依据。

国务院南水北调办从发现质量问题、处理质量问题和质量责任追究着眼，根据工程的建设特点和建设大环境制定了相应的制度。为了评价质量监管情况，国务院南水北调办实施了质量评价制度，建立了相应的质量监管评价体系，作为决策者的决策依据。

（1）查找质量问题制度。查找管理行为和工程实体的质量问题是质量监管工作的重点。为了全面、及时地找出管理过程中和施工过程中的质量问题，国务院南水北调办采取了专项稽查、

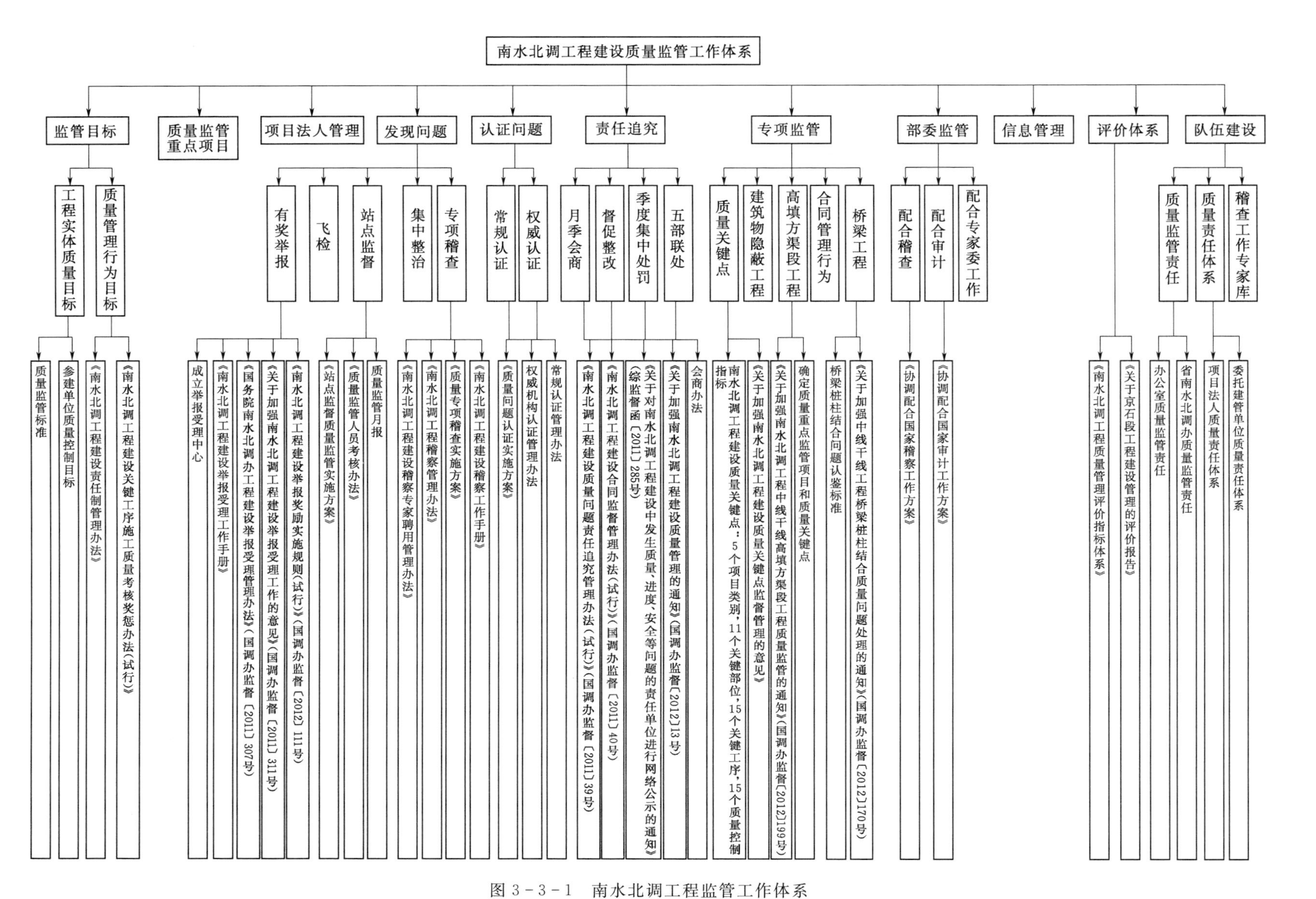

图3-3-1　南水北调工程监管工作体系

专项巡查、飞检检查和举报调查以及集中整治等一系列措施，为了使措施有效地执行和落实，制定了相关制度。

（2）质量问题认证制度。质量问题认证工作以事实为依据，按照法律、法规和技术标准进行检查、检验、检测，对质量问题的情况进行全面、准确、公平和公正地表述，对质量问题的严重程度进行明确界定。为加强南水北调工程质量管理，落实“三位一体”质量监管体系，进一步做好质量问题认证工作，结合质量监管工作实际，制定了《南水北调工程质量问题认证实施方案》。

（3）质量问题追究制度。质量问题责任追究措施主要包括月季会商、督促整改、季度集中处罚和“五部联处”等，出台的制度主要有《南水北调工程建设质量问题责任追究管理办法》《南水北调工程建设合同监督管理办法》《关于对南水北调工程中发生质量、进度、安全等问题的责任单位进行网络公示的通知》《关于进一步加强南水北调工程建设管理的通知》和《质量监管工作会商制度》等。

（4）质量管理评价制度。为了对质量监管单位、各参建单位质量管理行为和工程实体质量进行评价，国务院南水北调办研究确定质量管理评价指标，建立质量管理评价指标体系，出台了《南水北调工程质量管理评价指标体系》，综合评价南水北调东、中线一期工程建设质量管理变化趋势，作为管理决策的依据。

在不同阶段，南水北调工程有不同的监管制度。在南水北调全过程有质量监督制度和稽查制度等水利行业基本监督制度指导工程的质量监督工作；在高峰期、关键期有飞检制度、集中整治制度、站点监督制度、质量认证制度、专项稽查制度、关键工序考核制度、质量会商制度、重点项目监管制度、质量关键点监管制度和举报制度等制度指导工程的监督工作；在再加高压阶段，有快速质量认证制度、监理集中整治制度、信用管理制度“回头看”集中整治制度等。

（二）省（直辖市）南水北调办相关工作制度

地方各省（直辖市）南水北调办贯彻落实国务院南水北调办制定的相关监管制度，同时还根据自身情况分别对相关制度进行了延伸和创新。以下以河南省和河北省为例进行说明。

1. 河南省南水北调办质量管理制度的落实与创新

河南省南水北调办始终把质量管理工作作为工程建设的核心任务来抓，为配合国务院南水北调办的质量管理体制和机制，落实国务院南水北调办制定各项质量管理制度，制定了较为完善的质量管理制度及措施。

（1）质量高压制度落实。自2011年进入高峰期和关键期之后，河南省南水北调办根据国务院南水北调办“高压高压再高压”的要求，加大对工程质量检查、稽查力度，充分利用质量信用评价、质量预警、质量举报机制，完善质量控制网络，加密检查频次，扩大覆盖范围，强化检查手段，对发现的问题，加快认证速度，加大处罚力度，严惩恶意质量违规行为，坚决对质量问题实行“零容忍”，硬起手腕、敢于碰硬，追踪结果，确保各类质量问题整改到位，坚决杜绝质量事故发生，努力消除工程质量常见病、多发病。

（2）质量飞检制度。成立质量飞检大队，利用地质雷达、混凝土强度回弹仪、混凝土扫描仪等检测设备，严格按照有关管理规定，对工程质量进行拉网式排查。各参建单位按照合同约

定配足配强管理力量。

（3）关键部位工序监管制度。突出薄弱环节的监管，强化高填方、改性土、跨渠桥梁、大型控制性建筑物、隐蔽性工程等重点工程实体质量管理，对关键工序、重点监管项目和质量关键点，实行严管严控，完善预警机制，增强风险意识，防止意外事故发生。

（4）质量问题源头控制。严把材料进场关，决不允许不合格材料进入工程现场，确保原材料质量；严把工序验收关，对重要隐蔽工程和关键部位实行建管、监理、设计、施工和质量监督站“五方联检”，杜绝不合格产品进入下一道工序；加大对关键工序考核工作的抽查频次，每月以稽查、飞检、巡查、暗访的方式进行抽查，严格考核奖惩。

（5）质量信息管理制度。建立方便快捷的信息管理平台，确保信息报送及时、准确、全面。

（6）落实激励机制。开展季度、年度质量信用评价，建立完善质量评价警示机制和质量管理信用档案，构建施工、监理单位质量信誉平台，强化质量问题约谈工作机制。

（7）加大对监理的管理力度。深入开展以“三清除一降级一吊销”为核心的监理整治活动，坚决遏制监理人员不作为的违规行为，切实发挥监理对工程质量的控制作用，确保工程质量处于受控状态。各项目建管处专门组织编制了监理整治方案，并对监理单位进行专项检查，对检查出现的问题要求限期整改。

（8）开展质量排查。组织各项目建管处分别对所管辖范围内在建跨渠桥梁预应力工程、高边坡及高地下水位渠段、土方回填、逆止阀及混凝土建筑物等施工质量进行全面排查，发现问题及时整改。

（9）成立质量巡查大队。为进一步加大质量检查力度，在质量飞检大队增加飞检频次的同时，成立质量巡查大队，对工程实体质量、违规行为进行不间断检查，及时发现恶意违规行为、严重实体质量和监理人员不作为等问题。

2. 河北省南水北调办质量管理制度的落实与创新

在国务院南水北调办的指导下和河北省省委、省政府的领导下，为了保证建设工程质量，形成了较为完善的质量监管体系。河北省南水北调办的质量管理体系实施施工单位质量保证、监理单位质量控制、设计单位质量服务、建设单位质量监管的质量管理模式。以层层签订质量责任制为手段，坚持“横到边、竖到底、不留死角”的原则，严格落实质量责任制，并通过完善奖惩制度，不断加强和督促管理，开展质量管理活动。

为加强南水北调工程建设质量管理，河北省南水北调办成立了质量安全部，专职负责质量管理工作，并成立了质量管理领导小组，下设办公室，进一步明确各部门、各岗位的质量职责分工；建立明确的质量目标和质量责任奖惩，并层层签订责任书，分级负责管理。其延伸与创新工作主要有以下两方面内容：

（1）开展质量整治，质量管理关口前移。河北省南水北调办从开展质量整治活动以来，成立了质量集中整治工作小组，成员包括各部门主任及工程建设部经理，要求小组履行其职责，积极组织开展质量集中整治工作。实行质量管理关口前移，以监控施工准备和施工过程控制为主，对原材料和施工方案加强关注和检查。对原材料质量控制，从料源选择、进场验收、保存、取样检测及现场施工各个环节进行严格检查把关。质量整治过程中，河北省南水北调办多次聘请具备资质的检测单位对原材料、土方填筑及混凝土实体质量进行不定期检查，对发现的问题及时下发文件，要求相关单位限时整改。对质量缺陷处理和备案也进行专项检查，确保原因明晰、整改措施落实、资料完善真实。

（2）质量专项检查制度。2011年，国务院南水北调办开展了质量专项检查活动，河北省南水北调办组织各参建单位认真开展质量管理整治活动，形成了“转作风、履职责、强监督、凝合力”，确保南水北调工程又好又快的工程建设氛围。一是强化责任意识，狠抓工作落实；二是转变工作作风，强化监督检查；三是落实质量管理责任制追究，强化质量意识；四是采用科技手段，消除质量隐患。

（三）项目法人相关工作制度

以中线干线工程项目法人、东线山东干线工程项目法人和湖北省南水北调管理局及项目法人委托的监理单位为例进行说明。

1. 中线干线工程建设单位质量控制制度

南水北调中线干线工程实行直接管理与委托和代建相结合的建管模式。中线建管局于2004年成立，根据线性工程特点，下设天津、河南、河北、惠南庄泵站四个直接项目管理部门。

中线干线工程质量管理是对全干线所有建设实施阶段实行的全过程、全面的质量管理。中线建管局依据国家及行业颁布的质量管理法规、现行技术规程规范和标准，制定了质量管理方针和管理目标，根据工程发展的不同阶段对工程质量管理采取不同的措施。

中线建管局按照国务院南水北调办“高压高压再高压，延伸完善抓关键”的总体要求，积极落实国务院南水北调办制定的各项监管措施，通过加强直管、代建项目建管单位的现场质量管理，促进委托项目质量管理相关工作，达到提高工程建设质量的目的。在原有的质量监控体系下，前移质量监控关口，通过质量抓落实，最终达到提前预防、及早发现、认真解决的质量管理目标。中线建管局相关工作制度主要有以下几个方面内容。

（1）质量管理制度。为加强南水北调中线干线工程质量管理，明确工程参建各方责任，保证工程质量，依据国务院《建设工程质量管理条例》和国务院南水北调办颁发的相关规定，结合中线干线工程特点，中线建管局制定了《南水北调中线干线工程质量管理办法（试行）》。对参建各方的职责进行了规定，并对建管单位、设计单位、监理单位和施工单位质量管理程序进行了规定。

（2）工程巡查制度。南水北调中线干线工程战线长、参建单位多、建管模式多样、社会影响巨大，为加强工程建设的监督和管理，及时发现和解决工程建设中出现的问题，保证工程建设健康有序地进行。从2006年6月开始，中线建管局不定期对南水北调中线干线在建工程施工现场进行巡查。

巡查人员主要由中线建管局工程建设部工作人员组成，必要时由局领导带队，局属有关部门派员参加或聘请行业专家随同巡查。巡查人员统一佩戴安全帽、佩戴胸卡等标识，自带交通工具前往，无特殊情况，不再另行通知。

所巡查的内容依据国家有关法律法规和国务院南水北调办有关办法、通知和规定，对参建各方的质量、安全、进度、合同及文明施工等有关各种行为进行巡查。

（3）项目法人检测与巡视制度。为保证南水北调中线干线工程建设的顺利进行，切实履行项目法人职责，中线建管局委托质量检测单位、测量检测单位对中线干线工程进行质量检测和测量检测。检测单位代表中线建管局开展工作，不替代施工单位和监理单位有关工作的合同职

责。质量检测的主要内容为：按一定比例对工程建设中使用的原材料、中间产品等进行常规性检测。

对监理单位进行巡视抽查的内容包括：质量控制体系的建立及运行状况；监理实验室资质认证、试验操作、试验规章制度落实、试验资料记录情况等。

对施工单位进行巡视抽查的内容包括：质量保证体系的建立及运行情况，进场原材料使用情况，原材料和中间产品的抽检情况，工地实验室资质认证、设备人员、试验规程、试验规章制度落实和试验资料记录情况等。

2. 东线山东干线工程建设单位质量控制制度

南水北调东线一期山东段工程建设，按照“高压高压再高压，延伸完善抓关键”的工作要求，坚持“检查检查再检查，细致严格抓强化”的工作思路，以工程质量为核心，以强化质量监管、落实工程质量责任为重点，突出重点项目和关键环节，大力推广应用新技术、新材料、新工艺，创新管理机制，夯实管理基础，严格责任追究，持续保持高压态势，工程质量始终处于可控状态。东线山东干线项目法人制定的相关工作制度主要包括以下几个方面：

（1）质量稽查制度。为加强南水北调工程质量的稽查检查工作，山东省南水北调建管局设立了稽察处，南水北调山东干线公司成立了山东省南水北调工程监督管理中心，聘请外部知名专家，建立了稽查专家库。稽查检查的目的是“检查、指导、整改、提高”，确保工程建设质量。

（2）质量监督制度。根据《南水北调工程质量监督管理办法》和国务院南水北调办《关于委托山东省南水北调工程建设管理局承担工程建设部分行政监督管理工作意见函》（国调办建管〔2005〕35号），山东省南水北调建管局于2005年11月20日正式成立了南水北调工程山东质量监督站，负责南水北调东线一期工程山东段工程的质量监督工作。为加强工程现场质量监督工作，根据工程建设需要，山东质量监督站先后设立截污导流工程、韩庄运河段工程、穿黄河工程、两湖段工程、济南以东段工程及鲁北段工程等6个质量监督项目站。项目站在南水北调工程山东质量监督站授权范围内，根据工作需要制定监督计划，开展质量监督工作。项目站实行站长负责制，站长对项目站的工作全面负责，质量监督员对站长负责。项目站人员常驻工地。

（3）质量关键点控制制度。质量关键点是指对工程安全有严重影响的工程关键部位、关键工序、关键质量控制的要点部位。质量关键点的监督管理采用项目法人与政府监督相结合的质量监督管理体系。南水北调山东干线公司和山东质量监督站不定期抽查，检查抽查施工、监理现场人员配备及履职情况，检查施工现场质量关键点的质量控制情况。见证检测和委托第三方检测，对工程实体质量进行抽检。建立重点监管项目质量监管档案，主要包括工程位置、参建单位、各参建单位负责人、建设状态、历次检查发现的质量问题及问题处理情况等内容。

（4）质量检测制度。通过考察，委托淮河流域水工程质量检测中心、黑龙江省水利工程质量检测中心站两家单位承担第三方质量检测任务，明确质量检测的范围、项目，涵盖所有在建工程项目。各监理单位抽检、施工单位自检分别委托资质符合要求的检测单位开展检测工作。委托检测均按照有关要求签订了委托合同，明确检测范围、项目及其他有关事项。

（5）集中整治制度。山东省南水北调建管局、南水北调山东干线公司成立质量集中整治工作领导小组。领导小组主要职责是：研究部署、指导协调南水北调东线一期山东段工程质量集中整治工作；检查、督促南水北调工程质量集中整治工作，研究解决南水北调东线一期山东段工程质量集中整治工作中的重要问题。领导小组下设办公室，作为工程质量集中整治领导小组的办事机构，具体负责集中整治的组织实施工作。办公室主要职责是：研究提出南水北调东线一期山东段工程质量集中整治工作目标、计划、措施建议；监督、检查公司有关部门、各现场建设管理单位（含委托建设管理单位）工程质量集中整治工作；组织对各参建单位的工程质量集中整治工作的抽查复查工作；承办领导小组召开的会议和重要活动，检查督促领导小组决定事项的贯彻落实情况。

各现场建设管理单位（含委托建设管理单位）的整治工作由其主要领导负总责，结合本单位实际组建专门机构负责整治工作的实施，同时负责组织协调、监督检查各参建单位（勘测设计、监理、施工、质量检测等单位）的整治工作。结合工程建设实际情况，制定整治工作实施方案和工作措施。

（6）质量目标考核制度。对参建单位包括现场建管单位，设代组、项目监理部、施工项目部的考核实行分级负责。现场建管单位由南水北调山东干线公司组建考核工作组进行考核，设代组、项目监理部、施工项目部由现场建管单位组建考核组进行考核，南水北调山东干线公司考核工作组负责现场考核情况的监督检查。

（7）质量问题责任追究制度。质量问题分为质量管理违规行为、质量缺陷、质量事故和质量问题四类。处罚方式包括：①诫勉谈话。根据质量问题的性质、严重程度，分别由监理（监造）单位、现场建设管理处、现场建设管理局、南水北调山东干线公司、山东省南水北调建管局对相关单位和部门责任人进行诫勉谈话。②书面批评。监理（监造）单位、现场建设管理处、现场建设管理局、南水北调山东干线公司、山东省南水北调建管局根据各自管理权限或依据合同约定，可向质量问题责任单位下发书面批评。书面批评分为：监理（监造）工程师书面批评；现场建设管理处、现场建设管理局、南水北调山东干线公司书面批评，包括整改、整顿、停工整顿、通报批评；山东省南水北调建管局及监督管理单位下发的通报批评等。③经济处罚。由现场建设管理处、现场建设管理局、南水北调山东干线公司根据各自管理权限，依据国家有关规定、合同的有关约定，对发生严重质量问题的责任单位及责任人给予经济处罚。山东省南水北调建管局提出的经济处罚，依据国家有关规定直接实施。④行政处罚。依据国家有关规定，对发生巨大经济损失和严重后果的质量问题的责任单位及责任人给予行政处罚。行政处罚由山东省南水北调建管局根据行政管理关系组织实施。行政处罚包括警告、通报批评等；依据问题的严重程度，可取消责任单位参加南水北调工程建设资格或向有关部门建议停业整顿、降低资质等级、吊销资质证书等。⑤追加处罚。责任单位被诫勉谈话3次仍再次出现相同性质的质量管理违规行为、质量缺陷问题的，处罚单位可书面批评；书面批评后仍再一次重复发生相同性质的质量问题，对责任单位处以30万元的经济处罚。责任单位被诫勉谈话2次不进行整改的，处罚单位可书面批评；书面批评后仍不进行整改的，对责任单位追加通报批评并处以50万元的经济处罚。

3. 湖北省南水北调管理局质量控制制度

湖北省南水北调工程参建各方坚持“百年大计、质量第一”的方针，始终把工程质量放在重中之重的位置，贯彻落实国务院南水北调办质量管理工作会议和关于加强工程质量管理工作相关精神要求，以落实责任、加强监管为重点，突出高压抓质量，深入开展质量管理工作，不断加强施工过程管理，努力消除工程质量常见病和多发病为质量管理目标，以开展优质工程创建活动为载体，全力以赴做好各项质量管理工作。他们的做法主要包括以下几个方面：

（1）强化领导，健全制度，落实责任。坚持“质量第一，科学管理，预防为主”的质量方针，以创建优质工程为目标，建立了“项目法人负责、监理单位控制、设计单位和施工单位保证与政府监督相结合”的质量管理体系。加强质量责任的落实，及时与新开工工程的建设管理单位签订质量责任书，并督促层层签订质量责任书，落实责任制。

（2）积极组织开展质量集中整治工作。根据国务院南水北调办《关于开展南水北调工程2012年度质量集中整治工作的通知》等文件精神要求，成立了湖北省南水北调工程质量集中整治工作领导小组，制定了湖北省南水北调管理局质量集中整治活动工作方案，并联合南水北调工程湖北质量监督站对工程各参建单位质量集中整治自查整改情况进行抽查。对于国务院南水北调办检查发现的问题，督促相关单位立即组织整改，同时按照国务院南水北调办的要求委托具备资质的检测机构对有关问题做进一步认定。各参建单位通过质量集中整治，增强质量责任意识，规范质量管理行为，落实质量管理责任，消除质量隐患，确保南水北调工程质量。

（3）加强对原材料及中间产品质量抽检。为进一步加强对原材料及中间产品的质量控制，除现场建管单位委托第三方检测机构对原材料及中间产品质量抽检外，湖北省南水北调管理局委托水利部长江科学院工程质量检测中心，对引江济汉工程原材料、中间产品和实体质量进行抽检。

（4）积极组织施工图审查。针对工程重点标段，先后组织引江济汉工程施工图审查、引江济汉荆江大堤防洪闸施工图审查、引江济汉工程渠道图纸审查、局部航道整治工程施工图审查等，形成审查意见。

（5）加强质量管理人员业务培训。以组织各参建单位交流学习、组织参加技术培训会、印发培训资料和开展知识讲座等形式加强质量管理人员业务培训。主要内容包括：①组织各参建单位到质量管理较好的单位参观，交流学习先进的施工工艺与管理方法；②组织各有关单位人员参加南水北调工程膨胀土和高填方段技术培训会，印发《关于组织学习〈膨胀土和高填方技术成果交流材料〉的通知》，要求参建各单位组织学习；③将南水北调各项制度法规整理汇编成册，印发各参建单位学习；④开展知识讲座，特邀有关专家在全省质量工作会议期间进行质量管理知识讲座，专门组织召开湖北省南水北调验收工作培训会等。

（6）加强质量管理监督检查。开展工程质量专项检查，组织专家对兴隆水利枢纽、引江济汉工程各参建单位质量保证体系建设、原材料检测、中间产品质量控制、施工单位“三检制”执行、关键部位、关键工序和重要隐蔽工程的质量管理工作进行检查，针对检查发现的问题，印发整改通知，提出相关整改意见，并对整改情况进行跟踪检查。同时，要求现场各建管单位加大对质量管理工作的督促与检查力度。

（7）加强质量问题整改，严格责任追究。对国务院南水北调办检查中发现的质量问题，立即组织各参建单位进行整改，并依据《南水北调工程建设质量问题责任追究管理办法》和《南水北调工程合同监督管理规定》对相关单位及责任人进行严格的责任追究，出重拳强化工程建设质量管理。根据现场检查情况，对不合格单位和主要负责人做出警告、通报批评、约谈、开除处理。此举在工程全线引起极大震动，有效地提高了工程各参建人员的质量责任意识。

（8）落实工程质量举报制度，加强问题调查处理。根据国务院南水北调办《关于加强南水北调工程建设举报受理工作的意见》的有关要求，在工程各施工标段设立举报公告牌，建立举报协助办理的规章制度，明确工程建设举报协助办理部门，协助完成举报问题的核实及整改落实工作。

(9) 及时组织工程验收。印发了《关于成立省南水北调工程建设管理局验收工作领导小组的通知》，明确了验收工作领导小组人员组成及主要职责，并及时组织了已完工分部工程的验收工作，积极组织了部分工程闸门埋件、金属结构设备、发电机组、闸门等出厂验收工作。

4. 监理单位质量控制制度

(1) 开工条件审核制度。施工合同签订后，施工单位应按合同要求积极准备开工，同时，业主也应为施工单位积极提供开工条件，确保在规定的开工日期如期开工。监理工程师在合同规定的开工日期前，应认真审核开工条件，其中包括施工单位和业主两个方面的条件。

(2) 工程材料检验制度。工程施工所用的材料，包括原材料、半成品、成品，在使用前均必须经过检验，只有检验合格并经监理工程师批准后，方可在指定部位使用；主要建筑材料若是订货，则施工单位在订货前应向监理工程师报送样品和有关订货厂家情况等资料，经同意后方可办理订货手续。材料进场后，监理工程师应首先监督施工单位对其进行检查验收，并督促施工单位填报建筑材料报验单，详细说明材料来源、产地、规格、用途及施工单位检验情况；其次，监理工程师对材料质量进行审核，并对材料质量作出合格与否的评价；最后在报验单上列明：所验材料的取样、试验是否符合规程要求，抽检结果是否符合合同要求，所验材料可否在指定的工程部位使用；施工单位的材料检验应符合以下规定：工程开工之前，施工单位应在料场或材料供应地，对拟用材料进行取样检验，并向监理部填报《建筑材料报验单》和《建筑材料质量检验合格证》，申请进场使用。每批建筑材料进场，施工单位应按合同文件规定对进场材料进行抽检复验，并向监理部填报《进场材料质量检验报告单》和《建筑材料质量检验合格证》，申请批准使用。

(3) 施工机械设备进出场审核审批制度。在工程开工前，施工单位应综合考虑施工现场条件、工程结构、机械设备性能、施工工艺、施工组织和管理等多种因素，制订详细的机械化施工方案，并填报《进场设备报验单》，列明设备的名称、规格型号、数量、进场日期、技术状况及拟用目的等内容。经监理工程师审核、批准后方可进场。施工单位将准予进场的施工机械进场后，监理工程师还应到现场进行必要的检查，方法是目测或试验。除进场开工前要求施工单位填报进场设备报验单外，对后续开工的单位工程或分部工程，在其开工前监理工程师同样要求其填报用于该工程施工的机械设备清单，必要时也应做试验检查。凡是进场后的施工机械设备，施工单位不能随便撤离现场，若要撤离需经监理工程师批准。

(4) 施工组织设计和技术措施审核制度。在工程开工前，施工单位应进行详细的施工组织设计，制订出具体的施工质量保证措施，并报监理工程师审核。

(5) 质量控制点设置制度。质量控制点是指为保证施工质量必须控制的重点工序、关键部位或薄弱环节。实践证明，设置质量控制点，是对质量进行预控的有效措施。因此，施工单位在施工前应根据工程的特点和施工中各环节或部位的重要性、复杂性、精确性，全面、合理地选择质量控制点。监理工程师应对施工单位设置质量控制点的情况和拟采取的控制措施进行审核。必要时，还应对施工单位的质量控制实施过程进行跟踪检查或旁站监理，以确保控制点的施工质量。

(6) 设计交底与图纸会审制度。为了使施工单位熟悉设计图纸，了解工程特点、设计意图以及关键工程部位的质量要求，同时也为了减少图纸的差错，将图纸中的质量隐患消灭于萌芽状态，监理工程师应组织施工单位进行图纸会审，组织设计单位向施工单位进行设计交底。先

由设计单位介绍设计意图、结构特点、施工要求、技术措施和有关注意事项，然后由施工单位提出图纸中存在的问题和需要解决的技术难题，通过三方研究协商，拟定解决的办法，写出会议纪要。

（7）设计变更处理管理制度。由于各种原因，在施工过程中，经常需要对原设计进行必要的变更。设计变更对施工项目质量、进度和费用均有影响，因此，必须严格遵循设计变更的报批程序，合理处理，任何一方不得擅自变更设计。业主、监理工程师、设计单位和施工单位均可能提出设计变更，但不管由谁提出任何内容的变更，都必须在监理工程师发出设计变更指令后，施工单位才能执行设计变更。

（8）质量事故处理制度。在工程施工中，原则上不允许出现质量事故，如确实出现了质量事故，施工单位必须向监理工程师报告，监理工程师下达工程暂停施工通知，其后立即组织人员进行调查、分析。施工单位根据分析结果采取有效的措施进行事故处理，处理完毕后提交复工申请。监理工程师对质量事故处理结果检查验收合格后，即可下达复工指令。质量事故处理完毕，监理工程师一般要求施工单位提交质量事故处理报告。其内容包括：质量事故调查报告、事故原因分析、事故处理的依据、方法和技术措施、质量事故处理实施中各种原始记录、检查验收和质量事故的处理结论等。

（9）隐蔽工程与关键工程部位验收制度。监理单位接到施工单位的申请验收报告后，应及时组织验收，确认合格后，在施工质量联合检验合格证上签字，严禁未经检验或检验不合格就发合格证。水工建筑物基础开挖，地下建筑物岩石开挖，地基防渗、加固处理和排水工程等隐蔽工程以及建设（监理）单位要求检验的关键部位（应事先确定），其终检工作应由施工单位技术负责人主持，特别重要的工程由施工企业技术负责人主持，组织专职质检员和有关人员参加，终检合格后，方可向监理单位申请检查验收。隐蔽工程和关键部位的检查验收，由监理单位主持，由建设、监督、设计、施工单位组成的验收小组进行验收。

除上述九个方面的制度外，监理单位还建立了常见的监理日志与监理例会制度。监理人员逐日将所从事的监理工作写入监理日志，监理日志应详细、准确、清晰和无遗漏。

第四章 南水北调工程质量监管机制框架构建

第一节 南水北调工程质量监管机制设立必要性分析

一、南水北调工程质量监管机制的内涵

（一）质量监管的内涵

工程项目的生产与交易过程有别于一般产品的生产与交易，具有生产不可逆和履约时间长的交易特性，像南水北调这样超大型工程对社会经济和环境的影响巨大，是一种特殊的产品。工程质量监管，意为“对工程质量活动实施的监督、管理行为”，在西方国家中亦称为“工程质量规制或管制”，具体指依据一定的规则，为维持工程项目产品的质量安全底线，对构成特定经济关系的质量主体活动和工程实体质量进行限制或监督管理的行为，以最终实现某种经济目标或社会目标。虽然工程质量监管包括私人监管和政府监管，但鉴于南水北调工程项目的准公共物品性、外部性，工程质量监管主要是政府监管。《中华人民共和国建筑法》和《建设工程质量管理条例》规定，我国实行建设工程质量监管制度，从法律上明确了质量监管的地位和性质，质量监管是政府管理建设工程质量的具体行为，是政府对工程参建各方质量行为的强制约束。工程质量监管具有强制性和执法性特点。

（二）工程质量监管机制的内涵

工程项目质量的形成是复杂的系统工程，不仅涉及项目法人、勘察、设计、监理、施工、工程质量检测机构等各参建主体的质量行为，而且还涉及工程项目决策、设计、采购、施工等生产过程的质量，涉及工程项目各单元工程及其之间的质量。由此，从系统的视角将工程质量监管机制定义为：为实现特定的目标，监管主体对各方参建主体的质量行为以及工程项目生产过程、工程项目主体结构和使用功能的质量实施监督管理的工作原理、方式。结合南水北调工程的特点，

该定义具有以下四层含义：①监管主体主要为政府及其派出机构，从组织上看，为一层级机构，自上而下为国务院南水北调办、各省（直辖市）南水北调办，以及监督司、监管中心、稽察大队和质量监督站，形成了检查、核实和执法“三位一体”的监管主体，对传统水利工程质量监督站单一监管主体的格局实现了创新；②监管客体为各方参建主体的质量行为以及工程实体质量，由于南水北调工程建设规模大、建设工期长，不同阶段监管客体表现出不同的行为特征和技术特点，因此监管客体具有动态变化的特征；③监管目标是确保南水北调工程的质量安全，促进工程按期发挥效益，实现社会公众利益和国家的发展战略；④监管机制涉及监管主体、客体之间以及与周围环境的互动关系，包含监管方式、手段，监管频率、结果认定与处理等要素。

二、工程质量监管机制创新的必要性

（一）传统工程质量监管机制的缺陷

我国现行的水利工程监管机制是政府部门监督、监理公司介入的模式。水利工程质量监督管理机构——质量监督站是代表政府对工程质量实施监督管理的执法机构，行使政府对工程质量管理的职能，同时也行使对水利建设市场的部分管理职能；监理公司由项目法人委托负责对工程项目的监理工作，检测机构由项目法人委托对工程项目来样进行质量检测。这种水利工程质量监管机制对工程质量的监控起到了一定的作用，但是也存在以下一些不足与缺陷：

（1）政府部门的监管方式主要是通过巡查来核查是否存在建设违章、违规及其所造成的影响和损失等问题，重在事后监管而非事前预控，难以有效防止或预防工程质量风险的发生。

（2）现有的水利工程质量监管机制具有“条块分割、多头管理”的性质，即质量问题信息难以实现共享，存在“信息孤岛”现象。质量责任追究仅局限于区域市场或水利行业内部，质量责任主体仍可以在其他区域市场或行业承揽业务，获得生存与发展机会。因此难以有效制约质量责任主体的违规行为，加之工程质量的隐蔽性，导致质量责任主体存在偷工减料的投机取巧心理，增加了工程质量风险。

（3）对监督者的监督不够。监理公司受项目法人委托的制约，对工程质量监督的作用难以充分发挥，同时在实际工程建设中，业主超越监理合同的权限，直接干预施工行为的情况时有发生。政府审计结果表明，项目法人、监理单位、施工单位之间也有存在串谋、合谋，以牺牲工程项目质量而攫取高额利润或谋取个人（部门）私利的现象。

（4）勘察设计阶段是工程质量风险控制的重要阶段，但是目前中国的工程监理基本上全是“施工监理”，对工程的勘察设计阶段却没有给予相应的监理，使勘察设计阶段的质量风险无法预控，影响工程的后期质量。

（二）工程质量监管机制创新的理论动因

传统的新古典经济学假定市场信息是完全的，买方/项目业主都拥有产品（工程项目）质量的所有信息，包括功能和风险因素等，即产品质量信息对于买卖双方而言是完全透明的。因此，传统的新古典经济学更加关注如何通过市场竞争和价格来揭示有关产品质量的信息，政府监管的重点应该为价格监管。显然传统新的古典经济学无法解释工程质量监管存在的必要性及其缺陷与不足，但信息经济学、契约经济学、交易经济学等理论的发展为工程质量监管机制创新提供了理论动因：

（1）质量信息不对称需要创新工程质量监管机制。美国经济学家阿克劳夫（Akerlof）首先用信息不对称解释了二手商品市场中的质量问题，从而开创了信息经济学的一个全新领域。信息经济学者根据购买者对质量信息的可获得性把商品分为三类：第一类是购买时通过观察就可以知道商品质量的搜寻品；第二类是只有使用以后才能获悉商品质量的体验品；第三类是使用后也可能无法知道商品质量全部信息，因此购买之初主要是相信其质量的信任品。显然，在后两类的商品交易中，买方会面临严重的信息不对称。工程项目是一类特殊的商品，其生产与交易过程交织在一起，且实体规模大，隐蔽工程多，加之建设周期相对较长，受外界因素干扰大，质量本身就存在不确定性。因此，工程项目发包方或因客观条件的限制，或因成本过高不可能观察和监督承包人的所有行动，工程项目承发包双方拥有的质量信息是不同的。为减少信息不对称将导致的市场交易效率损失，信息经济学提出了第三方机构证明、卖方提供保修退货等质量承诺以及政府质量监管等措施。政府通过制定强制性法律促使卖方提供合格质量产品。随着我国工程总承包模式的逐步推行及建设市场的行业壁垒的不断降低，水利建设市场的封闭监管难以起到惩戒的效果，因此必须在现行的“条块分割”的政府工程质量监管体制下，形成良性的部门联动机制，从宏观上维护市场秩序，确保市场的有序统一，达到有效驱逐提供“劣币”产品生产者的目的。

（2）合同的不完全性需要创新工程质量监管机制。

1）由于人的有限理性，以及南水北调建设项目合同的长期性，合同双方对外在环境的不确定性无法完全预期，不可能预见所有可能发生的未来事件，更不可能在合同中制定好处理上述事件的具体条款。因此，建设项目合同具有不完全性，在建设项目质量管理中完全依靠合同来调节所有问题显然难度很大。

2）工程项目合同履约的度量或判断具有一定程度的模糊性。这种履约判断的模糊性主要表现在工程质量的检查和验收上。对某些凭感官判断的项目质量常常采用专家判断法，这带有较大的主观性。而在合同双方发生争议时，当诉诸第三方监理工程师、法院或仲裁庭时，第三方也难以证实或观察一切，无法强制执行，抑或即使第三方能够证实或观察，这种履约判断的费用和耗时也是合同双方难以承受的。显然，合同的不完全性和合同履约度量的模糊性在某种程度上降低了合同对承包方行为的约束性。因此，在设计合同时，不仅仅需要考虑合同对承包商约束性条款的设计，而且还需要考虑合同对承包商的激励作用，使得质量合规行为成为一种“主动”的行为，不是“被动”而为。

（3）政府投资项目业主的实际缺位需要创新工程质量监管机制。南水北调工程是政府投资的公共工程项目，真正的项目业主是全国人民，南水北调工程中组建的项目法人仅仅是代理人。代理人也存在自身利益诉求。面对“公益”与“私益”的利益冲突时，项目法人可能会牺牲公益以满足自身的私利。项目法人的质量验收检查制度、监理单位的社会监督制度以及承包单位内部质量检查制度存在失效的可能性。因此，迫切需要创新工程质量监管机制，解决在政府投资项目业主缺位情况下，代理人因为信息不对称，出现“私益”侵吞“公益”而导致的质量问题。

（4）政府监管人员的“经济人”理性特征需要创新工程质量监管机制。传统西方经济学中假设政府是社会公共利益的代言人和维护者。但现实的情况存在政府失灵现象，如效率低下、政府机构膨胀、官僚主义严重、设租与寻租等，政府质量监督工作可能异化为一种谋取私利的

工作，或称为一种形式主义的摆设。公共选择理论对此种现象给出的解释为：市场经济下私人选择活动中适用的理性原则，同样适用于政治领域的公共选择活动，因为政府只是在个人相互作用基础上的一种制度安排。所以，政府并不是一个抽象的、同质的实体，也并不总是一心一意地追求社会总体福利最大化的目标。政府及其政府官员也具有自身的利益目标，其中不但包括政府本身应当追求的公共利益，也包括政府内部工作人员的个人利益，此外还有以地方利益和部门利益为代表的小集团利益等。

（5）技术环境的变化需要创新工程质量监管机制。南水北调工程项目形式多样，工程量巨大，仅东、中线一期工程就包含单位工程2700余个，土石方开挖量17.8亿m^3，土石方填筑量6.2亿m^3，混凝土量6300万m^3。工程形式包括水库，渠道，水闸，大流量泵站，超长、超大过水隧洞，超大渡槽、暗涵等。其中，中线干线工程长1432km，铁路交叉62处，穿渠建筑物479座，跨渠桥梁1255座。技术难题的解决需要技术创新，而知识经济学中的知识有限性假定认为，技术创新可能改善项目品质，也可能带来质量风险。针对技术创新可能带来的质量不确定性，同样也面临监管者能力有限的问题。也就是说，技术难度的增加使质量监管难度增加，对工程质量监管的要求不仅更加专业，而且要求群策群力。因此，技术环境的变化对工程质量监管机制提出更高的要求。

（6）从“传统公共行政”走向“公共治理”要求创新工程质量监管机制。南水北调工程项目为准公共物品，其工程质量监管属于社会公共事务。在传统公共行政理念下，工程质量监管“是通过政府的政治权威制定政策，发布和实施政策，对社会公共事务实行单向度的管理”，其强调的是政府的权威地位以及自上而下的权力等级。而传统工程行政的层级节制性被人们认为效率低下和缺乏想象力。20世纪80年代兴起的公共治理理论摒弃了传统公共行政中单一主体、权力等级的理念，提出了“合作主义”的政治结构。认为公共治理的最终目标是“善治”，治理的核心是“多元主义和超多元主义”，是通过协商、伙伴关系、确立认同和共同目标等方式实施对公共事务的管理，是政府、社会组织包括公众上下互动的管理过程。它的管理机制主要不是依靠政府的权威而是合作网络的权威，其权力向度是多元的而不是单一和自上而下的。也即公共治理是公共权力部门整合全社会力量、管理公共事务、解决公共问题、提供公共服务、实现公共利益的过程。因此，公共行政理论的演变要求创新工程质量监管机制。

第二节　国外工程质量监管机制的经验借鉴

由于建设工程质量对经济社会的重要影响，建设工程质量实施政府监督管理已成为国际惯例。大多数国家的建设主管部门把制定住宅、交通环境建设和建筑业质量管理的法规和监督执行作为主要任务，并把大型项目和政府投资项目作为质量监管重点对象。但政府主管部门是否直接介入政府投资的公共工程质量以及民间投资的工程质量的具体监督检查，即政府主管部门是否直接参与微观层次工程质量监督管理，各个国家和地区的情况不尽相同，归纳后主要分为三种类型。

一、政府间接参与微观层次工程质量监管机制

采用政府间接参与微观层次工程质量监管机制最为成熟的是法国。在法国，政府主管部门

不直接参与工程项目的质量监督检查，而主要运用法律、市场、经济手段，促使各参建主体提高工程质量。法国政府主管部门负责制定建设工程质量的技术立法，为质量检查、质量鉴定提出必要的监管依据。法国的技术法规有“NF”标准和“DTU”规范。这两个技术法规对政府投资的公共工程是强制性的，对私人投资的民间工程（除涉及公众安全的）则是非强制性的。“NF”标准和“DTU”规范一般会随着新结构、新材料、新技术的发展每隔 1～2 年修订一次。法国的质量监督机构（监管主体），是由独立于政府的质量检查公司担任，它以其第三方客观公正的地位对工程质量进行监督检查，监督检查工作贯穿于工程的招投标、设计、施工阶段和工程验收阶段。政府对质量检查公司实行准入管理，即质量检查公司在营业前必须获得政府认可的证书，此证书由政府有关部门组成的委员会审批颁发，获得证书的质量检查公司每隔 2～3 年须经发证机构复审一次。

法国政府另一监管手段为推行强制性的工程质量保险制度，通过保险公司的保费调整来间接实现对各参建主体质量行为的约束。因此，间接监管机制的运行方式为：依靠独立的质量检查公司，在完善的法规基础上，以市场准入管理和强制性保险为手段保证工程质量。间接监管机制与其说是一种政府质量监管，还不如说是一种质量公共服务，体现了政府“有效服务”的柔性管理职能。

二、政府直接参与微观层次工程质量监管机制

采用政府直接参与微观层次工程质量监管机制的国家以美国为代表。美国的工程质量政府监管主要表现在政府主管部门直接参与工程建设项目质量的监督和检查。在美国，政府参加工程项目质量监督检查的人员分为两类：一类为政府自身检查人员；另一类为政府临时聘请或要求业主聘请的，属于政府认可的外部专业人员。这类监督检查人员都直接参与每道重要工序和分部分项工程，尤其是基础和主体结构的隐蔽工程的检查验收，由他们认定合格后，方可进行下一道工序。对工程材料、制品质量的检验由相对独立的法定检测机构检测。美国在《统一建筑法规》中就建筑主管官员对建设项目的监督检查职责做出相应规定。该法规规定，需要领取执照的所有建设项目和工程，均需接受建筑主管官员的监督和检查，对某些类型的建设工程必须进行连续检查。

新加坡也是采取政府直接参与微观层次工程质量监管机制的国家之一。新加坡建筑业发展局在每个大型工地上均派有建筑师和结构工程师（或工程监督员），负责对工程进行质量监督，促使施工人员严格按照规范进行操作。一个分项工程完成后，工地督工首先检查质量是否达到要求，然后再由工程监督员进行检查，合格同意后才可以进行下一工序的施工。

三、政府直接与间接监管相结合的微观层次工程质量监管机制

德国政府对工程项目产品的监督管理，是以间接管理为主，直接管理为辅。政府的直接监管体现在颁发施工许可证和试用许可证。政府对工程项目产品施工过程的间接监督管理体现在两个方面：一是通过法规、规范、标准等对施工过程进行规范，如“建筑产品法”是对建筑产品的施工标准和施工过程有关规定的法律，是监管的依据；二是采取由政府主管部门委托授权，由国家认可的质监工程师组建的质量审查监督公司（质监公司）对工程项目设计、结构施工中涉及公众人身安全、防火、环保等内容实施强制性的监督审查。质监公司是代表政府而不

是代表业主进行工作，保证了监督工作的权威性、公正性。政府只对质监工程师的资质和行为进行监督管理，不对具体工程项目进行监督检查。工程质量审查监督费用由业主向建筑行政主管部门缴纳，再由政府转给其委托的质监公司，业主不直接交给质监公司，避免了质监公司与业主质检的雇佣关系。德国的质监公司，不按国家的行政区域范围接受工程质量审查监督任务，而是按其工作业绩、能力和社会信誉，由政府主管部门进行统一的分配，避免了在同一地区范围内出现独此一家质量审查监督的垄断行为。

四、经验借鉴

虽然上述市场经济发达国家对质量的监管机制不同，但总体上体现出一些共同的经验和特征，主要表现在以下方面内容：

(1) 高度重视法律手段，建立完善的工程质量监管法规体系。发达国家的工程质量监督管理是建立在严格、完善的法制基础上的。各参建主体依法从事工程项目产品的生产、经营和管理活动，政府主管部门依法对各参建主体的质量行为进行监督管理。工程质量监管法规体系一般分为三个层次：第一层次为法律；第二层次为条例和实施细则，是对法律条款的进一步细化，以便于法律的实施；第三层次为技术规范和标准，其侧重于对工程技术和管理的实施程序及细节做出规定。

(2) 充分利用市场化手段提高工程质量。

1) 充分发挥社会中介对提高工程质量的作用，如各类保险机构、担保机构对工程质量进行保险和担保。各类专业质量监督、检测机构对工程质量的监督、检测，质量体系认证机构对企业保证体系的认可等。

2) 建立了工程保险和担保制度。由于工程建设项目投资巨大、工期漫长，从其策划、设计、施工到竣工后投入使用，整个过程都存在着各种各样的风险，而这些风险都会直接或间接地影响工程质量。上述发达国家推行的工程保险和担保制度对于分散或减小工程风险和保证工程质量起到了非常大的作用。在美国，无论是承包商、分包商还是咨询设计商，如果没有购买相应的保险或取得相应的保证担保，几乎无法获得工程合同。保险公司通过建设工程情况、投保人信用和业绩情况等因素进行综合分析以确定保费的费率。承保后，保险公司（或委托其代理人）即参与工程项目风险的管理与控制，提供有效的风险控制咨询服务。工程担保的作用机理类似于工程保险，工程担保公司也是通过担保费率的调整实现对质量责任主体行为的约束。在法国，亦实行强制性工程保险制度。按照法国建筑法规《建筑职责与保险》的规定：凡涉及工程建设活动的单位，包括业主、总承包商、设计、施工、质检等单位，均须向保险公司投保，而保险公司则要求每项工程在建设过程中，必须委托一个质量检查公司进行质量检查，并给予投保单位可少付保费的优惠。

(3) 重视市场信用建设，加大市场信用对质量责任主体的约束力。市场经济是一种信用经济，信用是市场经济的基础，信用在社会资源配置中具有弥补市场和政府缺陷的补充性功能，也是工程保险和担保制度运行的基础。

(4) 重视质量监督管理机构的绩效评价管理。在委托社会化、专业化的质量监督管理机构（质监公司）时，德国政府为避免无序竞争和形成区域垄断，首先对质量监督管理机构进行绩效评价，再考虑其能力和社会信誉；然后再对质量监督管理任务进行统一的分配。这种绩效评价无形中也促进了质监公司之间形成竞争的态势。

(5) 加强市场准入管理对质量责任主体的约束力。发达国家对市场准入的普遍做法是依据法规，对专业组织和专业人才采取注册许可及工程项目管理许可制度。通过对专业人士的注册制度，承包商、供应商的市场准入制度或资质管理制度，实现政府对建筑行业服务质量的控制和管理；而工程项目管理许可制度主要是通过实行项目的申报建设许可、施工许可和使用许可制度，以及生产过程中的检查检测、质量认知制度，实现政府对行业服务质量的管理。

第三节　南水北调工程项目政府质量监管机制设计

一、质量监管机制设计原则

(1) 有利于揭示真实质量信息。信息经济学中有两个重要的行为假定：一是认识假定，假定人的认识动因是有限理性；二是行为假定，假定人的行为动因是机会主义。如前所述，由于工程质量形成过程受外界因素影响大，本身具有不确定性，加上“经济人”的机会主义动因，各参建主体会产生“掩盖”真实质量信息以获取最大利益的“损人利己”行为，而这正是质量监管的必要性所在。因此，质量监管机制创新必须有利于揭示真实质量信息，减少质量信息的不对称性。

(2) 有利于降低质量风险。风险是一种不确定性。工程项目的风险管理是各参建主体，包括发包方、承包方和勘察设计、监理咨询等单位用系统的、动态的方法对工程项目的前期策划、勘察设计、工程施工以及竣工后投入使用各阶段的风险进行预控。通过风险识别、风险分析、风险监控和应对，以最小的代价、最大限度减少项目过程中的不确定性，在最大程度上实现项目目标。风险管理的思想侧重于风险的事前主动预控，减少风险的发生，或将风险发生的损失减少到最小。工程项目，特别是大型工程项目在建设过程中涉及大量的不确定性因素，面临的工程质量风险也更高，风险发生所导致的损失也更大。因此，重视事前主动预控，以风险为导向和出发点的创新工程质量监管机制尤为重要。

(3) 有利于降低质量监管成本。质量监管成本包括监管机构费用和监管日常运行费用。监管机构费用包括常设机构中人员工资福利、办公场所折旧等费用。监管日常运行费用指监管人员检查、核实认证质量信息所耗费的成本，包括检查仪器设备、交通差旅补贴等费用。理论上，监管效益与监管成本并不是完全线性关系，而是一种非线性关系，即：起初监管效益随着监管成本增加的速率很小或几乎不变；当监管成本增加到一定程度时，即形成拐点，监管效益随着监管成本增加的速率变大；之后随着监管成本的增加，监管效益的增长速率放缓，甚至还会因为监管过度导致监管效益下降。因此，一味地增加监管成本并不能带来预期的监管效益，采取低质量监管成本且实现预期监管效益的机制符合经济学原理。

(4) 有利于体现社会公平。“公平”一词概念极为丰富，社会学、政治学和经济学视域下的内涵并不相同，在这里所指为经济学涵义，即公正平等之意，表明主体无歧视、无袒护的态度。机制的公平价值是指机制设计时在对待主体的利益上采取不歧视、不袒护的态度，以满足

人们对相互之间在实现权利上平等关系的需要。质量监管涉及质量问题检查、认证和责任追究等环节，而大型工程项目，尤其是南水北调工程项目参建主体多，建设周期长，受自然、社会和技术环境影响大，质量信息甄别和质量问题认证都具有一定的技术难度。因此质量责任追究一定要建立在坚实的质量问题认证基础上，否则会对各参建主体的经济利益和商业信誉造成不当影响，有失公平之嫌。

二、质量监管机制设计的总体思路

（1）信息经济学视角下工程质量监管机制创新设计思路。如前所述，工程质量监管中存在多重委托—代理关系，如政府与监督机构之间、监督机构与监督团队之间、监督机构与项目法人之间、项目法人与监理单位之间、项目法人与各质量责任主体之间等。而上述多重委托—代理关系带来的信息不对称问题，是工程质量监管机制创新的主要动因所在。一般将拥有私人信息的一方称为代理人，没有私人信息的一方称为委托人。创新的工程质量监管机制就是要作为最上面一层的委托人（政府）试图通过某些方式和手段揭示多个代理人的真实质量行为信息。信息不对称包括事前信息不对称和事后信息不对称两种。此处所指工程质量监管是指工程项目实施过程中发生的信息不对称，即事后信息不对称。事后信息不对称会导致道德风险，而解决道德风险问题，信息经济学家们提出了以下几种机制：

1）显性激励机制或报酬激励机制。工程质量监管的多重委托—代理关系中，最上层的委托人（政府）作为社会公共利益的代表，实质上承担了工程质量的最终风险。而代理人的行为不可能被完全观察，如果代理人的收入和代理人的努力水平没有任何联系，代理人就没有任何提高质量的积极性。为此，委托人必须根据工程质量产出提供显性激励机制或明示的业绩合同。该显性激励机制/业绩合同的设计要满足两个条件：参与约束和激励相容约束。参与约束意味着代理人从接受业绩合同中得到的期望收益不能小于不接受业绩合同时能得到的最大期望收益；激励相容约束意味着代理人从努力工作中所得到的期望收益是最大的，要大于以质量欺骗或疏于质量监督等机会主义行为所获得期望收益。这样代理人就没有选择机会主义行为的内在动机。

从委托人来讲，业绩合同仅仅满足参与约束和激励相容约束是不够的，还需要考虑委托人收益或成本的问题。采用业绩合同后，显然委托人会面临两种期望支付：一是由于代理人不努力而给工程或委托人造成的收益损失（假设可货币化度量）；二是付给代理人的激励成本。这两种期望支付的关系可用图4-3-1来表示。图4-3-1中x表示代理人的努力成本，y表示委托人的期望支付，y^*表示委托人在业绩合同中的最佳激励水平，此时委托人的期望总支付最低。

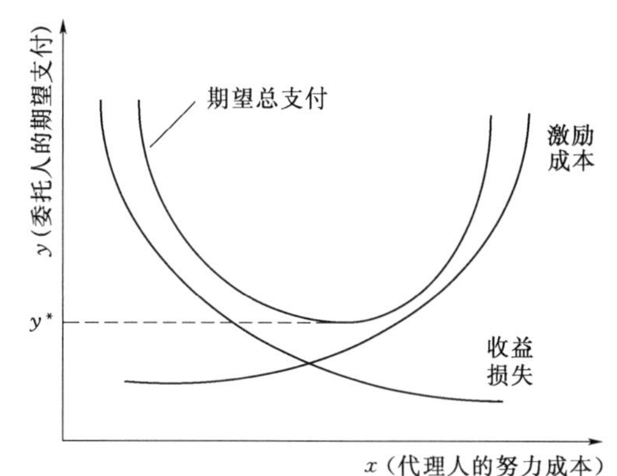

图4-3-1　显性激励中委托人的期望支付

2）隐性激励机制或信誉机制。一方面，从整个建设市场而言，政府质量监管机构作为常设组织，与勘察、设计、施工、监理等参建单位建立了多次博弈关系；另一方面，由于大型工程项目建设周期长，可将质量监管周期划分多个阶段，此时委托人与代理人之间的博弈就可安排成有限次重复博弈关系。在多次或多阶段博弈中，代理人不仅要考虑当前阶段的利益，而且还要考虑未来合作或下一阶段的期望收益。于是，代理人与委托人刚建立博弈关系时，其会以“好人”的形象出现，努力工作以获得将来合作的机会，这样一直到双方博弈结束的前一期，也就是代理人想永久性地退出建设市场或合作关系时，代理人才会显露出机会主义“坏人”的本性，一次性地把自己过去建立的信誉毁掉，以获得更大的短期收益，这就是所谓多阶段博弈信誉模型。

此后信誉理论发展成为一种企业理论，认为信誉对促进承包人诚实履行合同的作用，并不依赖于交易双方长期重复博弈，也就是说，只要代理人能够在较长的一段时期内存在，那么委托人就可以观察到他的行动，判断他的履约能力，了解他的信誉情况，并由此决定与该代理人的合作关系。显然，信誉机制作为一种隐性激励机制，可以与显性激励机制一样解决“道德风险”问题。

3）相对业绩比较机制。由于代理人的业绩，如工程质量产出，是由代理人的努力和外生不确定性因素共同确定的。“相对业绩比较”可用来剔除一些共同的外生不确定因素的影响。“相对业绩比较”的一种极端形式是“锦标制”：在多个同类型的代理人，如承包商中，委托人按照一定的绩效评价标准对所有代理人的业绩进行打分排序，得分最高或排名在前者将为赢家，从而得到较高的奖金。显然，每个代理人的所得只依赖于他的排名，而与他的绝对业绩无关。“锦标制”由于没有充分利用可使用的信息，同时在代理人数量少、评比次数足够多的情形下，容易发生代理人之间相互勾结“轮流坐庄”现象，因此委托人要谨慎使用“锦标制”。

4）监督机制。前述的显性激励机制的应用必须依赖“业绩”信息（其包含了有关代理行为的信息量）的获取，此即激励的信息量原则。激励的信息量原则意味着，委托人对代理人实施监督是有意义的，因为监督可以提供更多的有关代理人行动选择的信息，从而可以减少代理人的风险成本。质量产出监督的目的是收集有关外部环境因素和质量产出的信息，从而降低质量产出的方差，使观察变量具有更大的信息量。质量产出监督的收益包含两部分：一是降低代理人的风险成本，二是强化激励机制。质量产出监督的成本不仅包括直接的物质和时间消耗，还包括机会成本。最优的监督强度取决于监督收益和监督成本的比较。

5）惩戒机制。惩戒机制就是通过责任的分配和赔偿—惩罚规则的实施，将代理人行为的外部成本内部化，诱导代理人选择委托人希望的最优行动。这种惩戒强度必须要足够大（违约成本高于违约收益），才能起到应有的警戒作用。

（2）公共治理视角下工程质量监管机制创新设计思路。针对工程质量监督中的“市场失灵”和“政府失灵”，公共行政理论不断发展和完善，提出了多中心治理理论。全球治理委员会将治理界定为“各种公共的或私人的个人和机构管理其共同事务的诸多方式的总和。它是使相互冲突或不同的利益得以调和并且采取联合行动的持续过程”。显然，公共治理涵盖了政府和非政府部门两个主体，他们为增进公共利益，采取友好合作的方式，分享公共权力，共同管理公共事务。这一理论主张要重视公平，重视合作，重视公民的实际参与，并提出这样一个普遍认同的观点：要想实现社会的“善治”，必须要容纳更多的公众参与到公共事务的治理中。

南水北调工程项目为准公益性项目，对工程沿线的地区和居民有着外部经济性，与沿线地区和居民有着高度的切身利益关系。此外，随着我国现代民主的不断发展，公民意识也在不断提高，公民的社会责任感增强，不乏存在一部分公民自愿通过参与南水北调工程的质量监督来

实现自我的某种价值，也即公众参与质量监督在当今的中国社会具有可行性。进一步从经济学视角看，公众参与质量监督有利于消除质量信息不对称，降低监督成本。

（3）协同理论视角下的工程质量监管机制创新设计思路。作为监管客体，南水北调工程包括了数量极其众多、类型十分复杂的各种建设项目，这些项目在时间与空间上相互之间具有密切的联系。从空间上看是由点、线、面多个工程项目有机组成数量众多、类型复杂的项目群构成的超大型工程项目；从组织结构上看，管理单位和参建单位十分繁杂众多；从监管主体看，由国务院南水北调办负责具体监管工作，包括监督司、监管中心、稽察大队和质量监督机构；从纵向看，监管主体层次较多；从横向看，跨部门分工与合作。我国现行的政府监管主体包括水利部、住房和城乡建设部、国家工商行政管理总局和国务院国有资产管理委员会等部门，不仅存在部门内部的层级/横向协同机制，而且还存在政府部门之间的协同机制，即部际联席会议机制。常见的部际协同机制包括以下内容：①加强高层协调功能，部级协同需要由高于各部的决策机构，通过政策规划、决策制定等方式克服部门主义的弊端；②信息共享机制，通过电子政府建设，消除各个部门之间的信息壁垒，促进协调；③根据政府的业务流程进行协同，按照经济、效率和效益的原则，对政府的流程进行合理设计，按照流程实现部门间的协同；④建立统一的预算、绩效和政策评估机制；⑤设置高层的协调职位，高层协调职位用于协调各个部门以及环境改变给部门协调带来的挑战；⑥设置多样化的协调机构和场所，比如议事协调机构和部级联席会议等。

三、质量监管机制框架构建

在市场经济下，合同对合同双方的行为具有约束作用。在实践中，由于南水北调工程项目真正业主的实际缺位，存在参建各方合谋的可能，因此除了对工程实体质量和质量责任主体行为实施监督外，还需对合同行为实施监督。

依据我国现实的制度环境和南水北调工程项目的特殊性，构建南水北调工程质量监管机制框架如图 4-3-2 所示。根据质量监督机制功能的不同，可分为强制性机制、诱导性机制、协同机制和公众参与机制四大类。所谓强制性机制是指依靠政府自上而下、单向权威而实施的监督管理；诱导性机制是指不是依赖于监管主体的强权，而是依赖被监管主体的“精于算计”而自发产生符合监管主体希冀的质量行为。其中，激励机制、信用机制属于诱导性机制，监督机制（包括专项监督、站点监督、飞检）、惩戒机制（责任追究）等属于强制性机制，“五部联处”“三位一体”协商处理机制等属于协同机制，专家咨询机制和群众有奖举报机制属于公众参与机制。

与此同时，还应重视法律法规、市场信用体系的建设，加强市场准入管理和对质量监管机构的绩效评价管理，充分利用工程质量保险和担保等市场化手段等。

根据图 4-3-2 中工程质量监管机制所处层次的不同，进一步阐述其内涵或构成如下：

（1）国务院领导。国务院成立国务院南水北调工程建设委员会作为工程建设最高层次的决策机构，决定南水北调工程建设的重大方针、政策、措施和其他重大问题。同时，为发挥各方面专家作用，完善南水北调工程建设重大问题的科学民主决策机制，保证南水北调工程建设的顺利进行。国务院南水北调工程建设委员会成立专家委员会。专家委员会的主要任务是对南水北调工程建设中的重大技术、经济、管理及质量等问题进行咨询，对南水北调工程建设中的工

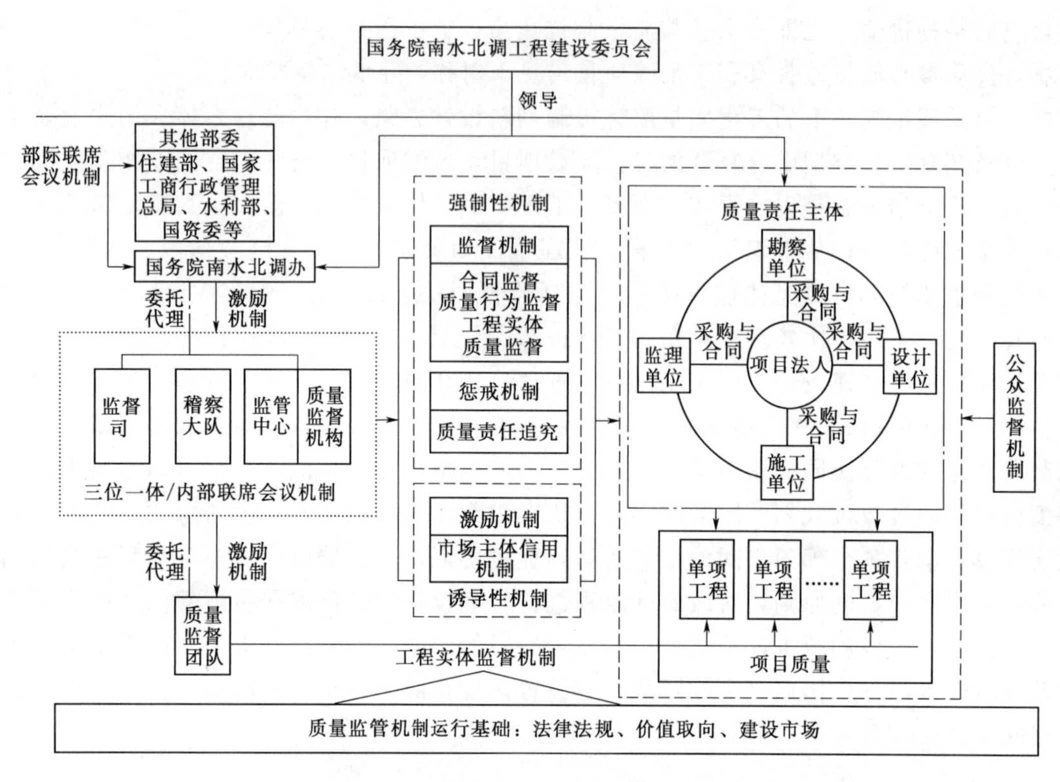

图 4-3-2 南水北调工程项目工程质量监管创新机制框架示意图

程建设、生态建设（包括污染治理）、移民工作的质量进行检查、评价和指导，有针对性地开展重大专题的调查研究活动。专家委员会成员由国务院南水北调工程建设委员会聘任，任期 3 年。专家委员会的日常管理工作由国务院南水北调办承担。

（2）部际联席会议机制。如前所述，部际联席会议机制是协同机制的一种，是针对我国工程质量“条块分割”监管体制的缺陷而提出的，旨在加强与工程项目投资建设管理有关的行政主管部门之间的横向协调、联系，打破行业和地方保护主义壁垒，促进质量信息共享，维护工程建设市场的有序、统一。政府投资项目从决策立项、项目法人组建、勘察设计、招投标、施工、竣工验收和交付运行等阶段，涉及国务院国有资产管理委员会、发展改革委、水利部、住房和城乡建设部、国家工商行政管理总局等部门。需要进行跨部门联动，尤其是在项目法人组建、参建主体（人员）的市场准入管理、招投标管理、市场信用管理等方面的跨部门联动，方可实现“可信的威慑”，方可对各参建主体实行有效制约。在南水北调工程中，部际联席会议可作为一种正式的机制，由国务院南水北调办作为牵头人负责召集定期（如一个季度或半年）举行。

（3）内部联席会议机制。南水北调工程质量监管流程按“发现质量问题—质量问题认证—质量责任追究”三个阶段展开，这三个阶段的工作由稽察大队、监管中心和监督司负责。为确保公平公正和促进质量监管工作的规范化、程序化，对通过各种检查、调查发现的疑似影响工程质量安全的问题，需要进一步确认或需要明确责任追究时，采用“稽察大队—监管中心—监督司”内部联席会议或质量监管工作会商机制。内部联席会议机制分为质量问题审核会商和质量问题责任追究会商。根据监管的需要，质量问题追究会商分为月度质量问题审核会商、季度

质量问题责任追究会商和专题质量问题即时会商。

（4）质量监督机制。质量监督机制属于微观层次的政府监管机制，监管主体为监督司、监管中心、稽察大队和质量监督站等。由于南水北调工程线路长，为强化质量监督，可在建安工程量超过一定规模（如5亿元人民币）的工程建设项目，派驻质量监督项目站。质量监督项目站是南水北调工程建设监管中心或省（直辖市）质量监督站在重要项目工程设立并派驻项目建设现场进行质量监督的派出机构。同时为降低质量监督机构设置费用，加强施工阶段的全过程、全方位的质量监督，可考虑在各质量主体中选派质量监管员，实行派驻监管，实时监控。针对出现的严重质量问题（主要为严重质量缺陷、严重质量管理违规行为和不放心类质量问题），可成立质量特派监管组，对高风险性重点项目加强监管，并督促质量问题整改。

按照监督客体不同，质量监督机制可分为采购与合同监督机制、参建主体质量行为监督机制和工程实体质量监督机制。尽管工程质量监督客体不同，但可采用类似的监督方式。实践中，常采用的监督方式有：①巡检。巡检是抽检的一种形式，是指现场质量监督人员对工程项目（尤其是质量关键点、重点部位）的施工过程进行的定期或随机流动性的监督检查，其目的是能及时发现质量问题。②飞检。飞检是指监管机构（稽察大队）进行的不事先通知的突击性监督检查。飞检由于是非事先安排的，被监管客体的质量信息难以被有效掩盖，因而能起到出其不意的检查效果。③专项稽查。狭义的稽查为“与原始凭证进行对比确认，是否与账物一致”；广义的稽查是指监督机构或组织对被监督对象的职责履行、职权行使和遵纪守法等情况进行的监督检查。在南水北调工程中，针对工程质量开展的专项稽查，主要是指对重要隐蔽工程、高填方渠段、膨胀土施工、穿堤建筑物、金属结构安装等关键部位和关键环节的工程实体质量和质量管理行为进行的监督检查。

（5）惩戒机制和质量责任终身追究机制。从广义上讲，质量责任追究机制属于惩戒机制的一种，在此区分的目的在于强调惩戒与激励机制的对应性，即所指的惩戒机制为狭义的概念，仅指质量考核未达到目标要求时采用的货币罚款机制。而根据我国工程建设领域推行的工程质量终身责任制主要是针对较为严重的工程质量安全问题，对相关责任人追究质量责任。该机制进一步明确了质量终身责任，明确信息保存责任，强化事后追究和处罚，不仅能为工程运行期间责任追究提供制度保障，而且能够强化建设期质量终身责任意识，消除参建各方短视观念，具有“警示当前，有利长远”的作用。南水北调工程行政管理部门、项目法人（建设单位）、监理、勘察、设计、施工等单位和个人，按照国家法律法规和相关规定对工程质量负相应的终身责任，因工程建设期内违反工程质量管理规定，造成工程质量问题的，即使发生单位转让、分立与合并，个人工作调动与退休，仍依法追究责任。

（6）激励机制。激励机制属于诱导性机制中的一种，主要包括激励主客体、激励强度、激励方式、激励的信息量等要素。根据南水北调工程的监管组织架构，激励主客体可分为若干层次：①国务院南水北调办及其下设机构对质量监管团队/人员的激励；②国务院南水北调办对项目法人的激励；③项目法人对其他参建主体（监理、设计、施工等）的激励；④监理单位对设计、施工单位的激励；⑤施工单位对项目经理、质量负责人的激励。

激励的工作机理为“努力→绩效→奖励→满足”的连锁过程，因此激励的效果首先要取决于激励方式和激励强度。常见的激励方式有两大类：一类是外在报酬，包括工资、奖金、地位、提升、安全感等。按照马斯洛需求层次理论，外在报酬往往满足的是一些低层次的需要。

另一类为内在报酬，即一个人由于业绩良好而给予自己的报酬，如感到对社会作出了贡献、对自我存在意义及能力的肯定等。内在报酬对应的是一些高层次的需要的满足。激励强度是指无论是外在报酬，还是内在报酬，这种激励支付要大到足够满足被激励对象的某种需要，使其达到满意状态。

激励的信息量是指绩效衡量指标的设置一定要合理，能够充分揭示被激励对象的主观努力程度，并有效去除外界环境的噪声。

激励效果不仅取决于激励强度、方式和信息量等因素，还取决于激励的平衡性、考核的公正性和目标导向行动的设置等多种综合性因素。激励的平衡性是指当存在多项任务，如工程项目的进度、投资和质量安全管理任务时，不能过分强调其中的一项任务如进度管理，从而扭曲激励，影响其他管理任务的完成。考核的公正性指一个人会把自己所得到的报酬同自己认为应该得到的报酬相比较。如果他认为相符合，他就会感到满足，并激励他以后更好地努力。如果他认为自己得到的报酬低于"所理解的公正报酬"，那么即使事实上他得到的报酬量并不少，他也会感到不满足，而影响他以后的努力。目标导向行动的设置是指工作任务目标设置要科学合理，不宜过高或过低。因为目标过高无法实现，或目标过低容易实现，都无法诱使人产生努力行为。

(7) 市场主体信用机制。从理论上讲，市场主体信用机制应该是基于统一的工程建设市场而建立的，但我国社会信用体系的建设才起步，尚未存在统一的市场信用机制。从现有的市场主体信用机制的建设思路看，仍然是沿袭"条块分割"的管理体制而建立，即不同地方不同行业负责建立市场主体信用信息管理系统。鉴于我国社会信用体系现状，国务院南水北调办建立了自身的市场主体信用信息管理系统，市场主体包括参与工程建设活动的建设、勘察、设计、施工、监理、咨询、供货、招标代理、质量检测、安全评价等企（事）业单位及相关执（从）业人员。市场主体信用机制的运作管理如图 4-3-3 所示，在建立信用信息管理系统平台的基础上，主要包括市场主体信用信息的采集、审核、发布、评价、应用等环节。显然，市场主体信用机制的良性运作需要解决以下关键问题：①采集哪些信用信息；②如何评价信用等级；③市场反馈机制是否有效，即如何建立"市场信用惩戒机制"；④如何动态反映市场主体信用信息的变化。

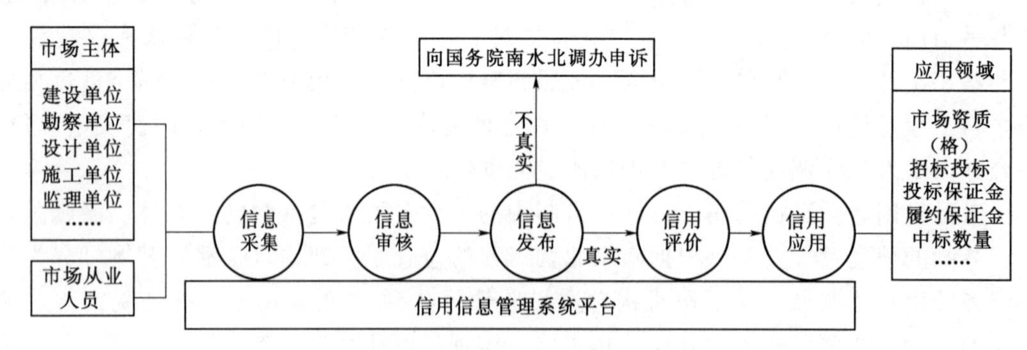

图 4-3-3　南水北调工程项目市场主体信用机制运作示意图

一般而言，信用信息包括市场主体基本信息、合同履行中的良好行为和不良行为信息以及其他市场守信或失信行为信息，信用等级评价具有多维度和模糊性的特点。目前常用的方法为综合评价法，即赋予不同信息不同的权重，从而得到加权总分，并据以分级评价。但需注意的

是，应用综合评价法时一定要尽量消除主观性的影响，否则难以保证信用评价的可信度。市场信用机制制约市场主体行为的核心在于“守信激励、失信惩戒”。在南水北调工程中，市场主体信用信息可在以下领域应用：市场准入、招投标、投标（履约）保证金的缴纳和退还、在同一工程中的可中标数量等。

（8）公众监督机制。公众监督机制的良性运行必须要有以下保障条件：①充分的宣传和引导，培养工程沿线社会公众的公民意识；②畅通的信息沟通渠道，包括信息提供和结果反馈；③有效的奖励机制。目前我国正处于公民意识逐步复苏的时期，但从经济学角度看，公众监督存在“集体行动困境”。换言之，公众个体维持道德产生“外部性”，使得其公共产出由社会成员共享，让一些人“搭便车”，而从事监督的成本则要由个人来承担。这样，出于自身利益的考量，公众从事监督的热情不高。因此，必须对等地支付奖励以弥补公众从事监督的成本（即包括实际付出的货币成本，也包括可能因此而带来的威胁等），且尽量有所收益，方能激发公众积极参与监督的积极性。

第五章　南水北调工程质量激励机制

第一节　管理激励模型与激励原则

一、管理激励模型

根据行为学的研究，个体的行为都是由于某种需要而引发的。因需要而产生动机，进而引发行为，需要得到满足，又产生新的需要，周而复始，这就是个体的行为模式，如图5-1-1所示。显然，人类的有目的的行为都是出于对某种需要的追求。未得到满足的需要就是产生激励的起点，进而可能导致某种所期望的行为。因此激励的研究是从“需要”是什么入手。需要是人“一切内心要争取的条件、希望、愿望和动力等”，与人性假设密切相关。经济学从“经济人”人性假设出发，认为人的需求是纯粹的经济利益，提出激励必须满足参与约束和激励相容约束两个条件。即参与行为比不参与行为获得的预期经济收益高，同时努力（委托人所希望的行为）可能获得的预期经济收益要高于不努力可能获得的预期经济收益。经济学的激励理论过于抽象、狭隘，不能充分解释现实经济社会生活现象。管理学则在扬弃“经济人”人性假设的基础上，提出了“社会人”“自我实现人”和“复杂人”等人性假设从而丰富了激励理论，并使激励理论更具有现实解释力。

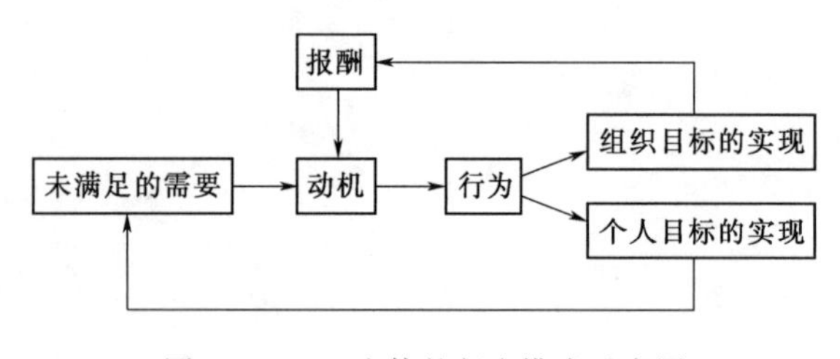

图5-1-1　个体的行为模式示意图

尽管管理激励理论和模型很多，且各有所长，但运用较为广泛的要数美国行为科学家爱德华·劳勒（Edward E Lawler）和莱曼·波特（Lyman Porter）在《管理态度和成绩》中提出的综合激励模型，如图5-1-2所示。

劳勒（Lawler）和波特（Porter）的综合激励模型在人的行为模式模型的基础上吸收了弗鲁姆（Vroom）的期望值理论、亚当斯（Adams）的公平理论等激励理论，其主要含义如下：

（1）“激励”导致一个人或一个组织（群体）是否努力工作及其努力的程度，而工作的实

际绩效（即努力的结果）反映了其努力程度，但这其中存在噪音干扰。因为工作的实际绩效不仅取决于个体/组织的努力程度，而且还取决于其他因素，如能力、素质、工作环境和角色感知等。所谓角色感知是指个体/组织必须充分了解任务对其的具体要求或其职责。因此，合理度量实际工作绩效，剔除外界因素的噪声干扰是实施激励机制的关键环节。

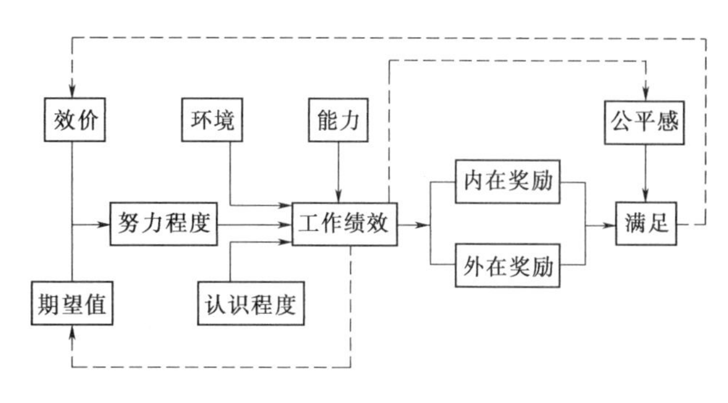

图 5-1-2 波特和劳勒的综合激励模型

(2) 奖惩等激励方式必须以工作的实际绩效为前提，否则当个体/组织看到奖惩与绩效关联性很差时，奖惩就不能成为提高绩效的刺激物。

(3) 奖惩措施是否会产生满意，即激励效果取决于被激励者认为获得的报偿是否公正。即将自己获得的报偿与“所理解的公正报酬”比较，如果他认为符合公平原则，当然会感到满意，满意将导致进一步的努力；否则就会感到不满，不满将导致消极行为。

(4) 激励力的大小，取决于某一行动的效价和期望值。所谓效价是指个体/组织对达到某种预期成果的偏爱程度，或某种预期成果可能给行为者带来的满足程度；期望值则是指某一具体行动可带来某种预期成果的概率，即行为者采取某种行动获得某种成果，从而带来某种心理上或生理上满足的可能性。

(5) 常用的激励方式、手段有两类：一类是外在奖励，包括工资、地位、提升、安全感等；另一类是内在奖励，即个体由于工作绩效良好而给予自己的奖励，如感到对社会做出了贡献，对自我存在意义及能力的肯定等。按照马斯洛（Maslow）需求层次理论，外在奖励往往满足的是一些低层次的需要，而内在奖励对应的是一些高层次的需要的满足，而且是与工作绩效直接相关的。

根据上述含义的阐述，波特（Porter）和劳勒（Lawler）的综合激励模型给管理者的启迪是：不要以为设置了激励目标、采取了激励手段，就一定能获得所需的行动和努力，并使员工满意。要形成激励→努力→绩效→奖励→满足，并有从满足回馈努力这样的良性循环，取决于奖励内容、奖惩制度、组织分工、目标导向行动的设置、管理水平、考核的公正性、领导作风及个人心理期望等多种综合性因素。

二、激励原则

(1) 激励的平衡原则。在现实中，个体/组织从事的工作不止一项，或者即使一项工作也涉及多个维度，如工程建设单位所从事的工作往往用工期、质量、安全、成本（投资）等多个维度描述。而不同维度描述的工作的监督难易程度有所不同时，对易于监督的工作过度激励会诱使个体/组织将过多的努力花在这些方面而忽视其他方面，从而导致资源配置的扭曲。激励的平衡原则是，个体/组织同样的努力在不同的工作上得到的边际报酬应该一样，否则的话，个体/组织在各项工作上的努力就不会均等。换言之，根据激励的平衡原则，要诱使个体/组织在某项工作上花费努力的方法有两种：一是增加该项工作的激励；二是降低其他活动上的激励。具体到南水北调工程，工期监督较为容易，但质量安全和投资监督较为困难，因此在激励机制设计时，不能强调提前工期的奖励，而要强调工程质量和安全的奖励，否则将导致工程建设主体的资源配置扭曲，将精力和努力投放到追求缩短工期的工作，而忽视工程质量和安全。

（2）激励的团队原则。工程项目的生产具有典型的团队生产特征。在团队生产的情况下，每个人的业绩是不可观察的，观察到的业绩是团队的业绩，从这个业绩并不能推断不同的团队成员努力的差异。平均奖励难以起到激励作用，否则必然面临不同团队成员激励此消彼长的困境。经济学理论研究给出的团队生产情况下的激励机制可归纳为三种：剩余分享机制、内部委托人机制和外部委托人机制。剩余分享机制，也就是通常所说的合伙制，存在“搭便车”问题。解决“搭便车”问题的办法有两个：一个办法是将某个（或某几个）团队成员变成委托人，其他成员变成代理人，这就是所谓的内部委托人制度；另一个办法是引入外部委托人，由团队成员之外的第三者充当委托人，所有团队成员变为代理人。研究表明，影响上述三种激励机制之间选择的因素主要有三个：团队成员的相对重要性、监督的相对难易程度以及团队化程度。如果团队成员在相对重要性和监督难易程度两方面差别比较大，内部委托人机制比外部委托人和合伙制更有效。显然，工程项目生产团队，如项目部或班组等，实行的是项目经理或工长负责制，团队成员之间的相对重要性差别较大，因此采用内部委托人机制更为有效，即加强对项目经理、质量经理等团队成员的激励，让其承担风险，并获得监督其他成员的权利。

（3）激励的客观、公正原则。准确、客观、公正地评价个体/组织，如工程建设单位的努力程度和给个体/组织提供强激励是互补行为，必须协同进行，否则会适得其反，使个体/组织产生不公平感，降低其努力水平。而要符合客观、公正原则，在设计激励机制时必须注意两点：一是建立一套科学的、可观测的评价指标体系来衡量个体/组织在每一项任务上的努力程度；二是建立一套完整的监督管理体系来对个体/组织实施监督管理。

（4）激励的最低效用原则。激励机制对个体/组织产生的效用要大于等于其最低效用要求。而最低效用要求往往与经济发展水平、个体/组织过往获得的收益情况、市场的完善程度、合同价格水平等因素有关。

第二节　南水北调工程质量监督人员和建设主体的需要分析

如前所述，南水北调工程质量激励机制分为若干层次：第一层次为国务院南水北调办、省（直辖市）南水北调办对质量监督组织（人员）的激励；第二层次为国务院南水北调办、省（直辖市）南水北调办对项目法人的激励；第三层次为项目法人对代建单位、设计单位、施工单位和监理单位等项目参建主体的激励。因此，项目质量监督人员和项目建设主体的需要分析是南水北调工程质量激励机制设计的第一步工作。

一、质量监督人员的需要分析

南水北调工程中，质量监督人员包括站点监督中的质监员、质量飞检人员和质量专项稽查人员等。质量监督人员必须熟悉、掌握建设工程的相关法律法规和技术规程，并具有丰富的实践工作经验，方可胜任南水北调这一复杂工程的质量监督工作。从质量监督人员必须具备的知

识结构和实践经验（属于一种隐性知识）看，质量监督人员具有知识型员工特征。根据马斯洛的需要层次理论，知识型员工不仅有生存需要，更对受人尊重和自我价值实现的需要有强烈需求。他们关注任务的特点、过程的意义和价值，而不仅仅是工作结果的获得，更热衷于挑战性的工作，往往把攻克难关看作一种体现自我价值的方式。同时，报酬也成为个人价值与社会身份和地位的象征，成为一种成就欲望层次上的需求。这类员工不仅需要获得稳定的劳动收入、安全的工作环境，而且要获得人力资本的资本收入，即需要分享劳动价值创造的成果。南水北调工程建设中不断涌现出来的新技术、新知识和新信息，以及所获得的工作经验，这将是质量监督人员受用一生的“资本收入”。

二、建设主体的需要分析

工程建设主体作为一个社会经济组织，其行为也是由组织需要而驱动。在现实中，组织通常也表现出人格化特征。组织需要受到组织规模、性质、组织发展阶段，以及“内部人”或“具有实际控制权的人”的价值观、经营理念和偏好等因素的影响。

1. 项目法人的需要分析

南水北调工程管理模式多元化，其主体工程建设采用项目法人直管、委托制和代建制相结合的管理模式。在上述模式下，主体工程项目建设管理主体有三大类：项目法人、项目建设管理单位和项目代建单位。其中负责委托项目的项目建设管理单位由项目所在地省（直辖市）南水北调办事机构指定或组建，项目建设管理单位与项目法人签订委托合同，独立进行委托项目初步设计批复后至项目竣工验收阶段的建设管理工作并承担相应责任。代建单位通过市场竞争方式中标后，与项目法人签订代建合同，在代建合同授权范围内开展管理工作。项目建设管理主体的组织性质不同，其需要也有所不同。

（1）南水北调工程项目法人的需要分析。根据项目法人责任制，项目法人对依法开发项目负有策划、资金筹措、建设实施、生产经营、债务偿还和资本的保值增值等责任，并享有相应权利的主体。在南水北调东线、中线一期主体工程中，分别组建了东线江苏水源有限责任公司、东线山东干线有限责任公司、中线水源有限责任公司、中线干线工程建设管理局和淮河水利委员会治淮工程建设管理局、湖北省南水北调管理局等项目法人。鉴于南水北调工程为政府投资项目，项目法人与政府签署的“委托代理合同”类似于“固定工资”合同，即项目法人组建后，可按年度计划获得的建设管理费（批复的初步设计概算的一定比例），其并不存在生存压力和市场竞争压力；同时在工程建设阶段，项目法人更多地表现为事业单位性质，其法人代表和主要管理人员由政府或相关行政机构通过行政手段进行人事任命。因此，项目法人的组织需要，更多地受到“内部人”的价值观、理念和偏好的影响。也就是说，项目法人代表和主要管理人员等个体的需要影响着项目法人的组织需要，主要需要有以下方面：

1）超额收益需要。根据《水利工程设计概（估）算编制规定（2014）》，项目建设管理费包括建设项目管理费、工程建设监理费和联合试运转费。其中建设项目管理费包括建设单位开办费和建设单位经常费，主要由项目法人支配使用。近年来水利工程的竣工决算及其审计表明，《水利工程设计概（估）算编制规定（2014）》中给出的建设项目管理费取费水平偏低，仅能维持基本的人员工资和办公需要，因此，工程建设阶段项目法人能够获取合理收益，以弥补建设项目管理费偏低的需要。

2）职位升迁的需要。如前所述，根据德国著名的古典管理学家马克思·韦伯（Max Weber）的观点，项目法人单位具有典型的“官僚制”特征，身处其中的管理人员具有强烈的职位升迁需要。

3）社会地位和良好声誉的需要。南水北调工程是一项“功在当代，利在千秋”的工程，在实施质量终身责任制的前提下，在南水北调工程中的项目管理经历是其职业生涯的重要资本。因此在社会伦理道德约束下，项目法人组织和主要管理人员具有维持良好社会地位和声誉的需要。

（2）项目建设管理单位的需要分析。项目建设管理单位的性质与项目法人类似，因此其需要也与项目法人类似，在此不再赘述。

（3）项目代建单位的需要分析。项目代建单位作为自主经营、自负盈亏的市场主体，需要通过市场竞争的方式获取代建业务，与作为个体的人一样，同样存在多样化的需要。

1）生存需要。它也可称之为经济组织维持简单再生产的需要。我国自2004年推行代建模式以来，水利代建市场发展迅猛、竞争激烈，中标的代建合同价大多处于建设项目管理费80%的左右水平，有时甚至更低。根据赫茨伯格（Herzberg）的双因素激励理论，中标的代建合同收益（基准收益）仅属于保健因素。如果没有，会引起不满意；如果具备，只保证没有不满意，并不一定会因满意而引发内心的积极性。借助委托—代理理论的术语，基准收益满足“参与约束”的要求，不一定满足“激励相容”约束的要求。在这个深层次意义上，满足生存需要的基准收益更多地体现为约束因素，而不是诱发代建单位精心组织、创造“优质工程”的激励因素。

2）合作关系的需要。它是指一个组织在经济社会中的存续不是孤立的，还有与其他组织如政府、项目法人、设计、施工和监理单位等保持密切关系，即合作与亲善的需要。这种关系有时会有助于经济组织目标的实现。对项目法人而言，帮助项目代建单位维持、改善其与其他参建单位的关系，将有助于项目代建单位顺利完成代建合同目标。

3）市场竞争地位的需要。追求和保持市场竞争优势地位，不断成长壮大是经济组织最高层次的需要，这与组织经营者的成就需要具有强相关性。影响经济组织市场竞争地位的内、外部因素很多，但不可否认的是，内部影响因素中组织声誉尤其重要。尤其是在工程建设这种期货交易中，组织声誉更是一个不可或缺的前提条件，它是象征市场竞争力的要素之一，在很大程度上决定了项目代建单位能否获得合同，从而影响组织的存续。

2. 设计单位的需要分析

设计单位是咨询服务机构，主要是为工程项目提供设计方案，属于典型的知识密集型企业。基于我国水利设计制度的路径依赖性，以及水利设计市场较高的技术壁垒的状况，迄今为止，我国水利设计市场呈现寡头垄断的市场局面，市场竞争程度远不如施工承包市场激烈。从我国现行的设计取费制度看，水利设计合同类似于“成本加酬金合同”。对于大型水利工程而言，水利设计合同中所隐含的收益水平较高，这是设计单位提供知识资本所获得的回报。但是设计单位毕竟作为逐利的市场经济组织，其依然存在三种需要：一是获取合理利润的需要；二是良好配合关系的需要；三是保持市场竞争地位的需要。

设计单位为项目法人提供设计咨询服务，需要项目法人良好的配合关系，主要表现为：①项目法人提供翔实的设计任务书。这是因为设计任务书是设计依据的基本文件，而目前许多

设计任务书因人而异，条款过于简单，可执行性差，往往还隐藏着一些可行性研究中应解决的原则问题，不能为设计阶段提供基本和良好的设计环境，造成设计工作不应有的反复；②部分项目法人不放心设计单位的工作，在设计期间常常随意做出决定，对设计人员的工作干扰过多，甚至在施工的过程中不断增加新的要求；③技术创新是其保持市场竞争地位的核心要素。换言之，技术创新是设计单位获取高额垄断利润和市场竞争地位的源泉，是设计单位可持续发展的永恒动力，设计单位对技术创新有着强烈需要。

3. 监理单位的需要分析

根据我国建设监理制度现状，监理单位只是在工程项目建设过程中，利用自己在工程建设方面的知识、技能和经验为项目法人提供高智能监督管理服务，以满足项目建设单位对项目管理的需要。它所获得的报酬也是技术服务的报酬，是脑力劳动的报酬。我国自实施建设监理制度以来，由于历史惯性，项目业主对监理的定位不是很准确，导致监理行业进入门槛较低，监理市场竞争极为激烈，加之我国监理取费水平本身较低，目前我国中标的建设监理合同内含的平均利润水平低，难以维系监理单位的正常运转。因此，监理单位的需要主要有以下方面：

（1）生存需要。目前中标的监理合同收益水平只能维系其简单再生产，难以可持续发展。监理单位具有强烈获取额外收益的需要，这也是企业发展的内在需求。

（2）受尊重和权利保障的需要。尽管依据建筑法和监理合同规定，项目法人与监理单位是平等的合同关系，是一种授权与被授权的关系。但在实际工作中，监理单位获得的授权通常是象征性，许多项目业主认为监理工程师就是施工现场“监工”，更多时候只是起到“记录员”的作用。监理单位的合同赋权被长期忽视，甚至在项目业主的干预下，施工单位绕过监理单位直接与项目业主接触达到自身目的，而将监理工程师指令置若罔闻。但与此同时，监理单位的义务、责任却被“无限化”，一些地方政府及主管部门相继出台的文件，不断给监理单位增加新的工作责任，却未考虑如何给予监理单位相应的权利和权利保障。因此，现阶段监理单位具有强烈的受尊重和权利保障的需要。

4. 施工单位的需要分析

相对于其他工业部门而言，水利行业建筑产品差异化的程度不高，规模经济等结构性进入壁垒普遍较低，这些因素在很大程度上制约了水利建设市场集中度的提升。换言之，我国水利建设市场具有比较典型的分散型市场结构特征，如果排除地方保护主义等因素的影响，水利施工承包市场类似于完全竞争市场，呈现过度竞争的状态。水利施工单位作为市场竞争主体，其需要主要有以下方面：

（1）生存需要。尽管我国进入21世纪以来加大了水利建设投资规模，水利建设市场容量较大，但是由于施工承包市场的过度竞争，基本生存需要依然是许多施工单位的首要需要。生存需要可进一步分为中标需要和施工承包合同收益需要。国家统计局公布的数据显示，2005—2013年间建筑业产值利润率在2.62%～3.6%之间，产值利润率平均值为3.32%。如果进一步考虑建筑企业业务多元化发展的趋势，则不难推断出建筑业主营业务利润率在3%以下。而据有关行政主管部门的调研，不同规模的建筑企业产值利润率水平也有较大差异，中小规模建筑企业的产值利润率甚至不足1%。据此，水利施工单位施工承包合同利润率约为1.5%～2%。因此，水利施工单位具有强烈的追求经济利益的需要。

（2）良好合作关系的需要。南水北调工程的施工强度大，按照工程进度付款计划，对施工单位的流动资金要求较高，因此施工单位要与银行打交道。同时施工单位在工程建设过程中，由于处于工程建设管理链条的最底层，与工程质量监督机构、项目法人、设计、监理、代建等单位或存在工作关系、或存在合同关系。良好的合作关系对工程项目的顺利施工有着保障和促进作用。比如，项目法人及时支付工程进度款、合理解决合同索赔和争议、协助施工单位处理与工程沿线群众、地方政府的关系等行为，都有利于维系与施工单位良好的合作关系。

(3) 市场竞争地位的需要。在高度竞争的市场环境中，保持优势的市场竞争地位是施工单位“立业的根本”，而施工单位的市场竞争地位主要来自于两个要素：施工技术创新能力和组织声誉。

(4) 提高企业施工年产值的需要。一是施工单位转型的内在要求。随着工程总承包模式在我国的逐步推广，施工单位面临着转型，根据我国总承包资质标准要求，施工单位要转型为总承包企业，其施工年产值必须达到一定标准；二是施工单位最高管理者适应上级领导考核的需要。

无论是个体还是组织，同时会存在多种需要，但这些需要并不是同等重要的，有些是主导需要，有些是次要需要，故而满足其主要需要才能提高满意度，进而激发其积极性。此外，根据全面质量管理理论和工程项目团队生产的性质，仅仅满足工程建设主体的需要远远不够，这是因为个体理性并不意味着集体理性，反之亦然。具体而言，工程项目质量是由来自于各方的一线生产管理人员的共同协作而形成的，但各参建主体需要的满足并不意味着各方一线生产管理人员需要的满足，从而难以调动各方一线生产管理人员的积极性。对于一线生产管理人员，无论其是知识型还是劳动技能型员工，均存在生存、安全和受人尊重的需要。

第三节　南水北调工程建设主体和质量监督人员质量绩效的度量

根据波特（Porter）和劳勒（Lawler）的综合激励模型可知，绩效的合理度量是有效激励与约束的前提。绩效有成绩、表演之意，既包含了某项行动结果（努力的结果），又包含了行动过程（即努力的过程）。同时波特和劳勒指出，绩效除了受到努力程度的影响外，还受到能力、外部环境等因素的影响，因此绩效的度量是一个多维度问题。

一、质量监督人员质量绩效的度量

1. 质量监督人员质量绩效的度量指标

根据前文分析，南水北调工程质量政府监督是受到国务院南水北调办、省（直辖市）南水北调办委托的执法监督。监督机构一旦确定，在其区域范围内就有一定的局部垄断性，是一个不完全竞争市场，具有明显的委托代理特征。由于委托代理关系的信息不对称现象和逆向选择行为的存在，委托人需要通过有效的激励机制激发代理人与质量监督机构和人员从严执法的能动性。为了充分彰显质量监督人员的高效、努力工作，增强监督人员现场监督的能力和保证质量监督的效果，南水北调工程质量监督人员绩效度量指标可包括品德素质与能力、工作态度与业绩、监督工作行为和外部认可与评价等方面内容，通常归纳为“德、能、勤、绩”四方面内容，具体度量指标如下：①“德”的度量指标，主要包括：政治思想品德，遵纪守法、廉洁奉

公、严格自律，遵守职业道德和社会公德；②“能”的度量指标，主要包括：强制性标准与法规掌握应用能力、检测手段与方法应用能力、发现与处理问题能力、组织协调能力、分析概括能力和创新学习能力；③“勤”的度量指标，主要包括：监督制度执行、监督计划实施、监督程序规范、监督现场到位、监督执法情况、监督记录与备案登记等；④“绩”的度量指标，主要包括：监督项目一次备案、监督项目优良率、监督处罚情况、建设主体反映与评价等。

2. 质量监督人员质量绩效的评价

对于质量绩效的多维度评价问题，评价方法有许多，如模糊评价法、灰色评价法、综合评分法等。由于综合评价法简单易懂，且便于操作，因此在实践中应用最为广泛。南水北调工程质量监督人员质量绩效评价采用综合评分法。绩效评价以百分制进行评价，分优秀、称职、不称职三个等级。评价为优秀的人数按评价得分从高到低控制在总人数的20%以内，且评价得分在90分及以上的为优秀；得分在60分以下的为不称职；其他情形为称职。

质量监督人员的质量绩效评价分为季度评价和年度评价两种。其中年度评价是以季度评价结果为基础进行，分为年度优秀、年度优良、年度称职、年度不称职四类。全年季度评价有3次及以上优秀且无不称职的，为年度优秀；全年季度考核中有2次优秀且无不称职的，为年度优良；全年季度考核中有3次及以上不称职的，为年度不称职；其他情形为年度称职。但凡出现下列情况之一者，本年度绩效评价直接评为不称职：①在履行质量监督职责时，存在违纪、违法、违规行为的；②由于滥用职权、玩忽职守、徇私舞弊或因个人原因造成责任事故或不良影响的；③弄虚作假，提供虚假质量监督信息的；④所监督工程发生质量事故，负有质量监督责任的；⑤旷工、无正当理由不在工程现场，连续超过5天或1年内累计超过10天的。

二、建设主体的质量绩效的度量

1. 项目法人质量绩效度量指标

根据国务院批准的《南水北调工程项目法人组建方案》，分别组建东线山东干线有限责任公司、东线江苏有限责任公司、中线干线工程建设管理局、南水北调中线水源有限责任公司、湖北省南水北调管理局和淮河水利委员会治淮工程建设管理局等项目法人。南水北调工程项目法人是工程建设和运营的责任主体。在建设期间，项目法人对主体工程的质量负总责，项目法人除了对直接管理的项目进行监督管理外，还要对委托管理和代建管理项目进行监督管理。

对项目法人的质量绩效度量指标从内部制度、监督过程、工程实体三个方面描述，见表5-3-1。

2. 建设管理单位质量绩效度量指标

建设管理单位系指通过直接管理、代建管理、委托管理等方式，在施工现场具体实施南水北调工程建设管理的机构。建设管理单位进行承包单位的选择、建设过程检查和控制、工程验收、工程款和费用支付，并在工程建设各个环节负责综合管理工作，在整个建设活动中居于主导地位。因此，针对建设管理单位的质量绩效考核非常重要。建设管理单位质量绩效度量指标见表5-3-2。

3. 代建项目管理单位的质量绩效度量指标

代建项目管理单位是指在南水北调主体工程建设中，南水北调工程项目法人通过招标方式择优选择具备项目建设管理能力、具有独立法人资格的项目建设管理机构或具有独立签订合同权利的其他组织（即项目管理单位），承担南水北调工程中一个或若干个单项、设计单元、单位工程项目全过程或其中部分阶段建设管理活动的建设管理单位。代建单位质量绩效度量指标见表5-3-3。

表5-3-1　项目法人的质量绩效度量指标

内部制度	1. 组织机构及人员配置情况 2. 与其他参建单位的各项管理办法是否齐全 3. 内部制定的制度是否合理，是否符合国家规定 4. 内部管理的绩效考核制度是否完善
监督过程	1. 对建设项目基本建设履行情况 2. 对设计、监理、施工、材料供应和质量检测等单位的建设期质量行为监督情况 3. 对现场材料、中间产品、设备检测、检验的管理情况 4. 对直管、委托、代建单位的工作质量监督情况 5. 施工过程中，质量监管措施落实情况 6. 工程设计变更管理情况 7. 工程现场文明施工、安全生产、环境保护管理情况
工程实体	1. 工程主体结构（建筑物在合理使用寿命内，必须确保地基基础工程和主体结构的质量） 2. 隐蔽工程质量情况 3. 竣工验收（政府参加竣工验收或竣工验收备案）完成情况 4. 质量保修监管情况 5. 工程质量检举处理情况

表5-3-2　直管、委托项目建设管理单位的质量绩效度量指标

内部制度	1. 是否贯彻执行项目法人有关工程项目建设及内部管理的各项规章制度和有关规定 2. 所管辖工程项目建设管理办法建立情况 3. 内部管理规则制度制定情况 4. 组织机构及人员配置情况
监督过程	1. 对建设项目基本建设程序履行情况 2. 对设计、监理、施工、材料设备供应单位、质量检测单位、质量行为的管理情况 3. 工程建设现场材料、中间产品设备的检测、检验的管理情况 4. 对参与工程建设的设计、监理、施工等单位的组织协调与监督管理情况 5. 工程建设现场的文明施工、安全生产与环境保护工作监督管理情况 6. 对委托、代建项目建设管理单位的管理情况 7. 工程设计变更管理情况 8. 施工过程中，质量管理措施落实情况
工程实体	1. 工程主体结构（建筑物在合理使用寿命内，必须确保地基基础工程质量情况和主体结构的质量） 2. 隐蔽工程质量情况 3. 质量关键点、关键工序、关键部位质量情况 4. 工程阶段性验收和竣工验收完成情况 5. 质量保修管理情况 6. 工程质量举报处理情况

表 5-3-3　　代建单位的质量绩效度量指标

内部制度	1. 是否贯彻执行项目法人有关工程项目建设及内部管理的各项规章制度和有关规定 2. 所代建工程项目建设管理办法建立情况 3. 内部管理规则制度制定情况 4. 组织机构及人员配置情况
监督过程	1. 基本建设程序的履行情况 2. 对设计、监理、施工材料设备供应、检测单位质量行为管理情况 3. 工程建设现场材料、中间产品、设备检测、检验的管理情况 4. 对参与工程建设的设计、监理、施工等单位的组织协调与监督管理情况 5. 工程建设现场的文明施工安全生产与环境保护工作监督管理情况 6. 项目变更管理情况 7. 施工过程中，质量管理落实情况
工程实体	1. 工程质量优良率［评为优良的单项工程个数（或竣工面积）/全部单项工程个数（或竣工面积）］情况 2. 主体结构、隐蔽工程的质量情况 3. 质量关键点、关键工序、关键部位的质量情况 4. 工程阶段验收及竣工验收完成情况 5. 质量保修管理情况 6. 工程质量举报处理情况

4. 监理单位质量绩效度量指标

监理单位受建设单位委托，按照监理合同对工程建设参建者的行为进行监控和督导。监理单位根据国家有关工程建设的法律、法规、规程、规范和批准的项目建设文件、工程建设合同、建设监理合同，坚持“守法、诚信、公正、科学”的原则，控制工程建设的投资、进度、质量，实施环境保护和安全生产文明施工管理，协调建设各方的关系。南水北调工程的特殊性对监理工作提出了新的更高的要求：一是要保障国家利益，要确保工程质量、人身安全和生态环境安全，监理工作应该承担起相应的责任；二是要公平协调业主和施工单位两方面利益。

对监理单位的质量绩效考核度量指标从监理单位组成质量、监理工作程序执行质量、监理单位工作质量三个方面描述，见表 5-3-4。

表 5-3-4　　监理单位的质量绩效度量指标

监理单位组成质量	1. 专业监理工程师资质、资格是否符合要求 2. 监理人员分期配置人数是否满足工程监理的需要 3. 监理人员出勤率是否满足合同约定
监理工作程序执行质量	1. 施工组织设计（专项方案、技术交底）审批 2. 原材料、中间产品、设备的质量控制 3. 工程质量控制与质量验收 4. 安全文明施工环境保护管理 5. 工程测量质量控制 6. 工程进度控制 7. 工程分包管理 8. 延期和索赔管理工作程序 9. 工程安全控制

续表

监理单位工作质量	1. 工地会议制度 2. 监理规划（实施细则、旁站方案）编制 3. 文件和资料管理 4. 监理人员管理 5. 监理月报、日志

5. 设计单位质量绩效度量指标

设计质量是工程质量安全保障的源头和根本。设计单位充分认识到南水北调工程质量现状和严峻形势，真正担负起工程设计质量职责，认真履行合同义务。为了保证设计图纸质量，提高设计单位服务水平，设计单位制定了全方位的质量保证体系。设计单位的质量绩效度量指标见表5-3-5。

表5-3-5　设计单位的质量绩效度量指标

内部制度	1. 设计人员以及设计单位的资质 2. 是否具有严格的质量保证体系 3. 内部各项工作制度是否健全 4. 设计工期控制制度（每旬和每月工作重点、工作计划安排、每项工作的持续时间、设计流程和责任人、日常检查制度）
设计方案	1. 设计意图以及施工、验收、材料、设备等的质量标准是否明确 2. 设计方案的质量（是否降低成本、减少工期，是否具有创造力，是否安全，设计变更多不多等）
设计服务	1. 成果校审、供图进度和质量情况 2. 设计交底、现场技术服务工作情况 3. 各参建方发现并提出问题的解决情况 4. 工程质量事故处理过程中配合情况 5. 工程质量检查、工程验收和工程安全鉴定工作参与情况

6. 施工单位质量绩效度量指标

施工单位对所承包工程项目的施工质量负直接责任，监理单位、建设管理单位或者项目法人的工程质量检查签证与验收不替代也不减轻施工单位对施工质量应负的直接责任。施工单位的质量绩效度量指标见表5-3-6。

表5-3-6　施工单位的质量绩效度量指标

质量安全保证制度	1. 质量安全责任制度建立及执行情况 2. 质量信息管理制度建立及执行情况 3. 例会制度建立及落实情况 4. 开工前技术交底制度执行情况 5. 工程材料、中间产品和设备的管理制度 6. 工序检查制度执行情况 7. “三检制”及验收制度落实情况 8. 质量奖罚制度建立及落实情况

续表

质量管理过程	1. 合同文件、标准规范、施工组织设计等文件的执行情况（施工是否达到了业主和设计的要求） 2. 施工前是否按照施工组织设计和工艺标准要求进行技术交底 3. 关键部位、关键工序和重要隐藏工程等特殊过程质量控制情况 4. 施工中“三检制”落实情况（班组自检、施工队复检、项目部质检员终检） 5. 工程施工质量检查情况 6. 对工程所需材料、配件、设备等的检验情况 7. 最终产品质量控制情况 8. 安全控制情况
工程实体	1. 施工原材料和中间产品的质量情况（原材料的存放、报验程序和原材料的质量等方面以及中间产品的质量） 2. 关键工序、关键点、重要部位的质量情况（高填方渠段、膨胀土渠段、跨渠桥梁、高地下水位渠段） 3. 已经施工完成的工程实体的质量情况（质量等级、质量认证、问题整改）

第四节　南水北调工程质量监督人员和建设主体激励方式和手段

一、质量监督人员的激励方式和手段

为加强南水北调工程质量监督人员管理，增强质量监督人员工作责任心，提高质量监督工作效率，对质量监督人员实行考核制度，并制定了《南水北调工程质量监督人员考核办法》。各省（直辖市）质量监督站负责所属项目站（巡查组）质量监督人员的考核，各省（直辖市）质量监督站将考核结果报监管中心核备，监管中心负责本单位和各省（直辖市）质量监督站质量监督人员的考核，监管中心将考核结果报国务院南水北调办核备。考核以百分制进行考核，分优秀、称职、不称职三个等级。监管中心根据考核结果对质量监督人员进行奖惩。

对于质量监督人员滥用职权、玩忽职守、徇私舞弊的，视情节轻重，依法给予行政处分，构成犯罪的由司法机关依法追究其刑事责任。

二、建设主体的激励方式和手段

（一）经济奖励和惩罚制度

1. 项目法人的奖励

为了调动项目法人的积极性，提高建设管理水平，国务院南水北调办于2011年颁布了《南水北调工程项目法人年度建设目标考核奖励办法（试行）》（简称《法人奖励办法》）。国务院南水北调办以《南水北调工程建设目标责任书》确定的年度目标为依据，每年对项目法人进行一次考核，根据考核结果进行奖励。

《法人奖励办法》规定，各项目法人按照国务院南水北调办核定的年度奖励总额度，从投资结余奖励中预提奖励资金，专款专用。奖励资金不计入各单位工资总额。

2. 项目参建单位的奖励和惩罚

通过合同手段和绩效考核手段实施质量绩效的奖惩。首先在与参建单位签署的合同中明确相应的奖惩条款，具体表现为：①在施工承包合同条款中设置"质量保证金""质量违约金"和"质量强化措施费"，其中质量保证金为承包合同价格的5%，质量违约金为50万元，质量强化措施费为投标报价的2%（该费用由发包人根据建设目标绩效考核情况而支付）；②在监理合同中采用"固定报酬和浮动报酬支付"的方式，其中浮动报酬为投标报价的5%，由委托人根据建设目标绩效考核情况而支付；③在设计合同中，设置了"设计优化"奖励条款、合同总价10%的违约赔偿金以及损失赔偿金（为实际损失的10%）等条款。其次，为了配合合同奖惩手段的实施，国务院南水北调办颁布了《南水北调工程现场参建单位建设目标考核奖励办法（试行）》（简称《参建单位奖励办法》），把参建的施工、监理、勘测设计单位派驻工地现场机构、征地拆迁及施工环境协调机构、项目建设管理单位（包括直管、委托、代建项目建设管理单位及派出机构、公路铁路交叉工程建设管理单位）等纳入考核奖励范围。

出现下列情形之一的不予奖励：①考核总得分低于80分的；②发生重特大质量事故的；③发生重特大安全生产事故的；④发生未经批准超出初步设计概算（项目管理预算）或重大设计变更未经报批擅自实施的。

考核计分采用百分制。其中，工程进度和工程质量各占40分，安全生产占20分。工程进度考核的内容包括考核周期内完成的主要工程量和施工投资。工程质量要求单元工程质量合格率100%，未发生一般及以上质量事故。安全生产未发生一般及以上安全生产事故。三项考核总得分等于或高于80分，则给予奖励。

对施工单位的考核以施工标段为基本单元。考核内容包括工程进度、工程质量、安全生产和文明施工；对监理单位的考核同样以监理标段为考核单元，以所监理施工标段的工程进度、工程质量、安全生产和文明施工的考核结果为基础，占80%，同时考核监理合同执行情况，占20%；对设计单位派驻现场机构的考核以施工图纸供应的时效性、施工图纸的质量和现场技术服务水平为主；对征地拆迁及施工环境协调机构的考核奖励对象则是在南水北调工程征地拆迁、施工环境协调等工作中作出突出贡献的人员，奖励标准和总额由项目法人确定。

《参建单位奖励办法》规定，奖励资金由项目法人按照不超过年度建筑安装工程总投资的4‰从投资结余奖励中预提，专款专用。考核结果除作为决定是否给予奖励的依据外，还根据得分情况，确定不同的奖励系数。施工、监理、设计单位派驻现场机构获得的奖金必须用于奖励现场人员。

（二）网络公示制度

为加强南水北调工程建设质量、进度和安全等管理，国务院南水北调办研究决定对发生质量、进度和安全问题的有关责任单位进行网络公示，并颁发了《关于对南水北调工程建设中发生质量、进度、安全等问题的责任单位进行网络公示的通知》。

网络公示对象为：①出现质量、安全等事故的直接和间接责任单位；②出现2次严重质量管理违规行为或质量缺陷等质量问题的直接和间接责任单位；③出现3次较重质量管理违规行

为或质量缺陷等质量问题的直接和间接责任单位；④出现5次一般质量管理违规行为或质量缺陷等质量问题整改不到位的直接和间接责任单位；⑤无正当理由工程进度延误3个月以上的建设项目的直接和间接责任单位。

网络公示制度是在2012年国务院南水北调办采取的一项警示制度。在中国南水北调网（www.nsbd.gov.cn）设置警示栏对出现质量问题达到网络公示条件的直接责任单位和间接责任单位进行公示，有利于督促参建单位规范质量管理行为和严格监控工程质量，对严重质量问题的责任单位和责任人起到一定的警示和震慑作用。

（三）法律和行政惩罚制度

国务院南水北调办坚持奖罚分明，对于违反规定的人员按照《南水北调工程质量责任终身制实施办法（试行）》（国调办监督〔2012〕65号）来进行处罚：①对不按本办法第九条规定进行质量问题报告的，视情节对管理单位有关责任人给予相应的行政处分；构成犯罪的，移送司法机关依法处理；②质量问题调查工作人员失职、渎职、徇私舞弊的，视情节给予相应的行政处分；构成犯罪的，移送司法机关依法处理；③不按规定对本单位责任人进行责任追究的，对责任单位法定代表人从重处罚；④工程建设期间不按规定进行工程质量责任信息管理的，责令限期整改，对责任单位处以1万元以上10万元以下的罚款，对单位法定代表人给予警告以上行政处分，对负有直接领导责任和直接责任的人员，视情节给予记过以上行政处分；⑤对不按规定进行质量责任公示的，责令限期改正，对单位法定代表人进行诫勉谈话。

第五节　南水北调工程质量激励的组织

一、质量监督人员的激励组织

为了落实《南水北调工程质量监督人员考核办法》，对监督人员起到真正的激励作用，需要做好以下考核工作。

1. 考核组织

（1）考核分季度考核和年终考核。季度考核一般在季度结束后的次月上旬进行；年度考核在次年1月进行。

（2）各省（直辖市）质量监督站负责所属项目站（巡查组）质量监督人员的考核，并将考核结果报监管中心核备；监管中心负责本中心所辖质量监督站（巡查组）质量监督人员的考核，并将考核结果报国务院南水北调办核备。

（3）各省（直辖市）质量监督站和监管中心要建立健全考核组织。包括：组建考核工作小组，负责本单位的考核工作，提出考评意见；考核工作小组将考评意见分别报各省（直辖市）质量监督站、监管中心审定。

2. 质量监督人员考核程序

（1）个人述职。被考核人员，根据考核内容及标准，对照任职的岗位职责和监督实施方案（计划），与当季完成的实际工作，实事求是地撰写工作总结，填写《南水北调工程质量监督人员考核登记表》，向考核工作组述职。

（2）片区巡查组提出考核检查意见。被考核人员所属片区巡查组对被考核人员提出监督检查情况。

（3）考核评价。考核工作小组根据个人总结、所属单位监督检查情况及个人工作情况，对照考核标准进行公开考核打分，并填写考核评语。

（4）考核工作应于季度结束后的次月上旬完成。

二、建设主体的激励组织

1. 实行分级考核

对参建单位包括现场建设管理单位、设计、监理、施工单位的考核实行分级负责。现场建设管理单位由国务院南水北调办组建考核工作组进行考核，设计、监理、施工单位由现场建设管理单位组建考核组进行考核，国务院南水北调办考核工作组负责现场考核情况的监督检查。

2. 考核时间

国务院南水北调办对现场建设管理单位每半年考核一次，考核在7月底和次年的2月底前完成。现场建设管理单位对设计、监理、施工单位的考核每月考核一次，考核在次月的10日前完成。

3. 考核程序

（1）查看工程现场，必要时可进行抽查检测。

（2）查阅工程资料及有关稽查、检查和审计意见落实情况。

（3）按照考核表进行综合考评，形成初步意见。

（4）与相关单位交换意见。

（5）形成考核报告。

第六章　南水北调工程建设信用机制

第一节　南水北调工程建设信用机制建立的必要性

“市场经济是信用经济，信用是市场经济运行的基石”已成为社会共识。然而，在当前的工程建设领域，信用机制建设仍处在一个相对较低的水平，如招投标过程中，投标单位“陪标”现象严重，总承包单位违法“转包”和“分包”，设计单位工程浪费严重，监理人员职业道德缺失的现象屡见不鲜。因此，有必要在设计成本工程建设领域中树立诚信意识，践行诚信行为，保障建筑市场良性发展。

南水北调工程质量是实现工程目标至关重要的因素。为了保证工程质量，应选择一批信用等级高的承包商。南水北调工程建设过程中，国务院南水北调办通过各种方式建立完善南水北调工程信用管理机制，力保工程高质量地完成，并为我国工程建设提供有益借鉴。

一、工程建设领域失信现象及后果分析

工程建设的参与方主要有建设单位、设计方、监理方、施工方和材料设备供应单位，各参与方存在的信用问题详细说明如下。

（一）施工单位存在的问题

1.“陪标”现象

相当多的资质较低和技术力量薄弱的建筑企业，为了“合法中标”，除了“挂靠”资质较高的建筑企业进行投标之外，还不惜代价私下找其他建筑企业进行“陪标”。“陪标”主要有以下表现：①建筑企业标书制作大多出自一家公司之手，故意提高投标报价；②“陪标”单位不按招标书规定制作建筑企业资质材料，在分项的技术栏目里故意隐藏问题，使之不得分甚至扣分；③有的“陪标”企业开标前故意违反招标条件，从而被招标单位淘汰，或干脆自动弃权，促使被“陪标”的施工单位中标。

2. 违法“转包”和“分包”

总承包单位中标后，违法“转包”和“分包”。具有一定资质、信誉和综合实力的施工单位中标后，因自身资源不够或为了赚取更多利润，不惜违反国家法规，将中标项目肢解后，转包或分包给其他施工单位，通过收取高额管理费和压低工程造价坐收渔利。

3. 拖欠工资、材料设备款

施工单位拖欠劳务人员工资、拖欠供货商材料设备款。尽管建设单位拖欠工程款是造成施工单位“被动”拖欠的一大原因，但也不排除许多施工单位“主动”恶意拖欠的情况。

4. 质量安全事故时有发生

据统计，2014 年，全国共发生房屋市政工程生产安全事故 522 起，死亡 648 人。其中生产安全较大及以上事故 29 起，死亡 105 人；2015 年，全国共发生房屋市政工程生产安全事故 442 起，死亡 554 人，其中生产安全较大事故 22 起，死亡 85 人；2016 年上半年，全国共发生房屋市政工程生产安全事故 263 起，死亡 296 人，其中生产安全较大事故 6 起，死亡 21 人。这些工程质量事故给国家造成了严重的经济损失，给人民的生命财产安全带来了极大的威胁。

（二）设计单位存在的问题

1. 违法“委托”“盖章”，违规“联合”

设计单位也存在着违法分包现象。某些资质等级较高的设计单位接受设计任务委托后，将设计任务再委托给资质等级较低的设计单位，甚至委托给个人，从中收取管理费而忽视对设计质量的审核与管理。低资质等级的设计单位或个人接到设计任务并完成后，找较高资质等级的设计单位盖章。还有的高、低等级的设计单位组成联合体，接到任务后由低等级的单位完成，高等级设计单位审核缺位资质等级较低的设计单位或个人，由于自身管理和技术力量的薄弱，很难保证设计成果质量上的可靠性和经济上的合理性。

2. 投资浪费严重

设计的浪费是最大的浪费。按照建设项目的进展阶段与节约投资的可能性之间的关系，设计阶段对建设项目投资影响的可能性为 5%～95%。然而，由于目前设计收费存在的问题，设计单位没有追求设计优化的积极性。有的设计人员片面追求设计的安全性，往往在设计中加大结构尺寸、增大安全系数，置经济性于不顾；还有的设计人员为了工作的便利性，不根据工程的具体情况设计，而是简单套用类似工程的设计方案，合理性、经济性不足。

（三）监理单位存在的问题

监理企业在保证工程质量、提升项目综合经济效益、有效控制项目建设进度、加强建设工程安全生产管理等方面起到了非常重要的作用。监理行业的出现，改变了以往的工程管理模式和参建方格局，促进了建筑市场的规范化，提升了建设行业整体的管理水平。然而，监理行业也存在着许多亟待解决的问题。

1. 工程现场监理人员配备不到位

工程现场监理人员配备不到位主要指监理人员的数量和专业结构配备不到位，与签订的合同内容不符。

工程现场监理人员的数量根据监理内容、工程规模、合同工期、工程条件和施工阶段等因素确定。一般而言，一个工程监理项目应配备1名总监理工程师和若干名专业监理工程师，配备1～2名驻地监理工程师和若干名施工现场监理人员等。监理单位往往为了节约人力资源，在施工现场的人员配备上精简人员，使得一些比较复杂、需要较多人员监理的工程无人或只有少数人监理，监理人员数量满足不了监理覆盖面的要求。施工现场监理人员的人员结构配备也至关重要。我国现阶段的建设工程监理人员中，专业技术的工程师多，经济师、会计师、造价工程师、咨询工程师少，尤其缺乏集技术与管理于一体的复合型监理人才。部分总监的管理能力不足，业务水平不高，在建设工程监理工作中无法建立核心地位，致使在施工现场的监理人员无法形成一个比较完善的监理组织结构，导致施工现场的监理任务分配不合理，施工监管体系不完善，达不到全面有效监管工程的效果。

2. 监理人员知识结构不完善，监理服务不满足要求

建设工程监理行业是高智能服务性行业，监理企业的产品是高智能的技术服务，从事工程咨询业务的也往往是工程技术领域的精英，属于高智力、复合型人才。然而，我国监理行业的现状是从业人员素质偏低，知识结构不合理。虽然也有一些高学历、知识结构合理、具有丰富工作经验的高级人才，但从建设工程监理行业的整体来看，监理人员的素质处于较低的水平，监理服务达不到建设单位的要求。

目前，我国的监理工程师来源主要有以下几个方面：从工程设计单位、施工单位离职转来的工程技术、管理人员，企业上级单位相关部门转来的工程技术和管理人员，各单位退休的工程技术人员，高校应届毕业生，个别人员存在技术不全面，管理组织能力不强等问题。在工程的进度控制方面，由于部分监理人员的知识结构缺陷，缺乏综合的组织、协调和管理经验，无法对工程项目实施的进度计划作出合理的规划，也不能对出现的进度问题及时提出有效的技术措施、组织措施和经济措施，致使工程项目的工期延误，无法按时完工，造成重大损失。工程的质量控制需要监管人员懂得现代项目管理知识和项目管理的方法，然而部分监理工程师知识面偏窄，综合协调管理能力较弱，缺乏现代工程项目管理的理论基础和经验，对现代工程项目管理的方法、手段应用能力不足，不能及时地发现一些质量隐患，无法熟练地处理在工程项目实施过程中遇到的质量问题，导致工程建设质量得不到保障。在工程的安全控制方面，少量监理人员知识结构的不完善，缺乏一定的质量安全方面的知识，对工程项目实施过程中可能发生的安全问题了解不透，从而不能在项目管理过程中采取系统有效的手段进行安全控制，导致在安全控制方面的监理服务无法满足要求，甚至埋下工程安全隐患。

3. 监理人员职业道德缺失

我国的监理从业人员中有些监理工程师，在未向负责单位汇报和未经单位同意的情况下，承接监理任务，在没有对工程质量进行监控的情况下，根据项目法人的要求，出具该工程的虚假监理工作报告，隐瞒工程质量出现安全隐患。监理工程师私下收受收益已成为一个较普遍的现象。监理公司的利润与监理工程师的待遇不成比例，部分人员在相关标准面前就开始利用各种政策规章漏洞，以非职业的行为，实现非法的个人利益获得。监理人员责任心不强，对自己要求不严，标准不高，监理工作不到位，不能摆正自己在工程建设中的位置。特别是在与承包商的工作中，以势压人，不能平等对话、以理服人，既损害了监理人员的形象，又使得监理效果事倍功半。

（四）材料设备供货商存在的问题

材料设备供货商存在的问题具体表现为建设单位以工期紧张、对产品质量与服务可靠性有特殊要求和采用差额民主表决为借口不实行真正意义上的公开招标，由此带来材料设备供货商存在的一系列问题。

（1）材料设备供货商在供应物资时以次充好、以旧充新或者缺斤短两。这些问题主要是由于招投标过程不规范，前期对于材料设备的把关不严，导致后期出现了种种问题。再加上材料设备供货商对业主方或施工单位采购主管进行寻租，业主或施工单位对于材料设备的数量和质量也不严格把关，大批低劣建筑材料设备进入建筑物实体，对建筑物最终产品的质量造成影响，为建筑物的使用留下了安全隐患。

（2）设备供货商供应设备不及时，使得施工单位没有足够的时间调试设备，甚至是由于设备不到位而被迫停工，导致整个工程的工期受到延误。这些问题主要是由于建设单位在招材料设备供应商时没有严格挑选投标单位，没有选择信用较好、诚实可靠的材料设备供应商。

二、工程建设领域信用机制建立的作用

工程建设领域存在种种问题的根本源于部分参建单位特别是承包商缺乏诚信意识。为了帮助承包商建立诚信，需要政府机构在建设工程领域建立信用机制，促进承包商的信用积累。信用机制的建立能起到以下作用。

1. 有助于业主选择诚实守信的承包商

在招投标活动中，施工单位和监理单位会通过资质挂靠手段来虚假抬高自己的信用等级，提升中标率。业主也正是根据施工单位和监理单位所递交的资质证明来进行工程招标。但是如果在一个信用缺失的环境下，信息的真实性不能得到切实的保护时，施工单位和监理单位就有可能以相当小的成本获得虚假的较高资质凭证，这就使得他们所递交的关于自己生产能力的资质证明参考价值较低。当业主充分认识到这一点时，业主将会把施工单位和监理单位的这些资质证明放在无足轻重的位置，而通过其他方式来评价和决定所要合作的施工单位和监理单位，这就使得进行的招投标活动偏离了原先的制度规则，失去了公平公正。

当工程建设领域建立了较为完善的信用机制时，企业的信誉将发挥应有的重要作用。工程建设领域内的各个主体会为了维护自身的信誉而遵守行业内的规章制度，不敢轻易做出失信之事。当施工单位和监理单位获得虚假资质证明的代价将会大大加大，在工程中的失信违约行为也会被记录在案时，他们就会谨言慎行，遵守规范，不敢贸然失信违约。所以，当工程建设领域的信用机制较为成熟时，工程业主可以放心地通过投标企业所递交的资质证明和信用档案来评价选择出诚实可信、能力较强的施工单位和监理单位，并在工程的建设过程中不断记录这些合作单位的信用状况，以便在未来工程的招标活动中可以通过所记录的信用状况来选择诚实可信的合作单位。

2. 有助于降低建筑市场的交易费用

交易费用理论表明，信用的重要作用在于双方的信用可以减低交易费用，从而使交易顺利进行，市场运作健康，运转高效。一个比较稳定的建筑市场信用体系的形成，将避免或减轻三方面可能出现高交易费用的成本：①个体理性的有限性，无论是施工单位还是监理单位，作为

建筑市场中的一个微小个体，自身的理性都是有限的，在利益面前，很容易迷失自己。但在成熟的信用体系中，个体信用在交易中扮演着越来越重要的角色。良好的信用将在很大程度上降低施工单位和监理单位等个体的成本，从而使建筑市场整体理性日益趋于突破有限理性边界；②机会主义行为动机，在一个持续不断的交易流中，施工单位和监理单位等个体的履约状况和守信状况将以其商誉及其信用等级的方式被记录下来，其机会主义行为动机可能会影响未来商誉收益从而受到很大程度的抑制；③未来的不确定性始终存在，由于未来的不确定性的存在，很多个体会因此而放弃一些交易机会或冒险获得一些利益；但在一个比较完善的建筑市场信用体系和法律体系框架下，交易双方的行为变得更加容易预期，进而使交易的后果和后续交易的展开变得更明晰方便。

总而言之，在一个较为完善的建筑市场信用体系框架下，交易费用将严格控制在一个合理范围，从而使建筑市场整体的交易费用规模得到保证，使市场作为主体性经济组织形式继续发挥作用。

3. 促进企业遵守规范，促进建筑市场的健康发展

在信用机制的作用下，工程领域的各个主体的信用行为都会被记录在案，尤其是施工单位和监理单位。如果他们在工程建设过程中表现优秀，所有的信用行为被记录下来，慢慢累积，就会形成一个良好的信用声誉，得以在之后的投标活动中加分，增大中标机会。

作为一个具有较远眼光的企业，在当前利益和未来利益之间抉择时，绝大多数会立足于自己的长远经济效益来作出交易履约的决策。为此，企业在面对当前的利益诱惑时，能够抑制非理性冲动，以维持自身信用声誉，从而谋求在未来的交易机会中能够得到业主的认可和接受，进而获得持续不断的交易机会和获利机会。人人如此，就会形成一个比较成熟的信用机制，从而推动整个社会的信用体系向前发展。

第二节　南水北调工程信用档案建设

一、信用档案建设

企业信用档案可以阐述为：企业在市场经济活动中直接或间接形成的，能够证明企业和交易方履约历史和履约能力的，由社会公共管理部门和企业共同保存的，具有查考利用价值的原始记录信息。企业信用档案产生于企业的经济交往活动之中，企业与企业、企业与个人、企业与其他相关机构组织之间的经济活动频繁，产生的能够反映企业信用的记录资料分散在企业各个部门和各种生产、经营、交易活动中，分散面非常广。收集被评企业若干维度的信用情况，进行档案建设是信用建设的基础工作。设立专门的信用档案目录，并编写信用档案概要，以便于查找利用，这种方式有利于档案的保管和利用，既遵循了文件材料的形成规律，又保持了文件之间的相互联系，符合档案的整理原则。企业信用档案内容如图 6-2-1 所示。

（1）企业自身的信用文件材料。主要包括企业名称、法人登记、经营地址、经营范围、经营期限、注册资本、注册机关、商标注册、成立日期等。

（2）企业经营的信用文件材料。主要包括企业的经营状况记录、财务状况报表、税务报

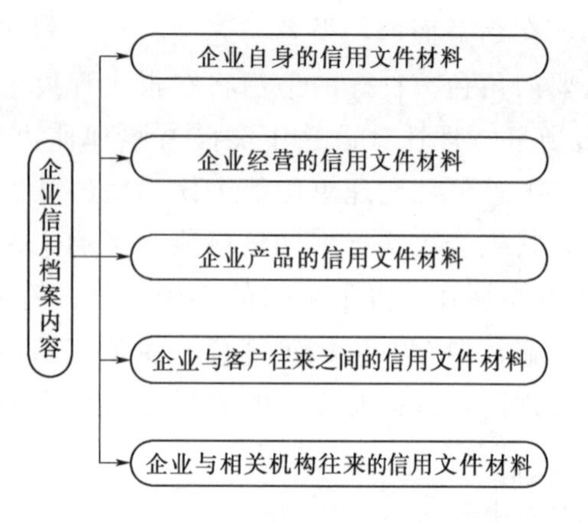

图 6-2-1 企业信用档案内容

表、市场信息反馈记录、客户情况记录、财务审计情况及信用评估公司的评审材料、企业有无假冒伪劣行为和商业欺诈行为。

（3）企业与客户往来之间的信用文件材料。主要包括与客户交易往来中形成的合同、交易记录、信函等书面材料，对客户财务状况、经营状况、履约能力等资信调查报告。

（4）企业产品的信用文件材料。主要包括产品质量监测、质量制度、质量标准、操作规程等记录，获国内外质量认证部门颁发的认证、检验、检疫证书及批复、报检等依据材料，产品生产许可证、产品质量鉴定、产品检验合格书，出口产品许可证书，产品安全认证证书，环保体系认证证书等。

（5）企业与相关机构往来的信用文件材料。主要包括企业与银行的信用往来记录材料、贷款记录、资产评估记录、信贷及偿还记录、会计师事务所对资本金、保证金审计记录，评估意见、信用认证评级、财务审计情况、资质等级、信用等级及信用评估公司的评审材料，还有企业在评审年限内所受到的奖励或者惩罚记录。

南水北调工程建设信用档案的内容根据其形成主体不同分为施工企业信用档案和监理企业信用档案，以下分别进行介绍。

二、施工企业信用档案的内容

工程业主选择施工企业员工素质、施工企业资质等级、施工企业合同履行情况和施工企业历史情况作为参建施工企业信用档案的组成部分，如图 6-2-2 所示。

1. 施工企业员工素质

此处的员工素质指的是企业为完成南水北调工程建设任务而负责施工现场的管理人员和技术人员所具备的知识、技能、品质等，包括现场项目经理和专业人员两个观测点。

（1）参照《国务院关于取消第二批行政审批项目和改变一批行政审批项目管理方式的决定》（国发〔2003〕5号），项目经理的资质核准取消，由注册建造师代替。南水北调工程项目经理都由取得了国家注册一级建造师和二级建造师的人员担任。

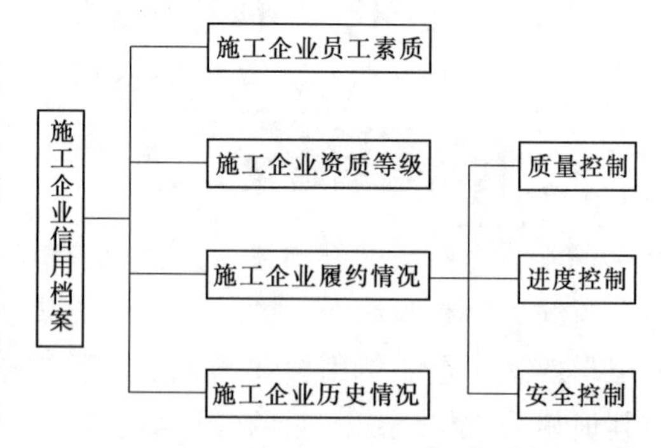

图 6-2-2 施工企业信用档案内容

（2）专业人员包括专业技术人员和专业技术管理人员。专业技术人员指依照国家人才法律法规，经过国家人事部门全国统考合格，并经国家主管部委注册备案，颁发注册执业证书，在企业或事业单位从事专业技术工作的技术人员及具有前述执业证书并从事专业技术管理工作的人员。专业技术管理人员具体指企业或事业单位的具前述执业资格证书和从业资格、职业资格证书，从事专业技术部门管理的管理人员；企业、事业单位下设的专业技术职能机构的负责

人，如财务部长必须具有会计师从业资格证书；施工企业中具有高级职称、中级职称和初级职称的人员（以上人员都指当年在册的由本单位交纳“三金”的人员），都必须具有一定的专业资格。

2. 施工企业资质等级

南水北调工程为水利水电工程，因此参照建设部发布的《施工企业资质等级标准》中关于水利水电工程施工总承包资质等级标准的规定，施工企业资质等级分为特级、一级、二级和三级4个等级。划分的依据主要是企业承担的工程情况、企业项目经理和专业人员的情况、企业注册资本、企业专业设备拥有情况等方面。

3. 企业合同履行情况

合同履行指企业在具体项目实施过程中对合同的履行能力。国务院南水北调办选择近3年的合同履行情况，在操作便利性和代表性上取了均衡。合同履行包括人员到位情况、主要机械及设备到位情况、工程资金管理及使用情况、工程管理控制（工程进度管理及效果、工程质量管理及效果和工程安全生产管理及文明施工）、廉政合同履行情况、施工技术管理情况、环保措施、劳务分包管理及民工工资发放情况八个观测点。

（1）人员到位是指在建项目的施工企业的项目经理、技术负责人、安全生产负责人到位及更换情况。

（2）主要机械及设备到位是指在建项目的施工企业在施工中实际投入的主要机械及设备是否满足工程进度要求。

（3）工程资金管理及使用是指在建项目的施工企业在施工中实际投入的工程资金是否按合同承诺要求能满足工程进度要求到位，并进行科学有效的管理及使用。

工程资金管理内容包括以下三个方面：

1）对施工项目资金进行保证收入、节约支出和风险防范的管理措施。施工项目资金收入渠道主要有预收工程备料款、已完施工价款结算、银行贷款、企业自有资金。保证收入是指项目经理部应配合公司及时向发包人收取工程预付备料款，做好分期核算、预算增减账、竣工结算等工作。节约支出是指用资金支出过程控制方法对人工费、材料费、施工机械使用费、临时设施费、其他直接费和施工管理费等各项支出进行严格监控、坚持节约原则，保证支出的合理性。防范风险主要是指项目经理部对项目资金的收入和支出做出合理的预测，对各种影响因素进行正确评估，最大限度地避免资金的收入和支出风险。

2）为了保证项目资金使用的合理性，公司财务部门应设立项目专用账号，由公司财务部门直接对外，所有资金的收支均按财会制度的要求由公司财务部门对外运作，资金进入公司财务部门后，按照公司的资金使用制度分流到项目，项目经理部作为项目资金的直接使用者进行责任范围内的资金管理。

3）项目经理部应根据施工合同、承包造价、施工进度计划、施工项目成本计划、物资供应计划等编制项目的年、季、月度资金收支计划，报请企业财务负责人审核，经公司领导批准后实施。

（4）施工企业承包项目主要控制内容包括工程进度管理控制、工程质量管理控制和工程安全生产管理控制。

工程进度管理控制是指在建项目的施工企业在建设单位提供满足施工条件的情况下工程项

目的节点验收合格情况。工程进度管理主要包括施工前进度控制管理和施工过程中进度控制管理。施工前进度控制管理包括确定进度控制的工作内容和特点，控制方法和具体措施，进度目标实现的风险分析，以及尚待解决的问题；编制施工组织总进度计划，对工程准备工作及各项任务做出时间上的安排；编制工程进度计划。施工过程中进度控制管理包括定期收集数据、预测施工进度的发展趋势和实行进度控制。进度控制的周期应根据计划的内容和管理目标来确定；随时掌握各施工过程持续时间的变化情况以及设计变更等引起的施工内容的增减，施工内部条件与外部条件的变化等，及时分析研究，采取相应措施；及时做好各项施工准备，加强作业管理和调度。在各施工过程开始之前，应对施工技术、物资供应、施工环境等做好充分准备。应该不断提高劳动生产率，减轻劳动强度，提高施工质量，节省费用，做好各项作业的技术培训与指导工作。

工程质量管理及效果是指在建项目的施工企业在建设单位提供满足施工条件的情况下已完工程的工程合格率和工程优良率。工程质量管理内容包括质量文件审核和现场质量检查两个方面。审核有关技术文件、报告或报表，是项目经理对工程质量进行全面管理的重要手段。这些文件包括施工单位的技术资质证明文件和质量保证体系文件、施工组织设计和施工方案及技术措施、有关材料和半成品及构配件的质量检验报告、有关工程质量事故处理方案等。现场质量检查的内容包括开工前的检查、工序交接检查、隐蔽工程的检查、停工后复工的检查、分项分部工程完工后的检查和成品保护的检查。现场质量检查的方法有目测法、实测法和试验法。工程质量管理的措施主要有组织措施、管理措施、经济措施和技术措施。

安全生产管理是指为预防在生产过程中发生人身、设备等各类事故，保护工作人员在生产过程中的安全而采取的各种措施。文明施工是指在建项目的施工企业的项目部的标准化工地建设、预制场地建设、料场建设、施工便道建设和施工文明程度等。

（5）廉政合同履行情况主要体现施工企业对投标文件承诺的兑现程度，是保证工程质量的决定性因素，也是企业信用的最直接表现。

（6）施工技术管理情况是指有在建项目的施工企业在建设单位提供满足施工条件的情况下对于工程建设施工技术的管理情况。施工技术管理包括图纸自审、图纸会审、施工组织设计（方案）的编制与管理、施工作业指导书的编制与管理、技术交底、技术核定、施工记录、技术复核、隐蔽工程验收、科技开发和推广应用管理制度、施工技术总结、技术标准管理和工程技术档案等。

（7）环保措施是指企业对工程项目的环境保障措施是否完整、有效，是否达到环保要求。施工现场环境保护措施包括：防止大气污染措施，防止水污染措施，防止噪声污染措施，对材料物品（化学品、建筑材料、有毒有害废弃物等）实行分类管理措施，对班组成员定期进行环境保护教育措施，编制现场防尘毒、噪声监督人员名单等。

（8）劳务分包管理是指施工单位将其承包工程的劳务作业发包给劳务分包单位完成的活动管理。项目部招用的内部施工队伍应坚持计划管理、定向输入的原则，由项目管理中心推荐，并提供《内部施工队伍基本情况调查表》和《内部施工队伍近两年承建工程项目单》，供项目部择优录用，并签订劳务分包合同。内容包括作业任务、使用劳动力人数、进场退场时间、进度、质量、安全要求、劳动报酬及结算方式、奖励及处罚条款等。民工工资发放情况是指承包商按合同要求及时足额支付民工工资，不拖欠。

4. 施工企业历史情况

施工企业的历史情况主要是指企业在以前工程承包建设中所获得的奖励情况或处罚情况。企业的奖惩情况是指在某个工程的建设过程中所受到的奖励或者惩罚。南水北调工程对参与工程建设施工企业的奖励限定为鲁班奖和詹天佑奖的获奖情况以及省级奖励获奖情况；惩罚情况包括安全事故的发生次数、不安全违章行为次数、因进度拖延造成的罚款数额及次数。

三、监理企业信用档案的内容

国务院南水北调办对各个标段的监理企业根据标段所在地的情况，选取了监理企业的员工素质、南水北调工程监理状况、监理企业历史状况（包括近3年合同履行情况和社会信誉）为档案内容，如图6-2-3所示。

1. 监理企业员工素质

监理企业员工素质一般从以下几个方面来评判：

（1）专业技术水平。专业技术是监理工作的基础，只有拥有精通的专业技术，才能在工程监理中发现问题。

（2）监理业务水平。监理要严格按照国家有关法律法规、标准规范去履行自己的职责。监理的“三控制两管理一协调”工作，要求监理人员必须熟悉监理业务。

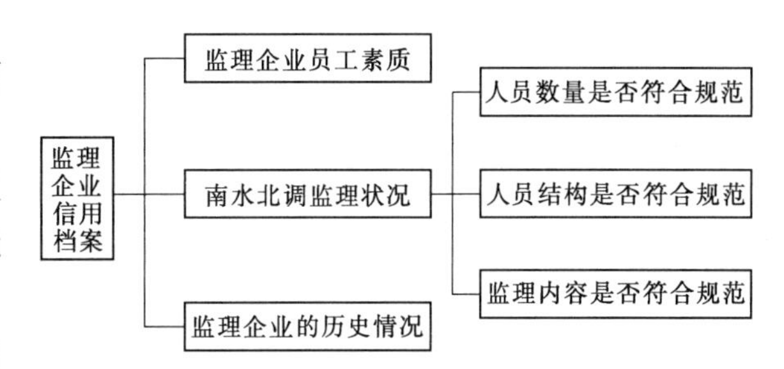

图6-2-3　南水北调监理企业信用档案内容

（3）组织协调能力。监理工程经常会遇见如有些业主的认识和态度差异大、施工单位从业人员管理水平不高等情况，这时监理人员要有灵活性，有能把事情办好、理顺关系的能力，并能协调好各方的关系。

（4）职业准则和道德。在监理控制过程中，监理人员握有一定的权利，要求监理人员本身具有良好的职业道德，要受职业准则的自律约束。

2. 南水北调工程监理状况

南水北调工程监理状况主要包括人员数量是否符合规范、人员结构是否符合规范和监理内容是否符合规范。

（1）人员数量是否符合规范。监理人员的数量根据监理内容、工程规模、合同工期、工程条件和施工阶段等因素确定，项目监理部应配备1名总监理工程师和若干名专业监理工程师，配备1～2名驻地监理工程师和若干名监理员等。

（2）人员结构是否符合规范。项目监理机构的监理人员是否由总监理工程师、专业监理工程师和监理员组成且专业配套，数量是否满足建设工程监理工作需要，是否设立总监理工程师代表。

（3）监理内容是否符合规范。监理内容主要包括勘察设计交底和图纸会审、施工方案、施工进度计划和审查、进行工程计量和付款签证等。

3. 监理企业历史情况

监理历史情况包括企业近3年来的合同履行情况和所建立的社会信誉。

（1）建设工程监理合同的履行主要包括监理人员及时到位与管理情况、设施设备到位情况、驻地建设与管理制度执行情况、日常工作情况、审批体系、材料及工序抽检情况、监理人员旁站情况、合同（变更合同）管理、进度管理、整改情况和监理工作效果等方面。

1）监理单位人员履约管理，主要包括合同签订前人员澄清和合同签订后（即施工过程中）的人员更换与请假、履约考勤及考评三大内容。履约考评按季度进行，列入履约考评的人员主要包括总监理工程师、总监理工程师代表及各专业监理工程师、驻地监理工程师、现场监理人员。

2）设施设备到位情况，包括：设施、设备的设计是否满足工程建设项目的设计要求；设施、设备的具体品牌、规格、型号及使用功能等是否满足工程使用要求；有的设备还需通知特检所检测并出具报告，以上内容需做说明；监理单位需明确设施、设备的验收是否合格。

3）驻地建设与管理制度情况，包括：驻地监理工作管理制度，驻地监理工地办公室管理制度，驻地监理组工地会议制度，驻地监理组内部考核制度，驻地监理组内部奖罚制度，驻地监理组内部请假制度，驻地监理组廉政建设规章制度，驻地监理组试验室安全、卫生管理制度，驻地监理组安全监理保证制度及驻地监理组工地车辆管理制度等。

4）日常工作情况，指监理工程师的日常工作情况，主要包括：单位、分部和分项工程划分是否合理并符合规范要求；工地会议是否按时召开并及时记录工地会议内容；《监理月报》是否按时编发及主要内容是否齐全；《监理日记》记录内容是否真实及重要内容是否全面记录；《监理规划》和《监理实施细则》是否具有针对性、可操作性以及编制是否及时；监理档案资料分类是否清晰，归档是否及时、完整，保管是否得当；是否按时向监督部门、建设单位报送有关资料。

5）审批体系，指总监理工程师对现场主要负责承包人质量保证体系和质量负责人的审批；对质检员和试验人员的审批；对工地试验室或试验检测仪器设备配备的检查；是否进行动态管理并且管理到位，质量保证体系符合合同要求情况；确保签认的开工报告及资料齐全，是否包含可行可靠的质量、安全、环保措施等。

6）材料及工序抽检，内容包括：影响工程质量的原材料因素、半成品及构配件，如砂石料、钢筋、水泥、沥青等的抽检；原材料的组合因素，如水泥混凝土、砂浆、沥青混凝土的抽检，抽检的表现方式为监理独立进行的平行检验；影响工程质量的机具设备因素，如压路机、沥青摊铺机、试验仪器设备、水泥混凝土拌和站等的抽检；施工作业人员技术岗位资格、能力以及工程分包单位资质和工程试验室运转情况审查；水准点、导线点的复核检查；构成工程项目实体的主控项目、一般项目及其附属工程，包括涉及安全和使用功能的地基基础、主体结构、设备安装等分部工程中的有关指标的抽检；质量控制与保护措施的审查，如工程质量控制措施中的组织、技术、经济、合同措施的制定和落实情况，以及成品保护中的覆盖、封闭、施工顺序合理安排措施等的落实情况；质量记录资料的抽查，主要包括原始记录、各种质检表、试验表等。

7）监理工程师在现场要对重要工序、节点工序的施工进行旁站监督。旁站监督内容包括：检查上道工序报验情况；检查操作人员配置情况、机具设备准备完好情况；计量设备是否准确，现场使用的配合比与设计是否一致；原材料准备情况是否满足施工要求；根据具体情况不定期地抽查混凝土坍落度；按规定批次见证制作混凝土试块；检查混凝土浇筑顺序是否与施工方案相符；旁站监督混凝土浇筑振捣和成型钢筋保护等。

签认内容包括：对整改结果作现场检查并签认；已按监理指令要求整改且书面资料闭合；

关键工序需持证监理工程师签认。

8）计量支付与合同管理，内容包括：控制合同工程总投资，组织实施本工程合同支付并最终签发合同工程支付签证单；预审施工单位合同工程支付申请；审核施工单位申报的工程量。

9）进度管理，内容包括：审查施工总进度设计；审查年度控制计划，季度控制计划和周控制计划；督促专业分包选定及进场工作，督促材料设备供应单位选定及进场工作，组织周监理例会；对拖期的分部分项工程，分析拖期原因，提出整改意见，检查整改结果，督促履行承包合同，组织工程竣工验收等。

10）安全监理合同执行，内容包括：编制安全监理细则，进行交底；熟悉合同文件，了解施工现场；审查施工单位资质；核查安全设施和机械设备检测、合格证和进场验收资料；核查电工、焊工、架子工、起重司机及指挥人员等特种人员、作业人员资格证书；督促施工单位建立健全施工现场安全生产保证体系，做好逐级安全交底工作，并抽检交底记录；检查督促施工单位按照安全技术措施或专项安全施工方案和工程建设强制性标准组织施工，制止违规施工作业，记录当天发现和处理安全施工中的问题的情况；对施工过程中的危险性较大的施工作业进行巡视检查，每天不少于一次；督促施工单位进行安全工作自查，每月定期组织或参加专项安全检查，并做好记录；定期组织工地安全监理例会，针对项目实施过程中发现的安全隐患和不安全行为进行点评，提出整改要求，并对下阶段安全工作开展提出要求。

11）环保监理合同执行，内容包括：参加设计单位环境保护技术交底，熟悉了解标段内施工现场环境特点，设计施工图中列入的环境保护的设计内容；对施工单位的施工组织设计有关的环境保护方案、实施办法进行审核，并提出具体的审核意见；检查施工单位环境保护体系及措施，督促施工单位建立健全环保责任制，建立各项环境保护工作制度，并督促实施；检查施工单位临时工程、临时营地环境保护措施落实情况，措施与工程施工是否同步进行，严格规范各类施工行为，督促施工单位严格按照批准的施组方案组织施工，必须把环境保护措施的落实严格贯彻于施工全过程，并且加强对施工现场环保、水保情况进行巡检；将有关环保文件、验收记录、监理规划、监理实施细则、监理月报、年报、会议纪要及相关书面通知等按规定组卷归档。

12）廉政合同内容对监理单位的要求包括：不得索要或接受施工单位的礼金、证券和礼物，不得在施工单位报销任何费用；不得参加宴请和娱乐活动，不准接受乙方提供的通信工具，不准从事监理工作范围以外的任何活动；不得安排亲友及子女在施工单位工作；不得推荐分包单位及有关的工程材料给施工单位；不得利用职权无理刁难施工单位。

监理工作效果一般从以下几方面评价：项目监理机构的人员资质是否符合规定，专业结构配备是否合理齐全；作为开展监理工作的指导性和计划性文件，监理规划和监理细则的编写是否全面、具体、具有针对性和可操作性；监理资料的整理归档是否做到及时、完整、真实。

（2）社会信誉。监理企业的社会信誉主要包括监理企业的业绩、监理受到的奖惩情况和所监理的工程质量安全事故的发生率不良记录和违规行为等。

监理企业的业绩是指监理单位曾经监理过的各种建设工程的总体造价及监理费用的数额。

奖惩情况是指监理单位在过往各种监理行为中所获得的获奖表彰或是所受到的通报批评情况。

质量与安全事故是指监理单位在过往监理项目中发生的质量与安全事故情况。质量与安全事故按照对质量事故认定一般分为一般质量安全事故、较大质量安全事故、严重质量事故和重大质量事故四类。

不良记录或违规行为主要包括：未取得资质证书承揽工程或超越本单位资质等级承揽业务；以欺骗手段取得资质证书承揽业务；允许其他单位或个人以本单位名义承揽工程；隐瞒有关情况或者提供虚假材料申请监理资质；以他人名义投标或者以其他方式弄虚作假，骗取中标；不按照与招标人订立的合同履行义务；与被监理工程的施工承包单位以及建筑材料、建筑构配件和设备供应单位有隶属关系或者其他利害关系承担该项建筑工程的监理业务。

第三节　南水北调工程建设信用信息采集

南水北调工程建设信用信息是指工程建设中各主体参与方在其社会活动中所产生的、与信用行为有关的记录及有关评价其信用价值的各项信息。只有全面地采集工程建设各主体参与方的信用信息，及时地完善工程参与方的信用档案，才能发挥出南水北调工程建设信用档案的作用，较为准确地对工程参与方进行信用评价。

一、建设信用信息采集组织

采集工程参与方信用信息的方式主要有站点监督、质量飞检、专项稽查、群众举报调查和责任追究等方式，基层信息经过统一收集汇总后上报给国务院南水北调办进行信用信息的整合和备份。南水北调工程建设信用信息采集的组织形式如图 6-3-1 所示。

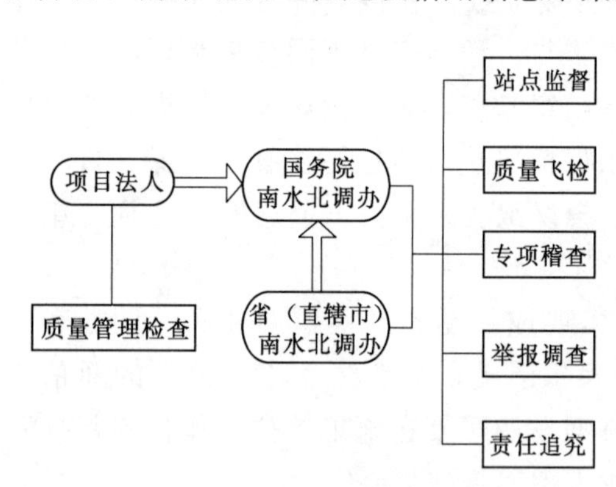

图 6-3-1　南水北调工程建设信用信息采集组织

（1）国务院南水北调办、省（直辖市）南水北调办通过站点监督、质量飞检、专项稽查、举报调查、责任追究等方式，按工程施工、监理标段采集质量信用信息。

1）站点监督。在各省（直辖市）南水北调办事机构的领导下，站长对质量监督站的工作、人员聘用、经费使用负责，尽快充实质量监督人员，主动改善工作条件，促进质量监管工作。监管中心成立质量监督现场工作部，分片区派驻质量巡查员，对质量关键点、重点部位、关键环节实施监督检查，采集质量信用信息。站点监督巡查单位应当每月 5 日前，将上一月采集的施工、监理单位标段质量信用信息报送国务院南水北调办。

2）质量飞检。质量飞检由稽察大队组织飞检工作组对各项目法人实施飞检和由国务院南水北调办领导带队实施飞检两种形式。在南水北调工程施工高峰期，稽察大队共有 50 人，每月安排 2 次飞检工作任务，每批次派出约 13 个飞检组，每组一般由 3～4 人组成。各飞检组检查 3 个施工标及相应监理标，每次检查时间约 10 天。

质量飞检组织单位应当每月 5 日前，将上一月采集的施工、监理单位标段质量信用信息报送国务院南水北调办。

3）专项稽查。国务院南水北调办监督司负责质量专项稽查工作的组织与开展。监管中心受国务院南水北调办委托具体实施质量专项稽查，为质量专项稽查提供技术支持和服务。监管中心组建质量专项稽查工作组。稽查工作组根据质量专项稽查任务开展工作。稽查工作组不超过 7 人，现场工作时间一般控制在 7 天以内。

4）举报调查。国务院南水北调办成立南水北调工程建设举报受理中心，负责南水北调工程建设举报受理工作。举报受理中心由监督司与监管中心联合组建，举报受理中心主任由监督司司长兼任，副主任分别由监督司副巡视员、监管中心副主任兼任，工作人员由监督司、监管中心相关人员组成。监督司负责举报事项受理，并且对举报事项开展专项调查，处理举报事项调查结果、举报事项办结和举报信息管理等事项。监管中心负责举报信息采集、分析处理、归档，形成建设举报受理信息。

5）责任追究。国务院南水北调办成立质量事故调查鉴定委员会。委员会为非常设机构，由若干行业内专家组成，以随机抽取方式组成鉴定专家组，开展鉴定工作。发生较大以上质量事故的，组织调查单位将调查报告报鉴定委员会，鉴定委员会依据国家有关规定、调查程序和提供的有关证据对调查结论进行鉴定。质量事故调查鉴定委员会开展工作具有相对独立性，其开展工作方式由其自行决定。

（2）项目法人通过质量管理和检查采集质量信用信息。站点监督巡查、质量飞检组织单位应当每月 5 日前，将上一月采集的施工、监理单位标段质量信用信息报送国务院南水北调办。项目法人通过质量检查采集质量信用信息，并于每季度第 3 个月的 25 日前报送国务院南水北调办。

（3）国务院南水北调办负责建立并管理南水北调工程建设质量信用信息库，并按时发布信息。

二、建设信用信息采集方式

南水北调工程建设信用信息采集主要有以下方式：南水北调工程相关组织机构在工程建设过程中进行信用信息的收集；施工单位如实填写信用信息；从政府相关机构中获取。

（1）国务院南水北调办、各省（直辖市）南水北调办通过质量巡查、质量飞检、专项稽查、举报调查质量问题和表彰采集信用信息；项目法人通过质量管理检查发现质量问题和表彰以及对工程项目建设进度和工程项目安全生产进行考核，采集信用信息；在招标投标活动中采集监理单位和施工单位的信用信息。

根据工程建设实际情况，工程质量信用信息按月采集汇总，建设进度、安全生产信用信息按季度采集汇总。

1）工程质量信用信息。项目法人（省级建设管理单位）通过每月对在建工程施工、监理标段质量检查，逐标段采集工程质量信用信息，并于每季度第 3 个月的 25 日前报送国务院南水北调办。

国务院南水北调办、省（直辖市）南水北调办（建管局）通过站点监督巡检、质量飞检、专项稽查、举报调查、质量问题责任追究等方式，采集工程质量信用信息，填写《南水北调工程建设质量问题信息登记表》。检查发现的工程质量问题经过联合会商，由国务院南水北调办负责汇总、分析、录入由其负责建立并管理的南水北调工程建设信用信息库。

2）建设进度和安全生产信用信息。项目法人通过质量管理检查对工程项目建设进度和工程项目安全生产进行考核，采集信用信息，并按工程施工、监理标段实施季度汇总。

安全信用信息按工程施工、监理标段分类采集。安全信用信息由各项目法人根据安全生产目标考核情况以及生产安全事故情况，分月统计报送。

进度信用信息按工程施工、监理标段分类采集。进度信用信息由有关项目法人根据进度目标考核情况，分月统计报送。

（2）施工单位应遵守国家法律法规及相关规定，按照诚实信用原则，提供主体行为信息。施工单位应如实填写南水北调工程建设施工单位信息登记表，见表 6－3－1，按规定的程序报送国务院南水北调办，信息登记表分为基本信息登记表、良好行为登记表和不良行为登记表两类。

表 6－3－1　　南水北调工程施工单位基本信息登记表

<table>
<tr><td>单位名称</td><td colspan="4"></td><td>所在省份</td><td></td></tr>
<tr><td>通信地址</td><td colspan="4"></td><td>邮　编</td><td></td></tr>
<tr><td>单位联系方式</td><td>电话</td><td colspan="2"></td><td>传真</td><td colspan="2"></td></tr>
<tr><td>组织机构代码</td><td colspan="2"></td><td>法定代表人</td><td></td><td>注册资金/万元</td><td></td></tr>
<tr><td>单位资质及相关证书</td><td colspan="6">（证书名称、证书等级及编号、发证机关、发证时间、有效期）</td></tr>
<tr><td>已承担南水北调工程情况</td><td colspan="6">（合同名称、合同金额、委托方、合同起止时间、合同履行情况）</td></tr>
<tr><td colspan="2">填表人</td><td colspan="3">项目法人</td><td colspan="2">省（直辖市）南水北调办意见</td></tr>
<tr><td colspan="2">（签章）
年　月　日</td><td colspan="3">（签章）
年　月　日</td><td colspan="2">（签章）
年　月　日</td></tr>
</table>

1）基本信息是指施工单位的基本情况、已承担南水北调工程的项目情况等。

2）良好行为信息是指施工单位在南水北调主体工程建设活动中，获得奖励和表彰，符合《南水北调工程施工单位良好行为记录认定标准》（简称《良好行为标准》）的行为记录。施工单位有良好行为，经有关部门或单位核实后，依照《良好行为标准》，及时填写南水北调工程施工单位良好行为登记表（见表 6－3－2），并附相应证明材料，按“填表说明”规定的程序报送国务院南水北调办。

表 6-3-2　**南水北调工程施工单位良好行为登记表**

<table>
<tr><td>单位名称</td><td colspan="3"></td></tr>
<tr><td>项目名称</td><td colspan="3"></td></tr>
<tr><td>标段名称</td><td></td><td>合同号</td><td></td></tr>
<tr><td>行为记录代码</td><td></td><td>发生时间</td><td>年　月　日</td></tr>
<tr><td>行为事实简述</td><td colspan="3"></td></tr>
<tr><td>证明材料清单</td><td colspan="3"></td></tr>
</table>

报送单位意见	审核单位意见	国务院南水北调办意见
（签章） 年　月　日	（签章） 年　月　日	（签章） 年　月　日

3）不良行为信息是指施工单位在南水北调主体工程建设活动中，违反有关法律、法规、规章、强制性标准或合同约定等，符合《南水北调工程施工单位不良行为记录认定标准》（简称《不良行为标准》）的行为记录。施工单位有不良行为，经有关部门或单位核实后，依照《不良行为标准》，及时填写南水北调工程施工单位不良行为登记表（见表 6-3-3），并附相应证明材料，按“填表说明”规定的程序报送国务院南水北调办。

表 6-3-3　**南水北调工程施工单位不良行为登记表**

<table>
<tr><td>单位名称</td><td colspan="3"></td></tr>
<tr><td>项目名称</td><td colspan="3"></td></tr>
<tr><td>标段名称</td><td></td><td>合同号</td><td></td></tr>
<tr><td>行为记录代码</td><td></td><td>发生时间</td><td>年　月　日</td></tr>
<tr><td>行为事实简述</td><td colspan="3"></td></tr>
<tr><td>证明材料清单</td><td colspan="3"></td></tr>
</table>

报送单位意见	审核单位意见	国务院南水北调办意见
（签章） 年　月　日	（签章） 年　月　日	（签章） 年　月　日

（3）通过建设部和各级省（直辖市）水利厅（水利局）的有关通报文件中获取，也可以从政府相关部门的其他信息渠道获取。各省（直辖市）南水北调办事机构、南水北调工程质量监督机构负责所监管项目施工单位行为信息的采集、核实、报送和信用等级的使用。项目法人（委托项目管理单位）负责其直接管理项目施工单位基本信息的采集、报送，行为信息的采集、核实、报送和信用等级的使用。

根据工程建设实际情况，工程质量信用信息按月采集汇总，建设进度、安全生产信用信息按季度采集汇总。

第四节 南水北调工程建设信用评价

信用评价是以一套相关指标体系为考量基础，标示出个人或企业偿付其债务能力和意愿的过程，是由专业机构或部门，根据“公正、客观、科学”原则，按照一定的方法和程序，在对企业进行全面了解、考察调研和分析的基础上，做出有关其信用行为的可靠性、安全性程度的估量，并以专用符号或简单的文字形式来表达的一种管理活动。

南水北调工程建设信用评价是在南水北调工程信用档案收集的有关工程的信用信息的基础上，对施工企业和监理单位的信用进行等级评定。

一、建设信用评价指标建立的原则

南水北调工程建设参与方的信用水平是不同层次、不同种类因素共同作用的结果，评价指标的选取应遵循以下四个原则：

（1）层次性原则。施工企业和监理单位信用评价指标应尽可能从不同层次、不同方位能涵盖信用的评估要素中来选择。评价指标不但要考虑过去的业绩，而且要预测未来的发展趋势；不但要考虑评价对象本身的情况，而且要考虑周边的环境及其产生的影响，能全面真实地反映其信用能力。

（2）集约性原则。所选信用评价指标应有充分的信息综合能力，重点突出。能评价企业信用的指标有很多，将所有指标都包含，显然是不可能的。但评价指标太少容易导致信用评价的失真或失效。因此，所选信用评价指标必须具有一定代表性，能切实体现企业信用的实际情况。

（3）可比性原则。企业信用评价指标应具有普遍的统计意义，评价指标设置既要考虑到纵向可比，以动态地反映评价对象契约信用的发展过程和内在变化规律，同时又要考虑到横向可比，以实现其信用能力在行业、地区和国际间的对比。

（4）可操作性原则。企业信用评价指标体系的建立，应具有实用性，便于操作。指标所依据资料的来源要易于获取，在保证指标科学完整的基础上，简便易行。指标要具有可理解性，使得评价对象懂得每一项指标的涵义和要求，适合推广，以便企业最终朝此目标努力，提高企业招投标信用水平。

二、建设施工企业信用评价指标体系

南水北调工程是投资大、周期长、技术质量要求高和程序复杂的重大水利工程，施工企业是该工程的生产者，其对南水北调工程最终质量情况的作用不言而喻。因此，国务院南水北调办在进行了类似工程资料收集和听取专家意见的基础上，构建了南水北调工程施工企业信用评价指标，选取了3个一级指标和8个二级指标，如图6-4-1所示。

（1）企业情况是反映受评施工企业信用状况的主要方面，主要通过受评施工企业过去1～3年的资质等级、人力资源、经营情况、技术创新和设备情况等因素来评价。

1）资质等级。施工企业拥有的资质资格越多、等级越高，表明该企业可从事的领域越广

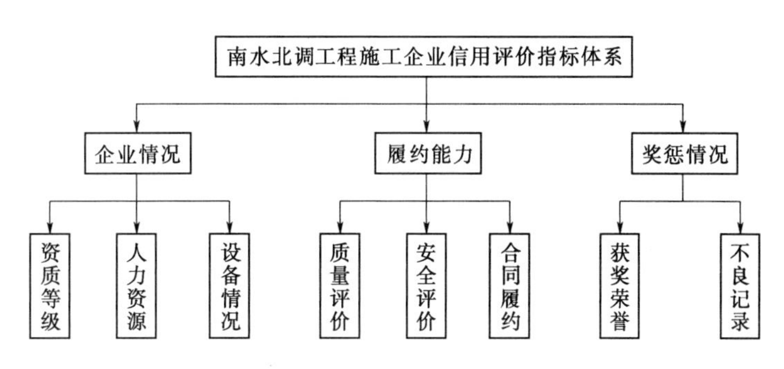

图 6-4-1 南水北调工程施工企业信用评价指标体系

泛，一定程度上可以反映企业具有较强的综合竞争实力。

2）人力资源。施工企业属于劳动密集型企业，企业从业人员的规模、整体素质、从业经验、专业化水平等因素对企业的经营能力和竞争实力具有重要的影响。因此，人力资源是考察企业综合实力的重要方面，主要通过项目经理总数、工程技术人员数量及比重、有职称人员数量及比重、具有中专以上学历人员数量及比重等指标来反映。专业人员指企业完成工程建设任务所需要具备一定知识、技能、品质的管理人员和技术人员。人员素质指标包括项目经理和专业人员两个观测点。

3）设备情况。是否拥有完善的施工设备，自有机械设备的总量、总功率、先进性等因素在一定程度上反映了企业竞争实力，通过对受评建筑施工企业自有机械设备总功率、主要设备净值、主要设备成新率等方面的考察，一定程度上可以反映出企业的竞争实力。

（2）履约能力是对建筑施工企业进行信用评价的重要评价因素，通过对建筑施工企业以往的项目进度、质量评价、安全评价及合同履约等方面考察建筑施工企业的信用。

1）质量评价。通过工程合格率、工程优良率反映建筑施工企业的工程质量情况。

2）安全评价。一方面考察建筑施工企业是否建立完善的安全管理机制，是否严格遵守国家相关规定；另一方面考察建筑施工企业安全人员的上岗状况是否符合国家相关规定，通过安全管理机构的设置、质量安全人员的配置等来评价企业的安全管理。

3）合同履约。通过企业合同履约率来反映企业合同管理与执行情况。

（3）奖惩情况是考察施工企业的获奖荣誉和不良记录。

1）获奖荣誉包括全国建筑工程鲁班奖、全国工程银质奖、全国土木工程詹天佑奖、省部级文明施工样板工地、省部级文明工地、省部级劳务用工管理示范工地、省部级建设工程优质奖等记录。

2）不良记录是指施工单位在投标活动、工程项目实施过程中等有无围标、串标、低价抢标、弄虚作假、以他人名义投标、随意放弃中标、拒绝按招标文件要求提交履约保证金、行贿、违法转包、违规分包、工程进行严重滞后等行为被通报批评或行政处罚的不良记录。

三、建设监理企业信用评价指标体系

参照目前住房和城乡建设部试行的《建筑施工、工程监理招投标企业信用评价标准》，通过查询文献资料，并向建筑领域的资深专家进行咨询，初步选取企业状况、履约信誉 2 项一级指标和 8 项二级指标，建立了南水北调工程建设监理信用评价指标体系，如图 6-4-2 所示。

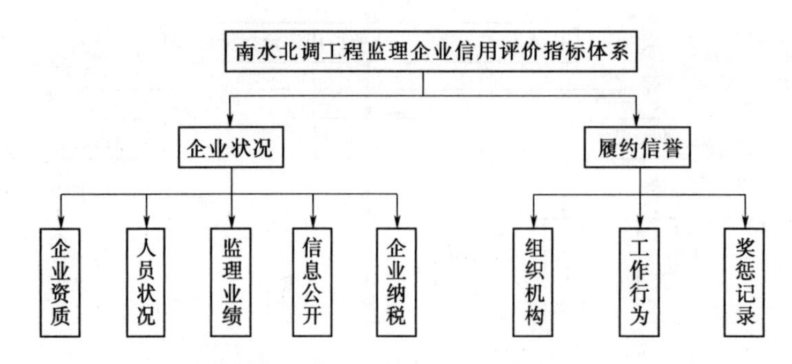

图 6-4-2 南水北调工程建设监理企业信用评价指标体系

（1）企业状况主要从企业资质、人员状况、监理业绩、信息公开和企业纳税情况来进行评价。

1）企业资质。是指企业在从事某种行业经营中，应具有的资格以及与此资格相适应的质量等级标准。企业资质包括企业的人员素质、技术及管理水平、工程设备、资金及效益情况、承包经营能力和建设业绩等。量化标准：甲级企业赋值 100，乙级企业赋值 80，丙级企业赋值 60。

2）人员状况。主要指企业的高层管理者、项目总监、项目技术人员等的素质和技术能力水平。量化标准：拥有全国注册监理工程师 50 人及以上或高级工程师 40 人及以上，赋值 100；拥有全国注册监理工程师 30 人及以上或高级工程师 20 人及以上，赋值 80；拥有全国注册监理工程师 30 人以下或高级工程师 20 人以下，赋值 60。

3）监理业绩。是指过去 3 年监理公司所取得的成绩。量化标准：过去 3 年企业签约的监理项目的年平均合同价款为 2000 万元及以上，赋值 100；年平均合同价款为 1500 万元及以上，赋值 80；年平均合同价款为 1000 万元及以上，赋值 60；年平均合同价款为 1000 万元以下，赋值 40。

4）信息公开。指监理单位主动或因利害关系人的申请向社会和公众公开信息和资料。量化结果：根据满意度打分，用 1～5 分赋值，再乘以 20 得到最后分数。

5）纳税情况。指监理单位按照税法向国家及时缴纳各种税赋。量化结果：用纳税完成率再乘以 100 得到最后分数。

（2）履约信誉主要从组织机构、工作行为和奖惩记录三个方面进行评价。

1）组织机构。主要包括以下几个方面的内容：①工作的分工与组合，即工作职务的专业化与部门的机构及层次划分，明确的业务范围，以及逐层指挥系统和职能参谋系统的相互关系等方面的工作任务组合；②人员及部门的责任与权力，即建立明确的职权和指挥系统、控制幅度或范围以及集权、分权等人与人相互影响的机制；③量化结果：根据满意度打分，用 1～5 分赋值，再乘以 20 得到最后分数。

2）工作行为。是指过去 3 年企业所监理项目的质量安全情况，是否出现质量安全事故、事故的严重性、处理方式、处理结果以及外界的反应情况。量化标准：过去 3 年企业所监理的项目从未发生过 1 起质量安全事故，赋值 100；发生过 1 起质量安全事故的，扣 25，以此类推；发生过 4 起及以上质量安全事故的，赋值 0。

3）奖惩记录。是指过去 3 年企业所获得的奖项和被惩罚的记录。量化标准：每增加 1 项奖

项增加 10 分，以此类推，奖项 10 项及以上，赋值 100；每被相关部门惩罚 1 次扣 10 分，以此类推，被相关部门惩罚 10 次及以上，赋值 0；然后再把奖项得分和被惩罚得分算术平均得到一个分数。

四、信用评价方法

综合评价是利用数学方法对一个复杂系统的多个指标信息进行加工和提炼，以求得其优劣等级的一种评价方法。综合评价法应用较广的是层次分析法，该方法主要针对一些较为复杂、较为模糊的问题作出决策，特别适用于那些难于完全定量分析的问题。层次分析法是对定性问题进行定量分析的一种简便、灵活而又实用的多准则决策方法。它的特点是把复杂问题中的各种因素通过划分为相互联系的有序层次，使之条理化，根据对一定客观现实的主观判断结构（主要是两两比较）把专家意见和分析者的客观判断结果直接而有效地结合起来，将每一层次元素两两比较的重要性进行定量描述。而后，利用数学方法计算反映每一层次元素的相对重要性次序的权值，通过所有层次之间的总排序计算所有元素的相对权重并进行排序。南水北调工程采取层次分析法和模糊综合评价来进行信用等级的评定。

（一）指标体系的权重确定

1. 明确问题

在分析社会、经济以及科学管理等领域的问题时，首先要对问题有明确的认识，弄清问题的范围，了解问题所包含的因素，确定因素之间的关联关系和隶属关系。

2. 建立递阶层次结构

在应用层次分析法时，首先应根据对问题分析和了解把复杂的问题分解为若干组成元素，并将各元素按照不同的属性自上而下分解成若干层。其次将问题所包含的因素，按照是否共有某些特征进行归纳分组，并把它们之间的共同特性看成是系统中新的层次中的一些因素，而这些因素本身也按照另外的特性组合起来，形成更高层次的因素，直到最终形成单一的最高层次因素。同一层的各元素从属于上一层的元素并对上一层的元素有一定的作用，对下一层起支配作用并受下一层元素的影响，然后根据分层情况建立递阶层次结构评价模型。

3. 建立两两比较的判断矩阵

递阶层次结构评价模型建立后，上下层次间元素的隶属关系即被确定。对于多层次结构模型各层次上的元素可以针对上一层次某元素，根据本层次与它有关元素之间相对重要性的比较，从而建立一系列比较判断矩阵，见表 6-4-1。

表 6-4-1　　判断矩阵的建立

$A—B_i$	B_1	B_2	B_3	…	B_n
B_1	b_{11}	b_{12}	b_{13}	…	b_{1n}
B_2	b_{21}	b_{22}	b_{23}	…	b_{2n}
B_3	b_{31}	B_{32}	B_{33}	…	B_{3n}
⋮	⋮	⋮	⋮	⋮	⋮
B_n	b_{n1}	b_{n2}	b_{n3}	…	b_{nn}

判断矩阵中 $A—B_i=(b_{ij})_{n\times n}$ 的性质如下：$b_{ij}>0$，$b_{ij}=1/b_{ji}$，$b_{ii}=1$。式中 b_{ij} 代表相对于与其相关的上一层元素 A，元素 B_i 较元素 B_j 的重要性，其度量的标准采用 1～9 标度方法，标度的具体意义见表 6－4－2。

表 6－4－2　　标度的具体意义

标　度	意　　义
1	两元素相比，有同等重要性
3	两元素相比，一元素比另一个元素稍微重要
5	两元素相比，一元素比另一个元素明显重要
7	两元素相比，一元素比另一个元素强烈重要
9	两元素相比，一元素比另一个元素极端重要
2，4，6，8	上述判断的中间值

4. 计算权重向量

计算影响因素权重向量 ω_i，采用特征根法，判断矩阵最大特征根为 $\lambda_{\max}$，相应特征向量为 ω，则权重向量的计算方法如下：

（1）计算判断矩阵每一行元素的乘积 M_i：

$$M_i=\prod_{j=1}^{n}b_{ij}$$

（2）计算 M_i 的 n 次方根 $\overline{\omega}_i$：

$$\overline{\omega}_i=\sqrt[n]{M_i}$$

（3）把向量 $\overline{\omega}=[\overline{\omega}_1,\overline{\omega}_2,\cdots,\overline{\omega}_n]^{\mathrm{T}}$ 正规化：

$$\omega_i=\frac{\overline{\omega}_i}{\sum_{i=1}^{n}\overline{\omega}_i}$$

则 $\omega=[\omega_1,\omega_2,\cdots,\omega_n]^{\mathrm{T}}$ 就是所求的特征向量。

（4）计算最大特征根 $\lambda_{\max}$：

$$\lambda_{\max}=\sum_{i=1}^{n}\frac{(A\omega)_i}{n\omega_i}$$

（5）一致性检验。为了避免其他因素干扰判断矩阵，保证判断矩阵的准确性，层次分析法要求判断矩阵具有大体的一致性，能够使计算结果基本合理，需要对矩阵进行一致性检验，检验公式如下：

$$R_c=I_c/I_r$$

$$I_c=(\lambda_{\max}-n)/(n-1)$$

式中：R_c 为一致性比率；I_c 为一致性矩阵的最大特征根；n 为因子个数；I_r 为随机一致性指标，由表 6－4－3 确定。

表 6－4－3　　随机一致性指标值

n	1	2	3	4	5	6	7	8	9	10	11
I_r	0	0	0.58	0.90	1.12	1.24	1.32	1.41	1.45	1.49	1.51

随机一致性指标值在允许范围之内，表明特征向量能够客观表征各因素权重。

（二）模糊综合评价

1. 确定评价因素集合

评价因素集合是指风险指标体系中影响每一级指标的下一级指标（因素）所组成的集合。此处，$U=\{u_1, u_2, u_3\}$。各个一级评价指标所包含的二级评价指标为U_k，k表示所有二级评价指标的数量。各个二级评价指标所包含的三级评价指标为u_i，i表示所有三级评价指标的数量。各评价因素指标见图6-4-1及图6-4-2。

2. 建立评价评语集合

评价评语集合是建筑工程领域专家对每一层风险指标可能做出的各种评价结果所组成的集合，即$V=\{v_1, v_2, \cdots, v_n\}$。考虑到对等级的过分详细划分没有太大操作上的意义，对施工企业和监理企业的评价等级分为四个等级，即$V=$｛优秀，可信，基本可信，不可信｝。

3. 确定因素权重集合

因素权重集合是指反映各层风险指标重要程度的集合，即$W=\{w_1, w_2, \cdots, w_n\}$。为了既能考虑人们主观上对各项指标的重视程度，又能考虑各项指标原始数据间的相互联系及它们对总体评价指标的影响，根据上文层次分析法确定各指标的权重来进行计算。

4. 确定评价隶属矩阵

根据评价评语集中确定的评价等级标准，确定评价因素集U对评语集V的隶属程度：

$$R_i=\{r_{i1}, r_{i2}, r_{i3}, r_{i4}\}$$

按照上述方法，将影响南水北调企业信用的n个因素的评判集组成一个总的评价矩阵：

$$R=(r_{ij})_{n\times m}=\begin{bmatrix} r_{11} & r_{12} & \cdots & r_{1m} \\ r_{21} & r_{22} & \cdots & r_{2m} \\ \vdots & \vdots & & \vdots \\ r_{n1} & r_{n2} & \cdots & r_{nm} \end{bmatrix} \quad (i=1, 2, \cdots, n; j=1, 2, \cdots, m)$$

重复上述步骤，可得到每一层各指标所属的评价矩阵。

5. 模糊综合评价

根据权重集W隶属矩阵R，计算模糊综合评价的评判集B，从而得出相应的结论为

$$B=W\cdot R=\{w_1, w_2, \cdots, w_n\}\cdot\begin{bmatrix} r_{11} & r_{12} & \cdots & r_{1m} \\ r_{21} & r_{22} & \cdots & r_{2m} \\ \vdots & \vdots & & \vdots \\ r_{n1} & r_{n2} & \cdots & r_{nm} \end{bmatrix}=\{b_1, b_2, b_j, \cdots, b_m\}$$

式中：B为模糊综合评判集；b_j为模糊综合评判指标。

可首先对指标体系中的二级指标进行一级模糊综合评价，然后将计算结果作为已知值，再对上一级进行模糊评判运算。以此类推，从而得到最终总体信用水平的模糊评判结果。

6. 最终计算结果

用公式$P_i=B_iV^{\mathrm{T}}$计算得到最终评判结果。

通过上述流程，可以得到每一个施工企业的季度信用等级和每一个监理项目的季度信用评

价等级，作为施工企业和监理企业的评价周期内的评价基础。

五、建设信用评价

国务院南水北调办对施工、监理单位进行评价，评价分为季度信用评价和年度信用评价两部分。施工企业和监理企业在评价周期内按照季度评价和年度评价进行等级的评定。

（一）季度信用评价

国务院南水北调办根据信用档案的内容，按照施工企业信用评价指标体系和监理企业评价指标体系进行季度信用评价。季度信用评价结果分为优秀单位、可信单位、基本可信单位、不可信单位四个等级，标准见表6-4-4。

表6-4-4　季度信用等级评价标准

评价等级	评　价　标　准	获得积分
优秀单位	施工、监理单位季度信用信息符合下列条件的，其信用评价结果为季度优秀单位：①获得季度工程质量表彰或工程质量无较重、严重质量缺陷；②获得季度建设进度或安全生产表彰	10分
可信单位	施工、监理单位季度信用信息符合下列条件的，其信用评价结果为季度可信单位：①质量缺陷较少且未受到加重责任追究；②季度进度目标考核结果合格；③季度安全生产无事故	7分
基本可信单位	施工、监理单位季度信用信息符合下列条件之一的，其信用评价结果为季度基本可信单位：①被省（直辖市）南水北调办（建管局）、项目法人通报批评或以向主管单位通报方式责任追究的；②季度进度目标考核结果不合格的	3分
不可信单位	施工、监理单位季度信用信息符合下列条件之一的，其信用评价结果为季度不可信单位：①发生质量事故的；②出现人员死亡生产安全事故的；③被清除出场、留用察看的；④被国务院南水北调办通报批评的；⑤被省（直辖市）南水北调办（建管局）、项目法人通报批评累计2次以上的	0分

（二）年度信用评价

对施工企业和监理企业的年度信用评价采用积分制，一年内各季度积分累加值作为年度信用得分。等级评价标准见表6-4-5。

表6-4-5　南水北调施工企业、监理企业年度信用等级评价标准

评价等级	评　价　标　准
优秀单位	施工单位、监理单位的年度积分在37分以上
可信单位	施工单位、监理单位的年度积分在24～37分之间
基本可信单位	施工单位、监理单位的年度积分在9～24分之间
不可信单位	施工单位、监理单位的年度积分在9分以下或者2次以上被评为季度不可信单位

第五节　南水北调工程建设信用评价结果发布与使用

一、建设信用评价结果发布

为保证工程信用评价结果起到一定的示范与震慑作用，国务院南水北调办监督司建立了南水北调工程质量监管信息化平台，及时发布各参建单位的信用评价结果以及奖惩情况。

南水北调工程建设信用评价结果由国务院南水北调办定期在南水北调网站上发布和通报。评价结果为季度优秀单位和不可信单位的，在中国南水北调网公示6个月；评价结果为年度优秀单位和不可信单位的，在中国南水北调网公示1年。

二、建设信用评价结果使用

国务院南水北调办定期向国家有关行政主管部门、资产管理主管部门通报施工、监理单位的信用评价结果。南水北调工程建设信用信息，可供有关资质管理、信用管理、工程建设项目法人等单位查询，信息保存和查询期限为5年。

季度、年度信用评价结果为可信的施工、监理单位，项目法人可给予同期考核约定的奖励资金；季度、年度信用评价结果为优秀的施工、监理单位，项目法人可加倍给予同期考核约定的奖励资金。年度信用评价结果为可信或优秀的施工、监理单位，可参与南水北调工程建设先进（优秀）单位评选。南水北调工程施工单位信用等级是对施工单位在南水北调主体工程建设活动中信用评价的重要指标，应作为在市场准入、招标评标等工作中对其资信进行评价的重要依据。

第七章　南水北调工程质量监管制度建设

第一节　南水北调工程质量监管制度创新

自2002年12月南水北调工程开工以来，在国务院南水北调工程建设委员会的领导下，南水北调工程参建各方不断完善质量监管制度，采用严格市场准入、加强过程监督、强化科技支撑、重视教育培训等措施，使工程建设质量得到有力保证。到2011年，南水北调工程建设全面展开，工程建设进入高峰期、关键期；再到2013年南水北调工程进入了收尾期、决战期，工程建设遭遇了工期紧、技术难度大、参建人员技术素养差异大、环境复杂等诸多挑战，国务院南水北调办因势利导不断创新完善工程质量监管制度，确保了工程建设质量，于2014年12月顺利实现全线通水目标。

一、质量监管制度创新需求分析

从开工、平稳建设期到高峰关键期，再到收尾期、决战期，要求在工程建设过程中根据工程建设特点和环境的变化，不断完善质量监管制度。南水北调工程有其独特的建设特点，特别是随着2011年工程建设全面展开以来遭遇了诸多挑战，主要有以下几个方面。

1. 工期紧、任务重

截至2010年年底，南水北调工程累计完成投资906亿元，2010年的投资相当于前7年的总和；截至2010年年底，8年建设仅完成总投资的1/3，这意味着2011—2013年要完成2/3的投资，工期的压力在我国水利工程建设历史上前所未有，给工程建设质量保证带来了巨大挑战。

2. 技术难度大

南水北调工程建设遭遇多项技术难题：①南水北调中线膨胀土（岩）的渠段累计长360km，约占中线总干渠明渠的1/3。膨胀土遇水膨胀成“橡皮泥”，解决不好将影响输水安全，这是世界性难题。②高填方是中线工程面临的又一难题。中线总干渠约620km属于填方渠道，最大填方高度达23m。高填方意味着要在许多地方修一条10m高的地上河，黄河以南渠道

设计流量超过 $300m^3/s$，如果质量控制技术解决不好，后果不堪设想。③高地下水位也是制约中线工程的一大难关。中线工程沿线穿越高地下水位渠段约 470km，其中地下水位高于设计水位的渠段超过 160km，高地下水位渠段技术处理不好，将给渠道施工和运行带来安全隐患。

3. 管理模式多样

南水北调工程采用了直管、委托和代建三种建管模式。建管单位管理水平参差不齐，人员素质差距较大，不同建管模式的建管单位利益诉求也不一致，建管人员的质量管理行为和管理效果存在较大差别。每个项目的建管单位对相应的其他参建单位质量管理的要求不同，必然导致工程实体质量的差异，给质量监管带来一定难度。

4. 参建单位众多

南水北调工程的参建单位众多，项目法人共有 6 个，施工单位包括中水集团、中国葛洲坝集团公司、中铁建集团、中铁工集团、各省水利一级总承包施工企业等施工单位的 200 多个项目部，监理单位包括大部分中国水利甲级监理单位的近百个监理机构，设计单位包括十几个水利甲级设计院，还有大量的设备制造、材料供应、科研咨询、质量检测等参建单位。这些参建单位涉及的参建人员超过 10 万人，施工单位农民工比例高，技术培训与管理如果跟不上就会给工程质量埋下隐患。

5. 工程线路长、控制节点多

南水北调工程属于典型的线型工程，中线一期工程长 1432km，东线一期工程长 1156km，具有典型的线型工程特征。原材料由沿线就近供应，当地材料质量不稳定，这是线型工程质量较大的隐患；各施工标段跨度长，施工组织要求高，现场质量管理难度大。南水北调工程还包括丹江口枢纽大坝加高、中东线穿黄工程、湍河大型渡槽、沁河大型倒虹吸工程、惠南庄泵站和近 2000 座桥梁等控制性节点工程。尤其是丹江口枢纽大坝加高、中线穿黄工程、湍河渡槽、沙河渡槽等世界级大型控制性工程，工程难度大，技术复杂，无成熟经验可循，给质量管理带来挑战。

6. 新标准和跨行业标准的实施

南水北调工程建设周期长达 12 年，工程建设期间会碰到技术标准、规程、规范的调整变化，给工程质量监管带来一定的困难。同时，南水北调工程需穿越沿途的公路、铁路、油气、通信、电力等管线，跨行业项目建设协调工作量大，改扩建项目涉及众多的行业质量标准，跨行业质量监管难度较大。

综上所述，南水北调工程建设过程中的这些质量监管挑战，给质量监管制度建设提出了新要求。

二、质量监管制度体系创新

南水北调工程的特点和建设挑战决定了其工程质量监管制度不能照搬一般大型基础设施项目的模式，要紧密结合工程本身的特点，转变观念，探索创新，构建符合南水北调工程实际的有效质量监管制度体系。南水北调工程自 2002 年 12 月正式开工至 2014 年 12 月中线工程正式通水运行以来，国务院南水北调办适时创新质量监管体制，形成了“五部联处”“三位一体”“三查一举”等质量监管体制机制。为指导和规范质量监管行为、提高质量监管效率，国务院南水北调办在水利工程质量监管基本制度基础上，结合南水北调工程的特点，建立了一套质量问题查找、认证、评价和责任追究等监管制度，保证了南水北调工程的质量，见表 7-1-1。

表 7-1-1　南水北调工程质量监管制度体系

阶段	制度类型	制度	
		序号	制度名称
全过程	水利行业基本监督制度	1	质量监督制度
		2	稽查制度
高峰期、关键期	高峰期、关键期制度	1	站点监督制度
		2	专项稽查制度
		3	飞检制度
		4	集中整治制度
		5	质量认证制度
		6	关键工序考核制度
		7	质量会商制度
		8	重点项目监管制度
		9	质量关键点监管制度
		10	举报制度
		11	合同监督制度
		12	质量问题责任追究制度
		13	质量责任终身制
		14	质量监督人员考核制度
		15	项目法人考核奖励制度
		16	参建单位考核奖励制度
		17	质量管理评价制度
		18	网络公示制度
收尾期、试通水期	再加高压阶段制度	1	快速质量认证制度
		2	监理集中整治制度
		3	信用管理制度
		4	“回头看”集中整治制度

第二节　南水北调工程质量监管基本制度

一、质量监督基本制度

为加强南水北调工程质量监督管理，规范质量监督行为，保证工程质量，根据《建设工程质量管理条例》《南水北调工程建设管理的若干意见》和国家有关规定，制定了《南水北调工

程质量监督管理办法》等制度。南水北调工程质量监督工作，采用统一集中管理、分项目实施的质量监督管理体制。国务院南水北调办依法对南水北调主体工程质量实施监督管理，规定南水北调工程开工前应办理质量监督手续。工程质量监督期为自办理质量监督手续始，到工程通过竣工验收止。

1. 监督程序

委托南水北调工程建设监管中心组织实施质量监督的项目，由项目法人或其授权的项目建设管理单位在工程开工前到南水北调工程建设监管中心办理监督手续，并由南水北调工程建设监管中心报国务院南水北调办备案；省（直辖市）质量监督站组织实施质量监督的项目，由项目法人或受其委托的项目建设管理单位在工程开工前到省（直辖市）质量监督站办理监督手续，并由省（直辖市）质量监督站报国务院南水北调办备案。

南水北调工程建设监管中心或省（直辖市）质量监督站应结合工程项目实际，制订质量监督计划和质量监督实施细则，明确监督重点，并在质量监督手续办理完毕后20个工作日内印送项目法人或项目建设管理单位。项目法人或项目建设管理单位在收到质量监督计划质量监督实施细则后应及时书面通知工程参建各方。

南水北调工程质量监督采用巡回抽查和派驻项目站现场监督相结合的工作方式进行。建安工程量超过5亿元人民币的工程建设项目，一般应派驻项目站，具体工作方式由南水北调工程建设监管中心或省（直辖市）质量监督站在办理质量监督手续时确定。

2. 南水北调工程项目质量监督的主要工作内容

制订质量监督年度计划；对工程项目划分进行确认；对责任主体和有关机构履行质量管理责任、建立质量保证体系及进行质量管理行为的监督检查；对工程实体质量的监督抽查；对施工技术资料、监理资料以及检测报告等有关工程质量文件和资料的监督检查；对工程施工质量验收情况的监督检查；按照工程建设标准强制性条文的要求，做好相关工作。

3. 工程质量监督报告

工程质量监督报告是质量监督工作的成果。工程质量监督报告应根据质量监督情况，客观反映责任主体和有关机构履行质量责任的行为及检查到的工程实体质量的情况。工程质量监督报告由项目站或巡回抽查组编写，其负责人审定签字并加盖公章。工程竣工验收前，质量监督的有关工作信息应每季度汇总报告一次。

4. 工程质量监督权限

（1）对项目法人或项目建设管理单位、监理、设计、施工等责任主体的资质（资格）等级、经营范围进行核查，发现越级承包、转包或违法分包工程等不符合规定或合同要求的，责成项目法人或项目建设管理单位限期改正。

（2）质量监督人员持证进入施工现场执行质量监督，对工程有关部位进行检查，调阅项目法人或项目建设管理单位、监理和施工单位的质量检测成果、检查记录和监理日志、施工记录等相关资料。

（3）对违反技术规程、规范、质量标准或设计文件的，责成责任单位采取纠正措施。

（4）对使用未经检验或检验不合格的设备、材料及半成品或构配件等，责成责任单位采取纠正措施。

工程质量监督检测是工程实体质量抽查的重要手段，由监督人员根据工程重要程度和现场质量情况进行随机抽查；质量监督机构也可委托经国务院南水北调办同意的工程质量检测单位进行监督检测。被检查、检测单位应按要求提供有关资料并配合工作。

5. 工程质量监督费

南水北调东线工程在2002年开工，工程建设质量监督费按照当时的规定计提，进入2008年之后，国家颁布了《关于公布取消和停止征收100项行政事业性收费项目的通知》，其中有“2009年1月1日起停收水利建设工程质量监督费。”按照现行规定，南水北调工程的质量监督工作经费纳入预算管理，实行预算申报。

6. 奖惩

项目法人或项目建设管理单位未按规定办理质量监督手续而擅自开工的，由国务院南水北调办对责任单位通报批评，并责令限期改正。

对伪造质量数据、提供与事实不符结论或弄虚作假的，视情节轻重，由南水北调工程建设监管中心及省（直辖市）质量监督站报请国务院南水北调办对责任单位和责任人按有关规定进行处罚，构成犯罪的由司法机关依法追究其刑事责任。对在工程质量管理和质量监督工作中做出突出成绩的单位和个人，由国务院南水北调办给予表彰和奖励。质量监督人员滥用职权、玩忽职守、徇私舞弊的，视情节轻重，依法给予行政处分，构成犯罪的由司法机关依法追究其刑事责任。

二、质量稽查基本制度

1998年7月，国务院发布《国务院稽察特派员条例》（国务院令第246号），标志着一项具有重大创新意义的稽查制度建立。依据《国务院办公厅关于印发国务院南水北调工程建委会办公室主要职责、内设机构和人员编制规定的通知》的有关规定，国务院南水北调办为规范南水北调工程建设项目的建设行为，客观、公正、高效地开展稽查工作，制定了《南水北调工程建设稽察办法》。

南水北调工程建设稽查的基本任务是依据国家有关法律法规、规章制度和技术标准对工程项目的建设质量、进度、资金使用及建设行为等进行检查监督。工程项目的项目法人（或建设单位）及所有参建各方要配合国务院南水北调办的稽查工作，并提供必要的工作条件。有关地方南水北调办事机构及各级地方政府应对国务院南水北调办的稽查工作给予协助和支持。

1. 稽查机构、人员及职责

稽查工作由稽查组负责。稽查组由组长、组长助理、若干稽查专家或工作人员组成。稽查组组长的主要职责是：负责稽查项目的现场稽查工作；客观、公正、及时地评价被稽查项目的建设情况，并提出整改意见和建议；以书面形式及时向国务院南水北调办提交稽查报告，并对稽查报告负责；督促被稽查单位落实整改意见；完成国务院南水北调办交办的其他任务。稽查组长助理、稽查专家协助稽查组长工作。稽查组组长由国务院南水北调办在稽查通知书中予以确认。

2. 稽查工作内容

稽查人员依照《南水北调工程建设稽察办法》的规定，按照国家有关法律法规、规章制度和技术标准，以及南水北调工程的有关规章制度等，对工程项目建设活动进行稽查。

工程项目稽查主要包括：建设程序，工程施工期的设计工作，建设管理，移民安置，投资计划下达与执行，资金使用和管理，工程质量情况，国家有关法律、法规、规章和技术标准及

南水北调工程的专用规章制度执行情况等。

工程质量稽查包括：参建各单位质量保证体系建设情况，工程质量检测和质量评定情况，原材料进场检验、中间产品验收和进场设备质量检验情况，工程质量现状和质量事故处理情况，单元工程、分部工程、单位工程验收情况，工程档案资料整理情况，政府质量监督情况等。

稽查工作结束后，稽查组组长须对工程项目建设情况进行评价，并提出整改意见和建议。

3. 稽查程序和方式

国务院南水北调办根据年度工程建设计划安排，结合工程规模、工程投资结构、工程重要性和工程建设情况等因素，制定稽查计划，在开展项目稽查前一周内下达稽查通知书。

对工程项目实施稽查，可以采取事先通知与不通知两种方式。稽查组组长根据年度稽查计划和稽查项目有关情况，制订项目稽查工作提纲，并率稽查组赴项目现场进行稽查。现场稽查结束，稽查组组长应就稽查情况与项目法人或现场管理机构交换意见，通报稽查情况。稽查组组长应及时向国务院南水北调办提交事实清楚、客观公正的稽查报告。

稽查人员开展稽查工作，可以采取下列方法和手段：

(1) 听取建设项目法人就有关建设程序、建设管理、计划执行、资金使用和管理、工程质量等情况的汇报，并可以提出询问。

(2) 查阅建设项目有关文件、合同、记录、报表、账簿及其他资料，并可以要求有关单位和人员做出必要的说明，可以合法获取有关的文件、资料。

(3) 查勘工程施工现场，检查工程质量，必要时可以要求复检或委托第三方重新进行质量检测。

(4) 在任何时间进入施工、仓储、办公、检测试验场地等与建设项目有关的场所或地点，向建设项目的项目法人（建设单位）及设计、施工、监理等单位和人员了解情况，听取意见，并进行查验、取证、询问，以获取与工程建设有关的情况和资料。

(5) 对发现的问题可以延伸调查、取证和核实。

4. 稽查报告及整改意见

稽查报告应包括：项目概况；项目立项程序；工程施工期的设计工作情况；项目建设管理情况（项目法人责任制，招标投标制，建设监理制，合同管理制）；项目计划下达与执行情况；项目资金使用与管理情况；工程质量管理体系与质量监督等情况；存在的主要问题及整改建议；国务院南水北调办要求报告或稽查组组长认为有必要报告的其他内容。专项稽查报告的内容根据专项稽查工作的具体任务和要求由稽查组确定。

稽查报告由稽查组组长签署并报国务院南水北调办后，由国务院南水北调办依照程序下达整改意见通知书或稽查意见书。针对工程建设存在的问题，项目法人及有关单位必须按整改意见通知书的要求进行整改，并在规定的时间内将整改情况向国务院南水北调办报告。

5. 稽查人员、被稽查单位权利和义务

稽查人员与被稽查项目是监督与被监督的关系。稽查人员不参与、不干预被稽查项目的建设活动。

稽查人员依法执行公务受法律保护，任何组织和个人不得拒绝、阻碍稽查人员依法执行公务，不得打击报复稽查人员。

稽查人员开展稽查工作，应履行以下义务：①依法行使职责，坚持原则，秉公办事，自觉维护国家利益；②深入项目现场，客观公正、实事求是地反映工程建设的情况和问题，认真完成稽查任务；③自觉遵守廉洁自律的有关规定；④保守国家机密和被稽查单位的商业秘密。

稽查人员为保证工程建设质量、提高投资效益、避免重大质量事故做出重要贡献的，由国务院南水北调办给予表彰或奖励。

稽查人员有下列行为之一的，解除聘任，视情节轻重，建议有关部门给予党纪、政纪处分，构成犯罪的，移交司法机关依法追究法律责任：①对被稽查项目的重大问题隐匿不报，严重失职的；②与被稽查项目有关的单位串通，编造虚假稽查报告的；③干预被稽查项目的建设管理活动，致使被稽查项目的正常工作受到影响的；④接受与被稽查项目有关单位的馈赠、报酬等费用，参加有可能影响公正履行职责的宴请、娱乐、旅游等违纪活动，或者通过稽查工作为自己、亲友及他人谋取私利的。

被稽查项目有关单位和人员有下列行为之一的，对单位主要负责人员和直接责任人员，给予责任追究及政纪处分，构成犯罪的，移交司法机关依法追究法律责任：①拒绝、阻碍稽查人员依法执行稽查任务或打击报复稽查人员的；②拒不提供与项目建设有关的文件、资料、合同、协议、财务状况和建设管理情况的资料或者隐匿、伪造资料，或提供假情况、假证词的；③可能影响稽查人员公正履行职责的其他行为。国务院南水北调办在基本质量监管创新的基础上，制定了一系列质量监管制度，如政府质量监管制度、社会举报制度、质量认证制度、激励制度、信用制度、市场监管制度和责任追究制度，保证了工程的质量。

第三节　质量问题“查、认、罚”监管制度

一、质量问题“查、认、罚”监管制度体系构建

国务院南水北调办从发现质量问题、处理质量问题和质量责任追究着眼，建立了“查、认、罚”质量问题监管制度体系，根据工程建设特点和建设大环境制定并完善了质量管理制度，创新了质量监管措施，对消除质量隐患，保证工程质量起到了重要作用。同时，为了评价质量监管情况，国务院南水北调办建立了相应的质量监管评价体系，确保工程监管质量，质量问题“查、认、罚”监管制度体系如图 7-3-1 所示。

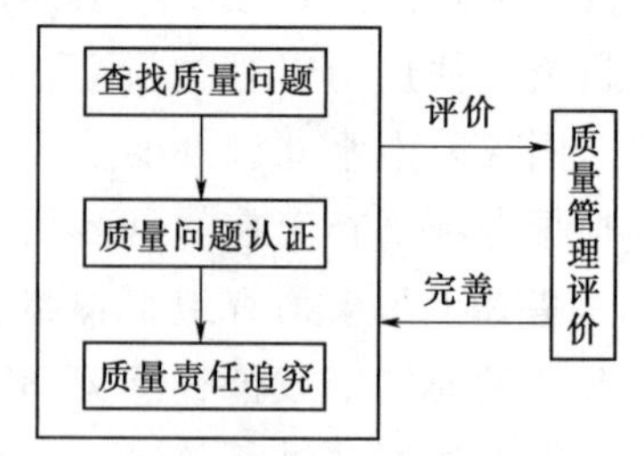

图 7-3-1　质量问题“查、认、罚”监管制度体系

(一) 查找质量问题制度

查找质量管理违法行为和工程实体质量问题是质量监管工作的重点。为了全面、及时地找出管理过程中和施工过程中的质量问题，国务院南水北调办采取了站点监督、专项稽查、飞检和有奖举报及集中整治等一系列措施，为了使措施有效的执行和落实，制定了相关制度。

1. 站点监督

针对站点监督，国务院南水北调办制定了《关于加强南水北调工程质量监督站管理工作的通知》《站点监督质量监管实施办法》和《质量监督人员考核办法》等。

2. 专项稽查

针对专项稽查制定了《南水北调工程稽察管理办法》《质量专项稽察实施方案》《南水北调工程建设稽察专家聘用管理办法》和《南水北调工程建设稽察工作手册》等。

3. 飞检

针对飞检，国务院南水北调办出台了《关于对南水北调工程建设质量、安全、进度开展飞检工作的通知》。

4. 重点项目监管

重点项目监管主要是对管理行为和重要工程部位进行的专项监督。重点项目监管主要内容包括合同管理行为、质量关键点、质量重点监管项目、高填方渠段工程、膨胀土（岩）段工程建筑物隐蔽工程、桥梁工程等。国务院南水北调办制定的相关监管制度和措施包括《关于委托对南水北调主体工程各项目法人合同管理行为进行稽察的函》《关于加强对南水北调工程建设质量关键点监督管理的意见》《南水北调重点监管项目方案》《关于加强南水北调工程中线干线高填方渠段工程质量监管的通知》《关于委托对南水北调中线干线重要跨渠建筑物基础及隐蔽工程进行专项稽察的函》《关于加强中线干线工程桥梁桩柱结合问题处理的通知》等。

5. 有奖举报

针对有奖举报，国务院南水北调办制定了《南水北调工程建设举报受理管理办法》《南水北调工程建设举报奖励细则》《南水北调工程建设举报受理工作意见》和《南水北调工程建设举报受理工作手册》等。

（二）质量问题认证制度

质量问题认证工作以事实为依据，按照法律、法规和技术标准进行检查、检验、检测，对质量问题的情况进行全面、准确、公平和公正的表述，对质量问题的严重程度进行明确界定。为加强南水北调工程质量管理，落实“三位一体”质量监管体系，进一步做好质量问题认证工作，结合质量监管工作实际，国务院南水北调办制定了《南水北调工程质量问题认证实施方案》。

（三）质量问题责任追究制度

质量问题责任追究措施主要包括月季会商、督促整改、季度集中处罚和“五部联处”等，国务院南水北调办出台的制度主要有《南水北调工程建设质量问题责任追究管理办法》《南水北调工程建设合同监督管理办法》《关于对南水北调工程中发生质量、进度、安全等问题的责任单位进行网络公示的通知》《关于进一步加强南水北调工程建设管理的通知》和《质量监管工作会商制度》等。

（四）质量管理评价制度

为了对质量监管单位、各参建单位质量管理行为和工程实体质量进行评价，国务院南水北调办出台了《南水北调工程质量管理评价指标体系》，研究确定了质量管理评价指标，建立了质量管理评价指标体系，综合评价南水北调东、中线一期工程建设质量管理变化趋势，作为管理决策的依据。

二、查找质量问题系列制度

（一）站点监督制度

1. 站点监督制度的制定

国务院南水北调办负责组织制订和完善南水北调工程质量监督规章制度，制定站点监督质量监管措施，构建责权明确、监管有力的站点监督工作体系，对质量监督工作进行协调、检查及指导。

2. 站点监督的主要内容

各项目站（巡查组）按质量监督年度计划重点做好以下工作：①抽查所管辖标段质量管理体系运行情况，各施工、监理单位质量管理人员工作情况；②抽查参建单位、对质量关键点、重要部位、关键环节等质量责任措施落实情况；③抽查提交的单元工程验收评定材料；④抽查分部、单元工程验收情况；⑤抽查监理、检测单位提交的原材料、中间产品检测报告等。

3. 站点监督制度的实施

监管中心受国务院南水北调办委托，对各省（直辖市）质量监督机构实施监督管理，具体承担以下监督工作：①贯彻执行国务院南水北调办有关工程质量监督规章制度；②负责对南水北调东、中线一期工程有关质量监督实施机构和人员的责任落实情况进行监督管理；③负责南水北调工程质量监督经费申报与管理；④负责对南水北调东、中线一期工程站点监督机构和人员考核；⑤定期向国务院南水北调办汇总报送工程质量监督信息和质量监督成果；⑥其他质量监督事项。

受监管中心委托，各省（直辖市）质量监督机构具体承担以下监督工作：①负责委托项目的质量监督工作；②负责制定委托项目的质量监督年度计划和年度经费预算；③负责对委托项目的项目站（巡查组）及人员的考核工作；④负责落实站长负责制。

监管中心成立质量监督现场工作部，分片区派驻质量巡查员，对质量关键点、重点部位、关键环节实施监督检查，并结合工作开展情况对项目站（巡查组）和人员进行考核。

各现场工作部、质量监督站、巡查组每月5日前将上月质量监督管理信息进行汇总上报监管中心。监管中心根据国务院南水北调办的有关规定对质量监管信息进行分析评价，提出评价意见，并将质量监督管理信息和分析评价结论每月15日前向国务院南水北调办报送。

（二）专项稽查制度

按照“突出高压抓质量”和“高压高压再高压，延伸完善抓关键”的总体要求，受监督司委托，监管中心多次组织开展了隐蔽工程专项稽查和合同管理行为专项稽查，为南水北调工程又好又快地建设发挥积极作用。下面重点介绍2012年专项稽查有关情况。

1. 隐蔽工程专项稽查

按照国务院南水北调办针对桥梁桩柱结合部位存在突出问题的安排部署，监管中心分别于2012年4月27日至5月7日、7月23日至8月1日对南水北调中线14个设计单元重要跨渠建筑物基础及隐蔽工程开展了3组次质量专项稽查，检查发现各类问题90个。

2. 合同管理行为专项稽查

2012年10月15—27日，受监督司委托，监管中心组织对六个项目法人的合同管理行为情

况开展了3组/次专项稽查。检查发现各类问题57项，主要表现在合同签订不规范、合同价款结算不规范、合同变更索赔不规范、合同管理责任履行不到位、合同管理规章制度不完善和合同档案资料管理不规范等六个方面。

（三）质量飞检制度

1. 质量飞检的组织

由稽察大队组织对各参建单位实施飞检。质量飞检的对象和内容为南水北调东、中线建设工程范围内的建设工程质量、施工进度和生产安全。

质量飞检的方式为不事先通知检查项目、检查时间，飞检人员随时进入施工、仓储、办公、检测、原材料生产等场所，对参建单位及个人在工程建设质量、进度、安全生产过程中的管理行为和工程实体状况进行现场检查。飞检形式包括稽察大队组织“飞检”工作组和国务院南水北调办领导带队飞检等多种形式。

2. 质量飞检主要工作内容

质量飞检的主要工作内容包括：①查阅各类工程质量、进度、安全生产资料；②抽检原材料及中间产品；③采取必要的措施对工序和单元工程质量评定及实体工程质量进行检查；④对相关人员进行工作资质、经验能力比对和鉴别；⑤对发现的问题延伸核实、取证和调查。

3. 质量飞检问题处理

对质量飞检发现的问题，根据其严重程度采取不同的处理程序：现场检查发现的问题，可直接进行处理的，由飞检工作组现场下发书面指示；检查中发现比较严重的问题，报告国务院南水北调办做进一步调查和处理；报请国务院南水北调办向有关责任单位下发整改意见通知书或通报。

（四）重点项目监管制度

1. 重点项目监管

南水北调工程实施全面质量监管，在法人管理、省办监督和“三查一举”监管基础上，对重点监管项目加大质量监管力度，实施质量重点监管。项目法人对渠道工程质量监管项目和质量关键点的质量管理采用挂牌督办、派驻质量监管员等措施，实行派驻监管，实时监控。国务院南水北调办按省分段联系项目法人、建管单位对工程实施监管，派驻相关人员到工程现场进行质量巡查，及时了解工程施工质量状况和各项规章制度落实情况，督促相关单位对发现的质量问题整改到位。

为适应南水北调工程质量监管要求，国务院南水北调办成立质量特派监管组。它既区别于“飞检”，又区别于一般性质量检查和质量巡查、稽查，主要目的是督促责任单位将严重质量问题整改到位，将质量事故消除在萌芽状态。由于其工作的特殊性，规定了其工作职责为监管高风险性重点项目和督促质量问题整改。

2. 对严重质量问题整改的相关规定

严重和不放心类质量问题的危害仅次于工程质量事故，如果不能及时得到处理和消除，在工程运行阶段必将引发工程运行事故，后果不堪设想。检查严重和不放心类质量问题整改，就是要督促被检查单位按照规范规程、规章制度、设计文件要求，对已发现严重和不放心类问题的整改情况进行全面细致检查，对是否整改，整改是否到位做出明确定性，督促被检查单位将已发现严重和不放心类质量问题整改到位。在现场质量特派监管实施过程中，讲究程序、注重方法，全面搜集整改证明材料。整改工作流程如图 7－3－2 所示。下面就严重质量问题整改的工作程序和方法作以说明。

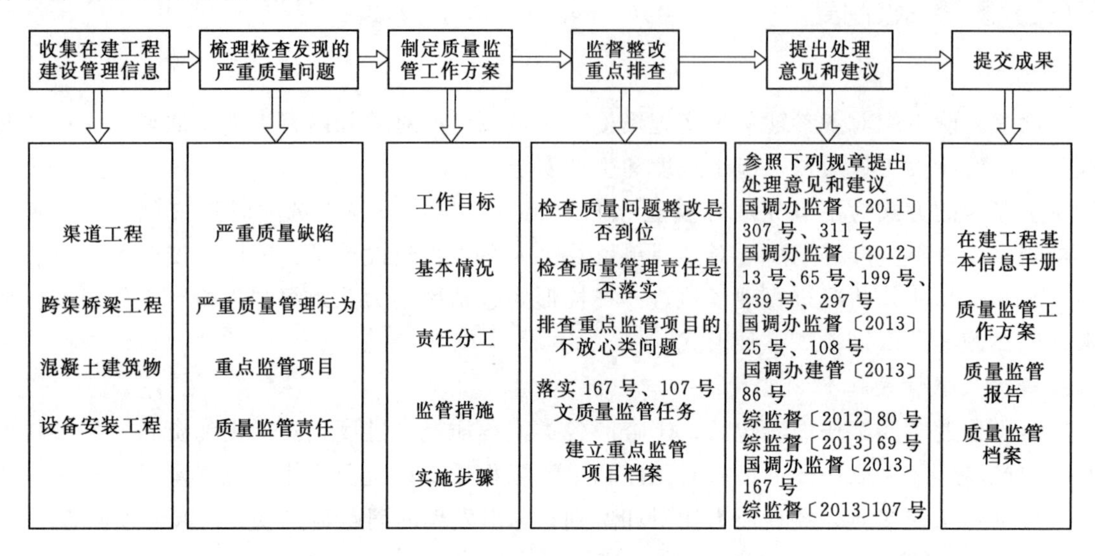

图 7－3－2　严重质量问题整改工作流程图

（1）对严重质量问题整改的工作程序。按照国务院南水北调办“三查一举”月会商表，筛选出严重和不放心类质量问题；对严重和不放心类质量问题进行分类；根据质量特派监管周计划对被检查单位严重和不放心类质量问题整改情况进行检查，搜集问题备案资料、整改通知、整改方案、处理措施、整改记录、验收资料、责任单位提交的问题整改报告、整改前后现场照片、处罚或责任追究等证明材料；形成质量特派监管工作报告，上报国务院南水北调办。

（2）对严重质量问题整改的工作方法。

1）对被检查单位严重和不放心类质量问题检查时，首先要召开碰头会，将检查内容告知被检查单位，并对被检查单位整改报告进行检查，然后针对具体问题进行现场核实。

2）对严重质量缺陷整改情况检查。首先检查责任单位是否已按规范要求对严重质量缺陷进行备案；是否按整改通知要求编制了缺陷处理方案，并对方案进行了报批；检查被检查单位是否对整改方案进行了技术交底，是否对缺陷处理人员进行了培训教育；查看整改过程照片和整改结果照片，检查整改过程是否符合处理方案要求；检查缺陷处理是否已通过四方联合验收；查看被检查单位质量责任追究资料，检查被检查单位是否按照工程质量责任制和工程质量奖惩办法要求对相关人员进行责任追究。然后赴现场检查工程实体，查看缺陷处理是否与验收材料一致。对于已经掩盖的隐蔽部位严重质量缺陷处理结果检查，必须检查类似在建工程，查看是否还有类似严重质量缺陷。完成上述检查后，做出已整改、正在整改或未整改的定性（定性仅限于向国务院南水北调办报告，不对被检查单位）。检查结束后，与被检查单位召开交换意见会议，及时将检查结果告知被检查单位。最后形成书面报告，将检查结果及时上报国务院南水北调办（上报时要说明问题是否整改到位）。

3）对严重质量管理违规行为整改情况检查。首先查看被检查单位整改报告及相关证明材

料，通过证明材料衡量被检查单位是否如整改报告所说进行了整改，并以工程实体为依据，通过对现场同类型质量管理行为检查判断是否整改。检查结束后，与被检查单位召开交换意见会议，及时将检查结果告知被检查单位，并将检查结果及时上报国务院南水北调办。对于与实体质量有关的质量管理违规行为，同时还需说明实体缺陷处理情况。

案例7-1：某标段桩号范围内衬砌面板混凝土浇筑无旁站记录。

特派监管情况：特派监管人员对某标段监理单位衬砌面板混凝土浇筑旁站记录进行了抽查，在该标段监理单位旁站记录中发现没有该部位衬砌面板混凝土浇筑旁站记录；在特派监管人员实施特派监管过程中，施工单位正在施工的另一桩号衬砌面板混凝土浇筑部位再次发现无旁站记录。

整改检查结果：整改不到位。

案例7-2：某标段桩号范围内渠底预留土工膜未保护，老化、破损严重，监理单位未要求施工单位对该问题进行整改。

特派监管情况：特派监管人员对该标段监理记录进行了抽查，发现监理单位在某日下发了监理通知，督促施工单位割除了老化、破损土工膜，并将土工膜底部基础掏开，焊接完成后采用C10混凝土砂浆对掏开基础进行回填，该部位衬砌面板施工已经完成，有整改措施、施工过程照片和相关整改记录。特派监管人员于之后某日对该标段另一桩号范围内土工膜保护情况进行了抽查，抽查段土工膜采用土工布苫盖土体掩埋保护。

整改检查结果：已整改。

4）对不放心类质量问题整改情况检查。不放心类质量问题的整改检查方法与严重质量问题整改情况的检查方法相同。以某标段桩号范围内渠底右侧渠基隆起整改为例，对不放心类质量问题整改结果报告予以说明。

案例7-3：某标段桩号范围内渠底右侧渠基隆起，面积800cm×300cm。

特派监管情况：特派监管人员对该标段施工记录进行了抽查，施工单位于某日对该问题进行了登记备案，编制了缺陷处理报告，并于某日对处理方案进行了报批。经施工单位排查，产生该问题的原因是近期降雨较多，渠道堤顶积水在渠坡土工膜下形成冲刷所致。施工单位于某日对该标段桩号范围内渠坡衬砌面板进行了拆除，拆除衬砌面板、剪开土工膜后，发现渠坡基面冲刷严重。目前，施工单位正按照批准的整改措施对雨水冲刷形成的坑洞采用C10混凝土补平，并进行后续处理工作。

整改检查情况：正在整改（与被检查单位交流时，不做该定性）。

3. 对质量特派监管人员的规定

质量特派监管人员根据规程规范、相关规章制度准确排查出现场存在的严重和不放心类质量问题，及时处理发现的严重和重大质量问题。

要坚持原则，客观公正，以事实为依据，既不夸大事实，也不轻描淡写，要尽量用数据和证据来说明质量问题真相；不打击报复，不迎奉讨好。

4. 对检查发现质量问题的处理规定

严重和不放心类质量问题危及工程结构安全，如果不能及时处理，在工程运行阶段可导致严重后果。国务院南水北调办下发了《关于再加高压开展南水北调工程质量监管工作的通知》（综监督〔2013〕167号），强调对检查发现的危及工程结构安全、可能引发严重后果的不放心类质量问题和恶性质量管理违规行为的责任单位和责任人，实施5级即时从重责任追究和经济处罚。对施工单位、监理单位分别予以责任单位通报批评、留用察看或清除出场，评为信用不可信单位，并处以2万～50万元经济处罚，清除责任人，对项目法人、建管单位实施连带责任追究。凡被从重责任追究的责任单位和责任人，在南水北调网和南水北调手机报上公示，通报南水北调东、中线各参建单位，通告责任单位上级主要负责人。未按设计要求组织施工造成危及工程结构安全的质量问题，项目法人必须立即组织整改，拆除返工，其费用由责任单位承担。鼓励检查人员全力查找质量问题，对做出显著成绩的质量检查人员予以精神及物质奖励。

对于检查发现的严重和不放心类质量问题的处理程序，一般遵循从质量问题认证到通知和督促质量问题整改的程序。质量问题认证，特派监管人员根据《南水北调工程建设质量问题责任追究管理办法》（国调办监督〔2012〕239号）对发现的严重问题和不放心类质量问题进行定性；根据《关于开展以“三清除一降级一吊销”为核心的监理整治行动的通知》（国调办监督〔2013〕108号）、《关于再加高压开展南水北调工程质量监管工作的通知》（综监督〔2013〕167号），向国务院南水北调办提出具体的处罚建议。通知督促整改，特派监管人员按照相关法律法规要求和通知整改格式，及时印发质量特派监管项目现场整改通知书，督促责任单位对检查出的严重和不放心类质量问题进行整改。整改过程中，特派监管人员要对整改过程实行“飞检式”跟踪检查；检查完成后，要对检查结果进行判定整改是否合格，并将整改结果以书面形式详细地汇报给国务院南水北调办监督司。督促整改过程要注意收集和保存相关证明材料。对于检查发现的严重和不放心类质量问题的处理流程如图7-3-3所示。

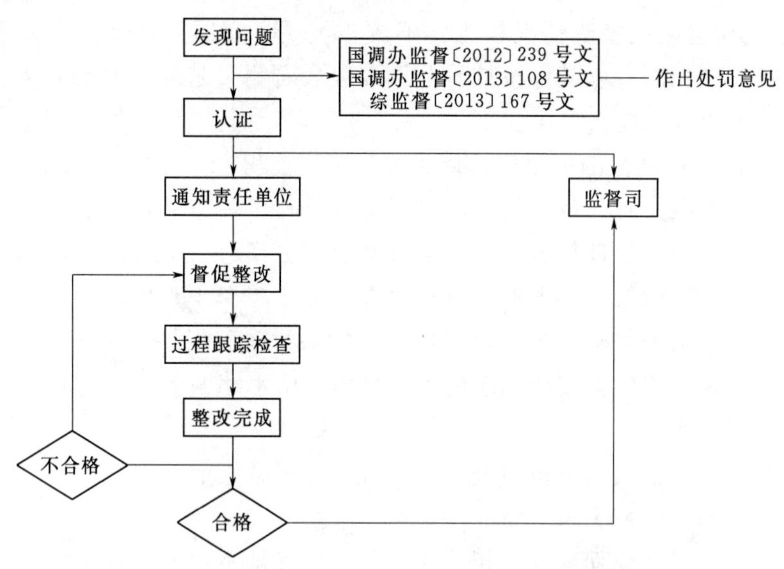

图7-3-3　严重和不放心类质量问题处理流程图

三、质量问题认证系列制度

南水北调工程建设进入高峰期、关键期，围绕南水北调工程建设总体目标，持续保持质量监管的高压态势，抓要害、抓要点，客观公正地做好质量问题认证工作，充分发挥质量检查、质量问题认证和质量问题处罚“三位一体”质量监管体系的作用，确保工程建设质量。质量问题认证包含工作范围和目标的确立、任务确认、组织与实施和认证成果。

1. 工作范围及目标

质量问题认证工作的范围是指国务院南水北调办组织的质量检查、质量监督、稽查、飞检和举报调查等涉及需要认证的质量问题。质量问题认证工作以事实为依据，按照法律、法规和技术标准对质量问题的情况进行全面、准确、公平和公正地表述，对质量问题的严重程度进行明确界定。

2. 任务确认

通过各项检查和举报调查发现的疑似影响工程质量安全的问题，需要进一步确认时，按质量问题季度会商意见，由国务院南水北调办向监管中心书面下达认证任务，明确需认证的项目、范围、工作时限及工作要求，监管中心负责认证工作的组织和实施。

3. 组织与实施

监管中心在接到任务后，应制定认证工作实施方案，组建认证工作组，明确组织方式、认证人员和工作要求，必要时可邀请有关专家参与认证。监管中心在接到认证任务后5个工作日内，按照实施方案组织认证工作组进入工程现场开展检查、检验、检测工作。根据认证工作需要，监管中心可自主检测或委托具有相应资质的检测机构开展质量检测工作。

4. 认证成果

认证工作组应按照委托任务要求，及时完成认证工作，并提交认证成果。认证成果包括质量认证报告和相关佐证材料，见表7-3-1。认证成果经监管中心审核后报国务院南水北调办。如因特殊情况需要延长工作时间的，监管中心应报请国务院南水北调办同意。

表7-3-1　　南水北调工程质量认证报告范式

一、工程概况	建筑类型、规模、地点
	主要建筑物
	主要技术参数
	工程进度（截止到认证时的工程完成情况）
	参建单位
二、认证范围	在现场实地勘察基础上，确定被认证问题在工程项目中实际的位置、范围
三、认证标准	法律法规
	技术标准
	合同文件
	设计文件
四、组织方式	认证工作组组成
	委托检测机构资质
	检测仪器设备和现场认证人员资格
五、认证过程	认证起止时间
	认证过程概述
	认证工作内容
	认证方法

续表

六、检测结果分析	以检测报告为基础，以法律法规、技术标准、合同文件和设计文件为准绳，对检测成果进行准确的分析和评判
七、认证结论	通过检查、检验、检测，对质量问题的情况进行全面、准确、公平和公正地表述，对质量问题的严重程度进行明确界定。
附：佐证资料	影像资料
	检测报告
	其他

所附的佐证资料包括以下内容：

（1）影像资料，系指认证过程的典型影像资料。包括反映工程完成情况、被认证位置、发现问题及认证过程等内容的影像资料。

（2）检测报告。认证过程中进行质量检测的，需提交质量检测报告。质量检测报告格式按照有关规定编制，所有认证内容必须有明确的检测结论。

（3）其他需要说明的内容。

四、质量问题责任追究系列制度

（一）建立质量问题责任追究机制

国务院南水北调办建立了以责任追究为核心的质量监督机制，实施质量责任终身制、质量责任追究制度、信用管理制度、责任追究公示（网络、手机、报纸）等措施，要求南水北调系统各单位以“零容忍”的态度和决心对质量问题进行从严从重处罚，警示和督促参建各方牢固树立“质量第一”的意识。

国务院南水北调办在全国范围内率先制定工程领域的质量责任终身制实施细则，颁布了《南水北调工程质量责任终身制实施办法（试行）》，明确对工程质量责任主体单位、责任人员信息实行实名登记，保证责任信息真实完整、具有可追溯性；根据责任单位与质量问题的关联程度，将单位责任分为主要责任、次要责任和连带责任，并将有关责任落实到人。出台了《南水北调工程建设质量问题责任追究管理办法》和《南水北调工程合同监督管理规定》，进一步完善南水北调工程质量管理体系。通过开展责任追究，划清问题责任，明确处罚标准，为严格工程质量管理提供了制度保障。通过加强合同的监督管理和执行，坚决制止工程转包和违法分包等行为。

（二）实施质量责任终身制

2012年，国务院南水北调办颁布实施了《南水北调工程质量责任终身制实施办法（试行）》，规定南水北调工程实行质量责任终身制。

南水北调工程行政管理部门、项目法人（建设单位）、监理、勘察、设计、施工等单位和个人，按照国家法律法规和相关规定，对工程质量负相应的终身责任。因工程建设期内违反工程质量管理规定，造成工程质量问题的，即使发生单位转让、分立与合并，个人工作调动与退

休，仍依法追究责任。南水北调工程质量责任终身制由国家南水北调工程行政管理部门负责实施，各省（直辖市）南水北调工程行政管理部门、项目法人（建设单位）、监理、勘察、设计、施工等单位具体落实。

按照各责任主体单位与质量问题的关联程度，将单位责任分为主要责任、次要责任和连带责任。各责任主体单位的工程现场主要负责人负直接领导责任，现场技术负责人负直接技术责任，现场质量部门主要负责人负直接管理责任，现场具体工作人员负直接责任。

要求在工程建设期就要留存必要的质量责任信息。各责任主体单位应如实记录工程建设期质量管理过程和质量责任人员信息，并保证责任信息真实完整、具有可追溯性。南水北调工程质量责任人员信息实行实名登记。

确定质量问题分类与调查方式。南水北调工程质量问题分为质量缺陷和质量事故，按照有关规定进行等级划分。一般和较重质量缺陷由建设管理单位负责调查和处理，严重质量缺陷和质量事故由国家南水北调工程行政管理部门组建调查组，按照有关工作方式方法进行调查。

明确规定质量责任追究措施。有关责任单位负责对出现质量问题的工程进行修复，并承担相关赔偿责任。拒不修复和赔偿的，由建设管理单位通过仲裁或民事诉讼的方式进行责任追究。责任单位涉及行政处罚的，依法处以警告、罚款、降低资质等级或取消资质等处罚。责任人涉及行政处罚的，依法给予罚款或取消执业资格等处罚；涉及行政处分的，依法给予警告、记过、记大过、降级、撤职或开除等处分。

《南水北调工程质量责任终身制实施办法（试行）》的实施，将进一步明确质量终身责任，明确信息保存责任，强化事后追究和处罚，不仅能为工程运行期间责任追究提供制度保障，而且能够强化建设期质量终身责任意识，消除参建各方短视观念，具有“警示当前，有利长远”的作用。

（三）质量问题责任追究措施

2011 年 4 月初，国务院南水北调办颁布了《南水北调工程建设质量问题责任追究管理办法》，在南水北调工程建设中试行质量责任追究制度。2012 年 10 月 18 日，国务院南水北调办颁布实施《质量问题责任追究办法》。《质量问题责任追究办法》包括总则、质量管理职责、质量问题、质量问题认定、质量问题责任追究和附则等共 6 章 37 条，以及质量管理违规行为分类标准、质量缺陷分类标准、质量事故分类标准、质量事故调查工作方案和质量问题责任追究标准等 5 个附件。

2012 年出台的《质量问题责任追究办法》是在试行的基础上，全面总结近年来的南水北调工程建设质量管理工作，系统分析已取得的成效和存在的主要问题，综合质量监管工作中采取的“三查一举”发现问题、质量问题认证、月商季处责任追究、“三位一体”质量监管机制、“五部联处”、质量关键点管理等新举措，经过反复推敲和修改完善而成，是南水北调工程质量监管工作的创新成果。

同时，国务院南水北调办还成立了质量事故调查鉴定委员会，为非常设机构，由若干行业内专家组成，以随机抽取方式组成鉴定专家组，开展鉴定工作。发生较大以上质量事故的，组织调查单位将调查报告报质量事故调查鉴定委员会，鉴定委员会依据国家有关规定、调查程序和提供的有关证据对调查结论进行鉴定。质量事故调查鉴定委员会开展工作具有相对独立性，其开展工作方式由其自行决定。国务院南水北调办依据质量事故调查鉴定委员会的意见和国家有关规定对有关责任单位及责任人进行处理。

2013 年 7 月以来，为确保工程质量，严防意外，国务院南水北调办决定再加高压开展质量监管工作，从重责任追究。凡被从重责任追究的责任单位和责任人，在南水北调网和南水北调手机报上公示，通报南水北调东、中线各参建单位，通告责任单位上级主要负责人。

1. 对责任单位的追究方式

质量问题经过责任界定后，建设管理单位有责任的，按以下不同类型进行连带责任追究：项目发生质量问题，项目法人承担连带责任；委托管理项目发生质量问题，委托管理项目的行政主管单位承担连带责任；代建项目发生质量问题，代建管理的法人单位承担连带责任。

2. 对责任人的追究方式

发生质量问题，经过责任界定，确定直接责任单位、间接责任单位后，根据质量问题的严重程度，对人员的责任追究分别从单位负责人、分管负责人、质量管理负责人和直接责任人四个层次进行，由调查组最终认定相关责任人。项目法人或国务院南水北调办、省（直辖市）南水北调办事机构按有关规定对相关责任人员进行处罚或提出处罚建议。监督管理单位派出人员履行职责不到位或未履职，由国务院南水北调办根据问题的严重程度，直接提出处理意见。

3. 质量问题处罚措施

（1）诫勉谈话：根据质量问题的性质、严重程度，分别由监理（监造）机构、建设管理单位、项目法人、省（直辖市）南水北调建设管理单位和国务院南水北调办对相关单位责任人进行诫勉谈话。

（2）书面批评：各质量管理单位根据各自管理权限及合同约定，可向质量问题责任单位下发书面批评。

（3）经济处罚：依据国家有关规定，对发生严重质量问题的责任单位及责任人给予经济处罚。

（4）行政处罚：依据国家有关规定，对发生巨大经济损失和严重后果的质量问题的责任单位及责任人给予行政处罚。行政处罚包括警告、通报批评等；依据问题的严重程度，可取消责任单位参加南水北调工程建设资格或向有关部门建议停业整顿、降低资质等级、吊销资质证书等。

项目法人按质量问题的严重程度，对有关单位实施有关处罚后，依据合同约定可采取责令责任人退场、与责任单位解除履约合同等方式进一步实施处罚。

发生严重质量管理违规行为，对直接责任人进行处罚后，省（直辖市）南水北调办事机构或国务院南水北调办对单位施工现场负责人进行书面批评。

4. 追加处罚

责任单位接受处罚单位诫勉谈话三次仍再次出现相同性质的质量管理违规行为、质量缺陷问题，处罚单位可书面批评进行处罚；书面批评仍再次重复发生相同性质的质量问题，项目法人、省（直辖市）南水北调办事机构和国务院南水北调办给予 30 万元的经济处罚。被诫勉谈话三次不进行整改的，可书面批评和追加处罚；书面批评两次不进行整改的，通报批评并给予

50万元的经济处罚。

监理（监造）、建设管理单位对发生的质量问题隐匿不报，或为责任单位掩盖质量问题不进行处罚、降低处罚等级的，省（直辖市）南水北调办事机构、国务院南水北调办给予通报批评并追究有关人员责任。

由于发生质量问题，被项目法人、省（直辖市）南水北调办事机构通报批评的责任单位或个人，不得评为当年国务院南水北调办组织的文明工地、质量管理先进单位及先进个人等。勘测设计、监理、施工等单位发生的质量问题，根据国务院南水北调办的有关规定记入单位信用档案。

五、质量管理评价制度

（一）对工程项目主体质量管理评价

南水北调工程项目质量按照关注主体的不同可以分为“过程质量”和“结果质量”两个部分。

1. 南水北调工程项目“过程质量”评价

南水北调工程项目在建设过程中的质量主要体现在勘察实体质量、设计实体质量、施工实体质量和建材实物质量四个方面。以上四个方面在建设过程中的实体（实物）质量的好坏，是形成工程项目质量的关键。因此，对建设工程项目“过程质量”的评价应包含对勘察实体质量、设计实体质量、施工实体质量和建材实物质量四个方面的评价。

2. 南水北调工程项目“结果质量”评价

由于南水北调工程项目作为一件特殊的产品，其质量不仅体现在建设形成的过程中，也必然体现在工程项目的设计寿命的全过程质量中，即通常所说的全寿命质量，把它称为“结果质量”。建设工程项目“结果质量”的评价包括工程质量的创优情况、事故情况、质量投诉和竣工工程项目恶性质量问题情况。在工程项目“结果质量”的评价中，特别是增加了对竣工工程项目恶性质量状况的反映，能比较全面真实地反映工程项目质量的真实情况。

3. 南水北调工程项目主体质量评价的作用

南水北调项目质量评价，是针对建设工程项目而采用的用于衡量建设工程项目质量要素的可量化的、系统的评价标准，它的作用有以下三点：①是南水北调工程质量评价的坚实基础；②突出对工程质量形成过程的管理控制；③关注工程项目的全寿命周期质量。

（二）建设工程企业质量评价

建设工程企业是指参与工程建设各相关责任主体和社会中介机构，包括建设单位、勘察单位、设计单位、施工单位、建材设备供应单位、监理单位、检测机构和审图机构八类企业。建设工程企业的质量体现在对工程（产品）质量标准所做的组织工作、管理工作和技术工作的效率和水平，包括企业的资质、质量能力、业绩，甚至经营过程中的决策工作质量和现场执行工作质量。对于工程项目来讲，主要是体现参与工程建设企业的行为质量，为保证工程项目的质量所从事工作的水平和完善程度，在工程项目的建设和运营过程中的行为质量如何。建设工程企业的质量状态和情况，对工程项目最终质量的形成起着决定性的作用。

第四节 南水北调工程建设高峰期、关键期质量监管制度

一、高峰期、关键期质量监管特性分析

南水北调工程建设的高峰期是2011—2013年。中线穿黄等控制性节点工程尽管开工较早，但施工的真正高峰期仍然是2011—2013年。南水北调工程2/3的工程任务需要在2011—2013年完成，施工强度高，质量管理压力大。因此，质量监管具有以下特性。

1. 工程难度加大

南水北调工程有其独特的建设特点。2011年是南水北调工程建设的分水岭，工程建设进入高峰期、关键期，南水北调工程建设全面展开，其建设特点尤为突出，如工期紧、任务重、技术难度大等问题在高峰期、关键期集中爆发，加大了质量风险。

2. 质量监管模式改变

随着工程建设进入高峰期、关键期，原来的监管模式已不能完全适应工程建设形势，国务院南水北调办提出了“高压高压再高压，延伸完善抓关键”的质量监管工作方针，在原来监管措施基础上，进一步强化了质量监管措施，逐步完善了质量监管制度，理顺了体制机制，加大了监管力度，对质量问题和质量违规行为从速、从严、从重进行责任追究。“三位一体”和“三查一举”等监管体制机制的实施，有效促进了参建单位的质量管理，同时，国务院南水北调办制定了《南水北调工程建设质量问题认证实施方案》，明确了质量认证范围及任务，规定了质量认证组织及实施程序。

3. 质量监管稽查组织建设加强

组建南水北调工程建设稽察大队，是国务院南水北调办贯彻国务院南水北调建设委员会第五次会议确定的建设目标，是加强工程建设监督稽查工作的重要举措。组建这支队伍是建设优质、高效、廉洁工程的需要；是在工程建设进入高峰期、关键期，采取超常规稽查工作，以加强对工程质量、进度、安全生产控制的需要；是总结以往监督稽查工作经验，快速发现处理工程质量、进度、安全问题的需要；是营造南水北调建设系统更加重视质量、进度、安全生产管理氛围和环境的需要。

4. 质量监管体制建设加强

2011年工程进入高峰期、关键期之后，质量监管难度加大，传统的质量监管体制已不能适应工程建设需要，由于工程参建单位涉及部门多，所以结合工程情况，国务院南水北调办会同水利部、住房和城乡建设部、工商总局、国资委等部门联合印发文件，共同部署南水北调工程建设质量管理工作，形成了五部委联处质量监管体制。

二、高峰期、关键期阶段的质量监管制度

南水北调工程自2011年进入高峰期、关键期以来，狠抓质量监管重点，强化社会监督，完善监督机制，强化责任管理，进一步完善了质量监管制度。

（一）质量飞检制度

飞检主要检查工程实体质量、原材料和中间产品、机电设备、质量管理行为、内业资料等，飞检按工作性质可分外业检查和内业检查。外业检查范围包括工程实体质量、正在施工的工序质量、缺陷修补处理质量、土方填筑工程中的土料、建筑物工程中所使用的混凝土等原材料和中间产品及机电金结设备、试验室等，根据需要开展必要的试验检测工作。内业检查范围包括现场主要管理人员和试验检测人员到位情况，机械设备、特殊工种报验资料，原材料和中间产品报验资料，各种试验检测报告，施工技术文件，施工作业指导书和技术交底，工艺试验和生产性试验，质量评定验收资料、各种原始记录资料，缺陷处理资料，质量问题整改资料，试验室仪器设备和拌和站检定资料，监理人员情况、监理日志、监理旁站记录、监理细则、平行检测和跟踪检测资料、监理通知、施工技术文件审批、监理例会纪要及相关设计文件等。

进入2011年后，南水北调东、中线一期工程开始全线大规模建设，新开工项目数量成倍增长，施工强度大幅度增加。在工程质量方面，受多种主客观因素的影响，部分施工和监理单位的质量管理违规行为屡有发生，参建单位质量意识不高，施工过程中工程质量缺陷频繁发生，质量安全事故隐患时有出现。一般常规检查，上级主管部门或单位会提前将检查内容和行程安排通知现场被检查单位，因而各单位在检查之前均已做好了充分准备，导致每次检查结果都“皆大欢喜”，但实际未能检查到工程质量真实情况，特别是一些严重质量缺陷和质量事故隐患及管理违规行为很难被发现，其检查意义和作用大为降低。鉴于此，为了进一步强化南水北调工程质量监管措施，加强南水北调工程建设管理，督促有关单位严格执行国家规定的规程、规范和技术标准，实现南水北调工程建设目标，国务院南水北调办于2011年年初专门组织成立了南水北调工程建设稽察大队，并颁发了《关于对南水北调工程建设质量、进度、安全开展飞检工作的通知》，对飞检方式、飞检内容和飞检问题的处理进行了规定，将飞检模式大规模应用于南水北调工程质量检查工作中，即不事先通知工程参建单位，由稽察大队直接派出飞检组进入工程施工现场突击开展质量检查工作。

南水北调工程开展质量飞检以后，取得了明显的效果。首先，警醒了参建单位的质量意识，迅速扭转工程质量下滑态势。飞检工作突击性强，在较短时间内，就检查出不少质量问题，依据有关责任追究管理办法对相关责任单位和个人进行不同程度处罚，使现场参建单位受到了巨大的震动和威慑，促使各参建单位增强质量意识、转变质量观念，采取多种措施重视工程质量。其次，飞检工作独立性强、坚持原则、敢于碰硬。稽察大队是专门从事南水北调质量飞检的机构，与现场参建单位没有利益关系，在成立之初就制定了相关工作制度和纪律，因此飞检人员在工程现场能够独立、客观、公正地开展质量检查工作，对待严重质量问题能坚持原则、敢较真、敢碰硬。再次，常态化持续飞检工作促进了现场质量问题快速整改。飞检人员检查经验丰富，在工程现场能抓住重点和质量控制关键点及容易出现质量问题的薄弱点，能够快速发现质量问题，并能帮助分析质量问题产生的原因，提出预防措施，介绍好的施工方法，提出整改意见和建议，做到“以理服人”，督促参建单位系统快速整改到位。最后，避免工程质量事故隐患发生。飞检工作检查施工现场发现存在的质量问题后，参建单位立即进行了整改，保证了最终工程实体质量合格，尤其是少数严重质量缺陷发现后，及时采取措施整改到位，同时要求后续项目施工通过改进施工工艺、加强管理等措施避免再发生类似严重问题，及时消除了部分质量安全事故隐患，为顺利实现工程建设各项目标打下了良好的基础。

（二）质量问题集中整治制度

2011 年南水北调工程进入建设的高峰期和关键期，为了保证工程质量，2011 年 5 月起，开展了历时 2 个月的工程质量集中整治活动，包括质量自查、整改和抽查三个阶段。

为进一步强化南水北调工程建设各参建单位质量责任意识，按照突出高压抓质量的总体要求，在 2011 年第一次质量集中整治基础上，2012 年国务院南水北调办颁发了《关于开展南水北调工程 2012 年度质量集中整治工作的通知》（国调办监管〔2012〕82 号），自 2012 年 4 月起开展为期 2 个月的质量集中整治工作。继续突出高压态势，狠抓工程质量。通过集中整治，查出南水北调工程质量存在的突出问题，分析原因，提出并落实整改措施，进一步规范各参建单位和质量监督机构的质量管理行为，切实落实管理责任，消除隐患，确保南水北调工程质量。整治范围是南水北调东、中线主体工程（含汉江中下游治理工程）所有在建项目的工程实体质量，以及项目法人（建设管理单位）、勘测设计单位、监理单位、施工单位、质量检测机构、质量监督机构的质量管理行为。对集中整治中主动查摆问题并认真整改，且问题经整改后未对工程质量造成较大影响的，不再追究单位和个人的责任；对整改不到位、逾期不整改、隐匿问题不报、弄虚作假以及对工程质量造成较大影响的，一经查实，按规定从严追究有关单位和个人的责任。集中整治活动分为：自查自纠、国务院南水北调办领导带队检查和责任追究三个阶段。为切实加强组织领导，成立了由国务院南水北调办领导任组长，有关部门和单位负责同志任成员的集中整治工作领导小组。国务院南水北调办多次召开会议，研究部署各个阶段工作，国务院南水北调办党组成员到会指导部署工作。自查自纠阶段，各单位围绕整治重点，根据本单位工程建设实际情况，对照有关法律法规、规章制度、技术标准和合同文件，逐项查出存在的质量问题，分析原因，能及时整改的立即整改，不能及时整改的明确整改期限，限时整改，并实事求是地形成自查整改报告。国务院南水北调办领导带队检查阶段，对照各项目法人和各质量监督机构上报的自查整改报告，从在建项目中随机选取施工标段，对其工程质量和自查自纠情况进行检查。

（三）站点监督制度

站点监督制度是按照国务院南水北调办在新时期加强质量管理工作的总体要求，为进一步发挥政府质量监督在南水北调工程建设中的重要作用、提高站点监督质量监管工作水平、保证南水北调工程质量，以现有政府监督机构为基础，构建的明确站点监督质量监管措施、各级站点监督机构和人员职责的相关制度。国务院南水北调办印发了《南水北调工程 2013 年度质量监督实施细则》，明确了 2013 年度质量监督检查项目、重点和频次要求，明确了 16 座重点建筑物、16 项进度风险项目、8 个高填方工程重点标段派驻监管人员和相应的职责，保证了质量监督工作的有效开展。同时，监管中心质量监督关口前移，由监管中心在职职工和中线建管局借调年轻同志组建三个质量监督现场工作部，采取高密度、拉网式巡查，填补站点监督空白；针对青兰高速公路交叉项目等关键建筑物实施驻点监督。

（四）质量问题认证制度

南水北调工程建设进入高峰期、关键期后，围绕南水北调工程建设总体目标，持续保持质

量监管的高压态势，加强质量问题认证工作，本着抓要害、抓要点，客观公正的原则，充分发挥质量检查、质量问题认证和质量问题处罚“三位一体”质量监管体系的作用。与此同时，为确保工程建设质量，查找可能危及结构安全、影响通水的工程质量问题，国务院南水北调办制定了《南水北调工程建设质量问题认证实施方案》，该方案明确了质量认证范围及任务，规定了质量认证组织及实施程序，要求各质量检查单位快速开展质量认证，评估质量问题对工程结构安全产生的影响，认定质量问题的性质。

以2012年为例，共组织开展了午河渡槽混凝土强度问题等7项工程质量问题的质量认证工作，其中3项为权威认证，4项为常规认证。具体认证情况见表7-4-1和表7-4-2。

表7-4-1　　2012年3项权威认证问题

认证项目	具体问题	认证时间	认证结论
午河渡槽第四跨、第五跨混凝土强度问题	南水北调中线漳河北至古运河南临城段SG12标午河渡槽混凝土强度疑似存在问题	2012年6月至10月23日	推定第四跨槽身底板混凝土抗压强度区间上限值32.0MPa，下限值23.8MPa，不满足该建筑物设计强度（C50）要求；推定第五跨槽身底板混凝土抗压强度区间上限值45.2MPa，下限值34.3MPa，不满足该建筑物设计强度（C50）要求，在加固设计需要采用混凝土抗压强度推定值进行计算时，可取45.2MPa作为推定值；推定第五跨槽身墙体混凝土抗压强度为50.7MPa，满足该建筑物设计强度（C50）要求
天津干线段TJ4-2标12节输水箱涵混凝土问题	南水北调中线天津干线TJ4-2标输水箱涵混凝土强度疑似存在问题	2012年9月17日至10月10日	经检验，推定输水箱涵桩号为XW90+902～XW90+917段墙体强度为39.4MPa等11个构件混凝土强度达到该建筑物设计强度（C30）要求。推定桩号为XW90+294～XW90+312段底板强度为28.0MPa，不满足该建筑物设计强度（C30）要求

表7-4-2　　2012年4项常规认证问题

认证项目	疑似问题	认证时间	认证结论
南阳段第1施工标潦河渡槽混凝土问题	钢筋保护层厚度疑似不满足设计要求	2012年3月19—21日	对南水北调中线南阳段第一施工标潦河涵洞式渡槽具备检测条件的第5联1～3号孔、第6联1～3号孔和第7联2号孔渡槽槽身底板及底板倒角进行了检测，共计检测237个钢筋保护层厚度，保护层厚度均超过设计要求
中、东线工程桥梁桩柱质量	南水北调工程跨渠桥梁桩柱结合好的施工标段疑似存在问题	2012年8月22—28日	对南水北调各项目法人上报的汤阴Ⅲ标、新郑南3标、叶县2标、南阳1标等11个桩柱结合无问题的施工标段进行认证，叶县2标、南阳1标的桩柱结合施工质量较好，但也存在一定质量问题

续表

认证项目	疑似问题	认证时间	认证结论
石门河倒虹吸闸室右中墩混凝土强度问题	石门河渠道倒虹吸进口闸室段右中墩混凝土强度疑似存在问题	2012年9月9—12日	经检验，推定石门河渠道倒虹吸进口闸室段右中墩混凝土强度为25.1MPa，达到该建筑物设计强度（C25）要求
泜河渡槽混凝土强度问题	南水北调中线一期工程总干渠漳河北至古运河南土建施工SG10标泜河渡槽混凝土强度质量存在问题	2012年8月23日至11月28日	回弹法检测7、8、9跨槽身强度推定值均满足设计C50强度等级要求；回弹法检测7跨底板强度推定值满足设计C50强度等级要求

通过对相关工程开展质量认证，不但及时、有效、准确地查明了工程存在的质量问题，更为工程严重质量缺陷提出了有效的处理措施和方案。特别是午河渡槽、洺河渡槽质量问题，通过对其认证进行科学定性，提出质量问题的解决措施和处理意见，避免了重大质量问题的发生，并为质量问题的准确界定提供了指导，减少了质量问题界定的随意性对界定结果的影响，充分显示了国务院南水北调办对质量问题性质界定的严肃性、谨慎性和专业性，并对后来的工程质量认证制度提供了丰富的经验借鉴。

（五）专项稽查制度

在南水北调工程建设高峰期、关键期，按照“突出高压抓质量”的总体要求，充分发挥“三位一体”的质量监管体系作用，开展质量专项稽查工作。为了保证专项稽查工作顺利进行，国务院南水北调办制定了《南水北调工程质量专项稽察实施方案》，形成了专项稽查制度。在随之进行的专项稽查工作中，稽查工作的内容不但包括工程质量，还重点关注工程项目法人合同执行情况。

(1) 对工程关键部位，关键岗位开展质量专项稽查。2012年，根据《关于委托对南水北调中线干线重要跨渠建筑物基础及隐蔽工程进行专项稽察的函》（综监督函〔2012〕116号），国务院南水北调办委托监管中心对南水北调中线干线工程重要跨渠建筑物基础和隐蔽工程开展专项稽查。监管中心分别于4月27日至5月7日、7月23日至8月1日对南水北调中线14个设计单元重要跨渠建筑物基础及隐蔽工程开展了3组次质量专项稽查。检查发现各类问题90个。按问题发生位置分，黄河以北47个，黄河以南43个；按问题性质分，实体质量问题45个、质量违规行为45个。在实体质量问题中，与结构有关的问题有30个，包括钢筋外露、桩基偏位、混凝土不密实、桩柱结合部位有夹层、盖梁中心线偏差等；与工艺相关的问题15个，包括使用砖做模板、受力钢筋被切断、箱梁预应力管道密封不牢固、波纹管破损、盆式支座缺失、台背回填未夯实等。在质量违规行为中，工程档案资料问题38个，包括施工资料记录不完整、数据不真实、资料缺失、前后数据矛盾、缺少程序资料等；人员配置问题2个，专业监理工程师不到位；其他问题5个，包括声测管未按设计要求安装、进入盖梁的锚固钢筋未按设计要求打开15度、声测管设计数量不足、私自处理缺陷、文明施工差。在对工程质量进行专项稽查过程中，不但对存在的问题严格检查，还为相应的问题提出了整改意见和建议，完善了整个专

项稽查活动，健全了专项稽查制度，为南水北调工程的建设保驾护航。

（2）以经济合同为主线开展合同执行履约情况专项稽查。合同管理是项目管理的核心，是项目法人的一项重要职责。2012年，相关部门对南水北调东、中线一期主体工程项目法人合同执行情况开展专项稽查，严格合同执行，强化合同监管。按照国务院南水北调办工作部署，结合工程建设情况，此次稽查共组织3个稽查组，分别对中线建管局、山东干线公司、江苏水源公司、中线水源公司、湖北省南水北调管理局、淮委建设局6个项目法人的主体工程合同管理行为进行了专项稽查。此次稽查共发现57个主要合同问题，突出表现为合同职责不清、签订不规范，合同计量支付、变更索赔申请不规范和处理不及时，合同承诺兑现差、分包管理不到位、管理责任履行不到位，合同管理规章制度不完善，合同档案资料管理不规范等。这些问题都对工程质量、进度、投资管控带来不利影响。因此，对项目合同管理的专项检查有利于项目法人清楚合同管理过程中存在的问题并予以解决，要求项目法人和各参建单位认真学习合同文件及相关法律法规，完善合同管理体系，加强合同变更、索赔管理等程序工作，做好合同管理台账的建立和维护，并对发现的合同问题进行全面梳理，促进合同责任落实。

（3）对质量专项稽查中发现的“常见病”“多发病”等典型问题紧盯整改落实，加大复查力度。2013年，按照国务院南水北调办工程质量监管“回头看”的总体思路，先后组织开展各类质量专项稽查复查6组次，对历次发现200多个严重质量问题整改情况全面复核。通过紧盯整改、“杀回马枪”等方式，指出了对渠道衬砌施工进度有制约性影响的风险标段和应重点关注的高填方加固事项，督促各参建单位转变工作作风，重视问题整改，提高责任意识和工作效率。

（六）关键工序考核制度

为加强南水北调工程建设质量管理，进一步明确各参建单位质量管理职责，加强施工质量过程控制，鼓励关键工序施工作业人员增强质量意识，实现工程质量总体建设目标，结合工程实际，国务院南水北调办制定了《南水北调工程建设关键工序施工质量考核奖惩办法》，建立了关键工序考核制度，对关键工序实行分级负责、分级考核制度。分级考核共分五级：①施工单位负责对关键工序施工作业初检、复检、终检人员进行考核；②监理单位负责对施工单位进行考核；③建设管理单位负责对监理、施工单位进行考核；④项目法人（含有关省级建设管理单位）负责对建设管理、监理、施工单位进行考核；⑤国务院南水北调办负责对项目法人（含有关省级建设管理单位）组织的关键工序考核过程进行监督检查并考核。在这个很长的管理链条中，每一级都有相应的职责，每一级对下一级的管理都有连带责任关系，并根据考核结果对质量管理单位或个人进行奖励或惩戒。关键工序考核工程的类型分为建筑物混凝土工程、渠道衬砌工程、土石方填筑工程，每一类下面又包含不同关键工序。同时，施工、监理单位依据本办法对关键工序的考核与规程规范确定的工序验收同步进行。在完成工序验收后，监理单位填写关键工序考核记录表，并执行该办法有关规定。建设管理单位、项目法人（含有关省级建设管理单位）、国务院南水北调办独立进行对关键工序的考核，施工、监理单位要提供关键工序考核的有关工作记录和资料。

关键工序考核制度的建立在我国基本建设领域还是第一次，尤其是由部委一级组织颁布实施，这是适应南水北调工程建设的需要，是加强质量管理提高建筑工程产品质量的需要，开创了中国建筑领域加强质量管理的先河。

（七）质量会商制度

为落实质量监管工作“发现问题、认证问题、处罚问题”和“三位一体”的管理机制，促进有关工作的规范化、程序化，进一步做好飞检、专项稽查、站点监督、举报等工作，国务院南水北调办在南水北调质量监管工作中实行质量监管工作会商制度，并制定了《南水北调工程建设质量问题责任追究会商管理办法》。质量监管工作会商主要分为月度质量问题审核会商和季度质量问题责任追究会商，由监督司负责组织，监管中心、稽察大队参加。月度质量问题审核会商一般在每月 5 日进行。主要内容包括：听取上月飞检、站点监督、专项稽查、举报办理关于工程质量管理工作情况的报告，确定下一阶段质量监管工作重点，布置质量问题认证有关工作等。月度会商形成会商记录和严重质量问题会商意见涉及项目法人管理的质量问题，5 日内对相关项目法人进行约谈。季度责任追究会商一般在每季度第 3 个月的 25 日进行。主要内容包括：听取参建单位质量问题排名情况的报告，确定责任追究的责任单位和责任人；根据两项制度规定及质量问题取证和认证情况，确定质量问题责任追究措施；商议印发质量问题责任追究和整改有关文件；筹备季度质量集中处罚主任办公会有关准备工作。责任追究会商期间，做好会商记录，形成会商意见；组织对提交会商的资料进行汇总分析，形成季度质量问题责任追究汇总资料。根据会商意见，监督司组织编写质量问题责任追究情况的报告，汇总各责任单位存在的质量问题，以及拟采取的责任追究等级方式，适时向主任办公会报告有关情况。根据主任办公会意见，拟订对有关责任单位质量问题进行责任追究和整改的文件，按程序报办领导审批印发。该制度的建立减少了由一个部门处理质量问题的片面性，形成了南水北调工程质量监管的群决策制度。

（八）重点项目监管制度

为有效治理重点工程质量隐患，防范重特大质量事故发生，确保质量重点监管项目的工程质量，国务院南水北调办制定了《质量重点监管项目实施方案》，对重点项目质量监管的组织、实施步骤进行了规定。

该制度坚持以设计方案为依据，以关键工序为基础，以质量关键点为抓手，以重点监管项目为对象的监管原则，以杜绝重大质量事故为监管目标，以高填方渠道工程、混凝土建筑物工程、桥梁工程以及实施质量问题权威认证的工程四项内容为重点监管内容，涉及在建的 71 个设计单元工程，233 个标段。高填方渠道工程重点监管 7 个设计单元工程，21 个施工标段；缺口部位累计长度 12km，涉及约 160 个缺口，根据规程规范和批复的初步设计方案，重点关注与改性土相关的原材料质量、水泥掺量、生产工艺、填筑技术、施工检测和质量评定等环节和方面。

混凝土建筑物按照主要功能可分为输水建筑物、交叉建筑物和其他建筑物。截至 2012 年 10 月底，南水北调东、中线一期工程共有建筑物 1931 座（不含京石段、济平干渠工程），完工 990 座，在建 941 座。按照在建工程混凝土建筑物未完工程量，2013 年混凝土建筑物质量监管重点在中线一期工程。中线一期工程混凝土建筑物分为输水建筑物和交叉建筑物两类。其中：在建混凝土交叉建筑物 240 个，未完工程量约为 30 万 m^3，平均每个建筑物约为 $1500m^3$；在建混凝土输水建筑物 225 个，未完工程量约为 167 万 m^3，平均每个建筑物约为 $7500m^3$。

根据混凝土建筑物的重要性及发生质量问题的情况，确定中线一期工程混凝土建筑物中16座输水混凝土建筑物为重点监管项目，其中河北3座、河南11座、湖北2座。2013年3月，国务院南水北调办印发了《关于开展南水北调中线混凝土建筑物工程质量检查的通知》，要求对中线混凝土建筑物工程开展质量检查；桥梁工程的检查重点主要体现在三个方面：①依据《跨渠桥梁质量问题影响分析与处理措施建议》和《关于组织开展南水北调跨渠桥梁工程质量检查的通知》，要求各项目法人继续完成跨渠桥梁桩柱结合问题检查和处理工作，建立桥梁质量问题处理专项档案；②根据《关于加强南水北调工程质量关键点监督管理工作的意见》，组织对跨渠桥梁上部结构（梁、板）质量检查工作，建立桥梁质量问题处理专项档案；③根据《关于进一步开展南水北调跨渠桥梁工程质量检查的通知》，组织进一步开展在建跨渠桥梁工程质量检查。

同时，重点项目监管制度要求在监管活动完成后适时建立重点监管项目质量监管档案，要求各项目法人、省（直辖市）南水北调办（建管局）、监管中心、稽察大队分别根据质量监管、全面普查、全面排查、站点监督、质量飞检、专项稽查等信息，建立高填方渠段、混凝土建筑物、桥梁工程等工程质量专项档案，并按照规定定期报国务院南水北调办备案。监督司组织建立有奖举报、专项检查、集中整治、月商季处等工程质量专项档案。此举完善重点监管项目制度，并为以后的相关工程提供经验。

（九）质量关键点监督制度

南水北调工程质量关键点是指对工程安全有严重影响的工程关键部位、关键工序、关键质量控制指标。质量关键点一旦出现严重质量问题，将不但影响工程建设进度，也给工程建成后的运行带来严重隐患。因此，国务院南水北调办出台了《关于加强南水北调工程质量关键点监督管理工作的意见》，要求各单位务必要高度重视质量关键点的质量管理，采取切实有效措施防范和避免工程质量问题。

根据南水北调工程建设实际情况及关系到工程结构安全性、可靠性、耐久性和使用功能的关键质量特性、工程关键部位和重要隐蔽工程、工程施工关键工序、主要施工材料及中间产品、缺陷处理及缺陷备案材料、其他常出现质量问题的部位和工序这六个原则确定了在建渠道、渡槽、倒虹吸、水闸、跨渠桥梁等5类工程的11处关键部位、15项关键工序、16个关键质量控制指标为质量关键点，并将质量关键点分为项目法人管理的质量关键点和监督单位重点监管的关键点两个级别。

南水北调工程质量关键点实行项目法人负责、监理单位控制、设计单位服务、施工单位保证、政府站点监督和稽查检查相结合的管理体系。该制度确定了南水北调工程质量关键点质量的责任主体为南水北调工程建设项目法人、项目管理、监理、设计、施工等单位，其中项目法人对工程质量关键点的管理负总责，委托建设管理单位对委托建设管理工程质量关键点的管理负责，制定所负责设计单元工程质量关键点的管理办法，明确监理单位、设计单位、施工单位职责，每周对照检查一次质量关键点管理情况并做好记录。监理单位对工程质量关键点负监理责任，负责监督施工单位质量关键点质量保证体系的正常运转，抽检、见证检测和平行检测主要建材质量，组织项目管理、设计、施工等单位每周评估一次质量关键点的管理情况并印发会议文件等。施工单位对质量关键点负直接责任，负责制定标段质量关键点管理办法和检查实施办法，编制质量关键点专项施工方案和作业指导卡，严格落实班组自检、复检、终检“三检制”等。

对质量关键点检查中发现的问题，工程建设责任主体应当及时采取有效措施进行处理，对质量关键点发生质量问题的责任单位，由国务院南水北调办、有关省（直辖市）南水北调办（建管局）依据《建设工程质量管理条例》和《南水北调工程质量问题责任追究办法》相关条款予以罚款、通报、公告、行政处罚、清退出场等责任追究。必要时，启动部际联席会议，提请国务院有关部门对相关责任单位和责任人予以行政、降低资质、取消资格等处罚。构成犯罪的，依法追究法律责任。

最后，有关单位检查、抽查质量关键点时，应当详细记录检查部位、检查工序、存在问题证明材料（影像）、处理措施、责任单位和责任人签字以及检查时间、检查人员、检查方法等并建档。检查单位和人员对已建档档案的准确性、完整性、可追溯性负责。建档完成后，需要报请国务院南水北调办处罚的问题，有关检查单位要在检查后10日内向国务院南水北调办提交相关档案，国务院南水北调办按永久档案保存。其他档案，由建档单位按永久档案保存。

（十）举报制度

南水北调工程要实现“工程安全、资金安全、干部安全”的建设目标，离不开社会监督和群众参与。为规范南水北调工程建设行为，加强工程建设管理，健全检查监督制度，有效实施对工程建设违规违纪问题的举报受理及办理工作，国务院南水北调办2004年颁布了《南水北调工程建设项目举报受理及办理管理办法》。

实施有奖举报制度是国务院南水北调办党组着眼南水北调工程建设全局采取的一项重大举措，其核心是将社会监督和工程质量监督有机结合，达到保障质量的目的。自2012年2月21日南水北调工程有奖举报公告牌揭牌以来，通过专项宣传、建章立制、完善机构、明确职责、规范程序、强化措施，有奖举报工作做到了“有报必受、受理必查、查实必究、核实必奖”。有奖举报制度采用专项宣传，围绕举报公告牌和举报奖励，组织开展举报工作专项宣传，让群众能举报、想举报、敢举报，实现了社会监督。为了更好地指导工作，国务院南水北调办制定了《南水北调工程建设项目举报受理及办理管理办法》《关于加强南水北调工程建设举报受理工作的意见》《南水北调工程建设举报奖励实施细则（试行）》和《举报受理工作手册》等一系列规章制度。为了更好地发挥社会监督作用，更好、更快、更准确地处理好南水北调工程举报工作，国务院南水北调办成立了举报受理中心作为处理举报问题的专职机构，全面负责举报受理工作。有奖举报制度规范建立了有奖举报受理程序，不断细化完善接收、受理、调查、处理、奖励、办结、评价等7个环节，还建立了“日受、周议、月商、季处、年评”工作机制和信息报告机制，建立了“一托三［监管中心、稽察大队，项目法人，省（直辖市）南水北调办、移民机构］”举报调查工作体制。有奖举报以质量为重点开展举报受理工作，严把调查核实关，从严、从重、从快处理与质量相关的举报事项，做到不放过任何一个有价值的质量问题线索。

有奖举报制度的实施发挥了社会监督作用，突出了监管高压态势，完善了质量监管措施，强化了工程质量监管；维护了工程建设环境，保障了工程顺利建设；扩大了南水北调工程影响，树立了南水北调工程良好形象。

（十一）合同监督制度

在建设过程中，国务院南水北调办对采用飞检、集中整治、站点监督等检查出来的问题数据进行分析，发现分包队伍资质不够、管理水平差、人员素质低，增加了建设管理难度和管理层次，导致质量管理行为问题屡见不鲜，屡查屡现；因分包层次过多、责任不明、施工措施和技术要求层层交底不清，致使工程实体质量问题反复发生。为了减少合同管理对质量造成的影响，加强南水北调工程合同的监督管理，国务院南水北调办 2012 年颁布了《南水北调工程合同监督管理规定》。

该规定适用于对南水北调主体工程建设合同（协议）、征地移民协议（合同）的监督和管理，规定了国务院南水北调办对南水北调主体工程建设合同（协议）、征地移民协议（合同）进行监管，省（直辖市）南水北调办（建管局）承担其事权范围内相关合同执行的监督管理职责，省（直辖市）南水北调征地移民主管部门负责本辖区范围内征地移民协议（合同）的签订、执行和管理，项目法人是南水北调工程建设合同管理的责任单位，对合同承担法律责任。国务院南水北调办组织对南水北调主体工程建设合同（协议）、征地移民协议（合同）的监督检查，省（直辖市）南水北调办事机构组织对所辖范围内的工程建设合同（协议）的监督检查，省（直辖市）南水北调征地移民主管部门组织对所辖范围内的征地移民协议（合同）的监督检查。合同的检查工作应包括检查合同（协议）管理规章制度的建设及执行；检查合同（协议）的签订、执行及验收；检查与合同（协议）有关的分包合同；检查与合同（协议）有关的文件和资料；建立合同（协议）监督检查档案；其他与合同（协议）有关的事项。监督检查工作应由派出单位指定工作组具体实施。监督检查工作组应向派出单位提交工作报告，工作报告的主要内容应包括检查项目或检查单位的基本情况、合同订立和执行情况、存在的主要问题，处理意见与建议。监督检查发现的问题，由工作组提出初步认定意见和处理建议，经派出单位审定后，由派出单位下发整改意见通知。对于违反合同的行为，应根据违约行为的不同采取不同的处罚方式，保障合同监督活动的顺利开展。

国务院南水北调办根据合同监督制度组织合同专项稽查小组，对中、东线 6 个项目法人的合同管理行为包括合同管理机构、主要合同文件、合同管理制度、合同有关的审计、稽查、检查资料等方面进行检查；通过查阅资料、核实取证、召开座谈会等方式开展工作，并形成稽查报告。合同专项稽查对规范项目法人合同管理行为和减少不规范合同管理行为对工程质量、进度、资金等监控方面带来的不利影响起到了重要作用。

按照国务院南水北调办的部署，各参建单位对合同管理行为进行自查自纠，及时发现问题、及时落实整改；通过自查自纠，在发现问题、整改问题的过程中逐步增强了合同意识，提高了合同管理水平。

（十二）质量问题责任追究制度

为加强南水北调工程建设质量管理，落实质量责任，根据《建设工程质量管理条例》（国务院令第 279 号）和《关于印发南水北调工程建设管理的若干意见的通知》（国调委发〔2004〕5 号），结合工程建设实际，制定《南水北调工程建设质量问题责任追究管理办法》（国调办监督〔2012〕239 号），适用于南水北调工程建设质量问题的检查、认定和责任追究。

在质量追责过程中，首先，明确南水北调主体工程建设项目法人、建设管理、勘测设计、监理、施工等参建单位是质量问题的责任单位，按各自职责对质量问题进行检查、认定和责任追究等工作。国务院南水北调办、省（直辖市）南水北调办（建管局）是质量问题的监督管理单位，负责组织对质量问题进行监督检查、认定和责任追究等工作。

第二，要对质量问题有明确的界定。在南水北调工程建设中，参建单位及其责任人在工程施工和质量管理过程中违反规程规范和合同要求的各类行为，以及质量监督管理单位及其责任人履职不到位或未履职的行为称为质量管理违规行为，并按行为的严重程度分为一般质量管理违规行为、较重质量管理违规行为、严重质量管理违规行为；在南水北调工程建设过程中发生的不符合规程规范和合同要求的检验项和检验批，造成直接经济损失较小（混凝土工程小于20万元、土石方工程小于10万元）或处理事故延误工期不足20天，经过处理后仍能满足设计及合同要求，不影响工程正常使用及工程寿命的质量问题称为质量缺陷。根据质量缺陷对质量、结构安全、运行和外观的影响程度分为一般质量缺陷、较重质量缺陷、严重质量缺陷；在南水北调工程建设中，由于建设管理、勘测设计、监理（监造）、施工、设备制造及安装、安全监测等单位原因造成工程质量不符合规程规范和合同规定的质量标准，影响工程正常使用和寿命及对工程安全运行造成隐患和危害的事件称为质量事故。

第三，要规范质量问题的处理程序和认定过程。对于发生的质量管理违规行为应按照“分级负责、逐级追究”原则进行处理。发生质量缺陷，由监理单位组织有关单位进行初步确认，明确责任单位。发生质量事故，由监理单位会商建设管理单位，联合质量监督及有关单位对事故的性质、严重程度做出初步评估，并将评估情况报建设管理单位（或项目法人）。发生较大以上质量事故，监理单位做出初步评估后，在3小时内向建设管理单位和质量监督机构报告；项目法人（建设管理单位）做出进一步评估、分析后，在12小时内向国务院南水北调办报告。任何单位不在规定的时间内报告发生的质量事故，将被视为渎职或不履职行为，国务院南水北调办追究其责任。质量问题经过责任界定后，建设管理单位有责任的，应按不同类型进行连带责任追究。发生质量问题，经过责任界定，确定直接责任单位、间接责任单位后，根据质量问题的严重程度，对人员的责任追究分别从单位负责人、分管负责人、质量管理负责人和直接责任人四个层次进行，由调查组最终认定相关责任人。国务院南水北调办还成立了质量事故调查鉴定委员会，委员会为非常设机构，由若干行业内专家组成，以随机抽取方式组成鉴定专家组，开展鉴定工作。

最后，对于不同质量问题，应严格、分类进行惩罚。有关单位可对产生的质量问题采取诫勉谈话、书面批评、经济处罚、行政处罚四种手段进行处罚。在此基础上，项目法人按质量问题的严重程度依据合同约定可采取责令责任人退场、与责任单位解除履约合同等方式进一步实施处罚。对于不同程度的质量事故，还应对不同级别的负责人员给予撤职处理的惩罚，以达到警示作用。对于监理、建设管理单位对发生的质量问题隐匿不报或为责任单位掩盖质量问题不进行处罚、降低处罚等级的行为，省（直辖市）南水北调办事机构、国务院南水北调办给予通报批评并追究有关人员责任。

（十三）工程质量责任终身制

为加强南水北调工程质量管理，确保工程质量及运行安全，根据国家法律法规和相关规

定，结合南水北调工程实际，国务院南水北调办颁布了《南水北调工程质量责任终身制实施办法（试行）》（国调办监督〔2012〕65号）。

南水北调工程行政管理部门、项目法人（建设单位）、监理、勘察、设计、施工等单位（以下简称“责任主体单位”）和个人，按照国家法律法规和相关规定对工程质量负相应的终身责任，因工程建设期内违反工程质量管理规定，造成工程质量问题的，即使发生单位转让、分立与合并，个人工作调动与退休，仍依法追究责任。

1. 质量责任

按照各责任主体单位与质量问题的关联程度，将单位责任分为主要责任、次要责任和连带责任。各责任主体单位的工程现场主要负责人负直接领导责任，现场技术负责人负直接技术责任，现场质量部门主要负责人负直接管理责任，现场具体工作人员负直接责任；单位主要负责人负领导责任，单位技术负责人负技术责任，单位质量部门主要负责人负管理责任。其他参与南水北调工程建设的有关单位和个人，按照国家法律法规和相关规定承担相应责任。

2. 质量问题分类与调查

南水北调工程质量问题分为质量缺陷和质量事故。质量缺陷，按照《南水北调工程建设质量问题责任追究管理办法》进行等级划分。质量事故，按照质量事故直接经济损失、影响正常输水的时间、减少的供水量以及对工程功能和寿命的影响进行等级划分。

一般和较重质量缺陷由建设管理单位负责调查和处理，严重质量缺陷和质量事故由国家南水北调工程行政管理部门负责组织调查和处理。

调查组实行组长负责制，成员选择应符合回避制度。

调查组的职责：查明质量问题发生经过，判定质量缺陷或事故等级；组织技术鉴定，查明质量缺陷或事故发生的原因。追溯质量责任，认定责任单位和责任人；根据本办法规定的处罚标准，视情节裁量，提出对责任单位和责任人的处理建议；总结教训，提出整改措施；提交调查报告。

调查组工作方式方法：向相关单位了解情况；查阅相关资料；有权在任何时间进入工程现场查验、取证，向有关人员进行询问；可以延伸调查、取证和核实；发现涉嫌犯罪的，调查组应及时将有关材料提交国家南水北调工程行政管理部门。

调查组应自组建之日起60日内向国家南水北调工程行政管理部门提交调查报告，特殊情况下，经批准可适当延长。调查报告经国家南水北调工程行政管理部门同意后，调查工作即告结束。

3. 质量责任追究

根据调查报告对责任的认定，国家南水北调工程行政管理部门负责追究各责任单位及其法定代表人和工程现场主要负责人的责任；各责任单位负责追究本单位其他责任人责任，在限定期限内处理完毕后于20个工作日内将处理结果报国家南水北调工程行政管理部门。

责任单位和责任人构成犯罪的，移送司法机关处理。有关责任单位负责对出现质量问题的工程进行修复，并承担相关赔偿责任。拒不修复和赔偿的，由建设管理单位通过仲裁或民事诉讼的方式进行责任追究。责任单位涉及行政处罚的，依法给予警告、罚款、降低资质等级或取消资质等处罚。责任人涉及行政处罚的，依法给予罚款或取消执业资格等处罚；涉及行政处分的，依法给予警告、记过、记大过、降级、撤职或开除等处分。

4. 质量责任信息管理

南水北调工程建立质量责任信息档案，主要包括工程质量管理过程记录资料和质量责任人员信息。各责任主体单位应如实记录工程建设期质量管理过程和质量责任人员信息，并保证责任信息真实完整、可追溯。

(1) 各参建单位应完整保存以下工程质量管理过程记录资料。

1) 项目法人（建设单位)。承包合同，质量管理文件的审核和签发资料，重要质量和技术会议纪要，质量检查记录，原材料和中间产品的抽检资料，工程验收资料等。

2) 监理单位。监理规划，监理实施细则，施工图审查资料，技术交底记录，监理指令文件，检测资料，质量缺陷备案资料，质量相关审批资料，监理旁站记录，监理巡视记录，监理日志（日记）等。

3) 勘察、设计单位。地质勘测成果及审批资料，初步设计文件审批资料，施工图设计文件审批资料，设计计算书，设代日志，地质编录，重大设计变更审批资料等。

4) 施工单位。施工技术方案，工艺参数（含混凝土施工配合比）资料，分包合同，劳务合同，作业指导书及技术交底记录，生产设备率定资料，原材料、中间产品及成品试验记录，生产及控制记录，施工日志，质量检验与评定记录，缺陷处理记录，事故处理资料等。

上述资料按规定不需纳入工程档案的，由各单位负责保管，并随工程移交至运行管理单位。

(2) 南水北调工程质量责任人员信息实行实名登记。各参建单位应如实登记以下质量责任人员姓名、身份证号和职责分工，并由本人签名确认。

1) 项目法人（建设单位)。法定代表人、分管领导、总工程师、单位承担质量管理工作的部门主要负责人、现场建管机构主要负责人、现场建管机构总工程师或技术负责人、现场质量部门主要负责人、现场质量负责人、质量管理人员等。

2) 监理单位。法定代表人、分管领导、总工程师、单位承担质量管理工作的部门主要负责人、总监理工程师、分管副总监理工程师、总质检师、现场监理工程师等。

3) 勘察、设计单位。法定代表人、分管领导、总工程师、单位承担质量管理工作的部门主要负责人、勘察设计成果签发人、项目设计总工程师、勘察设计成果校核人、现场设代组长和工作人员、勘察设计成果审核人、勘察设计成果编制人等。

4) 施工单位。法定代表人、分管领导、总工程师、单位承担质量管理工作的部门主要负责人、项目经理、项目总工程师、施工措施签发人、工艺参数签发人、现场质量管理部门主要负责人、总质检师、施工作业人员、作业队长（班组长）、材料管理负责人、试验室负责人、中间产品生产负责人、质量检查员、质量检测报告签发人等。

南水北调工程质量责任人员信息实行分级管理。国家南水北调工程行政管理部门负责管理各省（直辖市）南水北调工程行政管理部门主要人员，以及各参建单位法定代表人和工程现场主要负责人信息。

南水北调工程主要质量责任信息应向社会公示，由项目法人（建设单位）负责组织实施，在工程显著位置设置永久性质量责任公示牌。

5. 罚则

对不按规定进行质量问题报告的，视情节对运行管理单位有关责任人给予相应的行政处

分；构成犯罪的，移送司法机关依法处理。

质量问题调查工作人员失职、渎职、徇私舞弊的，视情节给予相应的行政处分；构成犯罪的，移送司法机关依法处理。

不按规定对本单位责任人进行责任追究的，对责任单位法定代表人从重处罚。

工程建设期间不按规定进行工程质量责任信息管理的，责令限期整改，对责任单位处以1万元以上10万元以下的罚款，对单位法定代表人给予警告以上行政处分，对负有直接领导责任和直接责任的人员，视情节给予记过以上行政处分。

对不按规定进行质量责任公示的，责令限期改正，对单位法定代表人进行诫勉谈话。

（十四）质量监督人员考核制度

为加强南水北调工程质量监督人员管理，增强质量监督人员工作责任心，提高质量监督工作效率，对质量监督人员实行考核制度，国务院南水北调办制定了《南水北调工程质量监督人员考核办法》。考核分季度考核和年终考核。监管中心根据考核结果对质量监督人员进行奖惩。

1. 考核组织

考核分季度考核和年终考核。季度考核一般在季度结束后的次月上旬进行，年度考核在次年1月份进行；各省（直辖市）质量监督站负责所属项目站（巡查组）质量监督人员的考核，各省（直辖市）质量监督站将考核结果报监管中心核备；监管中心负责本单位和各省（直辖市）质量监督站质量监督人员的考核，监管中心将考核结果报国务院南水北调办核备；各省（直辖市）质量监督站和监管中心要建立健全考核组织。

2. 考核内容和标准

质量监督人员考核的主要内容包括“德、能、勤、绩”四个方面：①“德”，是对政治思想品德以及遵纪守法、廉洁奉公、严格自律、遵守职业道德和社会公德情况的考核；②“能”，是对法律法规、规程规范掌握应用，发现和处理质量问题等能力的考核；③“勤”，是对现场质量检查和抽查、检验检测、出勤情况的考核；④“绩”，是对职责落实、工作方式方法、完成质量监督工作任务情况及取得成果的考核。

季度考核采用综合评分法。各项考核内容细分为13项考核指标。考核以百分制进行考核，分优秀、称职、不称职三个等级。考核优秀的人数按考核得分从高到低控制在总人数的20%以内，且考核得分在90分及以上的为优秀；得分在60分以下的为不称职；其他情形为称职。

年度考核以季度考核结果为基础进行，分为年度优秀、年度优良、年度称职、年度不称职四类。全年季度考核有3次及以上优秀且无不称职的，为年度优秀；全年季度考核中有2次优秀且无不称职的，为年度优良；全年季度考核中有3次及以上不称职的，为年度不称职；其他情形为年度称职。

3. 质量监督人员考核程序

（1）个人述职。被考核人员，根据考核内容及标准，对照任职的岗位职责和监督实施方案（计划）与当季完成的实际工作，实事求是地撰写工作总结，填写《南水北调工程质量监督人员考核登记表》，向考核工作组进行工作述职。

（2）片区巡查组提出意见。被考核人员所属片区巡查组对被考核人员提出监督检查情况。

（3）考核评价。考核工作小组根据个人总结、所属单位监督检查情况及个人工作情况，对照考核标准进行公开考核打分，并填写考核评语。

考核工作应于季度结束后的次月上旬完成。

（十五）项目法人考核奖励制度

为了调动项目法人的积极性，提高建设管理水平，国务院南水北调办于2011年颁布了《南水北调工程项目法人年度建设目标考核奖励办法（试行）》。国务院南水北调办以《南水北调工程建设目标责任书》确定的年度目标为依据，每年对项目法人进行一次考核。

年度考核结果是奖励的依据。《奖励办法》明确了考核的时间，每年一次，一般在年度终了后的1个月内进行。考核内容包括工程进度、工程质量和安全生产三项，考核指标则以《南水北调工程建设目标责任书》确定的年度目标为依据。《奖励办法》规定，各项目法人按照国务院南水北调办核定的年度奖励总额度，从投资节余奖励中预提奖励资金，专款专用。奖励资金不计入各单位工资总额。

（十六）参建单位考核奖励制度

为了进一步激励其他参建单位现场机构的积极性，国务院南水北调办颁布了《南水北调工程现场参建单位建设目标考核奖励办法（试行）》，把直接参与工程建设与管理的施工、监理、设计单位派驻工地现场机构、征地拆迁及施工环境协调机构、项目建设管理单位等纳入考核奖励范围。

对施工、监理、设计等参建单位的考核，考虑不同项目特点和节点任务区别对待。对施工单位考核以施工标段为基本单元，考核内容包括工程进度、工程质量、安全生产和文明施工，其中工程进度和工程质量各占40分，安全生产占15分，文明施工占5分；对监理单位的考核以监理标段为考核单元，以所监理施工标段工程进度、工程质量、安全生产和文明施工的考核结果为基础，占80%，同时考核监理合同执行情况，占20%；对设计单位派驻现场机构的考核以设计单元工程为考核单元，考核施工图纸供应的及时性、施工图纸的质量和现场技术服务水平，分别占40分、40分和20分；征地拆迁及施工环境协调机构是指负责南水北调中线干线工程征地拆迁及施工环境协调的相关机构，奖励对象是在南水北调中线干线工程征地拆迁、施工环境协调等工作中作出突出贡献的人员；项目建设管理单位的考核奖励以管理范围为考核单元，以下达的年度工程进度、工程质量和安全生产目标任务为考核指标，分别占40分、40分和20分。

明确奖励对象，根据不同工作内容进行有针对性的奖励。奖励资金由中线建管局按照不超过年度建筑安装工程总投资的4‰从投资节余奖励中预提，专款专用。施工单位奖励对象主要包括派驻工地现场项目部的领导班子成员及技术骨干，施工单位获得奖励的30%用于项目部主要负责人的奖励，其他人员的奖励由项目部自行分配。施工单位奖励标准额为每个施工标段每年30万元，根据施工标段施工工期要求的紧迫性、技术复杂程度和规模大小对奖励标准额进行调整；监理单位、设计单位奖励对象主要包括派驻工地现场项目部的领导班子成员及技术骨干，监理单位、设计单位获得奖励的40%用于项目部主要负责人的奖励，其他人员的奖励由项目部自行分配，监理单位奖励标准额为每个监理标段每年15万元，现场设代机构奖励标准额为每年15万元；工程沿线征地拆迁及施工环境协调机构人员的奖励，原则上地级市本级按每

个市三人、每个县两人控制，征地拆迁及施工环境协调机构按获奖人数平均每人每年2万元；委托和直管项目建设管理单位的正式在编人员原则上均纳入奖励范围，项目建设管理单位领导班子成员的奖励实行标准控制，由中线建管局根据考核情况直接发放；现场建设管理处主要负责人的奖励实行标准控制，其他人员的奖励实行总额控制。奖励标准：领导班子主要负责人奖励标准额每人每年6万元，其他班子成员奖励标准额每人每年4万元；现场建设管理处主要负责人奖励标准额每人每年3万元；其他人员奖励总额度由中线建管局按年度核定。

（十七）质量管理评价制度

为了定性、定量分析评价南水北调工程质量管理状况，国务院南水北调办编制了《南水北调工程质量管理评价指标体系》，通过采集工程质量问题信息，按照数理统计和分层方法，确定质量管理评价指标，建立质量管理评价指标体系，综合评价南水北调东、中线一期工程建设质量管理状况变化趋势。

质量管理评价通过对飞检、站点监督、专项稽查、举报、集中整治等收集的数据进行分析，从而判断质量管理状况的优劣。

（十八）网络公示制度

为加强南水北调工程建设质量、进度和安全等管理，国务院南水北调办研究决定对发生质量、进度和安全问题的有关责任单位进行网络公示，并颁发了《关于对南水北调工程建设中发生质量、进度、安全等问题的责任单位进行网络公示的通知》。

网络公示制度是2012年国务院南水北调办采取的一项警示制度。在中国南水北调网设置警示栏，对出现质量问题达到网络公示条件的直接责任单位和间接责任单位进行公示，有利于督促参建单位规范质量管理行为和严格监控工程质量，对严重质量问题的责任单位和责任人起到一定的警示和震慑作用。

网络公示对象为：①出现质量、安全等事故的直接和间接责任单位；②出现2次严重质量管理违规行为或质量缺陷等质量问题的直接或间接责任单位；③出现3次较重质量管理违规行为或质量缺陷等质量问题的直接或间接责任单位；④出现5次一般质量管理违规行为或质量缺陷等质量问题整改不到位的直接和间接责任单位；⑤无正当理由工程进度延误3个月以上的建设项目的直接和间接责任单位。

第五节　南水北调工程收尾期（试通水期）质量监管制度

一、收尾期（试通水期）质量监管概况

2013年，南水北调工程进入了收尾期、决战期，国务院南水北调办认真贯彻落实国务院领导视察国务院南水北调办时的重要指示精神，在“高压高压再高压，延伸完善抓关键”的质量监管总体思路下，从提高全系统思想认识入手，着眼质量管理行为和工程实体质量，又采取了

一系列强有力的措施，出重拳、用重典，加力查找质量问题，从重追究责任，严防质量意外，确保把南水北调工程建成合格放心工程。

二、“四项”质量监管专项制度

在工程的决战期、收尾期，鉴于工程问题仍存在多发趋势，严重质量问题还时有发生。为确保工程质量，严防意外，国务院南水北调办决定再加高压开展质量监管工作，并制定了一系列的制度。

（一）快速质量认证制度

产品质量认证工作是在社会主义市场经济条件下，规范市场行为、维护公众利益、提高国民经济运行质量的有效方法和重要手段。认证机构作为第三方，在推动各种技术法规和标准的贯彻、规范市场秩序、促进质量管理等方面，具有其他工作不可替代的作用和优势。对企业来说，推行认证制度，可以促使其按照技术法规、标准实施管理和组织生产，规范自身行为，从根本上提高管理水平，建立信誉，增强竞争力。对社会而言，通过认证制度的推行，产品质量满足需要、生存环境得到改善、健康安全得到保证、人们的质量意识得到加强、人们对生活质量要求不断增强，就会促使全社会自觉地保护环境，使管理制度先进、产品质量有保证的企业和产品得到社会的认同。完善我国的产品质量认证制度，能够切实起到规范市场行为，优化资源配置，维护公众利益，促进对外贸易，维护国家经济利益和安全的作用。尽快完善产品质量认证法律体系、工作规则，依法整顿、规范认证市场，依法加强认证认可监督管理，是建立和完善我国质量认证制度的关键。

在质量认证基础上，南水北调工程实行快速质量认证。各质量检查单位要快速开展质量认证，评估质量问题对工程结构安全的影响，认定质量问题性质。常规质量认证由质量检查单位具体负责，在5日内完成。权威质量认证由质量监管中心负责，在10日内完成。

（二）监理集中整治制度

1. 开展监理集中整治的必要性

南水北调工程质量实行“项目法人负责、监理单位控制、设计和施工单位保证和政府监督相结合”的质量管理体制。监理单位受项目法人委托，对工程建设项目实施中的质量、进度、资金、安全等进行管理，是施工质量过程控制中的重要力量，是工程质量的“守护神”，在质量监控体系中具有至关重要的作用。

工程质量监督检查中发现，一些监理单位在履行合同和人员履职等方面存在许多不容忽视的问题，严重质量管理违规行为时有发生，没能发挥监理质量控制的应有作用，给南水北调工程质量管理带来很大隐患，如一些监理单位进场监理人员数量和质量不能满足合同约定和工程建设需要，对现场监理人员管理不力；部分监理人员业务素质不高，责任心不强，对工程质量监管不力、把关不严，甚至存在不按规定实施旁站监理、不按要求进行平行检测和跟踪检测、签验不合格的工程、原材料等失职渎职现象。

2. 监理集中整治采取的措施

为遏制监理违规行为，切实发挥监理对工程质量控制作用，加强南水北调工程质量管理，

国务院南水北调办决定，开展以“三清除一降级一吊销”（即针对不同的违规行为和质量事故，实施清除监理单位、清除总监理工程师、清除监理工程师，降低监理单位资质等级，吊销资质资格证书等处罚）“311”整治行动为核心的监理整治行动，下发《关于开展以“三清除一降级一吊销”为核心的监理整治行动的通知》，要求加大对监理单位质量管理行为的监督检查力度，对出现严重违规行为、造成严重质量问题的监理单位和监理人员，进行严查严处。情节严重的，对责任单位和责任人，实施清除出场、降低资质等级、注销资格证书，直至吊销资质证书的处罚。同时，特别提出要对项目法人、建管单位、现场建管部门实施连带责任追究，也制定了相应的责任追究标准。“311”整治行动的开展，对规范监理行为，强化监理质量过程管控作用，对项目法人、建管单位进一步认清责任，切实加强监理合同管理，共同做好监理工作，把工程质量控住管好，都起到了重要作用。主要采取的措施有以下方面。

（1）严查严处监理违规行为。对出现严重违规行为、造成严重质量问题的监理单位、总监理工程师和监理工程师，按照处罚标准坚决清除出场，直至实施“五部联处”，包括对监理单位降低资质等级、吊销资质证书，对总监理工程师、监理工程师注销注册证书等，资质降级、吊销工作流程图如图7-5-1所示。通过严厉的处罚手段，警醒各监理单位和监理人员，强化责任意识，按规办事、认真履职、敢于担当。

（2）严肃连带责任追究。凡监理单位和监理人员被国务院南水北调办实施“三清除一降级一吊销”责任追究的，相关项目法人、建管单位、现场建管部门将实施连带责任追究。通过连带责任追究的方式，迫使项目法人、建管单位进一步认清责任，切实加强监理合同管理，及时解决监理单位合理诉求，加强质量管理，共同把工程质量控住管好。

（三）信用管理制度

为加强南水北调工程建设信用管理，根据《建设工程质量管理条例》（国务院令第279号）和南水北调工程建设质量问题责任追究、进度考核、安全生产考核等有关规定，结合南水北调工程建设实际，制定《南水北调工程建设质量信用管理办法》。质量信用是指南水北调工程施工、监理单位遵守质量法律法规、技术标准，兑现质量承诺的能力和程度。南水北调质量信用管理是指对南水北调工程施工、监理单位质量信用信息的采集、评价、发布、使用等活动。由国务院南水北调办、省（直辖市）南水北调办（建管局）负责南水北调工程建设信用的监督管理。

对南水北调工程质量信用管理的第一步是采集各单位质量信用信息。质量信用信息包括质量问题信息和质量良好信息。质量问题信息是指与施工、监理单位有关的质量管理违规行为、工程实体质量缺陷、质量事故和责任追究情况等信息。质量良好信息是指施工、监理单位获得的南水北调工程建设质量表彰等信息。质量信用信息按工程施工、监理标段采集，按月汇总。国务院南水北调办、省（直辖市）南水北调办（建管局）以质量巡查、质量飞检、专项稽查、举报调查、责任追究等方式采集质量信用信息，项目法人以质量管理和检查等方式逐标段采集质量信用信息并定期报国务院南水北调办。

质量信用管理的第二步是对采集来的质量信息进行质量信用评价，分为质量信用季度评价和年度评价。质量信用季度评价和年度评价结果分为质量管理优秀单位、质量管理可信单位、质量管理基本可信单位、质量管理不可信单位四个等级。季度质量管理中获得质量表彰或季度

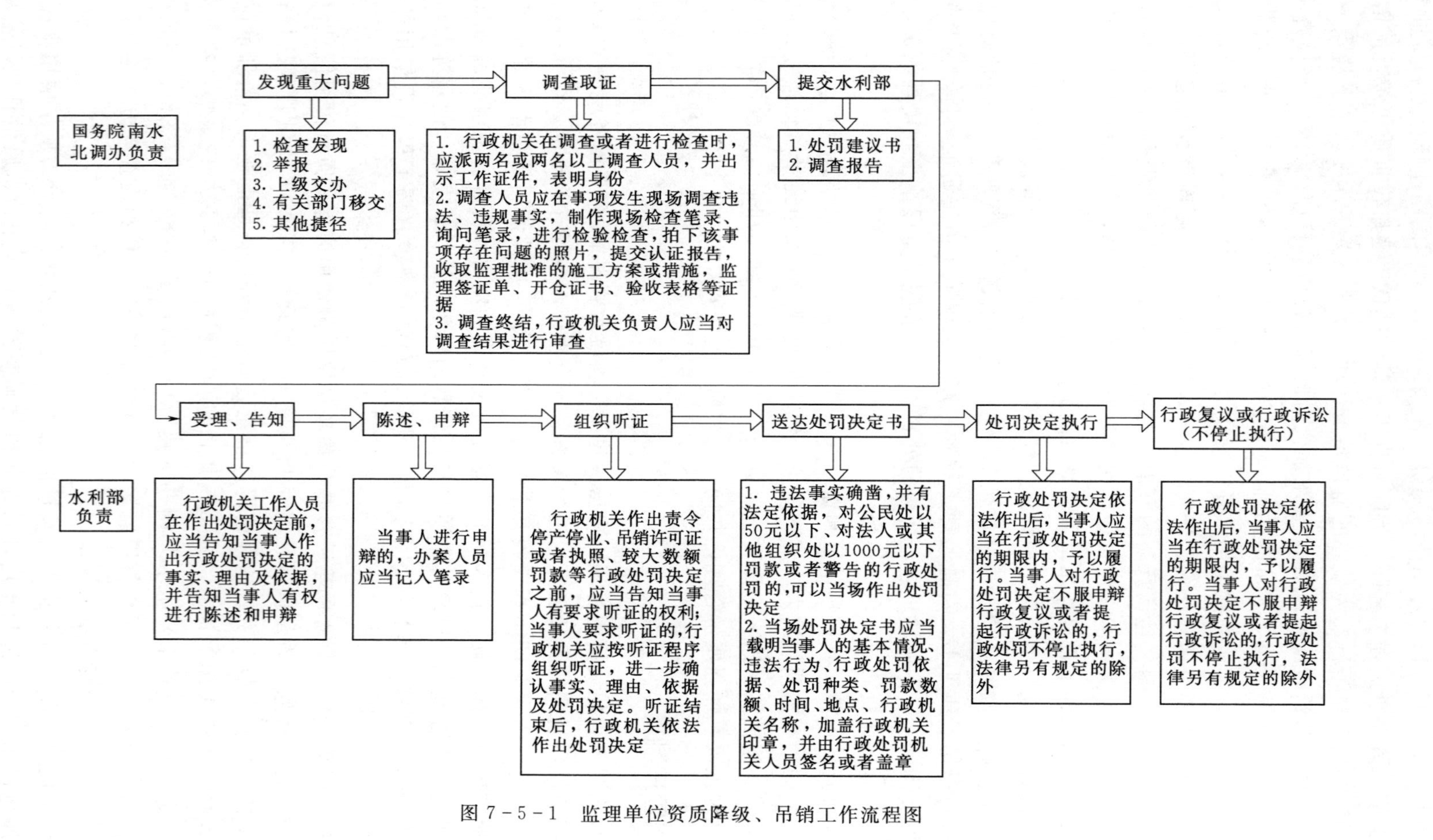

图 7-5-1　监理单位资质降级、吊销工作流程图

质量信用信息中无较重和严重质量缺陷的施工、监理单位，其评价结果为季度质量管理优秀单位。季度质量信用信息中质量缺陷较少且未受到加重责任追究的施工、监理单位，其评价结果为季度质量管理可信单位。季度质量信用信息中，被省（直辖市）南水北调办（建管局）、项目法人通报批评或被追究责任向主管单位通报的施工、监理单位，其评价结果为季度质量管理基本可信单位。季度质量信用信息中，出现质量事故、被清除出场、留用察看等情况的则被评为质量管理不可信单位。不同等级的评价称号对应不同的分数，年度质量信用评价则采用季度质量管理累计积分制，进而根据总分的不同分段划分年度质量管理等级单位。

质量信用管理的第三步是对信用评价结果进行良好利用并建立质量信息库。南水北调工程建设质量信用评价结果定期发布和通报，季度质量管理优秀单位、不可信单位，在中国南水北调网上公示6个月。年度质量管理优秀单位、不可信单位在中国南水北调网上公示1年。国务院南水北调办定期向国家有关行政主管部门通报施工、监理单位的质量信用评价结果。南水北调工程建设质量信用信息，按规定可供有关资质管理、信用管理、工程建设项目法人等单位查询，信息保存和查询期限为5年。

（四）"回头看"集中整治制度

在中线工程已进入决战、收尾期后，为了对质量问题整改情况进行一次集中检查，摸清家底，检验一下质量监管的实际效果，国务院南水北调办决定开始对中线工程开展质量监管"回头看"集中整治活动。

"回头看"的主要任务：一是重点检查2012年、2013年以来质量飞检发现的质量问题整改情况、国务院南水北调办"三查一举"质量检查发现的严重质量问题整改情况；二是深入查找不放心类质量问题，消除质量隐患；三是检查有关单位质量管理责任和质量监管措施贯彻落实情况；四是对质量监管"回头看"集中整治发现的质量问题，严格实施责任追究。

"回头看"制度共分为两个阶段：一是自查自纠阶段，二是集中检查阶段。在自检自查阶段，项目法人、建管单位要依据质量监管"回头看"集中整治活动主要任务制定自查自纠工作方案，2013年9月25日前组织参建单位完成自查自纠，全面检查2013年以来各项质量检查发现的严重质量问题整改情况，对新发现的质量问题及时组织整改，消除质量隐患。有关自查自纠报告于9月30日前报国务院南水北调办。在集中检查阶段，质量监管"回头看"质量集中检查于10月10日开始，由国务院南水北调办领导分别带队，对中线河北、河南黄河以北（含穿黄工程）、河南黄河以南、湖北在建工程质量问题整改情况等进行检查。质量监管"回头看"集中整治活动由国务院南水北调办各有关司局参加，监督司负责"回头看"集中整治活动日常协调工作，各检查组牵头部门具体负责本组检查组织和检查报告编写等工作。有关质量检测工作由监管中心负责统一组织安排，各省（直辖市）南水北调办和项目法人做好配合工作。

第八章　南水北调工程参建方质量行为监管

在南水北调工程建设过程中，质量行为的监管是指工程质量监督机构根据国家的法律法规、颁布的各类相关文件以及工程建设强制性标准等，对参建各方履行质量责任的行为进行监督检查。行之有效的质量行为监管，将有助于保证南水北调工程质量的稳定和提高。

第一节　南水北调工程关键工序考核

保证南水北调工程的质量是南水北调工程建设管理的核心任务之一。国务院南水北调办为加强南水北调工程建设质量管理，进一步明确了各参建单位质量管理职责，要求强化施工质量过程控制，规范质量行为，鼓励关键工序施工作业人员增强质量意识，为实现工程质量总体建设目标打下坚实基础。同时，国务院南水北调办在深入调查、模拟执行、施工现场试点的基础上，为加强关键工序考核，提出了《南水北调工程建设关键工序施工质量考核奖惩办法》，旨在通过强化关键工序的考核，激励一线作业工人，确保工程质量行为规范工程质量达标。

一、建设关键工序确定

南水北调工程建设中的关键工序是指对工程的质量、性能、功能、寿命、可靠性及成本等有直接影响的工序。关键工序施工质量行为的控制是南水北调工程质量行为控制的关键。在国务院南水北调办提出的《南水北调工程建设关键工序施工质量考核奖惩办法》中，对各类工程中关键工序的确定做出了详细说明和明确规定。

关键工序考核工程类型分为建筑物混凝土工程、渠道衬砌工程、土石方填筑工程等三类。它们各自所涉及的关键工序如下：

(1) 建筑物混凝土工程：钢筋制作及安装、模板（含止水）安装、混凝土浇筑、施工缝凿毛、混凝土养护、预应力张拉及灌浆。

(2) 渠道衬砌工程：透水管安装、逆止阀安装、复合土工膜焊接、混凝土浇筑、混凝土养护、切缝、嵌缝。

(3) 土石方填筑工程：填方渠道（堤）填筑、改性土换填、穿渠（堤）建筑物周边回填。

二、关键工序质量考核组织

关键工序的质量考核按照分级负责、分级考核的模式组织进行。施工单位负责对关键工序施工作业班组和初检、复检、终检人员进行考核；监理单位负责对施工单位进行考核；建设管理单位负责对监理、施工单位进行考核；项目法人负责对建设管理、监理、施工单位进行考核；国务院南水北调办负责对项目法人组织的关键工序考核过程进行监督检查并考核。

在整个关键工序质量考核的组织过程中，施工单位负责选定关键工序考核工程，监理单位负责审核确认，建设管理单位、项目法人负责检查。施工、监理单位依据《南水北调工程建设关键工序施工质量考核奖惩办法》对关键工序的考核与规程规范确定的工序验收同步进行。在完成工序验收后，监理单位按规定填写关键工序考核记录表。建设管理单位、项目法人、国务院南水北调办独立进行对关键工序的考核，同时施工、监理单位要提供关键工序考核的有关工作记录和资料。

如此层层分管落实，每个部门各司其职，紧密配合，形成了一个系统有序的关键工序考核组织体系，如图 8-1-1 所示。

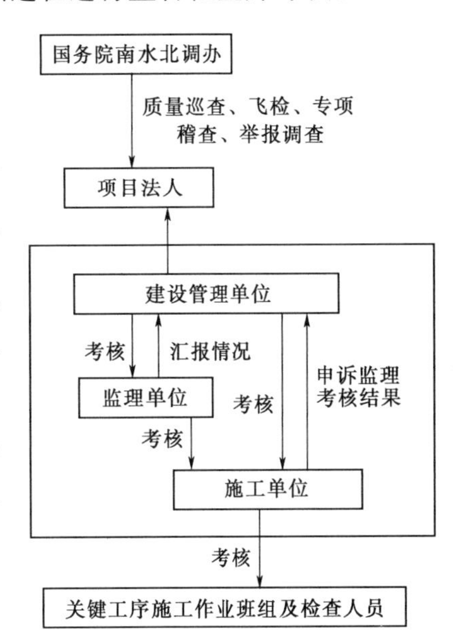

图 8-1-1　关键工序质量考核组织体系

（一）国务院南水北调办

国务院南水北调办负责对项目法人组织的关键工序考核过程进行监督检查并考核。国务院南水北调办通常以抽查的方式检查关键工序的施工质量，抽查方式包括质量巡查、飞检、专项稽查和举报调查等。除此之外，国务院南水北调办还对项目法人组织的关键工序的考核进行随机抽查，并对施工、监理、建设管理、项目法人等单位相关人员实施奖惩。

（二）项目法人

项目法人负责对建设管理、监理、施工单位进行考核，通常以抽查的方式负责检查关键工序施工质量，并统计汇总考核情况。每月对不低于10%的关键工序进行考核，全年对施工、监理全部标段实施考核。按照关键工序质量考核标准等按月组织对关键工序施工作业班组和初检、复检、终检人员的考核；每月对监理单位进行考核；按季度对建设管理单位相关人员进行考核。

（三）建设管理单位

建设管理单位负责对监理、施工单位进行考核。建设管理单位是由项目法人直接派出、委托或以代建管理的模式对施工合同和监理合同进行管理。同时建设管理单位也对工程现场、具体从事工程建设的人员进行管理。

建设管理单位以抽查方式负责检查关键工序施工质量，检查施工、监理单位关键工序考核情况，定期向项目法人报告关键工序考核情况。建设管理单位负责每月对不少于30%的关键工序进行考核。

对施工单位的考核包括：按照关键工序质量考核标准对关键工序施工作业班组和初检、复检、终检人员进行考核；按月对施工单位项目经理进行考核。

对监理单位的考核主要是建设管理单位每月依据对施工作业班组的考核结果连带考核监理单位。

（四）监理单位

监理单位负责对关键工序施工质量进行考核，检查施工单位关键工序考核情况，定期向建设管理单位报告关键工序考核情况。监理单位每月对关键工序的考核在数量上不少于80%，每次参加考核的人员应不少于2人。监理单位按照以下要求组织关键工序的考核工作。

（1）监理单位需派出专职人员，通过旁站、巡视等方式对关键工序施工过程进行控制。具体要求见表8-1-1。

表8-1-1　　关键工序施工过程控制检查要求表

考核工程	关键工序	检查要求	备注
建筑物混凝土工程	钢筋制安施工	巡视	
	模板（含止水）安装施工	巡视	其中：止水安装旁站
	浇筑振捣施工	旁站	
	施工缝凿毛	成果验收	
	混凝土养护	巡视	
	预应力张拉及灌浆	旁站	
渠道衬砌工程	透水管安装施工	旁站	该项目如实施四方联合验收，可不旁站
	逆止阀安装施工	旁站	该项目如实施四方联合验收，可不旁站
	土工膜焊接施工	旁站	该项目如实施四方联合验收，可不旁站
	混凝土浇筑及收面	旁站	
	混凝土养护	巡视	
	切缝	成果验收	
	嵌缝	巡视	
土石方填筑工程	填方渠道（堤）填筑	成果验收	其中：高填方、缺口回填的铺料施工、碾压、层间面结合处理需要旁站
	改性土换填	成果验收	其中：铺料施工、碾压、层间面结合处理需要旁站
	穿渠建筑物周边回填	成果验收	其中：穿渠建筑物周边回填、主干渠建筑物进出口翼墙回填、桥梁墩柱周边回填的铺料施工、碾压、层间面结合处理、泥浆涂刷施工需要旁站；泵站、船闸、建筑物周边回填的泥浆涂刷施工需要旁站

(2) 施工单位对监理单位的考核结果有异议的，可向建设管理单位申诉，建设管理单位最终裁定监理单位的考核结果。

(五) 施工单位

施工单位负责对关键工序的施工质量，关键工序的施工作业班组和初检、复检、终检人员进行考核。

三、关键工序质量考核标准

关键工序的考核标准根据考核指标，即检查标准和检测标准确定，分为“好”“中”“差”三个等级，详细的评判标准见表8-1-2。各类工程中所涉及的关键工序的检查指标、检测指标及质量标准见表8-1-3。

表8-1-2　　关键工序考核标准表

考核项目	考核标准		
	好	中	差
建筑物混凝土工程	检查指标符合质量标准且检测指标逐项合格率大于等于90%	检查指标符合质量标准且检测指标逐项合格率大于等于70%	检查指标有不符合质量标准项或存在检测指标合格率小于70%
渠道衬砌工程	检查指标符合质量标准且检测指标逐项合格率大于等于95%	检查指标符合质量标准且检测指标逐项合格率大于等于75%	检查指标有不符合质量标准项或存在检测指标合格率小于75%
土石方填筑工程	检查指标符合质量标准且检测指标逐项合格率大于等于90%，其中压实度全部符合设计要求	检查指标符合质量标准且检测指标逐项合格率大于等于70%，其中压实度全部符合设计要求	检查指标有不符合质量标准项或存在检测指标合格率小于70%，或压实度不符合设计要求

表8-1-3　　南水北调工程关键工序施工检查检测指标及质量标准

一	混凝土工程	考核指标		质量标准
(一)	钢筋安装	检查指标	钢筋数量、规格、安装位置	符合设计要求
			脱焊点和漏焊点	无脱（漏）焊点
			接头分布	同一截面受力钢筋，构件受拉区接头截面面积占受力钢筋总截面面积百分率不超过25%（绑扎接头）或50%（焊接或套筒连接）
			直螺纹丝头保护	丝头无破损现象
			直螺纹丝头加工	钢筋端部断面平整且与轴线垂直

续表

一	混凝土工程	考核指标		质量标准	
（一）	钢筋安装	检测指标	受力钢筋间距偏差	±0.1 倍设计间距	
			钢筋保护层偏差	±1/4 倍钢筋净保护层厚度	
			钢筋长度方向偏差	±1/2 倍钢筋净保护层厚度	
			绑扎	缺扣、松扣数量不大于 20%且不集中；搭接长度应满足规范要求	
			电弧焊	帮条对焊接头中心的纵向偏移差不大于 0.5*d*	
				焊缝	焊缝饱满，长度允许偏差 −0.5*d*
				咬边深度	0.05*d* 且不大于 1mm
				表面气孔夹渣	在 2*d* 长度上不多于 2 个；直径不大于 3mm
			对焊	接头处钢筋中心线的位移	允许偏差 0.1*d*，且不大于 2mm
			直螺纹套筒连接	丝头加工	有效螺纹长度满足规范要求
				接头	应有外露有效螺纹且单边外露有效螺纹不超过 2 扣
					接头拧紧力矩值满足规范要求
（二）	模板安装	检查指标	止水连接	橡胶止水带接头连接牢固	
				金属止水片搭接长度不小于 20mm 且需双面焊接	
				连接方式符合设计要求	
			止水防护	有效防护，无污染、无受损、未失效	
			模板稳定性、刚度和强度	支撑牢固、稳定	
		检测指标	相邻模板高差	外露表面不大于 2mm	
				隐蔽内面不大于 5mm	
				止水中心线偏移小于 5mm	
（三）	混凝土浇筑	检查指标	砂浆铺筑	厚度均匀且不大于 3cm	
			入仓混凝土料	无不合格料入仓	
			平仓分层	厚度不大于 50cm，铺设均匀、分层清楚、无骨料集中	
			混凝土振捣	振捣有序，无架空和漏振	
			露筋	无	
			蜂窝、空洞	轻微、少量、不连续，单个面积不超过 $0.1m^2$，深度不超过骨料最大粒径，累计面积小于 5%	

续表

一	混凝土工程	考核指标		质量标准
（三）	混凝土浇筑	检查指标	麻面、气泡	少量，累计面积小于5%
			深层及贯穿裂缝	无
			冷缝	无
		检测指标	过流面混凝土表面平整度	不大于8mm/2m
（四）	施工缝凿毛	检查指标	施工缝凿毛	无乳皮、无松动混凝土块，微露粗砂，清理干净
（五）	混凝土养护	检查指标	养护时间、措施	养护时间不少于28天；采用养护剂养护时，养护剂涂刷及时、均匀覆盖混凝土表面；采用水养护时，混凝土表面保持湿润
			冬季施工保温措施	在28天养护期内，保温措施有效，覆盖或遮蔽良好
（六）	预应力张拉	检查指标	操作人员	操作人员经过上岗专业技术培训，并有培训合格证明
			张拉机具安装	安装前，外露预应力筋（钢绞线）必须除锈；承压面洁净
				安装后夹片间隙应相等，夹片后座应在同一平面
				预紧级张拉应对称循环张拉、不少于2个循环，直至各根预应力筋相邻两次预紧伸长值不超过3mm
				锚具安装后不能及时张拉时，应对外露钢绞线和锚具进行保护
			张拉	张拉程序和张拉控制力符合设计、规范要求；每级张拉吨位与理论伸长值符合设计要求；张拉加载速率每分钟不超过$0.1\sigma_{con}$；超张拉和锁定吨位符合设计、规范要求
			张拉记录	及时、详细、准确、如实地记录，记录表填写规范、签字完整
		检测指标	伸长值允许偏差	实测伸长值应小于理论计算伸长值的±6%
（七）	预应力孔道灌浆	检查指标	孔道清洗	管道内无积水和杂物
			灌浆	浆材、浆比、强度符合设计要求；灌浆压力0.5～0.6MPa、回浆比重不小于进浆比重；管道内灌浆压力保持－0.08～－0.1MPa
		检测指标	灌浆量	灌浆量大于理论值

续表

二	渠道衬砌工程	考核指标		质量标准
(一)	透水管安装	检查指标	透水管铺设	管线顺直、无明显起伏；铺设于砂砾层中央；接头对接整齐、牢固、不错缝；外包土工布平整均匀、松紧适度
		检测指标	透水管周围砂垫层厚度偏差	[－20mm，20mm]
(二)	逆止阀安装	检查指标	间距、位置	符合设计要求
			与透水管连接	连接牢固，无松动歪斜
			拍门方向	拍门安装方向符合设计要求
			与衬砌面板相对位置	符合设计要求，无明显凹陷或突出
(三)	土工膜连接	检查指标	铺设、搭接方向	渠坡垂直水流方向铺设，渠底顺水流方向铺设；渠坡、渠底横缝均上游幅压下游幅搭接
			黏结质量	黏结均匀，无漏接点；黏结膜的拉伸强度要求不低于母材的80%，且断裂不得在接缝处
		检测指标	搭接宽度	搭接宽度不小于100mm
			焊缝检测	充气试验气压0.15～0.2MPa稳压时间1～5分钟，压力无明显下降
(四)	混凝土浇筑	检查指标	入仓混凝土	无不合格料入仓
			混凝土振捣	留振时间合理，无漏振、过振，表面出浆
			收面压光质量	表面无气泡、平整、光滑、无抹痕
		检测指标	平整度	不大于8mm/2m
(五)	混凝土养护	检查指标	养护措施	采用洒水养护，混凝土表面保持湿润，养护时间不少于28天
			冬季施工保温措施	在28天养护期内，保温措施有效，覆盖或遮蔽良好
			贯穿性裂缝	经处理后符合设计要求
(六)	切缝	检查指标	切缝时间	切缝时衬砌混凝土抗压强度为1～5MPa
		检测指标	切缝深度	判定“好”时，按[－5mm，0]控制；判定“中”“差”时，按[－10mm，0]控制
(七)	嵌缝	检查指标	伸缩缝清理	缝内灰尘、混凝土余渣、杂物等及时清理干净，嵌缝前保持清洁干燥
			嵌缝填充	填充饱满，表面齐平，黏结牢固，压实抹光，边缘顺直
		检测指标	嵌缝厚度	不小于设计值

续表

三	土石方填筑工程	考核指标		质量标准
(一)	填方渠道填筑	检查指标	土质、粒径	无不合格土(杂物及超径石块);粒径不大于15cm(水泥改性土及弱膨胀土填筑土料粒径应不大于10cm)
			碾压作业程序	碾压机械行走平行于堤轴线,碾迹及搭接碾压符合要求
			层间结合面处理	层面湿润均匀、无积水;采用光面碾压时,表面刨毛20~30mm,无空白、风干现象
			接坡处理	符合设计要求
		检测指标	铺料厚度	允许偏差:0~-5cm(弱膨胀土和水泥改性土为±2cm)
			铺料边线	允许偏差大于10cm
			压实指标	符合设计要求
(二)	改性土换填	检查指标	渗水处理	渠底及边坡渗水(含泉眼)妥善引排或封堵,建基面清洁无积水
			层间结合面处理	层面湿润均匀、无积水;采用光面碾碾压时,表面刨毛20~30mm,无空白、风干现象
		检测指标	土料	土粒径不大于10cm,10~5cm粒径含量不大于5%,5cm~5mm粒径含量不大于50%(不计姜石含量)
			水泥改性土均匀度	平均水泥含量不小于试验确定值;水泥含量标准差不大于0.7
			压实度	压实度合格率不小于95%,不合格样不得集中在局部范围内
			渠底高程	允许偏差:0~-5cm
(三)	穿渠建筑物周边回填	检查指标	土料土质、土块粒径	无不合格土(杂物及超径石块)、符合规范要求
			建筑物表面清理	外露铁件切除及防锈符合设计要求,无乳皮、粉尘、油污等
			泥浆涂刷	涂刷前湿润建筑物表面;涂刷高度与铺土厚度一致,无超前涂刷现象;涂层厚度3~5mm,并与下部涂层衔接;泥浆比重符合规范要求
			层间结合面处理	层面湿润均匀、无积水;采用光面碾压时,表面刨毛20~30mm,无空白、风干现象
		检测指标	分层铺料厚度偏差	[-50mm,0]
			一般部位压实度	符合设计要求
			建筑物周边压实度	符合设计要求

四、关键工序质量考核效果

2013年是南水北调工程建设决战决胜之年，面对工程建设的严峻形势，关键工序的质量考核显得尤为重要。受国务院南水北调办委托主要负责此项工作的稽察大队认真贯彻落实《南水北调工程建设关键工序施工质量考核奖惩办法》，通过飞检抽查和关键工序综合考核方式强化施工质量过程控制。2013年关键工序的质量考核成果见表8-1-4。

表8-1-4　　2013年关键工序质量考核成果

序号	抽查关键工序作业班组	连带考核相关单位	关键工序考核结果	
			好	一般
1	166个施工标段 532个关键工序	58个施工单位	110	422
2		39个监理单位		
3		19个建管单位		
4		5个项目法人		

（一）质量考核效果总体对比分析

1. 2013年上、下半年质量考核效果对比分析

为落实好《南水北调工程建设关键工序施工质量考核奖惩办法》，实现质量过程控制目标，稽察大队2013年3月初专门组织对全体人员进行了关键工序考核培训。每个飞检组在随后的飞检过程中对关键工序的实施情况进行了摸底调查并对关键工序进行了抽查考核。在上半年的飞检抽查考核中，发现部分单位对关键工序考核认识理解深度不够，各级参建单位未能认真落实关键工序考核。考核效果不甚明显。鉴于以上情况，稽察大队从下半年开始成立了关键工序综合考核组，专门负责关键工序考核和监督检查工作。通过关键工序综合考核，使各单位提高了认识，加强了关键工序考核工作，并按要求严格执行落实，使工序施工质量有了较大提高，如表8-1-5、表8-1-6和图8-1-2所示，考核情况“好”的比例下半年比上半年有所提高。

表8-1-5　　2013年上半年关键工序考核情况统计表

考核情况	好	一般
考核数量/个	48	235
所占比例/%	17.0	83.0

表8-1-6　　2013年下半年关键工序考核情况统计表

考核情况	好	一般
考核数量/个	62	187
所占比例/%	24.9	75.1

2. 2013年下半年各月质量考核效果对比分析

从数据分析情况表明，下半年开始进行关键工序综合考核后，关键工序“好和中”的比例总体呈上升趋势，见表8-1-7和图8-1-3。

关键工序质量考核督促了现场关键工序考核和各级参建单位对《南水北调工程建设关键工序施工质量考核奖惩办法》质量管理责任的落实，对强化南水北调工程过程控制，提高工序施工质量，起到了很好的促进作用。

表 8-1-7　　稽察大队关键工序综合考核抽查工序月度统计分析表

月　　份	7	8	9	10	11	12
考核数量/个	58	73	79	48	53	30
好和中数量/个	16	32	36	23	27	21
好和中所占比例/%	27.6	43.8	45.6	47.9	50.9	70.0

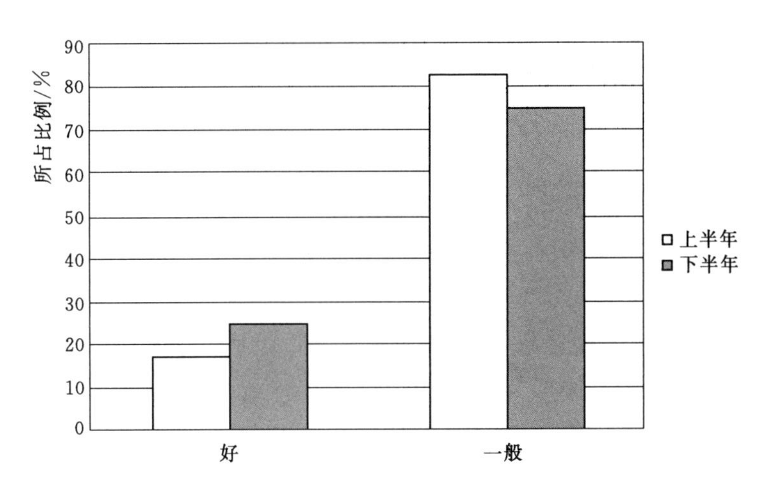

图 8-1-2　2013 年关键工序考核情况对比图

（二）典型标段质量考核效果分析

在上述南水北调工程质量考核数据的整体对比分析中，可以发现自加强关键工序考核后，考核工序“好”的比例明显提升，而“差”的比例有所下降，由此可见关键工序考核工作的加强给施工水平带来的提升。下面通过选取典型标段的工序施工水平进行比较分析，进一步地揭示关键工序考核认真落实给工序施工水平带来的提升。

图 8-1-3　2013 下半年关键工序综合考核情况折线图

1. 焦作 1 段 2 标和 3 标

2013 年 9 月，焦作 1 段 3 标依据《南水北调工程建设关键工序施工质量考核奖惩办法》，结合现场情况制订实施方案，按要求落实了关键工序考核奖惩，效果较好，对其综合考核抽查关键工序“好”的比例达 46.3%。而焦作 1 段 2 标存在部分关键工序未考核，奖惩落实不到位等问题，该标段抽查考核“好”的比例仅占 3.6%。从两者悬殊的差距中不难看出，认真进行关键工序考核并落实奖惩的标段，综合考核工序“好”的比例要远远高于未认真践行的标段。

2. 河南省南水北调中线工程建设管理局许昌建管处和平顶山建管处管辖相关标段

稽察大队在保证关键工序综合考核覆盖面的同时，对重点施工段进行了二次考核和监督复查。对河南省南水北调中线工程建设管理局许昌建管处和平顶山建管处管辖相关标段的关键工序首次考核提出的问题进行了复查，对奖惩结果的落实进行了监督。经复查，各单位对提出的大部分问题均进行了整改，并落实了奖惩；通过抽查现场关键工序施工质量，两个建设管理单位第三季度关键工序施工水平比第二季度均有了较大提高，如表 8-1-8 和图 8-1-4 所示。

表 8-1-8　　同一建管单位不同季度关键工序考核情况对比分析表

建管单位	河南省南水北调中线工程建设管理局许昌段建管处		河南省南水北调中线工程建设管理局平顶山段建管处	
季度	第二季度	第三季度	第二季度	第三季度
抽查考核数量/个	16	15	22	17
好和中数量/个	5	7	11	10
好和中所占比例/%	31.3	46.7	50.0	58.8

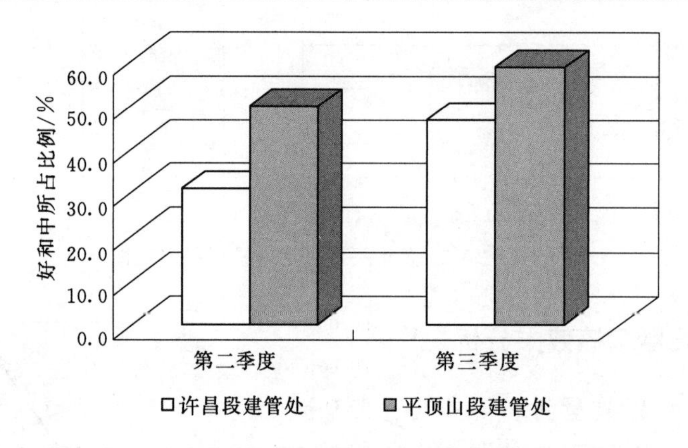

图 8-1-4　同一建管单位不同季度关键工序质量考核情况对比

第二节　建立信用机制对施工单位及监理单位的质量行为监管

为进一步增强承包商及监理单位的诚信意识，并督促两者严格遵守法律法规和技术标准，落实合同承诺，国务院南水北调办从自身工程特点出发，创新建立了一套信用机制对承包商及监理单位的质量行为进行监管。通过对承包商及监理单位信用信息的采集、信用评价、信用结果发布和使用等活动，约束两者的各项质量行为，从而确保了南水北调工程建设质量、进度、安全生产目标的实现。

一、监理、施工单位建设信用信息收集

（一）建设信用信息收集方式

为全面反映工程建设质量、进度、安全情况，国务院南水北调办、省（直辖市）南水北调办（建管局）、项目法人每个月要对在建工程施工、监理标段至少检查一次。

根据工程建设实际情况，工程质量信用信息按月采集汇总，建设进度、安全生产信用信息按季度采集汇总。

1. 工程质量信用信息

工程质量信用信息由项目法人每月对在建工程施工、监理标段实施全面质量检查，逐标段采集，并按期报国务院南水北调办。

国务院南水北调办、省（直辖市）南水北调办（建管局）、以质量巡检、质量飞检、专项稽查、举报调查、质量问题责任追究等方式采集工程质量信用信息。检查发现的质量问题经过联合会商，由国务院南水北调办负责汇总、分析、录入南水北调工程建设信用信息库。

为实现质量问题早发现、早整改、早处理，鼓励工程参建单位自查自纠。施工、监理单位发现质量问题及时整改到位的，不纳入信用信息库；建管单位发现质量问题，立即组织整改的，可以减轻或免于责任追究；工程参建单位未发现，而国务院南水北调办、省（直辖市）南水北调办（建管局）、项目法人发现的质量问题，全部纳入信用信息库；未按规范整改的质量问题，加重责任追究。为规范自查自纠工作，要求工程施工、监理单位在现场设立工程质量问题检查及整改表，建立质量问题台账，及时按规范和设计要求加以整改。

2. 建设进度和安全生产信用信息

建设进度信用信息和安全生产信用信息按南水北调工程建设进度、安全生产考核规定采集，按工程施工、监理标段实施季度汇总。

安全信用信息按工程施工、监理标段分类采集。安全信用信息由各项目法人根据安全生产目标考核情况以及生产安全事故情况，分月统计报送。

进度信用信息按工程施工、监理标段分类采集。进度信用信息由有关项目法人根据进度目标考核情况，分月统计报送。

（二）建设信用信息收集来源

南水北调工程全面采集信用信息，并且鼓励参建单位自查自纠。建设信用信息来源包括：国务院南水北调办质量巡查、质量飞检、专项稽查、举报调查发现的质量问题和表彰信息；各省（直辖市）南水北调办（建管局）、项目法人检查发现的质量问题和表彰信息；工程项目建设进度考核信息；工程项目安全生产考核信息等。具体如图 8-2-1 所示。

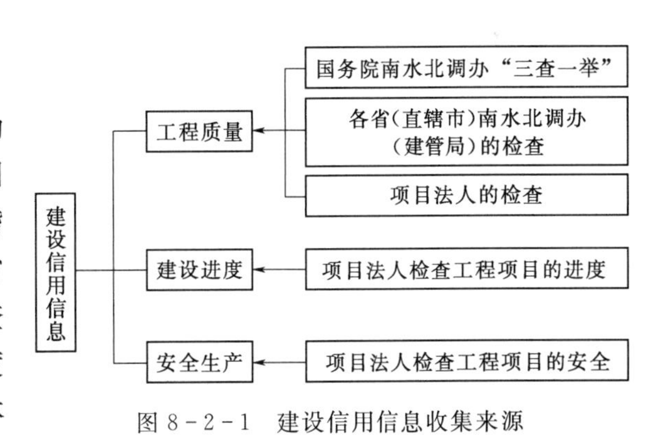

图 8-2-1　建设信用信息收集来源

（三）建设信用信息内容

南水北调完成工程涉及 338 个施工标段、146 家施工单位，171 个监理标段、83 家监理单位。整个工程的信用信息包括工程质量信用信息、建设进度信用信息、安全生产信用信息。

（1）工程质量信用信息是指施工、监理单位质量管理行为、工程实体质量、质量表彰、质量事故等信息，包括质量良好信息和质量问题信息。其中，质量良好信息是指施工、监理单位获得的南水北调工程建设质量表彰等信息，包括发文表彰，在网站公示以及颁发荣誉称号等多种形式。质量问题信息是指与施工、监理单位有关的质量管理违规行为、工程实体质量缺陷、质量事故和责任追究情况等信息。施工、监理单位常见的质量管理违规行为和工程实体质量缺陷见表8-2-1和表8-2-2。

表8-2-1　　施工、监理单位的常见质量管理违规行为

所属类别	质量管理违规行为
施工单位	质量等级签证表未进行质量等级核定，且未经项目法人和设计单位签字确认
	对检查发现或监理指出的问题整改不及时或不整改
	未对进场的原材料进行试验检测
	现场从事作业的工作人员及检测人员不具备相关资质，未持证上岗
	某些施工作业进行后未采取保护措施
	未按施工图纸或方案进行施工
	主要管理人员长期不到岗
	单元工程质量评定表内容填写与实际不符
	签订的劳动合同不规范
监理单位	平行检测工作不符合规范要求
	验仓不认真，致使出现质量事故
	未对施工单位的配料单进行审核签字
	对工程施工中部分明显的质量问题未及时发现并指正
	监理未对关键指标进行检查

表8-2-2　　常见工程实体质量缺陷

序号	工程实体质量缺陷
1	面板滑动、塌陷、隆起
2	摩擦桩有效长度不够、断桩，桩柱偏移，结合部位偏心、烂根，存在软弱夹层
3	接头焊缝质量不合格
4	黏土换填与水泥改性土换填结合面结合不良
5	渠底衬砌板表面出现冻融、剥蚀现象
6	工程实体出现裂缝
7	渠道部分逆止阀保护不到位
8	混凝土振捣不密实，存在空洞和波纹管及钢筋外露现象

（2）建设进度信用信息是指对施工、监理单位的工程建设进度目标考核信息。在2013年度收集的255家施工单位的建设进度信用信息中，合格的单位有252家，不合格的单位有3家。选取中线干线工程直管、代建项目施工单位的建设进度信用信息，见表8-2-3。

在2013年度收集的81家监理单位建设进度信用信息中，合格的单位有80家，不合格的单位仅有1家，具体见表8-2-4。

表 8-2-3　　2013 年度施工单位建设进度信用信息

施工标段	施工单位	考核结果
南沙河倒虹吸南段	中国水电建设集团十五工程局有限公司	合格
南沙河倒虹吸北段	天津振津集团有限公司	合格
元氏Ⅱ段	中国水利水电第五工程局有限公司	合格
元氏Ⅰ段	河北省水利工程局	合格
温博 1 标	中铁十六局集团有限公司	合格
磁县 1 标	中铁十四局集团有限公司	合格
温博 3 标	中国水利水电第十五工程局有限公司	合格
汤阴 1 标	中国水利水电第十工程局有限公司	合格
高邑赞皇段	中国水利水电第十一工程局有限公司	合格
磁县 3 标	中铁十三局集团有限公司	合格
温博 2 标	中国葛洲坝集团公司	合格
磁县 2 标	中国水利水电第十三工程局有限公司	合格
鹤壁 1 标	中国水利水电第二工程局有限公司	合格
汤阴 3 标	北京京水建设工程有限公司	合格
穿黄Ⅲ标	中国水利水电第四工程局有限公司	合格
汤阴 2 标	河北省水利工程局	合格
邢台市区段	江南水利水电工程公司	合格
鹤壁 2 标	中国人民武装警察部队水电第二总队	合格
焦作 1-1 标	中国水利水电第五工程局有限公司	合格
焦作 1-2 标	中国水利水电第十一工程局有限公司	合格
鲁山北标	中国水利水电第十六工程局有限公司	合格
焦作 1-3 标	中国水利水电第七工程局有限公司	合格
鹤壁 3 标	中国水利水电第十二工程局有限公司	合格
荥阳 2 标	中国水利水电第十一工程局有限公司	合格
淅川 2 标	中铁十六局集团有限公司	合格
荥阳 1 标	河南省水利第一工程局	合格
镇平 2 标	中国水利水电第十五工程局有限公司	合格
穿黄Ⅰ标	中国水利水电第十一工程局有限公司	合格
叶县 2 标	北京市京水建设工程有限责任公司	合格
北汝河倒虹吸	中国水利水电第七工程局有限公司	合格
镇平 3 标	中国水利水电第十工程局有限公司	合格
叶县 3 标	中国葛洲坝集团公司	合格
沙河 2 标	中国葛洲坝集团公司	合格

续表

施工标段	施工单位	考核结果
叶县4标	中国水利水电第一工程局有限公司	合格
穿黄ⅡA标	中铁隧道葛洲坝集团联合体	合格
澧河渡槽	中国水利水电第八工程局有限公司	合格
沙河1标	中国水利水电第四工程局有限公司	合格
淅川6标	河南水利建筑工程有限公司	合格
鲁山南2标	中国水利水电第二工程局有限公司	合格
淅川5标	黄河建工集团有限公司	合格
镇平1标	中国水利水电第三工程局有限公司	合格
双洎河渡槽	中国水利水电第四工程局有限公司	合格
淅川3标	中铁十三局集团有限公司	合格
淅川1标	中国水利水电第六工程局有限公司	合格
淅川4标	中国水利水电第五工程局有限公司	合格
淅川7标	中国水利水电第十五工程局有限公司	合格
鲁山南1标	中国水利水电第七工程局有限公司	合格
叶县1标	中铁二十一局集团有限公司	合格
湍河渡槽	中国葛洲坝集团公司	合格
穿黄ⅡB标	中铁十六局中水七局有限公司联合体	合格
沙河3标	中国水利水电第九工程局有限公司	合格

表8-2-4　　2013年度监理单位建设进度信用信息

监　理　单　位	考核结果
中线干线工程（直管、代建项目）	
河南华北水电工程监理有限公司	合格
中水北方公司邢台监理部	合格
中国水利水电建设咨询北京公司	合格
中水咨询北京公司高元监理部	合格
中水北方公司磁县监理部	合格
湖南水利水电工程监理承包总公司	合格
黄河工程咨询监理有限责任公司	合格
小浪底工程咨询有限公司	合格
黄河工程咨询监理有限责任公司	合格
北京燕波工程管理有限公司	合格
河南立信工程咨询监理有限公司	合格

续表

监　理　单　位	考核结果
北京阳光政信投资有限公司	合格
黄河勘测规划设计有限公司	合格
长江勘测规划设计研究有限责任公司	合格
甘肃省水利水电勘测设计研究院	合格
中国水利水电建设工程咨询北京公司	合格
水利部丹江口水利枢纽管理局建设监理中心	合格
河南省河川工程监理有限公司	合格
河南明珠工程管理有限公司	合格
中水淮河规划设计研究有限公司	合格
河南境内委托项目	
河南海威路桥工程咨询有限公司潮河段桥梁监理标	合格
河南省高等级公路建设监理部有限公司南阳市段桥梁监理标	合格
中国华西工程设计建设有限公司安李铁路桥监理标	合格
河南豫路工程技术开发有限公司禹州长葛段桥梁监理标	合格
河南同济路桥工程技术有限公司郑州 2 段桥梁监理标	合格
河南科光工程建设监理有限公司安阳生产桥监理标	合格
黄河勘测规划设计有限公司焦作 2 段监理标	合格
河南科光工程建设监理有限公司新乡卫辉段监理标	合格
河南科光工程建设监理有限公司安阳段监理标	合格
河南立信工程咨询监理有限公司辉县前段监理标	合格
河南科光工程建设监理有限公司辉县后段监理标	合格
河南科光工程建设监理有限公司潞王坟试验段监理标	合格
中水淮河规划设计研究有限公司、河南天地工程咨询有限公司联合体方城段监理 1 标	合格
黄河勘测规划设计有限公司郑州 2 段监理标	合格
吉林松辽工程监理监测咨询有限公司、郑州市水利工程监理中心联合体方城段监理 2 标	合格
江河水利水电咨询中心禹州长葛段监理标	合格
河南省河川工程监理有限公司南阳市段、白河倒虹吸、南阳试验段监理标	合格
河南科光工程建设监理有限公司郑州 1 段监理标	合格
佛山市顺水工程建设监理有限公司宝丰郏县段监理标	合格
深圳市深水水务咨询有限公司新郑南段监理标	合格
河南华北水电工程监理有限公司潮河段监理标	合格
河北境内委托项目	
上海宏波工程咨询管理有限公司	合格

续表

监理单位	考核结果
河北天和监理有限公司	合格
山西水利水电工程建设监理公司	合格
河北省水利水电工程监理咨询中心	合格
佛山市顺水工程建设监理有限公司	合格
天津市冀水工程咨询中心	合格
黄河水电工程建设有限公司	合格
吉林松辽工程监理有限公司	合格
天津市冀水工程咨询中心	合格
中水东北勘测设计研究有限责任公司	合格
陶岔渠首枢纽工程	
盐城市河海工程建设监理中心陶岔渠首枢纽工程监理部	合格
汉江中下游治理工程	
中国水利水电建设工程咨询西北公司汉江兴隆水利枢纽建设监理中心	合格
湖北华傲水利水电工程咨询中心南水北调中线一期引江济汉工程监理处	合格
中国水利水电建设工程咨询西北公司引江济汉工程建设监理中心	合格
湖北路达胜工程技术咨询有限公司南水北调引江济汉工程项目监理处	合格
湖北腾升工程管理有限责任公司南水北调中线一期引江济汉工程施工监理（1标）监理部	不合格
山东境内工程	
山东省水利工程建设监理公司标段（Ⅰ）	合格
山东正中计算机网络技术咨询有限公司	合格
山东省科源工程建设监理中心（Ⅰ）	合格
山东省信宇通信工程监理有限公司	合格
黄河工程咨询监理有限责任公司	合格
济宁市水利建设监理中心	合格
山东省水利工程建设监理公司标段（Ⅱ）	合格
青岛水工建设科技服务有限公司	合格
河南大河工程建设管理有限公司	合格
山东龙信达咨询监理有限公司	合格
山东省科源工程建设监理中心（Ⅱ）	合格
江苏境内工程	
江苏普蓝陵信息系统监理咨询有限公司	合格
盐城市河海工程建设监理中心（Ⅰ）	合格
上海宏波工程咨询管理有限公司	合格

续表

监　理　单　位	考核结果
南京江宏监理咨询有限公司	合格
盐城市河海工程建设监理中心（Ⅱ）	合格
江苏河海工程建设监理有限公司	合格
江苏省水利工程科技咨询有限公司（Ⅰ）	合格
徐州市水利工程建设监理中心（Ⅰ）	合格
江苏省水利工程科技咨询有限公司（Ⅱ）	合格
江苏省苏水工程建设监理有限公司（Ⅰ）	合格
徐州市水利工程建设监理中心（Ⅱ）	合格
江苏省苏水工程建设监理有限公司（Ⅱ）	合格
南京江宏监理咨询有限责任公司	合格

（3）安全生产信用信息是指对施工、监理单位安全生产目标考核信息和生产安全事故信息。在2013年度收集的399家单位的安全生产信用信息中，考核等级Ⅰ级单位有368家（安全监测单位3家，设计单位4家，监理单位97家，施工单位264家），Ⅱ级单位有28家（施工单位26家，监理单位2家），Ⅲ级单位有3家，均为施工单位，整体分布情况如图8-2-2所示。其中东线山东境内工程的安全生产信用信息见表8-2-5。

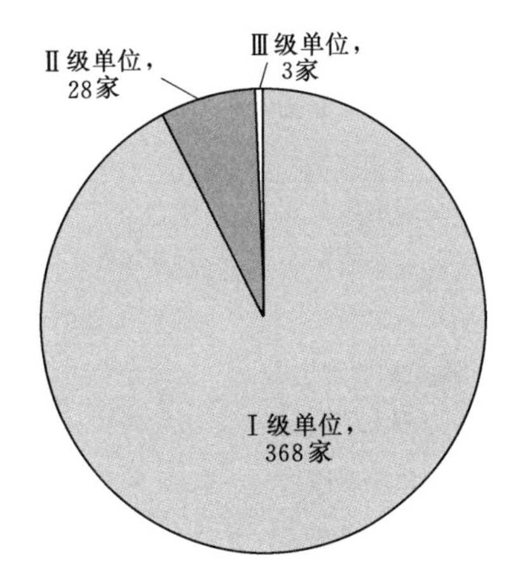

图8-2-2　2013年度安全生产信用信息分布图

表8-2-5　　2013年度东线山东境内工程安全生产信用信息

单位（全称）	所属类别	承建标段名称	考核等级	相关安全生产人员	主持考核单位
青岛枫和建设工程有限公司	施工单位	长沟泵站水土保持工程	Ⅰ级	孙春雷	山东省南水北调两湖段工程建管局
济南新大地园林工程有限公司	施工单位	邓楼泵站水土保持工程	Ⅰ级	史强	山东省南水北调两湖段工程建管局
聊城市东昌府区水利开发总公司	施工单位	梁济运河段水土保持工程	Ⅰ级	胡国峰	山东省南水北调两湖段工程建管局
山东黄河建工有限公司	施工单位	柳长河段水土保持工程	Ⅰ级	孙本询	山东省南水北调两湖段工程建管局
中水北方勘测设计研究有限责任公司	监理单位	监理1、2、3、4施工标	Ⅰ级	滕传斌	济东局明渠段建管处

续表

单位（全称）	所属类别	承建标段名称	考核等级	相关安全生产人员	主持考核单位
中铁十四局集团有限公司	施工单位	明渠段1标	Ⅰ级	徐荣山	济东局明渠段建管处
山东黄河工程集团有限公司	施工单位	明渠段2标	Ⅰ级	赵庆峰	济东局明渠段建管处
山东大禹工程建设有限公司	施工单位	明渠段3标	Ⅰ级	张玉源	济东局明渠段建管处
葛洲坝集团三峡实业有限公司	施工单位	明渠段4标	Ⅰ级	孙友群	济东局明渠段建管处
河南华北水电工程监理有限公司	监理单位	监理5、6、7施工标	Ⅰ级	何 勇	济东局明渠段建管处
山东省水利工程局	施工单位	明渠段5标	Ⅰ级	仇寿平	济东局明渠段建管处
中国水利水电第六工程局有限公司	施工单位	明渠段6标	Ⅱ级	郭明亮	济东局明渠段建管处
中铁十七局集团有限公司	施工单位	明渠段7标	Ⅱ级	罗 威	济东局明渠段建管处
河南立信工程咨询监理有限公司	监理单位	监理8、9施工标	Ⅰ级	赵 超	济东局明渠段建管处
中国水利水电第十三工程局有限公司	施工单位	明渠段8标	Ⅰ级	刘 涛	济东局明渠段建管处
北京金河水务建设有限公司	施工单位	明渠段9标	Ⅰ级	师建军	济东局明渠段建管处
河南立信工程咨询监理有限公司	监理单位	监理陈庄标	Ⅰ级	濮鑫卿	济东局明渠段建管处
青州市水利建筑总公司	施工单位	陈庄标	Ⅰ级	干春海	济东局明渠段建管处
山东省科源工程建设监理中心	监理单位	监理	Ⅰ级	迟明春	济东局双王城水库建管处
北京金河水务建设有限公司	施工单位	施工1标段	Ⅰ级	任秀峰	济东局双王城水库建管处
华北水利水电工程集团有限公司	施工单位	施工2标段	Ⅰ级	王殿福	济东局双王城水库建管处
胜利油田胜利工程建设（集团）有限责任公司	施工单位	施工3标段	Ⅰ级	孙周	济东局双王城水库建管处
山东省水利工程建设监理公司	监理单位	东湖水库监理标	Ⅰ级	许衡	济东局东湖水库建管处
浙江省水电建筑安装公司	施工单位	东湖水库施工Ⅰ标	Ⅱ级	赵航民	济东局东湖水库建管处
内蒙古黄河工程局股份有限公司	施工单位	东湖水库施工Ⅱ标	Ⅱ级	贺文义	济东局东湖水库建管处
山东黄河工程集团	施工单位	东湖水库管理设施	Ⅱ级	郭旭升	济东局东湖水库建管处
胜利油田胜建园林有限公司	施工单位	东湖水库水土保持	Ⅱ级	温超	济东局东湖水库建管处

二、监理、施工单位建设信用评价

国务院南水北调办依据信用信息以及第六章中阐述的信用评价机制，对施工、监理单位实施季度信用评价和年度信用评价。季度信用评价和年度信用评价结果分为优秀单位、可信单位、基本可信单位、不可信单位四个等级。同时，国务院南水北调办对信用评价非常重视和审

慎。对季度、年度信用评价结果，国务院南水北调办将告知有关单位。对信用评价结果有异议的单位可在接到信用评价结果通知书后5日内向国务院南水北调办提出申诉，国务院南水北调办将在5日内对申诉意见进行复核。

自2013年第三季度至2014年第二季度各季度信用评价结果的单位数量见表8-2-6。2013年度第三、四季度及2014年度第一季度的优秀单位见表8-2-7～表8-2-9。2014年第一季度和第二季度的不可信单位见表8-2-10和表8-2-11。

表8-2-6　　2013—2014年各季度信用评价结果单位数量

	2013年第三季度	2013年第四季度	2014年第一季度	2014年第二季度
优秀单位数量/个	12	27	11	0
可信单位/个	0	0	0	0
基本可信单位/个	0	0	0	0
不可信单位/个	0	0	3	13

表8-2-7　　2013年第三季度优秀单位

工　　程	施工标段	单位类别	单　位　名　称
北汝河渠道倒虹吸工程	—	施工单位	中国水利水电第七工程局有限公司
安阳段工程	施工2标	施工单位	河南省水利第二工程局
邯郸市县段工程	SG1-3标	施工单位	河北省水利工程局
沙河市段工程	SG5标	施工单位	河北省水利工程局
沙河市段工程	SG6标	施工单位	江南水利水电工程公司
邢台县和内丘县段工程	SG7标	施工单位	河北省水利工程局
邯郸市县段工程	JL17标	监理单位	天津市冀水工程咨询中心
邢台县和内丘县段工程	JL05标	监理单位	上海宏波工程咨询管理有限公司
引江济汉工程	渠道8标	施工单位	湖北华夏水利水电股份有限公司
引江济汉工程	渠道12标	施工单位	中国水利水电第十三工程局有限公司
穿黄工程	ⅡA标	施工单位	中隧集团葛洲坝集团联合体
穿黄工程	ⅡB标	施工单位	中铁十六局集团水电七局联合体

表8-2-8　　2013年第四季度优秀单位

施　工　标　段	单位类别	单　位　名　称
淅川3标	施工单位	中铁十三局集团有限公司
淅川7标	施工单位	中国水利水电第十五工程局
穿黄Ⅲ标	施工单位	中国水利水电第四工程局有限公司
焦作1-1标	施工单位	中国水利水电第五工程局有限公司
焦作1-3标	施工单位	中国水利水电第七工程局有限公司
禹长1标	施工单位	中国水利水电第十二工程局有限公司

续表

施　工　标　段	单位类别	单　位　名　称
新郑南 2 标	施工单位	河南水利建筑工程有限公司
郑州 2－3 标	施工单位	河南省水利第二工程局
焦作 2－3 标	施工单位	中国水利水电第三工程局有限公司
辉县 2 标	施工单位	中国水电基础局有限公司
磁县 3 标	施工单位	中铁十三局集团有限公司
南沙河倒虹吸南段	施工单位	中国水利水电第十五工程局有限公司
南沙河倒虹吸北段	施工单位	天津振津工程集团有限公司
邢台市区段	施工单位	江南水利水电工程公司
元氏Ⅰ段	施工单位	河北省水利工程局
SG1－3 标	施工单位	河北省水利工程局
SG5 标	施工单位	河北省水利工程局
SG8 标	施工单位	中国水利水电第十一工程局有限公司
SG9 标	施工单位	中国水利水电第十工程局有限公司
SG13 标	施工单位	中国水利水电第十三工程局有限公司
引江济汉进口段荆江大堤防洪闸工程	施工单位	湖北大禹水利水电建设有限责任公司
引江济汉渠道 4 标	施工单位	中国水利水电第七工程局有限公司
漳古段直管工程监理 2 标	监理单位	中水北方勘测设计研究有限责任公司
JL03 标	监理单位	广东顺水工程建设监理有限公司
JL05 标	监理单位	上海宏波工程咨询管理有限公司
JL07 标	监理单位	山西省水利水电工程建设监理公司
JL17 标	监理单位	天津市冀水工程咨询中心

表 8－2－9　　2014 年第一季度优秀单位

施　工　标　段	单位类别	单　位　名　称
引江济汉渠道 8 标	施工单位	湖北华夏水利水电股份有限公司
禹长 3 标	施工单位	中国水电基础局有限公司
潮河 3 标	施工单位	河南省水利第一工程局
潮河 4 标	施工单位	河南省水利第二工程局
安阳 8 标	施工单位	中国水电建设集团十五工程局有限公司
SG1－3 标	施工单位	河北省水利工程局
SG6 标	施工单位	江南水利水电工程公司
SG8 标	施工单位	中国水利水电第十一工程局有限公司
郑州 2 段监理标	监理单位	黄河勘测规划设计有限公司
JL04 标	监理单位	河北天和监理有限公司
JL17 标	监理单位	天津市冀北工程咨询中心

表 8-2-10　　2014 年第一季度不可信单位

工　程	施工标段	单位类别	单　位　名　称
淅川段工程	第五施工标段	施工单位	黄河建工集团有限公司
淅川段工程	第五施工标段	监理单位	河南明珠工程管理有限公司
南阳段工程	第二施工标段	施工单位	中国水利水电第十工程局有限公司

表 8-2-11　　2014 年第二季度不可信单位

工　程	施工标段	单位类别	单　位　名　称
焦作 1 段工程	第一施工标段	施工单位	中国水利水电第五工程局有限公司
焦作 1 段工程	第三施工标段	施工单位	中国水利水电第七工程局有限公司
焦作 1 段工程	—	监理单位	黄河工程咨询监理有限责任公司
方程段工程	第九施工标段	施工单位	葛洲坝集团第五工程有限公司
方程段工程	第九施工标段	监理单位	吉林松辽工程监理监测咨询有限公司和郑州市水利工程监理中心联合体
禹长段工程	第二施工标段	施工单位	中国葛洲坝集团股份有限公司
鲁山北段工程	—	施工单位	中国水利水电第十六工程局有限公司
镇平段工程	第一施工标段	施工单位	中国水利水电第三工程局有限公司
镇平段工程	第一施工标段	监理单位	北京阳光政信投资有限公司
临城县段工程	SG12 标段	施工单位	中国水利水电第一工程局有限公司
临城县段工程	SG12 标段	监理单位	河北省水利水电工程监理咨询中心
宝丰郏县段工程	第三施工标段	施工单位	中国水利水电第九工程局有限公司
方城段工程	第八施工标段	施工单位	安徽水利开发股份有限公司

三、各单位建设信用评价结果发布与使用效果

（一）信用评价结果发布

国务院南水北调办定期向国家有关行政主管部门、资产管理主管部门通报施工、监理单位的信用评价结果。同时，南水北调工程建设信用信息按规定可供有关资质管理、信用管理、工程建设项目法人等单位查询，建设信用信息保存和查询期限为 5 年。南水北调工程建设信用评价结果发布和通报：①季度优秀单位和不可信单位在中国南水北调网公示 6 个月；②年度优秀单位和不可信单位在中国南水北调网公示 1 年。

中国南水北调网是南水北调工程的官方网站，点击浏览人数多，影响力大，而各季度各年度的信用评价结果更是被置于中国南水北调网首页的公共通知版块和警示栏处，醒目且易于寻找，更是提升了它公示的效果，如图 8-2-3 所示。同时自 2013 年 9 月起，在中国南水北调网上公示的基础上，采用南水北调手机报快速通报信用评价信息。

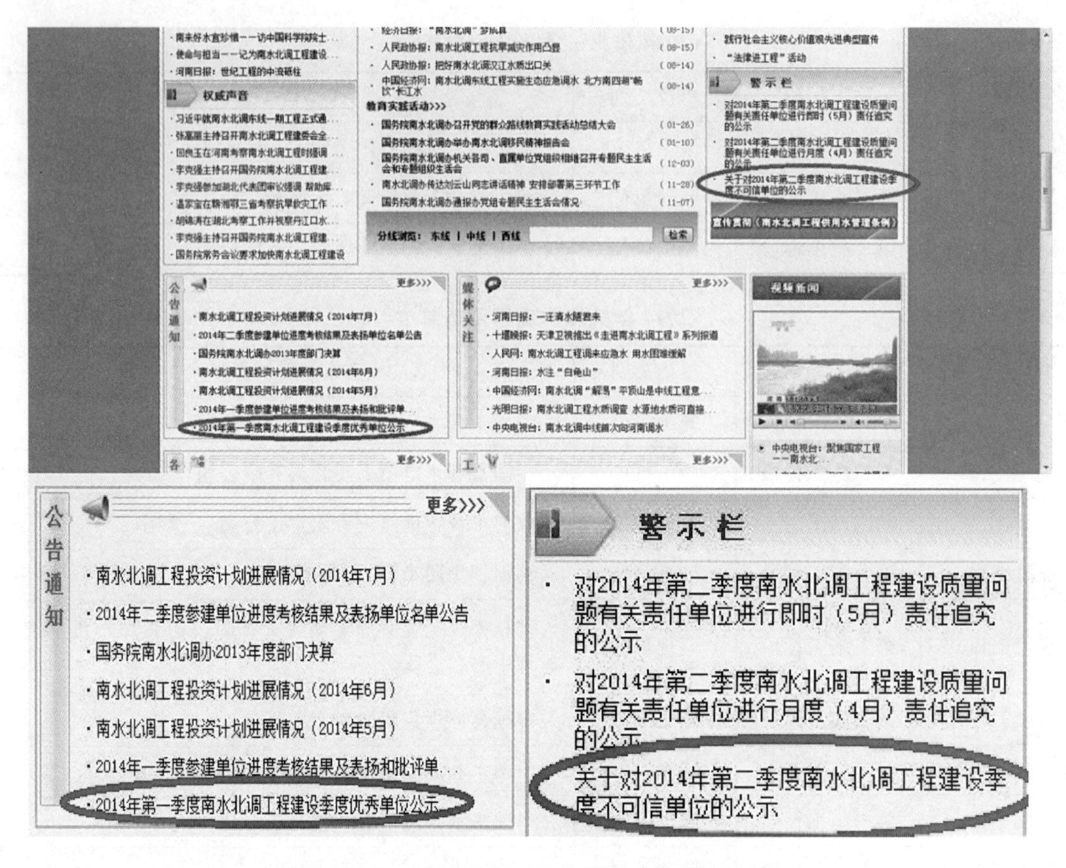

图 8-2-3　南水北调工程建设信用信息结果发布

（二）信用评价使用效果

（1）南水北调工程不可信单位比例下降。季度、年度信用评价结果公示对施工、监理单位影响重大。信用表彰激励诚信行为，警示整改避免严重问题，对于施工和监理单位提高责任意识、发挥主动性、提高建设管理水平具有重要意义。在逐步开展信用评价的过程中，各单位受到信用评价的激励和约束，不可信单位的比例逐季度下降。

（2）促进了全社会信用体系建设。南水北调工程信用建设是社会主义市场经济信用体系建设的重要组成部分，信用评价对规范建筑市场起着良好的示范作用，对于促进企业和个人自律，形成有效的市场约束，具有重要作用。

信用评价结果的公示，是对诚实守信参建单位的声誉激励。季度、年度信用优秀单位，其组织、技术和责任心得到南水北调工程的检验，表明其具备胜任类似工程建设的信用和能力，有助于他们在工程建设市场竞争中获胜。这种声誉激励给他们诚信建设带来了动力，从而使南水北调工程质量得到保证。

第三节　“集中整治”对施工单位质量行为监管

2011 年，国务院南水北调办在现场检查中发现，承包商对施工质量“常见病”“多发病”

司空见惯，一个常规的土工膜焊接质量检测，竟也成为众多标段的“软肋”。随后，经过密集的稽查、抽查和飞检，发现质量问题几乎遍及所有被查标段。在这种情况下，国务院南水北调办意识到整个工程系统迫切需要一次大规模的质量集中整治活动，借此扭转工程质量管理的被动局面，避免工程建设高峰期即是质量问题“爆发期”的情况出现。

南水北调工程的质量集中整治是指在一段时间内对在建工程集中进行工程质量检查、质量问题整改、前期质量管理总结。质量集中整治活动每年集中分阶段进行，分为自查自纠阶段、国务院南水北调领导带队检查阶段、责任追究阶段，各个阶段的组织方式和侧重点会有所不同。

集中整治的范围涵盖南水北调东、中线主体工程所有在建项目的工程实体质量，以及项目法人、勘测设计单位、监理单位、施工单位、质量检测机构、质量监督机构的质量管理行为。

在整个集中整治活动中，如果单位和个人在集中整治中主动查摆问题并认真整改，且问题经整改纠正后未对工程质量造成较大影响的，将不再追究其责任；对整改不到位、逾期不整改、隐匿问题不报、弄虚作假以及对工程质量造成较大影响的，一经查实，按规定从严追究有关单位和个人的责任。

一、“集中整治”的必要性

质量是工程建设管理的核心，南水北调工程质量与沿线人民群众的切身利益紧密相连，与社会和谐稳定发展的大局息息相关，随着工程建设的深入，参建单位开始出现松懈、质量隐患增多的现象，这给建设高峰期质量保证带来严峻挑战，因此，开展质量集中整治活动，对消除隐患保证工程建设质量是尤为必要的。

（1）能够查明工程质量存在的突出问题。针对稽查、检查和飞检发现的质量问题开展集中整治，可在较短的时间内最大限度地调用一切可运用的资源查明工程中已堆积许久的质量问题和突出的质量问题，以便集中整治。

（2）便于分析质量问题的原因，提出并落实整改措施。集中整治是集中人员和精力，对南水北调工程建设中各类质量问题进行集中解决。这种活动经过充分地准备，有严密的组织领导，在整治过程中，各部门分工明确，各负其责，对已经查出的质量问题进行系统、专业的分析，快速查明质量问题的原因，提出相应的整改措施进行集中整改，大大提高了解决问题的效率。

（3）进一步规范了质量监督机构和各参建单位的质量管理行为。集中整治执行力量强大，查处工程质量问题毫不手软，具有一定的震慑力。能够促使各参建单位进行自查自纠，及时整改质量问题，规范质量管理行为。同时也能督促质量监督机构加强对各个工程标段的质量监督，不放过任何一个质量问题，履行自己的监督职责。

（4）切实落实管理责任，消除质量隐患，确保工程质量。集中整治调用的执行资源强大，多个职能部门联合执行，进行的整治力度远远大于一般的质量问题处理，在一定程度上能促使相关部门和单位落实自己的质量管理责任。只要各相关部门和单位能够恪尽职守，履行自己的职责，进一步加强部门之间的互相合作，携手共治质量问题，便能消除质量隐患，确保工程质量。

二、“集中整治”的组织

2011年，南水北调工程建设进入高峰期和关键期。针对工程建设中存在的质量通病、常见病等问题，南水北调系统内开展了“两整顿”活动，即整顿监理队伍、整顿原材料进出环节，拉开了质量集中整治的序幕。

为切实加强组织领导，国务院南水北调办成立了由办领导任组长，有关部门和单位负责同志为成员的集中整治工作领导小组。国务院南水北调办多次召开会议，办党组成员到会指导研究部署各个阶段工作。

集中整治工作由监管中心具体组织开展，各省（直辖市）南水北调办（建管局）、项目法人和参建单位密切配合，认真完成质量集中整治活动的自查自纠阶段工作。各参建单位对质量集中检查工作高度重视，及时进行动员部署，并成立专门的领导和工作机构，制订实施方案，认真开展自查自纠，全力配合检查。2011—2013年集中整治组织开展情况见表8-3-1。

表8-3-1　　2011—2013年集中整治组织开展情况

时　间	执行单位	工　作　内　容
2011年3月10—19日	南水北调工程监管中心	南水北调东、中线一期工程原材料专题调研的专题研究调研工作
2011年5月16—23日	南水北调办稽查专家组	选取南水北调东线山东省境内济南市区段工程和明渠段工程两个设计单元工程进行专项稽查
2011年5月23—27日	东线质量抽查组	对山东省境内的双王城水库2标、济南市区段11标、两湖段八里庄泵站工程三个标段的工程质量集中整治情况进行了抽查
2011年5月25日至6月1日	南水北调办稽查专家组	选取南水北调东线江苏省境内泗洪站工程和金湖站工程两个设计单元工程进行了专项稽查
2011年5月25日至6月3日	稽察大队	对南水北调中线一期工程总干渠穿漳河交叉建筑物工程进行了施工质量飞检
2011年5月25日至6月3日	稽察大队	对南水北调中线干线河北省永年县境内工程进行了检查
2011年5月27—31日	东线质量抽查组	江苏省境内的泗洪泵站工程、泗阳泵站工程两个标段的工程质量集中整治情况进行了抽查
2011年6月18—23日	南水北调办第三检查组	对江苏水源公司负责组织建设的骆马湖以南中运河影响处理工程的七堡泵站和城南泵站、刘老涧二站、泗阳泵站、淮安二站、洪泽泵站和金湖泵站的6个设计单元工程7个施工标段工程质量进行了检查
2012年4月25日	河北直管建管部	召开了2012年度质量集中整治工作部署会
2012年4月25日	引江济汉建管处	组织相关参建单位召开了引江济汉工程2012年度质量集中整治工作动员会
2012年5月11—14日	南水北调办检查小组	检查组先后检查了南水北调东线山东省境内的23个施工标段，工程类型涉及渠道、桥梁、平原水库等

续表

时　　间	执行单位	工　作　内　容
2012 年 5 月 15—16 日	南水北调办检查小组	检查了中线干线陶岔渠首、淅川、镇平、南阳市区、方城、叶县、澧河渡槽、沙河渡槽、鲁山南段、鲁山北段等 16 个标段工程
2012 年 5 月 16—18 日	南水北调办检查小组	检查南水北调中线干线黄河以南工程质量
2013 年 9 月 18 日至 10 月 31 日	中线建管局	检查河北、河南直管代建项目中的 714 个质量问题
2013 年 9 月 20 日至 10 月 19 日	湖北省南水北调办	检查湖北工程项目中的 31 个质量问题
2013 年 10 月 3—10 日	河南省南水北调办	检查河南委托项目中的 280 个质量问题
2013 年 10 月 8 日	稽察大队	检查河南黄河以南工程项目中共 410 个质量问题
2013 年 10 月 9 日	监管中心	检查河北、河南黄河以北工程项目 127 个质量问题

三、2011 年“集中整治”开展情况

（一）整治活动开展阶段

2011 年 5 月，国务院南水北调办下发《关于开展南水北调工程质量集中整治工作的通知》，开展对全线包括质量监督机构和各参建单位质量管理行为以及工程实体质量的集中整治。7 月下发《关于开展南水北调工程原材料质量专项整顿的通知》，针对工程原材料质量管理中存在的突出问题，对南水北调工程原材料质量进行一次专项整顿，从源头上保证工程质量。要求：①项目法人、监理单位、施工单位及质量检测机构要健全原材料质量管理制度，落实质量责任；质量监督机构对参建单位原材料管理制度建设和执行情况进行专项监督检查；②项目法人、监理单位及施工单位要规范原材料采购行为，设计单位在设计文件中要明确规定各原材料质量指标；③项目法人、监理单位及施工单位要严把原材料进场检验关；④施工试验室应具备水利甲级资质，检测项目必须齐全，检测设备必须通过检定，试验人员必须具备执业资格等；⑤平行检测和第三方检测机构应严格按照规范要求履行职责；⑥质量监督机构要加大对原材料进场检验的监督力度，对原材料不定期抽样检测等；⑦项目法人、监理单位及施工单位要加强原材料保存保管和使用过程中的保护工作。

各质量监督机构和各参建单位针对国务院南水北调办提出的要求，狠抓落实，开展自查自纠，对不能及时整改的安全事故隐患和问题，要定整改责任单位、定整改责任人、定整改措施、定整改完成时间，制订整改工作计划。国务院南水北调办对各单位自查自纠和整改情况组建抽查小组进行抽查，确保质量，优质高效推进工程建设。

（二）集中整治处罚情况

2011 年，集中整治共计终止合同 4 次，通报批评 53 次，诫勉谈话 4 次。其中，2 家事业单位通报批评，1 次事业单位诫勉谈话，3 对项目法人进行通报批评，10 次建管单位通报批评，1 次监理单位终止合同，17 次监理单位通报批评，1 次施工单位终止合同，21 次施工单位通报批评，2 次事业单位终止合同，3 次事业单位诫勉谈话。具体情况统计如表 8－3－2 所示。

表 8-3-2　　2011年集中整治处罚情况

处罚批次	单位名称	所属类别	处罚
第一批处罚	南水北调工程建设监管中心	事业单位	通报批评
	南水北调中线干线工程建设管理局	项目法人	通报批评
	南水北调中线水源有限责任公司	项目法人	通报批评
	湖北省南水北调工程建设管理局	项目法人	通报批评
	中国水利水电建设工程咨询西北公司	监理单位	通报批评
	中水东北勘测设计研究有限责任公司	监理单位	通报批评
	中水北方勘测设计研究有限责任公司	监理单位	通报批评
	湖南水利水电工程监理承包总公司	监理单位	通报批评
	小浪底工程咨询有限公司	监理单位	通报批评
	山东水利工程总公司	施工单位	通报批评
	天津市水利工程有限公司	施工单位	通报批评
	中国水利水电第十二工程局	施工单位	通报批评
	江南水利水电工程公司	施工单位	通报批评
第二批处罚	河北省南水北调工程建设管理局	建管单位	通报批评
	南水北调东线第一期工程穿黄河工程北区建设管理局	建管单位	通报批评
	南水北调东线山东干线有限责任公司	建管单位	通报批评
	南水北调东线江苏水源有限责任公司	建管单位	通报批评
	天津市冀水工程咨询中心	监理单位	通报批评
	山东省淮海工程建设监理公司	监理单位	通报批评
	江苏省苏水工程建设监理有限公司	监理单位	通报批评
	河南科光工程建设监理有限公司	监理单位	通报批评
	河南立信工程咨询监理有限公司	监理单位	通报批评
	中国水利水电第十一工程局	施工单位	通报批评
	中铁十九局集团有限公司	施工单位	通报批评
	中国水利水电第五工程局	施工单位	通报批评
	江苏省水利建设工程有限公司	施工单位	通报批评
	中国水利水电第十三工程局	施工单位	通报批评
	中国葛洲坝集团股份有限公司	施工单位	通报批评
	河南水利建筑工程有限公司	施工单位	通报批评
	中国水利水电第十四工程局	施工单位	通报批评
	葛洲坝集团第一工程有限公司	施工单位	通报批评
	河北省水利工程局	施工单位	通报批评
	山东大禹工程建设有限公司	施工单位	通报批评

续表

处罚批次	单 位 名 称	所属类别	处罚
第三批处罚	河南省水利勘测有限公司	设计单位	通报批评
	河南省南水北调中线工程建设管理局	建管单位	通报批评
	河南华北水电工程监理有限公司	监理单位	通报批评
	江河水利水电咨询中心	监理单位	通报批评
	长江工程监理咨询有限公司	监理单位	终止合同
	中国安能建设总公司	施工单位	通报批评
	河南省水利第二工程局	施工单位	终止合同
	河南黄河工程质量检测有限公司	检测单位	终止合同
	丹江口精正建设工程检测有限公司	检测单位	终止合同
第四批处罚	长江勘测规划设计研究有限责任公司	设计单位	诫勉谈话
	山东省南水北调济南至引黄济青段工程建设管理局明渠段建管处	建管单位	通报批评
	湖北省南水北调兴隆水利枢纽工程建设管理处	建管单位	通报批评
	南水北调中线干线工程建设管理局河南直管项目建设管理局平顶山项目部	建管单位	通报批评
	河南省南水北调中线工程建设管理局平顶山段建设管理处	建管单位	通报批评
	河南省南水北调中线工程建设管理局安阳段建设管理处	建管单位	责成批评
	中国水利水电建设工程咨询西北公司	监理单位	通报批评
	山东济东明渠段工程监理项目1标监理部	监理单位	责成通报批评
	广东顺水工程建设监理有限公司	监理单位	通报批评
	长江勘测规划设计研究有限责任公司沙河渡槽监理标监理部	监理单位	责成通报批评
	葛洲坝集团三峡实业有限公司	施工单位	通报批评
	中国水利水电第九工程局有限公司	施工单位	通报批评
	中国水利水电第十六工程局有限公司	施工单位	通报批评
	山东黄河工程集团有限公司	施工单位	责成通报批评
	中国华水水电开发总公司	施工单位	责成通报批评
	长江科学院工程质量检测中心	检测单位	诫勉谈话
	河南省水利质量检测中心	检测单位	诫勉谈话
	河北省水利质量检测中心站	检测单位	诫勉谈话

四、2012年“集中整治”开展情况

为进一步强化南水北调工程各参建单位质量责任意识，按照“突出高压抓质量”的总体要求，在2011年第一次质量集中整治基础上，2012年上半年开展了第二次质量集中整治活动，

从2012年4月21日开始，历时70天。

此次集中整治旨在查摆工程质量存在的突出问题，分析原因，提出并落实整改措施，进一步规范各参建单位和质量监督机构的质量管理行为，切实落实管理责任，消除质量隐患，确保工程质量。整治范围涵盖南水北调东、中线主体工程所有在建项目的工程实体质量，以及项目法人、勘测设计单位、监理单位、施工单位、质量检测机构、质量监督机构的质量管理行为。

（一）整治活动开展三阶段

（1）2012年4月21日至5月10日，自查自纠阶段。各单位围绕整治重点，根据本单位工程建设实际情况，对照有关法律法规、规章制度、技术标准和合同，逐项查摆存在的质量问题，分析原因，能及时整改的应立即整改，不能及时整改的应明确整改期限，限时整改，并实事求是地形成自查整改报告。

（2）2012年5月15—31日，国务院南水北调办领导带队检查阶段。对照各项目法人和各质量监督机构上报的自查整改报告，从在建项目中随机选取施工标段，对其工程质量和自查自纠情况进行检查。

（3）2012年6月1—30日，责任追究阶段。对此次整治中需要追究单位和个人责任的，依据《南水北调工程建设质量问题责任追究管理办法》和《南水北调工程合同监督管理规定（试行）》，于6月30日前提出责任追究建议。

（二）整治活动问题情况

与2011年第一次质量集中整治情况相比，2012年第二次检查发现的质量问题，无论是一般普遍性问题，还是较重及以上质量问题，在数量上都大幅下降，参建单位的质量意识和质量管理水平较以往明显提升，工程质量继续向好。2012年集中整治活动共发现质量问题1601个，区域分布如图8-3-1所示，问题类型分布如图8-3-2所示。在828个质量实体问题中，按工程类型的分布如图8-3-3所示。

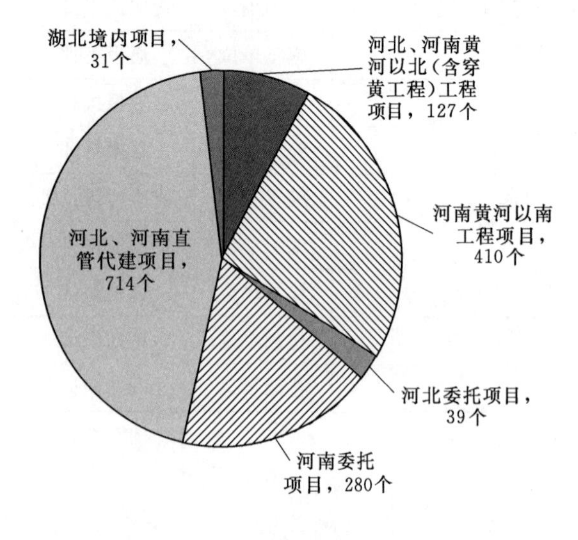

图8-3-1　2012年集中整治问题区域分布图

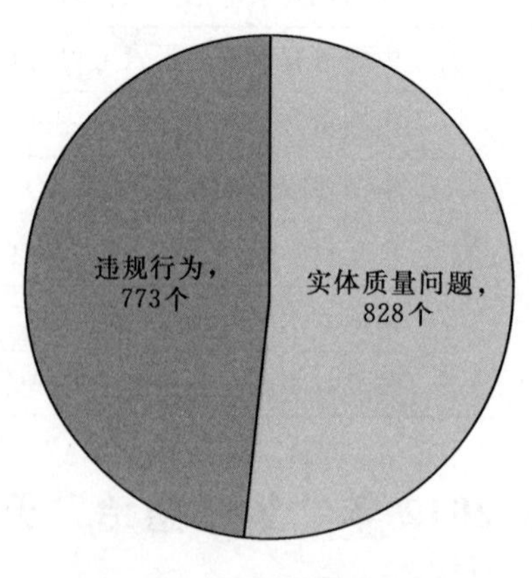

图8-3-2　2012年集中整体问题类型分布图

五、2013 年“集中整治”开展情况

2013 年 9 月 15 日，在国务院南水北调办的部署下，开展质量监管“回头看”集中整治活动，于 2013 年 10 月 25 日结束。检查单位以监督司、监管中心、稽察大队为主，省（直辖市）南水北调办（建管局）、项目法人参与，对重点标段、重点项目反复检查，确保工程质量。

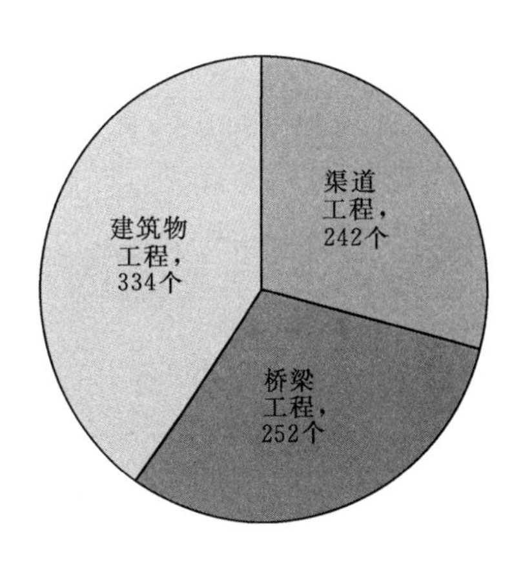

图 8-3-3　2012 年集中整治问题工程类型分布图

（一）“回头看”活动的主要任务

“回头看”集中整治活动的主要任务包括：①重点检查 2012 年以来被责任追究的质量问题整改情况；②深入查找不放心类质量问题，消除质量隐患；③对质量监管“回头看”集中整治发现的问题，严格实施责任追究。

（二）“回头看”活动的开展组织

质量监管“回头看”集中整治活动实行检查责任分工负责制，以飞检方式对中线工程质量问题整改情况等进行检查。监管中心、稽察大队负责对被国务院南水北调办直接责任追究的质量问题整改情况等进行检查。监管中心负责检查河北、河南黄河以北（含穿黄工程）工程项目，稽察大队负责检查河南黄河以南工程项目。河北、河南省南水北调办分别负责河北、河南委托项目被国务院南水北调办责成责任追究的质量问题整改情况等的检查。湖北省南水北调办负责湖北工程项目被国务院南水北调办责任追究的质量问题整改情况等的检查。中线建管局负责河北、河南直管代建项目被国务院南水北调办责成责任追究的质量问题整改情况等的检查。具体开展组织情况见表 8-3-3。

表 8-3-3　2013 年“回头看”活动开展组织情况

时　间	单　位	工　作　内　容
2013 年 10 月 9 日开始	监管中心检查组	对河北段工程项目开展“回头看”检查
2013 年 10 月 9 日开始	监管中心检查组	对河南黄河以北（含穿黄工程）段工程项目开展“回头看”检查
2013 年 10 月 8 日	稽察大队	在郑州召开工作布置会，进行动员部署并提出检查要求
2013 年 10 月	稽察大队	分 8 个组对河南黄河以南工程项目展开“回头看”检查
2013 年 10 月 21—24 日	河北省南水北调办	对河北委托工程项目展开“回头看”检查
2013 年 9 月 16 日	河南省南水北调办	制定《“回头看”集中整治工作方案》，印发各相关单位执行
2013 年 10 月 3—10 日	河南省南水北调办	对河南委托工程项目开展“回头看”专项检查

续表

时间	单位	工作内容
2013年9月20—21日	湖北省南水北调办	对引江济汉工程各标段进行检查，并向各单位传达会议精神
2013年9月28—30日	湖北省南水北调办	对引江济汉各标段开展质量飞检
2013年10月17—19日	湖北省南水北调办	对2012年以来质量问题的整改情况进行检查，并对各标段工程质量进行排查
2013年9月16—17日	中线建管局	分别在石家庄、郑州召开工作部署会
2013年9月18日至10月31日	中线建管局	对涉及重点监控项目的严重质量问题进行检查，并对建管单位的检查工作开展情况进行抽查

（三）“回头看”活动检查结果

1. 问题整改情况

（1）按检查区域分。质量监管“回头看”检查共涉及1601个严重问题的整改情况，检查确认已处理完成并检验合格的有1551个，整改率为96.9%，具体见表8-3-4。质量监管“回头看”整体检查情况如图8-3-4所示。

表8-3-4　2013年按检查区域分质量监管“回头看”检查情况表

检查责任单位	负责区域	问题总数/个	已整改问题		未整改到位问题/个		
			数量/个	整改率/%	正在整改	整改不到位	未整改
监管中心	河北、河南黄河以北（含穿黄工程）	127	112	88.2	15		
稽察大队	河南黄河以南	410	389	94.9	19	2	
河北省南水北调办	河北委托项目	39	39	100.0			
河南省南水北调办	河南委托项目	280	278	99.3	1		1
中线建管局	河北、河南直管代建项目	714	702	98.3	9	3	
湖北省南水北调办	湖北境内项目	31	31	100.0			
合计		1601	1551	96.6	44	5	1

（2）按问题类型分。质量监管“回头看”检查共涉及828个实体质量问题的整改情况，检查确认已处理完成并验收合格的实体质量问题有778个，整改率为94%。涉及违规行为773个，检查确认已处理完成并验收合格的违规行为问题有773个，整改率为100%。具体情况见表8-3-5。

表 8-3-5　2013 年按问题类型分质量监管"回头看"检查情况表

检查责任单位	问题总数/个		已整改问题				正在整改问题/个		整改不到位问题/个		未整改问题/个	
	质量缺陷	违规行为	质量缺陷/个	整改率/%	违规行为/个	整改率/%	质量缺陷	违规行为	质量缺陷	违规行为	质量缺陷	违规行为
监管中心	71	56	56	78.9	56	100.0	15	0	0	0	0	0
稽察大队	232	178	211	90.9	178	100.0	19	0	2	0	0	0
河北省南水北调办	30	9	30	100.0	9	100.0	0	0	0	0	0	0
河南省南水北调办	140	140	138	98.6	140	100.0	1	0	0	0	1	0
中线建管局	345	369	333	96.5	369	100.0	9	0	3	0	0	0
湖北省南水北调办	10	21	10	100.0	21	100.0	0	0	0	0	0	0
小计	828	773	778	94.0	773	100.0	44	0	5	0	1	0
总计	1601		1551				44		5		1	

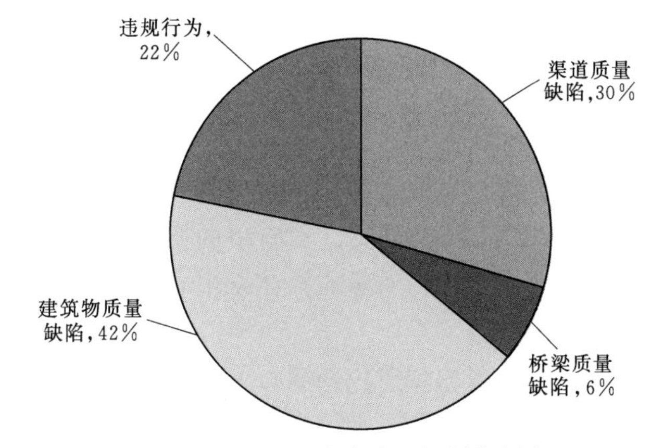

图 8-3-4　2013 年新发现问题分布图

2. 检查发现新问题情况

(1) 基本情况。各检查责任单位在质量监管"回头看"集中整治活动质量检查过程中，新发现质量问题共计 78 个，其中质量缺陷 61 个，违规行为 17 个。61 个质量缺陷问题包括渠道 23 个，涉及 15 个标段；桥梁 5 个，涉及 4 座桥梁；建筑物 33 个，涉及 10 座建筑物。新问题分布情况如图 8-3-4 所示，在新问题中各类质量缺陷和违规行为的典型问题见表 8-3-6。

表 8-3-6　各类质量缺陷和违规行为的典型问题

渠道工程	土工膜黏结不符合设计要求，土工膜破损，砂垫层厚度不符合设计要求，面板切缝深度不够等
桥梁工程	支座变形，桩柱结合部位破坏等
建筑物工程	底板分缝渗水，割断钢筋，混凝土裂缝、不密实、露筋、空鼓等
违规行为	试验检测工作不规范，石料含泥量、逊径颗粒含量不符合设计要求，施工单位试验人员存在证件过期，监理单位旁站不到位等

(2) 新问题整改情况。新发现的 78 个质量问题已整改 70 个，正在整改 8 个，整改率为 89.7%，具体见表 8-3-7。

各检查责任单位对质量监管"回头看"集中整治活动高度重视，及时制定了检查方案，采取了切实有效的措施，认真组织实施，深入开展工作。检查责任单位通过实施检查和复查，有力地促进了质量问题的整改进程。2012年以来检查发现的质量问题已基本整改完毕，整改率达99%。

表8-3-7 “回头看”新发现质量问题检查情况表

检查责任单位	负责区域	问题总数/个	已整改问题		未整改到位问题/个		
			数量/个	整改率/%	正在整改	整改不到位	未整改
监管中心	河北、河南黄河以北（含穿黄工程）	3	3	100	0	0	0
河北省南水北调办	河北委托项目	39	39	100	0	0	0
河南省南水北调办	河南委托项目	18	17	94.4	1	0	0
中线建管局	河北、河南直管代建项目	4	2	50	2	0	0
湖北省南水北调办	湖北省境内项目	14	9	64.3	5	0	0
合计		78	70	89.7	8	0	0

第四节 “311”行动对监理单位质量行为监管

南水北调工程实行“项目法人负责、监理单位控制、设计和施工单位保证和政府监督相结合”的质量管理体制。监理单位受项目法人委托，对工程建设项目实施中的质量、进度、资金、安全等进行管理，是施工质量过程控制中的重要力量，在质量监控体系中具有至关重要的作用。

国务院南水北调办在工程质量监督检查中发现，一些监理单位在履行合同和人员履职等方面存在许多不容忽视的问题，严重质量管理违规行为时有发生，没能发挥监理质量控制的应有作用，给南水北调工程质量管理带来很大隐患。如一些监理单位对现场监理人员管理不力，进场监理人员数量和素质不能满足合同约定和工程建设需要；部分监理人员业务素质不高，责任心不强，对工程质量监管不力、把关不严，甚至存在不按规定实施旁站监理、不按要求进行平行检测和跟踪检测、签验不合格的工程和原材料等失职渎职现象。这些严重违规行为，给南水北调工程质量带来重大隐患。

为此，国务院南水北调办在2013年进入决战决胜的关键时期，开展以“三清除一降级一吊销”（即针对不同的违规行为和质量事故，实施清除监理单位、清除总监理工程师、清除监理工程师，降低监理单位资质等级，吊销资质资格证书等处罚）为核心的监理整治行动，出重拳、用重典，以强化监理工作，加强质量管理，严控工程质量。

一、“311”行动要求

为开展好监理整治行动，国务院南水北调办根据监理工作实际，研究制定了对监理单位和监理人员实施“三清除一降级一吊销”责任追究的标准和对项目法人、建管单位实施连带责任

追究的标准，并紧紧围绕这两个标准部署行动。据此提出以下要求。

（1）严查严处监理违规行为。对出现严重违规行为、造成严重质量问题的监理单位、总监理工程师和监理工程师，按照处罚标准坚决清除出场，直至实施“五部联处”，包括对监理单位降低资质等级、吊销资质证书，对总监理工程师、监理工程师注销注册证书等。通过严厉的处罚手段，警醒各监理单位和监理人员，强化责任意识，按规办事、认真履职、敢于担当。

（2）严肃连带责任追究。凡监理单位和监理人员被国务院南水北调办实施“三清除一降级一吊销”责任追究的，对相关项目法人、建管单位、现场建管部门实施连带责任追究。通过连带责任追究的方式，迫使项目法人、建管单位进一步认清责任，切实加强监理合同管理，及时解决监理单位合理诉求，加强质量管理，共同把工程质量控住管好。

（3）有关要求。①项目法人、建管单位要据此制定本单位监理检查整顿方案，6 月 10 日前组织监理单位完成自查自纠，主动查摆问题并整改；②项目法人、建管单位要维护监理单位和人员的合法权益，及时解决其合理诉求，保障监理工作条件；③监管中心、稽察大队、各省南水北调办（建管局）要加强对监理单位质量管理行为的监督检查。国务院南水北调办对重点项目监理质量管理行为进行抽查。要对问题严重并整改不到位的责任单位和人员加重一等从严从重处罚。

二、“311”整治行动开展过程

“311”监理整治行动开展过程分三个阶段：

（1）各省（直辖市）南水北调办（建管局）、各项目法人积极落实会议精神，组织动员各监理单位开展自查自纠工作，按照“311”整治行动有关要求检查自身质量管理行为存在的问题并认真进行整改，将整改情况进行备案，同时采取有效措施避免问题的重复发生。

（2）项目法人和建管单位对监理单位自查自纠查摆出来的问题及其整改情况进行监督检查，并提交相关的报告。

（3）国务院南水北调办开展监理“311”整治行动专项稽查，针对监理单位自查自纠情况，重点稽查监理单位、总监、监理工程师的质量管理行为，抽查监理单位现场实体质量管理行为。由监督司牵头，监管中心具体组织实施，并做专项稽查汇总报告。

三、“311”行动发现的主要问题

监理自查自纠阶段共发现 410 个质量管理违规行为，其中严重 134 个、较重 239 个、一般 37 个，其中监理单位自查自纠发现的 270 个质量管理违规行为（严重 108 个、较重 143 个、一般 19 个），项目法人、建管单位检查监理自查自纠工作发现的 140 个质量管理违规行为（严重 26 个、较重 96 个、一般 18 个）。根据项目法人、建管单位提供的质量问题整改情况登记表，此次监理自查自纠阶段发现的质量问题大部分已整改到位，部分问题正在整改，所有问题均已制定防范措施。

监理自查自纠发现，监理人员责任心不强和工程质量监管意识不高仍然是监理单位的重要问题。经初步汇总分析，发现的问题主要集中在以下几个方面。

（1）现场监理人员对监理规章制度执行不到位。监理单位制订的规章制度，现场监理人员在执行过程中没履行或者履行不到位。制度虽完善，但是执行力度不够，起不到质量管理的作用。有两个原因：①现场监理人员责任心不强；②现场监理人员缺少专业知识及质量意识，对质量问题的危害认识不深刻。监理单位要多加强这方面的学习和培训，提高监理人员的责任心和质量意识。

（2）缺少针对重点部位和不放心工程现场监管的具体方案。需要对重点部位和不放心工程做出具体的现场质量施工方案，对检查部位采取正确的检测并记录。根据图纸设计要求和现场的实际情况联合设计单位一起制定施工方案，由现场监理人员具体实施，保证工程质量。

（3）监理旁站不到位，平行检测和跟踪监测频不满足要求。监理单位没及时对现场进行规范质量管理，致使一部分工程质量不合格，不符合质量规范，监理单位要加强检查力度，按规定进行旁站、平行检测和跟踪检测，让质量问题消灭在施工过程中。

（4）相关监理记录资料不规范、不及时。质量问题整改资料收集过程中发现信息填写不规范、不及时，没有按要求进行填写，部分资料有滞后现象；有的问题整改完后只有登记表，没有图片显示整改结果，无法判定整改后的具体情况。针对严重以上质量问题，监理单位整改要有图、文、表的闭合管理，同时提出方案减少同类问题的再次发生，提高监理效率。

四、“311”行动发现问题的处理

（1）在汇总分析项目法人、建管单位上报的监理单位自查自纠及整改情况的基础上，提出重点关注监理标段和违规行为。

（2）结合2013年7月31日前开展年度工程质量集中整治工作的要求，根据监理自查自纠情况，选择重点标段进行监理质量管理行为专项检查；同时检查项目法人、建管单位监理检查整顿方案及落实情况，调研项目法人、建管单位是否采取有效措施维护监理单位和人员的合法权益，及时解决其合理诉求，保障监理工作条件。

（3）在“三查一举”的基础上，发挥好质量特派监管工作组的作用，紧盯质量重点监管项目和不放心类质量问题，对重点项目监理质量管理行为进行抽查，特别是对发现的工程实体质量问题，追查监理违规行为。同时加大对监理违规行为整改情况的监督检查，对整改不到位、逾期不整改的，单独约谈，同时要严厉追究责任。

（4）结合质量问题月（季）会商，专项分析监理单位质量管理违规行为，根据《南水北调工程建设质量问题责任追究管理办法》和整治行动通知，提出“三清除一降级一吊销”责任追究建议。

第五节　通过“167”行动对监理、施工单位质量行为监管

一、“167”行动内容

截止到2013年，南水北调工程建设质量问题仍呈多发态势，为确保工程质量，严防意外，国务院南水北调办于2013年7月23日印发了《关于再加高压开展南水北调工程质量监管工作

的通知》(国调办监督〔2013〕167号),依照此通知文件开展再加高压质量监管工作。

(1)严查质量问题。各质量检查单位要加力查找质量问题,要一律实行“飞检式”质量检查,重点查找危及工程结构安全、可能引发严重后果的不放心类质量问题和恶性质量管理违规行为。

稽察大队实施不间断质量飞检。从通知之日起,每月检查不少于60个施工标段;加大对施工单位作业班组的关键工序考核和对项目法人、建管单位、监理单位、施工单位的综合性考核,监督检查各级单位考核奖惩的实施情况。

监管中心组织站点监督,加大质量巡查密度。各质量监督站点从通知之日起,每月检查工程实体质量不少于15天;对渠道、桥梁、混凝土建筑物、专项交叉工程质量重点监管项目,每月检查不少于3次;对实施派驻监管的项目,每月检查不少于6次;对铁路交叉工程、监理“311”整治行动等开展专项稽查不少于10组次。

举报中心要切实加大质量举报事项调查核实力度,凡有线索的举报,要在10日内完成调查核实工作。同时,严格做好举报信息保密工作,保护举报人权益。

(2)快速质量认证。各质量检查单位要快速开展质量认证,评估质量问题对工程结构安全的影响,认定质量问题性质。常规质量认证由质量检查单位具体负责,在5日内完成。权威质量认证由监管中心具体负责,在10日内完成。

(3)从重责任追究。对检查发现的危及工程结构安全、可能引发严重后果的不放心类质量问题和恶性质量管理违规行为的责任单位和责任人,实施即时从重责任追究和经济处罚。对施工单位、监理单位实施5级从重责任追究,分别给予责任单位通报批评、留用察看或清除出场,评价为信用不可信单位,处以2万~50万元经济处罚,并清除责任人。对项目法人、建管单位实施连带责任追究。

凡被从重责任追究的责任单位和责任人,在南水北调网和南水北调手机报上公示,通报南水北调东、中线各参建单位,通告责任单位主要负责人。

凡举报事项涉及从重责任追究的质量问题,经查证属实的,给予责任单位和责任人加重一个等级从重责任追究。

凡未按设计要求组织施工危及工程结构安全的质量问题,项目法人必须立即组织整改,拆除返工,其费用由责任单位承担。

二、通过受理群众举报来推动“167”行动的开展

为充分发挥社会监督作用,鼓励群众举报,根据《关于再加高压开展南水北调工程质量监管工作的通知》(国调办监督〔2013〕167号)的要求,国务院南水北调办决定再加高压强化举报受理工作。对通知进行了进一步的细化工作,以提高“167”行动的可操作性,保证实施效果。

(1)各举报调查单位要切实加大举报事项调查核实力度。凡举报事项涉及工程质量问题的,要在10日内完成调查核实工作,并按要求反馈调查结果。

(2)凡举报事项涉及质量重点监管项目或从重责任追究质量问题的,南水北调工程建设举报中心要对调查核实工作实施专项督办。

(3)项目法人要在原举报公告牌下方增设公告栏,在工程沿线向社会公示举报加倍奖励、

加重处罚、保护举报人权益等信息。增设公告栏工作要于8月25日前完成。

（4）各有关单位要严格遵守保密制度，做好举报信息保密工作，保护举报人权益。凡泄露举报信息造成不良后果的，给予有关责任单位和人员处罚。

自“167”行动开展以来，各质量检查单位开展高频、高密各类检查，力争早发现、早处理质量问题，消除质量隐患。对一批出现工程严重质量问题的责任单位和责任人，依据《南水北调工程质量监督管理办法》进行从重责任追究。

第九章 南水北调工程实体质量监管主要措施

第一节 站 点 监 督

南水北调工程质量监督属于政府强制性的行政监督，是根据我国《建设工程质量管理条例》的有关规定，设置专门的质量监督机构进行的工程质量监督。考虑到南水北调工程为跨行政区域的大型调水工程，质量监督任务繁重，且沿线各省（直辖市）现有水利工程质量监督机构的监督力量不足，为加强工程质量监督工作且与现有南水北调工程建设管理体制相协调，国务院南水北调办在工程沿线设立了专职的质量监督站，颁布了《南水北调工程质量监督管理办法》《站点监督工作实施方案》等系列管理办法，使南水北调工程质量监督工作得以规范化、标准化和精细化。

一、质量监督站点设置

1. 质量监督站点设置的影响因素分析

质量监督站点的设置与质量监督对象密切相关。由于质量监督对象主要为工程实体质量和建设主体的质量行为，因此质量监督站点设置的影响因素主要有三大方面：一是南水北调工程的任务规模；二是南水北调工程任务的复杂性；三是南水北调工程组织的复杂性。一般而言，任务规模越大、任务和组织的复杂性越高，则需设置的质量监督站点数量和人员规模就越大。

（1）南水北调工程的任务规模。南水北调工程任务规模巨大，仅东、中线一期工程就包含单位工程2700余个，土石方开挖量17.8亿m^3，土石方填筑量6.2亿m^3，混凝土量6300万m^3。其中，东线一期工程新建21座泵站、更新改造6座泵站，穿黄隧道工程1座，输水河渠240km，扩建3处河道；中线干线工程长1432km，铁路交叉62处，穿渠建筑物479座，跨渠桥梁1255座。

（2）南水北调工程任务的复杂性。南水北调工程任务的复杂性主要表现在工程结构的复杂性和建设的动态变化性上。南水北调工程任务本身由众多子项目构成，这些子项目包括水库，渠道，水闸，大流量泵站，超长、超大过水隧洞，超大渡槽、暗涵等各种工程形式。他们在功能、设计施工技术和结构等方面存在较大差异；同时根据系统观念，上述子项目不仅数量巨大，而且具有相互依赖性，构成了点—线—面的复杂巨系统。如东线工程中长江干流取水水源和提水系统组成“点状”，输水河渠和穿黄隧道组成“线状”，调蓄湖泊和受水区组成“面状”；中线工程中交叉建筑物和控制建筑物组成“点状”，输水干渠和穿黄穿漳工程组成“线状”，供水水源区和受水区组成“面状”。南水北调工程建设周期长，受外界影响大，因此南水北调工程建设的复杂性具有动态变化性，而时间和环境的动态变化也决定了南水北调工程的复杂性。

（3）南水北调工程组织的复杂性。南水北调工程沿线涉及7省（直辖市），工程建设涉及征地拆迁、移民，对工程沿线地区的经济、社会、环境和文物保护等方面有着重要影响，工程建设过程中利益冲突大，需要组建跨地区、跨部门的强有力协调机构。为此，成立了国务院南水北调工程建设委员会，并下设国务院南水北调工程建设委员会办公室。相对应的，在工程沿线7省（直辖市）设立了省（直辖市）南水北调工程建设委员会，并下设省（直辖市）南水北调工程建设委员会办公室（正厅级），负责省南水北调工程建设质量监督管理。同时，南水北调工程建设管理模式多元化，其主体工程建设采用项目法人直管、代建制和委托制相结合的管理模式。

南水北调工程组织的复杂性不仅体现在项目管理主体的多元性和层级性，而且还体现在项目参建主体的数量众多及其属性的差异性。基于我国水利建设市场主体的技术能力和资金实力，南水北调工程采用了较为合理的设计施工相分离的平行发包模式。在该模式下，需要大量的、不同规模的设计、监理及施工等单位参与，这些企业属性存在较大差异，既有设计、监理等知识密集型企业，又有施工单位等劳动密集型企业。不同属性和规模的企业，目标诉求不尽相同，因此在工程项目实施过程中的质量行为和质量管理能力也不尽相同，需要投入的质量监督管理力量也有所差异。

2. 质量监督站点设置的原则

质量监督站点设置原则有以下方面：

（1）效率原则。在南水北调工程质量监管目标一定的前提下，质量监督站点设置的效率原则具体体现为投入的最小化，即在满足质量监管要求的基础上，设置的质量监督站点数量要尽可能少。

（2）与政府事权划分一致原则。南水北调工程为一跨行政区划的大型复杂工程，为便于监督管理和处理质量问题，质量监督站点的设置应充分考虑现行的各级政府事权划分情况，对于重要的跨界工程，由监管中心直接监管。

（3）重点监管原则。对于工程技术含量高，规模大的重要单项工程，应建立质量监督项目站，实施重点监管。

3. 质量监督站点的设置及其职责

（1）质量监督站点的设置。基于上述质量监督站点设置的原则和影响因素分析，南水北调工程质量监督工作，采用统一集中管理、分项目实施的质量监督管理体制。具体为：国务院南水北调办依法对南水北调主体工程质量实施监督管理；南水北调东线工程、中线干线工程委托项目和汉江中下游治理工程项目，其质量监督工作由国务院南水北调办委托有关省（直辖市）

南水北调办事机构负责实施；国务院南水北调办在南水北调主体工程沿线7省（直辖市）设立南水北调工程省（直辖市）质量监督站，质量监督站的具体组建和日常管理工作委托相关省（直辖市）南水北调办事机构负责，并在丹江口大坝加高、中线穿黄、澧河渡槽、惠南庄等重要单项工程设立质量监督项目站，重要单项工程质量监督项目站的组建和日常管理工作委托南水北调工程建设监管中心负责。

南水北调工程质量监督站点设置情况见表9-1-1。

表9-1-1　　　　南水北调工程质量监督站点设置一览表

序号	站　名	负责项目	管理单位
1	南水北调工程北京质量监督站	南水北调中线干线北京段委托项目	北京市南水北调工程建设委员会办公室
2	南水北调工程河北质量监督站	南水北调中线干线河北段委托项目	河北省南水北调工程建设委员会办公室
3	南水北调工程天津质量监督站	南水北调中线天津干线委托项目	天津市南水北调工程建设委员会办公室
4	南水北调工程河南质量监督站	南水北调中线干线河南段委托项目	河南省南水北调中线工程建设领导小组办公室
5	南水北调工程湖北质量监督站	南水北调中线汉江中下游治理工程	湖北省南水北调工程领导小组办公室
6	南水北调工程江苏质量监督站	南水北调东线江苏境内主体工程	江苏省南水北调工程建设领导小组办公室
7	南水北调工程山东质量监督站	南水北调东线山东境内主体工程	山东省南水北调工程建设管理局
8	南水北调中线丹江口大坝加高工程质量监督项目站	南水北调中线丹江口大坝加高工程	南水北调工程建设监管中心
9	南水北调中线穿黄工程质量监督项目站	南水北调中线穿黄工程	南水北调工程建设监管中心
10	南水北调中线澧河工程质量监督项目站	南水北调中线澧河工程	南水北调工程建设监管中心
11	南水北调中线惠南庄工程质量监督项目站	南水北调中线惠南庄工程	南水北调工程建设监管中心

南水北调工程质量监督采用巡回抽查和派驻项目站现场监督相结合的工作方式。质量监督项目站是南水北调工程建设监管中心或省（直辖市）质量监督站在重要项目工程设立并派驻项目建设现场进行质量监督的派出机构；质量监督巡回抽查组是由南水北调工程建设监管中心或省（直辖市）质量监督站进行质量监督巡回抽查时组成的工作组织。对于建安工程费用超过5亿元人民币的工程建设项目，派驻项目站。具体工作方式由南水北调工程建设监管中心或省（直辖市）质量监督站在办理质量监督手续时确定。质量监督人员的配置，原则上按建安工程投资3亿～6亿元配一名监督人员的标准实施，但可根据工作需要适当调整配备比例。

（2）质量监督站点的职责。

1）受监管中心委托，各省（直辖市）质量监督站具体承担以下监督工作：①负责委托项目的质量监督工作；②负责制定委托项目的质量监督年度计划和年度经费预算；③负责对委托项目的项目站（巡查组）及人员的考核工作；④负责落实站长负责制。

2）各项目站（巡查组）质量监督的主要职责：①抽查所管辖标段质量管理体系运行情况和各施工、监理单位质量管理人员工作情况；②抽查参建单位质量管理行为、质量关键点、重要部位、关键环节等的质量责任、措施落实情况；③抽查分部、单元工程验收情况；④抽查监理、检测单位提交的原材料、中间产品检测报告；⑤提交设计单元工程验收质量监督报告。

二、站点质量监督实施步骤

南水北调工程质量监督期为自办理质量监督手续始，到工程通过竣工验收止。站点质量监督实施步骤如图 9－1－1 所示。

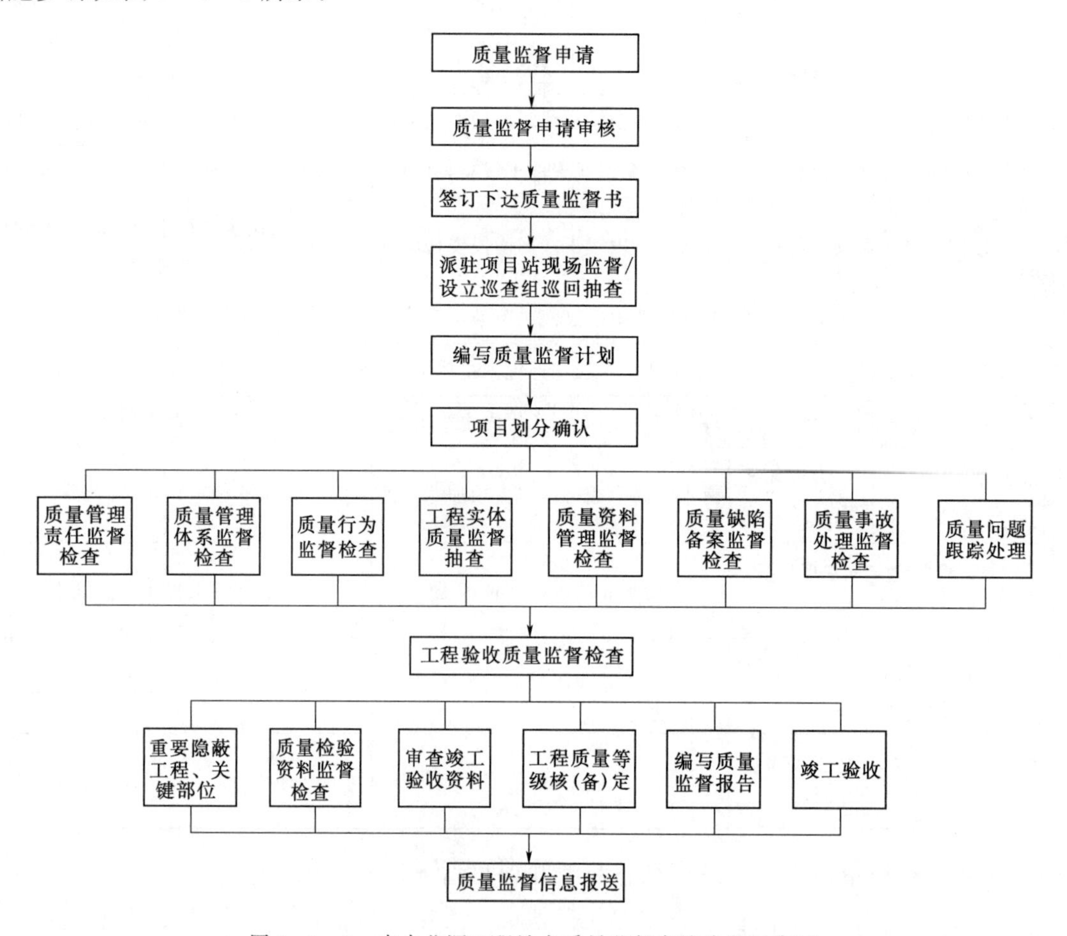

图 9－1－1 南水北调工程站点质量监督实施步骤示意图

1. 质量监督申请与审核，签订下达质量监督书

委托南水北调工程建设监管中心组织实施质量监督的项目，由项目法人或其授权的项目建设管理单位在工程开工前到南水北调工程建设监管中心办理监督手续，并由国务院南水北调工程建设监管中心报国务院南水北调办备案；省（直辖市）质量监督站组织实施质量监督的项目，由项目法人或受其委托的项目建设管理单位在工程开工前到省（直辖市）质量监督站办理监督手续，并由省（直辖市）质量监督站报国务院南水北调办备案。南水北调工程建设监管中心或省（直辖市）质量监督站收到《南水北调工程质量监督申请书》后 10 个工作日之内，经审核后，办理《南水北调工程质量监督书》。

工程实施中与质量监督相关的有关文件、纪要、变更通知、图纸等应随时或根据要求及时提交质量监督机构。项目开工后签订的监理、设计、施工合同，一般应在合同签订后10个工作日内将复印件提交质量监督机构。

2. 编写质量监督计划

南水北调工程建设监管中心或省（直辖市）质量监督站应结合工程项目实际，制订质量监督计划或质量监督实施细则，明确监督重点，并在质量监督手续办理完毕后20个工作日内印送项目法人或项目建设管理单位。项目法人或项目建设管理单位在收到质量监督计划或质量监督实施细则后应及时书面通知工程参建各方。

3. 项目划分确认

根据《南水北调工程项目划分标准》所确定的项目划分原则，对项目法人或项目建设管理单位递交的南水北调工程项目的单位、分部、单元工程划分结果进行审核确认，项目划分确认后，质量监督站及时将项目划分确认结果回复项目法人。

4. 工程项目站点质量监督工作的实施

（1）站点质量监督主要内容包括：对责任主体和有关机构建立质量体系履行质量管理责任及质量管理行为进行监督检查；对工程实体质量（含原材料和中间产品质量）进行监督抽查；对质量资料管理进行监督检查；对质量缺陷备案进行监督检查；对质量事故和质量问题的处理进行跟踪监督检查等。

（2）站点质量监督权限：①对项目法人或项目建设管理单位、监理、设计、施工等责任主体的资质等级、经营范围进行核查，发现越级承包、转包或违法分包工程等不符合规定或合同要求的，责成项目法人或项目建设管理单位限期改正；②质量监督人员持证进入施工现场执行质量监督。对工程有关部位进行检查，调阅项目法人或项目建设管理单位、监理和施工单位的质量检测成果、检查记录和监理日志、施工记录等相关资料；③对违反技术规程、规范、质量标准或设计文件的，责成责任单位采取纠正措施；④对使用未经检验或检验不合格的设备、材料及半成品或构配件等，责成责任单位采取纠正措施；⑤报请有关部门或司法机关调查追究造成重大工程质量事故的单位和个人的相关责任。

（3）工程质量监督检查。工程质量监督检查是工程实体质量抽查的重要手段，由监督人员根据工程重要程度和现场质量情况进行随机抽查；质量监督机构也可委托经国务院南水北调办同意的工程质量检测单位进行监督检测。

5. 工程验收质量监督检查

对于施工单位、监理单位对工程质量检验和质量评定情况的监督检查，应当包括以下内容：调阅监理和施工单位的检测试验资料、检查记录和施工记录；对工程有关部位特别是隐蔽工程和关键部位的施工质量及时进行抽查，发现质量问题，及时通知有关单位采取措施；对分部工程施工质量、单位工程施工质量、建筑物外观质量进行等级核（备）定；对质量检验资料、质量验收资料进行检查；工程竣工验收前，对受监工程质量进行等级核备（定），并核定工程项目施工质量，向工程竣工验收委员会提出工程质量等级的建议；参加工程施工期间的相关验收和工程竣工验收。

6. 编写质量监督报告，报送质量监督信息

（1）编写质量监督报告。工程质量监督报告应根据质量监督情况，客观反映责任主体和有

关机构履行质量责任的行为及检查到的工程实体质量的情况。工程质量监督报告由项目站或巡回抽查组编写，由负责人审定签字并加盖公章。

（2）报送质量监督信息。工程实施过程中，各质量监督站每月5日前将上月质量监督管理信息进行汇总并上报监管中心，监管中心根据《南水北调工程质量管理评价指标体系》对质量监管信息进行分析评价，提出评价意见，并将质量监督管理信息和分析评价结论每月15日前向国务院南水北调办报送。

三、站点质量监督措施

1. 行政措施

（1）站点质量监督实行站长负责制，即站长在各省（直辖市）南水北调办事机构的领导下对质量监督站全面负责。主要职责包括：根据受监工程的规模、类型、结构技术复杂程度，选派质量监督员承担监督任务，并定期进行考核；组织审定重点工程的质量监督计划、参与竣工核验，核查监督、检测工作质量等。

（2）受监工程实行质量监督员负责制。其主要职责包括：严格按国家颁发的有关政策、法规，技术标准、规范对受监工程进行质量监督；熟悉受监工程的设计文件和施工图纸，根据工程性质、设计要求，制定具体监督计划，并向建设、施工单位进行监督计划交底；对受监工程按监督工作程序进行监督，认真填写监督记录，及时报告质量情况，建立监督档案。

（3）实行站点监督质量巡查员制。监管中心分片区派驻质量巡查员，对质量关键点、重点部位、关键环节实施监督检查。

（4）项目法人对渠道工程等质量重点监管项目和质量关键点的管理派驻质量监管员，并在各参建单位确定质量责任人，建立完善质量管理组织体系。

2. 管理措施

（1）建立健全站点质量监督的管理制度。国务院南水北调办在工程建设开始，就着手建章立制，制定颁布了一整套站点质量监督的管理制度，包括：《南水北调工程质量监督管理办法》《南水北调工程质量监管信息管理办法》《南水北调工程质量监督导则》《南水北调工程站点监督质量监管实施方法》《南水北调质量监督人员考核办法》和《南水北调工程质量管理评价指标体系》等。

（2）切实贯彻“把握四大关，突出一重点”的质量监督措施，即把握好原材料和中间产品的订货、进场、存放和使用关，突出人员管理的重点。在进货环节，针对工程建设所需的主要原材料和中间产品，要求业主、监理及施工等单位采取联合考察、共同确定的方式选取供应商；在材料进场环节，要求施工单位及时向监理单位报验；在材料存放环节，要求施工单位通过搭设遮雨棚、硬化材料堆放场地、砌筑墙体间隔不同规格、型号的材料等方式，有效确保了材料质量；在材料使用环节，推行原材料追溯制，要求所有检验合格的材料设置明确的标识牌，标明原料产地、使用部位、检验责任人等信息，以方便追溯，避免混淆使用原材料。

3. 经济法律措施

（1）站点质量监督费实行“统收统支、预算管理、总量控制”，保证站点质量监督经费的有效落实。

（2）对质量监督人员和相关质量责任人实行定期绩效考核，对在工程质量管理和质量监督工作中做出突出成绩的单位和个人，由国务院南水北调办给予表彰和适当经济奖励。

（3）根据《建设工程质量管理条例》，适时实施法律惩罚。对伪造质量数据、提供与事实不符结论或弄虚作假的，视情节轻重，由南水北调工程建设监管中心及省（直辖市）质量监督站提请国务院南水北调办对责任单位和责任人按有关规定进行处罚，构成犯罪的由司法机关依法追究其刑事责任。

4. 技术措施

（1）改变传统的目测手摸式的质量监督检测手段，配备科学的质量监督检测仪器设备，如回弹仪、浅层核子水分—密度仪等，以便质量监督能够在第一时间对工程实体质量做出准确的检验和评价。

（2）在现有水利工程质量检测内容和方法的基础上，根据南水北调工程特点，针对重点监控项目和质量关键点，如高填方渠段、深挖方渠段、改性土换填渠段、高地下水位渠段以及渠道缺口部位、穿堤建筑物周边回填部位、排水系统埋设及安装、土工材料连接、混凝土面板浇筑等渠段或部位，经研究和实践形成了具有自身特色的质量检测内容、方法和标准，颁布制定了南水北调工程验收管理规定、验收导则和工程外观质量评定标准等。

（3）针对质量关键部位和重点监控项目，采用信誉良好、技术实力雄厚、独立第三方的检测、检验机构。

5. 培训教育措施

定期进行工程建设质量管理培训教育，要求各项目法人/建设管理单位质量管理人员、各质量监督项目站监督员、各在建工程监理部总监（或副总监）及监理、各在建工程施工项目部总工和专职质检员参与培训，使他们熟悉水利行业质量管理、验收、监督等方面的法律法规、强制性条文、技术标准和南水北调工程的相关规定。

四、站点质量监督开展情况

为强化站点管理、加强组织约束，监管中心在一线设立了三个现场工作部，由监管中心在编干部担任负责人，并直接实施高密度、拉网式的质量检查。2012年在现场工作部拉网式检查、各站点高密度检查的基础上，监管中心按照“抓要害、抓要点”的要求，针对膨胀土改性换填、渠道高填方、桥梁桩柱结合、泵送混凝土配合比控制、钢模台车安装对钢筋混凝土施工影响等进行了22次专项巡查。

截止到2013年12月底，各质量监督站、巡查组开展检查2849人次，发出书面整改通知305份，上报质量问题2622个，其中严重质量问题548个，较重质量问题1770个。问题分布如图9-1-2所示；在会商中对137个问题的30个责任单位提出了责任追究建议。对检查发现的问题，各站点均坚持“三不放过”原则，做到了有检查、有落实，对整改情况均进行跟踪和复查。

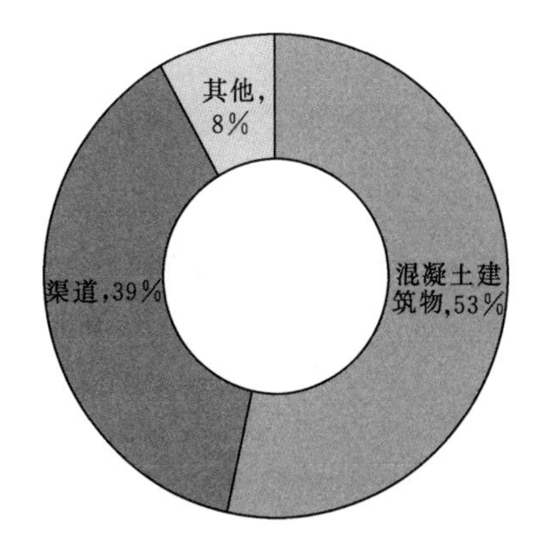

图9-1-2　2013年站点监督检查质量问题分布情况图

第二节 专项稽查

一、专项稽查的开展

水利建设项目稽查是水利行业的一项基本监管制度，对提高建设资金使用效益、确保工程质量有着重要的作用。南水北调工程作为政府投资的大型公共工程项目，属于实施水利建设项目稽查制度的范畴。为此，国务院南水北调办根据《水利基本建设项目稽察暂行办法》制定了《南水北调工程建设稽察办法》，适用于南水北调中涉及中央安排投资的建设项目（含其中的移民安置工程）。在南水北调东、中线干线一期工程建设高峰期、关键期，按照突出高压抓质量的总体要求，充分发挥“三位一体”的质量监管体系作用，国务院南水北调办决定开展工程质量专项稽查，对工程建设的实体质量和质量管理行为等进行有效地监督检查。

二、质量专项稽查的组织

国务院南水北调办监督司负责质量专项稽查工作的组织与开展。监管中心受国务院南水北调办委托具体实施质量专项稽查，为质量专项稽查提供技术支持和服务。

监管中心组建质量专项稽查工作组。稽查工作组根据质量专项稽查任务开展工作。稽查工作组不超过7人，现场工作时间一般控制在7天以内。

稽查工作组由组长、组长助理、若干稽查专家和工作人员组成。稽查人员执行稽查任务时遵循回避原则，不得稽查与其有利害关系的建设项目。稽查人员不得在被稽查项目及其相关单位兼职。

稽查工作组实行组长负责制。组长原则上由在职人员担任，特殊情况可委托稽查专家担任。稽查工作组组长由国务院南水北调办在稽查通知书中予以确认，稽查工作组组长应具备以下条件：①坚持原则，清正廉洁，忠于职守，自觉维护国家利益；②熟悉国家有关政策、法律、法规、规章和行业技术标准，以及南水北调工程的有关规章制度；③具有较强的组织管理、综合分析和判断能力；④具有较丰富的水利工程建设和施工管理、投资计划、财务会计、审计等方面的综合管理知识和经验；⑤熟悉移民工作的有关政策法规和相关业务；⑥具有高级专业技术职称。

三、质量专项稽查的范围和工作内容

质量专项稽查的范围是南水北调工程所有在建项目的实体质量及质量管理行为，重在抓质量关键点，紧盯重要隐蔽工程、高填方渠段、膨胀土施工、穿堤建筑物、金属结构安装等关键部位和关键环节。

根据质量专项稽查任务，质量专项稽查工作内容主要有：参建各单位质量保证体系建设情况，参建单位贯彻执行法律法规、规程规范，工序（单元）质量、原材料和中间产品质量检验检测，工程质量检测和质量评定情况，原材料进场检验、中间产品验收和进场设备质量检验情况，隐蔽工程、高填方渠段、膨胀土施工、穿堤建筑物、原材料和中间产品、金属结构安装等

工程实体质量，工程质量现状和质量事故处理情况，单元（分项）工程、分部工程、单位工程验收情况，工程档案资料整理情况，质量监督情况等。

四、质量专项稽查的程序和方式

对工程项目实施质量专项稽查，可采取事先通知与不通知两种方式。质量专项稽查的一般程序如图 9-2-1 所示。

1. 质量专项稽查准备工作

质量专项稽查准备工作包括以下方面：

（1）组建专项稽查工作组。根据稽查、检查项目实施内容和专业要求，配备稽查、检查专家，组成稽查工作组。

（2）下达专项稽查通知书。以省（直辖市）南水北调办的名义向被稽查检查项目的现场建管机构下达稽查通知书，告知稽查主要内容、稽查工作组组长及成员名单、日程安排、需要提供查阅的资料清单等。现场建管机构负责通知其他有关参建单位。

（3）编制稽查实施方案。稽查部门编制项目稽查实施方案，实施方案内容一般包括：工程概况、日程安排、成员及分工、稽查工作内容和重点、工作底稿编写要求、工作纪律等。

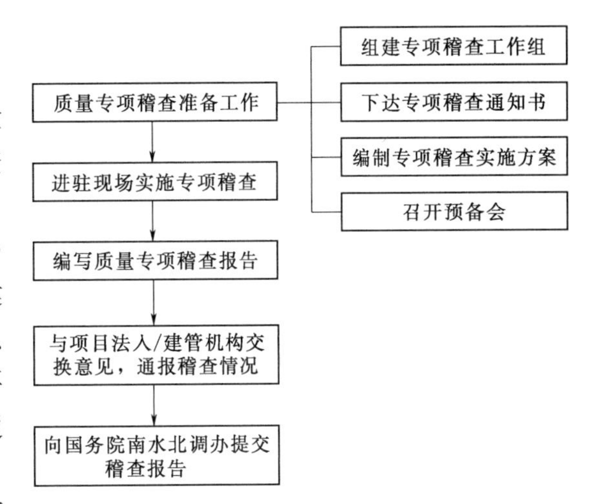

图 9-2-1　南水北调工程质量专项稽查程序示意图

（4）召开预备会。稽查组召开稽查成员预备会议，讨论实施方案，结合项目实施内容、进展情况和特点，明确稽查重点、步骤、日程安排、专家专业分工等。

2. 进驻现场实施专项稽查

稽查工作组进驻工程现场开展稽查工作。其方式为通过听取有关参建单位汇报、现场察看、查阅资料、座谈等形式，每个稽查专家对各自的稽查重点进行查证，并做好查证记录。对发现的重大问题或紧急情况，稽查工作组责成有关单位采取相应措施并按程序上报，同时报告稽查部门负责人，稽查组向上级领导汇报。视具体情况，可对发现的质量问题安排进一步的检查或进行第三方质量检测。

3. 编写稽查报告

（1）编写专业稽查报告。各稽查专家根据查证记录编写稽查专业工作底稿，包括工程建设基本情况、存在的质量问题、整改意见和建议。

（2）汇总专业稽查报告。稽查组长与专家组组长对每个专家提交的专业底稿进行汇总。

（3）内部讨论形成专项稽查报告。专家组组长组织召开稽查工作组会议，对每个专家提出的主要问题进行内部讨论，统一意见，形成稽查报告。

稽查报告主要内容包括项目建设和管理有关方面的基本情况、存在的主要问题、整改意见和建议等。

（4）现场稽查结束，稽查组组长就稽查情况与项目法人或现场管理机构交换意见，通报稽查情况。

(5) 稽查组组长向国务院南水北调办提交事实清楚、客观公正的稽查报告。

五、质量专项稽查的开展情况

南水北调工程将专业稽查和专项稽查，调整为在发现质量问题中开展的质量问题认证和质量专项稽查。质量专项稽查主要针对重大质量问题、重大事项进行检查。为了加强对质量管理行为和工程实体进行质量监管，2012年国务院南水北调办组织了重要跨渠建筑物基础及隐蔽工程专项稽查、合同管理行为专项稽查等。

（一）重要跨渠建筑物基础及隐蔽工程质量专项稽查

1. 质量专项稽查工作组织

2012年，国务院南水北调办印发了《关于委托对南水北调中线重要跨渠建筑物基础及隐蔽工程进行专项稽察的函》，开展对重要跨渠建筑物基础及隐蔽工程的质量专项稽查。为确保稽查阶段工作顺利有序开展，国务院南水北调办进行了精心准备和周密安排，组织编写了《南水北调中线干线重要跨渠建筑物基础及隐蔽工程专项稽察工作方案》（黄河以北组、黄河以南组），搜集了稽查对象的基本信息，明确了稽查工作的组织和分工，具体的稽查范围和内容，以及稽查工作方式和注意事项。

2. 专项稽查范围

稽查范围为南水北调中线干线一期23个设计单元的重要跨渠建筑物基础及隐蔽工程。稽查重点为桥梁、渡槽桩柱结合部位、其他重要跨渠建筑物基础及隐蔽工程的。施工质量，主要关注混凝土浇筑、预应力施工、桩基基础、止水等关键部位的施工质量和外观质量；原材料，主要检查骨料、水泥、钢筋、高分子复合材料等主要原材料质量。

3. 专项稽查工作方式

工作方式主要为：专家组听取建管单位关于工程桥梁等基本情况及桩柱结合问题排查情况的汇报；查看排查留存的资料，主要包括桥梁统计表、问题统计表和排查时留存的影像资料等；每个标段至少抽查一座桥梁。重点抽查不带系梁或承台且存在较重以上问题的桩柱结合部位，可以要求参与排查的参建单位人员现场演示排查和检测过程。

4. 质量专项稽查发现的质量问题

主要有以下几个方面：

(1) 工程实体质量与结构相关的质量问题主要包括钢筋外露、桩基偏位、混凝土不密实、烂根、桩柱结合部位有夹层、盖梁中心线偏差和钢筋间距不符合要求、梁的架设错位。

(2) 与工艺相关的问题主要包括使用砖砌模板、受力钢筋被切断、箱梁预应力管道密封不牢固、波纹管破损、盆式支座缺失、台背回填未夯实、电焊烧伤、钢筋焊接不规范、基坑边坡不稳定、声测管没有保护措施。

(3) 质量违规行为主要表现为施工资料记录不完整、数据不真实、资料缺失、前后数据矛盾、缺少程序资料；专业监理工程师不到位。

5. 质量专项稽查问题处理

有些建管单位没有严格按国务院南水北调办《关于组织开展南水北调跨渠桥梁工程质量检

查的通知》（综监督〔2012〕61号）通知要求认真组织开展跨渠桥梁工程质量检查工作，特别是桩柱结合问题的排查。对此，项目法人（中线局）加强对有关参建单位桥梁质量自查工作的监督检查，督促部分建管单位重新或进一步排查桥梁桩柱结合质量情况，保证留存的影像资料能真实准确、全面完整地反映桩柱（系梁）连接情况；要求监理单位严格履行监理职责，加强工程施工过程中的工序质量控制，严格旁站，加强巡视工作，并完整、准确地做好相关记录；及时审查、审批施工报验资料；要求施工单位认真学习和严格执行公路规范和质量评定标准，加强过程控制和工序质量评定工作，规范质量缺陷处理行为，保证施工过程质量原始记录真实、完整；针对工序质量检验中部分“三检”数据的真实性和完整性存在不足的问题，要求参建单位重点关注施工工序质量检验的行为过程，切实加强对施工终检人员、监理质量人员的工序质量检验行为的监督检查；加强对桥梁工程商品混凝土拌和的质量监督和管控力度，要特别注重混凝土的原材料、拌和时间及拌和物的取样和试验；对桩柱检查发现的质量缺陷或其他质量问题，及早确定方案并进行处理，以防止挖坑坍塌、积水等带来的不利影响。排查工作中，对于较深挖坑应采取支挡措施以保证安全。

（二）合同管理行为专项稽查

2012年，为了减少合同管理行为对工程质量的影响，国务院南水北调办印发了《关于委托对南水北调主体工程各项目法人合同管理行为进行专项稽察的函》，对南水北调工程中线建管局、山东干线公司、江苏水源公司、淮委建设局、湖北省南水北调管理局、中线水源公司6个项目法人合同管理行为开展专项稽查。

1. 稽查工作组织

为确保稽查阶段工作顺利有序开展，国务院南水北调办组织编写了《南水北调主体工程项目法人合同管理行为专项稽察工作方案》和相关工作指南，明确了稽查工作的组织和分工，以及具体的稽查范围和内容。稽查的主要内容包括项目法人合同管理机构和制度建设情况、项目法人合同责任履行情况、项目法人合同执行情况等。项目法人合同执行情况具体对合同价款结算、变更索赔处理进行抽查。稽查组通过查阅资料、核实取证、召开座谈会等方式开展工作，和各项目法人交换了意见，形成稽查报告。

2. 稽查发现的问题

通过合同专项稽查，发现项目法人合同管理存在很多问题，突出表现在以下六个方面。这些问题都对工程质量、进度、投资监控带来不利影响。

（1）合同管理规章制度不完善。现有的规章制度内容缺乏针对性和可操作性，部分项目法人虽然印发了合同管理相关规章制度，有的也根据国务院南水北调办印发的《南水北调工程合同监督管理规定（试行）》制定了实施细则，但缺乏针对性，且未对合同监督检查的具体内容、方法、程序做出明确详细的规定。此外，工程建设过程中已处理合同变更和索赔问题，但有些项目至今还未建立相关管理制度。

（2）合同管理规章制度执行不力。大部分项目法人对合同管理规章制度中的规定执行不力，缺乏主动实施合同监管的意识，合同机构监管人员不深入合同实施现场，不了解合同执行过程中存在的问题，也不采取积极主动、有效的措施解决现场发生的合同问题，导致大量的合同执行和管理问题得不到及时的解决。

（3）合同责任执行情况监管不力。多数项目法人对已签署合同的执行情况监督检查不力，未建立有效的合同监管机制，无法保证合同责任真正、有效地落到实处。部分项目法人合同责任问题整改走过场，在检查合同责任执行情况时，不写书面报告、不反映合同责任问题、不解决合同责任问题、不提工作责任意见或建议，导致对合同责任执行情况和问题整改落实情况监管不力。

（4）普遍存在合同变更、索赔不规范的问题。项目法人变更、索赔处理不符合合同规定。在处理变更过程中，没有严格依据合同文件规定的变更、索赔程序、权利和义务处理变更事项。对应该变更、索赔的事项没有主动实施合同变更或给予赔偿；对不应该变更或索赔的事项，相关单位提出变更或索赔要求，又实施了变更或给予了赔偿。同时，还存在以下几方面问题：①变更、索赔申报和处理不及时；②变更、索赔报批和审批程序资料不完备；③不按合同约定审核索赔事项；④变更款和索赔款预支付依据不充分等。

（5）委托建设合同管理过于粗放。项目法人与委托建设单位签订的委托建设合同过于简单，项目法人虽然与委托建设管理单位签订合同，但是没有明确划分项目法人与委托建设管理单位之间的责任、权利、义务，合同责任执行与监管存在困难，容易出现质量、安全问题和合同责任纠纷。

（6）合同档案资料管理存在问题。合同文件及相关资料归档不及时，很多重要合同管理文件不受控。合同台账更新不及时，不能随时掌握合同管理的最新动态。

在这六类主要问题中，合同签订不规范和合同变更索赔不规范问题最为严重。考虑到工程进展情况，随着各类设计变更、不可预见因素增多，由此带来的变更索赔现象也会相应增加。如果不及时采取有效措施，这类问题还会更加严重。

3. 稽查问题的处理

要求项目法人和各参建单位认真学习合同文件、法律法规和规章制度，增强合同管理的法律意识，分层级强化对直管、委托、代建单位合同执行情况的监督管理和检查；要求项目法人进一步完善合同管理体系和规章制度，调整合同主要人员更换审批权，明确合同、进度、质量、投资责任，建立合同管理责任网络，严格实施合同管理；加强合同变更、索赔管理，依据合同文件，对合同变更、索赔过程中存在的问题进行清理。合同管理人员要带着问题深入工程现场，尽快按照有关规定确定合同变更、索赔问题性质并及时予以处理；严格合同变更、索赔审批程序，完善合同变更、索赔支撑性材料；主动实施合同变更，快速处理工程保险理赔和工程索赔事项，及时调整合同中间支付时间，加快工程资金周转，保证工程质量、进度和安全；要求项目法人进一步梳理合同，做好合同管理工作台账的建立和维护，特别是合同日常管理中基础资料的整理、汇总，提高合同管理水平；要求项目法人正确认识南水北调工程的公益性和社会责任，建议项目法人和省级南水北调管理机构要建立定期联席会议协调机制，对征地拆迁、工程建设、原材料采购和施工环境维护等方面进行协调处理，妥善解决行政监管和合同管理的关系，为合同执行创造良好条件；要求项目法人抓紧对近年来不同层级检查发现的合同问题进行全面梳理，分类进行分析研究，提出有针对性的改进措施，促进合同责任落实。

（三）跨渠桥梁专项检查

2012年6月，国务院南水北调办多次召开主任专题办公会研究跨渠桥梁质量管理有关问

题，对跨渠桥梁工程质量尤其是桩柱结合质量监管提出要求，印发了《关于组织开展南水北调跨渠桥梁工程质量检查的通知》，要求各项目法人对所属跨渠桥梁工程质量逐一进行专项检查。

2012年7月，国务院南水北调办委托中国水利水电科学研究院提出了《跨渠桥梁质量问题影响分析与处理措施建议》，印发了《关于加快中线干线工程跨渠桥梁桩柱结合质量问题处理的通知》（国调办监督〔2012〕170号），要求中线建管局依据《跨渠桥梁桩柱结合质量问题认鉴标准》组织有关单位逐桥进行检查和处理。

各项目法人高度重视跨渠桥梁桩柱结合质量问题检查和处理工作，按照国务院南水北调办的要求积极开展工作，加强跨渠桥梁工程质量检查，对具备开挖条件的跨渠桥梁进行开挖检查，依据《跨渠桥梁桩柱结合质量问题认鉴标准》和设计单位对质量问题提出的处理设计方案加强质量问题处理工作，基本建立起质量检查档案。

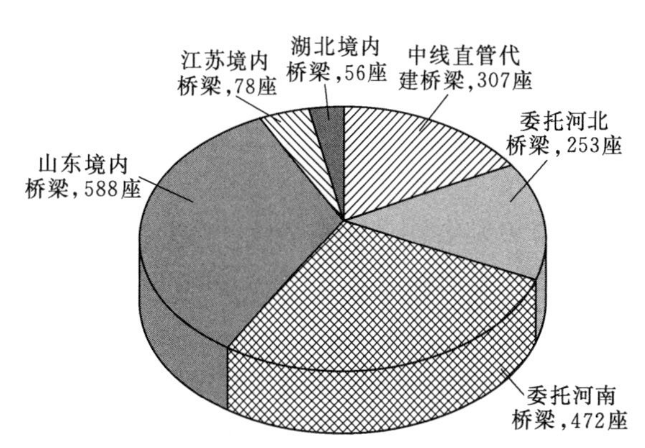

图9-2-2　南水北调跨渠桥梁数量分布图

南水北调工程跨渠桥梁共1754座，其分布情况如图9-2-2所示。各项目法人共检查了桥梁1120座（占总数的63%），其中中线建管局累计检查202座桥梁（占总数的66%），河北公路和城建部门累计检查71座桥梁（占总数的28%），

河南省南水北调建管局累计检查231座桥梁（占总数的49%），山东干线公司主要通过检查桥梁桩基施工和验收资料形式，共检查548座桥梁（占总数的93%），江苏水源公司采用开挖和检查施工、验收资料相结合的方式，共检查17座桥梁（占总数的22%），湖北省引江济汉通航工程建设指挥部主要通过检查桥梁桩基施工和验收资料形式，共检查50座桥梁（占总数的93%）。各项目法人共检查发现存在质量问题的桥梁254座（占检查桥数的23%）。通过跨渠桥梁专项检查，取得主要成效如下：

（1）开挖检查效果明显。在中线建管局和各委托建设单位的努力下，中线干线工程具备条件的桥梁灌注桩基本都进行了开挖检查，开挖检查桥梁占总桥数的49%，其中桩柱直接连接桥梁占71%，系梁结构桥梁占44%。中线干线开挖检查发现535根灌注桩存在桩柱结合质量问题，为规范处理缺陷、消除质量隐患提供了条件。

（2）及时消除了跨渠桥梁工程质量隐患。通过组织对跨渠桥梁质量进行专项检查，发现了某些跨渠桥梁和灌注桩存在桩柱结合质量问题。为此，各参建单位根据国务院南水北调办印发的《认鉴标准》，采取包裹混凝土、加大系梁、增加承台、拆除重建等针对性措施及时处理，消除了桥梁安全隐患，为桥梁的安全运行提供了保证。

（3）积累了跨渠桥梁施工质量管理经验。做好跨渠桥梁桩柱结合质量问题检查和处理工作，对加强施工过程质量管理、把握桥梁工程质量关键点的质量管理提供了经验，有利于桥梁工程施工质量的整体提高。

（4）增强了参建单位和人员的质量意识。通过组织开挖检查桥梁质量问题，规范整改，为南水北调工程所有在建单位敲响警钟，强化各级人员的质量意识，为保证后期桥梁工程施工质量奠定了基础。

(5) 总结了桥梁分类检查的要求。根据专项稽查工作总结不同桩柱的检查要求以提高稽查效果。对直接连接的灌注桩，必须全部开挖检查；对有连系梁的灌注桩，原则上全部开挖检查；对有承台的灌注桩，对施工资料有疑问时再进行开挖检查。

第三节 飞 检

一、质量飞检工作的提出

一般常规检查，上级主管部门会提前将检查内容和行程安排通知现场被检查单位，因而各单位在检查之前均已做好了充分准备，导致检查结果未能反映工程质量真实情况，特别是一些严重质量缺陷、质量事故隐患及管理违规行为，其检查意义和作用大为降低。

鉴于此，为了进一步强化南水北调工程质量监管措施，加强南水北调工程建设管理，督促有关单位严格执行国家规定的规程规范和技术标准，实现南水北调工程建设目标，国务院南水北调办以国调办监督〔2011〕182号文发布了《关于对南水北调工程建设质量、进度、安全开展飞检工作的通知》，决定在南水北调工程建设领域实施飞检。

所谓飞检，其工作方式是不事先通知检查项目、检查时间，飞检人员随时进入施工、仓储、办公、检测、原材料生产等场所，对参建单位及个人在工程建设质量、进度、安全生产过程中的管理行为和工程实体状况进行现场检查。其优势在于在被检查单位不知晓的情况下进行的，启动检查，行动快，因此可以及时掌握真实情况，做到心中有数，而且可以避免某些形式主义的东西，发现被检查对象的实际情况，及时依法予以查处，避免出现严重的社会危害。

二、质量飞检的组织与实施

（一）质量飞检组织

南水北调工程的质量飞检由稽察大队组织实施。飞检的对象和范围为南水北调东、中线建设领域内的建设质量、进度和安全。飞检的形式包括稽察大队组织飞检、国务院南水北调办领导带队飞检两种。

飞检工作流程如图9-3-1所示。

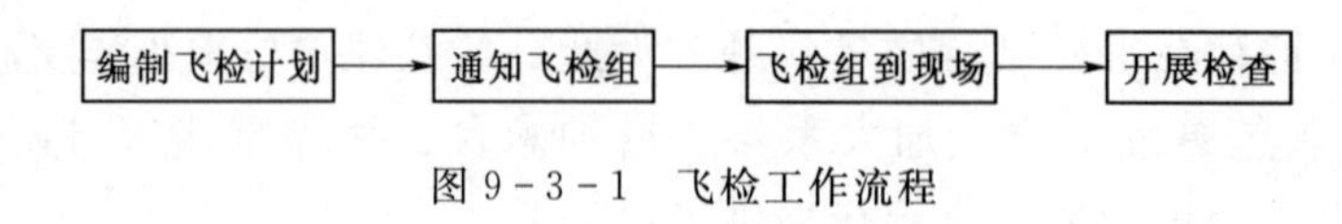

图9-3-1 飞检工作流程

（二）质量飞检的实施

1. 做好飞检准备工作

在南水北调工程施工高峰期时，稽察大队共有50人，每月安排2次飞检工作任务，每批次派出约13个飞检组，各飞检组检查3个施工标及相应监理标，每次检查时间约10天。

飞检组一般由3～4人组成，设带队组长1名，配备一辆越野车，携带笔记本电脑、相关仪器设备、常规检查工具和1部照相机等。各带队组长接到稽察大队下达的飞检工作任务后，由组长负责通知本组其他成员和车辆司机，携带仪器设备和检查工具，组织本组人员按时到达指定检查工程项目现场。带队组长需及时收集掌握被查工程项目进展情况和以往检查发现的质量问题，研究制定本次检查的工作重点，做好组内人员工作分工，为飞检实施做好各项准备。

2. 编制质量飞检工作计划

南水北调质量飞检工作根据工程的实施情况，编制不同的年度工作计划以及每次飞检的实施计划。计划的主要内容包括确定检查的对象、负责检查的单位、检查内容、检查措施以及完成时间。南水北调工程质量监管计划样表见表9-3-1，2014年南水北调工程质量监管计划见表9-3-2。

表9-3-1　南水北调工程质量监管计划样表

序号	检查责任单位	监管内容	监管措施	完成时间	备注
一	××工程				
1	项目法人 /监管中心 /稽察大队 /省南水北调办 /专家委 /监督司	某单元工程实体质量	排查 /抽查 /飞检	×月×日	
2		某单元工程管理行为质量			
3		某单元工程非实体的行为			

表9-3-2　2014年南水北调工程质量监管计划

序号	检查责任单位	监管内容	监管措施	完成时间	备注
一	渠道工程				
1	项目法人、 监管中心、 稽察大队	高填方渠段填筑（包括缺口部位填筑）、高填方渠段灌浆加固和防渗墙施工质量 渠道排水设施、逆止阀安装、混凝土面板衬砌等工程质量	排查、 抽查、 飞检	5月31日前， 8月31日前 （飞检）	
2		冬季施工混凝土面板质量			
3		组织对已检查发现的质量问题进行整改			
二	建筑物工程				
4	项目法人、 监管中心、 稽察大队	28座渡槽充水试验	排查、 抽查、 飞检	5月31日前， 8月31日前 （飞检）	
5		输水建筑物和交叉建筑物周边回填质量、靠近城镇重点区域交叉建筑物周边回填质量、建筑物与渠道连接段（100m范围内）质量			
6		组织对已检查发现的质量问题进行整改			

续表

序号	检查责任单位	监管内容	监管措施	完成时间	备注
三	管理设施				
7	项目法人、监管中心、稽察大队	管理设施建筑物质量	排查、抽查、飞检	5月31日前，8月31日前（飞检）	
四	机电、金属结构、供电、自动化调度系统				
8	项目法人、监管中心、稽察大队	机电、金属结构、供电、自动化调度系统	排查、抽查、飞检	5月31日前，8月31日前（飞检）	
五	桥梁工程				
9	项目法人、省（直辖市）南水北调办（局）	中线干线桥梁（1030座）和湖北省桥梁（55座）	排查	移交前	
六	东线工程				
10	项目法人	继续查找东线一期工程隐蔽性质量问题，监督整改	排查	12月31日前	
七	质量评价				
11	项目法人、省南水北调办	充水前质量排查评价、充水期间质量巡查评价、充水后质量综合评价		12月31日前	
12	专家委	正式通水质量综合评价			
八	其他				
13	监督司	强化有奖举报监督管理；即时责任追究；信用评价；质量监管专项宣传		12月31日前	

3. 确定质量飞检的主要工作内容

质量飞检主要检查工程实体质量、原材料和中间产品、机电设备、质量管理行为、内业资料等。其主要工作内容包括：①查阅各类工程质量、进度、安全生产资料；②抽检原材料及中间产品；③采取必要措施对工序和单元工程质量评定及实体工程质量进行检查；④对相关人员进行工作资质、经验能力比对和鉴别；⑤对发现的问题延伸核实、取证和调查。

南水北调工程实体质量飞检内容见表9-3-3，除表中所列的各项工程的具体检查内容之外，对缺陷修补处理质量也是工程实体检查的内容。

4. 实施质量飞检

实施质量飞检包括外业检查和内业检查。

（1）外业检查范围包括工程实体质量，正在施工的工序质量，缺陷修补处理质量，土方填筑工程中的土料，建筑物工程中所使用的混凝土、砂石骨料、水泥、粉煤灰、外加剂、钢筋、止水带、钢绞线、波纹管、复合土工膜、保温板、软式透水管、逆止阀、排水管等原材料和中间产品及机电金结设备，试验室、拌和站和混凝土标养室等，根据需要开展必要的试验检测工作。

表 9-3-3　　工程实体质量飞检内容

序号	关键部位	检查内容
渠道工程		
1	高填方渠段填筑	碾压压实度
		土工合成材料铺设搭接宽度
		混凝土面板衬砌
		背水坡反滤体填筑
2	改性土渠段填筑	改性土料拌和
		不同土料结合面
		碾压压实度
		土工合成材料铺设搭接宽度气密性
		混凝土面板衬砌
3	渠道缺口填筑	碾压压实度
		结合面处理
		土工合成材料铺设
		混凝土面板衬砌
4	深挖方高地下水渠段排水系统	排水管铺设
		逆止阀安装、保护
5	穿堤建筑物回填	碾压压实度
		结合面处理
		反滤体填筑
渡槽工程		
6	渡槽桩基与墩柱	桩基与墩柱结合
		混凝土浇筑
7	槽身混凝土浇筑	钢筋安装
		止水安装
		混凝土浇筑
		预应力张拉
倒虹吸工程		
8	倒虹吸洞身	止水安装
		混凝土浇筑
水闸工程		
9	水闸闸室	止水安装
		金属结构埋件安装
		混凝土浇筑

续表

序号	关键部位	检查内容
桥　梁　工　程		
10	桥梁桩基与墩柱	钢筋安装
		混凝土浇筑
		桩柱结合
11	梁	预应力张拉
		混凝土浇筑

（2）内业检查范围包括现场主要管理人员和试验检测人员到位情况，机械设备、特殊工种报验资料，原材料和中间产品报验资料，各种试验检测报告，施工技术文件，施工作业指导书和技术交底，工艺试验和生产性试验，质量评定验收资料、各种原始记录资料，缺陷处理资料，质量问题整改资料，试验室仪器设备和拌和站检定资料，监理人员情况、监理日志、监理旁站记录、监理细则、平行检测和跟踪检测资料、监理通知、施工技术文件审批、监理例会纪要及相关设计文件等。

（3）飞检小组针对南水北调工程的不同时期，检查的重点会有不同的内容。在工程的高峰期阶段，工程质量应是首要保障，在飞检的工作过程中，对工程实体及原材料的检查就成为了主要内容。在工程的充水期阶段，主体工程已经结束，飞检工作的重点就变为对工程缺陷的处理和充水试验情况的检查，见表 9-3-4。

表 9-3-4　　不同时期飞检工作检查的内容

序　号	高　峰　期	充　水　期
1	高填方施工质量	充水试验情况
2	垫层反滤料摊铺厚度和相对密度	工程缺陷处理
3	渠道缺口部位填筑土方的压实度和含水率	金属结构安装
4	渡槽钢筋安装	闸门安装
5	止水带安装	渠底排水系统质量
6	混凝土浇筑	运行管理情况
7	渠道逆止阀的安装	砌面板隆起的处理情况
8	渠道衬砌混凝土	

三、质量飞检发现问题的处理

对质量飞检发现的问题，根据其严重程度采取不同的处理程序，如图 9-3-2 所示。

四、质量飞检工作的开展情况

飞检组每天在工程现场检查结束后，需填写一份当天检查发现的质量问题记录表。每次检查工作任务完成后，各飞检组要按照统一的格式要求编写一份工程质量检查报告。工程质量检

查报告内容包括工程基本情况、上次检查存在问题整改落实情况、本次检查存在的主要问题、整改意见和建议、附质量问题照片和有关表单等。

飞检组根据交换意见修改完成质量检查报告后报送稽察大队，经稽察大队内部审核后上报国务院南水北调办审签，最后国务院南水北调办以正式文件的形式向被检查建管单位下发飞检整改通知，督促其组织有关单位认真整改落实。

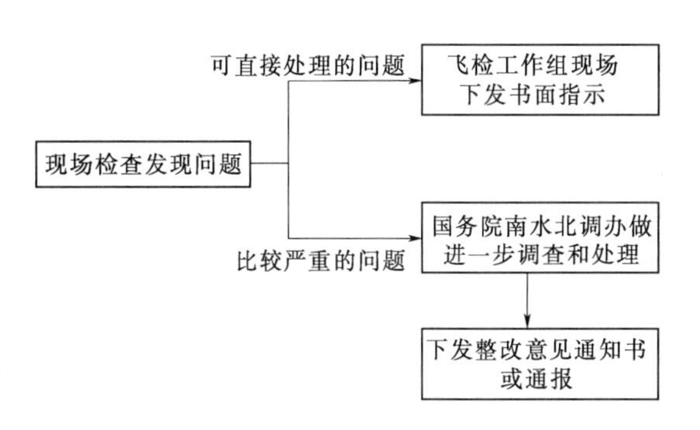

图 9-3-2　质量问题的处理程序

稽察大队自 2011 年组建以来，积极主动开展工作，快速及时发现工程建设中的问题，对形成质量监管高压态势发挥了重要作用。

2012 年以来，稽察大队进一步加大了飞检频次，调整了飞检工作重点，提高了检查的针对性和时效性。2012 年共完成了 18 批次的飞检整改报告汇编，平均每月组织质量飞检 16 组次，突出和发挥飞检对工程质量监管快捷高效的重要作用。对突击飞检查出的工程质量问题实施会商制，对一般性质量问题委托稽察大队及时印发现场质量问题处罚单，对重大质量问题组织开展专项稽查认证，实施每季度集中处罚。

2013 年以来，根据工程建设质量管理的需要，对质量飞检提出了新要求。除快速、及时发现工程建设中的质量问题外，要对质量关键点和质量重点监管项目实施全面质量飞检，提高检查的时效性和针对性。对参建单位质量管理行为和在建项目实体质量实施逐一飞检，紧盯施工关键工序，严查施工“三检”，全力查找质量问题，实施质量问题即时报告制度。

2013 年下半年，不间断飞检已经成为稽察大队基本的工作方式。稽察大队每天都有飞检组在检查，不仅是定点检查，还有不定点的巡查。国务院南水北调办领导带队实施质量飞检 14 次，共发现质量问题 94 个，其中质量缺陷 72 个、质量管理违规行为 22 个。稽察大队共派出飞检组 217 组次，印发飞检整改通知 553 份，涉及质量问题 5467 个，其中质量缺陷 2798 个、质量管理违规行为 2669 个，如图 9-3-3～图 9-3-5 所示。2013 年国务院南水北调办领导带队飞检工作情况见表 9-3-5，2014 年国务院南水北调办领导带队飞检工作情况见表 9-3-6。

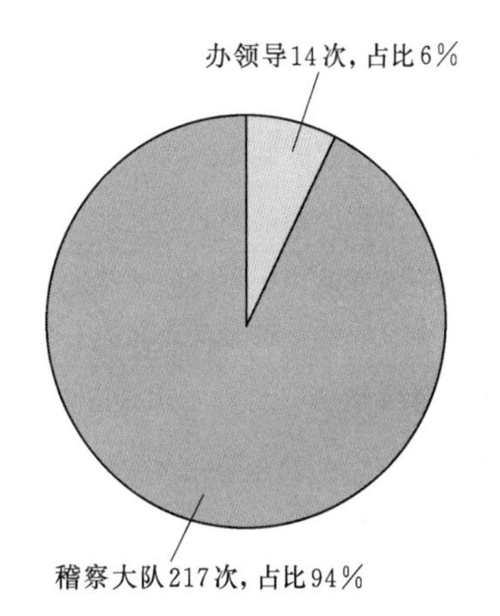

图 9-3-3　2013 年下半年质量飞检的整体情况

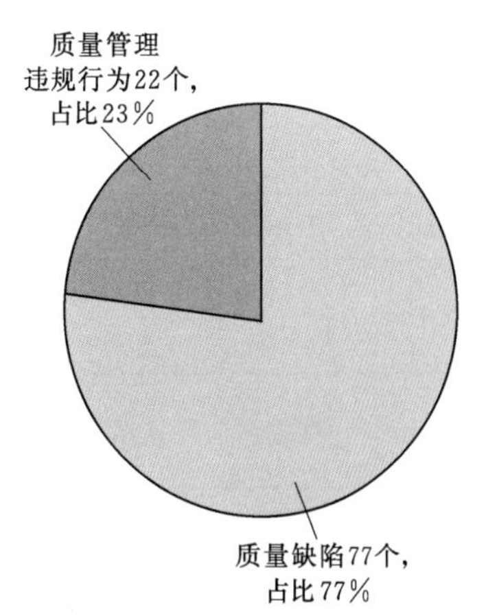

图 9-3-4　2013 年下半年办领导质量飞检问题情况

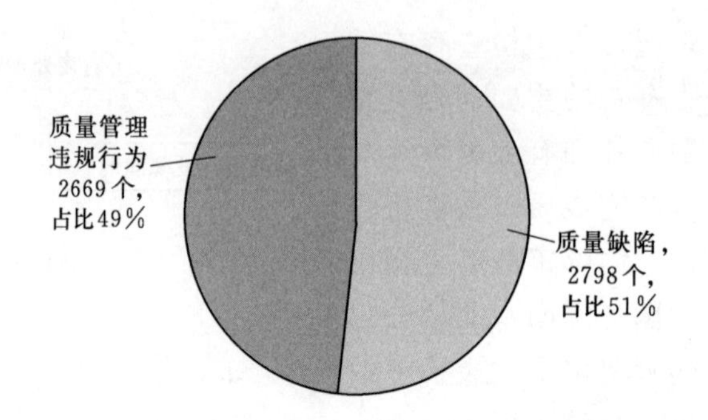

图 9-3-5 2013 年下半年稽察大队质量飞检问题情况

2013 年进入施工高峰期，稽察大队飞检的频次和投入检查人数情况如图 9-3-6 和图 9-3-7 所示。

表 9-3-5 2013 年办领导带队飞检工作情况

序号	检查时间	检查工程	主要问题
1	3月21日	中线午河渡槽和安阳7标	高填方填筑、膨胀岩处理、跨渠桥梁、渠道衬砌、土工膜焊接
2	4月12日	中线洺河渡槽、南水北调总干渠与青兰高速连接线交叉工程及SG1-2标邯钢公路桥工程	墩墙混凝土养护、钢筋安装施工、砂石骨料场、拌和站
3	4月18日	中线禹长7标、新郑南2标、新郑南3标、双洎河渡槽	渠道衬砌、渠坡逆止阀安装、坡脚土工膜保护和黏结、垫层反滤料摊铺厚度和相对密度
4	5月7日	南水北调总干渠与青兰高速连接线交叉工程、磁县2标、磁县3标	渠道高填方换填段和深挖方段的渠坡衬砌土工膜焊接质量、垫层反滤料摊铺厚度和相对密度
5	5月10日	中线干线河南段工程	渠道缺口部位填筑土方的压实度和含水率，查对了缺口部位新老接触面施工质量控制措施落实情况
6	5月17日	中线穿石太铁路暗涵工程、元氏段桥梁6标、石家庄市区段桥梁4标、SG12、SG13标、SG14标	暗涵混凝土浇筑质量、缺陷处理、钢筋安装、止水安装等情况
7	6月5日	东线一期山东段	桥梁吊装、钢筋焊接、预应力施工、泵站机组安装、闸门安装
8	7月8日	中线河南南阳段	混凝土工程、钢筋安装
9	7月11日	沙河渡槽1标、2标；鲁山南1标、叶县4标	渡槽钢筋安装、止水带安装、混凝土浇筑、高填方施工质量、渠道逆止阀的安装
10	7月30日	中线河北段铁路和公路交叉工程	进口翼墙钢筋安装、止水带安装、混凝土质量
11	7月11日	中线焦作段铁路交叉和高填方渠道工程	高填方渠道填筑、透水管安装
12	10月23日	中线引江济汉工程	混凝土衬砌和改性土换填
13	11月21日	中线河北段工程	质量缺陷整改情况；渠道衬砌混凝土

续表

序号	检查时间	检 查 工 程	主 要 问 题
14	11月26日	中线引江济汉工程	渠道工程土工膜焊接、砂砾料垫层铺设、粉细砂换填碾压、黏土压重层铺设、渠堤削坡碾压、混凝土底板衬砌

表9-3-6　　2014年办领导带队飞检工作情况

序号	检查时间	检 查 工 程	主 要 问 题
1	1月27日	东线山东段大屯水库、东湖水库	运行管理
2	2月19—20日	中线黄河北至漳河南段工程	混凝土质量、进口闸室金属结构安装及渠底排水系统质量
3	2月25—26日	东线山东段大屯水库、七一·六五河、双王城水库、东湖水库	运行管理情况
4	3月5—6日	中线穿漳工程及漳河北至古运河南段工程进	穿漳工程混凝土缺陷处理情况
5	3月27日	中线干线石家庄至邢台段工程	启闭机闸室的施工质量、槽身缺陷处理
6	4月3日	穿黄工程至焦作段工程	节制闸闸门、电缆铺设、闸门安装等工程质量
7	4月10—11日	陶岔渠首至沙河渡槽段工程	工程质量缺陷处理及二次充水试验准备情况
8	4月15—16日	引江济汉工程	工程及原材料质量
9	4月29日	中线宝郏段至潮河段工程	充水试验、缺陷处理
10	5月7—8日	郑州段至穿黄工程段	金属结构安装、防护栏、闸室上部结构等施工质量
11	5月20日	天津干线工程	混凝土质量、缺陷处理情况
12	5月28—29日	中线穿黄工程	混凝土质量
13	6月18—20日	中线黄河以北至石家庄段	高填方渠段充水情况、渠道充水情况
14	7月2日	中线河北段工程	充水试验情况 、砌面板隆起的处理情况
15	7月9—10日	中线天津干线工程	原材料检验、工程缺陷处理
16	7月11日	邢台至元氏段工程	金属结构工程、充水试验
17	7月23日	黄河以北至漳河以南段	充水试验

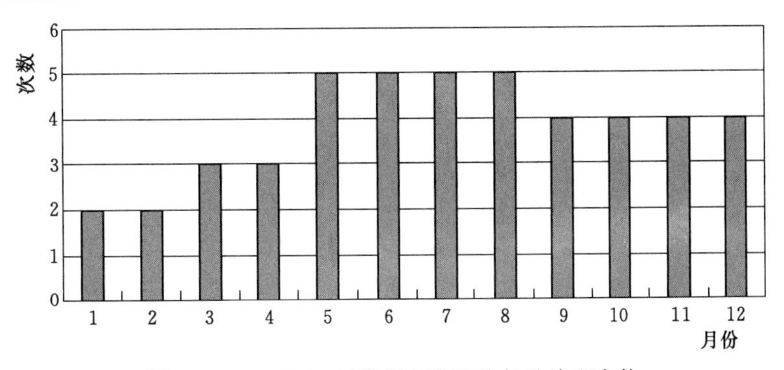

图9-3-6　2013年稽察大队飞检每月检查次数

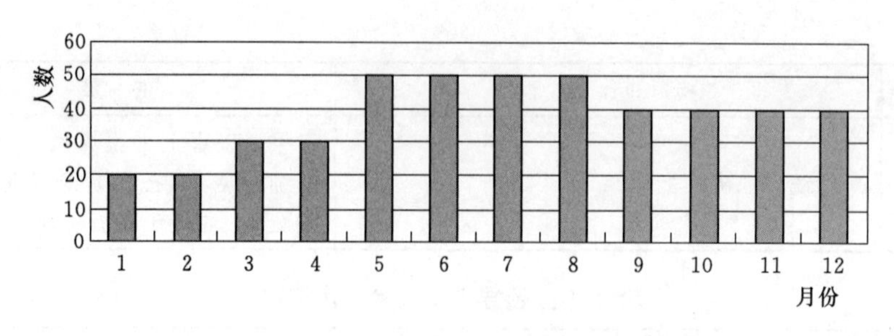

图 9-3-7　2013 年稽察大队高峰年每月检查人数

第四节　有　奖　举　报

一、有奖举报制度的建立

2012 年 2 月 21 日，首块举报公告牌在中线工程河南境内的双洎河渡槽工地揭牌。国务院南水北调办主任鄂竟平在仪式上强调，把有奖举报作为抓监管、保质量、保安全的重要手段，一定要做到有报必受、受理必查、查实必究，核实必奖。实施有奖举报制度是国务院南水北调办党组着眼南水北调工程建设全局采取的一项重大举措，其核心是将社会监督和工程质量监督有机结合，达到保障质量的目的。有奖举报工作的总体框架如图 9-4-1 所示；在南水北调建设地设置“南水北调工程建设举报公告栏”，举报公告栏样式见表 9-4-1。

表 9-4-1　　南水北调工程建设举报公告栏

（原公告栏） 南水北调工程建设举报公告栏 举报受理电话：　　　　　　举报电子信箱： 010-88659777　　　　　　nsbdjd@mwr. gov. cn 举报内容：工程质量、安全、合同、资金等。 举报事项经查实后按其性质，根据南水北调工程建设管理有关规定，给予实名举报人伍佰元到伍万元的奖励。 国务院南水北调工程建委会办公室 二〇一二年二月
（增设公告栏） 国务院南水北调办 2013 年 7 月 23 日决定： 凡举报事项经查证属实的，给予举报人加倍奖励，奖励金额从壹仟元到拾万元；对责任单位和责任人加重处罚；并保护举报人权益。 国务院南水北调工程建委会办公室 二〇一三年八月

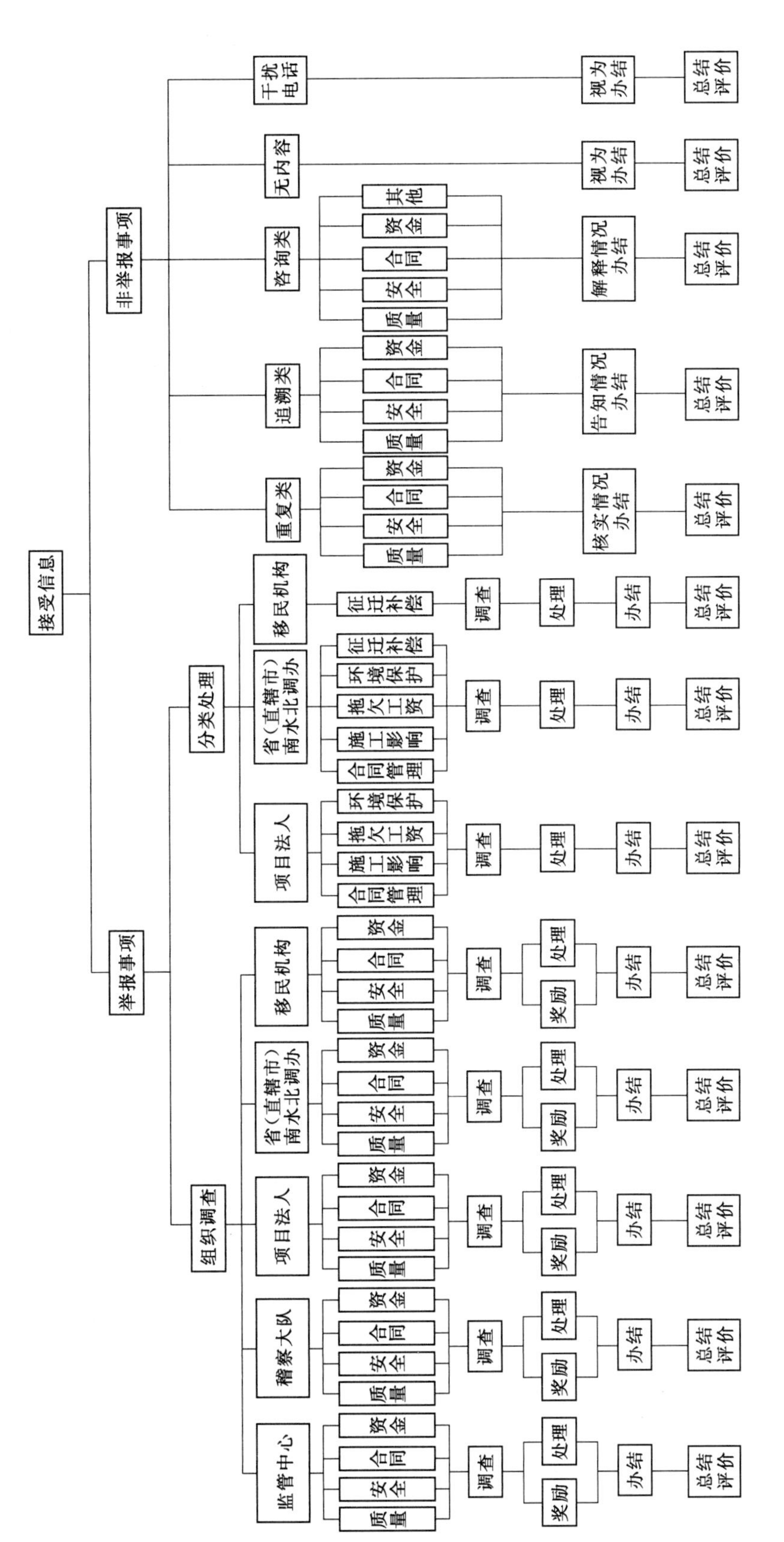

图9-4-1 有奖举报工作的总体框架

二、有奖举报的受理机构

国务院南水北调办成立南水北调工程建设举报受理中心（简称“举报受理中心”），负责南水北调工程建设举报受理工作。举报受理中心主任由监督司司长兼任，副主任分别由监督司分管副司长、监管中心分管副主任兼任，工作人员由建管司、征移司、监督司、监管中心相关人员组成。举报受理中心组织机构框架如图 9-4-2 所示。

其中建设管理类举报信息主要反映拖欠工程款/工资、招标投标、施工影响、安全生产等方面的问题；征迁补偿类举报信息主要反映补偿款不到位、补偿标准不公开、安置房屋质量、移民身份认定、迁建安置、干部贪腐等方面的问题。

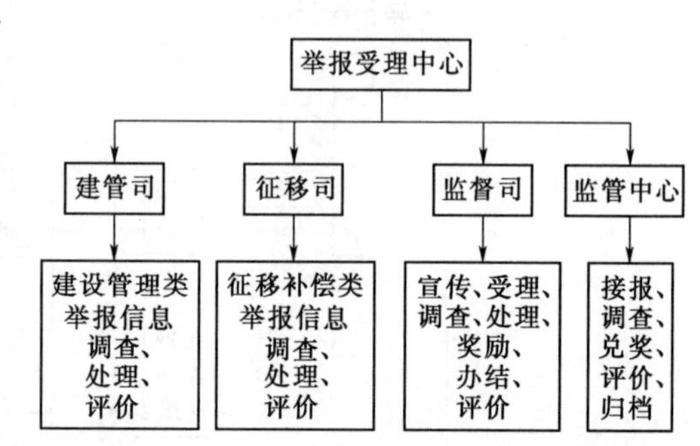

图 9-4-2 举报受理中心组织机构框架图

三、质量举报受理工作内容

南水北调工程有奖举报调查对象适用于参加南水北调工程建设的项目法人、设计、施工、监理、咨询单位、设备材料供应商、招标投标中介机构和政府质量监督部门，以及与举报问题有关的个人。

凡在以下方面存在违规、违纪问题的举报均属于质量举报受理的范围：①项目建设程序；②施工阶段设计工作；③建设管理，包括项目法人责任制、招标投标制、建设监理制、合同管理制；④征地补偿及移民安置；⑤环境治污工程；⑥项目计划下达与执行；⑦项目建设资金管理；⑧工程质量及工程安全。

国务院南水北调办依据国家有关法律法规、规章制度、施工技术标准和规范，对举报的违规违纪问题进行调查。南水北调工程建设举报事项分一般性举报事项和重大举报事项。

（1）一般性举报事项，指涉及《南水北调工程建设质量问题责任追究管理办法》和《南水北调工程合同监督管理规定（试行）》界定的较重及以下质量和合同问题，以及其他一般性建设与管理问题的事项。

（2）重大举报事项，指涉及《南水北调工程建设质量问题责任追究管理办法》和《南水北调工程合同监督管理规定（试行）》界定的严重及以上质量和合同问题，以及其他严重及重大建设与管理问题的事项。

四、质量举报受理工作机制和制度

1. 质量举报受理工作机制

针对如何做好质量举报工作，国务院南水北调办出台了《国调办工程建设举报受理管理办法》《关于加强南水北调工程建设举报受理工作的意见》《南水北调工程建设举报奖励实施细则（试行）》和《举报受理工作手册》4 项制度，从制度上保障有奖举报制度的实施：明确举报中心工作人员的职责，设专人接听举报电话，实行 14 小时有人接听、10 小时自动接听；规范举报受理程序，不断细化完善接收、受理、调查、处理、奖励、办结、评价等环节的工作。

国务院南水北调办建立了“一托三”举报调查工作体制，制定了具体的工作机制和信息报告制度，如图 9-4-3 所示。

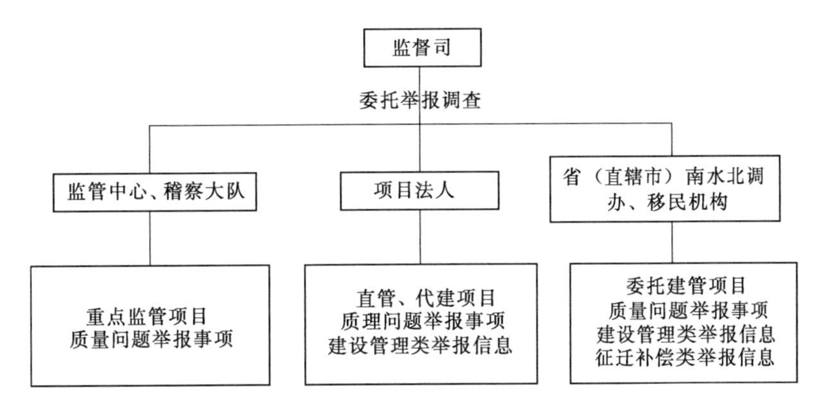

图 9-4-3　举报调查工作体制框架图

2. 举报受理的工作制度

南水北调工程建设举报受理的工作制度包括：①“日受、周议、月商、季处、年评”工作机制；②举报事项会商制度，与月商季处相结合，建立举报事项调查报告会审制度；以设计方案为依据，核定举报发现问题的性质和危害性；③举报调查结果会商制度，每月第一周适时组织对举报事项调查结果进行会商，研究确定是否进一步实施专项调查和稽查，对已完成专项调查和稽查的举报事项研究提出处理意见；④举报问题集中处理制度，结合国务院南水北调办每季度质量问题集中处罚会商会议，对举报事项调查核实的问题责任单位和责任人员进行责任追究；⑤举报奖励制度。根据国务院南水北调办颁布的《南水北调工程建设举报奖励实施细则（试行）》和监管中心制定的《南水北调工程建设举报奖励经费管理办法》，对举报人实施奖励；⑥建立举报情况报告制度，做好举报信息分析、统计和管理，建立周报、月报、季报、年报制度；组织开展对举报受理单位考核、评比和奖励工作；⑦完善举报统计分析工作，采用周报、快报、通报等形式，定期分析举报信息和举报调查结果，总结提炼结论，建立有代表性的工程质量举报问题预警机制。

五、质量举报受理工作流程

按照举报受理工作步骤，举报受理工作可划分为以下七个工作环节：接报、受理、调查、处理、奖励、办结和总结评价，如图 9-4-4 所示。

（1）接报。接收来自电话、传真、电子邮件、信件、来访等途径反映南水北调工程质量、安全、合同、资金等问题的举报信息，及时、准确记录举报途径、举报人信息及举报反映的问题等，做好举报信息登记、分类、统计和归档等采集工作。接报工作程序如图 9-4-5 所示。

（2）受理。组织调查的举报事项，逐项研究提出处理建议，明确调查形式和调查单位，并征求相关部门意见，及时将举报材料转送调查单位组织调查核实。分类处理的举报事项，分批转送有关单位办理。受理工作程序如图 9-4-6 所示。受理期限：重大举报事项 5 个工作日，一般举报事项 3 个工作日。

（3）调查。根据举报材料和南水北调工程建设实际，调查单位或调查组逐项调查核实举报反映的问题，并提出相应的处理建议和奖励建议。调查工作程序如图 9-4-7 所示。

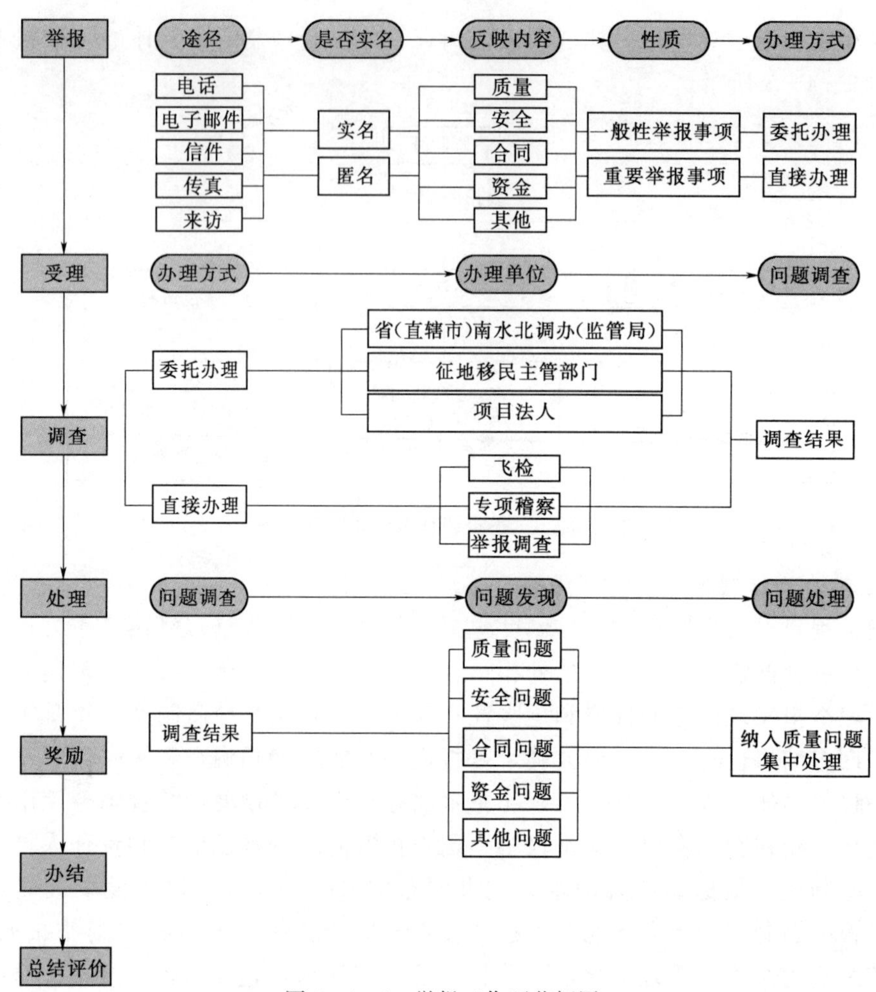

图 9-4-4　举报工作环节框图

实行举报调查结果月会商，针对一般举报事项委托调查结果和重大举报事项专项调查结果，研究提出举报事项处理意见，确定需进一步实施专项稽查和质量认证的举报事项。调查工作期限：重大举报事项 30 个工作日，一般举报事项 20 个工作日。

（4）处理。举报调查发现的较重及以上质量问题纳入国务院南水北调办质量问题月会商和季度集中处罚，按照《南水北调工程建设质量问题责任追究管理办法》和《南水北调工程合同监督管理规定》等规定，约谈项目法人，并对相关责任单位和责任人进行责任追究。

经调查核实，属严重及以上质量、安全、合同、资金等问题的重大举报事项，及时向南水北调办领导报告举报调查情况及处理意见，批准后下发处理意见通知。处理工作程序如图 9-4-8 所示。

（5）奖励。依据举报调查结果会商意见，根据《南水北调工程建设举报奖励实施细则（试行）》，给予查实举报事项的举报人奖励。奖励工作程序如图 9-4-9 所示。从查实举报事项至实施兑奖应在 10 个工作日完成。

（6）办结。对事实清楚、定性准确、程序规范、处理完毕、档案齐全的举报事项，按程序终结并归档。办结工作程序如图 9-4-10 所示。

（7）总结评价。印制举报情况简报报送国务院南水北调办领导、总工程师和综合司。建管

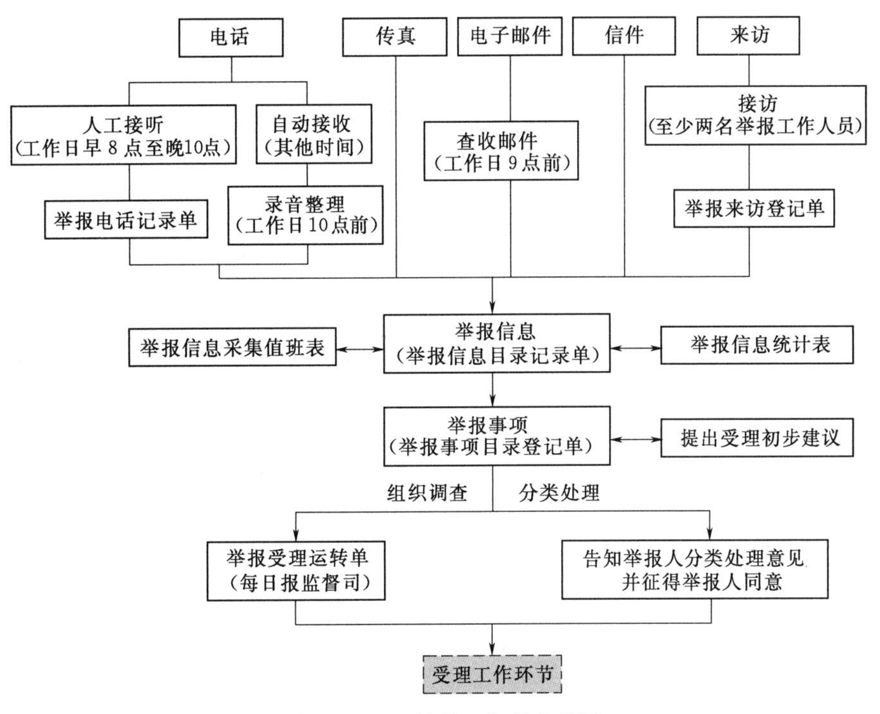

图9-4-5　接报工作程序框图

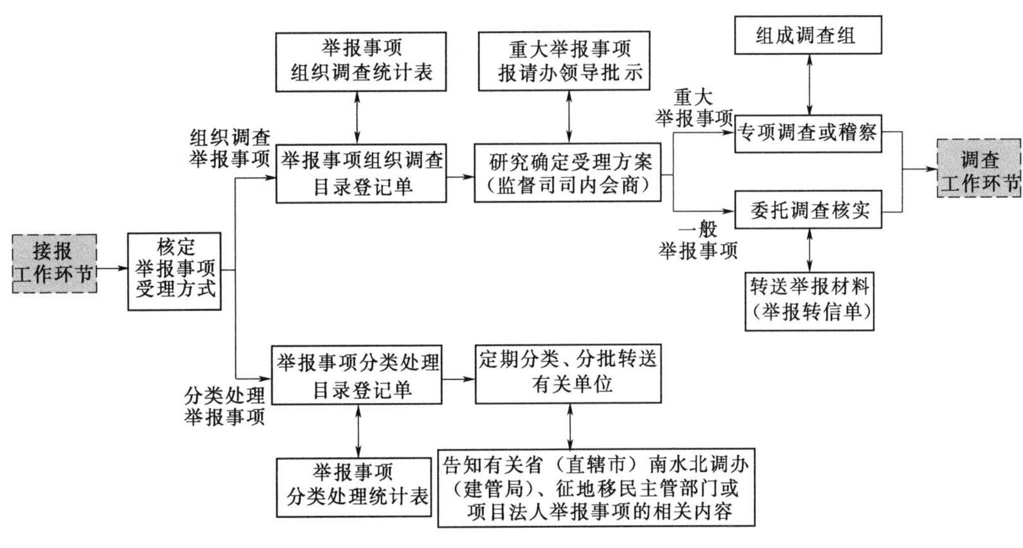

图9-4-6　受理工作程序框图

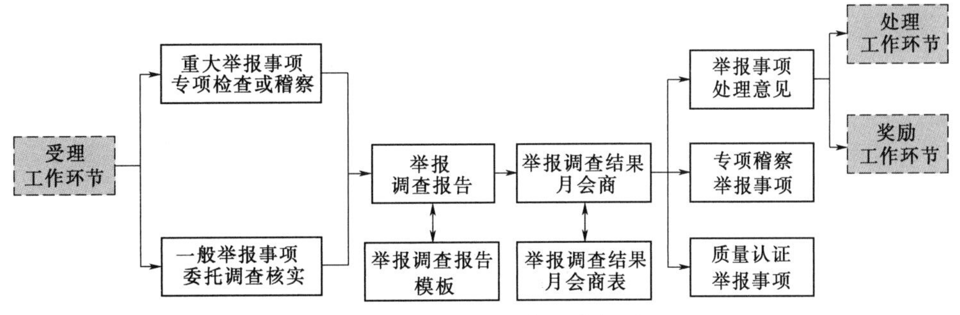

图9-4-7　调查工作程序框图

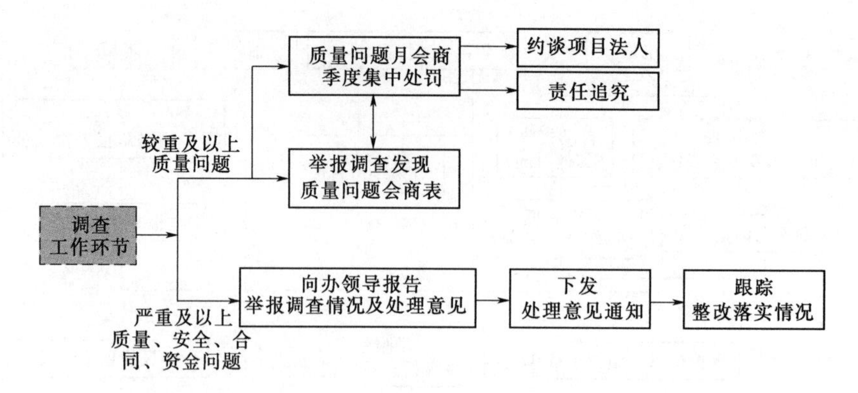

图 9-4-8 处理工作程序框图

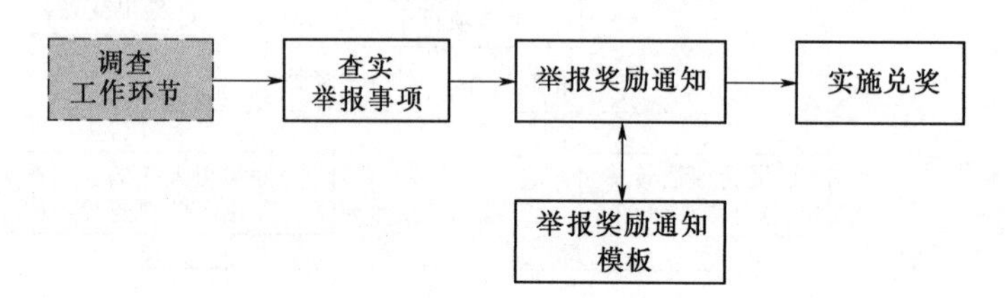

图 9-4-9 奖励工作程序框图

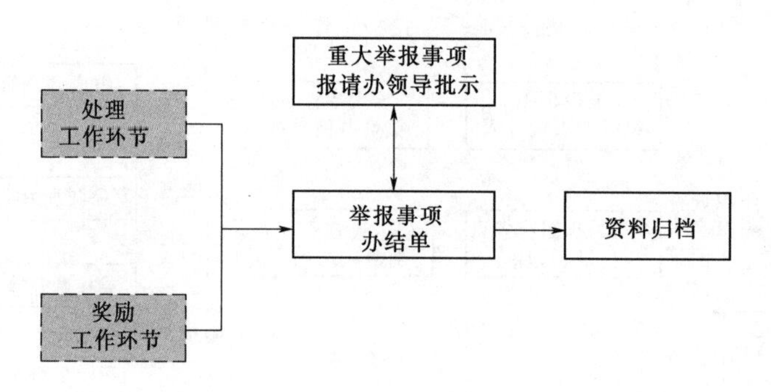

图 9-4-10 办结工作程序框图

司、征移司和监督司定期汇总、统计举报工作情况，传递举报工作信息。总结分析举报受理工作，发现规律性问题，指导南水北调工程建设。总结评价举报事项调查单位工作情况，组织对举报事项调查单位进行考核、评比和奖励。总结评价工作程序如图 9-4-11 所示。举报情况简报包括总体情况、本周举报工作各环节情况等内容。举报受理工作的关键环节和关键点见表 9-4-2。

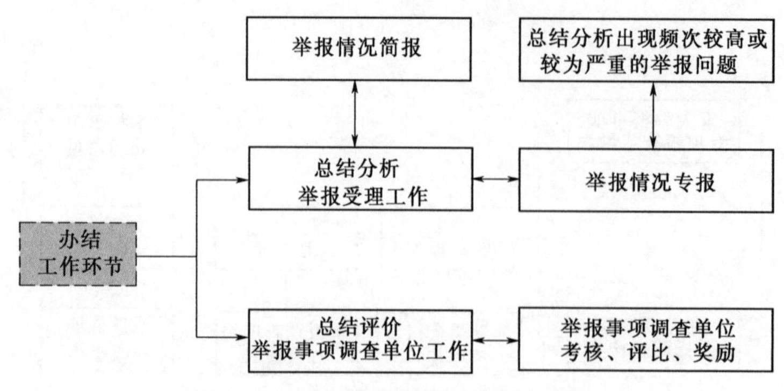

图 9-4-11 总结评价工作程序框架

表 9-4-2　　举报受理工作关键环节和关键点

序号	关键环节	关键点	控制内容
1	举报宣传	举报公告牌	设立数量、地点
			公告牌内容的准确性
		媒介宣传	宣传内容
			宣传形式
2	信息接收	接听电话	举报问题线索清楚、准确
			记录准确
			鼓励实名、尊重匿名
		传真、电子邮件、信件	及时查收
		来访	接访
			记录准确
		分类整理	分类登记
			分析统计
3	举报受理	直接调查	调查方案
			调查时限
		委托调查	调查单位
			转信单（举报材料）
			委托要求
			调查时限
		分类处理	处理单位
			类型分析
			定期集中反馈
4	组织调查	调查核实	反馈及时
			调查报告（事实清楚、结论明确）
			举报奖励建议
		问题认证	科学、规范、公正
5	问题处理	问题会商	证据确凿、论据充分
		责任追究	依法、严格、有效
		问题整改	整改到位，举一反三
6	举报奖励	奖励	程序完备、兑奖及时
		举报人保护	预防打击报复
7	举报办结	填写办结单	内容完整、程序清楚
8	信息报告	专报	举报信息预警
		周报	举报接收、受理情况简报

续表

序号	关键环节	关　键　点	控　制　内　容
8	信息报告	月报	举报调查情况分析
		季报	举报处理、奖励、办结情况分析
		年报	总结分析评价
9	分析评价	评价体系	客观、公正，评价指导

六、质量问题举报的奖励办法

国务院南水北调办 2011 年、2012 年先后发文对有奖举报及质量问题举报的奖励进行了规定。

1. 2011 年颁发的《关于加强南水北调工程建设举报受理工作的意见》（国调办监督〔2011〕311 号）规定

（1）国务院南水北调办对提供真实、明确线索的实名举报人，经查实后按举报事项性质和程度，给予举报人精神奖励和物质奖励。

（2）对于一般性举报事项的举报人，给予精神奖励及不超过 1000 元的物质奖励；对于重大举报事项的举报人，给予精神奖励和 1000～20000 元奖励，其中涉及严重质量和合同问题以及其他严重建设与管理问题的给予 1000～10000 元奖励，涉及重大质量和合同问题以及其他重大建设与管理问题的给予 10000～20000 元奖励；对于工程质量安全及管理具有特别重大贡献的举报人，给予精神奖励和 20000～50000 元奖励。举报奖励实施细则另行制定。

（3）国务院南水北调办每季度研究一次确定举报奖励人员名单及奖励方式。接受奖励的举报人应在接到通知后 30 日内持居民身份证或者其他法定的有效证件，到指定地点办理相关奖励手续，逾期未领者视为主动放弃。

2. 2012 年颁发的《南水北调工程建设举报奖励实施细则（试行）》（国调办监督〔2012〕111 号）规定

（1）对于一般举报事项，给予举报人 500～3000 元奖励；对于重大举报事项，给予举报人 4000～50000 元奖励。

（2）对以电话、书信、传真、电子邮件等方式举报工程质量、安全、合同、资金等问题的举报人，在举报事项调查核实后，按南水北调工程建设举报奖励标准给予奖励。

（3）两个或两个以上举报人分别举报同一问题的，对第一时间举报人按该举报事项奖励金额的 80%给予奖励，对其他举报人按举报人数平均分配该举报事项剩余的 20%奖励金额分别给予奖励。

（4）两个或两个以上举报人联名举报同一问题的，对举报人按举报人数平均分配该举报事项的奖励金额分别给予奖励。

七、质量举报工作的开展情况

（一）2012 年质量举报工作的开展情况

1. 接收举报信息总体情况

截至 2012 年年底，共接收举报信息 655 项，属组织调查举报事项 136 项，分类处理举报信

息519项。其中，136项组织调查举报事项由国务院南水北调办直接组织委托调查。调查核实116项，纳入季度集中处罚10项，实施奖励8项，办结109项。519项分类处理举报信息由举报受理中心转请相关省（直辖市）南水北调办（建管局）、移民机构、项目法人等单位调查处理并跟踪调查处理结果。在分类处理举报信息519项中主要涉及征迁补偿类158项、建设管理类361项（拖欠类225项，施工环境类136项），如图9-4-12所示。此类举报信息是群众举报集中反映的内容，快速协调解决此类问题，对维护工程建设环境具有重要意义。

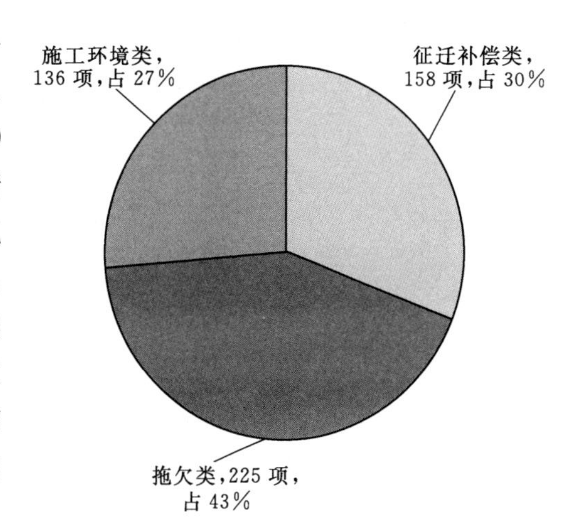

图9-4-12　举报分类处理比例

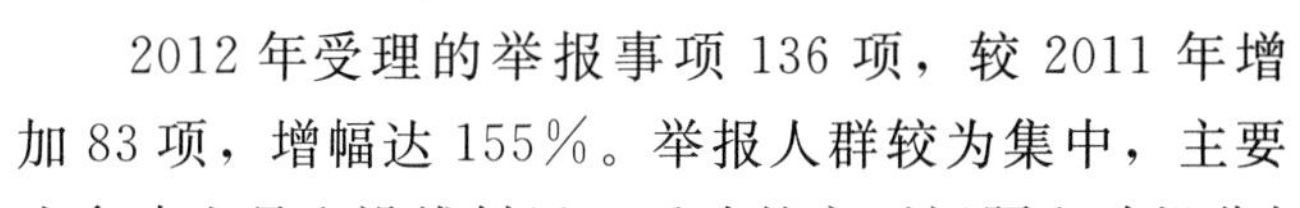

2012年受理的举报事项136项，较2011年增加83项，增幅达155%。举报人群较为集中，主要为参建人员和沿线村民，反映的主要问题和动机分析见表9-4-3。

2. 举报项目与质量重点监管项目关联分析

在被举报的事项中，高填方质量问题、桥梁质量问题、混凝土建筑物质量问题总计占70%。实体质量问题举报项目中，质量重点监管项目占比较大，与整体质量监管形势吻合，见表9-4-4。

表9-4-3　举报反映的主要问题和动机分析

序号	举报人群		反映的主要问题	动机分析
1	参建人员	劳务分包单位	拖欠工程款、拖欠农民工工资、质量问题	个人利益诉求、奖金激励、关心工程利益、打击报复等
		施工队		
		农民工		
2	沿线村民	受工程征迁影响或施工影响的村民	征迁补偿款不到位、征迁补偿标准不公开、施工影响	
		就近参与南水北调工程建设的村民	质量问题	

表9-4-4　实体质量问题举报事项

实体质量问题举报事项		受理举报事项	调查核实举报事项	属实或部分属实举报事项
一	渠道			
1	高填方	4	3	1
2	改性土			
3	渠道衬砌	4	3	1
二	桥梁	19	18	7
三	建筑物	16	16	5
四	其他	13	11	6
合　计		56	51	20

3. 举报数量变化分析

2012 年的举报信息和举报事项数量月度变化如图 9－4－13 所示。

从图 9－4－13 可知，举报事项数量在 3 月达到峰值，在 6 月达到最高点。这与 2 月 21 日举行的举报公告牌揭牌仪式及实施有奖举报的专题宣传，以及 7 月 3 日办领导赴工程现场为举报人兑奖及相关专题宣传密不可分。由此可见，阶段性加大社会宣传力度，对激励群众举报有着至关重要的作用。

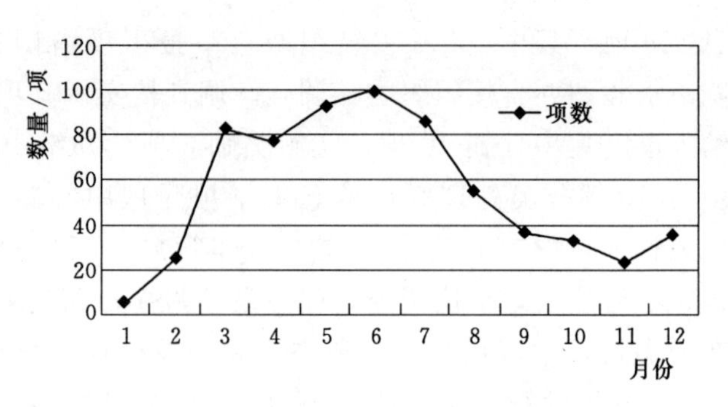

图 9－4－13　2012 年举报事项数量变化情况

（二）2013 年质量举报工作的开展情况

1. 接收举报信息总体情况

2013 年，举报受理中心共接收举报信息 295 项，其中组织调查 46 项（占 16%），分类处理 249 项（占 84%）。质量问题类举报信息均纳入组织调查，逐项委托有关单位进行专项调查，限期反馈调查结果。凡查证属实的，纳入“三位一体”质量问题月会商及责任追究。建设环境类、征地移民类举报信息定时分批进行分类处理，转请有关单位调查处理。

在 46 项组织调查举报事项中，42 项涉及质量问题，4 项涉及合同问题，由国务院南水北调办直接组织委托调查，见表 9－4－5。经调查，属实或部分属实 17 项，已纳入质量问题月会商 15 项，实施奖励 10 项。

表 9－4－5　　**组织调查举报事项调查情况表**　　单位：项

委托调查单位	质量问题类	合同问题类	小　计
监管中心		1	1
天津市南水北调办	1		1
河北省南水北调办	5		5
山东省南水北调建管局	1		1
河南省南水北调办	14		14
湖北省南水北调管理局	1		1
中线建管局	17	3	20
江苏水源公司	3		3
合计	42	4	46

注　4 项合同问题类举报事项中，1 项涉及合同纠纷引发的拖欠工程款问题，3 项涉及招标投标质疑。

在 249 项分类处理举报信息中，200 项涉及建设环境类，49 项涉及征地移民类，由举报受理中心转请相关省（直辖市）南水北调办（建管局）、移民机构、项目法人等单位调查处理并跟踪调查处理结果。分类处理举报信息调查处理情况见表 9－4－6。

表 9-4-6　　分类处理举报信息调查处理情况表　　单位：项

委托调查单位	建设环境类	征地移民类	小　计
天津市南水北调办	0	1	1
河北省南水北调办	20	3	23
江苏省南水北调办	0	2	2
山东省南水北调建管局	21	7	28
河南省南水北调办	80	0	80
湖北省南水北调办	16	1	17
河南省移民办	0	27	27
湖北省移民局	0	8	8
中线建管局	58	0	58
中线水源公司	2	0	2
江苏水源公司	3	0	3
合计	200	49	249

2. 工程质量问题举报情况

在 42 项质量问题举报事项中，东线 4 项、中线 38 项；反映工程实体质量问题 35 项（占 83%）、质量管理违规行为 7 项（占 17%），涉及 37 个施工标段、1 个监理标段。工程质量问题具体分布情况见表 9-4-7。

（1）实体质量问题 35 项。渠道工程 20 项（占 57%）；涉及 17 个施工标段的膨胀土（岩）渠段、排水系统、土工合成材料施工、混凝土面板衬砌等工程部位。主要反映抗滑桩、水泥土换填、渠道护坡浆砌石、排水系统、混凝土面板衬砌、土方填筑、沿渠公路修筑、土工膜等方面的施工质量问题；桥梁工程 7 项，涉及 7 个施工标段，主要反映预制梁板、墩台结合、引道土方填筑等方面的施工质量问题；混凝土建筑物工程 8 项，涉及 8 个施工标段，主要反映渡槽混凝土强度、预应力施工、钢筋，倒虹吸管身施工、穿黄隧洞内衬施工、建筑物周边回填、泡沫板等方面的质量问题。

表 9-4-7　　工程质量问题分布情况

工程质量问题	工程数量/项	施工标段数量
渠道工程	20	17 个施工标段
桥梁工程	7	7 个施工标段
混凝土建筑物工程	8	8 个施工标段
质量管理违规行为	7	6 个施工标段、1 个监理标段
总计	42	37 个施工标段、1 个监理标段

（2）质量管理违规行为 7 项。涉及 6 个施工标段、1 个监理标段。主要反映监测设备安装造假、擅自更改设计、偷工减料、缺陷处理不规范、违规聘用监理员等方面的问题。

3. 分类处理举报信息

249 项分类处理举报信息按建设环境类、征地移民类等归类统计分析如下：东线 33 项（占

表 9-4-8 2013年举报调查发现问题汇总表

序号	设计单元工程	标段	建管单位	施工单位	监理单位	问题序号	质量问题信息	问题类型	备注
一	淅川县段	淅川施工3标	中线建管局河南直管局南阳项目部	中铁十三局集团有限公司	黄河勘测规划设计有限公司	1	魏家西跨渠公路桥，施工单位在T梁制作过程中为方便，将交角为88°的模板用于交角为72°的T梁，导致T梁两端未按设计角度要求设置成斜面，四个T梁端头排列呈锯齿状	一般质量缺陷	2013004
						2		严重质量管理违规行为	
						3	刁河渡槽5号右幅第三束钢绞线第二次张拉，施工单位按伸长值控制张拉，未严格按照以应力控制为主的设计要求张拉［当实际伸长值（275mm）满足设计要求（274.9mm），而实际张拉应力（38.4MPa）尚未达到设计张拉应力（38.77MPa）时即停止张拉］	一般质量缺陷	2013008
						4		严重质量管理违规行为	
						5	刁河渡槽5号右幅第三束钢绞线张拉端锚垫板底部的混凝土振捣不密实，张拉未达到设计压力时锚垫板破损。问题发生后，施工单位停止张拉，经施工单位内部专家现场论证后，进行处理，并进行第二次张拉	较重质量管理违规行为	
二	淅川县段	淅川监理1标	中线建管局河南质量局南阳项目部	中铁十三局集团有限公司	黄河勘测规划设计有限公司	1	魏家西跨渠公路桥，施工单位采用了错误的端头模板，现场监理把控不严，导致梁端斜缝不顺直	严重质量管理违规行为	2013004
						2	刁河渡槽5号右幅第三束钢绞线第二次张拉，施工单位及监理单位按伸长值控制张拉，未严格按照以应力控制为主的设计要求张拉［当实际伸长值（275mm）满足设计要求（274.9mm），而实际张拉应力（38.4MPa）尚未达到设计张拉应力（38.77MPa）时即停止张拉］	严重质量管理违规行为	2013008
						3	刁河渡槽5号右幅第三束钢绞线张拉端锚垫板底部的混凝土振捣不密实，张拉未达到设计压力时锚垫板破损。问题发生后，施工单位施工，监理旁站，进行了第二次张拉。但未进行缺陷备案	较重质量管理违规行为	

续表

序号	设计单元工程	标段	建管单位	施工单位	监理单位	问题序号	质量问题信息	问题类型	备注
三	总干渠鲁山北、北汝河、双洎河、荥阳段工程安全监测	总干渠鲁山北、北汝河、双洎河、荥阳段工程安全监测	中线建管局河南直管局郑焦项目部	中国电建集团西北勘测设计研究院有限公司	北京燕波工程管理有限公司	1	荥阳施工2标枯河倒虹吸进水口左侧渗压计和土压力计未按设计位置安装。根据设计图纸，枯河倒虹吸进口左侧桩号为0+043.51、高程为107.60m处应安装渗压计和土压力计各一支（设计编号为P06KH和E06KH），但实际仪器安装位置桩号为0+043.51、高程为107.80m左右（安全监测项目部技术人员口述，无施工记录），造成仪器实际安装位置高程比设计高程高20cm左右	较重质量缺陷	2013005
						2		严重质量管理违规行为	
四	总干渠鲁山北、北汝河、双洎河、荥阳段工程安全监测	荥阳段工程建设监理标	中线建管局河南直管局郑焦项目部	中国电建集团西北勘测设计研究院有限公司	北京燕波工程管理有限公司	1	荥阳施工2标枯河倒虹吸进水口左侧渗压计和土压力计未按设计位置安装。根据设计图纸，枯河倒虹吸进口左侧桩号为0+043.51、高程为107.60m处应安装渗压计和土压力计各一支（设计编号为P06KH和E06KH），但实际仪器安装位置桩号为0+043.51、高程为107.80m左右（安全监测项目部技术人员口述，无施工记录），造成仪器实际安装位置高程比设计高程高20cm左右	较重质量管理违规行为	
五	永年县段	SG3标	河南省南水北调建管局	河北省水利工程局	中水东北勘测设计研究有限责任公司	1	渠道衬砌面板存在20条贯穿性裂缝，缝宽在1～5mm	较重质量缺陷	2013020
六	辉县段工程	辉县4标	河南省南水北调建管局	中国水利电力对外公司	河南立信工程咨询监理有限公司	1	桩号Ⅳ87+025.1、Ⅳ86+889.1、Ⅳ86+901.1等3处渠道衬砌底板存在土工膜被切破的问题	严重质量缺陷	2013025
七	辉县段工程	辉县监理标	河南省南水北调建管局	中国水利电力对外公司	河南立信工程咨询监理有限公司	1	桩号Ⅳ87+025.1、Ⅳ86+889.1、Ⅳ86+901.1等3处渠道衬砌底板存在土工膜被切破的问题	严重质量管理违规行为	

续表

序号	设计单元工程	标段	建管单位	施工单位	监理单位	问题序号	质量问题信息	问题类型	备注
八	叶县段	叶县4标	长江水利委员会长江工程建设局	中国水利水电第一工程局有限公司	甘肃省水利水电勘测设计研究院	1	右侧渠坡衬砌面板厚度不符合设计要求(10cm)，最薄处仅5cm，右岸桩号211+976～211+988范围内的衬砌混凝土全部拆除	较重质量缺陷	2013028
						2	桩号211+984处，发现一处板厚仅5cm，且土工膜被纵向切破约3m长；桩号211+985～211+986段，渠坡下部第一条横缝上土工膜被切破，该处板厚仅5～6cm	严重质量缺陷	
九	叶县段	叶县监理标	长江水利委员会长江工程建设局	中国水利水电第一工程局有限公司	甘肃省水利水电勘测设计研究院	1	右侧渠坡衬砌面板厚度不符合设计要求(10cm)，最薄处仅5cm，桩号211+984处土工膜被纵向切破约3m长；桩号211+985～211+986段，渠坡下部第一条横缝上土工膜被切破	严重质量管理违规行为	2013028
十	淅川段工程	淅川5标	中线建管局河南直管局	黄河建工集团有限公司	河南明珠工程管理有限公司	1	淅川5标大张坡跨渠生产桥引道最上层所铺虚土厚度达60～70cm，不符合铺土厚度30cm进行控制的要求，且所铺土料含水量明显偏大	较重质量缺陷	2013027
十一	淅川段工程	淅川监理2标	中线建管局河南直管局	黄河建工集团有限公司	河南明珠工程管理有限公司	1	淅川5标大张坡跨渠生产桥引道最上层所铺虚土厚度达60～70cm，不符合铺土厚度30cm进行控制的要求，且所铺土料含水量明显偏大	严重质量管理违规行为	
十二	荥阳段工程	荥阳1标	中线建管局河南直管局	河南省水利第一工程局	北京燕波工程管理有限公司	1	茹寨东公路桥，因设计图纸中结构图与细部图存在尺寸矛盾，标准横断面图中防撞墩外侧与预制T梁外侧齐平，而人行道细部图中防撞墩外侧距预制T梁外侧为10cm，施工单位施工前未仔细审图，而是按细部图进行施工，导致茹寨东公路桥两侧各加宽约10cm	严重质量管理违规行为	2013024
						2	加宽混凝土外观质量较差，加宽部分的混凝土表面不平整，存在蜂窝、麻面、错台现象，在加宽部分施工过程中，受模板胀膜的影响，导致所加宽度最大达14cm	较重质量缺陷	

续表

序号	设计单元工程	标段	建管单位	施工单位	监理单位	问题序号	质量问题信息	问题类型	备注
十三	荥阳段工程	荥阳监理标	中线建管局河南直管局	河南省水利第一工程局	北京燕波工程管理有限公司	1	茹寨东公路桥，因设计图纸中结构图与细部图存在尺寸矛盾，施工单位施工前未仔细审图，而是按细部图进行施工，导致茹寨东公路桥两侧各加宽约 10cm。加宽混凝土外观质量较差，加宽部分的混凝土表面不平整，存在蜂窝、麻面、错台现象	严重质量管理违规行为	2013024
十四	临城县段	SG12 标	河北省南水北调工程建设管理局	中国水利水电第一工程局有限公司	河北省水利水电工程监理咨询中心	1	午河渡槽第 2 跨底板八字墙上部 60cm 竖墙存在局部低强问题	严重质量缺陷	2013026
十五	永年县段	SG3 标	河北省南水北调建管局	河北省水利工程局	中水东北勘测设计研究有限责任公司	1	67+285～67+385 桩号范围复合土工膜规格为 0.3mm，不符合 0.5mm 的设计要求，属于国调办监督〔2013〕167 号附件 2 第一条第 3.6 项规定的 I 级责任追究等级	严重质量缺陷	2013031
						2	河北省金涛工程检测有限公司 SG3 标工地试验室 2 名工作人员“质量检测员”证过期	严重违规行为	
十六	永年县段	JL2 标	河北省南水北调建管局	河北省水利工程局	中水东北勘测设计研究有限责任公司	1	67+285～67+385 桩号范围复合土工膜规格为 0.3mm，不符合 0.5mm 的设计要求；河北省金涛工程检测有限公司 SG3 标工地试验室 2 名工作人员“质量检测员”证过期	严重违规行为	
十七	永年县段	张窑北公路桥	邯郸市交通局地道处	北京鑫实路桥建设有限公司	河北德鑫工程监理咨询有限公司	1	张窑北公路桥桥梁西侧引道与原路面连接处出现塌陷；桥梁搭板（主桥与引道连接处）处路面开裂	严重质量缺陷	2013033

续表

序号	设计单元工程	标段	建管单位	施工单位	监理单位	问题序号	质量问题信息	问题类型	备注
十八	穿漳河工程	穿漳监理标	中线建管局河南直管局	江南水利水电工程公司	河南立信工程咨询监理有限公司	1	河南立信工程咨询监理有限公司穿漳工程监理部聘用监理人员中，担任过土建监理工程师的王星振72岁，监理部不能提供其监理工程师执业资格证及与其签订的劳动合同；总监赵发展之妻曹靖华作为监理部监理员（证件已失效），存在决定单元工程验收等超越监理员岗位权限的违规情况	严重违规行为	2013029
十九	小运河段工程	小运河段工程施工1标	山东省南水北调鲁北段工程建设管理局小运河建管处	山东黄河工程集团有限公司	青岛水工建设科技服务有限公司	1	小运河1标沿渠公路已完成施工的0+200～0+935路段，现场检测部分路段水泥稳定级配碎石层厚度不符合“路面结构中水泥稳定类粒料基层最小厚度15cm，适宜厚度为16～20cm”的设计要求（0+200中处为13cm，右处为14cm）	较重质量缺陷	2013035
二十	磁县段工程	磁县1标	中线建管局河北直管部	中铁十四局集团有限公司	中水北方勘测设计研究有限责任公司	1	磁县1标湾漳营生产桥东侧靠近渠底部位桩柱加强混凝土台座浇筑过程中混入少量卵石	严重质量管理违规行为	2013039
二十一	磁县段工程	磁县监理标	中线建管局河北直管部	中铁十四局集团有限公司	中水北方勘测设计研究有限责任公司	1	磁县1标湾漳营生产桥东侧靠近渠底部位桩柱加强混凝土台座浇筑过程中混入少量卵石	较重质量管理违规行为	
二十二	洪泽站	洪泽站	江苏水源公司	江苏省水利建设工程有限公司	江苏省水利工程科技咨询有限公司	1	洪泽站南堤个别断面测点压实度不满足设计要求	严重质量缺陷	2013043

注 以上15项举报事项调查发现的质量问题均纳入质量问题月会商，除2013024、2013026、2013029、2013043等4项外，其余11项均纳入集中处罚。

表 9-4-9　　2013 年举报奖励情况表

序号	举　报　事　项	问题定性	奖励金额/元	备注
1	中线淅川 3 标桥梁施工质量问题	严重质量管理违规行为	4000	
2	中线淅川 3 标刁河渡槽预应力施工质量问题	严重质量管理违规行为	4000	
3	中线漳古段工程 SG3 标渠道衬砌质量问题	较重质量缺陷	3000	
4	中线辉县 4 标渠道衬砌施工质量问题	严重质量缺陷	5000	
5	中线淅川 5 标桥梁引道填筑施工质量问题	较重质量缺陷	3000	
6	中线永年县段 SG3 标复合土工膜质量问题	严重质量缺陷	10000	加倍
7	中线荥阳 1 标茹寨东公路桥、关帝庙渡槽等施工质量问题	严重质量管理违规行为	4000	
8	东线小运河 1 标公路路面水泥稳定类粒料厚度不符合设计要求	较重质量缺陷	6000	加倍
9	中线磁县 1 标湾漳营生产桥东侧桩柱加强混凝土浇筑质量问题	较重质量管理违规行为	4000	加倍
10	东线洪泽站南堤压实度不符合设计要求质量问题	严重质量缺陷	10000	加倍
合　计			53000	

13%)、中线 216 项(占 87%);建设环境类 200 项(占 80%),其中涉及拖欠工资(合同纠纷)问题 155 项、施工影响问题 27 项、其他合同管理问题 14 项、工程安全环保问题 4 项;征地移民类 49 项(占 20%),分类处理举报信息情况如图 9-4-14 所示。

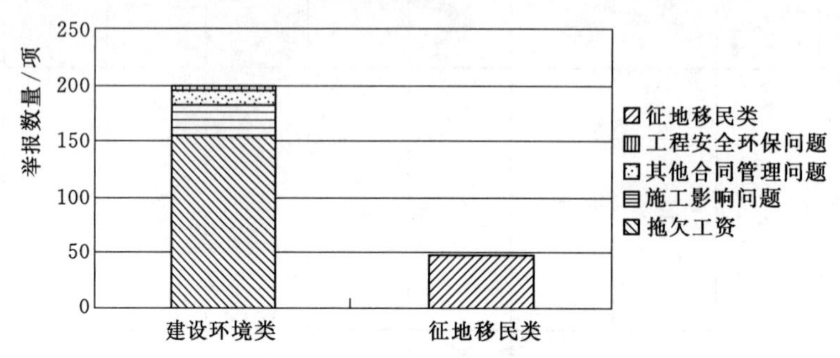

图 9-4-14 分类处理举报信息情况

从归类统计数据来看,建设环境类举报信息,尤其是反映拖欠工资、工程款、设备租赁费、材料款等合同纠纷问题的举报信息占比较大,快速协调解决此类问题,对维护工程建设环境具有重要意义。

(三)有奖举报的奖励情况

南水北调工程建设举报受理中心对举报的工程进行调查处理后,把涉及的单元工程、标段、建管单位、施工单位、监理单位、质量问题信息以及问题类型进行登记汇总。表 9-4-8 是 2013 年的举报调查发现问题汇总情况。对调查处理后的举报进行奖励,表 9-4-9 是 2013 年的举报奖励情况。

第五节 特 派 监 管

一、质量"特派监管"工作的开展

按照"高压高压再高压,延伸完善抓关键"的总体要求,国务院南水北调办按省分段联系项目法人、建管单位对工程实施监管,派驻相关人员到工程现场进行质量巡查,及时了解工程施工质量状况和各项规章制度落实情况,督促相关单位对发现的质量问题整改到位。

从 2013 年 6 月质量特派监管组成立后,先后有 56 名质量特派监管人员分驻河北邢台、河南焦作和河南鲁山三地,组成 18 个质量特派监管工作组,现场由 3 名负责人带领,分别以渠道、桥梁和混凝土建筑物工程为重点开展各项质量特派监管工作。

质量特派监管组通过收集质量监管工作信息建立质量监管工作联络,2013 年主要对 72 个重点监管项目、35 个不放心类问题、1679 个质量问题整改、20 个质量监管制度落实等事项开展了 276 组次不同形式的质量特派监管,组建了 78 个质量监管专项档案,消除质量隐患,严防意外发生。

二、质量"特派监管"的组织

国务院南水北调办全面负责质量特派监管工作,中线建管局负责组织质量特派监管人员管

理工作，负责办理有关办公、生活等事宜。质量特派监管组下设2个综合组、3个渠道组、3个桥梁组和3个建筑物组，每组5～6人。质量特派监管人员分驻河北邢台、河南焦作和河南鲁山三地，组成3个质量特派监管组，分别对河北省境内、河南省境内漳河至郑州段及禹长至淅川段渠道工程实施质量特派监管和质量问题举报事项调查有关工作。

各专业组根据不同情况制定了质量特派监管工作联络图、特派监管工作组织管理机构、监管人员责任分工组织框图（图9-5-1），并明确了工作职责和工作流程。

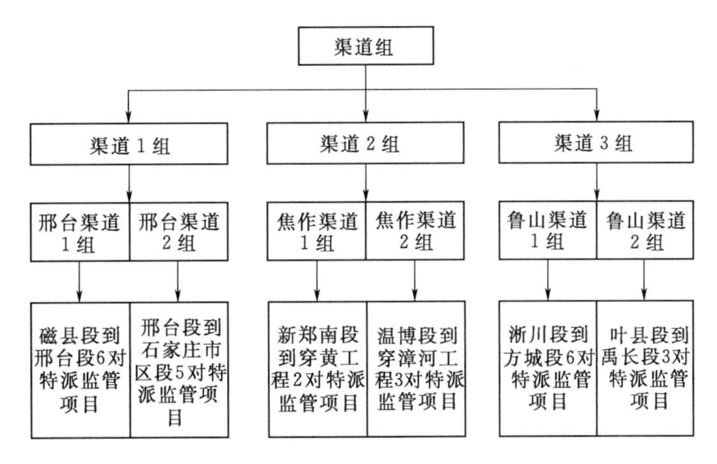

图9-5-1　渠道监管人员责任分工组织框图

特派监管的主要对象：①渠道高填方渠段，对27个设计单元65个施工标段的241段213km高填方加固段中的1个设计单元3个施工标段的12段16km的灌浆加固，9个设计单元11个施工标段的31段33km的防渗墙施工；16个设计单元20个施工标段的4km重点缺口部位工程项目施工实施特派监管；②高地下水位渠段，对其中38个渠段117km和深挖方渠段41个渠段69km工程项目渠坡稳定和排水设施实施特派监管；③质量监管典型渠段工程项目的监管范围涉及城镇渠段（渠道距城镇2.5km范围以内）5个设计单元11个施工标段共11段77km，半挖半填渠段7个设计单元7个施工标段共7段4km，石渠段6个设计单元6个施工标段共8段14km，基础薄弱渠段（采空区）1个设计单元2个施工标段共2段4km；④对35个冬季施工标段渠道重点缺口部位填筑和混凝土面板浇筑工程项目的实施特派监管。

渠道工程质量特派监管项目见表9-5-1。

三、质量“特派监管”的实施

（一）制定质量“特派监管”工作计划

国务院南水北调办编制年度工程质量监管工作方案，确定重点质量监管项目、监管目标及监管措施。各特派工作组按照质量监管方案、“三查一举”月会商结果和本组重点监管项目实际情况，编制质量特派监管工作周计划，制定质量特派监管工作任务表和工作行程表，绘制工作行程图。

（1）周工作计划。主要针对“重点监管项目”和“三查一举”月会商结果中的严重、不放

表 9-5-1　渠道工程质量特派监管项目表

缺口单位：对；长度单位：m

序号	设计单元/个	施工标段/个	渠道填筑重要缺口部位				
			缺口部位名称	桩　号	填筑	衬砌	改性土
合计	16	20	25		3799	3799	1676
河南	9	12	14		2177	2177	1676
1	淅川段	淅川 5 标	朱营西北跨渠公路桥绕行路	33＋310～33＋350	40	40	40
		淅川 7 标	严陵河渡槽占压段	49＋090～49＋171	81	81	81
2	南阳段	南阳 1 标	程沟东南公路桥、312 国道占压段	93＋860～94＋220	360	360	360
		南阳 2 标	姚湾东南跨渠公路桥占压段	97＋232～97＋509	277	277	277
			孙庄跨渠桥占压段	99＋910～100＋348	438	438	438
3	方城段	方城 9 标	上曹屯东跨渠生产桥占压段	182＋300～182＋500	200	200	200
4	叶县段	叶县 1 标	小保安桥占压段	188＋640～188＋720	80	80	80
5	宝郏段	宝郏 7 标	狮王寺绕行路占压段	61＋858～61＋958	100	100	100
6	禹长段	禹长 2 标	禹州矿区事故闸段	74＋394～74＋494	100	100	100
7	新郑南段	新郑南 2 标	十里铺东南公路桥绕行路	124＋090～124＋240	150	150	
		新郑南 3 标	双洎河支渡槽占压段	127＋669～127＋820	151	151	
8	焦作 1 段	焦作 1～3 标	翁涧河倒虹吸占压段	39＋259～39＋332	73	73	
			李河倒虹吸占压段	41＋835～41＋912	77	77	

续表

序号	设计单元/个	施工标段/个	渠道填筑重要缺口部位				
			缺口部位名称	桩　号	填筑	衬砌	改性土
9	鹤壁段	鹤壁2标	刘河村出行道路	160+000～160+050	50	50	
河北	7	8	11		1622	1622	
1	磁县段	磁县2标	马磁铁路倒虹吸占压段	28+858～29+052	194	194	
		磁县3标	牤牛河南支渡槽进口占压段	29+249～29+304	110	110	
2	邯郸市县段	SG1-2标	青兰高速连接线渡槽占压段	42+837～42+896	59	59	
				43+010～43+050	40	40	
			西小屯桥绕行路	46+790～46+890	100	100	
3	永年县段	SG3标	广府大街交通桥占压段	63+280～63+438	158	158	
			西召庄桥占压段	68+302～68+380	78	78	
4	临城县段	SG12标	梁村明洞占压段	167+252～167+329	77	77	
5	高元段	高邑赞皇段	北渎桥占压段	173+800～174+060	260	260	
			南焦桥梁缺口占压段	174+650～174+750	100	100	
6	鹿泉市段	SG13标	南二环西延桥绕行路	223+231～223+531	300	300	
7	石家庄市区段	SG14标	大谈村桥占压段	226+820～226+966	146	146	

心类质量问题制定详细的质量监管计划。要求每周查一次，确保质量特派监管工作重点突出。周计划除了确定监管任务外，还需对特派监管基本信息进行实时更新，对质量特派监管档案进行及时整理。渠道质量特派监管人员责任分工组织如图 9-5-1 所示。

（2）行程表。质量特派监管行程表一经安排，原则上不容许随意更改，可根据现场实际情况予以适当调整。如该周有国务院南水北调办领导带队进行质量检查，需要在质量特派监管行程表中填写带队负责人、工作人员、实际安排。行程表示例见表 9-5-2。

（3）任务表。质量特派监管任务各组必须保证能及时完成，任务安排要紧凑、全面。如不能完成，需要调整时，要及时向监督司主管领导进行请示允许。任务表示例见表 9-5-3。

（4）行程图。质量特派监管行程图线路要清楚，工作任务、时间明确。

（二）制定质量“特派监管”的工作措施

质量特派监管人员要根据规程规范、施工图纸、相关规章制度准确排查出现场存在的严重和不放心类质量问题，及时处理发现的严重和重大质量问题，制定出相应的质量检查内容和安排。

1. 实体工程质量检查的内容和要求

（1）地基处理工程。地基处理的主要检查内容为挖方渠段换填水泥改性土、堤基开挖、清除的弃土、杂物、废渣等是否正确处理、基面处理、渗水处理、渠底高程等。

（2）土石方填筑工程。主要检查内容为渠道基面清基范围和清除表土层厚度是否符合设计要求；上料、铺土、碾压施工、渠道边坡、层间结合面和压实指标是否符合设计要求。

（3）其他工程检查。其他内容主要包括有排水系统、反滤垫层、保温板、复合土工膜、混凝土面板、养护、切缝注胶等。

（4）缺陷处理。主要检查有无缺陷台账资料，是否包括缺陷位置、尺寸等描述及影像资料等；缺陷处理方案是否经过报批；是否按报批的缺陷处理方案进行缺陷处理；检查工程质量缺陷处理材料是否合格；检查缺陷处理结果是否满足设计和规范要求。

2. 施工资料检查的内容和方法

施工阶段资料主要检查内容为施工组织设计、施工方案、作业指导书、图纸会审纪录、质量管理体系文件和施工现场技术交底、工艺试验、进场机械设备、人员报验等。

土石方开挖阶段资料检查内容和方法见表 9-5-4。

土石方填筑阶段资料检查内容为土料场复勘成果报告、机械设备报验、碾压试验方案和成果报告、填筑施工方案、作业指导书、填筑工序三检表、单元工程质量评定表、土方压实度试验检测报告和验收资料等，具体见表 9-5-5。

3. 制定工作程序

南水北调工程的质量“特派监管”工作程序如下：①按照国务院南水北调办“三查一举”月会商表，筛选出严重和不放心类质量问题；②对严重和不放心类问题进行分类；③根据质量特派监管周计划对被检查单位严重和不放心类问题整改情况进行检查，搜集问题备案资料、整改通知、整改方案、处理措施、整改记录、验收资料、责任单位提交的问题整改报告、整改前后现场照片、处罚或责任追究等证明材料；④形成质量特派监管工作报告，上报国务院南水北调办。

表 9-5-2　　南水北调工程质量特派监管周工作行程表

监管时间：2013 年 9 月 2—6 日

序号	地　点	组名	领　队				监　管　人　员						备注
			负责人	工作人员	时间安排	目的地	人员编号	组别	人数	时间安排	目的地	车辆	
1	河北邢台	渠道组					JD-023、025、027	邢台渠道 1 组	3	2 日、3 日	元氏县	1	
										4 日、5 日	鹿泉市		
							JD-024、026、028	邢台渠道 2 组	3	2 日、3 日	邯郸市	1	
										4 日、5 日	磁县		
2	河南焦作	渠道组											
3	河南鲁山	渠道组											

表 9-5-3　南水北调工程质量特派监管周工作任务表

渠道工程　　　　领队：　　　　监管时间：9 月 2—6 日

<table>
<tr><th rowspan="2">序号</th><th rowspan="2">设计单元名称</th><th rowspan="2">建管模式</th><th rowspan="2">施工标段</th><th colspan="2">重点监管部位</th><th rowspan="2">主要监管任务</th><th rowspan="2">监管人员</th><th rowspan="2">具体监管工作事项</th><th rowspan="2">主要监管工作报告</th><th rowspan="2">备注</th></tr>
<tr><th>名　称</th><th>桩　号</th></tr>
<tr><td>一</td><td colspan="10">河　北　境　内</td></tr>
<tr><td>(一)</td><td colspan="5">邢台渠道 1 组</td><td rowspan="8">1.7 月严重质量问题整改
2. 排查特派监管项目不放心类质量问题
3. 落实 167 号、107 号文质量监管责任
4. 建立特派监管项目质量档案</td><td rowspan="3">JD-023、025、027</td><td rowspan="8">1.7 月“三查一举”严重质量问题整改
2. 根据 167 号文排查渠道工程不放心类质量问题
3. 落实 167 号、107 号文质量监管责任
4. 收集特派监管项目质量监管信息，建立特派监管项目质量档案</td><td rowspan="8">1. 严重质量问题整改情况
2. 检查发现的严重及不放心类问题
3.167 号、107 号文质量监管责任的落实情况
4. 特派监管项目监管情况</td><td rowspan="8"></td></tr>
<tr><td>1</td><td>高元段</td><td>直管</td><td>元氏 1 标</td><td>南焦桥梁缺口占压段</td><td>174+650～174+750</td></tr>
<tr><td>2</td><td>鹿泉市段</td><td>省管</td><td>SG13 标</td><td>南二环西延桥绕行路</td><td>223+231～223+531</td></tr>
<tr><td>(二)</td><td colspan="5">邢台渠道 2 组</td><td rowspan="5">JD-024、026、028</td></tr>
<tr><td rowspan="2">3</td><td rowspan="2">邯郸市段</td><td rowspan="2">省管</td><td rowspan="2">SG1-2 标</td><td>青兰高速连接线渡槽占压段</td><td>42+837～42+896
43+010～43+050</td></tr>
<tr><td>西小屯桥绕行路</td><td>46+790～46+890</td></tr>
<tr><td rowspan="2">4</td><td rowspan="2">磁县段</td><td rowspan="2">直管</td><td>磁县 2 标</td><td>马磁铁路倒虹吸占压段</td><td>28+858～29+052</td></tr>
<tr><td>磁县 3 标</td><td>牤牛河南支渡槽进口占压段</td><td>29+249～29+304</td></tr>
</table>

注　1. 根据各组负责的重点缺口部位开展监管任务，主要监管任务即表中所述四条，工作围绕任务进行。
2. 周工作报告现场工作组 3 份，其中 1 份留存，1 份给建管单位，1 份报监督司，同时留电子版。

表 9-5-4　　土石方开挖阶段资料检查内容和方法

序号	检查项目	检查内容及方法	相关依据
1	施工组织设计、施工方案	查阅审批报告，检查施工单位开工前，应对合同或设计文件进行深入研究，并应结合施工具体条件编制施工设计；检查施工组织设计中关于测量放线、石方开挖的编制和报审，土方开挖、石方开挖等专项施工方案的编制、报审	SL 260—98 2.1.1
2	作业指导书	查阅方案、措施及作业指导书，检查工程开工前承包单位是否制定安全技术措施，是否报监理工程师批准；钻孔爆破是否按批准的施工技术措施计划和作业指导书进行施工；作业指导书是否满足施工技术要求，是否具有针对性和实用性	招投标文件
3	图纸会审记录	查阅图纸会审记录，检查施工图是否会审且形成会审记录	招投标文件
4	质量管理体系文件和施工现场技术交底	查阅作业指导书、技术交底、安全培训等记录；施工技术交底纪要及相关人员签字情况，检查承包单位是否建立质量保证体系，开工前承包单位总工程师是否组织制定工程质量目标、质量计划和实施措施等，是否对全员进行技术交底和技术培训；是否按规定对技术负责人、作业队、施工班组作业人员逐级进行技术交底；从事爆破工作人员是否进行技术培训，做到持证上岗	招投标文件
5	工艺试验	检查工艺试验是否满足工程建设要求，工艺试验方案及工艺试验报告报批情况，检查开工前是否作爆破试验或生产性试验，取得合理的爆破参数指导施工；爆破试验所使用的各类仪器在试测前是否经计量部门检定	招投标文件
6	机械设备进场报验	查阅招投标文件及设备进场报验单，检查现场的机械设备配备是否满足工程施工要求	招投标文件
7	进场人员报验	查阅投标文件、人员进场报验单及相关原件、人员变更报批文件等，检查主要管理人员变更是否履行变更审批手续，特殊工种作业人员及试验人员是否做到持证上岗，专职质检人员和测量人员配备数量是否符合合同约定，未持证上岗	招投标文件

表 9-5-5　　土石方填筑阶段资料检查内容及方法

序号	检查项目	检查内容及方法	相关依据
1	土料场复勘	查阅试验记录、试验成果报告、料场分区规划、复勘报告和土方平衡计划，击实试验最大干密度和最优含水率取值是否准确合理；土料场分区分层土方调运平衡计划是否满足工程需要	SL 260—98，2.3.1
2	机械设备	查阅设备进场报验资料和操作人员证件，检查现场投入的机械设备是否履行了报验手续；设备配备是否满足工程施工要求；特种机械设备操作手是否持证上岗	SL 288—2003，6.2.6，6.2.7
3	碾压试验	查阅相关报告和监理审批文件，检查碾压试验方案和碾压试验成果报告是否进行了报批，报告内容是否满足规范要求	SL 260—98 附录 B
4	施工方案	查阅相关报告和监理审批文件，检查土方填筑专项施工方案是否报批、内容是否满足施工规范要求	招投标文件
5	作业指导书	查阅作业指导书，检查作业指导书是否满足施工技术要求，是否具有针对性和实用性	招投标文件

续表

序号	检查项目	检查内容及方法	相关依据
6	技术交底	查阅交底纪要及相关人员签字情况，检查是否按规定对技术负责人、作业队、施工班组作业人员逐级进行技术交底	招投标文件
7	填筑工序“三检”表	查阅相关记录表、三检表、试验报告，检查填筑压实度三检记录表，填写是否完整、准确；压实度检测原始记录，填写是否完整、准确；压实度取样检测频次和试验结果否符合规范要求	NSBD 7—2007
8	施工日志	查阅施工日志，检查施工单位是否记录了填筑项目、时间，人员、设备，填筑施工过程等	SL 288—2003

4. 确定工作方法

对被检查单位严重和不放心类问题检查时，首先要召开碰头会，将检查内容告知被检查单位，并对被检查单位整改报告进行检查，最后针对具体问题进行现场核实。具体内容有以下方面。

（1）对严重质量缺陷整改情况检查。首先检查责任单位是否已按规范要求对严重质量缺陷进行备案（严重质量缺陷备案必须有施工、监理、设计、建管四方签字，备案问题描述要全面，要有位置图和缺陷照片）；是否按整改通知要求编制了缺陷处理方案，并对方案进行了报批；查看整改过程照片和整改结果照片，检查整改过程是否符合处理方案要求；检查缺陷处理是否已通过四方联合验收；查看被检查单位技术交底，检查被检查单位是否对整改方案进行了技术交底，是否对缺陷处理人员进行了培训教育；查看被检查单位质量责任追究资料，检查被检查单位是否按照工程质量责任制和工程质量奖惩办法要求对相关人员进行了责任追究。然后赴现场检查工程实体，查看缺陷处理是否与验收材料一致。对于已经掩盖的隐蔽部位严重质量缺陷处理结果检查，必须检查类似在建工程，查看是否还有类似严重质量缺陷。完成上述检查后，做出已整改、正在整改或未整改的定性。检查结束后，与被检查单位召开交流会议，及时将检查结果告知被检查单位。最后形成书面报告，将检查结果及时上报国务院南水北调办。

（2）对严重质量管理违规行为整改情况检查。首先查看被检查单位整改报告及相关证明材料，通过证明材料衡量被检查单位是否如整改报告所说进行了整改，并以工程实体为依托，通过对现场同类型质量管理行为检查判断是否整改。检查结束后，与被检查单位召开交流会议，及时将检查结果告知被检查单位，并将检查结果及时上报国务院南水北调办。对于与实体质量有关的质量管理违规行为，同时还需说明实体缺陷处理情况。

5. 对检查发现质量问题的处理

依据国务院南水北调办下发的《关于再加高压开展南水北调工程质量监管工作的通知》（国调办监督〔2013〕167 号）和《关于加强影子银行监管有关问题的通知》（综监督〔2013〕107 号文），对检查发现的危及工程结构安全、可能引发严重后果的不放心类质量问题和恶性质量管理违规行为的责任单位和责任人，实施 5 级即时从重责任追究和经济处罚。

四、质量“特派监管”的开展情况

为了保证质量特派监管工作高效、规范开展，监督司明确了质量特派监管组责任分工，进行了分类分组，提出了具体工作要求。渠道工作组根据《关于加强南水北调中线干线高填方渠段工程质量监管的通知》（国调办监督〔2012〕199 号）、《关于加强南水北调中线工程渠道衬砌

管理的若干意见》(国调办建管〔2013〕86号)、《关于开展以“三清除一降级一吊销”为核心的监理整治行动的通知》(国调办监督〔2013〕108号)、《关于再加高压开展南水北调工程质量监管工作的通知》(国调办监督〔2013〕167号)、《关于对中线干线渠道工程实施质量重点监管的通知》(综监督〔2013〕107号)和监督司质量监管方案等，结合渠道工程质量重点监管项目、严重质量问题整改、不放心类质量问题排查及渠道工作组人员综合水平，编写了《南水北调工程渠道工程质量特派监管工作手册(试行)》。

从2013年6月质量特派监管组成立以后，56名质量特派监管人员分驻河北邢台、河南焦作和河南鲁山三地，组成18个质量特派监管工作组。由3名负责人带领，分别以渠道、桥梁和混凝土建筑物工程为重点开展各项质量特派监管工作。质量特派监管组通过收集质量监管工作信息，建立质量监管工作联络，主要对72个重点监管项目、35个不放心类问题、1679个质量问题整改、20个质量监管制度落实等事项开展了276组次不同形式的质量特派监管，组建了78个质量监管专项档案，消除质量隐患，严防意外发生。

1. 严重质量缺陷整改情况

针对特派监管发现的质量问题坚决采取推倒重建，检查合格后方可再次接受检验，监管人员对整改与否、整改情况进行及时记录与汇报。

案例9-1：某标段桩号范围内右坡衬砌面板隆起整改。

问题：某标段桩号范围内衬砌面板隆起，隆起部位尺寸为400cm×800cm，最大隆起高度4cm。

检查结果：已整改(与被检查单位交流时，不做该定性)。

特派监管：施工单位于某日对该问题进行了登记备案，编制了缺陷处理报告，并于某日对处理方案进行了报批。某日，施工单位对该标段桩号范围内右坡衬砌面板进行了拆除，拆除过程中部分土工膜被破坏；施工单位预留30cm后，将其余土工膜拆除，并采用KS胶黏接了新的土工膜，某日施工单位对拆除部位衬砌面板进行了重新浇筑，监理单位对整改过程予以了旁站。

2. 严重质量管理违规行为整改情况检查

针对检查发现的由质量管理违规行为造成的严重质量问题进行坚决整改，对不符合规定的情况进行返工修改，经检查合格后方可进行后续工作的进展。

案例9-2：某标段桩号范围内衬砌面板混凝土浇筑无旁站记录。

检查结果：整改不到位。

特派监管：特派监管人员对该标段监理单位衬砌面板混凝土浇筑旁站记录进行了抽查，但在该标段监理单位旁站记录中未发现该部位衬砌面板混凝土浇筑旁站记录；在特派监管人员实施特派监管过程中发现，施工单位正在施工的另一桩号衬砌面板混凝土浇筑部位再次发现无旁站记录。

案例9-3：某标段桩号范围内渠底预留土工膜未保护，老化、破损严重，监理单位未要求施工单位对该问题进行整改。

检查结果：已整改。

特派监管：特派监管人员对该标段监理记录进行了抽查，发现监理单位在某日下发了监理通知，督促施工单位割除了老化、破损土工膜，并将土工膜底部基础掏开，焊接完成后采用C10混凝土砂浆对掏开基础进行回填，该部位衬砌面板施工已经完成，有整改措施、施工过程照片和相关整改记录。特派监管人员于之后某日对该标段另一桩号范围内土工膜保护情况进行了抽查，抽查段土工膜采用土工布苫盖土体掩埋保护。

3. 不放心类质量问题整改情况检查

针对特派监管发现的不放心类质量问题，采取和被检查单位的交流，积极沟通解决的方式来解决，经监督检查合格后方可开展后续工作。

案例 9-4： 某标段桩号范围内渠底右侧渠基隆起，面积 800cm×300cm。

整改情况：已整改。

特派监管：特派监管人员对该标段施工记录进行了抽查，施工单位于某日对该问题进行了登记备案，编制了缺陷处理报告，并于某日对处理方案进行了报批。经施工单位排查，产生该问题的原因是近期降雨较多，渠道堤顶积水在渠坡土工膜下形成冲刷所致。施工单位于某日对该标段桩号范围内渠坡衬砌面板进行了拆除，拆除衬砌面板、剪开土工膜后，渠坡基面冲刷严重。施工单位按照批准的整改措施对雨水冲刷形成的坑洞采用 C10 混凝土补平，并进行了后续处理工作。

第十章　南水北调工程质量问题处理和责任追究

从2002年开始，南水北调东、中线一期工程开始建设，国务院南水北调办针对工程建设质量管理采取了站点监管、专项稽查等常规的质量监管措施，在日常的工程建设质量管理过程中收到了良好的成效。进入2011年后，南水北调工程全线大规模建设，新开工项目数量成倍增长，施工强度大幅度增加。为确保工程质量，国务院南水北调办针对工程建设的高峰期、关键期质量问题易多发的特点，创造性地制定了一套工程质量问题发现、诊断、处理的监管体系，取得了良好的效果。根据国务院南水北调办党组提出的“突出高压抓质量”的总体工作要求，组织各层级质量监管单位，按照有关规定，明确质量责任，采取“三查一举”、特派监管等措施，严格实施质量监管，尽早查找和发现质量问题，分析认证找原因，及时督促整改，严肃责任追究，丰富了质量监管手段、强化了质量过程控制，为保证南水北调工程质量发挥了重要作用。

第一节　质量问题的分析与认证

南水北调工程建设进入高峰期、关键期，围绕南水北调工程建设总体目标，确保工程建设质量总体目标的实现，需持续保持质量监管的高压态势，抓要害、抓要点，充分发挥质量检查、质量问题的分析和确认及质量问题处罚的质量监管体系作用。“质量问题的分析和确认”是“三位一体”监管体系中重要的基础环节，做好质量问题取证、审核会商和认证是质量问题整改和责任追究的基础。

一、工程质量监管工作会商

质量监管工作会商包括月度质量问题审核会商和季度质量问题责任追究会商。组织部门为监督司，参加部门为监管中心、稽察大队。参加人员为部门的主要负责同志和分管负责同志，其他相关人员列席。

1. 月度质量问题审核会商

月度质量问题审核会商一般在每月月初进行。主要内容包括：听取上月飞检、质量监督、专项稽查、举报办理等关于工程质量管理工作情况的报告，对严重等级以上的质量问题、重大工程质量隐患及质量管理情况进行会商，确定下一阶段质量监管工作重点，布置质量问题认证有关工作等。

有关部门要及时做好飞检报告、专项稽查报告、质量监督月报、举报调查及办理报告的审核汇总工作。月度审核会商需提供以下资料：①经审核的飞检、专项稽查、举报调查、质量监督问题汇总情况报告；②发现的严重质量问题一览表；③严重实体质量问题的设计图纸及图像资料；④各责任单位存在的质量问题文档；⑤各责任单位存在的质量问题一览表；⑥其他有关资料。

月度质量问题审核会商形成会商记录和严重质量问题审核会商意见，经审核后送相关部门。根据会商意见，监督司以文件形式委托监管中心开展质量问题认证工作；对专项稽查、举报调查发现的问题印发整改意见；对提交会商的资料进行汇总、分析和存档，形成月度质量问题汇总资料。监管中心根据会商意见组织质量监督有关工作；开展质量问题认证工作。稽察大队根据会商意见对飞检发现的一般性问题下发整改通知，并安排有关复查工作。

2. 季度责任追究会商

季度责任追究会商一般在每季度季月中旬进行，主要内容包括：听取参建单位质量问题排名情况的报告，确定责任追究的责任单位和责任人；根据两项制度规定及质量问题取证和认证情况，确定对责任单位和责任人的责任追究方式；商议确定质量问题责任追究和整改有关文件；筹备安排季度质量管理协调会有关工作等。有关部门要及时做好质量问题认证及参建单位质量问题排名等相关工作。

责任追究会商期间，要做好会商记录，填写会商意见表。根据会商意见，监督司拟订有关参建单位质量问题责任追究和整改的文件，按程序报办领导审批印发；对提交会商的资料进行汇总、分析和存档，形成季度质量问题责任追究汇总资料。监督司、监管中心、稽察大队做好筹备季度质量管理协调会的有关工作等。

二、工程质量问题认证

质量认证是对查出来的质量问题进行定性。国务院南水北调办为了更准确、更权威地对检查出的质量问题进行定性，根据《南水北调建设工程质量责任追究管理办法》中的质量问题分类，对不同类型的质量问题，采用不同的认证程序，完善质量问题认证工作，细化质量问题认证标准，见表10-1-1。工程质量问题认证应提供质量认证报告和相关的佐证资料。

1. 质量认证报告

（1）工程概况。建筑类型、规模、地点、主要建筑物、主要技术参数、工程进度、截止到认证时的工程完成情况、参建单位以及其他等内容。

（2）认证范围。在现场实地勘察基础上，确定被认证问题在工程项目中实际的位置、范围。

（3）认证标准。在认证过程中采用的法律法规、技术标准、合同文件和设计文件。

（4）组织方式。认证工作组组成，委托检测机构资质、检测仪器设备和现场认证人员资格。

（5）认证过程。认证起止时间、认证过程概述、认证工作内容以及认证方法。

（6）检测结果分析。以检测报告为基础，以法律法规、技术标准、合同文件和设计文件为依据，对检测成果进行准确的分析和评判。

（7）认证结论。通过检查、检验、检测，对质量问题的情况进行全面、准确、公平和公正

的表述，对质量问题的严重程度进行明确界定。认证工作必须有明确的结论。

表 10-1-1　　南水北调工程质量问题认证

认证程序	具 体 内 容
工作范围	质量检查、质量监督、质量稽查、飞检、有奖举报等调查方式中涉及需要认证的质量问题
工作目标	全面、准确、公平和公正地表述质量问题
	明确界定质量问题的严重程度
任务确认	国务院南水北调办向监管中心书面下达认证任务
	明确需认证的项目、范围、工作时限及工作要求
	监管中心负责认证工作的组织和实施
组织与实施	监管中心制定认证工作实施方案
	组建认证工作组，明确组织方式和工作要求
	接到认证任务5个工作日内，认证工作组进入现场进行认证工作
	根据需要，可邀请专家或相关检测机构共同开展认证工作
认证成果	包括《质量认证报告》和相关佐证材料

2. 佐证资料

应包括以下方面内容：

（1）影像资料。影像资料系指认证过程的典型影像资料。包括反映工程完成情况、被认证位置、发现问题及认证过程等内容的影像资料。

（2）检测报告。认证过程中进行质量检测的，需提交质量检测报告。质量检测报告格式按照有关规定编制，所有认证内容必须有明确的检测结论。

（3）其他。其他需要说明的内容。

三、工程质量会商与认证情况

（一）工程质量会商情况

从2012年3月起，结合国务院南水北调办督办事项要求，监督司会同监管中心、稽察大队建立了月商制度，每月对各类质量检查发现的质量问题进行研究会商，提出处理措施。对需要认证的质量问题，根据办领导有关指示，提请监管中心组织认证。2012年每季度末组织召开质量问题责任追究专题会商会，形成季度责任追究初步成果，报主任专题办公会审定后，及时印发责任追究文件，约谈有关责任单位和责任人，督促质量问题整改；并对国务院南水北调办直接通报批评及以上责任追究的单位上网公示3个月；对上季度质量问题整改情况及时督促并汇总分析整改情况，形成专题报告上报国务院南水北调办领导。

2012年共计组织了7次月度会商和5次季度处罚会商（含2011年第四季度）。此后，国务院南水北调办继续加大质量监管工作会商的力度，对飞检或者突发质量问题，实行即时会商，即什么时候发生问题，什么时候实施会商，确保实时、迅速地解决工程建设质量问题。

（二）工程质量认证情况

2012 年，国务院南水北调办共计组织开展了渡槽混凝土强度问题等 7 项工程质量问题的质量认证工作，其中 4 项为常规认证，3 项为权威认证，有 6 项已提交了认证报告。

2013 年 7 月进入工程决战期和收尾期，国务院南水北调办开始对质量认证工作设置时限，要求各质量检查单位要快速开展质量认证，评估质量问题对工程机构安全的影响，认定质量问题性质。常规质量认证由质量检测单位具体负责，在 5 日内完成；权威质量认证由监管中心具体负责，在 10 日内完成。围绕铁路交叉工程、跨渠桥梁混凝土强度、渠道排水系统、建筑物预应力施工等，监管中心共组织开展了 23 次质量认证，快速、准确确定质量问题性质，为质量问题责任追究和整改提供支撑。

1. 权威认证

2012 年，权威认证共计开展 3 项，其中包括两项渡槽的混凝土强度问题和一项输水箱涵混凝土问题。

案例 10－1：午河渡槽第四跨、第五跨混凝土强度问题。

（1）工程概况。渡槽由进出口渐变段、槽身、进口节制闸、出口检修闸、退水闸等构筑物组成，渡槽槽身为三槽一联带拉杆的预应力钢筋混凝土梁式矩形槽，总长 150m，单跨长 30m，共 5 跨。单跨槽身底板混凝土约 650m^3，单跨槽身墙体混凝土约 586m^3。槽身混凝土设计强度等级为 C50W8F200。已施工完成第五跨槽身和底板、第四跨底板，正在组织第一跨和渐变段施工。

（2）认证工作过程。

1）问题发现和常规认证阶段。5 月 22—29 日，质量集中整治中发现该渡槽槽身混凝土强度不满足设计要求。监管中心随即组织进行常规质量认证。7 月 6 日，监管中心提交质量认证报告：已浇筑完成的渡槽第五跨墙体及人行道板混凝土抗压强度不满足设计要求；第四跨及第五跨槽身底板混凝土由于尚未取芯检测，根据混凝土标养试块检测结果，抗压强度疑似存在不满足设计要求的问题。7 月 9 日，国务院南水北调办印发了关于对该渡槽质量问题进行整改的通知，责成中线建管局组织有关单位对午河渡槽工程已浇筑的其他部位混凝土强度进行全面检查和复核。针对槽身混凝土抗压强度不足的问题，按照质量管理“三不放过”原则，尽快制定详细的整改和处理措施，并按规定的程序和要求严格进行处理，确保渡槽工程质量满足设计要求。

2）调查处理阶段。7 月 5—6 日，中国水利水电科学研究院接受委托，对渡槽第四跨底板、第五跨槽身进行钻芯检测。中线建管局对中国水利水电科学研究院检测结果进行了分析，主要结论为：第四跨底板混凝土抗压强度不满足设计及施工质量检验与评定规程要求；第五跨底板混凝土抗压强度不满足设计及施工质量检验与评定规程要求；第五跨墙体混凝土抗压强度基本满足设计要求。8 月 10 日，中线建管局向国务院南水北调办报送了关于渡槽混凝土质量问题调查结论及处理意见的报告。提出：该渡槽第四跨槽身底板和第五跨槽身的混凝土抗压强度不满足设计及施工质量检验与评定规程要求，且质量极不均一，应拆除重建。直接经济损失约 117.3 万元，为较大质量事故。

3）权威认证阶段。本着慎重稳妥的原则，8 月 24—25 日监督司会同监管中心、中线建管

局赴现场了解情况。8 月 28 日向主任专题办公会进行了报告，并建议启动权威认证程序，最终确定质量问题性质。按照主任专题办公会的意见，监管中心委托国家建筑工程质量监督检验中心开展了权威认证。

(3) 权威认证结论。国家建筑工程质量监督检验中心按照规范要求，选取典型区域进行取芯：第四跨槽身底板和第五跨槽身底板各均匀划分为 7 个区域，每个区域设 1 个取芯点；第五跨槽身侧墙左边墙、左中墙、右边墙各划分为 6 个区域，每个区域设 1 个取芯点；相邻取芯点左右或上下对称分布。第四跨槽身底板取芯样 20 个、第五跨槽身底板取芯样 21 个、第五跨槽身墙体取芯样 24 个，累计取芯数量 65 个并进行检测。最终得出权威认证结论：第四跨槽身底板混凝土抗压强度推定区间上限值 32.0MPa，下限值 23.8MPa，明显不满足建筑物设计强度 (C50) 要求；第五跨槽身底板混凝土抗压强度区间推定上限值 45.2MPa，下限值 34.3MPa，不满足建筑物设计强度 (C50) 要求，在加固设计需要采用混凝土抗压强度推定值进行计算时，可取 45.2MPa 作为推定值。槽身墙体混凝土抗压强度为 50.7MPa，满足建筑物设计强度 (C50) 要求。

案例 10-2：某输水箱涵混凝土问题。

(1) 工程概况。某标段主要为有压钢筋混凝土输水箱涵结构，箱涵结构 3 孔 1 联，每孔尺寸 4.4m×4.4m (宽×高)，按 15m/节施工。

(2) 认证工作过程。8 月底，稽察大队发现该输水箱涵工程局部混凝土回弹强度不满足设计要求。主要结论为：回弹检测的 52 个构件中有 39 个构件回弹强度符合设计要求，有 13 个构件回弹强度低于设计要求。根据国务院南水北调办领导批示精神，监管中心委托淮河流域水工程质量检测中心进行了权威认证。对指定的 12 节箱涵进行钻芯取样，每节箱涵钻取 18 个芯样，共钻取 216 个芯样进行了检测。10 月 30 日，监管中心向国务院南水北调办报送了关于该输水箱涵混凝土强度质量的报告。

(3) 权威认证及结论。质量认证的 12 节箱涵中，11 节箱涵混凝土强度满足设计强度 C30 要求，其中 1 节箱涵 (15m) 底板混凝土强度为 28.0MPa，不满足设计强度 C30 要求。

2. 常规认证

常规认证共计开展 4 项。经认证，有关工程质量均基本满足设计要求，认证情况与结论如下。

案例 10-3：某渡槽混凝土钢筋保护层厚度疑似不满足设计要求。

认证单位及时间：监管中心于 3 月 19—21 日对该问题开展了质量认证。

认证结论：对该涵洞式渡槽具备检测条件的第 5 联 1～3 号孔、第 6 联 1～3 号孔和第 7 联 2 号孔渡槽槽身底板及倒角进行了检测，共计检测 237 个钢筋保护层厚度，保护层厚度均超过设计要求 (设计保护层厚度为 50mm，要求最小钢筋保护层厚度大于 37.5mm)。

案例 10-4：对南水北调工程跨渠桥梁桩柱结合好的施工标段进行认证。

认证单位及时间：监管中心于 8 月 22—28 日对该问题开展了质量认证。

认证结论：经对南水北调各项目法人上报的 11 个桩柱结合无问题的施工标段进行认证，桩柱结合施工质量较好。

案例 10-5：某倒虹吸闸室右中墩混凝土强度疑似存在问题。

认证单位及时间：监管中心于 9 月 9—12 日对该问题开展了质量认证。

认证结论：经检验，推定混凝土强度为25.1MPa，达到该建筑物设计强度（C25）要求。

案例10-6：某渡槽混凝土强度质量存在问题。

认证单位及时间：监管中心于8月23日至11月28日对该问题开展了质量认证。

认证结论：回弹法检测7、8、9跨槽身强度推定值均满足设计C50强度等级要求；回弹法检测7跨底板强度推定值满足设计C50强度等级要求。

2012年，通过开展质量认证，为工程严重质量缺陷提出了有效的处理措施和方案。其中某渡槽质量问题通过认证进行科学定性，提出质量问题的解决措施和处理意见，避免了重大质量问题发生。

第二节　质量问题整改与销号

一、质量问题整改

自2013年6月质量特派监管组成立以来，通过收集质量监管工作信息，建立质量监管工作联络机制，对72个重点监管项目、35个不放心类问题、1679个质量问题整改、20个质量监管制度落实等事项开展了276组次不同形式的质量特派监管，组建了78个质量监管专项档案，消除质量隐患，严防意外发生。对三类质量问题的整改督察情况如下。

（1）严重质量缺陷整改情况。针对检查发现的严重质量缺陷问题，坚决实行拆除重建，检查合格后才允许通过。特派监管组与被检查单位交流时，不做定性结论，而对整改与否以及整改情况进行及时记录与汇报。特派监管人员对施工记录进行抽查，确认施工单位是否对该问题进行登记备案，编制缺陷处理报告，并对处理方案进行报批。之后，施工单位对存在严重质量缺陷的工程进行拆除重建，且监理单位对整改过程予以旁站。

（2）严重质量管理违规行为整改情况检查。针对检查发现的严重质量管理违规行为问题，特派监管人员会对该标段的监理单位旁站记录进行抽查，以及在同一施工单位正在施工的其他标段进行旁站监督，以确定整改情况。

（3）不放心类质量问题整改情况检查。针对检查发现的不放心类质量问题，特派监管人员对该标段施工记录进行抽查，确认施工单位是否对该问题进行了登记备案，编制缺陷处理报告，并对处理方案进行报批，是否按照批准的整改措施对问题进行处理。

二、质量问题销号

（1）建立销号制度。结合2014年南水北调工程建设特点，国务院南水北调办完善了2014年南水北调工程质量监管工作方案。确定了充水前质量排查、充水期间质量巡查和通水期间质量监管等三阶段，明确了“三位一体”质量监管职责和监管重点，责成项目法人和建管单位对照质量问题销号和项目销号的核查监管任务开展质量排查，建立质量问题台账，实施质量问题销号。

（2）项目法人、建管单位进行质量排查和质量问题销号。根据2014年55号、56号文要求，中线建管局，湖北省南水北调管理局，河北省、河南省南水北调建管局组织参建单位对渠道、建筑物、桥梁工程的重点项目实施质量重点排查。

中线建管局就中线干线工程已报送了4批次质量问题重点排查台账，共排查发现质量问题2015个，主要为混凝土衬砌面板冻融、裂缝、密封胶不符合设计要求、排水管堵塞及逆止阀损坏等。湖北省南水北调管理局就中线湖北境内工程已报送2批次质量问题重点排查台账，共排查发现质量问题45个，主要为混凝土衬砌面板塌陷、滑移、裂缝、渗漏水以及部分建筑物周边土方沉降变形等。监管中心、稽察大队就项目法人、建管单位排查发现的质量问题，按照委托、直管、代建分工核查，进行质量问题和项目销号工作。在规定的时间内，质量问题已基本销号。

第三节　质量问题责任追究

国务院南水北调办建立了以责任追究为核心的质量监督机制，实施质量责任终身制、质量责任追究制度、信用管理制度、责任追究公示（网络、手机、报纸）等措施，要求南水北调系统各单位以“零容忍”的态度和决心对质量问题进行从严从重处罚，警示和督促参建各方牢固树立“质量第一”的意识。

一、质量责任终身制

2012年，国务院南水北调办颁布实施了《南水北调工程质量责任终身制实施办法（试行）》，规定南水北调工程实行质量责任终身制。南水北调工程质量责任终身制由国务院南水北调办负责实施，各省（直辖市）南水北调办、项目法人（建设单位）、监理、勘察、设计、施工等单位具体落实。按照各责任主体单位与质量问题的关联程度，将单位责任分为主要责任、次要责任和连带责任。南水北调工程质量责任人员信息实行实名登记，各责任主体单位应如实记录工程建设期质量管理过程和质量责任人员信息，并保证责任信息真实完整、具有可追溯性。南水北调工程的一般和较重质量缺陷由运行管理单位负责调查和处理，严重质量缺陷和质量事故由国务院南水北调办组建调查组，按照有关工作方式方法进行调查。

二、质量问题的责任追究措施

2012年10月18日，国务院南水北调办颁布实施《南水北调工程建设质量问题责任追究管理办法》。《质量问题责任追究办法》包括总则、质量管理职责、质量问题、质量问题认定、质量问题责任追究和附则等共6章37条，以及质量管理违规行为分类标准、质量缺陷分类标准、质量事故分类标准、质量事故调查工作方案和质量问题责任追究标准等5个附件。

质量问题的认定由国务院南水北调办监管中心负责实施，质量事故由国务院南水北调办成立质量事故调查鉴定委员会依据国家有关规定、调查程序和提供的有关证据对调查结论进行鉴定。凡被从重责任追究的责任单位和责任人，在南水北调网和南水北调手机报上公示，通报南水北调东中线各参建单位，通告责任单位上级主要负责人。《质量问题责任追究办法》对质量问题责任单位的责任追究和处罚作了详细规定。

三、质量问题的责任追究情况

从2012年3月起，国务院南水北调办监督司会同监管中心、稽察大队建立了月度质量问题审核会商制度，每月对各类质量检查发现的质量问题进行研究会商，提出处理措施。针对 2012 年各类质量检查发现的质量问题，共计实施季度集中责任追究 4 次，印发责任追究和问题整改文件 15 份（第四季度尚未发文），对 88 个责任单位（42 个施工单位、34 个监理单位、12 个建管单位）、11 个责任人进行了责任追究，其中办公室通报批评 20 个（同时直接约谈并向主管单位通报 1 个、责成约谈 1 个），责成通报批评 57 个（同时责成约谈 30 个），责成约谈 2 个单位，责成向主管单位通报 9 个；上网公示 3 次共计 15 个单位。以 2012 年为例，对比一季度至四季度责任追究情况，责任单位分布情况见表 10－3－1，对比情况如图 10－3－1 所示。

表 10－3－1　　2012 年一季度至四季度责任单位分布情况　　单位：个

序号	时间	检查分类	合计	施工单位	监理单位	建管单位
1	第一季度	三查一举	19	6	8	5
2	第二季度	三查一举	22	10	8	4
3		集中整治	14	7	7	
4	第三季度	三查一举	13	5	5	3
5	第四季度	三查一举 专项检查	20	14	6	
6		专项检查	6	6	0	
合　计			88	42	34	12

2013 年 7 月以后，国务院南水北调办又加大了责任追究的力度，对检查发现的危及工程结构安全、可能引发严重后果的不放心类质量问题和恶性质量管理违规行为的责任单位和责任人，实施即时从重责任追究和经济处罚。对施工单位、监理单位实施 5 级从重责任追究，分别给予责任单位通报批评、留用察看或清除出场，评价为不可信单位，并处以 2 万～50 万元经济处罚，清除责任人，对项目法人、建管单位实施连带责任追究。

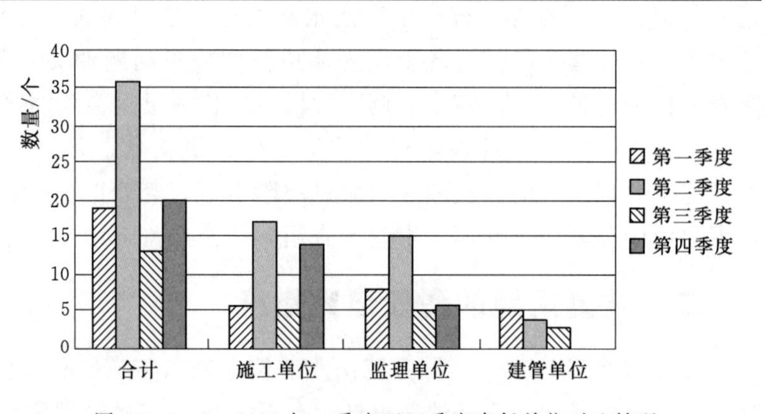

图 10－3－1　2012 年一季度至四季度责任单位对比情况

2013 年，实施 15 次责任追究，印发责任追究和问题整改文件 44 份。截至 12 月，共对 140 个责任单位和 95 名责任人实施责任追究，涉及项目法人 2 个、建管单位 6 个、监理单位 69 个、施工单位 63 个。

国务院南水北调办直接责任追究 57 个责任单位：清除出场监理单位 1 个，留用察看监理单位 4 个、施工单位 8 个，通报批评建管单位 1 个、监理单位 17 个、施工单位 15 个，约谈项目法人 2 个、建管单位 4 个、监理单位 3 个、施工单位 2 个，清退责任人 72 名、约谈警告和留用察看 23 人。

责成省（直辖市）南水北调办和项目法人责任追究 83 个责任单位：通报批评监理单位 18 个、施工单位 24 个，向主管单位通报监理单位 9 个、施工单位 13 个，约谈建管单位 1 个、监理单位 17 个、施工单位 1 个。

对检查发现的严重典型质量问题，第一时间通报东、中线工程所有在建项目参建单位，通告责任单位的主管单位，并通过南水北调手机报、南水北调网即时公示责任追究信息，强化警示与威慑作用，持续保持高压。

第十一章 南水北调工程质量监管抓重点、关键点、关键阶段

按照“高压高压再高压，延伸完善抓关键”的质量监管工作部署，2012年以来，国务院南水北调办根据南水北调工程的建设特点抓质量监管重点，梳理出质量关键点和混凝土建筑物、渠道、跨渠桥梁等重点监管项目，采取了一系列的措施，出重拳，用重典，加大力度查找质量问题，从重责任追究，对风险项目、影响通水目标的项目，实施挂牌督办、驻点监管、特派监管，从严从速督促整改，消除隐患，提高质量监管工作的主动性、针对性和时效性，严防质量意外。

第一节 抓重点：重点工程项目质量监管

一、重点工程及其存在问题

根据不同的专业分类，依据《关于加强南水北调工程质量关键点监督管理工作的意见》（国调办监督〔2012〕297号），对东、中线一期在建设计单元工程实施全面监管和重点监管。

重点监管的内容主要分为：高填方渠道工程、混凝土建筑物工程、桥梁工程以及实施质量问题权威认证的工程。南水北调71个设计单元工程，涉及233个标段。

以上几类重点监管的工程，存在的主要问题有：①渠道工程。主要存在渠堤缺口部位填筑不规范，交叉建筑物周边回填不满足规范要求，渠道排水系统施工不规范，膨胀岩边坡失稳等问题。②桥梁工程。主要存在质量问题整改不到位，梁板混凝土强度、预应力张拉不满足规范要求、预应力施工孔道压浆不密实。③混凝土建筑物工程。主要存在混凝土强度、预应力施工、波纹管压浆不符合设计要求，受力钢筋被割断，建筑物形体尺寸存在施工偏差，金结安装不满足设计要求等问题。

二、南水北调重点工程质量监管工作流程

为确保落实好南水北调重点工程质量管理工作，国务院南水北调办制定了质量监管工作流

程。南水北调质量监管工作流程见图 11-1-1。

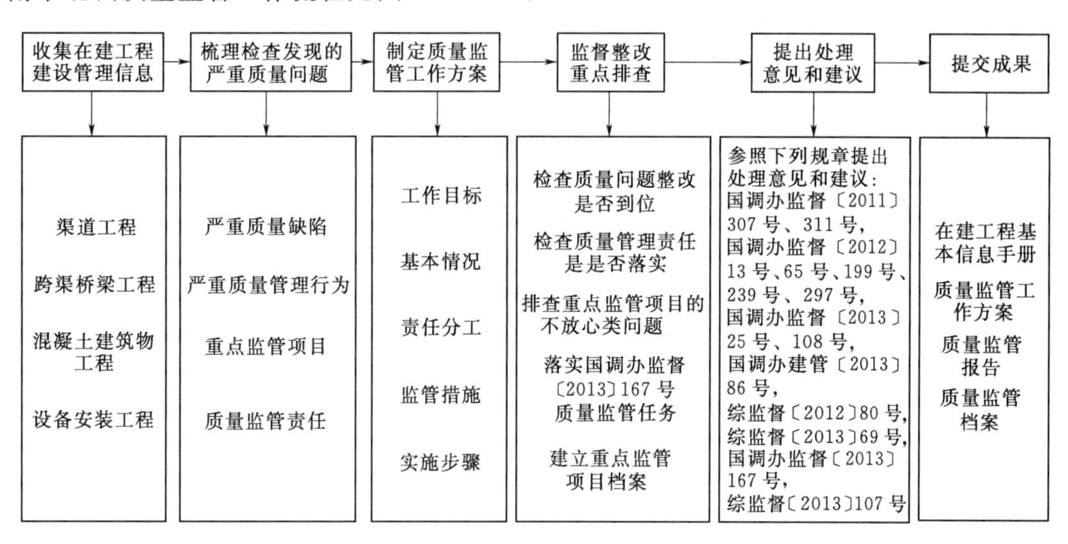

图 11-1-1　南水北调质量监管工作流程

三、渠道工程高填方段质量监管

1. 渠道工程高填方段基本情况

南水北调一期工程高填方段分布在中线。南水北调中线干线工程全线长度为 1432km，其中总干渠长度 1276km，天津干线长度 156km。高填方渠段累计长度为 137.1km。其中，全填方渠段累计长度 70.6km（石家庄以南全填方渠道累计长度 59.3km），半挖半填渠段累计长度 66.5km，涉及 31 个设计单元工程，69 个施工标段。

2. 对渠道工程高填方段的质量监督

国务院南水北调办为确保南水北调中线干线高填方渠段工程质量，加强高填方渠段施工过程质量监管，落实项目法人和建设管理单位质量管理责任，于 2012 年 8 月印发了《关于加强南水北调中线干线高填方渠段工程质量监管工作的通知》（国调办监督〔2012〕199 号），要求各项目法人、施工单位以及监理单位严格按照有关要求进行质量监督管理。

3. 渠道工程高填方段质量监管控制要点

根据《关于加强南水北调中线干线高填方渠段工程质量监管工作的通知》（国调办监督〔2012〕199 号）要求，高填方渠段质量关键点包括 17 个关键工序（表 11-1-1）。

4. 渠道工程高填方段质量监管责任

（1）项目法人和建设管理单位对高填方渠段工程质量重点监管项目和质量关键点的质量管理实行主要负责人挂牌督办制度。

（2）项目法人要组织建设管理单位向高填方渠段工程施工现场派驻质量监管员，原则上每个施工标段派驻 3 名，并加强质量监管员的培训和管理。

（3）质量监管员要盯紧高填方渠段工程质量关键点，采用地质雷达对高填方填筑质量进行检测，对疑似问题部位采取钻芯取样检查，对关键工程部位和关键工序进行重点检查，对工程质量过程控制、旁站监理、质量评定、验收等情况进行监督，编写工作日志并对质量管理问题提出改进意见和建议。

表 11-1-1　　高填方渠段工程质量关键点

关键工程部位	关键工序	关键质量控制指标
高填方渠段填筑	碾压	压实度
	土工合成材料铺设	搭接宽度、气密性
	混凝土面板衬砌	厚度、强度
	背水坡反滤体填筑	材料级配
改性土渠段填筑	改性土料拌和	均匀性
	碾压	压实度
	结合面处理	
	土工合成材料铺设	搭接宽度、气密性
	混凝土面板衬砌	厚度、强度
渠道缺口填筑	碾压	压实度
	结合面处理	
	土工合成材料铺设	搭接宽度、气密性
	混凝土面板衬砌	厚度、强度
深挖方高地下水渠段排水系统	排水管铺设	通畅性
	逆止阀安装、保护	完整性
穿堤建筑物回填	碾压	压实度
	结合面处理	
	反滤体填筑	材料级配

（4）项目法人和建设管理单位要充分利用现代科技手段，不断创新质量管理方法。要运用无线网络技术、GPS定位设备、历程记录仪等，对高填方渠段回填土料、铺筑厚度、碾压遍数等过程质量进行严格控制。

（5）项目法人要建立高填方渠段工程质量管理协调和信息报送机制。每月组织建设管理单位总结分析高填方渠段工程管理工作情况，研究确保高填方渠段工程质量的措施和手段。每月5日前向国务院南水北调办报送高填方渠段工程现场质量管理信息。

（6）实施高填方渠段工程质量责任联保制度，实行项目法人、建设管理、监理、施工等单位质量责任四级联保。逐级落实责任单位和责任人的质量责任，实行质量连带责任追究。

（7）各有关单位要加强对高填方渠段工程质量监督管理。稽察大队要把高填方渠段作为质量飞检的重点。监管中心要对高填方渠段工程重点进行质量巡查和专项稽查。河北省、河南省南水北调办要对委托项目高填方渠段工程质量进行定期重点检查。国务院南水北调办将对项目法人和建设管理单位实行的质量重点监管项目及质量关键点挂牌督办制度、派驻质量监管员、实施质量责任联保制度等执行情况进行监督检查。为了保证高填方渠段工程质量，河南直管局还印发了《河南直管和代建项目高填方渠段工程质量监管工作制度》《高填方段碾压施工质量实时监控系统运行管理办法》《高填方碾压铺土许可证制度》等管理制度。

5. 渠道工程高填方段质量监管措施

（1）国务院南水北调办对25对渠道填筑重要缺口部位实施质量特派监管，紧盯不放心类质量问题，跟踪质量问题整改。各省南水北调办对委托项目的渠道工程质量重点监管项目逐项落实责任人，实施点对点质量监管，紧盯不放心类质量问题，跟踪质量问题整改。

（2）监管中心组织质量监督站对渠道工程质量重点监管项目实施驻点监管、质量巡检和专项稽查。对渠道工程质量重点监管项目检查发现的不放心类质量问题，立即责成项目法人、建管单位组织整改。

（3）稽察大队对渠道工程重点监管项目实施全面、高频质量飞检。对建管、监理和施工单位关键工序进行施工质量考核，对项目法人、建管单位组织关键工序考核过程进行监督检查。对飞检发现的质量问题整改情况进行复检。

（4）中线建管局要严格按照《关于再加高压开展南水北调工程质量监管工作的通知》（国调办监督〔2013〕167号）的规定，对质量重点监管项目中70对渠道填筑缺口部位实施派驻监管，明确质量监管责任，加强对参建单位质量管理行为的监督检查，严格排查不放心类的质量问题，对质量问题及时组织整改，消除质量隐患。

6. 渠道工程高填方段质量监管责任落实情况

（1）南水北调系统各质量监督站、巡查组在日常质量巡查中，加大对高填方渠段质量监督检查。截至2012年11月底，在高填方工程标段共发现质量问题221个。

（2）国务院南水北调办组织了质量专项检查，对高填方渠段质量情况也进行了重点检查。检查了南阳市段、禹长段、沙河渡槽、淅川段、荥阳段、叶县段、镇平段、磁县段、邯郸市县段、永年县段、邢台市区段、临城县段、高邑至元氏段等13个设计单位工程，占31个高填方渠段设计单元工程的42%。检查共发现质量问题42个，其中严重质量问题8个，较重质量问题31个，一般质量问题3个。

（3）中线建管局和河北、河南省南水北调建管局积极组织建管单位落实相关工作，切实做好中线干线高填方渠段质量监管工作。

中线建管局共派驻质量监管员78人，河北直管建管部等单位还专门制定了高填方渠段工程质量监管工作制度。

7. 渠道工程高填方段质量监管情况

至2012年12月，中线建管局共报送高填方渠段工程质量管理信息4份（含河北省、河南省南水北调建管局质量管理信息），共计发现质量问题129项，其中严重质量问题5项，较重质量问题55项，一般质量问题69项。

发现的质量问题主要存在以下几个方面：①清表不彻底；②层间结合面处理不到位；③土料粒径不符合要求；④土料含水量高、局部压实度不够；⑤铺土宽度、厚度不符合要求；⑥未按规范要求进行碾压和取样；⑦改性土换填碾压不及时、边线有素土等。

8. 渠道工程高填方段质量监管责任追究

对于未履行质量监督管理的项目法人及建设管理单位，国务院南水北调办按照国调办监督〔2013〕239号、国调办监督〔2013〕108号和国调办监督〔2013〕167号文件有关规定，对渠道工程检查发现的不放心类质量问题及严重质量问题整改不到位的责任单位和责任人实施从严从重责任追究。

对于从严从重责任追究的责任单位和责任人，国务院南水北调办通报到南水北调东、中线工程各参建单位，并向责任单位上级主管部门通告。同时，采取手机短信、中国南水北调网、《中国南水北调报》等形式警示通告到南水北调东、中线工程参建单位有关人员。渠道工程责任追究标准见表11-1-2。

表11-1-2 渠道工程责任追究标准

序号	工程部位	质量问题	情形	责任追究等级
1	缺口部位，高填方渠段，膨胀土（岩）渠段	1. 改性土配比及拌和不符合设计要求	水泥品种、含量不符合设计要求，土料品种、超径不符合设计要求	Ⅱ级
		2. 压实度不符合设计要求		Ⅱ级
2	排水系统	3. 逆止阀规格、安装不符合设计要求	抽查（30个以上）不合格率30%以下	Ⅰ级
			抽查（30个以上）不合格率30%以上	Ⅱ级
		4. 排水设施安装埋设不符合设计要求		Ⅱ级
3	土工材料施工	5. 土工膜黏结原材料、土工膜厚度不符合设计要求	抽查不合格	Ⅱ级
		6. 土工材料规格，施工搭接、焊接、黏结不满足设计要求	抽查不合格	Ⅰ级
4	混凝土面板衬砌	7. 混凝土强度不符合设计要求	抽查不合格	Ⅱ级
		8. 混凝土衬砌面板滑动、塌陷、隆起		Ⅱ级
		9. 切缝、密封胶填缝不符合设计要求		Ⅰ级

9. 渠道工程高填方段质量监管案例分析

以总干渠陶岔—沙河南段南阳2标为例。

（1）工程概况。南水北调中线一期工程总干渠陶岔—沙河南段南阳2标起点桩号为TS94+365，终点桩号为TS100+500，标段长度为6.135km，明渠段全长5.86km。沿线共布置各类建筑物11座，包括：3座左岸排水建筑物、1座节制闸、1座渠渠交叉建筑物、2座分水口门、3座公路桥、1座生产桥。合同工程量：土石方开挖281万m^3，土石方填筑217万m^3（其中水泥改性土换填78.37万m^3），混凝土浇筑12万m^3，钢筋制安7600t。南阳2标参建单位见表11-1-3。

表11-1-3 南阳2标参建单位表

建管模式	建管单位	施工单位	监理单位	设计单位
委托	河南建管局南阳建管处	中国水利水电第十工程局有限公司	河南河川工程监理有限公司	长江勘测规划设计研究有限责任公司

（2）质量问题描述。2013年9月4日监督司质量特派监管鲁山渠道1组（简称“鲁山渠道组”）对南水北调中线工程南阳段工程施工二标项目进行了质量检查，现场检查姚湾跨渠公路桥下重点缺口部位（桩号TS97＋280～TS97＋442）右岸第①层土方填筑，已经摊铺了约1250m^3土料，鲁山渠道组发现回填土料中强膨胀土分布量大，且混杂均匀，中强膨胀土呈灰绿、深绿、岩白色，部分土体呈膏状。南阳2标检查质量问题登记见表11－1－4。

表11－1－4　　南阳2标检查质量问题登记表

质量问题信息	问题所在桩号	问题类型	《南水北调工程建设质量问题责任追究管理办法》（国调办监督〔2012〕139号）	
			附件编号	问题序号
桩号渠道右堤第一层回填土料中强膨胀土分布量大，混杂均匀	TS97＋280～TS97＋442	较重质量缺陷	2－2	63
桩号TS97＋280～TS97＋442渠底改性土回填段局部碾压不到位，土料明显呈松散状，且现场发现凸块碾碾压工序未按照进退错距法施工。渠底第二层填筑改性土料大量固结成团，粒径超标	TS97＋280～TS97＋442	较重质量缺陷	2－2	87；84
试验室出具压实度检测资料显示，渠底改性土填筑层第1层取样压实度不合格	TS97＋280～TS97＋442	严重质量缺陷	2－2	67
在第1层压实度不合格的情况下即进行上一层土料填筑。	TS97＋280～TS97＋442	严重质量管理违规行为	1－5	3.40
监理单位对工程施工检查不力，巡视不到位，未能及时发现明显的质量问题	TS97＋280～TS97＋442	严重质量管理违规行为	1－4	3.32

（3）质量问题产生原因分析。根据现场检查的情况，在施工现场通过与施工单位主管质量的同志交流中得知，由于原土料场集中供应标尾处土方填筑，本处重点监管部位土料系由相近另一料场临时调配，而该料场在取土过程中由于安排不当产生部分超挖，超挖土体中中强膨胀土含量较多。在改性土拌和站检查时发现改性土拌和机部分击破零件失效，是导致改性土粒径超标的直接原因。同时，土料经输送皮带可以看出含水率也偏高，这两种原因导致了渠底填筑改性土料出现土体固结成团、粒径超标的现象。

（4）质量问题处理过程。针对上述主要质量问题，鲁山渠道组立即组织召开现场碰头会，对《关于再加高压开展南水北调工程质量监管工作的通知》（国调办监督〔2013〕167号）、重点监管缺口部位的质量、特派监管工作的必要性、重要性进行了宣贯，指出实体质量问题及其存在的质量安全隐患。提出清除已摊铺土料、重新换取合格料场符合要求的土料、重新对渠底第一层填方进行补压等要求，要求相关单位加强对现场技术人员、现场监理的技术能力培训，建立重点监管项目质量责任制，实施责任落实到个人，切实提高相关责任人员的责任心，严防意外，保证土方填筑质量。鲁山渠道组在按照周计划进行质量特派监管工作的检查过程中，发现问题及时，要求并现场监督施工单位将已摊铺不合格土料清除，立即落实协调合格料场调运合格土料，修理更换改性土破碎机损坏的击破零件，从土料源头进行整改。督促监理单位更换管理经验丰富的现场监理，并定期进行人员培训，提高技术能力和责任心，切实履行岗位职责，做好工程咨询服务。建议建管单位加强巡视，对存在安全隐患的重要部位重要工序严格把关。在以后几周的跟踪检查发现，姚湾桥下重点监管缺口土方填筑不再出现此类问题。因此，此次检查体现了质量特派监管的即时性、震慑力、执行力，并拥有很强的持久效应。

四、跨渠桥梁工程质量专项监管

（一）跨渠桥梁工程质量专项监管的开展

南水北调跨渠桥梁共2124座（公路桥957座，生产桥1167座）。中线干线工程共有桥梁1273座（直管代建307座、委托河北253座，委托河南472座，京石段240座，淮委建设局1座）。其中，公路桥779座，生产桥494座。湖北境内共有桥梁55座，其中，公路桥28座，生产桥27座。山东境内共有桥梁718座，其中，公路桥120座，生产桥598座。江苏境内共有桥梁78座，其中，公路桥30座，生产桥48座。

为进一步加强南水北调工程跨渠桥梁质量管理，确保工程质量安全，国务院南水北调办在2012年6月和2013年3月分别印发了《关于组织开展南水北调跨渠桥梁工程质量检查的通知》（综监督〔2012〕61号）和《关于进一步开展南水北调跨渠桥梁工程质量检查的通知》（综监督〔2013〕31号），要求各项日法人对所属跨渠桥梁逐一进行专项检查，并将检查结果报国务院南水北调办。

针对检查中发现的跨渠桥梁有关质量问题，国务院南水北调办委托中国水利水电科学研究院提出了《跨渠桥梁质量问题影响分析与处理措施建议》，并随《关于加快中线干线工程跨渠桥梁桩柱结合质量问题处理的通知》（国调办监督〔2012〕170号）印发，建议中线建管局依据该处理措施组织有关单位逐桥对跨渠桥梁桩柱结合质量问题提出处理方案并组织处理。2012年11月12日，国务院南水北调办组织各项目法人召开了南水北调跨渠桥梁工程质量管理工作座谈会，再次对桥梁桩柱结合质量问题检查处理进行督促。

（二）跨渠桥梁工程质量监管控制要点

为了能够使跨渠桥梁的工程质量得到良好监控，国务院南水北调办建立了健全的质量控制指标，同时也方便了质量监管人员在进行质量监管时按照对应的质量控制点对跨渠桥梁进行监督管理。跨渠桥梁工程质量控制要点见表11-1-5。

（1）对于承台及系梁，重点监测有可能出现断桩以及有过故障处理的桩。无破坏检测所有的桩，所有的桩都无夹层、无断层且强度符合设计要求；桩头应无残留混凝土和其他杂物，凿出混凝土的密实层面并大面平整，另外其标高必须满

表11-1-5　跨渠桥梁工程质量控制要点

质量控制部位	质量控制要点
承台及系梁	监测故障桩 钢筋焊接质量 模板涂脱模剂
墩柱与台帽	柱中心位置放样检查 支模洁净处理 立柱模板质量 串筒下料
盖梁与箱梁	柱顶中心偏移 盖梁轴线 钢筋骨架放样

足施工设计的要求；嵌入承台的桩头及锚固钢筋长度应满足设计要求。对钢筋进行验收时，重点验收桩柱钢筋以及钢筋骨架的焊接质量。砂浆垫层在平整度方面以及标高方面应满足设计要求，其尺寸必须满足系梁模板以及支立承台的技术要求，模板板面之间应接缝严密、不泄漏浆，支撑牢固，保护层厚度、几何尺寸、位置等各项指标都应满足设计要求。在进行混凝土浇筑前，模板应均匀涂刷脱模剂。脱模剂要采用同一品种。在涂刷过程中不应污染钢筋和混凝土施工缝，以保证其外露面美观且线条流畅。

（2）对盖梁与箱梁，盖梁主要检查钢筋的骨架放样、盖梁轴线以及柱顶中心。验收成型后的盖梁钢筋骨架时要重点检查弯起筋的位置以及焊缝质量，安装盖梁钢筋后对骨架进行定位检查，并按设计角度调整柱顶锚固筋。另外对钢筋保护层的厚度，底模表面是否清洗干净，模板是否采取加固措施，接缝处是否用腻子打平、预埋件（筋）的位置是否正确等进行严格检查。在应用塑料板时，塑料板应贴紧模板无鼓包、破洞等。在梁端要安放楔形块，预埋腹板、支座钢板以及底板钢筋，要着重检测其正弯矩波纹管的定位状况。确保混凝土在浇筑时不移位，钢绞线应用之前要编束，使整束的钢绞线可以穿过波纹管，并保证钢绞线在管内不会缠绕。

（三）跨渠桥梁工程质量监管措施

跨渠桥梁工程质量监管措施如下。

（1）各项目法人对此项工作要高度重视，认真做好桥梁质量检查，对检查出的质量问题要组织制定整改方案和措施，限期整改，消除隐患，严防意外；对影响工程建设目标的严重质量问题，要及时报告国务院南水北调办。

（2）有关省南水北调办（建管局）要对委托项目的桥梁工程质量进行专项检查，督促建管单位采取有效防范措施，加强质量监督管理。

（3）在各单位质量检查的基础上，国务院南水北调办将进行质量抽查和专项稽查。对国务院南水北调办检查中发现严重质量问题的跨渠桥梁，监管中心组织实施驻点监管，国务院南水北调办将实施挂牌督办。

（4）稽察大队依据《南水北调工程建设关键工序施工质量考核奖惩办法（试行）》（国调办监督〔2012〕255号）规定，对桥梁关键工序施工质量进行考核，对项目法人组织的关键工序考核过程进行监督检查并考核。

（5）各项目法人每月要对桥梁质量检查情况、质量问题整改及预防措施进行汇总分析，并形成南水北调跨渠桥梁工程质量检查月报。

（四）跨渠桥梁工程质量监管责任追究

根据《关于再加高压开展南水北调工程质量监管工作的通知》（国调办监督〔2013〕167号），对检查发现的危及工程结构安全、可能引发严重后果的不放心类质量问题和恶性质量管理违规行为的责任单位和责任人，实施即时从重责任追究和经济处罚。

（1）对施工单位、监理单位实施5级从重责任追究，分别给予责任单位通报批评、留用察看或清除出场，评价为信用不可信单位，并处以2万～50万元经济处罚，清除责任人；对项目法人、建管单位实施连带责任追究。

（2）凡被从重责任追究的责任单位和责任人，采取手机短信、中国南水北调网和《中国南水北调报》等形式警示通告到南水北调东、中线工程参建单位有关人员。

（3）凡举报事项涉及从重责任追究的质量问题，经查证属实的，给予责任单位和责任人加重一个等级从重责任追究。

（4）凡未按设计要求组织施工而危及工程结构安全的质量问题，项目法人必须立即组织整改，拆除返工，其费用由责任单位承担。

桥梁工程责任追究标准见表 11－1－6。

表 11－1－6　桥梁工程责任追究标准

<table>
<tr><th>序号</th><th>工程部位</th><th>质量问题（以施工标段为准）</th><th>情形</th><th>责任追究等级</th><th>处罚依据</th></tr>
<tr><td rowspan="3">1</td><td rowspan="3">桩基、墩柱</td><td rowspan="3">1. 桩体完整性、承载力检测指标不符合设计要求；
2. 摩擦桩有效桩长不够、断桩等；
3. 混凝土强度不满足设计要求；
4. 桩柱偏移、结合部位偏心、烂根、软弱垫层等</td><td>1根</td><td>Ⅰ级</td><td rowspan="9">《中华人民共和国建筑法》
《建设工程质量管理条例》（国务院令第 279 号）
《南水北调工程建设质量问题责任追究管理办法》（国调办监督〔2012〕239 号）
《南水北调工程建设信用管理办法（试行）》（国调办监督〔2013〕25 号）
《关于开展以“三清除一降级一吊销”为核心的监理整治行动的通知》（国调办监督〔2013〕108 号）</td></tr>
<tr><td>2根</td><td>Ⅱ级</td></tr>
<tr><td>3根及以上</td><td>Ⅲ级</td></tr>
<tr><td rowspan="6">2</td><td rowspan="6">梁板</td><td>5. 波纹管安装不符合设计要求</td><td>偏差较大</td><td>Ⅱ级</td></tr>
<tr><td>6. 预应力钢筋、钢绞线、锚垫板质量不符合设计要求</td><td>抽查不合格</td><td>Ⅱ级</td></tr>
<tr><td>7. 混凝土强度、抗裂等不符合设计要求</td><td>危及结构安全</td><td>Ⅱ级</td></tr>
<tr><td>8. 梁环向结构裂缝、支座部位斜向裂缝</td><td>危及结构安全</td><td>Ⅱ级</td></tr>
<tr><td>9. 钢绞线原材性能、张拉控制应力值和伸长值不符合设计要求</td><td></td><td>Ⅱ级</td></tr>
<tr><td>10. 梁预应力张拉钢绞线回缩量超规范限值、钢绞线断丝；
11. 钢绞线电焊割断；
12. 锚具拉裂、锚下混凝土破损；
13. 孔道压浆不密实；
14. 灌浆材料、工艺、浆液检测指标不满足设计要求；
15. 混凝土强度未达到设计要求即进行张拉</td><td></td><td>Ⅰ级</td></tr>
</table>

（五）跨渠桥梁工程质量监管案例分析

以南水北调中线总干渠石家庄市区段大谈村桥工程为例。

1. 工程概况

大谈村桥桥梁主体结构起点桩号为 K0＋1403.977，终点桩号为 K0＋1660.493，全长

255.516m，总桥宽 34.5m。桥梁跨径为 35m＋61m＋39.49m＋4×30m。其中，35m＋61m＋39.49m 一联上跨南水北调总干渠，桥梁与南水北调总干渠中心线斜角 30.951°，由左右两幅桥组成，在道路中心线两幅桥相接处设置隔离装置，确保两幅桥分开单独受力。

跨南水北调三跨连续梁大谈村桥设计荷载为 A 级，上部结构采用 C50 预应力混凝土连续箱梁结构。预应力混凝土箱梁为变高连续箱梁，中支点处梁高 3.5m，边支点及跨中处采用梁高 2.0m，均为单箱三室（单幅桥）结构。箱梁腹板厚度为 400～700mm，顶板厚度为 250mm，底板厚度为 250～400mm。

为减少对水流的影响，桥梁两个中墩墩身采用矩形，两端为半圆形结构型式，采用 C40 混凝土。

下部桩基采用钻孔灌注桩接承台基础，其上为重力式 U 形桥台。桥台采用 C40 混凝土，承台采用 C30 混凝土，桩基采用 C30 混凝土。

2. 箱梁存在的质量问题

2013 年 4 月 26 日发现该工程外表面施工缝处有不密实现象，进而发现浇筑后的混凝土存在较多病害。为保证结构的安全性，确保南水北调工程可靠运行，国务院南水北调办于 2013 年 4 月 28 日委托国家建筑工程质量监督检验中心对全桥进行安全性检测。

国家建筑工程质量监督检验中心对大谈村桥工程三跨连续梁进行了全面检测，并于 2013 年 5 月 15 日提交了检测报告。报告指出，浇筑后箱梁混凝土存在 800 余处病害。主要病害类型如下：①较多底板倒角部位的混凝土浇筑不密实或漏浇，局部伴随漏筋现象；②部分腹板中间转角部位（特别是变截面区）存在欠振现象，混凝土表面或内部出现较大面积孔洞或疏松，个别区域人工剔凿深度可达 15cm；③部分预留施工缝没有剔凿干净，施工缝中存在较多杂质；④顶板部分区域浇筑后振捣不密实或上人过早，导致表面疏松或开裂；⑤腹板或顶板浇筑过程形成多处施工冷缝；⑥顶板多处出现贯穿性裂缝并渗水；较多预应力张拉齿块混凝土出现二次浇筑问题，振捣不密实并形成疑似冷缝，个别出现漏浇和漏筋现象等。

国家建筑工程质量监督检验中心对大谈村桥在建三跨 35m＋61m＋39.49m 预应力混凝土箱梁 C50 混凝土强度钻芯检测，对桥墩 C40 混凝土进行回弹检测，对上部结构存在的施工冷缝进行普查和钻芯验证。验证结果为：桥墩判定为满足设计 C40 要求；上部箱梁推定值为 C40，不满足设计要求。对该桥出具的混凝土抗压强度质量检验报告（《南水北调中线一期桥梁工程石家庄市区段大谈村桥抗压强度检验》[BETC－DLCL－2013－14（A)]）结论为：桥墩 C40 混凝土抗压强度满足强度等级 C40 的要求；预应力混凝土箱梁混凝土强度不满足混凝土设计强度 C50 的要求。检测龄期正常浇筑混凝土抗压强度推定值，2013 年 3 月 24 日浇筑检测批混凝土抗压强度推定值 40.8MPa。4 月 6 日浇筑检测批混凝土抗压强度推定值 42.4MPa；整体评定的检测批混凝土抗压强度推定值 41.1MPa。建议：检测龄期正常浇筑混凝土按强度 C40 取值验算；钻芯验证左幅腹板所取 1～4 号芯样所处部位存在施工冷缝；钻芯验证南腹板所取 1～17 号芯样所处部位的预留施工缝内部存在疏松薄弱层或大孔等病害。出具的桥梁上部结构技术状况评定报告（《南水北调中线一期桥梁工程石家庄市区段大谈村桥上部结构技术状况评定》[BETC－DLCL－2013－14（B)]）结论为：根据《城市桥梁养护技术规范》(CJJ 99—2003) 检查南水北调中线一期桥梁工程石家庄市区段大谈村桥上部结构，共计发现各类病害 801 处，上部结构技术状况评分为 58 分，该结构技术状况评估等级为D类。

国家建筑工程质量监督检验中心在混凝土强度检测、外观检测与评定的基础上，针对该桥的实际现状，对该桥进行了持久状况承载能力验算，并出具检验报告《石家庄裕华路大谈村桥承载能力检算评定》[BETC-DLCL-2013-14（C）]，结论为：该桥35m、39.5m边跨主梁的承载能力满足设计及规范要求；61m中跨主梁的抗弯承载能力不满足设计要求，作用效应计算值为其抗弯承载力的1.21倍；该桥三跨主梁的变形能力均满足规范要求；在正常工作状态下，35m、39.5m边跨的混凝土法向应力满足设计规定的全预应力结构要求；61m中跨不满足设计的全预应力结构要求，但能满足规范规定的A类预应力结构的要求；三跨均能满足规范规定的结构抗裂要求。

根据国家建筑工程质量监督检验中心出具的检测报告，上海市政工程设计研究总院（集团）有限公司综合交通规划设计研究院对该桥实际承载能力进行复核验算，并出具《南水北调中线石家庄市区段大谈村桥连续箱梁加固验算报告》。

经过验算，在成桥状态下，标准组合上下缘最大正应力（压应力）大于$0.5f_{ck}$（13.4MPa），其中f_{ck}为26.8MPa。不满足规范规定要求，而主拉、主压应力以及上下缘最小正应力均满足规范规定要求。具体情况见大谈桥墩质量问题登记表（表11-1-7）。

表11-1-7　　大谈村桥墩质量问题登记表

序号	质量问题信息	问题类型	《南水北调工程建设质量问题责任追究管理办法》（国调办监督〔2012〕139号）附件编号	《南水北调工程建设质量问题责任追究管理办法》（国调办监督〔2012〕139号）问题序号
1	左幅P1-P2箱梁上游侧面有较多渗水点，现场随机用工具凿开三处，最大深度达65mm，内部混凝土呈豆腐渣状态，且发现一处露筋，不符合《公路桥涵施工技术规范》（JTG/T F50—2011）第11.6.4条要求	严重质量缺陷	2-3	81
2	左岸箱梁顶板C50混凝土发现一处裂缝，长1m，宽0.2～0.3mm	较重质量缺陷	2-3	52

3. 质量问题产生原因分析

（1）箱梁混凝土裂缝问题。根据裂缝的分布，底板横向裂缝在梁长方向无规律性，根据梁体受力特点，跨中位置拉应力最大，若出现受力性裂缝，则应从跨中向两端分布，因此大致可判断此类裂缝为非受力裂缝。同时，通过贴石膏饼对裂缝在荷载反复作用下进行观测，结果显示，裂缝是处于相对静止状态的。

根据排查统计及处理结果，结合预制梁的施工工艺方法，可大致判定为：台座裂缝引起的混凝土表面“条带”和混凝土硬化过程中产生的干缩裂缝。打磨后的混凝土表面经观察发现无

裂缝存在，同时未发现打磨面上石料有贯穿性损坏，因此可判断裂缝未继续向混凝土内部发展，此类缺陷为施工工艺引起的混凝土表面缺陷或混凝土凝结、硬化过程中难以控制的混凝土通病。

（2）混凝土其他病害问题。混凝土浇筑过程中存在漏浇和振捣不到位现象，同时混凝土浇筑技术交底不到位，施工组织不力且参建单位作业人员责任心不强。

4. 质量问题整改方案

鉴于已建成桥梁不满足上下缘最大正应力要求的处理，是目前对缺陷桥梁的加固中最不易解决的问题之一，上海市政工程设计研究总院（集团）有限公司采用加载减压后箱内钢纤维增加截面面积的方法解决混凝土受压过大的问题。根据受力状况，分析压应力，压应力包络图见图 11-1-2。

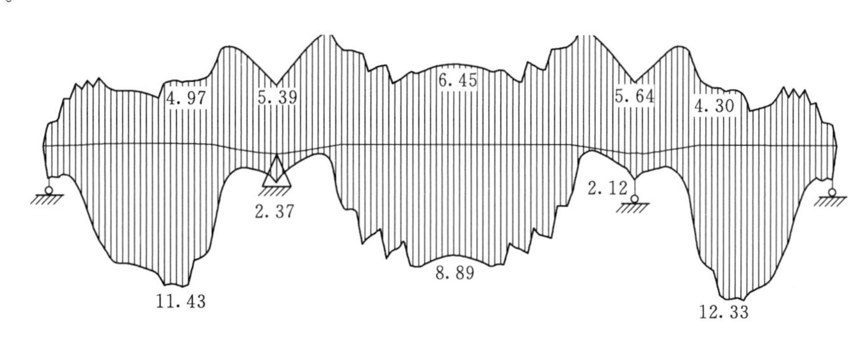

图 11-1-2 压应力包络图（单位：MPa）

根据分析，在运行状态下，该桥边跨下缘和中跨上缘的压应力超过规范规定，因此，减少该三处的压应力问题是本方案的关键。在现状受力状态中，其边跨的压应力值已较大，因此，采用在边跨加载的方法，先减小边跨下缘压应力。由于桥梁结构存在较多裂缝、蜂窝麻面、露筋及施工缝问题，在本加固工程实施前，先对部分结构问题进行加固封闭，对于桥梁上部结构混凝土浇筑振捣不密实，导致上部结构出现蜂窝、麻面、开裂等问题，剔除表面疏松混凝土，并用高强环氧砂浆进行修复，对于内部不密实的混凝土区域采用高压灌注环氧胶的方法进行处理；对受拉应力不满足规范要求的截面，如顶板下缘、腹板施工缝等处，采用箱室内粘贴芳纶纤维、碳纤维等方法进行处理。在完成桥梁修复，达到原设计要求后，实施加载，以确保加载时结构的安全性。

根据国家建筑工程质量监督检验中心检查报告并会商设计单位，对该桥采用了如下加固设计方案：为减小该桥截面上翼缘的压应力，结合桥面铺装，在原桥结构层表面增加 8cm 的钢纤维混凝土；为减小该桥 35m、39.49m 边跨主梁底板的压应力，在边跨主梁箱室内底板上表面增加 20cm 厚的钢纤维混凝土，增加底板的受压面积；对于桥梁上部混凝土浇筑振捣不密实，导致上部结构出现蜂窝、麻面、孔洞、开裂等问题，剔除表面松散混凝土，并用聚合物环氧砂浆进行修复，对于内部不密实的混凝土区域用高压灌注改性环氧胶的方法进行处理；对受拉应力不满足规范要求的截面采用箱式内粘贴碳纤维的方法进行处理。

5. 整改结果

大谈村桥于 2013 年 12 月 12 日完成全部质量缺陷修复施工，并通过了建管、设计、监理、施工单位四方联合验收。

五、混凝土建筑物质量专项监管

（一）混凝土建筑物质量专项监管的开展

根据南水北调混凝土建筑物工程主要功能，可分为输水建筑物、交叉建筑物和其他建筑物。其中：输水建筑物指在南水北调工程中承担输水功能的混凝土建筑物。按照建筑物类型划分为倒虹吸、渡槽、涵洞、枢纽、闸、泵站、其他等7类。

交叉建筑物指穿（跨）越输水干渠工程的混凝土建筑物，按照建筑物类型划分为倒虹吸、渡槽、涵洞、闸、其他等5类。

其他建筑物指东线一期工程里下河水源调整工程、江苏省洪泽湖抬高蓄水位影响处理工程、洪泽湖抬高蓄水位影响处理工程（安徽省境内）3个设计单元工程中的混凝土建筑物。按照建筑物类型划分为倒虹吸、涵洞、闸、泵站、其他等5类。

截至2012年10月底，南水北调东、中线一期工程共有建筑物1931座（不含京石段、济平干渠工程），完工990座，在建941座。其中：输水建筑物772座：完工228座，在建544座。交叉建筑物890座：完工532座，在建358座；其他建筑物269座：完工230座，在建39座。

按不同线路划分东线工程共有建筑物935座，完工459座，在建476座。其中输水建筑物411座：完工92座，在建319座；交叉建筑物255座：完工137座，在建118座；其他建筑物269座：完工230座，在建39座。中线工程共有建筑物959座，完工521座，在建438座。其中输水建筑物340座：完工133座，在建207座；交叉建筑物619座：完工388座，在建231座；湖北境内工程共有建筑物37座，完工10座，在建27座。其中输水建筑物21座：完工3座，在建18座；交叉建筑物16座：完工7座，在建9座。

国务院南水北调办于2012年起对南水北调工程混凝土建筑物质量的监督管理进行了专项部署，开展了一系列有针对性的措施。2012年8月，国务院南水北调办印发了《关于开展南水北调工程重要建筑物混凝土质量检查的通知》（综监督〔2012〕83号），要求各项目法人从8月起开展混凝土建筑物质量专项检查，对所辖重要建筑物的混凝土质量逐一进行排查，重点检查2012年8月及以后施工的混凝土强度、原材料质量控制、混凝土拌和物配合比控制等质量情况；对检查出的质量问题及时组织制定整改方案和整改措施，限期予以整改；并将检查情况形成专项报告报国务院南水北调办。2012年11月国务院南水北调办印发了《关于建立混凝土建筑物工程质量检查专项档案的通知》（综监督〔2012〕403号），要求建立并完善混凝土建筑物质量检查工作专项档案。2013年3月国务院南水北调办印发了《关于开展南水北调中线混凝土建筑物工程质量检查的通知》（综监督〔2013〕32号），要求中线建管局、湖北省南水北调管理局，河北、河南省南水北调办，监管中心、稽察大队对中线混凝土建筑物工程开展质量检查，以确保南水北调混凝土建筑物工程质量。

（二）混凝土建筑物工程质量监管控制要点

混凝土建筑物工程质量监管控制要点见表11-1-8。

（三）混凝土建筑物工程质量监管措施

对混凝土建筑物工程质量监管主要措施如下。

表 11-1-8　　混凝土建筑物工程质量监管控制要点

质量控制部位	质量控制要点
钢筋制安	钢筋规格、数量、连接方式
混凝土浇筑	混凝土强度、抗渗、抗冻融检测指标，是否存在危及结构安全的贯穿性裂缝
止水带安装	止水带是否破损或者失效
建筑物周边回填	压实度是否符合设计要求
预应力施工	波纹管安装定位是否符合设计要求
	预应力钢筋（束）张拉控制力、应力值、张拉伸长率是否符合设计要求
	预应力波纹管压浆不饱满，浆液检测指标是否符合设计要求
渡槽支座安装	支座材料、规格、安装是否符合设计要求
闸门安装	闸门、埋件施工安装是否符合设计要求

(1) 梳理混凝土建筑物工程现状，找出监管工作重点。

(2) 编制年度质量监管工作方案，明确思路、提出监管目标；同时组织专家对重点建筑物开展现场质量排查，摸清工程质量实情，掌握一手资料，对存在严重质量问题的责任单位实施即时责任追究。

(3) 分析危及混凝土建筑物工程质量结构安全的质量问题，明确10类混凝土建筑物不放心类质量问题，规定监管关键部位与环节，并对各参建单位提出明确工作要求。

(4) 对中线重点建筑物实施特派监管。派18名专门监管人员常驻工程一线，全过程监管工程质量管理行为，实时检查实体质量。对发现的混凝土渗漏水、回填土沉陷等典型不放心类质量问题立即组织全线排查等，经排查，中线建管局、河南省南水北调办、河北省南水北调办和湖北省南水北调管理局发现了渗漏水点70处、回填土沉陷区65处。

通过一系列有针对性、有计划的监管工作措施，混凝土建筑物工程质量明显改进，重点建筑物工程未再发生不放心类质量问题，出现的质量问题一般也由特派监管人员第一时间发现，并即时在全线举一反三，避免影响工程质量安全、影响通水目标实现的质量问题的发生。重点建筑物工程质量基本可控。

(四) 混凝土建筑物工程质量监管责任落实情况

从2012年8月起，中线建管局、各省（直辖市）南水北调办（建管局）、各项目法人按照国务院南水北调办的有关部署，高度重视混凝土建筑物工程质量监管工作，并根据各自工程建设实际情况，进一步提出了相关要求和检查范围及内容，开展混凝土建筑物质量的专项检查工作。此次专项工作，各有关单位迅速反应，并积极探索混凝土建筑物质量监管的新手段新方式，工作开展效果较好。

1. 中线建管局混凝土建筑物质量专项监管开展情况

(1) 对在建项目工程实体开展拉网式排查。中线建管局针对其管辖的直管和代建项目开展了在建项目工程实体质量拉网式排查活动，对排查发现的质量问题，全部登记备案，及时处理，按要求对混凝土建筑物工程质量检查情况逐一登记汇总，建立了混凝土建筑物质量检查专项档案，并总结提出了中线干线工程质量监控强化措施。为消除工程质量隐患，确保工程运行安全，中线建管局从2012年10月起在全线范围再次开展一次拉网式排查，分河南、河北、天津三个片区，组建6个排查组，制订工作方案，统一部署开展工作。质量检测单位到现场配合，对在建工程中所有建筑物混凝土工程进行排查，及时发现问题、备案问题、处理问题，消除质量隐患。全线进行拉网式排查。根据国务院南水北调办《关于开展南水北调工程重要建筑物混凝土质量检查的通知》（综监督〔2012〕83号）和《关于在建项目工程实体质量拉网式排查工作的补充通知》（中线局质安〔2012〕91号）要求，中线建管局组织各建管单位开展对所辖范围内重要建筑物混凝土质量检查工作。对每个重要建筑物采取回弹检测等无损方式进行抽检，必要时采取钻芯取样等检测方式进行强度验证。对已经施工完成的混凝土，从混凝土配合比设计、原材料质量控制、混凝土配料单、拌和系统称量误差、混凝土试件强度、拌和系统运转等多方面进行检查，验证混凝土施工质量。对检查中发现的质量缺陷，按照有关规定进行登记、备案与处理。

其中，直管、代建项目以直管建管单位为责任主体，分河南、河北、天津三个片区，共组建6个排查组（河南片区按河南直管局的四个现场项目部划分为4个组，河北片区1个组，天津片区1个组）。各排查组的组长由相关建管单位的负责人担任，副组长由相应质量安全部门或代建部负责人担任。中线建管局委派人员参与河南片区4个组的排查工作，并委托项目法人质量检测单位到现场配合。各委托项目建管单位也按要求成立了以建管单位主管领导或现场建管机构负责人为组长的排查领导机构，制定相关工作方案，统一部署开展工作。

经过拉网式排查，累计回弹检测170座建筑物，共计6246仓，混凝土回弹低强的有22仓，约占0.35%，其中14仓经有关单位复核后满足强度要求，其他8仓经过进一步检测复核，对于仍不合格的将拆除重建或邀请专家、组织设计单位进一步论证后，采取了相应的处理措施。对其他质量缺陷要求各建管单位制定了缺陷处理计划，对质量问题彻底整改落实。

通过拉网式排查，发现主要质量问题如下：①混凝土回弹检测强度偏低。本次检查共发现12座建筑物的40个部位回弹检测强度推定值或混凝土试块抗压强度低于设计标准，经各建管单位委托的第三方检测机构进一步检测，上述建筑物的各部位混凝土强度均满足设计标准；②其他常见质量问题。各施工标段各种混凝土常见病仍普遍存在，如混凝土裂缝、气泡、麻面、错台及建筑物伸缩缝、对拉螺栓孔部位渗水等。同时，部分建筑物混凝土表面缺陷处理不符合有关技术规定，存在私自处理的现象；部分标段原材料检测批次不符合要求，原材料质量控制不严，混凝土拌和物检测频次不足，拌和过程质量控制检查不到位等。

（2）建立了混凝土建筑物工程质量检查专项档案。根据国务院南水北调办《关于建立混凝土建筑物工程质量检查专项档案的通知》（综监督函〔2012〕403号）文件要求，中线建管局积极组织各建管单位认真落实，按通知要求对混凝土建筑物工程质量检查工作情况逐一登记汇总，建立了混凝土建筑物质量检查工作专项档案。

2. 河南省南水北调办混凝土建筑物质量专项监管开展情况

河南省南水北调办按照国务院南水北调办部署，针对工程建设的特点和阶段，突出重点，进行了专项检查，较好地控制了建筑物混凝土质量。其做法有：①持续保持质量管理的高压态势，对质量问题实行零容忍，树立严打重防的理念；②积极开展排查活动；③对建筑物混凝土施工进行全过程监控；④加强质量管理人员的业务学习与交流。

主要开展以下质量专项监管工作。

（1）开展建筑物混凝土强度专项检查。配合国务院南水北调办对河南委托段工程建筑物混凝土强度进行排查。2012年9月13—25日，抽调人员配合国务院南水北调办开展的河南段建筑物混凝土强度排查活动。对河南委托段的建筑物混凝土强度进行排查，截至12月5日现场排查工作结束，共排查了416座建筑物6033个构件混凝土强度。

（2）对建筑物混凝土施工进行全过程监控。①严格执行原材料进场报验制度。材料进场时，必须对材料质量进行检查验收，施工单位进行自检，监理按规定进行平行抽检，项目建管处不定期进行抽检，发现不合格产品，坚决清理出场。②加强混凝土配合比审批和试配工作。严格执行混凝土配合比监理审批制度，在每仓开盘前均要进行监理工程师审核签字，做好开盘前试拌工作。③加强混凝土生产质量的控制。拌和前对称量系统进行校核，生产过程中，试验人员要现场值班，现场监理监督控制，项目建管处不定期对拌和楼进行抽查，规范生产。混凝土浇筑振捣过程中须有施工员、监理员现场旁站值班。④加强混凝土养护及成品保护。对拆模后的混凝土及时采取有效养护措施，加强对已到龄期的混凝土的保护措施，特别是对止水、混凝土边角的保护，保证混凝土质量。

（3）加强质量管理人员的业务学习。①在7个项目建管处间开展互督互查活动，通过相互检查、相互交流，提高质量管理人员的业务技能和管理水平。②组织各参建单位到南阳段、鲁山段、河北等地施工规范的部分标段进行观摩、学习，交流质量管理经验，并多次聘请专家到施工现场进行技术指导，进行相关工程方面的咨询、培训。③利用月建管例会对当月发现的质量问题进行分析，并提出防治措施。④不定期召开质量专题会，对国务院南水北调办飞检组、专项稽查组、省建管局检查发现的各种质量问题分类整理，采用现场质量专题会等形式，进行警示教育，提高参建各方人员的质量意识。

通过以上质量监管工作的开展，各参建单位对建筑物工程质量都空前重视，质量意识、质量管理行为都有明显提高和改善，工程实体质量总体向好，质量稳步提高，建筑物工程质量总体处于受控状态。

3. 河北省南水北调建管局混凝土建筑物质量专项监管开展情况

河北省南水北调建管局按照国务院南水北调办部署，开展拉网式排查，对检查出质量问题进行整改，并建立档案警示室，取得了很好的效果。

（1）开展拉网式排查。2012年，河北省南水北调建管局根据国务院南水北调办、中线建管局对重要建筑物混凝土工程质量检查、对工程实体质量问题进行拉网式排查有关文件精神，立即安排布置。各工程建设部成立了排查小组，制定了详细的排查计划，对所辖标段内的在建工程建筑物实体质量进行拉网式排查，河北省南水北调建管局质量安全部派人进行了抽查。

河北省南水北调建管局组织监理、施工单位，并邀请质量监督站对已开工建设（含完工）的建筑物进行了质量排查。对115座已完工和在建的建筑物进行了回弹检测（含国务院南水北调办回弹检测组监测）。根据回弹结果，所回弹建筑物实体强度均满足设计要求（不含午河渡槽槽身混凝土）。其中18座建筑物因洞身积水无处抽排，只对进出口部位混凝土进行了回弹检测。建筑物质量排查共发现实体质量缺陷786处，其中一般缺陷620处，较重缺陷164处，严重缺陷2处。已于2013年5月全部处理完成。

（2）检查发现的主要问题：①部分建筑物混凝土强度回弹值离差系数较大；②所检查的建筑物裂缝、气泡、蜂窝、麻面、错台等质量缺陷较多；③部分新增质量缺陷未备案；④部分建筑物止水带保护不到位；⑤部分新浇混凝土养护和保温措施不到位。

(3) 实体缺陷处理情况：大部分气泡、蜂窝、麻面、错台等质量缺陷、部分裂缝均于2013年5月处理完毕；同时要求各单位对新增缺陷按要求进行备案；加强对建筑物成品和新浇混凝土的保护和养护，并采取有效措施，减少常见缺陷发生。

对国务院南水北调办回弹检测组数据异常部位，组织质监站、监理、施工单位人员进行了复核回弹，经复核无异常数据，强度满足设计要求。

(4) 对用于工程的原材料和中间产品检测以及混凝土配合比等进行检查。

经检查，用于工程的原材料全部合格，不合格原材料进行了退场处理；中间产品检测合格；混凝土试件均满足设计要求，混凝土抗压强度保证率在97%以上。原材料、中间产品、工程实体质量符合设计要求和有关规范的规定。

经检查，施工用混凝土配合比由具有相应资质等级的试验室进行设计，并经专家论证会论证、现场试拌确定。工程施工过程中，经监理工程师批准，承包人根据原材料含水量对混凝土配合比进行微调，形成拌和配料单。拌和站定期由经质量技术监督部门进行检定，称量误差在规范允许范围内。

通过对各单位重要建筑物进行回弹法无损检测，同时对混凝土配合比、原材料质量控制、拌和系统称量误差、混凝土试件强度统计分析等检查，各被查建筑物混凝土实体质量均能达到设计要求，各项资料较为齐全，工程质量处于受控状态。

(5) 建立质量管理档案室。2012年下半年，河北省南水北调建管局设立了专门质量管理档案室。依托现有的局、部质量管理人员，建立各自的质量管理组织机构，明确了职责分工。汇总、整合了质量管理制度办法，购置了简单的质量检测设备，遵照分级管理、逐级负责汇总的原则，建立每月定期质量会谈制度。

(6) 质量监管成效。建立从上至下的质量管理责任制，每个岗位、每个工序实行专人负责的质量管理，易于加强管控和责任追究；制定合理的奖惩措施，并严格执行，通过开展质量评比、劳动竞赛等方式进行排名，调动相应管理和作业人员的积极性；组织各单位进行交叉检查，通过检查对方，取长补短，共同提高；对于重要部位、关键工序施工，邀请专家讲座，并进行现场作业指导，不断提高作业人员技术水平，增强其质量意识；组织各参建单位到其他标段进行学习，就好的施工经验、管理经验进行交流，提高各单位的争先意识。

4. 湖北省南水北调办混凝土建筑物质量专项监管

湖北省南水北调办认真贯彻国务院南水北调办关于加强建筑物混凝土质量管理的精神和要求，深入开展检查工作，不断加强施工过程质量管理。其做法有：①对兴隆枢纽工程、引江济汉工程全面检查；②对原材料及中间产品质量抽查；③重视质量问题整改。

主要开展以下质量专项监管工作。

(1) 组织开展混凝土施工质量检查。根据国务院南水北调办《关于开展南水北调工程重要建筑物混凝土质量检查的通知》(综监督〔2012〕83号) 要求，湖北省南水北调办于2012年9月5日、11日分别下发了《关于组织开展南水北调工程重要建筑物混凝土质量检查的通知》《关于要求组织开展南水北调工程重要建筑物混凝土质量检查的通知》，组织各建管单位对重要建筑物混凝土质量进行自查。

兴隆水利枢纽建设管理处于9月13日对各标段混凝土质量进行了检查。检查包括各标段的

质量体系建立及运行情况、混凝土原材料质量控制、中间产品质量控制和工程实体混凝土质量4个大项21个小项，并随机选取8个重要建筑物典型部位进行了强度检查。通过检查发现，兴隆各标段存在不合格品（废料）处理记录不完整、部分混凝土缺陷处理后备案不及时等问题。

引江济汉各建管单位于2012年9月5—9日组织各施工单位进行了自查，针对原材料质量控制、混凝土拌和、工程实体质量、混凝土强度等重点环节，共发现质量问题39个。

部分闸站改造工程各建管单位组织相关单位进行了自查，发现部分混凝土外观质量差、局部有渗水等问题。针对自查发现的问题，各施工单位分析了问题产生的原因，制定了整改措施及完成时间，落实了整改责任人。

（2）认真开展混凝土强度排查。2012年9月14—24日和10月18—22日，湖北省南水北调办与国务院南水北调办一起开展对兴隆枢纽、引江济汉及部分闸站改造工程建筑物的混凝土强度逐一进行了检查。此次共检测混凝土强度1258仓，其中兴隆枢纽385仓，引江济汉工程804仓，部分闸站改造工程69仓。推定强度大于设计强度的1251仓，推定强度小于设计强度需进一步认定的7仓，其中兴隆枢纽1仓，荣河泵站工程6仓。对于推定强度小于设计强度的部位，湖北省南水北调办组织建管、监理进行了进一步认定，通过复测、取芯检测，检测结果满足设计要求。

（3）积极开展工程质量专项检查。为进一步落实国务院南水北调办"突出高压抓质量"的精神要求，湖北省南水北调办于2012年8月上旬组织有关专家开展了2012年工程质量专项检查，着重对兴隆水利枢纽、引江济汉工程各标段混凝土质量情况进行了检查。检查包括原材料检测，中间产品质量控制，施工单位"三检制"执行，关键部位、关键工序及重要隐蔽工程的质量管理工作。此次检查共发现混凝土质量问题87个，其中实体质量问题47个，质量管理违规行为问题40个。针对此次检查发现的问题，湖北省南水北调办印发了整改通知，提出了相关整改意见，并对整改情况进行了跟踪落实。

（4）加强对原材料及中间产品质量抽检。湖北省南水北调办高度重视对原材料及中间产品质量的控制，除现场建管单位委托第三方检测机构对原材料及中间产品质量抽检外，特委托水利部长江科学院工程质量检测中心，对引江济汉工程原材料、中间产品和实体质量进行抽检，先后检测砂石骨料、水泥、钢筋共计20余批次，混凝土取芯检测10余组。

（5）组织开展混凝土施工技术培训。为进一步提高混凝土施工质量，减少混凝土质量常见病、多见病的发生，湖北省南水北调办印发了《学习〈混凝土结构外观质量缺陷的成因分析及防治措施〉的通知》，要求各参建单位组织施工人员进行培训学习，通过提高一线人员的作业技能，最大限度地减少混凝土质量问题。

（6）重视混凝土质量问题整改，严格责任追究。2012年以来，国务院南水北调办对湖北省南水北调工程开展了多次质量检查，湖北省南水北调办也多次组织不同形式的自查、检查和巡查。通过这一系列的工作，发现了混凝土施工中存在的各种问题。对于检查中发现的混凝土质量问题，湖北省南水北调办高度重视，立即组织各参建单位制定整改方案，限期进行整改，并将整改情况上报。同时将质量问题反馈到办机关各督办组，作为现场督办时的一项重要内容进行督促整改，确保问题及时整改到位。

同时，湖北省南水北调办对混凝土质量问题突出的单位进行了严格的责任追究。2012年9月上旬，因渠道衬砌混凝土垫层材料不合要求，湖北省南水北调办开除了某渠道1标项目经理，并对现场监理单位进行了通报批评。同样因模板质量不合格、混凝土质量问题，多家施工、监理单位被通报批评。

（7）质量监管效果。兴隆水利枢纽工程和引江济汉工程质量预控和施工质量过程控制，满足合同规定和设计要求，施工质量处于可控状态。参建人员质量意识进一步增强，质量管理行为日渐规范，工程建设质量总体情况不断向好。

5. 山东省南水北调建设管理局（山东干线公司）混凝土建筑物质量监管开展情况

山东省南水北调建设建管局（山东干线公司）在质量检查工作的同时，加强技术培训和交流学习；严格混凝土工程质量源头控制和施工过程控制；加强关键部位和环节监督管理；严格质量责任追究等。具体做法如下。

（1）健全规章制度，建立管理体系。结合混凝土工程建设实际，专门制定了《南水北调东线一期山东段工程混凝土结构质量缺陷管理规定》（鲁调水企工字〔2010〕13号），对混凝土质量缺陷分类、缺陷检查、缺陷处理与验收、缺陷备案和奖罚等方面内容作了详细规定。编制了《山东省南水北调在建主体工程质量责任网格体系》，明确了参建各方的质量责任，明确质量责任部门，建立稽查专家库。聘请4名有丰富经验的专家任组长，开展经常性稽查和工程质量监管工作，并聘请1名专家任质量监督站副站长。项目法人、现场建管机构、监理、施工等单位都成立了质量领导小组，设立了质量管理部门，配备了专职质检人员。

（2）加强技术培训和交流学习。有针对性地先后组织了大体积混凝土温控和防裂措施、基础搅拌桩施工、平原水库防渗墙施工等一系列专家咨询会和混凝土防裂技术、渠道机械化衬砌等多项专业培训会，多次召开施工现场观摩会等，及时解决混凝土工程施工中关键技术问题。督促监理和施工单位加强一线操作人员的岗前培训和技术交底工作，保证一线操作人员严格按照规范进行操作。

（3）严格混凝土工程质量源头控制。①严格施工图审查。所有施工图均按规定组织技术人员或邀请专家进行审查，减少了缺项漏项和错误。②严格设计交底。坚持先交底后施工，特别是加强设计变更、关键工序、重要部位的交底，确保了参建单位明确设计意图和施工技术要求。③严格原材料、中间产品质量控制。对水泥、外加剂、集料、矿物掺合物等原材料和中间产品，必须有质量证明书、合格证，并复检、抽检合格。

（4）明确责任，加强混凝土施工过程控制。统一要求现场建管单位切实发挥好组织、协调、联系、监管作用，统筹考虑质量与进度、安全、经济等各方面的因素，积极谋划，提前计划，科学安排，合理组织，高标准严要求，加强对施工、监理、设计等各方的管理，切实发挥好现场建管职能；设计单位积极做好工程设计服务工作，就工程建设的有关问题，主动与有关单位沟通联系，设计交底确保到位；监理单位加大工程监理力度，规范抽检程序，严格按照施工程序及时跟班到位进行监管，对混凝土浇筑、振捣、养护、拆模等重要环节的施工过程实行全过程旁站式质量监管，审查施工单位施工组织设计和施工工艺并严格监督执行，及时解决施工过程中出现的各种质量问题和矛盾，发挥好监理职能，确保履行好监理职责；施工单位认真制定、完善混凝土施工方案，加强混凝土浇筑、振捣、养护等环节的工艺控制，优化各种资源配置，严格按照有关规定和标准进行施工，切实加强混凝土施工各项管理工作，确保混凝土工程高标准、高质量完工。

（5）加强质量稽查检查工作。在质量稽查检查工作中，坚持发现问题、找到原因、分清责

任、提出办法的工作原则，认真做好每一次稽查检查工作。每次稽查、检查，都形成正式的稽查报告，对工程质量状况进行整体评价，指出存在的问题，分析问题的原因，提出工作建议和意见。各参建单位对稽查、检查发现的问题都能制定有针对性的整改措施，质量问题全部得到了整改。认真开展稽查、检查对提高山东省南水北调工程质量发挥了重要的促进作用。

（6）加强关键点的监督管理。按照国务院南水北调办的要求，结合工程建设实际，制定了《山东省南水北调在建主体工程质量关键点及监管方案和措施》，对于工程质量关键点采用项目法人与政府监督相结合的质量监督管理体系。明确水库工程、渠道工程、桥梁工程质量关键部位、关键点和关键环节，制定具体的质量监管措施，强化对施工、监理现场人员配备及履职情况、施工现场质量关键点质量控制情况的监督管理。

（7）加强质量试验检测工作。根据国务院南水北调办有关规定要求，山东干线公司委托淮河流域水工程质量检测中心、黑龙江省水利工程质量检测中心站两家检测单位承担第三方质量检测任务。各监理抽检、施工自检的试验检测单位共涉及 9 家。质量试验检测工作的全面开展，为工程施工提供技术指导，并为工程验收和质量鉴定提供数据支撑。

（8）全面开展质量监督工作。不断充实质量监督工作人员，采取配备专门的交通工具等措施强化质量监督工作力度。通过对工程重要项目、薄弱环节以及关键部位进行跟踪和巡查，监督检查建管、监理以及施工单位质量保证体系的建立和运行情况；重点监督工程原材料、设备以及已完成工程的质量检验情况；加大监督检查监理单位的旁站监理情况以及施工单位的“三检制”落实情况；抽阅建设单位的质量记录等资料；参加工程取样或见证抽样检测及工程验收。

（9）把好质量评定验收关口。随着工程建设的进展，大部分混凝土工程逐渐进入了分部工程验收阶段，项目法人、现场建管机构及时参加验收活动。对单元工程质量检验与评定情况、质量问题处理情况、质量缺陷备案情况以及验收程序、组织、资料、鉴证书等情况进行有效监督，认真把好工程质量评定验收关。

（10）严格质量责任追究。根据历次稽查、检查发现的工程质量管理及实体质量问题，统一印发《关于进一步加强质量管理工作的通知》，要求各参建单位对照问题全面进行整改。对检查发现的问题，按照《南水北调工程建设质量问题责任追究管理办法（试行）》，根据严重程度和整改情况进行责任追究，先后对 17 个责任单位和 2 名责任人员进行了处罚。

（11）切实加强冬季施工质量管理工作。进入冬季，冰冻、雨雪等恶劣天气逐渐增多，对工程建设质量控制，尤其是对混凝土施工质量带来诸多不利影响。山东干线公司要求施工（生产）单位都要以科学严谨的态度，结合工作性质和工程建设实际，制定工程冬季施工（生产）质量管理方案并履行报批程序，包括施工程序、施工方法、保温措施、设备和材料安排计划、现场布置、测温制度等。加强对冬季施工质量方面的规程、规范的培训学习，重点加强平原水库振动挤压成型护坡预制块生产与安装、渠道混凝土机械化衬砌等方面冬季施工的培训学习。随时掌握天气变化情况，对可能发生的恶劣天气及早预防，及时采取防冻保温措施，最大限度减少因天气变化对施工质量造成的影响。

（12）重要建筑物混凝土质量专项检查。为贯彻落实国务院南水北调办《关于开展南水北调工程重要建筑物混凝土质量检查的通知》（综监督〔2012〕83 号）精神，山东省南水北调工程建管局和山东干线公司立即召集专题会议进行了部署，并组织有关参建单位对所辖重要建筑物的混凝土质量逐一进行了排查。

(13) 质量监管成效。专项检查涉及南四湖—东平湖段、济南—引黄济青段、鲁北段、韩庄运河段4个单项工程、15个设计单元工程，重要建筑物类型主要包括泵站、水库穿坝建筑物、节制闸、公路桥、干渠倒虹吸等，重点检查了混凝土强度、原材料质量控制、混凝土拌和物配合比控制等质量情况。检查活动通过查看资料和实体检测相结合的方式进行，内业资料主要查看了混凝土原材料进场检测、混凝土配合比、混凝土拌和物质量检测、留样试块检测资料等；实体检测以无损检测为主，主要采用回弹法对重要建筑物达到龄期且现场具备检测条件的构件混凝土质量进行了检测，共检测1381个部位。其中南四湖—东平湖段工程检测222个部位，济南—引黄济青段工程检测1023个部位，鲁北段工程检测84个部位，韩庄运河段工程检测52个部位。

经统计，检查查摆出的质量问题共计41个，其中南四湖—东平湖段工程4个，济南—引黄济青段工程19个，鲁北段工程14个，韩庄运河段工程4个。混凝土实体强度检测符合设计要求。

存在的质量问题主要有以下几个方面：①原材料方面。个别标段部分钢筋锈蚀，表面存在浮锈或粘着的砂浆未予清除。②工程实体方面。建筑物混凝土局部存在蜂窝、麻面、气泡、对拉螺栓孔处理不规范等质量缺陷；部分建筑物混凝土外露钢筋头未处理彻底等问题。③内业资料方面。原材料台账记录不翔实、统计不及时、不完整，施工日志记录不详细，初检、复检资料填写不规范，个别质检资料存在报验、签证不及时，漏签、漏项情况等。

对于检查发现的问题，要求有关单位认真总结和分析，查找原因，有针对性地制定整改措施，做到查一个，立即整改落实一个。因客观原因不能立即整改的，限期整改，整改工作做到明确任务、落实责任，切实掌握质量管理的主动性。

6. 江苏水源公司混凝土建筑物质量专项监管开展情况

江苏水源公司做到了“三强化”，即强化混凝土质量监管责任；强化质量管理目标分解，公司每年与各现场建管单位签订年度质量目标责任书；强化质量管理考核奖惩。具体做法如下。

(1) 建立质量体系。①建立质量管理责任制。江苏水源公司成立了质量管理领导小组，工程建设部为具体职能部门，负责江苏水源公司质量管理日常工作。各现场建设管理单位均成立了以各建设处主任为组长，总监、项目经理为成员的质量管理领导小组，按照工程的具体特点，制定质量管理制度，各单位配备专职质量人员，专门从事施工质量管理工作。现场施工单位也按要求建立了质量管理领导小组，落实了质量管理人员，切实加强了现场施工质量管理。②严格执行各项规章制度。各现场建设管理单位结合各自工程实际情况，制定现场质量管理实施细则，确保质量管理措施能真正落到实处。江苏水源公司高度重视质量管理制度执行落实情况，通过有针对性的检查和考核，对质量管理制度执行情况加强检查监督，力求用规范的管理制度和严格的执行力度确保工程施工质量。江苏省南水北调工程各项制度执行情况良好，从而满足了工程建设过程中质量管理的需要。

(2) 提高混凝土质量责任意识。为确保混凝土质量责任制落到实处，江苏水源公司始终做到“三个强化”。①强化混凝土质量监管责任意识。在每批项目开工后将施工质量管理网络和责任人的责任范围、身份证身份信息进行汇总，通过发文公布、在现场醒目位置张榜公示、设

立质量管理举报牌等措施，向社会公布施工质量管理网络和责任人信息，主动接受社会监督，切实强化所有参建单位和参建人员的质量责任意识。②强化质量管理目标分解。每年年初江苏水源公司与各现场建设管理单位签订年度建设目标责任书，明确质量管理目标和质量管理责任，要求各现场建设管理单位加强工程施工质量管理，杜绝重大质量事故，积极争创优质工程。各现场建设管理单位与监理单位、施工单位签订施工质量管理责任状，监理、施工内部也签订了质量管理责任状，层层落实施工质量管理责任制。③强化质量管理考核奖惩。为确保质量责任制落到实处，江苏水源公司对工程质量严抓严管，按照确定的质量管理目标，加强检查督促。每年年末，对各现场建设管理单位所承建工程的质量管理等进行考核，根据考核结果奖励质量管理责任制落实好的单位和个人。按照质量责任追究管理办法，对质量管理问题相对集中或突出的参建单位进行约谈等，切实追究有关人员的质量管理责任。

（3）强化混凝土浇筑中间环节质量管理。在混凝土浇筑环节上，主要做好“三抓”工作。①抓好原材料控制。混凝土原材料的质量管理主要是控制原材料的质量及其波动，对混凝土质量及施工工艺有很大影响。如水泥强度的波动，将直接影响混凝土的强度；各级石子超逊径颗粒含量的变化，导致混凝土级配的改变，并将影响新拌混凝土的和易性；骨料含水量的变化，对混凝土的水灰比影响极大。为了保证混凝土的质量，择优选用钢筋、石子、水泥等原材料的供应。钢筋的供应必须由信誉高的大厂供应。对砂、碎石、块石等地材要求施工单位定产地，要求现场建设管理单位不定期组织施工、监理单位赴材料原产地进行抽样检查，从源头上杜绝不合格材料的使用。自南水北调工程开工以来，基本没有出现不合格产品在工程中的使用。②抓好混凝土养护。混凝土浇筑完成后，专门发文要求明确在整个养护期间，尤其是从终凝到拆模的养护初期，确保混凝土处于有利于硬化及强度增长的温度和湿度环境中，混凝土表面压光后，立即用潮湿的无纺布或塑料薄膜覆盖，防止风干或日晒失水。终凝后，混凝土顶面立即开始持续潮湿养护，确保混凝土浇筑质量。③抓好特殊季节混凝土浇筑。在冬季施工时，要求各施工单位预先制定好冬季施工养护方案，组织好材料选购，安排好施工进度计划，备足加热、保温和防冻材料，加强对混凝土温度的检测，包括混凝土入仓温度和混凝土浇筑后的表面温度，根据所测温度，随时采取相应的措施；高温季节施工时，采取措施降低混凝土的入仓温度，在砂石原材料堆场上加盖遮阳棚，避免太阳直晒，用地下水冲洗石子降温，生产混凝土时，可在拌和水中加入冰屑，确保混凝土浇筑强度和质量。

（4）混凝土浇筑质量控制关口前移。①施工单位做好一线工人混凝土浇筑培训。一线施工人员的素质直接关系到工程的施工质量，要求各现场建设管理单位督促各施工单位，充分利用阴雨天气或晚上空闲时间，组织工人认真学习《建设工程质量管理条例》（国务院令第279号）和工程施工规范、规程，强化工程质量意识，提高施工水平。施工单位通过工地生产会议或专业技术人员现场示范，加强新工人的岗前培训与技术交底，强化质量意识，坚持传、帮、带结合，提高新工人的施工技能、施工水平，从而确保施工质量。②监理单位做好跟踪旁站控制。监理单位细化监理实施细则，配备专业、职称和年龄结构相对合理的专业监理人员，在施工过程中，按规定采取旁站监理、巡视检查和平行检验等形式，按作业程序及时跟班到位进行监督检查，作好现场记录，对底板、流道浇筑等重要部位、关键工序严格实行旁站监理，一旦发现问题及时提出并督促处理，对达不到质量要求的工序坚决返工，不达要求不许进入下一道工序施工，严格按照质量标准进行工程的质量评定和验收工作，努力提高单元工程一次验收合格率。以单元工程为基础、工序控制为手段，通过保证每一道工序、每一个单元工程的质量来保证整个工程的质量。③设计单位做好技术交底。工程建设的每一批施工图纸都委托江苏省水利科技咨询中心进行审查，通过优化工程设计，确保工程质量。同时，在施工过程中，实行施工图技术交底制度，在每一批施工图到工地后，设计单位代表均驻工地组织施工图设计技术交底，监理、施工单位主要技术人员及各班组长均参加。通过技术交底和交流，强化了设计与监理、施工项目部技术人员的沟通，使设计意图得到正确理解和执行。④建设管理单位坚持混凝土浇筑方案事前控制。对泵站及河道工程中的重要部位，严格实行施工方案报审制度，重点对底板、流道、墩墙等大体积混凝土结构施工方案，提前组织专家审查。在混凝土浇筑前，再次组织专家现场监管和指导，检查施工方案执行情况和关键工序的监控情况，减少质量缺陷的发生，从执行情况看，监控工程的实体质量明显好转。⑤坚持正面引导作用。近年，江苏水源公司还重视开展劳动竞赛的正面引导作用，对一线参建单位和人员质量管理好的行为加大奖惩力度，激励一线人员的工作热情和积极性，提高一线参建单位和人员混凝土工程质量的意识和质量控制的自觉性。

（5）运用工程检测手段保证混凝土质量。江苏省南水北调混凝土工程原材料和中间产品以及工程实体质量的检测共分四个层次。①施工单位自检。各施工单位均在材料进场后，按规范要求的检测项目和频率送有资质的检测单位进行检测。检测合格后向监理报验，待监理批复同意后用于工程施工。②监理复检。监理单位一方面核查施工单位申报的自检资料，同时根据监理规范和合同文件要求，将原材料和中间产品送有资质的检测单位进行复检，经核查或复检合格后再允许施工单位用于工程建设。③现场建管单位抽检。开工前，各现场建设管理单位委托有资质的第三方检测单位，按合同约定的检测频率等要求，在工程建设过程中不定期地对原材料和中间产品及工程实体质量进行抽检，并出具阶段检测报告。④公司巡检和专题检测。江苏水源公司根据工程阶段施工特点或质量管理情况，委托检测单位有重点、有针对性地进行专题质量检测。在开展质量检测时，江苏水源公司十分重视对检测单位资质的把关。泵站等主要工程检测委托具有水利部甲级检测资质的单位，少量影响工程检测委托具有水利部乙级检测资质的单位，并做到施工和监理单位不委托同一检测单位，保证检测结果的客观和公正。为方便施工、监理单位检测，江苏水源公司委托江苏省水利建设工程质量检测站和河海大学实验中心分别在睢宁二站和洪泽站设立了现场试验室，保证了在建工程检测需要。2012 年 8—11 月，江苏水源公司检测 1875 个测区混凝土强度、372 个测点平整度、87 个测点厚度，全部合格；桥梁工程抽检 27 个工程的桥板、柱、墩，1160 个测区混凝土强度，全部合格。

（五）混凝土建筑物工程质量监管责任追究

根据《关于再加高压开展南水北调工程质量监管工作的通知》（国调办监督〔2013〕167 号），对检查发现的危及工程结构安全、可能引发严重后果的不放心类质量问题和恶性质量管理违规行为的责任单位和责任人，实施即时从重责任追究和经济处罚，采取手机短信、中国南水北调网和《中国南水北调报》等形式警示通告到南水北调东、中线各参建单位有关人员。举报事项涉及从重责任追究的质量问题，经查证属实的，给予责任单位和责任人加重一个等级从重责任追究。未按设计要求组织施工危及工程结构安全的质量问题，项目法人必须立即组织整改，拆除返工，其费用由责任单位承担。混凝土建筑物责任追究标准见表 11-1-9。

表 11-1-9　**混凝土建筑物责任追究标准**

序号	工程部位	质量问题（以施工标段为准）	情　形	责任等级
1	钢筋制安	钢筋规格、数量、连接方式不符合设计要求，割断钢筋	占单元工程数量的3%以下	Ⅰ级
			占单元工程数量的5%以下	Ⅱ级
			占单元工程数量的10%以下	Ⅲ级
			占单元工程数量的10%以上	Ⅳ级
2	混凝土浇筑	混凝土强度、抗渗、抗冻融检测指标不符合设计要求	混凝土浇筑1仓范围内	Ⅰ级
			混凝土浇筑2仓范围内	Ⅱ级
			混凝土浇筑3仓范围内	Ⅲ级
			混凝土浇筑4仓以上范围内	Ⅳ级
		存在危及结构安全的贯穿性裂缝		Ⅰ级
3	止水带安装	止水带破损、失效	建筑物进出口等结合部位	Ⅱ级
			其他部位	Ⅰ级
4	建筑物周边回填	压实度不符合设计要求	填筑层表层	Ⅰ级
			填筑层表层至第3层	Ⅱ级
			填筑层表层至第5层	Ⅲ级
			填筑层5层以上	Ⅳ级
5	预应力施工	波纹管安装定位不符合设计要求	偏差较大，破损严重	Ⅰ级
		预应力钢筋（束）张拉、应力值、张拉伸长率不符合设计要求		Ⅱ级
		预应力波纹管压浆不饱满，浆液检测指标不符合设计要求		Ⅱ级
6	渡槽支座安装	支座材料、规格、安装不符合设计要求		Ⅰ级
	闸门安装	闸门、埋件施工安装不符合设计要求	偏差较大，无法正常使用	Ⅱ级

（六）混凝土建筑物工程质量监管案例

1. 工程概况

南水北调中线一期工程——中铝企业站框架桥工程焦作2段，属铁路交叉工程。该工程位于南水北调总干渠在中州铝厂企业站咽喉区与铁路交叉，交叉处总干渠桩号为Ⅳ61+813.88，企业站铁路里程为K1+162.72（以Ⅳ道5号岔心K0+000为准），渠道轴线与Ⅳ道铁路交角为49°。此工程为框架桥加固工程。

框架桥加固工程上层结构采用粘贴钢板法加固，下层结构采用在框架内侧增大截面法加固。按照设计，下部结构加固时底板加厚0.25m，中孔和边孔缝墙加厚0.45m，边孔边墙加厚0.5m，顶板增加混凝土支撑梁（高度0.8m，净间距2m）。

该工程主要设计工程量为：混凝土浇筑 5878m³，钢筋制安 1267t。

该工程施工进度主要节点：2013 年 9 月 23 日，下部结构加固工程开始施工；2013 年 10 月 26 日加固工程首仓（下层东孔 3 号底板及边墙第 1 层）混凝土开盘浇筑；2013 年 12 月 21 日，框架桥下部结构混凝土主体工程完工。

2. 质量问题描述

2013 年 12 月 16 日，混凝土建筑物质量特派监管焦作组对中铝企业站框架桥加固工程进行例行质量检查时，发现下层东孔第 1 节顶撑梁右侧边墙倒角处多处钢筋被割断。

发现问题后，特派监管组立即向国务院南水北调办监督司报告，并向中线建管局中铝框架桥加固工程现场督导组进行了通报，要求立即组织对钢筋安装质量进行全面排查，并将排查结果及时报告特派监管组。

按照设计要求，顶撑梁 1.5m 宽肋板范围内，配置 3 层 12Φ28@125 钢筋共 36 根；顶撑梁 2m 宽肋板范围内，配置 3 层 16Φ28@125 钢筋共 48 根；竖墙每米配置 8Φ25@125 钢筋共 8 根。

经排查，下层顶撑梁钢筋竖向弯钩共有 52 根被割断，其中东孔第 1 节 6 条顶撑梁 48 根，中孔第 1 节有 2 条顶撑梁 4 根。

依据《关于再加高压开展南水北调工程质量监管工作的通知》（国调办监督〔2013〕167 号），该质量问题属于附表 2 第三（1）1 项规定的质量缺陷。

3. 质量问题原因分析

质量问题原因分为施工方面原因和管理方面原因。①施工方面原因。按照设计，顶撑梁倒角部位每延米有 8 根Φ25@125 和 24 根Φ28@125 钢筋，钢筋水平方向直径之和为 87.2cm，各钢筋之间的横向平均净距仅为 0.4cm。在钢筋加工时如钢筋长度方向全长的净尺寸、起弯钢筋的弯折位置超过规范《混凝土结构工程施工质量验收规范》（GB 50204—2002）要求或在钢筋安装时个别钢筋偏斜、错位都会导致钢筋侵占保护层的空间，致使模板安装困难，所以对钢筋加工和安装的要求较高，现场施工难度较大。②管理方面原因：顶撑梁受力钢筋安装固定前没有及时对钢筋位置进行复核、纠偏，便直接进行下道工序施工。施工单位对施工过程质量把关不严，现场管理不到位，在发现个别钢筋安装位置偏移，模板安装困难时，没有及时与监理、设计单位沟通，擅自将钢筋割断是发生该质量问题的主要原因。

4. 质量问题处理

施工处理方案。2013 年 12 月 17 日上午，现场建管单位（郑州铁路局工程管理所）组织设计、监理、施工单位四方现场查看钢筋割断情况，并在施工单位项目部会议室召开专题会议。中线建管局现场督导组和河南省南水北调焦作建管处参会，国务院南水北调办监督司混凝土建筑物质量特派监管焦作组列席了会议。

会议论证了钢筋割断问题对加固工程结构安全的影响，分析讨论了补救措施，见图 11-1-3，确定了处理方案。后施工单位组织人员按照专题会议精神制定了处理方案，并对施工作业人员进行了技术交底。

质量问题处理过程。2013 年 12 月 17 日下午，施工单位组织人员对割断钢筋采用 L 形同型号钢筋补焊或受力钢筋与主筋进行焊接。为防止再次出现类似质量问题，该区域模板采用适度向外侧倾斜，适当加大了混凝土保护层厚度。

质量问题处理结果。2013 年 12 月 19 日，现场实体整改完毕，并通过监理、建设单位

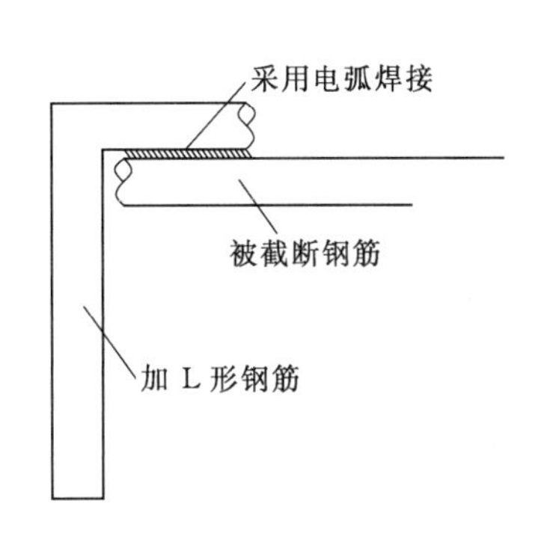

(a)补救措施 1
(截断位置距弯角处较小时)

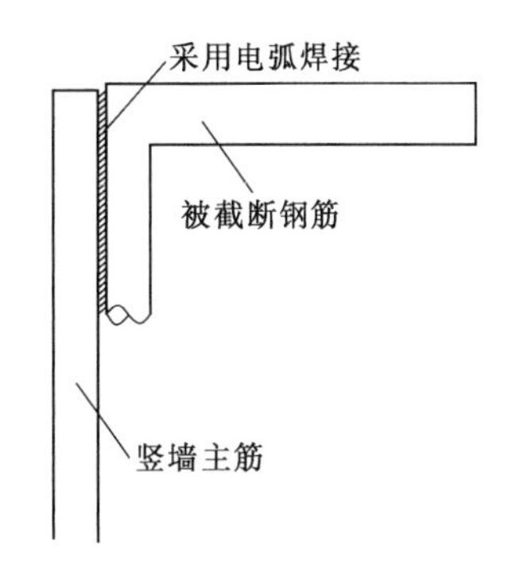

(b)补救措施 2
(截断位置距弯角处较大时)

图 11-1-3　补救措施示意图

验收。

5. 质量特派监管组在问题整改过程中发挥的作用

在日常监管工作中，对关键部位关键工序的施工质量进行了重点监管，及时发现了存在的严重质量问题；发现问题后，立即向国务院南水北调办监督司报告，并向中线建管局中铝企业站框架桥加固工程现场督导组进行了通报，要求立即组织对支撑梁钢筋安装质量进行全面排查，尽快落实整改方案和防范措施并组织整改；现场建管单位于 2013 年 12 月 17 日上午组织召开了专题会议，了解质量问题处理动态；为确保整改质量，对整改过程实行全程监管，重点对钢筋型号、加固筋加工尺寸、搭接长度及焊接质量等进行检查；对实体整改结果和内业资料进行检查。

6. 监管评价

监管工作成效：及时发现了支撑梁钢筋安装质量问题，消除了混凝土结构安全隐患，有效保证了加固工程施工质量；监管工作体会：对复杂混凝土结构或边角部位加强监管，发现质量问题后及时督促相关单位组织排查，分析原因、落实整改；存在的不足：专业知识有限，不能完全准确分析确定质量问题产生原因。

六、设备安装工程质量专项监管

1. 设备安装工程质量监管控制要点

设备安装工程质量监管控制要点见表 11-1-10。

2. 设备安装工程质量监管措施

(1) 控制施工设计。设计质量是最基础的质量，设计上如出现问题就谈不上设备安装的质量。如果属全过程的监理，监理工程师就应该在设计阶段进行控制，如属施工阶段监理，监理工程师必须在设备安装前从施工的角度对安装设计进行复核，并规定在只有复核后才能开始设备安装工作。

(2) 控制安装材料。安装材料的特点是种类多，而每种数量少，比较繁杂。一般项目法人或建设管理单位都委托施工单位采购，监理工程师对这些材料的质量不可掉以轻心。对这些材料的耐压、耐腐蚀和绝缘密封等性能，稍有忽视就可能在负荷试车中造成事故。对此，除按照例行文件的规定进行检查外，还必须作抽检试验，看是否达到了设计要求；如自身缺乏条件，可委托有资格的专业单位或部门进行试验。

表 11-1-10　　设备安装工程质量监管控制要点

	质量控制部位	质量控制要点
机电设备与金属结构安装	接地	接地电阻是否符合相求，接地是否存在引时漏接、漏引或错位引接
	水机、电气管道预埋	漏埋或埋设位置是否准确
	闸门安装	止水橡皮线性差或间隙设置是否符合规范
	启闭机安装	制动系统是否可靠
		齿轮联轴器是否水平，齿轮面间隙是否合理
	水泵安装	基础埋设是否符合要求
		轴线摆度测量调整是否符合标准
		空气间隙、轴承间隙、轴瓦间隙、空气间隙调整是否符合要求
	电气设备安装	碳刷安装是否妥当
		安装精度是否符合标准
		电气安装试验检测项目是否健全或是否符合标准
		电气保护接地是否符合标准

（3）控制安装工艺。监理工程师在设备安装中工作最多、工作量最大的就是控制设备安装过程的操作质量。①应抓好设备安装施工组织设计或大型设备的安装方案审查，其中特别是设备吊装方案的审查，防止施工单位在选择起重方案或设备时的失误而造成人身或设备事故。②要克服安装工艺的随意性。有些施工单位的工人按自己的习惯来安排设备安装工序，随意性很大，导致设备安装质量波动。

（4）明确各个质量管理机构的职责，确立质量管理目标，制定质量管理计划等。包括：①对质量相关记录进行检查，检查安装采用的材料、构件器具、人员必须具备完整的合格证件/资质证书，确保是按设计图纸、规程、规范、施工作业指导书和施工工艺标准进行施工；②制定质量专项技术措施，各专业工程师及时对施工质量、施工技术和存在问题进行阶段性总结；③开展质量评定，定期组织召开质量剖析会，分析出现的质量问题，研究并制定防范措施；④成立质量监督小组，对质量工作进行监督；⑤制定纠正和预防措施，对发现的质量问题及时进行更改，防止类似问题重复发生。

（5）重视机电设备安装运行调试。综合调试是整个建筑机电安装工程的最后阶段，它对整个工程能否正常启用，起到关键性作用。①调试前应重点制定以下措施：调试运行方案、措施的制定和审查；调试人员技术措施交底；调试事故应急预案制定、培训和演练；调试危险源与环境因素辨识及管理制度编制。②调试过程中应严格执行机电安装调试管理方案，且实施以下质量控制措施：加强调试协调和处理，对调试中发现的设计质量问题、设备质量问题、安装质量问题及时反馈至相关部门，实施闭环控制并严格考核，避免类似问题重复发生；对偏差的调试结果分析、研究，查清原因，制定措施；严谨编制调试报告。

（6）全面调整，完善施工秩序。面对新时期建筑工程项目的施工要求，施工单位必须积极调整管理模式，无论是施工技术或管理方案都要积极更新。鉴于机电设备安装工程在整个施工

过程中的重要性，工程建设管理单位必须加强多方面的综合管理，全面提升设备安装工程施工质量。结合自身的施工经验，提出优化后设备安装施工的综合策略。

第二节　抓关键：质量关键点监管

一、质量关键点监管的提出

根据ISO 9000标准给出的质量定义，工程项目质量是指产品、过程、体系的一组固有特性满足业主需求和期望的程度。工程项目质量包含工程实体质量、工序质量和工作质量三个层面。而工序质量和工作质量是形成工程项目质量的基础。由于工程项目生产过程的特殊性，影响工程项目质量安全的因素很多。根据管理“80/20”法则，在影响工程项目质量安全的因素中，重要的因素通常只占少数（20%），而不重要的因素则占多数（80%），因此只要能控制具有重要性的少数因素即能控制全局。2012年12月，国务院南水北调办在《关于加强南水北调工程质量关键点监督管理工作的意见》（国调办监督〔2012〕297号）中提出了质量关键点的管理。

二、南水北调工程质量关键点

1. 质量关键点的含义和确定原则

南水北调工程质量关键点是指对工程质量安全有严重影响的工程关键部位、关键工序、关键质量控制指标。质量关键点一旦出现严重质量问题，将不但影响工程建设进度，也给工程建成后的运行带来严重隐患，从而影响工程投资效益的发挥，甚至给沿线群众的生命财产安全造成威胁。

工程质量关键点的确定原则为：①关系到工程结构安全性、可靠性、耐久性和使用功能的关键质量特性；②工程关键部位、重要隐蔽工程；③工程施工关键工序（含有特殊工艺要求的工序和对下一道工序有严重影响的工序）；④主要施工材料及中间产品；⑤缺陷处理、缺陷备案材料；⑥其他常出现质量问题的部位、工序、环节。

根据工程初步设计和工程建设实际，通过设计单位选取、项目法人选报、专家咨询等形式，按照不同工程类型，研究确定了南水北调东、中线一期工程中的在建渠道、渡槽、倒虹吸、水闸、桥梁等5类工程的11处关键部位、15项关键工序、16个关键质量控制指标为质量关键点。南水北调工程质量关键点一览表见表11-2-1。

2. 质量关键点的分类和动态调整

质量关键点分为项目法人管理的质量关键点和监督单位重点监管的关键点。项目法人管理的质量关键点由项目法人按照表11-2-1所列内容，逐个设计单元工程予以明确并报国务院南水北调办核定；监督单位重点监管的关键点为高填方渠道工程、混凝土建筑物工程、桥梁工程以及实施质量问题权威认证的工程中的关键部位、关键工序和关键质量控制指标。此外，对关键质量控制指标不符合设计要求和2次以上出现质量问题的关键部位，也将列入国务院南水北调办、省（直辖市）南水北调办（建管局）重点监管的关键点。

表 11-2-1 南水北调工程质量关键点一览表

序号	关键部位	关键工序	关键质量控制指标
一	渠　道　工　程		
1	高填方渠段填筑	碾压	压实度
		土工合成材料铺设	搭接宽度、气密性
		混凝土面板衬砌	厚度、强度
		背水坡反滤料填筑	材料级配
2	改性土渠段填筑	改性土料拌和	均匀性
		不同土料结合面	压实度
		碾压	
		土工合成材料铺设	搭接宽度、气密性
		混凝土面板衬砌	厚度、强度
3	渠道缺口填筑	碾压	压实度
		结合面处理	
		土工合成材料铺设	搭接宽度、气密性
		混凝土面板衬砌	厚度、强度
4	深挖方高地下水渠段排水系统	排水管铺设	通畅性
		逆止阀安装、保护	完整性
5	穿堤建筑物回填	碾压	压实度
		结合面处理	
		反滤体填筑	材料级配
二	渡　槽　工　程		
6	渡槽桩基与墩柱	桩基与墩柱结合	完整性
		混凝土浇筑	强度
7	槽身混凝土浇筑	钢筋安装	连接质量
		止水安装	中心线偏差 焊接质量
		混凝土浇筑	强度
		预应力张拉	张拉应力值 张拉伸长率 注浆（压浆）质量
三	倒　虹　吸　工　程		
8	倒虹吸洞身混凝土浇筑	止水安装	中心线偏差 焊接质量
		混凝土浇筑	强度

续表

序号	关键部位	关键工序	关键质量控制指标
四	水　闸　工　程		
9	水闸闸室	止水安装	中心线偏差 焊接质量
		金属结构及埋件安装	焊缝质量埋件定位
		混凝土浇筑	强度
五	桥　梁　工　程		
10	桥梁桩基与墩柱	钢筋安装	连接质量
		混凝土浇筑	强度
		桩柱结合	完整性
11	梁	预应力张拉	张拉应力值 张拉伸长率 注浆（压浆）质量
		混凝土浇筑	强度 完整性

质量关键点实行动态管理。项目法人可根据工程建设进展和影响因素变化，向国务院南水北调办提出增加或减少设计单元工程质量关键点的请示。国务院南水北调办收到请示后，5日内作出是否增减的决定并通知项目法人。与此同时，国务院南水北调办、省（直辖市）南水北调办（建管局）每季度评估一次质量关键点的设置情况。

三、质量关键点的责任主体与职责

南水北调工程建设项目法人、项目管理、监理、设计、施工等单位是南水北调工程质量关键点质量的责任主体，依法承担以下相应责任。

（1）项目法人责任。项目法人对工程质量关键点管理负总责，委托建设管理单位对建设管理工程质量关键点管理负责。具体职责为：①根据工程初步设计和建设进展实际，逐一研究明确在建设计单元工程质量关键点；②制定质量关键点管理办法和检查实施办法，建立质量管理关键点目标责任体系，严格落实责任制和责任追究制；③定期组织对质量关键点质量和管理情况的检查、抽查，严格落实相关措施；④及时分析质量关键点中出现的质量问题和管理问题，研究提出预防措施并督促实施；⑤编制典型质量关键点问题及应对措施案例集，教育培训参建单位和人员；⑥考评质量关键点管理情况，奖罚参建单位和个人；⑦每月5日前向国务院南水北调办报送一期质量关键点管理情况信息。

（2）项目管理单位责任。项目管理单位履行项目法人委托建设管理单位现场机构职责。具体职责为：①制定所负责设计单元工程质量关键点管理的管理办法，明确监理单位、设计单位、施工单位职责；②按项目名称、控制时期、控制标准、控制方法、执行人、检查人等编写质量关键点管理明细表和检查表，落实执行人、检查人工作签名制度；③每周对照检查一次质量关键点管理情况并做好记录；④汇总分析质量关键点检查中发现的质量问题，每月向项目法人报送质量管理点管理信息报告；对发现的重大质量问题，应当于发现问题的当日报告项目法人。

（3）监理单位责任。监理单位对工程质量关键点负监理责任。具体职责为：①监督施工单位质量关键点质量保证体系的正常运转；②旁站监理质量关键点工序、隐蔽工程、缺陷处理的实施；③抽检、见证检测和平行检测主要建材质量；④组织隐蔽工程验收，组织开展缺陷处理并填写质量缺陷备案表；⑤组织项目管理、设计、施工等单位每周评估一次质量关键点管理情况并印发会议文件。

（4）设计单位责任。设计单位对工程质量关键点负设计责任。具体职责为：①按时提供质量关键点设计图纸和技术要求；②按时将质量关键点设计意图、工艺要求、施工难点、疑点和容易发生问题环节等向施工单位交底；③及时处理质量关键点相关问题，复核影响结构安全和可靠性的缺陷处理方案；④参与质量关键点质量问题或事故调查。

（5）施工单位责任。施工单位对质量关键点负直接责任。具体职责为：①制定标段质量关键点管理办法和检查实施办法，建立质量管理关键点目标责任体系，严格落实责任制和责任追究制；②编制质量关键点专项施工方案和作业指导卡（书），组织培训作业班组和作业人员，落实工序技术保证措施；③严格落实班组自检、复检、终检“三检制”，客观记录检查检验过程，准确记录发现的质量问题，保证原始记录、人员签名齐全、资料完整；④以影像文件记录重要隐蔽工程施工；⑤分期评估质量关键点质量及管理情况，并向监理单位和项目管理单位报告。

四、质量关键点的质量监管措施

质量关键点实施分层次联合质量监管，质量监管主体主要包括：国务院南水北调办、有关省（直辖市）南水北调办（建管局）、监管中心、稽察大队。

1. 质量监管具体方式

南水北调工程质量关键点监管措施见表 11-2-2。

2. 监管责任

对于重点监管质量关键点监管主体的监管责任具体如下。

（1）国务院南水北调办、省（直辖市）南水北调办（建管局）负责核准项目法人工程质量关键点，对质量关键点实施监督管理，组织质量监督检查、质量认证和质量问题责任追究；每月分析汇总质量关键点质量管理情况，及时督促解决质量关键点质量管理问题；每季度评估一次工程质量关键点的设置情况。

（2）监管中心负责组织质量监督站每月对质量关键点实施一次巡查，组织专项稽查；督促责任单位对质量关键点质量问题进行整改；建立质量关键点质量巡查、专项稽查工作档案。

（3）稽察大队把质量关键点列为质量飞检的重点；建立质量关键点质量问题零报告制度；跟踪复查质量关键点质量问题整改；建立质量关键点质量飞检工作档案。

（4）质量关键点关键质量控制指标不符合设计要求和两次以上出现质量问题的施工标段，将被列为国务院南水北调办、省（直辖市）南水北调办（建管局）重点监管标段。国务院南水北调办、省（直辖市）南水北调办（建管局）实施挂牌专项监管，高频检查。

表 11-2-2　　南水北调工程质量关键点监管措施表

<table>
<tr><td rowspan="2">质量关键点类型</td><td rowspan="2">监管类别</td><td colspan="2">质量监管措施</td></tr>
<tr><td>监管方式</td><td>监管责任单位</td></tr>
<tr><td rowspan="3">法人管理的质量关键点</td><td rowspan="2">法人管理</td><td>全面排查</td><td>项目法人</td></tr>
<tr><td>旁站监理</td><td>监理单位</td></tr>
<tr><td>站点监督</td><td>质量巡查/派驻项目站</td><td>质量监督（项目）站</td></tr>
<tr><td rowspan="16">重点监管的质量关键点</td><td rowspan="4">三查一举</td><td>质量飞检</td><td>稽察大队</td></tr>
<tr><td>质量巡查</td><td>监管中心</td></tr>
<tr><td>专项稽查</td><td>监管中心</td></tr>
<tr><td>有奖举报</td><td>举报中心</td></tr>
<tr><td rowspan="3">派驻监管</td><td>挂牌督办</td><td>监督司</td></tr>
<tr><td>驻点监管</td><td>监管中心</td></tr>
<tr><td>特派监管</td><td>监督司、监管中心</td></tr>
<tr><td rowspan="3">专项监管</td><td>突击检查</td><td>监督司</td></tr>
<tr><td>专项检查</td><td>监督司、监管中心、稽察大队</td></tr>
<tr><td>集中整治</td><td>监督司、监管中心、稽察大队</td></tr>
<tr><td rowspan="3">责任监管</td><td>责任追究</td><td>监督司、监管中心、稽察大队</td></tr>
<tr><td>警示约谈</td><td>监督司</td></tr>
<tr><td>信用管理</td><td>建设管理司、监督司</td></tr>
<tr><td rowspan="3">部委监管</td><td>五部联查</td><td>监督司</td></tr>
<tr><td>国家稽查</td><td>监督司、监管中心</td></tr>
<tr><td>国家审计</td><td>监督司</td></tr>
</table>

3. 质量问题处理与责任追究

对质量关键点检查中发现的问题，工程建设责任主体及时采取了有效措施进行处理：①未进行质量评定和验收的，严格按技术标准和设计要求限期进行质量缺陷处理，规范填写质量缺陷备案表；②已进行质量评定和验收的，由项目法人组织设计单位进行评估，提出专门的加固技术方案并限期处理；处理后仍达不到设计要求的，应当责成施工单位对相关工程予以拆除、重建；③对发现的不合格建材，限期清退出场；对已经使用相关不合格建材的工程，责成施工单位对相关工程予以拆除、重建。

对质量关键点发生质量问题的责任单位，由国务院南水北调办、有关省（直辖市）南水北调办（建管局）依据《建设工程质量管理条例》、《南水北调工程质量问题责任追究办法》相关条款予以罚款、通报、公告、行政处罚、清退出场等责任追究。必要时，启动部际联席会议，提请国务院有关部门对相关责任单位和责任人予以行政处罚、降低资质、取消资格等处罚。构成犯罪的，依法追究法律责任。

对质量关键点和质量管理工作成效显著的单位，项目法人按照合同予以奖励。对质量关键点管理成效显著的个人，项目法人按照《关键工序工人施工质量考核奖罚办法》予以奖励。对项目法人及其表彰的单位和个人，国务院南水北调办、有关省（直辖市）南水北调办（建管局）择优予以表彰。

五、质量关键点的质量保证体系

根据质量关键点管理体制，施工单位对质量关键点的质量负有直接的保证责任。施工单位必须建立健全质量关键点的质量保证体系。

项目法人通过招投标等市场竞争方式优选施工单位。施工质量保证体系的完整性是评标的重要指标之一。项目法人在招标文件中明文规定了施工单位的专职质量管理人员（含三检过程中的复检、终检人员和试验负责人、主要试验检测人员）的任职资格，具体为：承包人正式在编人员或至少与承包人有3年以上劳动合同关系，具有中级以上专业技术职务，并有3年以上类似工作经历，熟悉水利水电工程施工质量管理和有关质量检验、试验检测工作。上述人员在工程开工后须经发包人或监理人培训并取得合格证后上岗。同时在合同中明确规定了承包人的主要质量管理人员在现场工作时间以及更换审批权限、程序等。在施工过程中，定期进行检查、采用激励措施，不断督促施工单位保持其质量保证体系的健康运行。

总体上看，南水北调工程质量关键点质量保证体系包括思想意识保证、组织保证、技术保证、管理保证和经济保证五大子体系。

六、质量关键点质量实现的过程控制

施工是质量关键点质量实现的过程，也是形成工程实体的动态过程。尽管不同部位、不同工序，质量关键点施工质量控制措施不尽相同，但从过程控制来看，均应包括施工前、施工中和施工后三个阶段的质量控制。

（1）施工前质量控制是指开始施工前进行的质量控制。具体内容有：①施工人员和分包商的资质审核。施工人员的资质审核主要是对施工单位的施工项目经理和主要技术人员的审核，要求进场的这些人员与投标文件中填报的相一致。②对工程所需原材料、构配件的质量进行检查与控制。有些原材料、半成品、构配件应事先提交样品，经认可后方能采购订货。③对工程设备，应按审批同意后的设计图纸组织采购或订货。这些设备到货后，均应进行检查和验收。④审核施工单位提交的施工组织设计和施工技术措施。⑤检查施工现场的平面坐标、高程水准点。对重要工程，一般监理工程师向施工单位提供坐标点和水准点，并要求施工单位复核，最后监理工程师对复核结果进行审核。⑥要求施工单位建立完善的质量保证体系，包括完善的计量及质量检测技术和手段。⑦组织设计交底和图纸审核。对有些工程部位应下达质量要求标准。⑧对工程质量有重大影响的施工机械设备，应审核施工单位提交的有关技术性能报告，不符合质量要求者，不能在施工中使用。

（2）施工中质量控制是指在施工过程中进行的质量控制。具体内容有：①完善工序质量控制，把影响工序质量的因素纳入管理状态。建立质量控制点，及时检查和分析质量统计分析资料和质量控制图表。②严格工序间交接检查。主要工序作业需按有关验收规定检查验收。如基础工程中，对开挖的基槽、基坑、未经地质验收和标高、尺寸量测，不得浇筑垫层混凝土。钢筋混凝土工程中，安装模板和架设钢筋，未经检查验收，不得浇筑混凝土等。③重要工程部位或专业工程应进行试验或技术复核。④对完成的分项、分部工程，按相应的质量评定标准和办

法进行检查、验收。⑤审核设计变更和图纸修改。⑥组织定期或不定期的现场会议，分析、通报工程质量状况，协调有关单位间的业务关系。

（3）施工后质量控制是指在完成施工过程后的质量控制。具体内容有：①按规定的质量评定标准和办法，对完成工程进行质量检验评定。②审核有关质量检验报告及技术文件。③整理有关工程项目的竣工验收资料。④按合同要求，组织工程验收。

第三节　抓工程建设中的关键阶段

一、工程建设关键阶段质量监管的开展

东线一期工程2013年通水、中线一期工程2014年汛后通水的目标确定之后，南水北调全体建设者面临着艰巨的任务，在工程进度、质量和生产安全等方面承担着很大压力。全线155个设计单元中还有41项控制性工程，工期十分紧张，与此同时，工程质量、施工安全问题也不容忽视。面对关键期、高峰期的紧迫形势，国务院南水北调办于2011年成立了稽察大队，对南水北调工程质量、进度、安全进行飞检。

2014年年初，结合南水北调工程建设特点，监督司组织制定了2014年南水北调工程质量监管工作方案。确定了充水前质量排查、充水期间质量巡查和通水期间质量监管等三个阶段，明确了“三位一体”质量监管职责和监管重点。南水北调工程质量监管措施见表11-3-1。

表11-3-1　　南水北调工程质量监管措施表

监管类别		质量监管措施	
编号	名称	监管序号	监管措施
A	法人管理 省办监管	A1	全面排查
		A2	全面监管
B	三查一举	B3	质量飞检
		B4	质量巡查
		B5	专项稽查
		B6	有奖举报
C	质量认证	C7	常规认证
		C8	权威认证
D	派驻监管	D9	挂牌督办
		D10	驻点监管
		D11	特派监管
E	专项监管	E12	突击检查
		E13	专项检查
		E14	集中整治

续表

监管类别		质量监管措施	
F	责任监管	F15	责任追究
		F16	警示约谈
		F17	信用管理
G	部委监管	G18	五部联查
		G19	国家稽查
		G20	国家审计

为了保证南水北调工程建设关键阶段的质量，国务院南水北调办会同中线建管局和有关省南水北调办制定监管联合行动方案，在工程建设的高峰期、冲刺期以及工程充水期、通水期进行全面质量监管行动，全力消除质量隐患。联合监管行动工作方案如下。

（1）确定目标原则。关键阶段的联合质量监管行动方案，坚持联合密查，即商即改，严罚重奖，确保通水的原则。对于发现的质量问题按照不同的情况予以处理：①具备条件，立即整改；②暂不具备，临时防范；③疑似隐患，观察研判；④系统问题，方案决策。

（2）确定监管范围。监管范围由国务院南水北调办会同各参与单位来共同商定。

（3）明确职责分工。①监督司、监管中心、稽察大队、中线建管局、有关省（直辖市）南水北调办：负责组织协调联合行动，督办联合行动议定事项。②地方省直管局、南水北调建管局：负责组织现场建管处联合密查、即商即改、验收销号、消除影响通水的工程质量问题，落实联合行动议定事项。③现场建管部（处）：组织巡查、提交《质量巡查日报》、组织快速处置工作组快速处置现场问题、发现重大问题立即上报联合行动组、落实议定事项并报告完成情况。

（4）突出监管重点。监管重点分为重点检查内容和关键部位两个监管部分。在实际检查中，①紧盯影响通水的质量问题，密查裂缝、沉降、滑塌、渗漏水及可能影响通水的其他问题；②突出3个关键部位（建筑物与渠道工程结合部、桥梁与渠道工程结合部、渠道工程施工标段结合部）进行监管。

（5）确定工作方法。①以查促巡：联合行动组负责人带队抽查，引领示范、持续高压，促进建管单位开展拉网式巡查，强化建管单位主动查找问题意识和查找力度。②以商促改：组织建管单位、设计单位负责人召开联合行动和质量问题整改会商会，研究工作、分析问题、议定限时办结事项，明确责任人和责任单位。③以警促面：联合行动组在抽查发现严重质量问题的施工标段、施工部位，现场安插质量问题警示旗，对建管、施工、监理和设计单位进行警示，对质量问题现场即时规定整改时限、销号要求；并建立典型质量问题快报，第一时间警示告诫，责成建管单位举一反三、以点带面，强化巡查和问题整改。④以压促快：会商后核查议定事项完成情况，逐项销号，对建管单位组织质量巡查和问题整改情况进行检查、评价，对议定事项完成及时的单位进行表扬，对议定事项不按时限、标准、要求完成的单位进行警示批评，促进建管单位快速、全面响应联合行动，落实各项工作部署。

（6）做好工作安排。联合质量监管工作重点主要集中在严重问题整改和重大问题突发、系统问题的方案研定等方面。①对严重质量问题的整改情况督查督办、重点抽查。②对突发的重

大问题，充分发挥中线建管局各级运行管理单位作用，落实区段责任，分段定期实施拉网式排查、巡查。③系统问题的方案研究，如涉及全线的渠道内外坡排水系统等问题，需由中线建管局统筹研究决策。④继续保持高压，对履职不到位的责任单位按照《关于强化南水北调工程建设施工、监理、设计单位信用管理工作的通知》（国调办监督〔2014〕119号）实施信用评价，对有关责任人按照《关于一期工程实施从严责任追究有关事项的通知》（国调办综〔2014〕265号）实施追究。

二、工程建设高峰期质量监管

南水北调工程自2011年起进入到工程建设的高峰期。高峰期不单单是工程量进入高峰期，而且问题和困难也进入高峰期，在质量、投资、关键技术等诸多方面均有表现；面对如此情况，国务院南水北调办统筹规划、整体布局，从南水北调工程建设体制、工程问题发现和处理等方面采取了控制措施。

（一）南水北调工程高峰期质量监管体制创新

南水北调工程为跨行政区域的大型调水工程，整体的质量监督任务繁重，沿线各省的工程监管协调行为较多，为了弥补现有水利工程质量监督机构的监督力量不足，加强南水北调工程质量监督工作，国务院适时创新“三位一体”“五部联处”等体制，使南水北调工程的质量监督工作得以系统化和标准化。南水北调工程的“三位一体”机制是指以发现问题、认证问题和责任追究的质量监管体制；“五部联处”制度是指国务院南水北调办与水利部、住建部、国家工商总局、国资委建立起的联席议事机制。

（1）工程采取的质量监督措施主要有行政措施、管理措施、经济法律措施、技术措施和培训教育措施。①行政措施主要是应用行政手段建立了站点监督质量责任制网络，并实行站长负责制、质量监督员责任制和质量监督员巡查制。②管理措施主要是针对工程实体的质量问题建立了质量监督的管理制度和针对原材料半成品的质量监督措施，国务院南水北调办建立了一系列的制度，如《南水北调工程质量监督管理办法》（国调办建管〔2005〕33号）、《南水北调工程质量监管信息管理办法》、《南水北调工程质量监督导则》、《南水北调工程站点监督质量监管实施方法》、《南水北调质量监督人员考核办法》和《南水北调工程质量管理评价指标体系》，切实保证规范化和制度化。同时把握好原材料和中间产品的订货、进场、存放和使用关，突出人员管理的重点。③经济法律措施，是指国务院下拨的质量监督费实行“统收统支、预算管理、总量控制”。南水北调工程建设质量监督费由国务院南水北调办委托南水北调工程建设监管中心统一收支，并进行统一管理，如有违规违法行为，参照《建设工程质量管理条例》，视情况实施法律惩罚。④技术措施指的是改变传统的目测手摸式的质量监督检测手段，配备科学的质量监督检测仪器设备，如回弹仪、浅层核子水分密度仪等，以便质量监督能够在第一时间对工程实体质量做出准确的检验和评价。根据南水北调工程特点，针对重点监控项目和质量关键点，经研究和实践形成了具有自身特色的质量检测内容、方法和标准，颁布制定了南水北调工程验收管理规定、验收导则和工程外观质量评定标准。同时积极引进信誉良好、技术实力雄厚、独立第三方检测、检验。

（2）南水北调工程属于水利工程，是政府投资的大型公共工程项目，因此参照水利行业的基本监管制度《水利基本建设项目稽察暂行办法》（水利部令第11号）制定了《南水北调工程建设稽察办法》，适用于南水北调中线和东线的工程建设高峰期的工程质量专项稽查。国务院南水北调办监督司负责质量专项稽查工作的组织与开展。监管中心受国务院南水北调办委托具体实施质量专项稽查，为质量专项稽查提供技术支持和服务。稽查工作组实行组长负责制，组长原则上由在职人员担任，特殊情况可委托稽查专家担任，稽查工作组组长由国务院南水北调办在稽查通知书中予以确认。质量专项稽查范围是南水北调工程所有在建项目的实体质量及质量管理行为，重在抓质量关键点，紧盯重要隐蔽工程、高填方渠段、膨胀土施工、穿堤建筑物、金属结构安装等关键部位和关键环节。

（二）高峰期南水北调工程质量问题的发现和处理

南水北调工程在2011年进入全线大规模建设阶段，新开工项目数量成倍增长，施工强度和难度大幅度增加，国务院南水北调办针对高峰期的工程情况，创造性地制定了质量问题发现、诊断和处理的一整套质量监管体系，取得了良好的效果。

（1）质量飞检。为避免常规检查的缺陷，国务院南水北调办制定了飞检制度。所谓飞检，其工作方式是不事先通知检查项目、检查时间，飞检人员随时进入施工、仓储、办公、检测、原材料生产等场所，对参建单位及个人在工程建设质量、进度、安全生产过程中的管理行为和工程实体状况进行现场检查。其优势是在被检查单位不知晓的情况下进行的，行动快，因此可以及时掌握真实情况，做到心中有数，避免形式主义，发现被检查对象的实际情况，及时依法予以查处。

（2）有奖举报。为了提高南水北调参与者对于工程质量问题的关注度，及时发现南水北调工程中存在的质量问题，国务院南水北调办采取了有奖举报制度，对举报工程中出现的质量问题的人员实施奖励。实行有奖举报制度是国务院南水北调办党组着眼南水北调工程建设全局采取的一项重大举措，其核心是将社会监督和工程质量监督有机结合，达到保障质量的目的。国务院南水北调办成立南水北调工程建设举报受理中心，负责南水北调工程建设举报受理工作。

（3）特派监管。为适应南水北调工程质量监管要求，国务院南水北调办成立质量特派监管组。它既区别于飞检，又区别于一般性质量检查和质量巡查、稽查，其主要目的是督促责任单位将严重质量问题整改到位，将质量事故消除在萌芽状态。南水北调工程质量监管实施全面质量监管，在法人管理、省（直辖市）南水北调办（建管局）监督和“三查一举”监管基础上，对重点监管项目加大质量监督力度，实施质量重点监管。项目法人对关键工程的质量管理采用挂牌督办、派驻质量监管员等措施，实行派驻监管，实时监控。国务院南水北调办派驻相关人员到工程现场进行质量巡查，及时了解工程施工质量状况和各项规章制度落实情况，督促相关单位对发现的质量问题整改到位。

（4）责任追究。质量问题的发现和处理的核心在于质量问题的责任追究，只有对质量问题的责任进行确认和处理，才能形成示范效应，避免类似情况再次发生。国务院南水北调办建立了以责任追究为核心的质量监督机制，颁布了《南水北调工程质量责任终身制实施办法（试行）》（国调办监督〔2012〕65号），实施质量责任终身制、质量责任追究制度、信用管理制度、责任追究公示（网络、手机、报纸）等措施，要求南水北调系统各单位以“零容忍”的态度和决心对质量问题进行从严从重处罚，警示和督促参建各方牢固树立“质量第一”的意识。质量

问题经过责任界定后，建设管理单位有责任的，按以下不同类型进行连带责任追究：直管项目发生质量问题，项目法人承担连带责任；委托管理项目发生质量问题，委托管理项目的行政主管单位承担连带责任；代建项目发生质量问题，代建管理的法人单位承担连带责任。处罚方式分为清除出场、留用察看、通报批评、约谈、责令整改、行政处罚和追加处罚等方式。

三、工程建设攻坚与冲刺期质量监管

南水北调工程建设攻坚期是指工程施工难度较大的建设时期，冲刺期是指南水北调工程进入项目竣工的关键时期。这一时期各类风险大幅增加，质量和进度的矛盾日益突出，稍有疏忽就无法保证通水目标实现，成败在此一举，质量监管工作任务艰巨。国务院南水北调办采取全线质量排查、重点项目质量抽查和工程质量特派监管组来保证工程建设攻坚期、冲刺期的质量。

1. 南水北调工程全线质量排查

（1）排查部署。2014 年 2 月 21 日，国务院南水北调办组织召开了南水北调质量工作会议，贯彻落实办公室质量监管总体工作部署和各项质量监管工作任务。要求各项目法人和建管单位全面组织开展质量排查，落实质量管理责任，加强质量管控，严防意外。

4 月 1 日，针对质量检查发现的质量问题、质量问题整改不到位、质量安全监测不落实、尾工建设质量管理松懈等严峻形势，国务院南水北调办召开了质量警示约谈会，约谈中线 144 家参建单位负责人。宣布了再加高压实施质量监管和《关于进一步从严实施质量监管工作的通知》（国调办监督〔2014〕73 号），强化已完工程质量排查、规范质量缺陷处理，加强尾工质量控制，明确质量管理责任，对严重质量问题从严责任追究等质量管理事项。

5 月 21 日，国务院南水北调办组织召开了全面冲刺阶段质量监管工作会议，集中部署了冲刺阶段持续从严的质量监管工作。明确要求：①层层落实监管任务，强化责任，不留死角；②紧盯重点，不惜代价保质量安全，确保通水；③调整力量，强化检查，严防死守，不留隐患；④分类分层次强化整改；⑤保持高压，严查严处，强化信用管理与追责。

（2）全面质量排查的工作内容。根据相关要求，中线建管局，湖北省南水北调管理局，河北、河南省南水北调建管局组织参建单位对渠道、建筑物、桥梁工程的重点项目实施质量重点排查。

中线干线工程渠道重点项目共 404km，主要包括 121km 高填方渠段、117km 高地下水位渠段（地下水位高于渠底板高程）、71km 深挖方重点渠段（挖深大于 15m）、77km 重点城镇渠段（渠道距城镇 2.5km 以内）、4km 采空区基础渠段和 14km 石质渠段；中线湖北境内工程渠道重点项目共 23km，主要包括 4km 进口渠段、2km 穿湖渠段、17km 膨胀土换填渠段。

中线干线工程重点建筑物共 44 座，主要包括 28 座输水渡槽、2 座重点输水涵洞、6 座重点输水倒虹吸、2 座重点铁路交叉工程、6 座重点交叉倒虹吸；中线湖北境内工程重点建筑物主要包括进口段泵站与节制闸、拾桥河枢纽、西荆河枢纽、高石碑枢纽和兴隆水利枢纽。

（3）质量排查主要问题汇总。中线建管局就中线干线工程已报送了 4 批次质量问题重点排查台账，共排查发现质量问题 2015 个，主要为混凝土衬砌面板冻融、裂缝、密封胶不符合设计要求、排水管堵塞及逆止阀损坏等。湖北省南水北调管理局就中线湖北境内工程已报送了 2 批次质量问题重点排查台账，共排查发现质量问题 45 个，主要为混凝土衬砌面板塌陷、滑移、裂缝、渗漏水以及部分建筑物周边土方沉降变形等。2014年6月10日前，中线建管局、湖北省南水北调管理局将中线干线工程、中线湖北境内工程重点项目质量重点排查工作报告报国务院南水北调办。

2. 重点项目专项抽查

根据质量监管重点制定了渠道、混凝土建筑物等质量特派监管工作实施计划，对232km重点渠道工程、44座重点建筑物工程、31座重点桥梁工程进行逐项分工，组织质量特派监管人员进行质量重点排查，排查可能危及工程结构安全、影响通水的质量问题；监督质量问题整改，加强质量安全监测工作。

(1) 重点渠道工程抽查。重点抽查危及结构安全和影响通水的重点渠段质量问题：①高填方33km防渗墙施工、16km灌浆加固和4km重点缺口部位；②高地下水位渠段（地下水位高于设计水位的渠段）34km；③深挖方渠段（挖深大于30m的渠段）6km；④石质渠段14km、重点城镇渠段（渠道距离城镇2.5km以内的渠段）77km、采空区渠段4km。另外还对2013年冬季施工渠段44km、渠道工程质量安全监测仪器埋设的成活率、质量安全监测组织机构和人员组成进行了检查。

专项抽查发现渠道工程质量问题74个，其中严重质量问题23个，较重质量问题49个，一般质量问题2个。严重质量问题主要有：混凝土面板隆起断裂、厚度不足、大面积冻融剥蚀、整改不符合规范，渠道边坡滑塌，渠堤破坏，占压渠道，采石场危及渠道安全等。

(2) 重点建筑物工程抽查。重点抽查以下工程工作内容：①28座输水渡槽充水试验安全质量，紧盯充水试验安全监测涉及的槽墩沉降变形、梁式渡槽挠度、结构应力应变、贯穿性裂缝和洇、渗、漏以及渡槽与渠道连接段的土方填筑质量；②穿黄工程渗漏水和实体结构存在的质量问题；③天津干线西黑山进口闸至有压箱涵段工程充水试验实体质量；④6座重点输水倒虹吸、2座重点铁路交叉工程、6座重点交叉倒虹吸沉降变形、结构裂缝、建筑物与渠道连接部位土方填筑质量。

渡槽第一次充水试验阶段，质量检查共发现7106个问题，主要为渡槽洇、渗、漏质量问题；第二次充水期间（6座完成充水试验、14座充水至满槽）检查共发现质量问题182个，其中渗漏水质量问题159个。从渡槽一次、二次充水质量检查情况来看，通过充水试验检验工程质量的作用显著，通过督促整改、加强安全检测等措施消除质量隐患的效果明显。

(3) 重点桥梁工程抽查。重点抽查以下工程内容：①12座公路桥、19座生产桥质量问题整改；②重点排查可能危及工程安全、影响通水的质量问题。具体包括桥梁桩基沉降变形、支座严重破损、梁板结构裂缝、变形、限载限行措施等。

经对重点桥梁工程专项抽查，质量特派监管排查中，共发现20座桥梁存在35个质量问题，其中严重问题2个。

3. 南水北调工程特派监管

南水北调工程在2011年进入工程建设的高峰期，2014年工程进入竣工验收期。在此期间，国务院南水北调办根据工程建设的特点，制定了特派监管措施。

竣工期的质量特派监管组包括综合、渠道、桥梁和混凝土建筑物4个专业组。

监督司全面负责质量特派监管工作，监督司分管副司长全面负责渠道工程质量特派监管工作，监督处协调管理渠道工程具体质量特派监管工作。

中线建管局负责组织质量特派监管人员管理工作。驻河北邢台的质量监管组由中线建管局河北直管建管部负责办理有关办公、生活等事宜，驻河南焦作和鲁山的质量监管组由河南直管建管局负责办理有关办公、生活等事宜。

四、工程冬季、夏季施工质量监管

1. 混凝土结构裂缝的产生

南水北调工程是一个时间跨度长、需要经历多个冬季和夏季，工程质量受天气影响大的工程。施工进入冬季，冰冻、雨雪等恶劣天气逐渐增多，进入夏季，天气炎热、气候干燥，对工程建设质量控制，尤其是给混凝土施工带来诸多不利影响，主要表现为混凝土产生裂缝。常见的混凝土裂缝产生的原因有三种。

（1）塑性收缩裂缝。塑性裂缝多在新浇筑的混凝土构件暴露于空气中的上表面出现。塑性收缩是指混凝土在凝结之前，表面因失水较快而产生的收缩。塑性收缩裂缝一般在干热或大风天气出现，裂缝多呈中间宽、两端细且长短不一、互不连贯状态，较短的裂缝一般长20～30cm，较长的裂缝可达2～3m，宽1～5mm。

（2）沉降裂缝。沉陷裂缝的产生是由于结构地基土质不匀、松软或回填土不实或浸水而造成不均匀沉降所致，或者因为模板刚度不足、模板支撑间距过大或支撑底部松动等导致。特别是在冬季，模板支撑在冻土上，冻土化冻后产生不均匀沉降，致使混凝土结构产生裂缝。此类裂缝多为深进或贯穿性裂缝，裂缝呈梭形，其走向与沉陷情况有关，一般沿与地面垂直或呈30°～45°角方向发展，较大的沉陷裂缝，往往有一定的错位，裂缝宽度往往与沉降量成正比关系。裂缝宽度0.3～0.4mm，受温度变化的影响较小。地基变形稳定之后，沉陷裂缝也基本趋于稳定。

（3）温度裂缝。温度裂缝多发生在大体积混凝土表面或温差变化较大地区的混凝土结构中。混凝土浇筑后，在硬化过程中，水泥水化产生大量的水化热（当水泥用量在350～550kg/m^3，混凝土将释放出17500～27500kJ/m^3的热量，从而使混凝土内部温度升达70℃左右甚至更高）。由于混凝土的体积较大，大量的水化热聚积在混凝土内部而不易散发，导致内部温度急剧上升，而混凝土表面散热较快，这样就形成内外的较大温差，较大的温差造成内部与外部热胀冷缩的程度不同，使混凝土表面产生一定的拉应力。当拉应力超过混凝土的抗拉强度极限时，混凝土表面就会产生裂缝，这种裂缝多发生在混凝土施工中后期。

2. 混凝土结构裂缝的防控

国务院南水北调办要求施工（生产）单位都要以科学严谨的态度，结合工作性质和工程建设实际，制定工程冬季施工（生产）质量管理方案并履行报批程序，包括施工程序、施工方法、保温措施、设备和材料安排计划、现场布置、测温制度等。加强冬季施工质量方面的规程、规范的培训学习，重点加强平原水库振动挤压成型护坡预制块生产与安装、渠道混凝土机械化衬砌等方面冬季施工的培训学习。随时掌握天气变化情况，对可能发生的恶劣天气及早预防，最大限度减少因天气变化对施工质量造成的影响。主要采取了以下措施。

（1）渡槽外墙采取保温措施，混凝土外表面温度在夏季基本维持29.5℃左右，冬季维持在0.5℃左右。顶面及分槽检修工况内壁考虑日照温差。

（2）为防止修整后的开挖边坡遭受雨水冲刷，边坡的护面和加固工作应在雨季前按施工图纸要求完成。冬季施工的边坡修整及其护面和加固工作，宜在解冻后进行。

(3) 为了保证总干渠渠道的混凝土施工效果，考虑到施工时间较长，在渠道无水以及冬季检修等工况下，在地下水位低于渠底的渠段铺设保温板防冻胀；地下水位高于渠底的渠段采取置换渠床冻胀性土的防冻胀措施，置换层按照排水反滤层要求设置。

国务院南水北调办要求工程参建各方结合冬季、夏季施工质量管理要求严防死守，形成了一道牢不可破的质量防线，有效地保障了冬季、夏季施工的工程质量。

五、工程通水前质量监管

通水前的质量监管是南水北调工程建设质量管理的重要一环，是通水前的最后把关，国务院南水北调办高度重视。监督司组织人员分赴工程建设各地，开展质量监管联合行动，以发现和处理影响通水的质量问题为重点，以查促巡，以商促改，高频密查问题，深入研究问题，坚决整改问题，消除质量隐患，确保通水安全。2014 年 9—12 月，监督司分南阳、郑平两组，会同中线建管局、河南直管局、河南省南水北调办、河南省南水北调建管局，开展南水北调工程通水前的质量监管工作。监管行动主要采取了以下措施。

1. 确定监管重点

重点检查裂缝、沉降、滑塌、渗漏水及可能影响通水的其他问题，对国调办监督〔2014〕55 号文件中所列重点项目和重点排查内容实施重点检查，紧盯建筑物与渠道工程结合部、桥梁与渠道工程结合部、渠道工程施工标段结合部等关键部位。

按工程类型分别确定检查重点：①对渠道工程，主要监测裂缝、外坡脚及排水沟渗漏水，渠坡滑塌变形；②对渡槽、箱涵工程，主要监测伸缩缝渗漏水、混凝土裂缝渗漏水；③对倒虹吸工程，主要监测伸缩缝渗漏水、附近河床涌水及裹头部位渗漏水；④对进出口建筑物，主要监测楼梯间沉降倾斜、渐变段回填体沉陷；⑤对交叉建筑物，主要监测渠坡结合部错动、伸缩缝渗漏水、混凝土破损。

2. 科学安排监管工作

(1) 以查促巡。工作组负责人带队抽查，引领示范，持续高压，促进建管单位开展巡查，强化建管单位主动查找问题意识和查找力度。建管单位组织设计、监理、施工单位每日开展质量巡查，报送巡查日报、报告，建立问题台账，并负责整改销号。9 月 30 日至 11 月 30 日，联合监管行动中南阳组共组织抽查 62 组次，覆盖监管范围内所有施工标段，抽查发现具有代表性的质量问题 238 项，督促建管单位组织质量巡查发现质量问题 96 项。郑平组共组织检查 50 余组次，覆盖管辖范围内所有施工标段及其重点部位，发现质量问题 366 项，督促建管单位巡查发现质量问题 515 项。

(2) 以商促改。工作组组织建管单位、设计单位负责人分四个阶段（日商、隔日商、周双商、周商）定期召开会商会，通报质量问题，议定限时办结事项，明确整改时限、责任人和责任单位。同时，对建管单位组织质量巡查和问题整改情况进行检查、评价，对议定事项完成及时的单位进行表扬，对未按时限完成的单位进行警示批评。联合行动期间，南阳组共召开会商会 16 次，议定事项 48 项。截至 2014 年 11 月底，48 项议定事项已完成 46 项，剩余 2 项（淅川 2 标边坡裂缝、淅川 6 标半坡水库影响渠坡稳定）正在整改落实。联合行动组抽查发现的 238 项质量问题，已整改 224 项；建管单位组织巡查发现的 96 项质量问题，已整改 81 项。郑平组

共召开会商16次，议定事项106项，已经全部办结。

(3) 实施警示制度。联合行动组在抽查发现严重质量问题的施工标段、施工部位，现场安插质量问题警示旗，对建管、施工、监理和设计单位进行警示，现场规定质量问题整改时限、销号要求。印发《关于强化中线工程充水试验问题整改的通知》(国调办监督〔2014〕283号)，要求中线建管局、河南省南水北调建管局立即组织参建单位限期整改质量问题，逐项明确整改负责人、整改方案；以典型问题整改为引导，督促参建单位举一反三，以点带面，强化巡查和问题整改。联合行动期间，南阳组共安插警示旗21面，印发联合行动日报、专报22期，典型质量问题快报20期。

(4) 建立突发报制度。工作组要求建管单位对发现可能影响通水的重大质量问题启动突发报，成立问题快速处置工作组，立即研究提出处理方案，要求1小时内到达问题现场，进行快速处置或采取临时措施，遏制问题进一步恶化。联合行动期间，淅川1标、镇平3标、方城5标部分水下衬砌面板隆起破坏情况发生后，都立即启动了突发报，经过快速处置，质量问题得到了有效控制，未对通水造成影响。

(5) 约谈警示。对质量问题多、性质严重的施工标段，责成建管单位立即通知施工单位后方总部负责人进驻现场组织整改，工作组对其进行约谈警示，要求加强力量，加大投入，驻点监督，确保质量问题整改到位。联合行动期间，对在镇平2标淇河倒虹吸、西赵河倒虹吸、淅川7标严陵河渡槽集中发现多处质量问题的施工单位负责人进行约谈；对尾工进度差距较大的方城7标、南阳3标施工单位负责人进行现场约谈，均收到了积极效果。

(6) 设计研判。针对联合行动发现的重要典型问题，组织设计单位分别研究提出问题研判标准、检查方法和处理措施，并对建管单位进行宣贯，要求建管单位结合管辖范围内工程实际和特点，组织监理、施工等单位对照贯彻落实。参建单位据此有针对性地开展工作，提高了各类质量问题的发现和处理效率。

(7) 以压促快。会商会核查议定事项完成情况，逐项销号，对建管单位组织质量巡查和问题整改情况进行检查、评价，对议定事项及时完成的单位进行表扬，对议定事项不按时限、标准、要求完成的单位进行警示批评，促进建管单位快速、全面响应联合行动，落实各项工作部署，形成议定要求、日报督促、现场检查、销号闭合和会商点评一套质量问题快速整改督办体系。

(8) 专项排查。联合行动期间，对防护网、桥梁护栏、闸室临空面安全护栏、防洪子堤、渡槽阀井阀门等进行了专项排查，对排查发现的问题及时进行了督促整改。

六、工程充水期质量监管

1. 充水试验

充水试验是对南水北调工程及相关设施进行安全检验最直接和有效的手段。在正式通水前对总干渠全线进行充水试验，可以进一步检验南水北调各阶段工程的质量和安全，为工程顺利投入运行提供技术保障，同时为运行管理培训提供实战条件，为中线工程全线通水做好准备。

南水北调中线一期工程总干渠线路长1432km，工程涉及的地形地质条件复杂、建筑物多，从陶岔渠首至北拒马河，有各类交叉建筑物2000余座。同时，众多的高填方渠道穿越或邻近人口密集的城镇和居民区，工程的安全性直接关系到当地居民生产生活及生命财产安全。充水

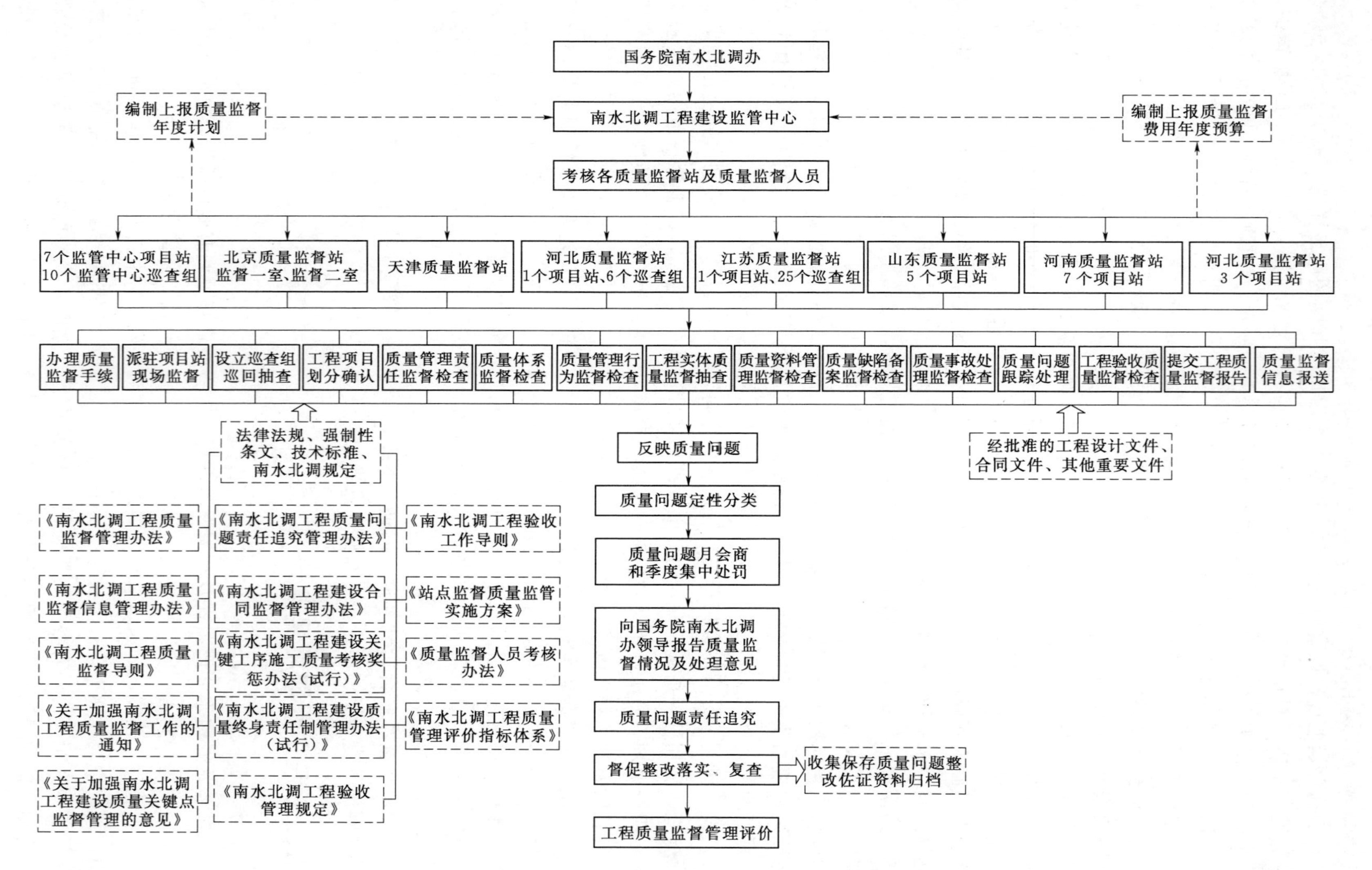

图 11-3-1　南水北调工程站点监督工作关系

试验工作分为准备期、充水期、观察期、评价及完善期四个阶段。

2013年6月5日，南水北调中线一期工程黄河以北段总干渠开始充水试验。该次充水的渠道是从位于河南省焦作市温县的济河节制闸起，到位于河北省石家庄市古运河节制闸止，工程全长近500km。在此之前，中线24座大型渡槽已先后完成单体建筑物的充水试验。黄河以北段总干渠充水试验采用多水源连续充水方式进行，沁河、盘石头水库、岳城水库等为这次的充水提供水源。该次充水试验调用水超过9000万m^3。

2. 南水北调工程充水期站点监督

为进一步发挥政府质量监督在南水北调工程通水期过程中的重要作用，提高站点监督质量监管工作水平，保证南水北调工程质量，进一步规范质量监督站和监督人员的管理，国务院南水北调办根据《关于加强南水北调工程质量监督站管理工作的通知》和《关于开展2012年度质量监督工作考核的通知》制定了《站点监督工作实施方案》，更进一步明确了质量监督职责。站点监督具体内容包括建立站点监督实行站长负责制，建立站点监督质量巡查员制度，实施重点监管制度，做好质量监督信息报送和评价，加强质量监督人员考核等。

监管中心组织对站长负责制、质量巡查员制度、重点监管、质量监督信息报送和评价、质量监督人员考核等工作落实情况进行检查，并将检查结果报送国务院南水北调办。南水北调工程站点监督工作关系见图11-3-1。通过严格的站点监督保证了充水期工程质量。

第十二章 南水北调工程质量监管工作总结

质量是南水北调工程的生命。党中央、国务院高度重视南水北调工程质量，多次强调“百年大计、质量第一，一定要全面加强质量管理”。国务院南水北调办始终把质量监管作为工程建设核心任务来抓，采取一系列有力举措，建立健全质量监管体制机制、完善质量监管制度，落实质量管理责任，创新质量监管措施。持续保持高压态势、狠抓严管工程质量，使参建单位质量意识普遍提高，形成重视质量、严抓质量、保证质量的氛围，有效保障了南水北调工程建设质量和建设目标的实现，取得了良好的社会反响。

第一节 南水北调质量监管工作创新

南水北调东、中线一期工程建设具有规模大、战线长、涉及领域广、施工环境复杂等管理难点。其中，东线工程大型泵站密集、平原水库、穿黄隧洞等工程施工技术要求高，工程需要满足调水、供水、排涝、航运等方面需求；中线干线工程面临膨胀土（岩）处理、特大型渡槽、穿黄隧洞、高填方渠段、煤矿采空区、高地下水位等设计和施工技术难题，质量管理难度大、极具挑战性。国务院南水北调办认真贯彻国务院南水北调工程建设委员会的决策部署，高度重视工程质量，针对特大型线性工程特点和当前建筑市场现状，建立健全以质量责任制为核心的质量监管体制机制，创新质量管理制度措施，使得工程建设进展顺利，质量总体良好，应急供水、防洪抗旱、生态保护等综合效益初步显现，取得了一批创新性的工程建设质量监管工作成果。

一、体制创新

为了满足国家对南水北调工程高质量的要求，国务院南水北调办结合工程特点、分析建设环境，统筹规划、整体布局，适时创新具有特色的“横向到边、竖向到底”“三位一体”“五部联处”的质量监管体制，完善并加强了南水北调工程的质量监管组织体系，确保了南水北调工程质量。

1. 三级监控体系

国务院南水北调办以“机制创新、管理创新、科技创新”为原则，在南水北调沿线各省

（直辖市）中完善三级监控体系，进一步明确责任。突出抓好质量为首的监管体系建设，继续完善“政府部门行政监管—项目法人总体负责—项目部现场管理—监理单位现场控制—施工单位具体实施”的责任体系，充分发挥“组织机构—责任制—管理制度—监督检查—应急预案”为主要内容的保障机制，做到职权清晰、责任明确、运转高效。

2.“三位一体”质量监管体制

“三位一体”是指以发现问题、认证问题和责任追究为主要内容的质量监管体制。具体由监督司、监管中心和稽察大队负责实施，这三个部门形成了国务院南水北调办质量监管的合力，构成了国务院南水北调办“三位一体”质量监管体系。通过飞检制度、专项稽查、站点监督和有奖举报（“三查一举”）发现问题，对于严重质量问题的责任追究，采取了会商方式进行。保持对南水北调工程质量管理的持续高压态势，规范了工程参建人员的质量行为，消除隐患，通过特派监管对所发现问题的整改情况进行了严格的事后检查，保证质量问题的责任追究到专人，避免类似事件的再次发生。

3.“五部联处”制

“五部联处”制是指国务院南水北调办与水利部、住房和城乡建设部、国家工商行政管理总局和国务院国有资产监督管理委员会针对南水北调工程建设管理建立起的联席议事机制。南水北调工程规模大、战线长、影响面广、涉及领域多、跨行政区域较多，如何对众多工程参建方进行有效管理成了摆在国务院南水北调办面前的一道难题。国务院南水北调办在进行认真调研的基础上，将南水北调各个参与方的相关单位管理机构：水利部、住房和城乡建设部、国家工商行政管理总局和国务院国有资产监督管理委员会等联合起来，建立一个统一的联席议事机制，对有关重大问题充分发挥集中制的优势，共同商议解决。

二、机制创新

为了调动工程参与方质量保证的积极性，促使施工方与业主方质量诉求的趋同，国务院南水北调办设计了满足工程质量监管要求的激励机制。为了正确引导施工方的质量行为，达到工程质量长效监管的目的，国务院南水北调办设计了工程建设适用的承包商信用管理机制。为了实现工程质量的全面高效监管，国务院南水北调办引进了以群众举报为核心的社会监管机制。

1. 激励机制

南水北调工程质量激励机制分为若干层次：第一层次为国务院南水北调办、省（直辖市）南水北调办对质量监督组织（人员）的激励；第二层次为国务院南水北调办、省（直辖市）南水北调办对项目法人/项目建设管理单位的激励；第三层次为项目法人对代建单位、设计单位、施工单位和监理单位等项目参建主体的激励。国务院南水北调办把激励对象分为了南水北调工程建设主体和工程质量监督人员两类，分别制定相应的激励机制。

为加强南水北调工程质量监督人员管理，增强质量监督人员工作责任心，提高质量监督工作效率，对质量监督人员实行考核制度，并制定了《南水北调工程质量监督人员考核办法》。考核分季度考核和年终考核。各省（直辖市）质量监督站负责所属项目站（巡查组）质量监督人员的考核，各省（直辖市）质量监督站将考核结果报监管中心核备，监管中心负责本单位和各省（直辖市）质量监督站质量监督人员的考核，监管中心将考核结果报国务院南水北调办核备。以百分制进行考核，分优秀、称职、不称职三个等级。监管中心根据考核结果对质量监督人员进行奖惩。

为了调动项目法人的积极性，提高建设管理水平，国务院南水北调办于 2011 年颁布了《南水北调工程项目法人年度建设目标考核奖励办法（试行）》，国务院南水北调办以《南水北调工程建设目标责任书》确定的年度目标为依据，每年对项目法人进行一次考核。根据考核结果，进行奖励。为加强对参建单位的考核，国务院南水北调办颁布了《南水北调工程现场参建单位建设目标考核奖励办法（试行）》，把直接参与工程建设与管理的施工、监理、勘测设计单位派驻工地现场机构、征地拆迁及施工环境协调机构、项目建设管理单位（包括直管、委托、代建项目建设管理单位及派出机构、公路铁路交叉工程建设管理单位）等纳入考核奖励范围。

2. 信用机制

目前我国工程建设领域的信用建设仍处在一个相对较低的水平，各种工程质量问题时有出现，这给南水北调工程选择优秀工程参建方造成了障碍。因此，国务院南水北调办建立了工程参建方信用档案，适时进行信用评价，优胜劣汰，以保障南水北调工程质量。

国务院南水北调办从员工素质、企业资质等级、合同履约情况和企业历史情况等内容，结合南水北调工程建设特点，分别建立了南水北调工程施工企业信用档案和南水北调工程监理企业信用档案，信用数据的收集来源于国务院南水北调办、各省（直辖市）南水北调办（建管局）质量巡查、质量飞检、专项稽查、举报调查等检查结果和表彰信息，项目法人通过质量管理检查发现质量问题和表彰信息以及对工程项目建设进度和工程项目安全生产进行考核，采集信用信息。国务院南水北调办根据信用档案信息对施工企业和监理单位进行信用评价，评价结果由国务院南水北调办在“中国南水北调网”定期发布和通报。南水北调工程建设信用评价分为季度信用评价和年度信用评价，评价等级分为优秀、可信、基本可信和不可信四个等级，评价结果作为表彰和处罚的依据。

3. 社会监管机制

为了实现南水北调工程“精品工程、放心工程、廉洁工程”的建设目标，国务院南水北调办在系统内采取持续质量监管高压态势，在系统外广泛发动社会各界提供线索、加强举报，主动接受社会监督，推行有奖举报制。社会举报能够快速、准确地发现工程质量问题，排除质量隐患，特别是能够发现一些常规监管手段难以监管到或未引起充分重视的深层次质量问题。对加强南水北调工程质量监管，维护工程建设环境，促进工程建设顺利进行起到了重要作用。激发了社会监督热情，震慑了违规行为，已成为发现工程建设问题的重要途径之一。

三、制度创新

质量监管制度是工程质量各种行为的具体规范。南水北调工程规模大、战线长、涉及领域多、技术复杂、建设周期长、质量要求高，对相应的质量监管制度提出了新的要求。国务院南水北调办为适应这种高质量的要求，规范质量行为，对质量监管制度进行了诸多创新，主要有四大类，分别是查找质量问题相关制度、质量认证相关制度、质量问题追究相关制度和质量管理评价相关制度。

（1）查找质量问题制度。主要有：①专项稽查制度：《南水北调工程稽察管理办法》《质量专项稽察实施方案》《南水北调工程建设稽察专家聘用管理办法》和《南水北调工程建设稽察工作手册》等；②站点监督制度：《关于加强南水北调工程质量监督站管理工作的通知》（国调

办监督〔2012〕209号)、《站点监督质量监管实施办法》和《质量监督人员考核办法》等；③飞检制度：《关于对南水北调工程建设质量、安全、进度开展飞检工作的通知》；④重点项目监管制度：《关于委托对南水北调主体工程各项目法人合同管理行为进行稽察的函》《关于加强对南水北调工程建设质量关键点监督管理的意见》《南水北调重点监管项目方案》《关于加强南水北调工程中线干线高填方渠段工程质量监管的通知》《关于委托对南水北调中线干线重要跨渠建筑物基础及隐蔽工程进行专项稽察的函》《关于加强中线干线工程桥梁桩柱结合问题处理的通知》等；⑤有奖举报制度：《南水北调工程建设举报奖励细则》《南水北调工程建设举报受理工作意见》《国调办工程建设举报受理管理办法》和《南水北调工程建设举报受理工作手册》等。

(2) 质量认证制度。为加强南水北调工程质量管理，落实“三位一体”质量监管体系，进一步做好质量问题认证工作，结合质量监管工作实际，制定了《南水北调工程质量问题认证实施方案》。

(3) 质量问题责任追究制度。质量问题责任追究措施主要包括月季会商、督促整改、季度集中处罚和五部联处等。颁发的制度主要有《南水北调工程建设质量问题责任追究管理办法》(国调办监督〔2012〕239号)、《南水北调工程建设合同监督管理办法》《关于对南水北调工程中发生质量、进度、安全等问题的责任单位进行网络公示的通知》《关于进一步加强南水北调工程建设管理的通知》和《质量监管工作会商制度》等。

(4) 质量管理评价制度。为了对质量监管单位、各参建单位质量管理行为和工程实体质量进行评价，国务院南水北调办颁发了《南水北调工程质量管理评价指标体系》，研究确定质量管理评价指标，建立质量管理评价指标体系，综合评价南水北调东、中线一期工程建设质量管理变化趋势。该质量管理评价体系经过实际运用，在一定程度上定量真实地反映了南水北调工程质量管理水平。

四、措施方法创新

为了更好地落实各种工程质量监管制度，提高监管效率，保证工程质量，国务院南水北调办结合工程实际，对质量监管措施方法进行了一系列的创新，主要有加强部署、完善制度、加大监管、专业认证、严究责任、重点监管和联合行动等措施。

(1) 加强部署，实施宏观管控指导。国务院南水北调办先后召开数十次主任专题办公会，研究工程质量管理工作。深入分析工程质量状况和形势，研究质量管理工作机制，明确“高压高压再高压、延伸完善抓关键”的工作思路，强化质量监管措施，构建以发现问题、认证问题和责任追究为核心的“三位一体”质量监管工作体系。以“零容忍”的态度和决心对质量问题责任单位和责任人进行从严从重处罚，促使参建各方牢固树立“质量第一”意识，不断规范质量行为。

(2) 完善制度，强化质量管理责任。率先在全国工程建设领域实施质量责任终身制，颁布《南水北调工程质量责任终身制实施办法》，明确对工程质量责任主体单位、责任人员信息实行实名登记，将有关责任终身制落实到人。制定了《南水北调工程建设质量问题责任追究管理办法》(国调办监督〔2012〕239号)，细化质量管理责任，构建量化统一、累计加重和多措并举的责任追究标准，科学快速判定质量问题的性质和等级，准确追究质量问题责任单位和责任人。强化参建单位和人员的质量意识、诚信意识，制定了《南水北调工程建设信用管理办法（试行）》（国调办监督〔2013〕25号）和《关于强化南水北调工程建设施工、监理、设计单位信用管理工作的通知》，实施信用评价，强化信用管理，严惩信用不可信单位。制定了《南水北调工程建设关键工序施工质量考核奖惩办法（试行）》、《关于加强南水北调工程质量关键点监督管理工作的意见》（国调办监督〔2012〕297号），突出重点，紧盯关键，实施重点监管。

（3）增强力量，加大质量监管力度。强化“三查一举”质量监管措施，全方位查找质量问题。在工程建设进入高峰期以后，专门抽调60余人成立南水北调工程建设稽察大队对工程建设质量实施飞检，组成5人小组，不定期地随机赴施工现场开展高频度质量检查；建立56人的质量特派监管队伍，分建筑物、渠道、桥梁三个质量监管组，对重点项目实施特派监管，对质量问题整改实施专项跟检。在东、中线设立75个质量监督站点，区片联合、上下联动，进行质量巡查；建立工程稽查专家库，不定期实施工程稽查；项目法人完善质量管理机构，充实质量管理人员，加强现场监管力量。

（4）专业认证，认定质量问题性质。加强质量检测能力建设，运用先进检测仪器、设备，聘请有资质的权威检测机构，开展质量认证和专业检测，准确判定质量问题性质，为质量问题责任追究和问题整改提供科学依据。对建筑物混凝土强度、密实性，钢筋数量、间距、保护层，对渠道土方填筑质量，以及工程的关键部位和重要隐蔽工程进行质量检测，发现和暴露隐蔽性质量问题。

（5）严究责任，从重处罚责任单位。国务院南水北调办通过开展季度、月度、即时责任追究，对质量问题责任单位和责任人，实施通报批评、留用察看、清退出场等责任追究。对严重质量问题、典型问题，即时通告、通报工程建设所有参建单位和有关上级主管单位；通过《南水北调手机报》、中国南水北调网公示责任追究情况，全线警示、举一反三。在责任追究基础上实施信用评价，对存在严重质量问题责任单位评价为信用不可信单位。对工程实体质量好、行为规范的单位评价为信用优秀单位。多措并举、高压严打、奖优罚劣，务求质量监管实效。

（6）专项整治，集中查改质量问题。国务院南水北调办每年组织开展工程质量集中整治专项行动，提高全系统质量意识。国务院南水北调办领导分别带队，赴工程沿线，检查工程质量，整治所有在建工程项目实体质量问题和质量违规行为。开展“三清除一降级一吊销”活动，专项整治监理单位违规行为；开展再加高压行动，整治严重质量问题；开展质量问题整改“回头看”活动，集中消除实体质量问题和质量管理违规行为。

（7）重点监管，强化质量过程管理。抓住关键、突出重点，明确渠道、桥梁、混凝土建筑物工程质量重点监管项目和重点监管内容，明确参建单位的质量管理责任、监督管理单位职责，实施重点监管。

（8）有奖举报，主动接受社会监督。在南水北调东、中线工程沿线的显著位置，每隔5km设立有奖举报公告牌，公布举报受理电话、电子邮箱、奖励措施等，接受包括工程质量、安全、资金等在内的问题举报。实施24小时不间断接报，做到有报必受、受理必查、查实必究。对于实名举报，如情况属实，在追究责任单位和责任人的同时，对举报人给予奖励。通过有奖举报，接受社会对南水北调工程质量的监督。

（9）通水检查，消除影响通水问题。通水前，组织重点排查、质量巡查和质量评价，深入查改影响通水的质量问题。按渠道、建筑物、桥梁工程类型，分别明确重点排查内容，建立质

量问题台账，实施质量问题销号制。对直接影响通水和可能影响通水的质量隐患，明确整改责任、时限，强化质量问题整改。

（10）联合行动，全力消除质量隐患。利用重点工程和全线充水试验，分区段开展联合行动，以查促巡、以商督改、以警促面、以压促快，深入研判问题、坚决整改问题。以发现和处理影响通水的质量问题为重点，开展拉网式巡查，对重点部位深入排查，对质量问题即时规定整改时限、销号要求，建立典型质量问题快报，第一时间警示告诫，责成建管单位举一反三、以点带面，强化检查和问题整改；编辑典型质量问题集，组织设计单位编制质量问题研判方案，提出问题研判标准、检查方法和处理措施，全力消除质量隐患和影响通水质量问题。

（11）加强协作，建立质量监管联动机制。充分发挥资质资格管理在质量管理中的作用，国务院南水北调办联合水利部、住房和城乡建设部、国家工商行政管理总局、国务院国有资产监督管理委员会等部委建立南水北调工程建设联席会议机制，对南水北调工程质量实施联合监管。配合国家发展改革委重大项目稽察办对南水北调工程质量实施的稽查活动。

第二节　质量监管工作的成效

国务院南水北调办围绕“突出高压抓质量”，建立了高效的南水北调工程质量监督管理体系，健全了质量监管规章制度，完善了“三位一体”“五部联处”、社会监督、激励、信用等体制机制。明确了质量重点监管项目质量监管措施，建立了质量管理评价体系，不断加强质量监管队伍，加大质量问题责任追究和处置力度，规范配合国家部委监管工作，保证了南水北调工程建设质量管理工作有序开展。通过质量监管，南水北调工程消除了质量隐患，规范了质量管理行为，提高了参建人员的质量意识，保证了南水北调工程质量。

1. 通过质量监管，消除了质量隐患

国务院南水北调办高度重视工程监督质量管理，坚持预防为主、加强过程监管，通过“查、认、罚”力求把质量隐患消灭在萌芽状态。

以工程建设高峰期的2012年为例，国务院南水北调办组织对6个项目法人的合同管理行为情况开展了3组/次专项稽查。检查发现各类问题57项，主要表现在合同签订不规范、合同价款结算不规范、合同变更索赔不规范、合同管理责任履行不到位、合同管理规章制度不完善、合同档案资料管理不规范等六个方面。

监管中心对站点监督的75个项目站（巡查组）共开展监督检查1391次，发出书面整改通知220份，上报问题1352个，实体质量缺陷872个，其中混凝土建筑物相关问题466个（严重21个、较重231个、一般214个），渠道相关问题339个（严重17个、较重207个、一般115个），其他问题67个（严重0个、较重31个、一般36个）。

稽察大队组织印发质量问题整改报告277份，涉及质量飞检139组次。通过质量飞检，发现了混凝土建筑物等工程质量缺陷，有效地将工程质量问题控制在建设过程中。国务院南水北调办领导带队实施质量飞检14次，共发现质量问题94个，其中质量缺陷72个、质量管理违规行为22个。稽察大队共派出飞检组217组次，印发飞检整改通知553份，涉及质量问题5467个，其中质量缺陷2798个、质量管理违规行为2669个。

国务院南水北调办共接收举报信息655项，属组织调查举报事项136项，分类处理举报信息519项。136项组织调查举报事项由国务院南水北调办直接组织委托调查。调查核实116项，纳入季度集中处罚10项，实施奖励8项。519项分类处理举报信息由举报受理中心转请相关省（直辖市）南水北调办（建管局）、移民机构、项目法人等单位调查处理并跟踪调查处理结果。主要涉及征迁补偿类158项、建设管理类361项（拖欠类225项，施工环境类136项）。

对发现的问题，国务院南水北调办均组织专门认证，确定问题的性质、原因和责任，下发整改通知并督促落实，对责任人进行责任追究。

2. 通过质量监督，规范了质量管理行为，提高了参建人员质量意识

本着质量问题“零容忍”的原则，国务院南水北调办以“参建单位怕什么”和“什么责任追究措施更有效”的原则制定了责任追究方式，对质量违规行为进行责任追究。

2012年共对88个责任单位（42个施工单位、34个监理单位、12个建管单位）、11个责任人进行了责任追究，其中通报批评20个（同时直接约谈并向主管单位通报1个、责成约谈1个），责成通报批评57个（同时责成约谈30个），责成约谈2个单位，责成向主管单位通报9个；上网公示3次共计15家单位。2013年，实施15次责任追究，印发责任追究和问题整改文件44份。截至12月，共对140个责任单位和95名责任人实施责任追究，涉及项目法人2个、建管单位6个、监理单位69个、施工单位63个。其中：国务院南水北调办直接责任追究57个责任单位：清除出场监理单位1个，留用察看监理单位4个、施工单位8个，通报批评建管单位1个、监理单位17个、施工单位15个，约谈项目法人2个、建管单位4个、监理单位3个、施工单位2个，清退责任人72名、约谈警告和留用察看23人。通过重罚、重责的方式，规范了上至项目法人，下至施工单位等参建单位的管理行为。

国务院南水北调办出台的信用管理办法对于促进企业和个人自律，形成有效的市场约束具有重要作用。这一办法对诚信行为表彰激励，对失信行为责任追究和信用惩戒，真正使失信者“一处失信，寸步难行”，使得失信单位在今后的市场竞争中处于不利地位。对于施工和监理单位提高质量责任意识，提高建设管理水平具有重要意义，对规范建筑市场起到了良好示范作用。

3. 通过质量监管，取得了巨大的社会综合效益

南水北调工程自通水以来，质量可靠，运行安全，供水稳定，缓解了华北地区水资源紧缺的矛盾，促进了受水地区的社会经济发展，改善了城乡居民的生活供水条件，在沿线省（直辖市）保民生、稳增长、调结构、促转型和增效益等方面发挥了重要支撑作用，产生了巨大的社会效益、经济效益与环境效益。

（1）社会效益。供水区内，首都北京是全国的政治、经济和文化中心，天津是华北最大的工业基地与重要的外贸港口；河北、河南则处于承东启西的华北经济圈；山东是高速发展的经济大省；纵横供水区内的京广、陇海、京浦、焦枝、京九等铁路沿线有众多的工业城镇，是我国生产力布局的重要区域。南水北调工程的通水首先解决了北方地区的水资源短缺问题，促进了北方地区经济、社会的发展和城市化进程，解决了700万人长期饮用高氟水和苦咸水的问题。同时，缓解了城乡争水、地区争水、工农业争水的矛盾，有利于社会的安定团结，避免了一些地区长期开采饮用有害深层地下水而引发的水源性疾病，遏止氟骨病与甲状腺病的蔓延，提高了人民的健康水平。

（2）经济效益。南水北调工程实施后，由于供水条件的改善，不仅促进了供水区的工农业生产和经济发展，而且提供了更好的投资环境，可吸引更多的国内外资金，加大对外开放的力度，为经济发展创造了良好的社会条件。南水北调东、中线一期工程实施后，年平均调水量278亿m^3。东线的调水量按40%供工业和城镇用水，60%为农业及其他用水；中线调水量按70%供工业和城镇用水，30%为农业及其他用水。按照工业产值分摊系数法推算工业及城镇供水效益，按灌溉效益分摊系数法测算农业及其他供水效益，综合各项效益年平均可达百亿元。

（3）环境效益。东、中线一期调水工程实施以后，可以减少受水区对地下水的超采，增加生态和农业供水60亿m^3左右，使北方地区水生态恶化的趋势初步得到遏制，并逐步恢复和改善生态环境。并可结合灌溉和季节性调节进行人工回灌，补充地下水，改善水文地质条件，缓解了地下水位的大幅度下降和漏斗面积的进一步扩大，控制了地面沉陷造成对建筑物的危害。调水后通过合理调度，还可向干涸的洼、淀、河、渠补水，增强水体的稀释自净能力，改善水质，恢复生机，促进水产和水生生物资源的发展，使区域生态环境向良性方向发展。东、中线一期通水后，初步形成了我国水资源南北调配的新格局，提高了区域应急抗旱和生态改善能力，有力推动了区域节水、治污和地下水压采等工作开展。在全球气候变暖、极端气候增多条件下，增加了国家抗风险能力，为经济社会可持续发展提供了保障。

在参建各方的共同努力下，南水北调工程建设虽已取得阶段性重要成果，但仍应按照习总书记的指示，继续坚持先节水后调水、先治污后通水、先环保后用水的原则，加强运行管理，深化水质保护，强抓节约用水，保障移民发展，做好后续工程筹划，使之不断造福民族、造福人民。

第三节　质量监管工作的推广经验

南水北调一期工程自通水运行以来，经受了汛期运行、冰期输水等考验。机电设备运转正常，调度协调通畅，工程运行安全平稳，效益显著。事实表明，在当前大的建设环境下，国务院南水北调办以高度的责任心和历史使命感，在自身职权范围内竭尽所能地大力度抓质量的成效显著。其工程质量管理的成功经验值得总结推广。

（1）必须牢记百年大计，质量为本。质量是工程的生命及根本意义所在，是决定工程建设成败的关键。南水北调工程具有规模大、战线长、涉及领域多、技术复杂、建设周期长、质量要求高等特点。为了保证南水北调工程质量，国务院南水北调办始终把质量监管作为核心任务来抓，在质量监管工作方面全程保持高压严管态势，即使在进度压力空前的情况下，也始终贯彻“高压高压再高压、延伸完善抓关键”的总体思路。正是这种正确的工程质量指导思想，确保了质量管理工作始终走在正确的道路上，为高质量地完成工程建设打下坚实基础。

（2）紧紧围绕工程特点和建筑市场现状，建立健全以质量责任制为核心的质量监管体制机制。国务院南水北调办结合南水北调工程特点、分析建设环境，统筹规划、整体布局，适时创新具有特色的“横向到边、竖向到底”和“三位一体”“五部联处”的质量监管体制，完善并加强了南水北调工程的质量监管组织体系，确立以“查、认、罚”为内容、以责任追究为核心的质量监管机制，确保了南水北调工程质量。

（3）坚持质量管理预防为主的理念，通过认真细致的监管工作，把质量隐患消灭在萌芽状态。重大基础设施工程质量影响因素众多，国务院南水北调办高度重视工程质量管理，坚持预防为主、加强监管，创造了“三查一举”质量监管措施，全方位查找质量问题。对发现的问题，国务院南水北调办均组织专门认证，确定问题的性质、原因和责任，下发整改通知并督促落实，对责任人进行责任追究，从而保证了工程质量。

（4）充分发挥社会监督作用，实行有奖举报。国务院南水北调办大力推行有奖举报，把举报视为抓监管、保质量、促安全的一项重要手段。纳入“三位一体”和“三查一举”质量监管工作体系，为有奖举报工作的顺利开展奠定了坚实的基础。充分发挥400多块举报公告牌、举报受理中心和举报电话等作用，做到“有报必接、受理必查、查实必究、核实必奖”。震慑了各种违法违规行为，疏导和化解了各种不稳定因素，保证了工程质量、促进了工程建设。

（5）推行施工单位信用管理机制，实现工程质量长效管理。目前在我国工程建设领域，施工单位水平良莠不齐，信用建设仍处在一个相对较低的水平，一流企业中标三流企业干活的现象时有发生，这给南水北调工程选择优秀工程参建方造成了障碍。为此，国务院南水北调办对施工单位和监理单位构建了信用管理机制，建立信用档案，适时进行信用评价，优胜劣汰。

（6）强化项目法人的质量责任主体地位，充分发挥项目法人的质量管理积极性。南水北调工程实行政府监督，项目法人负责，建设管理单位和监理单位控制，施工单位保证的质量管理和保证体系。项目法人是工程质量的责任主体，通过建立健全内部质量管理体系，落实质量管理机构与人员，完善质量管理规章制度，建立责任制和责任追究制，采取有效措施，加强对勘测设计、监理、施工单位质量工作的管理。

（7）对大型复杂工程要对质量管理始终保持高压态势，严格责任追究，对质量问题“零容忍”。南水北调工程点多线长，参建单位众多，质量管理难度很大，实体质量问题屡查屡现。国务院南水北调办通过不断强化“查、认、罚”，督促各参建单位诚实守信，严格责任、严控过程、严管重点，以刚性制度、刚性落实、刚性奖惩，敢于动真碰硬，持续保持质量管理高压态势。对监督检查中发现的风险隐患，及时排除，不放任风险隐患的存在和发展；对发现的违法违规行为，发现一件，查实一件，追究一件，做到质量问题“零容忍”，确保工程质量。

（8）突出重点、抓关键，做到质量管理事半功倍。自2002年12月开工以来，国务院南水北调办始终根据南水北调工程的建设特点抓质量监管重点，梳理出质量关键点和混凝土建筑物、渠道、跨渠桥梁等重点监管项目，采取了一系列的措施，出重拳，用重典，加大力度查找质量问题，从重责任追究，对风险项目、影响通水目标的项目，实施挂牌督办、驻点监管、特派监管，从严从速督促整改，消除隐患，提高质量监管工作的主动性、针对性和时效性，严防质量意外。将渠道、渡槽、倒虹吸、水闸、跨渠桥梁5类工程的11处关键工程部位，涉及15项关键工序、15个关键质量控制指标，确定为质量关键点。按照分级负责、分级管理的原则，切实落实质量关键点的管理责任，做到了质量管理事半功倍。

（9）坚持制度建设与落实、执行并重。建立健全各项质量监管制度是基础，通过培训、宣贯、会议等形式进行宣传，使各参建单位以及质量管理单位认识到位。国务院南水北调办通过考核、评比和检查等监管手段督促有关单位严格执行落实，使整个工程建设过程的质量管理实现了制度化、规范化。

（10）坚持全系统内外协作、上下联动，实现合力管控，综合施策。南水北调工程是个有

机整体，南水北调系统是个完整团队。一段不通，全线无功。成功是每个人的光荣，失败是大家的耻辱。要充分调动、激发每个参建者的工作积极性和创造热情，以高度的集体荣誉感和责任感，胸怀全局，各司其职，密切配合，形成统一指挥、整体联动、运转高效的工作体系，难题共解、难关共闯，推动南水北调工作扎实有序进行。

国务院南水北调办采取有效措施在系统内充分调动省（直辖市）南水北调办、项目法人及各建设单位的积极性、主动性和创造性，发挥项目法人、建管单位的质量管理作用，形成了上下联动、片区结合、协同配合的质量监管局面。在系统外联合水利部、住房和城乡建设部、国家工商行政管理总局、国务院国有资产监督管理委员会等部委，建立了南水北调工程建设联席会议机制，共同部署南水北调工程质量管理工作，共同应对质量监管工作中发现的问题。

质 量 管 理 篇

第十三章　南水北调中线水源工程质量管理

第一节　概　　述

一、丹江口大坝加高工程概况

南水北调中线水源工程主要由丹江口大坝加高、水库移民和陶岔渠首等项目组成。丹江口大坝加高工程是南水北调中线水源工程的重要组成项目之一，位于湖北省丹江口市，汉江干流与支流丹江的汇合处下游约800m。丹江口水利枢纽由两岸土石坝、混凝土坝、升船机、电站等建筑物组成。

初期工程于1973年建成，正常蓄水位157m，坝顶高程162m，河床坝段高程100m以下坝体已按最终规模建设。

丹江口大坝加高工程是在初期工程的基础上进行加高，各建筑物轴线除右岸土石坝需改线另建、左岸土石坝尖山段坝轴线需局部调整以及左坝端坝线需向左延伸200m外，其余轴线均与初期工程相同。

丹江口水利枢纽挡水建筑物由混凝土坝和两岸土石坝组成，总长3442m。此外，在上游库边离陶岔渠首约10km的丹唐分水岭处布置有董营副坝，在左坝头穿铁路处离左岸土石坝坝头200m左右设有左岸土石坝副坝，两副坝均为均质土坝。

混凝土坝全长1141m，坝顶高程176.6m，最大坝高117m。混凝土坝加高前须进行坝体贴坡加厚，溢流坝段溢流面进行加高，堰顶自高程138m加高至152m。

两岸土石坝坝顶高程176.6m，顶宽10m，上设1.4m高防浪墙。左岸土石坝加高工程沿上游坝坡方向顺延，加高坝顶和扩大下游坝体，并向左端延长200m，全长1424m，最大坝高70.6m。除左端延长坝段为黏土心墙防渗外，其余在初期工程上面加高的防渗体均采用斜墙防渗形式并与初期工程防渗体相接（与左联段心墙顶部连接，其余与斜墙顶部连接）。右岸土石坝改线另建，坝型为黏土心墙土石坝，全长877m，最大坝高60m。

电站厂房为坝后式厂房，初期工程已按大坝加高运用要求设计，并已完建。

通航建筑物按300t级规模扩建，仍然采用初期工程的型式，即上游采用垂直升船机，下游为斜面升船机，两者之间用中间渠道连接，用船厢过坝的布置形式。

大坝加高后水库正常蓄水位170m，校核洪水位174.35m，总库容339.1亿m^3。大坝加高后水库主要任务是防洪、供水、发电和航运，供水主要任务是为向华北跨流域供水和本流域灌溉供水，电站装机容量900MW，通航建筑物可通过300t级驳船。

二、质量管理目标和特点

（一）质量管理目标

丹江口大坝加高工程质量总管理目标是：以一流的设计、一流的施工、一流的管理，建设精品工程，实现工程的“零质量事故”，单元工程合格率100%，优良率85%以上，单位工程质量优良，工程总体质量优良。

（二）质量管理特点

丹江口水利枢纽是新中国水利建设史上第一个大型综合利用的水利工程，功能全面，社会效益和经济效益巨大，包括防洪、供水、发电、航运、养殖等功能。大坝加高工程规模和工程量目前居国内第一，加高规模之大、难度之高，在国内尚属首次。其工程建设的艰巨性、复杂性对于质量管理提出了更高的要求。

（1）新老混凝土结合要求高、难度大。丹江口大坝加高，特别是混凝土坝加高是国内目前最大规模的大坝加高工程，国内尚无成熟的经验和工程实例。妥善解决好新老混凝土结合问题，使新老坝体联合受力是混凝土大坝加高的关键。

（2）施工期度汛要求高、施工工期限制严格。施工度汛标准与初期工程正常运行的度汛标准相同，即采用千年一遇洪水设计，万年一遇洪水校核，万年一遇加大20%洪水保坝。由于混凝土温控要求严格以及为了保证安全度汛，贴坡混凝土及溢流坝的加高不能全年施工，只能在低温季节和枯水期进行，对工期要求严格。

（3）施工场地狭小、施工环境复杂。大坝加高混凝土施工部位场地较小，高架门机等混凝土垂直运输设备的布置受到制约，且需要数次拆卸、周转使用，必须做好施工机械的优化调度。大坝加高工程是在原正常运行的枢纽上进行，在丹江口市城区内施工，施工与枢纽防洪、施工与枢纽发电、施工与城市生产生活等诸多方面相互干扰，必须加强与各方协调并采取妥善措施，方能保证施工正常有序进行。

（4）丹江口大坝始建于20世纪50年代，当时所采用的材料、技术标准和规程规范与现行标准规范有较大差异，需要妥善处理因技术标准、规程规范差异带来的影响。

由于施工进度压力极大，必须提前研究落实与质量控制有关的技术问题、施工方案等。为此，南水北调中线水源有限责任公司（简称“中线水源公司”）提前研究解决了新老混凝土结合、混凝土键槽切割、闸墩钻孔植筋、表面防护材料涂刷、高水头帷幕灌浆、溢流坝段堵水叠梁门提前下放等技术或施工方案，为保证施工质量创造了条件。

三、质量管理体系机制概要

丹江口大坝加高工程建设质量管理按照“政府监督、项目法人负责、监理控制、设计和施工保证”的原则，实行全过程、全方位、分层次的质量管理，确保工程质量。中线水源公司对工程的质量管理负全责，各参建单位按照有关合同条款及管理办法各负其责，在工程建设中主动接受南水北调中线丹江口大坝加高工程质量监督项目站的监督。

丹江口大坝加高工程建立健全了各级质量管理机构。工程开工后，为统一协调丹江口大坝加高工程质量管理工作，由中线水源公司组织参建各方成立了“丹江口大坝加高工程质量管理委员会”，负责工程全面质量管理工作，检查、监督、协调、指导参建各方开展质量管理活动。中线水源公司工程部具体负责水源工程建设的质量管理。工程部下设质量安全处，负责组织协调设计、施工、监理及相关单位有关工程建设的全面质量管理工作，同时督促设计单位、监理机构、施工单位分别建立各自的质量体系与管理机构。2005 年 8 月 23 日，中线水源公司向国务院南水北调办申请建立政府质量监督机构。南水北调工程建设监管中心于 2005 年 9 月 21 日在丹江口大坝加高工程设立质量监督项目站，对丹江口大坝加高工程质量进行监督、指导，使工程质量活动处于政府的监督之下。

工程主要参建单位如下。

1. 设计单位

长江勘测规划设计研究有限责任公司（简称“长江设计公司”）是丹江口大坝加高工程的设计单位，持有国家颁发的水利行业、电力行业、公路行业、建筑行业建筑工程、市政公用行业、水运行业甲级工程设计证书。

2. 监理单位

中国水利水电建设工程咨询西北有限公司是丹江口大坝加高工程主体工程的监理单位，持有工程建设甲级监理单位资质证书、甲级工程咨询资质证书、甲级工程造价咨询单位资质证书，承担丹江口大坝加高土建施工、金结机电设备监造及安装工程的监理工作。

3. 主要施工单位

丹江口大坝加高工程主体工程主要施工标段为：左岸土建施工及金结设备安装、右岸土建施工及金结设备安装、电厂机组设备改造安装和水下裂缝处理等。

中国葛洲坝集团股份有限公司承担左岸土建施工及金结设备安装施工任务，持有水利水电工程施工总承包特级资质证书。

中国水利水电第三工程局有限公司承担右岸土建施工及金结设备安装施工任务，持有水利水电工程施工总承包特级资质证书。

中国水利水电第十一工程局有限公司承担右岸土石坝施工任务，持有水利水电工程施工总承包特级资质证书。

江苏神龙海洋工程有限公司是丹江口大坝加高初期大坝上游面水下裂缝检查与处理的施工单位，持有市政公用工程施工总承包一级资质，水利水电工程、房屋建筑工程施工总承包二级资质，地基与基础工程、爆破与拆除工程、堤防工程、港口与海岸工程、水工建筑物基础处理工程专业承包二级资质。

4. 运行管理单位

汉江水利水电（集团）有限责任公司（水利部丹江口水利枢纽管理局）是丹江口水利枢纽初期工程运行管理单位，持有水利水电工程施工总承包一级资质证书，同时还承担电厂机组设备改造安装施工任务。

5. 主要设备制造单位

丹江口大坝加高工程主要金结、机电设备制造项目包括启闭设备、闸门、升船机、水轮机及发电机组设备等。

中国水利水电夹江水工机械有限公司是丹江口大坝加高启闭机设备（含坝顶门机、固定卷扬机）和升船机设备的制造单位。中国水利水电第三工程局有限公司是深孔检修闸门及埋件的制造单位。武汉船舶工业公司是电厂进水口快速门液压启闭机的制造单位。天津阿尔斯通水电设备有限公司是电厂改造项目水轮机及其附属设备的制造单位。东方电机股份有限公司是电厂改造项目水轮发电机及其附属设备的制造单位。

6. 主要材料供应单位

丹江口大坝加高工程主要材料供应包括柴油、水泥、粉煤灰等。

中国石油化工股份有限公司湖北十堰石油分公司是丹江口大坝加高柴油的供应单位。中国葛洲坝集团股份有限公司是丹江口大坝加高中热硅酸盐水泥、低热矿渣硅酸盐水泥的供应单位。老河口吉港宝石水泥公司（后期该公司被葛洲坝集团兼并）是普通硅酸盐水泥的供应单位。南阳鸭河口发电有限责任公司是粉煤灰的供应单位。

四、质量管理总体成效

丹江口大坝加高工程建设质量管理整体受控，没有发生工程质量事故。2013 年 8 月 29 日通过国务院南水北调办组织的蓄水验收。目前 19106 个单元工程通过验收，全部合格，优良率为 92%；119 个分部工程全部验收完成，分部工程优良率为 93%；13 个单位工程的验收基本完成，单位工程优良率 100%，实现了“以一流的设计、一流的施工、一流的管理，建设精品工程。工程‘质量事故’为零，单元工程合格率 100%，优良率 85%以上，单位工程质量优良，工程总体质量优良”的质量管理目标。

第二节　质量管理体系和制度

一、质量管理体系构建

丹江口大坝加高工程建设质量管理体系按照“政府监督、项目法人负责、监理控制、设计和施工保证”的原则构建。丹江口大坝加高工程建立健全了各级质量管理机构。

（1）中线水源公司质量管理体系与管理机构。工程开工后，为统一协调丹江口大坝加高工程质量管理工作，中线水源公司全方位、全过程负责工程的质量管理工作，并检查、监督、协调、指导参建各方开展质量管理活动，并具体负责水源工程建设的质量管理，组织协调设计、施工、监理及法人各部门有关工程建设的全面质量管理工作。

（2）设计单位质量服务体系与管理机构。长江设计公司在现场设立了丹江口大坝加高工程设计代表处（以下简称“设代处”），实行设代处长负责制，在设代处下设施工地质室、枢纽机电室、办公室等二级服务机构，依工程进展安排有关专业技术人员服务施工现场，解决施工中的设计问题。

（3）监理机构质量控制体系与管理机构。现场监理机构下设综合部、工程检测部、土建工程部、金结工程部等职能部门。建立了以总监理工程师负责的职能管理组织形式。监理把“质量第一”作为工程质量控制的基本原则和工程建设目标控制的最高原则。

（4）施工单位质量保证体系与管理机构。各工程施工承包单位均实行项目经理负责制，明确了项目经理为质量第一责任人、质量副经理为主管责任人、质安部部长为直接责任人的质量责任制，并通过工作程序明确各岗位质量责任。设立了工程部、质安部和质量检测部门，配备专职质检人员和试验、测量人员，负责质量管理与质量检查和签证工作。

（5）政府质量监督机构。2005年8月23日，经中线水源公司向国务院南水北调办申请，南水北调工程建设监管中心于2005年9月21日在丹江口大坝加高工程设立质量监督项目站，对丹江口大坝加高工程质量进行监督、指导。

二、质量管理分工和责任体系

1. 工程建设管理单位

中线水源公司依据《中华人民共和国公司法》建立了完备的法人治理结构，分别设立了董事会和监事会，成立了公司临时党委和工会组织。按照工程建设管理的特点，依据水利部南水北调中线水源工程建设领导小组审定的方案，经公司董事会批准，公司的组织机构设置为：综合部、计划部、财务部、工程部、环境与移民部5个部门和陶岔分公司（图13-2-1）。截至2013年7月底，中线水源公司共有员工65人，具有专业技术职称人员42人（包括正高级7人、副高级28人、中级6人、初级1人），辅助岗位及技术顾问23人。

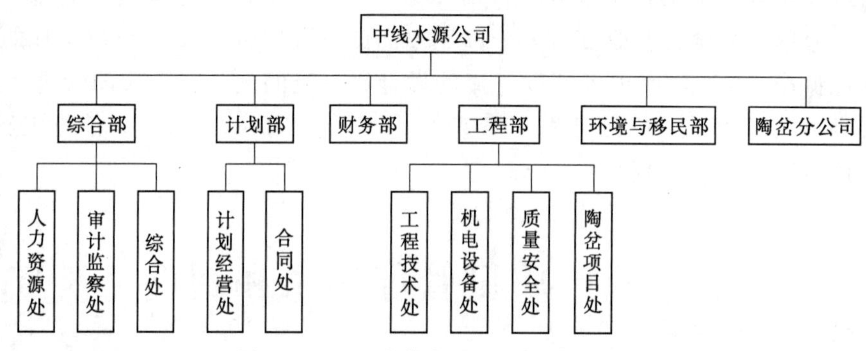

图13-2-1　中线水源公司组织结构图

中线水源公司成立后，依据国家和水利部、国务院南水北调办的有关要求，开展了项目管理体系、制度、办法的系统构建，相继在工程建设质量、安全、施工进度、投资计划、资金管理等方面出台了一系列完备的管理制度并严格执行，且随着项目进展和实际需要不断修订补充完善，从而有效地保证了项目法人与项目建设管理的规范运作。

2. 工程建设设计单位

为保证工程顺利实施，长江设计公司在做好现场设计工作的同时，还提供大量的技术咨询服务以及时解决工程中出现的实际问题。现场设计工作原则上实行专业负责制，各专业根据现场工程进展情况，派出驻工地的长江设计公司丹江口大坝加高工程设计代表处，工作重点为服务法人，为现场施工提供周到、全面且完善的技术支持；主要工作内容包括设计交底，重要部位验收，设计修改和优化，对各专业的技术问题进行及时处理。

3. 工程建设监理单位

依据监理合同及有关规范要求，中国水利水电建设工程咨询西北公司组建了丹江口大坝加高工

程建设现场监理机构——中国水利水电建设工程咨询西北公司丹江口大坝加高工程建设监理中心(以下简称“监理中心”)。根据丹江口大坝加高工程建设进展实际及监理合同约定的监理工作范围及服务内容，监理中心采用总监理工程师全面负责，副总监理工程师分管的职能式组织机构，下设土建工程部、工程检测部、金结工程部和综合技术部四个职能部门。监理中心组织机构见图 13-2-2。

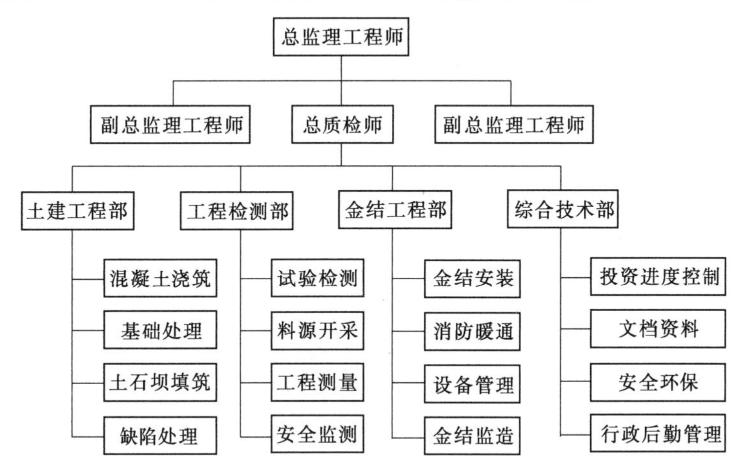

图 13-2-2　监理中心组织机构框图

4. 工程建设施工单位

(1) 施工组织机构。施工项目部实行以项目经理为质量第一责任人、质量副经理为主管责任人、质量安全部部长为直接组织责任人的质量责任制，通过工作程序明确各岗位质量责任，形成有效运行的质量管理体系，成立由各管理部门及各施工队负责人参加的工程质量管理委员会。施工组织机构见图 13-2-3。

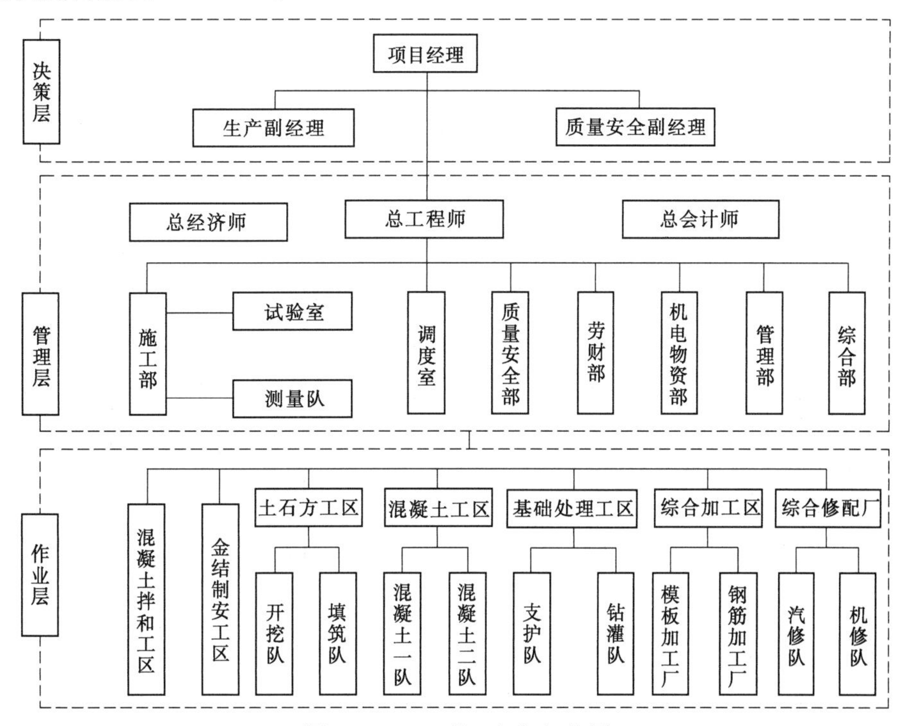

图 13-2-3　施工组织机构图

(2) 质量保证体系的建立。认真贯彻 ISO 9001：2000 系列质量标准，从思想、技术、经济和组织四个方面建立质量保证体系。建立了以项目经理为组长，有关部门负责人参加的质量管理委员会；建立健全质量责任制，积极开展工程创优、全面质量管理和 QC 小组活动，以保证质量体系持续有效运行，实现工程质量创优目标。项目质量管理组织机构见图 13-2-4，质量保证体系见图 13-2-5。

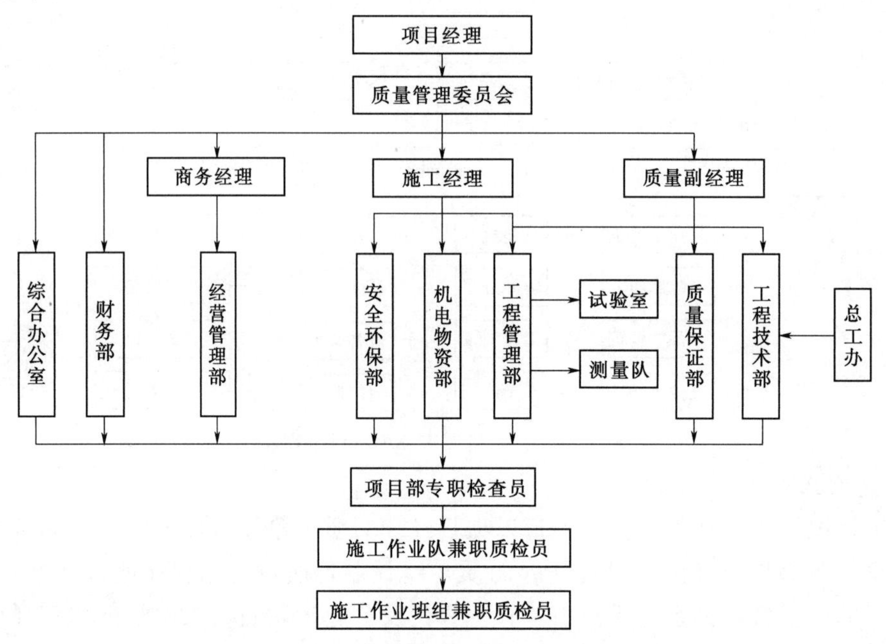

图 13-2-4 项目质量管理组织机构图

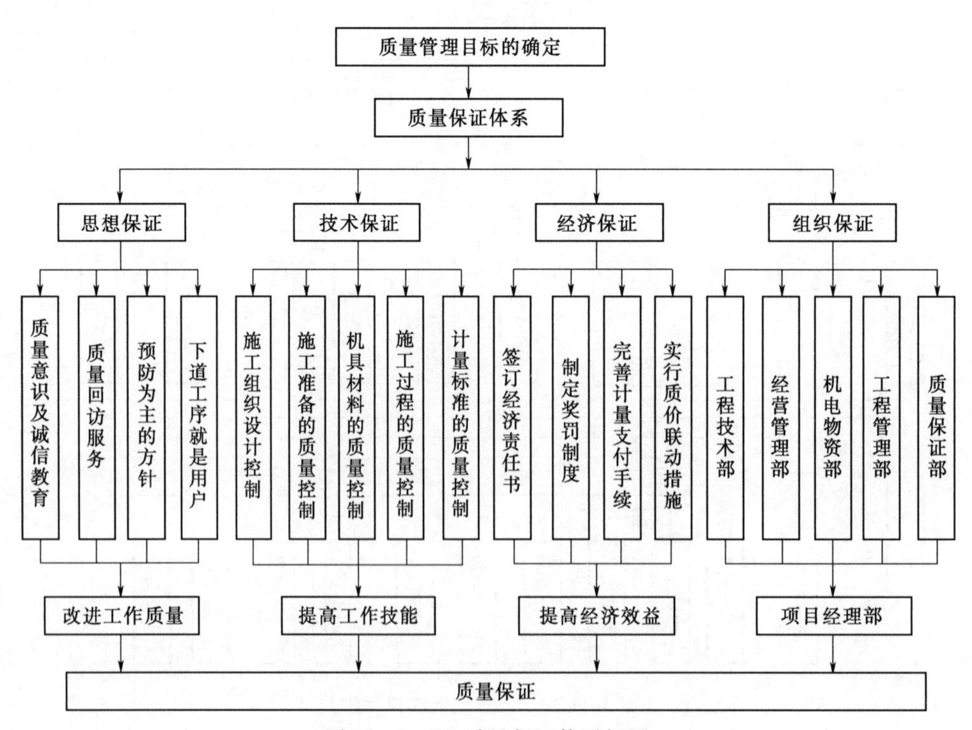

图 13-2-5 质量保证体系框图

三、质量管理体系的工作流程与制度设计

1. 施工质量控制依据

(1) 国家相关法律、法规等。

(2)《水利水电基本建设工程单元工程质量等级评定标准(一)》(试行)(SDJ 249—88)、《水利水电基本建设工程单元工程质量等级评定标准(七)碾压式土石坝和浆砌石坝土程》(SL 38—1992)、《南水北调中线一期丹江口水利枢纽混凝土坝加高工程施工技术规程》(NSBD 6—2006)、《南水北调中线工程丹江口大坝加高钢闸门及埋件加固修复验收质量检测技术规定》、《南水北调中线水源工程丹江口大坝加高工程施工合同技术条款》。

(3)《水利水电工程施工质量检验与评定规程》(SL 176—2007)。

(4)《南水北调工程验收工作导则》(NSBD 10—2007)、《水利水电建设工程验收规程》(SL 223—2008)、《南水北调中线水源工程丹江口大坝加高施工合同验收管理办法》(中水源工〔2010〕74号)。

(5) 已批准的设计文件、相应的设计变更文件和厂家提供的设备安装说明书及有关技术文件。

(6) 施工单位向监理单位报送并经批准的施工组织设计、施工措施、专项施工方案及监理批复文件等。

2. 设立质量控制点

针对本工程的特点设立质量控制点以加强过程控制。凡符合下列情况之一者,均设立质量控制点:①关键部位;②工艺有特殊要求或对工程质量有较大影响的过程;③质量不稳定,不易一次性通过检查合格的单元工程;④在采用新技术、新工艺、新材料、新设备的情况下过程或部位等。

施工过程控制程序框图见图13-2-6。检测质量保证程序框图见图13-2-7。

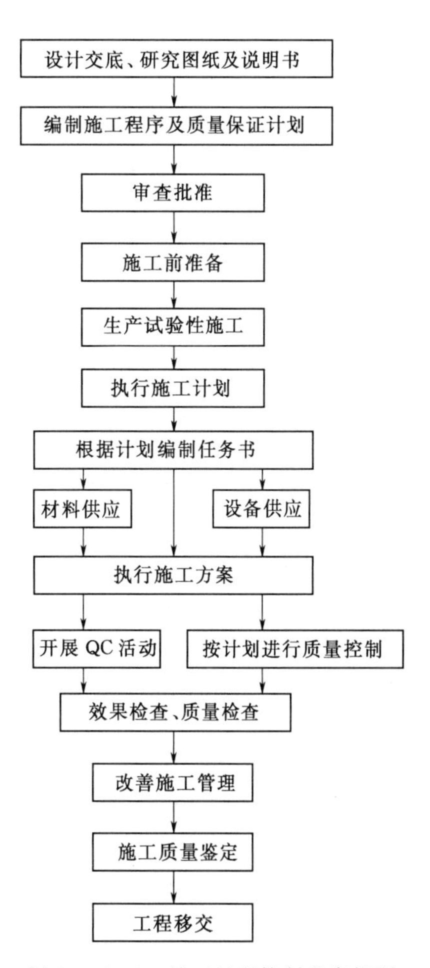

图13-2-6 施工过程控制程序框图

3. 中线水源公司的质量管理制度和措施设计

(1) 质量管理制度。针对丹江口大坝加高工程建设的特点和要求,中线水源公司先后制定了《丹江口大坝加高工程质量管理办法》《丹江口大坝加高工程质量奖惩管理办法》《丹江口大坝加高工程施工质量缺陷处理管理办法》《丹江口大坝加高工程建设质量与安全事故应急救援预案》《丹江口大坝加高工程建设质量问题责任追究管理细则》《丹江口大坝加高施工合同验收管理办法》《丹江口大坝加高分部工程验收奖惩办法》《丹江口大坝加高单位工程验收规定及奖惩办法》和《丹江口大坝加高工程蓄水验收奖励办法》等9项管理制度,并从参建各方的主要职责、权限划分,以及对

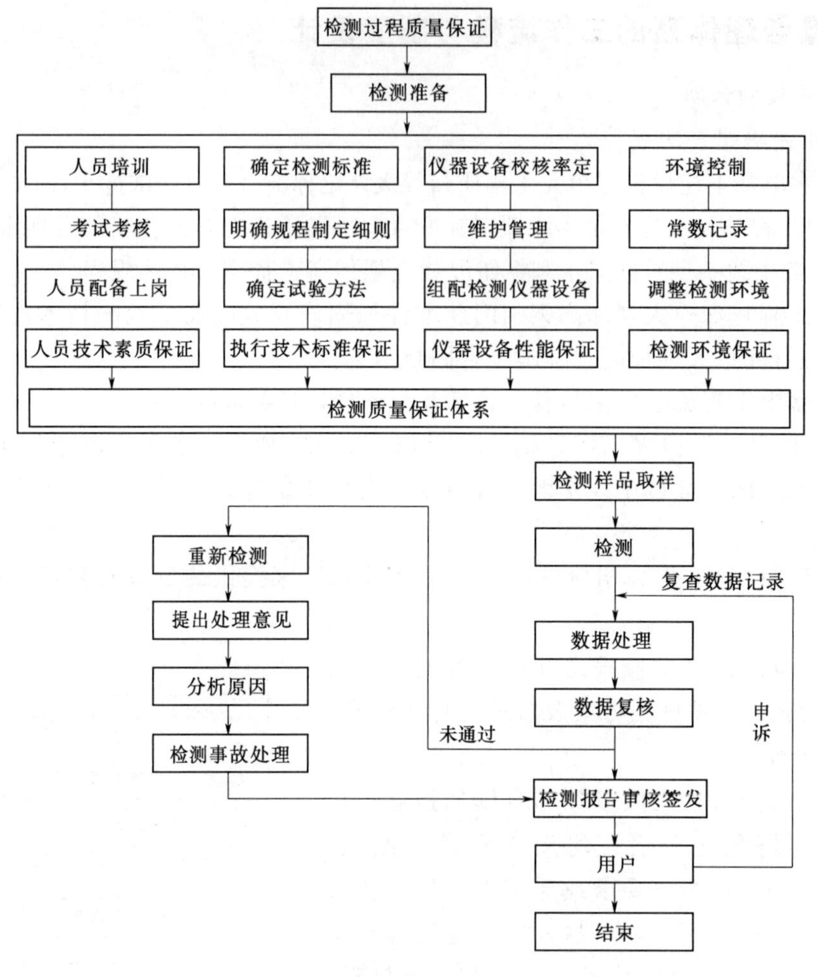

图 13-2-7　检测质量保证程序框图

材料、设备的采购供应、工程施工质量的监督控制、工程质量问题的处理、责任追究、工程验收的质量管理等作出了具体规定。

（2）质量管理措施。

1）做好招标阶段的队伍选择。选择有实力重信誉的施工、监理单位是保证施工质量的关键。对主体建筑安装工程项目，通过招标选择了葛洲坝集团股份有限公司等国内最具实力的水电建设队伍。对于机组改造，选择了汉江水利水电集团来承担，由负责运行的单位承担施工，有利于保证质量。

2）做好设计文件和图纸的审查。设计是工程的龙头，设计质量是保证工程质量的第一步。中线水源公司收到设计文件、图纸后，经过工程部审查再下发给监理；监理要进行认真审查，对于审查出的问题，及时反馈设计进行补充、修改、完善。只有审查无误，经中线水源公司、监理盖章后的图纸和设计文件才能生效，用于施工。

3）做好施工方案审查。日常工作中，施工组织设计和施工技术措施经监理中心批复后转送中线水源公司，由中线水源公司工程部审阅后及时将有关意见反馈监理。对于重大的施工组织设计和施工技术措施，由中线水源公司组织专家进行专题评审，提出指导意见，从方案上把

好质量关。

4）及时组织协调解决危及工程顺利进行的质量问题。现场质量问题有方案层面的原因、也有工艺层面的原因等。对出现的质量问题，中线水源公司积极协调组织解决。如初期工程混凝土坝裂缝问题、垂直升船机轨道梁的安装问题、溢流堰面加高闸室内供料线的升高问题、浅宽槽回填裂缝问题，中线水源公司均及时组织召开了相关质量专题会议进行研究解决。

5）加强原材料、设备的管理。水泥、粉煤灰和柴油由法人提供，并对施工区域进行封闭管理，从源头上保证了原材料的质量。除严格审查进场材料的“三证”外，要求做好工地的复检，对于不合格批次的原材料，如外加剂等，作退货处理；对于金属结构及机电设备制造，则重点以驻厂监造的形式控制并把好设备的出厂验收关。

6）严格进行施工质量检查与考核。中线水源公司工程部经常组织或参与对工程建设质量工作的检查与控制，包括每周一上午组织参建各方对工地质量情况进行联合大检查，平时对质量巡查，月末对当月工程质量进行考核奖惩，以及同质量监督站一道对参建各方的质量管理情况进行专项检查等。检查内容包括施工、监理的质量体系和质量行为，在及时反馈问题的同时还在每周的监理例会或月计划会上采用图片、幻灯片形式剖析质量问题，做到举一反三，并做好问题的闭环管理。

7）引入第三方检测单位。根据工程进度计划结合实际施工情况，中线水源公司委托水利部长江科学院工程质量检测中心对丹江口大坝加高工程进行第三方检测，合理进行检测工作，有效地加强了对工程质量的检测工作。

8）按照规定程序组织或参加工程验收。对于工程建设过程中的单元（工序）质量检查与验收工作，要求施工单位现场坚持“三检制”，自检合格后报监理工程师进行验收。对于土石坝基础、混凝土坝建基面、裂缝处理和重要隐蔽工程由设计、监理、施工以及中线水源公司四方联合验收，只有验收合格、签证后才能进行下一道工序的施工。对于“部分工程投入使用验收”，中线水源公司按照有关规程规范要求，并征得国务院南水北调办同意后及时组织实施，保证了工程建设和枢纽运行管理的需要。

9）定期或不定期进行质量管理工作总结。根据施工现场情况，定期或不定期地进行工程质量趋势分析，及时掌握和控制工程的质量状况，并及时反馈到施工单位和施工现场。对发现的质量隐患问题及时要求其整改。施工单位对上级检查发现的问题或意见等都及时地进行了整改和完善，使施工现场的质量得到有效控制。

4. 监理质量管理制度和控制措施

（1）监理质量管理制度包括内部管理制度、监理规划、监理实施细则和监理工作制度。

1）内部管理制度。监理中心实行总监理工程师负责制，各部门、各岗位严格执行中国水利水电建设工程咨询西北公司质量管理体系程序文件——《工程建设监理控制程序》的相关规定。2006年监理中心编制下发了《监理人员手册》，对全体监理人员的日常行为作出了明确规定。

2）监理规划。2005年8月，监理中心总监理工程师组织编制监理规划和监理实施细则。监理规划在监理大纲的基础上，由总监理工程师组织专业人员编写，监理规划报公司技术负责人审批后在监理合同约定的期限内报送建管单位批准实施。2011年10月，监理中心结合项目实施进展情况，依据监理工作进度和情况变化，适时对监理规划进行必要的补充与调整，编制了《南水北调中线水源丹江口大坝加高后期工程项目监理工作实施规划》，报公司技术负责人审批后再报建管单位批准实施。

3）监理实施细则。截至2013年7月，监理中心编制各专业监理实施细则42份，2007年汛期、2009年汛期根据建管单位批复意见，监理中心先后对监理实施细则进行了修订整编，并装订成册。

4）监理工作制度包括：①技术文件审核、审批制度；②原材料、构配件和工程设备验收制度；③工程质量检验制度；④会议制度；⑤工作报告制度；⑥工程验收制度。

（2）监理质量控制措施如下。

1）对监理工程项目进行分解（单元工程、分部工程、单位工程等），并按施工程序明确质量控制工作流程，分析和确定质量控制重点及应采取的监理措施，制定质量控制的各项实施细则、规定及其管理制度。

2）核实并签发施工必须遵循的设计要求、采用的技术标准、技术规程规范等质量文件；审批施工单位拟实施本工程的施工组织设计、施工措施计划，包括方案、方法、工艺以及安全措施等；核查签发施工图纸。

3）组织向施工单位移交与合同项目有关的测量控制网点；审查施工单位提交的测量实施报告；审查施工单位建立的测量控制网点测量成果及关键部位施工测量放样放点成果；及时对重要建筑物的体型、重要点、线、高程和三线（原始地形线、开挖后的地面线和建筑物竣工后的体型线）等进行独立的测量，同时做好监理平行测量复核工作和对施工单位测量体系的监理工作。

4）审查批准施工单位按合同规定进行的材料级配和配合比试验、工艺试验及确定各项施工参数的试验；审查批准经各项试验提出的施工质量控制措施；审核批准有关施工质量的各项试验检测成果，并进行一定数量的抽样检测试验。

5）审查进场工程材料的质量证明文件及施工单位按有关规定进行的试验检测结果。监理单位按照有关抽样检测的规定，进行一定数量的抽样检测试验。不符合合同及国家有关规定的材料及其半成品不得投入施工，且限期清理出场。

6）对施工进行全过程的监督管理，在工程施工过程中采取旁站、巡视等监理形式。在加强现场管理工作的前提下，对重要部位和关键工序、特殊工序、关键施工时段（如建基面的清理、混凝土浇筑、灌浆工作中的压水试验、浆液制备、施灌、封孔、锚杆插杆和注浆、预应力锚束施工、安全监测仪器的安装及埋设等）实行旁站监理，对发现的可能影响施工质量的问题及时命令施工单位采取措施解决，必要时发出停工、返工的指令。

7）充分运用监理质量检查签证的控制手段，对工程项目及时进行逐层次、逐项的（按工序、单元工程、分部工程、单位工程等区分）施工质量验收和质量评定工作。及时组织进行隐蔽工程、重要部位、重要工序的质量检查验收和签证工作以及分部工程的检查验收工作。

8）做好监理日志，随时记录施工中有关质量方面的问题，并对发生质量问题的施工现场及时拍照或录像。

9）组织并主持定期或不定期的质量分析会，分析、通报施工质量情况，协调有关单位间的施工活动以消除影响质量的各种外部干扰因素；定期提出工程质量报告和按规定格式编制工程质量统计报表（年、月）报法人单位。

10）协助法人单位组织进行重要阶段验收、中间验收、单位工程验收，以及专项合同项目

工程验收。

11）对现场发生的质量问题，及时向项目法人报告，并将检查处理进展情况随时向项目法人报告；协调和组织对质量问题的处理。

5. 施工项目部质量管理制度和措施设计

（1）质量管理制度主要有：①岗位责任制度；②施工复测制度；③技术交底制度；④开竣工报告制度；⑤材料检验制度；⑥试验室抽样制度；⑦隐蔽工程检查制度；⑧工程负责人质量评定奖惩制度；⑨工程自检、互检及旁站制度；⑩工程质量事故处理制度。

（2）质量管理制度依据设计图纸、合同文件、施工规范和施工措施，编制了《质量管理计划》，制定了各分部分项工程程序控制图及质量控制点，编制了施工作业指导书、操作规程、管理细则和岗位责任制等，对施工质量进行全过程的管理控制，确保整个施工过程连续、稳定地处于受控状态。

四、质量管理体系运行及效果评价

中线水源公司按照建“精品工程”的质量目标，在工程建管过程中，按照“项目法人负责、监理单位控制、设计单位和施工单位保证”的管理理念，对工程实行全过程、全方位的动态质量管理。

（1）强调严格审查设计图纸和施工技术文件。在项目法人、监理单位收到设计文件、图纸后，要进行认真审查，审查无误后下发给施工单位；施工单位的施工措施和质量保证文件是施工单位进行施工作业和控制的主要依据性文件，需要严格对这些文件进行审批，以便对工程质量进行全面监督、检查与控制。

（2）加强过程控制。在工程建设管理工作中，要求施工单位建立健全作业工法和作业指导书，细化质量控制流程，将质量责任逐层分解落实；要求建立健全三级检验制度，并采取奖惩措施切实落实；监理单位要对关键部位、关键工序施工实行旁站监理，并安排人员不定时进行巡查，发现质量问题除及时纠正外，并通过警告、通报、罚款等处罚措施，保证过程控制的有效性。

（3）严格进行试验检测。试验检测是控制施工质量的重要手段，不仅要求施工单位，也要求监理单位都要按照合同及规范的要求，建立满足工程需要的试验室，按要求严格进行施工单位自检和监理单位的平行检测。检测的数据要真实、准确，并及时反馈给有关部门或单位，用以指导工程设计和施工。

丹江口大坝加高工程施工过程中未发生任何质量事故，工程建设质量总体良好，处于受控状态。

第三节　建设过程质量管理

一、设计质量管理

（一）工程设计概况

根据水利部有关南水北调中线工程建设的部署和水利部长江水利委员会的要求，长江勘测规划设计研究院依据相关等规程规范，编制了《丹江口水利枢纽大坝加高工程初步设计报告》（未包括水库淹没处理及移民安置规划内容）等一系列的设计报告。

1993年编制了《丹江口水利枢纽后期续建工程初步设计报告》；1997年编制了《丹江口水利枢纽后期续建工程招标设计报告》；2002年根据基本资料变化情况重新编制了《丹江口水利枢纽后期续建工程初步设计报告》和《丹江口水利枢纽大坝加高工程项目建议书》；2003年9月编制了《丹江口水利枢纽大坝加高工程可行性研究报告》《丹江口水利枢纽大坝加高工程初步设计报告》和《丹江口水利枢纽大坝加高工程左右岸土石坝施工招标设计文件》；2004年编制了《丹江口水利枢纽大坝加高工程招标设计报告》，同年12月编制了《丹江口水利枢纽大坝加高工程初步设计报告（修订本）》，同时进行了大量的科研和专题研究工作，编写了大量的专题研究报告。

2002年6月至2003年10月，水利部水利水电规划设计总院（简称“水规总院”）、中国国际工程咨询公司对《丹江口水利枢纽后期续建工程初步设计报告》《丹江口水利枢纽丹江口大坝加高工程项目建议书》《丹江口水利枢纽大坝加高工程可行性研究报告》《丹江口水利枢纽大坝加高工程初步设计报告（补充）》和《丹江口水利枢纽大坝加高工程可行性研究报告》进行了审查和评估。

2004年11月，《丹江口水利枢纽大坝加高工程可行性研究报告》获国务院批准。2004年12月，水规总院在北京市审查通过了《丹江口水利枢纽大坝加高工程初步设计报告（修订本）》。

2005年5月完成了《丹江口水利枢纽大坝加高土建施工及金属结构安装招标文件》。

2005年9月26日大坝加高工程开工建设。

（二）设计质量管理体系

1. 设计质量管理体系的建立

从1998年长江勘测规划设计研究院首次通过ISO 9001质量管理体系认证以来，多次结合运行情况和工程勘测设计流程的优化，对质量管理体系文件进行了修改和完善。质量管理体系文件按照《质量管理体系　要求》（GB/T 19001—2000）的要求，以项目法人（建管单位）为关注焦点，过程控制为核心，把先进的管理理念和科学管理方法作为追求卓越绩效的基础方法，不断提升长江勘测规划设计研究院的管理水平；通过对质量管理体系实施过程的监控和检查，保证其在生产的各环节有效执行；在持续改进质量管理体系方面，不断寻求对质量管理体系过程进行改进的机会，营造激励改进的氛围和环境，使长江勘测规划设计研究院的规范管理在改进中得到升华。

在勘测设计的主要过程中制定有《文件控制程序》《设计和开发控制程序》《工程勘察产品控制程序》《测绘产品控制程序》《工程安全监测产品控制程序》等文件，严密的程序和一系列的规章制度从源头上对丹江口大坝加高工程设计文件的质量进行控制，保证提供的勘测设计产品满足法律、法规的要求和项目法人（建管单位）的要求。

2. 设计质量管理体系运行情况

（1）针对丹江口大坝加高工程的设计工作，严格按照质量管理体系文件执行，项目负责人负责策划、组织编制工作大纲，对设计输入文件进行评审，下达工作计划，对工程设计进度、重大问题、专业负责人提出的问题进行协调和决策，重点对技术接口有矛盾的问题进行会审。

项目设总和专业负责人组织编制设计大纲，下达设计技术要求，负责对专业的进度计划协调、质量控制以及成果审查，采取措施保证勘测设计成果质量。

（2）项目负责人、项目设总和专业负责人在专业归口管理的基础上，加强协调配合，解决技术难题。

（3）认真贯彻《设计成果校审制度》，保证勘测设计成果按不同级别所规定的职责范围进行校核、审查、核定和核准。

（4）加强专业内部和专业之间的技术接口工作，按程序文件的规定对图纸、报告等要求严格填写校审表、互提资料单和会签表等记录，具有可追溯性。

（5）实行工地代表服务制度，按计划按需要派技术骨干去现场交底，配合工程施工，及时解决与设计有关的技术问题。重大设计更改必须得到相应的批准后方可实施。

（6）丹江口设代处定期将前方的生产动态、质量信息以及法人要求解决的设计问题等及时传递至长江设计公司技术质量部，在长江设计公司网上发布，由相关的责任人及时处理回复意见。

（7）组织对丹江口大坝工程设计质量进行回访调查，听取法人、施工和监理方的意见，重点检查设计程序中仍需解决的问题并提出设计回访报告。涉及回访报告提出的问题，由项目设计总监组织主要专业负责人研究解决措施，及时解决所存在的问题。

3. 现场服务制度

为了加强现场服务，使建设、监理及施工单位了解设计意图、设计原则、设计要点，及时发现、反馈和处理实施过程中出现的新问题，长江设计公司成立了由各专业业务骨干组建的现场设代处，深入现场开展技术服务，并根据建设单位和施工要求，及时派遣设计人员到现场解决有关技术问题。

（1）做好设计技术交底工作。设计技术交底是设计单位向建设、监理和施工单位介绍设计情况，以增加对设计文件和设计图纸内容的进一步理解，有利于设计意图的正确贯彻执行。所有技术交底按建设单位的要求由设代处组织安排有关专业设计人员进行技术交底。在交底过程中，设计人员充分介绍设计项目的意图、目的及运行功能要求，介绍施工质量控制的关键部位及风险防范措施，对建设、监理和施工单位提出的问题进行认真解答。

（2）了解收集现场信息，开展动态设计。各专业在现场配备有常驻设计代表，了解收集现场工程信息，根据现场实际需要，将有关信息及时准确地进行反馈，调整设计方案和计划安排，开展动态设计，确保设计质量并满足工程建设进度需要。

（3）参加现场工程协调会及四方联合议会。凡建设单位和监理单位组织的与设计和现场工作有关的各种会议，设代处均派设计代表参加。对于会上提出的一般性技术问题，由设代处组织现场设计代表及时回复；对于重大技术问题，由长江设计公司组织各专业开展研究讨论，并及时予以答复。

（4）参加金结、机电设备设计联络会和主要机电设备出厂验收等。为了协调金结、机电设备设计、工程设计以及其他方面的工作，建设单位组织的金结、机电设备设计联络会设计单位均派设计代表参加，会上设计人员认真听取厂家汇报，详细阅读资料，严格按照合同文件的技术要求和工程设计要求，提出设计意见，为保证合同条款有效顺利实施和确保金结、机电设备质量而尽职尽责。在建设单位组织的设备出厂验收会上，设计人员配合有关单位人员按合同文件和有关规程规范对设备性能、制造工艺、试验结果等进行严格检查，以确保设备出厂质量。

（5）参加工程检查与验收。工程的检查与验收工作按照国家有关规程规范、设计图纸以及相关技术要求进行。参加验收人员对各建筑物施工质量和金结机电设备安装质量进行细致的检查，并通过各项试验验证，使验收工作顺利进行。

（6）出谋划策，当好参谋。定期参加由项目法人或监理组织的建设、监理、施工单位生产协调会、现场碰头会以及联合检查会，积极配合各方，从设计角度提出建议和意见，为工程建设出谋划策，以利工程施工的顺利进行。

（三）设计效果评价

通过完善的质量管理体系、专业的质量管理组织以及动态质量管理措施，对设计中出现的问题及时解决，对设计方案质量进行循环控制，使勘察设计结果符合现行规范，从设计上保证了工程安全及质量，设计的质量管理效果显著。

1. 工程等级与设计标准

加高后丹江口水利枢纽拦河大坝最大坝高117m，总库容339.1亿m^3，电站装机容量900MW，过坝建筑物可通过300t级驳船。根据其规模，枢纽定为Ⅰ等工程。大坝（包括董营副坝及左岸土石坝副坝）、电站厂房等主要建筑物定为1级建筑物。通航建筑物的主要部分定为2级建筑物。挡水建筑物的洪水标准按1000年一遇洪水设计，按可能最大洪水（10000年一遇洪水加大20%）校核。大坝地震设计烈度定为Ⅶ度。工程等级及设计标准均符合现行规范。

2. 大坝加高采用的设计参数

丹江口大坝加高设计采用的材料物理力学参数、建基面及水平施工缝层面抗剪强度参数等根据国内外调研、材料室内试验、材料现场试验及工程类比确定，各类荷载参数根据设计规范确定，采用的设计参数合理并且符合工程常规。

3. 稳定及应力控制标准

河床坝段水下部分在初期工程建设阶段已按加高后设计施工，加高后建基面抗滑稳定控制标准按设计规范执行，两岸坝段从建基面开始加高。按审查意见，荷载基本组合下建基面最小抗滑稳定安全系数由规范规定的3.0提高至3.5；应力控制标准最大压应力允许值按规范执行，上游及坝踵部位最小压应力允许值由规范规定的无拉应力提高至有一定的压应力。

4. 各坝段加高设计评价

（1）大坝加高根据工程建设初期的设计方案和初期工程为后期大坝预留的工程措施进行，河床坝段在水上部分加高，两岸坝段从建基面开始加高；采用后帮加高的方式，各坝段加高设计符合工程实际情况。

（2）初期大坝闸墩存在水平层间缝并且实际配筋不满足现行规范最小配筋率要求，加高及加固设计中采用钻孔植筋方式解决初期闸墩最小配筋率不足问题；将同一坝段两个闸墩在顶部与墩顶梁板连成刚性“Π”形框架，与相邻坝段采用简支梁连接，从而改善闸墩结构受力条件；同时对闸墩增设预应力钢筋措施，增大安全度且提高耐久性。复核结果表明，加高后运行期间闸墩稳定及结构承载能力均满足相关技术标准要求。

（3）深孔底板在大坝加高后，底板应力将有所提高，原底板配筋偏少。经检查深孔孔口范围内大坝永久横缝灌浆质量良好，在此条件下的计算结果表明，底板结构配筋量满足现行相关

技术标准要求。

5. 新老混凝土结合设计评价

三次现场试验和仿真计算结果表明，丹江口大坝加高即便采取各种措施，新老混凝土结合面的开合不可避免。通过对新老混凝土结合面采取界面处理措施、设置键槽及插筋等结构措施和严格的温控措施，结合面允许开裂但可保证新老坝体协同工作。在结合面排水有效情况下，大坝的整体安全性是有保证的。

6. 稳定及应力分析成果

加高后大坝建基面抗滑稳定系数满足规范要求及审查意见，计算分析表明，对其他滑动模式，如沿老坝体水平层间缝并剪断新混凝土滑动以及沿老坝体水平层间缝和新老混凝土结合面组合滑动，只要结合面排水措施有效，两种滑动模式的抗滑稳定安全系数均能满足规范要求。大坝建基面应力计算成果满足规范要求，但对存在低强混凝土缺陷的典型坝段（如21坝段），部分低强混凝土区域抗压安全系数不满足规范要求，但由于处于坝体内部且范围较小，不影响大坝整体安全。

7. 混凝土分区及构造

加高混凝土材料分区设计及材料主要设计指标合理，坝体分缝和坝体廊道是在初期工程的基础上进行设计的，其布置合理并且符合工程实际，满足了排水、监测、交通、通风、维护的要求。

8. 加高施工期库水位控制

河床坝段加高施工期控制水位为初期工程调度水位，计算分析表明：设计提出的两岸混凝土坝段加高施工期控制水位为152.0m，既可兼顾防洪调度和发电效益，又能保证加高后混凝土坝的运行安全。

9. 坝体及结合面排水

加高混凝土坝体排水管底均与相应廊道连通，与经过扫孔及加密的初期工程坝体排水管一起形成坝体排水管幕，坝体排水满足规范要求；新老混凝土结合面排水是根据不同的坝段采取不同的排水措施，即左、右联坝段设置排水廊道、排水孔道，厂房坝段利用排水孔，溢流坝段利用设置的排水廊道，深孔坝段利用明流段空腔自然排水，结合面排水设计满足要求。

10. 泄水建筑物

泄洪能力满足要求，深孔与表孔设计体型合理。大坝加高后坝后河床冲刷坑将会向下游发展，深度会相应增加，但不会对大坝安全构成威胁。

11. 基础处理

（1）左、右联混凝土坝段坝基开挖设计提出的建基面标准、开挖线范围和缺陷处理方案合适，固结灌浆设计合理，满足规范要求。

（2）防渗帷幕采用透水率不大于1Lu符合现行规范要求。对河床坝段，利用高水头帷幕补强灌浆试验成果对未能达到设计防渗标准的区域采用水泥或丙烯酸盐进行补强灌浆，补强合格后，对帷幕后的坝基主排水孔进行全面改造；对初期工程中为“排灌型”孔的坝段（右7～右13坝段除外），改建成完善的渗控系统，即在上游侧设置防渗帷幕，下游侧设置排水幕。补强和改造后坝基帷幕和排水设计合理，满足规范要求。

12. 温度控制

加高混凝土在贴坡部位与加高部位提出不同的温控标准符合规范要求，设计提出的温控标准和温控措施合理可行。溢流坝段和厂房坝段设置的纵缝能增强新老混凝土整体性，溢流面预留宽槽再回填可增强溢流面与闸墩整体性。

13. 抗震安全评价

（1）根据2003年中国地震局地球物理研究所、水利部长江水利委员会三峡地震大队及中国地震局地震研究所对丹江口大坝加高工程场地进行的专门的地震危险性分析，丹江口大坝工程场址相应于5000年一遇的基岩地震峰值加速度为0.15g，可以作为丹江口大坝加高工程的抗震设防标准。丹江口大坝加高工程10000年一遇的基岩峰值加速度为0.18g，可以作为校核地震的标准。

（2）典型坝段复核结果表明：地震荷载作用下，坝体混凝土抗压强度满足现行抗震规范的要求；坝体部位混凝土抗拉强度满足规范的要求；沿建基面的抗滑稳定满足现行抗震规范的要求；坝体位移值总体较小，各缝面的张开度均较小；上下游的水平裂缝和竖向裂缝均存在不同程度的扩展，缝的张开及滑移量均不大，不致破坏止水设施的防水功能和大坝的正常运行；设计地震条件下，坝体会有较小范围的局部损伤，但安全性满足规范要求。

二、施工质量管理

（一）施工质量管理总体要求

南水北调中线水源工程丹江口大坝加高工程建设的质量目标是：实现工程的“零质量事故”，单元工程合格率100%，优良率85%以上，单位工程质量优良，枢纽工程总体质量优良。具体如下：

（1）实现工程的“零质量事故”，力争不发生较重及以上质量缺陷和出现较重及以上质量违规行为。

（2）单元工程合格率100%，优良率85%以上，重要隐蔽和关键部位单元工程优良率在90%以上。

（3）外观质量检测得分率在90%以上。

（4）所使用的原材料、中间产品及设备、构配件质量全部合格。

（5）分部工程质量合格，主要分部工程质量优良；主要单位工程质量优良；工程总体质量优良；档案资料真实、完整、规范。

（二）工程专业分类与施工特点

丹江口大坝加高工程专业门类基本涉及水利水电工程的各方面。

水工建筑物的型式包括：混凝土坝为重力坝，泄洪建筑物有11孔有压深孔泄洪洞、20孔无压溢流表孔。土石坝为黏土心墙坝或黏土斜墙坝。电站为坝后式电站，混流式水轮机。升船机由垂直和斜面两级升船机组成。

所涉及的专业门类包括：基础开挖及处理工程、渗控工程、混凝土工程、土石方填筑工程、金结与机电设备制作与安装工程、安全监测工程以及混凝土坝新老结合面处理工程等。

1. 基础开挖与处理工程特点

混凝土坝河床100m高程以下初期工程已实施完成。大坝加高基础开挖与处理工程无水下

工程，均为干地施工。但是，由于是改扩建工程，施工区紧邻初期工程大坝、电站厂房、大坝控制楼、开关站等，爆破控制要求高。在施工中严格控制爆破规模，对爆区的临空面采用钢丝网、废旧传送皮带、沙袋覆盖以控制飞石影响。另外，对周边的建筑物、构筑物的防护进行重点管理，对重要保护体临近爆区的立面采用钢管排架面铺竹跳板全覆盖进行防护。

2. 渗控工程特点

丹江口大坝加高的渗控工程包括初期渗控工程的改造和新建大坝的渗控工程两部分。全新实施部分均按一般渗控工程要求实施。下面简述混凝土坝改造部分的情况。

初期工程河床坝段的帷幕灌浆按后期规模实施。两岸连接坝段的帷幕灌浆由于岩石透水性极小，初期工程采用排灌型孔的方式实施，即在完成帷幕孔的钻灌后不封孔，利用帷幕灌浆孔作为排水孔。因此，加高工程对渗控工程的改造包括两岸连接坝段的改造和河床坝段的检查加固。主要渗控工程如下：

（1）两岸排灌型帷幕的改造。对排灌型孔进行扫孔封孔，在其下游重新布置一排帷幕孔，在帷幕孔实施完成后再在其下游打一排斜孔作为专门的排水孔。

（2）河床坝段高水头下的帷幕灌浆。初期工程河床坝段的帷幕灌浆实施效果较好，且对局部漏量较大的孔段进行了丙凝化学灌浆。但自建成以来已运行约 40 年，有必要对河床坝段的帷幕工作性状进行检查，依据检查结果进行针对性的处理。

检查情况表明，岩石裂隙中充填的丙凝材料未发生明显的性质改变，材料的耐久性较好；检查也发现断层破碎带部位、岩石细微裂隙发育部位局部孔段超标，因此决定进行进一步的补强加固。补强采用水泥灌浆、丙烯酸盐化学灌浆或者水泥灌浆和化学灌浆相结合的方式进行。

3. 混凝土工程特点

大坝加高工程混凝土量不足 130 万 m^3，由于是在初期工程基础上的贴坡、加高，施工场地狭窄、施工通道单一（主要为新、老混凝土坝的坝顶），且考虑到新老混凝土的结合要求贴坡混凝土在枯水期施工，溢流坝段混凝土施工、加高混凝土施工和工程汛期防汛相干涉等，因此施工难度较大。具体施工特点如下：

（1）施工工期要求严格。贴坡混凝土施工要求在两个枯水期内完成；每个坝段的溢流堰面在工程 128m 以下及 128m 以上的混凝土施工必须在一个枯水期内完成；闸墩一旦开始加高，要求在一个枯水期内完成老坝顶的拆除、新老混凝土结合面的处理、闸墩加高和新坝顶结构的形成及闸门具备挡水条件。

（2）贴坡混凝土温控要求严格。贴坡混凝土施工时上游的库水位不能超过 152m；贴坡混凝土只能在低温季节施工，当年 10 月、次年 4 月、5 月施工的贴坡混凝土的出机口温度要求小于 10℃；贴坡混凝土单元拆模后，要求粘贴 5cm 厚的保温苯板长期保护。贴坡混凝土收仓后，要求通水库深层库水进行初期冷却通水，以消减混凝土最高水化热温升，混凝土内部最高温度 12 月、1 月、2—9 月、5 月要求不超过 23～33℃。

（3）施工期的长间歇面要求布设斜坡面层钢筋。贴坡混凝土浇筑层厚控制在 1.5～2.0m，要求短间歇均匀上升。对于 2006 年 5 月枯水期结束时的停歇面，按设计要求布设了面层限裂钢筋。

（4）施工手段广泛。主要有门（塔）机挂罐入仓、溜槽皮带机入仓或两者相结合的入仓方式。零星部位采用履带吊挂罐入仓。

（5）浇筑方式多样。主要采用分层浇筑，分层浇筑中主要采用台阶法浇筑，少量采用平浇法浇筑。升船机墩柱、溢流堰面浅宽槽回填、土石坝上游护坡采用滑模施工。

（6）混凝土表面质量要求高。为了保证混凝土外表面施工质量，采取了多卡模板内贴芬兰板的方式减少了混凝土表面气泡，增加了混凝土表面光洁度并显著改善了表面体型。

（7）混凝土骨料为天然砂砾石料。本工程的混凝土骨料均采自下游河道羊皮滩料场。由于骨料级配不平衡，少量进行了破碎。

4. 土石方填筑工程特点

丹江口大坝加高工程土石方填筑工程主要包括左岸土石坝的培厚加高、新建右岸土石坝、左岸土石坝副坝和董营副坝。左岸土石坝副坝、董营副坝均为均质土坝，主要填筑料均为黏土。

左岸、右岸土石坝坝体结构均为：中间黏土心墙（斜墙）、上下游紧接反滤料、坝壳料、护坡等。反滤料为最大粒径不超过4cm的混合砂砾料宽级配反滤。坝壳料为采自下游河道羊皮滩或七里崖料场的砂砾料。上游护坡为25cm厚的混凝土保护板，下游护坡为边长1.2m的六边形混凝土格栅中间填土的草皮格栅护坡。主要工程内容如下：

（1）黏土填筑。黏土料取自五峰岭料场的黏土，其天然含水量接近最优含水量。填筑铺土厚度约为35cm，最优含水量约为21%，最大干密度约为1.62g/cm^3，碾压设备为18t凸块震动碾，碾压遍数为静碾2遍、动碾8遍，边角用HCD90型振动冲击夯压实。每片区域每一层填筑完成后均进行取样试验，只有试验成果合格才能开始下一个填筑层的施工。

（2）反滤料填筑。反滤料由羊皮滩或七里崖料场的砂砾料经筛分或掺合产生。反滤料填筑厚度、碾压遍数和黏土基本相同，检测控制指标为含砂率、相对密度等。碾压设备为18t震动平碾。

（3）坝壳料填筑。左岸土石坝坝壳料主要采自七里崖料场，经小树林料场堆存、转运至填筑区。右岸土石坝坝壳料主要采自羊皮滩料场，经柳树林料场堆存，直接转运上坝或再经蔡家沟场地分层掺混后立面开采转运上坝。坝壳料的含砂量一般不低于15%，相对密度不小于0.75，摊铺厚度一般为55cm左右，采用18t震动平碾洒水碾压。

（4）主要采用先砂后土法施工，即坝壳料上升速度略高于反滤料和黏土料。通常是填筑一层坝壳料后，再填筑两层反滤料和黏土料。

5. 金结与机电设备安装工程特点

本工程的金结与机电设备安装工程施工内容主要为：原150t级垂直及斜面升船机拆除报废，新300t级垂直及斜面升船机制造安装；原坝顶2台400t门机及轨道拆除报废，新坝顶2台5000kN门机及轨道的制造安装；表孔20套工作门、3套检修门，深孔11套弧形工作门，电厂进水口6套快速门、2套检修门、39套拦污栅加固修复后继续使用；深孔3套旧检修门和3台移动式卷扬启闭机拆除报废，新制造安装2套检修门和11台固定式卷扬启闭机；电厂进水口6台液压启闭机及1套液压泵站拆除报废，新制造安装6台液压启闭机及3套液压泵站；大坝18坝段、44坝段、垂直升船机及斜面升船机的4座变电所新供配电设备的采购安装；大坝3台旧电梯的拆除报废及3台新电梯的制造安装；电厂2台发电机、5台水轮机、1台主变压器、1台厂用变压器、6套水轮机调速器、2套发电机励磁系统、16台厂用高压开关柜、1套厂用空调通风系统等旧设备拆除报废，新设备制造安装。金结与机电设备安装工程不同工程内容具有

不同的工程特点。

（1）枢纽防汛、发电与施工的矛盾突出，相互制约，协调难度大，施工复杂。丹江口大坝加高工程是在丹江口水利枢纽承担着汉江中下游重大防洪、安全度汛任务，在正常发电运行前提下，进行加高施工，施工期间必须确保大坝的防洪、度汛功能，兼顾正常的发电、送电。这样就要求坝顶门机、深孔启闭机及闸门等防汛设施的拆除、安装只能在一个枯水期间进行，必须在汛前具备运行条件，施工强度大；电厂进水口液压启闭机、快速门、拦污栅的拆除安装必须与电厂机组改造同步进行，以尽量减少对电厂发电的影响，协调难度大；厂房坝段加高混凝土施工时，对进水口快速门液压启闭机房、油泵房采取了先预留空腔保留，设置防护，待加高完成后再逐台拆除旧设备，进行空腔混凝土回填，最后再逐台安装新设备的施工方案，施工工艺复杂。

（2）垂直升船机轨道梁的拆装难度大。在丹江口大坝加高升船机改扩建工程中，原150t级垂直升船机旧轨道梁的拆除与新300t级垂直升船机轨道梁的安装是升船机改扩建工程的重点和难点，也是升船机能否安全顺利拆除和安装的关键。

原150t级垂直升船机轨道梁共10根，架设在12个钢筋混凝土支墩顶部，沿升船机轴线分布左右各5根，组成5孔栈桥，形成垂直升船机的承重结构，从下游侧起至上游侧，依次为1号、2号、3号、4号、5号钢梁。轨道梁截面最大尺寸为3.566m×1.2m，跨度为30.5m、18m、16m三种，单根重量分别为66.8t、28.5t和31.3t，离地面最大高度超过50m，最远端离坝顶公路超过70m。

坝顶施工起吊设备为MQ600/30B高架门机，最大起吊能力30t，工作幅度17～50m。经过对多种拆除方案进行对比，施工单位在考虑现场实际情况、设备条件、安装能力和资金投入的前提下，提出了“轨道梁单根顶升→多根轨道梁组合焊接形成整体→轨道梁底平面链轮机构安装→卷扬牵引机构安装→水平牵引滑移至3号坝段坝顶→进行逐段分解”的拆除方案。拆除方案提出后，中线水源公司及监理单位均非常重视，多次组织相关各方召开专题会议对方案进行讨论、研究、复核计算，经过多次的优化、调整、完善，使该方案趋于成熟、安全。

150t级垂直升船机轨道梁的正式拆除施工于2006年6月底开始，至2006年8月19日顺利完成。

新300t级垂直升船机轨道梁共8根，架设在10个钢筋混凝土支墩顶部，沿升船机轴线分布左右各4根，布置形式与原布置基本相同，从下游侧起至上游侧，依次为1号、2号、3号、4号钢梁。轨道梁截面最大尺寸为4.9m×1.7m，跨度分别为30.5m、15.5m、35.5m、32m四种，单根重量分别为127t、50.6t、146t和134t，垂直提升高度超过60m，最远端离坝顶公路超过70m。

新300t级垂直升船机轨道梁的安装方案是在150t级升船机轨道梁拆除方案的基础上设计的，基本上属于拆除方案的逆向施工。基本步骤为：钢支墩及拼装平台的搭设→轨道梁分段吊装、拼装焊接→2根或多根轨道梁通过临时焊接形成整体→轨道梁底平面链轮机构安装→卷扬牵引机构安装→水平牵引滑移至安装位置→轨道梁沿临时焊接部位分解→调整就位、端头处理。

新300t级垂直升船机轨道梁安装方案提出后，中线水源公司及监理单位更为重视，因新

300t 级升船机属于永久设备，有别于原 150t 级升船机设备的破坏性拆除，而且单根梁的外形尺寸及跨度更大，重量更重，安装方案的可靠性、安全性、工艺要求更高。为此，中线水源公司多次组织相关各方召开专题会议对方案进行讨论、研究、复核，并邀请专家召开丹江口垂直升船机安装施工方案专家咨询会进行技术咨询，对安装方案及轨道梁结构进行了多次的优化、调整、完善。

1）轨道梁在厂内整体制作、分节运输方案，分节数量和方式根据运输条件确定。

2）轨道梁采用等截面梁，除 2 号轨道梁外，其余轨道梁断面结构尺寸相同。

3）采用“轨道梁端头设计法兰结构，采用高强度连接螺栓进行轨道梁间的连接”方式，取代“轨道梁端头预留 50～100mm 焊接余量，安装时用于梁与梁之间焊接连接，安装完成后切割、打磨到设计尺寸”的方案，以降低现场安装难度，缩短安装时间，保证轨道梁最终的外观质量。

4）对升船机混凝土支墩顶部结构及混凝土浇筑工艺要求进行调整，以满足轨道梁水平牵引滑移安装方案对混凝土支墩顶部结构的要求。

按上述要求，形成了“钢支墩及拼装平台的搭设→轨道梁分段吊装、拼装焊接→2 根或多根轨道梁螺栓连接形成整体→轨道梁底平面链轮机构安装→卷扬牵引机构安装→水平牵引滑移至安装位置→轨道梁连接螺栓分解→调整就位”的实施方案。

轨道梁吊装手段临时租用 200t 汽车吊、70t 汽车吊，坝面 MQ600 施工门机、25t 汽车吊配合吊装，平板车配合完成设备转运。

新 300t 级垂直升船机轨道梁安装于 2010 年 8 月 22 日正式开始，至 2010 年 12 月初完成。

（3）金属结构质量检测标准。丹江口水利枢纽钢闸门及埋件等金属结构按初期规模布置施工，按后期大坝加高设计，各类钢闸门及埋件投入运行已 40 多年。根据 1993 年和 2002 年两次丹江口大坝定期安全检查鉴定对金属结构安全检测的意见，钢结构构件的安全裕量均有不同程度的降低，但经过加固修复后仍可继续使用。所以部分钢闸门经加固、修复、安装调试，并经安全鉴定后能满足丹江口大坝加高后的安全运行要求。

根据初步设计批复，丹江口大坝加高经加固修复后继续使用的钢闸门及埋件等包括：11 套深孔弧形工作门、20 套堰顶工作门、3 套堰顶事故检修门、39 套电厂进口拦污栅、2 套电厂进口检修门、6 套电厂进口快速工作门；12 孔深孔事故检修门槽埋件、20 孔堰顶检修门槽埋件、36 孔电厂进口拦污栅槽埋件、6 孔电厂进口检修门槽埋件和 6 孔电厂进口工作门槽埋件（高程 162.000m 以下）。

丹江口水利枢纽钢闸门及埋件受初期工程制造水平、安装施工条件的限制和 40 多年运行使用的影响，存在不同程度的变形和腐蚀。由于钢闸门及埋件的部分外形尺寸受当年制造条件限制，按现行规范标准有超差现象，难以进行校正修复。根据设计提出的修复技术要求进行加固、整修、防腐修复后，钢闸门强度和刚度可以满足现行规范要求，但部分形位尺寸难以完全满足现行规范要求，按照现行规范对改造加固后的这部分钢闸门及埋件进行验收和质量评定有一定问题。

为保证丹江口大坝加高原钢闸门及埋件经加固修复补强处理后的安全使用和验收，根据工程实际情况，中线水源公司组织编写了《南水北调中线工程丹江口大坝加高钢闸门及埋件加固修复技术规定》，经国务院南水北调工程建设委员会专家委员会咨询和国务院南水北调办审定，

修改完善后，根据《关于印发南水北调中线工程丹江口大坝加高钢闸门及埋件加固修复验收质量检测技术规定（报审稿）审查意见的通知》（综建管函〔2013〕75号）意见，由中线水源公司于2013年4月18日发布实施。

该技术规定适用于丹江口大坝加高工程原有钢闸门及埋件加固修复的部分和新制作的闸门埋件加高部分的安装和质量检测。对重新制作的闸门、埋件的质量验收检测标准按现行《水利水电工程钢闸门制造安装及验收规范》（DL/T 5018—2004）执行。

（4）电厂水轮机改造新旧部件配合复杂，复测工作量大。电厂水轮机改造的主要内容包括：更换水轮机转轮、顶盖、底环、活动导叶和主轴密封，对固定导叶进口修型，涉及与水轮机座环、接力器、水轮机轴等旧部件的配合、衔接。

丹江电厂是20世纪六七十年代建设的老电厂，由于历史原因，目前电厂6台水轮机分为三种类型，1号、2号机组为一类，3号、4号、5号机组为一类，6号机组为一类，三种类型机组之间存在较大的差异，各有特点。而且在长达40余年的运行过程中，各台机组又都经历了大大小小、不同部位和技术类型的改造，造成了每台机组之间都存在着差异。

由于电厂机组安装时间正处于“文化大革命”期间，档案资料的收集和归档都不正规和完善，相关技术资料与图纸不完整、不准确，现存的机组图纸均为手绘蓝图，同一台机组的不同图纸之间还存在互相矛盾之处，图纸的真实性和准确性是否有保证，还不能确定，真实情况无法判断。机组制造安装时的某些改动未在图纸上标注，导致图纸与实物严重不符。

因此，在机组改造设备设计、制造前有必要对原机组相关的配合尺寸逐台进行实物测量核定，以核定后的尺寸作为相关设备的设计、制造依据。这就需要将改造水轮发电机组转动部件全部吊出机坑，进行复核测量，工作量和协调量大，费用高，而且对电厂的发电运行和设备改造影响很大。

为此，中线水源公司协调电厂自2007年11月至2010年10月，依次进行了5号、2号、4号、1号、6号水轮发电机组的拆机复测工作，拆卸/回装工程量超过4000t，历时总计12个月左右。

（5）大坝供电系统多次倒换，临时供电措施工作量大。丹江口水利枢纽正常运行供电主要由18号坝段变电所提供，变电所2路主供电源取自丹江口水力发电厂6kV厂用电系统Ⅰ段、Ⅱ段，2路备用电源分别取自左岸苏家沟变电站、右岸防汛自备电厂6kV厂用电系统，6kV进线电源电缆及供至枢纽各部位用电设备的0.4kV电力电缆，均通过原159.0m高程电缆廊道敷设。

在大坝加高过程中，14～17号、19～24号溢流坝段的架空电缆廊道先后进行了拆除；在18号坝段新变电所形成后，18号坝段旧变电所也进行了拆除。在上述电缆廊道及变电所拆除前，为保证大坝各设备用电正常，进行了多次、大量的临时供电改造、倒换工作，在大坝上游侧及门槽内架设了大量的临时电缆通道，采购了大量的临时电缆及配电设施，采取了多种形式的防护措施。先后进行了坝顶400t门机供电电源改造（坝顶供电滑触电杆拆除前），深孔启闭机及右岸廊道照明供电电源改造、右岸6kV备用电源改造（14～17号坝段电缆廊道拆除前），18号坝段旧变电所电源进线、排水廊道深井泵及左岸廊道照明供电电源改造、左岸6kV备用电源改造（19～24号坝段电缆廊道拆除前），电厂快速门液压启闭机供电电源改造及防护（1号/3号电梯井道加高改造期间），上游导航浮堤供电电源改造（150t级垂直升船机拆除前），坝顶防汛临时照明（各年度进入汛期之前），18 号坝段新旧变电所电源倒换等。

6. 安全监测工程特点

为了监测大坝的安全，初期工程布设了各种观测设备及仪器，对大坝变形、坝基扬压力和渗流量、坝体应力应变及温度、水力学、坝体地震反应等项目进行了系统的监测，取得了大量宝贵的资料。这些观测成果对于保证大坝安全运行，充分发挥枢纽的综合效益起了很大作用。

大坝加高工程中，根据初期工程多年运行取得的大量监测成果及原有监测系统的现状，以“少而精、突出重点”为原则，布设（或增、或补）了相应监测设施。并根据大坝加高工程的特殊性，设置了多项专项监测设施。

大坝安全监测范围包括坝体、坝基、坝肩，以及对大坝安全有重大影响的近坝区岸坡和其他与大坝安全有直接关系的建筑物。

监测项目主要有：①变形监测（坝体水平与垂直位移、挠度、倾斜、接缝和裂缝等）；②渗压渗流监测及水质分析；③应力应变及温度监测（温度监测含坝基温度、新混凝土温度、老混凝土温度、库水温及气温等）；④水力学监测；⑤坝体地震反应监测；⑥环境量监测（上游水位、下游水位、水温、降雨量、坝前淤积、坝后冲刷监测等）；⑦土石坝与混凝土坝结合面监测；⑧裂缝处理、新老混凝土结合面开度变化、转弯坝段位移监测等。

加高工程安全监测设施布置特点如下：

（1）变形监测。混凝土坝除溢流坝段外，混凝土坝直线坝段分上（坝顶）、中（坝腰）、下（基础）三层，左岸、右岸转弯坝段分两层布置监测设施。对于左岸、右岸土石坝，坝顶观测与上游、下游坝坡观测相结合。尽可能做到上下、左右、前后联系在一起，使之构成立体监测网络。即在变形范围以外设立变形基准点，联测工作基点的稳定性，再以工作基点为依据，由各部位监测设施量测建筑物及其基础的相对变形量，从而即可获得各部位的绝对变形量。

（2）混凝土坝的渗流监测。大坝加高工程在利用初期工程已有的观测断面和设施基础上予以增补和完善。初期工程设有纵向观测断面 1 个，横向观测断面 10 个。改造和完善后的扬压力监测断面有 1 个纵向观测断面，10 个重要横向观测断面和多个一般横向观测断面；改造渗流量监测将坝基、坝体渗流量分开，分区设置 12 个量水堰。

（3）混凝土坝应力应变及温度监测。初期工程设有 5 个重点观测断面，共埋设差动电式仪器 1539 支（1959—1968 年埋设），迄今绝大多数仪器已失效报废。大坝加高根据分期施工的特点和新浇混凝土的不同结构型式与施工工艺，参考初期工程的运用情况，选择右 1 号、7 号、10 号、17 号及 21 号、31 号、34 号等 7 个坝段作为重点监测坝段。各重点监测坝段的仪器布置均与施工期监测相结合。侧重布设温度计、测缝计、钢筋计等仪器，用于监测：新浇混凝土和老混凝土的温度分布及变化过程；新老混凝土结合面的结合情况；结合面锚筋应力变化情况；混凝土裂缝情况等。

（4）混凝土坝裂缝处理等专项监测。

1）裂缝专项监测。丹江口初期大坝裂缝按产状和规模大体可以分为水平缝、纵向缝、坝体上游面竖向裂缝以及一般浅表层性裂缝等。不同产状的裂缝对坝体的危害不同，如 2～右 6 号坝段上游面高程 143m 水平缝、3～7 号坝段坝顶纵向裂缝、溢流坝段闸墩水平缝、深孔坝段纵向裂缝和 18 坝段上游面竖向裂缝等。为观测裂缝处理的效果及裂缝的变化情况，在进行裂

缝处理时，针对性地对初期工程坝顶上的Ⅲ类、Ⅳ类裂缝埋设测缝计、钢筋计，在2～右6号坝段高程143m水平裂缝处理时埋设渗压计和裂缝计等监测仪器。

2）闸墩加固预应力监测。为观测预应力锚杆（索）在张拉过程中及张拉完成后预应力变化情况，在闸墩预应力施工过程中按设计要求安装了测力计，进行预应力张拉观测。

3）左岸土石坝局部防渗墙加固监测。为监视封堵防渗墙与老防渗墙和混凝土坝接触处的防渗效果，在新增防渗墙与初期防渗墙及混凝土坝之间布置埋设渗压计进行监测。

4）坝踵监测。在右1号、10号、17号、21号、31号、34号坝段基础廊道钻孔，埋设应变计和基岩变形计（10号、31号坝段各1支）。

5）新老混凝土结合面开度变化监测。在7号、10号、31号、34号坝段下游坝面不同高程钻孔至新老混凝土结合面老混凝土1m后，埋设钻孔变形计，监测新老混凝土结合面开度变化。

6）转弯坝段（右3～1坝段）监测。在右3号、右1号、1号坝段基础廊道和贴坡排水廊道内钻孔，埋设多点位移计和渗压计进行监测。

（5）左岸土石坝监测。考虑到初期工程坝内监测设施的布置情况，大坝加高工程选择混凝土坝与土石坝的结合面、桩号1+140、0+720和0+300为重点观测断面，并与外部变形监测相结合，进行坝体内土压力、变形监测，混凝土防渗墙、下游挡土墙监测，坝体、坝基渗压和渗流量监测，以及绕坝渗流监测等。

（6）右岸土石坝监测。右岸土石坝系改线新建，为黏土心墙坝，与混凝土坝右5号、右6号正交相接。根据地质、地形和坝高等情况，监测选择土石坝与混凝土结合面、桩号0+092和0+442为3个重点监测断面，进行坝体内土压力、变形监测，坝体、坝基渗压和渗流量监测，以及绕坝渗流监测等。

（7）强震监测。主要采用自动触发和自动记录的强震仪观测。在每一强震监测点布设1套三分向固态数字强震仪通过光缆直接连接到大坝安全监测站，形成一个强震监测网。选择7号、17号、42号和升船机5支墩等部位进行强震监测。

7. 混凝土坝新老结合面处理工程特点

丹江老坝体混凝土龄期已逾40年，表面存在较厚的碳化和风化层，在浇筑新混凝土之前，必须对其进行处理，否则新浇混凝土和老混凝土将不能良好结合。

另外，老坝体内部温度已趋稳定，且混凝土弹模较高，在其上大面积浇筑混凝土，必须做好新混凝土的温控防裂工作，减小老混凝土对新浇混凝土约束，避免因温度应力影响新老混凝土的结合。此外，下游坝面除受侧面老混凝土的约束外，还受底部混凝土或基岩的约束，其对新老混凝土结合的影响更复杂。因此，新老混凝土黏结问题是丹江口大坝加高工程所面临的主要技术难题之一。为确保大坝加高后安全运行，改善加高后运行期坝体及坝基应力状况，采取了以下施工措施：

（1）控制浇筑时库水位，贴坡混凝土浇筑时水库坝前水位不高于152m。

（2）为避免应力集中，拆除老坝体突出尖角部位老混凝土。

（3）控制贴坡混凝土最高温度不高于28℃，并将混凝土在龄期一个月以内冷却到稳定温度16～18℃。

（4）加强新浇混凝土养护，减少混凝土表面裂缝。

（5）对老混凝土面凿毛，在新老混凝土结合面布设灌浆系统。

新老混凝土结合面处理施工程序为：施工准备→键槽施工→碳化层凿除→结合面止水、排水施工→结合面止水、排水施工。新老混凝土结合面施工具有工序多，工序衔接紧密，相互干扰大，工期紧，技术要求高，施工场地狭小，作业面高差大，安全防护要求高等特点，需要合理组织和协调，才能保证正常施工。

1）键槽施工。为保证大坝新老混凝土充分结合，整体受力，按设计要求在贴坡部位的垂直或斜坡部位设置键槽。初期工程考虑到加高的要求，部分结合面已留有键槽，对于没有留置键槽的结合面，实施过程中需补设键槽。新增键槽为三角形，键槽长边坡面的投影长度为70cm，短边投影长40cm，深30cm，采用锯割静裂法施工。

2）碳化层凿除。结合面碳化层凿除深度要求为老混凝土垂直面凿除3～5cm，斜坡面及水平面凿除深度为2～3cm；采用普通风镐凿除碳化层，斜坡面利用键槽切割形成的台阶作为作业面进行碳化层凿除，垂直面搭设脚手架进行碳化层凿除，局部斜坡面和垂直面采用在已浇筑的混凝土仓内搭设脚手架的方法进行碳化层凿除。对已凿除碳化层的检测合格后，利用高压水清洗凿除表面，将松动碎屑及灰尘清除，以利于新老混凝土结合。

3）结合面锚杆施工。新老混凝土的结合面布置的锚杆有长3m的砂浆锚杆和长4.5m的锁口锚杆，锚杆材料主要采用ϕ25mm的Ⅱ级螺纹钢。锁口锚杆布置在坝体横缝周边，距横缝30cm，孔距1m，孔深2.25m；砂浆锚杆采用梅花型布孔，间排距为2m×2m，孔深1.5m，锚杆孔径ϕ40mm，锚杆水泥砂浆强度等级为M20。

4）结合面止水、排水施工。在新老混凝土结合面的斜坡段上部、垂直面及初期坝体拆除轮廓调整后的部分垂直面设置灌浆系统，每套接缝灌浆系统对应一套封闭的塑料止水（浆）系统。在初期工程162m坝顶防渗层部位设置水平紫铜止水并与横缝止水相接。

另外，为确保贴坡混凝土稳定安全，根据不同坝段的坝体结构，采取不同的排水减压措施，主要有引至加高后的新坝顶的坝体排水管、初期工程增补坝体排水管、利用深孔明流段空腔自然排水和增设排水廊道并补设排水孔。

（三）施工质量管理过程控制

1. 基础开挖及地基缺陷处理

（1）混凝土坝段基础开挖及处理。

1）开挖及处理范围。混凝土坝段基础开挖及处理范围包括32～44号坝段、右9～2号坝段、4～7号坝段下游加宽部位基础。混凝土爆破拆除范围包括34～35号坝段下游123平台、36号坝段下游116平台、37～41号坝段下游面高程123m以下三角体以及右联4～7号坝段坝后122.97平台、通航建筑物和2×800kW小电站的拆除等。

2）施工程序：混凝土坝扩大基础表面清理（含土方开挖）→岩石梯段爆破、边坡预裂光面爆破、保护层光面爆破（老坝体混凝土拆除采用控制爆破、静态爆破、线锯以及人工风镐等方式拆除）→缺陷处理。

（2）土石坝段基础开挖及处理。

1）土石坝地基开挖及处理范围。左岸土石坝地基开挖与处理主要包括初期工程坝顶开挖、原有建筑物拆除、坝基清理、下游坝坡清理、排水棱体开挖、延长段压浆板基础土石方开挖、防渗墙石方槽挖、下游基础开挖等。右岸土石坝地基开挖与处理主要包括坝基清理、心墙基槽

及下游挡土墙基础开挖等。

2）施工程序：基础开挖→石方小梯段爆破→风镐凿除→基础处理。

（3）基础开挖及地基缺陷处理过程控制。基础开挖及爆破前，中线水源公司要求施工单位针对不同地质条件进行了生产性爆破试验，确定相应的爆破参数。对基础开挖建基面、地质缺陷处理等关键部位的处理质量，必须经项目法人、设计、监理、施工单位四方联合验收小组验收签证确认。对各部位固结灌浆施工工艺控制主要采用四方联合检查、不定期巡查和抽查，并要求监理督促施工单位对灌浆用设备、灌浆各参数进行校核与检查，对灌浆原材料进行抽样检测，进行全过程质量控制。

2. 渗控工程

（1）河床坝段补强灌浆及排水孔。

1）河床坝段补强灌浆及排水孔的工作范围。主要工作范围为河床21～31号坝段，在初期工程防渗帷幕的基础上，在枢纽正常运行条件下进行高水头下帷幕补强灌浆及3～32号坝段排水孔改造。

2）帷幕补强灌浆施工程序和排水孔改造施工程序。

帷幕补强灌浆施工程序为：孔位放样→抬动观测孔施工（Ⅰ序孔→Ⅱ序孔→Ⅲ序孔）→质量检查孔施工。帷幕补强灌浆孔分区呈单排布置，孔距为2.0m，分三序施工，其中Ⅰ序、Ⅱ序孔采用湿磨细水泥灌浆，Ⅲ序孔采用丙烯酸盐化学灌浆。

排水孔改造在帷幕补强灌浆完成后进行施工，其施工程序为：原孔口装置拆除→原排水孔孔深、孔位、高程测量记录→孔内捞砂及扫孔至设计孔深→孔内冲洗→孔内保护安装→孔口装置安装。

（2）左、右连接坝段。

1）左、右连接坝段工作范围。主要范围包括：左岸连接坝段33～42号坝段帷幕灌浆及排水孔改造、右联右9～2号坝段帷幕灌浆及排水孔改造等部位。

2）帷幕灌浆施工程序为：抬动观测孔钻孔→抬动装置安装→排灌型孔扫孔灌封→帷幕灌浆孔分序钻孔→冲孔→洗缝→灌前压水→灌浆→封孔→检查孔→抬动孔扫孔封孔→排水孔钻孔→排水孔孔口装置安装。

（3）土石坝段防渗处理。

1）土石坝防渗处理工作范围。主要范围包括左岸土石坝延长段以及副坝帷幕灌浆、右岸土石坝基础帷幕灌浆等。

2）土石坝帷幕施工总体程序为：地表清理→测量放样→先导孔施工→帷幕灌浆Ⅰ序孔→Ⅱ序孔→Ⅲ序孔→质量检查孔施工。

（4）渗控工程过程控制。开工前，要求设计单位对施工单位进行设计技术交底；为验证帷幕补强灌浆施工设计参数，要求施工单位进行验证性生产试验，试验结果经监理审查符合施工要求后，才允许用于全面施工。在监理检查的基础上，中线水源公司工程技术人员不定期对灌浆过程进行巡查、联合检查、抽检。检查施工单位制浆站拌制情况，检查钻孔孔位、孔深、孔向、钻孔记录、浆液水灰比、灌浆压力、灌浆注入量等工艺执行情况，及时纠正违反规范的操作行为。施工完成后进行钻孔取芯检查。

3. 新老混凝土结合面处理

（1）键槽切割。其施工工艺流程为：盘锯固定导轨安装→盘锯切割→芯体分段剥离→质量检查。键槽短边采用定位风钻孔注入高效静态破碎剂，通过静力膨胀将键槽三角形混凝土同坝体分离。待三角体同坝体产生裂缝后即可用风镐辅助将三角体分离，形成键槽。键槽切割中主要控制盘锯安装精度、切割深度以及短边排孔的孔位、孔深，对键槽尺寸误差较大的部位辅以人工风镐凿除进行修缮。

(2) 碳化层凿除。其工艺流程为：搭设脚手架→清理工作面→设置检验墩网格→凿毛→质量检查→高压水清洗凿除面。为便于检查凿毛深度，控制凿毛质量，凿毛作业之前在混凝土表面设置凿毛深度检测墩。检验墩按 2m×2m 的网格设置，用红色油漆圈出，每个面积约 $25cm^2$。施工完成后还通过酚酞试剂检验凿毛效果。

(3) 结合面锚杆施工。结合面锚杆施工工艺流程见图 13-3-1。

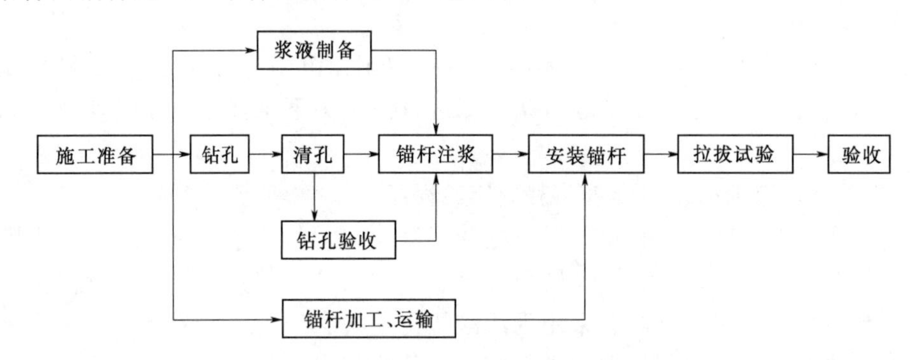

图 13-3-1 结合面锚杆施工工艺流程图

(4) 结合面止水、排水施工。

1) 结合面止水施工。结合面灌区塑料止水（浆）片施工程序为：材质检查→按照设计图埋设和连接→质量检查与验收。铜止水片施工程序：切割下料→机械压制成型→按照设计图埋设和连接（焊接）→质量检查与验收。

2) 结合面排水施工。为确保贴坡混凝土稳定安全，根据不同坝段的坝体结构，采取不同的排水减压措施，主要有引至加高后的新坝顶的坝体排水管、初期工程增补坝体排水管、利用深孔明流段空腔自然排水和增设排水廊道并补设排水孔。

(5) 新老混凝土结合面处理过程控制。在结合面碳化层大规模施工前，凿毛工具曾使用小平凿、尖凿、手风钻等，但凿毛效果不理想，中线水源公司组织现场检查对方案进行比较后推荐采用风镐进行凿毛，并要求对凿毛效果不理想的部位进行返工处理。施工过程中加强巡查，检查施工工艺落实情况。质量控制主要通过工序检查、检测抽查等方式，要求监理督促施工单位加强“三检制”落实。

4. 混凝土坝工程

(1) 混凝土坝的施工范围及施工程序。

1) 混凝土浇筑范围。混凝土浇筑主要包括混凝土坝的贴坡混凝土和加高混凝土浇筑；左、右岸土石坝护坡、防浪墙浇筑；左、右岸土石坝下游挡墙浇筑和机电设备基础浇筑等。

2) 施工程序。一般按先两岸连接坝段，后溢流坝段的施工程序进行；混凝土浇筑均按先贴坡后加高的原则进行。

(2) 混凝土施工过程控制。

1) 针对大坝加高混凝土施工，中线水源公司要求设计单位对施工单位进行设计技术交底，

要求监理单位督促施工单位按批准的施工措施计划及施工方案进行施工。严格按“三检制”程序进行施工检验，对发现的问题及时予以纠正。

2）根据《关于报送〈丹江口大坝加高工程项目划分（调整稿）〉的函》（中水源工函〔2009〕46号）和南水北调中线丹江口大坝加高工程质量监督项目站《关于对丹江口大坝加高工程项目划分调整确认的函》（质监〔2009〕10号）核定，丹江口大坝加高工程中所有贴坡混凝土第一仓（或新浇筑混凝土基础面第一仓）和所有加高混凝土第一仓均为重要隐蔽及关键部位单元工程。按照规范要求所有涉及建基面开挖后浇筑的第一仓均为重要隐蔽部位单元工程；所有重要隐蔽或关键部位单元工程，都要由项目法人、设计、施工、监理四方组成的联合小组对工程进行联合验收，并联合评定其质量等级。

3）中线水源公司各级领导及工程部质量管理人员，通过巡查、联合检查、抽查等方式对施工过程中原材料、中间产品、仓位准备（钢筋、模板、止水、埋件、监测设备、金结、止水等）、混凝土浇筑（混凝土料的来料标号、级配、和易性、入仓温度、浇筑温度、仓内布料、平仓、振捣）、混凝土养护、温度控制等进行检查，对日常检查中发现的质量问题及稽查、飞检、质量监督机构提出的问题及时通报有关责任单位，并检查落实整改情况等。

4）对于施工中的重大问题和技术难点组织召开有关专题会议解决。中线水源公司对贴坡混凝土施工配合比进行了多次优化调整，并在施工过程中不断完善，提高了混凝土抗裂能力。此外，中线水源公司还委托第三方对混凝土的原材料、中间产品、实体进行质量检测，促使混凝土工程质量受控。

5. 土石坝工程

（1）土石坝的施工范围及施工程序。

1）施工范围。土石坝工程包括左岸土石坝、右岸土石坝、左岸土石坝副坝和董营副坝。

2）施工程序。

土石坝填筑工序：运料→后退法（或进占法）卸料→推土机铺（平）料→振动碾压实→检测。

土石坝填筑顺序：①左岸土石坝采取先填筑下游坝壳料，紧接填筑下游反滤料，然后填筑黏土斜墙，再填筑黏土上游反滤料，最后进行上游坝壳料填筑。填筑顺序按一层坝壳料，两层反滤料、黏土料控制。②右岸土石坝采用“先砂后土”的方法，填筑施工时大坝反滤料与黏土心墙、部分坝壳砂砾料平起上升。

上游护坡及防浪墙施工顺序：垫层摊铺（机械、人工）→碾压（履带吊牵引振动碾）→检验→面板混凝土浇筑（定型钢模板施工）→检测。防浪墙浇筑采用定型钢模板施工。

下游护坡施工顺序：修坡处理（机械、人工）→现浇或预制混凝土格栅→格栅内回填壤土→播种草籽后覆盖无纺布浇水养护。

（2）土石坝施工过程控制。在土石坝施工过程中，中线水源公司从进场原材料入手进行控制，不合格的原材料严禁进入工地，要求监理单位对坝壳料、反滤料、黏土料填筑等进行平行检测或见证抽样；对重要及隐蔽部位的施工必须通过四方联合验收，要求监理单位严格履行工序验收合格后才能转入下道工序施工的制度；对关键部位黏土与混凝土结合部位严格按规范要求施工。中线水源公司在土石坝施工过程中主要是以巡查、联合检查、抽查等形式为主，督促参建各方按设计、规范要求实施，组织召开重大问题专题会议，对日常检查中发现的质量问题及稽查、飞检、质量监督机构提出的问题，及时通报有关责任单位，并检查落实整改情况等。

（四）原材料、中间产品、设备构配件质量情况

1. 原材料质量情况

施工单位对进场的水泥、钢筋、粉煤灰、减水剂、引气剂等进行了检测，监理单位也按比例进行了抽检，检测结果符合规范要求，原材料质量合格。

2. 中间产品质量情况

（1）砂石骨料。施工单位和监理单位对砂石骨料进行了全面抽样检测，除粗骨料存在少量超逊径外，其余指标合格率为100%。施工中对进入搅拌机的骨料进行了超逊径校正，满足施工配合比的要求。

（2）混凝土拌和物性能抽检。右岸标段施工单位在军营拌和楼出机口抽检混凝土含气量5265次，合格率95.0%～100%；抽查混凝土坍落度5611次，合格率96.6%～100%；抽查混凝土出机口温度8097次，合格率94.0%～100%。

左岸标段施工单位在小胡家岭拌和楼出机口抽检混凝土含气量8229次，合格率99.6%～99.9%；抽查混凝土坍落度15832次，合格率97.8%～100%；抽查混凝土出机口温度20754次，合格率96.4%～99.5%。

监理单位抽查检测混凝土拌和物含气量4175次，合格率89.6%～100%；抽查检测混凝土拌和物坍落度（扩散度）4317次，合格率90.6%～100%；抽查检测混凝土拌和物温度4044次，合格率75.0%～100%。

混凝土拌和物质量符合设计及规范要求。

3. 设备构配件质量情况

对启闭机、闸门及埋件等主体设备均要求进行驻厂监造，主要包括：5000/250kN坝顶双向门式启闭机、2000kN弧形工作门固定卷扬机、电厂进水口快速门液压启闭机、电厂进水口快速门液压启闭机液压泵站、电厂进水口快速门液压启闭机电控设备、深孔坝段弧形工作门埋件、深孔平面事故检修闸门、深孔检修门埋件、溢流表孔检修门埋件、工作门埋件、进水口检修门埋件以及堰顶堵水钢叠梁门等。其他机电设备通过出厂验收控制质量。

金属结构及机电设备制造使用的材料均符合合同、设计要求，并满足相应规范的质量标准。设备制造工艺均符合规范和技术要求。监造工程师对设备制造过程中的重要见证检查点及关键工序进行见证验收并进行签证，设备制造过程的形体尺寸、公差、外观、内部等质量均符合设计和规范要求。设备在出厂前进行的预拼装、调试、试运转等均满足技术和规范要求。设备经过了厂内试验、出厂验收，其结果表明设备制造质量均满足技术和规范要求。

工程采购的金结机电设备经监理驻厂监造，设备制造总体质量受控，设备制造过程未发生质量事故，经到货验收及安装表明，设备无影响功能和不可修复的质量缺陷，其他微小缺陷经现场处理后均满足安装质量要求，设备功能齐全、可靠，设备制造质量良好。

（五）混凝土工程质量情况

1. 混凝土强度

左岸工程施工单位在左联坝段抽检混凝土28天抗压强度681组，90天抗压强度388组，

不同强度等级的混凝土强度保证率为95.0%～99.9%；在厂房坝段抽检混凝土28天抗压强度940组，90天抗压强度459组，不同强度等级的混凝土强度保证率为94.8%～99.9%；在溢流坝段抽检28天混凝土抗压强度1244组，90天混凝土抗压强度174组，不同强度等级的混凝土强度保证率为95.0%～100%。

右岸工程施工单位在深孔坝段抽检混凝土28天抗压强度345组，90天抗压强度535组，不同强度等级的混凝土强度保证率为95.5%～98.4%；在右联坝段抽检混凝土28天抗压强度1092组，90天抗压强度900组，不同强度等级的混凝土强度保证率为94.4%～100%；在溢流坝段抽检混凝土28天抗压强度265组，90天抗压强度141组，不同强度等级的混凝土强度保证率为95.2%～100%。

监理单位抽检混凝土抗压强度1357组、劈裂抗拉强度68组，设计龄期混凝土立方体抗压强度1141组，不低于设计强度百分率为99.9%。混凝土强度保证率96.6%～98.6%。

上述结果表明，混凝土强度均满足设计指标要求，混凝土生产质量优良。

2. 混凝土全面性能

左岸混凝土坝施工单位对混凝土全面性能抽检9组，左岸土石坝施工单位对混凝土全面性能抽检5组，右岸混凝土坝施工单位对混凝土全面性能抽检了36组，右岸土石坝施工单位对混凝土全面性能抽检了22组，进行混凝土强度、极限拉伸、抗冻和抗渗检测，检测结果全部满足设计要求。

监理抽检主体坝段7组样品，检测混凝土全面性能，所检测的混凝土强度、极限拉伸值、抗冻和抗渗全部达到设计要求。

3. 混凝土温度控制

混凝土施工过程中，参建各方加强了混凝土温控工作，并对温控情况进行了全面检测，温度控制的效果良好。具体控制情况如下：

（1）混凝土施工程序和进度基本满足设计温控技术要求，绝大部分贴坡混凝土都在低温季节施工。

（2）混凝土浇筑分层及层间间歇期基本满足设计温控技术要求。

（3）出机口温度控制基本满足设计温控技术要求，合格率75.0%～100%。

（4）浇筑温度控制满足设计温控技术要求，合格率大于93.0%。

（5）贴坡混凝土的最高温度基本满足设计温控技术要求，合格率80.0%～100%，个别坝段70.0%；加高混凝土的最高温度基本满足设计温控技术要求，合格率72.7%～100%。

（6）混凝土表面养护满足设计温控技术要求。

（7）混凝土表面保护满足设计温控技术要求。

（8）通水冷却基本满足设计温控技术要求。

工程施工中，各项温度控制指标基本达到设计温控技术要求。

4. 接缝灌浆质量情况

经过现场检查和资料分析，接缝灌浆施工前的准备工作符合规范要求，灌浆压力、缝面张开度基本符合设计要求，灌浆结束时的注入率、持续时间基本符合规范规定的灌浆结束标准。

接缝灌浆灌后选取典型灌区共钻孔7个检查孔，芯样缝面填充饱满、缝面黏结较好，压水试验透水率在0～0.25Lu之间。检查结果表明，接缝灌浆质量符合设计及规范要求，施工质量合格。

5. 丹江口大坝加高工程第三方检测情况

水利部长江科学院工程质量检测中心受中线水源公司委托，于 2012 年 5 月 30 日至 6 月 23 日完成原材料、混凝土及土工检测共 76 组，质量检测的重点是溢流堰面混凝土检测，因此取样送样主要围绕溢流堰面混凝土检测进行。主要检测内容为混凝土原材料、混凝土性能、止水材料及金属结构。检测情况如下：

（1）水泥检测 9 组，满足规范要求。

（2）粉煤灰检测 5 组，满足规范要求。

（3）钢筋母材检测 5 组，钢筋接头 6 组，满足规范要求。

（4）细骨料检测 5 组，满足规范要求。

（5）粗骨料检测 5 组，满足规范要求。

（6）外加剂检测 8 组，满足规范要求。

（7）止水带检测 1 组，满足规范要求。

（8）混凝土抗压强度检测 27 组，满足设计强度要求。

（9）混凝土全面性能检测 1 组，满足设计要求。

（10）土石坝水稳层密度、厚度检测 2 组，满足设计要求。

（11）金结防腐涂层厚度检测 2 个区，满足设计要求。

6. 混凝土自检钻孔质量（检测）情况

（1）左岸混凝土坝。为了解新浇混凝土的质量情况，按照设计要求，施工单位对新浇混凝土进行了钻孔密实性检查。钻孔布置为：在溢流坝段闸墩中线上布置了 6 个取芯孔，厂房坝段布置了 5 个取芯孔，左联坝段布置了 4 个取芯孔。所有部位检查孔取出的混凝土芯样表面光滑，骨料分布均匀且胶结密实；检查孔压水试验结果均满足设计要求，贴坡混凝土部位检查孔透水率 $q \leqslant 0.3$Lu，防渗层等重要部位透水率 $q \leqslant 0.1$Lu；检查孔抽水试验结果也均满足设计要求。

（2）右岸混凝土坝。在右 2 号和右 4 号、2 号、10～15 号坝段坝顶共布置了 9 个检查孔，通过取芯、压水、抽水等方式检查混凝土的密实性。检查结果：芯样采取率均大于 97.9%，除局部芯样表面粗糙或有气孔或骨料分布不匀外，大部分光滑致密、骨料分布均匀；检查孔透水率 $q < 0.1$Lu，压水或抽水检查质量合格。

7. 混凝土终检钻孔质量检测情况

为全面了解大坝新浇混凝土质量情况，中线水源公司委托长江工程地球物理勘测（武汉）有限公司开展了“丹江口大坝加高工程混凝土质量终检”检查，根据要求，对新浇混凝土上游防渗层、坝顶加高混凝土、下游贴坡混凝土及新老混凝土结合面进行钻孔取芯、压水检查、抽水检查、芯样试验及物探检查等。该检查项目于 2012 年 6 月开始，2012 年 12 月形成成果报告。结论如下：

（1）直观检查。混凝土取芯共布置钻孔 4 个，钻孔高清数字成像显示仅个别部位混凝土欠密实。

（2）渗漏参数。试验检测部位压水、抽水试验结果表明，压水检查透水率满足贴坡部位压水检查透水率 $q \leqslant 0.3$Lu，防渗等重要部位透水率 $q \leqslant 0.1$Lu 的设计要求。

（3）力学试验。芯样试验共取样 8 组，试验结果表明混凝土力学强度符合设计要求。

（4）弹性参数。完成弹性波CT剖面27对，总长995m，射线18313条。钻孔声波纵波速度最大值5128m/s，最小值3448m/s，平均值4501m/s，亦表明混凝土质量整体良好。

（5）电磁参数。共完成地质雷达测线107条，总长2159.8m，主要集中在172.65m廊道顶板、172m廊道底板及厂房26～32号坝段贴坡部位。统计结果表明混凝土质量良好。

综上所述，归纳丹江口大坝加高工程混凝土质量最终检查的各项数据、指标，得出如下结果：混凝土质量总体良好。

（六）土石坝工程质量情况

1．左岸土石坝质量情况

（1）基础帷幕灌浆质量。左岸土石坝基础帷幕灌浆分序资料符合一般灌浆规律，基础帷幕灌浆共布置质量检查孔15个，透水率在0.5～4.67Lu之间，均满足设计防渗标准$q \leqslant 5$Lu的要求，检查孔压水检查均合格，基础帷幕灌浆质量合格。

（2）黏土料填筑质量。施工单位黏土填筑抽样自检4161组，压实度98.2%～105.5%，全部合格，合格率100%，满足设计及合同技术要求；监理单位黏土填筑平行检测741组，压实度98.2%～101.2%，全部合格，合格率100%，满足设计及合同技术要求。

（3）反滤料填筑质量。施工单位抽样自检1633组，小于5mm颗粒含量及干密度检测结果全部合格，合格率100%，检测结果满足设计质量标准要求；监理单位平行检测256组，小于5mm颗粒含量及干密度检测结果全部合格，合格率100%，检测结果满足设计质量标准要求。

（4）坝壳料填筑质量。施工单位抽样自检2215组，含泥量合格率98.6%～99.8%，其他检测指标均符合设计要求；监理单位平行检测297组，检测指标均符合设计要求。

经过对左岸土石坝工程所使用的原材料和中间产品的抽检及填筑取样检测试验，对已经完成的4645个单元工程进行了质量评定，优良单元工程为4350个，单元工程合格率为100%，优良率为93.6%，整体质量评价为优良。

2．右岸土石坝质量情况

（1）基础帷幕灌浆质量。右岸土石坝基础帷幕灌浆分序资料符合一般灌浆规律，基础帷幕灌浆共布置质量检查孔74个，检查孔压水检查均合格，基础帷幕灌浆质量合格。

（2）黏土料填筑质量。施工单位自检8643组，压实度98.2%～102.4%，全部合格，合格率100%，检测结果满足合同技术标准要求；监理单位平行检测852组，压实度98.2%～100.6%，全部合格，合格率100%，检测结果满足合同技术标准要求。

（3）反滤料填筑质量。施工单位反滤料填筑自检3059组，干密度、小于5mm颗粒含量、相对密度均满足设计技术质量标准要求；监理单位平行检测右岸土石坝反滤料填筑324组，干密度、小于5mm颗粒含量、相对密度均满足设计技术质量标准要求。

（4）坝壳料填筑质量。施工单位自检3745组，干密度、相对密度、含砂率、小于0.1mm颗粒含量合格率100%，不均匀系数合格率100%，曲率系数合格率97.5%～98.8%；监理单位平行检测378组，干密度、相对密度、含砂率、小于0.1mm颗粒含量合格率100%。不均匀系数合格率100%，曲率系数合格率93.5%～93.7%。

丹江口右岸新建土石坝工程项目共验收评定单元工程（不含观测设施中安全监测仪器单元数量）5325个，全部合格，其中4970个单元工程为优良，优良率93.3%。施工质量自评优良。

（七）初期大坝混凝土缺陷检查与处理质量情况

1. 质量管理措施

中线水源公司工程技术管理人员负责施工管理和质量管理工作。具体定量管理措施如下：

（1）对施工单位的各项管理规章制度、质量管理体系、施工人员的相关资格（如潜水人员）、专用设备等进行专项检查。

（2）对原材料出厂合格证及性能指标检测报告、“三检制”的执行情况、工序、水下录像及分部工程资料等进行不定期的检查。

（3）参加设计技术交底、协调施工和现场验收等。如裂缝深度检查，由施工、监理、设计、建设四方现场布孔，核查检查成果；按裂缝分类，Ⅱ类裂缝，由监理工程师签证；Ⅲ类、Ⅳ类裂缝，由施工、监理、设计、建设四方签证。

2. 初期大坝混凝土质量缺陷检查

（1）质量缺陷检查的部位及检查的项目。本次大坝加高，为初期大坝缺陷进行全面检查提供了良好的条件，除水下淤沙高程以下不具备检查条件外，设计要求的大坝裂缝等缺陷检查工作已全部完成。完成的部位及项目：上游、下游面水上区域、坝顶面及廊道内裂缝检查；右岸转弯坝段2～右6号坝段高程143.0m水平裂缝和3～7号坝段纵向裂缝专项检查；上游、下游面水下区域裂缝检查；宽缝检查；坝体止排水系统检查；水平层间缝检查和混凝土质量检查等。

（2）缺陷检查情况。

1）裂缝检查情况。裂缝大多为Ⅱ类（缝宽小于0.2mm）以下的表面裂缝，且以龟裂缝为主；廊道内的裂缝基本稳定，部分渗水裂缝渗水量逐年减小。坝体止排水系统工作正常。裂缝具体检查情况如下：

所发现的初期大坝危害性裂缝多位于大坝上游面，主要有：18号坝段、36号坝段上游面竖向裂缝；15号、17号、18号坝段上游面水下裂缝；3～7号坝段坝顶纵向裂缝；2～右6号坝段高程143.0m及以上数条层间缝、14～17号坝段高程134.0m、18号坝段高程140.2m、19～24号坝段防渗板高程113.0m、25～31号坝段高程108.5m、25号坝段高程150.0m、154.0m、156.0m及41号坝段高程155.5m、158.5m水平层间缝；29号坝段廊道上游面混凝土不密实（从廊道内反压气水下检查，有36个冒气孔）等。

2～右6号坝段高程143.0m水平缝钻孔检查结果表明：①2号坝段，高程157.5～157.39m裂缝上下游贯通，高程143.0m裂缝上下游未完全贯通；②1号坝段，高程156.9m、157.4m两条裂缝上下游基本贯通，高程142.9～143.3m裂缝上下游完全贯通；③右1号坝段，高程156.3m该坝段下游侧存在水平裂缝，上下游未完全贯通，高程151.08～150.48m上游侧存在水平裂缝，高程142.5～142.89m裂缝上下游完全贯通，由下游142.89m倾向上游高程142.5m；④右2号坝段，高程154.63m、159.5m裂缝为局部小范围质量缺陷，高程142.8～143.1m裂缝，上下游完全贯通，基本为水平层间缝，上游裂缝高程142.8m，下游裂缝高程142.9m；⑤右4～右6号坝段，高程154.1～154.3m裂缝上下游完全贯通，由下游154.3m倾向154.1m，高程142.25m裂缝上下游未完全贯通。

3～7号坝段纵向裂缝钻孔检查结果表明：①裂缝在3右号、3左号、4号坝段穿过高程

158.0m 电缆廊道顶板；②5 号、6 号坝段裂缝自坝顶穿过高程 158.0m 电缆廊道，在高程 158.0m 电缆廊道底板开始向下倾斜，在高程 150.0m 廊道下游坝体内高程 148.0～154.0m 范围尖灭，深度未超过高程 148.0m；③左 3～6 号坝段高程 130.0m 廊道顶部裂缝，属一般的廊道裂缝。

2）水平层间缝检查情况。坝体内存在一些层间缝或层间弱面，一般与初期大坝混凝土施工的长间歇或停仓有关，但并非所有长间歇或停仓层面均形成层间缝或层间弱面，而且大部分层间缝与上游面未贯通。

3）混凝土质量检查及试验情况：①根据初期大坝混凝土质量芯样情况，初期大坝混凝土质量总体上较好，初期大坝坝体内未发现大面积架空区。②芯样及试件力学试验结果，混凝土容重均大于 $2500kg/m^3$，高程在 100m 以上芯样各项力学指标均满足设计要求。高程在 100m 以下芯样抗压强度试件合格率为 95.1%，总体情况较好，仅 21 坝段，在 81.5～84.0m 区域存在局部低强，与初期大坝施工记录基本相符合。③各类检查资料真实、齐全、清晰，符合设计要求。检查资料及时转送设计单位研究，达到了检查的目的。

3. 裂缝处理情况

所有检查发现应处理的裂缝，均按设计文件要求进行了处理，处理施工质量良好，符合设计要求，达到了消缺和补强加固的目的。具体处理情况如下。

（1）裂缝处理原材料主要为灌浆材料 LW、LPL. RH. HK－G－2，塑性止水材料 SR2，防渗盖片 SR，塑料板 PVC，钢筋等，其质量情况如下：

1）各类原材料出厂合格证及出厂检验报告齐全。

2）原材料到工地进行了抽样送检，检验指标符合设计技术要求。

3）监理单位平行抽检符合要求。

（2）中间产品主要是预缩砂浆、环氧砂浆、聚合物砂浆，以及环氧混凝土等，均进行了抽样检测，强度检测结果满足要求。

（3）裂缝处理施工质量情况。

1）水上各部位裂缝处理，施工验收资料表明，沿缝凿槽、嵌缝、化学灌浆施工工序、工艺均符合要求。

2）水下裂缝处理，验收资料表明，施工各工序均合格。施工中各工序进行了录像，保存了各工序施工后及下道工序施工前的处理情况，对裂缝处理后的情况进行了水下摄像检查。

（4）裂缝处理质量检查情况。

1）裂缝缝口封闭质量检查。缝口封闭施工完成 3 天后进行质量检查，监理工程师现场旁站，施工人员用小锤轻击砂浆表面，声音清脆者质量良好；声音沙哑或有“咚咚”声音者，说明内有结合不良现象将凿除重补。

2）裂缝灌浆后质量检查。所有进行灌浆的裂缝，在裂缝灌浆后对每条灌浆缝均采取压水（2 个孔）或骑缝钻孔取芯方式进行质量检查。通过压水和钻骑缝孔取芯检查表明，各条裂缝经灌浆后缝面透水率符合设计要求（$q\leqslant 0.03Lu$），缝面浆材充填饱满、黏结良好。

3）水下电视录像检查表明，水下裂缝处理质量符合要求。

4）各单元工程经验收全部合格，各分部工程均通过了验收，质量等级均为合格。

（5）裂缝处理效果。

1）裂缝监测成果表明，裂缝计各测点开合度测值在－0.30～0.71mm之间，最大开合度变化幅度小于0.3mm。绝大多数测点的开合度受施工期荷载的影响有一定幅度的时效变化，大多数测点后期已趋于稳定，个别测点的开合度受温度荷载影响有一定幅度的年周期变化。钢筋计资料反映锚固钢筋应力随温度呈负相关变化，即温度升高，钢筋拉应力减小。钢筋拉应力测值一般小于30MPa。

2）坝体渗漏量监测，2006年以后渗漏量极小而无法测出。总体来看，19～24号坝段上游面113m水平裂缝处理后坝体渗流量逐年减小，表明裂缝处理效果较好。

3）外观检查，上游坝面裂缝处理后，质量良好，原渗水的裂缝基本不渗水。如18号坝段高程140.2m水平裂缝，2～右6号坝段高程143.0m水平裂缝等。

4. 坝体排水孔处理施工质量情况

坝体排水孔加密、补设部位符合设计要求，钻孔位置正确，钻孔施工符合设计和有关规范规定，取芯孔的芯样较完整。

芯样和孔内电视成果表明：初期工程混凝土总体质量较好，仅少数孔局部存在裂缝等缺陷。

5. 坝体表面防护施工质量情况

坝体表面防护包括聚脲材料、水泥基渗透结晶型材料，溢流坝闸墩过流面抗冲磨防护材料施工等。

（1）原材料品质、指标符合设计要求，均有出厂合格证和检验报告，抽样检验性能指标均满足设计要求。

（2）施工工艺质量控制，按技术要求进行工序控制，各检查项目检验均满足设计质量标准。

6. 闸墩加固施工质量

闸墩加固包括工作门槽后的钻孔植筋以及预应力锚杆或锚索施工。

（1）原材料质量控制。所用的水泥、无机灌浆材料、钢材、有黏结锚杆和无黏结锚索及锚具等各种材料均符合国家标准，所用材料均有出厂合格证、材质检测资料，进场后抽样检验成果均符合设计和国家标准。

（2）施工工艺质量控制。按施工技术要求，施工工序及控制标准进行控制。

7. 缺陷检查与处理质量总评价

缺陷检查与处理，达到了检查和处理的目的，质量符合设计要求。初期大坝质量总体情况较好，缺陷经处理后，可满足大坝加高工程要求。

（八）金结机电工程质量情况

丹江口大坝加高金属结构、机电设备质量管理贯穿设备招标、设备制造、设备安装全过程。

1. 招标阶段质量管理

（1）在重要设备采购招标文件编制过程中组织专家审查会或专题会，重点对采购设备技术要求、性能保证进行审核把关，确保招标文件质量。

（2）投标单位必须通过ISO 9000系列标准认证，具有完善的质量管理体系。

（3）投标单位近年来必须有类似设备的供货业绩，及所供货设备安全稳定运行的业绩

证明。

（4）投标单位必须具有供货设备的设计或制造资质。

（5）评标采用综合评分法，不采取低价中标方式。

2. 设备制造阶段质量管理

（1）设备正式制造前召开设计联络会，对供货厂家提供的设计方案、技术图纸、计算说明等进行严格的审核，提出审查及修改意见，保证设计质量。

（2）重要设备采取驻厂监造的方式，派驻驻厂监造工程师，对设备制造进行全过程质量监督检验。

（3）设备出厂前均组织出厂验收，重要设备多次组织中间阶段验收，对设备外观质量、控制尺寸、关键部件、重要技术指标及性能参数进行检查和试验，制造质量文件及试验报告齐全，确保合格产品出厂。

（4）设备到货后及时组织到货验收，确保到货设备质量完好，数量齐全，发现问题立即解决。

3. 设备安装阶段质量管理

（1）设备安装前施工单位均编制完善的施工组织设计，安装人员必须具备相应的安装资质，报监理单位审批通过后才能开始安装；重要设备安装前组织专家对安装方案的可靠性、合理性及质量保证进行研究，及时组织设计技术交底，确保安装质量和安全。

（2）设备安装过程中协调制造单位及时派遣技术人员驻现场进行设备安装的现场技术服务，出现问题及时解决。

（3）设备安装过程中、安装完成后，及时参与关键工序、重要阶段及完工阶段的联合验收。

（4）设备安装完成后严格按合同及规范要求进行试验，特种设备及时联系政府主管部门组织检验。

（5）由施工单位负责采购的设备或材料，参与了采购、到货验收全过程，产品合格证、质量检测报告齐全，质量情况良好。

（6）委托第三方检测单位对大坝金属结构加固、防腐等施工质量进行了抽样检查，质量合格。

4. 金结机电工程质量总体评价

（1）300t级升船机设备已按设计及规范要求完成金属结构部分、机械设备、电力拖动及现地控制设备、计算机监控系统、通航指挥系统、广播系统、工业电视系统、检测装置、供电装置及照明灯具全部设备安装，完成系统单机调试、分系统调试、无水联合调试、有水联合调试、负荷试验、专项模拟试验及干运过船试验、湿运过船试验，通过特种设备检验。各系统工作状态正常，整机综合性能达到设计要求，质量良好。

（2）坝顶2台5000kN门机已按设计及规范要求完成金属结构、机械设备、电力拖动及现地控制设备的安装，完成系统单机调试、空载试验、静负荷及动负荷试验，通过特种设备检验。各系统工作状态正常，整机综合性能达到设计要求，质量良好。已于2008年7月投入使用，运行状况稳定。

（3）深孔11台弧形工作门固定卷扬式启闭机及集中监控系统已按设计及规范要求完成安

装、调试、空载、无水负载、动水启闭试验及远程集控单孔操作、成组操作试验，工作状态正常，整机综合性能达到设计要求，质量良好，运行状况稳定。

（4）电厂快速门6台液压启闭机、3套液压泵站系统及3套电气控制设备已按设计及规范要求完成安装，完成空载、联门无水、静水启闭试验和动水快速闭门试验，系统各设备工作状态正常，整机综合性能达到设计要求，质量良好，运行状况稳定。

（5）电厂进水口拦污栅槽（主、备拦污栅槽各36孔）、6孔检修门槽和6孔工作门槽，堰顶20孔检修门槽和20孔工作门槽，深孔12孔检修门槽和11孔弧形工作门槽，坝前6孔供水口拦污栅槽（右4号、7号、25号、31号、33号坝段），初期工程门（栅）槽埋件均完成检测，水下部分埋件均存在不同程度的锈蚀情况，但整体满足安全使用要求，水上部分埋件均按设计与规范要求进行了修复、防腐处理；加高部分埋件均安装就位，经检测验收满足设计与规范要求，质量良好。目前均已投入使用，运行状况稳定。

（6）深孔2扇事故检修门重新制作，已完成现场拼装；堰顶20扇工作门、3扇事故检修门，电厂进水口6扇快速门、2扇事故检修门，均按设计要求完成检测、加固、防腐处理、支承滑块及水封装置更换；深孔11扇弧形工作门，已按设计要求完成检测、加固、配重块增加、防腐处理及水封装置更换；电厂进水口36套拦污栅、坝前6孔供水口拦污栅（右4号、7号、25号、31号、33号坝段）均按设计要求完成栅体检测、加固、防腐处理、加长吊杆制作。经试槽或启闭试验，启闭灵活，无卡阻情况，闸门止水密封良好。目前均投入使用，工作正常。

（7）中间渠道充水钢管（7号坝段）、右岸农业灌溉引水钢管（右4号坝段）及管道阀门等已按设计及规范要求完成制作、安装、水压试验及充水试验，工作正常无泄漏，闸门启闭灵活。目前均已投入使用，运行状况稳定。

（8）大坝4座变电所高低压供配电设备及供配电电缆已按设计及规范要求完成安装、配线、电气连接及电气试验的全部工作，经联合验收后投入使用，供配电工作正常。

（9）大坝3台电梯采取制造、安装总承包方式，电梯安装由电梯供货单位组织专业安装队伍现场安装，已按设计图纸及规范要求完成3部电梯的安装调试及特种设备检验，经联合验收后已投入使用，运行状况稳定。

（10）大坝通风空调设备包括管理房小型中央空调设备、柜式空调及风机、除湿机，其中空调设备由供货单位专业安装人员现场安装，已按设计图纸及规范要求完成安装及整机调试和试运行，系统运行正常，调节灵活，质量情况良好；风机及除湿机由施工单位安装，已按设计图纸及规范要求完成安装、调试，设备工作正常，运行状况稳定。

（11）大坝各管理房、楼梯间、172.65m高程电缆廊道、170.0m高程观测廊道及162.0m高程排水交通廊道照明灯具、照明线路及照明配电箱均按照设计图纸及规范要求安装调试完成，电气试验合格，投入使用正常，质量情况良好。

（12）大坝消防供水与大坝生产、生活供水系统采用共水源、共管网的布置方式。泵站设备、供水管道及阀门等管道附属设备全部按设计及规范要求安装完成，通过水压试验及供水系统综合性能试验，具备供水能力，质量情况良好。

（13）大坝管理房污水处理装置共4套，按设计及规范要求安装调试完成，具备使用条件，质量情况良好。

（14）电厂5台水轮机、6套调速器改造按设计及规范要求完成固定导叶修型，转轮与水轮

机轴现场同轴镗孔及螺栓连接、安装（其中转轮与水轮机轴的现场同轴镗孔由厂家委托专业公司现场完成），座环与顶盖、底环安装面的平面度处理，顶盖、活动导叶、底环的预装和安装，接力器局部处理，检修密封、工作密封安装，控制环安装，调速器机械柜、电气柜、接力器行程变送器及分段关闭阀安装，管道装配，电气配线等全部工作，尺寸控制、间隙配合等均满足规范要求，通过机组无水调试及模拟试验、手动开停机试验、无励磁自动开停机试验、调速器空载试验、过速试验、机组带负荷试验、机组甩负荷试验及联合验收，投入运行正常，各项性能指标在目前水头情况下均符合设计及合同要求，质量情况良好。

（15）电厂2台发电机、2套励磁系统及5台制动柜改造按设计及规范要求完成定子铁芯现场叠装及铁损试验，定子绕组的安装及耐压试验，转子磁极的安装及绝缘试验、转子直流电阻测试、空气间隙调整，通风冷却系统空气冷却器、转子风斗及挡风板的安装；完成励磁系统励磁盘柜、励磁变压器及励磁电缆等的安装；完成制动柜的安装及管道装配；完成发电机新增电加热系统控制柜、电加热器及供电电缆的安装；通过机组无水调试及模拟试验、手动开停机试验、无励磁自动开停机试验、发电机短路试验、发电机消弧线圈补偿试验、发电机空载特性试验及定子升压试验、发电机直流起励试验、励磁系统空载闭环试验、发电机相位/相序核对、假同期试验、机组带负荷试验、发电机电磁参数测试试验、励磁系统模型参数测试及PSS参数整定试验、机组甩负荷试验及联合验收，投入运行正常，各项性能指标均符合设计及合同要求，质量情况良好。

（16）电厂1台主变压器按设计及规范要求完成吊钟罩检查及回装、高低压及中性点升高座和套管安装、真空注油，变压器本体就位，储油柜、压力释放器等附件安装及补油，高低压侧引出线安装，冷却系统油/水管道装配、控制柜安装，完成交接试验，完成局部放电、绕组变形及交流耐压试验（电厂委托湖北省电力试验研究院进行），机组充水启动后完成短路升流、负载及阻抗、升压及空载、核相、冲击合闸试验，并随机组进行负荷试验，各项试验指标均合格。经联合验收，投入运行正常，各项性能指标均符合设计及合同要求，质量情况良好。

电厂1台厂用变压器按设计及规范要求完成变压器就位、高低压侧引出线安装、交接试验、冲击合闸试验，各项试验指标均合格。经联合验收，投入运行正常。

（17）电厂6kV系统Ⅰ段、Ⅱ段开关柜改造按设计及规范要求完成16台开关柜的安装、配线、电气连接及电气试验的全部工作，经联合验收后投入使用，工作正常。

（18）电厂机组及变压器技术（冷却）供水系统改造按设计及规范要求完成减压阀、滤水器、水控阀、泄压阀、蝶阀、闸阀及压力表、温度变送器等自动化元件安装，完成管道装配，电气配线，通过水压试验及充水试验，经联合验收，投入使用，运行正常，质量情况良好。

（19）电厂1套超声波流量计按设计及规范要求完成超声波收发器探头、通信电缆、控制箱的安装，系统率定及调试，经联合验收，投入使用，运行正常，质量情况良好。

（20）电厂中低压气系统改造由电厂委托具有压力容器安装资质的专业公司安装，按设计及规范要求完成2台中压储气罐（压力等级4MPa、容积3m^3）、2台低压储气罐（压力等级0.8MPa、容积3m^3）及2套压力开关的安装、管道装配，通过压力试验及特种设备检验合格，经联合验收，投入使用，运行正常，质量情况良好。

（21）电厂渗漏排水系统按设计及规范要求完成2台深井排水泵、2台多功能水泵控制阀、2台闸阀、2台补气阀及1套液位变送器、1套浮球式液位开关的安装，管道装配，通过调试及联合验收，投入使用，运行正常，质量情况良好。

（九）工程验收情况

1. 分部工程验收

丹江口大坝加高工程建设监理中心在中线水源公司的组织下，承担丹江口大坝加高分部工程验收的组织工作。自开始分部工程验收工作以来，监理中心建立了以总监理工程师为第一负责人、副总监理工程师分管相关专业、各职能部门负责人为成员的专项组织机构。在质量监督站的监督下，经参建各方共同努力，目前已完成全部 119 个分部工程的验收工作。

丹江口大坝加高工程项目划分经历了由大到小、由粗到细，逐步调整优化完善的过程。自 2008 年 8 月启动分部工程验收工作以来，由于大坝加高工程特殊、项目工期跨度长、规程规范更新变化、项目划分优化调整等客观因素的影响，分部工程验收工作几次停滞不前。面对此局面，中线水源公司出台了《合同验收管理办法》《分部工程验收奖惩办法》等规章制度，在规范了分部工程验收工作的同时，也充分激励了各参建单位的积极性。

2. 单位工程验收

截至 2015 年 4 月，已基本完成单位工程验收工作。右岸土石坝工程的验收总体情况见表 13-3-1。

表 13-3-1 土石坝工程验收总体情况统计表

设计单元名称	单位工程名称	分部工程质量评定结果		单元工程质量评定结果	
		分部工程数量	分部工程优良率/%	单元数量	单元工程优良率/%
丹江口大坝加高工程	右岸土石坝工程	12	100	5325	93.3
	右 9～2 号坝段	7	85.7	598	93.6
	右 3～左 3 号坝段及升船机工程	7	100	736	89.0
	4～7 号坝段	7	100	460	93.3
	8～13 号坝段	10	100	617	93.5
	14～24 号坝段	9	66.7	1984	93.3
	25～33 号坝段	13	84.6	1418	93.0
	34～44 号坝段	7	100	663	94.3
	左岸土石坝工程	13	100	4973	93.3
	机组改造	10	100	82	96.3
	初期工程老坝体裂缝等缺陷检查及处理	18	/	656	/
	大坝安全监测工程	5	80	1545	89.7
	董营副坝工程	1	100	49	81.6
合　计		119		19106	92.0

注 1. 单元工程优良率＝单元工程优良数/单元工程总数（扣除不参与评优的单元工程）×100%。
2. "/" 表示本单位工程（分部工程）不参与评优。

3. 阶段验收

2008 年 7 月完成 5000kN 门机投入使用验收。2012 年 2 月完成电厂 4 号、5 号机的启动验

收。2013 年 8 月完成丹江口大坝加高工程蓄水验收。

4. 合同验收

丹江口大坝加高工程主要建筑安装施工合同数量 28 个，已全部完成验收，丹江口大坝加高工程主要建筑安装施工合同验收情况见表 13-3-2。

表 13-3-2　　丹江口大坝加高工程主要建筑安装施工合同验收情况表

序号	合同编号	合 同 名 称	完成情况
1	ZSY/JAL（2004）001	大坝加高右岸施工营地场地平整施工合同	已验收
2	ZSY/JAL（2004）002	大坝加高右岸水源路施工合同	已验收
3	ZSY/JAL（2005）001	大坝加高左岸施工营地场地平整施工合同	已验收
4	ZSY/JAL（2005）002	大坝加高左岸沿江路施工合同	已验收
5	ZSY/JAL（2005）003	大坝加高左岸上坝路施工合同	已验收
6	ZSY/JAL（2005）004	大坝加高右岸施工营地房屋（Ⅰ）施工合同	已验收
7	ZSY/JAL（2005）005	大坝加高右岸施工营地房屋（Ⅱ）施工合同	已验收
8	ZSY/JAL（2005）006	大坝加高右岸施工营地房屋（Ⅲ）施工合同	已验收
9	ZSY/JAL（2005）007	施工供电右岸 35kV 变电站建设及管理委托协议	已验收
10	ZSY/JAL（2005）008	右岸水源路上段、军营混凝土系统场平施工合同	已验收
11	ZSY/JAL（2005）010	大坝加高左岸小胡家岭道路施工合同	已验收
12	ZSY/JAL（2005）011	大坝加高右岸水源路上段路面工程施工合同	已验收
13	ZSY/JAL（2005）012	大坝加高左岸上坝路坝头段道路施工合同	已验收
14	ZSY/JAZ（2005）001	大坝加高左岸土建施工及金结设备安装合同	已验收
15	ZSY/JAZ（2005）002	大坝加高右岸土建施工及金结设备安装合同	已验收
16	ZSY/JAL（2006）001	大坝加高左岸王大沟场平施工合同协议书	已验收
17	ZSY/JAL（2006）002	大坝加高右岸老虎沟排水施工合同协议书	已验收
18	ZSY/JAL（2007）001	下游过江大桥与左岸沿江路交叉口道路工程施工合同	已验收
19	ZSY/JAZ（2007）001	电厂机组设备改造安装工程施工合同	已验收
20	ZSY/JAZ（2007）003	丹江口大坝 2～4 号锯缝施工合同	已验收
21	ZSY/ZX（2007）004	丹江口大坝老坝体水下坝面清理及裂缝检查合同	已验收
22	ZSY/JAZ（2008）003	老坝体混凝土上游面水下裂缝检查及处理施工	已验收
23	ZSY/JAZ（2009）001	初期大坝上游面水下裂缝检查与处理合同协议书	已验收
24	ZSY/JAZ（2012）002	丹江口大坝加高工程聚脲类防护材料采购与施工合同	已验收
25	ZSY/JAZ（2012）003	丹江口大坝加高工程抗冲磨防护材料采购与施工合同	已验收
26	ZSY/JAZ（2012）004	丹江口大坝加高工程变形监测项目建设合同书	已验收
27	ZSY/JAZ（2013）001	丹江口大坝加高工程闸墩预应力加固工程	已验收
28	ZSY/JAZ（2013）002	丹江口大坝加高工程董营副坝工程	已验收

（十）工程施工质量管理（典型案例分析）

案例1：左岸土石坝工程

1. 工程概况

左岸土石坝主坝由五个不同半径的圆弧段和若干个直线段所组成，全长1424m，最大坝高70.6m。分为左联、张芭岭、先锋沟、尖山、王大沟、糖梨树岭等六段，右端与混凝土坝左岸连接坝段上游面正交相接，左端与糖梨树岭相接。

左岸土石坝副坝右端与糖梨树岭相接，穿过铁路及丹陨路后与左端山体相接。

左岸土石坝主坝由上游混凝土护坡、上游坝壳料、上游反滤料、黏土心（斜）墙，下游反滤料、下游坝壳料、下游格栅植草护坡，排水系统、坝顶结构及建筑物装饰（包括坝顶沥青混凝土路面、上游防浪墙）和下游混凝土挡墙等结构组成。坝顶高程176.60m，坝顶路面宽度7m。

主要建设内容包括：地基开挖与处理，地基防渗施工，防渗心（斜）墙填筑，上下游反滤料、上下游坝壳料填筑，上下游护坡施工，土石坝排水施工，坝顶结构及建筑物装饰等施工，左岸土石坝副坝施工，下游挡墙混凝土施工等。

2. 施工质量管理

（1）施工质量保证体系。自2005年8月26日工程开工时，项目部成立了质量安全环保部、施工技术部、经营管理部、机电物资部、工程管理部、财务部、综合办公室。成立了以项目经理任主任、主管质量的副经理任副主任的质量管理委员会，明确了项目经理为质量第一责任人，质量副经理为质量主管责任人，总工程师对质量技术工作负领导责任。质量安全环保部是工程质量管理职能部门，负责生产过程的质量监督管理工作。其他部门参与并服务于质量管理工作，工区是质量保证体系的主体，负责按质量保证体系文件程序和设计文件、施工规程、规范、作业指导书进行施工作业，确保工程质量满足合同要求。

（2）实施情况。

1）认真贯彻《质量管理体系　要求》（GB/T 19001—2000）、公司质量体系文件，建立并完善项目质量保证体系。建立以项目经理为第一负责人，质量副经理为主管责任人，有关部门、队厂领导参加的质量管理委员会，积极开展全面质量管理和QC小组活动。

2）项目部建立了三级质量管理网络，明确各级质量网络的责任人。

3）严格按照设计要求、规程、规范、作业指导书的要求进行作业，杜绝野蛮操作、违章作业的现象，严格执行“三检制”，坚持“谁施工，谁负责；谁主管，谁负责”的原则，实施质量一票否决制，严格把好质量检查、验收关，及时发现并解决施工过程中的质量问题，保证施工过程处于受控状态。

4）认真落实质量标准，制定切实可行的质量过程控制程序，使每个施工环节都处于受控状态，质量资料记录齐全，过程具有可追溯性；定期召开质量专题会，发现问题及时纠正。

5）项目部设质量安全环保部，设置专业质检工程师，各作业队均配备专职质检员，各作业班组配备兼职质检员，确保从原材料至施工全过程的质量都处于有效监控之下。

6）在工程施工过程中，自上而下按照“跟踪检查—复检—抽检”和“自检—互检—交接检”实施质量检查和控制。在严格内部“三检制”的基础上，认真接受项目法人和监理工程师

的监督。

7）为了提高施工人员的技术素质和施工质量意识，项目部对所有参加施工的人员进行了质量意识教育和工艺培训，为保障工程施工质量打下了坚实的基础。

3. 质量管理措施

（1）一般质量管理措施。

1）建立健全各项质量管理规章制度，严格按合同文件要求、设计要求、施工方案、相关的施工验收规范、操作规程组织施工。

2）配置足够合格的管理、技术、质量、测量、试验人员，配备先进的检测测量试验仪器和设备，按材料试验要求、国家测绘标准和本工程精度要求，建立工地试验室和施工控制网。

3）加强过程质量控制，质检部门随时对施工质量进行检查，杜绝质量事故的发生，确保质量目标的实现。

4）努力推行科学化、标准化、程序化管理和作业，实行定人、定机、定部位、定岗位的制度，加强对在岗位人员的质量意识教育和工艺要求培训。

（2）地基开挖与处理质量保证措施。

1）施工过程中，及时放出基础轮廓线并对坡面进行复核检查。

2）严格按照爆破设计施工，通过爆破试验确定爆破参数：梯段爆破孔间排距为 1.2m×1.0m，单耗为 0.35kg/m^3；光面爆破线装药量为 75～90g，单段最大药量小于 2kg，采用非电毫秒雷管微差爆破网络。

3）采用保护层方式施工，水平建基面开挖采用孔底空气软垫层爆破控制法，边坡成型采用光面爆破。严格控制孔距、孔向、孔斜、孔深、线装药量及单段最大药量。

4）施工过程中通过对爆破效果、质点振动速度和爆后建基面声波检测成果，及时调整爆破参数，优化爆破设计。保证建基面和边坡开挖质量满足设计要求。

5）对于地质缺陷，严格按照设计要求进行处理，对于破碎的岩体以风镐剥除为主，人工清撬为辅，尽量避免爆破施工。

（3）地基防渗质量保证措施。

1）钻孔质量控制措施。钻机及钻机平台安装平稳，钻孔过程中经常校验复核孔位，并观察钻机位移情况，每钻进 5m 测量孔斜指标，发现偏差及时进行纠正处理。

2）灌浆质量控制措施。每段钻孔结束并验收后，及时进行孔内阻塞并控制好阻塞深度和射浆管下设长度；距孔底不小于 50cm，采用大流量水对孔内冲洗至回水澄清 10 分钟后开始压水灌浆作业。①灌浆压力控制。灌浆压力以孔口回浆压力为准，压力波动范围应小于灌浆压力的 20%，灌浆自动记录仪压力显示应与压力表表值相吻合，开灌后应根据注入率变化情况尽快升至设计压力。②灌浆浆液水灰比控制。对每批次水泥进行检测，对水泥细度的要求为通过 80μm 方孔筛的筛余量不宜大于 5%，不得使用受潮结块的水泥，保证灌浆浆液原材料合格；严格按照设计水灰比配制浆液，使用比重计或比重称检测浆液比重，必要时应测记浆液温度，并在灌浆过程中不间断检测浆液比重，以满足设计水灰比。③灌浆过程及封孔质量控制措施。帷幕灌浆采用自上而下分段灌浆法时，在规定的压力下，当注入率不大于 0.4L/min 时，继续灌注 60 分钟或不大于 1L/min 时，继续灌注 90 分钟，灌浆可以结束。控制好灌浆时间和灌浆压力。

（4）混凝土施工质量保证措施。

1）压浆板混凝土浇筑施工所用的钢筋、水泥、粉煤灰、外加剂、粗骨料、细骨料、水等原材料、中间产品按规范要求抽样检验。不合格的材料严禁用于工程施工。

2）混凝土施工配合比需经试验验证并经监理工程师批准才能应用于混凝土施工。

3）混凝土浇筑施工现场必须有跟班质检员盯仓监督，对浇筑过程中出现的质量问题，质检人员能做到及时发现及时制止和整改。

（5）填筑料填筑施工质量保证措施。

1）黏土料填筑质量保证措施。①在黏土料场四周设置截排水沟，将外来地表水排出开采区。②加强黏土的勘探工作，不合格的料土严禁上坝填筑。③控制黏土的含水率，当黏土的含水率偏低时，将黏土摊开喷水；当黏土的含水率偏高时，作翻晒处理。④应按照经监理工程师批准的黏土填筑试验成果进行黏土填筑施工，施工中应按规范要求取样检测。⑤黏土与左联坝段混凝土表面接触部位，填筑前先在混凝土表面涂刷3～5mm厚的浓黏土浆，并做到随刷随铺、防止泥浆干硬。⑥填筑面向两侧保持1%～2%左右的坡度，以利排水。⑦黏土与建（构）筑物距离5m范围内用静碾压实，2m范围内用振动平板夯，蛙式打夯机薄层夯实。蛙夯或平板夯夯不到的边角部位用人工夯实。为保证蛙夯压实和振动碾交接带的压实质量，每填筑3层，再用打夯机夯打3遍。⑧坝面上的运输路线要经常变动，不可在一处反复行走，以免产生剪刀破坏和光面，发现光面或水平、垂直裂缝应予以挖除。⑨采用分区铺土、分区碾压时，相邻两区分界带碾迹重叠，与碾压方向平行的交界带，重叠宽度为25～50cm，与碾压方向垂直的交界带，重叠宽度为50～100cm。⑩雨天和负温时不宜填筑。在雨季施工时，及时了解天气预报，观察天气变化情况，并备好防雨塑料布。在雨来临前，应停止卸料，及时摊铺好黏土料并碾压和覆盖防雨塑料布。在雨后填筑前先去掉表层土，待含水率达到要求后，再刨毛，铺设新土。⑪要保证黏土心（斜）墙断面尺寸，反滤料不得侵占黏土料。

2）反滤料填筑质量保证措施。①试验人员应经常对小树林料场加工的反滤料质量进行检测试验，不符合要求的反滤料不得上坝。②应按照经监理工程师批准的反滤料填筑试验成果进行反滤料填筑施工，施工中应加强试验检测。控制填筑层厚度、控制洒水量、控制粗颗粒集中现象。③要保证上下游反滤料的断面尺寸，反滤料不得侵占黏土料，坝壳料不得侵占反滤料。④在不能用振动碾压实的部位用小型压实机具夯打压实，夯打前适量洒水，特别是与左联坝段混凝土表面接触的部位应确保施工质量。⑤分段铺筑时，在平面上将各层铺筑成阶梯形的接头，即后一层比前一层缩进必要的宽度，在斜面上的横向接缝，收成坡度不陡于1∶2的斜坡，各层料在接缝处亦铺成阶梯形的接头，使层次分明。⑥严防产生反滤料漏铺现象，特别是进料道路压住反滤料的地方，在改造时要清至原反滤料，保证反滤层上下左右的连续性。对已填筑压实好的反滤料，应禁止车辆、人员通行，防止破坏和污染。

3）坝壳料填筑质量保证措施。①试验人员应经常对小树林料场加工的坝壳料质量进行检测试验，不符合要求的坝壳料不得上坝。②应按照经监理工程师批准的坝壳料填筑试验成果进行坝壳料填筑施工，施工中应加强试验检测。控制填筑层厚度、控制洒水量、控制粗颗粒集中现象，对于超径大块石应清除出来。③要保证上下游反滤料的断面尺寸，坝壳料不得侵占反滤

料。④填筑时充分洒水，碾压开始之前均匀洒水一次，然后边洒边压实；做好与岸坡处搭接处理。⑤做好坝壳料的纵向接缝处理。在坝面上形成道路时，坝壳料边缘的材料均未被完全压实，在填筑上升时，用推土机平行坝轴线方向将填筑边缘2m范围内的松散料推出，然后边洒水边重新进行压实，以保证纵向接缝的施工质量。

4）排水施工质量保证措施。①按照设计要求对排水棱体填筑用垫层料和大、中、小石掺合料进行基本物理力学性能试验，在正式填筑施工前，开展填筑生产性试验，以获取满足设计要求的碾压参数和填筑工艺，指导排水棱体填筑施工，并将试验结果上报监理工程师审核批准。②严格按照经监理工程师批准的排水棱体填筑参数和工艺组织施工，所使用的碾压机械、铺料方式、铺料厚度、行车速度、碾压遍数、加水量等工艺参数不得改变。③干砌块石选用块石料质地坚硬、不易风化、没有裂缝且大致方正的岩石；干砌块石护坡采用自下而上顺序砌筑，铺砌厚度30cm，护坡表面砌缝宽度不大于25mm；砌体外露面的坡顶和侧边，选用较整齐的石块砌筑平整，排水棱体顶部干砌块石砌筑高程允许偏差不超过±5cm，坡面平整度用2m靠尺检测凸凹不超过5cm。④保证预制排水沟预制件的质量，预制件表面不得出现裂缝，预制件尺寸偏差应满足规范要求；预制排水沟采用平勾缝，勾缝后的排水沟内侧壁面平整、密实不漏水；排水沟断面尺寸满足图纸要求，排水沟沟位偏差不大于5cm，过水断面尺寸误差小于20mm；排水沟的排水坡度满足设计要求，保证排水顺畅。

（6）上下游坝面护坡质量保证措施。

1）原材料的质量控制措施。①对本工程所用的钢筋、水泥、粉煤灰、外加剂、粗细骨料等按要求进行检验，满足设计和规范要求。②每一批次（号）的钢筋必须有产品质量证明书和出厂检验单，按要求取样和试验。③每批水泥、外加剂到货时必须有出厂合格证和复检资料。④砂的细度模数在设计规定的范围内，砂料质地坚硬、清洁。

2）混凝土拌和物的质量控制措施。①严格按试验室开具的并经监理工程师批准的混凝土配合比配料。②根据骨料含水量、气温变化、混凝土运输距离等因素及时调整用水量，以确保混凝土拌和物质量满足设计要求。③定期检查、校正拌和楼的称量系统，确保称量准确，误差控制在规范允许的范围内。④保证混凝土拌和时间满足规范要求，在拌和楼同时生产多种标号混凝土的情况下，采取计算机识别标志以防错料，对运输车辆挂牌标识。⑤使用拌和楼拌制混凝土时，采用微机记录，做到真实、准确、完整，以便存件追溯。当采用小型拌和机拌制混凝土时，要使用磅秤称量，定期对磅秤进行校正，确保衡量精度，要按照试验室开具的配料单准确配料。⑥水泥、外加剂、骨料等定期抽样检查与试验，其贮存满足相应产品贮存规定，禁止不合格的材料使用于本工程。

3）现场施工质量控制措施。①在砂砾石垫层料正式填筑施工前，开展砂砾石垫层料碾压生产性试验，以获取满足设计要求的碾压参数和填筑工艺，指导砂砾石垫层料填筑施工，并将试验结果上报监理工程师审核批复。严格按照经监理工程师审核批复的填筑参数和工艺组织施工，所使用的碾压机械、铺料方式、铺料厚度、行车速度、碾压遍数、加水量等工艺参数不得改变。②在砂砾石垫层料填筑前修整坡面，保证修整后的坡面表面平整、体型满足设计要求。③使用滑模浇筑混凝土时，要根据混凝土凝固状态和气温等因素，合理确定滑模滑升速度、抹面时机，保证混凝土内实外光。④预制混凝土格栅现场拼装以人工安装为主，汽车吊辅助吊装，预制格栅上下车时应采取措施保证格栅的完整性，防止格栅破损，对于破损掉角的格栅应予以更换；预制格栅表面应平整，拼缝严密。⑤按照经监理工程师批准的植草施工工艺进行植草作业，做好植草前的各项准备工作，做好草籽处理、播种、浇水、养护、施肥和补种等工作。⑥混凝土浇筑完毕后及时进行养护。对已浇筑的混凝土进行洒水养护并覆盖绒毡，保持仓面潮湿。雨天施工时，仓面配备足够的防雨设施，及时排除仓面积水。高温季节混凝土施工，认真落实温控措施，冬季混凝土施工，搞好混凝土的保温工作。

4）质量缺陷处理。根据《丹江口大坝加高工程施工质量缺陷处理管理办法》（中水源工〔2008〕127号），左岸土石坝工程施工过程中发生的一般质量缺陷2个：①1个护坡浇筑仓拆模后，在靠近垫层料处有几处较严重的蜂窝麻面，已拆除重新浇筑；②1次护坡加糙墩浇筑时未对外加剂用量杯计量，已对该批次的加糙墩拆除返工处理。无较重以上质量缺陷及质量事故，施工过程中所发生的质量缺陷都已及时进行了处理，处理后的施工质量满足设计和规范要求。

5）结论。①左岸土石坝工程所使用的原材料、中间产品质量合格，缺陷处理质量合格；施工过程质量受控，施工管理规范。②工程已按合同和设计要求全部完成，工程中的遗留问题已处理完成。工程质量符合合同、设计和规范要求，工程质量等级为优良。

案例2：14～24号溢流坝段工程

1. 工程概况

14～24号坝段是丹江口水利枢纽重要的泄水建筑物，由11个坝段组成，本单位工程右侧与13号坝段连接，左侧与25号坝段连接。

溢流14～17号和19～24号每个坝段设有两个溢流表孔，每孔设有一道检修门和一道工作门，检修门和工作门依靠坝顶5000kN门机启闭；18号坝段为非溢流坝段，在18号坝段下游侧设有大坝管理房。

2. 溢流坝段加高施工项目范围

溢流坝段加高施工项目范围包括溢流14～17号及溢流19～24号及18号坝段共11个坝段的加高施工，涉及的项目有：138.00m高程以上叠梁门安装及封堵、堰面混凝土浇筑、门槽二期混凝土施工、钢筋制安、植筋施工、自锁锚杆施工、混凝土碳化层凿除、排水孔施工、水下混凝土部分拆除，止水止浆片安装、界面胶涂刷、坝顶门机大梁制安、闸墩临时加固支承大梁的安装与拆除、纵缝接缝灌浆、层间缝及裂缝检查与处理、门槽埋件安装、混凝土叠梁门的预制及安装、钢叠梁门的安装与拆除等。

3. 工程任务

本工程任务包括：①地基防渗；②老坝体及原有构筑物拆除；③新老混凝土结合面处理；④混凝土浇筑；⑤坝体接缝灌浆；⑥堵水钢叠梁门及门槽埋件安装；⑦检修闸门及门槽埋件检测、加固、安装；⑧工作闸门及门槽埋件检测、加固、安装；⑨机电设备拆除安装。

其目的就是按照合同和设计文件要求完成施工，使之成为一个稳定的泄水坝段并能完成预定的挡水及泄流功能。

4. 施工重点与难点

（1）裂缝检查处理、碳化层凿除、钢筋施工、锚杆施工、老坝体混凝土拆除等工序衔接紧密，相互干扰大，工序多，工期紧，技术要求高。需要合理组织和协调，才能保证正常施工。

(2) 作业面施工场地狭小，施工干扰较大，作业面高差大，安全防护要求高。

(3) 由于坝顶结构已经形成，混凝土供料线安装、升高、拆除较困难，钢筋、模板等无法直接吊运至指定部位，人工搬运的工作量很大。

(4) 堰面混凝土施工要求较高，体型控制难度较大。

(5) 由于初期闸墩混凝土内部钢筋较多，加之后期闸墩用锚筋桩进行了加固。对于连接闸墩与堰面的自锁锚杆钻孔施工，如何避开闸墩钢筋钻孔和不对闸墩造成损伤难度较大。

(6) 按照设计图纸要求，自锁锚杆与堰面钢筋为焊接连接，钢筋焊接时不可避免地发生焊接收缩，产生焊接应力。焊接时的热量直接影响植筋胶的质量，如何保证植筋胶性能不会受到焊接热量的影响和减少焊接应力难度较大。

(7) 加高混凝土温控要求高、难度大、成本投入高。除采取预冷粗骨料（一次和二次风冷)、加冰、加冷水拌和混凝土外，还需要对新浇混凝土进行通水冷却，初期通水冷却采用水温 8～10℃的制冷水或水库低温水，在一个月之内将浇筑块温度降温至 16～18℃。按照设计建议，在 4 月、10 月浇筑堰面混凝土时，混凝土出机口温度按 7～10℃控制。

(8) 由于初期工程闸墩本身无法实施冷却，浅宽槽回填前的混凝土冷却主要为新浇混凝土的冷却。当新浇混凝土在一个月之内将浇筑块温度降温至 16～18℃后，并要在汛前回填宽槽混凝土。时间紧、任务重，对后续施工影响较大，对工程度汛将产生较大的影响。根据施工进度计划安排，部分浅宽槽回填时段在 5 月，属次高温季节，温控要求特别高。

(9) 堵水叠梁门安装精度要求高，特别是水下部分的混凝土施工、堵漏处理及叠梁门定位困难较大。

(10) 预制混凝土叠梁水下封堵施工国内尚无先例，施工中不可预见问题多，处理问题难度较大。

5. 施工布置

(1) 施工设备、设施布置。

1) 混凝土拌和制冷系统布置。左岸标段混凝土拌和制冷系统布置在左岸土石坝上游小胡家岭场地内，由 3×1.5m^3 和 2×1m^3 两座拌和楼、制冷系统、骨料运输系统及与之配套的供水系统、供电系统等组成，系统设计常规混凝土生产能力为 170m^3/h，制冷混凝土为 80m^3/h。

右岸标段混凝土拌和制冷系统布置在右岸土石坝上游军营场地内，由 3×1.5m^3 拌和楼、制冷系统、骨料运输系统及与之配套的供水系统、供电系统等组成，系统设计常规混凝土生产能力为 115m^3/h，制冷混凝土为 60m^3/h。

2) 系统工艺流程。在坝顶布置 2 台 M900 塔机、4 套混凝土供料线浇筑系统和 2 套布料机浇筑系统，联合进行堰面加高施工。根据施工总进度计划安排，结合工程现场实际情况，主要施工设备、设施规划布置如下。

在溢流坝段坝顶布置 2 台 M900 塔式起重机，最大起重量 50t，起重臂长度 40m，门机轨距和轮距均为 16m，最大起升高度为 44.21m，最大负扬程为 53m（轨道面以下）。主要负责溢流坝段混凝土堵水叠梁门吊装、水下封堵、钢叠梁门的安装与拆除，混凝土浇筑，皮带机供料线的安装与拆除、升高、转移，施工栈桥安装与拆除，布料机系统安装与拆除、升高、转移，钢筋、模板的吊装等。

在溢流坝段沿坝轴线方向布置施工栈桥，其上布置两套可移动式布料机系统，混凝土由自卸汽车运输，塔机配 $3m^3$ 或 $6m^3$ 吊罐，将混凝土卸到布料机系统内，由布料机系统浇筑混凝土。

在闸室内的堰面中部布置有皮带机混凝土供料线，共布置 4 套供料线系统，主要负责离坝轴线 2m 以上区域的混凝土浇筑，混凝土由自卸汽车运输。对于简支跨和固定跨，由自卸汽车直接将混凝土卸到位于坝顶工作门槽处的受料罐（$6m^3$）内，经溜管、集料斗、移动式皮带机运送混凝土。

3）堰面浇筑设备、设施的浇筑区域规划。所有混凝土均由自卸汽车运输。混凝土有 3 种入仓、浇筑方法：①由塔机配 $6m^3$ 吊罐直接入仓浇筑混凝土；②塔机配 $3m^3$ 吊罐将混凝土卸到布料机受料斗内，由布料机系统布料浇筑混凝土；③由自卸汽车将混凝土直接卸到受料罐内，由皮带机供料线布料浇筑混凝土。

（2）单孔施工程序。封堵叠梁运输、试拼装→定位导向装置、模板角钢安装→叠梁门安装（7 节）→门槽及叠梁空腔水下混凝土灌注→安装挡水钢叠梁门→提起工作门（或检修门）→混凝土碳化层凿除、裂缝处理及锚杆施工→堰面钢筋安装、植筋及自锁锚杆施工→堰面混凝土施工→预留宽槽二期混凝土回填→门槽底坎安装及二期混凝土浇筑→工作门下闸→吊起钢叠梁门→移交施工部位、准备工程度汛。

6. 施工质量管理

（1）工程质量控制点的设置。根据《质量管理体系 要求》（GB/T 19001—2000）和监理工程师的指令，按照《过程控制程序》中所规定的标准与要求，针对工程特点设置工程质量控制点，对质量控制点强化控制。

（2）健全质量自检制度，加强质量监督检查。严格执行质量三级自检制度。质检员在施工的整个过程中坚持旁站制，在现场进行质量跟踪检查，加强对各道工序特别是关键部位或技术复杂部位的专职检查，严格把关，发现问题及时督促有关人员纠正，对在施工中发现的问题做好记录，达不到质量要求或工艺要求的工序不得进入到下道工序。

1）对关键和特殊工序制定详细的并落实到人的施工过程控制和操作细则，技术人员实行专业分工责任制，专业技术人员既是该工序技术质量负责人，又是工序施工负责人，有效防止了因技术人员和施工人员责任不清而导致的质量缺陷。

2）开展质量“三检制”和“联检制”。施工过程坚持施工队班组自检、队质检员复检、项目部质量保证部质检工程师终检制度。在“三检”合格的情况下由质量保证部质检工程师将检验合格证呈交监理工程师，并在监理工程师指定的时间里，质检工程师、质检员与监理工程师一起，对申请验收的部位进行联检。经联检合格，监理工程师在验收合格证上签字后方可进行下道工序的施工作业。

3）建立隐蔽工程“专业联检制”。对于隐蔽工程，在覆盖前必须遵循严格的质量检查程序，施工中组织各专业的质检工程师对隐蔽工程进行联合检查验收。

（3）实行工程质量岗位责任制和质量终身制，严格执行质量奖惩制度。按科学化、标准化、程序化作业，实行定人、定点、定岗施工，各岗位承担岗位工作的质量责任。施工现场挂牌，写明施工区域，技术负责人及行政负责人，接受全方位、全过程的监督。做到奖优罚劣，确保一次达标。对不按施工程序和设计标准施工的班组和个人追究责任，并予以经济惩罚。

（4）施工过程严把“四关”，坚持质量一票否决制。

1）严把图纸关。首先组织技术人员对图纸进行认真复核，让所有技术人员彻底了解设计意图，其次严格按图纸和规范要求组织实施，并层层组织技术交底。

2）严把测量关。测量队对整个工程的设计控制数据进行复核，测量队根据复核成果进行测量控制网的布设及对施工放样进行抽检复核，并负责施工测量放线。

3）严把材料质量及试验关。对每批进入施工现场的材料按规范要求进行质量检验，并按质量保证体系进行管理，杜绝不合格的材料及半成品使用到工程中。

4）严把工序质量关。①严格按照技术图纸、规范及技术措施进行每道工序施工。②施工过程中做到"六不施工，三不接交"。"六不施工"是：不进行技术交底不施工、图纸和技术要求不清楚不施工、测量和资料未经审核不施工、材料无合格证或试验不合格不施工、隐蔽工程未经联合签证不施工、未经监理工程师认可或批准的工序不施工；"三不接交"是：无自检记录不接交、未经监理工程师或值班技术员验收不接交、施工记录不全不接交。③对施工过程中违反技术规范、规程的行为，质检人员有权当场制止并责令其限期整改。④对不重视质量、粗制滥造、弄虚作假的人，质检人员根据奖惩制度提出处罚意见，报行政领导给予严厉处理和追究其相应的责任。⑤施工过程中始终坚持质量一票否决制。

(5）开展全面质量管理活动。认真做好工程的施工记录、资料收集整理，每月写出质量报表，对施工质量进行质量统计分析，找出质量缺陷原因，及时提出改正措施。

每月开展一次质量评比活动，从而确保质量目标的实现。

7. 关键工序质量控制措施

(1）混凝土浇筑质量控制措施。

1）混凝土配合比设计。在全面满足设计要求各项技术参数的条件下，选用较低的水灰比，以提高其极限拉伸值；采用高效复合型外加剂，增强混凝土的耐久性、抗渗性和抗裂性。

2）控制混凝土拌和物质量。严格按试验室开具的并经监理工程师批准的混凝土配料单进行配料；使用复合型外加剂，提前做不同种类外加剂的适配性试验，严格控制外加剂的掺量。安排专职试验、质检人员在拌和系统监督，根据砂石料含水量、气温变化、混凝土运输距离等因素的变化，及时调整用水量，以确保混凝土拌和物质量满足设计要求。

3）加强现场施工管理，提高施工工艺质量。①成立混凝土施工专业班子，施工前进行系统专业培训，持证上岗；②混凝土入仓后及时进行平仓振捣，振捣插点要均匀，不欠振、不漏振、不过振；③止水、金结机电及其他埋件安装准确，混凝土浇筑时由专人维护，以保证埋件位置准确；④混凝土浇筑施工时，做到吃饭、交接班不停产、浇筑不中断，以免造成冷缝；⑤混凝土浇筑时安排专职质检人员旁站，对混凝土浇筑全过程质量进行指导、检查、监督和记录；⑥雨季施工时，设置专用可靠的防雨设施，及时排除仓面积水，认真做好坡面流水的引排工作；⑦高温季节混凝土施工，认真落实温控措施；冬季混凝土施工，搞好混凝土的保温工作；⑧为保证大坝及流道混凝土面的质量，坝体上游、下游坝面、闸墩等部位采用专用模板和脱模剂施工；⑨严格施工组织，确保混凝土入仓速度，满足平仓浇筑的要求。

(2）地基防渗质量控制措施。

1）原材料质量控制。进场水泥应有产品合格证书及质量检验报告，检测结果应满足标准要求。进场的原材料应按规范要求取样试验。

2）钻孔质量控制。按照设计要求现场测量和布孔，控制孔位误差不大于10cm；孔径符合设计要求；在钻孔过程中，按要求每5～10m进行孔斜检测，发现偏斜时应立即纠偏，孔斜率不超过允许的孔底偏差值；按照设计段长钻孔，终孔孔深不小于设计孔深。

3）排水孔改造质量控制措施。按照设计图纸及初期工程竣工资料对现场排水孔孔位孔号标示清楚，改造前逐孔进行孔深检测；严格按照设计要求下设孔内保护；孔口装置安装后应检查孔口处是否有渗漏水情况，否则应处理。

（3）老坝体及原有构筑物拆除质量保证措施。

1）在施工过程中，准确放出老坝体拆除轮廓线并及时对拆除面进行复查。

2）为保证被保留体的拆除质量，采取在结合面打密集防振孔和预留光爆层等减振措施。

3）在爆破拆除初期工程混凝土时，按照设计文件及爆破设计要求进行拆除部位的放样、钻孔、装药、联网、表面保护，经爆破工程师检查验收合格后才能进行爆破作业。根据爆破效果，不断调整优化爆破参数，确保拆除质量，控制爆破震动效应。

4）对进场的静态爆破剂进行检验，确保其符合《无声破碎剂》（JC 506—92）强制性行业标准要求，不合格产品不得使用；根据现场实际情况，先进行生产性试验以确定合适的静态爆破参数；按爆破参数和设计要求施工，严格控制孔位、孔深、角度，钻孔直径40mm，装药要一次完成，灌装过程中，已经开始发生化学反应的药剂不允许装入孔内，药剂反应时间一般控制在40～60分钟。

5）拆除后的保留体经过检验合格后才能进入下道工序施工。

6）严格按照南水北调工程建设专用技术标准《南水北调中线一期丹江口水利枢纽混凝土坝加高工程施工技术规程》“9.1混凝土拆除”、设计图纸及规范的要求检查验收。

（4）新老混凝土结合面处理质量保证措施。

1）严格按照设计要求进行碳化层凿除，加强对碳化层凿除过程的质量检验，避免不必要的返工。

2）在已完成碳化层凿除施工的结合面上进行锚杆施工时，应采取措施防止因注浆作业污染凿除面，对已污染的结合面应清洗干净。

3）锚杆孔的孔径、孔深、方向、间排距严格按照设计要求施工，注浆前认真清除孔内杂物，锚杆注浆应饱满，注浆后安插的锚杆应加以保护，3天之内不得敲击、碰撞、拉拔锚杆和在其上悬挂重物。

4）每批锚杆材料均应有生产厂家的产品质量证明书，并按规范要求进行抽样检验，锚杆砂浆的原材料及强度按规范要求取样检验，按设计要求进行锚杆拉拔力检验。

（5）溢流坝段混凝土施工质量保证措施。

1）原材料质量控制措施：①对本单位工程所用的钢筋、水泥、粉煤灰、外加剂、粗细骨料等按照要求抽样检验和试验，并应满足合同和规范要求；水泥、外加剂、粉煤灰等满足相应产品贮存规定，禁止不合格的材料使用于本工程。②每一批次（号）的钢筋必须有产品质量证明书和出厂检验单，每批水泥、外加剂到货时必须有出厂合格证和检验资料。③砂的细度模数必须在设计规定的范围内，砂料质地坚硬、清洁。

2）混凝土拌和物质量控制：①严格按试验室开具的并经监理工程师批准的混凝土配料单配料。②根据骨料含水量、气温变化、混凝土运输距离等因素及时合理微调用水量，保证混凝土拌和时间满足规范要求。③在拌和楼同时生产多种标号混凝土的情况下，采取计算机识别标

志，防止错料，对运输车辆挂牌标识。④定期检查、校正拌和楼的称量系统，确保称量误差控制在规范允许的范围内。⑤所有混凝土拌制采用微机记录，做到真实、准确、完整和追溯。⑥对高温季节有温控要求的混凝土，通过加冰、加水、骨料一二次风冷；对冬季施工的混凝土，采用加热水拌制混凝土等措施保证出机口温度满足设计要求。

（6）现场施工质量控制措施。

1）采取综合温控措施，降低混凝土出机口温度和浇筑温度；在高温和次高温季节施工时，在自卸汽车上设遮阳（雨）棚，在拌和楼进楼处设置喷淋降温装置；创造良好的仓面施工小气候。高温时段在仓位四周安装喷雾设备，形成仓内小气候。

2）混凝土入仓后及时平仓振捣，振捣插点均匀，不欠振、不漏振、不过振。

3）止水、冷却系统、灌浆系统、观测仪器及其他埋件安装准确，混凝土浇筑时由专人维护，保证埋件仪器完好无损。

4）混凝土浇筑施工时，做到吃饭、交接班不停产、浇筑不中断；混凝土浇筑时安排专职质检人员旁站；对混凝土浇筑全过程的质量进行指导、检查、监督和记录。

5）雨天施工时，仓面配备足够的防雨设施，及时排除仓面积水，认真做好坡面流水的引排工作；高温季节混凝土施工，认真落实温控措施；冬季混凝土施工，搞好混凝土的保温工作。

6）成立温控领导小组，全面负责温控工作，包括温度控制、冷却通水、温度量测、记录、监督。成立冷却通水专门班子，定人定岗，加强通水冷却过程检查和混凝土内部温度监测，保证冷却通水质量。

（7）水下混凝土浇筑质量保证措施。

1）混凝土叠梁安装各项偏差控制在设计规定的允许范围内。

2）严格按经监理工程师批准的水下混凝土施工配合比拌制混凝土，原材料计量、混凝土拌制符合施工规范要求。

3）保证水下混凝土浇筑的连续性，做到吃饭、交接班不停产、浇筑不中断。

4）雨天施工时，施工平台上应配备足够的防雨设施。

5）对每个孔的水下检查、水下施工要有能反映实际情况的录像等资料，每一道中间环节的验收资料要保存好，记录应完整可靠。

6）混凝土浇筑前，应认真检查混凝土拌和、运输、泵送设备的准备情况；浇筑过程中，应随时了解每根导管及其相邻混凝土上升情况。

7）操作人员按要求进行操作和控制，并准确填写有关记录，整个浇筑过程应连续进行并控制浇筑速度。

（8）使用供料线系统质量保证措施。

1）遮阳防雨措施。在皮带机机架上弦平面铺设聚乙烯防水卷材，作为皮带机遮阳防雨设施，对混凝土运输车辆设置遮阳防雨棚，在仓面准备足够数量的保温被和防雨布。

2）混凝土防分离措施：①上集料斗的下料口与钢管溜槽的连接处应密封，集料斗内的混凝土应保证有料状态，以减少混凝土的下滑速度，防止骨料分离；②皮带机端部的下料高度控制不宜超过7m，通过非真空软管溜槽（皮筒）接至工作面附近；③从布料机皮筒至仓面的下料高度不宜大于1.0m，超过1.0m高度时应在皮筒下面加装钢质可拆卸短溜筒；④仓面出现骨料分离现象应及时处理，将大石、中石适当分散。

3）减少砂浆损失措施。保持合金清扫器处于良好的工作状态，如发现砂浆刮除不彻底，应及时调整合金清扫器的位置、角度、弹簧压紧力；合金清扫器收集的灰浆应流入接转料斗内并与混凝土混合；卸料、集料、导料处不应漏浆；皮带机及布料机皮带破损处应及时修补。

（9）坝体接缝灌浆施工质量保证措施。

1）灌前工序质量控制措施：①在进、回、排管路及数量核对清楚后管口挂牌标示清楚；②坝体温度测量采用预埋测温计测量，同时灌区充水闷管测水温以保证坝体温度测量准确；③灌区内部缝面张开度使用测缝计量测，表层的缝面张开度使用千分表多点量测，以保证张开度测量准确；④通水检查时，在进水（蓄水桶）处和出水（管口）处专人记录测量进出水量和进出水压力，检查灌区密封情况，通过在水中加入高锰酸钾观察和确认渗漏点位置；⑤测量容器仪器使用前进行核定，机械设备及时检查保养，保证灌浆连续性。

2）灌浆质量控制措施：①灌浆压力控制。灌浆压力以排气管压力为准，压力波动范围应小于灌浆压力的20%，开灌后根据注入率变化情况尽快升至设计压力。②灌浆浆液水灰比控制。对水泥原材料进行检测，对水泥细度的要求为通过80μm方孔筛的筛余量不宜大于5%，不得使用受潮结块的水泥。严格按照要求配制浆液，使用比重计或比重秤检测进浆及出浆管口浆液比重，每一级浆液比重要吻合。③灌浆过程及管路封堵质量控制措施。严格控制灌浆结束标准，在规定的压力下，排气管出浆达到或接近最浓比级浆液，排气管口压力或缝面增开度达到设计规定值，注入率不大于0.4L/min时，持续20分钟，灌浆即结束。灌浆结束后先关闭进、回、排各管口后再停泵，进行闭浆管路封堵。

（10）金属结构检测、加固和安装质量保证措施。

1）修复安装前对参加施工的人员进行技术交底，做好修复安装前的各项技术准备工作；每天作业前对作业人员进行具体的技术交底。为保证修复安装质量，对每位新进场人员都要进行进场前和作业前的岗位培训。

2）在施工中严格实行“三检制”，现场施工负责人初检、金结厂复检、项目部/施工局机电物资部/质量安全部终检的三检制度。

3）修复安装方案力求施工任务明确、工序清楚、工艺合理、质量和安全保证措施完善。针对土建施工安排及时跟进施工，协调好与土建施工的矛盾。

4）加强对闸门及埋件的检查、修复、验收、安装各环节质量控制，对于闸门水封安装、滑块安装、埋件工作面直线度调整、防腐施工等关键工序设置质量控制点，重点控制关键工序质量。

（11）机电设备拆除安装质量保证措施。

1）对所有到货的机电设备均应进行清点、检查和验收。

2）认真编制施工方案并报监理中心审批。

3）正式施工开始前，向作业人员进行技术交底，使作业人员熟悉施工工艺、安装流程、技术要求及施工中可能出现的问题和如何处理解决等，确保安装质量和施工安全。

4）严格按照设计文件及相关的规程、规范和经监理工程师批复的方案组织施工。加强关键工序质量控制和监督。

5）在施工过程中，严格执行三级检查制度，加强质量监督检查。对在施工过程中发现的

问题，做好记录并及时解决。

8. 质量缺陷处理

在工程施工过程中发生1个Ⅰ类质量缺陷，部位为溢流21－Ⅰ－9/139.2～141.2m浇筑层。主要因为闸室内供料线下料皮筒过长（超过10m）、混凝土砂率偏低、坍落度偏小、仓面资源偏少，引起严重骨料分离，经暂停下料，增加仓面资源，对骨料分离和台阶进行处理调整后，再转入正常施工（后期通过降低供料线的高度，并采用平浇法彻底解决了此问题）。质量缺陷均按要求进行处理并将处理结果报监理工程师、项目法人和质量监督站备案。

9. 结论

（1）本工程所使用的原材料、中间产品质量合格；缺陷处理质量合格；施工过程质量受控，施工管理规范。

（2）工程已按合同和设计要求全部完成，工程中的遗留问题已处理完成。工程质量符合合同、设计和规范要求，工程质量等级为优良。

（十一）工程施工质量问题及其处理情况

自开工以来，已检查发现质量缺陷12处，其中一般质量缺陷10处，较重质量缺陷1处，严重质量缺陷1处（18号坝段与初期工程迎水面裂缝相关联的裂缝），均采取措施妥善进行了处理，处理质量合格。

三、质量奖惩机制设计与运行

1. 制定质量奖惩管理办法

（1）制定质量奖惩管理办法。为加强南水北调中线水源工程丹江口大坝加高质量管理，更好地贯彻落实《丹江口大坝加高工程质量管理办法》，奖优罚劣，确保工程建设的顺利进行，结合丹江口大坝加高工程建设特点，中线水源公司制定了《丹江口大坝加高工程质量奖惩管理办法》并于2006年12月27日印发执行。

（2）质量奖金来源。根据南水北调中线水源工程丹江口大坝加高左岸土建施工及金结设备安装合同补充协议［合同编号：ZSY/JAZ（2005）001补01］商务部分第19条和南水北调中线水源工程丹江口大坝加高右岸土建施工及金结设备安装合同补充协议［合同编号：ZSY/JAZ（2005）002补01］商务部分第20条的规定，中线水源公司设金额占合同总价1%的工程质量奖，即工程质量奖励额等于合同内月结算产值的1%，当累计奖励金额达到合同总价的1%时为止。

（3）质量奖惩依据。中线水源公司工程部质量安全处具体负责工程质量的监督、检查与指导工作，定期组织对各承包人的质量情况进行专项检查和考核，考核结果和监理单位平时的各类质量检查纪要作为对施工承包单位奖惩的主要依据。

（4）对承包单位质量管理要求。①质量保证体系健全；②落实质量责任制；③工程质量有可追溯性；④专职质检人员数量和能力满足工程建设需要；⑤质量管理人员持证上岗；⑥有独立的质检机构，现场配备合同承诺、满足要求的工地试验室或具有固定的委托试验室；⑦测试仪器、设备通过计量认证；⑧原材料、中间产品等检测检验频次、数量和指标满足规范设计要求；⑨严格执行“三检制”；⑩对外购配件按规定检查验收，妥善保管；⑪施工原始记录完整，及时归档；⑫有施工大事记；⑬对已完成的单元工程及时开展质量评定；⑭已评定单元工程全部合格，优良率在85%以上，主要单元工程质量优良；⑮建筑物外观质量检测点合格率90%以上；⑯按建设程序及时准备资料，申请验收，严格按照规程规范填写验收及评定资料；⑰无质量事故。

2. 质量奖惩机制运行

（1）质量考评时间与人员构成。工程质量考评按月进行，每月的质量考评时间同当月最后一周周一的例行质量联合检查同步，检查人员由中线水源公司工程部质安处及各参建单位质量管理人员组成。检查时对照上述“对承包单位质量管理要求”的各项检查内容及评分标准考评各标段的质量状况，并进行评分。评分完成后各单位代表在检查表上签字留存，作为评分的原始依据。

（2）质量考评赋分方法。质量考评赋分时，满分为100分，每出现一项质量要求不合格按评分标准扣除相应分值，单项扣分无上限。考评总分需同当月每周一的质量联合检查和平时中线水源公司、监理单位对施工现场的检查相结合。中线水源公司组织的月度考核评分和周一质量联合检查监理的评分在当月质量考评分中的权重分别为60%和40%，当月考评总分为当月质量考评得分减去当月现场违规扣分。每月周一监理组织的质量联合检查有4～5次，其评分需先平均，再加权计算得分。

（3）质量奖罚方法。工程质量严格实行奖罚制度，奖罚金额的计算公式：W＝当月完成合同内产值×1%×当月奖励系数减当月罚款总额。申报时由承包人填报“工程质量奖罚情况（汇总）表”，并提供相应支持材料，由监理单位审核，中线水源公司工程部核定。

（4）质量奖励规定。当月奖励系数按照考评总分来确定，奖励系数为75分以上（含75分）为合格，奖励系数为0.75～1.0，奖励系数按得分的百分率计算，例如考评得80分则奖励系数为80/100（即0.8）；75分以下为不合格，奖励系数为0。

（5）质量处罚规定。

1）发生质量事故，当月奖励系数为0，每出现一次质量事故处以50000元罚款。

2）若在平时施工中出现违反技术要求及规程规范的现象，中线水源公司或监理工程师发出书面现场检查（或整改）通知的，每一通知扣1～5分，同时罚款500～5000元，具体处罚在书面通知书中予以明确。

3）若当月考评总分在75分以下时，当月奖励系数为0，另外处以20000元罚款。

4）奖罚金额按月进行汇总、兑现，在每月末的中期结算中一起进行结算。

四、技术创新（革新）与施工质量控制

（一）键槽切割

丹江口大坝加高工程是目前国内最大的大坝加高工程。高坝、高水头、新老混凝土结合，新老混凝土联合受力是否可靠，至关重要。不少水利加固工程、加高工程、改造工程都遇到新老混凝土结合问题，多以老混凝土凿毛加钢筋锚杆加以解决。因而对于丹江口大坝加高工程的新老混凝土结合问题，除了采用传统的凿毛和锚杆处理措施外，还采用了键槽切割的新技术，以增加新老混凝土结合。

1. 人工键槽施工

为保证大坝新老混凝土的有机结合，按照设计要求在施工缝面设置键槽。键槽断面为不等

边三角形，键槽长边深度761mm，短边深度500mm。为保证施工质量，加快施工速度，经可行性研究和现场试验后采取了盘踞切割和高效静态破碎剂联合施工方法形成键槽。

键槽长边采用HILTI的LP32/TS32液压盘锯系统切割，配备直径为800mm、1200mm、1600mm三种不同规格的锯片，分三次完成长边的切割施工。对于短边，采用Y-24型或Y-18型手风钻钻孔后灌注静态破碎剂膨胀分离成形。为保证切割成型精度，按照键槽设计要求制作了专门的切割及钻孔支架，以保证键槽角度和尺寸。

2. 施工工艺流程

新增人工键槽施工工艺流程如下：施工准备→键槽测量放样→安装导向支架和轨道→采用液压盘锯切割键槽下部面→用定位器辅助键槽上部面钻静裂孔→用定位器辅助钻两端稍密的排孔→灌注静态破碎剂膨胀分离键槽混凝土形成键槽→键槽表面尖角处理→键槽成型面质量检测。

3. 主要施工工艺

(1) 固定导轨安装。加高混凝土面新增人工键槽断面呈不等边三角形，该三角形的两个面与坝体表面夹角分别为23.20°和36.90°，为此专门研制了一种倾角转换辅助支架，以实现盘锯导轨的垂直安装，加快了施工进度，同时增强了盘锯切割作业的稳定性。

(2) 盘锯切割。不等边三角形键槽长边的深度为76.1cm，采用液压盘锯切割。依次使用3种直径分别是800mm、1200mm和1600mm的锯片，按先小后大的方式进行切割。在混凝土中对应的切割深度为330mm、530mm和730mm。切割深度由浅到深，直至最深达到730mm。

(3) 静裂钻孔。沿不等边三角形键槽短边切割线每200～250mm钻一个直径40mm孔，钻孔深度为50cm，钻孔角度为短边的实际角度，为了控制钻孔角度，保证键槽开口的角度和尺寸，专门研发了一种钻孔导向器，在键槽两端也按照角度钻孔，为保证膨胀的效果，两端的孔距减小为150mm，孔深按照键槽开口线的尺寸进行控制。

(4) 芯体剥离。键槽短边钻孔完成并将孔内清理干净后通过静态破碎将键槽三角形混凝土同坝体分离。将静态破碎剂按照配方配制好后迅速灌入孔内，装填密实后，进行孔口堵塞。待三角体同坝体产生裂缝后，即可用风镐等机具辅助将三角体分离，形成键槽。

(5) 吊装运出。切割分离的混凝土三角体，通过起吊设备装上自卸汽车运至渣场。

4. 施工质量控制措施

(1) 盘锯操作、钻孔操作、静态破碎剂操作人员等，经过培训合格后才能上岗。特种人员应有相应资质证件。

(2) 施工前，认真编制专项施工组织设计和施工方案，实行逐级技术交底，使每一个现场施工管理人员都能明白施工方案和工艺。

(3) 施工过程中，实行质量控制初检、复检、终检“三检制”，严格技术准备关、过程检验关和工序质量关“三关”，坚持质量一票否决制。

(4) 严格遵守国家安全法规，保证有足够的专职安全员在施工现场旁站或巡视等跟踪监督，加强职工安全生产和安全意识教育，施工现场必须着劳动保护服装，并配备安全帽和安全带。

通过施工实践证明，丹江口大坝加高工程新老混凝土结合采用键槽切割新技术，提高了功效、保证了保留体的完整性，满足了施工进度要求，有利于大坝新老混凝土结合。

（二）高水头帷幕灌浆

1. 坝体基岩地质情况

河床3～32号坝段基岩为元古界变质岩浆岩，岩性为辉长辉绿岩、闪长玢岩及闪长岩等。其中3～19号坝段基岩主要为变质辉长辉绿岩；11～16号坝段基岩为变质辉长辉绿岩中夹有变质闪长岩；20～32号坝段基岩为变质闪长玢岩。除29～32号坝段上部基岩呈弱风化状外，其余均为微新岩体。

由于地层古老，经多次构造运动影响，基岩中构造断裂和裂隙发育，岩体破碎，坝基发育多个断裂构造带、集中渗流带、裂隙密集带。

河床坝段基岩裂隙倾角一般较陡，右岸存在部分倾向上游的缓倾角裂隙，左岸存在少量倾向河床的岸坡裂隙、近水平裂隙和剥离裂隙。裂隙多成闭合状，充满岩脉、钙质薄膜、方解石、黏土或岩屑等物质。

受岩性、风化程度、断层发育状况及地形条件控制，基岩中各透水带的分布在水平和垂直方向上都不均一，大部分岩体透水率小于1Lu，局部地质缺陷区岩体透水率较大，达1～10Lu。初期施工资料及近期现场检测成果表明，岩体透水率大于大坝加高工程设计防渗标准（$q\leqslant$ 1Lu）的区域主要分布于19～32号坝段的基岩地质构造（断裂带构造、集中渗流带、裂隙密集带等）发育区域，是大坝加高工程防渗帷幕补强灌浆的重点部位。

2. 坝基帷幕补强灌浆

帷幕补强灌浆系在水库蓄水的高水头条件下进行，上游最大水头达60～70m，且坝基岩体细微裂隙发育，初期工程中又进行过多种材料的反复灌浆，因此，补强灌浆存在动水条件下的成幕问题、涌水的处理、微裂隙岩体复合灌浆层的可灌性、大坝安全条件下合适的灌浆压力等众多复杂的关键技术课题。针对上述问题，同时为保证后期大坝的安全、高效运行，进行帷幕补强灌浆意义重大。

（1）高水头帷幕灌浆的工作内容。帷幕补强灌浆的施工部位位于22～31号坝段，主要的工作内容如下。

1）抬动孔布设。根据主河床坝段帷幕补强灌浆的施工范围，按照设计要求，分别在22号坝段、25号坝段、27号坝段、29号坝段和30号坝段各布设一个抬动变形观测孔。

2）帷幕补强灌浆验证性生产试验。①根据施工整体要求和布置，确定在28号坝段和29号坝段各布设一个帷幕灌浆孔，作为帷幕补强灌浆的验证性生产试验孔。②经对试验资料进行整理分析后所得试验成果报监理单位，经过监理单位批准认可后，再进行大规模帷幕补强灌浆施工。

3）帷幕补强灌浆。帷幕补强灌浆的工作内容有湿磨水泥灌浆和丙烯酸盐化学灌浆。其中：帷幕补强灌浆的Ⅰ序、Ⅱ序孔采用湿磨水泥（普硅P·O 42.5）灌浆，Ⅲ序孔采用丙烯酸盐化学灌浆。质量检查孔封孔采用水灰比0.5：1普通水泥（普硅P·O 42.5）浆液进行。

4）排水孔改造。施工部位位于16～31坝段。帷幕灌浆前需对临近部位的排水孔进行临时封堵、扫孔，再进行帷幕灌浆；帷幕灌浆完成后进行排水孔改造施工；排水孔改造完成后，恢复孔口装置，并对部分排水孔进行孔内保护。

5）涌水孔施工。由于帷幕补强灌浆是在大坝正常蓄水的条件下进行，存在动水条件下的

灌浆成幕问题，涌水问题不可避免。施工过程中采取缩短段长、扫孔复灌、屏浆待凝等措施进行了处理。

（2）帷幕补强灌浆钻灌施工程序为：孔位测量放样→坝基排水孔临时封堵→抬动观测钻孔、仪器安装→Ⅰ序、Ⅱ序湿磨水泥帷幕灌浆孔钻孔、压水、灌浆、封孔→Ⅲ序丙烯酸盐浆材化学帷幕灌浆孔钻孔、压水、灌浆、封孔→质量检查孔钻孔、压水、封孔→坝基排水孔恢复、排水孔改造及孔内保护、孔口装置安装。

帷幕补强灌浆和排水孔改造施工全部在防渗板基础灌浆廊道内进行，为了保护廊道内的永久设施，确保帷幕灌浆施工的顺利进行，排污工作是施工中的一个重点。

（3）帷幕补强灌浆质量控制要点。

1）开工前的质量控制。开工前，进行设计技术交底，对施工措施计划及生产性试验大纲进行审查，对施工进场主要设备进行检查。

2）帷幕灌浆施工过程质量控制。按要求对制浆站进行了现场检查，对灌浆记录仪、流量计、压力监控器等进行校核；检查各压力表率定资料；对灌浆原材料进行抽样检测；工程施工过程中对钻孔孔位、孔深进行复测，对灌浆孔段卡塞位置、射浆管长度、灌浆浆液水灰比（化学灌浆胶凝时间）、灌浆压力、抬动观测情况等各施工过程进行详细记录。

加强施工工艺控制，加强质量检查与分析，包括：灌前透水率与孔序关系分析、水泥灌浆单位注入量与孔序的关系分析、化学灌浆成果分析和帷幕灌浆质量检查孔资料分析。实现了对帷幕灌浆施工的全过程质量控制。

（4）质量检查情况。全部灌浆结束后，在5个灌浆区域各布置一个压水检查孔。压水检查共计49段，压水检验最大透水率0.59Lu，最小透水率为0Lu，均小于1Lu。满足设计防渗要求。压水检查孔各孔芯样采取率均在80%以上。

（5）质量评价。压水检验和综合资料分析表明，高水头帷幕灌浆质量优良；大坝渗流渗压监测成果表明大坝帷幕防渗未见异常。

（三）其他

丹江口大坝加高工程除以上2项技术创新外，还开展了多个技术专题研究与应用。

1. 新老混凝土结合面界面剂性能试验专题

根据设计要求，丹江口大坝加高工程混凝土坝溢流坝闸墩与溢流堰加高部分的结合面需涂刷界面剂。采用合适的界面剂材料是提高新老混凝土结合面强度，改善新老混凝土的黏结状态的重要措施之一。为了解各种界面剂在使用中的黏接性能，从而确定采用界面剂的品种，在施工前开展了相关试验研究工作。

按照界面剂无机、有机材料类型，分别选取4～5家生产厂家的界面剂进行新老混凝土结合劈裂抗拉强度试验，然后根据其结果，分别选取强度较高的前2位进行界面剂黏结试件成型，进行抗弯强度试验；该试验项目完成后又进行了现场工艺性试验，硬化28天后钻孔取芯并检测轴心抗拉强度，以确定结合面黏结方案。每次界面剂结合面强度试验，均进行水泥净浆对比试验。

根据新老混凝土结合面界面剂性能试验成果和断面状况，结合材料耐久性和环境保护等综合分析，认为应采用无机质类界面剂，使用葛洲坝试验检测公司生产的HTC-Ⅰ/3号或武大巨成IAC无机质界面剂是合适的。工程施工中选用了葛洲坝试验检测公司生产的HTC-Ⅰ界面剂。

2. 混凝土坝贴坡混凝土浇筑层厚专题

初步设计以及招标阶段均要求贴坡混凝土在每年的4月前施工，由于总体开工时间的延后，导致贴坡混凝土施工工期异常紧张。2006年，为保证贴坡混凝土施工质量，开展对贴坡混凝土浇筑时段（延长到5月浇筑贴坡混凝土）及分层厚度的研究，提出可能的分层厚度和延长浇筑时段的可能性。该专题以现有施工条件为基础，对不同层厚、不同温控条件下贴坡混凝土施工期温度进行仿真计算及分析，并分析提高浇筑层厚时施工机械配套及施工工艺，据此提出提高混凝土浇筑分层厚度的可能性及相应温控措施和要求。

对混凝土浇筑层厚拟定三个方案（表13-3-3）分别进行了计算分析。通过计算分析，针对R90250号（高程123m以下）、R90200号（高程123m及以上）区域不同混凝土浇筑层厚及时段提出了相应的措施，为加快施工进度、确保施工质量提供了依据。

表13-3-3　　贴坡混凝土厚度方案表

方案	内　容
方案1	全部采用2m浇筑层厚
方案2	全部采用3m浇筑层厚
方案3	10—11月及4月采用2m层厚，其余月份采用3m浇筑层厚

3. 初期大坝混凝土缺陷检查与处理专题

丹江口大坝加高工程开工建设后，发现初期大坝除了低强混凝土、闸墩存在弱水平结合面以外，混凝土裂缝数量也有所增加，裂缝长度和深度有所加大，为此要求施工单位对初期大坝裂缝进行检查，要求设计单位在施工单位检查的基础上就混凝土裂缝及缺陷对坝体结构可能造成的影响进行分析论证，提出大坝裂缝及混凝土质量检查与处理的整体方案，作为丹江口大坝加高工程初步设计的补充文件。

根据丹江口初期大坝裂缝检查结果，丹江口初期大坝裂缝按产状和规模大体分为水平缝、纵向缝、坝体上游面竖向裂缝及一般浅表性裂缝等。不同产状的裂缝对坝体的危害不同，不同的坝体结构又带来了不同的影响。为此设计单位就老坝混凝土及层间缝物理学参数试验、层间缝对大坝抗滑稳定影响、低强混凝土影响、2～右6号坝段水平裂缝及消除反拱效应影响（改变原设计拆除方案为锯缝方案）、3～7号坝段纵向裂缝发展趋势及对坝体应力的影响、深孔坝体裂缝对坝体应力的影响、18号坝段上游竖向裂缝影响、闸墩加固预应力试验、裂缝处理对施工方案调整等进行了专题研究，并提出了结论性意见，为初期大坝混凝土缺陷检查与处理专题设计及后续施工提供了依据。

4. 老混凝土碳化深度检测专题

为了准确了解老混凝土的碳化深度，合理确定混凝土凿除厚度，便于施工单位和监理单位进行现场控制，最大限度地保障工程质量和节约工程造价，对丹江口大坝各部位混凝土的碳化情况进行了全面系统检测，检测结果可作为确定老混凝土碳化层凿除深度的依据。

考虑到测点的代表性和工程特点，本次检测分别从不同坝段、不同高程共布置1000个碳

化深度测点，以全面地反映丹江口水利枢纽坝体各部位混凝土碳化深度的情况。通过检测发现：大坝混凝土的碳化深度变化不大，碳化发展较慢；整个大坝混凝土平均碳化深度一般在2～23mm，局部碳化深度较大，超过30mm，但从总体而言，大坝混凝土大多数碳化深度在30mm以下。

5. 丹江口初期大坝上游面防护材料比选试验专题

大坝上游面水上部位存在较多的Ⅰ类、Ⅱ类裂缝，且存在一定程度的碳化。为提高大坝的耐久性，在综合考虑了表面防护材料的防水性、耐久性及施工便利等因素情况下，经过现场试验和室内试验确定：①大坝上游面高程149m以下至现水库低水位以增强防渗为主，兼顾Ⅰ类、Ⅱ类裂缝的修复，选用具有一定渗透深度的“水泥基渗透结晶型”防护材料进行坝面表面防护处理；②大坝上游面高程149～162m范围、下游面高程88.3～107m范围选用增强混凝土抗碳化能力的聚脲类防护材料；③闸墩表面选用具有抗冲耐磨型防护材料。

6. 右3～1号坝段运行期转弯坝段反向变形问题处理

右岸混凝土坝转弯坝段（右3～1号坝段）在平面上呈凸向下游的反弧形，初期工程中横缝进行了灌浆，转弯坝段成为一个整体。在气温影响下，夏季温度升高，转弯坝段坝体受热膨胀，坝体被挤压向下游变形，冬季挤压消失、变形恢复常态，对坝体上游面和坝踵竖直向应力变化极其不利。由于坝基上游端部受拉，加上库水位作用，拉区已发展到帷幕线附近，扬压力增大；尤其是转弯坝段已出现143m高程水平裂缝，夏季水平裂缝张开，缝内出现了较大的渗透压力。

为消除转弯坝段长期因受温度周期性变化而产生的对坝体稳定及应力周期性往复不利的变形，并确保帷幕防渗质量和143m高程水平裂缝处理效果，初步设计阶段经比较后，推荐采用拆除高程143m以上1和右1坝段，然后再回填坝体混凝土，恢复横缝，达到消除有害反拱的作用。实施期间，根据当时施工状况，拆除1和右1号坝段存在以下几方面问题：拆除方案施工难度大并且截断坝顶交通，对工程施工总进度影响极大。丹江口大坝加高工程在加高期间仍承担汉江中下游的防汛任务，拆除和浇筑大坝混凝土工程量大，施工进度安排受制于防汛，在一个枯水期很难完成。通过调研，“绳锯”切割锯缝技术已有在其他行业广泛使用的经验，对薄壁结构切割效果好、对周边结构无损伤，且成缝效率和精度较高，能满足工程进度要求。综合比较，采用消除横缝间连接的“锯缝”方案，基本解决了反拱反向变位和减小坝踵拉应力的问题。

7. 丹江口大坝加高工程土石坝反滤料研究优化及体型调整专题

因诸多因素导致羊皮滩料区储量大量减少，砂砾石级配发生显著变化，因此对左岸、右岸土石坝的坝壳料料源地进行了调整（右岸土石坝的坝壳料和反滤料仍采用羊皮滩料场砂砾石料，左岸土石坝的坝壳料和反滤料均采用七里崖料场砂砾石料），所以需对新的料场进行勘察，并进行左岸、右岸反滤料试验研究及优化设计。

根据试验研究成果，得出以下结论：在丹江口土石坝设置单层宽级配混合砂砾石反滤料是可行和安全的；反滤料采用宽级配混合砂砾石料单层布置，剔除40mm以上粒径的卵石后的混合料，其中粒径5mm以下的含量下游侧控制35%～45%、上游侧控制30%～40%，干密度控制不小于2.00～2.15g/cm^3；反滤料厚度按原施工设计图厚度执行。并根据右岸土石坝填筑材料开采实际情况，对右岸土石坝断面进行了调整：将上下游坝坡在高程155m马道以下将原坝坡坡比减缓0.25，下游挡墙范围内（桩号0+000～0+097）下游坝坡坡比不变，但需在坝坡表层6m厚范围内填筑A类料（含砂率20%～30%，连续级配，$CU \geqslant 8$，$CC=1 \sim 3.5$），桩号

0＋000～0＋153为下游坝坡渐变区。

8. 丹江口大坝加高工程溢流坝堵水叠梁门槽部位提前加高至138m专题

2010年，根据大坝加高工程施工调整计划，溢流堰面加高需主要利用枯水期进行，由于堰面加高工序多，施工干扰和技术难度较大，按原施工计划安排，溢流坝堰面加高工期紧，处理堰面裂缝耗时多，为此对堵水叠梁门槽至原堰顶上游侧提前加高至138m高程展开研究是必要的。设计单位为此对加高至138m高程后的堰顶过流能力进行了必要的水力学试验、复核计算及相关研究，对堵水叠梁门门体间的止水结构重新进行了设计，针对因改变原施工方案重新研究出施工处理措施与对策，并对整个溢流堰面加高的工期进行了重新编排。

丹江口大坝加高工程对多项工程技术问题进行了深入的研究和创新，研究成果应用于工程建设实际，并且促进了丹江口大坝加高工程建设的顺利进行。

第四节　质量管理工作总结及评价

丹江口大坝加高工程自2005年9月26日正式开工以来以创建“精品工程”为目标，坚持高起点、高标准、严要求做好质量工作。结合大坝加高工程的特点，在“政府监督，项目法人负责、监理控制、设计和施工保证”的质量管理体系下，制定完善了各项质量管理制度，落实质量管理责任，强化各参建单位质量管理意识，着重于工程质量的检查与考评，采取有针对性的措施，严格源头管理，强化过程控制。全过程、全方位、分层次地加强质量管理，在大坝加高工程全过程中质量管理体系运行正常、有效，质量行为规范，工程质量处于受控状态。大坝加高工程施工以来，未发生质量事故，工程质量总体优良。

（1）土石坝。土石坝施工质量管理体系健全，质量控制方法正确；基础施工质量符合设计与规范要求；原材料性能指标符合设计与规范要求；土石坝与混凝土坝结合部位施工质量符合设计要求；施工中未出现较大的施工缺陷与质量事故；与土石坝相关的单元工程合格率100%，土石坝施工质量总体良好，满足设计和规范要求。

（2）混凝土坝。丹江口大坝加高工程混凝土坝施工质量管理体系健全，质量控制方法正确；基础处理工艺与施工质量符合设计与规范要求，混凝土原材料性能指标符合设计与规范要求，混凝土配合比设计合理，施工工艺符合规范要求，温度控制措施合理，符合设计与规范要求；新老混凝土结合面处理施工质量符合设计要求；混凝土各项物理力学性能检测全部合格，符合设计要求；混凝土各项物理力学性能检测全部合格，符合设计要求；混凝土施工未出现质量事故。与混凝土坝相关的单元工程合格率为100%，加高工程混凝土坝施工质量总体良好。

（3）安全监测。安全监测系统设计重点部位明确，监测项目全面，监测布置合理，监测方法可行，已完成的监测设施、设备完好率高，满足有关规范要求。

主要监测资料连续、完整，监测数据准确、可靠，变化规律合理，满足有关规范和大坝安全性态分析要求。监测成果表明大坝目前工作性态未见明显异常。

（4）金属结构、机电。

1）金属结构。丹江口大坝加高工程属改建工程，对部分原闸门及埋件进行了加固和修复。由于初期工程安装质量与现行规范存在差距，致使部分原闸门及埋件安装质量无法全部满足现

行规范要求。经参建单位科学分析，以保证结构安全、启闭性能和密封性能为主要质量控制要求，按照《丹江口大坝加高工程钢闸门加固修复质量验收规定》对部分原金属结构设备进行了修复，通过了验收，主要功能满足要求。其余金属结构及启闭机设备所用材料及制作、安装质量均满足设计和规范要求，各设备经调试、试验，功能满足设计及规范要求。

2）机电。供电及控制系统设计安全可靠性满足相关技术标准要求。电气设备选型及布置、安装、试验符合相关技术规范要求，功能满足设计要求。

第十四章　南水北调中线干线工程质量管理

第一节　概　　述

南水北调中线干线工程，是缓解我国黄淮海平原水资源严重短缺、优化配置水资源的重大战略性基础设施。中线干线工程质量事关国家南水北调总体工程建设大局，是关系到沿线省市经济社会可持续发展和亿万人民生命财产安危的百年大计，因此必须确保高质量建设。

南水北调中线一期工程建设，始终贯彻“百年大计、质量第一”和“质量管理、预防为主”的总体方针，按照质量管理目标的总体要求，依据国家、行业质量管理法规以及合同规定的质量标准、技术文件及其他相关文件，加强组织措施、技术措施、经济措施和合同措施，以工程质量为核心，突出重点项目和关键环节，大力推广应用新技术、新材料、新工艺、新设备，实施全干线、全过程、全面的质量管理。

一、南水北调中线干线质量管理目标

南水北调中线干线工程建设管理局（简称“中线建管局”）作为南水北调中线干线工程的项目法人，在国务院南水北调办的领导和监管下，负责南水北调中线干线工程的质量管理。

中线建管局根据南水北调中线干线工程的战略性地位，遵循“当质量与工期、成本和经济利益发生矛盾时，将保证工程质量放在第一位”的原则，确立了南水北调中线干线工程质量管理目标，即“参建各方严格履行合同责任，达到合同规定的质量要求，把中线干线工程建设成为世界一流调水工程”。项目法人在监理委托合同、设计合同、施工合同中分别约定了各参建单位的质量管理目标。

（1）监理单位质量管理目标。工程质量等级达到《水利水电工程施工质量检验与评定规程》（SL 176—2007）优良标准，无较大及以上质量事故。

（2）设计单位质量管理目标。严格按照国家规定和合同约定的技术规范、标准进行勘察设计；勘察设计工作内容、深度和质量满足国家有关规程规范及行业标准，满足各阶段审查和批复文件的要求，满足项目法人工作的要求；积极采用新技术、新理论、新方法、新材料、新工艺，不断进行科技攻关，达到设计成果合理、经济、安全，满足工程实际需求。

（3）施工单位质量管理目标。分部工程和单位工程优良率达到85%以上，外观质量达到优良标准，工程质量总体达到优良等级。

二、南水北调中线干线质量管理特点

中线干线工程从加坝扩容后的丹江口水库陶岔渠首闸引水，通过新建渠道直流到北京、天津，沿线不与任何水系交融，是条对内自成一体，对外封闭立交，输水线路长、穿越河流多、工程涉及面广、技术要求高，由众多项目组成的庞大项目集群。面临工程大型专业化机械设备研制空白、地质环境因素复杂、诸多技术挑战无经验可循等困难，不断对工程质量及其管理提出更高要求。中线干线工程内在的特殊性和外界环境的复杂性，决定了中线干线具有以下质量管理特点。

1. 工程线长、点多、面广、时空跨度大，质量管理协调难

工程横跨长江、黄河、淮河、海河四大流域，途经河南、河北、北京、天津4省（直辖市），穿越19个大中城市、100多个县（县级市）和众多乡村。工程划分为9个单项工程，76个设计单元工程，单位工程1773个（包含渠道、桥梁、安全监测、35kV永久供电工程），分部工程13010个。主体工程自2003年12月开工建设，至2013年12月完工，建设时间超过10年；南北空间跨度1432km，其中，陶岔渠首到北京总干渠长1277km，以明渠为主，北京段采用管涵输水；天津干线长155km，采用管涵输水。工程建设涉及水利、铁路、公路、电力、通信、国土、环保、市政等多个行业和部门，以及负责征迁工作、外部环境协调的地方南水北调办、移民办等多个机构。工程建设外部环境异常复杂，参与工程项目建设的各方工作质量管理协调难度极大。

2. 建管模式特殊、参建单位众多，质量管理错综复杂

中线干线工程采用项目法人直接管理、委托管理和代建管理相结合的建设管理模式，中线干线主体工程项目划分及其管理模式见表14-1-1。沿线主要参建单位包括直管、委托、代建以及铁路、公路等各类建设管理单位28个，土建设计单位9个，监理单位40多个，施工单位80多个，几乎涵盖国家主要的设计、监理和施工单位，还有其他承担桥梁、铁路、地铁、管理用房、永久供电等设计任务和施工任务的单位若干。主要建筑物既有一般水利工程建筑物，又有大流量泵站、大口径PCCP、超大渡槽、隧洞、公路、铁路交叉工程、节制闸、退水闸、分水口等建筑物，总计2500余座。各类建筑物将渠道划分为若干小段，平均不到1km一段，增加了施工组织和质量管理的复杂性。

3. 工程设计变更多、周期长，质量管理风险高

中线一期工程总体可行性研究报告于2008年年底获批，黄河以南控制性设计单元工程初步设计于2010年10月批复，移民征迁安置工作集中在2010年和2011年。除京石段应急供水工程、穿黄工程、安阳段工程、膨胀土（岩）试验段工程2009年以前开工建设外，其他设计单元工程集中在2009年以后开工。

表 14-1-1　中线干线主体工程项目划分及其管理模式

单项工程	设计单元工程名称		建管单位	管理模式
陶岔渠首至沙河南段工程	①-1	淅川县段工程	河南直管项目建设管理局	直接管理
	①-2	湍河渡槽工程	河南直管项目建设管理局	直接管理
	①-3	镇平县段工程	镇平段代建项目管理部（黄河水电工程建设有限公司）	代建管理
	①-4	南阳市段工程	河南省南水北调中线工程建设管理局	委托管理
	①-5	膨胀土（南阳）试验段工程	河南省南水北调中线工程建设管理局	委托管理
	①-6	白河倒虹吸工程	河南省南水北调中线工程建设管理局	委托管理
	①-7	方城段工程	河南省南水北调中线工程建设管理局	委托管理
	①-8	叶县段工程	叶县段代建项目管理部（长江工程建设局）	代建管理
	①-9	澧河渡槽工程	叶县段代建项目管理部（长江工程建设局）	代建管理
	①-10	鲁山南1段工程	河南直管项目建设管理局	直接管理
	①-11	鲁山南2段工程	河南直管项目建设管理局	直接管理
沙河南至黄河南段工程	②-1	沙河渡槽工程	河南直管项目建设管理局	直接管理
	②-2	鲁山北段工程	河南直管项目建设管理局	直接管理
	②-3	宝丰至郏县段工程	河南省南水北调中线工程建设管理局	委托管理
	②-4	北汝河渠道倒虹吸工程	河南直管项目建设管理局	直接管理
	②-5	禹州和长葛段工程	河南省南水北调中线工程建设管理局	委托管理
	②-6	新郑和中牟段工程（除潮河段）	河南省南水北调中线工程建设管理局	委托管理
	②-7	双洎河渡槽工程	双洎河渡槽代建项目管理部（山西省万家寨引黄工程总公司）	代建管理
	②-8	潮河段工程	河南省南水北调中线工程建设管理局	委托管理
	②-9	郑州2段工程	河南省南水北调中线工程建设管理局	委托管理
	②-10	郑州1段工程	河南省南水北调中线工程建设管理局	委托管理
	②-11	荥阳段工程	河南直管项目建设管理局	直接管理
	②-X	郑州2段、潮河段、沙河渡槽段、禹州和长葛段4个设计单元工程交叉工程、生产桥及铁路交叉工程	河南省南水北调中线工程建设管理局	委托管理
穿黄工程	③-1	穿黄工程	河南直管项目建设管理局	直接管理
	③-2	工程管理专项	河南直管项目建设管理局	直接管理
	③-X	穿黄工程生产桥	河南直管项目建设管理局	直接管理

续表

单项工程	设计单元工程名称		建管单位	管理模式
黄河北至漳河南段工程	④-1	温县和博爱段工程	河南直管项目建设管理局	直接管理
	④-2	沁河渠道倒虹吸工程	河南直管项目建设管理局	直接管理
	④-3	焦作1段工程	河南直管项目建设管理局	直接管理
	④-4	焦作2段工程	河南省南水北调中线工程建设管理局	委托管理
	④-5	辉县段工程	河南省南水北调中线工程建设管理局	委托管理
	④-6	石门河倒虹吸工程	河南省南水北调中线工程建设管理局	委托管理
	④-7	膨胀岩（潞王坟）试验段工程	河南省南水北调中线工程建设管理局	委托管理
	④-8	新乡和卫辉段工程	河南省南水北调中线工程建设管理局	委托管理
	④-9	鹤壁段工程	鹤壁段代建项目管理部（湖南澧水流域水利水电开发有限责任公司）	代建管理
	④-10	汤阴段工程	汤阴段代建项目管理部（山西省万家寨引黄工程总公司）	代建管理
	④-11	安阳段工程	河南省南水北调中线工程建设管理局	委托管理
穿漳工程	⑤-1	穿漳河工程	河南直管项目建设管理局	直接管理
漳河北至石家庄段工程	⑥-1	磁县段工程	河北直管项目建设管理部	直接管理
	⑥-2	邯郸市至邯郸县段工程	河北省南水北调工程建设管理局	委托管理
	⑥-3	永年县段工程	河北省南水北调工程建设管理局	委托管理
	⑥-4	洺河渡槽工程	河北省南水北调工程建设管理局	委托管理
	⑥-5	沙河市段工程	河北省南水北调工程建设管理局	委托管理
	⑥-6	南沙河倒虹吸工程	河北直管项目建设管理部	直接管理
	⑥-7	邢台市段工程	河北直管项目建设管理部	直接管理
	⑥-8	邢台县和内丘县段工程	河北省南水北调工程建设管理局	委托管理
	⑥-9	临城县段工程	河北省南水北调工程建设管理局	委托管理
	⑥-10	高邑县和元氏县段工程	河北直管项目建设管理部	直接管理
	⑥-11	鹿泉市段工程	河北省南水北调工程建设管理局	委托管理
	⑥-12	石家庄市区段工程	河北省南水北调工程建设管理局	委托管理
	⑥-X	电力迁建专项工程	河北省南水北调工程建设管理局	委托管理

续表

单项工程	设计单元工程名称		建管单位	管理模式
京石段应急供水工程	⑦-1	古运河枢纽工程	河北省南水北调工程建设管理局	委托管理
	⑦-2	河北段其他工程	惠南庄项目建设管理部 河北直管项目建设管理部河北省南水北调工程建设管理局 代建Ⅰ标建管部（河南黄河水电工程建设有限公司） 代建Ⅱ标建管部（北京中水利德科技发展有限公司） 中线建管局移民环保局 保定市南水北调工程建设和管理中心	直接管理+代建制+委托制
	⑦-3	滹沱河倒虹吸工程	河北省南水北调工程建设管理局	委托管理
	⑦-4	唐河倒虹吸工程	河北省南水北调工程建设管理局	委托管理
	⑦-5	漕河渡槽工程	河北直管项目建设管理部	直接管理
	⑦-6	釜山隧道工程	河北省南水北调工程建设管理局	委托管理
	⑦-7	河北段生产桥建设工程	惠南庄项目建设管理部 河北直管项目建设管理部 河北省南水北调工程建设管理局	直接管理+委托管理
	⑦-8	北拒马河暗渠工程	北拒马河暗渠工程建管部（山西省万家寨引黄总公司）	代建管理
	⑦-9	惠南庄泵站工程	惠南庄项目建设管理部	直接管理
	⑦-10	永定河倒虹吸工程	北京市水利建设管理中心	委托管理
	⑦-11	西四环暗涵工程	北京市南水北调工程建设管理中心	委托管理
	⑦-12	穿五棵松地铁工程	北京市南水北调工程建设管理中心	委托管理
	⑦-13	北京段其他工程（惠南庄-大宁段工程、卢沟桥暗涵工程、团城湖明渠工程）	北京市南水北调工程建设管理中心	委托管理
	⑦-14	北京段铁路交叉工程	北京市南水北调工程建设管理中心	委托管理
	⑦-15	北京段永久供电工程	北京市供电局	委托管理
	⑦-16	北京段工程管理专项工程	中线建管局	直接管理
	⑦-17	河北段工程管理专项工程	中线建管局	直接管理
	⑦-18	专项设施迁建工程	北京市南水北调工程建设管理中心	委托管理
	⑦-19	中线干线自动化调度与运行管理决策支持系统工程（京石应急段）	中线建管局	直接管理

续表

单项工程	设计单元工程名称		建管单位	管理模式
天津干线工程	⑧-1	西黑山进口闸至有压箱涵段工程	天津直管项目建设管理部	直接管理
	⑧-2	保定市境内1段工程	河北省南水北调工程建设管理中心	委托管理
	⑧-3	保定市境内2段工程	天津直管项目建设管理部	直接管理
	⑧-4	廊坊市境内工程	天津直管项目建设管理部 廊坊市段代建项目管理部（天津市水利工程建设管理中心）	直接管理+代建管理
	⑧-5	天津市境内1段工程	天津市水利工程建设管理中心	委托管理
	⑧-6	天津市境内2段工程	天津直管项目建设管理部	直接管理
	⑧-X	天津干线河北段输变电工程迁建规划	河北省南水北调工程建设管理中心	委托管理
其他工程	⑨-1	中线干线自动化调度与运行管理决策支持系统工程	中线建管局	直接管理
	⑨-2	南水北调中线干线工程调度中心土建项目	中线建管局	直接管理
	⑨-3	其他专题工程	中线建管局	直接管理

由于前期工作滞后，为确保工程按期完工，招标设计、招标和征地拆迁等筹建期工作的周期均不同程度地受到压缩，其工作深度及质量难以得到有效保障，特别是地质勘察和设计深度不足，导致实际施工过程中变更较多，石家庄以南53个主体工程设计单元有重大设计变更200多项；初步设计批复后的部分遗留问题在工程开工后仍继续影响现场施工，部分重大设计技术方案的变更对现场施工和工程质量管理影响极大。

4. 地质条件复杂、施工工艺多样，质量管理难度大

中线干线有368km膨胀土（岩）段、禹州长葛段3.11km煤矿采空区，分别发现4个和13个地下溶洞的釜山隧洞和高邑元氏段，沿线多渠段出现的湿陷性黄土、砂质土、高地下水等特殊地质条件复杂，施工工艺新颖、多样，引发的诸多变更问题导致施工工期和计划的重大调整，加大工程实施、质量管理难度。

5. 施工高峰集中，质量管理任务重

受前期工作进展及工程征迁等因素影响，施工高峰集中在建设后期，工程工期压力极大。图14-1-1显示了南水北调中线干线工程67个设计单元开工时间分布，京石段应急供水工程14个设计单元开工时间集中在2005—2007年；石家庄以南53个设计单元开工时间集中在2009—2011年。京石段工程原定于2007年年底完工，但由于征地拆迁滞后及料场、渣场变更等原因，2006年10月下旬，全线开始大规模施工，2007年3月后陆续进入主体工程施工高峰，原定2007年年底完工的建设目标无法实现，后调整为2008年4月底京石段工程具备临时通水条件。

为确保中线2013年年底主体工程完工，大量工程短时间内密集开工。大约1125km，施工投资约469亿元的工程，主要集中在2009年下半年至2011年3月开工。中线干线工程2003年年底开工至2010年年底，7年完成施工投资216亿元，占全线施工总投资（574亿元）的

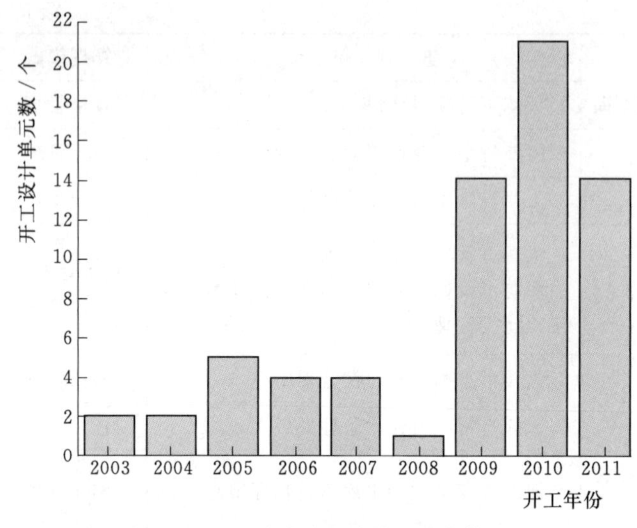

图 14-1-1　南水北调中线干线主体工程开工时间分布

38%，剩余62%的施工投资要在2011—2013年内完成。2011年、2012年两年完成施工投资均超过140亿元，是前7年年均施工投资强度的4.5倍。

黄河以南段工程包含了中线干线全部16个总工期控制性项目，绝大部分设计单元工程2010年11月至2011年3月开工建设，开工相对比较集中，施工工期大部分为26～33个月。综合考虑冬季、雨季、汛期施工和施工过程中客观存在的外部干扰以及特殊地质条件等不利因素影响，任务重、施工强度高等形势对工程质量管理提出了更高要求。

6. 技术难题多，施工难度大，质量管理具有挑战性

中线干线膨胀土（岩）、高填方、大型渡槽、薄壁混凝土、穿黄隧洞、大口径PCCP等工程多为国内之最、世界首例，其施工工艺和技术方案无经验可循。

（1）膨胀土（岩）处理。膨胀土（岩）是一种具有吸水膨胀、失水收缩、反复胀缩变形、浸水承载力衰减、干缩裂隙发育等特殊性质的土（岩），常造成建筑物位移、开裂、倾斜甚至破坏，危害性很大，是世界性的技术难题，也是南水北调中线工程面临的关键技术问题之一。

（2）高填方工程。由于高填方地段涉及湿陷性黄土、饱和液化砂土以及宅基地人工杂填土等复杂地质条件，填筑渠段的不均匀沉降变形，易导致渠坡渗漏，甚至导致渠坡破坏失稳。沿线多是人口稠密地区，高填方渠段的工程质量，对保证沿线人民群众的生命财产安全意义重大。

（3）大型渡槽施工。渡槽是南水北调中线干线工程跨越河道的重要输水建筑物结构型式，施工难度大，技术要求高。渡槽的施工质量、安全及进度直接影响工程建设。大型渡槽具有截面尺寸大、跨度长、吨位大等特点，加之工程所处地形、地质条件复杂，采用传统的施工方法很难满足需求。南水北调中线总干渠规划49座渡槽，约占渠道总长的7%，其中沙河渡槽、湍河渡槽、双洎河渡槽、漕河渡槽等特大型渡槽的施工对大型渡槽施工装备，包括运槽车、提槽机、架槽机和原位现浇大型渡槽造槽机，提出了更高的要求。

（4）大断面、薄壁素混凝土施工。针对总干渠渠道工程结构断面尺寸大、素混凝土薄壁结构、混凝土衬砌板抗裂减糙要求高、衬砌板底部加强防渗层和保温层设计新颖等特点，进行大面积渠坡、渠底混凝土布料及连续浇筑，要确保大面积现浇衬砌板的施工质量稳定，还要有效地保护衬砌板底部的加强防渗层和保温层。在有效工期内，高效优质地完成渠道混凝土衬砌施工，成为困扰渠道施工的难题。

（5）特殊的穿黄隧洞结构和施工方式。穿黄隧洞工程是总干渠上规模最大、技术最复杂且工期严格控制的关键性工程。为适应黄河游荡性河流与淤土地基条件的特点，南水北调中线穿黄工程开创性地设计了具有内、外两层衬砌的双线隧洞结构型式，两层衬砌之间采用透水垫层隔开，内、外衬砌分别承受内、外水的压力，国内外均属先例。

穿黄隧洞长达4250m，过河隧洞长3450m，盾构机要一次穿越过河隧洞后，才能到达南岸竖井进行全面检修和维护，开创了国内首例用盾构方式一次性穿越3450m的长距离软土施工新纪录。

（6）大口径PCCP设计和安装。北京段直径4m的PCCP管道工程长56.359km，是我国目前应用PCCP管道口径最大、铺设长度最长的工程。PCCP的设计、制造、运输、安装、保护等工程实施难度极大，对工程质量管理要求更高。

第二节　质量管理体系机制概要

一、质量管理体系

中线干线工程实行“项目法人负责、监理单位控制、设计、施工及其他参建方保证、政府监督相结合”的质量管理体系。

1. 项目法人全面负责

中线建管局贯彻落实国务院南水北调工程建设委员会的方针政策和重大决策，执行国家及南水北调工程建设管理的法律法规，建立完善的组织管理机构，制定各类管理制度，组织工程招投标，择优选择项目管理、监理、施工、材料设备供应及咨询单位，采取组织措施和技术措施实施施工过程质量管理，对工程质量进行全方位、全过程的质量管理。

2. 监理单位质量控制体系

监理单位受项目法人委托进行质量控制。监理单位实行总监负责制，根据工程特点，采用合理的职能管理模式，设置咨询专家、总质检师指导、协助工作；督促和检查施工单位建立健全质量保证体系，并监督其正常运行；采取“事前审批、事中控制、事后检查”三控制程序，使工程施工质量始终处于受控状态。

3. 设计单位质量保证体系

设计单位根据工程实际，本着服务于客户、服务于现场的原则，成立组织机构完善、人员配置齐全的现场设计代表处（以下简称“设代处”），制定一系列质量管理文件，保证设代处质量管理的有效落实，及时解决工程建设现场中出现的与设计有关的技术问题；积极配合项目法人及施工现场各方，响应项目法人提出的各项技术要求及服务内容，确保质量目标的实现。

4. 施工单位质量保证体系

施工单位成立以项目经理和总质检师为核心的质量管理委员会，建立质量责任制，健全质检机构，设置质量管理职能部门，制定质量过程控制程序，定期召开质量专题会，发现问题及时纠正，推进和完善质量管理工作。

5. 政府监督体系

中线干线工程接受国务院南水北调办和各省（直辖市）南水北调办事机构的政府质量监督。南水北调政府监督包含国务院南水北调办稽察大队、监管中心、监督司“三位一体”的质量监管体系和“查、认、改、罚”的质量监管措施体系。

二、质量管理机制

为了保证工程质量，中线建管局根据南水北调中线干线工程质量管理目标和管理特点，在先期实施的京石段应急供水工程、穿黄工程及较早开工建设的安阳段工程建设阶段，实行常规管理；2008年以后随着工程全面展开，南水北调中线干线进入高峰期，中线建管局逐渐加大项目法人质量管理力度，采取了一系列措施、方法，形成了具有南水北调中线特色的质量管理机制。

1. 常规质量管理运行机制

在南水北调中线干线工程开工初期，按照我国建设项目质量管理体系要求，建立了“项目法人负责、监理单位控制、设计、施工及其他参建方保证、政府监督相结合”的质量管理运行机制。中线建管局及各参建单位成立了质量管理归口部门，落实质量管理职责；制定了质量管理制度以及专用技术标准、工法指南、施工规范、质量检验与评定标准和验收规程等；形成了基本的南水北调中线干线工程组织体系、制度体系和技术标准体系。常规质量管理运行机制在开工初期对保证工程质量起到了重要作用。

2. 激励机制

2006年是南水北调中线干线工程取得重大进展的一年。为调动各参建单位和广大建设者积极性，推进中线干线工程建设的顺利进行，自2006年起每年评选出一批优秀建设单位和优秀建设者，通过召开表彰大会，给予一定物质奖励和精神奖励。

2008年，南水北调中线京石段工程建成通水之际，为促进南水北调中线干线工程又好又快建设，开展了京石段应急供水工程建成通水先进集体和先进工作（生产）者评选活动，对工程建设过程中表现突出的参建单位和建设者进行表彰。

2009年，京石段应急供水工程临时通水任务圆满完成，中线建管局为表彰各单位、部门相关人员乐于吃苦、甘于奉献、恪尽职守，为保证向首都安全、平稳输水做出的巨大贡献，开展了京石段临时通水先进单位、先进个人评选工作。

3. 风险管理机制

2007年为确保“京石段应急供水工程2007年年底主体工程完工，2008年4月具备通水条件”建设目标的实现，对各标段的重点和难点问题，制定相应的跟踪检查机制；为确保在建跨渠桥梁施工质量和安全，开展了“南水北调中线干线工程在建跨渠桥梁施工质量和安全管理专项检查”。

膨胀土和高填方是施工控制的重点和难点。自2011年开始，为进一步加强膨胀土（岩）渠道、高填方渠道、跨渠桥梁、建筑物混凝土、建筑物回填施工质量管理，采取了质量检测、巡查、专项检查等措施。

4. 考核机制

2005年开始，中线建管局在内部（包括中线建管局及各直管部门）开展了目标责任制考核机制，每年年底根据目标责任考核，检查包括质量管理目标在内的完成情况。

2011年，根据《关于开展南水北调工程建设监理专项治理整顿的通知》（国调办监督〔2011〕53号），对监理单位开展考核排名。

2011年起，为促进质量、进度、通水运行等工作顺利开展，开展年度工程进度及验收管理、质量安全管理和通水运行管理先进集体、先进个人评选活动。

2012年进入南水北调中线干线工程的高峰期，为进一步实现管理目标，启动现场参建单位建设目标考核工作，并制定了考核奖励实施方案；为了控制关键工序质量，实行了关键工序考核，明确关键工序工人施工质量考核奖罚方法。

5. 专项检查机制

中线建管局对在施工过程中容易出现的问题进行重点管理。2006年，为保证大口径PCCP

施工质量，开展了“关于PCCP管阴极保护的专项检查”。

2012年，为保证质量检测工作，中线建管局委托管理单位开展南水北调工程检测工作专项检查，对检查发现的问题提出整改措施；为保证灌注桩质量，开展了全线在建工程灌注桩施工质量专项检查活动；为保证工程实体质量，中线建管局在全线开展了工程实体质量拉网式排查。

2013年，为保证渡槽预应力施工质量，开展了总干渠输水预应力渡槽预应力施工质量专项检查。

2014年，在全线充水试验前，为保证充水安全，开展了全线充水前重点项目工程实体质量检测，并开展了中线干线工程全线充水前质量重点排查；为保证机电安装工程质量，开展了金属结构和机电设备施工质量专项检查。

6. 责任追究机制

2012年，中线建管局贯彻执行《南水北调工程建设质量问题责任追究管理办法》，实行责任追究机制。根据检查情况，按季度进行汇总和追究，对责任单位或个人采取诫勉谈话、书面批评、经济处罚、行政处罚等方式。

三、质量管理总体成效

中线建管局质量管理成效在2008年先行完成的京石段工程中初显，确保了4次向北京应急供水，2013年年底全线主体工程完工，2014年5月完成24座渡槽的充水试验，2014年6月开始全线充水试验，并陆续通过了通水验收。

(1) 中线建管局“项目法人负责、监理单位控制、设计、施工及其他参建方保证、政府监督相结合”的质量管理体系符合国家建设项目质量管理总体要求。

(2) 项目法人各职能部门围绕质量管理目标，各司其职，全方位确保工程质量总体受控。

(3) 监理质量控制体系、设计和施工单位质量保证体系、政府质量监督体系运行正常。

(4) 质量管理机制符合南水北调中线干线工程质量管理特点，管理制度完善，技术标准规范合理，保证了工程质量管理有纲可依，有据可查。

(5) 工程质量持续可控，满足设计文件和合同要求，土建工程质量全部合格，除个别工程外，单元工程质量评定优良率不小于85%，单位工程等级优良；金属结构及机电安装工程质量全部合格，安全监测单元工程、分部工程、单位工程质量评定均合格；已进行外观质量检测的单位工程，均符合要求。

第三节　质量管理体系和制度

一、质量管理组织体系构建

(一) 质量管理组织机构

南水北调中线干线质量管理组织机构分中线建管局（项目法人），建设管理单位（直管、代建、委托），现场建管机构（建设管理单位的现场建管处、项目部等）和设计、监理、施工单位4个层次（图14-3-1），对工程质量进行管理。

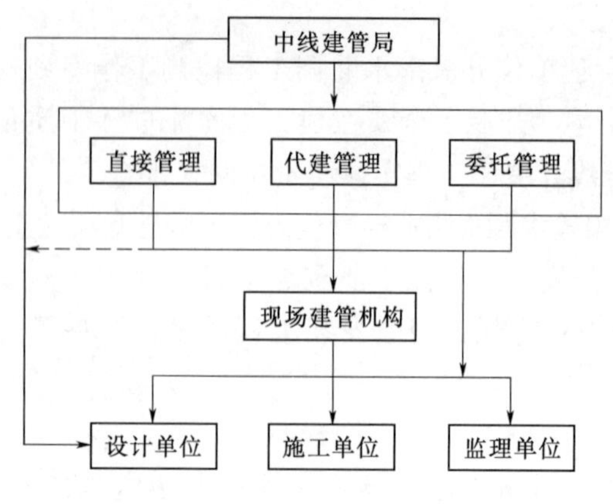

图 14-3-1　南水北调中线干线工程现行质量管理组织机构

1. 项目法人质量管理组织机构

中线建管局 2004 年正式成立，对中线干线工程质量负责，下设综合管理部、计划合同部、工程建设部、人力资源部、财务与资产管理部、工程技术部、机电物资部、工程运行管理部、信息中心、移民环保局、审计稽察部、党群工作部/监察部、宣传中心 13 个职能部门和河北直管项目建设管理部、惠南庄泵站项目建设管理部、河南直管项目建设管理部、天津直管项目建设管理部 4 个直管部门。

2011 年中线干线主体工程全部开工，工程建设进入高峰期、关键期。中线建管局根据工程建设实际需要，适时调整派出机构和职能部门，成立中线建管局质量管理委员会，适应工程质量管理形势。形成了中线建管局局属综合管理部、计划合同部、质量安全部、工程管理部、人力资源部、财务与资产管理部、工程技术部、机电物资部、工程运行管理部、中线水质保护中心、移民环保局、审计稽察部、党群工作部/监察部、宣传中心 14 个职能部门和河南直管项目建设管理局、河北直管项目建设管理部、天津直管项目建设管理部、惠南庄泵站项目建设管理部、信息工程建管部 5 个直管部门的组织机构。

（1）成立质量管理委员会。为进一步加强南水北调中线干线工程质量管理，完善质量管理体系，2011 年 4 月成立南水北调中线干线工程建设管理局质量管理委员会。质量管理委员会下设办公室，负责日常的质量管理、协调和组织处理质量问题等相关工作。

（2）成立河南直管项目建设管理局。河南境内工程战线长、控制性工程多、技术复杂、建设管理难度大，是决定中线干线工程总体建设目标能否实现的关键。为进一步加大建设管理力度，确保工程质量安全，加快推进工程建设进度，经国务院南水北调办批准，2011 年 9 月，成立南水北调中线干线工程建设管理局河南直管项目建设管理局（简称“河南直管建管局”），代替河南直管建管部，作为中线建管局的派出机构，依据项目法人授权，组织实施河南段直管和代建项目建设，负责有关建设管理和工程验收工作。

局机关按照现场实际情况，不断调整派驻河南直管建管局的联络组人员结构，充分发挥机关前移的作用，设法做好支持工作，形成上下联动的工作态势。

（3）成立质量安全部。2012 年，为适应工程建设的质量管理需要，中线建管局将工程建设部调整为质量安全部和工程管理部 2 个部门，专设工程质量管理归口部门——质量安全部，并派出现场管理组负责全线质量管理工作。

（4）其他部门调整。为加强全线自动化调度与运行管理决策支持系统工程管理，中线建管局于 2012 年将原来的局属职能部门信息中心，调整为局直属单位信息工程建管部；为进一步加强生态环境保护和水质保护工作，国务院南水北调办党组决定成立南水北调中线水质保护中心，承担中线水质保护技术管理层面的工作。

2. 建设管理单位质量管理组织机构

建管单位响应国务院南水北调办和项目法人的要求，成立质量管理委员会和质量管理

委员会办公室，明确质量管理委员会及办公室的职责；派驻现场专职建设管理人员及时发现和纠正施工、监理单位工作中的不当做法，跟踪整改落实情况，保障工程施工过程质量控制。

由各部门负责人组成的质量管理委员会办公室设在中线建管局质量安全部，定期召开南水北调中线干线工程质量安全管理工作促进会和南水北调中线干线在建工程质量管理现场会，督促各级质量管理机构层层落实质量管理工作，从组织上为质量管理工作提供保障。

建设管理单位质量管理工作2012年以前隶属各单位工程处、工程管理处、工程技术处等部门；在工程建设高峰期和关键期，响应中线建管局加大质量管理力度，均成立了质量管理工作归口单位（质量安全处室），设置专职、专岗负责工程质量管理，明确质量管理构职责，全面负责工程质量控制与管理。

3. 现场建管质量管理组织机构

各现场建管单位（建管处、建设部、项目部）成立以第一领导人为组长，主管领导、质量监督站负责人、总监理工程师、设代负责人以及施工单位项目经理等人员组成的项目质量领导小组，加强对施工现场的质量管理。为使质量管理关口前移，各现场建管单位派驻现场质量管理专职人员及时发现和纠正施工、监理单位的质量违规行为，跟踪落实整改情况，保障施工过程的质量控制。

4. 监理单位质量控制组织机构

监理单位组建现场监理机构，并派驻监理人员进驻施工现场。监理单位设置工程技术部、合同部、机电部、综合部、现场代表处、专家咨询组（由监理单位专家组成，不定期对项目监理工作进行指导帮助）。设置总质检师，协助总监理工程师全面管理质量工作，并设立质量部负责日常工程质量管理工作；配备有水工、地质、测量、试验、金属结构、机电、安全监测、合同管理、造价、安全、环保等经验丰富、业务能力强、能胜任监理工作要求的专业人员。

监理单位根据施工进度计划及工程施工实际进展情况，及时对监理机构及人员配置进行调整，并报请建管单位审批，以适应工程建设需要，为发包人提供与工程相适应的优质和高水平的建设监理服务。

5. 设计、施工单位质量保证组织机构

设计和施工单位完善相应的质量保证组织机构，按照各自的质量管理责任，层层落实各项质量管理工作，从组织上为质量管理工作提供保障。

（1）设计单位质量保证组织机构。由设计单位总经理直接负责，主管副总经理负责组织协调工作，技术委员会提供技术支持。成立专门的项目领导组织机构，主管副总经理任设总，设计单位相关专业的技术副总监任副设总。设总负责外部协调与内部协调、管理工作，全面负责项目内各专业之间的衔接组织工作，对各专业的工作进度进行统筹考虑，确保项目内各专业能顺利、高效开展设计工作。各专业副设总在设总的统一部署下，审定所主管专业的技术论证、方案选定和成果。各专业负责人负责本专业的内部资源调配、质量进度控制、计划安排，协调上下工序的关系，负责本专业成果审核。各工作组组长负责本工作组工作，对小组成果进行校核。

设计单位按要求一般设8个大的专业组，包括测绘、地质、水文规划、水工、金结机电、征地移民、水保环保和施工概算等，聘用单位技术副总监为副设总，负责各专业技术工作。在

8个大的专业组下设17个专业项目组，包括测绘、地质、水文、规划、水工、安全监测、水力机械、电工、金属结构、消防暖通、工程管理、征地移民、水土保持、环境保护、施工组织设计、概算、经济评价等。

（2）施工单位质量保证组织机构。施工单位是工程质量控制和保证的主体。施工单位实行四级质量管理体系。第一级为项目经理及各职能部门主要负责人组成的质量管理领导小组，负责研究、决策、解决质量重大问题，是质量管理的领导机构；第二级为质量安全环境保证部，负责制定、监督、检查和实施项目部各级质量政策和制度，对项目部质量管理委员会负责，配置合理的人力资源，是质量管理的常设工作机构；第三级为各施工工区，作业厂队、外协施工队，配置一定数量的专职质检员，配合质安部门传达和实施各项质量政策和制度，是质量管理的协作机构；第四级为各生产班组，贯彻、执行项目部各项质量政策和制度，是质量管理的作业机构。

（二）质量管理制度体系

结合工程特点和实际情况，为加强中线干线工程质量管理，明确工程参建各方职责，保证工程质量，实现中线干线工程质量管理目标，中线建管局颁发了一系列质量管理制度，与国家法律、法规和相关部委规章制度一起，构成中线干线工程质量管理制度体系，大致分为基本制度、过程制度和操作规范3大类，见图14-3-2。

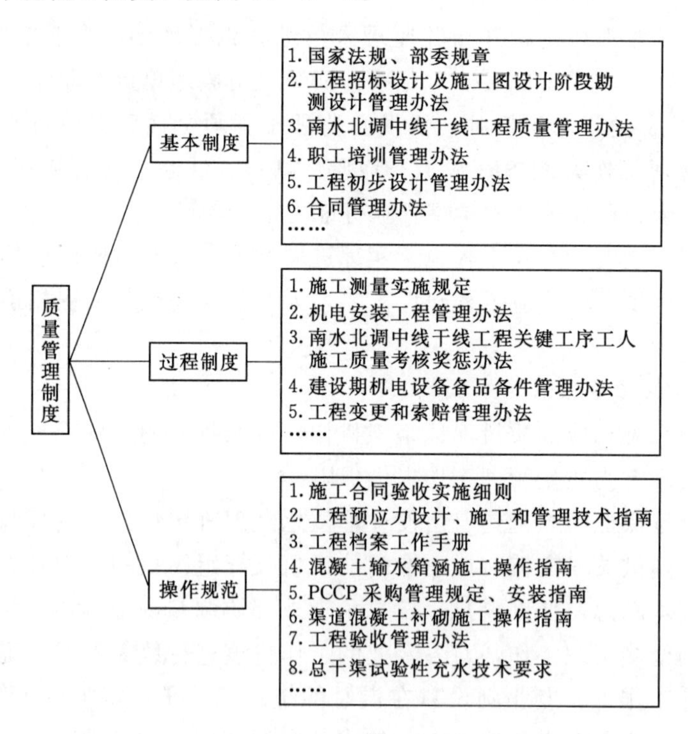

图14-3-2 中线建管局质量管理制度体系

为保证工程质量，除遵循法律、法规、规章外，根据不同施工阶段和施工特点的要求，中线建管局制定了相应的质量管理制度，与其他参建各方质量管理制度体系共同作用，为实现工程质量目标提供制度保障。中线建管局质量管理主要制度台账见表14-3-1。

表 14-3-1　　　　中线建管局质量管理主要制度台账

序　号	名　　称
1	《南水北调中线干线工程质量管理办法（试行）》
2	《南水北调中线干线工程建设监理管理办法》
3	《南水北调中线干线工程初步设计管理办法》（中线局技〔2005〕29 号）
4	《南水北调中线干线工程招标设计及施工图设计阶段勘测设计管理办法（修订）》
5	《南水北调中线干线工程建设管理局合同管理办法》
6	《南水北调中线干线工程工程变更和索赔管理办法》
7	《南水北调中线干线工程初步设计审查意见和批复文件中提出的需下阶段研究解决的遗留问题处理和落实管理办法》
8	《南水北调中线干线工程建设管理局招标投标管理办法》
9	《南水北调中线干线工程委托项目招标投标管理规定》
10	《南水北调中线干线工程代建项目招标投标管理规定》
11	《南水北调中线干线工程档案管理办法》
12	《南水北调中线干线工程验收管理办法（试行）》
13	《南水北调中线干线工程安全生产管理办法（试行）》
14	《南水北调中线干线工程建设管理局安全生产管理办法》
15	《南水北调中线干线工程建设安全事故综合应急预案》
16	《南水北调中线干线工程建设进度管理办法（试行）》
17	《南水北调中线干线工程直接管理建设项目重要机电设备招标采购管理办法（试行）》
18	《南水北调中线干线机电安装工程管理办法（试行）》
19	《南水北调中线干线工程建设期机电设备备品备件管理办法》
20	《南水北调中线干线工程建设管理月报标准格式（试行）》
21	《南水北调中线干线工程较大及重大设计变更管理职责分工及工作流程》
22	《南水北调中线建管局职工培训管理办法》
23	《南水北调中线干线工程建设管理局劳动合同制度管理办法》
24	《南水北调中线干线工程建设管理局员工业绩考核管理办法》
25	《南水北调中线干线工程建设管理局直管项目建设管理部目标管理责任制考核办法》
26	《南水北调中线干线工程保险管理办法》
27	《南水北调中线干线工程建设管理局甲供材料管理暂行办法》
28	《南水北调中线干线工程建设期完工项目运行管理与维修养护办法》

（三）质量管理技术标准体系

中线建管局质量管理技术标准体系包括设计规范、设计文件、施工（安装）规范、质量检验与评定规程、工程验收导则和合同技术条款等。中线建管局质量管理技术标准体系见图 14-3-3。技术标准体系以南水北调和中线干线工程质量专用技术标准为主，遵从水利行业质量管理通用标准、技术规范和其他行业标准。使用技术标准的优先顺序为国务院南水北调办颁发的规程、规定、标准；水利行业规程、规范、标准；国家和其他行业颁布的相关规程、规范、标准。

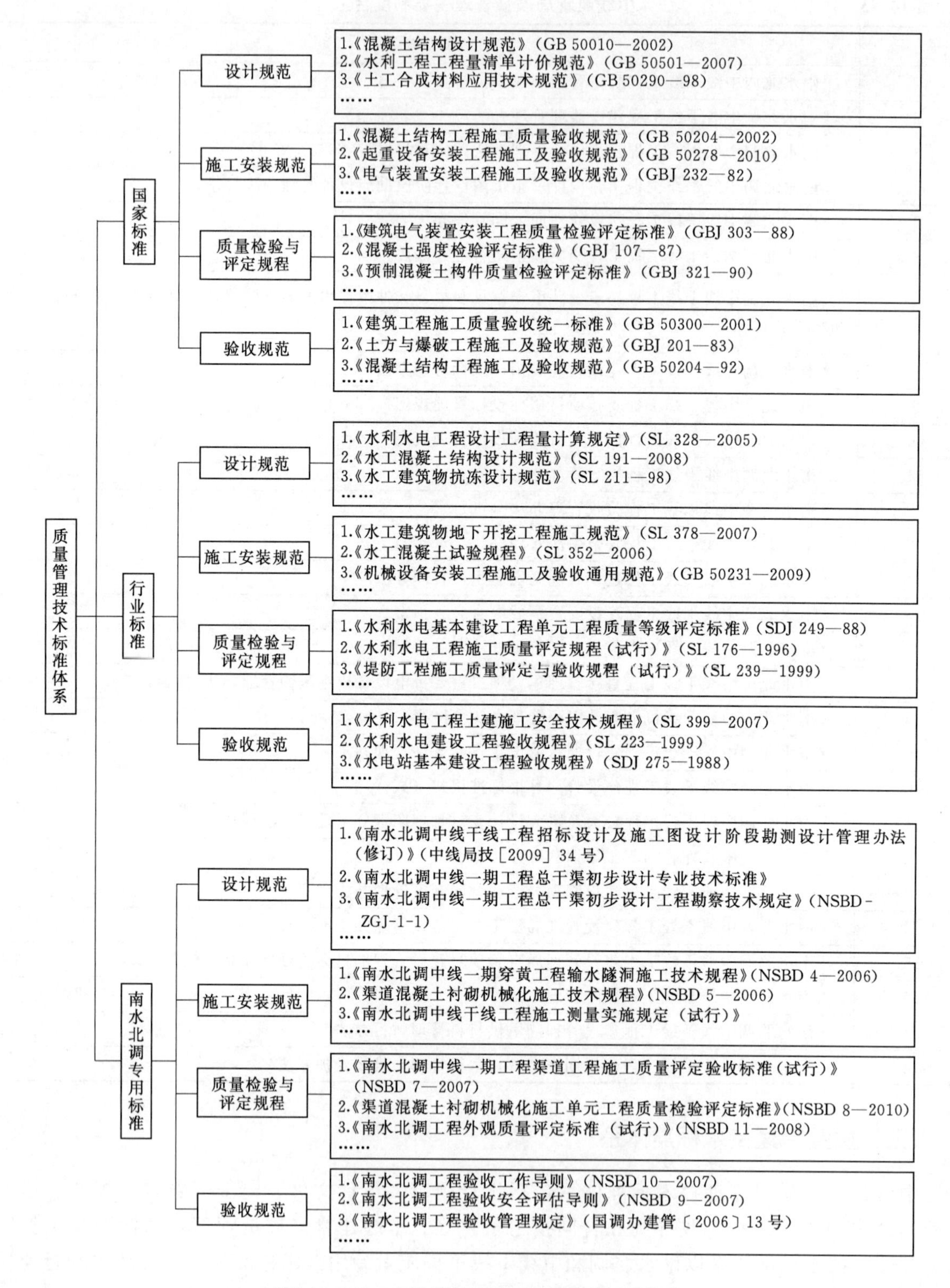

图 14-3-3 中线建管局质量管理技术标准体系

中线建管局技术标准体系齐全，针对中线干线工程实际，为规范工程设计和验收、指导施工工艺与设备安装、统一质量检验与评定，中线建管局制定了一系列技术标准，为确保工程质量目标提供技术支撑。中线建管局质量技术标准台账见表14-3-2。

表14-3-2　　中线建管局质量技术标准台账

序　号	名　　称
一	初步设计技术规定
1	《南水北调中线一期工程总干渠初步设计技术规定》
2	《南水北调中线一期工程总干渠渠道设计补充技术规定》
3	《南水北调中线干线工程招标设计报告编制指南（试行）》
4	《南水北调中线一期工程总干渠初步设计概算编制技术规定》
5	《南水北调中线一期工程总干渠初步设计明渠土建工程技术规定》
6	《南水北调中线一期工程总干渠初步设计金属结构设计技术规定》等10个技术规定
7	《南水北调中线一期工程总干渠初步设计分水口门土建工程设计技术规定》等6个技术规定
8	《南水北调中线一期总干渠勘察初步设计技术规定》等7个技术规定
9	《南水北调中线一期工程总干渠初步设计工程勘察技术规定》等7个技术规定
10	《南水北调中线一期工程总干渠初步设计跨渠公路桥设计技术规定》等7个技术规定
二	施工技术
11	《南水北调中线大型梁式渡槽结构设计与施工指南》
12	《南水北调中线干线工程PCCP采购管理规定、安装指南（试行）》
13	《南水北调中线一期穿黄工程输水隧洞施工技术规程》
14	《渠道混凝土衬砌机械化施工技术规程》
15	《南水北调中线一期工程总干渠渠道水泥改性土施工技术规定（试行）》
16	《南水北调中线工程京石段应急供水工程（北京段）西四环暗涵浅埋暗挖施工技术导则（试行）》
17	《南水北调中线一期工程总干渠渠道膨胀土处理施工技术要求》
18	《南水北调中线一期工程总干渠渠道膨胀岩处理施工技术要求》
19	《南水北调中线干线工程施工测量实施规定（试行）》
20	《南水北调中线一期工程总干渠填方渠道施工技术规定（试行）》
21	《南水北调中线干线工程混凝土结构质量缺陷处理管理规定（试行）》
22	《预防混凝土工程碱骨料反应技术条例（试行）》
23	《南水北调中线干线工程渠道混凝土衬砌施工防裂技术规定（试行）》
24	《南水北调中线干线工程混凝土结构质量缺陷及裂缝处理技术规定（试行）》
25	《南水北调中线干线工程渠道混凝土衬砌面板裂缝处理规定》
26	《南水北调中线一期工程总干渠填方渠道缺口填筑施工技术规定（试行）》
27	《南水北调中线一期工程总干渠膨胀土（岩）渠段工程施工地质技术规定（试行）》
28	《南水北调中线干线工程渠道人工衬砌施工管理规定》

续表

序 号	名 称
29	《南水北调中线干线工程渠道混凝土衬砌施工操作指南（试行）》
30	《南水北调中线干线工程渠道衬砌工法管理指南》
31	《南水北调中线一期工程总干渠逆止阀应用技术要求（试行）》
32	《南水北调中线干线工程混凝土输水箱涵施工操作指南》
33	《南水北调中线干线工程预应力设计、施工和管理技术指南》
三	质量评定验收
34	《南水北调中线干线工程施工质量评定标准（试行）》
35	《南水北调工程外观质量评定标准（试行）》
36	《南水北调中线一期工程渠道工程施工质量评定验收标准（试行）》
37	《渠道混凝土衬砌机械化施工单元工程质量检验评定标准》
38	《南水北调中线一期北京西四环暗涵工程施工质量评定验收标准（试行）》
39	《南水北调中线一期北京 PCCP 管道工程施工质量评定验收标准（试行）》
40	《南水北调中线天津干线直管和代建项目箱涵工程单位工程外观质量评定方案》
41	《南水北调中线一期天津干线箱涵工程施工质量评定验收标准》
42	《南水北调中线干线工程京石段应急供水工程（北京段）西四环暗涵浅埋暗挖法施工单元工程质量评定标准（试行）》
43	《南水北调工程验收安全评估导则》
44	《南水北调工程验收工作导则》（NSBD 10—2007）
45	《南水北调中线工程施工合同验收实施细则（试行）》
46	《南水北调中线一期工程总干渠禹州长葛段煤矿采空区注浆处理验收标准（试行）》
四	其他
47	《南水北调中线一期工程总干渠试验性充水技术要求》
48	《监理月报标准格式（试行）》
49	《其他工程穿越或跨越南水北调中线工程管理规定（试行）》
50	《其他工程穿越或跨越南水北调中线干线工程设计技术要求》
51	《其他工程穿越或跨越南水北调中线干线工程安全影响评价导则》

二、质量管理组织分工和责任体系

建设管理单位、设计单位、施工单位、工程监理单位依法对建设工程质量负责，各参建单位第一领导是工程质量第一责任人。

1. 项目法人职责

中线建管局是中线干线工程的项目法人，对整个南水北调中线干线工程质量负责，其主要

职责如下：

（1）贯彻落实国家及行业主管部门颁发的工程质量管理的法律法规，督促检查《南水北调中线干线工程质量管理办法》的实施，收集实施情况和意见。

（2）制定中线干线工程质量管理办法及奖惩细则。

（3）监督、检查、指导建设管理单位、监理单位和施工单位的质量管理工作，定期组织在建工程质量检查。

（4）组织或参加质量事故的调查处理、验收工作。

（5）接受国家有关部门及质量监督机构的检查。

2. 建设管理单位职责

建设管理单位依据合同或授权，对承担的建设管理项目工程质量负全面管理责任，其主要职责如下：

（1）建立健全建设管理单位的工程质量管理体系，负责监督检查参建各方建立健全质量检查和保证体系。

（2）监督检查监理、设计、施工等单位在合同中承诺投入的技术力量、设备、人力和有关人员的任职资格等落实情况，并进行资质或资格审查，防止无质量保证能力的设计、施工、监理、材料和设备供应商参与竞标。

（3）督促设计单位按时提交满足质量要求的设计图纸和文件。

（4）监督检查监理单位对施工单位在施工全过程中的质量控制工作，做到事前审批、事中监督、事后把关。

（5）组织审查施工单位报送的重要建筑物的施工组织设计。

（6）对工程施工中所有原材料、半成品、成品以及施工设备、旧设备质量适时组织抽检或者出厂验收。

（7）负责组织招标文件的编制，在合同文件中明确工程、工程材料及设备等的质量标准及合同双方保证工程质量的责任和义务。

（8）定期组织开展工程质量检查及考核评比活动，及时通报检查和考核情况。

（9）定期对工程质量情况进行统计、分析与评价，并向中线建管局报告。

（10）组织或参加工程质量事故的调查处理和工程的安全鉴定工作。

（11）组织单位工程验收，参加阶段验收和竣工验收。

（12）接受上级有关部门和中线建管局的质量监督。

3. 监理单位职责

监理单位对工程质量负监督和控制责任，其主要职责如下：

（1）审查招标设计，参与工程招标工作。

（2）负责审查、复核、签发设计单位提供的设计图纸及文件（含设计变更）。

（3）组织设计交底工作。

（4）审查施工单位的质量保证体系，督促施工单位进行全面质量管理。

（5）审查批准施工单位报送的施工组织设计。

（6）检查用于工程的设备、材料和构配件的质量。

（7）采取旁站、巡视或平行试验等形式对施工工序和过程的质量进行监控。

(8) 及时向建设管理单位报告工程质量事故，组织或参加工程质量事故的调查、事故处理方案的审查，并监督工程质量事故的处理。

(9) 定期向建设管理单位报告工程质量情况，对工程质量情况进行统计、分析与评价。

(10) 参加工程安全鉴定工作。

(11) 组织分部工程验收，参加单位工程、工程阶段验收或竣工验收工作。

4. 设计单位职责

设计单位对所承担的工程设计质量负责，其主要职责如下：

(1) 建立健全质量保证体系。

(2) 实行项目管理设总负责制，严格设计成果校审制度，保证供图进度和质量。

(3) 在设计文件和招标文件中，明确设计意图以及施工、验收、材料、设备等的质量标准。

(4) 做好施工地质预报、资料编录等工作。

(5) 及时进行设计交底，做好现场技术服务工作。

(6) 及时研究处理参建各方发现并提出的设计问题。

(7) 参加工程质量事故调查、处理和验收工作。

(8) 参加有关单位组织的工程质量检查、工程验收和工程安全鉴定工作。

5. 施工单位职责

施工单位对承包工程项目的施工质量负直接责任，监理单位、建设管理单位或者中线建管局的工程质量检查签证与验收不替代也不减轻施工单位对施工质量应负的直接责任。施工单位主要职责如下：

(1) 建立健全质量保证体系，加强施工人员的岗位技术培训、质量意识教育。

(2) 施工组织设计中，必须明确制定保证施工质量的技术措施。

(3) 按施工规程规范及合同规定的技术要求进行施工，规范施工行为，严格质量管理，严格实施保证施工质量的技术措施。

(4) 设立满足现场需要的工地试验室。

(5) 按合同规定对进场工程材料及设备进行试验检测、验收，保证试验检测数据的及时性、完整性、准确性和真实性。

(6) 定期向监理单位报告工程质量情况，对工程质量情况进行统计、分析与评价。

(7) 及时向监理单位报告工程质量事故，提供质量事故分析报告，并实施工程质量事故的处理。

(8) 配合做好工程验收和工程安全鉴定工作。

(9) 接受建设管理单位、监理单位和政府质量监督机构对施工质量的检查监督，并予以支持和积极配合。

6. 材料、设备供应商职责

材料、设备供应商按合同规定对其提供的产品质量负责，其主要职责如下：

(1) 建立健全质量保证体系，明确制定保证产品质量的技术措施。

(2) 按行业规程规范及合同规定的技术要求进行加工制造，严格质量管理，严格实施保证供应产品质量的技术措施。

（3）接受并配合监理单位的随机抽检及驻厂监造工作。

（4）产品出厂时，必须提交相应的出厂证明、产品合格证及质量检验报告。

（5）配合做好有关方组织的出厂验收。

（6）做好产品的售后服务工作。

7. 质量监督管理机构职责

国务院南水北调办依法对南水北调中线干线主体工程质量实施监督管理。受国务院南水北调办委托，南水北调工程建设监管中心在南水北调主体工程所在省（直辖市）设立的南水北调工程省（直辖市）质量监督站共同承担质量监督管理工作。监管中心主要职责如下：

（1）贯彻执行国家和国务院南水北调办有关工程建设质量管理的方针政策和法律法规。

（2）受国务院南水北调办委托具体实施中线干线工程中由项目法人直接管理和代建管理项目的质量监督。

（3）定期向国务院南水北调办汇总报送工程质量监督信息。

（4）承办国务院南水北调办委托的其他质量监督管理方面的具体工作。

三、质量管理体系工作流程与制度设计

（一）质量管理体系工作流程

南水北调中线干线工程质量管理体系中的质量保证、质量控制工作程序分事前预控、事中监控、事后检查验收三个层次。

1. 施工单位质量保证

施工单位质量保证体系是南水北调工程质量管理体系的最重要组成部分。按照项目法人质量管理体系、监理管理体系程序文件要求，施工单位建立和完善质量保证体系，开展项目质量管理工作，建立质量责任制度，提高质量控制和过程保证能力，使工程质量始终处于受控状态。

（1）施工准备阶段质量保证。施工合同签订后，按照施工合同约定，确定质量目标，制定质量管理制度，明确质量管理的目的、目标、任务及质量职责；建立完善质量保证体系，编制质量计划和检验试验计划。

1）成立质量管理领导小组，设置质量管理部门，配备总质检师、专职质量管理人员及质量信息报送员，负责工程全面质量管理工作。质量管理领导小组定期召开质量分析会，针对施工中存在的质量问题和质量隐患，制定纠正和预防措施。

2）明确各级人员管理职责，层层分解责任，落实到人。严格履行合同义务，按照合同约定和工程建设需要投入现场技术和管理人员。加强人员教育和培训，采取切实可行的措施，提高一线施工人员素质。

3）主持编制项目质量计划。质量计划体现从工序、单元工程、分部工程到单位工程的过程控制，且体现从资源投入到完成工程质量最终检验和试验的全过程控制，是对外质量保证和对内质量控制的依据。

4）制定有施工质量责任制度、原材料质量管理制度、工地试验室检/试验制度、施工质量“三检制”工作制度、质量追溯制度、质量检查制度、质量缺陷及备案管理制度、质量资料管

理制度、质量奖惩办法等质量管理制度。

5）设立工地试验室，配备满足试验要求的测试仪器和专职的试验员。施工单位按合同要求设置与所承建工程相适应的、具有相应资质和检测手段的工地试验室。工地试验室和外委进行检测试验项目的受委托单位具有相关试验项目的CMA资质；工地试验室由具有资质的检测试验单位派出的，具有派出单位的委托书，委托书说明授权范围，附有委托进行的检测项目清单。试验室对检测结果、检测资料进行记录并及时整理分析，保持原始记录和资料的完整性和真实性。整理每月检测结果，汇总报监理单位审核，审核结果备案。试验设备均需经过正规计量认证机构检定并经监理机构批准使用，性能满足使用要求。

6）施工单位对建管单位移交的测量基准点进行复测。

（2）施工过程质量保证。施工过程质量管理主要包括原材料和设备质量管理、工序质量管理、工程实体质量检测和工程验收管理等方面，因而施工过程中的质量控制主要在原材料和中间产品、机械设备、技术交底、工序控制几个方面进行控制管理。

1）原材料和中间产品的质量控制。在质量计划确定的合格材料供应人名录中按计划采购材料、半成品和构配件。材料的搬运和贮存按搬运贮存规定进行，建立台账；对材料、半成品、构配件进行标识；未经检验和已经检验为不合格的材料、半成品、构配件和工程设备等，不得用于工程。试验室按照合同文件和施工规范、规程要求，对所承建工程的进场建筑材料（包括原材料、半成品、成品）进行质量检测。质量检测控制指标依据现行的国家质量管理法规、规程、规范、设计指标和专项规定确定，若对供应的材料质量有疑时，可不受检测频率限制，随即进行抽检。

2）机械设备质量控制。按设备进场计划进行施工设备的调配；现场的施工机械必须满足施工需要；对机械设备操作人员的资格进行确认，严禁无证或资格不符合者上岗。

3）技术交底。单位工程和分部工程开工前，项目技术负责人向承担施工的负责人进行书面技术交底。在施工过程中，项目技术负责人对发包人或监理工程师提出的有关施工方案、技术措施及设计变更的要求，在执行前向执行人员进行书面技术交底。在工序施工前，由项目技术人员对班组进行书面技术交底。

4）工序控制。施工作业人员按规定经考核后持证上岗。施工管理人员及作业人员按操作规程、作业指导书和技术交底文件进行施工。工序的检验和试验符合过程检验和试验的规定，对查出的质量缺陷按不合格控制程序及时处置。施工管理人员记录工序施工情况。严抓工序“三检制”。施工单位工序“三检制”作为质量过程控制的有效手段，要求施工班组做好自检、交接检和专检工作，把质量缺陷消除在操作过程中。坚持上一道工序不合格，下一道工序不能施工。对于重要隐蔽工程的验收实行设计、监理、施工、建管和质量监督站“五方联检”，只有验收合格、签证后才能进行下一道工序的施工。

5）做好质量问题处理。缺陷处理前，首先进行现场工艺试验，由设计、监理、施工、建管“四方”共同参与；在试验中确定施工工艺措施、配合比等参数，试验完成后，形成试验总结，用于指导施工；对现场施工人员进行技术和质量交底；对操作使用化学材料的人员进行安全防护及操作培训，对使用化学材料的设备进行安全性能的检测；缺陷处理过程中，质检人员现场跟班作业，对需要处理的施工部位进行详细细致的检查，施工时段、施工过程、施工工艺

均记录在施工记录本上。

（3）验收阶段质量保证。单位工程竣工后，项目技术负责人按编制竣工资料的要求收集、整理质量记录。项目技术负责人组织有关专业技术人员按最终检验和试验规定，根据合同要求进行全面验证。对查出的施工质量缺陷，按不合格控制程序进行处理。施工单位组织有关专业技术人员按合同要求编制工程竣工文件，并做好工程移交准备。

施工资料填写内容真实可靠、数据准确、资料的形成与工程形象进度同步。资料所记载的内容真实、准确，并按规定已通过了审批、检查、验收程序，负有责任的各方在资料指定位置上签署意见，签名或盖章并注明时间。

2. 监理单位质量控制

监理质量控制的主要内容为按照监理合同约定的质量目标，建立质量控制体系，督促和检查施工单位建立健全质量保证体系，并监督其正常运行，使工程施工质量始终处于受控状态。监理单位采用施工方案及工艺审核、测量、抽检试验、旁站、巡回检查、平行检测等方法，从施工方案审查、原材料、中间产品的抽检，到组织单元、分部工程验收，全过程进行质量监控。监理质量控制工作程序框图见图 14-3-4。

（1）事前预控。监理单位依据监理合同，成立项目监理部，建立质量控制体系，确保工程质量达到监理合同、设计文件及相关验收标准的要求。为确保工程质量达到承包合同、设计文件及相关验收标准的要求，监理部内部明确分工，职责分明，建立总监理工程师、专业监理工程师、监理员三级质量控制体系。

1）成立质量控制组织机构。成立质量控制与管理工作领导小组，总监理工程师任组长，总质检师任副组长，现场专业监理工程师为小组成员；配置满足现场监理质量控制工作需要的监理工程师，分工负责，责任到人。

2）严格执行各项工程开工审批制度。严格开工申报审批制度，施工单位必须申报开工申请提交施工技术方案和施工进度计划。由专业监理工程师对现场施工人员、机械设备、原材料等进行现场核查，对其申报的施工组织设计、施工技术方案、施工进度计划进行审批，具备开工条件的签发开工令或开工通知。

3）严格进行工地试验室和拌和站审查批复、监督检查。监理单位和建管部联合审查检测机构资质、工地试验室主任及试验人员资格证、现场试验设备检定、校测情况，重点审查试验设备和混凝土试件标养室是否满足试验规范要求。所有试验设备均应通过计量机构的检定，并建立试验台账与各项操作规程和规章制度，经现场审查通过后，给予正式批复，准许投入使用。组织人员定期对试验室仪器设备的养护记录、维修记录、检定结果进行检查，以保证仪器设备正常运行，准确可靠，确保测试质量。

拌和站建成后，通过计量机构对计量系统的检定，再经现场试运转正常后，监理单位给予批复，同意使用。并在工程建设期间，积极督促施工单位对试验室仪器，设备、拌和站计量设备等及时检定、校测，保证计量精度，确保整个过程在受控状态。

4）严格执行原材料及中间产品进场报验制度，把好工程源头关。要求施工单位进场材料必须附质量证明文件及施工单位按有关规定进行试验检测，并及时通报监理工程师进行进场材料试验检测结果（不符合要求的不得用于工程）和质量证明文件审查，对施工单位现场取样进行监督。

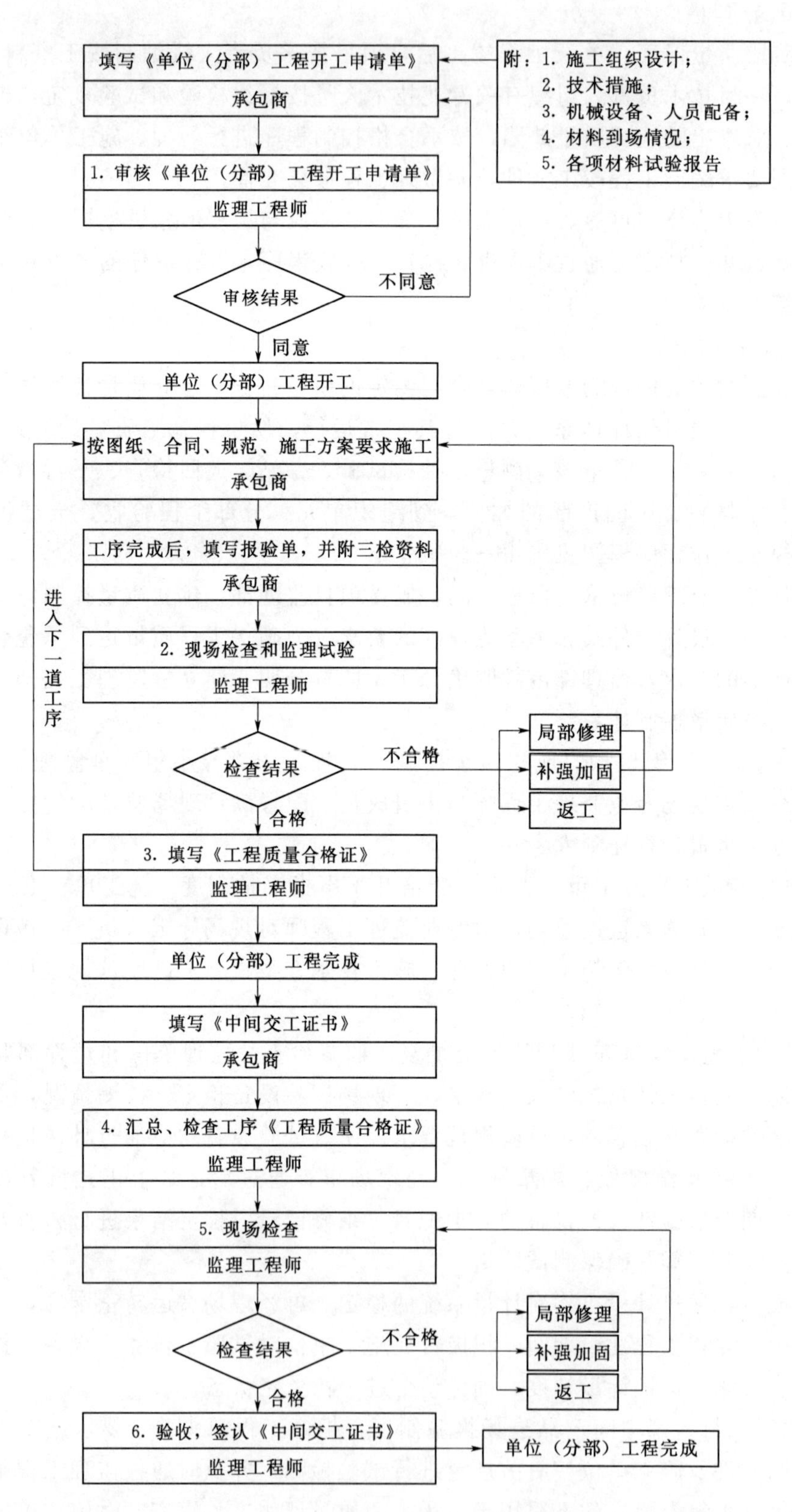

图 14－3－4　监理质量控制工作程序框图

根据《水利工程建设项目施工监理规范》（SL 288—2003）和监理合同要求，对原材料、中间产品采用跟踪检测与平行检测相结合的方法对施工单位的检验结果进行复核。平行检测委托有CMA认证和检测资质的试验室进行。平行检测不合格材料，要求施工单位暂停使用，并进行2次双倍复检，复检合格准予施工单位继续使用。不合格材料要求施工单位对本批次产品进行退场处理。

各种原材料的抽检数量按照施工单位检验批数量的10%控制，至少检测1组。对工程实体平行检测的检测数量，混凝土试块不少于施工单位检测数量的3%，重要部位每标号混凝土最少抽检1组；土方试样不少于施工单位检测数量的5%，重要部位至少抽检3组。跟踪检测的检测数量，混凝土试块不少于施工单位检测数量的7%，土方试样不少于施工单位检测数量的10%。

混凝土碱骨料反应控制按照《预防混凝土工程碱骨料反应技术条例（试行）》有关规定进行，控制骨料碱活性和混凝土的总碱量。

（2）事中监控。

1）工序质量控制。监理单位通过施工过程巡视、旁站等方法进行质量控制。监理工程师以单元工程为基础、以工序控制为重点，对施工单位的全部质量行为进行全过程跟踪监督控制。日常加强巡视检查和抽查，对重要部位和关键工序采取"旁站监理"的方式进行控制，重要部位监理24小时旁站，发现问题及时整改。督促施工单位落实"三检制"，对违章操作、可能影响施工质量的问题及时发出指令，要求施工单位采取措施整改。同时，加强对工程质量的检查与考评，实行质量巡查，及时奖惩兑现。

2）工程成品质量控制。混凝土浇筑后形成工程实体，保护、养护是后期质量控制不可缺少的环节。冬季施工则要求采取保温措施，保护工程实体质量。及时检查有无质量缺陷，督促施工单位按照中线建管局《混凝土结构质量缺陷及裂缝处理技术规定（试用）》对质量缺陷检查分类备案，并认真按批准的方案进行处理，做好验收工作。

（3）事后检查验收。单元工程完成后，现场监理要及时组织检查复核评定。分部工程项目完工后，监理按照项目法人授权和规定的程序及时组织分部工程验收。现场检查工程实体质量和外观质量是否满足设计和规范要求，检查施工过程质量控制记录资料是否真实可靠，对存在或遗留问题提出处理意见，出具分部工程验收签证书。

3. 项目法人（建管单位）质量负责

项目法人（建管单位）全面负责工程质量，明确质量目标，完善各级质量管理机构，制定年度质量管理工作计划，对当年质量管理工作的工作内容、工作重点、拟采取的措施和方法、组织形式和人员做出安排。通过现场派驻专职管理人员，及时发现和纠正施工、监理单位工作中的不当做法，跟踪整改落实情况，有效保障工程施工过程质量控制。

在工程建设中认真贯彻执行编制的各种规范、技术标准、工法指南、实施细则、验收规程等文件，建立质量例会制度、检查制度、考核制度、质量缺陷备案制度等制度，督促各参建单位制定并完善相关制度，为质量管理制度化、规范化提供制度保证。

（1）完善设计管理。每年初与设计单位签订《年度勘察设计服务协议》，按照协议规定对现场设代进场人员进行检查，对现场设代服务能力、设计交底、设计成果提供等方面进行管理。督促设代组常驻能够解决现场技术问题的技术人员，及时解决现场施工技术问题，为工程顺利实施提供保证。施工详图采用“建管单位管理协调、监理单位审查、施工单位校阅”的机制，严格按此办法对施工详图审查进行了管理。保证施工图提交及时、审查严格、发送程序完善、技术交底及时，图纸供应完全满足工程施工进度要求。

(2) 建立分级质量检查体系。项目法人（建管单位）在依据有关法律法规建立健全常规质量管理体系的同时，建立了“三级检查机构”的“三级检查体系”。

一级机构为现场建管机构（建管处、代建部），对施工质量全过程监控，对工程质量负直接管理责任。承担全面巡视检查工作，重点项目专人负责。

二级机构为建设管理单位（直管建管部、省南水北调建管局），对现场建管机构的质量管理工作进行督导监管，对施工质量进行巡查监控，对工程质量负管理责任。负责重点项目巡视检查，重点项目强化监控，部分单位建立了专门的巡视检查队伍。

三级机构为中线建管局（质量安全部），对现场建管机构、建设管理单位的质量管理工作进行督导，对施工质量进行抽查监控，对工程质量负总责。组建了三支专职质量检查队伍（质量巡查队、质量检测队、关键工序考核队），进行重点项目巡视检查工作和特殊项目驻点监控。

各级机构检查发现质量问题，现场立即指出，分级建立质量问题台账，逐级上报，并按职责跟踪督促整改。中线建管局检查发现的问题，按月下发整改通知，时效性强的问题立即下发《快速整改通知单》。登记在案的质量问题逐一整改销号。

定期召开质量安全例会，分级汇报检查周期内发现的质量问题及上次问题整改情况，研究解决重点、难点问题，安排部署近期重点工作及要求。按照质量问题严重程度，依据有关办法实施责任追究。

(3) 开展质量检查活动。多次开展“质量月活动”“工程建设监理专项治理整顿活动”“工程质量集中整治活动”“原材料质量专项整顿活动”“规范现场工程管理处质量检查活动”“质量夜间检查活动”“加强原材料、中间产品质量控制活动”等，有效促进了工程质量的提高。

(4) 进行质量培训。通过请专家讲课、组织专题学习等方式，不断增强参建各方的质量意识，提高全体参建人员质量管理水平。督促各监理、施工单位抓好新进场人员的岗前教育，加强业务学习和技能培训，完善技术交底制度，增强生产一线人员的质量意识，不断提高质量管理水平和操作技能。

(5) 监督监理、施工、设计的质量行为和质量活动。工程建设需要建管、设计、监理、施工、质量检测等各参建单位密切配合，协作完成。要求各单位积极主动配合质量监督部门的工作，加强对监理工作的监督管理，充分发挥监理在质量控制中的核心作用，建立工程监理、施工单位考核评比制度，将考核评比与监理和施工合同中计列的浮动报酬挂钩，考核中严格实行质量一票否决制，明确专门的质量信息报送员，定期汇总上报质量管理工作情况，对工程质量情况进行统计、分析与评价，及时反映过程中存在的问题，动态管理纠偏。

(6) 落实上级主管部门稽查、审计、检查和巡查所提出的问题。高度重视并全力配合上级主管部门的各项检查工作，对检查过程中发现的问题及时整改落实。对质量监督部门和上级主管单位稽查、审计、检查及飞检、其他专项检查中发现的各类质量问题和隐患，及时组织相关单位认真整改，并对整改落实情况进行监督检查，确保整改及时到位。

(7) 执行工程质量缺陷及备案制。严格执行《施工质量缺陷备案实施细则》《质量追溯制度》《加强混凝土裂缝预防和控制》等质量文件，规范质量缺陷备案及处理程序。要求每一仓

混凝土拆模，必须由监理和施工单位共同对外观进行检查，对出现的质量缺陷按要求及时进行记录备案，缺陷处理严格按《南水北调中线干线工程混凝土结构质量缺陷及裂缝处理办法》规定的处理程序、处理方法进行，严格方案审批、严格跟踪处理、严格检查验收，严禁私自掩盖和处理。

(8) 建立健全验收体系。主要包括：①完善项目划分；②严格落实“三检制”；③坚持重要隐蔽和关键部位工程建管、设计、监理和施工四方联合验收；④健全合同验收体系，规范验收程序；⑤及时组织分部工程示范性验收工作；⑥要求各参建单位严格执行验收制度。

4. 政府机构质量监管

国务院南水北调办以“三位一体”质量监管机制为主导，组织各层级质量监管单位，明确质量责任，采取飞检、站点监督、集中整治、有奖举报、专项稽查等措施，严格实施质量监管，同时前移质量关口，强化协调机制，形成了以质量责任为核心的质量监管体系。

(1) 陆续出台相关办法和方案。国务院南水北调办相继出台了《南水北调工程建设质量问题责任追究管理办法》《南水北调工程质量责任终身制实施办法》《南水北调工程信用管理办法》《突出高压抓质量实施方案》、《质量监控强化措施》等一系列制度和措施，加强质量监管。

(2) 组建监督站点。在南水北调中线干线工程设立省（直辖市）质量监督站4个，质量监督站的具体组建和日常管理工作委托相关省（直辖市）南水北调办事机构负责；设立中线穿黄河、漕河渡槽、惠南庄3个重要单项工程质量监督项目站，重要单项工程质量监督项目站的组建和日常管理工作委托南水北调工程建设监管中心负责。

(3) 连续开展质量集中整治。质量集中整治旨在查明工程质量存在的突出问题，分析原因，提出并落实整改措施，进一步规范质量监督机构和各参建单位的质量管理行为，切实落实管理责任，消除质量隐患，确保工程质量。

(4) 加强监理专项整治。在决战决胜的关键时期，开展以“三清除一降级一吊销”为核心的监理整治行动，严查严处监理违规行为，严肃连带责任追究。

(5) 持续质量飞检。工程建设高峰期，在南水北调工程建设领域实施飞检，展开对工程实体质量和管理行为的多层次的、全方位的、不留死角的跟踪检查。

(6) 考核关键工序。实施《南水北调工程建设关键工序施工质量考核奖惩办法（试行）》，鼓励和奖励一线作业工人，通过严格关键工序的考核标准和具体考核措施，确保最基础施工环节不出问题，从而保证工程质量整体受控。

(7) 部署质量监管“回头看”。“回头看”是重点检查2012年、2013年国务院南水北调办“三查一举”等质量检查发现的严重质量问题整改情况；深入查找不放心类质量问题，消除质量隐患；对“回头看”检查发现的质量问题，严格实施责任追究，对重点标段、重点项目反复检查，确保工程质量。

(8) 实行有奖举报。印发《关于加强南水北调工程建设举报受理工作的意见》《南水北调工程建设举报奖励实施细则（试行）》，成立南水北调工程建设举报受理中心，实行有奖举报。

（二）质量管理制度设计

中线建管局依据国家及行业颁布的质量管理法规、现行技术规程规范和标准，以及合同规定的质量标准、技术文件及其他相关条款，从初步设计、招标投标、建设施工、评定验收全过程质量管理进行制度设计。

1. 初步设计阶段质量管理制度设计

为确保工程初步设计质量和工程建设进度，顺利进行工程项目初步设计组织管理工作的交接，依据国务院《建设工程勘察设计管理条例》（国务院令第293号）和国务院南水北调办《南水北调工程建设管理的若干意见》（国调委发〔2004〕5号），制定了《南水北调中线干线工程初步设计管理办法》（中线局技〔2005〕29号），规定了初步设计管理过程中，项目法人、技术总负责单位、设计单位、技术咨询单位的主要职责；提出了设计质量管理和设计进度管理要求；规定了合同与支付以及成果报审制度。

2. 招标投标阶段质量管理制度设计

为规范南水北调中线干线工程招标投标活动，根据《中华人民共和国招标投标法》《南水北调工程建设管理的若干意见》（国调委发〔2004〕5号）、《国务院南水北调办关于进一步规范南水北调工程招标投标活动的意见》等有关规定，制定了《南水北调中线干线工程建设管理局招标委员会工作规则》《南水北调中线干线工程建设管理局招标投标管理办法》和《南水北调中线干线工程直接管理建设项目重要机电设备招标采购管理办法（试行）》。

为规范南水北调中线干线工程委托和代建项目招标投标活动，维护项目法人、招标人和投标人的合法权益，结合南水北调中线干线工程建设的特点，制定了《南水北调中线干线工程委托项目招标投标管理规定》和《南水北调中线干线工程代建项目招标投标管理规定》。

《南水北调中线干线工程PCCP采购管理规定、安装指南（试行）》规范了工程PCCP采购管理，确保PCCP结构设计、制造质量，并做好安装施工及施工管理的指导工作。《南水北调中线干线工程建设管理局非招标项目采购管理暂行办法》加强了非招标项目采购的管理，规范采购行为，确保了货物质量。

3. 招标设计和施工图设计质量管理制度设计

为规范和加强南水北调中线干线工程招标设计及施工图设计阶段勘测设计管理，制定了《南水北调中线干线工程招标设计及施工图设计阶段勘测设计管理办法（修订）》，规定了建设管理单位、勘测设计单位、监理单位和工程建设其他有关单位的职责与义务；提出了勘测设计单位的质量与进度要求；对设计变更、勘测设计成果的提交和管理、合同（协议）价款支付、优化设计和限额设计等均做出了详细规定。

4. 建设施工阶段质量管理制度设计

（1）全面质量管理。为加强工程质量管理，明确工程参建各方职责，保证工程质量，依据国务院《建设工程质量管理条例》和国务院南水北调办颁发的相关规定，结合中线干线工程特点，制定了《南水北调中线干线工程质量管理办法（试行）》。适用于中线干线工程所有参建方，规定了参建各方职责，设计、施工、材料设备供应商质量管理和质量事故处理等，对全干线所有建设实施阶段实行全过程、全面质量管理。

（2）监理单位管理。为规范南水北调中线干线工程的建设监理工作，强化中线建管局作为项目法人对建设监理的统一监督和管理，建立规范化、制度化、科学化的监理工作管理体系，根据水利部《水利工程建设项目施工监理规范》（SL 288—2003）及行业部门关于工程建设监理的法规、政策，结合南水北调中线干线工程建设的特点，出台了《南水北调中线干线工程建

设监理管理办法（试行）》，规定了建设监理的管理机构及职责，建设监理单位的招标，监理机构和人员，监理工作实施，以及监督与奖惩。

（3）机电安装工程管理。为保证机电安装工程质量、机电设备备品备件质量，制定了《南水北调中线干线机电安装工程管理办法（试行）》和《南水北调中线干线工程建设期机电设备备品备件管理办法》。

（4）特殊工艺技术管理。为规范膨胀土（岩）段水泥改性土的施工技术和施工工艺，保证施工质量，编制了《南水北调中线一期工程总干渠渠道膨胀土处理施工技术要求》（NSBD－ZXJ－2－1）、《南水北调中线一期工程总干渠渠道膨胀岩处理施工技术要求》（NSBD－ZXJ－2－2）、《南水北调中线一期工程总干渠渠道水泥改性土施工技术规定（试行）》（NSBD－ZGJ－1－37）、《南水北调中线一期工程总干渠渠道膨胀土处理施工工法》（NSBD－ZXJ－4－1）和《南水北调中线一期工程总干渠渠道膨胀土处理施工监理实施细则》（NSBD－ZXJ－4－2）等5项技术标准，为总干渠膨胀岩土渠道工程建设提供了技术保障；制定了《南水北调中线一期穿黄工程输水隧洞施工技术规程》《渠道混凝土衬砌机械化施工技术规程》《南水北调中线大型梁式渡槽结构设计与施工指南》《南水北调中线干线工程混凝土结构质量缺陷及裂缝处理技术规定（试行）》等各种技术规定。

（5）变更索赔管理。为加强南水北调中线干线工程建设管理，明确建设管理责任，规范工程变更和索赔行为，在保证工程质量的前提下，有效控制工程投资，制定了《南水北调中线干线工程工程变更和索赔管理办法》。

5. 评定验收阶段质量管理制度设计

（1）质量评定管理。为加强南水北调中线干线渠道工程建设的规范化、制度化、科学化管理，根据国家有关工程质量的法律、法规、管理标准、技术标准、水利行业有关标准，并在收集和参考大型引水工程建设经验，结合实际情况，编制了《南水北调中线干线工程施工质量评定标准》《南水北调中线一期天津干线箱涵工程施工质量评定验收标准》《南水北调工程外观质量评定标准（试行）》《南水北调中线一期工程渠道工程施工质量评定验收标准（试行）》《渠道混凝土衬砌机械化施工单元工程质量检验评定标准》《南水北调中线一期北京西四环暗涵工程施工质量评定验收标准（试行）》《南水北调中线一期北京PCCP管道工程施工质量评定验收标准（试行）》等。

（2）质量验收管理。为加强南水北调中线干线工程验收管理工作，规范工程验收行为，明确验收职责，提高验收工作质量，做好政府验收相关准备工作，依据国家有关规定和《南水北调工程验收管理规定》和《南水北调工程验收工作导则》（NSBD 10—2007），结合南水北调中线干线工程的实际情况，制定了《南水北调中线干线工程验收管理办法》，规定了验收各方职责及验收的组织。

四、质量管理体系运行及效果评价

南水北调中线建管局不断建立健全质量管理组织机构，颁布了一系列有关工程质量管理的文件、规范和标准，逐步完善了“项目法人负责，监理单位控制，设计、施工及其他参建方保证，政府监督相结合”的质量管理体系。

1. 质量管理体系运行

（1）构建了质量管理组织体系。各参建单位组建了组织机构，并按照法律、法规、规章和合同文件的要求，进行了职责分工，构建了质量管理组织体系，是质量管理体系运行的基础。

(2) 建立了质量管理制度体系。国家法律、法规和规章以及中线建管局制定质量管理制度，构成了南水北调中线干线工程质量管理制度体系。中线建管局按照初步设计阶段、招标采购阶段、招标设计和施工图设计阶段、施工过程、质量评定和验收阶段进行了质量管理制度的设计，规范了建设过程质量管理。

(3) 建立了质量管理技术标准体系。国家标准、行业标准和南水北调工程专用标准构成了南水北调总线干线工程技术标准体系。中线建管局结合工程特点制定了设计规范、施工和安装规范、检验和评定标准和验收规范，为质量管理体系的运行提供了技术支撑。

2. 质量管理体系评价

中线建管局质量管理体系健全的组织机构、严密的管理制度、完备的技术标准，明确了参建各方管理职责，规范了参建各方管理方式和管理行为；质量管理体系的持续改进、不断完善，适应工程建设实际需要，满足工程质量管理要求，体系运行整体效果显著；创造了全员抓质量的良好局面，保证了工程质量总体受控。主体工程如期完工，未发生质量事故，实现了工程质量管理总目标。

第四节 建设过程质量管理

工程质量是南水北调中线干线工程的生命。建设过程质量管理是全面质量管理的基础内容，是确保工程质量实现的关键环节，建设过程质量管理的好坏决定了工程质量的成败。南水北调中线干线工程建设过程质量管理主要包括设计质量管理、施工质量管理、奖惩机制设计及运行和技术创新与工程质量等方面。

一、设计质量管理

工程项目设计是根据已确定的质量目标和水平，通过工程设计使其具体化。设计在技术上是否可行、工艺是否先进、经济是否合理、设备是否配套、结构是否安全可靠等，都决定着工程项目建成后的使用价值和功能。因此，设计阶段是影响工程项目质量的关键环节，设计质量管理是南水北调中线干线工程建设过程中质量管理的前提条件。

（一）工程设计概况

根据工程建设程序，南水北调中线工程设计经过了立项、可行性研究、初步设计等阶段。2002年12月23日，国务院原则同意《南水北调工程总体规划》，标志着工程由规划转入实施阶段，要求所涉及的建设项目按照基本建设程序审批。

2005年5月30日，国家发展和改革委员会批复《南水北调中线一期工程项目建议书》，确定了工程规模、设计标准和原则。

2008年10月21日，国家发展和改革委员会批复了《南水北调东、中线一期工程可行性研究总报告》。

各设计单元工程可行性研究报告批复后，通过设计招标，确定设计单位，依据设计合同，

开展初步设计工作。各设计单位均具有水利设计甲级资质，并通过了ISO 9001国际标准质量管理体系认证。南水北调中线干线主体工程可行性研究和初步设计报告批复情况见表14-4-1。

表14-4-1　　南水北调中线干线主体工程可行性研究和初步设计报告批复情况

<table>
<tr><th>单项工程</th><th colspan="2">设计单元工程名称</th><th>设计单位</th><th>可行性研究报告批复</th><th colspan="2">初步设计报告批复</th></tr>
<tr><td rowspan="11">陶岔渠首至沙河南段工程</td><td>①-1</td><td>淅川县段工程</td><td rowspan="9">长江勘测规划设计研究有限责任公司</td><td rowspan="4">2008年10月21日发改农经〔2008〕2973号</td><td>2010年10月14日</td><td>国调办投计〔2010〕227号</td></tr>
<tr><td>①-2</td><td>湍河渡槽工程</td><td>2010年7月23日</td><td>国调办投计〔2010〕147号</td></tr>
<tr><td>①-3</td><td>镇平县段工程</td><td rowspan="2">2010年10月14日</td><td rowspan="2">国调办投计〔2010〕227号</td></tr>
<tr><td>①-4</td><td>南阳市段工程</td></tr>
<tr><td>①-5</td><td>膨胀土（南阳）试验段工程</td><td>2008年10月8日发改农经〔2008〕2971号</td><td>2008年10月9日</td><td>国调办投计〔2008〕148号</td></tr>
<tr><td>①-6</td><td>白河倒虹吸工程</td><td rowspan="6">2008年10月21日发改农经〔2008〕2973号</td><td>2010年7月12日</td><td>国调办投计〔2010〕120号</td></tr>
<tr><td>①-7</td><td>方城段工程</td><td rowspan="2">2010年10月14日</td><td rowspan="2">国调办投计〔2010〕227号</td></tr>
<tr><td>①-8</td><td>叶县段工程</td></tr>
<tr><td>①-9</td><td>澧河渡槽工程</td><td>2010年7月15日</td><td>国调办投计〔2010〕135号</td></tr>
<tr><td>①-10</td><td>鲁山南1段工程</td><td>黄河勘测规划设计有限公司</td><td>2010年10月14日</td><td>国调办投计〔2010〕221号</td></tr>
<tr><td>①-11</td><td>鲁山南2段工程</td><td>中水北方勘测设计研究有限责任公司</td><td>2010年10月14日</td><td>国调办投计〔2010〕223号</td></tr>
<tr><td rowspan="7">沙河南至黄河南段工程</td><td>②-1</td><td>沙河渡槽工程</td><td rowspan="7">河南省水利勘测设计研究有限公司</td><td rowspan="7">2008年10月21日发改农经〔2008〕2973号</td><td>2010年10月14日</td><td>国调办投计〔2010〕224号</td></tr>
<tr><td>②-2</td><td>鲁山北段工程</td><td rowspan="2">2010年10月14日</td><td rowspan="2">国调办投计〔2010〕222号</td></tr>
<tr><td>②-3</td><td>宝丰至郏县段工程</td></tr>
<tr><td>②-4</td><td>北汝河渠道倒虹吸工程</td><td>2009年9月8日</td><td>国调办投计〔2009〕173号</td></tr>
<tr><td>②-5</td><td>禹州和长葛段工程</td><td>2010年10月14日</td><td>国调办投计〔2010〕224号</td></tr>
<tr><td>②-6</td><td>新郑和中牟段工程（除潮河段）</td><td rowspan="2">2010年10月14日</td><td rowspan="2">国调办投计〔2010〕222号</td></tr>
<tr><td>②-7</td><td>双洎河渡槽工程</td></tr>
</table>

续表

<table>
<tr><th>单项工程</th><th colspan="2">设计单元工程名称</th><th>设计单位</th><th>可行性研究报告批复</th><th colspan="2">初步设计报告批复</th></tr>
<tr><td rowspan="4">沙河南至黄河南段工程</td><td>②-8</td><td>潮河段工程</td><td rowspan="2">河南省水利勘测设计研究有限公司</td><td rowspan="4">2008年10月21日发改农经〔2008〕2973号</td><td rowspan="2">2010年10月14日</td><td rowspan="2">国调办投计〔2010〕224号</td></tr>
<tr><td>②-9</td><td>郑州2段工程</td></tr>
<tr><td>②-10</td><td>郑州1段工程</td><td>黄河勘测规划设计有限公司</td><td>2010年10月14日</td><td>国调办投计〔2010〕225号</td></tr>
<tr><td>②-11</td><td>荥阳段工程</td><td>长江勘测规划设计研究有限责任公司</td><td>2010年10月14日</td><td>国调办投计〔2010〕226号</td></tr>
<tr><td rowspan="2">穿黄工程</td><td>③-1</td><td>穿黄工程</td><td rowspan="2">长江勘测规划设计研究有限责任公司+黄河勘测规划设计有限公司</td><td rowspan="2">2004年11月11日发改农经〔2004〕2529号</td><td rowspan="2">2005年4月21日</td><td rowspan="2">水总〔2005〕156号</td></tr>
<tr><td>③-2</td><td>工程管理专项</td></tr>
<tr><td rowspan="11">黄河北至漳河南段工程</td><td>④-1</td><td>温县和博爱段工程</td><td rowspan="11">河南省水利勘测设计研究有限公司</td><td rowspan="11">2005年10月21日发改农经〔2005〕2126号</td><td rowspan="6">2008年11月18日</td><td rowspan="6">水总〔2008〕501号</td></tr>
<tr><td>④-2</td><td>沁河渠道倒虹吸工程</td></tr>
<tr><td>④-3</td><td>焦作1段工程</td></tr>
<tr><td>④-4</td><td>焦作2段工程</td></tr>
<tr><td>④-5</td><td>辉县段工程</td></tr>
<tr><td>④-6</td><td>石门河倒虹吸工程</td></tr>
<tr><td>④-7</td><td>膨胀岩（潞王坟）试验段工程</td><td>2006年12月20日</td><td>水总〔2006〕586号</td></tr>
<tr><td>④-8</td><td>新乡和卫辉段工程</td><td rowspan="3">2008年11月18日</td><td rowspan="3">水总〔2008〕501号</td></tr>
<tr><td>④-9</td><td>鹤壁段工程</td></tr>
<tr><td>④-10</td><td>汤阴段工程</td></tr>
<tr><td>④-11</td><td>安阳段工程</td><td>2006年5月30日</td><td>水总〔2006〕206号</td></tr>
<tr><td>穿漳工程</td><td>⑤-1</td><td>穿漳河工程</td><td>长江勘测规划设计研究有限责任公司</td><td>2006年4月29日发改农经〔2006〕759号</td><td>2009年2月6日</td><td>国调办投计〔2009〕6号</td></tr>
</table>

续表

单项工程	设计单元工程名称		设计单位	可行性研究报告批复	初步设计报告批复	
漳河北至石家庄段工程	⑥-1	磁县段工程	河北省水利水电第二勘测设计研究院	2006年4月29日 发改农经〔2006〕759号	2009年11月12日	国调办投计〔2009〕206号
	⑥-2	邯郸市至邯郸县段工程				
	⑥-3	永年县段工程				
	⑥-4	洺河渡槽工程				
	⑥-5	沙河市段工程				
	⑥-6	南沙河倒虹吸工程				
	⑥-7	邢台市段工程				
	⑥-8	邢台县和内丘县段工程				
	⑥-9	临城县段工程				
	⑥-10	高邑县和元氏县段工程	水利部河北水利水电勘测设计研究院		2009年11月12日	国调办投计〔2009〕205号
	⑥-11	鹿泉市段工程				
	⑥-12	石家庄市区段工程				
京石段应急供水工程	⑦-1	古运河枢纽工程	水利部河北水利水电勘测设计研究院	2003年12月3日 发改农经〔2003〕2089号	2004年7月29日	水总〔2004〕306号
	⑦-2	河北段其他工程			—	—
	⑦-3	滹沱河倒虹吸工程			2003年12月28日	水总〔2003〕645号
	⑦-4	唐河倒虹吸工程			2004年4月29日	水总〔2004〕142号
	⑦-5	漕河渡槽工程			2004年7月29日	水总〔2004〕305号
	⑦-6	釜山隧道工程			2004年5月12日	水总〔2004〕145号
	⑦-7	河北段生产桥建设工程			2007年8月8日	国调办投计〔2007〕89号
	⑦-8	北拒马河暗渠工程	北京市水利规划设计研究院		2004年12月10日	水总〔2004〕605号
	⑦-9	惠南庄泵站工程			2004年11月29日	水总〔2004〕563号
	⑦-10	永定河倒虹吸工程			2003年12月28日	水总〔2003〕646号
	⑦-11	西四环暗涵工程			2004年9月14日	水总〔2004〕394号
	⑦-12	穿五棵松地铁工程			2006年12月29日	水总〔2006〕622号

续表

<table>
<tr><th>单项工程</th><th colspan="2">设计单元工程名称</th><th>设计单位</th><th>可行性研究报告批复</th><th colspan="2">初步设计报告批复</th></tr>
<tr><td rowspan="7">京石段应急供水工程</td><td>⑦-13</td><td>北京段其他工程（惠南庄-大宁段工程、卢沟桥暗涵工程、团城湖明渠工程）</td><td rowspan="7">北京市水利规划设计研究院</td><td rowspan="7">2003年12月3日 发改农经〔2003〕2089号</td><td>2004年11月29日</td><td>水总〔2004〕566号</td></tr>
<tr><td>⑦-14</td><td>北京段铁路交叉工程</td><td>2006年12月8日</td><td>水总〔2006〕557号</td></tr>
<tr><td>⑦-15</td><td>北京段永久供电工程</td><td>—</td><td>—</td></tr>
<tr><td>⑦-16</td><td>北京段工程管理专项工程</td><td rowspan="2">2008年1月25日</td><td rowspan="2">国调办投计〔2008〕9号</td></tr>
<tr><td>⑦-17</td><td>河北段工程管理专项工程</td></tr>
<tr><td>⑦-18</td><td>专项设施迁建工程</td><td>—</td><td>—</td></tr>
<tr><td>⑦-19</td><td>中线干线自动化调度与运行管理决策支持系统工程（京石应急段）</td><td>2008年3月10日</td><td>国调办投计〔2008〕34号</td></tr>
<tr><td rowspan="6">天津干线工程</td><td>⑧-1</td><td>西黑山进口闸至有压箱涵段工程</td><td rowspan="2">天津市水利勘测设计院</td><td rowspan="6">2007年7月</td><td rowspan="6">2009年6月16日</td><td rowspan="6">国调办投计〔2009〕107号</td></tr>
<tr><td>⑧-2</td><td>保定市境内1段工程</td></tr>
<tr><td>⑧-3</td><td>保定市境内2段工程</td><td>中水东北勘测设计研究有限公司</td></tr>
<tr><td>⑧-4</td><td>廊坊市境内工程</td><td rowspan="3">天津市水利勘测设计院</td></tr>
<tr><td>⑧-5</td><td>天津市境内1段工程</td></tr>
<tr><td>⑧-6</td><td>天津市境内2段工程</td></tr>
</table>

（二）设计质量管理制度

为统一设计思路，加强设计管理，确保工程设计质量，中线建管局组织编写了《初步设计管理办法》《招标设计及施工图设计阶段勘测设计管理办法》《总干渠初步设计技术规定》等办法与规定；推行设计招标、设计审查制度，鼓励设计优化、严格设计变更、执行技术咨询等制度，提高设计质量；实行设计质量保留金制度，保留金的数额按合同规定执行。

1. 初步设计管理制度

为确保工程初步设计质量和工程建设进度，制定了《南水北调中线干线工程初步设计管理办法》（中线局技〔2005〕29号），明确了在项目初步设计阶段，项目法人、技术总负责单位、设计单位、技术咨询单位的主要工作职责。各设计单位对承担项目的设计质量负直接责任，报告编制过程中接受项目法人的监督和检查，接受技术总负责单位对设计质量方面的检查。

设计单位委托本行业或其他行业具备甲级资质的单位承担部分勘测设计工作，应报项目法

人批准同意，其勘测设计成果质量必须由委托任务的设计单位负责，委托项目合同应报项目法人备案。对多次未通过初审或审查，未按合同约定交付初步设计成果的设计单位，除按合同约定处理外，后果严重者，将依法追究其行政负责人和技术责任人的责任。

2. 招标设计和施工图设计阶段勘测设计管理

中线建管局引入竞争机制，对工程勘测设计进行公开招标或邀请招标方式，择优选择勘测设计单位。为规范和加强南水北调中线干线工程招标设计及施工图设计阶段勘测设计管理，中线建管局制定了《南水北调中线干线工程招标设计及施工图设计阶段勘测设计管理办法》，明确了项目法人、建设管理单位、勘测设计单位、监理单位的职责和义务。

南水北调中线干线工程的勘测设计实行奖惩制度，奖惩办法在勘测设计合同中明确，对未按合同或委托协议交付初步设计成果，或多次未通过初审或审查的承担单位，根据合同约定的奖惩办法处理。

3. 设计审查制度

设计审查及设计图纸、文件的签发管理，要求设计单位提交的图纸、文件必须有严格的审查和审签手续；建设管理单位依照合同接收设计单位报送的图纸后，经审查签发给监理单位，监理单位应在合同规定期限内进行审查，然后签发给施工单位。未经监理单位审签并加盖公章的设计文件、图纸不得作为施工的依据。施工单位必须对签收的设计文件、图纸、变更通知进行认真核对后方可施工。对于施工过程中发现的设计文件、图纸、变更通知中的问题，报监理单位复查。

设计单位必须全面履行设计合同及供图协议中有关保证设计质量、供图进度、现场技术服务的职责，满足工程质量与施工进度要求。设计中提倡采用新工艺、新技术、新材料、新设备，但必须进行技术经济论证，并充分考虑当前施工水平对工程安全的影响。

4. 设计变更制度

工程设计变更严格执行《南水北调中线干线工程工程变更和索赔管理办法》《关于加强南水北调工程设计变更管理工作的通知》《关于进一步加强南水北调东、中线一期工程设计变更管理工作的通知》等，设计变更实行分级管理，重大设计变更由国务院南水北调办负责审批，一般设计变更由项目法人负责审批。

设计的修改与变更管理，要求设计单位应提高设计质量，切实保证初步设计、招标设计、施工图设计各阶段的设计工作质量和设计深度，并使各阶段的设计成果能够紧密衔接，避免因设计工作质量问题而造成的设计修改与变更。

5. 设计优化制度

制定了《南水北调中线干线工程优化及限额设计管理办法》，要求各设计单位要认真做好初步设计、招标设计和施工图设计等阶段的工作，提高设计深度，最大限度地杜绝和减少工程实施中的变更，确保设计成果质量。工程设计优化，必须保证工程质量；设计单位应认真听取各方提出的设计优化及其变更的建议，并加以论证，积极采纳合理化建议，并对采纳建议后的设计质量负责。现场设计代表机构专业配套，人员稳定，适应现场施工对设计的需要，并对设计问题及时做出决策。

6. 技术咨询制度

设计单位在完成初步设计报告初稿、通过技术总负责单位审核后，技术总负责单位所承担的设计单元初步设计报告由项目法人聘请专家或其他有资质的机构进行咨询，并提出咨询意见。根据咨询意见，进行初步设计报告的初审或限期返工完成。

（三）设计过程管理与效果分析

中线建管局工程设计质量管理实行初步设计、招标设计、施工图设计、现场设计技术服务全过程控制；编制招标设计和施工图设计、设计审查、设计修改与变更和设计优化等设计管理制度；明确规定项目建设管理单位、监理单位、勘测设计单位、施工单位对设计成果的审查、签发、审核、检查、应用等职责，对设计过程进行质量管理。

1. 设计过程质量管理

（1）初步设计过程质量管理。为加强初步设计工作统一管理，满足三种建管模式需要，各设计单位按照初步设计工作大纲、设计大纲和技术要求，以及批准的初步设计单元划分方案，依据《水利水电工程初步设计报告编制规程》，编制完成初步设计报告。涉及其他行业的设计内容应满足其他行业的标准和规范要求。

各设计单位勘测设计质量保证体系健全，实行项目责任制。项目责任人对项目工作质量负总责，技术总负责单位适时对设计单位的成果质量进行中间检查。

各设计单位完成初步设计报告后，由技术咨询单位进行技术咨询，并提出咨询意见。咨询意见认为提交的初步设计报告达到初步设计深度和要求后，报项目法人，由项目法人组织初审。咨询意见认为达不到初步设计深度和要求时，设计单位应限期对报告进行修改，补充完善后报项目法人，费用由设计单位自负。

根据技术咨询意见修改完善后的初步设计报告，并征求有关部门和有关省（直辖市）南水北调办事机构的意见，承担设计单位根据初审意见，修改补充初步设计报告后，由项目法人报上级主管部门审批。

（2）招标设计过程质量管理。中线建管局负责直管、代建项目的招标设计组织管理、分标方案的拟定和上报；审查招标设计报告、招标文件（含工程量清单）、分标段同比分解概算；负责招标设计阶段一般设计变更的审批及重大设计变更的初审及上报。

委托项目建管单位负责组织招标设计及招标文件的编制、审查和管理，以及招标设计阶段一般设计变更的审批。

设计单位在初步设计阶段确定的工程规模、功能、标准、工期的前提下，以初步设计概算静态投资为限额进行招标设计。根据招标工作计划和要求，按照有关规程、规范和《南水北调中线干线工程招标设计报告编制指南（试行）》，编制招标设计报告。

监理单位参与招标文件的审查工作。

（3）施工图设计过程质量管理。设计单位以招标设计工程量为限量进行施工图设计。中线建管局定期或不定期对直管项目、代建项目、委托项目建设管理单位在施工图设计阶段设计图纸的审查工作进行抽查和考核。

直管项目、代建项目、委托项目建管单位负责施工图设计组织管理工作，负责施工图设计阶段勘测设计图纸的接收、核准与管理；负责施工图设计阶段重大设计变更报告的编制、上报和一般设计变更的审批；负责施工图设计阶段勘测设计合同的执行和价款审定等。

监理单位审核、签发项目建设管理单位提供的施工图设计阶段的设计图纸；负责组织施工

图设计的技术交底；审查、处理施工单位对施工图设计成果的反馈意见和建议等。

(4) 现场设计服务质量管理。设计单位按勘测设计服务协议要求，派驻具有独立处理工程设计问题能力的现场设计代表，明确现场设计负责人及其处理一般设计变更的权限；现场设计负责人的委派、更换、离场应征得项目建管理单位同意，离场应指定现场临时设计负责人；现场设计代表应满足工程施工建设需要，项目建设管理单位有权要求勘测设计单位增加、更换现场设计代表。

中线建管局直管、委托项目建管单位负责制定现场设计代表服务的奖惩制度；考核现场服务人员服务质量、工作程序；检查现场设计服务制度、组织机构的运行情况。

(5) 设计变更管理。工程施工图设计，应在具体结构型式及设备选型、施工的技术质量要求、施工难度、工程量等方面与招标设计相一致，避免与承包合同（或设备制造采购合同）产生较大或重大变更。

中线建管局制定《南水北调中线干线工程工程变更和索赔管理办法》，项目建管单位负责工程变更的实施管理，中线建管局负责工程变更的监督与检查；明确规定南水北调中线干线工程参建各方均可提出工程变更建议，工程变更建议以工程变更建议书的形式提出；规定了重大工程变更和一般工程变更的处理权限和处理程序；严格执行“先批准，后实施”；对于在工程变更中不作为而严重影响工程建设的项目建管单位，视情节轻重予以通报批评、经济处罚，或直至追加法律责任。

2. 设计质量管理效果

(1) 设计单位根据有关法律、法规和南水北调中线干线有关勘测设计的管理办法、设计合同约定，建立健全设计服务组织保证体系，确保了设计服务规范、合理，设计依据充分、科学。

(2) 设计单位设置现场设计代表处，接受中线建管局监督和考核，设代服务及时、到位，设计人员充足、技术全面，适时调整和完善供图计划，确保工程顺利进行，设计服务基本满足工程建设需要。

(3) 严格的设计审查、签发、设计交底、设总负责制和技术咨询等设计质量管理制度，设计成果移交程序严谨，确保成果质量满足工程规模、标准、功能等规定要求。

(4) 鼓励设计单位不断进行科技攻关，大胆采用新技术、新理论、新方法、新材料、新工艺，确保设计成果设计质量和设计深度。

(5) 设计变更有理有据，基本按规定的程序和权限处理，设计过程处于受控状态。

二、施工质量管理

工程项目的施工阶段是根据设计文件和图纸的要求，通过施工形成工程实体。施工质量直接影响工程的最终质量，施工阶段是工程质量控制的决定性环节。

（一）施工质量管理的总要求

(1) 质量管理目标。中线干线工程施工质量管理目标是分部工程和单位工程优良率达到85%以上，外观质量达到优良标准，工程质量总体达到优良等级。

(2) 组织机构。中线干线工程施工质量管理实行参建单位各级部门一把手负责制，质量管理工作专岗专职，通过责任分解，层层落实质量管理目标。

（3）施工过程管理。施工质量控制从施工前准备阶段的质量保证开始，重点进行施工过程的质量控制，严格执行施工质量评定和工程验收程序，确保实现施工质量管理目标。

（二）施工准备期质量管理

1. 项目法人（建管单位）施工准备期质量管理

项目法人（建管单位）施工准备质量管理工作：①签订监理委托合同和施工合同；②安排监理单位、施工单位进场进行施工准备；③建立质量管理体系；④制定相应的质量管理制度；⑤制定质量管理目标；⑥按照招标文件要求做好现场“四通一平”和施工场地移交工作；⑦测量基准点的移交，将测量基准点移交给施工单位；⑧提供首批开工图纸的供应。

2. 监理单位施工准备期质量管理

监理单位施工准备质量管理工作：①签订监理委托合同；②安排监理人员进场；③建立质量控制体系；④检查项目法人（建管单位）开工准备工作；⑤检查施工单位施工准备工作；⑥根据项目法人（建管单位）授权签发开工通知。

3. 设计单位施工准备期质量管理

设计单位施工准备期质量管理工作：①建立质量保证体系；②提供符合设计要求的首批图纸。

4. 施工单位施工准备期质量管理

施工单位施工准备期质量管理工作：①签订施工合同；②确定施工质量目标；③建立施工质量保证体系；④组织符合施工要求的人员进场；⑤组织符合施工要求施工设备进场；⑥编制施工组织设计；⑦施工临时设施的准备。

（三）施工过程质量管理

施工过程质量管理主要包括材料和设备质量管理、工序质量控制、工程实体质量管理和工程验收管理等方面。

1. 材料和设备质量管理

（1）材料和设备的采购。通过招标方式确定满足资质等级和具有质量保证能力的材料和设备供货厂家。用于施工的工程材料、设备，必须经监理单位检查签证；施工单位对进场的工程材料及时按批量抽样试验检测，并将试验检测成果及采购单位提交的产品资料报监理单位，监理单位应进行抽样检测、审查签认。对试验检测数据有异议时，报建设管理单位组织重新抽检并最终确定。监理单位的抽样检测、审查签认不减轻、不替代施工单位对工程质量应负的责任。

（2）材料检验和试验。施工单位在混凝土浇筑前应按合同及有关规程、规范、规定进行混凝土材料级配和配合比试验，确定合适的骨料级配参数和符合合同规定的混凝土配合比，并报监理单位审查批准。施工单位应按合同规定建立工地试验室，试验人员资质、试验设备必须报监理单位批准。施工单位必须按合同及规范规定的项目和检测频率对工程材料、半成品、成品的质量进行试验检测，施工单位对提交的试验成果的真实性、可靠性、代表性负责。

监理单位必须对工程材料和施工质量独立地进行监督性的抽样试验检测；监理单位应加强施工现场的监理工作，对施工的全过程进行全面的检查监督，对工程重要的部位和关键工艺过

程进行旁站监理。

建设管理单位可以直接对任何施工项目或部位的工程材料、施工质量进行监督性的抽样检测。

（3）设备验收。设备进场后由监理单位组织有关各方进行交接验收；材料、设备的供应商应按合同规定，负责材料、设备的检验检测、监造和出厂验收工作。

材料、设备的供应商在产品加工制造过程中，严格执行行业规程、规范及合同规定，强化质量检验检测制度，保证产品质量。

设备的监造、出厂验收、交接验收不减轻、更不替代设备制造商应负的质量责任；设备安装调试及运行中经监理单位确认为设备制造质量问题，由供应商责成制造商予以处理。

2. 工序质量控制

对工序质量施工单位应实行“三检制”，上一道工序合格才能进行下一道工序施工。对关键工序施工单位设为重点控制对象，监理单位实行旁站。为激发工人的质量责任意识和积极性，提高关键工序施工质量，减少施工质量常见病、多发病，最终实现工程总体施工质量提高，中线建管局在南水北调中线干线工程实行了关键工序考核。

（1）关键工序设置。为加强质量关键点、关键工序监督管理工作，根据南水北调中线干线一期工程建设实际，确定渠道、渡槽、倒虹吸、水闸、跨渠桥梁等5类工程的11处关键部位、15项关键工序、16个关键质量控制指标设置为质量关键点。施工单位要严格进行工序管理，制定并认真实行工序交接检查签证制度，上道工序不合格不得进入下道工序施工。施工单位严格控制、充分保证隐蔽工程的质量，主动报请监理单位全过程监控，在施工单位自检和监理单位复检确认隐蔽工程质量符合要求之前不得进行下道工序施工。中线干线工程质量关键部位及关键工序见表14-4-2。

表14-4-2　　中线干线工程质量关键部位及关键工序

<table>
<tr><th>序号</th><th>关键部位</th><th>关键工序</th><th>关键质量控制指标</th></tr>
<tr><td>一</td><td colspan="3">渠道工程</td></tr>
<tr><td rowspan="4">1</td><td rowspan="4">高填方渠段填筑</td><td>碾压</td><td>压实度</td></tr>
<tr><td>土工合成材料铺设</td><td>搭接宽度、气密性</td></tr>
<tr><td>混凝土面板衬砌</td><td>厚度、强度</td></tr>
<tr><td>背水坡反滤体填筑</td><td>材料级配</td></tr>
<tr><td rowspan="5">2</td><td rowspan="5">改性土渠段填筑</td><td>改性土料拌和</td><td>均匀性</td></tr>
<tr><td>不同土料结合面</td><td rowspan="2">压实度</td></tr>
<tr><td>碾压</td></tr>
<tr><td>土工合成材料铺设</td><td>搭接宽度、气密性</td></tr>
<tr><td>混凝土面板衬砌</td><td>厚度、强度</td></tr>
<tr><td rowspan="4">3</td><td rowspan="4">渠道缺口填筑</td><td>碾压</td><td rowspan="2">压实度</td></tr>
<tr><td>结合面处理</td></tr>
<tr><td>土工合成材料铺设</td><td>搭接宽度、气密性</td></tr>
<tr><td>混凝土面板衬砌</td><td>厚度、强度</td></tr>
</table>

续表

序号	关键部位	关键工序	关键质量控制指标
4	深挖方高地下水渠段排水系统	排水管铺设	通畅性
		逆止阀安装、保护	完整性
5	穿渠建筑物回填	碾压	压实度
		结合面处理	
		反滤体填筑	材料级配
二	渡槽工程		
6	渡槽桩基与墩柱	桩基与墩柱结合	完整性
		混凝土浇筑	强度
7	槽身混凝土浇筑	钢筋安装	连接质量
		止水安装	中心线偏差、焊接质量
		混凝土浇筑	强度
		预应力张拉	张拉应力值、张拉伸长率、注浆（压浆）质量
三	倒虹吸工程		
8	倒虹吸洞身混凝土浇筑	止水安装	中心线偏差、焊接质量
		混凝土浇筑	强度
四	水闸工程		
9	水闸闸室	止水安装	中心线偏差、焊接质量
		金属结构埋件安装	埋件定位
		混凝土浇筑	强度
五	桥梁工程		
10	桥梁桩基与墩柱	钢筋安装	完整性
		混凝土浇筑	强度
		桩柱结合	完整性
11	梁	预应力张拉	张拉应力值、张拉伸长率、注浆（压浆）质量
		混凝土浇筑	强度、完整性

（2）考核依据及考核层次。对工程整体质量具有关键影响的施工项目是考核的主要项目，关键工序工人包括钢筋安装工、钢绞线安装工、模板安装工、止水安装工、浇筑振捣工、土工膜焊接工、切缝及嵌缝工、辅料工等是奖罚的主要对象。考核共分以下 3 个层次。

1）建设管理单位组织现场建管处（部）、代建部、监理单位，在管理范围内实施日常考核；建设管理单位或现场建管处（部）、代建部与监理单位现场管理人员共同组成考核小组；考核小组巡回检查施工现场，对具备考核条件的关键工序（环节）实施考核，考核的关键工序（环节）数不少于当月施工数的50%。

2）项目法人组建专门考核队伍，分成若干考核小组，分驻工程沿线，实施异地交叉考核。考核小组巡回检查施工现场，对具备考核条件的工序（环节）实施抽查考核，每月每个标段至少考核2次，每次每类施工项目考核1～3个工序。

3）国务院南水北调办以飞检大队和质量监督队伍组建考核小组。考核小组巡回检查施工现场，对具备考核条件的关键工序（环节）实施抽查考核，每月每个标段至少考核1次，每次每类施工项目考核1～3个工序。

（3）考核等级与奖罚标准。工序考核指标分为检查指标和检测指标两类。考核指标的质量标准及检验要求参照水利行业和国务院南水北调办的有关质量标准制定。工序考核分为“好”“中”“差”3个等级，标准略高于行业评优标准，突显了打造精品、优质工程的原则和加强关键工序质量控制的目的。

关键工序考核结果是“好”时，对相应的关键工序工人进行奖励；考核结果是“中”时，不奖不罚；考核结果是“差”时，对相应的关键工序工人进行罚款。

奖罚主要针对施工班组，以单位工程量为计量单位设定。罚款标准为相应奖励标准的50%。施工班组的奖罚金额按照工序完成的相应工程量计算。

建设管理单位每季度根据施工标段和监理标段累计的工序考核结果汇总情况，开具对项目经理和总监理工程师的奖罚通知书。

3. 工程实体质量管理

为了保证工程实体质量，中线建管局建设高峰期加大检查力度，增加检查人员，相继组建三支质量监控队伍，进行工程质量实体检测和质量行为监督。关键工序考核队，加强施工过程质量控制；质量巡查队，对工程实体质量和质量管理行为巡回检查；质量检测与技术咨询队，对重要工程实体质量进行检测。其中，南水北调中线干线在建工程实体质量检测和技术咨询通过招标方式选定具备相应资质的检测单位具体实施。

采取常态化拉网式排查质量管理方法，实现不断总结与过程控制相结合的质量管理方式方法。开展高填方、穿渠建筑物、膨胀土、后跨越桥梁、全线桥梁桩柱、逆止阀、土工膜焊接、混凝土浇筑等多种质量专项检查。检查发现问题，经归类、分析后，正式行文下发到相关单位。建立质量问题档案，逐一编号，跟踪落实整改，实现问题闭合。

严格执行质量缺陷备案及处理程序。对出现的质量缺陷按要求及时进行记录备案，缺陷处理严格按《南水北调中线干线工程混凝土结构质量缺陷及裂缝处理办法》规定的处理程序、处理方法进行，严格方案审批、严格跟踪处理、严格检查验收，严禁私自掩盖和处理。

4. 质量评定工作的组织与管理

（1）制定质量评定标准。为了规范南水北调中线干线质量评定工作，中线建管局制定了《南水北调中线一期天津干线箱涵工程施工质量评定验收标准》《南水北调工程外观质量评定标准（试行）》《南水北调中线一期工程渠道工程施工质量评定验收标准（试行）》《渠道混凝土衬砌机械化施工单元工程质量检验评定标准》《南水北调中线一期北京西四环暗涵工程施工质量评定验收标准（试行）》《南水北调中线一期北京PCCP管道工程施工质量评定验收标准（试行）》等。

（2）质量评定工作组织与管理。

1）单元工程施工质量评定在实体质量检验合格基础上由施工单位自行评定，并由终检人员签字后，报监理单位复核，由监理工程师签证认可。

2）分部工程施工质量评定，由施工单位质检部门自评等级，质检负责人和项目技术负责人签字、盖公章后，报监理单位复核，由总监理工程师审查签字、盖公章，报建设管理单位认定形成分部工程施工质量评定表。

3）单位工程施工质量评定，由施工单位质检部门自评等级，质检负责人、项目经理审查签字、盖公章后，报监理单位复核，由总监理工程师复查签字、盖公章后，报建设管理单位认定并报质量监管机构核定形成单位工程施工质量评定表。

4）监理单位在复核单位工程施工质量时，除应检查工程现场外，还应对施工原始记录、质量检验记录等资料进行查验，必要时可进行实体质量抽检。工程施工质量评定表中应明确记载监理单位对工程施工质量等级的复核意见。

5）单位工程完工后，由项目管理单位组织监理、设计、施工、管理运行等单位组成单位工程外观质量评定组，进行外观质量检验评定，参加人员应具有工程师及以上的技术职称，评定组人员不少于5人且为单数。

5. 施工质量验收的组织与管理

为加强南水北调中线干线工程验收管理，明确验收责任，保证验收工作质量，使南水北调工程验收工作规范化，中线建管局采取一系列工程验收管理措施。

（1）施工质量验收组织。根据国务院南水北调办文件精神，结合南水北调中线干线工程实际情况，2007年11月，成立了南水北调中线干线工程建设管理局工程验收工作领导小组，局第一领导人任组长，验收领导小组下设办公室。

1）领导小组职责。决定工程验收中重大事项；组织、协调各部门、各参建单位开展设计单元工程和部分工程完工（通水）验收的准备工作；指导和检查合同项目完工验收工作。

2）验收办公室职责。负责组织制定工程验收的工作方案和计划；组织合同项目完工验收；具体负责组织各参建单位开展设计单元工程完工和部分工程完工（通水）验收相关准备工作，汇总各类验收资料和报告；起草有关验收申请报告和工程建设报告；组织人员开展验收学习、培训、调研等工作；完成验收工作领导小组交办的其他任务。

（2）施工组织验收管理。

1）制定中线干线工程验收管理办法。为贯彻国务院南水北调办有关验收规定，加强南水北调中线干线工程验收管理工作，明确验收职责，规范工程验收行为，提高验收工作质量，做好政府主管部门验收相关准备工作，依据《南水北调工程验收管理规定》《南水北调工程验收工作导则》（NSBD 10—2007）、《南水北调工程验收安全评估导则》（NSBD 9—2007）、国家及行业有关规定，结合南水北调中线干线工程的实际情况，制定了《南水北调中线干线工程验收管理办法（试行）》。

2）开展在建工程验收工作检查。为进一步规范中线干线工程验收工作程序和验收行为，

中线建管局聘请专家成立检查小组，依据《南水北调工程验收管理规定》、《南水北调工程验收工作导则》（NSBD 10—2007）及有关验收的规程、规范，采取抽检工程项目划分资料及施工合同验收资料等方式，对部分在建工程项目的施工合同验收工作情况进行检查。主要检查工程项目划分及备案情况，验收程序、验收行为的规范性和验收资料制备情况，并就检查中发现的问题逐一落实整改情况。

3）制定验收工作计划。为确保中线干线工程验收工作的顺利进行，中线建管局积极组织各参加单位认真学习验收实施细则及办法，并检查贯彻落实情况；制定翔实的验收工作计划，把验收工作做精做细；要求局属各职能部门积极配合验收办公室开展施工合同验收及专项验收工作，制定具体的验收工作计划和方案；编制临时通水项目法人验收工作方案、直管或代建项目设计单元工程完工验收自查实施方案、委托项目设计单元工程项目法人验收实施方案；验收办公室通过加强验收过程中的检查指导工作，狠抓验收施工合同实施细则的落实工作，确保验收顺利。

（四）工程专业分类与施工特点分析

中线干线工程是水利工程建筑物和其他交叉建筑物的集大成者，按工程专业大致分为渠道工程、输水建筑物工程、穿渠建筑物工程、金属结构与机电安装工程和跨渠桥梁工程5大类。

1. 渠道工程施工特点及质量管理

（1）渠道工程施工特点。中线干线工程全长1432km，其中渠道工程1086km，约占工程总长的76%。渠道以明渠为主，采用梯形过水断面。渠道工程由全挖、全填、半挖半填渠道组成。全线薄壁混凝土现浇衬砌，渠道边坡系数、引水流量、渠道水位、渠底宽度、设计水深以及底板和渠坡衬砌混凝土面板厚度等技术参数从渠首到渠尾不断变化。

沿线存在膨胀土（岩）、湿陷性黄土、砂土质、液化地基、地下溶洞等复杂地质条件；高地下水、承压水渠段需要降水干场施工环境；穿渠、跨渠建筑物较多，交叉施工难度大等渠道施工特点。与其他水利工程建筑物比较而言，渠道施工工艺相对简单，但由于渠道较长，承担相邻施工标段的施工单位、监理单位、建管模式、建管单位不同，加上开工有先后，地质条件复杂、建设任务重、工序多、交叉施工相互干扰等因素影响，渠道工程也最容易出现质量问题。

（2）渠道工程质量管理。渠道输水是南水北调中线干线工程主要输水方式，渠道工程施工质量是南水北调中线干线工程质量的基础。在施工过程中主要采取了以下质量管理措施。

1）制度保证。中线建管局印发了《南水北调中线干线工程渠道人工衬砌施工管理规定》《渠道混凝土衬砌机械化施工技术规程》《南水北调中线干线工程渠道混凝土衬砌施工操作指南（试行）》《南水北调中线干线工程渠道衬砌工法管理指南》《南水北调中线一期工程总干渠逆止阀应用技术要求（试行）》等管理规定、技术规程、操作指南、技术要求，来控制中线干线工程渠道施工质量。

渠道工程全面开工以来，陆续下发了各种渠道施工质量管理通知40余项（表14-4-3），不断加强渠道工程施工质量管理。

表 14-4-3　　中线建管局下发渠道施工质量管理通知汇总

年　份	通　知　名　称
2006	《关于加强混凝土施工质量控制的通知》 《关于加强混凝土工程冬季施工质量管理的通知》
2007	《关于京石段应急供水工程渠道衬砌有关事宜的通知》 《关于加强混凝土施工质量控制与管理的通知》 《关于加强渠道工程混凝土衬砌机械化施工质量管理的通知》 《关于加强对施工测量控制点进行检查的通知》
2008	《关于确保京石段应急供水工程（河北段）渠道衬砌质量和进度有关事宜的通知》 《关于加强土方工程填筑质量管理的通知》
2009	《关于加强安阳段工程复合土工膜质量控制的通知》 《关于加强渠道工程混凝土衬砌施工过程控制的通知》 《关于推荐京石段工程优秀渠道衬砌机的通知》 《关于加强渠道衬砌机进场管理有关事宜的通知》
2010	《关于切实落实穿堤建筑物施工及填方段渠道土方填筑质量管理与控制的通知》 《关于进一步加强渠道衬砌机使用管理有关事宜的通知》 《关于进一步加强渠道底板混凝土施工质量的通知》
2011	《关于开展渠道衬砌机检查的通知》 《关于进一步加强焦作市区段工程填方渠道施工质量控制的通知》 《关于同意试用 TPJ-Ⅱ型渠道衬砌机的通知》 《关于同意试用 ZD50 型、DZ-1 型渠道衬砌机的通知》 《关于进一步加强复合土工膜焊接质量控制的通知》 《关于复合土工膜焊接及穿堤建筑物充水检验的补充通知》
2012	《关于同意试用河南力拓重工科技有限公司生产的渠道衬砌机的通知》 《关于严格执行南水北调中线干线渠道衬砌机管理有关规定的通知》 《关于进一步规范南水北调中线干线工程渠道衬砌机使用管理的通知》 《关于对渠道衬砌板进行冬季保温的通知》 《关于报送南水北调中线干线工程土方填筑施工信息每周快报的通知》 《关于转发〈关于南水北调工程渠道保温板铺设施工统一使用 U 形钢钉（筋）固定的通知〉的通知》
2013	《关于切实保障低温季节渠道混凝土衬砌工程施工质量的通知》 《关于再次开展渠道工程排水系统和逆止阀施工质量专项检查的通知》 《关于开展渠道衬砌工程施工质量培训的通知》 《关于进一步加强南水北调中线工程高填方渠道衬砌施工质量管理的通知》 《关于进一步加强渠道衬砌施工质量控制的通知》 《关于成立南水北调中线干线工程建设管理局渠道衬砌施工指导协调小组的通知》 《关于进一步加强渠道衬砌保温防冻胀的通知》 《关于加强渠道过水断面内桥梁墩柱周边回填质量控制的通知》 《关于召开南水北调中线干线工程土方填筑质量检测咨询会的通知》 《关于加强桥梁墩柱周边回填及与土工膜黏接施工质量监管的通知》
2014	《关于对 2013 年冬季施工渠道工程质量进行专项检查的通知》 《关于加强渠道衬砌面板保护工作的通知》 《关于在全线充水试验和通水运行初期对土方填筑检测异常部位加强巡视检查的通知》

在渠道混凝土衬砌高峰期和气温较高、较低季节施工期，中线建管局加大各种渠道施工技术规程和操作指南执行力度；组织、监督施工单位依据操作指南和相关规程、规范，并结合工程项目的特点，编制渠道混凝土衬砌施工作业指导书，报监理工程师审批；监理工程师依据操作指南，编制相应的监理实施细则。

施工单位利用测量基准点引设的施工测量控制网成果应报监理工程师批准，控制网精度应满足施工质量控制要求。

监理工程师依据操作指南和有关合同要求开展跟踪检测、平行检测，按照统一制定的主要材料、工序质量监理检验记录格式做好记录，并对施工单位的检验结果进行核验和确认；对渠道工程的重要部位和关键工序的施工，实施旁站监理。

2）关键部位控制。对渠道施工各个工序严格检查，实行关键工序考核奖惩；划分关键部位和关键环节严加监管。共划分渠道过水断面内的墩柱周边部位、填方渠段结合部位、相邻施工标段结合部位、膨胀土（岩）换填渠段、渠道内排水系统、渠道防渗土工膜施工、渠道混凝土衬砌施工7个关键部位33个关键环节，见表14－4－4。

表14－4－4　　渠道工程施工关键部位及关键环节

关键部位		关键环节	
1	渠道过水断面内的墩柱周边部位	1－1	局部回填材料的选用与控制
		1－2	压实设备的选用和回填质量的控制
		1－3	土工膜和墩柱的连接
2	填方渠段结合部位	2－1	基础处理
		2－2	回填材料的质量控制
		2－3	结合部位严格按要求放坡
		2－4	结合部位的回填质量
		2－5	衬砌混凝土施工前应保证有足够的沉降期
3	相邻施工标段结合部位	3－1	相邻标段建管、设计、监理、施工直接加强沟通、协调
		3－2	一方标段设计有变更时，及时告知相邻标段
		3－3	结合部位施工要妥善处理，不留隐患
		3－4	结合部位跨监理标段时，双方监理单位要共同验收签证
4	膨胀土（岩）换填渠段	4－1	快速施工、快速封闭
		4－2	雨季防护和施工期坡顶、坡面排水处理
		4－3	换填层与开挖面的排水系统
		4－4	换填材料及回填质量控制
		4－5	逆止阀布置与施工质量控制

续表

关键部位		关键环节	
5	渠道内排水系统	5-1	排水管网管材的质量
		5-2	排水管网接头及周边回填质量
		5-3	连接井、集水井结构型式及周边回填材料与回填质量
		5-4	逆止阀质量与通水前保护
		5-5	排水系统设有强排抽水的，保证施工期正常抽排水
6	渠道防渗土工膜施工	6-1	材料的采购及进场质量控制
		6-2	土工膜的接头及焊接
		6-3	土工膜焊缝100%检查
		6-4	土工膜保护
7	渠道混凝土衬砌施工	7-1	混凝土衬砌设备的选用及配套
		7-2	混凝土配合比设计和现场应用
		7-3	防止渠道底板混凝土泌水
		7-4	现场切缝时机和切缝设备数量的保证
		7-5	全方位保湿养护
		7-6	冬季防冻保护
		7-7	防止渠边雨水深入混凝土板下，导致破坏

关键工序的作业人员，如削坡设备、渠道混凝土衬砌设备、抹面设备的操作人员应经培训后上岗，保证人员相对固定。

3）衬砌设备管理。鼓励渠道机械化施工，严格监督衬砌设备选用和施工质量控制。为加强渠道衬砌机使用管理，保证渠道混凝土衬砌施工质量，下发了《关于严格执行南水北调中线干线渠道衬砌机进场管理有关规定的通知》《关于进一步加强渠道衬砌机使用管理有关事宜的通知》《关于同意试用ZD50型、DZ-1型渠道衬砌机的通知》《关于同意试用SM8200型、SM8300型振捣滑模衬砌机和FM8000-4（2）型抹光机的通知》《关于同意试用TPJ-Ⅱ型渠道衬砌机的通知》等有关文件。

组织监理单位开展了全线已进场渠道衬砌设备专项检查，督促有关单位立即停止使用未经批准的渠道衬砌机，经试验合格并上报中线建管局鉴定批准后方可正式投入生产；试验不合格和未经批准的渠道衬砌机必须清退出场，并督促整改落实，结果限期上报中线建管局。

渠道混凝土机械化衬砌施工生产性施工试验长度一般不小于100m。生产性施工试验前，先对试验室出具的混凝土配合比进行试验性拌和，以验证混凝土的和易性、含气量、坍落度等指标。生产型施工试验中，衬砌混凝土按《渠道混凝土衬砌机械化施工技术规程》（NSBD 5—2006）进行现场芯样强度试验。

通过生产性施工检验确定衬砌速度、振捣时间、抹面压光的适宜时间和遍数、切缝时间等衬砌施工参数，确定辅助机械、机具的种类和数量，确定施工组织形式和人员配置，制定可操作性的施工组织方案。监理工程师对生产性施工试验实施旁站监理。

4）材料使用管理。规定主要材料的生产厂家或供应商的选择程序、材料选择指标要求、主要材料进场检验的频次和检验项目等。选择的生产厂家或供应商的供应能力满足施工要求，材料的接收、储存、发放管理设专人负责。

要求承担材料质量检验的单位具备相应的资质，施工单位对主要材料进场检验的频次及检验项目详见《渠道混凝土衬砌机械化施工质量评定验收标准（试行）》（NSBD 8—2007），监理工程师对主要材料平行检验数量不小于施工单位检测数量的10%。

材料到货后，核对其名称、型号、规格、品种、数量是否与供货单、供货合同一致，并建立台账；材料储存、发放均按规定执行。

5）渠道工程施工质量评定验收。渠道削坡施工质量标准和检查方法及数量、渠底清基施工质量标准和检查方法及数量、岩质渠段削坡项目施工质量标准和检查方法及数量、渠床整理质量检查项目和质量标准、特殊部位回填施工质量标准和检查方法及数量依据《南水北调中线一期工程渠道工程施工质量评定验收标准（试行）》相关规定执行。

砂砾料和砂垫层填筑、聚苯乙烯板铺设、土工膜铺设、混凝土拌和质量检查项目和质量标准执行《渠道混凝土衬砌机械化施工质量评定验收标准（试行）》（NSBD 8—2007）。

渠坡机械化衬砌施工的衬砌设备安装及调试、模板支立、混凝土布料、衬砌机操作及混凝土振捣、施工过程中停机操作、坡肩、坡脚和周边施工方法参照《南水北调中线干线工程渠道混凝土衬砌施工操作指南（试行）》。

中线建管局严格按照技术规程、工作指南和实施细则加强对渠道施工质量管理，严格控制渠道与交叉建筑物结合部位人工衬砌施工、混凝土养护、特殊天气施工等渠道衬砌质量；对已衬砌的渠道混凝土质量进行彻底检查、全面排查，对存在质量隐患问题的混凝土进行拆除、修复，确保不留质量隐患。

2. 输水建筑物工程施工特点及质量管理

（1）输水建筑物施工特点。渡槽和渠道倒虹吸是中线干线的主要输水建筑物结构型式，具有建筑物规模大，结构型式多，施工强度高，工作面狭窄等特点。中线干线有6个渡槽设计单元工程，9个倒虹吸设计单元工程、2个隧洞设计单元工程，约占67个土建设计单元工程数的25%。南水北调中线总干渠规划渡槽49座，约占渠道总长的7%。

（2）输水建筑物质量管理。输水建筑物施工质量是南水北调中线干线工程质量的关键。根据《南水北调中线大型梁式渡槽结构设计与施工指南》，划分中线干线输水建筑物的施工关键部位和关键环节（表14-4-5），开展输水建筑物专项检查，控制施工质量。

为保证检测工作的权威性和规范性，检测结果的真实可靠、科学合理，中线建管局联合监管中心成立倒虹吸、渡槽检测领导小组负责重要输水建筑物检测工作。依据《回弹法检测混凝土抗压强度技术规程》（JGJ/T 23—2001）、《水工混凝土试验规程》（SL 352—2006）、《钻芯法检测混凝土强度技术规程》（JGJ/T 384—2016）、《数据的统计处理和解释正态样本离群值的判断和处理》（GB/T 4883—2008）、《水利水电工程物探规程》（SL 326—2005）、设计图纸及施工资料进行检测。检测内容包括混凝土强度、混凝土密实性、钢筋数量、间距、保护层厚度、裂缝长度、宽度、深度以及建筑物形体测量高程、轴线偏差复核等。实体检测工作由黄河勘测设计有限公司和中水北方勘测设计研究院有限责任公司具体实施，形体复核由长江空间信息技术工程有限公司（武汉）具体实施。

表 14-4-5　　南水北调中线干线工程输水建筑物施工关键部位及关键环节

<table>
<tr><th colspan="2">关键部位</th><th colspan="2">关键环节</th></tr>
<tr><td rowspan="5">1</td><td rowspan="5">建筑物进出口渐变段部位</td><td>1-1</td><td>渐变段部位的结构稳定</td></tr>
<tr><td>1-2</td><td>渐变段混凝土浇筑与回填工序</td></tr>
<tr><td>1-3</td><td>渐变段背部回填材料与回填质量</td></tr>
<tr><td>1-4</td><td>渐变段部位止水设计的相互协调</td></tr>
<tr><td>1-5</td><td>采用扶壁式的渐变段，背部回填上升速度对渠道底板的挤压影响</td></tr>
<tr><td rowspan="5">2</td><td rowspan="5">建筑物进出口启闭机房</td><td>2-1</td><td>基础处理</td></tr>
<tr><td>2-2</td><td>闸室及检修门库基础回填</td></tr>
<tr><td>2-3</td><td>检修门库回填后有足够沉降期</td></tr>
<tr><td>2-4</td><td>闸室与门库的连接应考虑基础沉降的影响</td></tr>
<tr><td>2-5</td><td>衬砌混凝土施工前应保证有足够的沉降期</td></tr>
<tr><td rowspan="4">3</td><td rowspan="4">建筑物混凝土配合比设计</td><td>3-1</td><td>建筑物混凝土配合比应选用高效减水剂，掺加引气剂和按技术规定的高限多掺粉煤灰</td></tr>
<tr><td>3-2</td><td>配合比设计应进行多组合优选，设计成果应有推荐配合比和备用配合比</td></tr>
<tr><td>3-3</td><td>配合比成果应计算碱含量和绝热温升</td></tr>
<tr><td>3-4</td><td>配合比审查聘请有经验的专家参加</td></tr>
<tr><td rowspan="5">4</td><td rowspan="5">混凝土温控和保护</td><td>4-1</td><td>重要建筑物和高设计标号混凝土应有设计温控标准</td></tr>
<tr><td>4-2</td><td>温控措施保证混凝土内外温差满足技术要求</td></tr>
<tr><td>4-3</td><td>混凝土内部温升应用监测仪器</td></tr>
<tr><td>4-4</td><td>气温骤升、骤降情况下的混凝土防护</td></tr>
<tr><td>4-5</td><td>混凝土内预留有管、孔、洞的，冬季前应检查、及时封堵，不存积水</td></tr>
</table>

重点输水建筑物的混凝土强度质量、钢筋工程质量、混凝土密实性以及建筑物形体尺寸基本满足设计要求，未发现影响建筑物安全的贯穿性裂缝，工程实体质量整体满足设计要求。

3. 穿渠建筑物工程施工特点及质量管理

（1）穿渠建筑物施工特点。穿渠建筑物作为中线干线输水干渠的重要组成部分，其轴线与渠道中心线正交或斜交，主要包括左岸排水建筑物、交通洞、灌溉涵洞、分水闸、油气管道、电缆沟等。穿渠建筑物从渠道底部穿过，破坏了渠身的整体性，因此修建穿渠建筑物的部位属于渠道结构上的薄弱环节。在填方渠段，若渠道内水外渗且防护措施不到位，则易在穿渠建筑物与渠身结合部位产生集中渗流通道，从而危及渠堤安全，甚至导致溃堤。中线干线穿渠建筑

物具有规模小、数量多，却因位置关键而影响重大。

（2）穿渠建筑物质量管理。

1）确定施工关键部位及关键环节。穿渠建筑物工程质量是南水北调中线干线工程质量的最关键环节之一。穿渠建筑物与渠道交叉部位是工程通水运行后易发生渗漏的部位，处于全填方渠道下的穿渠建筑物质量风险更高，建筑物两侧及顶部的土方回填，是质量控制的关键部位。南水北调中线干线穿渠建筑物施工关键部位及关键环节见表 14-4-6。

表 14-4-6　　南水北调中线干线穿渠建筑物施工关键部位及关键环节

关键部位		关键环节	
1	穿渠建筑物与渠道交叉部位	1-1	基坑开挖
		1-2	基础处理
		1-3	穿渠建筑物两侧回填质量
		1-4	穿渠建筑物底部和顶部有强透水层或排水盲沟的，回填结合面的过渡及防渗
		1-5	穿渠建筑物进出口
		1-6	穿渠建筑物周边及渠道回填后应有足够的沉降期
		1-7	穿渠建筑物顶部渠道防渗土工膜施工
		1-8	伸缩缝、施工缝处理
2	建筑物混凝土与回填土的接合面	2-1	穿渠建筑物两侧土方填筑
		2-2	穿渠建筑物顶部土方填筑

穿渠建筑物中，仅有少数管涵采用预制构件，其余大多数采用现浇混凝土结构。按照施工程序，建筑物结构混凝土浇筑后要对施工基坑进行土方回填，之后再筑渠堤，最终形成渠道断面。渠道填筑的土体与穿渠建筑物刚性结构混凝土的接合面是结构薄弱面，回填碾压质量控制不严或结合面技术处理措施不到位时容易形成集中渗漏通道。若渠道混凝土衬砌板与穿渠建筑物顶部之间的回填土层回填质量不好或沉降期不足，混凝土衬砌板容易因土体沉降变形而裂缝，在防渗、排水系统同时存在缺陷的情况下，可能导致渠道内水外渗。

2）质量管理措施。具体实施过程中，要求施工单位进场后，优先安排穿堤建筑物施工，以确保在后续渠道工程施工前已填筑的土方有足够的沉降期，减小后期沉降变形对渠道结构的影响。对工程材料的管理更加严格，要求施工单位对每卷复合土工膜和土工布留样，详细记录生产厂家、批次、进场时间、检验报告编号以及使用部位，经监理工程师签字确认后存档备查；中线建管局把穿堤建筑物的质量列为飞检的重点，加大督查力度。在工程后期验收时，加强对排水建筑物等隐蔽工程的抽查，加强对穿堤建筑物的安全监测，做到早发现、早解决。

严格执行《南水北调中线一期工程总干渠填方渠道缺口填筑施工技术规定（试行）》，对穿渠建筑物关键部位执行分级检查制度、全程录像、存档制度。

分级检查制度是指在穿渠建筑物混凝土浇筑完成后，开始回填前，规定全填方渠道下的穿渠建筑物回填前，建设管理单位通知中线建管局职能部门参加检查；半挖半填渠道下的穿渠建筑物回填前，现场建管机构通知建管单位参加检查；全挖方渠道下的穿渠建筑物回填前，现场建管机构分管生产、质量的负责人亲自参加检查；检查后，有关监管单位要印发检查人员签字的检查纪要，作为建管文件存档。

穿渠建筑物从回填开始到回填完成，施工单位安排质量管理人员配备摄像机全程跟踪录像，建立日志如实记录施工单位摄像情况，相关录像材料按电子文档要求做成竣工资料，工程验收时移交。

4. 金属结构与机电安装工程施工特点及质量管理

（1）金属结构与机电安装工程施工特点。中线干线金属结构与机电工程是关系到工程能否正常运行的重要环节，机电金结设备的制造、安装涉及所有施工标段、监理标段和承担厂家，具有机电金结设备制造工程量大、设备类型及数量多、技术要求高、厂家众多、分布广阔、点多线长、监管难度大等特点。

（2）金属结构与机电工程质量管理。南水北调中线干线金属结构与机电工程质量管理建立健全了以设备制造单位和设备监理单位为核心，围绕设备制造、安装质量管理、进度控制目标，以设备制造、安装质量体系为基础，分工明确、职责清晰，集技术管理、设计管理、合同管理、监理管理、项目管理为一体的组织协调监控管理体系。

对重要的机电设备及金属结构，按照合同要求，实行驻厂监造，由监理（监造）单位对合同设备进行制造监理。监理（监造）单位编制“监造大纲”和“监造实施细则”，对产品从设计、原材料、制造工艺、产品检验、产品包装等进行监督和对产品质量进行认证。

对重要的机电设备，由中线建管局（项目管理单位）组织、监理（监造）单位主持进行出厂验收；由项目管理单位、监理单位、安装单位、制造单位、监造单位共同进行实物验收和文件资料验收，进行外观检查和数量清点。验收合格后，共同办理交接手续、填写《机电设备到货交接验收单》。安装单位负责储存保管。

除京石段外，中线总干渠涉及的金属结构近 4 万 t，2013 年下半年是金属结构安装的高峰期，参建施工队伍有几百家，中线建管局引进了第三方检测机构，科学规范地管理工程安装质量，为工程安全稳定运行提供有力保障。

金属结构安装质量检测主要工作内容包含南水北调在建项目的弧形闸门和平面工作闸门。根据安装进度，对在建工程还没有安装的所有弧形工作闸门埋件在安装完成后进行全面的质量检测；在弧形闸门安装完成后，以抽检的方式检查弧形闸门的安装质量，原则上每道闸门抽检一扇，节制闸可适当放大抽查比例；对已安装完成的弧形工作闸门，以抽检方式检测埋件和门体的安装质量；对平面工作闸门埋件进行抽检检测。

金属结构及机电安装工程（金结机电）、“管（硅芯管）、电（35kV 永久供电）、房（管理用房）、站（闸站）”建设高峰期，各建管单位迅速调整质量管理重点，安排专业、专人、专岗负责金结机电、“管、电、房、站”工程质量，定期召开专题会，结合聘请专家检查、把脉，确保土建施工、设备制造、设备安装，以及 35kV 永久供电等专业施工相互配合，合理衔接，统筹兼顾，同步进行，既要保证渠道混凝土衬砌施工质量，又要保证金结机电、“管、电、房、站”等各类专业项目施工的顺利实施。

各有关单位高度重视金结机电、“管、电、房、站”，监督设备生产厂家加强设备制造过程的质量控制与管理，严格按照规范生产，加强质量自检和试验，确保满足设计要求；土建施工

单位加强施工过程及现场安装质量控制，严格按照技术规范标准施工，规范操作行为，严格工序自检，切实落实“三检制”；现场监理机构切实履行质量控制责任，对工程质量进行全方位和全过程控制，及时发现工程建设中存在的问题。驻厂监造对设备制造进行全程监控，对生产厂家的原材料选用、主要生产阶段、主要工艺过程、出厂试验等重要环节实行旁站监造，确保设备制造规范、资料齐全。严格设备出厂验收，确保设备质量经得起验收和通水运行的检验；各项目建管单位加强对金结机电、“管、电、房、站”监理、施工等参建单位质量行为的管理，加大日常监督检查、巡查和抽检力度，坚决处理发现的质量问题和违规行为。

5. 跨渠桥梁工程施工特点及质量管理

（1）跨渠桥梁施工特点。南水北调中线干线工程跨渠桥梁是中线干线工程的主要组成部分。中线干线共有跨渠桥梁1271座，平均不到1km 1座桥梁。其中，京石段应急供水工程有跨渠桥梁245座，2008年全部完工通车；石家庄以南段工程有跨渠桥梁1026座（河北省境内253座，河南省境内773座），截至2013年年底，所有桥梁已全部通车或移交施工作业面。南水北调中线干线跨渠桥梁分布见表14-4-7。

表14-4-7　　南水北调中线干线跨渠桥梁分布　　单位：座

序号	单项工程名称	公路桥	生产桥	其他桥梁	合计
1	京石段应急供水工程	132	110	3	245
2	漳河北至石家庄段工程	152	101		253
3	黄河北至漳河南段工程	161	82		243
4	穿黄工程	9	5		14
5	沙河南至黄河南段	161	84	25	270
6	陶岔渠首至沙河南段	146	100		246
合　计		761	482	28	1271

中线干线跨渠桥梁有直管、代建、委托三种建设管理模式。桥梁类型有生产桥、公路桥、交通桥等。有桥梁地点变更的、规模变更的、新增桥梁的、取消初步设计桥梁的；桥梁标段有独立成标的，有归入土建标段的。建设有先于渠道施工的、有后穿越的。结构型式有简支的、有现浇箱梁的、有钢结构箱梁的、有预应力连续箱梁的、有预制箱梁的、有钢管拱桥的。桥梁设计单位有水利行业设计单位的，有路桥行业设计单位的。中线干线跨渠桥梁工程具有参建单位多、建管模式多、型式多样、工程变更多、规模大、外部环境制约因素多、影响程度大等特点，质量管理复杂、难度大。

（2）跨渠桥梁质量管理。跨渠桥梁建设能否与渠道工程建设协调推进并保质保量超前完工，将直接影响渠道工程建设进度，影响整个南水北调工程通水总目标的实现。中线建管局一贯重视跨渠桥梁建设质量，陆续下发了《关于规范南水北调中线干线桥梁工程施工质量管理的通知》《关于加强桥梁施工管理的通知》《关于桥梁伸缩缝有关问题的通知》《关于加快跨渠桥梁桩柱结合部位开挖检查工作的通知》《关于对跨渠桥梁桩柱结合部位开挖检查及处理工作进行专项督导的通知》《关于建立桥梁灌注桩桩柱连接处开挖检查责任制》《关于进一步规范大型桥梁和混凝土建筑物裂缝等处理工作的通知》《关于加强桥梁墩柱周边回填及与土工膜黏接施工质量监管的通知》《进一步加强在建桥梁工程施工质量控制的通知》《关于开展跨渠桥梁施工质量专项检查的紧急通知》《关于加强渠道过水断面内桥梁墩柱周边回填质量控制的通知》《关于成立南水北调中线干线工程建设管理局跨渠桥梁验收移交工作领导小组的通知》等相关跨渠桥梁文件150余个，并通过划分跨渠桥梁关键部位及关键环节（表14-4-8）控制施工质量。

表14-4-8　　跨渠桥梁建筑物施工关键部位及关键环节

关键部位		关键环节	
1	桥梁工程	1-1	保证桥梁伸缩缝的宽度
		1-2	护墩、护栏不应骑缝设置
		1-3	桥梁伸缩缝的维护、保养
		1-4	桥台挡墙的排水系统及桥面排水
		1-5	张拉前确保达到混凝土设计张拉强度
		1-6	张拉设备配套及严格的施工程序

桥梁工程建设高峰期，中线建管局成立南水北调中线干线工程跨渠桥梁建设协调小组，负责工程跨渠桥梁协调任务，进行建设情况的梳理总结，分析跨渠桥梁建设面临的形势和主要任务以及跨渠桥梁开工和建设中面临的突出问题，确保跨渠桥梁开工和建设目标的顺利实现。

为确保南水北调中线干线跨渠桥梁的施工质量和安全，中线建管局出台了《关于南水北调中线一期工程总干渠漳河北至古运河段穿跨公路桥梁建设管理的指导意见》，并多次组织和开展全线跨渠桥梁专项检查。联合公路部门委托建管单位对在建桥梁的施工质量和安全进行全面检查，重点检查桥梁上部结构、下部结构（含桩柱结合部）、引道工程的施工质量、施工安全和内业资料，检查结果反映跨渠桥梁总体质量良好、结构安全稳定。

中线建管局召开跨渠桥梁灌注桩施工质量培训和检查部署会，专题宣贯、培训跨渠桥梁施工关键工序和重点部位质量控制要点，通报桥梁灌注桩开挖检查中发现的典型问题，进一步强化跨渠桥梁工程施工质量管理工作。

为切实做好桥梁灌注桩施工质量检查工作，中线建管局强化责任意识，高度重视工程质量管理，提高责任意识，持续狠抓桥梁建设质量管理工作；加强质量检查，各桥梁建管单位按照统一部署，全面深入开展桥梁灌注桩质量开挖检查工作；加强沟通协调，桥梁建管单位和渠道主体工程有关参建单位加强联系，建立快速、有效的沟通协调机制，合力促进桥梁开挖检查工作顺利进行。

跨渠桥梁质量问题排查整改分桩柱结合部位开挖检查、全面排查处理上部结构质量缺陷和施工过程质量问题和再次全面排查处理质量缺陷三个阶段，经过三个阶段的排查整改未发现影响结构安全的重大问题。

针对跨渠桥梁超载情况，中线建管局对尚未移交地方的桥梁，督促施工单位采取专人看管、设置限载限高设施，并不断协调地方交通部门进行移交；对已接收的跨渠桥梁，督促相关养护管理单位认真履行职责，加强养护管理，确保跨渠桥梁处于良好的技术状态。同时，根据跨渠桥梁的实际承载能力，设立限载、限高、限宽等警示标志和设施；采取设置固定治超检测

站点、流动治超等多种有效措施，杜绝非法超限超载车辆以及超过桥梁承载能力的车辆通行，确保跨渠桥梁安全运行。

对质量鉴定合格并完成合同完工（交工）验收的跨渠桥梁，要按照移交办法，及时移交给相应的公路养护管理单位，进入试运营期。试运营期满后，及时会同中线建管局进行竣工验收。

经过多次专项检查和落实整改，跨渠桥梁总体进展顺利，全线在建和已建桥梁外观质量总体较好，混凝土强度满足设计要求。历次检查情况显示，桥梁施工质量和安全均处于受控状态。

（五）工程施工质量事故（问题）处理

《南水北调工程建设质量管理办法》划定了质量缺陷、质量事故范围及类别。

1. 质量缺陷

（1）质量缺陷的分类。南水北调中线干线工程质量缺陷系指在南水北调工程建设过程中发生的不符合规程规范和合同要求的检验项和检验批，造成直接经济损失较小（混凝土工程少于20万元、土石方工程少于10万元）或处理事故延误工期不足20天，经过处理后仍能满足设计及合同要求，不影响工程正常使用及工程寿命的质量问题。

根据质量缺陷对质量、结构安全、运行和外观的影响程度，质量缺陷分为以下三类。

1）一般质量缺陷。未达到规程规范和合同技术要求，但对质量、结构安全、运行无影响、仅对外观质量有较小影响的检验项和检验批。

2）较重质量缺陷。未达到规程规范和合同技术要求，对质量、结构安全、运行、外观质量有一定影响，处理后不影响正常使用和寿命的检验项和检验批。

3）严重质量缺陷。未达到规程规范和合同技术要求，对质量、结构安全、运行、外观质量有影响，需进行加固、补强、补充等特殊处理，处理后不影响正常使用和寿命的检验项和检验批。

（2）质量缺陷的处理。在施工过程中由各级监督、建管单位检查发现的质量缺陷、监理巡查发现的质量缺陷及施工单位自查发现的质量缺陷，均按照《南水北调中线干线工程混凝土结构质量缺陷及裂缝处理技术规定（试行）》及《南水北调工程建设质量问题责任追究管理办法（试行）》的要求进行登记、处理、验收和上报备案。

Ⅰ类质量缺陷即一般质量缺陷，由施工单位及时检查登记并将检查结果及处理方案，报送监理单位核查、批准后，进行处理；处理达到要求后报监理验收。

Ⅱ类质量缺陷即较重质量缺陷，由施工单位按规定单位进行检查（测）、分析、判断并提出处理方案，报送监理等单位，修补前经建设、监理、设计、施工四方联合检查验收，处理修补方案经监理批准、设计认可后实施修补，处理达到要求后上报监理组织验收，验收后报备。

Ⅲ类缺陷，即严重质量缺陷，由施工单位自查（测），初步分析判断后报送监理单位，监理单位组织建设、设计、施工等单位联合复查。处理方案得到设计单位确认或由设计单位提出，缺陷处理经监理组织参建四方进行验收，验收后进行备案。必要时，委托有资质的设计单位，对有缺陷结构和处理后结构的安全性进行复核。

2. 质量事故

（1）工程质量事故分类。工程质量事故分4类，事故调查遵循“三不放过”原则。工程质量事故分类见表14-4-9。

表14-4-9　　工程质量事故分类

影响因素		事故类别			
		特大质量事故	重大质量事故	较大质量事故	一般质量事故
事故处理所需的物资、器材、设备、人工等直接损失费用/万元	混凝土工程，金属结构及机电安装工程	>3000	500～3000	100～500	20～100
	土石方工程	>1000	100～1000	30～100	10～30
事故处理所需工期/月		>6	3～6	1～3	0.6～1
事故处理后对工程功能和寿命影响		影响工程正常使用，需限制条件运行	不影响正常使用，但对工程寿命有较大影响	不影响正常使用，但对工程寿命有一定影响	不影响正常使用和工程寿命

（2）工程质量事故处理内容。中线建管局成立南水北调中线干线工程事故应急处理领导小组负责处理工程质量事故。工程质量事故处理包括工程质量事故的报告、工程质量事故调查、工程质量事故的处理与验收、工程质量事故责任及处罚。

1）工程质量事故报告。

工程质量事故发生后，当事方立即采取措施尽可能避免或者减轻损失和影响，初步判定事故类别，按事故发生方、监理单位、建设管理单位、中线建管局、国务院南水北调办顺序上报。

一般工程质量事故，事故发生方应立即报监理单位、建设管理单位，在事故发生后8小时内再以书面报告事故情况；较大、重大和特大工程质量事故，应立即按程序逐级上报，然后再逐级以书面报告事故情况，中线建管局在事故发生后的8小时内书面报国务院南水北调办；对突发性重大或特大事故，有关建设方在初步了解事故情况后按程序即刻电话上报，随后以书面报告。

建设管理单位、监理、设计和施工单位对工程质量事故的经过做好记录，并对事故现场进行拍照、录像备查。

2）工程质量事故调查。

调查权限。工程质量事故调查分权限进行，一般工程质量事故由建设管理单位组织设计、监理、施工等单位调查，调查报告报中线建管局；较大工程质量事故由中线建管局组织有关单位调查，调查报告报国务院南水北调办；重大、特大工程质量事故由中线建管局报请国务院南水北调办组织调查。

调查内容。工程质量事故调查的主要内容包括：事故发生的时间、地点、工程项目及部位；事故发生经过及事故状况；事故原因及事故责任单位、主要责任人；事故类别及处理后对工程的影响（工程寿命、使用条件）；对补救措施及事故处理结果的意见；提出事故责任处罚建议；今后防范措施意见；并附事故取证材料等。

(3) 质量事故处理与验收。工程质量事故处理方案，应在事故发生主要原因查清的基础上，按规定实施：一般工程质量事故，由建设管理单位组织监理、设计、施工等单位共同制定处理方案并实施，报中线建管局备案；较大工程质量事故，由中线建管局组织专家及有关单位共同制定处理方案后实施；重大及特大质量事故，由中线建管局组织有关单位及专家提出处理方案，报国务院南水北调办审核后实施。

工程质量事故处理与验收分为两类：工程质量事故由施工单位负责处理；属设备制造原因造成的工程质量事故，由制造商负责处理。

一般工程质量事故处理完成后，建设管理单位组织检查验收；较大质量事故处理完成后，中线建管局组织检查验收；重大、特大工程质量事故处理完成后，报请国务院南水北调办组织检查验收。

(4) 事故责任及处罚。工程质量事故的经济处罚由中线建管局或建设管理单位根据事故大小及其对工程的影响以及工程质量事故调查组所提建议，按国家有关规定和合同规定对质量事故责任者执行处罚。

凡发生质量事故的，由中线建管局给予通报批评，并抄报国务院南水北调办。因工程质量事故危害公共利益和安全，构成犯罪的，由司法机关追究刑事责任。

工程项目实施过程中，监理单位未能及时发现和纠正严重设计错误及施工质量问题，对严重违反合同规定和规程、规范的施工行为失察或失控，监理单位则对工程质量事故按监理委托合同承担相应的责任。

对工程多次发生质量事故，除事故直接责任单位应负直接责任外，建设管理单位应负管理上的有关责任。施工单位应按合同及监理单位规定，定期（季、年）向监理单位报送工程质量事故报表。监理单位审核后报建设管理单位，各单位按要求汇总上报中线建管局。

三、奖惩机制设计及运行

奖惩机制是规范员工行为和激励员工工作热情的重要手段。中线建管局奖惩机制同参建人员的责、权、利紧密挂钩；重奖重罚，激发参建人员责任意识，保障施工质量。

（一）奖惩机制设计

为更好贯彻中线干线工程各项管理制度、技术标准、工法指南，规范和约束工程建设单位和建设者行为，鼓励和鞭策建设单位和建设者奋发向上，共同创造一流工程的管理目标，中线建管局根据奖惩有据、奖惩及时、奖惩公开、有功必奖、有过必惩等原则，制定了一系列考评、奖惩管理办法。

1. 奖惩有据

在工程项目建设管理中，项目管理单位和有关人员因人为失误给工程建设造成重大负面影响和损失，以及严重违反国家有关法律、法规、规章制度以及相关合同约定，依据有关规定给予处罚；构成犯罪的，依法追究法律责任。奖惩的主要依据如下。

(1) 合同约定。中线干线工程项目法人与项目管理单位签订的有关项目建设管理委托合同（协议、责任书）体现奖优罚劣的原则。实行勘测设计奖惩制度，合同约定1%～2%的强化措施费；明确各建设管理单位在工程项目建设质量方面对项目法人负责，质量管理工作评价作为其浮动报酬支付依据等条款，加强质量管理水平。项目法人对在南水北调工程建设中做出突出成绩的项目管理单位及有关人员进行奖励，对违反委托合同（协议、责任书）或由于管理不善给工程造成影响及损失的，根据合同进行惩罚。

（2）制定办法。制定《南水北调中线干线工程建设管理局直管项目建设管理部目标管理责任制考核暂行办法（修订）》《南水北调中线干线工程（委托、代建项目）投资控制考评及奖惩管理办法》《南水北调工程建设质量问题责任追究管理办法（试行）》《南水北调工程质量责任终身制实施办法（试行）》《南水北调工程建设关键工序施工质量考核奖惩办法（试行）》《南水北调工程合同监督管理规定（试行）》《南水北调工程建设信用管理办法（试行）》等约束参建者行为。

（3）年度优秀建设单位、建设者评比。为把南水北调中线干线工程建设成一流供水工程，提高中线干线工程的建设管理水平，增强中线干线工程建设各方的积极性、主动性和创造性，制定了《南水北调中线干线工程优秀建设单位评比办法（试行）》；为增强广大工程建设中参加南水北调中线干线工程建设的荣誉感、责任感，调动广大建设者建设中线干线工程的积极性，制定了《南水北调中线干线工程优秀建设者评比办法（试行）》；一年一次对参加中线干线工程建设的各项目建设管理单位、勘察设计单位、监理单位、施工单位、南水北调中线干线工程建设管理局以及从事征地移民工作的所有工作人员进行评比，颁发荣誉证书，给予一定的物质和精神奖励。

2. 奖惩及时

结合中线干线工程建设特点，奖惩评比采取年度考核、季度考核、月度考核、月商季处等形式。

关键工序质量考核发出奖励通知单后，当月兑现奖金；关键工序质量考核等级确定为“差”的，5日内通知施工单位和关键工序作业班组，罚款由建设管理单位从当月工程结算款中扣留；施工单位、监理单位考核奖励按季度支取。

3. 奖惩公开

所有评比结果、处罚通知、奖励名单在中线建管局网站公示，并通知现场参建单位后方机构；在中线建管局网站上设置荣誉表彰专栏、在《中国南水北调》报上公示宣传。

（二）奖惩机制运行

中线建管局奖惩机制通过认真学习，加强领导，逐级负责、规范操作等形式开展，以考核细化、竞赛催化、榜样感化实现奖惩目的。

1. 认真学习，广泛宣传，考核细化

中线建管局高度重视各类奖惩制度和考核办法，立即转发、印发至各建管单位；组织专家或宣贯组全线培训、宣讲，做好宣传、解释工作；局属部门记名传达，确保所有建设单位和建设者领会奖惩办法。

通过对直管单位进行目标考核，对代建单位进行合同约束，中线建管局与各直管项目建管部签订了年度项目管理考核目标责任书，明确规定了年度质量目标考核标准，并将考核结果与奖惩挂钩，提高了工程质量水平。

验收工作考核按合同约定进行，纳入《南水北调中线干线工程（委托、代建项目）投资控

制考评及奖惩管理办法》《南水北调中线干线工程优秀建设单位评比办法（试行）》等考核办法。通过通水验收检验质量、查找问题、补救缺陷，检验工程的完备性，确保通水安全。

2. 加强领导，完善制度，竞赛催化

根据相应的考核内容和目的，成立考核工作领导小组或评比委员会。主管负责人带队，聘请相关专家，通过现场踏勘、实体检测、听取汇报、查阅档案资料等形式，考核打分，按分数高低排名。设专项奖励基金，用于奖励每月考核优秀的监理单位、施工单位。对年度考核优秀的个人，奖金直接发放到个人账户。

根据工程建设情况，相继展开“决战京石段，大干一百天”劳动竞赛优胜施工单位评选活动、“河南段工程建功立业”、河北段工程、“奋战一百天，全面完成目标任务”“破解难关战高峰、持续攻坚保通水”“2011年汛前大干一百天、全面完成汛前建设目标任务”“加快工程建设进度两阶段（2012年9月15日至2013年6月30日）”“南水北调中线邯石段跨渠桥梁工程劳动竞赛”“南水北调中线委托铁路主管部门建设的铁路交叉工程劳动竞赛”“样板工程创建活动”等多种劳动竞赛、争先创优活动；参建各方科学组织，统筹安排，严密管理，高效推进，使劳动竞赛深入人心；通过建立协调机制，各方共同努力，全力加快工程建设进度不断掀起南水北调工程建设新高潮。

3. 逐级负责，严格执行

逐步实现了各级建管单位严格按考核标准，逐级奖惩。现场建管机构考核结果上报建管单位，建管单位考核结果上报中线建管局，并逐级推荐优秀建设单位和建设者；重奖突出贡献人员，破格提拔，并给予政策倾斜。

开展监理单位、施工单位季度、半年度、年度综合考核；半年度综合考核排名以各监理单位、施工单位按季度分片区2次季度（或6次月度）排名成绩为基础，结合每月生产协调例会、现场查看、巡视检查及上级机关检查情况，对半年综合考核情况进行统计分析的结果；考核结果限期逐级上报，并在中线建管局网站或在北京市、天津市、河北省、河南省南水北调网站公示。

中线建管局主要通过质量目标月度考核、季度考核、年度考核、开展劳动竞赛、树立样板工程、评选月度标兵、寻找身边榜样、设置英雄榜、展示建设者风采等形式，大力推广奖惩机制，激发建设单位和建设者的自豪感和荣誉感。

（1）把握原则，规范操作。始终坚持以事实为主，以思想教育为主，以精神鼓励为主的原则；奖励到人，全线嘉奖；对造成严重后果者，经奖惩工作组讨论，派专人约谈，确保行政处分合乎程序；对单位的经济处罚按合同约定比例执行，对个人处罚按考核细则执行，罚款额度占月工资收入一定比例，体现工程建设以人为本的原则。

（2）化解矛盾，确保队伍稳定。惩罚仅作为质量激励手段，并非是目的。对于后进者、违规者或造成严重后果的人，在合理考核，允许申辩的基础上，还做好思想疏通工作，充分发挥政工优势，确保职工队伍稳定、思想稳定，技术稳定，从而确保工程质量稳定。

4. 奖罚机制运行效果

中线干线工程建设期间，涌现了一大批质量先进集体和个人，多人次荣获“全国劳动模范”和“五一劳动奖章”“先进工作者”以及“工人先锋号”等荣誉。穿黄Ⅲ标渠道混凝土衬砌成为中线干线乃至南水北调系统的样板工程，成为中线干线工程质量的一面旗帜。

全线奖优罚劣的奖惩机制运行中，通过清退、约谈、处罚等措施对监理、施工、设计、建管人员等相关人员甚至领导进行处置。重奖严罚，确保了奖惩机制整体运行切实有效，有力保障了全线工程质量。

四、技术创新（革新）与工程质量

技术创新是工程建设管理中科技管理的重要内容，是解决工程难题、保证施工质量的关键环节。工程施工要服从科技管理的要求，严格按照施工图纸、工程技术规范、施工操作规程进行。科技管理要牢固树立为工程施工服务的思想，对工程质量进行严格的监督，并对工程使用材料、成品及半成品的质量认真进行检查，不合格的不准使用。南水北调工程中线干线所涉及的许多软科学与硬技术是世界级的，是水利学科与多个边缘学科联合研究的前沿领域。

在南水北调中线干线工程科技工作中，取得了大量的新产品、新材料、新工艺、新装置、计算机软件等科技成果，部分科研成果已应用到工程设计与施工中，对工程质量和进度起到了保障作用。

（一）膨胀土（岩）水泥改性土换填

1. 膨胀土及膨胀土渠道基本情况

膨胀十（岩）具有显著的干燥收缩、吸水膨胀和强度衰减的特性，有的裂隙很发育，且液性和塑性指数较大，压缩性偏低，在天然含水量状态下较坚硬。由于其特殊的物理、力学特性，若处理不当，极易导致渠道边坡失稳、衬砌结构破坏。鉴于膨胀土（岩）换填渠段自身设计和施工技术的复杂性，以及黄河以南地区雨季长、雨量充沛、地下水丰富、土壤含水量大等因素，膨胀土（岩）渠段施工的质量安全控制风险极大。

总干渠总计有膨胀土（岩）渠段361km，约占干渠总长（1277km）28%，其中242km位于黄河以南地区，占膨胀土（岩）渠段总长的67%，占黄河以南段工程渠线总长的51%。由于分布范围广、设计及施工技术复杂，膨胀土（岩）渠段换填技术方案是南水北调中线干线工程的关键技术问题之一。南水北调中线干线工程对膨胀（岩）土进行处理的主要方法是采用黏土或水泥改性土换填。

2. 水泥改性土换填

水泥改性土是指将具有一定自由膨胀率的天然土料，掺入一定比例的水泥（掺量通过试验确定，通常为4%），改变其土料的膨胀特性，以改善膨胀土的性质或结构，使膨胀土丧失膨胀潜能，并在一定程度上提高土体强度或承载力。水泥改性土施工流程见图14-4-1。

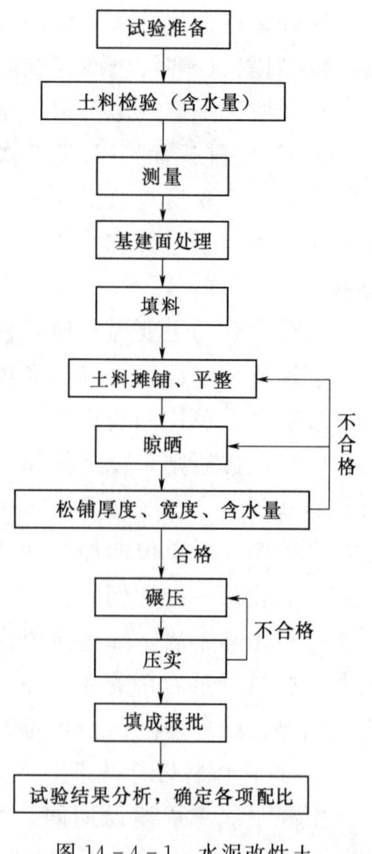

图14-4-1 水泥改性土施工流程图

（1）水泥改性土拌制。水泥改性土采用厂拌法拌制（厂拌

系统见图14－4－2），水泥掺量根据取用土料的自由膨胀率和碾压试验确定，水泥改性土水泥掺量通过试验取得，现场改性土水泥含量由试验室通过EDTA滴定试验检测。

（2）水泥改性土采用自卸车运输、“进占法”卸料，推土机摊铺、整平。为保证碾压机械的工作面、确保边角压实度，铺土边线在水平距离上超填宽度大于30cm。为提高换填层与被保护层坡面结合质量，被保护边坡面采用推土机开挖成台阶，台阶高度与铺土厚度相同。在铺料过程中，严格按照碾压试验取得的参数控制铺料厚度，采用插钎检测。

图14－4－2　水泥改性土厂拌系统

（3）水泥改性土填筑碾压施工按填筑试验确定的松铺厚度、碾压遍数、行进速度等工艺参数进行分段分片碾压，采用20t凸块振动碾进行碾压，碾压机械沿渠道轴线方向前进、后退全振错距法碾压，碾迹重叠不小于20cm（或轮宽的1/3），避免出现漏压，碾压结束后，环刀法取样检测压实度，合格后进行下一层的填筑。

（4）改性土底层碾压完毕后进行下一层施工前，根据天气和层面干燥情况，洒水湿润。

（5）每层填土完成碾压后，在4小时内完成质量检测，采用环刀法在试坑中下部取样检测压实度。

除此之外，膨胀土（岩）渠段施工过程中应按照“排水措施到位、防护措施到位，尽量减少地表水、地下水和大气环境对膨胀土（岩）的影响”的原则，高度重视以下环节：①快速施工、快速封闭；②雨季防护和施工期坡顶、坡面排水处理；③换填层与开挖面的排水系统；④换填材料及回填质量控制；⑤逆止阀布置与施工质量控制。

为规范水泥改性土的施工技术和施工工艺，保证施工质量，中线建管局编制了《南水北调中线一期工程总干渠渠道膨胀土处理施工技术要求》（NSBD－ZXJ－2－1）、《南水北调中线一期工程总干渠渠道膨胀岩处理施工技术要求》（NSBD－ZXJ－2－2）、《南水北调中线一期工程总干渠渠道水泥改性土施工技术规定（试行）》（NSBD－ZGJ－1－37）、《南水北调中线一期工程总干渠渠道膨胀土处理施工工法》（NSBD－ZXJ－4－1）、《南水北调中线一期工程总干渠渠道膨胀土处理施工监理实施细则》（NSBD－ZXJ－4－2）等技术标准，为总干渠膨胀岩土渠道工程建设提供了技术保障。

（二）部分高填方渠道实时监控

1. 部分高填方渠道基本情况

中线总干渠明渠段半挖半填渠道553.96km，最大填筑高度12.6m；全线填筑高度不小于6m的高填方渠段139.5km，而全填方段有66.3km，最大填筑高度23.2m；已建成运行的京石段高填方渠段12.1km，石家庄以南高填方渠段127.4km，分布在31个设计单元、70个施工标段中。高填方渠道工程碾压施工中的压实质量控制是高填方渠道施工质量控制的关键环节，直接关系到渠道能否安全运行。

2. 填方渠道碾压常规质量控制存在的不足

常规控制主要是通过审核施工技术报告及文件、现场质量控制与检查、检测信息的反馈控制、建立完整的施工质量管理控制体系等。常规的压实质量控制现场环刀取样法，只能提供有限测试点上的数据，随机性较大，不能反映全施工面的压实质量。监理现场旁站、巡检等人工目测的方式控制渠道施工过程中的碾压参数受人为因素影响较大，准确度不高。常规控制与现代南水北调大型水利工程建设要求的大规模机械化施工不相适应，难以达到工程建设管理水平创新的高要求。另外，常规方法在全部碾压施工完成之后才能发现问题，一旦发现问题，返工的工作量巨大，无法实现施工质量的及时反馈控制。

3. 高填方渠道碾压施工质量实时监控系统的研究与开发

中线建管局委托天津大学开展“南水北调中线一期工程高填方段碾压施工质量实时监控系统”的项目研究与开发工作。首先选择淅川段和潮河段设计单元工程的高填方段实行碾压施工质量实时监控（图 14-4-3）。碾压施工质量实时监控系统由总控中心、无线网络、现场分控站、定位差分基准站和监测流动站（碾压机械）等部分组成。

图 14-4-3　淅川 5 标碾压机装载实时监控系统

总控中心是渠道碾压施工质量实时监控系统的核心组成部分，主要包括服务器系统、数据库系统、通信系统、安全备份系统以及现场监控应用系统等。现场分控站主要由通信网络设备、图形工作站监控终端和双向对讲机等组成。监理人员 24 小时常驻现场分控站，便于在施工现场实时监控碾压质量，一旦出现质量偏差，可以在现场及时进行纠偏工作。以渠道填筑碾压施工单元为监控单元，以现场施工质量管控人员为系统反馈信息接收方，构建实时监控系统工作流程（图 14-4-4）。

定位差分基准站主要由基准站 GPS 接收机、卫星天线、差分电台、差分天线和 UPS 稳压设备等组成。定位差分基准站是整个监测系统的“位置标准”，使定位精度提高到厘米级，以满足渠道碾压质量控制的要求。

监测流动站即安装了监控设备的碾压机械，通过监控设备可以获得渠道填筑施工过程中碾压机三维时空坐标和激振力状态等监测数据，然后将有效的观测结果，通过数据传输装置连续、实时地上传至控制中心计算行驶速度、碾压遍数和铺筑层厚度等碾压参数。

通过在碾压车辆上安装高精度的 GPS 定位仪和激振力监测装置，对渠道碾压机械进行实时自动监测，以达到监控渠道碾压施工参数的目的。实时碾压系统结构设计见图 14-4-5。

4. 碾压施工质量实时监控系统主要功能

（1）动态监测施工作业面碾压机械运行轨迹、速度、激振力和碾压高程等，并在渠道施工数字地图上可视化显示。

（2）实时自动计算和统计施工作业面各位置的碾压遍数、压实厚度、仓面平整度等，并在渠道施工数字地图上可视化显示。

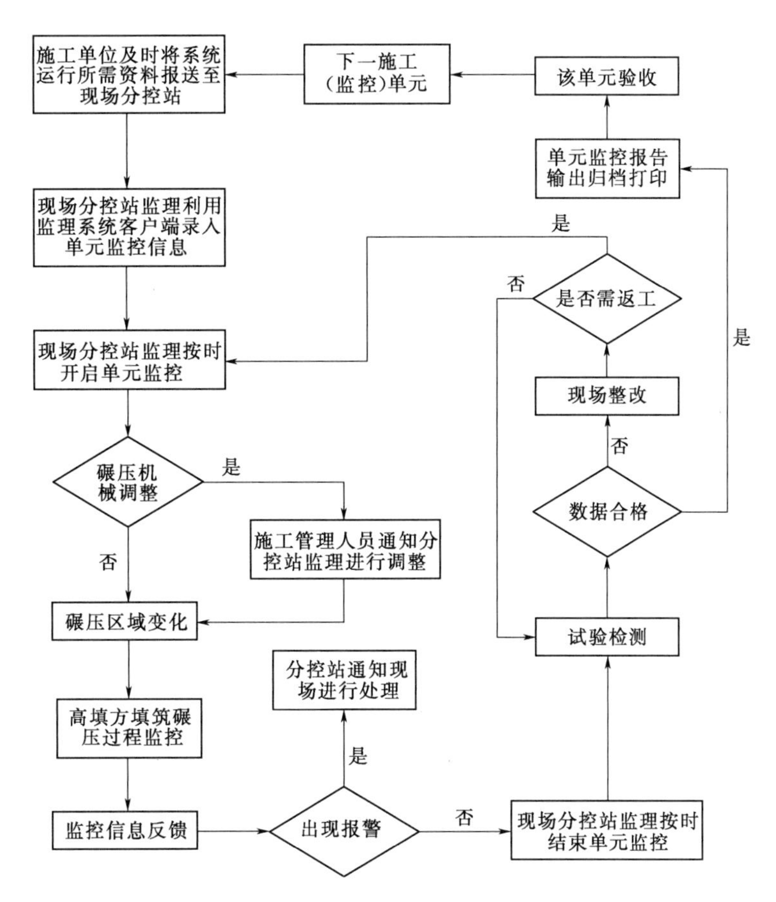

图 14-4-4　实时监控系统工作流程图

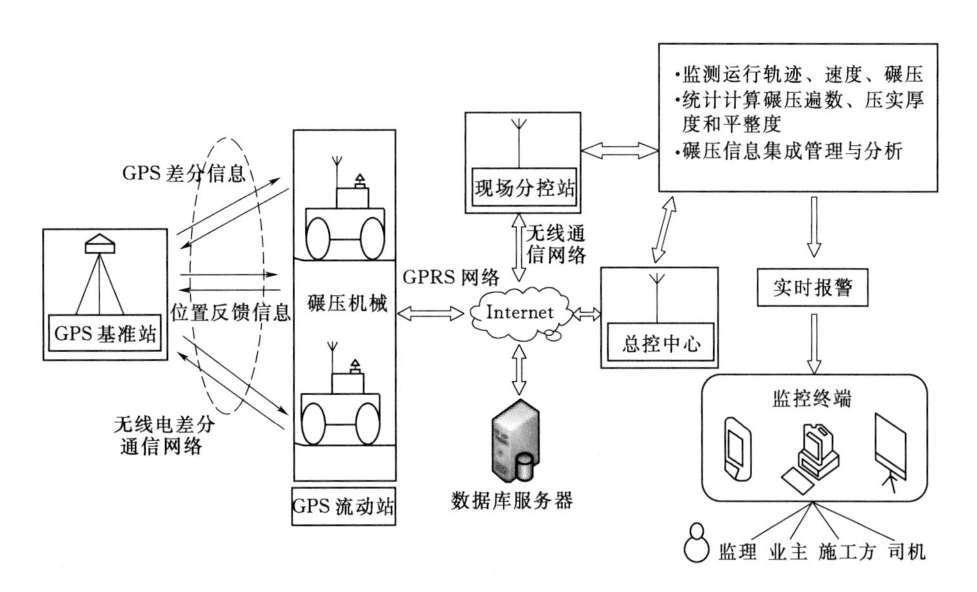

图 14-4-5　实时碾压系统结构设计

（3）当出现碾压机超速、激振力不达标等施工不规范情况时，系统自动给车辆司机、现场监理和施工人员发送报警信息，并在现场监理分控站 PC 监控终端上醒目提示，同时把该报警信息写入施工异常数据库备查。

（4）在每个碾压层施工结束后，输出碾压质量图形报表，包括碾压轨迹图、碾压遍数图、压实厚度图和碾压层平整度（高程）图等，作为质量验收的辅助材料。

（5）可在总控中心和现场监理分控站对渠道填筑碾压情况进行监控，实现远程、现场“双监控”。

（6）把整个建设期所有施工单元的碾压质量信息保存至网络数据库，可供后续分析应用。

5. 碾压施工质量实时监控系统的应用效果

碾压施工质量实时监控系统在南水北调工程建设中的应用，很好地控制了碾压施工过程中主要的质量参数（碾压机械行驶速度、激振力状态、碾压遍数、压实厚度），为工程技术人员和监理人员提供了科学严谨的监控方法和先进的技术手段，实现了对于高填方渠道碾压施工过程中主要质量参数的有效控制，有效地提高了大型工程施工质量管理与控制的现代化水平，满足现代工程建设信息化管理的要求，成为工程管理者实时指导施工、有效控制工程建设过程、提高质量管理水平与效率的重要途径。

（三）特大型渡槽施工技术

沙河渡槽是南水北调中线规模最大、技术难度最复杂的控制性工程之一。沙河渡槽为U形梁式渡槽，采用工厂化预制，预应力采用后张法施工。沙河梁式渡槽段长 1410m，与沙河正交。渡槽槽身采用预应力钢筋混凝土U形槽结构型式，共 4 槽，单槽净直径 8m，直段高 3.4m，U形槽净高 7.4m，4 槽各自独立，每 2 槽支承于一个下部桥墩上。U形渡槽壁厚为变截面，顶部厚度 0.35m，底部厚度 0.9m。沙河渡槽采用的主要施工技术如下。

1. 槽体钢筋制安

由于梁式渡槽的特殊性，若按照常规施工方法施工，先在模板内绑扎钢筋，再浇筑混凝土的施工方法进行施工，无法满足工期要求。经过技术论证和工期分析，选择将钢筋加工完成后，在特制的钢筋绑扎模具内完成将钢筋绑扎（图 14-4-6）；再利用两台 80t 门机将钢筋笼整体吊入模板内（图 14-4-7）。这样，即保证了施工工期要求，又满足钢筋施工质量。

图 14-4-6 渡槽钢筋绑扎模具

图 14-4-7 钢筋笼吊装

2. 槽体模板

根据渡槽体型特征，槽体模板委托专业厂家进行生产加工。按照槽体结构型式，模板按其部位分为外模、内模、端模。外模分为槽身模板和渐变段模板，在渡槽预制过程，槽身模板不用拆卸和移位，而渐变段模板每次需要拆除，拆除后该部位用来安装提槽机的提槽扁担梁；槽体内模根据渡槽体型，设计为圆弧段和直线段组合，模板利用液压启闭系统进行安装和拆除，使用方便；端模根据预应力布置形式进行加工制作，施工时，在内模安装完成后再进行端模安装。模板经测量人员检测合格后进入下道施工工序。渐变段位置模板见图 14-4-8。

3. 槽体混凝土浇筑

槽体混凝土采用 C50F200W8 高性能混凝土，槽体混凝土拌和采用制槽场布置的 2 台 HSZ120 型拌和机集中拌和，混凝土运输采用搅拌车水平运输，入仓采用混凝土泵和布料机配合的入仓方式，铺料按不大于 30cm 每层控制，混凝土振捣采用模板外挂附着式振捣器和插入式软轴振捣棒组成，分层连续推移的方式连续浇筑一次成型。浇筑时间控制在 12 小时以内。

4. 槽体养护

由于渡槽结构的特殊性，渡槽混凝土养护采用蒸汽养护（图 14-4-9）和自然养护相结合的养护方法。渡槽预制完成 48 小时内采用蒸汽养护，之后采用覆盖洒水养护的方式养护。

图 14-4-8　渐变段位置模板

图 14-4-9　槽体混凝土蒸汽养护

在槽场临建施工时，布置锅炉房，安装 2 台 4t 锅炉，布置蒸汽养护管道，来完成混凝土蒸汽养护工作。在渡槽混凝土浇筑完毕后 2～4 小时内，开始采用蒸汽养护方法进行混凝土养护，开始养护前，对制槽台座用养护篷封闭，蒸汽养护时间按不小于 48 小时控制。严格按蒸汽养护的设计要求进行，具体分静停阶段—升温阶段—恒温阶段—降温阶段四个阶段进行操作。升温、降温阶段温度变化速率按照不大于 10℃/h 控制，恒温阶段温度不低于 40℃控制。

5. 预应力张拉

根据设计要求，待混凝土强度达到设计强度的 80%后拆除内模和端头模板，并将外模板渐变段部分拆除，以便于提槽机吊具扁担梁的穿入。此时进行预应力初张拉，初张拉结束后，提槽机提起扁担梁将渡槽移至存槽台座，并采用洒水（冬季采用覆盖棉毡）养护。待混凝土强度达到 50MPa，混凝土弹性模量达到 35.5GPa 后进行终张拉。

（1）首先根据千斤顶、油表校验报告计算出分级张拉油表读数和理论伸长值，经监理工程师确认后张贴在张拉油表上，编制预应力锚索张拉质量检查评定表。预应力锚索张拉质量检查评定表其内容包括：混凝土强度、弹性模量、龄期、油表读数、设计张拉伸长值、持荷时间、回缩量等。

（2）制槽场技术管理部根据试验室提供混凝土的强度、弹性模量，给作业班组下发张拉通知单并向张拉操作人员进行交底。

（3）整个预应力张拉过程由二检、三检以及监理进行全程旁站，张拉前现场质检人员仔细核对混凝土抗压强度、弹性模量值及龄期是否符合要求，并对张拉设备、工艺参数，以及张拉人员进行确认。

（4）张拉过程中对张拉应力、实测伸长值及静停时间进行监控并记录，如出现问题，立即停止并认真查明原因，消除后再进行张拉。

（5）张拉完毕后，用油漆在钢绞线端头做出标记，经过24小时复查，确认无滑、断丝时可进行钢绞线头的切割，割丝保留长度为夹片外30～50mm，钢绞线的切割采用砂轮切割机切除。并对锚板、垫板及外露的钢绞线，用无收缩性砂浆将锚具密封，为灌浆做好准备。

（6）灌浆前先清除锚槽内杂物，参照计算孔道理论灌浆量，严格按照锚索灌浆施工记录质量检查表进行实时监控，在保证每孔实际进浆量不小于理论进浆量的前提下结束灌浆，并做好详细的记录。

6. 孔道压浆

预应力张拉完成后，48小时内进行孔道真空辅助压浆。灌浆材料使用P·O 42.5硅酸盐水泥，孔道灌浆材料为HJ-MA型压浆剂，水采用制槽场井水，配合比按照0.1∶1∶0.385（压浆剂∶水泥∶水）的比例搅拌压浆，水胶比为0.35。

7. 梁式渡槽安装施工

渡槽安装施工工序包括提（移）槽及支座安装、运槽、安装对位、临时支撑千斤顶安放、落槽对位、调整、支座砂浆回填、千斤顶拆除等施工工序。

（1）渡槽提（移）槽。渡槽提（移）槽是将渡槽在存槽台座向运槽车转移的过程，渡槽提槽及支座安装均在制槽场存槽区进行。利用制槽场布置的1300t提槽机，将渡槽提起离开存槽台座50cm左右，开始安装渡槽盆式支座，待支座安装完成后再将渡槽提至运槽车。槽体支座安装过程和渡槽提槽过程见图14-4-10和图14-4-11。

图14-4-10 槽体支座安装

图14-4-11 渡槽提槽

（2）运槽、架槽。运槽是利用安装在渡槽顶部的运槽车，将渡槽运输到架设位置，再利用布置在下部结构墩帽上的2台650t轮轨式门吊架槽机将渡槽安装到墩帽之上。其作业情况如图14-4-12和图14-4-13所示。

图14-4-12　提槽机将渡槽吊上运槽车

图14-4-13　运槽前行

（四）大型渠道衬砌机应用

中线干线工程全长1432km，大部分为自流明渠，全线落差仅100m，渠道坡降小，梯形复式，断面坡比小，坡长11～29m，渠坡现浇混凝土衬砌厚度仅8～10cm。衬砌混凝土无筋超薄，施工周期长，地域跨度大，要求连续作业，加上渠坡长度大，渠底坡降小，因此对原材料、配合比、坍落度、搅拌运输、密实度、平整度、光洁度、切割分缝、养护等均提出了较高要求，传统的人工滑模施工方法难以满足需要。渠道衬砌混凝土面板为素混凝土薄板，受外界环境影响大，易发生裂缝、冻胀和冻融破坏。

影响衬砌混凝土质量的主要因素有混凝土自身性能、施工设备及施工工艺等方面。从实践情况来看，施工设备和混凝土性能方面的原因更为关键，两者相互制约，共同影响衬砌混凝土的强度、密实度、平整度和抗渗、抗冻性能等重要质量指标。

设计采用全断面土工膜防渗，再在土工膜上浇筑衬砌混凝土，在工期短、任务重、质量高的情况下，常规施工机械或方法，很难保证土工膜的保护和混凝土拌和物振捣后的稳定，为了保证渠道衬砌质量指标，中线建管局鼓励参建单位大规模使用渠道衬砌机。

（1）振动碾压成型机（CCFM）。振动碾压成型机小车行走系统采用销齿轮传动，实现了渠肩、渠坡和坡脚的一次成型。“约束挤压振捣”方式的横向振动碾压衬砌机（图14-4-14）的使用提高了衬砌混凝土的密实度，由于不需人工立模且振捣模块行走速度加快，因此施工效率大大提高。正常情况下，2m摊铺宽度（纵向）、坡长20m的衬砌混凝土浇筑时间仅需5～8分钟，浇筑混凝土约3.2m^3。传统横向振动碾压衬砌机由于需往复碾压，同等条件下耗时为“约束挤压振捣”衬砌机的4倍左右。

（2）振捣滑模成型机（SCFM）采用异型高频电动振捣装置，实现了衬砌混凝土的均匀、密实、平整光洁。纵向滑模衬砌机见图14-4-15。

（3）大部分机械化衬砌设备可以一次性完成渠道坡角、斜坡和渠肩的混凝土布料、输料、振捣、提浆和成型。渠底衬砌机（图14-4-16）、削坡机（图14-4-17）、抹面压光机（图

(a) 横向振动碾压衬砌　　(b) 横向约束挤压振捣衬砌机

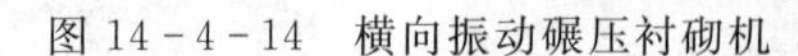

图 14-4-14　横向振动碾压衬砌机

图 14-4-15　纵向滑模衬砌机

图 14-4-16　渠底衬砌机

图 14-4-17　削坡机

14-4-18)、切缝机（图 14-4-19）等机械化施工设备的使用，显著提高了施工效率，有效提升了衬砌混凝土的密实度和渠道平整度、外观质量，如期完成了工程建设进度，保证了施工质量，促进了工程建设目标的实现。

（五）穿黄工程泥水平衡盾构机施工技术

由于穿越的黄河河段游荡性较大、地质条件较差，河底以下几十米都是细粉砂或质地较疏松的粉土岩，两岸也没有坚硬的基岩，河床较宽，工程量较大等特点给中线穿黄工程线路的布

图 14-4-18　抹面压光机

图 14-4-19　切缝机

置、工程的安全性、工程施工以及质量管理等都带来了较大的难度。中线穿黄工程进行了 1∶1 模型试验，取得大量设计及施工参数，解决设计方案及施工工艺优化比选问题。

根据中线穿黄输水隧洞断面大、地层条件差、一次推进距离长的特点，参照国外类似工程的经验和国内外有关单位和专家的咨询意见，选用泥水加压式盾构机（图 14-4-20）。

工程采用盾构掘进、管片衬砌与壁后注浆、隧洞环向预应力混凝土二次衬砌的整套先进技术进行施工，具有自动化程度高、节省人力、施工速度快、一次成洞、不受气候影响等特点。

穿黄隧洞长达 4250m，过河隧洞长 3450m，断面内直径 7.0m，盾构机要一次穿越过河隧洞后，才能到达南岸竖井进行全面检修和维护。

图 14-4-20　中线穿黄输水隧洞选用的泥水加压式盾构机

穿黄隧洞盾构掘进是一项复杂的系统工程，主要有始发竖井施工、盾构机的选型、泥水系统设计、盾构机的组装与调试、盾构始发技术、管片制作与拼装、壁后注浆、复合地层中的掘进、刀具的监测与更换、施工测量与监测、管片的错台及碎裂控制等关键技术，多数是目前国内外盾构施工前沿的核心技术。工程建设过程中，攻克主要技术难题如下。

1. 超深地下连续墙施工技术

穿黄工程北岸竖井为穿黄隧洞盾构始发井，竖井为圆筒结构，内径 16.4m，井深 50.5m。井壁为地下连续墙形式，厚 1.5m，深 76.6m。由于地层条件差、地下水位高、结构复杂，地下连续墙施工中对成槽技术、钢筋笼下放、水下混凝土浇筑、槽段链接技术、防渗技术等要求非常高，施工难度很大。施工中采用了先进的设备液压铣槽机（双轮铣）进行成槽施工，现场组织了多项生产性试验，熟练掌握施工工艺，并在施工中运用了多种如铣接头、钢筋接驳器等新技术，最终确保了地下连续墙在保证质量的前提下，顺利按期完工。

2. 超深竖井施工技术

竖井施工采用“逆作法”顺序。在地下连续墙的防护下，边开挖边进行衬砌。由于地层条件件基本为全砂层，地下水位高，施工中竖井内出现涌水涌砂的风险较大。竖井的开挖施工、封底技术、降水方案等都是施工技术难点。施工前对竖井施工方案进行了充分的研究论证，并请科研单位进行数值计算，确定合理的开挖、降水及封底方案。通过现场试验，将封底的三重管双高压旋喷工艺调整为单管法高压旋喷工艺，顺利进行封底，保证了内衬浇筑安全；采用一体式整体滑模，提高了浇筑质量和施工效率。始发竖井的胜利完工，为盾构机顺利始发打下了坚实的基础。

3. 盾构始发技术

穿黄工程的盾构始发区域距离地面近 50m，是国内较深的盾构始发，受始发井尺寸所限，采取分段始发方案，始发地层主要是为砂层，埋深大，地下水位高，始发时易发生涌水涌砂，对人员、设备造成严重威胁。始发前采取了冷冻封水措施和高压旋喷桩加固地层，并加强洞口密封。始发时对反力架、始发架进行密切监控，严格控制始发时的泥水压力。下游线盾构于 2007 年 7 月 8 日顺利始发，上游线盾构于 2008 年 3 月 15 日顺利始发。

4. 高地下水位下的高边坡开挖

穿黄工程南岸明渠为明挖渠道，开挖深度 20～57m。开挖地层中有两层饱和软黄土状粉质壤土，抗剪强度低，对渠坡稳定不利。另外，黄土状粉质壤土在地下水的作用下，易产生流土破坏。在地下水位高出渠底近 30m 的情况下，如何保持开挖边坡和渠道的防渗稳定是南岸明渠施工的关键。为此，中线建管局委托黄河勘测规划设计有限公司开展高边坡渗控措施科学研究，并将研究成果应用于现场施工，渠道高边坡在采取降水措施的情况下，施工进展顺利。

5. 盾构管片拼装技术

穿黄隧洞洞径大，地下水位高，地层条件差，盾构施工承受的外力很大，管片拼接技术要求非常高。盾构掘进初期一度出现了管片局部碎裂、错台量超出设计允许值、安装困难等问题，经过数月的研究、试验、论证，决定对管片结构形式进行改进。新管片与老管片相比，进行了六项改进：调整了 K 块偏转角和插入角、优化弹性密封衬垫型式和参数、修改管片的纵缝接头、修改管片的环缝接头、增加防裂钢筋、增加定位标志。改进后新生产的新管片拼装顺利，见图 14-4-21。

6. 盾构机维护技术

如何保证在过河隧洞施工过程中盾构机正常工作，是盾构施工中的一个重大技术挑战。通过技术攻关，穿黄工程建立起一套完善的盾构机维护技术。根据“勤检查、勤换刀”的原则，把带压进仓检查换刀作为一项常态的维护手段。对受磨损严重的刀盘具，通过工程措施实现常压进仓，全面检查，彻底修复。穿黄工程采用先进的“SMW”工法进行地基加固以后，成功地进行了常压下的刀盘刀具修复。

7. 衬砌施工技术

穿黄隧洞内砌工序复杂，首先按设计要求进行外衬管片的手孔封堵，接着进行弹性防排水垫层铺设，然后钢筋绑扎并预埋波纹管，最后用钢模台车浇筑混凝土；在混凝土强度到达龄期后，安装钢绞线，进行张拉；张拉完成后，对锚索孔道灌浆和预留锚具槽混凝土回填。穿黄隧洞内衬边顶拱低位槽处钢筋密集，常规混凝土浇筑方式难以保证混凝土密实；采用 1 级配混凝土、薄层浇筑、增加观测和振捣窗口、采用人工振捣辅以附着式振捣器进行振捣的综合措施，较好地解决了混凝土浇筑难题。

根据专家对换刀方案的评审意见并结合施工现场的实际情况，在盾构掘进 1608m 处实施带

(a) 偏重处理

(b) 移至井口

(c) 井内就位

图 14-4-21　中线穿黄隧洞管片拼装机

压开舱换刀。常压下，进仓检查、更换和改造刀具，采用搅拌桩施工成墙、真空降水的施工方案，引进日本最先进的三轴搅拌桩机施工作业围护结构，采用真空降水措施将围护结构内外的水压降低。先将埋深 40m 的盾构机从地面向下做一个围护结构，使盾构机四周的土体与外围土体隔离，然后对围护体内外进行降水，从而减少盾构机掌子面的水压，当掌子面的水压达到安全值后，将盾构机掌子面的气压降为常压，在常压状态下完成对盾构机刀具进行改造和更换工作。盾构机常压开舱成功后，后续施工遵循循序渐进、衔接紧凑、加强监测、确保安全的原则，精心组织，精细施工，加强掌子面的监控量测和降水观测，在确保施工人员与盾构机安全的前提下，做好掌子面开挖和刀具改造与更换。

（六）超大口径 PCCP 管道设计和施工

在超大口径 PCCP 管道结构安全与质量控制中，在国内首次提出符合中国规范体系和材料标准的一整套 PCCP 设计参数；首次提出 PCCP 的阴极保护技术参数，提出沟槽和隧洞内超大口径 PCCP 安装质量控制标准，研制的 PCCP 阴极保护测试探头填补了国内空白；研发出新型的钢丝锚固方法，解决了 PCCP 阴极保护电连接问题；机械化喷涂 PCCP 外防腐层材料和工艺为国内首创；首次采用沟槽内超大口径 PCCP 龙门起重机安装技术（图 14-4-22）、隧洞内 PCCP 安装工艺及技术。

图 14-4-22 沟槽内超大口径 PCCP 龙门起重机安装

在工程建设之初制定科技工作计划，开展重大关键技术研究，率先启动 PCCP 管道制造和安装科技研究。为确保工程顺利实施，参建单位积极开展超大口径 PCCP 管道结构安全与质量控制等关键技术研究，填补了国内 PCCP 应用技术方面的多项空白，有力推动了中线干线京石段应急供水工程的质量管理、进度建设。

大口径 PCCP 管道的设计与施工在以下几方面取得了重大突破。

（1）提出了可保证超大口径 PCCP 的结构安全性、耐久性和输水可靠性的设计和检验方法。提出的小流量自流、大流量加压的组合输水方式实现了流量 $0\sim60m^3/s$ 的灵活调度。

（2）采用无溶剂环氧煤沥青材料和自动喷涂技术，研制了补偿平衡式缠丝机、无动力倾管机等 4m 直径 PCCP 制造专用设备，解决了超大口径 PCCP 管道的制造难题。

（3）研发了自装卸管道运输车就位小龙门起重机对接的超大口径 PCCP 管道沟槽安装工艺；重型、超大口径管道洞内运输安装与混凝土衬砌同步施工技术；解决了重型、超大口径 PCCP 管道的运输及安装难题。

（4）考虑到工程沿线地下水及土壤影响 PCCP 管道腐蚀的因素很多，PCCP 管道埋深较大，管顶覆土一般 7～10m，最大管顶覆土 20m，运行期不具备追加阴极保护设施的条件，为保证工程质量及运行安全，全线采用了适合 PCCP 工程的涂层保护和阴极保护联合保护系统，显著提高了管道的可靠性和耐久性。

（5）设计了完整的 PCCP 管道安全监测体系，成功地将氢气示踪法应用于地下 PCCP 输水管道渗漏检测。

（6）北京段工程 PCCP 管单节最大外径 4852mm，根据《道路大型物件运输管理办法》属于三级大型物件，利用社会道路运输 PCCP 有很大困难；PCCP 吊装最大重量约为 77.4t，最大吊幅约 28m，对运输车辆、道路条件、起重设备都提出了较高的要求。为了解决 PCCP 的运输困难，在运输工作中，采用了经过改装的大型平板拖车（图 14-4-23）和由北京河山引水管业有限公司与上海同济大学共同研制的专用驮管车（图 14-4-24）两种车型，顺利完成管材运输工作。

图 14-4-23　大口径 PCCP 管道专用大型平板车

图 14-4-24　大口径 PCCP 管道专用驮管车

PCCP 管道工程建设节约耕地达 4000 余亩，年可节约 15％的抽水加压费用；管材投资比外商投标价节约 18 亿元人民币；采用的安装超大口径 PCCP 法比国际通用的安装工法节省费用约 2 亿元，经济效益显著。PCCP 管道工程建设见图 14-4-25。自 2008 年投入运行以来工程已安全运行 9 年，通过 PCCP 管道成功向北京城区输水，极大缓解了首都的供水危机。

图 14-4-25　京石段大口径 PCCP 管道工程建设图

（七）工程实体质量检测新技术

在大规模、高强度工程建设任务下，常规工程实体质量检测方法不能满足工程需要，中线建管局引进、采用了新仪器、新技术适应工程建设质量需求。

在对工程实体质量进行检测时，主要采用以

下新技术。

（1）采用中型回弹仪检测混凝土强度。混凝土强度检测采用回弹法，使用中型回弹仪（图14-4-26），按照《回弹法检测混凝土抗压强度技术规程》（JTJ/T 23—2011）对建筑物混凝土强度质量进行检测，并推定混凝土强度推定值。

图14-4-26 采用中型回弹仪检测混凝土强度

（2）利用混凝土扫描仪检测钢筋混凝土内部质量缺陷。混凝土密实性使用地质锤对混凝土建筑物进行普查，对疑似部位使用混凝土扫描仪（PS1000）进行详细检测，对疑似存在蜂窝、空洞的部位进行现场验证。

使用混凝土扫描仪（PS1000）对钢筋数量、间距及保护层厚度进行检测，对疑似位置进行现场验证。

（3）使用裂缝综合测定仪检测裂缝。裂缝测定使用裂缝综合测定仪、裂缝宽度测定仪或裂缝显微放大镜对宽度大于0.2mm和疑似贯穿的裂缝形态进行检测，确定其长度、深度、宽度。

（4）使用水准仪复核高程偏差。高程偏差复核使用水准仪，对建筑物底板高程进行抽测，并将抽测数据和设计数据进行对比，复核其误差情况。

（5）利用三维激光扫描仪对建筑物断面尺寸进行复核。横断面尺寸复核使用DS8800三维激光扫描仪，对建筑物横断面（截面）进行抽测，并将抽测数据和设计数据进行对比，复核其误差情况。

（6）对重要部位混凝土实体检测采用了混凝土超声波检测技术和结构混凝土地质雷达方法，土方填筑碾压质量检测采用实时监控技术等。

第五节　质量管理工作总结及评价

南水北调中线干线工程自开工以来，在国务院南水北调办的正确领导、各级领导的精心指导和各建管单位的大力支持下，中线建管局以“体系保证，过程控制，技术创新”为主题，以“提高工程质量、提升管理水平”为重点，按照“质量是工程的生命”的总体要求，全面开展质量管理工作，确保了中线干线工程施工质量。

一、质量管理工作总结

1. 中线建管局质量管理体系健全，质量管理目标基本实现

中线建管局根据工程建设质量管理目标，建立了科学完善的“项目法人负责、监理单位控制、设计、施工及其他参建方保证、政府监督相结合”的全面质量管理体系。

中线建管局编写了以南水北调中线干线工程质量专用技术标准、设计规范、施工指南、质量检验与评定规程、验收导则为主的质量管理技术标准体系近百项；制定了包含基本制度、过程指导和操作规范3大类的质量管理制度体系；依据技术标准和管理制度，按施工单位自检、监理单位抽检、项目法人抽查的工作流程开展工程质量管理。

监理单位针对工程实际，编制监理规划和监理实施细则，不断改进和完善质量控制体系，依据合同约定、设计文件、南水北调中线专用标准，以及国家、行业相关的施工规程、规范等规定，严格按照事前审批、事中监督、事后检验等监理工作环节控制工程质量，工程质量总体受控。

施工单位建立了项目经理负责制的质量保证体系，通过质量目标层层分解、落实，按照技术规定、工法指南等规程、规范施工，严格工序“三检制”，实行“质量一票否决制”，通过施工过程的严格控制保障了工程实体的质量。

设计单位按ISO 9001质量管理体系进行管理，设计成果、设计文件质量完全受控，设计深度基本满足工程建设需要；设计现场服务工作全面、细致、到位；设计单位质量保证体系运行良好，为工程建设顺利完成提供了技术保证。

中线建管局质量管理组织机构完善，以质量归口部门积极策划为主，各职能部门积极协助，直属单位全面组织实施质量管理；责任体系明确，项目法人、建设管理单位、监理单位、施工单位、设计单位和工程质量监督单位各司其职，形成了中线建管局对现场建管机构、建设管理单位的质量管理工作进行督导，对施工质量进行抽查监控，对工程质量负总责的“三级检查”思路，管理秩序良好。质量管理目标基本实现。

2. 设计服务质量到位，设计成果满足建设需要

中线干线工程由9家设计单位承担全线渠道、输水建筑物、穿渠建筑物和部分跨渠桥梁、机电金结等设计任务。设计单位为保证设计质量，建立了项目设计质量保证体系，成立了南水北调中线干线工程项目设计组或分院，配备经验丰富的各类专业人员，实行项目设总负责制。对图纸和设计变更建立了严格审查会签审批制度，按照供图计划提供施工图纸。各设计单位成立施工现场设计代表处，配备水工、建筑、机电、地质等专业人员。

项目法人在设计招标阶段要求投标单位必须具有相应的资质和业绩；在项目前期阶段，多次审查、讨论项目可行性研究报告和初步设计报告，对各个设计单元工程设计要点进行专题讨论，对重大设计变更，采用专家咨询、决策机制等保证设计深度。

中线干线工程设计质量管理基本满足工程建设需要，实现各设计单位设计工作的顺利衔接，保证了工程主体建设目标和工程质量要求。

3. 施工质量管理有序，工程质量满足设计要求

施工质量管理以工序管理为基础，认真执行“三检制”和监理开工令，严格材料和设备质量管理，加强工程实体质量管理，及时进行施工质量检查签证与工程验收。对渠道、输水建筑

物、穿渠建筑物、机电金结、跨渠桥梁等5大类工程，分别开展专项检查和组建协调小组专岗专人负责。

工程施工质量和设备安装总体满足设计要求，2013年年底工程主体完工，2014年6月全部过水设计单元工程顺利通过通水验收，保证了2014年6月开始的全线充水试验。

4. 奖惩机制总结及评价

中线建管局通过设计奖惩机制及其运行，增强全员质量意识和管理积极性，形成以参与南水北调中线干线工程建设为荣的氛围，自觉维护工程质量。奖惩机制发挥了奖优惩劣的作用，对内激发了全员质量意识；对外通过鼓励社会举报，激励公民监督工程质量。严肃清退了多人次质量违规人员，下发多批次通报批评，约谈相关参建单位负责人，采取经济处罚和清退出场等方式，加重加大处理力度，引以为戒，有力地维护了工程各方利益，树立了工程“质量红线”不可动摇的观念。

5. 技术创新质量评价

面对诸多技术难题，中线建管局积极与科研院所、高等院校合作，与国家科技规划相结合，为工程技术创新提供科技支撑，为工程技术难题寻求科研力量和解决办法；充分发挥技术创新攻克难关的功效，填补了国内大口径PCCP管道制造和安装空白、提出了膨胀土岩水泥改性土换填处理优选方案、大规模采用渠道衬砌机械设备、合作研发了大型渡槽施工设备、使用高填方碾压实时监控技术、创造性地采用一次性长距离盾构法掘进穿黄隧洞技术、采用多种非常规混凝土质量检测技术等，突破了工程建设“瓶颈”，确保工程保质、保量完成了建设目标。

二、总体评价

（一）工程质量管理体系评价

（1）组织体系评价。分层次质量管理体系基本健全，“项目法人负责、监理单位控制、设计、施工及其他参建方保证、政府监督相结合”的多层次的质量管理体系运行有序；质量管理责任明确，现场建设管理机构质量职责监督检查到位，质量管理体系运行有效。

（2）质量管理制度评价。各层级参建单位质量管理制度健全，与合同文件、规程规范和现场实际密切结合，使制度具有可操作性，责任人员实现质量责任的具体措施和标准明确，制度得到落实，有效规范了质量行为。

（3）质量技术标准体系评价。系统规定了规程规范的优先使用次序为国务院南水北调办颁发的规程、规定、标准；水利行业规程、规范、标准；国家和其他行业颁布的相关规程、规范、标准。严格统一执行质量技术标准，使质量检验的执行与评定更加规范化。

（4）质量监督体系评价。国务院南水北调办依法对南水北调工程质量实施监督管理，负责对各监督实施机构质量监督责任落实情况进行监督检查。项目法人直接建设管理和代建管理项目的质量监督工作由监管中心的质量监督站负责；委托各省（直辖市）建设管理项目的质量监督工作由各省（直辖市）的南水北调工程质量监督站负责。各质量监督机构对参建各方的质量管理行为和实体工程质量实施了政府监督，建立了相关监督管理制度，质量监督重点突出。

（二）项目法人及参建单位质量管理评价

（1）项目法人质量管理评价。采取直管、委托与代建三种建管模式，建立相应的组织机构。质量管理制度具体、可操作性强，且设有有效的和针对性的质量管理措施；对建设管理单位、监理单位和施工单位的质量管理行为进行巡视抽查，体现了对建设管理单位、监理单位和施工单位的质量行为管理；开展的质量检测体现了项目法人对工程实体质量的管理。

（2）建设管理单位质量管理评价。建设管理单位是连接项目法人和参建单位的枢纽，是工程实体形成的直接管理者。在落实合同质量责任管理、法律法规及相关制度和协调外部关系时做了许多积极的工作，通过巡视、检查、考核、评比等措施，督促设计、监理和施工等单位落实合同质量责任，质量管理工作基本满足工程建设管理的需要。

（3）设计单位质量管理评价。设计单位的质量管理体系健全，设计质量及现场设代服务工作基本满足工程建设需要。

（4）监理单位质量管理及评价。监理单位均建立了质量控制体系，对施工质量实施三阶段控制，采取旁站、巡视、跟踪检查、平行检测等手段，施工质量基本处于受控状态。

（5）施工单位质量管理及评价。施工单位质量保证体系基本健全，基本能按照“三检制”原则进行各工序施工，施工过程质量管理基本满足要求。

（三）工程实施过程质量管理评价

（1）原材料质量管理评价。各参建单位对原材料的质量管理制度基本完善，质量管理基本符合规范和设计要求。涉及工程质量安全的主要大宗原材料质量均满足质量标准要求。

（2）施工质量检验控制及评价。施工单位的现场检测机构（工地试验室、测量队等）按照相关要求完成了现场的简单检测工作，没有检测资质的施工单位进行了委托试验。在施工现场各单位基本能按照班组自检、作业队复检、专职质检人员终检的“三检制”开展工作。监理单位对施工过程的工程质量检验，在施工单位自检合格后进行，对施工单位的检测结果进行抽检，经检验合格后予以签认；对隐蔽工程组织相关参建单位联合验收。建设管理单位委托有资质的专业检测机构对原材料及中间产品进行抽检；参与重要隐蔽工程及关键部位单元工程联合评定。各参建单位施工质量检验制度完善，并按照相关的规章制度执行。

（3）工序管理和工程质量评定控制及评价。各参建单位，结合实际情况，确定工程项目划分，报质量监督机构确认。工程建设过程中，施工单位依据规程规范和设计文件要求，制定了主要工序施工措施，实行了“三检制”，监理单位实施工序验收，全线工序质量管理处于受控状态。

（4）工程质量评定控制评价。各参建单位根据《水利水电工程施工质量检验与评定规程》（SL 176—2007）和国务院南水北调办有关质量评定的标准，组织对单元工程、分部工程、单位工程及合同项目的质量进行评定、验收工作；工程质量评定进展顺利。

（5）工程验收管理评价。项目法人负责组织和领导验收工作，要求建设管理单位制定验收工作计划并督促其按计划完成，通过参与验收和开展检查、培训宣贯、示范性验收等方式对施工合同验收工作进行监督指导；工程验收工作按计划进展顺利。

三、存在问题

(1) 质量管理体系总体运行顺利，效果可观。但由于工程庞大、专业交叉、管理系统错综复杂，短时间内连续招聘大批管理人员，建管单位间管理人员调动、相互支援，质量管理人员专业培训不足。

(2) 个别单位质量管理文件流于形式、针对性不强。

(3) 部分质量管理工作仅停留在照章办事，按程序文件要求执行，没有养成不断提高、追求卓越的工作态度，缺乏发现潜在质量问题及时应对的能力。

第十五章　湖北省境内南水北调工程质量管理

第一节　概　　述

为缓解南水北调中线调水对汉江中下游带来的不利影响，南水北调中线工程总体规划中安排建设汉江中下游四项治理工程，即兴隆水利枢纽、引江济汉、部分闸站改造和局部航道整治。

作为缓解中线调水后对汉江中下游不利影响的补偿性工程，湖北省南水北调工程承担着保障汉江中下游经济发展、环境、民生的重任。能否把这项工程建成经得起历史和人民检验的优质工程，不仅关系到国家巨大投资效益的正常发挥，而且将影响到湖北的形象、社会的和谐稳定、人民的福祉安康以及建设者的声誉。湖北省南水北调汉江中下游治理工程的管理单位以及参建单位都充分认识到南水北调工程建设的重要意义，牢固树立建设精品工程意识，坚持“质量第一，科学管理，预防为主”的质量方针，始终把保障工程质量放在各项工作的首位，坚持质量监管的高压态势，不断加强质量监管力量，紧盯工程关键项目，深入开展质量检查，严打重罚质量违规行为，积极督促问题整改，确保工程质量安全可控。

一、质量管理目标和特点

（一）质量管理目标

湖北省南水北调管理局在国务院南水北调办和湖北省委、省政府的领导下，作为湖北省南水北调工程（汉江中下游治理工程）的项目法人，对工程质量负总责，负责工程建设质量的管理工作。各项目建设管理处（办）是湖北省南水北调管理局设立的现场建设管理机构，负责所辖项目工程建设质量的管理工作。

项目法人在监理委托合同、设计合同、施工合同中分别约定了各参建单位的质量管理目标。

（1）监理单位质量管理目标：监理工程质量达到合同要求的质量等级。无重大质量、安全事故。

（2）设计单位质量管理目标：设计质量满足工程质量、安全需要，符合设计规范和合同规定，无重大设计缺陷或错误。

（3）施工单位质量管理目标：工程质量达到合同要求的等级。无重大质量、安全事故。

（二）质量管理特点

汉江中下游治理工程作为南水北调中线工程的组成部分，既有枢纽工程，又有渠道工程。兴隆水利枢纽工程是南水北调中、东线工程中唯一的新建河川枢纽工程，与水源工程和干线工程相比，既有一些共性的特点，又有其自身的复杂性；引江济汉工程线路长，受长江和汉江的影响较大，交叉的河渠、公路较多，平原地下水位较高，渠道穿过长湖湖汊；部分闸站改造工程和局部航道整治工程涉及多个地市和部门，需要考虑和协调的问题复杂。南水北调工程作为国家重大战略工程，质量标准高，质量管理要求严格。汉江中下游治理工程内在的特殊性和外界环境的复杂性，决定了湖北省南水北调工程质量管理的特点。

1. 工程分散、面广，质量管理协调难

引江济汉渠道全长67.23km，各种交叉建筑物近100座，其中涵闸16座，船闸5座，倒虹吸15座，橡胶坝3座，泵站1座，跨渠公路桥54座（包括机耕桥），跨渠铁路桥1座，另有与西气东输忠武线工程交叉1处。穿湖长度3.89km，穿砂基长度13.9km。工程范围涉及湖北省的荆州市、荆门市和潜江市及仙桃市等4个市。

部分闸站改造工程范围为丹江口水库—汉江河口河段，河段长度约629km，涉及两岸主要灌区11个，确定改造项目185处，其中需进行单项设计的闸站有31处，列入典型设计的小型泵站共154处。从湖北省行政区划的分布看，襄阳市9处，荆门市7处，潜江市1处，天门市4处，仙桃市3处，汉川市7处。

汉江中下游局部航道整治工程范围为汉江丹江口至汉川河段，全长574km，其中丹江口至襄樊河段长117km，襄樊至汉川河段长457km。

湖北省南水北调工程建设范围分布广，建设内容不同，开工时间不一致。同时，工程建设涉及水利、交通、公路、电力、通信、国土、环保、市政等多个行业和部门，以及负责征迁工作、外部环境协调的地方南水北调办、移民办等机构。不同工程的投资渠道、建设主体不同，涉及不同的行业和主管部门，采用不同的技术标准和规范，管理及协调难度大。

2. 参建单位众多，建管模式多样，质量管理错综复杂

湖北省南水北调工程采用项目法人直接管理、委托管理和代建管理相结合的新型建设管理模式。湖北省南水北调工程项目划分及管理模式见表15-1-1。主要参建单位包括直管管理、委托管理以及航道等各类建设管理单位15家，勘测、设计单位5家，监理单位9家，施工单位150多家，几乎涵盖国内主要的水利设计、监理和施工单位，还有其他承担桥梁、公路、管理用房、永久供电等设计和施工任务的若干单位。主要建筑物既有一般水利工程建筑物，又有大流量泵站、交叉工程、节制闸、出水闸、分水闸等建筑物。施工组织复杂、质量控制难度大。

表 15-1-1　　湖北省南水北调工程项目划分及管理模式表

序号	设计单元工程名称	建管单位	管理模式
1	兴隆水利枢纽工程	湖北省兴隆水利枢纽工程建设管理处	直接管理
2	引江济汉工程	湖北省引江济汉工程建设管理处，引江济汉工程荆州、沙洋、潜江、仙桃和汉江局建设管理办公室	直接管理＋委托管理
3	部分闸站改造工程	汉川市、仙桃市等所在地闸站改造建设办公室	委托管理
4	局部航道整治工程	湖北省交通运输厅港航管理局	委托管理
5	引江济汉调度运行管理系统	湖北省南水北调管理局	直接管理

3. 地质、气候条件复杂、技术难题多，施工难度大

汉江中下游特殊的地质和天气情况，导致雨水多，地下水位高，土体含水量偏高，对基坑施工、渠道土方回填质量带来一定的影响。另外，引江济汉工程渠道穿越膨胀土地带，膨胀土换填施工质量控制也直接影响整个工程的质量。兴隆水利枢纽是坐落在深厚粉细砂覆盖层上的平原闸坝，建筑物基础存在粉细砂土层压缩性较大、承载力低，基础处理难度大；汉江季节性洪水特征明显，每年秋季防汛压力大。

汉江中下游治理工程在施工过程中，存在着大量的技术问题。主要关键技术和难题有：兴隆水利枢纽轴线全长2830m，与三峡工程相当，施工导流难度较大；导流明渠、围堰填筑及基坑开挖施工强度大，围堰防渗处理困难；建筑物基础存在粉细砂土层，压缩性较大、承载力低，饱和砂土持力层易震动液化与渗透变形等技术问题。引江济汉工程主要技术问题是砂基段渠道施工及防渗问题，工程沿线地区防洪影响，穿湖段渠堤施工，出口建筑物基础存在土层承载力较低、饱和砂土的震动液化与渗漏、渗透变形等情况，膨胀土的判别和处理要求高，难度大。

4. 开工晚，施工高峰集中，进度压力大

湖北省南水北调工程开工时间晚，工期紧、任务重，施工线路长，征地拆迁难度较大。加上工程自身特点，路网、水系情况复杂，严重影响工程施工。湖北省最早开工的南水北调工程是兴隆水利枢纽工程，正式开工为2009年2月，其余设计单元都比计划滞后。作为一项重大的战略性工程，计划于2013年年底前基本完工，工期压力大。

二、质量管理体系机制概要

（一）质量管理体系

南水北调工程作为国家大型水利建设项目，采用统一集中管理、分项目实施的质量监督管理体制。国务院南水北调工程建设委员会办公室依法对南水北调主体工程质量实施监管。项目法人、项目管理、勘测设计、监理、施工等单位依照法律法规承担工程质量责任。

湖北省南水北调汉江中下游四项治理工程自实施以来，湖北省建立了湖北省南水北调管理局、各建设管理单位、勘察设计、施工、监理及质量监督等多层次的质量管理体系，实行“项目法人负责、监理单位控制、施工单位保证、政府监督相结合”的质量管理制度，落实质量责任制和质量责任追究制度。

1. 项目法人负责

湖北省南水北调管理局成立了湖北省南水北调工程质量管理工作领导小组，贯彻落实国务院南水北调工程建设委员会的方针政策和重大决策，执行国家及南水北调工程建设管理的法律法规，建立完善的组织管理机构，制定各类管理制度，通过工程招投标，择优选择项目管理、监理、施工、材料设备供应及咨询单位，采取组织措施和技术措施加强施工过程质量管理，对工程质量进行全方位、全过程的质量管理。

2. 监理单位质量控制体系

监理单位受项目法人委托进行质量控制。监理单位实行总监负责制，根据工程特点，采用合理的职能管理模式，设置咨询专家、总质检师指导、协助工作；督促和检查施工单位建立健全质量保证体系，并监督其正常运行，使工程施工质量始终处于受控状态。采取“事前审批、事中控制、事后检查”三控制程序，全过程、全方位控制施工质量。

3. 设计单位质量保证体系

设计单位根据工程实际，本着服务于客户、服务于现场的原则，成立现场设代处，制定一系列质量管理文件，保证设代处质量管理的有效落实，及时解决工程建设中现场出现的与设计有关的技术问题。积极配合项目法人及施工现场各方，响应项目法人提出的各项技术要求及服务内容，确保质量目标的实现。

4. 施工单位质量保证体系

施工单位成立以项目经理和总质检师为核心的质量管理领导小组，建立质量责任制，健全质检机构，设置质量管理职能部门，制定质量过程控制程序，定期召开质量专题会，发现问题及时纠正，推进和完善质量管理工作。

5. 政府质量监督

依据国务院南水北调办《关于委托承担汉江中下游治理工程建设部分行政监督管理工作的函》(国调办建管〔2005〕55号)，明确湖北省南水北调工程领导小组办公室“负责工程质量监督管理，承担南水北调工程质量监督管理具体工作机构的组建和日常管理。”依据《关于成立南水北调工程湖北质量监督站的批复》，成立湖北质量监督站，具体负责汉江中下游治理工程的质量监督工作。湖北省南水北调工程政府监督体系见表15-1-2。湖北省南水北调工程质量监督采用巡回抽查和派驻项目站现场监督相结合的工作方式，在重要单项工程设立质量监督项目站。

表15-1-2　湖北省南水北调工程政府监督体系表

序号	质量监督机构名称
1	南水北调工程建设监管中心
2	南水北调工程湖北质量监督站
3	南水北调中线引江济汉工程质量监督项目站、南水北调中线兴隆水利枢纽工程质量监督项目站、南水北调中线部分闸站改造工程质量监督项目站

(二) 质量管理机制

为了保证工程质量，湖北省南水北调管理局根据汉江中下游治理工程质量管理目标和管理

特点，采取了一系列的措施、方法，形成了具有汉江中下游治理工程管理特色的质量管理机制。

1. 常规质量管理运行机制

自2009年2月湖北省南水北调工程首个设计单元工程——兴隆水利枢纽工程开工后，按照我国建设项目质量管理体系要求，建立了“项目法人负责、监理单位控制、施工单位保证和政府监督”相结合的质量管理运行机制，成立了湖北省南水北调工程质量管理工作领导小组；监督、检查各参建单位质量管理机构的成立情况，将质量管理落到实处；制定了质量管理制度；对参建单位的质量管理行为和工程实体质量进行常态巡查、定期检查和专项抽查；重点加强施工过程控制和原材料进场检验，加强对重要隐蔽工程和关键工序进行旁站监理和抽样检测；对检查中发现的问题，督促参建单位整改落实。

2. 督办机制

为加强湖北省南水北调工程建设，2011年湖北省南水北调管理局先后制定了《湖北省南水北调工程建设督办制度》（鄂调水局〔2011〕89号）、《湖北省南水北调工程建设管理局工程建设督办目标考核奖惩暂行办法》（鄂调水局〔2011〕167号）、《关于将建管处（办）负责人及监理单位总监纳入工程建设督办目标考核奖惩范围的通知》（鄂调水局〔2011〕181号）、《湖北省南水北调工程施工单位进度考核奖惩办法（试行）》（鄂调水局〔2011〕206号）等完整的督办管理制度。湖北省南水北调管理局为督办主体，对督办人员组成、职责、方式，以及督办考核奖惩对象进行了详细规定。

湖北省南水北调管理局形成了分片督办工程建设的工作机制，局领导和机关各处每月至少2次到施工一线进行督办。督办过程中，局领导、各督办组都把质量监管作为督办工作的一项重要内容，现场查找质量问题和整改问题，督促各单位加强质量管理。

3. 考核机制

为了进一步加强责任目标管理，湖北省南水北调管理局与现场各建管单位签订年度目标责任状，对现场参建单位建设目标完成情况进行考核。责任状里明确每年质量管理目标责任，每项目标的完成与否都有对应的得（扣）分，考核结果直接体现全年工作的成效。

2013年为湖北省南水北调工程建设高峰年，为提高各参建单位和人员的积极性，湖北省南水北调管理局制定了《引江济汉工程2013年度进度质量安全考核管理办法》，依据所辖标段质量管理情况好坏对各督办人员进行经济奖罚。考核奖惩的对象为湖北省南水北调管理局督办组全体成员、各建管处（办）负责人（领导班子成员）、各监理单位总监，包括分片负责督办工作的局领导、相关处（站）工作人员。

4. 专项检查机制

在工程建设过程中，湖北省南水北调管理局先后组织开展了跨渠桥梁质量检查、重要建筑物混凝土质量专项检查、混凝土强度排查、预应力波纹管内积水情况排查、跨渠桥梁工程负弯矩施工质量问题排查、混凝土建筑物工程渗漏水质量问题排查、混凝土建筑物工程土方回填质量问题排查等一系列检查活动。

2014年，在引江济汉工程充水试验前，为保证充水安全，湖北质量监督站组织对引江济汉和兴隆水利枢纽工程进行了全面排查。同时，还组织开展了安全监测质量专项检查、闸门止水紧固螺栓质量排查等；委托长江科学院对引江济汉渠道衬砌进行了第三方检测，全面了解衬砌实体质量。引江济汉工程充水期间，湖北质量监督站对各建筑物运行情况和渠道边坡稳定情况进行了巡查。

5. 责任追究机制

2012年10月实施的《南水北调工程建设质量问题责任追究管理办法》（国调办监督〔2012〕239号），进一步明确了质量管理职责、质量问题分类、质量问题认定、质量问题责任追究办法等。

在工程建设实施工程中，湖北省南水北调管理局贯彻执行《南水北调工程建设工程质量责任追究管理办法》，除了严格落实国务院南水北调办有关质量责任追究外，对于质量问题严重、质量管理不力的单位，对责任单位及人员进行了严格的责任追究。根据检查情况，对责任单位或个人采取诫勉谈话、书面批评、经济处罚、行政处罚等方式进行处罚。

根据国务院南水北调工程建设委员会办公室《南水北调工程质量责任终身制实施办法（试行）》（国调办监督〔2012〕65号）规定，南水北调工程行政管理部门、项目法人（建设单位）、监理、勘察、设计、施工等单位和个人，按照国家法律法规和相关规定对工程质量负相应的终身责任。因工程建设期内违反工程质量管理规定，造成工程质量问题的，即使发生单位转让、分立与合并，个人工作调动与退休，仍依法追究责任。

《南水北调工程质量责任终身制实施办法（试行）》详细规定了南水北调工程质量责任事故等级判别标准、质量问题责任单位处罚标准，以及分一般质量事故、较大质量事故、重大质量事故、特大质量事故的责任人员处罚标准，并对南水北调工程质量责任人员进行登记备案。

6. 推进优质工程创建

为进一步加强各参建单位质量意识，提高质量管理水平，努力将湖北省南水北调工程建设成一流工程、精品工程，从2012年3月下旬开始，在湖北省南水北调工程范围内开展优质工程创建活动，活动贯穿工程整个建设期。湖北省南水北调管理局成立了优质工程创建领导小组及办公室，局主要领导担任创建活动领导小组组长，各参建单位结合自身工程实际，成立了创建班子，制定了活动方案，组织召开了各层次动员会，积极开展优质工程创建活动。编制印发了活动创建方案，并按照方案部署要求，积极开展优质工程创建的各项工作，并对各单位的创建活动进展情况进行了检查，对创建活动突出的单位进行了通报表扬。创建活动设定了湖北省南水北调优质工程的主要目标和重要指标：南水北调汉江中下游治理工程以创国家大禹奖为目标，5个设计单元工程施工质量达到优良等级。其中，兴隆水利枢纽16个单位工程中有12个单位达到优良等级，且电站、泄水闸、船闸等主要单位工程达到优良等级；引江济汉工程66个单位工程中有47个单位工程达到优良等级，且进口节制闸、泵站、防洪闸、拾桥河枢纽、拾桥河节制闸、西荆河枢纽、高石碑枢纽等主要单位工程达到优良等级；闸站改造工程23个单位工程中有17个达到优良等级，且水闸、泵站等主要单位工程达到优良等级。

在优质工程创建活动中，各参建单位精心组织，严格管理，确保质量体系有效运行，强化质量的过程管理和程序的管理与控制，杜绝重大质量事故。

7. 创建文明施工工地

2008年，湖北省南水北调管理局发布了《湖北省南水北调工程施工管理细则》（鄂调水局

〔2008〕1号），在湖北省南水北调工程建设中全过程、全方位提倡文明施工，营造和谐建设环境，调动各参建单位和全体建设者的积极性，做到现场整洁有序，实现管理规范高效，保证施工质量安全，促进工程顺利建设。

各施工、监理、设计等参建单位在进场后及时成立相应的组织机构，制定文明工地创建工作计划，在主体工程开工后，正式启动文明工地创建工作。

湖北省南水北调工程文明工地考核标准包括综合管理、质量管理、安全管理、施工区环境等方面。湖北省南水北调管理局对获得“文明工地”“文明建设管理单位”“文明施工单位”“文明监理单位”“文明设计服务单位”及“文明工地建设先进个人”荣誉称号的单位或个人，给予相应的物质奖励；对获得“文明工地”称号的施工、监理、设计等单位，在参与后续湖北省南水北调工程投标时，其业绩评分可适当加分。

三、质量管理总体成效

湖北省南水北调汉江中下游四项治理工程，自2009年兴隆水利枢纽工程首个开工以来，截至2014年12月底，四项治理工程已全部完成，工程建设进度与质量都处于可控状态，满足设计和运行要求，质量管理成效显著。

兴隆水利枢纽基本建成，水库顺利蓄水，船闸正常运行，电站1号机组实现并网发电，其余3台机组基本安装完成，工程建设和质量满足设计和运行要求。

引江济汉工程除渠顶道路、防护工程、管理设施、水保绿化等工程外，全线已实现贯通，并于2014年8月8日成功实现应急调水，2014年9月中旬通过通水阶段验收，9月26日正式通水，工程建设和质量满足设计和运行要求。

部分闸站改造工程基本建成并发挥效益，工程建设和质量满足设计和运行要求。

局部航道整治工程2014年汛前已全部完成。通过对天门、仙桃航道段已完工水域观测情况看，该段航道整治成效明显，达到了稳定滩群、束水归槽的作用。过去经常搁浅受阻的航段，现在已无船舶搁浅阻航现象发生，实现泽口以下达到1000t级航道标准满足Ⅳ（2）级航道及500t级双排双列一顶四驳船队、航道尺度1.8m×80m×340m的通航要求。工程建设和质量满足设计和运行要求。

湖北省南水北调工程质量管理成效显著，具体体现在以下五个方面。

（1）湖北省南水北调管理局实行的“项目法人负责制、监理单位控制、施工单位保证、政府监督相结合”质量管理体系符合国家建设项目质量管理总体要求。

（2）项目法人各职能部门围绕质量管理目标，各司其职，创新的各项质量监管措施适应工程建设需要，全方位确保工程质量总体受控。

（3）监理质量控制体系、设计和施工单位质量保证体系、政府质量监督体系运行正常。

（4）质量管理机制符合南水北调汉江中下游治理工程质量管理特点，管理制度完善，技术标准规范合理，保证了工程质量管理有纲可依，有据可查。

（5）工程质量持续可控，满足设计文件和合同要求。已开展验收的工程统计，所有土建工程质量全部合格，大部分单位工程等级优良；金属结构及机电安装工程质量全部合格，安全监测单元工程、分部工程、单位工程质量评定均合格；已进行外观质量检测的单位工程，均符合要求。

第二节 质量管理体系和制度

一、质量管理组织体系构建

（一）质量管理组织机构

湖北省南水北调工程建设质量管理组织机构分湖北省南水北调管理局（项目法人），建设管理单位（直管、委托），设计、监理、施工单位3个层次，对工程质量进行管理。

1. 项目法人质量组织管理机构

湖北省南水北调工程建设管理局于2003年8月正式成立，负责组织实施南水北调汉江中下游四项治理工程建设与管理，下设综合处、财务处、工程处、规划处、经济发展中心等5个处室。

2012年根据工程建设的需要，调整为“湖北省南水北调管理局”，与湖北省南水北调工程领导小组办公室实行一套班子、两块牌子的管理体制。下设综合处、秘书处、规划处、财务处、建设与管理处、经济发展处6个处室。

（1）成立质量管理领导小组。为进一步加强湖北省南水北调汉江中下游四项治理工程的质量管理，完善质量管理体系，2012年成立了湖北省南水北调管理局质量管理领导小组。质量管理领导小组下设办公室，负责日常的质量管理、协调和组织处理质量问题等相关工作。

（2）成立兴隆水利枢纽工程建设管理处、引江济汉工程建设管理处。为了确保湖北省四项治理工程中2个重要设计单元——兴隆枢纽工程和引江济汉工程的顺利实施，加强现场的建设管理，2010年5月湖北省南水北调管理局根据批复意见，成立了“湖北省兴隆水利枢纽工程建设管理处”和“湖北省引江济汉工程建设管理处”，作为管理局的直属管理机构。2014年6月，根据工程管理运行的需要，分别更名为“湖北省汉江兴隆水利枢纽工程管理局”和“湖北省引江济汉工程管理局”，依据项目法人授权负责有关建设管理和工程运行工作。

湖北省南水北调管理局机关按照现场实际情况，不断调整派驻直属机构的联络组人员结构，充分发挥机关前移的作用，设法做好支持工作，形成上下联动的工作态势。

（3）成立安全生产领导小组和安全事故应急处理领导小组。2012年，为适应工程建设的质量管理和安全生产需要，湖北省南水北调管理局成立安全生产领导小组和安全事故应急处理领导小组，由局领导担任小组组长，并根据人员变动情况，及时对领导小组成员进行调整，负责全线质量管理和安全生产工作。

2. 建设单位质量管理组织机构

各直管和委托制的建设单位根据国务院南水北调办和项目法人的要求，成立质量管理领导小组和质量管理领导小组办公室，明确质量管理领导小组及办公室的职责；派驻现场专职建设管理人员及时发现和纠正施工单位工作中的不当做法，跟踪整改落实情况，保障工程施工过程质量控制。

建设管理单位在建设质量管理工作中，设置专职、专岗负责工程质量管理，明确质量管理

机构职责，全面负责工程质量控制与管理。具体包括：督促施工单位按工序及相关规程规范要求施工；经常到施工现场检查工作和了解情况，掌握工程建设动态变化，及时发现问题，提出处理意见，并协商有关事宜；在工程建设中及时召集参建各方研究解决现场遇到的技术难题；加强检验工作，督促监理和施工单位将原材料、中间产品送检测机构进行检验。

作为现场建设管理单位，湖北省汉江兴隆水利枢纽工程管理局和湖北省引江济汉工程管理局成立了以第一领导人为组长，主管领导、质量监督站负责人、总监、设代负责人以及施工单位项目经理等人员组成的项目质量领导小组，加强对施工现场的质量管理，推进质量管理关口前移。

3. 监理单位质量控制组织机构

受委托的监理单位成立了质量管理领导小组，总监任组长，是工程质量的第一责任者，对工程的监理质量全权负责；副总监任副组长，成员由计划合同、进度信息、环保安全管理等人员组成。质量管理领导小组针对施工中存在的质量问题和质量隐患，召集施工单位召开质量分析会，制订纠正和预防措施，以加强质量管理过程控制的能力，充分体现“预防为主”的原则。根据工程特点，编写了《监理规划》，制定了图纸会审制度，技术交底制度，施工组织设计审核制度，设备材料和半成品质量检验制度，重要隐蔽工程、分部（分项）工程质量验收制度，关键工序质量控制制度，缺陷处理制度，单位工程及单项工程中间验收制度，设计变更处理制度，工地例会、现场协调会及会议纪要签发制度，以及施工备忘录签发制度、紧急情况处理制度、工程款支付签审制度、工程索赔签审制度、档案管理制度、监理工作日志制度、监理月报制度、监理处内部责任制度等监理工作制度。这些监理制度覆盖监理工作的全过程，为做好监理工作提供制度保证。

总监理工程师组织监理工程师根据各自专业分工负责编制监理实施细则，经总监理工程师批准后，报建设管理单位审批，监理人员以监理规划和实施细则为依据，开展监理工作。

在监理工作中，结合工程实际，严格按质量控制要求对项目施工质量进行监督控制，将质量责任层层落实到个人，做到全员、全方位、全过程的有效控制，确保单元工程质量合格率达100%，工程质量处于可控状态。

4. 设计单位质量保证组织机构

设计单位按照《质量管理体系 要求》（GB/T 19001—2000）的要求，组建设计课题项目部，全面负责设计项目实施，项目负责人为质量第一责任人。勘测设计的过程严格执行《文件控制程序》《设计和开发控制程序》《工程勘察产品控制程序》《测绘产品控制程序》《工程安全监测产品控制程序》等严密的程序和一系列的规章制度，从源头上对勘测设计文件的质量进行控制，保证提供的勘测设计产品满足法规和项目法人要求。

设计课题项目部实行项目负责人、项目设总和专业负责人三级管理，在专业归口管理的基础上，加强专业间和外部的协调配合，解决技术难题。项目负责人负责策划，组织编制工作大纲，对设计输入文件进行评审，下达工作计划，对工程设计进度、重大问题、专业负责人提出的问题进行协调和决策，重点对技术接口有矛盾的问题进行会审。项目设总和专业负责人组织编制设计大纲，下达设计技术要求，负责对专业进度计划协调、质量控制以及成果审查，采取措施保证勘测设计成果质量。

在勘测设计过程中，认真贯彻《设计成果校审制度》，保证勘测设计成果按不同级别所规定的职责范围进行校核、审查、核定和核准。对于重要的专题报告、方案和总体布置图等须经过设计院的评审。

同时，加强专业内部和专业之间的技术接口工作，按程序文件的规定，严格填写校审表、互提资料单和会签表等记录，使其具有可追溯性。

定期开展勘测设计成果质量检查。每年对设计报告、计算书、图纸、互提资料、会签、设计修改及档案资料管理等进行检查，对存在的问题进行整改，采取纠正和预防措施。

实行工地代表服务制度，按计划按需要派技术骨干去现场交底，配合工程施工，及时解决与设计有关的技术问题。设代处及时将前方的生产动态、质量信息以及项目法人要求等传递至项目部，由相关的责任人及时处理。

组织对设计质量进行回访调查，听取项目法人、施工和监理方的意见，并提出设计回访报告。

5. 施工单位质量保证组织机构

施工单位是工程质量控制和保证的主体。湖北省汉江中下游治理工程的施工单位将近150个，各施工单位都建立健全质量管理体系，组建了以项目经理为质量第一责任人的质量管理组织机构，对项目部质量管理和施工质量负全面领导责任。负责建立和健全质量保证体系，设置专门的质量管理机构，配备专职的质量检查和检测（测量、试验）人员，建立完善的质量管理制度，定期组织对质量管理工作进行计划、布置、检查考核、总结评比、实施奖惩，及时研究解决质量管理存在的问题。履行合同规定的质量责任，确保工程施工质量目标的实现。

（二）质量管理制度体系

为了保证工程质量，除了遵循法律、法规、规章外，根据不同施工阶段和施工特点的要求，湖北省南水北调管理局制定了相应的质量管理制度（表15-2-1）。湖北省南水北调管理局质量管理制度体系与其他参建各方质量管理制度体系共同作用，为实现工程质量目标提供制度保障。

表15-2-1　　湖北省南水北调管理局制定主要质量管理制度一览表

序号	质量管理制度名称
1	《湖北省南水北调工程安全生产管理细则》
2	《湖北省南水北调工程合同管理办法（试行）》
3	《湖北省南水北调工程建设督办制度》
4	《湖北省南水北调工程建设管理局工程价款结算支付暂行办法》
5	《湖北省南水北调工程建设管理局派驻施工现场专职建设管理人员管理办法》
6	《湖北省南水北调工程建设监理管理实施细则》
7	《湖北省南水北调工程建设重特大安全事故应急预案》
8	《湖北省南水北调工程施工管理细则》
9	《湖北省南水北调工程验收管理细则》
10	《湖北省南水北调工程原材料及中间产品质量管理办法》

续表

序号	质量管理制度名称
11	《湖北省南水北调工程招标投标管理实施细则（修订）》
12	《湖北省南水北调工程质量管理办法》
13	《湖北省南水北调工程质量监督管理实施细则》
14	《湖北省南水北调工程招标设计及施工图设计管理实施细则》（鄂调水局〔2011〕5号）
15	《南水北调汉江中下游治理工程建设环境维护和专项设施迁建快速处理工作制度》

（三）质量管理技术标准体系

湖北省南水北调管理局质量管理技术标准体系包括设计规范、设计文件、施工（安装）规范、质量检验与评定规程、工程验收导则和合同技术条款等，技术标准体系以国务院南水北调办工程质量专用技术标准为主，遵从水利行业质量管理通用标准、技术规范和其他行业标准。使用技术标准的优先顺序为国务院南水北调办颁发的规程、规定、标准；水利行业规程、规范、标准；国家和其他行业颁布的相关规程、规定、标准。

针对工程实际，为规范验收、统一质量检验与评定，湖北省南水北调管理局专门制定了《南水北调中线汉江兴隆水利枢纽工程单元工程质量检验与评定标准》（NSBD 14—2010），为确保工程质量目标提供技术支撑。

二、质量管理组织分工和责任体系

《湖北省南水北调工程质量管理办法》规定，湖北省南水北调工程项目法人及项目建设管理、设计、监理、施工、材料设备供应等单位，必须贯彻“百年大计，质量第一”和“质量管理，预防为主”的方针，通过科学有效的质量管理与控制手段，严格各环节的质量检查与监管，确保工程建设质量。湖北省南水北调工程各参建单位按要求，建立健全自身的质量保证体系，并使之有效运行。各单位质量管理工作严格实行组织机构落实、管理制度落实、责任分解落实、措施手段落实和管理经费落实。建设管理单位、设计单位、施工单位、工程监理单位依法对建设工程质量负责，各参建单位第一领导是工程质量第一责任人。

1. 项目法人的主要职责

湖北省南水北调管理局是湖北省四项治理工程的项目法人，其主要职责是：贯彻国家有关工程质量管理的法律法规；对工程各参建单位的质量组织机构与保证体系进行检查、评价；指导、协调、检查、督促工程各参建单位开展全面质量管理；全面掌握工程的质量状态，对工程质量管理进行阶段性分析、总结和评价；讨论、评议对工程参建单位实施经济或其他奖惩的建议；开展有关工程质量管理的宣传教育、检查评比和总结表彰活动。

同时，建立健全工程质量管理体系，建立工程质量档案；进行资格与业绩审查，通过招标选择有质量保证能力的设计、监理、施工、材料设备供应单位；在招标文件及合同文件中，明确质量标准以及合同双方的质量责任，建立相应的质量保证金制度。

委托监理单位对工程的质量进行控制，并授予监理工作所必需的工作职权；检查项目建设管理单位及其他参建单位的质量管理工作，组织开展工程质量检查及考核评比活动；组织或参加工程质量检查、工程质量评定、工程质量事故调查处理、工程验收和工程安全鉴定等工作；根据工程建设过程中的实际需要，邀请国家具有权威性的工程质量检测机构对有关工程质量进行检测鉴定；向国务院南水北调工程建设委员会办公室报告工程质量情况。

2. 项目建设管理单位的主要职责

建立健全工程质量管理体系，建立工程质量档案；核实并监督落实监理、设计、施工等单位在合同中承诺投入工程的技术力量、设备、人力和有关人员的任职资格等；检查监理单位、施工单位的质量管理工作；组织或参与施工图审核，参与施工单位的施工组织设计和施工技术措施审核；定期组织开展工程的质量检查及考核评比活动；组织或参加工程质量检查、工程质量评定、工程质量事故调查处理、工程验收和工程安全鉴定等工作。

3. 设计单位的主要职责

建立健全设计质量保证体系，按有关规定履行设计文件的审签制度，确保设计成果的质量；协助项目法人（项目建设管理单位）确定工程项目施工的合同条款，制定技术规范中的质量要求；按设计合同和年度供图计划，保证供图的进度和质量，并认真做好施工现场的设计技术交底和其他设计技术服务工作；按有关规程规范和设计合同要求，开展施工地质预报和地质资料的编录工作，及时向项目法人（项目建设管理单位）提供地质信息，并根据现场开挖揭露的地质条件做好现场跟踪设计；对施工中各单位提出的有关设计问题及时进行研究，并作出明确答复；在保证工程质量的前提下，积极做好优化设计工作；参加隐蔽工程质量检查、工程质量评定、质量事故调查处理、工程验收和工程安全鉴定等工作；建立健全设计文件档案。

4. 监理单位的主要职责

受项目法人委托，具体负责合同规定的工程质量监管、检查、控制与管理，定期编写质量报告；建立健全有效的监理质量控制体系；组织设计交底工作，组织或参与施工图审核，审签设计单位的施工图纸以及施工所必须遵循的各类设计文件；审查施工单位的质量保证体系，督促施工单位实行全面的质量管理；审批施工单位的施工组织设计、施工技术措施以及按合同规定由施工单位完成的设计图纸和文件；分析认定其中的保证施工质量的技术措施是否可行有效；组织检查检验进场的材料和设备是否满足质量要求；按合同规定加强施工现场的质量监管力度，对施工单位申报价款结算的项目进行质量认证，凡未经验收或质量不合格的项目一律不予结算；及时组织进行单元工程和隐蔽工程的质量检查签证与质量评定，组织分部工程验收与质量评定，组织或参与工程质量事故的调查处理并督促处理方案的实施，参加工程验收和工程安全鉴定等工作；建立健全工程质量监理档案。

5. 施工单位的主要职责

建立健全施工质量保证体系，建立健全责权相称的质量管理机构与质量检测机构，配备足够的能胜任本职工作的专职质检人员，在施工组织设计中制定保证施工质量的技术措施；组织本单位职工（含临时合同工）的技术培训，不断提高职工的质量意识和保证施工质量的能力；保证所承包工程项目具有足够数量和相应资质的能保证施工质量的技术人员、管理人员以及经培训的劳务人员。

按合同规定采购、使用工程材料及设备，并按有关规定对进场工程材料及工程设备进行试验检测、验收；按施工规范及合同规定的技术要求进行施工，规范施工行为，严格控制施工质量；建立健全工程施工档案，及时向监理单位提交关于工程施工质量的试验检测资料，并保证

检测数据的准确性和真实性；参加工程质量检查、工程质量评定、工程质量事故的调查处理、工程验收和工程的安全鉴定等工作。

6. 材料设备供应单位的主要职责

制定严格有效的质量保证措施和质量责任制，并报监理单位审批；按照合同规定，认真负责材料、设备的检验检测、监造或出厂验收工作，并对其质量负责；根据材料设备供应计划及时供应合格材料设备以满足工程建设需要。

7. 质量监督机构的职责

国务院南水北调办依法对南水北调工程质量实施监督管理。受国务院南水北调办委托，南水北调工程建设监管中心与国务院南水北调办在湖北省设立的南水北调湖北质量监督站共同承担质量监督管理工作。其主要职责有：贯彻执行国家和国务院南水北调办有关工程建设质量管理的方针政策和法律法规；受国务院南水北调办委托具体实施湖北省南水北调工程质量监督；定期向国务院南水北调办汇总报送工程质量监督信息；承办国务院南水北调办委托的其他质量监督管理方面的具体工作。

湖北省南水北调汉江中下游治理工程每个工程开工前，项目法人向南水北调工程湖北质量监督站办理质量监督手续。

根据工程实际情况，南水北调工程湖北质量监督站分别组建了南水北调中线引江济汉工程质量监督项目站、南水北调中线兴隆枢纽工程质量监督项目站、南水北调中线部分闸站改造工程质量监督项目站，具体负责工程现场质量监督工作。主要职责包括：负责检查、督促建设、监理、设计、施工单位建立健全质量管理体系；按照国家和水利行业有关工程建设法规、技术标准和设计文件实施工程质量监督，对施工现场工程质量的行为进行监督检查。

质量监督工作采取抽查为主的监督方式，按照相关规范要求，对参建单位质量行为及工程实体质量进行监督；对重要隐蔽单元工程和关键部位单元工程评定表、分部工程验收签证书、单位工程验收鉴定书、缺陷备案等工程资料进行核备。

三、质量管理体系工作流程与制度设计

（一）质量管理体系工作流程

湖北省南水北调工程建设质量管理严格按照工作流程执行，即成立质量管理领导小组、制定质量管理制度、各参建单位建立质量保证体系、健全质量管理制度（当建设过程中质量情况发生变化时，及时对保证质量的措施方案进行调整）、接受质量监督机构质量监督、对工程质量进行检查（参建单位行为质量、实体工程质量）、发现质量隐患（对检查中发现的质量隐患，责令立即排除；对出现的质量事故按程序处理、整改到位）、备案。质量管理工作流程见图 15-2-1，质量事故处理流程见图 15-2-2。

湖北省南水北调工程质量管理体系中的质量保证、质量控制工作流程分事前预控、事中监控、事后检查验收三个层次。

1. 施工单位质量保证

施工单位质量保证体系是南水北调工程质量管理体系的最重要组成部分。按照项目法人质量管理体系、监理管理体系程序文件要求，施工单位建立和完善质量保证体系，开展项目质量管理

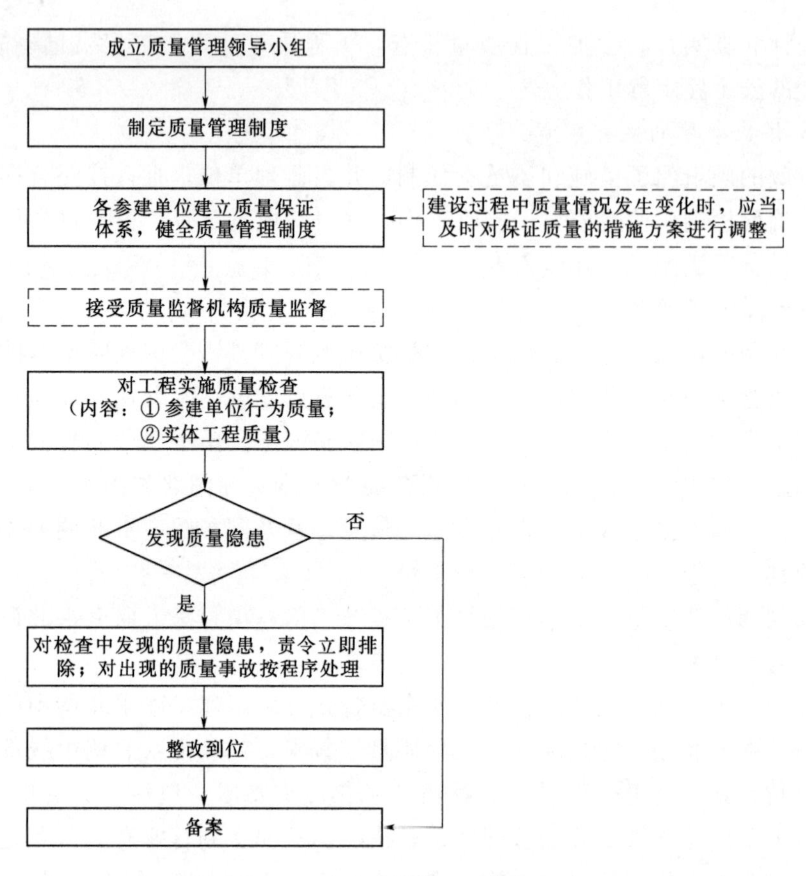

图 15-2-1 质量管理工作流程图

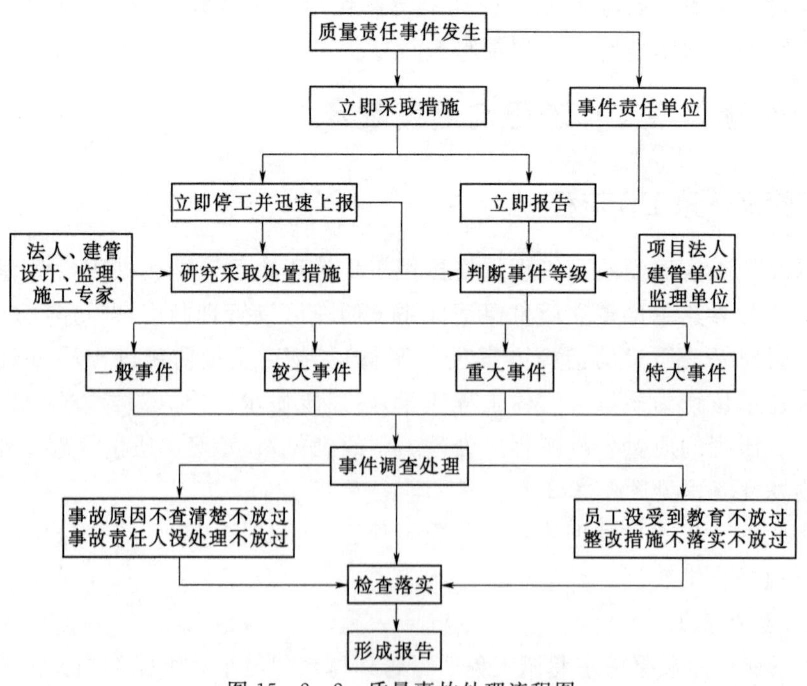

图 15-2-2 质量事故处理流程图

工作，建立质量责任制度，提高质量控制和过程保证能力，使工程质量始终处于受控状态。

（1）施工准备阶段质量保证。施工合同签订后，按照施工合同约定，确定质量目标，制定质量管理制度，明确质量管理的目的、目标、任务及质量职责；建立完善的质量保证体系，编制质量计划和检测/试验计划。

成立质量管理领导小组。设置质量管理部门，配备总质检师、专职质量管理人员及质量信息报送员，负责工程全面质量管理工作。质量管理领导小组定期召开质量分析会，针对施工中存在的质量问题和隐患，制定纠正和预防措施。

明确各级人员管理职责，层层分解责任，落实到人。严格履行合同义务，按照合同约定和工程建设需要投入现场技术和管理人员。加强人员教育和培训，采取切实可行的措施，提高一线施工人员素质。

编制项目质量计划。质量计划体现从工序、单元工程、分部工程到单位工程的过程控制，体现从资源投入到完成工程质量最终检验和试验的全过程控制，质量计划是对外质量保证和对内质量控制的依据。

制定的质量管理制度有施工质量责任制度、原材料质量管理制度、工地试验室检/试验制度、施工质量“三检制”工作制度、质量追溯制度、质量检查制度、质量缺陷及备案管理制度、质量资料管理制度、质量奖惩办法等。

设立工地试验室，配备满足试验要求的测试仪器和专职的试验员。施工单位按合同要求设置与所承建工程相适应的、具有相应资质和检测手段的工地试验室。工地试验室和进行检测试验项目的受委托单位应具有相关试验项目的“CMA”资质；工地试验室是由具有资质的检测试验单位派出的，应具有派出单位的委托书，委托书应说明授权范围，附有委托进行的检测项目清单。试验室应对检测结果、检测资料进行记录并及时整理分析，保持原始记录和资料的完整性和真实性。将每月检测结果整理汇总报监理单位审核，审核结果备案。试验设备均需经过正规计量认证机构标定并经监理机构批准使用，性能满足使用要求。

施工单位对建管单位移交的测量基准点进行复测；执行《南水北调中线干线工程施工测量实施规定（试行）》，规范南水北调中线干线工程施工阶段测量工作，使总干渠、各类建筑物的施工测量工作得到有效管理，确保测量成果质量。

（2）施工过程质量保证。

1）原材料和中间产品的质量控制。在质量计划确定的合格材料供应人名录中按计划采购材料、半成品和构配件。材料的搬运和储存应按搬运储存规定进行，并应建立台账。对材料、半成品、构配件进行标识。未经检验和已经检验为不合格的材料、半成品、构配件和工程设备等，不得用于工程。试验室按照合同文件和施工规范、规程要求，对所承建工程的进场建筑材料（包括原材料、半成品、成品）进行质量检测。质量检测控制指标依据现行的国家、水利部的有关质量管理法规、规程、规范、设计指标和专项规定确定。对供应的材料质量有疑时，不受检测频率限制，随即进行抽检。

2）机械设备质量控制。按设备进场计划进行施工设备的调配。现场的施工机械必须满足施工需要。对机械设备操作人员的资格进行确认，严禁无证或资格不符合者上岗。

3）技术交底。单位工程和分部工程开工前，项目技术负责人向承担施工的负责人进行书面技术交底。在施工过程中，项目技术负责人对发包人或监理工程师提出的有关施工方案、技术措施及设计变更的要求，在执行前向执行人员进行书面技术交底。在工序施工前，由项目技术人员对班组进行书面技术交底。

4）严格工序质量控制。施工作业人员按规定经考核后持证上岗。施工管理人员及作业人员按操作规程、作业指导书和技术交底文件进行施工。工序的检验和试验符合过程检验和试验的规定，对查出的质量缺陷按不合格控制程序及时处置。施工管理人员记录工序施工情况。严抓工序“三检制”。施工单位工序“三检制”作为质量过程控制的有效手段，要求施工班组做好自检、交接检和专检工作，把质量缺陷消除在操作过程中，坚持上一道工序不合格或未经检验，下一道工序不能施工。对于重要隐蔽工程的验收实行设计、监理、施工、建管和质量监督站“五方联检”，只有验收合格、签证后才能进行下一道工序的施工。

5）做好质量问题处理。缺陷处理前，首先进行现场工艺试验，由设计、监理、施工、建管“四方”共同参与。通过试验确定施工工艺措施、配合比等参数，试验完成后，形成试验总结，用于指导施工；对现场施工人员进行技术和质量交底；对操作使用化学材料的人员进行安全防护及操作培训，对使用化学材料的设备进行安全性能的检测；缺陷处理过程中，质检人员现场跟班作业，对需要处理的施工部位进行详细细致的检查。施工时段、施工过程、施工工艺均记录在施工记录本上；缺陷处理完后进行验收、备案。

（3）验收阶段质量保证。单位工程竣工后，项目技术负责人按编制竣工资料的要求收集、整理质量记录。项目技术负责人组织有关专业技术人员按最终检验和试验规定，根据合同要求进行全面验证。对查出的施工质量缺陷，按不合格控制程序进行处理。施工单位组织有关专业技术人员按合同要求编制工程竣工文件，并做好工程移交准备。

施工资料填写内容真实可靠、数据准确、资料的形成与工程形象进度同步。资料所记载的内容应真实、准确，并按规定已通过了审批、检查、验收程序，负有责任的各方在资料指定位置上签署意见，签名或盖章并注明时间。

2. 监理单位质量控制

监理单位质量控制的主要内容为按照监理合同约定的质量目标，建立质量控制体系，督促和检查施工单位建立健全质量保证体系，并监督其正常运行，使工程施工质量始终处于受控状态。

（1）建立和健全质量控制体系，做好事前控制。

1）做好技术交底，为工程施工质量控制提供技术保证。监理单位根据在收集设计文件、施工合同文件的相关规程规范和工程特点，编制了《工程监理规划》，并报项目法人审查同意后实施。

在专业工程开工前，组织监理人员根据工程专业特点编制监理实施细则，组织召开监理实施细则交底会议。监理人员根据各个专业工程特点强调质量控制要求和监理工作程序，要求施工单位严格按照设计图纸、规程规范以及批准的施工组织设计组织施工。

工程开工前，根据相关规程、规范要求组织设计、施工等有关参建单位进行项目划分，召开项目划分讨论会，并及时将项目划分报送质量监督项目站；在项目划分得到南水北调湖北质量监督站确认后，监理单位将批准的项目划分向施工单位进行交底。

监理单位收到项目法人提供的设计文件后，一方面，组织监理人员认真查阅和核查，在熟悉和领会设计意图的前提下，填写《施工设计图纸核查意见单》，并提出需澄清的问题。另一方面，组织监理人员参加图纸会审和设计交底会议，并在会上积极提出需要设计澄清的相关问

题。当所有问题得到设计单位认可和修改后，总监理工程师签发工程师图纸。

在专业工程开工前，监理单位组织施工单位技术人员及各工区负责人、班组长进行技术交底，讲解土方开挖工程、土方填筑工程、膨胀土换填工程、混凝土工程、基础工程等专业工程设计技术要求和质量标准等，事前控制各专业工程施工质量。

2）审查施工单位的开工报审文件，监督施工单位严格按照批准的施工组织设计组织施工。工程开工前监理单位依据合同有关条款，对施工单位提交的施工组织设计文件进行认真研究和审查。审查后，监理单位针对施工单位提出的施工工法、施工方案、机械设备、质量控制和安全措施等方面存在的问题提出书面修改意见反馈给施工单位，并督促施工单位按监理处的意见进一步进行修改和调整，重新报批，确保施工方案具有较强的针对性、实用性和可操作性。

3）督促施工单位建立健全质量保证体系。合同项目开工前，监理单位组织对施工单位质量管理机构和质量管理制度是否健全完善、“三检制”是否落实、工地试验室是否建立、试验设备是否进行了检定、试验人员是否持证上岗等进行全面检查，督促施工单位质量体系的建立和运行满足工程施工质量控制需要。

4）组织对施工单位进场设备进行检查，检查进场设备的规格、型号、性能、数量是否符合投标文件的承诺和满足工程实际需要，初期开工项目的施工设备是否全部到位，督促施工单位资源配置能满足质量、进度要求。

5）做好测量放线的质量控制。监理单位组织向施工单位进行设计测量桩点移交，形成桩点移交记录；联合建设管理单位与施工单位一起对原始地面线进行复测，对合同工程量进行复核。督促施工单位布设测量控制网、埋设控制桩、测放渠道轴线、建筑物轴线、开挖轮廓线放样，并要求做好控制桩的保护和定期复查。

上述各项开工准备工作就绪，经审查合格后，由总监理工程师签发《合同项目开工令》。

（2）按照工程建设标准和国务院南水北调办“两项制度”，严格事中控制。施工阶段是形成工程实体阶段，现场质量控制是监理工作的重点。监理单位按照国务院南水北调办“两项制度”［《南水北调工程建设质量问题责任追究管理办法》（国调办监督〔2012〕239号）和《南水北调工程合同监督管理规定（试行）》（国调办监督〔2011〕40号）］规定中的实体质量缺陷目录，编制施工过程质量控制要点，并进行认真、全面、全过程的监控。以单元、工序工程质量控制为基础，强调施工单位加强自检，监理人员加强巡视、旁站和抽检。

1）土方工程质量控制。对于土方开挖工程，监理单位主要控制开口线测量、开挖顺序、开挖高程、开挖坡度、开挖尺寸、保护层厚度等六个方面。每一开挖单元工程完成后均联系设计单位进行了地质编录，并进行了建设 、设计、监理、施工单位联合检查核定其质量等级并填写重要隐蔽单元工程（关键部位单元工程）质量等级签证表。

施工期间，督促施工单位做好日常开挖测量放样、基坑排水、边坡稳定性检查及边坡防护。

对于土方填筑工程，监理单位主要控制清基、土料、铺料、碾压和检测。①要求施工单位按照设计技术要求做好清基。设计清基厚度为15～20cm，穿湖、穿渠、穿河、穿塘等渠堤填筑清基均将淤泥等软土全部挖除。每一清基单元工程完成，均经建管、设计、监理、施工四方联合验收合格，并形成重要隐蔽单元工程签证后才允许进入渠堤填筑施工。②抓回填土料的土质。土方填筑前，监理单位会同施工单位一起，取土样送检做土质试验和击实试验，确定合格土样。③控制土方填筑施工过程。要求施工单位严格按照碾压试验确定的施工参数、施工机械进行填筑施工，控制好土料含水量、铺料厚度、碾压遍数、结合面刨毛处理。④做好检测试验。土方填筑压实后，监理人员见证施工单位完成环刀取样压实度自检，并按照比例进行了平行检测，检测合格后方可进行下一层填筑施工。

2）钢筋混凝土工程的质量控制。建基面清理与施工缝凿毛质量控制。对于软基基础面，基础开挖完成后，监理单位组织项目法人、设计、施工等参建单位的代表进行基础验收，形成重要隐蔽单元工程联合验收签证。验收合格后，同意施工单位进行垫层施工。混凝土施工缝采用手持式凿岩机凿毛，浇筑上层混凝土之前，监理检查施工缝面清洗情况，检查是否存在浮皮、积水、杂物。

模板工序工程质量控制。在模板安装前检查模板表面是否平整、光洁、无孔洞、污物，是否涂刷脱模剂；模板安装后检查模板的结构物边线与设计边线之误差、孔洞尺寸及位置误差、结构物水平断面尺寸、承重模板的标高误差、相邻两模板面高差、局部不平、板面缝隙允许偏差等是否符合规范要求；检查支撑模板的脚手架的刚度和强度是否满足要求，支模脚手架与交通脚手架是否分别搭设等。

钢筋工序质量控制。取样送检合格的钢筋才允许使用。钢筋制作时监理人员主要检查钢筋的规格型号、直径、根数、加工型式和尺寸等是否与设计钢筋图、钢筋表相符；钢筋架立时，主要检查钢筋位置、间距、搭接、保护层、绑扎、固定是否满足要求；检查钢筋的焊接是否符合规范要求；混凝土浇筑时检查钢筋是否变形或移位。

止水、伸缩缝质量控制。建筑物止水有橡胶止水和铜片止水。铜片水平止水为“牛鼻子”形，“牛鼻子”内填充SR填料，垂直止水为止水铜片加沥青井式。采购铜止水时均要求供货商按照设计要求的形状加工后提供成型铜片止水，现场仅根据设计止水长度进行必要的搭接焊接。止水材料进场后，监理人员见证施工单位现场取样止水送检，并进行平行检测，止水材料检测合格后用于安装。安装前，监理人员检查焊接是否双面焊，检查是否有煤油漏点；检查止水片表面是否光滑平整有光泽，其浮皮、锈污、油漆、油渍是否清除干净，检查止水片是否老化、破裂；安装过程中，检查止水片安装位置是否准确、固定是否牢固，是否扭曲和变形。伸缩缝嵌缝全部为沥青杉板。沥青杉板安装前，监理人员检查伸缩缝混凝土表面是否洁净干燥，涂敷是否均匀平整；安装后检查沥青杉板与混凝土面黏结是否紧密、隆起；沥青井灌注沥青前，检查沥青井内是否清理干净、干燥；沥青井灌注沥青时，监理人员旁站监督，保证沥青融化灌注、连续灌注、灌满、灌注结束后及时保护。

混凝土浇筑质量控制。监理人员对混凝土工艺环节配料、拌和、运输、入仓、振捣、养护等进行全过程控制。混凝土工程开工前，组织参建方对施工单位混凝土生产系统进行检查验收。引江济汉工程混凝土拌和系统均为自动称量拌和系统，料仓均搭设了遮雨棚，保证了混凝土拌制配料的准确性、拌和物的稳定性；监理人员督促施工单位对不同标号混凝土进行了配合比设计和试验，并审核批准；混凝土开盘拌制前，监理人员对配料单审核签认，抽检砂石骨料含水量；拌制过程中检查拌制时间，混凝土坍落度；混凝土运输均采用混凝土搅拌车，建筑物混凝土入仓采用泵车、吊罐、溜槽（管）方式；浇筑过程监理人员进行旁站，监督施工人员对入仓的混凝土做到随浇、随平仓、随振捣；见证施工单位取样制作混凝土试件，并按规范频次

要求制取混凝土试件进行平行检测；混凝土浇筑结束后督促及时收面、及时养护；模板拆除须经现场监理工程师同意，不承重的闸室底板、侧墙模板等，混凝土强度达到2.5MPa以上，且其表面及棱角不因拆模而损坏时才允许进行拆模；钢筋混凝土结构的承重模板，混凝土强度达到设计强度的70%以上才允许拆模；跨度较大的构件，在监理人员见证下进行拆模，并形成混凝土拆模记录。

3）金属结构、机电设备制造及安装质量控制。金属结构、机电设备进场控制。各设备生产厂家在产品生产制造前，监理人员对产品图纸进行了审核，参加项目法人组织的产品设计联络会议；对生产厂家提交的生产工艺、质量体系等技术文件进行审核；对进厂的主要原材料进行见证取样送检；生产过程中监理工程师进行监造；金属结构涂装前监理见证进行第三方检测；产品出厂前，监理人员参加产品出厂验收会议。产品具备出厂条件后，监理人员根据现场土建施工情况和安装进度安排，及时通知生产厂家交货。

安装质量控制。金属结构、机电设备进场时，监理单位组织建管单位、设备制造单位、安装单位、监理单位等单位代表联合进行设备到场验收。检查到场设备是否与发货清单相符；审查是否有产品质量合格证、材质证明书、出厂检测和试验报告、出厂竣工图等产品质量证明文件；现场抽检合格后，填写设备到货交接验收单，完成设备到场移交。

金属结构、机电设备安装前，监理人员对施工单位提交的安装措施计划进行审查；检查安装测量控制点、安装轴线、安装中心线、安装高程测量放线定位情况等；按施工图纸的要求，全面检查各项设备安装部位的准备情况，检查设备构件以及零部件的完整性和完好性；各安装部件、设备安装就位后，检查固定（焊接、紧固等）是否牢固，最终安装精度是否满足要求；埋件、基座、机架等安装后需浇筑二期混凝土的部位，监理旁站二期混凝土浇筑；金属结构的现场焊接拼装，监理人员见证了由湖北正平水利水电工程质量检测有限公司进行的焊缝第三方检测。主要安装工程内容质量控制分述如下。

平面闸门埋件安装：①检查底槛对门槽中心线、对孔口中心线、高程、工作表面端对端高差、工作表面平面度、工作表面组合处错位、工作表面扭曲等偏差；②检查主轨和侧轨对门槽中心线、对孔口中心线、工作表面组合处错位、工作表面扭曲等偏差；③检查侧止水座板和反轨对门槽中心线、对孔口中心线、工作表面平面度、工作表面组合处错位、工作表面扭曲等偏差；④检查闸门工作范围内埋件的距离，包括主轨与反轨工作门间的距离、主轨中心距、反轨中心距、侧止水座板中心距、主轨与侧止水座板面间的距离等偏差。

平面闸门门体安装：①检查止水橡皮和滑块的安装，包括止水橡皮顶面平度、止水橡皮与滑道面距离、滑块至滑道的距离、两侧止水的距离、止水橡皮预压缩量等偏差；②检查拼装焊缝对口错位；③检查一、二类焊缝内部焊接质量、门体表面清除和局部凹坑焊补；④检查焊缝外观质量，包括检查是否有裂纹、夹渣、咬边、气孔、未焊满、焊瘤、飞溅，检查焊缝余高、角焊缝尺寸等；⑤检查焊缝表面防腐蚀处理、涂装等。

弧形闸门埋件安装：①检查弧形底槛对孔口中心线、弧形底槛中心线曲率半径、工作表面端对端高差、工作表面平面度、工作表面组合处错位、工作表面扭曲、里程、高程等偏差；②检查侧止水座板对孔口中心线、对门槽中心线、工作表面平面度、工作表面组合处错位、工作表面扭曲等偏差；③检查弧形闸门工作范围内各埋件距离，包括底槛中心与铰座中心水平距离（半径）、侧止水座板中心与铰座中心距离、铰座中心与底槛垂直距离、两侧止水座板间距离等偏差；④检查铰座基础螺栓中心（样板中心）、高程等偏差；⑤检查埋件防腐蚀表面处理、涂装等。

弧形闸门门体安装：①检查铰座安装，包括铰座轴孔水平度、两铰座轴线相对位置的偏移、铰座中心对孔口中心的距离、铰座里程、铰座高程偏差等；②检查铰轴、支臂安装，包括铰座中心至面板外缘曲率半径、支臂中心线与铰轴中心线吻合值、支臂中心与门叶中心的偏差等；③检查支臂的连接板与门叶抗剪板的接触，检查中止水、底止水、侧止水的压缩量等；④检查支臂（钢管桁架）的拼装，包括管口中心、环缝对口错位、焊缝外观质量、焊缝表面清理及焊补、焊缝表面防腐蚀处理涂装；⑤检查门叶拼装，包括焊缝对口错位、焊缝内部焊接质量、门叶表面清除和焊补、焊缝外观质量、焊缝表面防腐蚀处理涂装等。

启闭机轨道安装：主要检查轨道中心线、轨距、轨道纵向直线度、同一断面上两轨道高程相对差、轨道接头错位、轨道接头间隙等。

双向电动启闭台车安装：主要检查制动器安装偏差、联轴器安装偏差、桥架和大车行走机构安装偏差、小车行走机构偏差等；试运转时，检查电动机运行是否平稳、三相电流是否平衡；电气设备是否有异常发热现象；限位、保护、连锁装置动作是否正确可靠；大、小车行走时是否平稳、无卡阻、无跳动；机械部件运转时是否有异常声响、构件连接处是否有松动、裂纹和损坏；运行时制动瓦是否有摩擦；钢丝绳是否有碰剐、滑轮运转是否灵活无卡阻；升降机构制动器动作是否平稳可靠；行走机构制动器是否能刹住大车和小车且车轮不打滑、无振动、无冲击。

固定卷扬式启闭机安装：主要检查启闭机纵横向中心线偏差、安装高程偏差、水平偏差等；试运转时，检查电动机运行是否平稳、三相电流是否平衡；电气设备是否有异常发热现象；限位、保护、连锁装置动作是否正确可靠；机械部件运转时是否有异常声响、构件连接处是否有松动、裂纹和损坏。运行时制动瓦是否有摩擦，制动时动作平稳可靠；钢丝绳是否有碰剐、滑轮运转是否灵活无卡阻。

液压启闭机安装：①检查机架安装和活塞杆铅垂（或水平）度，包括机架纵横向中心线、机架高程、活塞杆铅垂（或水平）度、多吊点液压启闭机支撑面的高差等偏差；②检查机架钢梁与推力支座安装偏差；③检查油桶、油箱、管道安装偏差；④进行启闭试验和液压试验，检查是否有渗漏、油压是否有异常、油泵运转是否正常、排油时是否有剧烈振动和杂音、启动阀动作是否正常、闸门升降是否灵活无卡阻、开度仪位置是否正确。

金属结构和机电设备安装、调试、试运行过程中，监理人员全过程旁站。

4）钻孔灌注桩质量控制。监理人员对钻孔灌注桩质量控制主要有：①检查桩位施工放样；②检查钻具规格；③检查钻杆垂直度；④检查钻孔深度；⑤检查清孔，控制孔底沉渣厚度；⑥检查钢筋笼制作与安装；⑦旁站混凝土灌注；⑧见证桩基检测，钻孔灌注桩工程施工完成后，监理督促并见证施工单位对灌注桩进行超声波完整性检测。

5）浆砌石护砌质量控制。在穿湖段围堰及部分倒虹吸进出口引渠采用浆砌石护砌。浆砌石护砌工程开工前，监理人员对进场的原材料见证取样送检并进行平行检测，检验合格才允许使用。浆砌石护砌施工过程中，监理主要检查：①砌筑石料是否干净；②砂浆配合比是否符合要求；③是否采用坐浆法施工，砌筑是否平整、稳定、密实和错缝；④衬砌厚度是否满足设计要求；⑤砌筑外露面是否及时养护。

6）膨胀土处理施工质量控制。引江济汉工程沙洋段膨胀土处理工程共22.621km（左、右岸合计），水泥改性土换填方量108.98万m^3，膨胀土处理换填施工分别采用厂拌法和路拌法施工。

膨胀土处理换填开工前，监理处组织建管、设计、检测、施工单位在渠道5标进行了厂拌法生产性试验，在渠道9标进行了路拌法生产性试验，其他各标段也进行了路拌法生产性试验。通过试验确定了厂拌、路拌法施工主要施工设备、工艺、参数，包括土料破碎、水泥掺拌、铺料碾压、层间刨毛等施工环节。

在换填施工过程中，监理人员要求施工单位严格按照生产性试验确定的施工参数组织施工。监理人员对膨胀土处理换填施工进行旁站，主要控制土料粒径、水泥掺量、含水量、拌和均匀性、铺料厚度、铺料边线、碾压遍数、压实度。见证施工单位现场取样进行滴定试验，检测改性土水泥含量、均匀性；见证取样检测压实干密度、自由膨胀率，并进行平行取样检测。

7）粉喷桩质量控制。穿湖段围堰及部分建筑物基础设计采用了粉喷桩（水泥土搅拌桩）进行基础处理。对于粉喷桩（水泥土搅拌桩）施工，监理监督施工单位在粉喷桩开工前通过开挖、探孔的方式，了解地质情况，确定粉喷桩深度。施工中，监理处主要是通过旁站和抽检的方式，监督检查控制桩位偏差、桩斜率、桩深、桩径、喷粉量、提升速度、复搅深度等环节施工质量符合要求。

在粉喷桩施工过程中，监理人员见证施工单位现场抽芯取样进行了抗压强度检测及复合地基静载荷试验。

8）PHC预应力高强管桩质量控制。引江济汉工程左岸节制闸闸室基础采用PHC高强管桩基础，桩径400mm，桩长16～17m。监理人员对高强管桩的施工进行了旁站监理，主要监督检查：①施工单位放样是否符合设计要求；②进场的管桩尺寸及是否有破损；③督促施工人员在打桩过程中随时进行桩位中心位置及垂直度的校核；④打桩时与试桩确定的锤击数有无差异；⑤接桩焊接是否符合规范要求；⑥成桩后是否按要求进行封孔；⑦督促施工单位及时完成基桩小应变及单桩承载力检测，见证施工单位对PHC高强管桩进行反射波法检测试验和静载试验。试验结果满足设计和规范要求。

9）边坡防渗处理施工质量控制。砂基段渠道设计边坡防渗处理为渠坡铺设三级反滤砂石层、埋设集水暗管、集水暗管上安设逆止式排水器、反滤层上铺设防渗土工布，起单向排渗和单向防渗作用。

反滤层施工时，监理人员主要检查内容：①每层反滤料粒径、厚度、密实度是否符合要求；②集水暗管埋设位置、管段连接、管周反滤料填充是否符合要求；③逆止式排水器安装位置是否正确、方向是否正确、与集水暗管连接是否牢固。

铺设土工膜前，监理先检查土工布外观质量，是否无孔洞、沙眼、疵点杂质。铺设后检查土工布是否自然松弛与垫层面贴实，是否无褶皱、悬空，顶端固定是否牢固、下端是否埋设于脚槽底部；搭接宽度是否符合要求，是否顺水流方向上幅压下幅，采用爬焊机进行焊接后，气密性检查是否合格。

10）混凝土护坡、护底质量控制。在现浇混凝土衬砌前，监理人员审查施工单位呈报的施工方案（施工单位采取衬砌机或人工滑模施工方式浇筑衬砌混凝土）施工过程中，监理人员主要控制削坡整底、垫层铺设、混凝土浇筑的每个施工环节。

削坡采取削坡机或挖掘机进行；整底采取推土机推整，局部辅以人工。削坡前测量放线设好削坡样线样架，控制好削坡坡度和平整度；整底时边整边测量，控制好基面高程和平整度。

垫层料铺设采取机械辅以人工摊铺、人工平整方式进行。监理人员主要检查垫层铺设厚度、平整度。

护坡护底混凝土施工采取拌和楼集中拌制混凝土，混凝土搅拌车运至浇筑现场，衬砌机施工方式采用布料机布料入仓，滑模施工方式采用溜槽入仓。

施工过程中，监理人员主要抓好以下4项工作：①混凝土验仓。混凝土开仓前，监理人员检查模板安装、伸缩缝材料安装、仓面砂石垫层平整、开仓浇筑准备等情况，验仓合格并签发混凝土开仓报审表后才允许混凝土浇筑。②混凝土配合比质量。混凝土浇筑前，监理人员对施工单位报送的混凝土配合比进行认真审查，并监督施工单位按配合比拌制混凝土，配料单经监理单位签认才能拌制混凝土。每4小时做一次坍落度试验，严格控制好混凝土的水灰比，保证了混凝土配料准确性。③混凝土浇筑质量。衬砌机施工主要控制布料均匀性、振捣、收面，局部辅以人工。人工滑模施工，监理人员督促施工人员及时平仓、振捣、收面。混凝土施工时监督施工单位按每单元每100m^3混凝土制作1组混凝土试件，监理平行取样制作混凝土试件。④混凝土养护。混凝土衬砌养护采用喷洒养护剂和洒水养护并覆盖草帘、塑料薄膜方式，混凝土终凝后开始养护，养护期大于28天，监理人员每天巡视检查养护情况。

11）安全监测工程质量控制。安全监测主要施工内容包括应力应变监测、变形监测、渗流及环境量监测等。

监测仪器的采购。监理要求安全监测施工单位严格按招标文件和合同技术要求采购监测仪器设备，所采用的内观仪器设备来自北京基康、英国岩土等公司；外观监测仪器主要选用瑞士徕卡、美国天宝等。

监测仪器的检验率定。施工单位委托葛洲坝集团试验检测公司，按有关技术规范或厂家提供的方法，对所采购的监测仪器进行逐支检验和率定，监理进行见证。经检验率定合格的设备，监理人员才同意安装使用。经检验率定不合格的监测仪器设备返厂更换。

监测仪器安装。监测仪器的现场安装埋设施工，监理人员采取旁站监理方式控制施工质量。每一安装单元完成，监理督促施工单位及时进行初始观测，取得各观测项目各观测部位观测初始值，并在施工过程中定期观测，形成观测记录。

（3）抓质量评定，做好事后验证。

1）及时评定单元工程质量。对完成的单元工程要求施工单位及时检测，填写单元工程质量评定表和“三检制”检测表，并对单元工程质量等级进行自评，监理人员根据巡视、旁站和抽检情况及时复核单元工程质量等级。

2）在混凝土拌和、浇筑施工的同时，监理处要求施工单位按照规范规定的方法和频次制取试块，监理人员见证取样送检。同时，监理处按不少于自检量3%比例进行平行检测，并对不同标号的混凝土强度进行统计分析。

3）及时完成外观验收。监理单位及时组织建管、设计和施工单位四方代表，对建筑物主体回填前、通水验收前、单位工程验收前分别进行外观四方联合检查验收评定。

4）督促施工期观测。在主体工程施工过程中，监理督促并见证土建和安全监测的施工单

位进行了主体工程沉降观测，并按要求形成观测记录。

3. 项目法人（建管单位）质量负责

项目法人（建管单位）全面负责工程质量，明确质量目标，完善各级质量管理机构，制定年度质量管理工作计划，对当年质量管理工作的工作内容、工作重点、拟采取的措施和方法、组织形式和人员做出安排。通过现场派驻专职管理人员，及时发现和纠正施工、监理单位工作中的不当做法，跟踪整改落实情况，有效保障工程施工过程质量控制。

在工程建设中认真贯彻执行编制的各种规范、技术标准、工法指南、实施细则、验收规程等文件，建立质量例会制度、检查制度、考核制度、质量缺陷备案制度等制度，督促各参建单位制定并完善相关制度，为质量管理制度化、规范化提供制度保证。

（1）完善设计管理。每年年初与设计单位签订《年度勘察设计服务协议》，按照协议规定对现场设代进场人员进行检查，对现场设代服务能力、设计交底、设计成果提供等方面进行管理。督促设代人员常驻现场，及时解决现场施工技术问题，为工程顺利实施提供保证。施工详图采用“建管单位管理协调、监理单位审查、施工单位校阅”的机制，严格按此办法对施工详图审查进行了管理。保证了施工图提交及时、审查严格、发送程序完善、技术交底及时，图纸供应完全满足工程施工进度要求。

（2）建立分级质量检查体系。项目法人（建管单位）在依据有关法律法规建立健全常规质量管理体系的同时，建立了“三级检查机构”的“三级检查体系”。

一级机构为现场建管机构（建管处、代建部），对施工质量全过程监控，对工程质量负直接管理责任。承担全面巡视检查工作，重点项目专人负责。

二级机构为建设管理单位（直管建管处），对现场建管机构的质量管理工作进行督导监管，对施工质量进行巡查监控，对工程质量负管理责任。负责重点项目巡视检查，重点项目强化监控，部分单位建立了专门的巡视检查队伍。

三级机构为湖北省南水北调管理局，对现场建管机构、建设管理单位的质量管理工作进行督导，对施工质量进行抽查监控，对工程质量负总责。组建了专职质量检查队伍，进行重点项目巡视检查工作和特殊项目驻点监控。

各级机构检查发现的质量问题在现场立即指出，分级建立台账，逐级上报，并按职责跟踪督促整改。

定期召开质量安全例会，分级汇报检查周期内发现的质量问题及上次问题整改情况，研究解决重点、难点问题，安排部署近期重点工作及要求。按照质量问题严重程度，依据有关办法实施责任追究。

（3）开展质量检查活动。在湖北省南水北调工程建设期间，多次开展“质量月”活动、“工程建设监理专项治理整顿活动”“工程质量集中整治活动”“原材料质量专项整顿活动”“规范现场工程管理处质量检查活动”“质量夜间检查活动”“加强原材料、中间产品质量控制活动”等，有效促进了工程质量的提高。

（4）进行质量培训。通过请专家讲课、组织专题学习等方式，不断增强参建各方的质量意识，提高全体参建人员质量管理水平。督促各监理、施工单位抓好新进场人员的岗前教育，加强业务学习和技能培训，完善技术交底制度，增强生产一线人员的质量意识，不断提高质量管理水平和操作技能。

（5）监督检查监理、施工、设计的质量行为和质量活动。工程建设需要建管、设计、监理、施工、质量检测等各参建单位密切配合，协作完成。要求各单位积极主动配合质量监督部门的工作，加强对监理工作的监督管理，充分发挥监理单位在质量控制中的核心作用。建立工程监理、施工单位考核评比制度，将考核评比与监理和施工合同中计列的浮动报酬挂钩，考核中严格实行质量一票否决制，明确专门的质量信息报送员，定期汇总上报质量管理工作情况，对工程质量情况进行统计、分析与评价，及时反映过程中存在的问题，动态管理纠偏。

（6）落实国务院南水北调办稽查、审计、检查和巡查问题。高度重视并全力配合国务院南水北调办的各项检查工作，对检查过程中发现的问题及时整改落实。对质量监督部门和国务院南水北调办的稽查、审计、检查及飞检、其他专项检查中发现的各类质量问题和隐患，及时组织相关单位认真整改，并对整改落实情况进行监督检查，确保整改及时到位。

（7）执行工程质量缺陷备案制。严格执行相关质量管理制度，规范质量缺陷备案及处理程序。要求每一仓混凝土拆模，必须由监理和施工单位共同对外观进行检查，对出现的质量缺陷按要求及时进行记录备案，按规定的处理程序、处理方法进行，严格方案审批、严格跟踪处理、严格检查验收，严禁私自掩盖和处理。

（8）建立健全验收体系。主要包括：①完善项目划分；②严格落实“三检制”；③坚持重要隐蔽和关键部位工程建管、设计、监理和施工四方联合验收；④健全合同验收体系，规范验收程序；⑤及时组织分部工程示范性验收工作；⑥要求各参建单位严格执行验收制度。

4. 政府质量监督与管理

国务院南水北调办以“三位一体”质量监管机制为主导，组织各层级质量监管单位，明确质量责任，采取飞检、站点监督、集中整治、有奖举报、专项稽查等措施，严格实施质量监管，同时前移质量关口，强化协调机制，形成了以质量责任为核心的质量监管体系。

（1）陆续出台相关办法和方案。国务院南水北调办相继出台了《南水北调工程质量工程质量责任追究管理办法》《南水北调工程质量责任终身制实施办法》《南水北调工程信用管理办法》《突出高压抓质量实施方案》《质量监控强化措施》等一系列制度和措施，加强质量监督管理。

（2）组建监督站点。组建工程质量湖北监督站1个，重要单项工程质量监督项目站3个，负责日常管理监督工作。

（3）连续开展质量集中整治。质量集中整治旨在查明工程质量存在的突出问题，分析原因，提出并落实整改措施，进一步规范质量监督机构和各参建单位的质量管理行为，切实落实管理责任，消除质量隐患，确保工程质量。

（4）持续质量飞检。工程建设高峰期，在南水北调工程建设领域实施飞检，展开对工程实体质量和管理行为多层次、全方位、不留死角的跟踪检查。

（5）考核关键工序。实施《南水北调工程建设关键工序施工质量考核奖惩办法（试行）》（国调办监督〔2012〕255号），鼓励和奖励一线作业工人，通过严格关键工序的考核标准和具体考核措施，确保基础施工环节不出问题，从而保证工程质量整体受控。

（6）部署质量监管“回头看”。“回头看”是重点检查2012年、2013年国务院南水北调办“三查一举”等质量检查发现的严重质量问题整改情况；深入查找不放心类质量问题，消除质量隐患；对“回头看”检查发现的质量问题，严格实施责任追究，对重点标段、重点项目反复

检查，确保工程质量。

(7) 实行有奖举报。印发《关于加强南水北调工程建设举报受理工作的意见》、《南水北调工程建设举报奖励实施细则（试行）》，成立南水北调工程建设举报受理中心，实行有奖举报。

（二）质量管理制度设计

在国务院南水北调建设管理委员会办公室工程质量管理制度的基础上，根据湖北省汉江中下游治理工程实际，从工程设计、招标投标、建设过程、验收全过程质量管理进行制度设计。

1. 招标设计和施工图设计阶段质量管理制度设计

为确保工程设计质量和工程建设进度，顺利进行工程项目设计组织管理工作的交接，依据国务院《建设工程勘察设计管理条例》（国务院令第293号）和国务院南水北调办《南水北调工程建设管理的若干意见》（国调委发〔2004〕5号），制定了《湖北省南水北调工程设计管理细则》《湖北省南水北调工程招标设计及施工图设计管理实施细则》（鄂调水局〔2011〕5号）等，规定了建设管理单位、勘测设计单位、监理单位和工程建设其他有关单位的职责与义务；提出了勘测设计单位的质量与进度要求；对设计变更、勘测设计成果的提交和管理、合同（协议）价款支付、优化设计和限额设计等均有详细规定。

2. 招标采购阶段质量管理制度设计

为规范南水北调中线干线工程招标投标活动，根据《中华人民共和国招标投标法》《南水北调工程建设管理的若干意见》（国调委发〔2009〕5号）、《国务院南水北调办关于进一步规范南水北调工程招标投标活动的意见》等有关规定，制定了《湖北省南水北调管理局招标委员会工作规则》《湖北省南水北调工程招标投标管理实施细则》《湖北省南水北调管理局关于进一步做好招投标工作的意见》，规范工程委托和代建项目招标投标活动，维护项目法人、招标人和投标人的合法权益。

(1) 施工过程质量管理制度设计。

1) 推行全面质量管理。为加强工程质量管理，明确工程参建各方职责，保证工程质量，依据国务院《建设工程质量管理条例》（国务院令第279号）和国务院南水北调办颁发的相关规定，结合湖北省南水北调工程特点，制定了《湖北省南水北调工程质量管理办法》《湖北省南水北调工程原材料及中间产品质量管理办法》（鄂调水局〔2011〕91号）、《湖北省南水北调工程施工管理细则》等一系列管理规定，规定了参建各方职责。在工程建设过程中对设计、施工、材料设备供应商的质量管理行为行全过程、全面质量管理。

2) 对监理单位实行规范管理。为规范工程建设的监理工作，建立规范化、制度化、科学化的监理工作管理体系，根据水利部《水利工程建设项目施工监理规范》（SL 288—2003）及行业部门关于工程建设监理的法规、政策，结合南水北调中线干线工程建设的特点，出台了《湖北省南水北调工程建设监理管理实施细则》。规定了建设监理的管理机构及职责；建设监理单位的招标；监理机构和人员；监理工作的实施，监督与奖惩。

3) 加强原材料及中间产品质量管理。为加强原材料、中间产品质量管理，出台了《湖北省南水北调工程原材料及中间产品质量管理办法》。

4) 派驻施工现场人员进行督办管理。为了充分履行项目法人管理职责，湖北省南水北调管理实行了派驻现场专职管理人员及督办的管理制度，先后出台了《湖北省南水北调工程建设管理局派驻施工现场专职建设管理人员管理办法》《湖北省南水北调工程建设督办制度》《湖北省南水北调工程建设管理局工程建设督办目标考核奖惩暂行办法》等制度。

（2）评定验收阶段质量管理制度设计。

1）加强质量评定管理，制定单位工程质量评定标准。为加强湖北省南水北调工程建设的规范化、制度化、科学化管理，搜集、整理了国家有关工程质量的法律、法规、管理标准、技术标准、水利行业有关标准，下发目录，作为质量评定的依据。同时，针对兴隆水利枢纽工程和引江济汉工程2个设计单元制定了《南水北调中线汉江兴隆水利枢纽工程单元工程质量检验与评定标准》（NSBD 14—2010）。

2）加强质量验收管理，规范工程验收行为。为加强湖北省南水北调工程验收管理工作，规范工程验收行为，明确验收职责，提高验收工作质量，做好政府验收相关准备工作，依据国家有关规定和《南水北调工程验收管理规定》和《南水北调工程验收工作导则》（NSBD 10—2007），结合南水北调中线干线工程的实际情况，制定了《湖北省南水北调工程验收管理细则》，规定了验收各方职责及验收的组织。

四、质量管理体系运行及效果评价

湖北省南水北调工程建设质量管理以创建“一流工程”的目标，加强工程质量控制和管理，以工程建设每一个环节的优良质量，保证质量控制总体目标的实现。

质量是工程的生命。工程质量代表一个国家的形象，施工质量代表一个企业的形象。没有质量管理，就没有质量。质量监管是质量的前提和必需的条件，质量监管是工程质量的基础和保证。

湖北省南水北调办认真贯彻执行国家和国务院南水北调办有关工程建设质量管理的方针政策和法律法规，切实履行工程质量政府监督职责。截至2017年，兴隆水利枢纽工程、引江济汉工程和汉江中下游部分闸站改造工程正在施工标段的质量保证体系均已建立并有效运行。各项目未发生工程质量事故，工程质量处于受控状态。

第三节　建设过程质量管理

质量是工程的生命。建设过程质量管理是全面质量管理的基础内容，是确保工程质量目标实现的关键环节，建设过程质量管理的好坏决定了工程质量的成败。湖北省南水北调工程建设过程质量管理主要包括设计质量管理、施工质量管理、质量奖惩机制以及技术创新对工程质量的促进等方面。

一、设计质量管理

工程项目设计是根据已确定的质量目标和水平，通过工程设计使其具体化。设计在技术上是否可行、工艺上是否先进、经济上是否合理、设备是否配套、结构是否安全可靠等，都将决定着工程项目建成后的使用价值和功能。因此，设计阶段是影响工程项目质量的决定性环节，设计质量管理是工程建设过程中质量管理的先决条件。

（一）工程设计概况

根据工程建设程序，湖北省南水北调工程设计过程包括规划、立项、可行性研究、初步设计、施工图设计等阶段。2002年12月23日，国务院原则同意《南水北调工程总体规划》，标志着工程由规划转入实施阶段，要求所涉及的建设项目，按照基本建设程序审批。

2005年5月30日，国家发展改革委批复《南水北调中线一期工程项目建议书》，确定了工程规模、设计标准和原则。

2008年10月8日，国家发展改革委批复《南水北调中线一期工程可行性研究总报告》。汉江中下游四项治理工程列为南水北调中线工程三大主体工程之一。

各设计单元工程可行性研究报告批复后，确定设计单位，依据设计合同，开展初步设计、招标设计、施工图设计等工作。湖北省南水北调工程各设计单位均具有水利设计甲级资质，并通过了ISO 9001国际标准质量管理体系认证。湖北省南水北调工程初步设计报告批复情况见表15－3－1。

表15－3－1　　湖北省南水北调工程初步设计报告批复情况

序号	设计单元	初设报告时间	批复时间
1	兴隆水利枢纽工程	2008年12月	2009年2月
2	引江济汉工程	2009年3月	2009年9月
3	部分闸站改造工程	2009年年初	2011年5月
4	局部航道整治工程	2009年年初	2011年8月
5	引江济汉自动化调度运行系统①	2009年3月	2011年8月

① 引江济汉自动化调度运行系统为后期列入设计单元。

（二）设计管理制度

为统一设计思路，加强设计管理，确保工程设计质量，湖北省南水北调管理局按照国务院南水北调办2006年出台的《南水北调工程初步设计管理办法》等相关办法与规定，湖北省南水北调工程设计承担单位通过公开招标选定。2008年出台了《湖北省南水北调工程设计管理细则》、2011年出台了《湖北省南水北调工程招标设计及施工图设计管理实施细则》（鄂调水局〔2011〕5号），对工程设计各参与方、各环节进行相应约定。推行设计招标、设计审查制度，鼓励设计优化、严格设计变更、执行技术咨询等制度，提高设计质量；实行设计质量保留金制度，保留金的数额按合同规定执行。

1. 初步设计管理制度

为加强湖北省南水北调汉江中下游治理工程的设计管理，保证设计质量，2008年出台了《湖北省南水北调工程设计管理细则》（鄂调水局〔2008〕1号），管理细则主要包含设计管理职责、设计审批管理和设计变更管理等以及各工程项目初步设计之后（含初步设计）各阶段有关设计方面工作的管理，包括勘察、设计、技术咨询以及科学试验研究等。

工程招标设计由湖北省南水北调管理局组织审查并提出审查意见。设计单位在规定期限内依照审查意见对招标设计进行修改、补充和完善。设计单位对审查意见持有异议时，应说明缘由。同时规定设计单位提交的各类设计文件，包括设计任务书、设计计算书、技术说明书、科研试验报告、地质素描编录、施工图纸和设计变更通知等，必须按规定层层核审、核签，并做好归档工作。

施工设计文件和图纸经现场建设管理单位审定后签发给监理单位。监理单位应在合同规定期限内进行核审，然后签发给施工单位。未经监理单位审签并加盖公章的设计文件和图纸，不得作为施工的依据。

施工单位必须在施工前对签收的设计文件和图纸进行查对，核实无误后方可用于施工。对于施工过程中发现的设计文件和图纸中的问题，一般先报监理单位复查、确认，并组织研究解决。在监理单位未发出“暂停执行”或“停止执行”的书面指令前，施工单位仍应按原设计执行。

2. 招标设计和施工图设计阶段的勘测设计管理

针对招标设计及施工图设计阶段的勘测设计管理，湖北省南水北调管理局于 2011 年制定了《湖北省南水北调工程招标设计及施工图设计管理实施细则》(鄂调水局〔2011〕5 号)，详细规定了设计招标的管理及中标方的责任与义务、设计质量与进度管理、设计变更管理、遗留问题处理和落实、限额设计和优化设计、勘测设计成果的管理。

(1) 湖北省南水北调管理局的责任与义务。负责组织勘察设计招标工作；负责勘测设计合同的签订与管理；负责招标设计组织管理，分标方案的拟订和上报；组织审查招标设计、招标文件；负责招标设计阶段设计变更的审批或初审、上报；监督检查施工图审查情况，组织重要项目施工图审查；负责施工图阶段设计变更审查或初审、上报；负责招标设计成果管理，监督检查施工图勘测设计阶段设计成果的管理；负责检查、考核设计单位勘测设计服务情况；负责勘测设计合同价款的审核与支付。

(2) 项目建设管理单位的责任与义务。参与勘测设计合同的管理；参与招标设计和招标文件审查；负责检查、考核现场设计代表服务工作情况；负责施工图的接收、初审与管理；负责施工图设计阶段设计变更报告审批或初审、上报；湖北省南水北调管理局授权的其他责任。

(3) 勘测设计单位的责任与义务。按照勘测设计合同及年度勘测设计服务要求，提供满足工程施工需要的设计服务和勘测设计成果；对初步设计审查及审批意见进行研究、处理和落实，提交遗留问题处理意见及相关成果；根据招标工作计划，编制招标设计报告，配合招标设计审查工作；负责编制招标文件技术条款，并提供工程量清单、分标段同比分解概算以及招标设计与初步设计的工程量对比清单，配合招标代理机构招标文件编制工作；负责施工图技术交底；负责设计变更报告的编制，配合设计变更报告审查工作；参与工程质量、安全事故分析，提出相应的技术方案和设计处理措施；参加工程验收，提供相关验收资料和设计评价意见，编写工程验收设计工作报告；掌握工程建设信息，对发现的问题及时向项目建设管理单位提出意见和建议；负责调整工程概算的资料收集和调整工程概算报告的编制；对专家咨询和其他参建各方提出的建议意见进行研究处理；配合工程建设的有关检查、审查、合同商签、稽查、审计、验收与鉴定、科研、事故调查处理、后评估等工作；勘测设计合同约定的其他责任与义务。

(4) 监理单位的责任与义务。参与招标设计和招标文件的审查；审核、签发施工图；负责组织施工图技术交底；审查、处理施工单位对施工图的反馈意见和建议；负责施工单位提出的

设计变更建议的审核、处理；参加或受项目建设管理单位委托组织对现场技术问题和工程设计优化的研究；协助勘测设计服务管理工作；配合工程建设的有关检查、审查、合同商签、稽查、审计、验收与鉴定、科研、事故调查处理、后评估等工作；建设监理合同约定的其他责任与义务。

(5)《湖北省南水北调工程招标设计及施工图设计管理实施细则》(鄂调水局〔2011〕5号)也规定了工程建设其他有关单位的责任与义务。

3. 设计审查制度

设计审查及设计图纸、文件的签发管理要求：①设计单位提交的图纸、文件应有严格的审查和审签手续。②建设管理单位依照合同接受设计单位报送的图纸后，经审查签发给监理单位，监理单位在合同规定期限内进行审查，然后签发给施工单位。未经监理单位审签并加盖公章的设计文件、图纸不得作为施工的依据。③施工单位对签收的设计文件、图纸、变更通知进行认真核对后方可施工，对施工过程中发现的设计文件、图纸、变更通知中的问题，报监理单位复查。

设计单位全面履行设计合同及供图协议中有关保证设计质量、供图进度、现场技术服务的职责，满足工程质量与施工进度要求。设计中提倡采用的新工艺、新技术、新材料、新设备，考虑施工水平对工程安全的影响，经技术经济论证可行，方能应用。

4. 设计变更制度

为加强湖北省南水北调汉江中下游治理工程设计管理，规范设计组织编制和审批程序，确保初步设计成果质量和工作进度，湖北省南水北调管理局依据《建设工程勘察设计管理条例》(国务院令第293号)、《国务院南水北调工程建设委员会第二次全体会议纪要》(国阅〔2004〕136号)、国务院《研究南水北调工程建设有关问题的会议纪要》和《南水北调工程建设管理的若干意见》(国调委发〔2004〕5号)等有关规定，严格控制设计变更，不随意批准类似改变工程建设规模、建设标准和建设内容的设计变更申请。设计变更实行分级审批管理。重大设计变更由湖北省南水北调管理局进行初审，提出报审意见后报国务院南水北调办审批；一般设计变更由湖北省南水北调管理局结合工程建设特点和管理模式组织相关专家和部门进行审查后进行审批。

针对湖北省南水北调汉江中下游治理工程出现的变更，湖北省南水北调管理局多次以不同形式组织召开设计变更审查会。诸如，湖北省引江济汉工程结合通航设计变更，主要内容包括进口段工程总体布置结合通航后的变更，拾桥河左岸节制闸结合通航的变更，兴隆河倒虹吸、永长渠倒虹吸结合通航后管身加长等与通航相关的变更，同时包括进口段施工期降水设计变更和西荆河船闸布置的优化。以上变更均由国务院南水北调办委托水规总院进行了审查，国务院南水北调办进行了批复；兴隆水利枢纽泄水闸增设垂直防淘墙的设计变更，渠道标软土开挖、施工降水方案等十分必要的设计变更，由国务院南水北调办委托湖北省南水北调管理局审查审批，根据有关规定，湖北省南水北调管理局组织相关单位对设计变更进行了审查，提出了审查意见，根据审查意见进行了批复。

湖北省南水北调汉江中下游治理工程涉及重大设计变更3项，一般设计变更17项。主要设计变更如下。

(1) 兴隆水利枢纽工程下游护坦防淘保护设计变更。初步设计阶段，兴隆水利枢纽工程泄水闸下游消能防护设施由消力池、钢筋混凝土护坦、柔性混凝土海漫、抛石防冲槽组成。鉴于兴隆水利枢纽工程下泄水流单宽流量较大，而河床抗冲刷能力较低，初步设计阶段设计单位对下游防冲槽提出了模型试验成果，冲刷深约 7m，而根据相关规程规范要求计算最大冲深约 21.25m，因此初步设计报告审查意见中提出下阶段应对闸后消能防冲设施进一步复核，必要时采取加固补强措施。

技施设计阶段，设计单位对下游消能防冲设施进行了补充模型试验和研究。鉴于兴隆水利枢纽地基为深厚粉细砂，抗冲能力极低，56 孔泄水闸调度复杂，闸后消能防冲设施面积大，土工布垫层施工、运行中的可靠性难以保证。为保证消力池和水闸结构的运行安全，设计单位在刚性混凝土护坦末端采取增设垂直防淘墙的预防性防护措施。泄水闸及电站厂房下游增设一道钢筋混凝土防淘墙，防淘墙总长 1143m，计算墙深 12m，面积 13710m^2，墙身厚度按计算要求取 60cm，墙身混凝土标号为 C25。

根据国务院南水北调工程建设委员会办公室《关于南水北调中线汉江兴隆水利枢纽工程下游护坦防淘保护设计变更的意见》（综投计〔2011〕103 号），受湖北省南水北调管理局委托，水利部水利水电规划设计总院于 2012 年 2 月 15—17 日在湖北省武汉市召开会议，对长江勘测规划设计研究有限责任公司编制的《南水北调中线一期兴隆水利枢纽工程下游护坦防淘保护设计变更报告》进行了审查。2012 年 2 月，湖北省南水北调管理局以《关于南水北调中线一期兴隆水利枢纽工程下游护坦防淘保护设计变更报告的批复》（鄂调水局〔2012〕45 号）同意实施该项变更。

2012 年 3 月 28 日防淘墙开始施工，2012 年 6 月 24 日完工。

（2）进口段引水结合通航方案设计变更。2011 年 1 月，长江勘测规划设计研究有限责任公司编制了《南水北调中线一期引江济汉工程进口段引水结合通航方案设计变更报告》，对进口段工程布置进行了调整，由通航与引水完全结合的方案变更为通航与引水分开布置的方案，龙洲垸船闸上游航道与长江直接相通，下游航道与引水干渠在泵站之后、荆江大堤防洪闸之前汇合。

（3）拾桥河左岸节制闸设计变更。引江济汉工程拾桥河左岸节制闸是拾桥河枢纽的组成部分。拾桥河枢纽位于引江济汉渠道与拾桥河交叉处，渠线与河道交叉点桩号为 27＋650。拾桥河枢纽工程由拾桥河上、下游泄洪闸，拾桥河倒虹吸，拾桥河左岸节制闸组成。其中上、下游泄洪闸分别位于引江济汉渠道左、右岸，倒虹吸横穿引江济汉渠道，担负拾桥河河水泄洪任务；左岸节制闸担负调节水位和流量，当考虑通航时，还应满足通航要求。

原通水节制闸主要功能为调节水位和流量，因此其布置型式为常规结构设计，采用 6 孔平板闸门控制水流，单孔孔口宽度为 8.75m；技施阶段，根据航道设计要求，将左岸节制闸由小孔口通水节制闸变更为大孔口通航节制闸，闸孔数为 1 孔，孔口净宽 60m。

（4）永长渠倒虹吸设计变更。引江济汉工程永长渠倒虹吸位于引江济汉渠桩号 62＋885 处，距高石碑水利枢纽工程 2.265km。对于原设计的通水方案，该处只有一条引江干渠，当考虑通航方案时，需在原平面布置上增设一条引航道。引航道与引江济汉渠道在平面上呈曲边三角形布置，从桩号 62＋511.451 开始分叉，越靠近下游，引航道与引江干渠距离相差越远。

对于通水方案，在平面布置上，永长渠倒虹吸与引江干渠斜交，交角 77.49°；倒虹吸位于引江济汉干渠下部，在剖面上与干渠呈立交，倒虹吸较短。对于通水与通航结合方案，由于增

设了一条引航道，倒虹吸需同时穿过引江干渠和引航道，倒虹吸长度随着增加。因此该设计变更主要内容为：由于引江济汉干渠增设引航道，跨渠倒虹吸水平段相应增长31m。

(5) 兴隆河倒虹吸等工程设计变更。引江济汉工程兴隆河倒虹吸位于引江济汉干渠桩号64+246处，距高石碑水利枢纽工程0.904km。其变更设计原因、内容与永长渠倒虹吸基本相同，其不同之处主要在于，由于该倒虹吸距离高石碑出口较近，引航道与引江济汉渠道水平距离更长，则兴隆河倒虹吸水平段相应增长较永长渠倒虹吸更长。

本工程设计变更主要内容为：由于引江济汉干渠增设引航道，跨渠倒虹吸水平段相应增长178m。

(6) 西荆河枢纽设计变更。引江济汉通航工程将引江济汉渠道沿线桥梁升高后，具备了改变引江济汉与西荆河交叉处长湖航线的条件。结合湖北省港航局的长湖后港航道规划，将引江济汉渠道与西荆河交叉处—长湖航线引江济汉与西荆河交叉处—殷家河—鲁店船闸—长湖，改变为由引江济汉与西荆河交叉处—引江济汉渠道—后港船闸（新建）—长湖，西荆河枢纽布置作相应调整，将初步设计的西荆河下游船闸移至长湖后港，西荆河布置上游船闸及倒虹吸（初步设计布置上游船闸、下游船闸及倒虹吸），船闸及倒虹吸规模不变。

5. 技术咨询制度

湖北省南水北调工程是南水北调中线的重要组成部分，既有枢纽工程，又有渠道工程，与水源工程和干线工程相比，既有一些共性的特点，又有其自身的复杂性，存在着大量的技术问题。为解决南水北调工程的技术问题，湖北省南水北调管理局紧紧依托国务院南水北调建设委员会专家委员会和有关单位就工程建设中的重大技术问题开展专家咨询进行研讨，对湖北省南水北调工程的建设进行了大量的技术咨询和研究论证工作，解决了许多工程前期工作和施工过程中的重大关键技术问题。

湖北省南水北调管理局每年邀请专家委员会特邀专家对湖北省兴隆水利枢纽和引江济汉等建设工程中的设计和建设中关于兴隆水利枢纽泄水闸下游增设垂直防淘墙、船闸上下闸首宽缝并缝及引江济汉工程膨胀土基础开挖处理等技术问题进行咨询，通过听取各方汇报，查阅相关资料，进行认真研讨，形成咨询意见，为这些技术难题的解决提出了宝贵的建议。

同时，湖北省南水北调管理局积极组织设计、科研等单位进行技术攻关，尤其是科研项目的立项、研究、审查、验收等工作，解决好工程建设中遇到的实际问题。充分发挥设计单位的工作积极性，努力提高设计单位的工作主动性，以设计单位为支撑紧跟工程建设步伐，不断深化强化设计，解决了大量工程设计和施工中的技术难题。

湖北省南水北调管理局针对工程设计和施工中存在的重大疑难问题，以科研机构为补充，积极引进科研院所、高等院校等科研机构，充分发挥科研机构的咨询服务作用，组织了相应的课题攻关，解决了诸如水泥搅拌桩施工、混凝土温控等工程设计和施工中的疑难问题，有效地推进了湖北省南水北调工程建设的进展，为加快工程建设进度，确保工程质量和安全提供了技术保障。

2009年3月，根据初步设计报告审查及批复意见，设计单位长江勘测规划设计研究院提交了《汉江兴隆水利枢纽初步设计报告审查批复有关问题的回复意见》，对初步设计审查遗留问题进行了研究和回复。

2009年7月20—24日，国务院南水北调工程建设委员会专家委员会在武汉召开了南水北调中线汉江兴隆水利枢纽工程技术咨询会。会议对水泥土搅拌桩复合地基的置换率和复合地基承载力计算、现场载荷试验及桥墩深基坑支护等问题进行了咨询。

2010年5月16—19日，国务院南水北调工程建设委员会专家委员会在武汉召开南水北调中线汉江中下游治理工程技术咨询会，对引江济汉工程进口段工程总布置方案、引水渠道渗流稳定计算地质参数选择、兴隆水利枢纽导流明渠安全维护、兴隆水利枢纽基坑降水、兴隆水利枢纽塑性混凝土墙质量评价等进行了技术咨询。

为保证土工膜可靠工作，除在施工中要处理好施工接头、防止扎破划伤外，做好土工膜与混凝土建筑物的防渗连接十分重要。技术咨询会议建议在南水北调中线总干渠设计有关规定基础上，进一步完善土工膜与混凝土建筑物连接的标准设计。

2011年5月30日至6月2日，国务院南水北调建设委员会专家委员会在武汉召开南水北调中线汉江中下游治理工程技术咨询会。南水北调工程建设监管中心、湖北省南水北调管理局、兴隆水利枢纽工程建设管理处、引江济汉工程建设管理处、长江勘测规划设计研究有限责任公司、湖北省水利水电规划勘测设计院、中国水电咨询西北公司兴隆监理中心、湖北腾升工程管理有限责任公司等有关单位的代表参加了此次会议，研究解决兴隆水利枢纽泄水闸下游消能防冲问题、兴隆水利枢纽船闸上下游闸首宽缝并槽问题、引江济汉工程进口深基坑开挖降水措施和引江济汉工程渠道膨胀土等级划分和处理问题。

（三）设计过程管理与效果分析

湖北省南水北调工程设计质量管理实行初步设计过程质量管理、招标设计过程质量管理、施工图设计、现场设计技术服务全过程质量控制。编制了招标设计和施工图设计、设计审查、设计修改与变更等设计管理制度；明确规定了项目建设管理单位、监理单位、设计勘测设计单位、施工单位对设计成果的审查、签发、审核、检查、应用等方面的职责。

1. 设计过程质量管理

（1）初步设计质量管理。为加强初步设计工作统一管理，满足三种建管模式需要，各设计单位按照初步设计工作大纲、设计大纲和技术要求，以及批准的初步设计单元划分方案和《水利水电工程初步设计报告编制规程》编制完成初步设计报告，涉及其他行业的设计内容满足其他行业的标准和规范要求。

各设计单位勘测设计质量保证体系健全，实行项目责任制，项目责任人对项目的工作质量负总责；技术总负责单位对设计单位的成果质量进行中间检查。

各设计单位完成初步设计报告后，由技术咨询单位进行技术咨询，并提出咨询意见。咨询意见认为提交的初步设计报告达到初步设计深度和要求后，报项目法人，由项目法人报国务院南水北调办组织初审。咨询意见认为达不到初步设计深度和要求时，设计单位应限期对报告进行修改，补充完善后报项目法人，费用由设计单位自负。

设计单位根据技术咨询意见修改完善后的初步设计报告经初审后，由湖北省南水北调管理局报国务院南水北调办审批。

（2）招标设计质量管理。湖北省南水北调管理局负责直管和委托项目的招标设计组织管理、分标方案的拟订和上报、审查招标设计报告及招标文件（含工程量清单）、分标段同比分解概算；负责招标设计阶段一般设计变更的审批及重大设计变更的初审及上报。

设计单位根据初步设计批复确定的工程规模、功能、标准、工期，以初步设计静态投资为限额进行招标设计。根据招标工作计划和要求，按照有关规程、规范和《南水北调中线干线工程招标设计报告编制指南（试行）》，编制招标设计报告。监理单位参与招标文件的审查工作。

（3）施工图设计质量管理。设计单位以招标设计工程量为限量进行施工图设计。直管项目、委托项目建管单位负责施工图设计组织管理工作，负责施工图设计阶段勘测设计图纸的接收、核准与管理；负责施工图设计阶段重大设计变更报告的编制、上报和一般设计变更的审批；负责施工图设计阶段勘测设计合同的执行和价款审定等。

监理单位审核、签发项目建设管理单位提供的施工图纸；负责组织施工图设计的技术交底；审查、处理施工单位对施工图设计成果的反馈意见和建议等。

（4）现场设计服务质量管理。设计单位按勘测设计服务协议要求，派驻具有独立处理工程设计问题能力的现场设计代表，明确现场设计负责人及其处理一般设计变更的权限；现场设计负责人的委派、更换、离场应征得项目建设管理单位同意，离场应指定现场临时设计负责人；现场设计代表应满足工程施工建设需要，项目建设管理单位有权要求勘测设计单位增加、更换现场设计代表。

（5）设计变更管理。工程施工图设计，应在具体结构型式及设备选型、施工技术质量要求、施工难度、工程量等方面应与招标设计相一致，避免与承包合同（或设备制造采购合同）产生较大或重大变更。

湖北省南水北调管理局负责工程变更的监督与检查，明确规定参建各方均可提出工程变更建议。工程变更建议以工程变更建议书的形式提出，规定了重大工程变更和一般工程变更的处理权限和处理程序，严格执行“先批准，后实施”制度。

2. 主要设计单元的勘察设计过程

（1）引江济汉工程。2002 年 6 月湖北省南水北调管理局委托湖北省水利水电勘测设计院正式开展引江济汉工程可行性研究工作，2003 年 11 月编制完成了《南水北调中线一期引江济汉工程可行性研究报告（初稿）》，其后根据审查意见多次对可研报告作了修改、完善，并于 2005 年 12 月编制完成了《南水北调中线一期引江济汉工程可行性研究报告》。

2007 年 3 月，湖北省南水北调管理局组织对引江济汉工程开展了初步设计招标工作，并于 2007 年 7 月确定了中标单位。引江济汉工程共划分为 3 个设计标段，湖北省水利水电勘测设计院为设计 2 标中标单位，并为设计协调和总承单位。第 1、第 3 设计标段中标单位分别为长江勘测规划设计研究有限责任公司和中水淮河规划设计研究有限公司。同时，因引江济汉工程需考虑综合利用，引水与通航工程相结合，故由湖北省交通规划设计院承担引江济汉工程初步设计通航部分及干渠公路桥梁的设计工作。上述 4 家勘测设计单位通力合作，于 2008 年 12 月编制完成了引江济汉工程初步设计报告初稿。2009 年 2 月湖北省南水北调管理局主持召开南水北调中线一期引江济汉工程初步设计报告项目法人内审会。根据内审意见，各设计单位对初步设计报告进行了修改、补充，并于 2009 年 3 月编制完成了《南水北调中线一期引江济汉工程初步设计报告》（以下简称《初设报告》）。

受南水北调工程设计管理中心委托，水利部水利水电规划设计总院于 2009 年 7 月对《初设报告》进行了审核。根据初审意见，各设计单位对初步设计报告进行了修改、补充和完善，编制完成了《南水北调中线一期引江济汉工程初步设计报告（修改本）》。2009年9月水利部水利水电规划设计总院在湖北省武汉市对初步设计报告修改本进行了复审。复审会后，各设计单位又根据复审意见对《初设报告》进行了补充和修改，并于2009年10月编制完成了《南水北调中线一期引江济汉工程初步设计报告（审定本）》。

初步设计报告共有6册（不含专题报告及图册），图册共有8本，其中综合说明附图1本，初步设计报告图册7本。

（2）兴隆水利枢纽工程。湖北省南水北调管理局委托长江水利委员会长江勘测规划设计研究有限责任公司进行汉江兴隆水利枢纽勘察设计工作。2004年5月长江设计公司编制完成了《南水北调中线工程汉江兴隆水利枢纽可行性研究报告》（以下简称《兴隆可研报告》）。水规总院于2004年7月和11月分别在武汉和北京召开会议，对《兴隆可研报告》进行了审查和复审；2005年6月，水规总院对该工程可行性研究阶段的工程量和投资进行了核查；长江设计公司根据复审和核查意见对《兴隆可研报告》又进行了修改、完善，并于2005年12月将《兴隆可研报告》纳入《南水北调中线一期工程可行性研究总报告》中。

在可行性研究阶段勘察设计工作的基础上，长江设计公司开展了兴隆水利枢纽初步设计工作，根据初步设计阶段勘察设计工作的要求和《兴隆可研报告》审查意见，参照《水利水电工程初步设计报告编制规程》（DL 5021—93）的要求，长江设计公司于2006年3月编制完成了《南水北调中线工程汉江兴隆水利枢纽初步设计报告》。

2006年4月，湖北省南水北调管理局对《兴隆初设报告》进行了项目法人审查。根据项目法人审查意见，长江设计公司对《兴隆初设报告》进行了修改、完善，形成了《兴隆初设报告（送审稿）》。

2008年4月，受国务院南水北调办委托，水规总院在北京对《兴隆初设报告（送审稿）》进行了预审。对照预审意见，长江设计公司逐条认真地进行了修改和完善后，提出了《兴隆初设报告（报批稿）》。

3. 设计质量管理效果

（1）设计单位根据有关法律、法规和南水北调中线工程有关勘测设计的管理办法、设计合同约定，建立健全设计服务组织保证体系，确保了设计服务规范、合理，设计依据充分、科学。

（2）设计单位设置现场设计代表处，接受湖北省南水北调管理局监督和考核，设代服务及时、到位，设计人员充分、技术全面，适时调整和完善供图计划，确保工程顺利进行，设计服务基本满足工程建设需要。

（3）严格的设计审查、签发、设计交底、设总负责制和技术咨询等设计质量管理制度，设计成果移交程序严谨，确保成果质量满足工程规模、标准、功能等规定要求。

（4）鼓励设计单位不断进行科技攻关，采用的新技术、新理论、新方法、新材料、新工艺、新设备，确保设计成果的设计质量和设计深度。

（5）设计变更有理有据，基本按规定的程序和权限处理，设计过程受控。

二、施工质量管理

工程项目的施工阶段是根据设计文件和图纸的要求，通过施工形成工程实体。施工质量直接影响工程的最终质量，施工阶段质量控制是工程质量控制的关键环节。

（一）施工质量管理的总要求

（1）质量管理目标。湖北省南水北调工程施工质量管理目标是分部工程和单位工程优良率达到85%以上，外观质量达到优良标准，工程质量总体达到优良等级。

（2）组织机构。湖北省南水北调工程施工质量管理实行参建单位各级部门主要领导负责制，质量管理工作专岗专职，通过责任分解，层层落实质量管理目标。

（3）施工过程管理。施工质量控制从施工前准备阶段的质量保证开始，重点进行施工过程的质量控制，严格执行施工质量评定和工程验收施工质量管理目标程序，确保实现施工质量管理目标。

（二）施工准备阶段质量管理

1. 项目法人（建管单位）施工准备阶段质量管理

项目法人（建管单位）开工前施工准备质量管理工作主要有：①签订监理委托合同和施工合同；②安排监理单位、施工单位进场进行施工准备；③建立质量管理体系；④制定相应的质量管理制度；⑤制定质量管理目标；⑥按照招标文件要求做好现场“四通一平”和施工场地移交工作；⑦测量基准点的移交，将测量基准点移交给施工单位；⑧提供首批开工图纸。

2. 监理单位施工准备阶段质量管理

监理单位开工前的施工准备质量管理工作主要有：①签订监理委托合同；②安排监理人员进场；③建立质量控制体系；④检查项目法人（建管单位）开工准备工作；⑤检查施工单位施工准备工作；⑥根据项目法人（建管单位）授权签发开工通知。

3. 设计单位施工准备阶段质量管理

设计单位开工前的施工准备质量管理工作主要有：①建立设计服务质量保证体系；②提供符合施工要求的首批图纸。

4. 施工单位施工准备阶段质量管理

施工单位开工前的施工准备质量管理工作主要有：①签订施工合同；②确定施工质量目标；③建立施工质量保证体系；④组织符合施工要求的人员进场；⑤组织符合施工要求的施工设备进场；⑥施工组织设计的编制；⑦施工临时设施的准备。

（三）施工过程质量管理

施工过程质量管理主要包括原材料和设备质量管理、工序质量控制管理、工程实体质量检测和工程验收管理等。

1. 原材料和设备质量管理

（1）材料和设备的采购。通过招标方式确定满足资质等级和具有质量保证能力的材料和设备供货厂家。施工单位对进场的工程材料及时按批量抽样试验检测，并将试验检测成果及采购单位提交的产品资料报送监理单位，监理单位进行平行抽样检测、并对施工单位报送的检测结果进行审查、签认。监理单位对施工单位试验检测数据有异议时，报建设管理单位组织第三方检测单位重新抽检并最终确定。监理单位的抽样检测、审查签认不减轻、不替代施工单位对工程质量应负的责任。

工程所用原材料及中间产品质量是工程质量的基础。监理单位要求施工单位严格按照招标文件规定，主要原材料使用国家大型生产厂家生产的产品。工程水泥主要使用的是葛洲坝集团水泥有限公司生产的“三峡牌”水泥，钢筋主要使用的是中国宝武武钢集团有限公司生产的产品，混凝土用砂主要使用的是洞庭湖黄砂。混凝土用骨料由监理处和施工单位对荆门市石料厂进行实地考察，比选厂家资质等级、供货能力、产品质量、供货价格等情况，并监理见证对厂家石料取样和送检，综合确定合格的骨料供应厂家。

(2) 材料检验和试验。施工单位在混凝土浇筑前按合同及有关规程、规范、规定进行混凝土材料级配和配合比试验，确定合适的骨料级配参数和符合合同规定的混凝土配合比，报监理单位审查批准。施工单位按合同规定建立工地试验室，试验人员资质、试验设备报监理单位审批。施工单位按合同及有关规定的项目和检测频率对工程材料、半成品、成品的质量进行试验检测，施工单位对提交的试验成果的真实性、可靠性、代表性负责。

监理单位对工程材料和施工质量独立进行监督性的抽样试验检测；监理单位加强施工现场的监理工作，对施工的全过程进行全面的检查监督，对工程重要的部位和关键工艺过程进行旁站监理。

建设管理单位组建或委托专门的检测单位，直接对任何施工项目或部位的工程材料、施工质量进行监督性的随机和专项抽样检测。

每批进场的原材料监理均检查材料材质证明、产品合格证等是否齐全，检查材料的规格型号、外观尺寸等是否符合设计要求。见证跟踪施工单位取样送检，并按规范要求的频次取样进行平行检测，确保每批次进场的原材料及中间产品合格，杜绝未经检测或检测不合格的工程材料用于工程。

(3) 设备验收。设备进场后由监理单位组织有关各方进行交接验收；材料、设备的供应商按合同规定，负责材料、设备的检验检测、监造和出厂验收工作。

材料、设备的供应商在产品加工制造过程中，执行行业规程、规范及合同规定，强化质量检验检测制度，保证产品质量。

设备的监造、出厂验收、交接验收不减轻、更不替代设备制造商应负的质量责任；设备安装调试及运行中经监理单位确认为设备制造质量问题，由供应商责成制造商予以处理。

2. 工序质量控制管理

施工单位对工序质量实行“三检制”，上一道工序检验合格才能进行下一道工序。对关键工序施工单位设为重点控制对象，监理单位实行旁站。湖北省南水北调管理局根据国务院南水北调办《南水北调工程建设关键工序施工质量考核奖励办法（试行）》（国调办监督〔2012〕255号）、《关于加强南水北调工程质量关键点监督管理工作的意见》（国调办监督〔2012〕297号）的要求，在湖北省南水北调工程实行了关键工序考核。

(1) 关键工序设置。为加强质量关键点、关键工序监督管理工作，根据湖北省南水北调工程建设实际，确定渠道、倒虹吸和水闸等3类工程的6处关键部位的关键工序和关键质量控制指标设置为质量关键点。施工单位严格工序管理，制定并认真实行工序交接检查签证制度，上道工序检验不合格不得进入下道工序。施工单位严格控制、充分保证隐蔽工程的质量，主动报请监理单位全过程监控，在施工单位自检和监理单位复检确认隐蔽工程质量符合要求之前不得进行下道工序。湖北省南水北调工程质量关键部位及关键工序见表15-3-2。

表 15-3-2　　湖北省南水北调工程质量关键部位及关键工序

<table>
<tr><th>工程名称</th><th>关键部位</th><th>关键工序</th><th>关键质量控制指标</th><th>备注</th></tr>
<tr><td rowspan="17">渠道工程</td><td rowspan="5">高填方渠段</td><td>碾压</td><td>压实度</td><td></td></tr>
<tr><td rowspan="2">混凝土面板衬砌</td><td>厚度</td><td></td></tr>
<tr><td>强度</td><td></td></tr>
<tr><td rowspan="2">土工合成材料铺设</td><td>搭接宽度</td><td rowspan="2">渠道11标</td></tr>
<tr><td>气密性</td></tr>
<tr><td rowspan="5">膨胀土换填渠段</td><td>改性土拌和</td><td>均匀性</td><td></td></tr>
<tr><td>不同土料结合面</td><td rowspan="2">压实度</td><td rowspan="2"></td></tr>
<tr><td>碾压</td></tr>
<tr><td rowspan="2">混凝土面板衬砌</td><td>厚度</td><td></td></tr>
<tr><td>强度</td><td></td></tr>
<tr><td rowspan="2">深挖方高地下水渠段</td><td>排水管铺设</td><td>通畅性</td><td rowspan="2">渠道11标</td></tr>
<tr><td>逆止阀安装、保护</td><td>完整性</td></tr>
<tr><td rowspan="3">穿堤建筑物回填</td><td>碾压</td><td rowspan="2">压实度</td><td rowspan="2"></td></tr>
<tr><td>结合面处理</td></tr>
<tr><td>反滤料</td><td>材料级配</td><td></td></tr>
<tr><td rowspan="4">倒虹吸工程</td><td rowspan="4">倒虹吸洞身
混凝土浇筑</td><td rowspan="2">止水安装</td><td>中心线偏差</td><td></td></tr>
<tr><td>焊接质量</td><td></td></tr>
<tr><td>金属结构预埋件安装</td><td>埋件定位</td><td></td></tr>
<tr><td>混凝土浇筑</td><td>强度</td><td></td></tr>
<tr><td rowspan="4">水闸工程</td><td rowspan="4">水闸闸室</td><td rowspan="2">止水安装</td><td>中心线偏差</td><td></td></tr>
<tr><td>焊接质量</td><td></td></tr>
<tr><td>混凝土浇筑</td><td>强度</td><td></td></tr>
<tr><td>金属结构预埋件安装</td><td>埋件定位</td><td></td></tr>
</table>

（2）对关键工序的考核。

1）考核方式及评价。对工程整体质量具有关键影响的施工项目是考核的主要项目。关键工序工人包括钢筋安装工、钢绞线安装工、模板安装班工、止水安装工、浇筑振捣工、土工膜焊接工、切缝及嵌缝工、辅料工等是奖罚的主要对象。

考核共分3个层次：①建设管理单位组织现场实施日常考核。建设管理单位或现场建管处（部）、代建部与监理单位共同组成考核小组，巡回检查施工现场，对具备考核条件的关键工序（环节）实施考核。考核的关键工序（环节）数不少于当月施工数的50%。②项目法人组建专门考核队伍，分成若干考核小组，分驻工程沿线，实施异地交叉考核。考核小组巡回检查施工现场，对具备考核条件的工序（环节）实施抽查考核。每月每个标段至少考核2次。每次每类施工项目考核1～3个工序。③国务院南水北调办以现有的飞检大队和质量监督队伍组建考核小组。考核小组巡回检查施工现场，对具备考核条件的关键工序（环节）实施抽查考核，每月每个标段至少考核1次，每次每类施工项目考核1～3个工序。

2）考核等级与奖罚。工序考核指标分为检查指标和检测指标两类。考核指标的质量标准及检验要求参照水利行业和国务院南水北调办的有关质量标准制定。工序考核分为“好”“中”“差”3个等级，标准略高于行业评优标准，突显了打造精品工程的原则和加强关键工序质量控制的目的。

关键工序考核结果是“好”时，对相应的关键工序工人进行奖励；考核结果是“中”时，不奖不罚；考核结果是“差”时，对相应的关键工序工人进行罚款。

建设管理单位每季度根据施工标段和监理标段累计的工序考核结果汇总情况，开具对项目经理和总监理工程师的奖罚通知书。

3. 工程实体质量检测

为保证工程实体质量，湖北省南水北调管理局建设高峰期加大检查力度，增加检查人员，开展工程质量实体检测和质量行为监督。加强关键工序施工过程、工程实体质量和质量管理的巡回检查以及重要工程实体质量进行检测。其中，在建工程实体质量检测选定具备相应资质的检测单位具体实施。

采取常态化拉网式排查质量管理方法，实行不断总结与过程控制相结合的质量管理方式方法，开展穿渠建筑物、膨胀土、土工膜焊接、混凝土浇筑等多种质量专项检查。检查发现问题，经归类、分析后，正式行文下发到相关单位，建立质量问题档案，逐一编号，跟踪落实整改，实现问题闭合。

严格执行质量缺陷备案及处理程序。对出现的质量缺陷按要求及时进行记录备案，缺陷处理严格按国务院南水北调办规定的处理程序、处理方法进行，严格方案审批、严格跟踪处理、严格检查验收，严禁私自掩盖和处理。

4. 质量评定

（1）单元工程施工质量评定在实体质量检验合格的基础上，施工单位进行自评，终检人员签字后，报监理单位复核，监理工程师签证认可。

（2）分部工程施工质量评定，由施工单位质检部门自评等级，质检负责人签字、盖公章后，报监理单位复核，由总监理工程师审查签字、盖公章，报建设管理单位认定后形成分部工程施工质量评定表。

（3）单位工程施工质量评定，由施工单位质检部门自评等级，质检负责人、项目经理审查签字、盖公章后，报监理单位复核，由总监理工程师复查签字、盖公章，报建设管理单位认定和监督机构核定后形成单位工程施工质量评定表。

（4）监理单位在复核单位工程施工质量时，除应检查工程现场外，还应对施工原始记录、质量检验记录等资料进行查验，必要时可进行实体质量抽检。工程施工质量评定表中应明确记载监理单位对工程施工质量等级的复核意见。

（5）单位工程完工后，由项目管理单位组织监理、设计、施工、管理运行等单位组成单位工程外观质量评定组，进行外观质量检验评定，参加人员应具有工程师及其以上的技术职称，评定组人员不少于5人且为单数。外观质量评定结果由建设管理单位报质量监督机构核定。

5. 施工质量验收

为加强湖北省南水北调工程验收管理，明确验收责任，保证验收工作质量，使验收工作规

范化，湖北省南水北调管理局采取了一系列工程验收管理措施。

（1）成立工程验收工作领导小组。根据国务院南水北调办下发的《南水北调工程验收管理规定》和《南水北调工程验收工作导则》（NSBD 10—2007）的要求，结合湖北省南水北调工程实际情况，2012 年 3 月，湖北省南水北调工程领导小组办公室和湖北省南水北调管理局分别成立了验收组织机构，湖北省南水北调管理局第一领导人任组长，领导小组下设办公室。明确了人员组成、机构设置和工作职责。其后又先后进行了人员调整和充实，再次明确了验收工作主管领导和技术负责人，并确定“统筹、组织、实施、协调、指导”作为验收办公室的工作指导方针。

1）领导小组职责。研究决定工程验收中重大事项；组织、协调各部门、各参建单位开展设计单元工程和部分工程完工（通水）验收的各项准备工作；指导和检查合同项目工程验收工作。

2）验收办公室职责。负责组织制定工程验收的工作方案和计划；负责组织合同项目完工验收；具体负责组织各参建单位开展设计单元工程完工和部分工程完工（通水）验收相关准备工作，汇总各类验收资料和报告；起草有关验收申请报告和工程建设报告；组织人员开展验收学习、培训、调研等工作；完成验收工作领导小组交办的其他任务。

（2）开展在建工程验收工作检查。为进一步规范工程验收工作程序和验收行为，湖北省南水北调管理局聘请专家成立检查小组，依据有关验收的规程、规范，采取抽检工程项目划分资料及施工合同验收资料等方式，对部分在建工程项目的施工合同验收工作情况进行检查。主要检查工程项目划分及备案情况，验收程序、验收行为的规范性，验收资料制备情况，并就检查中发现的问题逐一落实整改情况。

（3）制定验收工作计划。为确保工程验收工作的顺利进行，湖北省南水北调管理局积极组织各参加单位认真学习验收实施细则及办法，并检查贯彻落实情况；制定翔实的验收工作计划，把验收工作做精做细；要求局属各职能部门积极配合验收办公室开展施工合同验收及专项验收工作，制定具体的验收工作计划和方案；编制临时通水项目法人验收工作方案、直管项目设计单元工程完工验收自查实施方案和委托项目设计单元工程项目法人验收实施方案；验收办公室通过加强验收过程中的检查指导工作，狠抓验收施工合同实施细则的落实工作，确保验收顺利完成。

（4）开展施工质量验收。按照验收工作计划，以设计单元为验收单位，组织各参建单位完成分部工程验收、单位工程验收、合同项目完成验收、设计单元通水验收；完成政府部门组织的水土保持工程验收、环境保护工程验收、安全设施验收、消防设施验收、征地补偿与移民安置验收、工程建设档案验收以及其他专项验收。

（四）工程专业分类与施工特点分析

湖北省南水北调工程，按工程专业大致分为渠道工程、穿渠建筑物工程、金属结构与机电工程、输水建筑物工程和跨渠桥梁工程等。

1. 渠道工程施工特点及质量管理

（1）渠道工程施工特点。湖北省引江济汉工程全长 67.23km，采用梯形过水断面。渠道工程由全挖、全填、半挖半填渠道组成。全线薄壁混凝土现浇衬砌，渠道边坡系数、渠道水位、渠底宽度、设计水深以及底板和渠坡衬砌混凝土面板厚度等技术参数从渠首到渠尾不断变化。

沿线存在膨胀土（岩）、液化地基等复杂地质条件以及高地下水、承压水渠段施工环境影响；具有河渠交叉、渠渠交叉较多，交叉施工难度大等渠道施工特点。与其他水利工程建筑物比较而言，渠道施工工艺相对简单，但由于渠道较长，承担相邻施工标段的施工单位、监理单位、建管模式、建管单位不同，加上开工有先后，地质条件复杂、建设任务重、工序多、施工强度大、交叉施工相互干扰等因素影响，渠道工程也最容易出现质量问题。

（2）渠道工程质量管理。

1）制度保证。湖北省南水北调管理局制定了《湖北省南水北调工程施工管理细则》《引江济汉工程质量管理办法》《南水北调中线一期汉江中下游闸站改造工程质量管理体系》等管理制度，转发了国务院南水北调办多项管理规定、技术规程、操作指南、技术要求，控制渠道施工质量。

在渠道混凝土衬砌高峰期和气温较高、较低季节施工期，湖北省南水北调管理局加大各种渠道施工技术规程和操作指南执行力度，组织、监督施工单位依据操作指南和相关规程、规范，并结合工程项目的特点，编制渠道混凝土衬砌施工作业指导书，报监理工程师审批；监理工程师依据操作指南，编制相应的监理实施细则。

施工单位利用测量基准点引设的施工测量控制网成果报监理工程师批准，控制网精度满足施工质量控制要求。

监理工程师依据操作指南和有关合同要求开展跟踪检测、平行检测，按照统一制定的主要材料、工序质量监理检验记录格式做好记录，并对施工单位的检验结果进行核验和确认；对渠道工程的重要部位和关键工序的施工，实施旁站监理。

2）关键部位控制。对渠道施工各个工序严格检查，实行关键工序考核奖惩；划分关键部位和关键环节，并严加监管。渠道工程划分渠道过水断面内的墩柱周边部位、填方渠段结合部位、相邻施工标段结合部位和膨胀土（岩）换填渠段4个施工关键部位的共13个关键环节，见表15-3-3。

表15-3-3　　渠道工程施工关键部位及关键环节

关键部位		关键环节	
1	渠道过水断面内的墩柱周边部位	1-1	局部回填材料的选用与控制
		1-2	压实设备的选用和回填质量的控制
		1-3	土工膜和墩柱的连接
2	填方渠段结合部位	2-1	基础处理
		2-2	回填材料的质量控制
		2-3	结合部位严格按要求放坡
		2-4	结合部位的回填质量
		2-5	衬砌混凝土施工前应保证有足够的沉降期
3	相邻施工标段结合部位	3-1	相邻标段建管、设计、监理、施工直接加强沟通、协调
		3-2	一方标段设计有变更时，及时告知相邻标段
		3-3	结合部位施工要妥善处理，不留隐患
		3-4	结合部位跨监理标段时，双方监理单位要共同验收签证
4	膨胀土（岩）换填渠段	4-1	快速施工、快速封闭

关键工序的作业人员，如削坡设备、渠道混凝土衬砌设备、抹面设备的操作人员应经培训后上岗，保证人员相对固定。

3）材料使用管理。规定主要材料的生产厂家或供应商的选择程序、材料选择指标要求、主要材料进场检验的频次和检验项目等。选择的生产厂家或供应商的供应能力满足施工要求；材料的接收、储存、发放管理设专人负责。

要求承担材料质量检验的单位具备相应的资质；施工单位对主要材料进场检验；监理工程师对主要材料平行检验数量不小于施工单位检测数量的10%。

材料到货后，核对其名称、型号、规格、品种、数量是否与供货单、供货合同一致，并建立台账；材料储存、发放均按规定执行。

4）严格渠道工程施工质量检查。湖北省南水北调管理局严格按照技术规程、工作指南和实施细则加强渠道施工质量检查，严格控制渠道与交叉建筑物结合部位人工衬砌施工、混凝土养护、特殊天气施工等渠道衬砌质量；对已衬砌的渠道混凝土质量进行彻底检查、全面排查，对存在质量隐患问题的混凝土进行拆除、修复，确保不留质量隐患。

2. 穿渠建筑物工程施工特点及质量管理

（1）穿渠建筑物施工特点。湖北省南水北调工程四项治理工程之一的引江济汉工程，穿渠建筑物较多，其轴线与渠道中心线正交或斜交。穿渠建筑物从渠道底部穿过，破坏了渠身的整体性，因此修建穿渠建筑物的部位属于渠道结构上的薄弱环节。在填方渠段，若渠道内水外渗且防护措施不到位或存在施工质量缺陷则易在穿渠建筑物与渠身结合部位产生集中渗流通道，从而危及渠堤安全，甚至导致溃堤。穿渠建筑物因位置关键而影响重大。

（2）穿渠建筑物质量管理。

1）明确穿渠建筑物施工的关键部位和关键环节。穿渠建筑物工程质量是湖北省南水北调工程质量的最关键环节之一。穿渠建筑物与渠道交叉部位是工程通水运行后易发生渗漏的部位，处于全填方渠道下的穿渠建筑物质量风险更高，建筑物两侧及顶部的土方回填，是质量控制的关键部位。穿渠建筑物施工关键部位及关键环节见表15-3-4。

表15-3-4　　穿渠建筑物施工关键部位及关键环节

关键部位		关键环节	
1	穿渠建筑物与渠道交叉部位	1-1	基坑开挖
		1-2	基础处理
		1-3	穿渠建筑物两侧回填质量
		1-4	穿渠建筑物底部和顶部有强透水层或排水盲沟的，回填结合面的过渡及防渗
		1-5	穿渠建筑物进出口
		1-6	穿渠建筑物周边及渠道回填后应有足够的沉降期
		1-7	穿渠建筑物顶部渠道防渗土工膜施工
		1-8	伸缩缝、施工缝处理
2	建筑物混凝土与回填土的结合面	2-1	穿渠建筑物两侧土方填筑
		2-2	穿渠建筑物顶部土方填筑

2）严格按施工程序施工，严控原材料质量。按照施工程序，建筑物结构混凝土浇筑后要对施工基坑进行土方回填，然后再填筑渠堤，最终形成渠道断面。渠道填筑的土体与穿渠建筑物刚性结构混凝土的结合面是结构薄弱面，回填碾压质量控制不严或结合面技术处理措施不到位时容易形成渗漏集中通道。若渠道混凝土衬砌板与穿渠建筑物顶部之间的回填土层回填质量不好或沉降期不足，混凝土衬砌板容易因土体沉降变形而裂缝，在防渗、排水系统同时存在缺陷的情况下，可能导致渠道内水外渗。

具体实施过程中，要求施工单位优先安排穿堤建筑物施工，以确保在后续渠道工程施工前已填筑的土方有足够的沉降期，减小后期沉降变形对渠道结构的影响。对工程材料的管理更加严格，要求施工单位对每卷复合土工膜和土工布留样，详细记录生产厂家、批次、进场时间、检验报告编号以及使用部位，经监理工程师签字确认后存档备查；湖北省南水北调管理局把穿堤建筑物的质量列为飞检的重点，加大督查力度。在工程后期验收时，加强对排水建筑物等隐蔽工程的抽查，加强对穿堤建筑物的安全监测，做到早发现、早解决。

3）建立分级检查制度，严把施工质量关。分级检查制度是指在穿渠建筑物混凝土建筑完成后，根据渠道的挖填型式，在开始回填前进行分层级检查，分级检查制度规定：全填方渠道下的穿渠建筑物回填前，建设管理单位通知湖北省南水北调管理局职能部门参加检查；半挖半填渠道下的穿渠建筑物回填前，现场建管机构通知建管单位参加检查；全挖方渠道下的穿渠建筑物回填前，现场建管机构分管生产、质量的负责人亲自参加检查；检查后，有关监管单位要印发检查人员签字的检查纪要，作为建管文件存档。

穿渠建筑物从回填开始到回填完成，施工单位安排质量管理人员配备摄像机全程跟踪录像，建立日志如实记录施工单位摄像情况，相关录像材料按电子文档要求做成竣工资料，工程验收时移交。

3. 金属结构与机电工程施工特点及质量管理

（1）金属结构与机电工程施工特点。金属结构与机电工程是关系到工程能否正常运行的重要环节，具有机电金属结构设备制造工程量大、设备类型及数量多、技术要求高、厂家众多、分布广阔、点多线长、监管难度大等特点。

（2）金属结构与机电工程质量管理。

1）建立工程质量监控管理体系。湖北省南水北调工程金属结构与机电工程质量管理建立健全了以设备制造单位和设备监理单位为核心，围绕设备制造、安装质量管理、进度控制目标，以设备制造、安装质量体系为基础，分工明确、职责清晰，集技术管理、设计管理、合同管理、监理管理、项目管理为一体的组织协调监控管理体系。

2）严格管理金属结构和机电设备监造和检测。对重要的金属结构及机电设备，按照合同要求，实行驻厂监造，由监理（监造）单位对合同设备进行制造监理。监理（监造）单位编制“监造大纲”和“监造实施细则”，对产品从设计、原材料、制造工艺、产品检验、出厂验收、产品包装等全过程进行严格的监督和对产品质量进行见证，确保金属结构和机电设备的制造满足设计要求。

另外，对重要的机电设备，由湖北省南水北调管理局（项目管理单位）组织、监理（监造）单位主持进行出厂验收；由项目管理单位、监理单位、安装单位、制造单位、监造单位共同进行实物验收和文件资料验收，进行外观检查和数量清点，验收合格后，共同办理交接手

续、并填写《机电设备到货交接验收单》；安装单位负责储存保管。

湖北省南水北调管理局引进第三方检测机构，科学规范地管理工程安装质量，为工程安全稳定运行提供了有力保障。

金属结构安装质量检测主要工作内容包含弧形闸门和平面工作闸门。根据安装进度，对所有弧形工作闸门埋件在安装完成后进行全面质量检测；在弧形闸门安装完成后，以抽检的方式检查弧形闸门的安装质量，原则上每道闸门抽检一扇；节制闸可适当放大抽查比例；对平面工作闸门埋件进行抽查检测。

3）加强安装过程质量控制。施工单位加强施工过程及现场安装质量控制，严格按照技术规范标准施工，规范操作行为，严格工序自检，切实落实“三检制”；现场监理机构切实履行质量控制责任，对工程质量进行全方位和全过程控制，及时发现并解决工程建设中存在的问题。各项目建管单位加强对参建单位质量行为的管理，加大日常监督检查、巡查和抽检力度，坚决处理发现的质量问题和违规行为。

（五）工程施工质量事故（问题）处理

依据国务院南水北调办《南水北调工程建设质量问题责任追究管理办法（试行）》对工程施工质量缺陷、质量事故范围及类别的划定和处理，湖北省南水北调管理局制定了《湖北省南水北调工程建设安全事故应急预案》。

1. 质量缺陷

（1）质量缺陷的分类。南水北调工程质量缺陷是指在南水北调工程建设过程中发生的不符合规程规范和合同要求的检验项和检验批，造成直接经济损失较小（混凝土工程小于20万元、土石方工程小于10万元），或处理事故延误工期不足20天，经过处理后仍能满足设计及合同要求，不影响工程正常使用及工程寿命的质量问题。

根据质量缺陷对质量、结构安全、运行和外观的影响程度，将质量缺陷划分为以下三类：

①一般质量缺陷。未达到规程规范和合同技术要求，但对质量、结构安全、运行无影响、仅对外观质量有较小影响的检验项和检验批。

②较重质量缺陷。未达到规程规范和合同技术要求，对质量、结构安全、运行、外观质量有一定影响，处理后不影响正常使用和寿命的检验项和检验批。

③严重质量缺陷。未达到规程规范和合同技术要求，对质量、结构安全、运行、外观质量有影响，需进行加固、补强、补充等特殊处理，处理后不影响正常使用和寿命的检验项和检验批。

（2）质量缺陷的处理。在施工过程中由各级监督、建管单位检查发现的质量缺陷、监理巡查发现的质量缺陷及施工单位自查发现的质量缺陷均按照《南水北调工程建设质量问题责任追究管理办法（试行）》的要求进行登记、处理、验收和上报备案。

混凝土结构质量缺陷的Ⅰ类质量缺陷即一般质量缺陷，由施工单位及时检查登记并将检查结果及处理方案，报送监理核查、批准后，进行处理；处理达到要求后报监理验收。

Ⅱ类质量缺陷即较重质量缺陷，由施工单位按规定进行检查（测）、分析、判断并提出处理方案，报送监理等单位，修补前需经建设、监理、设计、施工四方联合检查验收。处理修补方案经监理批准、设计认可后实施修补，处理达到要求后上报监理组织验收，验收后报备。

Ⅲ类质量缺陷即严重质量缺陷，由施工单位自查（测），初步分析判断后报送监理单位，监理单位组织建设、设计、施工等单位联合复查。处理方案得到设计单位确认或由设计单位提出，缺陷处理经监理组织参建四方进行验收，验收后进行备案。必要时，委托有资质的设计单位，对有缺陷结构和处理后结构的安全性进行复核。

2. 质量事故

工程质量事故分为一般质量事故、较大质量事故、重大质量事故、特大质量事故4类。

湖北省南水北调管理局成立工程质量事故应急处理领导小组负责处理工程质量事故。工程质量事故处理包括工程质量事故报告、工程质量事故调查、工程质量事故的处理与验收、工程质量事故责任及处罚。

(1) 工程质量事故报告。工程质量事故发生后，当事方应立即采取措施尽可能避免或者减轻损失和影响，初步判定事故类别，按事故发生方、监理单位、建设管理单位、湖北省南水北调管理局、国务院南水北调办顺序上报。

一般工程质量事故，事故发生方应立即报监理单位、建设管理单位，在事故发生后8小时内再以书面报告事故情况；较大、重大和特大工程质量事故，应立即按程序逐级上报，事故发生后的12小时内再逐级以书面报告事故情况，湖北省南水北调管理局在事故发生后的8小时内书面报国务院南水北调办；对突发性重大或特大事故，有关建设方在初步了解事故情况后按程序即刻电话上报，随后以书面报告。

建设管理单位、监理单位、设计和施工单位应对工程质量事故的经过做好记录，并对事故现场进行拍照、录像备查。

(2) 工程质量事故调查。

1) 调查权限。工程质量事故调查分权限进行。一般工程质量事故由建设管理单位组织设计、监理、施工等单位调查，调查报告报湖北省南水北调管理局；较大工程质量事故由湖北省南水北调管理局组织有关单位调查，调查报告报国务院南水北调办；重大、特大工程质量事故由湖北省南水北调管理局报请国务院南水北调办组织调查。

2) 调查内容。工程质量事故调查的主要内容包括：事故发生的时间、地点、工程项目及部位；事故发生经过及事故状况；事故原因及事故责任单位、主要责任人；事故类别及处理后对工程的影响（工程寿命、使用条件）；对补救措施及事故处理结果的意见；提出事故责任处罚建议；今后防范措施意见；并附事故取证材料等。

工程质量事故调查遵循“三不放过”原则。

(3) 工程质量事故处理与验收。

1) 事故处理方案制定。工程质量事故处理方案，应在事故发生主要原因查清的基础上，按规定实施：一般工程质量事故，由建设管理单位组织监理、设计、施工等单位共同制定处理方案并实施，报湖北省南水北调管理局备案。

较大工程质量事故，由湖北省南水北调管理局组织专家及有关单位共同制定处理方案后实施。

重大及特大工程质量事故，由湖北省南水北调管理局组织有关单位及专家提出处理方案，报国务院南水北调办审核后实施。

2) 工程质量事故处理分为两类：工程质量事故由施工单位负责处理；属设备制造原因造

成的工程质量事故，由制造商负责处理。

一般工程质量事故处理完成后，建设管理单位组织检查验收；较大工程质量事故处理完成后，湖北省南水北调管理局组织检查验收；重大、特大工程质量事故处理完成后，报请国务院南水北调办组织检查验收。

(4) 工程质量事故责任及处罚。工程质量事故的经济处罚由湖北省南水北调管理局或建设管理单位根据事故大小及其对工程的影响以及工程质量事故调查组所提建议，按国家有关规定和合同规定对质量事故责任者进行处罚。

凡发生质量事故的，由湖北省南水北调管理局给予通报批评，并抄报国务院南水北调办。

因工程质量事故危害公共利益和安全，构成犯罪的，由司法机关依法追究刑事责任。

工程项目实施过程中，如监理单位未能及时发现和纠正严重设计错误及施工质量问题，对严重违反合同规定和规程、规范的施工行为失察或失控，监理单位则对工程质量事故按监理委托合同承担相应的责任。

对工程多次发生质量事故，除事故直接责任单位应负直接责任外，建设管理单位应负管理上的有关责任。

施工单位应按合同及监理单位的规定，定期（季、年）向监理单位报送工程质量事故报表，监理单位审核后报建设管理单位，各单位按要求汇总上报湖北省南水北调管理局。

工程开工以来，湖北省南水北调管理局对发生质量事故或较大质量问题的相关责任单位和责任人进行了通报、罚款、清退等处罚。

三、质量奖惩机制

湖北省南水北调管理局奖惩机制同参建人员的责、权、利紧密挂钩；奖优罚劣，激发和鼓舞参建者的责任心，保障施工质量。

（一）奖惩机制设计

为更好贯彻湖北省境内南水北调工程各项管理制度、技术标准、工法指南，规范和约束工程建设单位和建设者行为，鼓励和鞭策建设单位和建设者奋发向上，共同实现一流工程的管理目标，湖北省南水北调管理局根据奖惩有据、奖惩及时、奖惩公开、有功必奖、有过必惩等原则，制定了一系列考评、奖惩管理办法。

1. 奖惩有据

在工程项目建设管理中，项目管理单位和有关人员因人为失误给工程建设造成重大负面影响和损失，以及严重违反国家有关法律、法规、规章制度和合同约定，依据有关规定给予处罚；构成犯罪的，依法追究法律责任。

(1) 合同约定。湖北省南水北调管理局（项目法人）与项目管理单位签订的有关项目建设管理委托合同（协议、责任书）体现奖优罚劣的原则。实行勘测设计奖惩制度、合同约定1%～2%的强化措施费；明确各建设管理单位在工程项目建设质量方面对项目法人负责，质量管理工作评价作为其浮动报酬支付依据等条款，提高质量管理水平。项目法人对在南水北调工程建设中做出突出成绩的项目管理单位及有关人员进行奖励，对违反委托合同（协议、责任书）或由于管理不善给工程造成影响及损失的，根据合同进行惩罚。

(2) 执行办法。依据《南水北调工程建设质量问题责任追究管理办法(试行)》、《南水北调工程质量责任终身制实施办法(试行)》(国调办监督〔2012〕65号)、《南水北调工程建设关键工序施工质量考核奖惩办法(试行)》、《南水北调工程合同监督管理规定(试行)》、《南水北调工程建设信用管理办法(试行)》(国调办监督〔2013〕25号)等约束参建者行为。

(3) 年度优秀建设单位、建设者评比。为把湖北省南水北调工程建设成一流工程、精品工程，提高工程的建设管理水平，增强工程建设各方的积极性、主动性和创造性，增强广大工程建设者的荣誉感、责任感，一年一次对参加工程建设的各项目建设管理单位、勘察设计单位、监理单位、施工单位、湖北省南水北调管理局以及从事征地移民工作的所有工作人员进行评比，颁发荣誉证书，给予一定的物质和精神奖励。

2. 奖惩及时

结合湖北省南水北调工程建设特点，奖惩评比采取年度考核、季度考核、月度考核等形式。

关键工序质量考核发出奖励通知单后，当月兑现奖金；关键工序质量考核等级确定为“差”的，5日内通知施工单位和关键工序作业班组，罚款由建设管理单位从当月工程结算款中扣留；施工单位、监理单位考核奖励按季度支取。

(二) 奖惩机制运行

湖北省南水北调管理局高度重视国务院南水北调办关于质量管理的相关要求。通过认真学习、加强领导、逐级负责、规范操作等形式落实奖惩机制，以考核细化、竞赛催化、榜样感化实现奖惩目的。

1. 广泛宣传，考核细化

湖北省南水北调管理局通过转发、印发，或组织专家或培训形式对各类奖惩制度和考核办法进行宣传、解释工作，确保所有建设单位和建设者明白、领会奖惩办法内容。

湖北省南水北调管理局与委托项目建管单位签订了年度项目管理考核目标责任书，明确规定了年度质量目标考核标准，并将考核结果与奖惩挂钩，提高了工程质量水平。

验收工作考核按合同约定进行。通过验收检验工程质量、查找问题、补救缺陷，检验工程的安全性、完备性，确保通水安全。

2. 逐级负责，严格执行

逐步实现了各级建管单位严格按考核标准，逐级奖惩。现场建管机构考核结果上报建管单位，建管单位考核结果上报湖北省南水北调管理局，并逐级推荐优秀建设单位和建设者；重点奖励突出贡献人员，破格提拔，并给予政策倾斜。

开展监理单位、施工单位季度、半年度、年度综合考核；半年度综合考核排名以各监理单位、施工单位按季度分片区2次季度(或6次月度)排名成绩为基础，结合每月生产协调例会、现场查看、巡视检查及上级机关检查情况，对半年综合考核情况进行统计分析；考核结果限期逐级上报，并在中线建管局网站和湖北省南水北调网站或在北京市、天津市、河北省、河南省南水北调网站公示。

湖北省南水北调管理局主要通过质量目标月考核、季度考核、年度考核、开展劳动竞赛、树立样板工程、评选月度标兵、寻找身边榜样、设置英雄榜、展示建设者风采等形式，大力推广奖惩机制，激发建设单位和建设者的自豪感和荣誉感。

3. 把握原则，规范操作

始终坚持以事实为主，以思想教育为主，以精神鼓励为主的原则；奖励到人，全省嘉奖；对造成严重后果者，经奖惩工作组讨论，派专人约谈，确保行政处分合乎程序；对单位的经济处罚按合同约定比例执行，对个人处罚按考核细则执行，罚款额度占月工资收入一定比例，体现以人为本。

4. 化解矛盾，确保队伍稳定

对于施工过程中后进者、违规者或造成严重后果的人员，除了程序规范，考核合理，并允许申辩以外，做好思想疏通工作，充分发挥政工优势，确保职工队伍稳定、思想稳定，技术稳定，从而确保工程质量稳定。

5. 严惩违规行为，确保工程质量

在奖优罚劣的奖惩机制运行中，有监理工程师、施工人员被清退的；有监理单位领导被约谈、处罚、清退的；有监理、施工、设计、建管相关人员被处罚和开除的。重奖严罚，确保了奖惩机制整体运行切实有效，有力保障了全线工程质量。

四、技术创新对工程质量的促进

技术创新是工程建设管理中科技管理的重要内容，是解决工程难题、保证施工质量的关键环节。湖北省南水北调工程取得了大量的新产品、新材料、新工艺等科研成果，部分成果已应用到工程设计与施工中，对工程质量和进度起到了保障作用。

兴隆水利枢纽作为在深厚粉细砂覆盖层上修建的大型河川枢纽工程，存在围堰防渗处理困难、建筑物基础粉细砂土层压缩性较大、承载力低、饱和砂土持力层渗透变形等技术问题；引江济汉工程建设具有线路长，交叉建筑多、施工环境复杂等管理难点，同时面临汉江中下游平原地下水位较高、砂基段渠道施工、穿湖段渠道软基处理、膨胀土处理等设计和施工技术难题，处理及质量管控难度很大。湖北省南水北调管理局组织有关部门和单位开展了大量的技术咨询和研究论证工作，在渠道设计、施工和管理等方面取得了很多成果和经验，提高了整个渠道工程建设技术水平，为工程顺利建设提供了重要支撑，为今后的工程运行管理提供了有力保障。

（一）进口渠道段基坑降水处理

引江济汉工程进口渠道段（桩号0＋000～2＋350）工程主要施工项目为桩号0＋000～2＋350段长2.35km的干渠工程，干渠底宽350m，顶部开口宽近500m，挖深约17m。左右两侧筑填1级堤防，开挖量约1000万m^3，填筑约220万m^3，工程规模为沿线标段之最。且该段渠道通江引水，全年处于高水头、深基坑施工，尤其是长江汛期施工，更为困难。

依据地质资料，渠道沿线分为3个渗透性区，即黏壤土层、粉细砂层和砂卵石层。施工期最高水位43.0m，进口渠道最低开挖高程20.8m，控制地下水位不高于20.3m。该段渠道基坑地层主要为黏土和壤土，局部夹薄层沙壤土和淤泥质黏土；基坑底板局部或全部为粉细砂层，黏性土覆盖层几乎都被揭穿，使粉细砂层直接出露。因砂层中富含承压水，天然地下水位较基础底板高出较多，承压水头较高，为避免施工过程中出现基坑涌水、涌砂及渗透变形等问题，采取了防渗或基坑降水措施。

对基础下部埋藏有较深厚的砂卵石层（顶高程 8.00～21.00m，底高程－39.03～－37.01 m)，其透水性较强，采用防渗措施工程量很大，采用了井点降水方案，以降低渠底地下水位，避免了施工过程中出现涌水涌砂的问题，确保施工安全、顺利进行。

（二）膨胀土问题及处理

引江济汉工程的拾桥河左岸节制闸标渠道全长 3131m，其中 31＋060～31＋575 段之间为中性膨胀土，设计采用水泥改性土置换处理措施。无马道段，渠坡换填厚度为 2m，渠顶换填厚度为 1m；有马道段，马道高程以上渠坡及渠顶换填厚度为 1m，马道高程以下渠坡换填厚度为 2m。设计置换土总工程量约 5 万 m^3。

（三）粉细砂地基处理

兴隆水利枢纽坝址区汉江为自北而南流向。河床宽 570～680m。深槽贴近右岸，枯水期河水位 31.10m 左右。坝址区左岸为宽广的低漫滩和高漫滩，其中低漫滩宽 750～800m，滩面高程一般 35～37m；高漫滩 430～800m，滩面高程一般 37～39m。坝址区左、右岸为汉江干堤。

坝址区广泛分布第四系松散冲积堆积物，其主要工程地质问题均与工程区深厚覆盖层相关，主要有地基强度、不均匀变形与抗冲刷问题、渗漏与渗透变形、饱和砂土震动液化及人工边坡稳定等问题，必须对地基进行处理。

1. 地基处理设计

坝址区广泛分布第四系松散冲积堆积物，按从上到下分布有粉质黏土、粉质壤土、淤泥质粉质壤土、含泥粉细砂、粉细砂、砂砾（卵）石等，由于含泥粉细砂和粉细砂的厚度较大，为 20～25m，主要建筑物的建基面多位于含泥粉细砂和粉细砂层，部分建筑物建基面位于淤泥质粉质壤土层上。对于泄水闸、船闸、厂房、左右岸滩地过流段交通桥等部位，各土层承载力标准值偏低或具高压缩性、具中等透水性、抗冲刷能力差、渗漏与渗透变形等问题，不能满足建筑物地基应力要求，且在Ⅵ度地震作用下，饱和的粉细砂层存在液化可能，对建筑的稳定和安全存在不利影响。

根据水泥搅拌桩室内试验及现场承载试验资料，采用 15％水泥掺量、8～12m 长的水泥搅拌桩进行加固处理，在相同水泥掺量时，仍可以改变置换率达到不同承载力的要求。

2. 水泥土搅拌桩施工

(1) 搅拌桩主要布置于泄水闸、船闸、电站厂房及滩地过流段。

1) 泄水闸搅拌桩以格栅式布置为主，其中上下游采用双排格栅，格栅内设置散桩，顶部高程 27m，桩长 12m，桩径为 600mm。

2) 船闸搅拌桩布置在上闸首、闸室、下闸首及下游导墙段的基础部位，采用格栅布置，格栅内布置散桩，桩径为 800mm。上闸首搅拌桩顶部高程 19.8m，桩长 12m；闸室深层搅拌桩顶部高程 21.3m，桩长均为 10m；下闸首搅拌桩顶部高程 19.4m，桩长 12m，下游导墙搅拌桩顶部高程 21.8m，桩长 12m。

3) 电站厂房主体搅拌桩布置于结构底板下伏粉细砂层地基内，并向上下游及左右两侧外延 3m，布桩平面为矩形，尺寸 118.00m×80.00m，由厂房建基面至砂砾石层顶面。搅拌桩为连体桩结构，连体桩中心距为 2.88m，桩径为 800mm。根据施工要求，连体桩平行坝轴线分为

26 排，每排为 3 连桩，排间净距为 0.96m，形成条栅式布置，每排连体桩由 ϕ200mm×3 根搅拌桩组成，上下游及左右两侧连体桩分别由 ϕ210mm×3 根、ϕ136mm×3 根的搅拌桩组成，形成封闭的结构型式。

4）左岸滩地导流明渠段连续搅拌桩防渗墙，轴线长度 400m，底部高程 25.7m，顶部高程 36.5m，桩长 10.8m，桩径 80cm，桩距 65cm。

（2）搅拌桩施工。搅拌桩成桩直径 600mm，搅拌叶片外径 620mm；成桩直径 800mm，搅拌叶片外径 820mm。根据实际情况，分别选用单轴、双轴和三轴搅拌机。当基础开挖至建基面上部 50cm 时，开始进行搅拌桩施工。搅拌桩施工工艺流程为平整施工平台、测量放样、机械就位、预搅下沉、制备水泥浆、喷浆搅拌、重复上下搅拌。

机械就位后，即可启动搅拌机沿导向架搅拌下沉，深层搅拌机钻进到一定深度后，开始制备水泥浆，搅拌机下沉达到设计深度后，提升 20cm，开启灰浆泵将水泥浆压入土中，边喷浆边旋转，同时应严格按试验确定的提升速度提升搅拌机，为使水泥浆与土体搅拌均匀，二次将搅拌机边旋转边沉入土中，直到设计深度后再将搅拌机提升出地面，形成搅拌桩。搅拌桩施工完成后，清除上部 50cm 的保护层。

（四）兴隆水利枢纽系统施工

根据《水利水电工程等级划分及洪水标准》（SL 252—2000），对于平原区拦河水闸工程，1 级建筑物洪水标准的重现期在设计工况下为 50～100 年，校核工况下为 200～300 年，消能防冲设施的洪水标准与此相同。

兴隆水利枢纽最大洪水流量主要取决于其所处河段的行洪能力。汉江中下游防洪，规划在丹江口大坝加高至 170m 高程（正常蓄水位，采用吴淞高程）后，通过增加丹江口大坝蓄洪库容，调整防洪控制点（碾盘山）允许泄量，减少中游民垸分蓄洪量，达到抗御 1935 年型洪水的防洪标准（相当于 100 年一遇），碾盘山控制流量为 21000m^3/s，兴隆枢纽所在河段控制下泄流量为 18400～19400m^3/s，超额洪水通过碾盘山以上汉江中游 12 个分蓄洪民垸蓄滞洪解决。根据汉江中下游防洪规划和湖北省防汛抗旱指挥部文件《关于印发〈汉江中下游防洪调度预案〉的通知》（鄂汛字〔1995〕20 号）的规定，兴隆枢纽所处新城河段的现状安全泄量为 18400～19400m^3/s，该安全泄量对应的洪水标准的重现期约为 100 年（1935 年型洪水），当上游洪水来量超过本河段安全泄量时，必须运用汉江中下游蓄洪民垸予以控制。因此，兴隆水利枢纽设计、校核洪水流量取本河段的最大安全泄量 19400m^3/s，其洪水重现期约为 100 年。

1. 施工导流方式

兴隆水利枢纽位于汉江下游，属平原河道，两岸筑有完整堤防，河段河道平均坡降小，约为 1/10000。坝轴线处两堤之间河道宽度约 2830m，河道呈复式断面，高程 36.2m（正常蓄水位）以下河面宽约 680m，河槽位于河道偏右侧，深泓高程约 24.0m。河槽左侧为低～高漫滩，宽约 1400m，滩面高程为 35～37m，右侧为宽约 700m 的高漫滩，滩面高程为 36～37m。鉴于上述河道地形特征，本工程采用分期导流方式。

泄水闸集中布置在河床深槽和左侧低漫滩部位，船闸及电站厂房均布置在泄水闸右侧，导流明渠布置在左岸漫滩上。待明渠具备通水条件后，一期在主河床及右岸设立围堰，在围堰保护下，进行泄水闸、电站厂房及船闸等主体工程施工，导流明渠及左岸高漫滩过流，明渠通航；二期采用土石坝体直接截断明渠，进行过水土石坝的施工，由已完建的泄水闸泄流，船闸通航。

2. 导流建筑物级别和导流标准

导流建筑物为4级，相应的导流标准为10年一遇至20年一遇洪水。坝址段为平原河流，洪水来势较缓，上游丹江口水库对洪水有调蓄作用，且由于受汉江干堤堤顶高程限制，围堰挡水库容不大，故取一期土石围堰设计挡水标准为10年一遇洪水，相应坝址流量为15600m³/s（洪水频率相当于丹江口大坝加高前 $P=10\%$ 或加高后 $P=5\%$）。导流明渠设计标准与一期围堰挡水标准相同。

一期河床截流时段截流标准为11月10%频率，月平均流量1880m³/s；二期明渠截流时段为截流标准为1月10%频率，月平均流量1380m³/s。

3. 导流工程设计

导流明渠布置需满足施工导流与施工期通航的要求。根据枢纽建筑物布置，导流明渠布置在河床左侧漫滩上。明渠右侧为左侧土石纵向围堰，左侧为汉江干堤，明渠轴线全长4295.9m。导流明渠采用高低渠复式断面，左侧高渠为河床原始漫滩，最小宽度约325m，渠底高程30.5～37.5m；低渠底高程27.7m，最小宽度取350m（2008年的初步设计报告修改为底高程27.2m，宽350m）。明渠底坡按平坡设计。低渠进出口段连接右侧主河槽，高渠进出口段连接左河床漫滩，高低渠间边坡为1∶3。导流明渠开挖总量为1150万m³。

一期土石围堰总长5589.7m（防渗段总长3949.2m），其中上游围堰长1724.5m，下游围堰长2351.1m，左侧纵向围堰长700m，右侧纵向围堰长814.1m。围堰布置为圈式全封闭形式，基础防渗采用全截断式塑性混凝土防渗墙，防渗墙平均深度约60m。防渗墙施工平台以上围堰及圈式全封闭基坑以外的围堰采用粉质壤土、粉质黏土料填筑，堰体采用复合土工膜心墙作为防渗加强措施。塑性混凝土防渗墙周长3949.2m，面积24万m²。

4. 导流工程施工

导流工程施工中，导流明渠开挖采用了水上及水下开挖等多种方式；水上机械开挖反铲配自卸汽车运输，水下开挖采用绞吸式挖泥船。塑性混凝土防渗墙施工采用抓斗成槽法。

兴隆水利枢纽导流明渠长约5000m，比三峡工程长1000多米。一期围堰总长约3950m，基坑围护面积达95万m²，比三峡工程一期基坑大，是目前国内综合施工难度大、施工强度高、地质条件极其复杂的代表性工程之一。施工中创造了国内内河土方日开挖12万m³、防渗墙月施工5万m²等多项施工纪录，成功实现了“当年开工，当年截流”。

（五）建筑物深井降水

1. 概况

兴隆水利枢纽位于汉江下游的江汉平原，具有地下水位高、覆盖层厚、开挖深度大等特点。如何快速降低地下水位，保证旱地施工是兴隆水利枢纽工程顺利建设的关键。

兴隆水利枢纽的泄水闸、电站厂房、船闸三大主体在同一基坑，采用围堰挡水，基坑面积约92万m²，围堰防渗采用全封闭式，约35m高程以下为80cm厚塑性混凝土防渗墙，深约60m，以上接土工合成材料。三大主体建筑主要布置在河槽段和右侧漫滩，河槽段地面高程

27.97～29.53m，右岸漫滩地面高程为37.9m，建筑物为从左自右依次为泄水闸、电站厂房和船闸，相应建基面高程为25～27m、6.7～10.2m和17.0m。

根据设计勘察资料，从地面至高程3.5～5.0m为粉质壤土及粉细砂，厚24.47～34.4m；高程3.5～5.0m至高程－5.0m为卵石层，厚8.5～10.0m；高程－5.0m至高程－20m为砂卵石，厚约15.0m，以下为砂岩，渗透系数为5.0×10^{-4}cm/s。地下水位在地面以下1.0～2.0m。

2. 深井降水方案及施工

基坑降水时，基坑总涌水量与防渗墙下砂岩的渗透系数关系密切，该层渗透系数取5.0×10^{-4}cm/s，厚度取100m时，二维渗流计算结果表明，厂房基坑坑底砂层垂直和水平出逸比降分别为0.36和0.14，墙底比降为25.78，单宽流量为28.88m^3/(天·m)；泄水闸基坑坑底粉细砂垂直水平出逸比降分别为0.14和0.26，墙底比降为17.07，单宽流量为10.60m^3/(天·m)。坑底粉细砂比降均超出其允许比降，因此，采用降水措施降低基坑内地下水位，避免基坑底部及边坡出逸，对基坑的渗透稳定性及其重要。

如果厂房基坑开挖高程为11.0m，当江水位达到设计洪水位40.85m高程时，在厂房周围布设20口抽水井，围堰基坑水位基本可满足基坑开挖要求，总抽水量为：42035.8m^3/天；江水位为32.18m时，基坑涌水量为27213.0m^3/天；江水位为36.74m时，基坑涌水量为33121.7m^3/天；当江水位为39.36m时，基坑涌水量为36269.9m^3/天。

对于船闸闸身和厂房基坑，以及左侧纵向围堰右侧的泄水闸基坑，由于开挖深度较大，随着基坑的挖深，地下水渗透压力的不断增大，容易产生边坡塌滑、底部隆起以及涌砂等事故。为此，采用降低地下水位的办法，即在基坑周围钻设一些井，将地下水从井中抽出，使地下水位降低到开挖基坑的底部以下，基坑周围井点排水示意图见图15-3-1。考虑在防渗墙出现开叉等质量问题时，可采用加大抽水量作为保证基坑安全施工的应急备用措施，特将降水井设为深井。

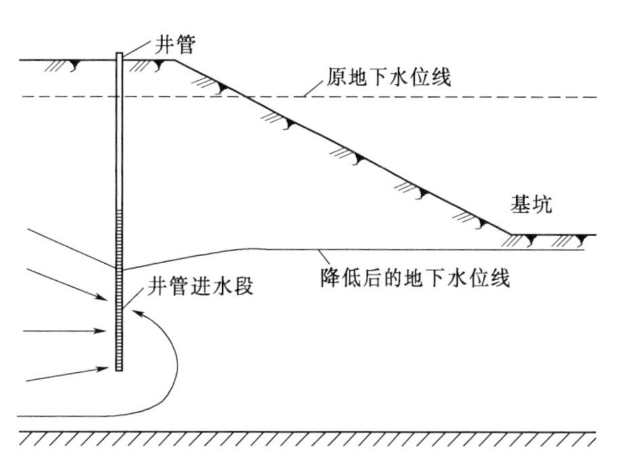

图15-3-1　基坑周围井点排水示意图

降水深井一般布置在基坑开口线外5～10m。共布置了53口降水深井，分别为：泄水闸基坑左侧布置9口井，井间距一般为40m；厂房和船闸基坑周边布置39口井，厂房和船闸基坑之间5口井，井间距一般为40m。

参考其他工程经验，降水井的单井抽水能力按模型单井抽水量扩大30%考虑，取1950m^3/s。

降水井底高程为－20m，井深48～58m。降水井钻孔有效孔径80cm，采用反循环钻机造孔，钻孔钻进采用套管护壁。井管采用PE硬塑料井管，壁厚2cm。根据相对不透水土层厚度，实管段长度取10m，花管段开孔率不小于30%，外包两层滤布，内层滤布80～100目/cm^2，外层滤布20～40目/cm^2，滤布用12号钢丝包缠固定；花管段钻孔用冲洗干净的粒径为1.0～1.5mm的砂粒回填，上部实管段外侧采用黏土球回填。降水井使用后予以拆除，拔出井管，回填黏土球并夯实。降水井施工流程见图15-3-2。

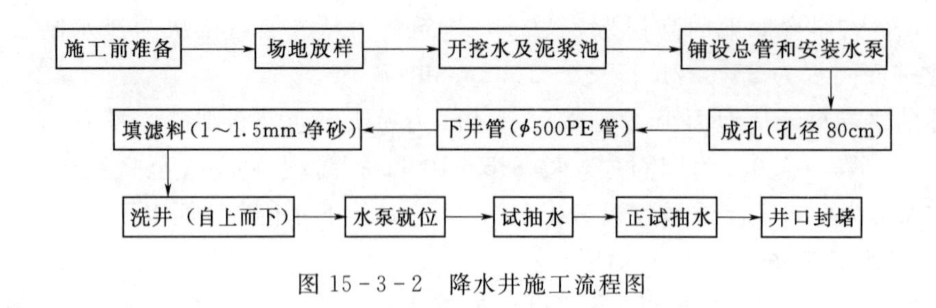

图 15-3-2 降水井施工流程图

(六) 高边坡开挖

兴隆水利枢纽施工中，由于厂房与泄水闸紧邻，开挖建基面相差 16.3m，且该区地层为粉细砂层、沙壤土层、粉质黏土、淤泥质土、砂砾石层，结构松散，在施工期间，泄水闸与电站厂房连接部位基坑开挖成形后，存在人工边坡的稳定等问题。

泄水闸开挖至建基面，电站厂房开挖按 1∶3 的综合坡度放坡，并对坡面作临时保护。从高程 26.5m 开挖至高程 10.2m，开挖高度 16.3m，开口线最大水平距离 49m，占用泄水闸右岸门库及两孔泄水闸的位置。当电站厂房混凝土浇筑至一定高度后，再进行右岸门库及两孔泄水闸的回填。填筑料采用泄水闸的开挖料。

根据施工进度安排，2011 年 12 月须完成边坡永久防护及回填，边坡将暴露长达 19 个月。粉细砂遇水流动性强，自稳定性差，为保证边坡的稳定，经研究决定对坡比 1∶3 以下的边坡采用高强度大棚膜进行施工期覆盖防护施工，防护面积约 $92266m^2$。

防护膜采用高强度大棚膜，幅宽不小于 5m，长度不小于 15m/轴。防护膜应具有较强的抗拉强度和弹性、柔韧，厚度不小于 0.12mm。大棚膜厚度应均匀，无破损、针眼等缺陷。压缝材料主要为 8 号镀锌钢丝和沙袋等。

在开口线以外 2m，将大棚膜埋入地面以下 100cm×50cm（宽×深），同时挖掘 50cm×30cm 梯形截水沟，防止雨水下渗对边坡造成破坏。

(七) 大体积混凝土温控及防裂措施

兴隆水利枢纽工程的混凝土建筑物包括泄水闸、电站厂房、船闸及上下游导航墙、鱼道及交通桥等。泄水闸、电站厂房及船闸均为板、墩式钢筋混凝土结构。混凝土工程总量约 67.25 万 m^3。

由于基础处理进展滞后影响，混凝土浇筑将不可避免地在高温季节条件施工，大体积混凝土施工温控防裂问题给施工带来了难度。若处理不当将产生裂缝，直接影响到工程结构的质量和安全。

在施工过程中，采取了以下主要措施。

(1) 提高混凝土抗裂能力。混凝土配合比设计和混凝土施工应保证混凝土的极限拉伸值(或抗拉强度)、施工匀质性指标和强度保证率，改进施工管理和施工工艺，改善混凝土性能，提高混凝土抗裂能力。

(2) 合理安排混凝土施工程序和施工进度。合理安排混凝土施工程序和施工进度是防止基础产生贯穿裂缝、减少表面裂缝的主要措施之一。

施工程序和施工进度安排应满足：①基础约束区混凝土短间歇连续均匀上升，不得出现薄层长间歇；②其余部位基本做到短间歇均匀上升；③基础约束区混凝土应安排在10月至次年4月气温较低季节浇筑。高温季节应增加骨料的堆存高度，降低骨料的自然温度等措施，以降低混凝土出机口温度。

(3) 降低浇筑温度，减少水化热温升。降低混凝土浇筑温度可从降低混凝土出机口温度和减少运输途中及仓面的温度回升两方面考虑。加快混凝土运输和浇筑速度，同时注意仓面保温和流水养护以减少混凝土温度回升，降低混凝土浇筑温度，夏季尽量利用早、晚气温较低的时段浇筑混凝土；冬季采用保温膜覆盖保护。

(4) 合理控制浇筑层厚及间歇期。对于基础约束区浇筑层厚采用1.5m左右，脱离基础约束区浇筑层厚采用2.0～2.5m。层间间歇期应从散热、防裂及施工作业各方面综合考虑，分析论证合理的层间间歇，不能过短或过长，应控制层间间歇期5～10天。必要时埋设冷却水管进行通水冷却，削减混凝土最高温度。

(5) 表面保护。根据设计表面保护标准确定不同部位、不同条件的表面保温要求。尤其应重视基础约束区及其他重要结构部位的表面保护。

对于兴隆水利枢纽工程温控问题，委托武汉大学国家重点试验室开展专题研究，多次组织专家察看施工现场和召开专题会议，并制定温控技术要求和施工控制措施。诸如控制分缝分块和浇筑层厚、降低混凝土出机口及浇筑温度、通水冷却及混凝土养护等。各参建单位也予以认真对待，落实温控措施，如改造骨料堆场遮阳设施，购置制冷设备进行混凝土加冰拌和和冷却通水，加强混凝土配合比设计及浇筑质量控制和新浇仓面流水保温养护等。通过各方的共同努力，工程施工顺利推进，除局部表层裂缝外，主体结构混凝土施工质量良好。

自2013年试运行来，工程运用情况良好，灌溉、航运和发电效益得以全面发挥。灌溉农田面积从过去的196.8万亩增加到约327.6万亩，灌区供水保证率达到95%以上；船闸累计安全通行船只6500余艘；电站4台机组累计发电量超过6000万kW·h。工程社会及经济效益日益彰显。

（八）局部航道整治工程技术创新

汉江中下游局部航道整治工程采用筑坝、护滩、护岸和疏浚等整治措施；大量使用丙纶布排、D形排、干滩铺X形排、铺无纺布、水上水下抛石、干砌块石等施工工艺；普遍引进了GPS定位装置控制施工精度，GPS配合测深仪进行扫床和施工监控以及潜水员水下探摸摄像质量控制等先进控制手段。确保了隐蔽工程施工的准确性、高效性和质量可控性。

第四节　质量管理工作总结及评价

一、质量管理工作总结

汉江中下游治理工程开工以来，湖北省南水北调管理局在工程建设中，始终坚持“百年大计、质量第一”的方针，贯彻国务院南水北调办“高压高压再高压，延伸完善抓关键”的精神，遵照国务院南水北调办质量管理工作的部署要求，始终保持质量监管的高压态势，不断加强质量监管力度，紧盯工程关键项目，深入开展质量检查，严打重罚质量违规，积极督促问题整改，确保工程质量安全可控。

1. 强化领导，健全机构，加强质量监管力量

质量是南水北调工程的灵魂，这已成为南水北调人的共识。好的质量离不开国务院南水北调办和项目法人单位强有力的领导。工程开工后，湖北省南水北调管理局立即成立了质量管理工作领导小组，明确了质量管理负责人。根据人员变动情况，及时调整了质量管理领导小组，进一步强化了质量管理领导作用。及时召开了湖北省南水北调工程质量工作会议，深入贯彻落实国家、国务院南水北调办关于南水北调工程质量的有关要求。多次召开质量专题会，研究部署质量管理工作措施。为加强质量监管力量，采取合署办公的模式，明确省质量监督站具体负责质量监管的日常工作。同时，通过积极争取，湖北省机构编制委员会办公室批复同意设立湖北省南水北调工程质量监督站。根据工作需要，进一步调整人员，整合质量监管力量，同时增加现场质量监管工作人员。通过加强质量监管队伍建设，为各项质量监管工作的开展提供了人员保障。

2. 完善制度，落实责任，奖罚分明

湖北省南水北调管理局坚持“质量第一，科学管理，预防为主”的质量方针，以创建优质工程为目标，建立了“项目法人负责、监理单位控制、设计单位和施工单位保证与政府监督相结合”的质量保证体系。层层签订质量责任书，制定质量责任人登记制度及责任追究标准，理清参建各方、各层次的质量责任，明确各标段督办组、建管、监理、施工单位质量责任人，细化责任追究标准，发生质量问题，从下到上逐层追责。积极推行工程质量责任终身制，根据《南水北调工程质量责任终身制实施办法（试行）》（国调办监督〔2012〕65号）有关规定，组织各参建单位报送相关质量责任人员信息，建立了质量专项档案。同时，为充分调动现场监理人员的积极性，制定了《引江济汉施工监理考核奖励办法》，设立专项资金，对质量管理工作突出的单位和人员进行经济奖励。

3. 不断开展质量管理人员业务培训

湖北省南水北调管理局以印发培训资料、宣贯质量规章制度和组织技术文件学习等形式，先后组织对《南水北调工程建设质量问题责任追究管理办法》（国调办监督〔2012〕239号）、《南水北调工程合同监督管理规定》（国调办监督〔2012〕240号）、《南水北调工程建设关键工序施工质量考核奖惩办法（试行）》（国调办监督〔2012〕255号）开展培训（图15-4-1和图15-4-2）。对国务院南水北调办制定的质量管理办法进行汇编，印发各参建单位学习；利用工地检查，召集各施工、监理单位，对国务院南水北调办有关管理办法、意见等进行宣贯；编写《渠道衬砌质量监管手册》等材料，发各质量管理人员参考学习。

4. 添置检测仪器，强化检测手段

为进一步强化质量监管手段，湖北质量监督站购买了一批质量检测仪器，包括5部混凝土回弹仪、2台数显裂缝宽度观测仪、1台智能填土密实度现场检测仪、2套混凝土取芯机、2套坍落度桶，用于日常混凝土强度、裂缝、土方回填等质量的现场检查、检测，仪器及应用见图15-4-3、图15-4-4和图15-4-5。实施“四个一”工程，即每个质量监管人员随身配备四件检测工具（图15-4-6），包括1把锤子、1把尺子、1个回弹仪、1个包，用于每天的质量巡查。另外，湖北质量监督站还向湖北省南水北调管理局各位领导及各督办组负责人转交了质

量监督“四个一”检测工具，便于深入开展现场质量督办工作。这批检测仪器和工具的投入使用，强化了检查的手段，拓宽了发现问题的途径，有效提高了质量检查的震慑作用和质量检查效果。

图 15-4-1　开展《南水北调工程建设质量问题责任追究管理办法》培训会

图 15-4-2　开展《南水北调工程建设关键工序施工质量考核奖惩办法》培训会

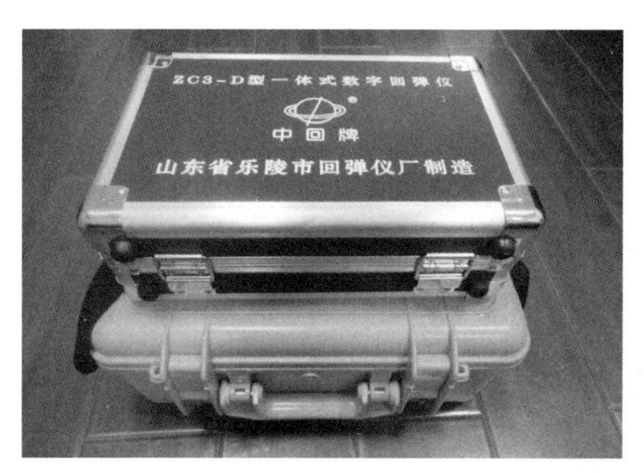

图 15-4-3　混凝土回弹仪

图 15-4-4　回弹仪现场检测建筑物混凝土强度

图 15-4-5　填土密实度检测仪现场检测土方回填压实度

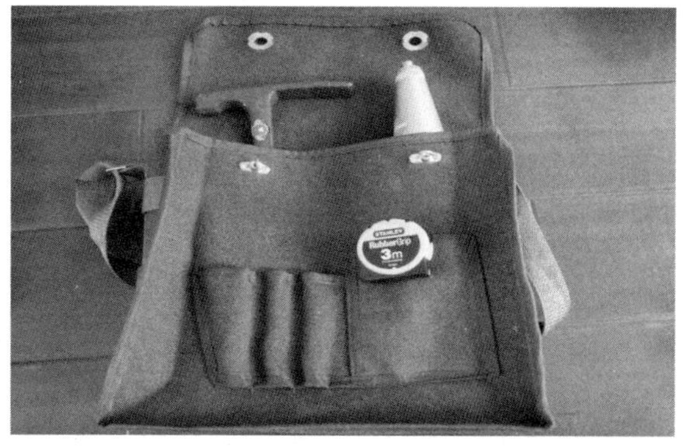

图 15-4-6　质量监管人员随身携带四件物品（1把锤子、1把尺子、1个回弹仪、1个包）

5. 高频次开展质量检查，及时发现质量问题

工程进入高峰期后，湖北省南水北调管理局加大了质量巡查力度和深度，高频次地开展质量检查，平均每月开展2次以上的质量飞检和检查（图15－4－7、图15－4－8、图15－4－9和图15－4－10）。每次检查由领导带队，带上仪器，不通知任何单位，直接奔赴施工现场开展检查、检测。同时，针对部分标段施工情况，领导多次开展夜间飞检，及时发现了渠道边坡衬砌违规施工、表面不平整及混凝土随意加水等一系列严重问题，并立即通知现场建管单位负责人、总监等赶到现场，研究问题处理措施。

图15－4－7 现场抽查混凝土坍落度

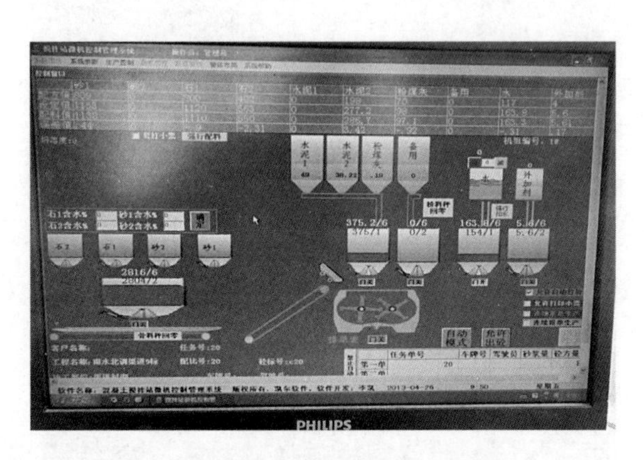

图15－4－8 检查拌和楼用水情况

(a) 场景1

(b) 场景2

图15－4－9 检查衬砌机施工情况

另外，根据国务院南水北调办通知要求，先后组织开展了南水北调工程2011年、2012年度质量集中整治自查自纠工作，开展了跨渠桥梁质量检查、重要建筑物混凝土质量专项检查、混凝土强度排查、预应力波纹管内积水情况排查、跨渠桥梁工程负弯矩施工质量问题排查、混凝土建筑物工程渗漏水质量问题排查、混凝土建筑物工程土方回填质量问题排查等一系列检查活动。

湖北省南水北调管理局不断开展检查的同时，也不断组织各建管单位对工程质量进行自查，并排查出了较多质量问题。对自查发现的质量问题，要求各责任单位及时处理、及时备案，并做好登记，实行销号管理。

6. 加强对原材料及中间产品质量抽检

湖北省南水北调管理局高度重视对原材料及中间产品质量的控制，除现场建管单位委托第

三方检测机构对原材料及中间产品进行质量抽检外，还委托水利部长江科学院工程质量检测中心对引江济汉工程原材料、中间产品和实体质量进行抽检，先后检测砂石骨料、水泥、钢筋共计20余批次，土方回填压实度数组，混凝土取芯检测10余组。

7. 加强问题整改，消除质量隐患

随着质量监管力度的不断加大，暴露出来的质量问题也越多。针对国务院南水北调办稽察大队、质量巡查发现的质量问题，迅速组织相关单位限期进行整改，复查整改落实情况，并将整改情况报告国务院南水北调办。对于自检发现的质量问题，现场要求施工单位、旁站监理立即进行整改。问题较重的，立即通知建设单位、监理单位人员等赶到现场，研究问题处理措施。对于不合格的混凝土，坚决要求施工单位砸掉重新浇筑。

8. 从严从重开展责任追究，绝不手软

针对检查中发现的严重质量问题，湖北省南水北调管理局依据《南水北调工程建设质量问题责任追究管理办法》和《南水北调工程合同监督管理规定》对相关单位及责任人进行了严格的责任追究（图15-4-10和图15-4-11）。先后共通报批评了4家监理单位，警告、通报批评了7家施工单位，约谈了4家监理单位、7家施工单位主要负责人，对1家设计单位进行诫勉谈话，清退总监理工程师1名，监理人员2名，开除项目经理2名。

图15-4-10 约谈施工单位负责人

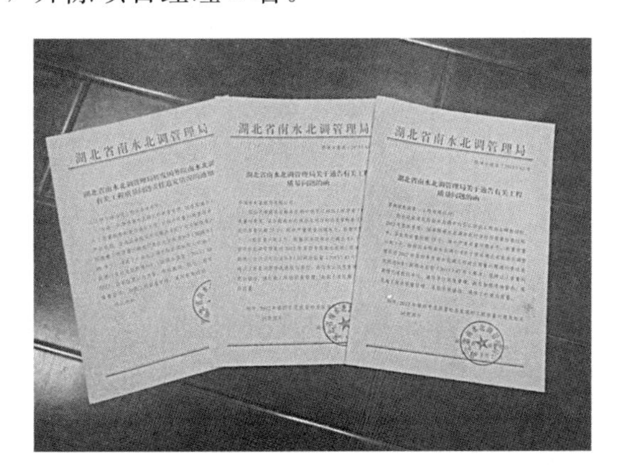

图15-4-11 进行责任追究，通告质量问题

9. 落实工程质量举报制度，加强问题调查处理

根据国务院南水北调办《关于加强南水北调工程建设举报受理工作的意见》的有关要求，湖北省南水北调管理局在工程各施工标段设立举报公告牌（图15-4-12），建立举报协助办理的规章制度，明确工程建设举报协助办理部门，协助完成举报问题的核实及整改落实工作。自工程质量举报调查制度建立以来，先后调查处理了兴隆水利枢纽泄水闸上游防冲槽施工质量举报问题、引江济汉渠道7标土方回填质量举报问题、高石碑枢纽质量举报问题等，并将调查处理情况上报国务院南水北调办。

图15-4-12 “南水北调工程建设举报公示栏”揭牌

10. 推进优质工程创建不动摇

为进一步加强各参建单位质量意识，提高质量管理水平，努力将湖北省南水北调工程建设成一流工程、精品工程，湖北省南水北调管理局从2012年3月下旬开始，在全省南水北调工程范围内开展优质工程创建活动，活动贯穿工程整个建设期。成立了优质工程创建领导小组，主要领导担任创建活动领导小组组长；编制印发了活动创建方案，对优质工程创建活动各阶段工作进行部署。2012年3月29日，优质工程创建活动动员大会在兴隆水利枢纽施工现场隆重举行，国务院南水北调办相关负责人到会并发表重要讲话，动员全体建设者积极投身到优质工程创建活动中去。随后，工程各参建单位组织召开各层次动员会，并按照方案部署要求，积极开展优质工程创建的各项工作。根据活动各阶段工作安排，及时对各单位的创建活动进展情况进行了检查，对创建活动突出的单位进行了通报表扬。2012年10月，针对工程各标段正在如火如荼开展"大干一百天"劳动竞赛活动，及时下发了《关于进一步深入开展优质工程创建活动的通知》，对创建活动进一步进行了部署。随着引江济汉工程进入全面冲刺阶段，优质工程创建活动也已进入最后关键时期，争创优质工程这一目标从未动摇。优质工程创建的目标持续保持在尾工质量监管的各项工作中，确保创建工作取得了实效。

11. 积极开展工程质量督办

为加强湖北省南水北调工程建设，湖北省南水北调管理局制定了工程质量督办制度，局领导和机关各处定期到施工一线进行督办。各督办组把质量监管作为督办工作的一项重要内容，对现场施工质量进行经常性的检查，对历次检查发现的问题进行督促整改。

二、总体评价

（一）工程质量管理体系评价

（1）组织体系评价。湖北省南水北调工程分层次质量管理体系基本健全，建立了项目法人负责，建设管理单位直接管理、设计技术服务、监理控制、施工保证与政府质量监督相结合的质量管理体系，多个层次的质量管理体系运行有序，质量管理责任明确，现场建设管理机构质量职责监督检查到位，质量管理体系运行有效。

（2）质量管理制度评价。各层级参建单位质量管理制度基本健全，与合同文件、规程规范和现场实际密切结合，制度具有可操作性，责任人员实现质量责任的具体措施和标准明确，制度得到落实，质量管理行为有效。

（3）质量标准体系评价。各参建单位在工程建设过程中执行国家、行业的技术规范以及设计技术要求，实行合同质量评价体系和水利行业质量评价体系标准统一，不同行业的规程规范的质量标准统一，系统规定了规程规范的优先使用次序，制定的技术标准满足工程质量控制的需要。

（4）质量监督体系评价。国务院南水北调办依法对南水北调工程质量实施监督管理，负责对各监督机构质量监督责任落实情况进行监督检查。项目法人直接建设管理和委托管理项目的质量监督工作由湖北质量监督站负责，质量监督机构对参建各方的质量管理行为和实体工程质量实施了政府监督，建立了相关监督管理制度，质量监督重点突出。

（二）项目法人及参建单位质量管理评价

（1）项目法人质量管理评价。湖北省南水北调工程采取直接管理和委托管理两种建管模式，成立了相应的组织机构。质量管理制度具体、可操作性强，具有针对性和有效的质量管理措施；对建设管理单位、监理单位和施工单位的质量管理行为进行巡视抽查，体现了建设管理单位对监理单位和施工单位质量行为进行的管理；开展质量检测体现了项目法人对工程实体质量的管理。

（2）建设管理单位质量管理评价。建设管理单位是连接项目法人和参建单位的枢纽，是工程实体形成的直接管理者。在落实合同质量责任管理、法律法规及相关制度和协调外部关系时做了许多积极的工作，通过巡视、检查、考核、评比等措施，督促设计、监理和施工等单位落实合同质量责任，质量管理工作满足工程质量要求。

（3）设计单位质量管理评价。设计单位的质量管理体系健全，设计质量及现场设代服务工作满足工程建设需要。

（4）监理单位质量管理评价。监理单位均建立了质量控制体系，对施工质量实施三阶段控制，采取旁站、巡视、跟踪检查、平行检测等手段进行控制和检查，施工质量总体受控。

（5）施工单位质量管理评价。各施工单位质量保证体系基本健全，按照“三检制”原则对各工序施工质量进行检查，施工过程质量管理基本满足要求，施工质量满足规范和设计要求。

（三）工程实施过程质量管理评价

（1）原材料质量管理评价。各参建单位对原材料的质量管理制度基本完善，原材料质量管理基本符合规范和设计要求。涉及工程质量安全的主要大宗原材料质量均能满足规范和设计质量标准要求。

（2）施工质量检验控制评价。施工单位的现场检测机构（工地试验室等），按照相关要求完成了现场的简单检测工作，没有检测资质的施工单位进行了委托试验。在施工现场各单位基本能按照班组自检、作业队复检、专职质检人员终检的“三检制”开展质量检查工作。监理单位对施工过程的工程质量检验，在施工单位自检合格后进行，对施工单位的检测结果进行抽检，经检验合格后予以签认；对隐蔽工程组织相关参建单位联合验收。建设管理单位委托有资质的专业检测机构对原材料及中间产品进行抽检；参与重要隐蔽单元工程及关键部位单元工程联合检查评定。各参建单位施工质量检验制度完善，基本能按照相关的规章制度执行。

（3）工序质量管理评价。各参建单位在工程建设过程中，施工单位依据规程规范和设计文件要求，制定了主要工序施工措施，实行了“三检制”；监理单位实施了工序验收；项目法人（建管单位）在高峰期开展了施工工序考核。

（4）工程质量评定控制评价。各参建单位根据《水利水电工程施工质量检验与评定规程》（SL 176—2007）和国务院南水北调办有关质量评定的标准，以及湖北省南水北调管理局组织对单元工程、分部工程、单位工程及合同项目的质量进行评定和验收工作。

（5）工程验收管理评价。项目法人负责组织和领导验收工作，要求建设管理单位制定验收工作计划并督促其按计划完成。通过参与验收和开展检查、培训宣贯、示范性验收等方式对施工合同验收工作进行监督指导；验收工作符合《南水北调工程验收签收管理规定》（国调办建管〔2006〕13号）要求，验收工作满足通水要求。

湖北省南水北调办认真贯彻国务院南水北调办的决策部署，高度重视工程质量。引江济汉工程建设期间，严格按照国务院南水北调办“高压高压再高压，延伸完善抓关键”的工作精神，不断完善制度，规范质量管理行为，落实质量责任，深入开展质量管理教育，宣贯和落实国务院南水北调办质量管理文件，加大质量管理投入，狠抓质量关键点控制，强化质量监督，开展专项质量监督检查。这一系列的措施，针对性强，效果显著，确保了兴隆水利枢纽、引江济汉工程建设质量。

湖北省南水北调管理局及各参建单位认真贯彻落实国务院南水北调办各项质量监管要求，依法依规建设，健全体系、完善制度、落实责任、创新措施，加强工程质量事前、事中、事后全过程质量管控。湖北省南水北调管理局严把市场准入关；加强直接管控，奖惩并重；依靠科技创新，注重工艺研究，有效解决了工程建设中一系列复杂技术问题。工程建设过程中发现的质量问题，均严格按质量管理程序予以处理，工程质量始终处于可控状态。

三、存在的问题及对策建议

1. 存在的问题

（1）资源投入不足，个别参建单位质量管理人员力量薄弱。个别参建单位质量管理人员数量不足，一线作业人员技能较差，人员不能满足工程建设需要。由于近几年基础设施建设较多，导致社会整体建设任务与建设资源不匹配。工程建设中，部分单位主要管理人员不到位，或更换主要投标人员，质量管理人员严重不足，由此导致施工现场质量管理不力。同时，施工作业人员流动性大，许多工人刚经过培训掌握了一定的技能又离开工地，导致熟练工缺乏，工程质量不能得到严格的保证。

（2）追求利润，质量“常见病”和“多发病”常有发生。部分施工单位“三检制”未严格落实或流于形式，导致许多应该在施工过程中发现并解决的质量常见问题未能得到有效的控制。近几年由于物价上涨过快，尤其是油料、钢筋、水泥等主要建筑材料的上涨以及地材价格的大幅上涨，同时农民工工资上涨幅度也非常大，由此造成施工单位流动资金紧张，既得利润降低甚至出现亏损。部分施工单位为追求利润，忽视对质量的管理，个别单位甚至存在偷工减料以降低成本。

（3）进度压力大，质量管理行为不规范。湖北省南水北调工程开工时间晚，工期紧、任务重，施工线路长，征迁难度较大。加上工程自身特点，路网、水系情况复杂，严重影响工程施工。南水北调工程作为一项重大战略性工程，计划于2013年年底前基本完工，工期压力大。部分单位在赶进度的同时，忽视了对质量的控制，未严格按规范要求进行施工。对于施工中出现的质量问题，也未严格按规范要求进行处理。

2. 对策建议

（1）加强组织领导，保持对工程质量的高度重视。进一步加强湖北省南水北调工程质量管理工作领导小组建设，调整质量管理工作领导小组成员，加强质监队伍建设，将质量管理工作常态化，定期召开质量管理工作会，定期通报质量管理工作情况。

（2）严格合同管理，保证资源到位。严格按照合同约定督促相关单位保证施工资源的投入，并对实际投入情况进行检查和通报。对施工资源配置严重不足的施工单位进行约谈，屡教不改的撤换项目经理甚至清除施工单位。

（3）加快工程结算，确保资金及时到位。①按国务院南水北调办批复的意见，加紧开展油料、钢筋、水泥等主材的调差调价结算；②督促设计单位按程序及时完善变更手续，以便尽快进行已完工程价款结算；③进一步明确和简化结算办理程序，提高办事效率，更好地为工程建设服务。

（4）加强质量监管，规范管理行为。①协调好进度与质量的关系，根据年度建设总进度目标，总量控制、动态管理，合理安排施工进度任务，不能因为赶工期而牺牲质量；②加强施工现场质量巡查，强控关键工程和工程要害部位的质量管理，严格监督一线施工环节，做好质量过程控制；③邀请相关专家，及时掌握、解决工程建设过程中遇到的各种问题。

（5）严格奖惩，调动参建人员积极性。进一步加大奖罚力度，加强对施工一线质量管理的建管、监理、施工单位和主要人员的考核，做到奖罚分明，充分调动各参建人员的积极性。

第十六章 陶岔渠首工程和苏鲁省际工程质量管理

第一节 概 述

南水北调工程是解决我国北方地区水资源严重短缺问题的重大战略举措，从20世纪50年代至今，经过半个世纪的研究，规划确定分别从长江下游、中游、上游向北方调水的南水北调东线、中线、西线三条调水路线，与长江、淮河、黄河和海河形成相互连通的"四横三纵"总体格局。

南水北调中线一期从丹江口水库取水，经南水北调中线输水总干渠引水，向北京、天津、河北、河南等省（直辖市）输水。陶岔渠首枢纽工程位于河南省淅川县九重镇陶岔村，丹唐分水岭汤山、禹山垭口南侧，是南水北调中线输水总干渠的引水渠首，是南水北调中线工程的重要组成部分。该工程主要任务是供水、灌溉，并兼顾发电。

南水北调东线一期从江苏扬州附近的长江下游干流取水，基本沿京杭运河向北到山东半岛和鲁北地区，为黄淮海平原东部和山东半岛补充水源。一期调水目标是补充沿线城市的生活、工业和环境用水，并适当兼顾农业和其他用水。其中，苏鲁省际工程是东线一期工程建设的重点和难点，也是东线一期工程建设的关键之一，建成并有效管理对实现跨省调水起着决定性作用。

一、质量管理目标和特点

（一）质量管理目标

质量是南水北调工程的生命，事关人民群众生命财产安全，事关社会发展大局。加强建设项目全过程质量管理，牢固树立质量第一的意识，确保陶岔渠首枢纽工程和苏鲁省际工程建设质量是建设管理工作的核心和重中之重。

南水北调一期工程建设总体目标为创优质工程。淮河水利委员会治淮工程建设管理局（简称"淮委建设局"）是一支长年工作于建设管理一线、经验丰富、工作能力突出的建设管理队伍。在南水北调一期工程建设中，承担了中线陶岔渠首枢纽和东线苏鲁省际大部分工程的现场

建设管理工作。建管单位于工程开工之前，研究制定了工程建设总体质量目标为“确保省、部优，争创国优”，项目质量目标流程见图 16-1-1。具体质量目标为：①消除工程质量通病，工程达到内实外美，质量优良；②施工过程加强施工质量管理，杜绝重特大安全质量事故，确保工程质优安全。

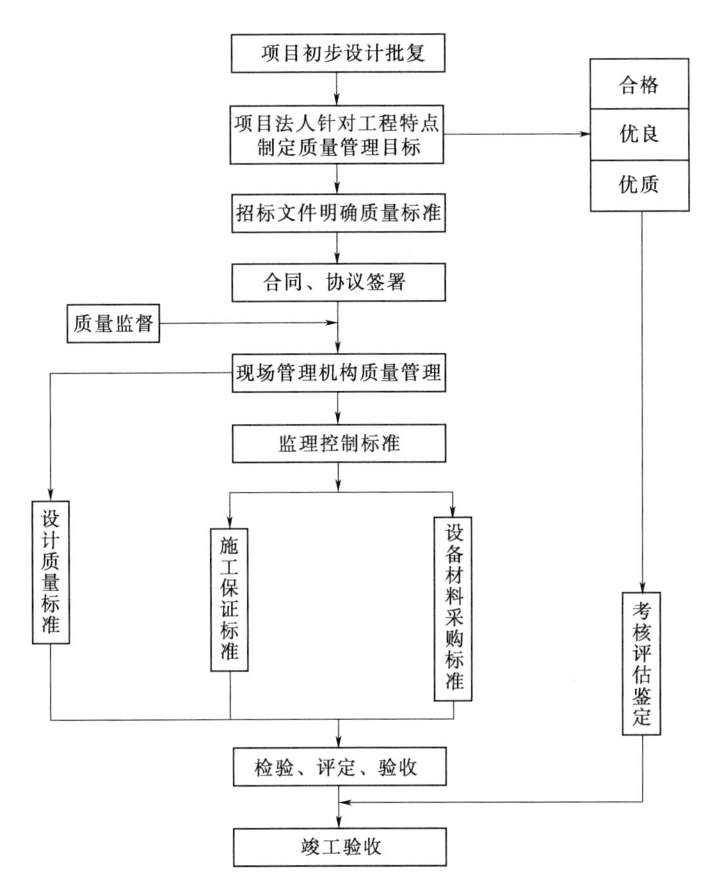

图 16-1-1 项目质量目标工作流程图

据此，淮委建设局从工程建设伊始就要求设计、监理、施工单位制定了质量优良的管理目标，并在工程建设过程中严格执行。

（二）质量管理特点

1. 建设管理模式

（1）陶岔渠首枢纽工程建设管理模式特殊。陶岔渠首枢纽工程为南水北调中线一期工程水源取水口，位于长江流域。2008 年 12 月 3 日，国务院南水北调办与水利部联合发文《关于南水北调中线一期陶岔渠首枢纽工程建设管理有关事宜的通知》（国调办投计〔2008〕187 号）委托水利部淮河水利委员会的工程建设管理单位承担陶岔渠首枢纽工程建设管理工作。2009 年 3 月，淮委建设局组建现场建设管理机构淮委南水北调中线一期陶岔渠首枢纽工程建设管理局（简称“陶岔建管局”）负责陶岔渠首枢纽工程现场建设管理工作。这是淮委建设局首次跨流域承担工程建设管理任务，尽管不是项目法人，但要承担项目法人的建管职责，具有较强挑战性，也是对淮委建设局建管水平的一次严峻考验。

(2) 苏鲁省际工程建设管理模式多样。2003年4月，水利部组织召开了东调南下与南水北调东线工程省部联席会，形成了《关于加快沂沭泗河洪水东调南下续建工程及南水北调东线一期骆马湖—南四湖段工程省部联席会议纪要》，明确提出苏鲁省际工程中的台儿庄泵站、蔺家坝泵站、二级坝泵站、骆马湖水资源控制工程、大沙河节制闸、杨官屯河闸、姚楼河闸、潘庄引河闸和南四湖水资源监测工程，由淮委负责组建建设管理单位、选择专业化建设管理队伍进行建设管理。

苏鲁省际工程大部分工程由两省项目法人委托淮委建设局负责建设管理。在具体实施过程中，出现了三种不同形式的委托方式和两种不同的建设管理方式，其中台儿庄泵站、潘庄引河闸由山东项目法人分别直接委托淮委建设局负责建设管理（建管体制）；蔺家坝泵站、骆马湖水资源控制工程由江苏项目法人直接委托淮委建设局负责建设管理（建管体制）；大沙河节制闸、杨官屯河闸、姚楼河闸由两省项目法人共同委托淮委建设局负责建设管理（建管体制）；二级坝泵站工程由山东项目法人同淮委建设局共同组建现场建设管理机构——二级坝泵站工程建设管理局（建管体制），与其他省界工程由淮委建设局独立负责建设管理的模式不同，其现场建设管理由二级坝泵站建设管理局全权负责，淮委建设局只对派出的干部负责管理。

2. 建管单位在初步设计阶段成立

陶岔渠首枢纽和苏鲁省际工程建设周期长，各阶段衔接紧密、相互制约、相互影响，工程的每个阶段都将对工程质量的形成产生十分重要的影响。初步设计阶段确定的质量目标和水平，通过工程设计使其具体化。设计在技术上是否可行、工艺是否先进、经济是否合理、设备是否配套、结构是否安全可靠等都将决定工程建成后的功能和效益。设计阶段是影响工程项目质量的决定性环节。

2008年12月，国家发展和改革委员会批准了南水北调中线一期工程可行性研究报告（含陶岔渠首枢纽工程），2009年1月11—14日和4月13日，水利部水利水电规划设计总院在北京对《南水北调中线一期陶岔渠首枢纽工程初步设计报告》进行了初步审查和复审。而陶岔建管局成立于2009年3月，对工程前期工作介入较晚，质量管理工作仅能从招标阶段开始施加影响，对一些因设计原因产生的质量管理困难无法规避，工程整体质量管理难度较大。

苏鲁省际工程与陶岔渠首枢纽工程类似，建管单位都在各工程初步设计阶段成立。

3. 建设管理队伍专业化优势明显

充分发挥专业化项目管理单位的优势，有效促进工程建设，确保工程建设质量，是淮委建设局质量管理的工作重点。

淮委建设局作为专业化项目管理单位，是一支有着相当丰富的专业化管理经验和一批专业化管理的人才队伍。淮委建管局选派管理经验丰富、专业技术出众、责任心强的项目负责人、技术负责人和业务骨干驻扎工地，根据目标管理、责任考核情况实行动态管理和奖惩结合的管理模式，真正做到人尽其才、各司其职，这为顺利实现质量目标提供了坚实的管理基础，充分展现了专业化优势。

4. 化压力为动力，不断改进和提高质量管理水平

在南水北调工程工期紧、要求严、协调难度大等形势下，为加快进度、保证质量，南水北调工程建设采取了高压、稽查、飞检、专治、举报、约谈、通报、惩处等众多措施，质量管理工作压力倍增。陶岔渠首枢纽工程和苏鲁省际工程建管单位始终要求参建人员要正确理解和面对，强调迎接检查不是目的，要转变认识，统一思想，变压力为动力，不断强化精品意识，不断改进和提高精细化管理水平，从而产生无穷的精神力量和高度自觉的优质工作意识，保证了

工程优质快速推进，渡过了各项质量管理难关。

5. 陶岔渠首枢纽工程和苏鲁省际工程工程质量影响因素复杂

陶岔渠道枢纽工程和苏鲁省际工程建设分散、周期长、专业众多、工序复杂，受自然环境尤其水文、天气的变化影响大，工程度汛防汛责任大任务重，施工期外部环境影响大，各类不可预见因素都会给工程质量造成不利影响。

二、质量管理体系机制概要

“百年大计，质量第一”，质量的优劣事关工程建设的成败。完善的质量管理体系是工程质量的保障。

（一）管理机构设置及项目管理体制情况

1. 主管部门

国务院南水北调工程建设委员会办公室是国务院南水北调工程建设委员会的办事机构，承担南水北调工程建设行政管理职能。工程所在省南水北调工程建设领导小组办公室承担省内南水北调工程建设行政管理职能。

2. 质量监督单位

质量监督单位为南水北调工程建设监管中心及其省属质量监督站或巡查组。质监站在工程实施期间，按照有关质量管理规定积极开展各项质量监督工作。认真审查工程质量项目划分，经常深入工地检查工程的质量保证、控制和管理措施，参与工程关键、隐蔽部位联合验收，为确保工程施工质量提供了可靠保障。

3. 项目法人及工程建设管理单位

国务院南水北调办和水利部协调，委托淮委建设局成立陶岔建管局，作为现场建设管理机构，负责陶岔渠首枢纽工程的现场建设管理工作。

东线项目法人为南水北调东线山东干线有限责任公司和南水北调东线江苏水源有限责任公司。项目法人根据南水北调工程建设管理有关规定，负责工程资金筹措，征地拆迁和移民安置，对工程质量、进度、投资进行检查。

受项目法人委托，淮委建设局承担东线相关工程建设管理工作，在工程建设期负责项目建设的工程质量、工程进度、资金管理和安全生产等。淮委建设局南水北调东线工程建管局（简称“东线建管局”）作为淮委建设局派驻工地现场机构，行使建设单位管理职能，开展具体的建设管理工作。东线建管局内部设置综合部、计划合同部、财务部和台儿庄泵站工程建设管理处、蔺家坝泵站工程建设管理处、骆马湖水资源控制工程建管处等。

淮委建设局严格贯彻执行国家各项规定，全面推行“四项制度”，规范建设管理，积极协调参建单位关系，强控工程质量、安全和文明施工，强力推进工程进度，各项工程建设任务和目标得到很好的落实，充分发挥了工程建设的核心作用。

4. 设计单位

设计单位受建设单位委托，负责工程的设计工作。按照双方签订的设计合同文件，设计单位按期提交了施工图设计文件。设计单位在工地现场派驻了设代组，及时了解、解决工程建设过程中有关技术、设计问题。

5. 监理单位

监理单位在工地现场设立工程监理部。工程建设期间，监理部按合同文件对工程建设开展具体的“三控制”“二管理”和“一协调”工作。

6. 施工单位

施工单位在工程实施过程中，按合同文件规定认真履行合同职责，严格按设计和规程规范进行施工，根据工程进度需要合理配置资源，保质完成了工程施工任务。

（二）质量保证体系

为做好承建的南水北调工程建设管理工作，确保工程质量，南水北调工程实行了项目法人（建设单位）负责、监理单位控制、施工单位保证和政府监督相结合的质量管理体制，建立健全了政府部门的工程质量监督体系、项目法人（建设单位）的质量检查体系、监理单位的质量控制体系和勘测设计施工单位的质量保证体系。

1. 政府部门质量监督体系

政府质量监督部门设立了质量监督项目站。淮委建设局严格执行《南水北调工程建设管理的若干意见》（国调委发〔2004〕5号）、《南水北调工程质量监督管理办法》（国调办建管〔2005〕33号）等有关规定，工程开工前办理了质量监督手续，建设过程中及时履行各项报批手续，认真接受质量监督部门对工程的质量监督和检查。质监部门根据工程建设特点制定了质量监督计划和相关规章制度，对设计、施工单位的质量保证体系，建管、监理单位的质量检查体系和工程质量进行监督。

2. 项目法人（建设单位）质量检查体系

项目法人及建设单位不断健全质量检查体系，建立了质量管理机构，制定了完善的质量管理制度，努力使质量管理活动制度化、规范化。建设单位现场主要技术人员都参与工程质量管理，对施工全过程进行监督、检查。重点检查施工单位质量保证体系的建立及“三检制”的落实情况；检查监理单位的质量控制体系及监理效果；检查质量抽检情况、设备和材料进场验收情况等。重要（隐蔽）部位、关键工序施工时，组织质量监督、设计、监理、施工单位进行联合检查。要求施工单位认真编制施工方案、技术措施和作业指导书，做好全面的施工设计和资源组织准备工作。对关键部位如底板、流道混凝土开仓前要组织召开仓前会，部署质量控制要点。关键部位混凝土浇筑时会同监理进行盯仓，严密监控边缘止水部位和钢筋密集区的浇筑质量以及模板变形情况。混凝土浇筑后，督促检查混凝土的温控养护和成品保护环节。参加每周监理例会，将质量管理作为最重要的议题，总结经验，防范质量隐患，确保工程建设质量。

3. 监理单位质量控制体系

监理单位负责工程质量控制工作，编制了监理规划并按照监理规划制定了施工图会审及设计交底制度、施工组织设计审核制度及一系列的监理实施细则等，使监理工作规范化、制度化、程序化。监理单位对施工过程质量控制实行“以单元工程为基础、工序控制为手段”的程序化管理模式，要求每道工序必须在施工单位三检合格的基础上，经监理工程师检查合格后，方可进行下一道工序施工，对不合格的或者有缺陷的工程部位进行返工或修补，将工程质量置于监理工程师的控制之下。

4. 勘测设计/施工单位质量保证体系

施工单位的质量保证体系是保证工程质量的主体，在签署施工合同时，施工单位明确工程

质量目标。工程实施中，施工单位积极推行全面质量管理，建立了由总工程师负责的质量管理体系，质检科配备了专职质量检查技术人员，各施工队和各专业班组设有专人负责质量检查。同时，建立健全质量管理制度，如技术交底制度、质量一票否决制度、成品保护制度等。在施工中，细化质量保证措施，严格按照设计图纸和施工标准、规范进行施工，在质量管理上严格执行“三检制”（单元工程或每道工序由班组进行自检，施工队专职质检员进行复检，质检科终检），终检合格后报请监理工程师核检，监理工程师检验合格后进行下道工序施工。为保证进场的原材料、半成品和成品质量，施工单位在工地现场建立了试验室，严格按规范和设计要求进行取样检测和试验。通过一系列的质量保证措施，保证每一个单位工程、每一个分部工程、每一个单元工程、每一道工序都处于质量保证体系的严密控制之中，确保了工程质量。

勘测设计单位严格贯彻 ISO 9001 标准，建立了设计质量保证体系，加强设计过程中三环节质量控制、管理及措施落实。严格执行设计文件的审核、会签、批准制度，通过项目组人员精心设计、项目组内部校核、处室内部审查、技术负责人核定三道技术把关，确保了设计成果质量。

三、质量管理总体成效

淮委建设局及工程现场建管局制定了科学的质量管理目标——“确保省、部优，争创国优”。全体参建单位制定了相应的质量管理目标，并在工程建设过程中严格执行；建立健全了项目法人（建设单位）负责、监理单位控制、施工单位保证和政府监督相结合的质量管理体系，制定并完善了各项质量管理制度；建立了目标责任制度，完善了质量奖惩机制；通过加强招标设计质量预控、强化施工过程质量监控，加大现场质量检查、抽查，并采取了第三方质量检测方式，保证了质量管理体系的有效运行；充分利用国务院南水北调办的质量检查、质量集中整治、稽查、飞检等各项质量管理措施，进一步提高了工程质量管理思想和水平，质量管理工作取得了良好效果。

从已完工程质量检查和验收情况看，陶岔渠首枢纽工程和苏鲁省际工程实体质量较好，未发生质量事故和严重质量缺陷。

（一）陶岔渠首枢纽工程

至 2014 年 6 月底，主体工程单元工程优良率为 92.7%，分部工程优良率为 97.7%。附属工程的下游交通桥工程单位工程验收及施工承包合同项目完成验收，工程质量等级均合格；管理设施工程单位工程暨合同项目完成验收，工程质量等级均合格。

2014 年 12 月，陶岔渠首枢纽工程参与完成南水北调中线全线试运行，南水北调中线实现了全线通水目标。

（二）苏鲁省际工程

受项目法人委托，淮委建设局承担了苏鲁省际工程中的台儿庄泵站、蔺家坝泵站、骆马湖水资源控制、大沙河节制闸、杨官屯河闸、姚楼河闸和潘庄引河闸等 7 个工程（以下简称“苏鲁省际 7 个工程”）的建设管理。

2012 年 11—12 月，在国务院南水北调办主持下，苏鲁省际 7 个工程通过设计单元工程完工验收，技术性初步验收。

2013 年 7—8 月，在国务院南水北调办主持下，苏鲁省际 7 个工程通过南水北调东线一期工程全线通水验收。

2013 年 10—12 月，苏鲁省际工程参与完成南水北调东线全线试运行，南水北调东线实现了全线通水目标。

1. 台儿庄泵站质量评定情况

台儿庄泵站工程共划分 6 个单位工程，其中泵站、清污机闸、交通桥和排涝涵洞 4 个单位工程按水利标准评定。根据《水利水电工程施工质量评定规程》（SL 176—1996）、《水利水电工程施工质量检验与评定规程》（SL176—2007）及有关规程、规范和设计文件进行质量评定：1669 个按水利标准评定的单元工程全部合格，其中 1418 个优良，单元工程优良率为 85.0%；34 个按水利标准评定的分部工程中，30 个优良，4 个合格，分部工程优良率为 88.2%。管理设施及输变电 2 个单位工程，根据有关质量验收规程、规范，由建设单位组织设计、监理和施工单位进行质量验收，质量合格。经南水北调韩庄运河段工程质量监督项目站核定台儿庄泵站设计单元施工质量满足设计、规范、合同要求，工程质量评定为优良等级。

2. 蔺家坝泵站质量评定情况

蔺家坝泵站工程共划分 7 个单位工程，其中按水利标准划分的单位工程 5 个，按非水利标准划分的单位工程 2 个。按水利标准评定的顺堤河改道工程、清污机桥工程、泵站工程、防洪闸工程质量等级优良，河道疏浚工程质量等级合格；按非水利标准评定的堤顶道路工程、管理设施工程质量等级合格。按水利标准和非水利标准评定工程质量评定情况分别见表 16-1-1 和表 16-1-2。

表 16-1-1 蔺家坝泵站工程按水利标准评定工程质量评定情况

序号	单位工程		分部工程			单元工程		
	名称	质量等级	总数	优良数	优良率/%	总数	优良数	优良率/%
1	顺堤河改道	优良	5	5	100	111	95	85.6
2	清污机桥	优良	5	5	100	163	140	85.9
3	泵站	优良	10	9	90	446	342	76.7
4	防洪闸	优良	6	6	100	215	179	83.3
5	河道疏浚	合格	4	0	0	19	0	0
合　计			30	25	83.3	954	756	79.2

表 16-1-2 蔺家坝泵站工程按非水利标准评定工程质量评定情况

序号	单位工程		分部工程			分项工程		
	名称	质量等级	总数	合格数	合格率/%	总数	合格数	合格率/%
1	泵站		1	1	100	118	118	100
2	防洪闸		1	1	100	72	72	100
3	管理设施	合格	28	28	100	232	232	100
4	堤顶道路	合格	8	8	100	220	220	100
合　计			38	38	100	642	642	100

3. 骆马湖水资源控制工程质量评定情况

骆马湖水资源控制工程划分为1个单位工程，13个分部工程。按水利标准评定的为11个分部工程，计160个单元工程；按非水利标准评定的为2个分部工程，计11个子分部工程。其中闸室段、金属结构及启闭机安装2个分部工程为主要分部工程。

验收涉及按水利标准评定的11个分部工程，计160个单元工程，按非水利标准评定的1个分部工程，计5个子分部工程。经监理复核，按水利标准评定的11个分部工程全部合格，其中10个分部工程质量优良，闸室段、金属结构及启闭机安装2个主要分部工程优良，分部工程质量优良率90.9%；160个单元工程全部合格，其中141个单元工程优良，单元工程质量优良率88.1%；按非水利标准评定的启闭机房及桥头堡分部工程质量合格。工程外观质量经建设、监理、设计、施工等单位按照《南水北调工程外观质量评定标准（试行）》（NSBD 11—2008）评定，外观质量得分率为94%，达到优良等级，根据水利部《水利水电工程施工质量检验与评定规程》（SL 176—2007），骆马湖水资源控制工程设计单元工程质量优良。

4. 大沙河节制闸质量评定情况

大沙河节制闸工程按水利标准评定的节制闸工程划分1个单位工程8个分部工程，质量等级为优良，其评定情况如表16-1-3所示。

表16-1-3　　大沙河节制闸按水利标准评定工程质量评定情况

单位工程		分部工程			单元（分项）工程		
名称	质量等级	总数	优良数	优良率/%	总数	优良数	优良率/%
节制闸	优良	8	7	87.5	634	576	90.9

按非水利标准评定的节制闸172个分项工程、船闸78个分项工程及管理设施66个分项工程全部合格。

依据《南水北调工程验收工作导则》（NSBD 10—2007）和《南水北调工程外观质量评定标准（试行）》（NSBD 11—2008）以及《水运工程质量检验标准》（JTS 257—2008），由建设单位组织，监理、设计、施工等单位参加，组成外观质量评定小组，对船闸工程和节制闸工程外观质量进行了评定。船闸外观质量得分率93.2%，节制闸工程得分率92.2%，观感质量良好。

5. 杨官屯河闸质量评定情况

杨官屯河闸工程共划分为15个分部工程，按水利（节制闸）、水运（船闸）、建筑（闸房及管护设施）3个不同的标准进行评定，其中按水利标准评定的有7个分部工程111个单元工程，按水运标准评定的有7个分部工程91个分项工程，按建筑标准评定有1个分部工程22分项工程。经施工单位自评，监理单位复核224个单元（分项）工程质量全部合格。其中采用水利标准评定的有111个单元工程中优良单元工程为104个，单元工程优良率为93.7%；15个分部工程全部合格，其中采用水利标准评定的7个分部工程全部优良，其中闸室段及地基加固主要分部工程优良，分部工程优良率100%。

6. 姚楼河闸质量评定情况

姚楼河闸工程9个分部工程全部合格，依照水利标准评定的8个分部工程质量全部合格，其中7个分部为优良，且主要分部工程优良，分部工程质量优良率87.5%；按照水利标准评定的157个单元工程质量全部合格，其中137个单元工程优良，单元工程优良品率87.3%，且重要隐蔽单元工程和关键部位单元工程全部优良。单位工程外观质量评定为94.4%。姚楼河闸单位工程质量等级达到优良。

7. 潘庄引河闸工程质量评定情况

潘庄引河闸工程划分为1个单位工程，上游连结段、闸室段（土建）、消能防冲段、下游连结段、交通桥及工作桥、金属结构及启闭机安装、电气设备安装和闸房及管理设施8个分部工程，100个单元（子分部）工程。其中按照水利标准评定的为7个分部工程95个单元工程，按非水利标准评定的为1个分部工程5个子分部工程。经施工单位自评，监理单位复核，8个分部工程全部合格，其中按水利标准评定的7个分部工程全部为优良，分部工程优良率为100.0%；95个单元工程全部合格，其中85个单元工程为优良，单元工程质量优良率89.5%，单位工程质量优良。工程外观质量经建设、监理、设计、施工等单位按照《南水北调工程外观质量评定标准（试行）》(NSBD 11—2008)，外观质量得分率为97.6%，达到优良等级。

8. 质量检测

建设单位委托有资质的质量检测单位分别对苏鲁省际7个工程质量进行了检测。检测单位按照合同文件约定，分别在水下工程完成后和单位工程完工后等工程建设重要时段，分阶段对已建工程的实体进行了全面质量检测，检测结果表明工程质量符合设计和规范要求。

第二节 质量管理体系和制度

一、质量管理组织体系构建

根据《水利工程质量管理规定》（水利部令第7号）中规定，陶岔渠首枢纽工程质量管理实行“政府监督、建设单位负责、监理单位控制、设计和施工单位保证”相结合的质量管理体制。建立健全了质量管理的四个体系：政府部门的工程质量监督体系、建设单位的质量检查体系、监理单位的质量控制体系、勘测设计和施工单位的质量保证体系。四大体系中，保证体系是基础，控制体系是关键，检查体系是完善，监督体系是强制。各参建单位根据国家法律法规和合同规定均建立、完善了质量管理体系，并通过制定一系列的规章制度促进质量管理体系正常运行，有效地保证了工程建设质量。实践证明，建立健全质量管理体系并确保其有效运行，通过质量管理体系或各质量管理体系之间的有机结合形成有效的约束机制，是保证工程建设质量的前提。

（一）质量管理组织机构

1. 质量监督机构组织机构

（1）陶岔渠首枢纽工程。2005年5月13日，国务院南水北调办印发《南水北调工程质量监督管理办法》（国调办建管〔2005〕33号）规定：南水北调工程质量监督工作，采用统一集中管理、分项目实施的质量监督管理体制。国务院南水北调办依法对南水北调主体工程质量实施监督管理。国务院南水北调办委托南水北调工程建设监管中心承担质量监督管理的有关具体工作。陶岔渠首枢纽工程质量监督单位为南水北调工程建设监管中心，其派出机构为南水北调

中线陶岔渠首枢纽工程质量监督项目站，常驻工地现场，于2009年11月9日挂牌正式开展质量监督工作。

（2）东线一期苏鲁省际工程。南水北调东线一期苏鲁省际工程蔺家坝泵站工程、骆马湖水资源控制工程由南水北调工程江苏质量监督站对其实施质量监督。

南水北调东线一期苏鲁省际工程台儿庄泵站工程由南水北调工程山东质量监督站韩庄运河段工程质量监督项目站对泵站工程进行质量监督。

南水北调东线一期苏鲁省际工程潘庄引河闸、大沙河节制闸、杨官屯河闸及姚楼河闸工程均由南水北调工程建设监管中心质量监督巡回抽查组对工程进行质量监督。

工程实施期间，质量监督单位按照有关规定积极开展各项质量监督工作：认真审查工程项目划分，深入工地检查工程的质量保证、控制和管理措施、建立与落实情况，参与工程关键、隐蔽部位联合验收等质量监督工作，为确保工程施工质量提供了可靠保障。

2. 建设单位质量管理组织机构

（1）陶岔渠首枢纽工程。淮委建设局成立了质量管理领导小组，由淮委建设局局长负总责，局总工程师分管，负责淮委建设局建设管理工程的质量与安全管理工作，督促现场建设机构进一步做好工程质量与安全管理工作。

陶岔建管局设置了综合管理部、工程技术部、质量安全管理部、合同管理部、财务部等五个职能部门，并设专职质量员，建管局局长为质量第一责任人，质量安全部负责工程建设质量的全面管理。成立了由参建单位共同组建的陶岔渠首枢纽工程质量管理领导小组，组长由陶岔建管局局长担任。

（2）东线一期苏鲁省际工程。根据南水北调东线苏鲁省际工程建设的需要，淮委建设局组建了南水北调东线建管局，由东线建管局负责工地现场的建设管理任务。东线建管局负责的工程有蔺家坝泵站、台儿庄泵站、骆马湖水资源控制工程、大沙河节制闸、杨官屯河闸、姚楼河闸及潘庄引河闸等7个工程。在建设期间，建设单位建立了相应的质量管理机构，制定了完善的质量管理制度，如《南水北调蔺家坝泵站工程质量管理实施细则》《南水北调骆马湖水资源控制工程质量管理实施细则》《重要隐蔽工程（关键部位）验收办法》等。确保了工程建设质量，发挥了工程建设管理单位核心主导作用。

3. 监理单位质量控制组织机构

以陶岔渠首枢纽工程为例，为保证监理工作顺利实施，监理目标圆满完成，盐城市河海工程建设监理中心成立了南水北调中线一期陶岔渠首枢纽工程监理部。监理组织机构见图16-2-1。监理部实行总监理工程负责制。从监理人员的专业技术水平、组织协调能力、工程建设实践经验和工作作风等方面综合考虑，组成了专业配备齐全、职称学历搭配合理的现场监理机构，同时由盐城市水利勘测设计研究院院长任技术顾问，组成工程技术咨询专家组，提供后方技术支持。监理部设总监理工程师1名，全面负责监理部日常工作；副总监理工程师2名（其中总质检师1名），监理部下设：质量控制科、进度控制科、投资控制科、综合科。根据合同文件要求及施工进展情况，常驻工地监理人员及配置满足合同要求及工程建设监理的需要。总监理工程师、监理工程师、监理员均持证上岗，分工负责“三控制”“两管理”“一协调”及安全生产等监理工作。在监理过程中，监理中心根据工程进展情况以及工程需要，及时增派或调整现场监理人员，并及时报陶岔建管局审批。

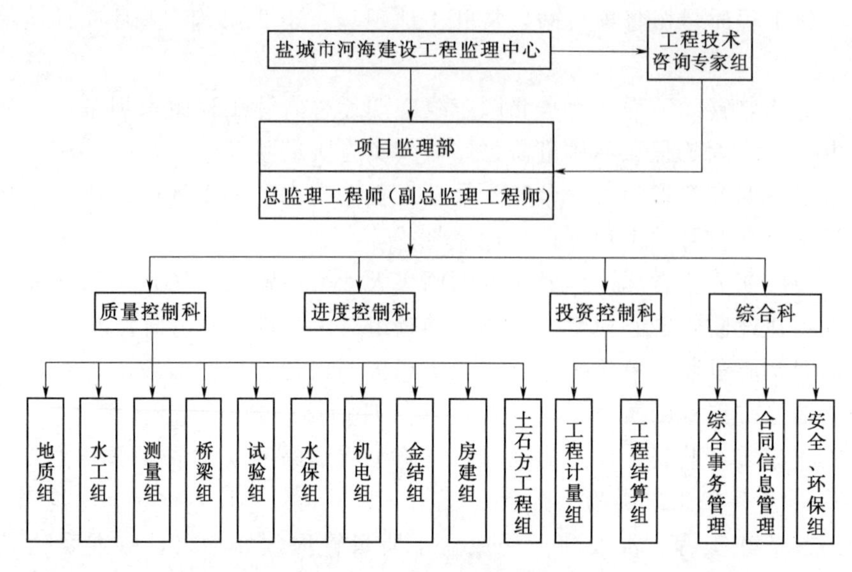

图 16-2-1　监理组织机构框图

4. 设计单位质量服务组织机构

以陶岔渠首枢纽工程为例，长江勘测规划设计研究有限责任公司作为陶岔渠首枢纽工程的设计单位，设计质量管理实行院长（分管院长）负责制，各级设计和校审人员，把握好各级设计成果的质量关，及时纠正错误，尽量减少设计修改，定期进行设计回访。成立了"长江勘测规划设计研究有限责任公司陶岔渠首枢纽工程设代处"，设代处设办公室及各专业设代组，为现场施工提供周到、全面且完善的技术支持。现场技术服务原则上实行专业负责制，各专业根据现场工程进展情况，派出驻工地的设计代表。

5. 施工单位质量保证组织机构

以陶岔渠首枢纽工程为例，施工单位建立以项目经理为首，由与工程质量管理直接相关的各职能部门负责人组成的质量管理组织机构。详见现场施工组织机构框图 16-2-2。

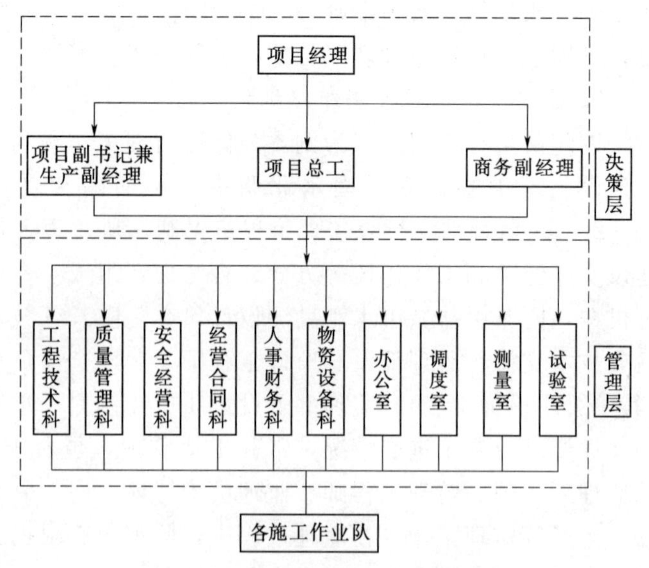

图 16-2-2　现场施工组织机构框图

项目经理是工程项目质量的第一责任人。项目经理对工程质量要实行全方位、全过程、全要素的管理与控制，严把质量关。项目经理部设总工程师一名，下设质量管理科，设质检人员 6～7 名，负责全项目的工程质量管理和监督。

施工队设工程技术员 3～5 名，负责施工队的工程质量管理与监督；设质量检查员 1 名，负责各工序的质量检查。

项目部设立工地试验室，配备试验人员 3～5 名，全面负责工程各项试验和检验工作。

（二）质量管理制度体系

1. 质量监督制度体系

工程建设期间，质量监督单位按照有关规定开展各项质量监督工作，实施全过程质量监督管理。认真审查工程项目划分，检查工程的质量保证、控制和管理体系建立与落实情况，参与工程关键、隐蔽部位联合验收，对建管单位组织的工程质量评定和验收等活动进行全过程监督。

以南水北调东线一期苏鲁省际工程为例。南水北调东线一期苏鲁省际工程蔺家坝泵站工程、骆马湖水资源控制工程均由南水北调工程江苏质量监督站对其实施质量监督。建设单位严格执行《南水北调工程建设管理的若干意见》（国调委发〔2004〕5号）、《南水北调工程质量监督管理办法》（国调办建管〔2005〕33号）等有关规定，工程开工前办理了质量监督手续，建设过程中及时履行各项报批手续，认真接受质量监督站对本工程的质量监督和检查。质监站根据工程建设特点制定了质量监督计划和相关规章制度，对设计、施工单位的质量保证体系，建设、监理单位的质量检查体系和工程质量进行监督。质监站对建设单位及其他参建单位提出的问题均及时进行了逐项落实。

南水北调东线一期苏鲁省际工程台儿庄泵站工程由南水北调工程山东质量监督站韩庄运河段工程质量监督站进行质量监督。工程开工前，建设单位严格执行《南水北调工程建设管理的若干意见》（国调委发〔2004〕5号）、《南水北调工程质量监督管理办法》（国调办建管〔2005〕33号）等有关规定并办理了质量监督手续，工程建设过程中及时履行各项报批手续，认真接受质量监督站对该工程的质量监督和检查。质量监督站根据工程建设特点制定了质量监督计划和相关规章制度，对设计、施工单位的质量保证体系，建设单位的质量检查体系、监理单位的质量控制体系和工程质量进行了监督检查。质量监督站对参建单位提出的问题均及时进行了解决。

南水北调东线一期苏鲁省际工程潘庄引河闸、大沙河节制闸、杨官屯河闸及姚楼河闸工程均由南水北调工程建设监管中心质量监督巡回抽查组对工程进行质量监督。质监站根据工程建设特点制定了质量监督计划和相关规章制度，对设计、施工单位的质量保证体系，建设、监理单位的质量检查体系和工程质量进行监督。质监站对建设单位及其他参建单位提出的问题均及时进行了逐项落实。

2. 建设单位的质量管理制度体系

建设单位对工程质量管理工作全面负责，自觉接受质量监督机构与主管部门监督。一方面有效监督检查设计、监理、施工等单位现场机构建立健全质量管理体系；另一方面健全自身的质量检查体系，主要包括建设单位自身的质量检查体系和现场管理机构的质量检查体系，重点落实专业管理人员与职责、制定并实施定期与不定期质量检查制度。

淮委建设局制定了《管理制度汇编》，包含了质量管理方面的质量管理体系建设、责权分工、目标管理、奖惩与考核等内容，印发了《质量与安全事故应急预案》，进一步完善了淮委建设局质量管理体系构造。

（1）陶岔渠首枢纽工程。为保障质量管理体系的有效运行，陶岔建管局结合自身特点制定了《南水北调中线一期陶岔渠首枢纽工程质量管理办法》，先后出台完善了《质量检查制度》《质量缺陷备案制度》《质量奖惩办法》《质量问题责任追究管理办法实施细则》等一系列质量管理制度和办法，规范了建设各方的质量管理行为；委托有资质的质量检测单位对工程原材料、中间产品及工程实体（包括原材料、混凝土成品、金属结构、启闭机、帷幕灌浆等）进行独立抽检，加大了质量检测力度。

（2）南水北调东线一期苏鲁省际工程。

1）南水北调东线一期苏鲁省际工程蔺家坝泵站工程与骆马湖水资源控制工程均由江苏省项目法人委托淮委建设局负责建设管理。建设单位建立健全了质量检查体系，根据蔺家坝泵站工程、骆马湖水资源控制工程的具体特点，建立了质量管理机构，制定了完善的质量管理制度，如《南水北调蔺家坝泵站工程质量管理实施细则》《南水北调骆马湖水资源控制工程质量管理实施细则》《重要隐蔽工程（关键部位）验收办法》等，努力使质量管理活动制度化、规范化。建设单位现场主要技术人员都参与工程质量管理，对施工全过程进行监督、检查。重点检查施工单位质量保证体系的建立及“三检制”的落实情况；检查监理单位的质量控制体系及监理效果；检查质量抽检情况、设备和材料进场验收情况等。重要（隐蔽）部位、关键工序施工时，组织质量监督、设计、监理、施工单位进行联合检查。要求施工单位认真编制施工方案、技术措施和作业指导书，做好仓面的施工设计和资源组织准备工作。对关键部位（如底板）、流道混凝土开仓前要组织召开仓前会，部署质量控制要点。关键部位混凝土浇筑时会同监理进行盯仓，严密监控边缘止水部位和钢筋密集区的浇筑质量以及模板变形情况。混凝土浇筑后，督促检查混凝土的温控养护和成品保护环节。参加每周监理例会，将质量管理作为最重要的议题，总结经验，防范质量隐患，确保工程建设质量。

2）南水北调东线一期苏鲁省际工程台儿庄泵站工程及潘庄引河闸工程均由山东省项目法人委托淮委建设局负责建设管理。建设单位建立健全了质量检查体系，根据工程特点，建立了工程质量管理检查领导小组，制定了《南水北调东线第一期工程台儿庄泵站工程质量管理办法》《南水北调东线第一期工程南四湖水资源控制工程潘庄引河闸工程质量管理办法》《重要隐蔽工程（关键部位）验收办法》等质量管理制度，努力使质量管理活动制度化、规范化。秉承科学、规范、专业、高效的工程项目管理理念，发挥工程建设管理单位核心主导作用。

重视质量预控工作，积极介入设计前期工作，使工程设计尽可能完善、准确，符合工程建设实际。施工阶段，要求设计单位在现场派驻设代组，保证合理力量的相关专业设计人员在现场提供技术服务工作，根据施工现场的具体情况，及时调整、变更或优化设计方案并组织参建单位进行技术论证，必要时邀请专家咨询或进行试验。要求施工单位认真编制施工方案、技术措施和作业指导书，重视重大方案和关键技术问题审查。

加强施工过程的质量控制，建设单位现场主要技术人员加强工程质量管理，对施工全过程进行监督、检查。重点检查施工单位质量保证体系的建立及“三检制”的落实情况；检查监理单位质量控制体系及监理效果；检查质量抽检情况、设备和材料进场验收情况。重要（隐蔽）部位、关键工序施工时，组织设计、监理、施工单位进行联合检查。对关键部位如底板、流道混凝土开仓前组织召开仓前会，部署质量控制要点。重要部位混凝土浇筑时会同监理进行旁站，严密监控边缘止水部位和钢筋密集区浇筑质量以及模板变形情况。混凝土浇筑后，督促检查混凝土的温控养护和成品保护环节。重视设备的技术设计和监造工作，严格执行《强制性条文》规定，确保工程质量和安全生产。参加每周监理例会，将质量管理作为最重要议题，总结

经验，防范质量隐患，确保工程建设质量。

3）南水北调东线一期苏鲁省际工程大沙河闸、姚楼河闸、杨官屯河闸工程均由苏鲁两省项目法人共同委托淮委建设局负责建设管理。建设单位根据《南水北调工程建设管理的若干意见》（国调委发〔2004〕5号）、《南水北调工程质量监督管理办法》（国调办建管〔2005〕33号）等有关规定，工程开工前办理了质量监督手续，建设过程中及时履行各项报批手续，认真接受质量监督站对本工程的质量监督和检查。建设单位建立健全了质量检查体系，根据工程特点，建立了工程质量管理检查领导小组，制定了《南水北调东线第一期工程南四湖水资源控制工程姚楼河闸工程质量管理办法》《南水北调东线一期南四湖水资源控制工程大沙河闸工程质量管理办法》《南水北调东线一期南四湖水资源控制工程大沙河闸工程质量管理实施细则》《南水北调东线一期南四湖水资源控制工程杨官屯河闸工程质量管理办法》《南水北调杨官屯河闸工程质量管理实施细则》等质量管理制度，努力使质量管理活动制度化、规范化。秉承科学、规范、专业、高效的工程项目管理理念，发挥工程建设管理单位核心主导作用。

重视质量预控工作，积极介入设计前期工作，使工程设计尽可能完善、准确，符合工程建设实际。施工阶段，要求设计单位成立设代组，保证合理力量的相关专业设计人员在现场提供技术服务工作，根据施工现场的具体情况，及时调整、变更或优化设计方案并组织参建单位进行技术论证。要求施工单位认真编制施工方案、技术措施和作业指导书，重视关键技术问题审查。

加强施工过程的质量控制，建设单位现场主要技术人员加强工程质量管理，对施工全过程进行监督、检查。重点检查施工单位质量保证体系的建立及“三检制”的落实情况；检查监理单位质量控制体系及监理效果；检查质量抽检情况、设备和材料进场验收情况。重要（隐蔽）部位、关键工序施工时，组织设计、监理、施工单位进行联合检查。对关键部位混凝土开仓前组织仓前会，部署质量控制要点。重要部位混凝土浇筑时会同监理进行旁站，严密监控边缘止水部位和钢筋密集区浇筑质量以及模板变形情况。混凝土浇筑后，督促检查混凝土的温控养护和成品保护环节。重视设备的技术设计和监造工作，严格执行《工程建设标准强制性条文》（水利工程部分）规定，确保工程质量和安全生产。参加监理例会，将质量管理作为最重要议题，总结经验，防范质量隐患，确保工程建设质量。

3. 监理单位质量管理制度体系

为保证监理工作科学化、规范化、程序化，明确监理人员的职责，依据国家关于工程建设管理的有关规定及本工程的特征，监理单位制定了一系列的监理工作制度：施工图会审与技术交底制度，施工组织设计审核制度，设备、材料、半成品质量检验制度，重要隐蔽工程，分部（分项）质量验收制度，关键工序质量控制制度，设计变更处理制度，工地例会、现场协调会及会议纪要签发制度，施工备忘录签发制度，紧急情况处理制度，工程款支付签审制度，工程索赔签审制度，档案管理制度，质量缺陷检查处理及备案制度，监理工作日志制度，监理月报制度，监理机构内部责任制度等。

4. 设计单位质量管理制度体系

以陶岔渠首枢纽工程为例，设计单位严格按照建设部2004年《工程建设标准强制性条文》（水利工程部分）进行设计文件的编制和水利工程设计。设计过程中严格实行校审制度，在设计过程中如遇到未明细说明的，坚持在取得试验数据并经专家验收通过后才采用。根据陶岔渠首枢纽设计工作特点，在设计工作中严格执行《质量手册》《质量体系程序文件》《质量管理体系作业文件汇编》《长江勘测规划设计研究院工程风险防范实施要求》等要求进行设计成果的校审，定期进行设计回访，对出现的问题及时进行整改。

设计代表处严格按照《陶岔渠首枢纽设计代表处质量目标》《关于陶岔渠首枢纽设计图、文管理及送发等有关问题的函》《陶岔渠首枢纽设计代表处档案管理办法及规定》等进行设计成果传送和质量信息反馈。

严格按ISO 9001质量体系程序文件进行设计文件质量管理，明确职责；严格设计文件成果校审、签发程序，严把设计输入、输出关，对重大设计问题和设计变更需经院会审；所有设计文件均建立质量记录，指定专人负责保管。

5. 施工单位质量管理制度体系

以陶岔渠首枢纽工程为例，施工单位公司总部为现场施工项目部制定了陶岔渠首枢纽工程施工质量目标：

(1) 单元（分项）工程合格率100%，石方开挖工程优良率达到80.0%以上；混凝土工程优良率达到92.0%以上；基础处理单元工程优良率达到85.0%以上；其他土建工程优良率达到85.0%以上；金属结构制作及机电设备安装优良率达到90.0%以上，单位工程竣工验收质量等级达到优良标准。

(2) 竣工档案资料齐全，工程竣工验收一次通过。

(3) 无质量责任事故发生，消除质量隐患，争创优质工程。

施工项目部项目经理持证上岗、技术负责人资质满足工程需要；设置了专职质检机构和现场试验室，配置了符合工程需要的质检员、试验员；建立健全了质量管理规章制度，如岗位责任制度、质量管理制度、原材料、中间产品、设备质量检验制度、施工质量自检制度、工序及单元工程验收制度、工程质量等级自评制度、质量缺陷检查及处理制度、质量事故及重大质量问题责任追究制度、重大质量事故应急预案等。另外根据陶岔渠首枢纽工程的规模和施工特点，施工单位制定了一系列质量保证管理制度：推行项目经理负责制度、健全质量自检制度、建立内部“三检制”和验收把关制度、质量一票否决制、质量奖惩制度、建立例会制度、定期校验检测设备制。

施工项目经理部每月统计工程质量报表，进行质量分析，建立健全各种工程质量台账，收集整理各种工程质量资料。

（三）质量管理技术标准体系

质量管理技术标准体系包括设计规范、设计文件、施工（安装）规范、质量检验与评定规程、工程验收导则和合同技术条款等。技术标准体系以南水北调专用技术标准为主，遵从水利行业质量管理通用标准、技术规范和其他行业标准。使用技术标准的优先顺序为国务院南水北调工程建设委员会办公室颁发的规程、规定、标准；水利行业规程、规范、标准；国家和其他行业颁布的相关规程、规范、标准。在监理、施工、设备制造等招标文件中，明确了应采用的技术标准、规程、规范，所引用的标准和规程规范均为有效标准和规程规范，并强调在施工期间，若所用标准和规程规范作出修改时，以修订后的新颁标准和规范为准。

二、质量管理组织分工和责任体系

（一）建设单位质量管理责任体系

以陶岔渠首枢纽工程为例，淮委建设局对陶岔渠首枢纽工程质量管理负总责。淮委建设局依法通过招标选择了符合要求的施工、监理、设备及材料供应、质量检测等单位，签订了合同，并在合同文件中对工程质量以及相应的责任和义务作出了明确规定。

开工前，淮委建设局按照国家有关规定办理了工程质量监督手续，接受政府监督；工程开工伊始，陶岔建管局综合分析工程建设特点、结合工程实际，制定完善了相关质量管理制度，明确质量管理责任和义务。

陶岔建管局作为淮委建设局驻工地的派出机构，具体组织开展工程建设现场管理工作，对工程质量、工程进度、资金管理和生产安全负直接责任，并对淮委建设局负责。陶岔建管局成立质量巡查组和质量检查组。质量巡查组由监理牵头，陶岔建管局工程部技术人员、监理人员、设计代表及施工单位质检人员每天对施工单位的“三检制”执行情况、施工工艺、施工原始记录、原材料等方面进行检查，发现问题立即要求施工单位整改，并在第二天巡查时针对问题进行复查，不留隐患。质量检查组由陶岔建管局组织，陶岔建管局总工程师、总监理工程师、施工单位技术负责人及设代负责人每月对各参建单位的质量管理体系进行检查，并在工程质量专题会议上要求有关单位对存在的问题及时整改，确保工程质量。与此同时，委托有资质的质量检测单位对工程原材料、中间产品及工程实体（包括金属结构、启闭机、帷幕灌浆等）进行独立抽检，加大了质量检测力度。

（二）监理单位质量管理责任体系

监理单位按照合同规定，设置了现场监理机构，配备具有相应资格的监理人员，建立健全了质量控制体系。依照有关法律、法规、规章、技术标准、批准的设计文件、工程合同，对工程施工、设备制造实施监理，并对工程质量承担监理责任。主要进行工程项目的“三控制、两管理、一协调”监理工作，严格按照“事前控制、事中控制和事后控制”的方式进行质量控制。其主要职责如下：

（1）负责审查、复核、签发设计单位提供的设计图纸及文件（含设计变更）。

（2）组织设计交底工作。

（3）审查施工单位的质量保证体系，督促施工单位进行全面质量管理。

（4）审查批准施工单位报送的施工组织设计及专项施工措施。

（5）设备制造驻厂监理。

（6）采取旁站、巡视或平行检测等形式对施工工序和过程质量进行监控。

（7）及时向建设管理单位报告工程质量事故，组织或参加工程质量事故的调查、事故处理方案的审查，并监督工程质量事故的处理。

（8）定期向建设管理单位报告工程质量情况，对工程质量情况进行统计、分析与评价。

（9）组织分部工程验收，参加单位工程、工程阶段验收或竣工验收工作。

（10）定期召开监理例会，及时解决工程中存在的质量问题，确保了工程质量处于受控状态。

（三）设计单位质量管理责任体系

设计单位承担工程设计质量责任，其主要职责如下：

（1）建立健全质量保证体系。

（2）严格设计成果校审制度，按照与建设单位签订的供图协议，保质保量按期供图。

（3）制定年度防洪度汛措施。

（4）做好施工地质工作。

（5）及时进行设计交底，做好现场技术服务工作。

（6）做好设计修改和设计优化工作。

（7）参加工程质量事故调查、处理和验收工作。

（8）参加工程质量检查、评定、验收和工程安全鉴定工作。

（四）施工单位质量管理责任体系

（1）按照合同规定，设置现场施工管理机构，确定工程项目经理、技术负责人和施工管理负责人，配备相应管理人员，建立健全施工质量保证体系，加强施工过程质量控制，对工程的施工质量负责。

（2）施工单位按照工程设计图纸和施工技术标准施工，发现设计文件和图纸有差错的，应当及时提出意见和建议；选用的材料、设备符合国家规定和设计要求，检验应当有书面记录和专人签字，对涉及结构安全的试块、试件以及有关材料，在建设单位或者工程监理单位监督下现场取样，并送具有相应资质等级的质量检测单位进行检测。

（3）施工组织设计中，明确制定保证施工质量的技术措施。

（4）工地现场设立土工、混凝土试验室，按合同规定对进场工程材料及设备进行试验监测、验收，对不能试验检测的特殊项目，委托有资质的检测机构进行检测。

（5）对工程质量情况进行统计、分析与评价，并定期向监理、建管单位报送。

（6）按时向监理、建管单位报送监测月报。

（7）严格执行施工质量检验和质量评定制度，严格工序管理，做好隐蔽工程的质量检查和记录，单元（工序）工程质量检验评定不合格的，不得进行下一单元（工序）施工；对施工中出现质量问题或者竣工验收不合格的建设工程，应当负责返修。

（8）建立、健全教育培训制度，加强对职工的教育培训；未经教育培训或者考核不合格的人员，不得上岗作业。

（9）施工过程中，严格按照 ISO 9002 质量保证体系，按照《质量手册》《程序文件》进行资源配置和实施操作；进行全员、全方位、全过程的质量管理。

（10）发生工程质量事故，及时提供质量事故分析报告，并按要求进行处理。

（11）做好工程质量评定、验收和工程安全鉴定工作。

（12）接受建设管理单位、监理单位和政府质量监督机构对施工质量的检查监督，并予以支持和积极配合。

三、质量管理体系工作流程与制度设计

工程质量管理体系工作流程见图16-2-3。

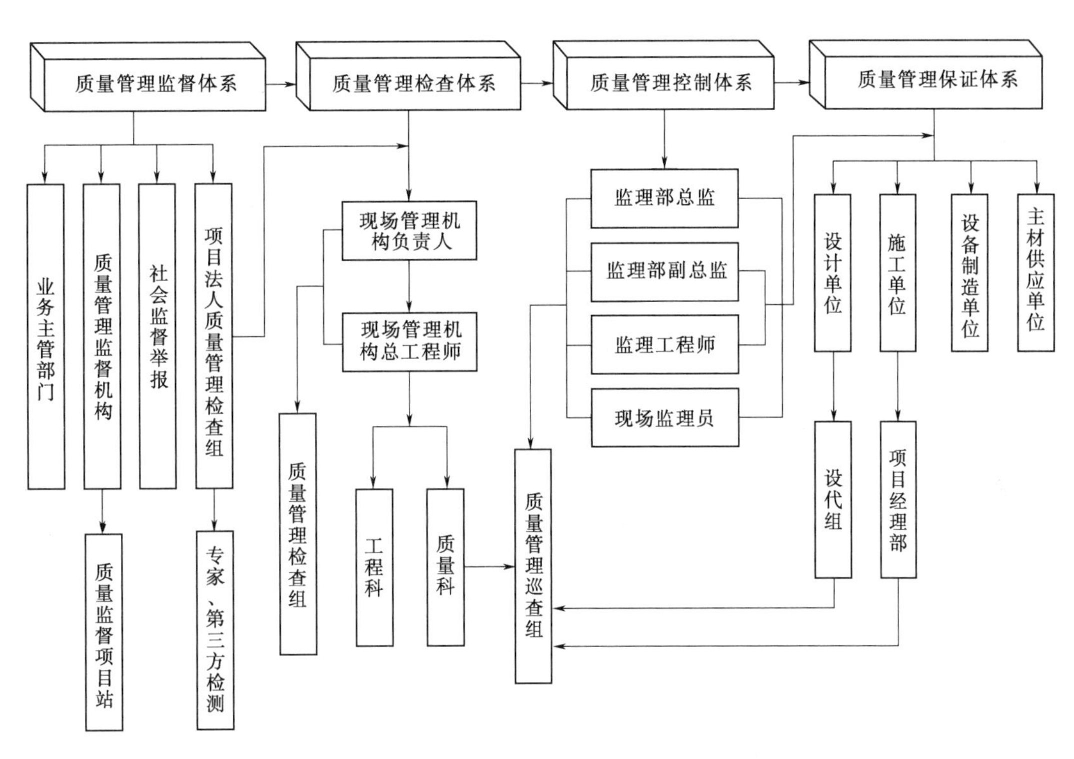

图16-2-3　工程质量管理体系工作流程图

四、质量管理体系运行及效果评价

以陶岔渠首枢纽工程为例，对于陶岔渠首枢纽工程质量管理体系建设与运行，淮委建设局和陶岔建管局根据制定的质量管理目标，严格执行项目法人负责制、招标投标制、建设监理制、合同管理制、竣工验收制等制度，确保做到科学化、规范化、标准化管理。择优选择监理、施工等参建单位，科学组织参建单位建立健全工程质量管理体系和质量管理制度。严格执行各项质量管理制度，层层签订目标责任书，任务到部位，责任到个人，质量管理人人有责。构建了纵向到底、横向到边的质量管理网络。通过完善奖惩机制和加强施工过程质量控制，技术交底、教育培训，充分调动一线职工质量管理的积极性，提高了他们的质量意识。培养人员的质量管理技能，使得质量管理体系运行顺畅，做到了“意识到位、规划到位、人员到位、责任到位、制度到位、管理到位”。全体工程建设者在质量管理工作方面始终充满激情、充满能拼善战的奋斗精神，培育了质量管理人员，锻炼了全体参建单位的质量管理队伍，保证了工程质量的提高。

从已完工程质量检查和验收情况看，陶岔渠首枢纽工程质量优良，运行良好，得到了国务院南水北调办领导、专家的一致好评。

第三节 建设过程质量管理

一、设计质量管理

（一）工程设计概况

1. 陶岔渠首枢纽工程

陶岔渠首枢纽工程是南水北调中线输水总干渠的引水渠首，也是丹江口水库的副坝，为大（1）型工程。初期工程于1974年建成，承担引丹灌溉任务。南水北调中线一期工程建成后，该枢纽担负着向北京、天津、河北、河南等省（直辖市）输水的任务，是南水北调中线工程的重要组成部分。工程位于河南省淅川县九重镇陶岔村，丹唐分水岭汤山、禹山垭口南侧，主要任务是供水、灌溉，并兼顾发电。

工程主要建设内容为上游引渠护坡、挡水建筑物（混凝土重力坝、引水闸、电站）、闸下消力池、电站尾水渠、下游引渠渠底及两岸岸坡防护工程、下游交通桥、管理设施、10kV输电线路等。陶岔渠首枢纽工程设计引水流量350m^3/s，加大引水流量420m^3/s，多年平均调水95亿m^3，电站装机容量50MW。

工程特征水位直接采用丹江口水库特征水位，正常蓄水位170m（采用吴淞高程），设计洪水位172.20m，校核洪水位174.35m；下游在设计引水流量的情况下，尾水位为149.076m，在加大引水流量的情况下，尾水位为149.811m，最低尾水位为143.531m。

陶岔渠首枢纽工程主要建筑物引水闸、河床式电站挡水部分、两岸连接坝段等挡水建筑物以及上游引渠、桩号0+300.00以前的下游引渠和上、下游导墙为1级建筑物，河床式电站副厂房、开关站等次要建筑物为3级建筑物。主要建筑物设计洪水标准为1000年一遇，校核洪水标准为10000年一遇加20%，工程抗震烈度为7度。

陶岔渠首枢纽工程大坝轴线位于原闸轴线下游70m。枢纽建筑物采用重力坝，从左至右依次布置左岸挡水坝段、安装场坝段、河床式电站厂房、引水闸和右岸挡水坝段。枢纽上游接引水渠，引水闸后设消力池和连接渠段。

大坝为混凝土重力坝，坝顶高程176.6m，最大坝高60m，轴线长265m，分为15个坝段。1～5号坝段为左岸非溢流坝段，6号坝段为安装场坝段，7～8号坝段为电站坝段，9～10号坝段为引水闸坝段，11～15号坝段为右岸非溢流坝段。引水闸采用胸墙式，3孔平底板整体结构，引水闸下游布置消力池。电站采用河床式电站，厂房尺寸为64m×60.5m，电站厂区布置有主厂房、副厂房、安装场等建筑物。电站选用2台灯泡贯流式水轮发电机组，单机额定容量25MW，最大容量30MW，额定水头13.5m，额定转速115.4r/min。采用110kV电压等级，经一回架空输电线路的方式就近接入河南省淅川县薛岗变电站入电网。

防渗帷幕总长1395m，其中左岸段长645m，坝基段长305m，右岸段长445m。帷幕灌浆后坝基基岩透水率标准$q\leqslant3$Lu，两岸近岸段（距坝端100m范围内）$q\leqslant5$Lu，两岸远岸段（距坝端100m范围外）$q\leqslant10$Lu。

上游引渠长2km，高程157m以下为原干砌石护坡；高程157m以上为新增现浇混凝土护坡，渠坡膨胀土采用水泥改性土置换，置换厚度0.6m；下游引渠长300m，高程151m以下渠底板及两岸边坡均采用现浇混凝土护砌，渠坡膨胀土采用水泥改性土置换，置换厚度1m；高程151m以上为草皮格栅护坡。

引水闸进口布置平面定轮事故检修闸门和坝顶双向门式启闭机，中部布置弧形工作门和液压启闭机，出口布置平面叠梁检修闸门和台车式启闭机；电站进水口布置倾斜活动式拦污栅、平面叠梁检修闸门并共用引水闸进口的坝顶双向门式启闭机，出口布置平面定轮事故检修闸门和单向门式启闭机。

初步设计批复主要工程量：土石方开挖及老建筑物拆除71.81万m^3，土石方填筑10.58万m^3，混凝土浇筑19.11万m^3，金属结构制安2185t。工程永久征地360.6亩，临时占地683.1亩，安置移民339人。工程批复总投资85717万元，施工总工期42个月。

2. 东线一期苏鲁省际工程

苏鲁省际工程主要包括台儿庄泵站、蔺家坝泵站、二级坝泵站、骆马湖水资源控制工程及南四湖水资源控制工程中的大沙河节制闸、杨官屯河闸、姚楼河闸和潘庄引河闸等工程，工程总体建设投资大，工程类别较多，且位于江苏和山东的交界处，对于南水北调东线一期工程来说起到重要的省际衔接作用。

（1）台儿庄泵站工程。工程为Ⅰ等工程，主要建筑物为1级，次要建筑物为3级，临时建筑物为4级。主要建筑物有主泵房、安装间、副厂房、进出水池、进出水渠、清污机闸、变电站、排涝涵洞和台儿庄闸交通桥等组成。

台儿庄泵站工程设计流量125m^3/s，设计水位站上25.09m（85国家高程基准），站下20.56m，设计扬程4.53m，平均扬程3.73m。主泵房内安装2950ZL31－5型立式轴流泵5台，其中备机1台，叶轮直径2950mm，配额定功率2400kW的同步电动机5台，总装机容量12000kW。泵站多年平均运行4652小时。

（2）蔺家坝泵站工程。工程等级为Ⅰ等，主要建筑物为1级，次要建筑物为3级，主要建筑物内容有主泵房、副厂房、安装间、清污机桥、进水前池、出水池、防洪闸和进出水渠等，初设批复建设工期30个月。

蔺家坝泵站防洪设计标准：站身按不牢河100年一遇水位33.89m，防洪闸按南四湖100年一遇水位36.82m；防洪校核标准：站身按不牢河300年一遇水位34.39m，防洪闸按南四湖300年一遇水位37.49m；排涝标准：站下按顺堤河5年一遇排涝水位31.70m设计，顺堤河10年一遇排涝水位32.20m校核。建筑物地震设计烈度为7度。

蔺家坝泵站，设计流量75m^3/s，设计水位站上33.30m（废黄河高程），站下30.90m，设计扬程2.40m，平均扬程2.08m，泵站装机4台（其中1台备用）2800ZGQ－2.5灯泡贯流机组，装机容量共5000kW。

（3）骆马湖水资源控制工程。工程主要建筑物为3级，次要建筑物为4级，主要建筑物有：新建控制闸、新开挖支河河道、现状中运河临时性水资源控制设施加固改造。

骆马湖水资源控制工程主要设计指标：南水北调东线第一期工程中运河段设计调水流量125m^3/s；沂沭泗河洪水东调南下续建工程中运河段50年一遇，设计泄洪流量5600m^3/s；现状中运河航道为Ⅲ级。建筑物地震设计烈度为7度。

（4）大沙河闸工程。工程为Ⅰ等工程，主要内容包括一座14孔节制闸和一座船闸。节制闸闸室、岸墙，船闸上闸首、防渗范围内的上下游翼墙及船闸闸室、消力池、两岸连接堤防等主要建筑物为1级，船闸下闸首、防渗范围外的上下游翼墙及船闸闸室等次要建筑为3级，临时建筑物为4级，初设批复建设工期24个月。

大沙河闸的设计泄洪标准为20年一遇，出水口水位36.3m（与南四湖同频率遭遇），设计流量1360.0m^3/s；校核标准为50年一遇，出水口水位36.8m，流量1560.0m^3/s；排涝标准为10年一遇，出水口水位34.0m，流量901.0m^3/s；挡洪标准按防御南四湖1957年型洪水标准设计，相应水位37.0m；引水标准为满足闸上灌区农作物设计保证率条件下灌溉期最大日引水要求，引水流量12.0m^3/s。

节制闸共14孔，每孔净宽10m，闸室采用钢筋混凝土开敞式结构，整体筏式底板，两孔一联，底板厚1.8m，底板顶高程30.8m（85国家高程基准），中墩厚1.5m，缝墩厚1.0m。闸室顺水流方向长18.0m，垂直水流方向宽164.5m，包括船闸上闸首总宽184.5m。岸墙采用钢筋混凝土空箱结构，其湖内侧设桥头堡；闸室顶部布置公路桥、工作桥和人行便桥，工作桥上设启闭机房。公路桥为预应力混凝土空心板结构，按汽-20设计、挂-100校核，总宽7+2×1.25m。检修桥为钢筋混凝土π形梁板结构，总宽2.1m；工作闸门采用平面钢闸门，配QP-2×250kN固定卷扬启闭机。

船闸闸室采用混凝土U形结构，闸室净宽12.0m，顺水流方向总长160.0m，缝间设止水，闸墙顶宽0.5m，底宽1.3m，闸室底板厚1.4m，闸顶高程35.80m，底板顶面高程30.80m。

（5）杨官屯河闸工程。其设计泄洪标准为20年一遇，排涝标准为10年一遇。主要建筑物级别为1级，次要建筑物级别为3级。初设批复工期12个月。

杨官屯河闸共两孔，单孔净宽分别为8m和12m，采用钢筋混凝土框架式结构，底板厚1.3m，底板顶面高程29.8m，南侧闸孔兼做船闸（Ⅶ级航道）的上闸首；中墩厚1.2m，边墩厚1.0m，墩顶高程为40.0m；采用钢筋混凝土灌注桩基础，船闸闸首布置于湖外侧，上闸首工作闸门为双扉平面工作钢闸门，下闸首工作闸门采用平面钢闸门，固定卷扬式启闭机。

（6）姚楼河闸工程。工程主要建筑物为1级，次要建筑物为3级，临时建筑物为4级。挡洪标准同湖西大堤，按防御1957年洪水标准设计，挡洪水位37.0m；20年一遇设计泄洪流量140m^3/s，相应湖内侧水位36.3m，湖外侧水位36.5m；10年一遇设计排涝流量76.2m^3/s，相应湖内侧水位34.0m，湖外侧水位34.1m；设计引水流量4.0m^3/s，相应湖内侧水位32.8m，湖外侧水位32.7m。

姚楼河闸共2孔，单孔净宽10.0m。闸室采用钢筋混凝土框架式结构，整体筏式底板，底板厚1.6m，底板顶面高程31.30m。闸室顺水流向长16.0m，垂直水流向长23.20m，墩顶高程40.0m，与湖西大堤堤顶高程相平。公路桥位于闸室湖外侧墩顶，为C40现浇混凝土结构，与闸墩整体固接。闸室桥头堡为三层钢筋混凝土框架结构，采用灌注桩基础，双扉平面工作钢闸门，固定卷扬式启闭机。

（7）潘庄引河闸工程。工程主要建筑物级别为2级，次要建筑物级别为3级，临时建筑物为4级。共1孔，单孔净宽10m。

潘庄引河闸挡洪标准同湖东大堤，按50年一遇洪水标准设计，挡洪水位36.30m；设计泄洪标准为20年一遇，泄洪流量130m^3/s，相应湖内侧水位35.80m，湖外侧水位36.00m；排涝

标准为10年一遇，排涝流量51.60m^3/s，相应湖内侧水位32.80m，湖外侧水位32.90m；设计引水流量17.10m^3/s，相应湖内侧水位31.30m，湖外侧水位31.20m。

潘庄引河闸为钢筋混凝土框架结构，整体筏式底板。闸上下游设消能防冲设施，闸两侧通过土堤与湖东大堤连接，桥头堡基础采用六根独立柱基础，工作闸门采用平面钢闸门尺寸为10.0m×7.5m（宽×高），固定卷扬式启闭机设备（QP－2×250kN）。

（二）设计工作开展情况

1. 陶岔渠首枢纽工程

2004年11月，完成《南水北调中线一期陶岔渠首枢纽工程可行性研究报告》，2005年2月和6月对原可研报告进行了修编，完成《南水北调中线一期陶岔渠首枢纽工程可行性研究报告（修编稿）》并入《南水北调中线一期工程可行性研究总报告》中。2008年12月完成《南水北调中线一期陶岔渠首枢纽工程初步设计报告》，2009年6月最终完成《南水北调中线一期陶岔渠首枢纽工程初步设计报告（审定稿）》。

2009年8月13日，陶岔建管局主持召开了南水北调中线一期陶岔渠首枢纽工程施工控制网成果移交会议，长江勘测规划设计研究有限责任公司移交施工控制网成果。

2009年9月2日，长江勘测规划设计研究有限责任公司南水北调中线一期陶岔渠首枢纽工程设计代表处成立，并在陶岔建管局举行挂牌仪式，进点开展工作。

2009年6—10月，进行工程招标设计工作，2009年10月编制完成《南水北调中线一期陶岔渠首枢纽工程土建及机电金结设备安装施工招标文件》，并提交建管单位组织招标。2010年3月22日主体工程开工。

2013年4月，设计提出了《南水北调中线一期陶岔渠首枢纽工程蓄水安全评估（鉴定）工程设计自检报告》。

2013年5月，设计提出了《南水北调中线一期陶岔渠首枢纽工程蓄水设计工作报告》。

2013年11月，设计提出了《南水北调中线一期陶岔渠首枢纽工程通水设计工作报告》。

2. 东线一期苏鲁省际工程

（1）台儿庄泵站工程。

2002年12月23日，国务院以国函〔2002〕117号文《国务院关于南水北调工程总体规划的批复》批准《南水北调工程总体规划》。

2003年10月14—17日，水规总院对《南水北调东线第一期工程韩庄运河段工程可行性研究报告》（含台儿庄泵站）进行了审查，形成了审查意见初稿。

2003年11月11—12日，水规总院对《南水北调东线第一期工程韩庄运河段工程可行性研究报告（修订稿）》进行了审查，水规总院于2003年11月19日以水总规〔2003〕121号文《关于报送南水北调东线第一期工程韩庄运河段工程可行性研究报告审查意见的报告》上报水利部。

2003年12月6日，水利部以水规计〔2003〕600号文《关于报送南水北调东线第一期工程韩庄运河段工程可行性研究报告及审查意见的函》上报国家发展和改革委员会。

2003年12月15—20日，中国国际工程咨询公司对《南水北调东线第一期工程韩庄运河段工程可行性研究报告（修订稿）》进行了评估，并于2004年1月16日以咨农水〔2004〕95号文发出《关于南水北调东线第一期工程韩庄运河段工程可行性研究报告的评估报告》。

2004年6月5日下午，水规总院在蚌埠就南水北调东线工程第一期工程项目建议书编制有关工作与淮委交流意见，有关人员参加。

淮委规划计划处向水利部报送《南水北调东线第一期工程台儿庄泵站工程初步设计补充材料》(淮委规计〔2004〕291号)。

2004年11月，水利部批复台儿庄泵站工程初步设计。

2005年1月22—23日，在蚌埠召开了南水北调东线工程台儿庄泵站工程施工、监理招标文件审查会。参加会议的有江河水利水电咨询中心、中水淮河工程有限责任公司、山东省南水北调工程建设管理局、淮委建设局等。与会专家对招标文件进行了详细查阅和认真讨论，提出了审查意见，使招标文件得到进一步完善。

2005年8月9日，中水淮河工程有限责任公司在山东省枣庄市台儿庄区参加了台儿庄泵站工程水泵、电机设计进度协调会。

2005年9月4日，中水淮河工程有限责任公司参加了台儿庄泵站工程进出水流道CFD数值仿真计算及模型试验验收会议。参加验收会议的单位有淮委南水北调东线工程建管局、杭州亚太建设监理咨询有限公司、中水淮河工程有限责任公司、上海KSB泵有限责任公司、扬州大学。会议听取了扬州大学关于进出水流道CFD数值仿真计算和模型试验报告的汇报，观看了模型试验情况，认为优化后的台儿庄泵站进出水流道较原方案水力损失较小，流态平顺，同意验收。

2005年9月6—7日，中水淮河工程有限责任公司参加了台儿庄泵站水泵第一次设计联络会。淮委南水北调东线工程建管局、杭州亚太建设监理有限公司、上海KSB泵有限责任公司审查通过了台儿庄泵站水泵供货工作计划及泵装置模型试验验收大纲。中水淮河工程有限责任公司和上海KSB泵还就施工图中水泵与土建设计配合技术问题进行了沟通。

2005年9月13—15日，中水淮河工程有限责任公司参加台儿庄泵站工程施工图设计优化咨询会。参加该次会议的还有山东省南水北调工程建设管理局、淮委建设局、山东省水利勘测设计院、杭州亚太建设监理咨询有限公司、中国水利水电第十一工程局等单位的专家。会议首先听取了中水淮河工程有限责任公司对台儿庄泵站工程设计情况的汇报，专家主要就台儿庄泵站施工图的设计进行了充分的讨论，与会专家对工程设计给予了高度评价，并对设计优化提出咨询意见。

2005年10月22日，南水北调东线工程建管局在台儿庄组织设计、监理、施工等单位召开了台儿庄泵站工程第一批施工图设计交底会。会议听取了设计单位对第一批施工图的情况介绍，结合工程实际情况，参会单位进行了认真细致的讨论，并就下阶段工作安排进行了沟通。

2006年9月8日，南水北调东线工程建管局邀请有关专家，在台儿庄组织召开了南水北调东线第一期工程台儿庄泵站工程主泵房混凝土施工方案咨询会议。

(2) 蔺家坝泵站工程。

2001年10月，淮河水利委员会同海河水利委员会编制完成《南水北调东线工程规划(2001年修订)》。

2003年8月，中水淮河规划设计研究有限公司编制完成了《南水北调东线第一期工程蔺家

坝泵站工程可行性研究报告》，并于同年 10 月通过水规总院审查，2003 年 11 月通过中国国际咨询公司评估。

2003 年 9 月，中水淮河规划设计研究有限公司编制完成《南水北调东线第一期工程骆马湖—南四湖江苏境内工程水土保持方案报告书（送审稿）》，2003 年 11 月完成了《南水北调东线第一期工程骆马湖—南四湖江苏境内工程水土保持方案报告书（报批稿）》报水利部审批，2007 年 5 月 31 日水利部以水保〔2007〕21 号文对南水北调东线第一期工程水土保持总体方案及各单项工程水土保持方案一并予以批复。

2004 年 3 月，编制完成了《南水北调东线第一期工程蔺家坝泵站工程初步设计报告》。

2004 年 8 月，水利部以《关于南水北调东线第一期工程蔺家坝泵站工程初步设计的批复》（水总〔2004〕345 号）批准了初步设计。

2004 年 8 月，国家发展改革委对《国家发展改革委关于南水北调东线第一期工程蔺家坝泵站工程初步设计概算的通知》（发改投资〔2004〕1536 号）予以批复。国家发展改革委核定工程总投资 17845 万元，后国务院南水北调工程建设委员会以《关于转发〈国家发展改革委关于调增东、中线一期工程三阳河、潼河及宝应站等 19 项单项工程征地补偿投资概算的通知〉的通知》（国调办投计〔2005〕22 号）调增建设及施工场地征用费 261 万元，工程总投资变为 18106 万元。

中水淮河规划设计研究有限公司分别于 2005 年 4 月完成建筑工程、金属结构及机电设备安装工程招标设计。

2005 年 10 月，完成顺堤河改道工程施工图设计。

2005 年 11 月，完成清污机、拦污栅制造招标设计。

2006 年 3 月，完成水泵机组及附属设备（机电设备采购）招标设计及闸门、启闭机招标设计。

2006 年 8 月，完成液压启闭机制造招标设计。

2007 年 2 月，完成电气设备采购招标设计。

2007 年 3 月，完成水工土建部分施工图设计。

2007 年 6 月，基本完成金属结构部分施工图设计。

2007 年 7 月，完成计算机监控系统采购与安装招标设计。

2007 年 8 月，基本完成水机、电气、消防及厂房建筑结构部分施工图设计。

（3）骆马湖水资源控制工程。

2003 年 8 月，中水淮河规划设计研究有限公司编制完成《南水北调东线第一期工程骆马湖水资源控制工程可行性研究报告》。

2003 年 10 月，可研报告通过水利部审查。

2003 年 12 月，中国国际工程咨询有限公司对可研报告进行了评估。

2004 年 6 月，中水淮河规划设计研究有限公司编制完成《南水北调东线第一期工程骆马湖水资源控制工程初步设计报告》。

2004 年 8 月，初设报告通过水规总院审查。

2005 年 5 月，国家发展改革委以发改投资〔2005〕1776 号文下发了《国家发展改革委关于核定南北调东线一期工程南四湖水资源控制工程、骆马湖水资源控制工程初步设计概算的通知》。

2006 年 7 月，水利部以水总〔2006〕273 号文对南水北调东线第一期工程骆马湖水资源控制工程初步设计报告予以批复。

2006 年 10 月，编制完成《南水北调东线第一期工程骆马湖水资源控制工程建筑工程、电气设备采购和安装与金属结构安装工程》以及金属结构制造等招标设计。

2007 年 4 月，完成全部施工图设计。

(4) 大沙河闸工程。

2003 年 7 月，中水淮河规划设计研究有限公司完成了《南水北调东线第一期工程南四湖水资源控制和水质监测工程、骆马湖水资源控制工程可行性研究报告》。

2003 年 10 月，中水淮河规划设计研究有限公司完成了《南水北调东线第一期工程南四湖水资源控制和水质监测工程、骆马湖水资源控制工程可行性研究报告（修订稿)》。

2004 年 3 月，中水淮河规划设计研究有限公司完成了《南水北调东线第一期工程南四湖水资源控制工程大沙河闸工程初步设计报告》。

2004 年 6 月，中水淮河规划设计研究有限公司完成了《南水北调东线第一期工程南四湖水资源控制工程大沙河闸工程初步设计报告（修订稿)》。

2006 年 10 月，水利部以《关于南水北调东线第一期工程南四湖水资源控制工程大沙河闸、潘庄引河闸工程初步设计报告的批复》(水总〔2006〕431 号）批复了大沙河闸初步设计。

2008 年 8 月，中水淮河规划设计研究有限公司完成了《南水北调东线第一期工程南四湖水资源控制工程大沙河闸建筑工程、机电设备及金属结构安装工程施工招标文件》。

2008 年 10 月，中水淮河规划设计研究有限公司完成了《南水北调东线第一期工程南四湖水资源控制工程大沙河闸变更设计报告》。

2009 年 9 月，中水淮河规划设计研究有限公司完成了《南水北调东线第一期工程南四湖水资源控制工程大沙河闸变更设计报告（修订稿)》。

(5) 杨官屯河闸工程。

2003 年 12 月，中水淮河规划设计研究有限公司编制完成《南水北调东线第一期工程南四湖水资源控制工程姚楼河闸、杨官屯河闸初步设计报告（修订稿)》。

2005 年 5 月，水利部以《关于南水北调东线第一期工程南四湖水资源控制工程姚楼河闸、杨官屯河闸工程初步设计的批复》(水总〔2005〕179 号）批复了杨官屯河闸初步设计。

2008 年 6 月，编制完成《杨官屯河闸变更设计报告》。

2008 年 9 月，编制完成《南水北调东线第一期工程南四湖水资源控制工程杨官屯河闸变更设计报告补充材料》。

2009 年 9 月，编制完成《南水北调东线第一期工程南四湖水资源控制工程杨官屯河闸变更设计报告（修订稿)》。

2009 年 11 月，编制完成《南水北调东线第一期工程南四湖水资源控制工程杨官屯河闸变更设计报告（报批稿)》。

2009 年 11 月，国务院南水北调办以《关于南水北调东线第一期工程南四湖水资源控制工程杨官屯河闸变更设计报告（修订稿）的批复》(国调办投计〔2009〕210 号）批复了杨官屯河闸变更设计。

（6）姚楼河闸工程。

2003年7月，中水淮河规划设计研究有限公司编制完成《南水北调东线第一期工程南四湖水资源控制工程可行性研究报告》，2003年8月编制完成《南水北调东线第一期工程总体设计方案》。水规总院分别于2003年9月和10月对两报告进行了审查。2003年10月，根据审查意见编制完成《南水北调东线第一期工程南四湖水资源控制工程可行性研究报告（修订稿）》，2003年11月初水规总院对修订稿进行了审查。

2003年11月，中水淮河规划设计研究有限公司编制完成《南水北调东线第一期工程南四湖水资源控制工程姚楼河闸、杨官屯河闸初步设计报告》。2003年11月29—30日水规总院对《南水北调东线第一期工程南四湖水资源控制工程姚楼河闸、杨官屯河闸初步设计报告》进行了审查。根据《南水北调东线第一期工程南四湖水资源控制工程姚楼河闸、杨官屯河闸初步设计报告审查意见（初稿）》的要求，对原报告进行了修改补充，于2003年12月编制完成《南水北调东线第一期工程南四湖水资源控制工程姚楼河闸、杨官屯河闸初步设计报告（修订稿）》。

2005年5月，水利部以《关于南水北调东线第一期工程南四湖水资源控制工程姚楼河闸、杨官屯河闸工程初步设计的批复》（水总〔2005〕179号）对工程进行了批复。

2007年9月，编制完成《南水北调东线第一期工程南四湖水资源控制工程姚楼河闸工程建筑安装施工标招标文件》的技术条款。

2008年11月，编制完成《南水北调东线第一期工程南四湖水资源控制工程姚楼河闸工作闸门制造和启闭机设计制造招标文件》的技术条款。

2008年12月，完成施工图设计。

（7）潘庄引河闸工程。

2003年7月，中水淮河规划设计研究有限公司编制完成《南水北调东线第一期工程南四湖水资源控制工程潘庄引河闸工程可行性研究报告》。

2003年10月，可行性研究报告通过水利部审查。

2004年1月，中国国际工程咨询有限公司对可行性研究修订报告进行了评估。

2005年5月，编制完成《南水北调东线第一期工程南四湖水资源控制工程潘庄引河闸工程初步设计报告》。

2005年7月，初步设计报告通过水规总院审查。

2006年10月，国家发展和改革委员会下发了《国家发展改革委关于核定南北调东线一期工程南四湖水资源控制工程大沙河闸、潘庄引河闸初步设计概算的通知》（发改投资〔2006〕1803号），水利部以水总〔2006〕431号文对南水北调东线第一期工程南西湖水资源控制工程大沙河闸、潘庄引河闸工程初步设计报告予以批复。

2008年8月编制完成《南水北调东线第一期工程南四湖水资源控制工程潘庄引河闸建筑工程、电气设备采购和安装与金属结构安装工程》以及金属结构制造等招标设计。

2008年12月，基本完成控制闸施工图设计。

2009年7月，根据相关会议协调精神，中水淮河规划设计研究有限公司编制完成并向南水北调东线山东干线有限责任公司报送了《潘庄引河闸工程取土料场设计变更报告》，南水北调东线山东干线有限责任公司以鲁调水企征字〔2009〕3号文给予了批复。

（三）设计审查情况

1. 陶岔渠首枢纽工程

2005年9月，水规总院在北京对《南水北调中线一期工程可行性研究总报告》进行了审查，提出了审查意见。

2006年2月13—22日，中国国际工程咨询公司组织专家在武汉对《南水北调中线一期工程可行性研究总报告》进行预评估后；3月21—25日，中国国际工程咨询公司在北京对《南水北调中线一期陶岔渠首枢纽工程可行性研究报告》进行了评估。

2008年12月，国家发展和改革委员会以《印发国家发展改革委关于审批南水北调中线一期工程可行研究总报告的请示的通知》（发改农经〔2008〕2973号）批复南水北调中线一期工程可行性研究报告（含陶岔渠首枢纽工程）。

2009年1月11—14日和4月13日，水规总院在北京对《南水北调中线一期陶岔渠首枢纽工程初步设计报告》进行了初步审查和复审。

2009年6月1日，国务院南水北调办以《关于南水北调中线一期陶岔渠首枢纽工程初步设计报告（技术方案）的批复》（国调办投计〔2009〕91号）批复了陶岔渠首枢纽工程初步设计；2009年8月28日，国务院南水北调办以《关于南水北调中线一期陶岔渠首枢纽工程初步设计报告（概算）的批复》（国调办投计〔2009〕165号），批复陶岔渠首枢纽工程概算总投资为85935万元。

2009年6月10日，国务院南水北调办以《关于南水北调中线一期陶岔渠首枢纽工程招标分标方案的批复》（国调办建管〔2009〕101号）批复了陶岔渠首枢纽工程招标分标方案。

2013年4月，陶岔渠首枢纽工程通过了中水淮河规划设计研究有限公司组织的蓄水安全评估（鉴定）。

2. 东线一期苏鲁省际工程

针对初步设计审查意见提出相关方面的问题，设计单位均采取了相应的设计改进及优化。

（1）台儿庄泵站工程。

1）工程地质。针对初步设计审查意见中第一条“主泵房建基面部分残留很薄的⑥层黏土，下伏基岩为奥陶系马家沟组灰岩，⑥层黏土强度较低，宜清除，将基础全部坐落在岩基上”问题。在施工图设计中，按初设审查意见要求，将表层黏土及强风化破碎层挖除，采用素混凝土垫层回填至泵房底板建基面。

针对初步设计审查意见第四条“交通桥桩基础桩端置于灰岩中，建议施工时布置先导孔，根据岩溶发育情况调整桩端入岩深度，以避免岩溶对桩基的不利影响”问题。在施工图设计中，已按审查意见明确先进行先导孔施工，避免了岩溶的不利影响。

针对初步设计审查意见第五条“工程开挖土料中的①层壤土和②层黏土数量可基本满足工程需要，作为填筑材料和回填料，除天然含水量偏高外，其他指标基本满足要求”问题。工程实施过程中，在进行建筑物墙后的土料回填时，利用基坑开挖弃土，并适当晾晒，降低回填土料含水率，控制回填压实度。

针对初步设计审查意见第五条“若利用其他各层开挖土料，应补充必要的试验评价其质量”问题。在施工图设计阶段，对主泵房、清污机闸及排涝涵洞等部位进行了补充勘探，同时

补充了土料试验及评价。

2）工程布置及建筑物。针对初步设计审查意见主要建筑物中第一条“下阶段应在落实风速资料的基础上进一步复核泵房挡水部位的顶高程；优化泵房结构尺寸”问题。施工图设计阶段，根据当地风速资料复核确定了泵房挡水部位防浪墙实心板顶高程为32.80m。

为了使主泵房结构更趋合理，本着结构安全、布局简约和体系明确的原则，在施工图设计阶段对主泵房结构进行了优化：①在墩墙和进、出水流道交叉部位的核心区增设厚度为0.8～3.6m的M10浆砌石填充墙，既可以减少混凝土方量，又有利于降低大体积混凝土水化热，减小混凝土裂缝的可能性；②电机支承方式由原来墩墙支承的大跨度梁式结构改为梁柱构架结构，将机组荷载直接传递到联轴层底板和其下的墩墙，有效地减少机组的振动，增强了结构的整体性；③鉴于联轴层以上电机支承方式改为梁柱构架后，竖向荷载布局发生变化，故联轴层以上墩墙的厚度由原来1.4m减小到0.8m，简化了结构体系，增加了可利用空间，减少了混凝土工程量；④降低电机安装高程，轴长缩短了约2m，增强了水泵机组的稳定性；⑤由于主泵房底板坐落在中等风化基岩上，泵房底板顺水流方向长35.25m，垂直水流方向达26.3m，该底板为坐落在基岩上的大体积混凝土构件。为了防止施工期出现温度裂缝，及时提出了大体积混凝土底板后浇带温控措施要求，采用冷却水管结合后浇带的措施，减小一次浇筑混凝土分块的平面尺寸，在后浇带中掺加适量的水泥膨胀剂MgO，防止母体混凝土与后浇带之间的缝隙扩张，增强泵房底板的整体性。为检测后浇带分缝的动态变化情况，及时提出在后浇带和母体之间埋设测缝计，并及时进行现场检测，结果表明后浇带温控措施效果是显著的。

针对初步设计审查意见主要建筑物中第二条“下阶段应进一步研究主泵房基础固结灌浆的必要性”问题。施工图设计阶段，根据工程地质条件，考虑到泵房基础坐落在强风化基岩上，裂隙发育，存在软弱夹层，故仍采用水泥固结灌浆进行处理，增强基岩的完整性。为尽可能切断基岩承压水的补给，对固结灌浆孔的布置进行了优化调整。

针对初步设计审查意见主要建筑物中第四条“基本同意清污机闸的布置及结构型式，应进一步优化闸室布置，调整基底不均匀系数”问题。施工图设计阶段，增加了闸底板顺水流方向长度，优化了结构尺寸，地基应力及不均匀系数均满足规范要求。

针对初步设计审查意见主要建筑物中第六条“基本同意进水渠、出水渠断面设计及护砌型式。下阶段应对开挖边坡及护坡结构型式进一步优化”问题。在施工图设计阶段，结合韩庄运河扩挖范围，优化了进、出水渠的布置，将进水渠原现浇混凝土、浆砌石护坡改为混凝土砌块。

3）水力机械。针对审查意见中“下阶段应优选水力模型并通过装置模型试验进一步优化主机组参数”和“下阶段应采用CFD理论和方法优化进、出水流模型型线，并结合装置模型验证试验，合理调整型线及主要控制尺寸”要求，在工程实施阶段由中标单位——中德合资上海凯士比泵有限公司委托扬州大学水利科学与工程学院进行了台儿庄泵站的水泵装置模型试验研究工作，采用数学和物理模型相结合的方法对进出水流道进行了进一步优化，对优化结果进行了水泵装置模型试验，试验结果符合工程设计的要求。

进出水流道优化。进出水流道的优化设计是在初步设计批复的水泵叶轮中心安装高程等主要控制性尺寸不变的基础上完成的。进水流道优化时，在进水流道底板高程、流道长度、流道进水口高度和宽度等尺寸保持不变的基础上，对其型线进行了优化。出水流道优化时，在出水流道顶板高程、流道长度等尺寸保持不变的基础上进行了优化，优化后流道出口底高程由初步设计的19.450m调至19.750m，流道宽度由初步设计的6.000m调至7.000m。

主机组参数的优化。初步设计阶段，水泵选用ZM6.0－85水力模型，根据该水力模型计算初步确定的主机组参数：水泵叶轮直径3000mm，转速为136.4r/min，单泵配套电动机功率为2400kW；工程实施阶段，中标单位采用《南水北调工程水泵模型同台测试成果报告》中的TJ04－ZL－19号水力模型，并根据优化后的进出水流道进行了水泵装置模型试验。台儿庄泵站根据装置模型试验成果计算确定的主机组参数为：水泵叶轮直径2950mm，转速为136.4r/min，单泵配套电动机功率为2400kW。水泵装置模型试验结果表明：在满足水泵设计流量时，平均净扬程（3.73m）工况的水泵装置效率为71.7%，设计净扬程（4.53m）工况的水泵装置效率为74.7%。

机组轴长的优化。初步设计阶段电机层地面高程为30.70m，水泵叶轮中心线高程为16.00m，电机层地面至水泵叶轮中心线距离为14.70m。工程实施阶段，中标单位考虑机组轴系运行的安全稳定性并借鉴国内已建类似大型泵站的经验，建议优化机组轴长。经优化设计，电机层高程调至29.50m，较初步设计降低了1.20m。

电气工程。针对审查意见中“同意主变压器选用油浸式，但冷却方式宜采用自冷式，以减少散热损失及提高运行可靠性。主变压器容量应根据实际运行工况做进一步复核”问题，施工图设计阶段，主变压器选用S10－16000/110/10.5kV油浸自冷式电力变压器。主变压器容量根据泵站实际运行工况进行了复核，选用的S10－16000/110/10.5kV电力变压器满足泵站安全、可靠、经济运行的要求。

针对审查意见中“下阶段应根据南水北调东线通信及自动化系统总体方案，确定本站计算机监控系统网络结构和通信方式”和“下阶段宜进一步优化LCU供电方式，计算机监控系统UPS容量应按1小时供电配置电池容量”等问题，施工图设计阶段，根据《南水北调东线一期工程泵站（水闸）综合自动化系统可行性研究阶段典型设计》《南水北调东线一期工程调度运行管理系统可行性研究报告》及审查意见，确定本站计算机监控系统网络结构采用环形拓扑结构，和上级调度部门采用1000M光纤通信方式；施工图设计阶段，计算机监控系统采用UPS不停电电源集中供电方式，UPS不停电电源电池容量按不小于4h配置。

针对审查意见中“下阶段应根据南水北调东线自动化系统总体方案，具体确定系统配置和信号传输格式等”问题，施工图设计阶段，根据《南水北调东线一期工程泵站（水闸）综合自动化系统可行性研究阶段典型设计》《南水北调东线一期工程调度运行管理系统可行性研究报告》及审查意见，本站视频监视系统主要由前端设备、传输设备、控制设备、显示设备四大部分组成。前端设备由安装在泵站主副厂房、变电所、上下游侧、清污机闸等处的高分辨率的一体化球形彩色摄像机和固定彩色摄像机组成，负责图像和数据的采集及信号处理；传输设备根据传输距离和图像质量的要求选用不同的线缆、接口设备；控制设备通过数字硬盘录像机、矩阵及图像控制器，可以将视频信号（模拟量）转换成可以传送的图像信号，负责完成前端设备和图像切换的控制；显示设备根据不同的图像显示要求，选择在不同的显示设备上进行图像显示及微机监控内容显示，使值班人员能够在控制中心实时直观地看到来自前端监控点的任意图像及监控系统运行控制参数。

本地监控网络采用100M以太网，通过10/100M交换机相连接，采用TCP/IP协议，传输

介质为双绞线及光纤。视频监视系统图像编码压缩格式选用 MPEG-4 编码压缩标准，视频监视系统与台儿庄泵站管理处采用 1000M 以太网通信。

金属结构。针对初步设计审查意见金属结构第一条“基本同意泵站清污机选型和布置型式，下阶段应进一步优化清污机布置”问题，施工图设计阶段，鉴于清污机结构较高，其拦污栅的支承方式由上、下支撑点结合中间横梁的支承方式改为两侧直接支承在闸墩上的支承方式，有效地减小支承跨度，减小了结构的重量。针对初步设计审查意见金属结构第四条“应对清污机闸工作闸门结构设计进行优化，并研究排涝涵闸设检修门的必要性”问题，施工图设计阶段，鉴于清污机闸为胸墙式结构，根据闸门的挡水要求对闸门及启闭机进行了结构设计优化。另外，鉴于排涝涵闸穿越韩庄运河左堤，可选择枯水期季节检修排涝涵闸。即使在水位较高时，也可通过关闭排涝涵闸上游的月河进口控制闸及泵站进水渠上的清污机闸，降低排涝涵闸两侧水位，为排涝涵闸的检修创造条件，故无须设置检修闸门。

施工组织设计。初步设计审查意见基本同意施工组织设计内容，施工期间，应加强上下游围堰迎水面的临时防护，加强施工期降水观测，减少对周围环境的影响，利用土方开挖工程量大于回填量的优势，优选回填土料。

（2）蔺家坝泵站工程。

1）工程地质。针对审查意见第三条“由于建基面以下（6-2）层很薄，开挖后若该层性状变差，建议将其挖除，将基础置于强度较高的第⑦层土上”问题，施工中清污机桥基础开挖后，第（6-2）层性状较好，不需挖除或基础处理，只在斜坡段采用回填水泥土处理。

针对审查意见第四条“除第③层灰黑色含腐质植质黏土外，其他开挖土料均可利用作为回填土料，但天然含水量偏高”问题，工程实施过程中，在进行建筑物岸翼墙的土料回填时，利用基坑开挖弃土，并适当晾晒，降低回填土料含水量，控制回填压实度。

2）工程布置及建筑物。针对审查意见中“基本同意泵房、安装间、副厂房的布置、结构型式、控制高程和主要尺寸。下阶段应补充按动力法核算地震动力效应对厂房的影响；补充厂房震源分析和共振校核，判别其对厂房结构应力、位移的影响及应采取的工程措施；研究优化副厂房和安装间基础处理方案的可行性；调整泵房水下混凝土抗渗等级；进一步优化布置、副厂房面积、各部位结构尺寸等”问题，在施工图设计中经过调研和比较分析，初设中副厂房、安装间采用空箱基础比较合理，施工设计中仍采用空箱基础，同时根据电气设备布置优化了副厂房的面积；委托河海大学进行空间有限元静动力分析研究计算，并根据计算结果优化了主泵房、安装间、副厂房下部结构尺寸；调整了泵房水下混凝土抗渗等级。

针对审查意见中“下阶段应进一步优化防洪闸结构尺寸；根据各段不同的基底应力及基础允许应力值优化翼墙基础水泥土搅拌桩布置”问题，防洪闸在施工阶段已进行详细的结构计算，原拟定的结构尺寸比较合理，只是在地基处理和结构布置上进行了局部优化；对于各段翼墙基础不同的基底应力，水泥土搅拌桩的布置采用不同的掺入比，不同的布置方式和间距进行了优化。对于 8-8、9-9、10-10、11-11 段翼墙经过设计优化后采用换填水泥土处理。

针对审查意见中“基本同意进水渠、出水渠、前池、进水池、出水池、清污机桥的布置、结构型式、控制高程、主要尺寸、基础处理设计。下阶段应进一步优化结构尺寸、护坡结构及材料”问题，在施工图设计中将进水渠原现浇混凝土、浆砌石护坡材料改为混凝土砌块。

针对审查意见中“基本同意工程观测设计、观测设施布置。应取消全站仪，扬压力观测改用渗压计，不用振弦式孔隙式水压力计”问题，施工图设计时将全站仪改为电子经纬仪和水准仪，扬压力观测因渗压计和振弦式孔隙式水压力计功能相同，且渗压计埋于地下，损坏后难以修复和更换，仍采用测压管结合振弦式孔隙式水压力计。

3）水机。针对审查意见中“下阶段采用CFD（计算流体动力学法）对机组过流部件（含进、出水流道）进行流动仿真计算，在此基础上对机组进行整体结构分析计算（含灯泡体、管形座、轴系）；应优选水力模型并通过验证优化主机参数，应附完整的模型和真机运行特性曲线；应对机组进行动力计算，提出“共振避免措施”和“基本同意本阶段机组采用行星齿轮减速传动方式，传动比1：6.25”的两点审查意见，在施工图设计及项目实施过程中，采用三维设计和先进技术对机组的整体布置、灯泡型体及体内设备布置、叶片调节机构型式与布置、灯泡体支撑结构及其体内的散热和通风方式、机组传动方式、轴承型式、主轴密封装置等进行了全面系统研究，使齿联灯泡贯流泵机组总体布置合理紧凑、水力性能优良，且便于安装、检修和维护；采用CFD数值分析方法对过流部件进行数值模拟分析、优化流道型线，消除不良流态，尽可能降低水力损失，通过装置试验测试出水泵装置的综合特性，并取得了《大型齿联灯泡贯流泵的研制与应用》和《南水北调东线第一期工程蔺家坝泵站工程模型水泵试验最终结果报告》两项重要研究成果。该研究成果应用于蔺家坝泵站，试运行结果良好。

4）电工。对于审查意见中“基本同意泵站计算机监控系统采用分层分布开放式环形网络结构及选定的主要功能。下阶段应进一步研究并优化计算机监控系统现地控制层设备和网络设备的冗余方式、供电方式及布置方式”问题，为保证现地控制设备、网络设备、中控室设备供电可靠性，保障中控设备与现地控制设备间数据通信的连续性，分别在中控室和各LCU柜内设置1台UPS，LCU柜电源、中控设备均从相应的UPS接引交流电源。

对于审查意见中“基本同意泵站主要电气设备的继电保护配置及选定的微机型继电保护装置；下阶段应对继电保护的组屏方式进行优化调整”问题，经咨询，保护装置可以安装在开关柜内，仅需进行屏蔽处理即可，因此，施工图阶段取消全部的继电保护屏，以节省投资。

对于审查意见中“基本同意泵站与电力系统调度采用地线复合光纤的通信方式，下阶段应根据变电站接入系统设计的要求，最终确定电力调度的通信方式。泵站与水利调度的通信连接组网方式与全线调度自动化系统的通信方式相适应”问题，由于泵站变电所电压等级低，按供电部门要求，取消专用通信信道，设置1部专用市话作为电力调度通信用。泵站水利调度通信按南水北调东线一期工程调度运行管理系统中要求执行。

5）金属结构。对于审查意见中“下阶段应在对污物种类和污物量调研基础上，进一步优化清污机型式及布置”问题，本阶段已对污物种类和污物量进行了调查，污物主要以水草、水葫芦为主，麦收季节常有草垛、木头等漂浮物，通过调研认为选定的清污机型式基本合理，并根据来污情况对布置进行了优化。

6）施工组织设计。对于审查意见中“基本同意工程所用的回填土料由工程挖方取得，应根据填筑部位选用。土料的天然含水量一般都较高，施工中应采取降低土料含水量的措施。第③层灰黑色含腐殖质黏土不应用作建筑物的回填土料”问题，在施工时回填土料根据地质及开挖土方的质量，择优选取利用。开挖被利用的土方在临时堆料场暂存。一般4～5个月才用于建筑物部位填筑，此时土料含水已适当降低。

对于审查意见中“主泵房底板浇筑面积约551m^2，应采取综合技术措施保证施工质量”问

题，施工图及招标文件要求主泵房底板浇筑应根据其结构缝和结构形状分块浇筑，同时施工过程采用预留后浇带等综合措施以防止产生冷缝，保证施工质量。底板施工期处于冬季，施工后按冬季施工的有关要求进行配料、浇筑和养护。

7）工程占地及移民安置。针对审查意见中“基本同意工程占地范围内各项实物指标的调查方法、内容和调查成果。初设阶段应对工程占地范围内的各项实物指标进一步复核”问题，初设阶段对工程占地范围内的各项实物指标进行了复核。

8）环境保护设计。针对审查意见中“原则同意施工期环境监测设计。调减部分监测频次”问题，在工程施工中，根据实测的监测结果，建议项目法人适当调减监测频次。

（3）骆马湖水资源控制工程。

1）对初步设计的审查意见。2004年8月6—8日，水规总院在北京召开会议，对中水淮河规划设计研究有限公司报送的《南水北调东线第一期工程骆马湖水资源控制工程初步设计报告》进行了审查。经审查，基本同意该初设报告，并提出了审查意见。其中需修改及下阶段需进一步完善的意见有：①基本同意对控制闸闸基工程地质条件的评价意见。闸基为全风化的砂岩，承载力可满足设计要求。全风化砂岩中夹有黏土，根据施工开挖的实际情况，必要时复核闸基的抗剪强度指标。②闸址区基坑边坡岩土层具中等透水性，且基坑距中运河很近，开挖时应采取排渗措施。③基本同意控制闸采用整体式结构，闸底板顶高程与河道底高程齐平以及闸室主要尺寸。下阶段应进一步复核闸上交通桥下净空是否满足要求等。④基本同意岸墙、翼墙、消力池、护坦、海漫的结构型式和控制高程及主要尺寸。下阶段应研究优化骆马湖侧消力池设计；适当降低消力池、护坦、垫层、桥头堡混凝土强度等级。⑤基本同意所选择的主要电气设备，但变压器的接线组别宜采用D，ynll，并对电缆截面的选择进一步优化。⑥基本同意支河控制闸工作闸门采用升卧式平面定轮闸门和固定式卷扬式启闭机的布置型式和设计方案。下阶段应对布置设计进行优化，宜降低闸门吊耳布置，防止闸门启升到最高位置时启闭机钢丝绳与机架发生干扰。⑦除在基坑的东西两侧布置排水措施外，还应考虑南北两侧的降排水措施，以形成基坑封闭降排水的条件。

2）初步设计批复意见的响应情况。对《初设报告》审查意见响应情况如下：

审查意见提出：“基本同意对控制闸闸基工程地质条件的评价意见，闸基为全风化的砂岩，承载力可满足设计要求。全风化砂岩中夹有黏土，根据施工开挖的实际情况，必要时复核闸基的抗剪强度指标。”设计响应情况：施工开挖后发现闸室底板、桥头堡基础底板、翼墙底板等坐落在强风化或中等风化岩石上，局部松动岩石清除，设计文件要求清除岩基表层风化层和活动岩块，并将岩石夹缝内黏土冲刷干净，再用混凝土浇筑填平，保证地基土满足承载要求。审查意见提出：“闸址区基坑边坡岩土层具中等透水性，且基坑距中运河很近，开挖时应采取排渗措施。”设计响应情况：提出了设置降水井、排水井降低岩石渗透水位，保证了施工过程中基坑开挖边坡的稳定。

审查意见提出：“下阶段应进一步复核闸上交通桥下净空是否满足要求等。”设计响应情况：为满足调水时桥下净空过流要求，施工图设计阶段将交通桥桥面高程由初步设计的23.252m抬高至23.532m高程。

审查意见提出：“下阶段应研究优化骆马湖侧消力池设计；适当降低消力池、护坦、垫层、桥头堡混凝土强度等级。”设计响应情况：施工图设计阶段将骆马湖侧消力池底板厚度由初步设计的1.00m减小到0.80m，减少了混凝土浇筑和基坑开挖量，将消力池、护坦等混凝土强度等级降为C20。

审查意见提出："基本同意所选择的主要电气设备，但变压器的接线组别宜采用D，ynll，并对电缆截面的选择进一步优化。"设计响应情况：施工图阶段已进行了适当优化。

审查意见提出："基本同意支河控制闸工作闸门采用升卧式平面定轮闸门和固定式卷扬式启闭机的布置型式和设计方案。下阶段应对布置设计进行优化，宜降低闸门吊耳布置，防止闸门启升到最高位置时启闭机钢丝绳与机架发生干扰。"设计响应情况：施工图进行了优化设计，闸门吊耳位置降到下主梁位置，确保启闭机钢丝绳与机架不会发生干扰。

审查意见提出："除在基坑的东西两侧布置排水措施外，还应考虑南北两侧的降排水措施，以形成基坑封闭降排水的条件。"设计响应情况：施工图设计文件中根据审查意见布置了南北两侧的降排水孔，施工单位贯彻了设计思想，并按照设计图纸施工，满足了施工要求。

（4）大沙河闸工程。2006年10月水利部以《关于南水北调东线第一期工程南四湖水资源控制工程大沙河闸、潘庄引河闸工程初步设计报告的批复》（水总〔2006〕431号）批复了大沙河闸初步设计。为响应批复意见，使设计更趋合理，节省工程投资，设计单位在施工图设计阶段对大沙河闸工程进行了优化设计。

1）批复意见中提出"下阶段应采用抗剪断公式核算抗滑稳定"。设计单位在施工图阶段采用抗剪断公式对节制闸、船闸上、下闸首的抗滑稳定进行了核算，经核算节制闸、船闸上、下闸首的抗滑稳定安全系数满足规范要求。

2）批复意见中提出"下阶段应研究海漫结构尺寸及材料优化的可行性"。在初步设计中，湖内、外侧的浆砌石海漫均为500mm；湖外侧的海漫布置为：400mm厚C20混凝土长度20m，500mm厚浆砌石长度10m。在施工图设计中将湖内、外侧浆砌石海漫均改为400mm厚，湖外侧的海漫调整为：400mm厚C20混凝土长度16m，400mm厚浆砌石长度14m。减少了工程量，节省了投资。

3）批复意见中提出"下阶段应优化上、下游引航道布置；优化输水系统进出口体形尺寸；研究适当增加靠船墩个数的必要性"。

原初步设计湖内侧引航道长度为300.0m，其中直线段长150m，后接150m长转弯段（转弯段转弯半径220.0m，圆心角38.0°），转弯段与原航道顺接。湖外侧引航道长度为270.5m，其中直线段长148.5m，后接120m长转弯段，转弯半径270.0m，圆心角25.38°，转弯段与原河道顺接。

在施工图设计阶段，湖内侧引航道长度为310.0m，其中直线段长160m，后接150m长转弯段（转弯段转弯半径220.0m，圆心角38.0°），转弯段与原航道顺接。湖外侧引航道长度为370m，其中直线段长180m，后接190m长转弯段，转弯半径200.0m，圆心角53.33°，转弯段与原河道顺接。在分流岛弯道入口处，引航道底宽加宽至32m。为减少分流岛对河道水流的影响，将分流岛长度由170m减为150m，宽度由18.8m减为16.8m。

在初步设计中，船闸输水廊道采用直径1.0m的圆形孔洞。在施工图设计阶段，输水廊道采用1.6m×1.0m（宽×高）的矩形孔洞。经过优化设计后，减少了输水廊道的排水时间，降低了输水廊道的施工难度。

原初步设计中引航道靠近河岸侧设置靠船墩，湖内、外侧各布置3个，间距为20.0m。在

施工图设计阶段，引航道靠近河岸侧设置靠船墩，湖内、外侧各布置5个，间距为20.0m。

4）批复意见中提出"下阶段应根据现场试验成果复核（水泥搅拌桩）地基置换量"。在初步设计中，地基处理采用的水泥搅拌桩置换率分别为：上闸首26.9%，湖内侧翼墙1-1段26.8%，湖内侧翼墙2-2段24.1%，湖外侧翼墙3-3段26.8%，湖外侧翼墙4-4段24.1%。在施工图设计阶段，经优化设计后水泥搅拌桩置换率分别为：上闸首22.7%，湖内侧翼墙1-1段25.1%，湖内侧翼墙2-2段22.7%，湖外侧翼墙3-3段22.7%，湖外侧翼墙4-4段22.7%。在地基承载力满足设计要求的同时，降低了水泥搅拌桩的置换率，节省了工程投资。

（5）杨官屯河闸工程。2005年5月，水利部对《南水北调东线第一期工程南四湖水资源控制工程姚楼河闸、杨官屯河闸工程初步设计报告》（水总〔2005〕179号）进行了批复，但杨官屯河闸因故未能实施。

根据2008年4月22日南水北调东线一期南四湖水资源控制工程建设协调领导小组第四次会议纪要（综环移〔2008〕31号），南水北调东线江苏水源有限责任公司要求将船闸闸室宽度由10m调整到12m。设计单位于2008年6月编制完成《杨官屯河闸变更设计报告》，水规总院于2008年8月对该设计变更报告进行了审查，并向南水北调工程设计管理中心提交了审查意见。

2009年8月31日，国务院南水北调办主持召开了南水北调东线一期南四湖水资源控制工程建设协调会，根据会议纪要精神，江苏水源公司要求在原变更设计报告将船闸闸室宽度由10m调整到12m的基础上，将船闸闸室长度由80m调整到160m。为此，设计单位对原变更设计报告进行修改后，编制完成了《南水北调东线第一期工程南四湖水资源控制工程杨官屯河闸变更设计报告（修订稿）》。受南水北调工程设计管理中心的委托，水利部水利水电规划设计总院于2009年11月对该报告进行了审查，提出了审查意见，并以"国调办投计〔2009〕210号"对该报告进行了批复。

根据审查意见，设计单位在施工图设计中，认真落实，并根据工程实际情况进行了优化，具体如下：

1）审查意见中提出："节制闸及船闸地基表层夹软塑～流塑状的（1-1）层粉质黏土，施工时应将其清除。"

在施工图设计中，设计要求节制闸、下闸首、船闸闸室及翼墙等主要部位在施工清基时将该层土及淤泥等彻底清除，若低于设计建基面高程，采用8%水泥土回填。

2）审查意见中提出："下阶段应对船闸闸室延长段补充必要的勘探试验工作。"

设计单位于2010年12月对船闸闸室增加段和施工围堰增加段进行了工程地质勘察工作，并编制完成《杨官屯河闸工程地质勘察报告（施工图设计阶段）》。

3）审查意见中提出："杨官屯河闸位于煤矿规划开采区，煤层的开采及地基中空洞的分布可能引起地表塌陷，应采取可靠的工程措施确保闸基稳定，并应在水闸建设和运行期间进行地基变形监测。"

经分析比较，为保证建筑物安全，设计确定地基处理方案：对节制闸闸室（含上闸首）、下闸首、翼墙、桥头堡等荷载较大部位的地基采用钻孔灌注桩加强地基，以防止建筑物产生较大沉降差。

在施工图设计中，在节制闸、下闸首、船闸闸室及翼墙等部位均设置了沉降观测标点，并要求施工单位在施工期间持续进行沉降观测并形成了完整的资料。

4）审查意见中提出："本阶段应补充完善结构计算成果，说明调整上、下闸首底板和顶板尺寸的缘由，补充增加靠船墩的必要性。"

在施工图设计中，因节制闸闸室净宽由两孔10m调整为一孔8m和一孔12m，船闸闸室净宽由10m调整为12m，下闸首闸室净宽由10m调整为12m，设计对调整后的闸室结构进行了详细的内力计算。

节制闸（含上闸首）底板即为桩基承台，按照《建筑桩基技术规范》（JGJ 94—94）的有关规定对桩基承台进行受弯、抗剪及抗冲切计算，且控制闸室为整体框架式结构，根据其结构特征，内力采用理正程序计算。下闸首底板为桩基承台，按照《建筑桩基技术规范》（JGJ 94—94）的有关规定对桩基承台进行受弯、抗剪及抗冲切计算。船闸闸室为U形槽结构，根据其结构特征，边墙内力按悬臂板计算，底板内力按弹性地基梁计算。根据结构型式、受力特点及结构内力计算成果，上下闸首、控制闸、船闸闸室尺寸较之原初步设计做了适当调整，并配置了合理的钢筋。

应江苏水源公司及地方要求，并根据船闸设计规范及本工程的实际情况，在上、下闸首外侧各设置5个靠船墩，以方便船舶停靠。靠船墩间距20m，采用C25混凝土实体结构，每个靠船墩下设4根ϕ1000灌注桩。

5）审查意见中提出："本阶段应补充完善船闸闸室两侧浆砌石衬砌设计内容，核减闸室外侧衬砌布置。"

在施工图设计中，为减小水闸过流对船闸闸室下土层的淘刷，在船闸闸室内河侧边墙下设置浆砌石护底，护底长度为132m，宽5.0m，厚0.4m，下设厚100mm碎石垫层，齿墙尺寸为0.5m×0.8m。

闸室两侧通过新建土堤与两岸湖西大堤连接，湖内、外侧边坡坡度均为1：3。湖内侧37.6m高程以上采用草皮护坡，37.6m高程以下采用120mm厚现浇混凝土护坡，与原堤防护坡相接。湖外侧36.8m高程以上采用草皮护坡，36.8m高程以下采用120mm厚现浇混凝土护坡。

6）审查意见中提出："本阶段应根据国务院南水北调办协调会纪要中提出的'原河道断面尺寸不变'要求，对采用钢板桩围堰分期导流施工方案进行补充分析，与退堤扩挖左岸明渠方案进行比较后，合理确定施工导流方案。"

在施工图设计中，导流明渠考虑通航要求，因两堤之间河道断面空间有限，为节约施工场地，设计采用钢板桩围堰。在施工中，首先进行主体工程基坑的纵向钢板桩围堰和杨官屯河左堤滩地钢板桩围堰的施工，完成导流明渠水下土方开挖。明渠具备导流通航要求后，进行主体工程基坑的横向钢板桩围堰施工，主体工程完成后，在导流明渠上填筑土围堰，完成左岸连接堤的填筑。

围堰采用双排钢板桩围堰，两排钢板桩间距6m，自料场取土填充，钢板桩厚度10.5mm，平均入土深度7m，平均挡水高度6m，挡水超高1.5m，围堰总长度700m，桩顶高程均为35.6m。双排钢板桩经过整体稳定验算，$K_s=1.526$（>1.20），满足规范要求。

（6）姚楼河闸工程。2003年11月29—30日，水规总院在北京召开会议，对水利部淮河水利委员会报送的《南水北调东线第一期工程南四湖水资源控制工程姚楼河闸、杨官屯河闸工程

初步设计报告》进行了审查。经审查，基本同意该报告，并形成审查意见。设计单位根据审查意见的要求，对原报告进行了修改补充，于2003年12月编制完成了《南水北调东线第一期工程南四湖水资源控制工程姚楼河闸、杨官屯河闸工程初步设计报告（修订稿）》。水利部对《关于南水北调东线第一期工程南四湖水资源控制工程姚楼河闸、杨官屯河闸工程初步设计的批复》（水总〔2005〕179号）予以批复。初步设计批复意见中针对姚楼河闸需修改及下阶段需完善的主要意见及落实情况如下。

1）批复意见中提出："原则同意报告提出的两闸设计引水流量。下阶段应对各河用水作进一步分析，根据南四湖水资源统一调度管理的原则，合理论证确定设计引水流量和设计供水量，研究制定水资源控制运用原则。"

设计单位认为，初步设计中引水规模系根据苏鲁两省有关部门提出的引水要求作为初步设计阶段闸孔规模的条件，具体引水规模下阶段根据南四湖水资源管理要求综合分析确定。

2）批复意见中提出："基本同意闸室布置、结构型式、控制高程和主要尺寸。下阶段应补充采用抗剪断公式对抗滑稳定计算结果进行复核。"

设计单位在《南水北调东线第一期工程南四湖水资源控制工程姚楼河闸、杨官屯河闸工程初步设计报告（修订稿）》中已补充采用抗剪断公式进行抗滑稳定计算复核结果。

3）批复意见中提出"基本同意对闸基、桥头堡及翼墙基础初选的基础处理措施，下阶段应补充桥头堡基础灌注桩的计算。下阶段应研究闸基改用水泥土搅拌桩处理方案的合理性。"

设计单位在《南水北调东线第一期工程南四湖水资源控制工程姚楼河闸、杨官屯河闸工程初步设计报告（修订稿）》中已补充桥头堡灌注桩基础的计算内容。经研究，施工图阶段闸基采用水泥土搅拌桩处理。

（7）潘庄引河闸工程。

1）工程主要设计审查意见。2005年7月11—12日，水规总院在北京召开会议，对设计单位报送的《南水北调东线第一期工程南四湖水资源控制工程潘庄引河闸工程初步设计报告（修订稿）》进行了审查。经审查，基本同意该修改后的报告，并提出了审查意见。其中需修改及下阶段需完善的意见如下。

基本同意工程地质条件的评价意见。闸基主要为全、强风化的黑云斜长片麻岩，力学强度较高，可满足建筑物各部位的建基要求。基本同意全风化黑云长片麻岩的力学指标建议值。部分翼墙坐落在强风化的片麻岩上，下阶段应补充其力学指标建议值。

引河闸两侧分布有第4层砂礓夹黏土强透水层，左侧基岩中分布有强透水带，存在绕渗问题。基坑开挖后应视具体情况对揭露的破碎带进行处理。

工程需要的混凝土粗、细骨料和块石料可就近购买。闸址两岸分布的第3层重粉质壤土作为填筑土料，其质量可满足要求。左岸勘察的土料场部分地势较低，不宜取土，建议分别在两岸地势较高处取土。

原则同意报告提出的设计引水流量。下阶段应对河道两岸用水做进一步分析，根据南四湖水资源统一调度管理的原则，合理论证确定设计引水流量和设计供水量，研究制定水资源控制运用原则。

基本同意开敞式节制闸闸室及翼墙的布置和基本结构型式。下阶段应进一步研究闸室各分段均按封闭框架计算的合理性，并采取相应构造措施以加强结构整体性。

基本同意节制闸防渗排水、消能防冲设施布置及结构型式。下阶段应根据开挖揭露的地质条件进一步复核闸室渗流稳定。

2）审查意见的落实情况。针对审查意见提出“部分翼墙坐落在强风化的片麻岩上，下阶段应补充其力学指标建议值”的意见，设计单位对翼墙基础下的强风化片麻岩进行了钻孔、取土、试验，提出了强风化片麻岩的力学指标建议值，其允许承载力为300kPa，满足翼墙地基承载力的要求。

针对审查意见提出“引河闸两侧分布有第4层砂礓夹黏土强透水层，左侧基岩中分布有强透水带，存在绕渗问题。基坑开挖后应视具体情况对揭露的破碎带进行处理”的意见，设计单位在施工图阶段对侧向绕渗问题进行了分析计算，计算结果表明由上下游翼墙与闸室组成的防渗体满足侧向绕渗要求。

针对审查意见提出“左岸勘察的土料场部分地势较低，不宜取土，建议分别在两岸地势较高处取土”的意见，潘庄引河闸施工时，地形地貌发生了变化，从原料场取土方案难以实施，根据国务院南水北调办综投计函〔2009〕136号文精神，2009年5月25日，淮委建设局、中水淮河规划设计研究有限公司、中水恒信公司、山东水利工程总公司等单位有关代表对潘庄引河闸工程土源问题进行了专题讨论。根据会议纪要精神，调整潘庄引河闸的取土方案。设计单位于2009年7月编制完成并向南水北调东线山东干线有限责任公司报送了《潘庄引河闸工程取土料场设计变更报告》，南水北调东线山东干线有限责任公司以鲁调水企征字〔2009〕3号文给予了批复。变更后，工程从薛城区夏庄镇东仓村取土，距工程现场22km，该土源已由山东省水利工程试验中心对土质进行取样试验，储量及土料质量满足设计要求。

审查意见提出“对设计引水流量进行进一步的分析”。设计单位认为，本次引水规模根据苏鲁两省有关部门提出的引水要求作为本阶段设计验算闸孔规模的条件，具体引水规模下阶段根据南四湖水资源管理要求综合分析确定。

针对审查意见提出“下阶段应进一步研究闸室各分段均按封闭框架计算的合理性，并采取相应构造措施以加强结构整体性”的意见，设计单位在施工图阶段对闸室上游段和下游段分别进行了计算，选取封闭框架计算模型时，对顶板的厚度采用了等效厚度计算，并结合以往工程经验，分析了此次计算的结果，认为闸室结构内力计算结果合理。

针对审查意见提出“下阶段应根据开挖揭露的地质条件进一步复核闸室渗流稳定”的意见，设计单位在基坑开挖后派地质人员前往现场对揭露的地质条件进行了地质描述，揭露的地质条件与勘探时一致，经复核，闸室防渗体满足渗流稳定要求。

（四）设计变更

1. 陶岔渠首枢纽工程

（1）安装场坝段上游边坡及11～14号坝段坝基开挖设计变更。根据安装场坝段上游边坡、11～14号坝段基坑开挖揭露情况及地质复勘，设计单位提出安装场坝段上游边坡由初步设计的1：0.3、1：0.5调整为1：1.2，在高程127.00m、140.00m、144.00m设三级2m宽马道，并加强坡面保护；右岸混凝土重力坝11～14号坝段建基面下调，增加开挖深度12～6m。

（2）防渗帷幕工程设计变更。闸身段前排帷幕孔深由初步设计阶段为下游主帷幕孔深的3/4调整为1/2左右；取消左岸远端W11～W15段防渗帷幕；取消右岸远端8个帷幕灌浆孔；

远岸段（距闸端100m以外）孔距由2m增加至2.5m；帷幕灌浆水泥单耗由初步设计阶段的124kg/m调整为413.2kg/m。

(3) 上游引渠护坡设计变更。经调查了解，建管单位没有左岸汤山料场矿产开采权，工程区周边的石料场又大多处于停产或半停产状态，且材质较差，因而将上游引渠护坡由干砌块石变更为现浇混凝土，护坡范围由桩号0+000～2+600变更为桩号0+000～2+000。

(4) 上、下游引渠边坡置换水泥改性土设计变更。实施阶段，设计单位参照南水北调中线干线工程膨胀性土（岩）分类方法、标准和处理措施及南水北调中线一期工程总干渠渠道膨胀土处理施工技术要求，结合陶岔引水渠特点，确定将引渠边坡膨胀土（Q2）置换为水泥改性土。

(5) 下游交通桥设计变更。根据补充的地质勘察资料和相关复核计算，设计单位对下游交通桥进行了以下设计变更：桥台扩大基础改为钻孔灌注桩基础，桥两岸各增加1跨，桥墩灌注桩基础变更，上部结构变更，空心板混凝土强度等级由C40提高至C50。

(6) 砂石料场开采设计变更。初步设计批复工程所需砂石料从汤山料场开采，并自建砂石料加工系统制取。工程开工初期，建管单位组织参建单位对料场进行了调查，汤山料场因没有矿产开采权而无法组织开采，因此取消汤山料场。工程所需砂石料变更为外购，产品来自河南省淅川县灌河天然砂石料场。

(7) 坝顶门式启闭机和引水闸液压启闭机启闭容量设计变更。坝顶门式启闭机启闭容量由初步设计的2×1250kN调整为2×1500kN，引水闸液压启闭机启闭容量由初步设计的2×1000kN调整为2×800kN，其余参数基本不变。

以上设计变更均已履行变更程序。

2. 东线一期苏鲁省际工程

(1) 台儿庄泵站工程。

1) 本工程无重大设计变更。

2) 一般设计变更。固结灌浆布置调整。根据施工现场降水的实际情况，现有井点降水已满足基坑开挖要求，取消进水前池侧的基岩固结灌浆；为增强主泵房基岩整体稳定性，沿原来的主泵房上游侧3列钻孔向南北两端顺延并在出水侧两列钻孔之间内插一列。

进出水翼墙地基处理措施变更。因出水池翼墙①护坦及进水池翼墙③下开挖土层较坚硬，原设计的搅拌桩地基处理难以施工，为此专门召开了台儿庄泵站翼墙及出水池底板地基处理方案会议。针对原设计搅拌桩方案，水泥土搅拌桩需要深入到⑥层硬黏土中（标贯击数约10击，承载力达220kPa），加上在泵房和翼墙的深基坑开挖施工过程中，由于施工降水导致该层土强度增加，致使原设计水泥土搅拌桩桩端植入⑥层黏土施工难度加大，加之⑥层黏土以下即为岩基，很难保证水泥土搅拌桩的施工质量。同时，考虑到所在翼墙底板建基面相对较低，工作面狭小，待周围相邻构筑物到达一定高度后再素土回填，然后再打搅拌桩，造成搅拌桩设备难以入驻施工现场，延误工期。为此，拟采用换填水泥土的方案替代原设计的水泥土搅拌桩方案，换填水泥土方案不仅可以充分利用现成的开挖工作面，而且能够确保地基处理的质量。因此，采用换填水泥土进行地基处理，选用强度等级为32.5级的普通硅酸盐水泥，水泥掺量采用10%；土料宜选用壤土，黏粒含量宜为15%～30%，塑性指数宜为10～20，且不得含有植物根茎、砖瓦垃圾等杂质，填筑土料含水量与最优含水量的允许偏差为±2.5%；水泥土压实度不小于 0.96，出水池翼墙①及进水池翼墙③下水泥土承载力不低于 250kPa，并且做了静载试验验证。换填水泥土垫层应注意基坑排水，水泥土垫层的施工质量检验必须分层进行（每层土厚度不超过 30cm），应在每层的压实度符合设计要求后铺填上层土。

清污机闸岸墙外侧回填地基处理。因清污机岸墙外侧挡土墙坐落在回填土上，且原开挖揭露土层相对坚硬，原设计采用搅拌桩方案施工难度大，质量难于控制，结合现场宽阔的开挖工作面，将搅拌桩方案优化为水泥土回填置换方案。

进出水渠护砌结构型式更改。根据 2007 年 4 月 12 日在台儿庄建管局召开的《关于对台儿庄泵站护砌工程结构型式进行优化的会议纪要》的要求，为满足进出水渠护坡的工期安排和材料来源，在不增加经费的前提下，经建管局和监理单位同意，将进出水渠原现浇混凝土护坡更改为水平连锁混凝土砌块护坡，将进出水渠浆砌石护底更改为 200mm 厚的现浇 C20 混凝土，同时考虑到清污机闸至前池段有排涝涵洞水流横向折冲，故此段内的混凝土护坡顶高程控制在 22.00m，以上部分原混凝土护坡均采用连锁预制混凝土块衬砌至 26.00m，站区平台靠近韩庄运河侧的导堤外侧浆砌石护坡在裹头段采用 100mm 厚的 C20 混凝土护坡，其他位置的原浆砌石护坡均采用水平连锁预制混凝土块衬砌。另外，结合韩中骆旱挖施工条件的改善，将进水侧模袋混凝土护坡优化为水平连锁砌块护坡与裹头现浇混凝土护坡。

进水渠进口左岸护砌范围调整。由于韩中骆工程扩挖影响，泵站进水渠处河道进口布置有所变化。另外，由于进水渠侧码头移民问题难以解决，应项目法人要求，调整进水渠入口护砌范围。进水渠入口采用 C20 模袋混凝土护坡，起始点桩号为 1－253.10，现更改为 1－203.00；进水渠混凝土砌块一般每隔 30m 设置混凝土格埂（尺寸 400mm×600mm），修改为格埂顶高程延伸至两岸滩地，并在滩地处设置混凝土压顶，尺寸为 400mm×600mm（长×宽）。

出水渠出口护砌范围调整。由于受台儿庄人工湖开挖及韩中骆河道扩挖工程的影响，原设计泵站出水渠出口位于韩庄运河和人工湖扩挖范围内，鉴于韩庄运河及人工湖扩挖基本不影响泵站出水渠的正常运用，故需将出水渠出口回退至韩庄运河和人工湖新开挖的边界处，左岸交叉位置桩号为 0＋703.817，右岸交叉位置桩号为 0＋619.54，台儿庄区人工湖边线与出水渠右堤交叉处桩号为 0＋449.85。另外，为防止月河引水渠及老船厂支渠淤塞出水渠，拟沿月河引水渠及老船厂支渠渠底按 1∶5 的底坡疏挖至泵站出水渠底高程；右侧裹头至人工湖侧 30m 范围内采用混凝土砌块护坡，湖底至渠底按缓于 1∶3 的坡度平顺过渡。裹头护坡采用钢筋混凝土护坡，鉴于韩庄运河和人工湖扩挖均为旱地施工，故将原水下施工的模袋混凝土护坡调整为混凝土砌块护坡。

（2）蔺家坝泵站工程。

1）重大设计变更。主机组核心部件由国内生产改为国外生产，增加工程静态投资 3725.01 万元。

初步设计阶段，蔺家坝泵站主机组部件全部采用国内生产。实施阶段经进一步调研，灯泡后置、齿联传动贯流泵机组在国内属首次采用，国内水泵生产厂商没有设计、制造过类似设备，对机组的关键技术和部件缺乏设计和制造经验。鉴于国内水泵生产现状和运行使用情况，为确保机组安全、可靠而又高效运行，2005 年 6 月，建设单位向项目法人报送了《关于南水北调东线第一期工程蔺家坝泵站工程机电设备采购招标方式的请示》（建设〔2005〕102 号），建议对贯流式机组采用国际招标。2005 年 7 月，项目法人向水利部报送《关于南水北调东线一期

工程蔺家坝泵站工程机电设备引进问题的请示》(苏调水司〔2005〕19号),并抄送国务院南水北调办,拟将主机泵设备招标形式改为国际招标并相应调增概算。后经向有关部门请示和磋商,机组设备采用了国内招标、引进部分关键部件和技术的招标方式实施,将水泵转轮、叶片调节机构系统以及齿轮箱变更为国外分包商生产制造,并由国外厂商负责机组结构设计和水力设计、模型装置验收试验等。后经国家发展改革委以“发改农经〔2008〕2974号”文批复的南水北调东线一期可行性研究报告认可。

根据国务院南水北调办《关于加强南水北调工程设计变更管理工作的通知》(国调办投计〔2006〕67号)和《关于南水北调东线一期蔺家坝泵站工程机电设备设计变更有关事宜的函》(综投计函〔2008〕196号)的要求,本工程投资超出原批准的初步设计概算,属重大设计变更。据此,建设单位委托中水淮河规划设计研究有限公司编制了《南水北调东线第一期工程蔺家坝泵站工程机电设备重大设计变更报告》,2009年8月建设单位以“建设〔2009〕203号”文报送项目法人。

2009年11月和2010年5月,水规总院分别对《南水北调东线第一期工程蔺家坝泵站工程机电设备重大设计变更报告》和《南水北调东线第一期工程蔺家坝泵站工程机电设备重大设计变更报告(修订稿)》进行了审核,并提出了审核意见,2010年8月国务院南水北调办以“国调办投计〔2010〕154号”文批复了蔺家坝泵站工程机电设备重大设计变更,明确蔺家坝泵站静态总投资增加3462万元为机电设备进口设备调差。

2)一般设计变更。防洪闸翼墙地基处理方案变更。

防洪闸8-8～11-11翼墙地基处理设计方案原为水泥土搅拌桩,因施工时发现该部位第(7)层土部分砂礓和结核密集,不适宜搅拌桩施工。经现场勘查,设计单位将搅拌桩方案更改为换填水泥土处理设计方案。

2006年12月建设单位向项目法人上报了《关于申请蔺家坝泵站工程防洪闸翼墙地基处理方案设计变更的报告》(淮调建管〔2006〕37号),2007年1月项目法人以“苏水源计〔2007〕2号”文批复同意蔺家坝泵站工程防洪闸翼墙地基处理方案设计变更。

防洪闸导流墙地基处理变更。

防洪闸导流墙地基处理原设计为刚性扩大基础,导流墙顶高程34.50m。施工图设计阶段,经详细分析计算,导流墙刚性扩大基础稳定安全系数达不到规范要求,为保证导流墙运行安全,设计单位将导流墙原设计的刚性扩大基础改为混凝土钻孔灌注桩基础,同时将导流墙顶高程改为33.30m。

2007年1月建设单位向项目法人报送了《关于蔺家坝泵站工程防洪闸出口导流墙地基处理方案设计变更的报告》(淮调建管〔2007〕2号),2008年10月项目法人以“苏水源计〔2008〕32号”文批复同意该变更设计。

(3)骆马湖水资源控制工程。

1)台儿庄侧防冲槽基础抬高。台儿庄侧防冲槽原设计深度为2.0m,底高程14.832m。施工开挖过程中发现该侧防冲槽基础岩石质量较好,其中东侧为强度较高的整块岩石,岩石的不冲流速较大。根据核算结果对防冲槽深度进行调整,根据岩石分布情况,要求东侧中等风化岩石区防冲槽深度不低于1.0m,西侧强风化岩石区防冲槽深度不低于1.5m。

2)翼墙、消力池的齿坎等部位超挖处理。因地基岩块大,翼墙、消力池等部位的齿坎开挖时不可避免存在着超挖现象，要求超挖部位采用水泥土或素混凝土回填。

3）闸室段测压管底高程抬高。原设计测压管底高程为12.632m，埋入底板下岩石深度分别为1.7m和2.7m，由于岩石坚硬完整，为避免深开挖破坏岩石地基，且测压管埋入0.5～1.0m能够反应地基扬压力情况，因此，将闸室段测压管埋入地基深度调整为“自闸底板混凝土垫层底至测压管底深度为0.8m”。

4）分流岛运河侧护坡修改。运河侧护坡原设计采用模袋混凝土，由于施工阶段中运河因河道疏浚已断流，河槽内积水排干，具备干地施工条件，因此将模袋混凝土护坡改为现浇混凝土护坡。

5）弃土区修改。布置在原310公路桥的弃土区原设计紧靠老310公路布置，由于310公路堤坡上架设有通信电缆、电话线等，建设过程中因地方通信部门要价过高，根据参建单位协调意见精神，施工过程中将弃土区向下游平移约30m。原设计该弃土区为永久征地，根据建设单位协调意见及相关文件变更为临时用地。

6）水土保持修改。原设计对临时弃土区变更为临时用地后，占地28.50亩的水土保持措施不再实施，为避免分流岛顶部及实施的护坡顶部水土流失，对其进行植被绿化。

7）护坡顶部增设混凝土平台。为防止混凝土护坡顶部冲蚀损害护坡和便于人行，根据水下阶段验收意见，拟在混凝土护坡顶部地面增加1.00～2.00m宽的混凝土平台。

8）闸门上部活动门板增加一道横梁。为增加闸门上部1.0m高活动门板的刚度，在活动门板中部增加横梁。

(4) 大沙河闸工程。

1）重大设计变更。船闸宽度由10m调整为12m。

自2003年以来，南四湖来水量较大，上、下级湖持续维持较高蓄水位，为航运发展创造了条件，加上国民经济发展的其他外部条件，航运状况有新的变化，地方政府要求提高大沙河船闸通航能力。考虑近几年南四湖水资源条件和地方经济发展的需要，将大沙河船闸适当调整以适应航运发展是必要的。

2008年7月18日，江苏水源公司下达《关于南水北调南四湖水资源控制工程大沙河船闸工程修改设计的函》（苏水源函〔2008〕24号），提出“将位于沛县大沙河船闸室，依据有关规范由10m调至12m，修改相关设计”。

2008年8月，淮委建设局下达了《关于南水北调南四湖水资源控制工程杨官屯河、大沙河船闸工程修改设计的函》（建设函〔2008〕4号），“要求将南水北调南四湖水资源控制控制工程杨官屯河、大沙河船闸的闸室规模由10m调整至12m”。

2008年9月11日，国务院南水北调办主持召开了南四湖水资源控制工程建设协调领导小组第五次会议，根据会议纪要精神，对大沙河闸进行变更设计，编制了《南水北调东线第一期工程南四湖水资源控制工程大沙河闸变更设计报告》。

船闸闸室长度由100m调整为160m。

2009年8月31日，国务院南水北调办主持召开了南水北调东线第一期水资源工程建设协调会，明确了船闸尺寸和变更设计报批要求。2009年9月1日，江苏水源公司下达《关于杨官屯河闸和大沙河闸设计变更有关问题的函》（苏水源函〔2009〕15号），提出“大沙河闸船闸宽度从10m调整为12m，闸室长度从100m调整为160m”。

根据2009年8月南水北调东线第一期水资源工程建设协调会的会议纪要精神，再次对大沙河闸进行变更设计，于2009年9月编制完成了《南水北调东线第一期工程南四湖水资源控制工程大沙河闸变更设计报告（修订稿）》。

2）一般设计变更。湖内、外侧滩地高程调整。初步设计时，南四湖连续多年不能蓄满，周边地下水超采严重，湖内、外侧的滩地高程均为33.80m。而工程施工阶段南四湖来水量充沛，湖区又多年维持较高水位，南四湖水位变化幅度在34.30～34.50m间，已淹没了原来滩地，从工程安全角度出发，为保护湖西大堤和大沙河子堤，考虑抬高两岸滩地高程。

具体变更内容：湖内、外侧两岸滩地高程抬高至34.80m。滩地抬高范围：湖内侧从圆弧段翼墙延伸至湖西大堤拐弯处；湖外侧从下闸首延伸至引航道圆弧段末端，高于现状水位30～50cm。

（5）杨官屯河闸工程。

1）第一次变更，闸室宽度调整。2008年10月，国务院南水北调办以“国调办投计〔2008〕147号”文批复了杨官屯河闸变更设计报告。主要变更内容：节制闸闸室净宽由每孔10m，变更为1孔8m和1孔12m，总净宽不变；下闸首和船闸闸室由10m变更为12m。船闸闸室长度维持原设计的80m不变。

2）第二次变更，闸室长度调整。2009年11月，国务院南水北调办以“国调办投计〔2009〕210号”文批复了杨官屯河闸变更设计报告（修订稿）。主要变更内容：船闸闸室长度由80m，调整为160m。

2010年3月，国务院南水北调办以“国调办投计〔2010〕22号”文批复杨官屯河闸工程设计变更概算，核定杨官屯河闸总投资5528万元，建设工期为20个月。

3）船闸闸室地基处理。

处理原因：杨官屯河闸工程船闸闸室长度由原初步设计80m调整为160m，而原地质勘察未包含该增加段的范围。勘探设计单位于2010年11月对该范围进行补充勘探，发现该范围内地层第3层重粉质土壤、第4层中粉质土壤、第5层重粉质土壤、第6层中粗砂层及第8层中粗砂层中均存在空洞，钻孔过程中漏浆严重，并有掉钻现象发生。主要原因是2003年以后该河道采砂较严重，使土层的密实度降低，且部分地层中存在空洞，对船闸闸室的整体沉降和不均匀沉降影响较大。

方案比较：根据船闸闸室地基的特点，船闸闸室地基加固可采用搅拌桩地基处理、沉井基础及灌注桩基础。因地基中有不明分布的空洞，且处理深度较大（超过20m），搅拌桩无法顺利施工，故重点比较沉井基础和灌注桩处理方案。经投资方案比较分析，采用了灌注桩加固处理方案。

灌注桩基础方案：为防止船闸闸室沉降过大和产生不均匀沉降，结合上闸首的处理方案，在闸室底部每段闸室下布置6根直径1000mm的灌注桩，桩长35m，10段闸室共60根灌注桩。总工程量为：直径1000mm的灌注桩总长2100m，需消耗水泥901.96t，钢筋148.01t，汽油2.69t，柴油13.56t，砂1247.81m^3，碎石1792.30m^3。总投资284万元。

基础处理方案审查与批复：2011年4月8—9日，根据国务院南水北调办工作安排，南水北调工程设计管理中心委托水规总院对杨官屯河闸工程灌注桩基础加固处理方案进行了审查，基本同意船闸闸室基础增设C25混凝土灌注桩，灌注桩桩径1m，桩长35m，总计60根。

2011年5月，南水北调工程设计管理中心以“设管技函〔2011〕61号”函转送了该审查意见，并要求建设单位根据审查意见抓紧落实有关事项。

2011年11月，国务院南水北调办以“国调办投计〔2011〕299号”文批复了杨官屯河闸船闸设计变更报告，同意闸室基础增设混凝土灌注桩及桩基布置，并核定该变更设计静态投资为284万元。

（6）姚楼河闸工程。

1）取土料场变更。姚楼河闸初步设计阶段的实物指标调查时间为2003年6月和11月。2005年5月，水利部以《关于南水北调东线第一期工程南四湖水资源控制工程姚楼河闸、杨官屯河闸工程初步设计的批复》（水总〔2005〕179号）批复了初步设计。由于种种原因，初步设计经批复后一直未能实施。实物调查时间距实施时间已3年多，工程规划的取土料场已被焦化厂征用并实施建设。2007年1月，国务院南水北调办主持召开了南四湖水资源控制工程征迁安置工作协调会议，根据会议纪要的有关要求，需重新调整姚楼河闸的料场。

姚楼河闸工程料场变更后永久占地共198.58亩，临时占地共43.52亩。

工程搬迁人口为8人，拆迁砖瓦房4间、计56m^2，拆迁半砖瓦房2间、计24m^2，拆迁简易房6间、计56m^2，拆迁草房3间、计31m^2，厕所3个，电话1户，手压井3个，机井2眼，坟墓10座，一般树木8720棵，果树70棵。

工程占地范围内影响10kV电力线路0.5km，影响通信电缆0.85km，简易货运码头2座。

2）增设防撞墩。姚楼河闸考虑闸口通航，为防止过往船只撞击闸墩，初步设计中在中墩上、下游侧墩头均采用加设防撞钢板并整体浇筑的处理措施。2008年9月淮委南四湖水资源控制工程建设管理处一处以《关于南水北调东线第一期南四湖控制工程姚楼河闸及杨官屯河闸有关设计事项的函》（淮南建管〔2008〕10号）要求在闸墩外增设防止船只失控正面撞击闸墩的设施。设计单位在施工图设计中取消了防撞钢板，在上、下游消力池内增设防撞墩，防撞墩采用钢筋混凝土灌注桩结构，桩径1.2m，桩底高程17.1m，桩顶高程38.0m。

（7）潘庄引河闸工程。

1）取土料场变更。潘庄引河闸施工时，地形地貌发生了变化，从原料场取土方案难以实施，根据国务院南水北调办“综投计函〔2009〕136号”文精神，2009年5月25日，淮河水利委员会治淮工程建设管理局、中水淮河规划设计研究有限公司、中水恒信公司、山东水利工程总公司等单位有关代表对潘庄引河闸工程土源问题进行了专题会议讨论，根据会议纪要精神，调整潘庄引河闸的取土方案。设计单位于2009年7月编制完成并向南水北调东线山东干线有限责任公司报送了《潘庄引河闸工程取土料场设计变更报告》，南水北调东线山东干线有限责任公司以“鲁调水企征字〔2009〕3号”文给予了批复。变更后，工程从薛城区夏庄镇东仓村取土，距工程现场22km，该土源已由山东省水利工程试验中心对土质进行取样试验，储量及土料质量满足设计要求。

2）部分河道底高程修改。由于地形地势发生了变化，设计将湖内侧河道底高程修改为现状河道底高程28.30m，湖内侧海漫与消力池末端连接处顶高程29.30m保持不变，海漫采用斜坡与湖内侧河道连接，海漫段河道高程采用闸室基坑清淤后开挖出的土石方回填至海漫底的设计高程；将湖外侧河道底高程修改为现状河道底高程28.286m，湖外侧海漫与消力池末端连接处顶高程29.30m保持不变，海漫末端以现状河道底高程28.286m控制，两端采用斜坡连接，

海漫段河道高程采用闸室基坑清淤后开挖出的土石方回填至海漫底的设计高程。

3）部分钢筋型式调整。由于测压管闸墩顶部出口处设有宽420mm、长820mm的凹槽，因此闸顶板钢筋遇此凹槽需断开，设计将闸顶板①号钢筋在凹槽处向顶板下部弯折，弯折长度为1650mm，将③号钢筋在凹槽处断开。

4）主、反轨安装高程调整。主、反轨安装高程由29.30m改为29.20m，主、反轨一期预埋锚筋全部下移0.1m。

（五）设计为工程建设服务

1. 陶岔渠首枢纽工程

（1）建立健全设计服务组织保证体系。为保证工程顺利实施和及时解决工程中出现的实际问题，设计单位成立了“长江勘测规划设计研究有限责任公司陶岔渠首枢纽工程设计代表处”，工作重点为服务建管单位，为现场施工提供周到、全面且完善的技术支持。设计代表处主要工作内容包括设计交底、重要部位验收、设计修改和优化、为建管单位提供技术咨询和服务以及大量的现场设计工作。现场技术服务原则上实行专业负责制，各专业根据现场工程进展情况，派出驻工地的设计代表，对本专业的技术问题及时予以处理。按照设计质量体系程序文件的要求，认真做好文件资料的整理及归档工作。

（2）做好设计技术服务。做好项目设计，尽量使设计最优、投资最省、工程质量最可靠，施工最快。

根据施工总进度计划和每年的施工进度计划安排，设计单位与建管单位每年初签署当年所需的施工图供应计划。若施工计划调整，设计单位针对调整后的供图需求进行适应性调整，以满足工程施工需要。

为保证施工顺利进行，设计单位在项目施工前及时提供设计文件，施工图供应满足工程实际进展需要，及时进行设计技术交底，对关键和重点部位详细说明设计意图。

（3）做好现场设计服务。陶岔渠首枢纽工程为丹江口水库的副坝，与一般的水利工程不同，有其自身的特点和复杂性，设计单位十分重视现场质量信息的采集和反馈工作。通过现场设计代表处及时反馈后方专业处室，尽最大可能在最短的时间内解决施工过程中出现的设计技术问题。

项目施工前组织设计人员对设计文件及图纸进行技术交底。当施工中遇到疑难时，及时安排设计人员进行现场技术指导。

在工程施工前，设计人员对设计要求和图纸说明与监理部深入交换意见，在监理的主持下对施工单位进行现场设计交底，回答参建各方提出的各种问题，促进了工程的顺利施工。现场设计人员出席各种协调会议，了解施工中出现的与设计有关的问题并及时解决。

整个施工过程设计人员全程跟踪和随同服务，及时提出设计意见和签署工作联系单。根据工程需要积极做好设计变更，满足工程施工及工期的要求。

2. 东线一期苏鲁省际工程

工程开工建设以来，作为设计单位的中水淮河有限责任公司即派出设代组驻工地从事技术服务工作。设代组成员包括项目负责人、专业负责人及地质、测量、水工、水机、电气、金属结构等有关专业技术人员。设代人员根据施工进度和需要进驻现场，现场设代以满足施工要求和项目法人满意为根本原则。公司分管总经理、总工也经常到工地解决工程中出现的技术难题。在工程建设的过程中，设代组积极配合建管单位和各参建单位，努力做好服务工作。设代组的主要岗位职责如下：

（1）设代组积极组织设计人员向建管、监理和施工单位进行设计交底，解释图纸和技术文件，提出在施工各阶段应注意的关键问题和可能出现的技术难点。

（2）做好施工现场服务，及时处理和解决施工过程中出现的与设计有关的问题；积极配合项目法人对技术及施工方案进行优化或变更设计。

（3）设代人员经常深入施工现场及时处理问题，提出相应的技术处理方案。

（4）设代组参加建管单位、监理单位召开与设计有关的技术会议，了解施工对设计的要求，协助施工单位解决施工过程中出现的“错、漏、碰、缺”等技术问题。

（5）参加重要隐蔽工程及重要单项工程验收，参加工程项目的阶段和竣工验收等，同时配合质量监督部门的相关工作。按验收规范要求编写工程验收设计工作报告。

（6）设代组负责搜集工程施工质量和工程施工技术信息，做好设代工作记录和工作日志。并应于每月月底编写《设代服务月报》，经建管或监理单位签署意见后报公司质量管理部。月报的内容一般包括：工程项目进展情况、服务情况小结（服务起止时间、服务内容和人员）、技术质量信息、建管或监理单位的评价以及服务的验证记录等。

（六）设计过程管理与效果分析

1. 陶岔渠首枢纽工程

设计过程中，各级设计和校审人员严格按 ISO 9001 质量体系程序文件进行设计文件质量管理，同时严格按照建设部 2004 年《工程建设标准强制性条文》（水利工程部分）进行设计文件的编制和工程设计。

施工阶段设计代表将采集的工程现场实施实际情况及建管单位要求及时反馈后方设计总部；后方不惜代价，及时调整各专业、专业技术人员的年度生产任务，满足陶岔渠首枢纽工程的建设需要。

设计过程中要做到：明确职责；严格设计文件成果校审、签发程序；严把设计输入、输出关；对重大设计问题和设计变更需经公司总部会审；所有设计文件均建立质量记录，指定专人负责保管。

通过严格质量管理，整个设计过程设计成果满足工程建设需要。

2. 苏鲁省际工程

为确保工程设计任务高质量地按时完成，中水淮河规划设计研究有限公司作为设计单位在设计过程中，采取了以下管理制度。

（1）设立工程项目组。确立项目负责人，对专业技术人员进行集中管理（不同设计阶段，专业人员的结构和数量可以有所不同，但主要设计人员保持稳定）。合理配备技术人员和相应技术装备，根据项目进展情况及时调整人力资源，保证满足该项目各阶段设计和现场设代的需要。

（2）明确分管总经理、分管总工、项目负责人、专业负责人、项目计划工程师及项目质量工程师的职责。项目负责人对项目的进度和质量负总责，项目各专业设计人员对专业负责人负

责，各专业负责人对项目负责人负责。各专业处室负责人负责对专业成果的审核，分管总工负责对专业成果的审定。

（3）公司经营室负责协助负责人协调与公司内各处室之间的接口关系，保证项目经费、技术装备的供应和人员配备，定期检查项目进度、质量及人力配备情况，及时解决项目管理中存在的问题，并尽快加以解决。

（4）在项目设计过程中严格执行设计评审制度、设计文件会签制度。根据项目计划和设计大纲的安排，在适当的阶段必须进行设计评审，并邀请与设计有关的顾客及相关职能部门的代表和技术专家参加，确保设计产品具有满足规定要求的能力。为确保设计产品质量，防止出现专业技术接口的“错、漏、碰、缺”现象，有专业交叉的图纸和文件，必须进行设计会签。

（5）在工程建设期间，公司成立现场服务设代组，由项目负责人任设代组组长，派设计代表常驻工地，分管总工和分管总经理根据需要随时到工地解决问题。

通过严格的设计管理，整个设计过程的设计成果满足工程建设需要。

二、施工质量管理

（一）施工质量管理的总体要求

工程开工之前，淮委建设局工地现场机构组织参建单位召开专门会议，明确工程建设总体质量目标。如在陶岔渠首枢纽工程中，施工项目部确定工程施工质量目标如下：

（1）单元（分项）工程合格率100%，石方开挖工程优良率达到80.0%以上；混凝土工程优良率达到92.0%以上；基础处理单元工程优良率达到85.0%以上；其他土建工程优良率达到85.0%以上；金属结构制作及机电设备安装优良率达到90.0%以上，单位工程竣工验收质量等级达到优良标准。

（2）竣工档案资料齐全，工程竣工验收一次通过。

（3）无质量责任事故发生，消除质量隐患，争创优质工程。

（二）工程专业分类与施工特点分析

1. 施工标段划分及主体工程施工难点

根据陶岔渠首枢纽工程具体情况，建管单位将工程分为4个施工标进行招标：主体工程施工标、下游交通桥施工标、管理设施施工标和水土保持工程施工标。其中下游交通桥施工标、管理设施施工标及水土保持工程施工标涉及专业相对较少，招标选择专业施工单位进行施工，施工质量管理难度较小，质量控制比较容易。主体工程施工标涉及专业多，包括水工（含渠道、坝工、厂房等）、金属结构、机械、电气、自动化、通信、消防、建筑等诸多专业，是施工质量的控制重点。

主体工程施工主要难点有：①施工场地狭窄、作业面受限，与设备供应单位协作工作量较大；②本工程设计无施工导流，施工期间每年3月、4月和7—9月为合同规定的灌溉期，必须使基坑过水以满足灌溉要求，严重干扰主体混凝土工程施工；③基坑开挖控制爆破要求高，距上游老闸、下游老桥、新桥较近，左右岸坝肩顶部均有住户，爆破施工控制难度大，周边设施保护要求高。老闸作为前期施工的上游挡水围堰，距离新建枢纽较近，其闸门、闸墩大部分在水面以下，不仅拆除难度大，且对新闸保护要求高。

2. 基岩开挖质量控制

基岩开挖后，由监理部组织建管、勘测、设计、施工单位的代表进行初检和终检，所有建基面和边坡开挖后均进行了联合验收。对建基面上的溶洞、岩溶发育带、裂隙和构造破碎带等地质缺陷，主要采用两种处理方法：①对溶缝、溶槽进行挖槽处理，挖槽断面为倒梯形，清除溶缝中的碎石、黏泥及松动的岩石岩块，并冲洗干净，采用混凝土回填；②对溶洞或经设计地质鉴定危害坝基础的溶缝，采用固结灌浆穿过溶缝，达到设计孔深后加强钻孔冲洗，待回水澄清后开始灌浆，灌浆压力为0.4MPa。

3. 固结灌浆过程质量控制

（1）灌浆材料与设备控制。每批进场水泥均须有出厂合格证、生产日期和质量检测报告，施工单位自检、监理按照规定频率进行抽检。灌浆自动记录仪经检定后使用，压力表、千分表由有资质的计量检测部门检验，并出具合格证书后方可投入使用。

（2）钻灌过程质量控制。按照监理工程师批准的施工方案、技术措施进行检查。尤其对钻孔放样、孔深、冲洗、压水以及灌浆段长、灌浆压力、灌浆方法、开灌水灰比、结束标准及封孔等进行检查和控制。

施工分两序进行，先施工Ⅰ序孔，再施工Ⅱ序孔；灌浆采用孔内循环式灌浆法。

固结灌浆孔分段为两种。孔深为5m的孔分1段灌注，段长为5m，灌浆压力为0.3MPa；孔深为8m的孔分2段灌注，第1段长3m，灌浆压力为0.3MPa；第2段段长5m，灌浆压力为0.4MPa。第1段灌后须待凝24h，方可钻灌第二段。

（3）抬动控制。灌浆过程中要进行抬动变形观测。抬动观测孔入岩6m，孔径91mm。设有抬动变形观测装置的部位，观测孔周边10m范围内的灌浆孔。

观测孔段在裂隙冲洗、压水试验及灌浆过程中均连续进行抬动变形观测。抬动变形观测安排专职人员进行观测、记录，每10分钟测记一次读数。抬动变形预警值控制在50μm以内，最大不超过200μm，当变形值接近允许值或变形值上升速度过快时，及时降低灌浆压力，防止抬动破坏。

4. 帷幕灌浆质量控制

（1）设计要求。陶岔渠首枢纽工程的帷幕灌浆分闸基帷幕灌浆和两岸覆盖层下帷幕灌浆。闸基帷幕灌浆分别在基础灌浆廊道、坝顶进行，两岸覆盖层下帷幕灌浆在两岸地表施工。

根据《混凝土重力坝设计规范》（SL 319—2005）的规定，工程防渗帷幕设计防渗标准为：①闸身段基岩透水率$q \leqslant 3$Lu；②两岸近岸段：基岩透水率$q \leqslant 5$Lu；③两岸山体远岸段：基岩透水率$q \leqslant 10$Lu。

（2）灌浆试验研究。在工程帷幕灌浆实施前，淮委建管局委托长江勘测规划设计研究有限责任公司进行现场灌浆试验研究，确定相应的灌浆设计参数和施工方法。2010年7月底开始进行灌浆试验现场施工，至2010年11月下旬完成灌浆试验现场施工，历时约4个月，完成了合同规定的全部试验项目、内容和工作量。帷幕灌浆试验结合工程永久布置在一个试验区内进行，共布置10个帷幕灌浆孔（其中一个孔为先导孔），7个帷幕灌浆质量检查孔，1个抬动观测孔。分别进行单排孔距2.0m、单排孔距2.5m以及双排2.5m×0.6m（孔距×排距）等3组不同布孔形式灌浆试验。试验成果质量满足合同要求，对后续帷幕灌浆设计与施工具有很好的

指导作用。

通过现场灌浆试验，取得了以下成果，试验单位提出合理的设计及施工方案，并为优化完善帷幕灌浆设计保证帷幕灌浆质量和大规模帷幕灌浆施工的顺利进行提供了技术支撑。

1）提出了合理、可行的深厚覆盖层下岩溶强透水层灌浆成幕的钻灌施工方法、施工工艺和灌浆设计参数。

2）验证和评价了覆盖层，尤其是土岩接触面自身防渗能力；确定了土岩接触面、接触段的灌浆施工方法、灌浆材料及灌浆设计参数。

3）确定了深厚覆盖层钻孔成孔方法，制定了相应的施工工艺流程。

4）确定了经济合理的孔口管法埋设方法和配套的施工机械、设备；制定了相应的施工工序流程和控制措施。

5）通过不同设计参数下的帷幕灌浆效果对比分析、研究，确定了达到不同设计防渗标准时的最优防渗帷幕设计参数。

（3）生产性灌浆试验。为确保防渗帷幕顺利施工，在工程帷幕灌浆大规模实施前，施工单位依据现场帷幕灌浆试验成果进行了生产性灌浆试验，以确定相应的灌浆设计参数和施工方法是否满足大规模施工的要求。生产性灌浆试验情况如下：

1）生产性试验区为右岸近闸地段，设计防渗标准基岩透水率 $q\leqslant 5$Lu。本试验段长 16m，为单排孔，孔距 2.0m，共布置 9 个帷幕灌浆孔（其中 1 个先导孔）和 1 个抬动观测孔。

2）施工顺序为：抬动观测孔钻孔、抬动观测装置安装→先导孔钻孔取芯、压水、灌浆、封孔→帷幕灌浆先灌排分Ⅰ序、Ⅱ序、Ⅲ序钻孔、压水、灌浆、封孔→布置检查孔，钻孔、取芯、压水检查、封孔。

3）对设有抬动观测设备的灌区，待抬动观测仪器装置完毕，并完成灌浆前测试工作后，进行灌浆前作业；在进行裂隙冲洗、压水试验和灌浆施工过程中均进行抬动观测。

4）灌浆按分排分序加密原则进行，自上而下分段分Ⅲ序施工，帷幕灌浆同一排相邻两个次序孔之间在岩石中钻孔、灌浆的间隔高差不得小于 15m。帷幕灌浆浆液以普通纯水泥浆液为主，地下水流速较大或有规模较大的岩溶发育等特殊部位采用在水泥浆液中加入外加剂或采用混合浆液灌注。

5）生产性灌浆试验完成后，经检测透水率呈明显减小趋势，Ⅲ序孔有 18 段透水率已小于 $q<5$Lu 设计防渗标准，占Ⅲ序孔总段数的 31.5%。与现场帷幕灌浆试验研究成果基本相符，为此，可按试验研究确定的灌浆设计参数和施工方法进行施工。

（4）帷幕灌浆过程控制。陶岔渠首枢纽工程的帷幕灌浆分闸基帷幕灌浆和两岸覆盖层下帷幕灌浆。闸基帷幕灌浆分别在基础灌浆廊道、坝顶进行，两岸覆盖层下帷幕灌浆在两岸地表施工。帷幕设计工程量为 53418m，设计单位结合试验研究和工程具体情况，对防渗帷幕进行了优化，优化后取消左岸 W11～W15 点段防渗帷幕和右岸 Y-Ⅲ-182～Y-Ⅰ-189 防渗帷幕。优化后的帷幕工程量为 42184m。帷幕灌浆过程控制情况如下：

1）帷幕灌浆均采用孔口封闭灌浆法施工。闸基帷幕灌浆孔口管在混凝土与基岩中一次性埋设；两岸地表覆盖层钻孔先采用鱼尾钻施工，再将灌浆孔口管埋入。

闸基帷幕灌浆为双排孔，孔距 2.5m（局部为 2.25m），排距 0.3m；帷幕灌浆按先施工第 1 排（下游排）、后施工第 2 排（上游排）的顺序施工。两岸覆盖层下帷幕灌浆为单排孔，孔距

2.0m 和 2.5m。

帷幕灌浆孔均为垂直孔，孔深按防渗帷幕底线高程控制，最深孔约有 106m。先导孔孔深按深入第 1 排帷幕底线以下 5m 控制。

2）施工顺序：抬动孔→先导孔→Ⅰ序孔→Ⅱ序孔→Ⅲ序孔→检查孔。

3）钻孔。对孔位、孔斜、孔深、孔段均进行三检验收和检查签证控制。

灌浆工程中严格执行设计明确的“压力、流量、水灰比”等控制参数，过程工序中严格检查“孔深、孔斜和清孔质量”等主控指标，及时抽测水泥浆浓度、浆液配比，控制灌浆流速，检查注浆时压力，做好整个灌浆过程的原始记录，切实做到全程旁站监督，严格灌后检查和单元评定，有效保证了灌浆质量。

5. 锚喷支护质量控制

锚喷支护主要按照以下流程进行施工：施工准备→钻孔、清孔、验孔→制浆、注浆、安装锚杆→拉拔试验→冲洗基岩面、基岩面验收→喷射混凝土→混凝土厚度检测、养护。

喷锚支护质量控制情况如下：

（1）锚杆造孔质量控制。边坡所有系统锚杆的孔位承包人按要求测量放样，监理进行复核，锚杆孔位误差控制在 10cm 以内。系统锚杆验收时，由监理采用插杆等方式对验收锚杆孔数的 10%进行随机抽查。若出现不合格时，加大检测数量，并在不合格的锚杆孔旁边 10cm 处重新补孔。整个检查过程未发现不合格现象。

（2）锚杆灌浆质量控制。为确保锚杆在孔内居中，锚杆沿长度方向每隔 3m 用短筋焊一支撑点。注浆水泥砂浆经试配，其配合比按水泥∶砂＝1∶1.99（重量比）；水灰比 0.45（重量比）。注浆时将 PVC 注浆管插至距孔底 50～100mm，随砂浆的注入缓慢匀速拔管，浆液注满后立即插杆，并在孔口加塞使锚杆体居中。

（3）锚杆拉拔力检查。锚杆安装完成，待 28 天后进行拉拔试验。试验时先将锚杆孔口岩面处理平整，安装传力板，使锚杆承受轴向拉力，安装拉拔器后缓慢、匀速加载拉拔力（加载速率不大于 1kN/s），当拉拔力达到设计值时立即停止加载，结束试验。

（4）喷射混凝土厚度及强度检测。

6. 钢筋安装质量检查

（1）钢筋采用平板车运输到各施工部位，吊运或人工搬运至各工作面，人工进行绑扎焊接。

（2）进入工作面的钢筋表面洁净无损伤，无油漆污染及铁锈。

（3）钢筋的安装位置、间距、保护层及各部分钢筋的大小尺寸，均符合施工图纸及有关文件的规定。在多排钢筋之间，用短钢筋支撑以保证位置准确，使钢筋绑扎完成后整齐划一，横平竖直。

（4）现场机械连接、焊接或绑扎的钢筋网，其钢筋交叉的连接，均按设计文件的规定进行，连接质量均满足设计要求。

（5）钢筋保护层厚度控制，采用比设计混凝土高一标号的预制砂浆垫块，加垫在钢筋和模板之间，并用铁丝扎牢。垫块摆放按梅花形布置。

（6）钢筋骨架安装前清除模板上杂物，先测量放出混凝土高程线及边线，每段施工前先固定 2 个标准横向箍筋。

(7) 焊接操作严格按施工规范进行，保证焊接质量，并不损伤钢筋，每一部位钢筋焊接完后及时清除焊渣。

(8) 机械连接。丝头检验。丝头有效长度检验符合要求后作为合格品；如有不合格的丝头均切断重新加工，最后在直螺纹丝头部位装上保护帽。

7. 模板质量控制

大坝主体结构，大体积混凝土仓位较多，主要采用大型平面钢模板；闸墩、胸墙、流道等特殊弧线部位均根据设计尺寸加工专用定型模板，梁、板、柱、孔洞、井室等小体积部位采用小型组合钢模板或胶合板。

8. 混凝土施工质量控制

监理工程师坚持在混凝土工程施工的整个过程中进行质量控制，即从混凝土生产，经运输至浇筑仓面、平仓、振捣、养护及表面处理，抽样检测资料的整理、复核和对混凝土浇筑质量评定，进行全过程控制。

(1) 混凝土拌和站检定与控制。拌和站布置在右岸 2 号营地范围内，采用的是 DW160S 型成品拌和系统，有 200t、400t 水泥罐各 1 个和 200t 粉煤灰罐 1 个，30m^3 砂石储料仓 4 个、5t 水箱 1 个、1t 外加剂箱 2 个。

对混凝土搅拌站检定和控制情况如下：

1) 南阳市质量技术监督检验测试中心每半年对混凝土拌和站进行检定，并出具检定合格证。

2) 施工单位每月对混凝土拌和站计量器具进行自校。

3) 在混凝土拌和生产中，对各种原材料的配料称量进行检查并记录。

(2) 混凝土浇筑施工措施审查。在每项混凝土单项工程开工之前，监理工程师主要审查施工单位拟采用的混凝土运输设备、振捣设备、模板、入仓手段、所投入的劳动力数量、技术水平、质量保证体系及主要的质检人员名单及履历、具体的施工方法、安全保证措施等。审查混凝土的分层、分缝的位置、施工缝的处理方法、钢筋连接的位置、预埋件安装埋设位置等是否满足技术规范要求并与现场实际情况相符。

(3) 可追溯性情况落实。对于原材料的可追溯性，要求施工单位在配料单上标明水泥、粉煤灰、外加剂的批号，砂石骨料的报验单号；钢筋加工厂根据试验室提供的检测批号和进场日期，对所加工的钢筋流向做好记录，试验室每月对钢筋流向进行统计汇总。对止水带和套筒的流向，由物资科在各施工队的材料领料薄上填写清楚，每月汇总。

(4) 浇前仓位验收。在混凝土开始浇筑前，施工单位必须完成所有准备工作并自检合格，再向监理工程师提出验仓申请。监理工程师对各项准备工作进行检查验收，验收的主要依据是设计图纸及技术规范的相关内容以及单项工程批复措施；主要检查工序项目包括基础处理、模板、钢筋、止水带及仪器埋件等。为保证质量，在大坝主体工程施工过程中，建管、设计、监理、施工单位进行联合验仓，各工序均得到了很好控制。

(5) 施工配合比调整及拌和过程中质量控制。

1) 开仓前对粗、细骨料的基本情况进行检测，根据现场细骨料的含水量变化、细度模数和粗骨料超逊径等变化调整配合比，开具配料单。拌和站根据经监理单位审批的混凝土施工配料单进行配料。浇筑前监理人员检查输入电脑配合比数据是否与混凝土施工配料单数据一致，以保证现场混凝土施工质量。

2）混凝土生产过程中随时测定混凝土的机口、仓内坍落度，保证混凝土的和易性；同时测定原材料的温度和混凝土的机口、入仓温度，根据现场温度情况考虑采取降温（保温）措施，砂子含水量每班检测两次。

3）对浇筑过程中的混凝土按规定对混凝土的抗压、抗冻、劈裂抗拉、抗渗性能进行抽样检查，待龄期达到时，进行性能试验。在混凝土试件养护室安装了防潮防雾灯，试件摆放间距按规范要求的1～2cm摆放。

（6）混凝土运输和浇筑。混凝土运输主要有汽车运输、吊斗入仓、皮带机和以溜槽直接入仓等方式，在浇筑过程中督促施工单位对混凝土的吊斗、料斗、运输车及皮带机加强维护保养，以保证每次将混凝土拌和物顺畅卸完；在卸料一次或几次后，督促施工单位对输送带用清水冲洗保持清洁；控制混凝土拌和物的运输时间不超过允许的时间，拒绝超过规定运输时间限制的混凝土入仓。混凝土入仓时防止离析，混凝土垂直落距不大于2m，吊斗入仓超高时采取溜管、串管或其他缓降措施；监理工程师对混凝土浇筑作业进行旁站监理，督促施工单位对入仓混凝土及时振捣；实时检测混凝土坍落度、温度等指标。监理工程师严格控制混凝土入仓温度。不同级配或强度混凝土同时入仓浇筑时，遵照已申报批准的施工工艺执行。

（7）混凝土浇筑后的养护及保护。对每一次混凝土浇筑完成至养护期内，监理工程师及时监督施工单位按照河海大学关于陶岔渠首枢纽工程温控技术要求及审批的施工方案执行。

（8）混凝土温控防裂工作。陶岔渠首枢纽工程混凝土的温控防裂，委托河海大学进行了温控防裂设计。监理单位督促施工单位执行河海大学相关温控技术要求，一般冷却水管采用内径28mm、外径32mm的HDPE管和钢管，根据施工部位不同采用的布置型式有1.0m×0.8m（层距×间距）、1.0m×1.0m（层距×间距）等。冷却采用河水，水温约10.0℃，流量2.0m^3/h，温度峰值过后流量减为0.5m^3/h。温度峰值前每半天改变一次水流方向，此后每天改变一次水流方向。对于浇筑完成的混凝土，在寒冷季节采取外包大坝保温被进行保温防裂，减少混凝土内部温度梯度，确保工程质量。

9. 水泥改性土施工质量控制

（1）水泥改性土置换情况。

1）上游引渠置换土。上游引渠新增护坡全长2000m，新增护坡置换土施工范围为对渠道两侧边坡高程155～170.5m内出露的Q_2粉质黏土、经地质专业鉴定部分Q_1粉质黏土层和Q_4与Q_2之间的软弱面进行水泥改性土置换，置换前表层土清挖0.5m，改性土置换厚度0.6m。右岸边坡置换土桩号0+000～0+860和1+178～1+277，左岸边坡置换土桩号0+000～0+520。设计置换土工程量约4.59万m^3。

2）新老闸衔接段置换土。左岸护坡：桩号新闸坝轴线Ta+000～上游引渠起点桩号0+000，高程范围162～170.5m，置换厚度100cm。

右岸护坡：桩号新闸坝轴线Ta+000～上游引渠起点桩号0+000，高程范围156～170.5m，置换厚度100cm。

设计工程量：0.7268万m^3。

3）下游引渠置换土。

左岸护坡：桩号Ta+170～Ta+300，高程范围151m以下，置换厚度100cm。

右岸护坡：桩号 Ta＋210～Ta＋300，高程范围 151m 以下，置换厚度 100cm。

设计工程量：0.98 万 m^3。

4）实际施工过程中，上游引渠及新老闸衔接段置换土范围未变；下游引渠由于桥梁的施工造成地形变化等因素，仅在左岸护坡桩号 Ta＋270～Ta＋300，高程范围 151m 以下，置换厚度 100cm，其他部位均采用混凝土回填。

（2）水泥改性土施工质量控制。

1）测量放线，置换层建基面按照设计要求开挖到位，进行地质编录，要求基面湿润无杂物，并经监理工程师验收符合要求。

2）为做到处理层与边坡更好地结合，将边坡坡面采用人工开挖成小台阶状，台阶高度为每一层铺土碾压后的厚度，厚度确定为 30cm。

3）土料运输、摊铺。为保证边坡压实，考虑到各施工机械作业安全等因素，在施工放样时考虑水平超填宽度，超填宽度为 30cm；结合碾压试验旋耕机作业深度，每次土料摊铺厚度为 17cm，在摊铺过程中严格控制平土厚度；施工中作为改性置换土的原料应清除树根、杂草、垃圾、废渣等杂物。

4）土料翻土与碎土。采用旋耕进行耙翻土、碎土，并以人工对土料中粒径较大土块进行破碎处理，根据试验情况，土料破碎三遍，控制土料最大粒径不大于 10cm。

土料适宜的含水量控制在 22%（－1%～＋3%）范围内。密切监测土料含水量的变化情况，含水量偏高时通过翻晒降低含水量，含水量偏低时应适洒水湿润。

5）确定水泥掺量。土料经机械摊铺、翻土、碎土后，由试验室对土料进行含水量检测。根据摊铺长度、厚度及水泥掺量计算出每层土料所需的拌和水泥量，提前将置换用的水泥量备好，采用人工均匀摊铺水泥；通过试验确定水泥掺量为 5%。

下游引渠的置换土直接从淅川Ⅰ标购买机拌成品。

6）碾压。本工程采用“两拌一碾”法施工。旋耕机每拌和两层（h＝17cm＋17cm，虚铺厚度为 34cm）改性土后进行碾压。碾压机械选用 18t 凸块振动碾，沿渠道轴线方向前进、后退全振错距法碾压，碾压时前进、后退一个来回按两遍计，先静压 2 遍，再启动振动碾压，碾压行驶速度控制在 2～4km/h 范围内。根据设计要求并结合工艺试验结果确定碾压遍数为 8 遍。碾压完成后，采用环刀法取样检测压实度，合格后进行下一层的填筑。

7）水泥改性土养生。每一段水泥改性土碾压完成并经压实度检查合格后，立即开始养生，养生期为 7 天，养生期间始终要保持改良土表面湿润。如因气温过高，改性土表面水分蒸发过快，应采用覆盖措施，以确保改性土表面湿润。

（3）检测结果。

1）上游引渠及新老闸衔接段护坡左右岸水泥改性土回填压实度设计要求 95%，施工单位共检测 570 组，监理部共抽检 100 组，跟踪检测 200 组，采用环刀法进行土工检测，检测结果全部合格；水泥土剂量滴定试验施工单位共检测 257 组，监理共抽检 5 组，跟踪检测 50 组，检测样品各项指标均符合规范和设计要求。

2）下游引渠护坡左右岸水泥改性土回填压实度设计要求 98%，施工单位共检测 28 组，监理部共抽检 3 组，跟踪检测 10 组，采用环刀法进行土工检测，检测结果全部合格；水泥土剂量滴定试验施工单位共检测 11 组，监理共抽检 1 组，跟踪检测 4 组，检测样品各项指标均符合规范和设计要求。

10. 启闭机设备制造质量控制

对启闭机、钢闸门和埋件制作委派专业监理工程师驻厂监造，及时进行工序验收。

(1) 启闭机监理检查的关键点。

1) 启闭机的门腿、行走梁、上部结构（主梁）焊缝和主要部位的几何尺寸应符合设计或规范标准，发现问题立即通知施工负责人进行处理，必要时进行返工。

2) 重点检查（抽检与平行检测）一类焊缝的探伤部位及其结果，不合格部位作以标记，进行返工处理而后再次进行探伤检测（经再次检查合格）。

3) 检查启闭机的主提升机构、行走机构。

4) 液压启闭机油缸试验结果：①空载试运行无泄漏、无爬行；②启动压力试验（标准压力不大于 0.5MPa，实测 0.3MPa）；③内泄漏试验（将活塞停在油缸一端，有杆腔在额定压力 17.7MPa 下，保压 10 分钟，内泄漏量不应超过 2.88mL/min，实测 0.06mL/min）；④耐压及保压试验（试验压力 22.125MPa，保压 15 分钟，无外泄漏和永久变形）；⑤外泄漏试验（活塞杆处于全缩位置时，油缸有杆腔在额定压力 17.7MPa 下，保压 30 分钟，无外部漏油现象）；⑥行程检查（标准 5600mm，实测 5600mm）合格；⑦安装距测量（活塞杆处于全缩位置，吊耳支铰中心到油缸支铰中心的设计距离 7380mm，实测 7379mm）结果符合设计要求。

5) 液压启闭机进行试验时，主要检查工作运行状况、有无渗漏油现象、活塞杆工作有效长度等。

6) 启闭机总体验收后的缺陷处理完工后进行再检查，合格后进行防腐工作。

7) 防腐涂装总体检查验收。

(2) 液压启闭机制造加工的质量控制。

1) 在生产过程中对重要零件（液压油缸缸体、活塞杆、活塞环、铜套、上下端盖、吊耳等）进行重点控制，均符合设计和规范规程要求。

2) 动力站油箱为不锈钢材料，所有阀件、管路均经清洗干净后进入组装，从而确保了动力泵站的制造加工质量。动力泵站装配完工后，进行了空载试运行、耐压试验和密封试验、功能试验（在工作压力下的动作试验即与油缸连接后的试验）及泄漏试验。全部符合设计和规范规程要求。

(3) 坝顶双向门式启闭机制造加工的质量控制。

1) 下料前的材料控制。审核材质证明书，检查和检测钢板的厚度，必要时进行复检。

2) 检查和检测门腿、行走梁、中间梁、上部结构的焊缝外观、焊高及气孔和夹渣情况，按照设计和规范规程要求进行探伤。

3) 监理在进行检查和检测时，发现双向门机主梁焊缝有 2 处焊高不符合要求（已补焊）、3 处存在焊渣（已铲除和打磨）、2 处有气孔（已处理），立即要求质检人员安排有关责任人分别进行了处理且已重新进行了检查。

4) 双向门式启闭机设备经检查和验收符合设计和规范规程有关标准和要求。

11. 金属结构制造质量控制

(1) 监理机构采取巡检和重点检查、检测的方法进行定量监管。

1) 在零部件加工过程中，每道生产工序必须严格遵照加工图纸、技术规范和工艺规程进

行加工制作。

2）在零部件生产完成后，监造工程师现场参加质量抽检，并做好记录。对于关键工序或关键部件的加工，监造工程师现场进行旁站监造，必要时由监造工程师进行平行检验，以确认产品的质量。在零部件制作完成每一道工序后，由于严格控制了工序质量，并采用全面现场见证和文件见证方式，避免了不合格零部件转入下道工序。

3）外协、外购件的监控。监造工程师按照合同要求，对外协件进厂后检查其外观质量，并以文件见证方式审核外协件的原材料材质单、检测报告、探伤报告及热处理报告等，必要时与厂家质检人员共同进行有关尺寸的复测。外购件均有出厂合格证。

（2）金属结构监理的关键点。

1）弧门主梁、支臂、面板等部件尺寸和焊缝应符合设计和规范要求，经检查和检测合格后通知施工负责人进行组装。

2）叠梁门主梁、边梁及吊耳的焊缝及有关重要尺寸须符合设计或规范标准，方可准许进行组装。

3）弧门、叠梁门及所有埋件，总体拼装且自检合格后，由监理工程师与质检及施工有关人员共同进行验收。

4）检查一类、二类焊缝的探伤部位及其结果，不合格部位作以标记，进行返工处理而后再次探伤（检查合格）。

5）防腐涂装的粗糙度、锌层、底漆、中间漆、面漆及总体检查与验收。

（3）装配过程质量控制。

1）装配是监造工程师在设备制造后控制的一道重要工序，包括装配、调试和性能试验，设备的质量最终是通过装配来保证的。制造单位零部件加工完成后，经厂内三检和监造工程师见证抽检，符合要求后进行装配。

2）在装配过程中，监造工程师严格要求生产厂家按照施工组织设计有关工艺规程进行，对关键部位或部件的装配，监造工程师进行跟踪旁站。装配工作完成后，通过设备的调试和性能试验，各项技术指标均能够达到设计要求且符合合同文件、设计图纸、规范规程的标准和要求，监造工程师予以签字确认。

3）对于设备装配后外形尺寸超大（弧形工作闸门、平门），运输困难的设备，按合同规定对设备进行解体，以满足运输要求。在设备解体前，监造工程师要求生产厂家分别在相邻部件上进行编号和标志，必要时焊接定位块，以便现场安装。

4）弧形工作门主要检查内容：主梁、支臂、面板、吊耳（关键部位）的有关尺寸及焊缝。弧门大拼组装完成后，按照弧门质量评定表规定的项目逐一检测，重点检测基准中心线、支铰的同心度、弧门半径、主梁的平行度及对角线和两支臂的对角线等。

5）叠梁式工作门（即平门）主要检查内容：门叶厚度、外形高度、外形宽度；门叶对角线、扭曲；吊耳中心距、纵向隔板错位、侧之水螺孔中心至门叶中心的距离等。

6）设备出厂检验是监造工程师对设备质量控制和评价的有效手段，也是对设备制造阶段质量控制的最后一道关口。监造工程师根据质检结果会同质检人员现场逐一进行检查及检测，弧形闸门、叠梁门及埋件，通过现场抽检，被检的各个项目全部达到出厂检验标准要求，所有设备全部合格。

7）闸门和启闭机在出厂前分别进行了出厂验收。

12. 主要设备安装质量控制

（1）电站进口叠梁门安装定量控制。

1）安装控制。①附件安装，根据图纸和厂家标记组装反轮装置和滑动支承装置，调整滑动支承的承压面在同一水平面上。②水封装置组装，组装前采用专用水封钻具加工水封部位螺栓孔，严禁采用烫孔法。③清扫检查，入槽前清除门槽内所有杂物，将滑动支承面涂钙基油脂，水封橡皮与不锈钢水封座接触面在闸门下降和提升全程采用清水冲淋润滑。④主滑块与主轨承压面安装检查，下门过程中用塞尺配合灯光检测，以确认闸门主滑块与主轨承压面的配合、水封橡皮压缩量、门叶与门槽间的配合间隙等项目是否符合设计要求。并做好相应的施工记录，及时进行水封压缩的调整。

2）质量检查和验收。①闸门安装前，对其安装基准线和基准点进行复核检查，并经监理人确认后，才能进行安装。②埋件二期混凝土浇筑后，重新对埋件的安装位置和尺寸进行测量检查，经监理人确认合格后，方能继续进行安装工作。③闸门在安装过程中，及时对每道工序如：焊接、涂装、安装偏差以及试验和试运转成果等的质量进行检查和质量评定，并做好记录，报监理人确认。④闸门验收后，安装单位应负责对设备进行保管、维护和保养。

（2）弧形工作闸门安装质量控制。

1）校核基准点。①安装过程中所用量具和仪器仪表，经过国家法定计量管理部门予以鉴定并在有效期内；②用于测量高程和轴线的基准点和设备安装用控制点，标志明显、牢固和便于使用，并且通过监理工程师的验收和认可。

2）焊接。①门叶焊接必须依照图纸和规范的要求，按照焊接工艺及方案严格施焊，并控制焊接质量。参加门叶焊接的焊工，必须持证上岗。②施焊前认真清理焊道，焊缝坡口及其两侧10～20mm范围内不得残留油渍、水分和其他污物。③门叶焊接时，先焊各梁及肋筋的对接缝，再焊面板的对接缝，焊接时采用同步、对称、分段、退步和多层多道焊接，以减少焊接变形和焊接应力。对封闭焊缝，焊接时可配合锤击法消除应力。④焊接完成后，全面清理，按图纸及规范要求进行焊后检查。

3）安装控制。①弧形闸门的水封装置安装允许偏差和水封橡皮的质量要求，应符合《水电水利工程钢闸门制造安装及验收规范》（DL/T 5018—2015）的规定。安装时，先将橡皮按需要的长度与水封压板一起配钻螺栓孔。橡胶水封的螺栓孔，采用专用空心钻头套孔，不准采用冲压法和热烫法加工。其孔径比螺栓直径小1mm。②弧形闸门安装完毕后，拆除所有安装用的临时焊件，修整好焊缝，清除埋件表面和门叶上的所有杂物，在各转动部位按施工图样要求灌注润滑脂。

弧形工作闸门现场焊接的焊缝已进行探伤检测，监理跟踪旁站，全部合格。

（3）液压启闭机安装质量控制。

1）机架钢梁和液压泵站基础埋件预埋前的质量检查。①检查预埋部位预留插筋的位置、数量及露出混凝土长度是否符合设计图纸要求；②检查混凝土Ⅰ期、Ⅱ期结合面是否已进行凿毛处理和冲洗干净；③检查安装控制点、控制线的偏差是否满足设计图纸和验收规范要求。

2）液压启闭机机架的横向中心线与实际起吊中心线的距离偏差不超过±2mm；高程差不超过±5mm。

3）机架钢梁与推力支座的组合间隙不大于0.05mm，其局部间隙不得大于0.1mm，深度不超过组合面宽度的1/3，累计长度不超过周长的20%。推力支座的顶面水平偏差不大于0.2/1000。

4）油缸吊装后检查活塞杆是否变形，活塞杆在竖直状态下，其垂直度偏差不大于0.5/1000，且不超过活塞杆全长的1/4000。

5）液压启闭机油缸吊装时应根据油缸的直径、长度和重量确定支点或吊点数，以防发生变形。

6）启闭机液压管路配制前首先应对钢管进行喷沙除锈，钢管的内壁清理干净涂上压力油，并封闭管口待用。

7）管路的弯制应尽量减少阻力，管路布局应清晰合理。

8）管道的外壁防腐及色标按设计和有关规定进行。红色为供油管路，黄色为回油管路。

9）液压管路安装后，采用外接泵站和外置过滤器对管路进行压力油循环冲洗，冲洗时间不少于2小时，当确定管路内无杂质污物时方可将管路与油缸连接。

10）油缸吊头与闸门连接前做多次往返全行程运动确认油缸上、下腔内无空气时方可连接，以免启闭机油缸的爬行。

11）液压启闭机的电气安装、调试在设备生产厂家的指导下进行，并符合设计及有关规范的规定。

12）液压启闭机与闸门应进行无水联合调试，调试结果应符合规范规定和设计要求。

（4）坝顶双向门式启闭机安装质量控制。

1）安装质量控制。①清扫检查。检查清除行走机构与门腿组合面处的保护漆、局部高点或毛刺，组合螺栓孔和定位销钉孔，仔细检查清理干净。按要求清扫、检查大车行走机构，加注润滑油。复测轨道基准，确认坝顶门机安装基准点符合要求。②大车运行机构安装。安装质量应符合规范要求。③门腿安装采用分节安装，先将门腿与大车行走机构连接。门腿吊装按照先下游后上游，先左岸后右岸的吊装顺序。门腿就位后将螺栓初拧，最后用扭矩扳手按设计力矩拧紧所有螺栓。④主梁、端梁的安装，吊装顺序先左岸后右岸，再进行端梁的吊装。⑤起升机构的安装严格按设计图纸技术要求进行安装。调整好各部位的位置，调整好制动器的接触面积和上闸力；最后按设计图纸要求采用深井落钩穿绳法将钢丝绳缠绕在卷筒上，反复起落，使钢丝绳在1/2扬高处的吊具处于水平状态。⑥回转吊的安装。安装质量应符合规范要求。⑦小车行走液压系统的安装。液压站油箱在安装前进行检查，清洁度达到制造厂技术说明书的要求；所有压力表、压力控制器、压力变送器等检验准确，油箱安放在指定位置。配管前，油缸总成、液压站及液控系统设备已正确就位，所有管夹基础完好；液压管路安装完毕后，使用冲洗泵进行油液循环冲洗；循环冲洗时将管路系统与液压缸、阀组、泵组隔离。⑧附属金属结构件的安装。安装质量应符合规范要求。⑨电气设备的安装。安装质量应符合规范要求。⑩滑轮组穿绕。穿绕质量应符合规范要求。

2）调试及试验。安装工作全部结束后进行调试，调试后进行空载试验、静荷载试验、动载试验等。

3）试验前的准备工作。①对试验场地进行清理打扫，将大车行走范围内的障碍物清除，并在试验范围内设置警戒标志，严禁一切无关人员进入试验场地。②检查大车行走轨道，保证大车车轮全部与轨道面接触。③对所有的润滑点及交接点、减速器、钢丝绳按规定充分润滑，在试验前凡是能用手动转动的机构，均用手转动。④对所有电缆连接接头进行二次紧固复查，确认电缆电器元件连接牢固。⑤对所有连接处进行一次紧固检查，确认连接牢固。⑥对小车行走液压管路进行耐压试验。管路系统无漏油、渗油情况。⑦将配重块运输到试验地点，吊具准备完成。

4）空载试验。起升机构和行走机构按规范要求检查机械和电气设备的运行情况，动作正确可靠、运行平稳、无冲击声和其他异常现象。

分别转动大车行走和起升机构的制动轮，整个传动系统动作平稳，无异常声响和卡阻现象。

分别开动启闭机各个机构，先以低速挡试运转，再以额定转速运转，同时观察各个机构的驱动装置，各部位工作平稳，无异常现象。

沿大车轨道全长往返3次，检查大车的运行情况，主动轮在轨道面全长上接触。

小车行走机构全行程往复动作试验三次，排除油缸和管路中的空气，检验泵组，阀组及电气操作系统的正确性，检测油缸启动压力和系统阻力、活塞杆运动无爬行现象。检查小车运行平稳，无卡阻现象。

各种开关的试验，主要包括吊钩上下限位开关，大车运行行程限位开关，操作室紧急停开关等开关动作正确可靠。

5）静荷载试验。静载试验的目的是检验启闭机各部件和金属结构的承载能力。①静负荷试验依次采用额定负荷的70%、100%和125%，各机构分别进行不同荷载单项三次重复试验。②卸去荷载，将小车停放在主梁跨中，定出测量基准点，再起升1.25倍额定荷载375t离地面为100～200mm，悬停时间不少于10分钟，然后卸去荷载，检查桥架是否有塑性变形。如此重复三次，桥架无塑性变形。③将小车开到坝顶双向门机支腿处，检查上拱值，应不小于5.95mm，实测分别为7mm和9mm；检查7500mm端上翘值，应不小于15mm，实测分别为16mm和19mm。④将小车停在跨中，起升额定荷载（300t）检查主梁的挠度值应不大于12.1mm。实测值分别为3.4mm和3.7mm。⑤小车跨外2700mm静载荷试验，将小车停在跨外2700mm处，起升设计额定荷载（100t），检查主梁悬臂端2700m的挠度值，应不大于7.7mm。实测值分别为：3.2mm、3.6mm。⑥回转吊静载荷试验起升1.25倍额定载荷（37.5t）检查回转吊各部件无变形、无松动，金属结构的承载能力满足设计要求。⑦静载试验结束后，详细检查启闭机各部分无破裂、连接松动或损坏等影响启闭机的安全和使用性能的现象存在。

6）动载试验。动载试验的目的主要是检验起重机各机构和制动器的功能是否达到设计要求。根据招标文件要求，试验荷载依次采用额定荷载的25%、50%、100%和110%。受现场试验条件限制，考虑到试验安全，在门库及6号安装场坝段范围内进行动荷载试验。

升起1.1倍额定荷载330t。

按照设计要求的机构组合方式，同时开动两个机构，作重复的启动、运转、停车、正转、反转等动作，延续时间达1小时，在此之间，各机构动作灵敏，工作平稳可靠，各限位开关、安全保护连锁装置动作正确可靠，各零部件无裂纹等损坏现象，各连接处不松动。

大车携带载荷，全行程轨道全长往返3次，检查大车的运行情况，无啃轨现象。

动负荷试验结束后，再次检查金属结构的焊接质量和机械连接质量，并检查各部位连接螺栓的紧固情况，均符合要求。

陶岔渠首枢纽工程 2×1500/300kN 坝顶双向门式启闭机负荷试验经过南阳市特种设备检测检验所监督检验，按照《特种设备安全监察条例》《起重机械安全监察规定》（质检总局令第 92 号）及其有关安全技术规范的规定，该台起重机械的安装经过监督检验，安全性能符合要求。

（5）尾水门式启闭机质量控制。

1）测量定位放点。门机安装前，先用经纬仪在门机轨道上按设备图纸尺寸放出两侧大车车轮安装中心位置，并复核左右两车轮的中心跨距、前后两轮之间的距离及对角线差，符合图纸及规范要求。

2）大车运行机构安装。大车行走部分在现场清扫检查后，利用 35t 汽车吊先将下游侧行走梁及行走机构整体吊装就位，再将上游侧行走梁及行走机构吊装就位；调整上下游行走梁及行走机构，使前后两组大车行走轮纵、横向中心线重合，并检查与测量所放点是否吻合；然后利用钢支墩、楔子板及支撑等将其加固固定。

3）门腿安装。门腿安装前按出厂编号找准装配标记，采用 $\phi12$ 圆钢在门腿上焊接爬梯。利用 35t 汽车吊在尾水平台，将下游侧两条门腿及中横梁组装完成。门腿与中横梁组装时先用定位销定位后，再穿高强度螺栓，然后再将定位销钉换成高强螺栓。用事先准备好的两根 $\phi159$ 钢管及 M48 花篮螺栓作斜支撑，将门腿固定稳妥后吊车摘钩。

4）主梁及端梁安装。门腿吊装并加固稳妥后，分别吊装上部两主梁；吊装前检查上下游两侧门腿中心符合图纸要求，然后利用 35t 汽车吊吊装，先进行右侧主梁的吊装，主梁吊装就位后将主梁与门腿进行焊接加固，加固牢固后吊车摘钩。同样方法进行左侧主梁吊装并检查门架各组装尺寸，符合图纸要求然后焊接加固。

主梁吊装后进行上下游侧两个端梁的吊装，然后利用 35t 汽车吊分别进行下游及上游侧端梁吊装并与主梁把合固定。

门架组装后，检查所有组装尺寸正确，符合图纸要求，按规范及图纸要求进行现场焊缝焊接，全部焊接完成后吊装机架。

5）机架安装。利用 35t 汽车吊在尾水平台上将机架组装成整体并检查尺寸符合图纸要求，此时机架上有电动机、制动机构及起升运行机构。检查机架基础高程及平行度符合要求，然后利用 50t 汽车吊进行吊装，吊装就位后利用 35t 汽车吊进行起升机构其余各件的吊装。

6）起升机构安装。起升机构与机架的连接按工厂预装标记（销钉孔和定位块）定位，电动机和减速箱连接后手盘车无卡绊和异常声响，轴线摆度符合规范要求，卷筒轴线必须水平。

高度指示器、负荷限制器和制动器必须按说明书规定的方法和要求安装、调试。电气设备的安装，按施工图纸、厂家技术说明书及规范要求进行，全部电气设备可靠接地。

安装各部位爬梯、栏杆、平台等附件。

7）滑轮组穿绕。①接通临时电源，大车行走机构、起升机构联调完成，各传动机构的转动方向与操作室联动控制台操作一致后，穿绕滑轮组。在施工现场地面铺设木板、彩条布，拆放钢丝绳，消除钢丝绳的扭劲，保证穿绕顺畅。②穿绕钢丝绳严格按图纸要求的穿绕方法进行，从固定端开始，经全部滑轮后，缠绕卷筒，最后锁定固定端。

钢丝绳的穿绕符合规范要求。

8）液压自动挂脱梁。液压自动挂脱梁包括抓梁体、油缸总成、液压泵站、各种阀组、接近开关、仪表、电气元件和管道等，按照规范、图纸和安装使用说明书进行安装、调试和试运行。液压自动挂脱梁在门槽内平稳升、降，无卡阻现象，就位准确，抓脱动作可靠。液压自动挂脱梁就位、穿销、退销信号准确。检查传感器、接近开关、液压设备的水密性能。液压自动挂脱梁电缆的收放与挂脱梁的升降运行同步。自动挂脱机构，逐孔、逐扇进行配合操作试验，挂脱钩动作可靠。

9）电气部分安装。①电气元件进行清扫和擦拭外表，检查各活动部分的动作灵活，无损坏和松动。②检查电动机、电磁铁、接触器、继电器、电阻器等电气元件的绝缘性能及接线情况，检查结果全部合格。③按照装配线图所标注的号码，每根导线的两端设置标号牌，写上相应的符号，便于安装与维修。④导线全部安装结束，用兆欧表测量整个主电路与控制电路的绝缘性能，符合要求。⑤敷设电缆线路、盘柜接线，安装电源滑线架，敷设电缆，接装电源，具备动作条件。⑥门式起重机所有带电部位，接地良好。

10）门机试验。试验前准备工作：①对试验场地进行清理打扫，将大车行走范围内的障碍物清除，并在试验范围内设置警戒标志，严禁一切无关人员进入试验场地；②检查大车行走轨道，保证大车车轮全部与轨道接触；③对所有的润滑点及交接点、减速器、钢丝绳按规定充分润滑，在试验前凡是能用手动转动的机构，均已用手转动；④对所有电缆连接接头进行二次紧固复查，确认电缆电器元件连接牢固；⑤协商租赁的配重块（共 200t）运输到尾水平台，吊具、吊架准备完成。

空载试运转。起升机构和运行机构分别在各自行程内上下、往返三次，并检查电气和机械部分：①电动机运行平稳，三相电流平衡；②电气设备无异常发热现象，控制器的触头无烧灼现象；③限位开关、保护装置及连锁装置动作准确、可靠；④大车运行时，车轮无啃轨现象；⑤大车运行时，导电装置平稳，无卡阻、跳动及冒火花现象；⑥所有机械部件运行时，均无冲击声和其他异常声音；⑦运转过程中，制动闸瓦全部离开制动轮，无任何摩擦；⑧所有轴承和齿轮有良好的润滑，轴承温度不超过 65℃；⑨当吊钩下放到最低位置时，卷筒上的钢丝绳圈数不少于 3 圈（固定圈除外）。

静负荷试验：①静负荷试验依次采用额定负荷的 70%、100%和 125%，各机构分别进行不同荷载单项三次重复试验；②起升 1.25 倍额定荷载 200t 离地面为 100～200mm，悬停时间不少于 10 分钟，然后卸去荷载，检查门架变形情况。重复三次，门架无永久变形；③静载试验结束后，详细检查了启闭机各部件，无破裂、连接无松动或损坏等影响启闭机的安全和使用性能的现象存在。

动载试验：动载试验的目的主要是检验起重机各机构和制动器的功能是否达到设计要求。根据招标文件要求，试验荷载依次采用额定荷载的 25%、50%、100%和 110%，各机构分别进行试验，试验时重复启动、运转、停车、正转、反转等动作，延续时间 1 小时 17 分钟。

卸掉载荷、切断电源、检查金属结构的焊接质量和机械连接质量，并检查各部位连接螺栓的紧固情况，检查结果符合设计规范要求。

陶岔渠首枢纽工程电站尾水单向门式启闭机 QM2X800kN 负荷试验经过南阳市特种设备检测检验所监督检验，按照《特种设备安全监察条例》（国务院令第 373 号）《起重机械安全监察规定》（质检总局令第 92 号）及其有关安全技术规范的规定，该台起重机械的安装经过监督检

验，安全性能符合要求。

13. 安全监测质量控制

（1）基本情况。陶岔渠首枢纽工程安全监测系统由变形监测、渗流监测、结构内力监测、渠首上、下游水位监测等项目构成；并以6号安装场坝段、7号厂房坝段、9号引水闸坝段、11号右岸混凝土重力坝段作为重点监测坝段，在重点监测坝段上综合布置各监测设施，在其他坝段上主要设置变形和渗流监测设施。各监测项目按单位工程划分安装的仪器设备如下：

1）安装场和电站厂房坝段安装有：①变形监测包括测缝计、基岩变形计。②应力应变及温度监测包括钢筋计、应变计、无应力计、压应力计、温度计等。③渗流渗压监测：渗压计。

2）引水闸和混凝土重力坝坝段安装有：①变形监测包括基岩变形计、测缝计、引张线、坝顶及廊道水准点、倒垂线等。②应力应变及温度监测：包括钢筋计、应变计、无应力计、压应力计、温度计等。③渗流监测包括渗压计、测压管、量水堰及绕坝渗流测压管等。④水位监测包括水位计及水尺。主要观测上、下游水位。

（2）安全监测完成情况。自2010年12月17日安装埋设第一支内观仪器以来，陶岔渠首枢纽工程所有变形监测仪器、渗流监测仪器、应力应变及温度监测仪器、水位监测等监测仪器设施已全部安装完成。

1）安装场和电站厂房坝段共埋设仪器60支。

2）引水闸和混凝土重力坝共埋设安装应力应变及温度仪器56支。

3）各坝段基础廊道共安装了测压管18支，量水堰3个，左右岸绕坝渗流测压管18支。

4）坝顶及基础廊道共安装垂直位移测点（精密水准点）35个。

5）共埋设了水准网点6座。

6）双金属标点1项。

7）左右岸坝头埋设安装倒垂线2条。

8）坝顶安装引张线1条。

9）上、下游水尺安装2组。

10）上、下游水位计安装2支。

11）下游渠道流量计2套。

（3）质量控制。

1）埋设前质量控制。①重点审查各种监测仪器的施工方法、施工进度总体安排及进度保证措施，施工单位施工质量控制的步骤和方法以及监测施工安全保证措施等。②仪器设备的验收。建立监测仪器设备到货验收卡，逐支逐台详细登记验收内容。③仪器检验率定。对有检验率定要求的仪器按照有关规范和设计要求进行检验率定。主要检查仪器工作状态，校核仪器出厂参数，验证仪器各项质量指标。质量指标满足要求后，妥善分类入库。

2）埋设质量控制。①安装埋设的仓面、钻孔及待装仪器设备和材料须经监理人员验收合格。②每项（支）监测仪器设备安装和埋设完毕后，质检部门会同监理人立即对仪器设备的安装和埋设质量进行检查和检验，经监理人员检查确认其质量合格后，方能允许相关的工程建筑物继续施工。③对于埋入混凝土内的仪器，其周围的混凝土要细心填筑，去除大于8cm的骨料，由人工分层振捣密实。混凝土下料距埋设仪器1.5m以上；振捣时，振捣器与仪器的距离大于振动范围的半径或不小于1m。

3）观测阶段质量控制。①各类监测设施安装埋设后在规定的时间内及时、准确地取得初始值。观测方法和观测频次严格按规范和有关技术要求进行。②做到定期观测，不缺测、不漏测。对现场观测值进行质量控制，认真填写观测记录，注明异常、故障、检修和环境等情况。③各类监测仪器埋设后，24小时以内，每隔4小时观测1次；之后每天观测3次，持续一周；之后每天观测1次，持续一旬；之后每旬观测2次，持续1月；之后按规范中规定的频次进行周期观测。

4）监测物理量的符号按《混凝土坝安全监测技术规范》（DL/T 5178—2003）的规定执行，具体内容如下：①测缝计张开为正，闭合为负；②钢筋计受拉为正，受压为负；③压应力计受压为负；④基岩变形计拉伸为正，压缩为负；⑤渗压计渗压水头，正为有压，负为无压；⑥应变计拉为正，压为负。

5）检测项目。①安装场和电站厂房坝段。基岩变形、建基面结合情况、一二期混凝土结合情况、坝基渗压、坝体混凝土温度、混凝土应力应变、混凝土自生体积变形、钢筋应力等情况。②混凝土重力坝和引水闸坝段。基岩变形、建基面结合情况、施工缝、宽槽回填一二期混凝土结合情况、坝基渗压、坝体混凝土温度、混凝土自生体积变形、钢筋应力、坝趾混凝土压应力、垂直位移、坝体水平位移、坝基渗漏量、水质分析等情况。

（4）蓄水期间监测情况。按照陶岔渠首枢纽工程蓄水验收意见，监测单位在陶岔渠首枢纽蓄水期间对左岸远端（距左岸灌浆帷幕终点62m处和288m处）布置的测压管进行了加密观测。监测资料显示：左岸远端2支测压管水位不随库水位的涨落而变化，测压管水位的变化主要与降雨等因素引起的地下水位变化有关。

（三）工程施工过程质量管理

以陶岔渠首枢纽工程说明工程施工过程质量管理情况。

1. 施工质量管理主要手段

（1）层层签订责任书，强化质量管理。严格执行国家有关规程、规范和标准，坚持“百年大计，质量第一”的原则，按照国务院南水北调办的指示精神，狠抓工程质量，强化质量管理责任制。陶岔建管局与各参建单位签订承包合同的同时签订了质量责任书。各参建单位内部也签订了质量责任书，并制定了质量奖罚措施，将质量责任制落实到每个人、每道施工工序，有力地促进了工程建设质量的提高。

（2）根据工程施工总工期精心编制施工组织设计，认真研究施工中可能遇到的问题和施工难题，技术先行，超前拟定解决方案，打有准备之仗，为后续施工解决难题及质量保证赢得了时间，确保了工程质量。对施工的每一个环节和每道工序严格进行监督、检查与检测。严格执行国务院南水北调办颁布的《南水北调工程建设质量问题责任追究管理办法（试行）》和淮委建设局制定的《陶岔渠首枢纽工程质量问题责任追究管理办法实施细则》。

（3）为满足“大抓工程进度、狠抓质量安全”的需要，成立了质量巡查组和质量检查组。质量巡查组由监理单位牵头，组织陶岔建管局工程部技术人员、设计代表及施工单位质检人员每天对施工单位的“三检制”执行情况、施工工艺、施工原始记录等方面进行检查，发现问题立即要求施工单位进行整改，并在第二天巡查时针对问题进行复查，不留隐患。质量检查组由

陶岔建管局组织，陶岔建管局总工程师、总监理工程师、施工单位技术负责人及设代负责人每月对各参建单位的质量管理体系进行一次全面检查，检查结果在工程质量专题会议上通报，并落实整改单位、措施和时限。

（4）监管、监理单位加强对工程施工质量的抽检，组织参建单位对实体质量进行检测。借助国务院南水北调办组织的稽查、专项检查、飞检、建筑物实体质量检测等活动，大力开展质量整顿，使施工人员质量意识不断提高，工程施工质量不断提升。

（5）积极开展“创先争优”活动，为充分发挥个人能动性和创造力，发扬“献身、负责、求实”的水利行业精神，组织各参建单位积极开展“创先争优”活动，并对工程质量创优作出突出贡献的个人予以表彰。

2. 原材料及中间产品质量控制

（1）从制度规定上，严格对原材料及中间产品进行检查、检测。陶岔渠首枢纽工程使用的水泥、钢筋、砂石骨料、外加剂、止水带、粉煤灰等主要外购进场建筑材料，按照既定的检验控制程序，进行严格的验收、检查。原材料进场后，试验监理工程师会同施工单位试验人员对材料入库进行抽检检测，灌浆水泥进货必须持有标明批号、规格等指标的送货单，报送监理工程师审查签认，经监理工程师审查后，符合要求方可卸货。若发现进场建筑材料不合格，立即要求承包商换货。换货时监理工程师旁站检查，然后再取样检测，检测合格后方可用于工程中。监理工程师在见证取样的同时，对进场原材料平行取样进行复检，交陶岔建管局委托的第三方试验室进行检测，根据检测成果判定原材料质量。

为保证工程质量，本工程监理平行检测原材料的频率为5%；混凝土试样不少于承包人检测数量的5%，重要部位每种标号的混凝土最少取样1组；土方试样不少于承包人检测数量的10%；重要部位至少取样3组；对施工单位原材料和用于承重结构和主要部位的混凝土试块，监理进行全部跟踪检测。陶岔建管局同时不定期对进场的原材料质量进行抽检。

（2）施工单位检测进场原材料及中间产品情况。截至工程完工，施工单位共检测水泥445组、混凝土细骨料233组、混凝土粗骨料567组、减水剂9组、引气剂3组、速凝剂1组、钢筋389组、粉煤灰124组、橡胶止水6组、塑料止水2组、铜止水6组、混凝土拌和物坍落度14260组、混凝土温度30971组、混凝土含气量3500组、混凝土抗压强度1997组、抗拉强度130组、抗冻11组、抗渗14组、全面性能检测280组、钢筋机械连接接头516组、钢筋焊接接头10组、锚杆拉拔力试验42组、止水接头4组、土方回填431组、石渣回填271组、改性土换填898组。检测结果全部合格。

（3）监理单位平行检测进场原材料及中间产品情况。截至工程完工，监理单位共抽检水泥68组、混凝土细骨料45组、混凝土粗骨料135组、减水剂6组、引气剂3组、钢筋69组、粉煤灰16组、铜止水2组、橡胶止水4组，塑料止水1组。混凝土抗压强度298组、抗冻2组、抗渗3组、钢筋机械连接接头42组、钢筋焊接接头10组、止水接头1组。土方回填30组，改性土换填106组。抽检结果全部合格。

（4）建管单位抽检进场原材料及中间产品情况。截至目前，建管单位共抽检水泥24组、混凝土细骨料22组、混凝土粗骨料56组、粉煤灰7组、减水剂1组、钢筋32组、钢筋机械连接接头5组、混凝土抗压强度61组、土方回填1组、改性土换填8组。检测结果全部合格。

3. 实体质量检测

陶岔渠首枢纽工程土石方开挖、土石方回填、改性土换填、混凝土、固结灌浆、帷幕灌浆、金结制安、启闭机制安等工程实体质量，施工单位进行自检，监理单位进行见证和抽样检测。检测结果均合格。尤其大坝混凝土强度回弹，国务院南水北调办委托有关检测单位抽检、飞检、施工单位自检、参建单位联合抽检等多次检测，均满足设计强度要求。

4. 第三方质量抽检情况

(1) 建设单位委托质量检测机构情况。

2009 年 11 月，淮委建设局委托河南科源水利建设工程检测有限公司承担陶岔渠首枢纽工程原材料、中间产品、混凝土结构构件、桩基和地基基础、土工试验等检测任务，所有试验从取样、送样、试验、成果分析及提出结论，抽检全过程均由该公司独立完成。2009 年 12 月 10 日，该公司在陶岔工地现场成立了河南科源水利建设工程检测有限公司陶岔站，负责建管及监理单位平行抽检工作。因工作需要，该站于 2012 年 2 月搬到河南方城办公。

因河南科源水利建设工程检测有限公司陶岔站搬迁，为方便陶岔渠首枢纽工程第三方检测，2012 年 2 月，淮委建设局委托河南省水利基本建设工程质量检测中心站，延续河南科源水利建设工程检测有限公司陶岔站的质量抽检工作。

为确保本工程永久设备制造质量，2012 年 1 月，淮委建设局委托淮河流域水工程质量检测中心对部分金属结构及启闭设备进行出厂验收质量检测。淮河流域水工程质量检测中心对引水闸弧形工作门、电站尾水事故检修门、坝顶双向门式起重机、引水闸液压启闭机等设备制造质量进行了第三方检测。

为检验帷幕灌浆施工质量，2012 年 7 月，淮委建设局委托河南省水利基本建设工程质量检测中心站采取随机布孔，增加 5 个检查孔对帷幕灌浆质量进行全面质量检测和评判。

(2) 第三方质量抽检情况。

1) 土建工程。主体工程抽检水泥 24 组，粉煤灰 7 组，细骨料 22 组，粗骨料 56 组，钢筋原材 32 组，钢筋连接 5 组，混凝土试样 61 组，土方回填 1 组，改性土换填 8 组。检测结果全部合格。

2) 引水闸液压启闭机制造。焊缝超声波探伤检测、活塞杆镀铬层及缸体防腐层厚度检测、耐压及空载试验检测。检测结果全部符合设计要求。

3) 引水闸弧形工作门、电站尾水事故检修门制造。闸门门体焊缝探伤、闸门门叶外形尺寸及制造组装偏差、闸门门体防腐涂层总厚度检测。检测结果全部符合设计要求。

4) 坝顶双向门式起重机电气设备。坝顶双向门式起重机配套电动机绝缘电阻、空载运行时的电动机三相电流不平度检测。检测结果全部符合设计要求。

5) 帷幕灌浆。在帷幕线上随机布设 5 个检查孔，其中廊道内选取 3 个，左右岸近坝段各选 1 个，对已完成的帷幕灌浆打检查孔进行基岩透水率和芯样提取等全面检测。检测结果全部符合设计要求。

(四) 工程施工质量事故 (问题) 处理

以陶岔渠首枢纽工程说明工程施工质量事故（问题）处理情况。

1. 工程施工质量事故（问题）发生情况

截至 2015 年 5 月底，陶岔渠首枢纽工程共发生一般质量缺陷 41 处，其中混凝土外观缺陷

35处，混凝土裂缝缺陷6处。未发生质量事故和较重以上质量缺陷。

2. 工程施工质量事故（问题）处理及效果

对工程施工发生的质量缺陷，均按照陶岔建管局制定的《南水北调中线一期陶岔渠首枢纽工程质量缺陷和质量事故处理制度》等有关要求进行处理。首先由施工单位详细填写质量缺陷检查记录表，保留影像资料，然后编制缺陷处理措施，报监理单位审批后实施处理，施工、监理单位做好处理过程记录，并保存影像资料，处理完成后监理单位组织参建单位验收。上述质量缺陷均处理完成并通过验收。

三、质量奖惩机制设计与运行

1. 质量奖惩机制设计

陶岔建管局非常重视陶岔渠首枢纽工程质量管理，主体工程开工前的2009年12月，制定颁布了《南水北调中线一期陶岔渠首枢纽工程质量管理办法》，成立了南水北调中线一期陶岔渠首枢纽工程质量管理领导小组。2011年5月，制定颁布了《南水北调中线一期陶岔渠首枢纽工程质量检查制度》《南水北调中线一期陶岔渠首枢纽工程质量缺陷和质量事故处理制度》，规范了建设各方的质量管理行为。

为保证质量管理有效进行，2011年5月，陶岔建管局制定颁布了《南水北调中线一期陶岔渠首枢纽工程奖惩办法》，对主体工程质量进行考核。考核内容包括：①组织机构和制度建设（质量保证体系，质量责任制落实情况，工程质量可追溯性，是否建立独立的质检机构，专职质检人员数量和能力，质量管理人员持证上岗情况）；②质量保证措施（施工方案的制订及执行情况，施工人员及设备配备情况，现场试验室是否满足合同约定及工程建设需要，测试仪器和设备计量认证情况，原材料、中间产品等检测检验频次、数量和指标满足规范及设计要求的情况，“三检制”执行情况，材料、设备、零部件等进场检查验收及保管情况）；③质量记录（施工原始记录及归档情况，质量检验记录及归档情况）；④质量评定、验收（工程质量自评情况，工程质量评定结果，建筑物外观质量评定结果，验收程序执行情况）；⑤质量问题（质量缺陷发生及处理情况，质量事故发生及处理情况，各类检查意见整改落实及反馈情况）。质量考核工作按季度进行，根据质量考核得分以及质量缺陷和质量事故发生情况，给予相应奖励或处罚。

针对国务院南水北调办2011年3月颁布的《关于印发〈南水北调工程建设质量问题责任追究管理办法（试行）〉的通知》（国调办监督〔2011〕39号），淮委建设局2011年6月颁布了《关于印发〈南水北调中线一期陶岔渠首枢纽工程质量问题责任追究实施细则〉的通知》（建设〔2011〕130号）。

2. 质量奖惩机制运行

陶岔渠首枢纽工程建设过程中，严格执行陶岔建管局颁布的《南水北调中线一期陶岔渠首枢纽工程奖惩办法》、国务院南水北调办《关于印发〈南水北调工程建设质量问题责任追究管理办法（试行）〉的通知》（国调办监督〔2011〕39号）以及淮委建设局《关于印发〈南水北调中线一期陶岔渠首枢纽工程质量问题责任追究实施细则〉的通知》（建设〔2011〕130号）等质量奖惩制度，有力地促进了主体工程质量的提高。根据奖惩办法对施工单位已累计奖励245万元，处罚11万元。质量奖惩机制运行良好。

四、技术创新与工程质量

（一）挡水建筑物混凝土防裂施工技术研究与应用

陶岔建管局高度重视技术创新，陶岔渠首枢纽工程混凝土施工需跨4个夏季、冬季，大体积混凝土施工易产生不同性质的裂缝，为防止和减少混凝土裂缝的发生，淮委建设局与河海大学联合开展“陶岔渠首枢纽工程挡水建筑物混凝土防裂及快速施工技术应用研究”，并将研究成果应用于实际混凝土施工中。河海大学结合各部位混凝土的施工过程、环境条件、材料性质变化和温控措施等因素进行仿真模拟计算，通过运用先进的技术手段和计算方法，制定科学实用的温控措施，将温控措施细化到每个混凝土浇筑块，并与现场施工紧密结合，随着混凝土施工时间、环境条件、设计指标等的改变及时调整温控措施。河海大学委派科技代表常驻工地，全程跟踪服务，全面指导混凝土施工。陶岔渠首枢纽工程已浇筑混凝土未发生深层及贯穿裂缝，表面裂缝也极少，混凝土总体防裂效果良好。

（二）成功解决灌溉引水与工程施工的矛盾

陶岔渠首枢纽工程批复的建设工期较紧（42个月），初步设计无施工期导流灌溉设计，但又要求施工期内每年3—4月、7—9月停工以保障南阳引丹灌区150万亩农田引水灌溉，使原本工期就很紧张的矛盾更加突出。初步设计施工组织设计拟定的灌溉导流方案为：施工期第一年进行基坑开挖，第二年3—4月、7—9月及第三年3—4月灌溉期间暂停混凝土浇筑，基坑过水引水灌溉，之后利用新建引水闸过水灌溉。

为保证陶岔渠首枢纽工程能在批复的工期内建成，陶岔建管局组织参建单位研究实施临时施工导流方案，利用引水闸左边墩和下游厂闸导墙，在其上下游布设临时导墙，引丹灌区引水灌溉从引水闸侧过水，保证电站厂房坝段基坑不过水，使处于关键线路上的电站厂房坝段能够照常施工。

2010年冬季至2011年春季，南阳引丹灌区旱情十分严重。2011年2月14日，河南省南水北调办召开抗旱协调会，要求陶岔渠首枢纽工程于2月20日提前引水灌溉。为减少工期和经济损失，按照国务院南水北调办要求，建管单位第一时间组织参建单位研究满足提前灌溉需要的相应施工导流方案调整和应急措施，在实现提前开闸放水灌溉的同时保证电站坝段基坑不进水，使处于关键线路上的电站厂房坝段照常施工。在方案实施过程中，建管单位又组织参建单位研究临时导流方案及加快进度的技术措施和手段，经参建各方共同努力，于2月20日提前实现工程临时导流过水，满足了春灌要求。

（三）控制爆破及震动监测技术应用

陶岔渠首枢纽工程新老闸衔接段石方开挖及老闸定向倾斜倒塌爆破拆除施工均是在新枢纽主体建筑物已施工成型的复杂环境条件下实施，项目采用爆破震动监测技术，达到不采取特殊措施，只控制单响药量的方法来进行指导控制爆破施工。节约施工时间，降低施工难度，节约施工成本，同时也为是否对新闸建筑物及新闸帷幕安全产生危害提供了评判依据。

(四)可调式翻升大型平面钢模板的设计与应用

作为南水北调中线“水龙头”工程的渠首枢纽，大坝上下游面、分层分块施工缝面、厂闸导墙以及下游引渠挡墙等大体积混凝土施工外露面的外观质量要求较高。为保证外露面的外观质量并提高模板工序的施工速度，保证混凝土大坝的结构尺寸精确度，通过查阅资料、总结已有的工程经验，项目设计研发了适用于该项目主体大坝要求并且能连续、快速施工的可调式翻升大型平面钢模板。可调式翻升大型平面钢模板在原悬臂大模板的基础上加以优化改进。采用该模板比普通模板升层高度高，安装速度快，便于机械施工，大大加快了施工进度同时节约了施工成本，且混凝土浇筑质量符合设计规范要求。该模板的成功研发与应用，能够结合多卡模板和翻升模板的优点，克服了多卡模板顶部加固不稳定的问题，解决翻升模板立模后模板偏差调节困难的问题，为混凝土快速施工提供了一种全新的模板技术。该模板适用范围广，实用性、通用性强，能显著降低工程费用，缩短工期，其市场前景广阔，经济效益、社会效益显著。

(五)建筑物外露面真石漆喷涂工艺应用

陶岔渠首枢纽工程中，电站厂房、引水闸启闭机排架柱、变电站等部位混凝土外露面均采用真石漆喷涂，该工艺施工效率高，施工质量满足设计规范要求，整体装修效果显著、美观，并推广至南水北调中线干渠沿线工程。

(六)HD-1型模板隔离剂应用

陶岔渠首枢纽工程中，主体工程混凝土模板工程量较大，传统的在模板表面涂刷机油作为脱模材料已无法满足混凝土外观要求。经技术咨询，在大钢模板表面涂刷模板漆可以得到有效的解决。HD-1型模板漆涂刷在模板表面后，涂膜坚硬、光亮、防腐防锈，涂刷一次可脱模4～6次，经试用，浇筑出来的混凝土平整光滑、有光泽，达到了预期目的。

(七)轴流泵站出水流道优化研究

台儿庄泵站工程设计流量125m^3/s，设计扬程4.53m，平均扬程3.73m，多年平均运行4652小时，站内安装5台直径2950mm全调节立式轴流泵，单机设计流量31.25m^3/s，配套功率2400kW，总装置容量12000kW。

《南水北调泵站工程水泵采购、监造、安装、验收指导意见》规定招标文件要明确重点考核水泵(装置)在设计扬程工况下要达到设计流量，平均扬程工况下要处在最高效率区运行，最大扬程和最小扬程工况下不产生汽蚀危害、保证稳定运行。台儿庄泵站工程明确要求在设计扬程、设计流量时，水泵模型装置效率不低于70.5%；在平均扬程时，水泵模型装置效率不低于71%。

台儿庄泵站工程属于大型低扬程立式轴流泵站，上下游水位差小，直管式出水流道作90°转向，转弯半径小，水流在转向的过程中极易产生脱流和漩涡，导致流道水力损失急剧增加。因此，开展直管式出水流道水力设计方法的研究工作，优化流道设计参数、减少流道水力损失，对提高水泵装置的能量性能、降低泵站能耗和节省泵站的土建投资都有显著的经济效益和社会效益。同时，研究直管式出水流道三维优化水力设计理论和设计方法，填补了我国目前《泵站设计规范》（GB 50265—2010）中关于直管式出水流道三维水力设计方法的空白。

基于以上想法，淮委建设局组织设计单位和科研院所依托台儿庄泵站工程对下列问题进行了深入研究：①研究直管式出水流道内的基本流态及水力特性的一般规律，从理论上解决直管式出水流道水力损失机理问题；②在对直管式出水流道优化水力设计进行深入、系统理论研究和试验的基础上，完善出水流道三维水力设计的理论及方法，为国家标准《泵站设计规范》（GB 50265—2010）中有关内容提供理论和实践依据；③设计适合低扬程立式泵站的特点、水力性能优异的直管式出水流道型线。

通过采用CFD数值仿真计算对进、出水流道进行优化及流道和水泵装置模型试验，台儿庄泵站水泵装置模型效率在设计净扬程（$H=4.53$m）、设计流量（$Q=0.323\text{m}^3/\text{s}$）工况下的装置效率达74.7%、平均扬程下（$H=3.73$m）、设计流量（$Q=0.323\text{m}^3/\text{s}$）工况下装置效率为71.7%，这在南水北调东线全调节立式轴流泵同类型泵装置模型试验中效率是较高的。

本项目已获得淮委水利科学技术进步一等奖和安徽省省级科技成果等奖项。

（八）大体积混凝土温控防裂研究

台儿庄泵站、蔺家坝泵站、二级坝泵站工程泵房底板、进出水流道、墩墙均属于大体积混凝土。特别是台儿庄泵站工程泵房坐落石灰岩基础之上，基岩本身对新浇混凝土的约束影响也不容忽视，混凝土方量约为1.6万m^3。为了确保混凝土质量，防止有害裂缝的产生，淮委建设局与河海大学共同合作研究对台儿庄泵站工程混凝土温控防裂进行仿真计算。仿真计算的重点部位是主泵房底板、墩墙、进水流道、出水流道，对混凝土施工过程中的浇筑条件、浇筑方式、浇筑过程、养护方式、环境条件进行了组合。共模拟了9种工况，结果如下。

(1) 泵站主泵房底板、进水流道、出水流道是温控防裂的重点部位。对于泵站底板着重防止混凝土后期裂缝的产生；进水流道肘部、顶部弧段容易出现裂缝，特别是进水流道墩墙渐变部位是拉应力最大的区域，是防裂的核心部位。

(2) 混凝土浇筑温度对混凝土的最高温度具有重要的影响，在其他条件相同的条件下，初始浇筑温度越高，混凝土的温度峰值就越大，因此选择有利的混凝土浇筑时段和降低浇筑时的温度对混凝土防裂有现实意义。

(3) 无论是底板，还是进、出水流道，混凝土的早期（特别是前3天）和后期所受到的拉应力都很大，早期容易产生"由表及里"型裂缝，后期容易"由里及表"型裂缝。

(4) 混凝土早期温升时期不宜拆模，拆模时间过早，会引起内外温差的迅速增加，可能导致表面开裂。

(5) 在底板位于基岩上，基岩对底板有约束作用，设置后浇带可减小混凝土后期的外部约束，改善底板的应力状态，但后浇带的设置对混凝土温度的影响不大。

(6) 对于温度较低情况下浇筑的混凝土来说，仅仅延长拆模时间还不能满足早期混凝土防裂要求，还需尽可能的加强表面保温，模板内衬1.0cm厚塑料板的保温措施可以大大改善混凝土早期的表面应力状态。

(7) 根据国内外的研究成果及工程应用经验，冷却水管技术不但能够有效减小混凝土早期内外温差和表面拉应力，还能够降低混凝土早期温升和后期降温幅度，从而大大减小后期内部

拉应力。

在计算机仿真研究的基础上，淮委建设局邀请专家组织召开大体积混凝土温控防裂咨询会议，采取如下综合措施：①混凝土浇筑时避开高温时段；②底板、流道墩墙混凝土全部采用三级配、低坍落度常态混凝土；③优化混凝土配合比设计，通过“双掺”降低水胶比，减少水泥用量，降低水化热；④底板设置后浇带，减少结构物长度；⑤底板及流道内埋设冷却水管，流道较宽处墩墙中间埋设浆砌石墩；⑥延缓拆模时间等。

由于措施得当，台儿庄泵站工程混凝土浇筑质量效果良好。以上综合措施也成功地运用到蔺家坝泵站工程、二级坝泵站工程施工中，两个泵站的底板、流道、墩墙大体积混凝土的质量也取得了良好的效果。

（九）台儿庄泵站工程高边坡稳定研究

台儿庄泵站站身及进水池翼墙北侧紧靠韩庄运河大堤，距离大堤轴线最近 35.0m。堤顶高程 33.00m，泵站基坑开挖的建基面高程为 8.3m，最大开挖深度达 24.7m，为保证基坑稳定和大堤的安全，在设计上采用了灌注桩挡墙支护方案。

2006 年 3 月底台儿庄泵站基坑开挖完成，灌注桩挡墙支护于 2006 年 6 月前完成。考虑到 2006 年汛前主泵房及进水池翼墙还未实施建设，在汛期基坑将面临浸水危险。如果基坑发生浸水或淹水，那么在基坑退水过程中，由于渗流力的作用，可能会对基坑边坡产生不利影响。为了验算基坑淹水后退水时边坡的稳定性，科学地指导防汛，确保基坑安全，避免国家财产的损失，淮委建设局委托河海大学岩土工程研究所对台儿庄泵站工程的高边坡进行稳定研究。河海大学岩土工程科学研究所对台儿庄泵站工程基坑现状及基坑浸水或淹水后在退水过程中的稳定性做出了科学的评价，得出了两基坑边坡在现状及基坑浸水或淹水情况下均能保持稳定的结论。从而为台儿庄泵站工程基坑边坡防汛提供了科学指导。

（十）泵站顺水流方向不设永久缝的突破

《泵站设计规范》（GB/T 50265—97）规定：“主泵房顺水流向的永久变形缝（包括沉降缝、伸缩缝）的设置，应根据泵房结构型式、地基条件等因素确定。土基上的缝距不宜大于 30m，岩基上的缝距不宜大于 20m，缝的宽度不宜小于 2.0cm。”

台儿庄泵房站身底板顺水流方向长为 35.25m，垂直水流方向长为 44.22m，中间 2cm 分缝，其中南侧底板平面尺寸为 35.25m×17.9m，布置 2 台机组；北侧底板平面尺寸为 35.25m×26.3m，布置 3 台机组。

蔺家坝泵房底板顺水流方向总长 33.2m，垂直水流方向 33.22m（包括伸缩缝）；流道与主泵房底板浇成一块整体，并作为整个主泵房的基础，基础沿垂直水流向分成两块，1 号、2 号机组为一块，3 号、4 号机组为一块，长×宽为 33.2m×16.6m，两个机组段之间设沉陷缝一道，缝宽 2cm。

二级坝泵站主泵房底板尺寸顺水流方向 41.8m，垂直水流方向 46.8m。通过专家咨询会研究论证，泵房顺水流方向不设永久缝，采用整体式浇筑。浇筑完成通过后期观测，泵房底板、流道、墩墙混凝土质量效果良好。二级坝泵站顺水流方向不设永久缝也是苏鲁省际泵站建设技术的一种成功尝试。

(十一)大型齿联灯泡贯流泵的研制与应用

南水北调东线第一期工程蔺家坝泵站工程是南水北调东线工程的第九级泵站,位于江苏省徐州市铜山县境内,主要任务是向南四湖下级湖输水,并结合地方排涝。

蔺家坝工程等级为I等,主要建筑物为1级,次要建筑物为3级。主要建筑物内容有主泵房、副厂房、安装间、清污机桥、进水前池、出水池、防洪闸和进出水渠等。初设批复建设工期30个月。

大型齿联灯泡贯流泵机组在国内运用不多,且技术上还不是很成熟,淮委建管局结合蔺家坝泵站工程,对该型式机组的水力性能、结构设计等关键技术问题进行研究并完成了设备制造及应用。

研制的具体内容包括:①大型灯泡贯流泵装置的结构设计。主要完成了机组的整体布置、灯泡体内的设备布置、水泵叶片调节机构的选择与布置、机组传动方式、轴承型式、主轴密封装置、灯泡体的支撑结构及其体内的散热、通风方式等方面的研究工作,使大型灯泡贯流机组具有整体布置紧凑、水力性能优良且便于机组设备的安装、检修和维护的特点。②大型灯泡贯流泵装置的水力优化设计。应用先进的CFD(计算流体动力学)技术与装置模型试验相结合,优化设计灯泡贯流机组过流型线、计算出各种流量情况下的水力损失值及设计工况下流道的流场分布和压力场分布情况,并通过装置模型试验进行水泵装置相关特性参数的验证。③完成机组的安装、调试和试运行,通过现场测试验证机组的各项性能。

通过各种方案选型对比,蔺家坝泵站工程水泵叶轮直径2850mm,水泵转速为125r/min,配套电动机功率为1250kW,采用齿轮箱连接减速传动的后置式灯泡贯流机组,水泵工况调节方式采用机械全调节方式。

通过水泵能量试验、气蚀能量试验、飞逸试验、压力脉动试验、流道模型试验,以及装置模型试验确定蔺家坝泵站在设计扬程2.40m时设计流量为25.9m^3/s,原型装置效率为78.3%;在平均扬程2.07m时流量为27.2m^3/s,原型装置效率为75.9%。技术参数、性能指标达到并优于合同规定的要求,处于国内领先水平。

2008年12月13日蔺家坝泵站通过试运行验收。4台机组联合试运行时间1小时,通过现场监测数据表明机组运行平稳,水力性能良好且无异常噪声,满足工程的应用要求;叶片调节机构操作灵活简便,满足不同工况的水泵调节要求;机组整个运行过程中水泵的轴承温度、油温、泵轴摆度、泵壳振幅及电动机定转子温升等机组参数均符合设计要求,蔺家坝泵站大型齿联灯泡贯流泵的研制与应用取得了成功。该成果获得淮委水利科学技术进步二等奖。

蔺家坝泵站大型齿联灯泡贯流泵的研制与应用具有如下意义:①有利于解决我国大型灯泡贯流泵机组设计、制造与安装等方面的关键问题,全面提高大型灯泡贯流泵机组的整体设计与制造水平,对推动我国大型灯泡贯流泵机组的技术进步,解决国内大型轴流泵机组结构和装置形式相对单一的局面,实现泵站安全可靠、高效运行等具有重要的现实意义和较广的推广应用意义;②有利于提高我国大型水泵机组结构的整体分析、制造工艺及试验研究等方面水平,促进我国大型水泵的制造技术向国际先进水平迈进;③大型灯泡贯流泵机组的研究与制造,与我国南水北调东线工程低扬程泵站的应用需求相一致,有利于在调水、排涝、防洪及生态环境保护等方面发挥巨大的经济和社会效益。

第四节　质量管理工作总结及评价

一、质量管理工作总结

（一）秉承科学、规范、专业、高效的工程项目管理，发挥工程建设管理单位核心主导作用

淮委建设局作为治淮中央直属工程的常设项目法人机构，自组建以来先后组织完成了一大批治淮工程建设，荣获了国家和省部级优质工程等质量奖数十项，培养造就了一支经验丰富的专业化工程建设管理队伍，积累了一定的建设管理经验。淮委建设局对南水北调工程十分重视，抽调主要骨干组建南水北调东线工程建设管理局，为工程顺利实施提供了重要保证。

现场建设管理单位是工程建设项目在施工现场的组织者和实施者，对工程质量和安全生产负总责，在工程建设过程中处于主导地位。在现场各参建单位中，不以建设单位为核心，或建设单位起不到核心作用，无论是质量、安全生产控制还是投资、进度控制等就不可能做到和谐，难以形成合力，推诿、扯皮就不可避免，其成效就会大打折扣。建设单位在现场必须认真负起责任，正确履行职责，处理问题要实事求是，公平、公正、合规、合法，才能充分调动各方积极性，充分发挥各方在质量和安全生产控制上应起的作用。在南水北调东线苏鲁省际工程实施阶段，淮委建设局利用自身秉承科学、规范、专业、高效的工程项目管理优势，规范建设管理，严格执行基本建设程序，大力推行文明工地建设，积极协调设计、监理、施工和设备供应商等单位关系，全面参与质量和安全生产管理。为强化质量和安全生产控制，淮委建设局在项目规划、设计质量、招投标、审定重大技术方案、协调土建和设备技术配合、施工过程质量和安全生产控制、工程验收等各个环节，全面介入，抓深抓细，积极指导和协调，严格控制，果断决策，充分发挥了其不可替代的核心主导作用。

（二）制定科学的质量管理目标

工程开工之前，建管单位制定了陶岔渠首枢纽工程建设总体质量目标为“确保省、部优，争创国优”。据此，建管单位要求设计、监理、施工单位制定相应的陶岔渠首枢纽工程的设计、监理、施工质量管理目标，并在工程建设过程中严格执行。

（三）建立健全质量管理体系和各项质量管理制度

陶岔渠首枢纽工程建设实行“建管单位负责、监理单位控制、施工和设计单位保证、政府监督”的质量管理体制。建管单位要求并督促各参建单位根据国家法律法规和合同规定建立健全各自工程质量管理体系，制定一系列的工程质量管理规章制度，保证各自工程质量管理体系正常运行。

（四）有效运行质量管理体系，严格执行各项质量管理制度

陶岔渠首枢纽工程建设过程中，建管单位自身带头并督促各参建单位有效运行各自工程质

量管理体系，严格执行各项工程质量管理制度。

（五）层层签订目标责任书，完善奖惩机制

国务院南水北调办每年与淮委建设局签订陶岔渠首枢纽工程建设目标责任书，淮委建设局每年与主体工程参建单位签订工程建设目标责任书。陶岔建管局与施工、设计、监理等参建单位签订了质量责任书，将各参建单位主要领导作为责任人，明确质量目标和责任追究及奖惩办法，要求各参建单位加强质量管理，杜绝重大质量事故，确保创优质工程，并将此作为年末质量管理工作考核依据。要求各参建单位层层签订责任书、增强质量意识，规范管理行为，落实质量管理责任制。

陶岔渠首枢纽工程建设过程中，严格执行陶岔建管局《南水北调中线一期陶岔渠首枢纽工程奖惩办法》、国务院南水北调办《关于印发〈南水北调工程建设质量问题责任追究管理办法（试行）〉的通知》（国调办监督〔2011〕39号）以及淮委建设局《关于印发〈南水北调中线一期陶岔渠首枢纽工程质量问题责任追究实施细则〉的通知》（建设〔2011〕130号）等质量奖惩制度，有力地促进了主体工程质量的提高。

（六）从勘察设计开始进行质量控制

大中型水利工程一般属于以国家投资为主的公益性项目，项目法人（或建设单位）一般要到初步设计阶段才确定并组建。建设单位介入工程项目后很快就要进入实施阶段，作为工程建设的核心单位，一般需从以下几方面开展设计质量控制工作：

（1）全面了解并掌握工程总体情况，理解设计思路。

（2）加强与设计单位沟通，根据工程总体安排商定招标设计和施工图设计计划。

（3）组织施工图审查或咨询，尽量减少或降低因施工图修改或变更对工程施工的影响。

（4）及时组织设计交底，使监理方和施工方充分掌握设计内容和要求。

（5）通过例会或设计联络会，及时协调解决施工过程中与设计有关的问题；根据工程进展，督促设计单位按合同要求，安排相关专业设计人员进驻现场，提供设代服务。

（七）从招标方面重视质量预控工作

工程招投标时，注重对施工单位或设备供应商资质、质量和安全生产措施的审查。审查其是否具有类似工程施工或制造经历和经验，在以往的工程施工中是否发生过质量和安全生产事故，质量和安全生产措施是否合理等。通过市场竞争机制，优选国内的建筑承包商或设备供应商参与工程建设。

承包人的资质（能力条件）是工程施工质量控制的第一关，尤其是对于主体工程和关键项目，应在重点审查承包人的质量管理体系、资源状况、施工安装能力、相关经验、业主满意程度，以及同类项目的施工经验（结合目前工程建设领域的实际情况，应结合拟建工程的规模、特点，选择相适应的承包人）。

（八）材料设备采购质量控制

材料和设备的质量是保证工程质量的基础。使用不合格材料将导致工程的先天性缺陷，造

成难以挽回的损失；设备质量将直接影响到工程能否正常投入使用，尤其像泵站、电站等工程，设备质量是工程能否按设计要求发挥效益的基础。

1. 材料采购的质量控制

对钢筋、水泥、粉煤灰、止水等材料，不管是建设单位通过招标供应还是承包人自行采购，都首先应对生产厂家的资质进行控制，优选产品信誉好、能够保证稳定提供、满足设计和规范要求的厂家；对黄沙、石子等，应对料源、加工情况组织联合考察。其次，对进场材料应按相关规范要求进行检验，防止不合格材料用于工程；另外，制定并严格执行材料的储存和保管程序，明确储存和保管环境要求、材料标识要求和堆放要求，避免材料发生变异、混用或误用。

2. 设备采购的质量控制

（1）设备的采购，亦首先应对供应商的资质进行控制。同时，应在合同中对质量控制提出明确要求，包括测量、试验要求，验收方式和标准、交接验收程序等。重要设备应委托驻厂监造；另外，对设备的标识、包装、运输、储存保管、安装技术和环境要求等都应提出明确要求并做好控制。

（2）重视设备的技术设计和监造工作。设备招标完成后，淮委建设局积极督促生产厂家进行设备的技术设计工作，积极协调厂家之间，厂家与土建设计单位之间的技术配合工作，多次牵头组织设计联络会，协调厂家之间，厂家与设计单位之间，厂家、设计单位与施工单位之间关系，协调、决策、解决技术接口中出现的配合问题。淮委建设局督促监理单位完善驻厂监造规章制度建设、检查驻厂监造执行情况。

（九）强化施工过程质量控制，提高工程质量

注重施工过程质量控制管理，加强施工现场工程质量监控，重点抓了以下几个方面的工作。

（1）规范施工组织设计和施工方案审查，对施工组织设计质量措施进行审核，确保质量保证措施有效。

（2）严格技术交底制度，对技术交底的内容、要求、方式等进行检查，保证每个工序开工前进行技术交底，科学组织施工，避免质量事故的发生。

（3）严格质量监督检查程序及“三检制”，通过对现场检查记录和每道工序施工过程监理测量记录进行检查，确保工程质量达到既定的质量目标。

（4）加强质量通病的防治，对工程中易出现的质量通病以及质量管理难点，检查制定的纠正和预防措施，确保质量保证措施有效执行。

（5）加强材料、物资设备质量管理，严把材料质量关，规范材料的出入库管理，严格对采购物资进行检验、验证，加强物资设备的现场管理。通过强化施工过程质量控制，提高了工程质量。

（十）加强现场质量检查和现场质量控制

成立质量巡查组和质量检查组。质量巡查组由监理牵头，陶岔建管局工程部技术人员、监理人员、设计代表及施工单位质检人员每天对施工单位的“三检制”执行情况、施工工艺、施

工原始记录、原材料等方面进行检查，发现问题立即要求施工单位整改，并在第二天巡查时针对问题进行复查，不留隐患。质量检查组由陶岔建管局组织，陶岔建管局总工程师、总监理工程师、施工单位技术负责人及设代负责人每月对各参建单位的质量管理体系进行检查。并在工程质量专题会议上要求有关单位对存在的问题及时整改，确保工程质量。同时，加强原材料及中间产品质量控制，加强现场质量控制。

（十一）加大建管单位质量检测力度

为进一步加强质量管理，建管单位委托有资质的质量检测单位对工程原材料、中间产品、混凝土结构构件、桩基和地基基础、土工试验、部分金属结构及启闭设备出厂验收、帷幕灌浆质量等进行全面第三方质量检测，加大了工程质量检测力度，促进了工程质量的提高。

（十二）做好质量总结推广工作，落实奖惩措施

各工程建设单位组织各参建单位适时召开质量总结会，要求参建单位提出今后提高工程质量，防止事故隐患发生的意见和建议。为增强广大职工质量意识，充分调动他们的积极性，淮委建管局鼓励施工单位内部实行质量奖惩制度，采取措施提高施工单位质检人员的工作权力和权威，促进了工程质量和安全生产工作。

（十三）强化检测、验收质量控制

质量检测是确定工程是否满足质量标准规定、保证质量管理工作的科学性、公正性和准确性的重要手段，是质量管理的具体量化。新施工质量验收标准应从三个方面强调质量检测：①规定检测频度；②施工过程中的质量检测；③对工程实体质量的见证取样（检测）。制定必要条件下第三方检测规定。

做好各阶段工程验收工作。做好工程项目质量评定工作。

（十四）自我加压，持续高压抓质量

充分利用国务院南水北调办的质量检查、质量集中整治、稽查、飞检等各项质量管理措施，督促工程各参建单位牢固树立了南水北调工程成败的关键在质量，适应了国务院南水北调办持续施加高压管质量的形势，自我加压想方设法提高工程建设质量。

二、质量管理工作评价

对于陶岔渠首枢纽工程和苏鲁省际工程质量管理，淮委建设局通过制定科学的工程质量管理目标，完善内部质量管理制度，组织参建单位建立健全工程质量管理体系和质量管理制度，有效运行质量管理体系，严格执行各项质量管理制度，层层签订目标责任书，完善奖惩机制，强化施工过程质量控制，加强现场质量检查和质量控制，保证了工程质量的提高。

从已完工程质量检查和验收情况看，陶岔渠首枢纽工程和苏鲁省际工程实体质量较好，未发生质量事故和严重质量缺陷。

（一）陶岔渠首枢纽工程质量总体评价

主体工程单元工程优良率为92.7%，分部工程优良率为97.7%，工程质量达到优良等级。

附属工程的下游交通桥工程单位工程及施工承包合同项目工程质量等级均合格；管理设施工程单位工程暨合同项目工程质量等级均合格。总体工程质量优良。

（二）苏鲁省际工程质量总体评价

受项目法人委托，淮委建设局承担东线苏鲁省际工程中的台儿庄泵站、蔺家坝泵站、骆马湖水资源控制、大沙河闸、杨官屯河闸、姚楼河闸、潘庄引河闸等7个工程的建设管理。

2012年11—12月，在国务院南水北调办主持下，苏鲁省际7个工程通过设计单元工程完工验收技术性初步验收。

2013年7—8月，在国务院南水北调办主持下，苏鲁省际7个工程通过南水北调东线一期工程全线通水验收。

2013年10—12月，苏鲁省际工程参与完成南水北调东线全线试运行，南水北调东线实现了全线通水目标。

1. 台儿庄泵站工程

质量评定和检测结果：台儿庄泵站工程共划分六个单位工程，分别为泵站工程、清污机闸工程、交通桥工程、排涝涵洞工程、管理设施工程、110kV输变电工程，前四个单位工程质量等级按水利工程标准评定，全部优良；按非水利标准评定的110kV输变电单位工程和管理设施单位工程评定为合格。工程质量检测结果表明工程质量全部符合设计及规范要求。

总体工程质量优良。

2. 蔺家坝泵站工程

质量评定和检测结果：蔺家坝泵站工程按水利标准评定的顺堤河改道工程、清污机桥工程、泵站工程、防洪闸工程质量等级优良，河道疏浚工程质量等级合格；按非水利标准评定的堤顶道路工程、管理设施工程质量等级合格。工程质量检测结果表明工程质量符合设计和规范要求。

工程质量优良。

3. 骆马湖水资源控制工程

骆马湖水资源控制工程单元工程质量优良率88.1%；分部工程质量优良率90.9%；外观质量得分率为94%，达到优良等级，骆马湖水资源控制工程设计单元工程质量优良。

4. 大沙河节制闸工程

大沙河节制闸工程单元工程优良率为90.9%；分部工程优良率为87.5%。船闸外观质量得分率为93.2%，节制闸工程外观质量得分率为92.2%，观感质量良好。工程质量优良。

5. 杨官屯河闸工程

杨官屯河闸工程单元工程优良率为93.7%；分部工程优良率100%。工程质量优良。

6. 姚楼河闸工程

姚楼河闸工程单元工程质量优良率87.3%；分部工程质量优良率87.5%；单位工程外观质量评定得分率为94.4%。单位工程质量等级达到优良。

7. 潘庄引河闸工程

潘庄引河闸工程单元工程质量优良率89.5%；分部工程优良率为100%；外观质量得分率为97.6%。单位工程质量优良。

第十七章　南水北调东线江苏段工程质量管理

第一节　概　　述

一、工程基本情况

南水北调东线一期工程是在江苏省江水北调工程基础上扩大规模，向北延伸。东线输水干线总长1156km，共设置13个梯级泵站，总扬程65m，江苏境内输水干线404km，建设9个梯级泵站，扬程40m左右，抽江水规模由现有的400m^3/s扩大到500m^3/s，多年平均抽江水量89亿m^3，新增抽江水量39亿m^3，其中向江苏省增供水量19亿m^3，向山东增供水量17亿m^3，向安徽增供水量3亿m^3，并实现向山东半岛和黄河以北地区各调水50m^3/s目标。

南水北调东线一期江苏段工程主要包括调水工程和治污工程两部分。共计批复8个单项40个设计单元工程。调水工程为Ⅰ等工程，总工期为89个月。

(1) 调水工程已批复总投资约124亿元，主要建设内容为：扩建、改造运河线调水工程，新建运西线调水工程，新建14座泵站，改造4座大型泵站，形成运河线和运西线双线输水的格局。同时，实施里下河水源调整、洪泽湖和南四湖蓄水位抬高影响处理工程。

(2) 治污工程总投资约59亿元，主要建设内容为：结合实施淮河流域水污染治理规划，新建城市污水处理厂及其配套工程，建设江都、淮安、宿迁、徐州等市截污导流工程；实施工业结构调整、工业污染源治理和流域综合整治等102个项目。通过实施治污工程，实现南水北调江苏段水质达到地表水Ⅲ类标准。

二、项目批复情况

在2002年国务院批准《南水北调工程总体规划》后，国家发展改革委分别于2005年、2008年分别批复了《南水北调东线一期工程项目建议书》和《南水北调东线一期工程总体可行性研究报告》。实施过程中分批、逐步批复了各设计单元工程初步设计：2002年，国务院批准了《三阳河、潼河、宝应站工程可行性研究报告》，并同步开工建设；2004年，国家发展改革

委分别批复了骆马湖段至南四湖段、长江至骆马湖段（2003）年度工程以及南四湖水资源控制和水质监测工程、骆马湖水资源控制工程3个单项工程的可研报告；2003—2006年，水利部逐年批复了上述四个单项工程的初步设计；2009—2011年，国务院南水北调办逐年批复了长江至骆马湖段其他工程和江苏段专项工程设计单元工程初步设计。

三、质量管理目标

依据法律法规和国家关于南水北调工程建设管理的政策、国家及行业颁布的质量管理法规、工程建设标准强制性条文、现行技术规程规范和标准，以及合同规定的质量标准、技术文件及其他相关条款，严格履行合同责任，达到合同规定的质量要求，把东线江苏境内工程建设成为国际一流、国内精品工程。

四、建设管理体制

根据2003年江苏省人民政府第十七次常务会议决定，成立江苏省南水北调工程建设领导小组，负责江苏省南水北调工程建设管理中的重大问题的协调决策。领导小组下设办公室挂靠江苏省水利厅，负责领导小组日常工作，并受国务院南水北调办委托，对工程建设进行行政监管。沿线扬州、淮安、宿迁、徐州市亦成立相应的组织领导机构，负责组织和协调区域内的工程实施中的矛盾和问题解决。

2002年12月至2005年5月，江苏省水利工程质量监督中心站行使对南水北调江苏段工程政府监督职能；2005年6月后，根据国务院南水北调办《关于成立南水北调工程江苏质量监督站的批复》(国调办建管函〔2005〕57号)，由南水北调工程江苏质量监督站行使政府质量监督职责。

2004年5月，根据《省政府关于设立南水北调东线江苏水源有限公司的批复》（苏政复〔2004〕38号）批准成立南水北调东线江苏水源有限责任公司，建设期负责江苏境内南水北调工程建设管理，工程建成后，负责江苏境内南水北调工程的供水经营业务。2004年6月，国务院南水北调工程建设委员会《关于南水北调东线江苏境内工程项目法人有关问题的批复》（国调委发〔2004〕3号），同意江苏水源公司作为项目法人承担南水北调东线江苏省境内工程的建设和运行管理任务，建设期间，承担调水工程的项目法人职责。治污工程由江苏省南水北调办负责总体协调，江苏省发展改革委负责综合整治项目的监督指导工作，截污导流工程由相关市成立项目法人，省南水北调办负责监督指导。总之，南水北调江苏段工程8个单项40个设计单元工程中，江苏水源公司负责实施调水工程的28个设计单元工程；江苏省南水北调办负责实施4个截污导流、南四湖下级湖抬高蓄水位；委托淮委组织实施省界6个设计单元工程；江苏省文物局牵头负责文物保护专项。

第二节　建设过程中质量管理情况

一、质量管理制度建立情况

开工以来，江苏水源公司结合江苏南水北调工程实际，先后制定了《南水北调东线江苏境内工程质量管理办法》《南水北调东线江苏水源有限责任公司工程建设管理职责（直接管理模式）暂行规定》《南水北调东线江苏水源有限责任公司合同管理办法》《南水北调东线江苏水源有限责任公司设计工作管理暂行办法》《南水北调东线江苏水源有限责任公司在建工程检查办法》《南水北调东线江苏境内工程年度建设目标考核办法》《南水北调东线江苏境内工程验收管理实施细则（试行）》《南水北调东线江苏境内工程施工质量及安全生产管理考核办法》等10多个质量管理控制制度，充分发挥了制度的刚性管理作用。

特别是2011年以来，江苏南水北调工程进入了建设高峰期和确保通水关键期，针对国务院南水北调办颁发“两项制度”，研究制定了更适合实际和更有可操作性的《南水北调东线江苏境内在建工程建设质量问题责任追究管理办法实施细则（试行）》和《南水北调江苏境内工程合同监督管理实施细则（试行）》，进一步划清质量责任，明确处罚标准，为严格责任追究提供制度保障；针对管理初期质量缺陷重复发生的问题，制定《江苏南水北调质量通病防治手册》，减少了质量缺陷发生的频率；制定《江苏南水北调工程混凝土施工质量缺陷处理管理办法（试行）》，规范了质量缺陷处理程序和效果；2011年全面加快南水北调工程建设步伐后，工程建设更是体现了点多、面广的特点，这就更加要求质量管理要抓重点工程、重点部位和关键工序。针对泵站工程制定了以下质量管理制度：①实行施工方案报审制度，重点对底板、流道、墩墙等大体积混凝土结构施工方案，组织专家审查。在混凝土浇筑前，再次组织专家现场监管和指导，检查施工方案执行情况和关键工序的监控情况，减少质量问题的发生；②实施泵站机组安装条件审查制度，重点是安装方案的审查，加强对安装质量关键点的预控和指导，安装过程中邀请专家现场指导，提前解决或避免安装过程中可能出现的问题，同时审查土建主体、房屋工程等应具备的条件，保证机组安装时必要的外部环境；③强化“三检制”，重点是督查“三检制”落实到位情况，杜绝弄虚作假；④加强土方工程质量控制，严格执行“上方令”制度。重点是严禁使用不合格的填筑土料，控制土料的含水量、铺土厚度，明确施工、监理单位的抽检频率，规范试验行为。以上制度的建立，进一步规范了江苏南水北调工程建设管理，强化了质量管理的效果，也充分说明质量高压管理，更注重质量管理制度相应措施和手段的制定和实施。

二、质量管理责任体系

南水北调工程的质量管理实行项目法人（建设单位）负责、监理单位控制、设计、施工单位保证与政府监督相结合的质量管理体系，包括质量监督、质量检查、质量控制和质量保证四大质量管理体系。

（1）国务院南水北调办、江苏省南水北调办、质量监督部门以及沿线社会群众作为质量监督体系的主体，负责对工程的质量检查体系、质量控制体系和质量保证体系的建立及工程实施情况进行监督检查。

国务院南水北调办作为国务院南水北调工程建设委员会的办事机构，负责建委会的日常工作，对南水北调主体工程建设实施政府行政管理。

江苏省南水北调办作为江苏省南水北调工程建设领导小组下设办事机构，负责领导小组日常工作，并受国务院南水北调办委托，对江苏省境内的南水北调工程建设进行行政监管。

南水北调工程江苏质量监督站作为国务院南水北调办成立的质量监督机构，行使政府监督

职能。

(2) 江苏水源公司作为项目法人承担南水北调东线江苏省境内工程的建设期间的建设管理任务，与现场建管机构（建设单位）作为质量检查体系的主体，负责对质量控制体系和质量保证体系的建立及运行情况进行检查。

江苏水源公司作为东线江苏境内工程建设的项目法人，全面负责工程质量管理工作，成立了由总经理任组长，分管副总经理任副组长、相关职能部门负责人参加的质量管理领导小组，定期研究解决工程建设过程中的质量问题。同时明确工程建设部为具体职能部门，负责公司质量管理日常工作。工程建设部设立质量管理科，质量管理科设立科长1名、质量管理员2名，专门负责工程建设过程中质量管理工作。

根据工程实施计划和工程特点，江苏水源公司充分利用社会和水利系统人才技术资源组建现场建管机构。南水北调江苏段工程共设立了57个建管机构进行现场建设管理工作。同时通过合同谈判和公开招标等方式，择优选择了9个设计单位、18个监理单位、123个土建施工单位、76个材料及设备供应单位参与南水北调江苏段工程建设。

各现场建管机构承担委托的建管职责，对工程质量进行全方位、全过程的管理。为加强工程质量管理，均成立了以各建设处主任为组长、总监、项目经理、设计代表为成员的质量管理领导小组，设立工程质量管理科室，具体负责承建工程质量管理工作。按照工程的具体特点，制定了质量管理制度，配备了专职质量人员，专门从事施工质量管理工作。现场施工单位也按要求建立了质量管理领导小组，落实了质量管理人员，切实加强了现场施工质量管理。

监理单位作为质量控制体系的主体，它对质量保证体系的建立和实施情况起控制作用。

设计单位、施工单位和设备制造单位，是工程质量能否得到保证最直接、最关键的因素，是工程质量保证体系的主体。

江苏南水北调工程质量管理组织健全，网络体系完整，各工程质量管理体系运行正常，做到事事有人管理，人人有责任，确保质量管理不留死角。为保证质量管理责任落实到位和质量管理体系协调运转，始终做到“五个强化”：①强化质量责任意识。每批项目开工后将施工质量责任人的姓名、责任范围、身份证号码汇总，在相关网站公布、在现场醒目位置张榜公示，并设立质量管理举报牌，主动接受社会监督，切实强化参建人员的质量责任意识。②强化质量管理目标分解。每年年初，公司与各现场建设管理单位签订年度建设目标责任书，明确质量管理目标和质量管理责任。同时，各现场建设管理单位与监理单位、施工单位签订施工质量管理责任状，监理、施工内部也签订了质量管理责任状，层层落实施工质量管理责任制。③强化质量监管。建设过程中，主动积极的接受和配合国务院南水北调办的质量稽查、集中整治、飞行检查等各项质量监管工作，以及质量监督机构的质量检查，重点是强化各类质量监管发现质量问题的处理和整改落实，做到专人督查，必要时公司委托专业检测机构现场核查，确保问题查处、应对措施，执行效果有保证。④强化质量管理考核奖惩。为确保质量责任制落到实处，按照确定的质量管理目标，年末对各现场建设管理单位所承建工程的质量管理等进行考核，奖励实现质量管理目标的单位和个人，成绩突出另行表彰和奖励。同时，也按照质量责任追究管理办法，对质量管理问题相对集中或突出的参建单位进行约谈等，并追究有关人员的管理责任，突出高压管理。⑤强化群众举报查处。建设过程中，高度重视群众举报质量问题处理，做到受理一件，认真查处一件，对查出确实存在的问题，绝不手软，坚决整改到位，不留质量隐患，并根据质量责任追究管理办法，追究了相关施工、监理单位及质量责任人责任，确保质量管理的严肃性和高压态势。

三、主要质量管理措施

（一）严格设计管理，提高工程设计质量

江苏南水北调工程已逐步构建形成了包括工程初步设计、招标设计、施工图设计、设计变更各个阶段的设计管理体系，做到以初步设计控制招标设计，以招标设计控制施工招标，以施工招标合同为依据强化施工过程管理，层层控制，环环相扣，有效地提高了工程设计质量。2009年度，江苏水源公司进一步完善了招标设计文件和施工图设计相关管理办法。泗洪、泗阳、刘老涧二站和皂河站等新开工项目现场建设管理单位积极组织工程招标设计，设计单位认真开展设计深化、优化工作，不仅使工程使用功能及安全性得到进一步保证，而且提前控制了以往工程建设过程中容易出现的招标后合同变更多等问题。同时，加强施工图管理，进一步细化组织管理程序，明确设计质量要求，加强图纸提供和审查审批的计划管理，有效地保证了施工图设计质量。从源头上落实好工程施工质量管理，保证施工图纸上此要求满足相关规程、规范和标准，以及图纸上要求的有关工艺措施能满足和保证工程施工质量要求。特别是针对各个工程的一些质量要求和质量保证的关键点等，通过施工图审查和施工图技术交底落实到工程施工现场。施工过程中规范设计变更行为，江苏水源公司制定了《南水北调东线一期江苏境内设计单元工程设计变更管理办法》，各现场建设管理单位相应制定设计变更管理实施细则。江苏水源公司规定设计变更实行分类、分级审批管理制度，一类、二类、三类变更分别由国务院南水北调办、江苏水源公司、现场建设管理单位负责审批，工程建设任何一方都必须按规定的设计变更审查、审批程序，报相应的审批单位审批，未经批准的设计变更不得实施。确保施工过程中的设计变更不影响或降低工程质量标准。

（二）规范招投标行为，加强合同管理

在招投标工作中，严格执行国家相关招投标法律法规，不断改进和完善招投标工作机制，主动接受江苏省南水北调办和江苏省纪检监察派驻组监督和监察，切实规范江苏南水北调工程招投标工作。编制完善了《江苏境内工程招标文件编制指导文本》，统一规范招标文件编制，有效提高招标文件质量，确保把设计的相关意图和质量要求准确地落实到招标文件中，便于项目法人和建设监理在施工过程的质量控制和管理。同时完善相关措施等，确保招投标工作的公开、公平、公正。通过规范的招投标选择优秀的设计、施工、监理单位，从根本上保证工程施工质量；在加强招标管理的同时，进一步规范合同管理，在后期开工项目中推行合同规划管理，研究开发《合同管理信息系统》，进一步加强对工程质量、安全、进度等工程建设管理要素的动态有效管理，定期组织开展合同执行情况及违法分包情况巡查和专项检查。同时，积极配合国务院南水北调办建立南水北调系统信用管理制度，及时采集市场主体信息，充分利用网络资源，完善南水北调工程建设诚信信息平台建设，实时向社会披露市场主体诚信情况，尤其是违法违规行为等不良行为记录情况，实现诚信资源互通互用、互联共享，促使参建单位认真、主动地执行合同中相关质量控制标准和要求，严格履行相关质量管理职责和义务，使工程

质量得到有效的保证。

（三）施工过程中质量管理措施

1. 严抓关口前移

工人的作业质量，是工程质量的根本。加强工程质量管理，抓住提高一线人员的生产和管理能力是关键。一线工人的生产能力提高了，一线管理人员的管理水平提高了，工程质量自然就有了保证，这才是加强管理追求的目标。主要在管理对象上坚持向一线工人前移。加强一线人员的业务培训。通过组织相关质量管理制度的宣贯会或培训会，帮助参建人员更好地理解和执行相关制度。同时举办南水北调关键工序培训、江苏南水北调房屋建筑及装饰工程质量管理等专题培训，提高参建人员质量意识和业务技能，从源头上避免和减少质量问题的出现。

在控制环节上坚持向方案和原材料前移。对泵站及河道工程中的重要部位，严格实行施工方案报告制度，组织专家严格审查关键部位施工组织方案。对原材料质量控制进一步提出明确要求，严格原材料采购、进场检验、使用和保管的管理，建立进、出库及检验台账，切实加强原材料质量管理和控制。江苏水源公司专门委托省内检测机构在睢宁二站和洪泽站设立现场试验室，实行监理、施工分开送检，保证检测单位资质满足相关规定，检测结果真实、可信。

在管理手段上：①注重制度建设，制定质量缺陷管理办法，编制质量通病防治手册、施工质量管理手册等，用制度约束和规范管理行为，从源头上避免和减少同类质量缺陷问题的重复出现；②建立质量管理专家库，加强对生产一线生产和管理人员的指导；③开展“我为率先通水立新功”劳动竞赛活动，发挥正面引导作用，加大奖惩力度，激励一线人员的工作热情和积极性，提高工程质量意识和质量控制的自觉性。

2. 严抓过程控制，注重关键部位、关键工序的管控

对泵站工程建设初期，重点对底板、流道、墩墙等大体积混凝土结构施工方案，组织专家审查。在混凝土浇筑前，再次组织专家现场监管和指导，检查施工方案执行情况和关键工序的监控情况；在泵站机组安装阶段，重点是安装方案的审查，加强对安装质量关键点的预控和指导，安装过程中邀请专家现场指导，提前解决或避免安装过程中可能出现的问题；工程建设后期加强房建及装饰工程质量管理，重点是强化对房建及装饰工程分包单位的管理。

针对河道工程线长、点多的特点，特别强调树立典型，以点带面，全面推进。江苏水源公司在各河道标段设立重点监管2～3个项目，并要求各建设管理单位再设立自己的2～3个监管项目，各现场项目部再在公司和建设管理单位之外，也要设立自己的2～3个监管项目。这样以点带面，全面提高河道工程的质量管理力度。

3. 严抓施工过程质量检查检测

江苏南水北调工程原材料和中间产品以及工程实体质量的检测共分四个层次。

（1）施工单位自检。各施工单位均在材料进场后，按规范要求的检测项目和频率送有资质的单位进行检测，检测合格后向监理报验，待监理批复同意后用于工程施工。

（2）监理复检。监理单位一方面核查施工单位申报的自检资料，同时根据监理规范和合同文件要求，将原材料和中间产品送有资料单位进行复检，经核查或复检合格后再允许施工单位用于工程建设。

（3）现场建管单位抽检。开工前，各现场建设管理单位委托有资质的第三方检测单位，按

合同约定的检测频率等要求，在工程建设过程中不定期地对原材料和中间产品及工程实体质量进行抽检，并出具阶段检测报告。

（4）公司巡检和专项检测。江苏水源公司根据工程阶段施工特点或质量管理情况，委托检测单位有重点地、有针对性地进行专题质量检测。在开展质量检测时，江苏水源公司十分重视检测单位资质把关，泵站等主要工程检测委托具有水利部甲级检测资质的单位，少量影响工程检测委托水利部乙级检测资质的单位，并做到施工和监理单位不委托同一检测单位，保证检测结果的客观和公正。为方便施工、监理单位检测，江苏水源公司委托江苏省水利建设工程质量检测站和河海大学实验中心分别在睢宁二站和洪泽站设立现场试验室，保证各在建工程检测需要。

为确保工程质量检查效果，江苏水源公司制定了在建工程检查办法，每年年初制定年度质量检查计划，对在建工程质量管理情况切实加强检查监督。具体情况如下。

（1）定期组织质量管理巡查。江苏水源公司每季度至少安排一次集中质量集中巡查，着重检查在建工程现场建设管理单位及参建单位的质量管理体系、质量管理制度的建立和落实情况。各现场建设管理单位结合工程实际情况，主要领导每月至少组织两次质量巡查，对查出的质量问题均有书面记录，施工单位均有整改情况的书面回复，并经监理单位查验确认。

（2）不定期组织质量抽查。为加强检查效果，江苏水源公司邀请部分专家参加检查，并委托检测单位对泵站及部分河道工程实体质量等进行抽检。对检查、检测出的质量问题，建立质量问题台账，及时通报检查结果，落实整改，实施有效的动态管理。

（3）组织质量管理专题检查。对原材料、回填土、护坡和桥梁工程等组织专题检查、检测。对检查出的原材料、混凝土强度、土方回填等质量问题，采取零容忍，不合格的一律返工处理，并追踪复查，保证整改到位。

4. 严抓长效管理机制

针对查出的问题，坚持从源头上从严管理，进一步完善质量监管体系，增设质量管理部门，建立质量管理专家库，充实质量监管力量。研究制定质量追究和合同管理实施细则、质量缺陷管理暂行办法，编制质量通病防治手册、施工质量管理手册，从制度上对质量常见问题作出规范，减少同类问题重复发生频率。

2011年以来，公司还重视开展劳动竞赛的正面引导作用，对一线参建单位和人员质量管理好的行为加大奖励力度，激励一线人员的工作热情和积极性，提高工程质量的意识和质量控制的自觉性，同时积极解决材料价格上涨和加快支付，缓解施工企业资金紧张等问题。江苏南水北调参建单位和参建人员质量管理意识明显加强，质量管理成效明显提高。从国务院南水北调办质量集中整治和飞检结果看，检查出的质量问题数量逐年大幅减少，质量问题严重等级显著降低。

5. 严抓质量问题整改

2011年以来，国务院南水北调办相继开展了两项制度专项稽查、质量集中整治、监理专项稽查及飞检等活动。对于检查出的质量问题，江苏水源公司高度重视，严肃对待，采取有效措施切实加以整改。具体情况如下。

（1）正确认识存在的质量管理问题，统一思想，提高认识，端正态度。对检查中发现的问题，严格对待，梳理归类，建立台账，对存在的各类质量管理问题做到正确面对，心中有数。

（2）确保各类质量管理问题整改到位。组织相关参建单位认真查摆问题、分析原因、制定整改计划、落实措施，明确责任人，严格按国务院南水北调办相关文件要求整改落实到位。特别对原材料、土方填筑、混凝土等主要质量问题，采取零容忍，不合格的一律返工处理，并追踪复查，确保整改效果。对裂缝等缺陷委托权威检测单位进行修补效果检测，确保整改质量。

（3）按规定严肃追究质量管理责任。按照《南水北调工程建设质量问题责任追究管理办法（试行）》（国调办监督〔2012〕255号），对相关责任人和责任单位，按照问题性质给予了责令整改、诫勉谈话、书面批评、经济处罚。近年来，共计约谈相关参建单位负责人近20次，发出整改通知单10余份。对问题性质严重或突出的工程，在年初和年中建管会上通报了相关责任单位，更换建设、施工、监理单位主要负责人和主要责任人，起到了很好的警示和教育作用。

四、技术创新与重大技术问题处理

江苏水源公司紧紧围绕南水北调江苏段工程建设需要，系统分析重大技术和关键设备的现状及建设需求，把握重点，突破难点，有序开展技术方案和施工导流方案优化、水力机械、水工结构、自动控制、调度运行及新技术、新材料、新设备、新工艺等方面的研究和应用。确立了以设计优化为出发点，加强工程施工过程中技术及施工方案研究。以提高泵装置效率为出发点，在水泵水力模型与泵装置关键技术上重点突破；以提高水工结构质量安全为重点，探索结构设计优化新方法；以提高工程施工水平为切入点，加强施工原材料试验及混凝土配合比优化研究，积极研究推广新技术、新材料、新设备、新工艺等四个方面重点研究方向，先后组织开展重大技术攻关和专题研究40余项，获得省、部级科技进步奖6项，10多项技术获得发明及实用新型专利授权。

（一）工程方案优化

1. 重要设计方案优化

根据南水北调江苏段工程特点和管理目标、要求，建立了初步设计、招标设计、施工图设计3阶段全过程设计管理体系，并强化招标设计阶段的管理。招标设计阶段的根本任务是通过对初步设计的深化、细化和优化，减少工程实施风险、有效提高设计质量、控制工程投资。设计优化重点主要体现在以下四个方面。

（1）总体布置设计优化。通过合理调整工程总体布局，使工程布置更为紧凑，管理运行更为方便，并节约永久征地及临时占地面积。如金湖站、泗洪站、洪泽站均通过总体布局的优化，改善了管理条件，提升了工程综合效益。

（2）泵站结构设计优化。如睢宁二站通过结构抗震动力分析，优化底板及空箱结构，有效解决了高烈度地区的结构安全问题。

（3）水泵装置设计优化。如邳州站通过泵装置优化将灯泡贯流泵改为竖井贯流泵装置，不仅水力性能指标达到同行业领先水平，工程投资也大幅节省；宝应站、泗阳站、睢宁二站等在泵站设计时，结合泵站的具体特点，联合高等院校进行了泵站进出水流道的优化设计工作，进一步减少了水力损失，提高了效率。

（4）河道工程土方平衡和施工组织优化。如金宝航道工程通过全线土方调配方案优化，以及土地资源综合利用优化，使永久征地布局更为集约，临时占地面积大幅减少，不仅提升了工程效益，也有效解决了地方征迁矛盾。

2. 施工导流方案优化

施工导流工程属于工程建设临时工程，往往投资大、工期长，且涉及征地拆迁范围较大，是影响工程投资、制约工程建设进度的关键因素之一。对施工导流方案的论证优化，是招标设计阶段以及施工准备阶段的工作重点。如刘老涧二站工程，初步设计阶段采用新建导流闸导流，工程实施阶段，结合现场实际情况，经过技术论证、多方协调，最终采用刘老涧新闸抛石防护强迫行洪、刘老涧一站反转下泄与架设临时机组抽排方式，实现施工期导流，避免建设导流闸，工程投资大幅节省。皂河二站初步设计阶段拟在邳洪河北闸北侧施工围堰上游开挖导流河，征迁工作量大，经技术经济比选，将施工导流方案调整为通过民便河闸、废黄河北闸、沙集闸联合调度运用，利用民便河、徐洪河等现有河道反向导流方案，避免开挖导流河，工程投资大幅节约。

（二）泵及泵装置

水泵是南水北调江苏段九级泵站的心脏，提高泵站的可靠性和效率是泵站技术创新的关键和核心。为了适应低扬程、大流量的运行特点，通过与有关科研院校密切合作，自主研发、引进国际先进设备和技术、国内国际交流等方式，对水泵的水力模型、流道设计、装置优化等方面进行研究，提高了泵站的科技含量和效率，节约了成本，丰富了国内泵站的类型，对国内水泵制造业的发展起到了较大推动作用。

1. 大型水泵调节关键技术

大型泵站运行中，由于水位和流量变化或优化运行等原因，需要改变运行工况。改变泵站运行工况主要有叶片全调节和变频变速调节两种方式。国内广泛采用的是叶片全调节。叶片全调节主要有机械式和液压式全调节两种类型。机械式具有设备简单的优点，但其使用范围受到限制，随着机组功率的增大或扬程增加，对轴承的质量要求苛刻；液压调节机构虽具有调节力（矩）大的优点，但设备复杂，密封要求高，易发生密封漏油造成水质污染，且漏油后操作系统油压降低导致叶片调节困难；内置式液压调节器拉杆长、液压站维护不便，而且受到液压站自身限制，难以用于大型水泵的叶片全调节。

在水利部“948”项目支持下，以“大型水泵液压调节关键技术”引进项目为基础，通过引进和消化适合大型混流泵叶片结构特点的液压-机械组合式叶片操作机构，实现了该调节机构的国产化。该设备具有调节力大、防漏油、环保无污染，具有应用范围更大、可靠性更高、维护便利、运行节能等特点，能为大型泵站变工况运行和优化调度提供保障，且能实现叶片调节设备和泵站运行的节能环保。相关成果获得 2010 年度江苏省科学技术一等奖。

2. 泵装置水力设计优化与研究

南水北调工程泵装置设计年运行时间长，提高泵装置水力性能十分重要。为进一步优化泵装置的水力性能，使其能在低扬程、大流量泵站中得到更好的应用，采用 CFD 方法对进、出水流道进行优化水力设计研究，用模型试验方法对进、出水流道进行水力损失测试和性能检验，优化流道设计参数，减少流道水力损失，为泵站设计提供更为科学的依据，对提高水泵装置的能量性能，降低泵站能源消耗和节省泵站土建工程投资都有非常重要的意义。

泵装置优化水力设计已成功应用于南水北调东线工程的宝应站、刘山站、解台站、淮安四站、刘老涧二站、金湖站等一批泵站，经泵装置模型试验检验，泵装置效率均超过了国务院南水北调办颁布实施的导则指标。其中，宝应站泵装置试验和现场测试结果都表明，泵装置效率已超过80%，其他泵站也都取得较好的装置性能。相关成果获得2012年度江苏省科学技术一等奖。

3. 大型贯流泵装置关键技术及应用研究

在低扬程泵站中，贯流泵具有流道顺直、水力损失小、装置效率高等优点，是低扬程泵站泵型的最佳选择。但我国在贯流泵水力模型、装置特性、机组结构和泵站优化运行等方面研究较少，因此，结合南水北调工程建设需要，在国家"十一五"科技计划支撑下，联合有关科研机构，系统开展了贯流泵技术研究。目前成果已应用于金湖站、泗洪站等泵站，同时还开展了对邳州站竖井贯流泵进行研究，研发3套高性能大型贯流泵装置，4副水泵叶轮模型，研制了2种新型大型灯泡贯流泵装置结构，泵装置贯流泵装置性能指标达国际领先水平，获2011年度水利部大禹科学技术一等奖。

（三）泵站混凝土质量控制

1. 混凝土防裂技术及施工措施研究

泵站工程结构复杂，尺寸变化大，由于泵送混凝土的干缩和温度影响往往造成结构薄弱环节产生裂缝，宝应站、淮安四站、淮阴三站等工程，研究提出了系统解决泵站结构防裂的解决方案，混凝土防裂技术及施工措施混凝土防裂技术及施工措施的研究成果获得了2007年江苏省水利科技进步一等奖、水利部大禹水利科学技术三等奖。

2. 泵站工程混凝土配合比优化研究与应用

南水北调工程江苏境内泵站主要分布在扬州、淮安、徐州、宿迁四个地区。各地区泵站混凝土原材料选用复杂，配合比多样，质量参差不齐，难以控制。结合淮阴三站工程施工，积极组织开展了泵站工程混凝土配合比优化研究，提出了优化的混凝土配制准则，研究出优化的混凝土配比，制定了泵站混凝土施工专用技术文件，《泵站工程混凝土配合比优化研究与应用》成果用于泵站工程，对提高混凝土浇筑及验收质量具有很好的指导作用。

3. 编制南水北调东线江苏段工程施工质量管理手册

根据南水北调江苏境内工程特点，组织了多位省内具有泵站建设实践经验的专家编制了施工质量管理手册。管理手册针对多年来工程建设中出现的质量薄弱环节及问题，提出了指导性意见和要求，有效规范了建设管理单位的质量管理，并有助于现场质量管理人员专业水平的提高，切实提高了工程建设质量，同时也为其他类型的工程建设提供了借鉴。

4. 快速泥水分离固结技术

为节约土地资源，提高堆场占土利用效率，研发了透气真空抽水装置，提出了淤泥堆场优化设计技术，淤泥堆场底部排水、顶部排水及平面格栅排水三种快速泥水分离技术，以及透气真空和改进传统真空快速固结技术。总结提出了泥水分离和快速固结技术施工工艺，成功应用于南水北调金宝航道整治工程N1排泥场设计优化及综合处理，减少近1/4占地面积，缩短占地时间一半以上，并在淮河治理荆山湖工程、江苏省泰州引江河二期工程等建设中推广应用，有效地促进了土地资源的节约化利用。共有4项技术成果获得国家发明专利授权。

5. 建筑与环境规划设计

按照“文化主题突出、地域环境协调、资源节约优化”的原则，在开展江苏南水北调工程管理功能规划的基础上，同步开展了南水北调江苏段工程建筑与环境总体规划研究，取得了总体规划、设计导则、典型设计等成果。相关成果已运用于刘山站、淮安四站、淮阴三站、金湖站、泗洪站等一系列工程建设实践中，实现了建筑与建筑、建筑与自然、建筑与人文的和谐，展现了南水北调工程特色、水利文化特色，为优质工程、高效工程更贴上了优美工程的标签。

6. 泵站工程管理及自动化技术规程

南水北调江苏段工程的一个显著特点是泵站工程数量多，随着工程的陆续建成，大批完建泵站工程已具备投运条件，要确保泵站工程运行安全和效益发挥，规范做好泵站工程的运行管理是一项重要任务。为提高泵站管理水平，结合南水北调管理需要，江苏水源公司牵头编制了2个规程《南水北调泵站工程管理规程（试行）》（NSBD 16—2012）和《南水北调泵站工程自动化系统技术规程》（NSBD 17—2013），明确了泵站运行技术经济指标，提高了自动化运行水平，进一步规范了运行管理相关规定，有效地发挥了工程效益。

五、质量事故、质量缺陷管理情况

1. 质量事故管理情况

根据水利部《水利工程质量事故处理暂行规定》（水利部令第9号），江苏水源公司在编制的《南水北调东线江苏段工程质量管理办法（试行）》中明确了质量事故的相关管理要求，建设过程中一旦发生质量事故，公司相关部门和各参建单位将严格按此规定执行。具体内容包括五个方面：①质量事故的等级划分；②各等级质量事故的报告时间、单位、程序、应急措施；③明确各级质量事故调查单位及调查报告的主要内容；④质量事故处理和验收的程序以及相关要求；⑤质量事故责任判定和处罚相关规定。

2. 质量缺陷管理情况

加强工程质量缺陷管理，是保证工程实体质量的重要措施之一。工程建设过程中，江苏水源公司根据国务院南水北调办的统一部署和相关要求规范质量缺陷管理。特别是2011年后，南水北调工程建设进入了高峰期和关键期，加快了工程建设进度，工程质量缺陷也进入了高发期。面对质量管理的严峻形势，加大了工程质量缺陷管理力度，采取了切实有效的措施，进一步规范和完善了江苏南水北调工程质量缺陷管理。建立了长效管理机制，加大对质量缺陷的防范和处理力度，尽可能减少或避免工程质量缺陷的出现。主要做法如下：

（1）加大宣传力度，提高和统一思想认识。通过组织集中学习和培训以及组织专项检查等方式，从思想认识上取得了重大突破和统一，帮助各参建单位确立了“质量缺陷在工程建设中客观存在，不可回避，重点是如何控制和规范处理”的认识，建立了质量缺陷管理台账。

（2）针对江苏南水北调工程特点，制定了《江苏南水北调质量缺陷管理办法（试行）》。明确管理要求，规范和统一管理程序，建立质量缺陷登记、检查、分类确认、方案制定与审查、缺陷处理、验收、备案等比较系统、完善的管理制度。

（3）加强对混凝土原材料、施工工艺和过程控制管理，建立泵站涵闸底板、流道等重要部位施工方案审查制度，以及重要部位混凝土浇筑前的督查制度。通过加强对现场的指导和督查，减少和避免质量缺陷的出现。

（4）编制《南水北调东线江苏境内泵站工程混凝土施工专用技术文件》和《江苏南水北调工程质量通病防治手册》，并组织一线人员进行培训和开展劳动竞赛，提高工程的“出手质量”，从根本上尽量避免和减少质量缺陷的出现。

（5）强化对重要质量缺陷的管理，特别是对混凝土裂缝等质量缺陷的管理。由项目法人或建设单位组织相关专家对处理方案的审查，并由项目法人统一委托权威第三方检测单位对处理效果进行公正和全面的检测，保证缺陷处理后的工程实体质量符合要求。

第三节　施工质量检查、监督情况

一、质量检查、监督总体情况

（一）质量检查总体情况

工程建设期间质量检查，主要包括施工单位的自检、监理单位的复检、项目法人和建设单位的检查、质量监督机构的质量检查以及国务院南水北调办组织稽查、飞检、质量集中整治等质量检查。江苏南水北调工程各参建单位根据各自的质量检查工作制度和工程建设的相关要求，及时开展了全面的检查工作，积极配合质量监督站和国务院南水北调办等单位完成各类检查，并及时将检查的质量问题整改到位。

（1）施工单位的自查。施工过程中，施工单位根据施工质量保证措施的要求，按相关规范规定的频率组织原材料、工程实体质量的自检，并认真执行施工工序的“三检制”，以满足施工质量控制和质量评定的需要。原材料、混凝土试块、回填土、机电设备等需要委托检测的，均签订委托检测合同，并报监理工程师审批。特别是主体工程，施工单位必须送项目法人或建设单位认可的检测单位进行检测，且不得与监理单位委托同一个检测单位。

（2）监理单位的复查。对于施工单位自检的原材料、混凝土试块、回填土等工程质量，监理单位委托有资质的检测单位按照合同文件的要求和相关规范规定的频率进行复核。在施工单位完成各单元工程工序三检合格报验后，监理单位根据质量评定和监理规范要求的频率对工序施工质量进行复核检查，复核检查合格方同意施工单位进行下一道工序施工。同时，在施工过程中，监理单位对施工单位现场进行定期或不定期的巡查，发现施工质量不符合规范的行为或结果，以适当的形式通知施工单位进行整改，并对整改结果进行复查，以达到控制施工过程中工程质量的目的。

（3）项目法人及建设管理单位的检查。项目法人及现场建管单位开展的质量检查活动主要有：①平时现场的例行巡查，并按项目法人管理规定，由建设单位主要领导组织的质量检查每月不少于两次；②开工前委托有资质的第三方检测单位，按合同约定的检测频率等要求，在工程建设过程中不定期地对原材料和中间产品及工程实体质量进行抽检，并出具检测报告；③江苏水源公司组织巡检和专题检查检测。根据江苏水源公司在建工程检查管理办法，公司在每年的重大节日前或汛前汛后等重要节点均安排检查，同时保证每季度至少组织一次大型检查；④2010年后江苏水源公司结合国务院南水北调办组织的稽查、飞检、质量集中整治等活动，均组织参建单位开展了自查自纠工作；⑤江苏水源公司在工程建设的关键期和高峰期，为加强工程质量管理，根据工程阶段施工特点或质量管理情况，委托专门的检测单位有重点、有针对性地进行专题质量检测。先后开展了原材料、主体结构混凝土、护坡、堤防及建筑物回填土、桥梁工程等专项检测，及时查找了施工管理中的一些薄弱点和关键点，使工程质量始终处于可控状态。⑥项目法人十分重视第三方检测单位资质的把关，提出《关于江苏南水北调在建工程施工监理单位质量检测工作意见》（苏水源工〔2011〕117号）以及《关于江苏南水北调在建工程施工、监理单位质量检测工作的补充意见》，明确泵站等主要工程检测均委托具有水利部甲级检测资质的单位，少量影响工程检测委托水利部乙级检测资质的单位，并做到施工和监理单位不委托同一检测单位，保证检测结果的客观和公正。为方便施工、监理单位检测，江苏水源公司委托江苏省水利建设工程质量检测站和河海大学实验中心分别在刘老涧二站、睢宁二站和洪泽站等设立了现场试验室，保证了各在建工程施工单位自检和监理单位复检的需要。

（二）质量监督总体情况

南水北调江苏省境内工程共8个单项工程，计40个设计单元工程，其中28个调水设计单元工程和4个截污导流设计单元工程的质量监督工作由南水北调工程江苏质量监督站负责。江苏省南水北调工程中三阳河潼河、宝应站等，于2002年先期实施工程质量监督工作由江苏省水利工程质量监督中心站负责。2005年6月，国务院南水北调办以《关于成立南水北调工程江苏质量监督站的批复》（国调办建管函〔2005〕57号）批准成立南水北调工程江苏质量监督站，负责后续工程质量监督工作，累计开展质量检查258次。主要监督工作如下。

（1）建立健全质量监督组织，明确职责与分工。南水北调工程江苏质量监督站先后组建了29个质量监督巡回抽查组或项目站，明确了各质量监督巡回抽查组或项目站的负责人及成员，及时开展质量监督工作，保证工程质量监督工作的及时到位。对于技术难度大、专业化程度高的桥梁、信息化等工程，质量监督站邀请其他专业质量监督机构的专家参加质量监督活动，委托专业质量检测机构对工程建设的关键阶段和关键部位进行检测。

（2）做好工程质量监督前期准备。各设计单元工程开工后，各巡回抽查组或项目站按照《南水北调工程质量监督导则》，结合工程实际情况，制定工程质量监督计划，发送项目法人及现场建设管理机构。质量监督计划明确质量监督工作的主要依据、组织形式及工作方式，提出质量监督工作的主要程序和检查重点。督促项目法人（或项目建设管理单位）报送工程项目划分，并及时与有关单位进行协商沟通，认真进行审查，按时发送项目划分确认意见，为工程质量检验评定与验收提供基础。

（3）加强工程实施过程的质量监督检查。①主体工程实施期间，各巡回抽查组或项目站采用定期和不定期的方式进行质量监督检查，在建设高峰期每月开展1次质量监督巡查，及时掌握工程质量状况。②对工程质量管理行为，主要检查建设单位质量检查体系、监理单位质量控制体系和施工单位质量保证体系的建立和运作情况、设计单位的现场服务情况。检查参建单位对国家和行业有关工程质量管理法律法规、规程规范、建设标准，特别是强制性条文的贯彻执行情况。③对工程实物质量，主要检查工程原材料、中间产品、混凝土、土方、金属结构与机电设备的质量及其检查、检测情况。④对于质量监督巡查中发现的问题，各巡回抽查组或项目站及时与参建单位交换意见，提出明确的整改要求。⑤坚持书面发送质量监督检查意见的做

法。意见发出后，督促参建单位尽快进行落实整改，并及时复查整改结果，基本实现了对监督检查意见的“一对一”解决。

(4) 积极推动已完工程的质量评定验收。在工程阶段验收前，各巡回抽查组重点对验收范围内工程的完成情况、参建单位各项管理工作报告准备情况、质量检测情况等方面进行监督检查，认真审阅质量检验与评定资料，提出工程遗留问题的处理意见和建议。对于工程存在的质量问题和缺陷，督促有关单位在验收前抓紧处理到位，并按南水北调工程质量缺陷管理要求做好质量缺陷备案工作，提高了工程阶段验收的质量。参加工程的各阶段验收会议，设计单元工程完工验收提交工程质量监督报告。

(5) 强化和规范工程质量检测。近年来，为加强工程质量监督管理，强化和规范项目法人委托质量检测行为，江苏省制定了《江苏省水利工程建设项目法人委托实施质量检测实施办法(暂行)》，全面推行项目法人委托质量检测工作。在施工单位自检、监理单位平行检测和跟踪检测的基础上，项目法人在工程实施期间，委托有相应资质的质量检测单位进行了全过程和全方面的质量检测。泵站机组试运行验收前和设计单元工程完工验收前，质量监督站邀请专家对机电设备和金属结构的制造安装质量进行检查。通过这些质量监督管理手段和措施，为质量监督提供了技术依据，提高了质量监督工作的科学性和有效性。

(6) 认真配合和开展质量集中整治。2011 年与 2012 年，国务院南水北调办先后组织开展了 2 次质量集中整治工作。按照南水北调工程质量集中整治工作的要求，南水北调工程江苏质量监督站认真开展自查自纠，全面梳理和认真查找质量监督工作中存在的问题和薄弱环节，及时报送质量集中整治工作信息。在做好自查自纠的同时，督促项目法人及参建单位严格按要求开展自查自纠工作。在国务院南水北调办对江苏南水北调工程开展质量集中整治期间，认真做好检查配合工作。对于质量集中整治工作中发现的问题，督促有关单位整改到位。通过开展质量集中整治工作，江苏南水北调工程参建单位的质量意识得到进一步强化，质量管理工作水平和工程实体质量得到普遍提升。

(7) 及时做好质量监督信息报送。按照《南水北调工程质量监督信息管理办法》，做好质量监督信息报送工作。并在现场建设管理机构申报、项目法人审查基础上进行确认，先后向国务院南水北调办报送多份质量监督信息。这些信息基本反映了江苏省南水北调工程项目划分和工程质量检验与评定等情况。

二、项目法人质量检查及问题整改

(一) 质量检查情况

工程建设过程中，每月各建管单位主要负责人参加至少 2 次质量检查，并委托第三方检测单位进行过程抽检；项目法人每季度组织一次全面检查；结合国务院南水北调办开展的质量集中整治、建筑物混凝土专项检查和桥梁专项检查等，项目法人和各建管单位均组织了自查；同时，项目法人还委托专业检测单位开展了护坡、桥梁、土方、建筑物混凝土、机电设备安装等专项检查；为加强检查效果，项目法人每次检查均邀请专家和检测单位参加，确保每次检查的质量。检查频率和力度前所未有。主要检查内容如下：

(1) 严格进行原材料、半成品质量检查，建立质量检查台账，强化采购、检验、使用、保管及问题材料的处理等环节程序管理和质量控制。

（2）加强对质量缺陷台账、处理、验收、备案情况的检查，特别关注混凝土裂缝处理效果的检查，裂缝修补后均委托专业检测机构进行检测，检测不合格的返工处理，确保了处理效果。

（3）对洪泽、睢宁、邳州、泗洪站等泵站工程执行重点部位施工方案审查、浇筑前检查验收及浇筑过程中现场监控制度。

（4）强化河道工程控制项目管理，进一步明确各工程重点控制项目，督促各建管单位在公司监管项目的基础上，扩大监管范围，全面提高河道工程施工质量。

（5）加强房屋及装饰工程质量管理。及时消除质量常见病、通病。主要采取了以下措施：①加大过程质量检查的频率和力度；②明确房屋工程建设、监理、施工各单位的质量分管领导和直接责任人，实行专人质量管理；③加强对建筑装饰材料的质量控制，特别是部分暂定价材料，实行建设单位牵头、专人负责，确保采购材料满足合同和规范要求；④加强对房建工程分包单位的管理；⑤举办房建及装饰工程质量管理培训班，进一步明确质量控制要点及质量通病防治措施。

（6）强化机电设备安装质量管理，确保机组顺利试运行。为加强在建睢宁二站、邳州站、金湖站等6个泵站工程机电设备安装质量，确保机组试运行一次成功，主要采取了以下几方面的措施：①实行机电设备安装条件审查制度；②公司邀请相关专家参加安装方案审查，提高审查质量；③施工过程中邀请相关专家现场进行指导，及时解决出现的质量问题。

（二）问题整改情况

项目法人高度重视各次检查查出的质量问题，建立质量问题台账，落实专人督查。整改情况由建设或监理负责复核，整改结果由各建管单位书面回复。对原材料、混凝土强度、土方回填等主要质量问题，采取零容忍，不合格的一律返工处理，并进行追踪复查，确保问题整改落实到位，及时消除质量隐患。同时，按照质量责任追究管理办法，对检查出问题相对集中或突出的参建单位进行约谈。仅在2012年4月约谈了徐洪河、洪泽湖影响处理工程宿迁段及里下河卤汀河施工8标等参建单位，7月约谈了部分监理单位，8月建管会议上通报了部分监理和施工单位，始终保持了质量管理的高压态势。

2011年以来，江苏水源公司对堤防及建设物回填土检测了邳州站等9个工程，检测393个测点，374个测点压实度大于设计值，19个测点压实度小于设计值，但大于设计值的96%，满足设计和规范要求；护坡工程检测了邳州站等17个工程，检测1875个测区混凝土强度、372个测点平整度、87个测点厚度，全部合格；桥梁工程抽捡邳州站等27个工程的桥板、柱、墩1160个测区混凝土强度和2170个测点保护层厚度，抽查质量全部合格；原材料抽检邳州站等10个工程的水泥7组、砂15组、石子16组、钢筋40组、外加剂6组、粉煤灰5组，除原材料检测中发现个别工程黄砂、石子含泥量超标外全部合格，桥梁工程专项检测中发现个别柱保护层偏大。对检查出的问题，江苏水源公司均立即通知现场参建单位认真落实了整改，及时消除了质量隐患，确保了工程质量。

三、质量监督机构质监意见及整改

南水北调工程江苏质量监督站自项目报备开始就进入质量监督程序，工程施工中随时进行

检查。在阶段验收、单位工程验收、合同项目完成验收及通水验收前每个设计单元工程均开展质量督查，提出整改意见，待相关单位处理到位后再次复查，不留任何质量缺陷或隐患，在此基础上才能下发验收鉴定书。如：2012年9月18—20日，南水北调工程江苏质量监督站邀请相关专家，在淮阴三站设计单元完工验收前，组织开展了淮阴三站工程质量监督活动，查看工程现场，听取建设、设计、监理和施工单位的有关汇报，检查档案资料，并形成了相应质量监督意见。随即，江苏水源公司会同建设处根据质量监督意见，督促参建单位逐条整改。针对“请建设、设计单位对照工程初步设计批复对工程设计变更进一步认真梳理”的要求，建设处会同设计单位共同对照初步设计批复，梳理了设计变更。淮阴三站工程无重大设计变更，一般设计变更有两类：一类为上报江苏水源公司批准后实施项目，共9批次；另一类为建设处直接批准实施项目，共54份设计变更通知单，建设处分两批次集中批复。针对“请抓紧对工程项目划分进行梳理，明确单元工程、分部工程和单位工程的划分及适用标准，单位工程和设计单元工程的质量评定请抓紧完成和完善”的要求，完成了淮阴三站设计单元工程最终项目划分备案工作，按相关质量评定标准梳理了施工质量自评情况，并以《关于南水北调东线一期淮阴三站工程总体项目划分的报告》（淮三建〔2012〕2号）、《关于南水北调东线一期淮阴三站工程设计单元质量等级核定的请示》（淮三建〔2012〕3号）分别上报南水北调工程江苏质量监督站。针对“目前参建单位提供我站的检测数据中，监理单位缺少监理抽检数量，施工单位缺少泵站引河河道断面、变压器交接试验、开关柜交接试验等数据，请抓紧补充完善”的要求，监理单位实时对原材料、混凝土进行了抽样检查，补填了相关表格；淮阴三站泵站引河采用干法施工，直接放样控制，经监理复核后开挖，管理项目部的河道断面测量数据反映现有引河断面与设计断面基本一致，收集了完整的变压器、开关柜等交接试验资料。

四、国务院南水北调办“三查一举”问题及整改

（一）对稽查提出问题的整改情况

自2005年5月以来，江苏水源公司积极配合国务院南水北调办的多次质量稽查。如2005年5月解台泵站工程建设稽查；2005年10月刘山泵站工程建设稽查；2006年3月解台泵站工程建设稽查（国家发展改革委）；2006年4月淮安四站工程建设稽查；2006年8月淮阴三站工程建设稽查；2006年9月刘山泵站工程建设稽查复查；2006年9月江都泵站改造工程建设稽查；2007年8月淮安四站工程建设稽查复查；2007年9月江都泵站改造工程建设稽查复查；2007年10月淮阴三站工程建设稽查复查；2010年5月刘老涧二站工程建设稽查；2011年5月泗洪站和金湖站工程两项制度专项稽查。江苏水源公司均积极配合。

江苏水源公司及时转发稽查意见，组织相关部门和单位召开专题会议，认真组织学习，对稽查意见逐条进行分析，提出整改措施，全面部署落实，监督整改到位。并将整改情况及时上报国务院南水北调办。主要情况如下：

（1）针对解台站和宝应站“初步设计批复后的设计质量控制”的稽查意见，公司将设计单位纳入了质量保证体系，逐步完善“项目法人负责，监理单位控制，设计、施工（供货）单位保证和政府监督相结合”的质量管理体系。进一步加强了施工图设计审查管理，切实把好工程设计审查关，确保施工图设计质量。江苏省水利勘测设计研究院有限公司按照《关于成立‘公

司南水北调工程设计代表处’的通知》（苏水设司〔2006〕15 号），进一步加强领导，落实责任，切实抓好招标文件编制、审查和技术交底，并按施工图设计审查意见优化设计，协调解决施工过程中的设计技术问题，加强南水北调各工程现场的设计服务工作。江苏境内部分南水北调工程实行了初步设计招标，优化了工程设计、节省了工程投资、提高了工程设计质量。

（2）针对解台站和宝应站“检测机构和工程检测”的稽查意见，江苏水源公司确定江苏省水利建设工程质量检测站承担江苏境内南水北调工程的质量检测工作。该站是江苏省水利厅指定的水利工程质量最高检测认定机构，长期以来担负着江苏省内大、中型水利工程的质量检测工作，有着丰富的经验和良好的信誉。

（3）针对解台站和宝应站“原材料及碱活性”的稽查意见，刘山解台站工程建设处已根据报告提出具体整改和进一步加强原材料质量控制的措施，对施工用原材料适当增加了抽检频次，以确保工程施工质量。委托了南京水利科学研究院专题研究碱活性骨料对混凝土质量和耐久性的影响，进一步判断是否具有碱活性反应。

（4）针对解台站和宝应站“混凝土质量”的稽查意见，公司委托有资质力量的试验单位通过优化配合比，合理选用添加剂，进一步提高在建工程混凝土的抗裂、抗冻融和耐久性性能。

（5）针对淮安四站工程稽查意见，公司组织相关部门和单位召开专题会议，对稽查整改意见逐条进行分析，提出整改措施，切实加以整改，进一步加强了对现场建设管理机构的监督和指导，加强了对监理、施工单位和工程施工过程的检查，努力提高工程建设管理水平，杜绝了类似问题的发生。

（6）针对江都站改造工程“关于设计变更”的稽查意见，江都三站更新改造控制楼原设计为独立基础，实施过程中根据地质勘探情况，地基承载力不能满足设计要求，后改为灌注桩基础。建设处已按公司要求报送了江都三站更新改造控制楼由独立基础改为灌注桩基础的设计变更，公司进行了批复，进一步规范设计变更管理，及时完善了工程设计变更手续。

（7）针对江都站改造工程“建设、设计和监理现场管理”的稽查意见，由建设处会同相关单位进行了整改和完善。同时江苏水源公司在其后的工作中，加强了现场建设管理机构的监督和指导，加强了对监理、施工单位和工程施工过程的检查，进一步提高了工程建设管理水平，杜绝了类似问题的再次发生。

（8）针对刘老涧二站工程“监理单位要在建设单位的监督下进行整顿”的稽查意见，建设处要求监理处认真学习稽查报告中提出的问题，加强对监理规范、技术标准、规程以及南水北调有关标准、规定的学习，组织总监、主要监理人员去泗阳、泗洪等工地学习取经，并多次与苏水监理公司沟通，要求监理公司对监理处的自查落实整改进行审查，建设处组织进行复查。监理单位建立健全了质量控制体系，规范了合同变更，加强了金属结构监造和现场埋件的监督检查，加强了混凝土施工配合比、拌和物及改性土施工的控制与检验检测，按水利水电工程施工质量检验和评定规程组织填写质量缺陷备案。

（9）针对刘老涧二站工程“监理单位和施工单位要对控制测量网进行复核和对测量控制点进行校核，按合同要求加强人员配备和管理”的稽查意见，施工单位对原有的测量计划内容进行了补充，2010 年 5 月 16 日与测量专业工程师对导线点进行了三角网闭合导线复测，复测结果满足测量规范要求，后续施工已用四个测量控制点进行施工放样。监理单位配置了全站仪、测厚仪等设备，并增加了专业测量工程师负责测量工作。5 月 17 日，专业测量工程师对施工控

制网进行了复测、复核计算和审批，施工控制网测量满足测量规范要求。

（10）针对刘老涧二站工程“项目法人要尽快组织编制刘老涧二站设计单元工程的项目管理预算；尽快履行重大设计变更审批手续；按照招标投标的有关规定进一步规范招标评标工作；完善合同主体工程和关键性工作的分包管理，加强合同文本的规范管理，督促监理单位尽快办理符合要求的监造资质和人员资格”的稽查意见，建设处及时组织各参建单位学习合同管理，加强合同文本的规范管理，在后续的水土保持合同已采用科技示范合同文本。监理单位除按投标书中承诺的机电设备安装专业监理工程师、金属结构专业实行机电及金结方面制造与安装的监理工作外，还增加了机电专业监造工程师。

（11）针对刘老涧二站工程“检测单位和施工单位应建立健全质量保证体系，加强质量管理的制度建设；按照合同承诺完善工地试验室建设，保证检验检测符合规范要求”的稽查意见，施工单位根据《施工企业质量体系管理规范》撰写了质量体系文件并报监理处审批；补充制定了技术交底、测量复核、关键岗位培训上岗、设备构配件检验、施工文件管理、施工图会审、施工文件编制、隐蔽工程及关键部位验收等制度，充实完善了质量管理制度，增加了规范性内容和程序。加强混凝土拌和物的控制。在稽查结束后的泵站出水流道顶板及联轴层施工中，项目部严格按照《水工混凝土施工规范》（SL 677—2014）、《通用硅酸盐水泥》（GB 175—2007）要求进行原材料的检测。橡皮止水、泡沫板等已送检。加强混凝土拌和用砂的含水量、含泥量细度模数、粗集料的含泥量、超逊径，拌和物坍落度、温度、含气量、拌和时间及材料称量、水胶比和均匀性等四个方面的检查检验。

检测单位重新编写了南水北调工地试验室工作制度；增加了电子秤、电子天平、水泥胶砂搅拌机、水泥净浆搅拌机、电热鼓风干燥箱、标准养护箱、水泥胶砂振实台、沸煮箱、万能试验机、压力试验机等操作规程；试验室增加了混凝土拌和物的水胶比分析及均匀性试验授权，同时为工地试验室增配了可调温电炉、平底锅、砂浆稠度仪；调整工地试验室技术负责人；水泥试验室与接样室之间增砌了隔墙，满足水泥抗压试验环境要求。

（12）针对刘老涧二站工程“施工单位要认真做好施工前的准备工作和工程项目划分，对质量缺陷全面调查并做好记录，按规范要求认真填写质量评定表格；对涉及工程结构安全的试块、试件及有关材料实行见证取样；按照设计要求做好安全监测工作”的稽查意见，认真做好施工前的准备工作。在稽查结束后的泵站出水流道顶板及联轴层施工中，项目部完善了施工作业指导书，完善后的作业指导书可操作性强；加强了作业层的技术交底，保证作业指导书内容和技术交底内容详细、可操作；膨胀土改良试验增做了工艺试验，已报经监理处审批；混凝土配合比设计中一般项目检验内容已在后续的灌注桩C30混凝土配合比设计过程中加以完善并报监理处审批；机电安装分包单位已将原施工组织设计中的质量保证措施内容进行了完善，并报项目部审查通过后报监理单位审批。

（13）针对刘老涧二站工程“做好质量缺陷记录。在后续施工过程中，项目部建立了混凝土拆模检查记录，并会同监理单位共同对混凝土外观质量和尺寸进行了检查，及时做好检查记录。对泵站流道混凝土裂缝质量缺陷在观测结束后将根据规范要求及时办理缺陷备案手续”的稽查意见，规范质量评定填写记录。在后续的质检工作中，项目部对应《单元评定表》规定的检查项目填写详细的检验记录。根据安装记录，项目部补充了前期预埋件施工的检验记录。在后续的机电预埋件中均填写安装记录和检验记录。并且将不同内容的工种工序按照油、气、水三种不同管路分门别类地记录在各自的检验记录表中。泵站接地极及接地带安装记录中，接地网材质及规格、连接型式、排列、焊接固定、防腐处理等内容的检查、验收记录已按单元评定的内容进行了填写，并填写了接地工程的隐蔽部分中间检查、验收记录，对涉及质量评定表中检查项目的检验结果，项目部附具体的检验内容记录，同时按照填表示例规范填写。对闸站工程的各个沉降观测点分别进行检验，形成各自的检验表和考证表报监理处，待完成所有沉降观测点的埋设后，汇总46个沉降观测检验资料，作为单元工程质量评定的附件。对涉及工程结构安全的试块、试件制备好见证取样资料，在监理单位见证员见证下送至江苏省水利建设工程质量检测站试验室扬州本部进行见证取样试验。

(14) 针对“两项制度的贯彻与落实”的问题，江苏水源公司组织有关单位加强对参建人员的教育和培训，并于2011年6月两次在南京组织参建建设、监理等单位贯彻学习两项制度，同时为加强质量及合同管理，建立健全长效管理机制，先后编制和印发了《江苏南水北调工程建设质量问题责任追究管理办法实施细则（试行）》《南水北调东线江苏境内调水工程合同监督管理实施细则（试行）》《江苏南水北调质量缺陷管理办法（试行）》《南水北调东线江苏境内泵站工程混凝土施工专用技术文件》《江苏南水北调工程质量通病防法手册》《南水北调工程施工质量管理手册》等相关管理制度。

(15) 针对“合同管理工作存在的不足”的问题，江苏水源公司按照《南水北调东线江苏水源有限责任公司合同管理办法》（苏水源工〔2007〕117号）规定，现场建设管理单位可签订10万元以下的非招标合同并将签订手续报公司核备；10万元以上的非招标合同，现场建设管理单位应办理合同立项审批表和合同办理单，经公司负责人批准后由现场建设管理单位负责人签订，合同办理单均明确了合同内容、意向、签署时间等，可视同合同签订的授权手续。根据《南水北调东线江苏水源有限责任公司工程建设管理职责（直接管理模式）暂行规定》有关规定，江苏水源公司与现场建设管理单位的职责分工，现场机构经江苏水源公司授权，履行合同中规定的法人的全部或部分职责、权力和义务。每年年初，江苏水源公司均与现场建设管理单位签订工程建设目标责任书，进一步明确现场建设管理单位职责、权力和义务。现场合同乙方人员均委托现场建设管理单位进行管理，现场建设管理单位只需将处理情况报备公司即可。为落实整改，江苏水源公司以《关于明确工程各参建方管理人员变更批准权限的通知》（苏水源工〔2011〕261号），进一步明确公司和现场建设管理单位职责分工。

（二）对飞检提出问题的整改情况

自2011年11月以来，国务院南水北调办共对江苏境内工程进行了4次飞检，江苏水源公司根据飞检提出的问题进行了认真细致的整改。具体情况如下。

(1) 2011年11月7—16日，南水北调工程建设稽察大队检查组先后对南水北调东线一期工程洪泽站、金湖站、睢宁二站及泗阳站工程质量进行了飞检。针对检查发现施工单位存在施工方案和作业指导书等内容针对性和实用性差等质量管理违规行为和监理单位存在对方案实施管理不到位等质量管理违规行为，公司、建设处、监理单位、施工单位认真对待混凝土工程、土方填筑工程施工中存在的质量缺陷问题，按程序进行质量缺陷备案，制定并落实缺陷处理方案；施工单位按照设计图纸施工，禁止私自变更设计，对未按照图纸要求施工已安装的埋件提出了处理措施；施工单位按规范要求处理了洪金地涵两侧土方填筑层间结合问题；监理单位按

规范要求严格审查施工单位报审的施工方案，认真复核施工验收评定资料，准确评定质量等级。如洪泽站检查发现的施工单位质量管理违规行为17条、监理单位质量管理违规行为13条、工程实体问题14条，2013年3月南水北调工程建设稽察大队复查，已全部整改到位。

（2）2012年5月9—12日，南水北调工程建设稽察大队检查组先后对南水北调东线一期邳州站、泗洪站工程质量进行了飞检。针对检查发现碾压试验检测与规范有所偏离等施工单位质量管理违规行为、重要部位的混凝土试样平行检测数量不够等监理单位质量管理违规行为和邳州泵站过流断面混凝土局部有渗水现象等实体质量问题。江苏水源公司高度重视飞检意见的整改落实工作，多次召开专题会议，并组织对所有建筑物质量缺陷重新进行排查，对存在的质量缺陷按程序进行质量缺陷备案。依据制定的质量缺陷处理方案，责成有关单位严格认真处理整改，积极开展整改情况的检查工作，并对照《质量责任追究管理办法》的有关条款对责任单位进行了处罚。

（3）2012年9月6—12日，南水北调工程建设稽察大队检查组先后对南水北调东线金宝航道工程第四施工标、睢宁二站进行了飞检。针对检查发现金宝航道工程第四施工标存在部分原材料试验检测报告提供不及时等施工单位质量管理违规行为和个别混凝土浇筑开仓报审表和混凝土配料单监理未签字等监理单位质量管理违规行为、拦河坝48号挡土墙南北两侧中部各存在一条竖向裂缝等实体质量问题，江苏水源公司会同建设处督促相关单位逐条处理，不留盲区。

（4）2013年3月22—29日，南水北调工程建设稽察大队检查组先后对南水北调东线洪泽站、睢宁二站、泗洪站及邳州站进行了飞检。针对检查发现洪泽站部分单元工程质量评定结果不准确等施工单位质量管理存在违规行为、对施工单位的质量评定资料复核不认真等监理单位质量管理违规行为、挡洪闸北1号孔排架部位反轨对接处未进行焊接等实体质量问题，江苏水源公司会同建设处督促相关单位逐条处理，逐项组织整改。建管单位督促施工及监理单位全面排查施工缺陷，由设计单位明确处理要求，施工单位保证、监理单位控制，确保安全可靠；施工单位对所有安装质量进行了认真检查；施工单位加强了现场安全管理工作，尤其是加强了施工脚手架、临边护栏、高空作业和高压配电施工的安全管理。

（三）质量问题举报及处理情况

南水北调东线自工程开工建设以来，江苏水源公司紧紧围绕国务院南水北调办确定的“东线一期工程2013年建成通水”总目标，精心组织，科学安排，强化工程建设管理。经过广大建设者10年多的不懈努力，江苏南水北调工程主体工程已全部建成，运河线和运西线两条输水线均已具备调水北上的能力，并在2013年8月中旬，顺利通过了国务院南水北调办组织的东线全线通水验收。10月19日，南水北调工程东线全线已开始试运行，现江苏段运行正常，再次证明江苏南水北调东线一期工程已实现了2013年建成通水的目标。10多年来，江苏南水北调信访举报工作也在国务院南水北调办领导的高度重视和帮助指导下，按照信访举报工作目标管理要求，以国务院南水北调办《南水北调工程建设项目举报受理及办理管理办法》和《关于加强南水北调工程建设举报受理工作的意见》为指导，紧紧围绕工作中心，抓住主线，突出重点，强化措施，履行职能，为维护社会稳定，促进江苏南水北调工程建设做出了一定贡献。

1. 举报受理工作开展情况

（1）领导重视，信访举报工作保障有力。江苏南水北调工程始终坚持把信访举报工作摆在重要工作日程，建立了由主要领导任组长的信访举报工作领导小组，切实加强领导班子成员管理信访举报、保稳定、促发展的政治意识和大局意识，确定专门人员负责，牢牢把握信访举报工作的主动权，始终把信访举报工作贯穿于江苏南水北调建设全过程，渗透到每一个工作人员的思想中，并在各个现场建设管理单位设立了党风廉政监督员，有力地确保了信访举报工作开展，真正做到居安思危，防患未然，努力把矛盾消除在萌芽状态。

（2）完善制度，切实提高信访举报工作实效。根据《南水北调江苏境内工程信访工作办法》，江苏南水北调办信访工作机构设在综合处，江苏水源公司信访工作机构设在综合部。目前，在江苏南水北调网站公布所有的与信访举报工作有关的法律、法规、规章，信访举报事项的处理程序，向社会公布信访举报工作机构的通信地址、电子信箱、投诉电话、信访举报接待的时间和地点等相关事项，以及其他为信访举报人提供便利的相关事项。通过建立省南水北调系统各级信访举报工作信息网络，确保信访举报信息渠道畅通，提高重大信访举报事项的预见性，形成上下贯通、左右协调、层层有人抓、事事有人管的齐抓共管的工作局面。

（3）现场监督，发挥人民群众监督作用。针对江苏南水北调工程建设处在高峰期和关键期，为保证工程建设质量，根据《南水北调工程建设项目举报受理及办理管理办法》要求，在每个工程现场均设立公开的举报受理电话和电子信箱，同时以施工标段为单位在显著位置设立了规范醒目的举报公告牌，明确了负责所辖范围内工程建设举报受理和办理工作的部门，方便和鼓励了群众对工程建设与管理相关问题进行监督举报。

（4）围绕工程建设重点环节，完善项目管理措施。建设过程中着重对工程建设中招投标、征地拆迁、质量、资金使用等方面，加强管理，完善了相关管理措施：①加强江苏南水北调工程招投标管理工作，采取了4项措施：一是在招标文件中要求施工标的中标单位作出不拖欠农民工工资承诺，农民工工资如不按时兑现，甲方有权在工程款支付中抵扣；二是为防止抬标等现象，对土方施工、绿化等技术含量较简单的工程采用限额招标；三是一次开多个标段的，一个投标单位原则上只能中1个标段；四是评委在项目法人单位提供的评委人数2倍以上人选中随机抽取。同时加强对中标施工企业监督管理。中标的施工、监理单位必须按照投标文件承诺的项目部、监理部人员到位。确有特殊情况需要更换的，必须履行审批手续。江苏省南水北调办、江苏水源公司和派驻纪检组将定期组织检查，如发现违反上述规定的情况，列入南水北调诚信档案系统，并在合同中明确奖惩办法。②加强对征地拆迁的监管。重点检查政策宣传是否到位，拆迁面积、补偿标准、补偿金额是否公开，资金是否专款专用，拨付是否及时，台账资料是否规范等。③加强对工程质量的监管，对重点工程重点部位加强施工方案审查、加大质量检查力度，强化质量问题的责任追究等。④加强对工程资金的监管。实行“三合同制”，用廉政合同、资金安全合同的条款来约束参建各方的廉洁行为，保障国家工程专项资金使用安全、高效。在南水北调工程建设资金安全合同中，明确要求施工单位在所在地开设专门账户，专户存储，专款专用，单独建账。

（5）注重宣传，保证农民工合法权益。为切实提高农民工的自我维权意识，江苏省南水北调办、江苏水源公司以及现场建设管理单位经常开展法律教育和援助，同时利用现场黑板报、电教媒体，定期组织职工学习相关法律法规，加大《中华人民共和国劳动法》《劳动保障监察

条例》等各项法律法规的宣传力度。制定宣传计划，落实专门的工作人员，使用人单位和劳动者对各自的权利、义务和法律责任有更加清晰的了解。凡对于投诉，举报无故拖欠或克扣农民工工资的现象，一经举报立即指定专人负责调查，严肃查处，并要求确保整改到位，切实维护农民工的合法权益。

（6）健全网络，做好信息报送工作。结合江苏南水北调实际情况，江苏省南水北调办、江苏水源公司在现场建设管理单位、监理单位、施工单位建立了三级信访举报信息网络，配齐了专兼职信访举报信息员，形成了上下联动的快速信息传递网络，充分发挥基层网络作用。同时为了做好报送信访举报信息工作，在平时工作中注意发现苗头性、倾向性问题以及社会热点、难点问题，及时整理，为领导提供有价值的信访举报信息，为工程顺利建设起了很好的作用。

（7）强化自身学习，加强基层业务培训。抓好自身学习，为了提高人员的政治理论和业务水平，经常组织集中学习，认真学习党和国家政策、法律法规以及信访举报工作业务知识，不断提高办信、办访能力，增强法制意识，依纪依法处理信访举报问题，提高了信访举报工作能力。

2. 主要受理的举报处理情况

江苏南水北调工程建设期间，国务院南水北调办共转给江苏相关传真、来访、电子邮件、电话、信件等形式举报 19 件，主要是关于征地拆迁赔偿、招标投标、环境污染、工程质量、拖欠工程款等问题。关于征地拆迁赔偿、招标投标、环境污染等举报，主要由江苏省南水北调办负责牵头调查处理，江苏水源公司配合调查。关于工程质量方面的举报，主要由江苏水源公司负责调查处理，同时邀请江苏省南水北调工程派驻纪检监察工作组参与举报调查，保证了举报处理的客观性、公正性。处理过程中主要做好几个方面工作：①成立独立的调查组，调查组由相关部门及江苏省南水北调办和纪检等组成，必要时委托相关专业机构，调查人员必须熟悉相关业务，与举报查处事项和单位无利害关系，调查组直接对江苏省南水北调办和江苏水源公司分管领导负责；②调查工作既要做好保密工作，又要充分的跟相关人员了解和核实情况，保护好举报人的安全和相关隐私，又保证充分核实两方面的情况；③调查过程中注重书面和实物证据，对举报的相关问题，从工程建设的程序和过程中查找相关书面的佐证材料，并且要多方面证据进行核对。对于无书面佐证材料的，如通过委托专业机构检测实体质量等手段或走访相关人员进行证据采集，保证搜集证据的可靠性；④加强与举报人的沟通，核实相关证据，及时向举报人通报问题查处进展，特别是实名举报的，及时将调查结果反馈举报；⑤注重调查结果的整改和完善。对举报处理中发现或暴露的相关问题，要督促责任单位及时整改，保证问题整改到位，同时要求相关单位举一反三，从管理层面上拿出预防措施，保证类似问题不再发生，达到举报查处应有的效果和目的；⑥严肃处理相关责任主体，保证查处的警示作用。对举报查实存在的问题，不掩盖、不包庇、不重查轻处理，抱着对举报人和事件负责的态度，应处理的按相关制度坚决从严从重处理，不在处理范围内的及时移交到相关部门处理，做到调查靠实、处理到位。⑦及时通报举报处理结果。举报查处后，及时向国务院南水北调办或相关单位通报查处情况和结果。

目前，凡是江苏南水北调办和江苏水源公司收到信访举报材料，都本着高度重视和负责的态度，严肃、严谨的查处的精神，落实专人，保证查处结果的客观和公正，目前所有信访举报内容均已处理完成，未给社会造成不良影响。

五、工程质量专项整治情况

（一）质量集中整治情况

江苏水源公司充分认识到质量检查集中整治的重要意义，积极组织在建工程参建单位，认真开展质量集中整治工作。江苏水源公司及各现场建设管理单位均成立质量集中整治领导小组，制订实施方案，认真查摆问题、分析原因、制定整改计划、落实整改措施，确保了质量集中整治效果。2012 年 4 月下旬以来，根据国务院南水北调办年度质量集中整治的要求，积极组织各参建单位围绕国务院南水北调办颁布的质量问题责任追究管理办法和质量集中整治的有关要求，开展质量集中整治工作。江苏水源公司和各建设处均成立领导小组、制订方案、明确任务，落实责任，针对自查自纠查出的问题有重点地进行了复查和指导；在国务院南水北调办检查后，又针对查出的普遍性问题发文要求各参建单位再次组织自查自纠，特别要求各建设处开展一次监理专项检查，及时督促各参建单位落实了主要问题的整改，取得了较好的整治效果。

2011 年质量集中整治活动中，共自查质量问题 235 个。其中项目法人 3 个，建设单位 43 个，设计单位 24 个，监理单位 59 个，施工单位 106 个。

2012 年质量集中整治活动中，共自查质量问题 302 个。其中项目法人 1 个建设管理单位 34 个，设计单位 17 个，监理单位 68 个，施工单位 182 个。无严重质量问题。

（二）原材料质量专项整顿

1. 原材料质量控制情况

抓好原材料质量管理是确保工程质量的关键，是工程质量管理的重中之重。江苏水源公司对此高度重视。

2011 年 3 月，根据国务院南水北调办在江苏部分工程开展原材料质量管理调研情况，江苏水源公司立即印发《关于进一步加强江苏南水北调在建工程原材料质量管理工作的通知》（苏水源工〔2011〕65 号），要求各参建单位高度重视原材料质量管理，完善管理制度，明确管理责任，规范采购及检验行为，严格进场检查验收，加强保管和使用。

2011 年 4 月，在各现场建管单位委托第三方检测单位对工程原材料及实体质量进行检测基础上，江苏水源公司专门委托河海大学实验中心对江苏南水北调在建的泵站工程进行了原材料抽检，并派专家参加公司组织的质量检查和巡查，专门负责原材料质量检查，发现问题及时通知参建单位进行整改。

2011 年 4—6 月，结合国务院南水北调办开展的质量问题自查自纠和质量集中整治活动，进一步强化了原材料质量管理和检查，规范了各参建单位原材料质量管理行为。

2011 年 6 月，根据国务院南水北调办稽查意见，江苏部分施工和监理单位试验室检测资质不符合水利部相关规定，经江苏水源公司协调，委托江苏省水利建设工程质量检测站和河海大学实验中心分别在睢宁二站和洪泽站设置了工地试验室，并印发《关于江苏南水北调在建工程施工、监理单位质量检测工作意见》（苏水源工〔2011〕117 号），要求所有主要泵站及河道施工、监理原材料质量检测须委托这两个检测单位，且施工、监理单位不得委托同一检测单位。现两工地试验室均已启用。

2011年7月，国务院南水北调办《关于开展南水北调工程原材料质量专项整顿的通知》（质量整治办〔2011〕5号）下发后，江苏水源公司高度重视原材料质量专项整顿工作，及时传达通知，会同现场建管单位组织各参建单位认真学习和领会通知精神，积极开展原材料质量自查自纠工作，制定原材料质量整顿方案，逐条梳理原材料质量问题，及时落实整改，并进一步完善管理制度，加强管理和督查，确保把好原材料质量关，杜绝不合格原材料用于工程。7月中旬，结合检查前阶段质量集中整治情况，江苏水源公司主要领导及相关部门负责人深入现场指导和检查各参建单位开展原材料质量自查自纠及整改工作。7月11—13日，江苏水源公司专门对里下河工程进行了检查，并将检查结果及时通报，督促参建单位进行整改。

2. 原材料质量自查自纠及整改情况

通过原材料质量专项整顿，江苏南水北调工程共自查原材料质量问题132个，其中管理行为问题128个，实体质量问题4个，均已整改完毕。通过自查自纠，在以下几个方面进行了完善。

（1）制定管理制度，落实质量责任。为加强原材料质量管理，各现场建设、监理、施工单位均建立了原材料质量管理制度，各参建单位建立了质量责任网络，配备相应的原材料质量管理责任人，明确职责，落实责任。江苏水源公司及各建管单位按检查制度对施工、监理单位原材料管理情况进行了检查或巡查。各监理单位根据合同文件及规范和设计要求编制原材料质量控制实施细则，明确原材料控制的具体要求、措施和控制程序，过程中进行了跟踪检查和平行检测，保证原材料管理处于有效控制之中。从自查情况看，除部分新开工的项目外，各单位原材料管理制度比较健全，责任落实到位。也有部分单位通过自查进一步进行了补充和完善，并加强了原材料采购、验收、保管和使用各个环节的质量管理。

（2）规范原材料采购。江苏南水北调工程除主要泵站项目的钢筋由江苏水源公司统一招标采购外，其他材料均由施工单位自行采购。钢筋的采购均由江苏水源公司委托代理机构组织公开招标，做到招标、评标工作规范，保证投标单位公平、公正的参与竞争。施工单位自行采购的，建设及监理等单位主要加强对水泥、黄砂、碎石等主要原材料的监督和管理。开工初期，施工单位对主要原材料自行考察后选2～3家供应商，由监理单位组织参建单位进行实地考察，了解并收集各供应商资质文件、用料来源、产能、工艺水平和关注的主要材料质量指标等，并对关注指标进行取样试验，最终由施工单位形成考察报告报监理审批。审批后，施工单位与供应商签订供货合同，合同中明确采购材料质量标准和相关要求，保证不低于规范及设计文件要求。并要求施工单位将主要原材料和关键材料的供货合同均报监理单位备案，保证原材料的采购活动公开、透明，并受到监理、建设等单位的监督。江苏南水北调大部分工程的原材料采购行为是比较规范的，但之前也发现部分影响工程主要原材料考察存在未形成报告、报告内容比较简单、未报监理审批等情况，近期已在自查后作了完善和整改。其中，大汕子枢纽工程设计单位自查后专门编制了原材料质量指标补充文件。原材料质量自查中未发现权钱交易、索贿受贿、干预采购、明示或暗示降低原材料质量标准以及设计单位指定生产厂家等行为。

（3）严格原材料进场检查验收。为加强原材料的质量检测，各施工单位均委托质量检测单位进行原材料的质量检测，并签订委托检测协议。主要泵站或涵闸工程均由质量检测单位在现场设立了工地试验室、检测人员持证上岗、试验仪器和设备均由县级以上技术监督部门检定，工地试验室的启用均报监理审批后使用。工地试验室一般只检测砂石骨料的级配、含泥量、泥块含量、含水率等一般参数，进行施工配合比的调整，检测拌和物温度、坍落度、含气量，制作、养护、检测混凝土试块，以及一般的土工试验。只有泗阳站、刘老涧二站工地试验室具备水泥和钢筋检测条件，其他原材料的检测均送检测单位总部检测。河道及影响工程原材料主要是送委托检测单位检测。开工前，各施工单位根据施工需要和生产能力均对原材料堆放场进行统一规划，设置统一的围栏和排水系统，硬化了场地，砂石材料分区堆放，并留有待检区。钢筋加工区和成品区分开，现场设置了各原材料标识牌，注明原材料的产地、规格、质量检验状态等。施工过程中每批原材料进场后均在监理的见证下按规格、频率等要求取样送有资质的检测单位进行检测，根据检测结果报监理审批同意后方可使用。对于检测不合格的材料，将在监理见证下按规定进行复检，复检不合格的，在监理见证下清退出场，杜绝不合格的材料用于工程。各施工单位建立了材料进、出库和检验台账，保证使用材料具有可追溯性。自查发现主要存在几个方面的问题：①部分施工单位委托的原材料检测单位不具备水利甲级资质；②试验报告存在填写不规范、报告不及时情况；③原材料报审单填写不规范、附件不齐全；④掺合料、外加剂等部分材料检测项目不全，除主要泵站工程外砂石材料未进行全参数检测等。

（4）严格控制检测单位资质。对检测单位资质问题，已由江苏水源公司统一作了整改。鉴于工程战线长及江苏具有水利部甲级资质的检测单位只有3家等情况，除里下河水源调整、骆南中运河、洪泽湖及徐洪河影响工程未明确要求外，其他所有施工单位的原材料检测均已委托具有水利部甲级资质的检测单位的省水利建设工程质量检测站和河海大学进行检测，签订了委托协议。并且要求同一项目的施工、监理单位不得委托同一检测单位，两检测单位分别在现场设立了工地试验室。试验室人员、设备、检测环境均能满足相关规定要求。其他问题大部分已得到整改，部分问题正在整改中。各监理单位现场均未设置工地试验室，原材料的平行检测委托相关检测单位。对进场的原材料，监理单位材料专业工程师能履行跟踪检测和按规范或合同约定频率进行平行检测并及时审批，对检测不合格材料，能按规范重新检验，未经检验或检验不合格材料禁止使用，对复检不合格的材料，在监理监督下清出施工现场。自查中发现部分监理单位委托质量检测单位不具备水利甲级资质，未签订委托协议，且未正式报建管单位批准；部分材料检测参数不全；部分监理单位对用量少的材料未进行检测等。现检测单位资质问题亦已由江苏水源公司统一督促整改。其他问题大部分已得到整改，部分问题正在整改中。为加强工程原材料及工程实体质量的控制，各建设管理单位委托具有水利部甲级资质的第三方检测单位，根据工程进展有计划地开展原材料和工程实体质量抽检，并及时提交阶段检测报告，根据阶段检测结果，适时组织参建单位落实整改措施，确保整改到位，坚决杜绝不合格材料用于工程，更不允许任何人明示或暗示降低工程和原材料质量标准。江苏水源公司专门委托河海大学实验中心对江苏在建工程原材料进行了抽检，并派专家参加公司组织的质量检查和巡查，专门负责原材料质量相关检查，发现问题及时通知参建单位进行整改。

（5）做好原材料的保存和保护。各工程原材料的加工、堆放、保管均按照监理批准的施工现场布置图进行统一布置，对料场地面进行混凝土硬化处理，设置排水系统。原材料、成品、半成品按照规格分成不同的堆放区，并设标识牌。砂、碎石按规格分区堆放，中间用砖砌隔墩进行分隔，严格控制堆料高度，防止混杂。钢筋进场后按规格、品种、批次、生产厂家分别架空堆放，架空高度不小于30cm，用彩条布或油布进行覆盖，并将原材料和半成品分开堆放。袋装水泥进场后底部架空放置，堆放在向阳且干燥的地方，并用塑料薄膜覆盖，堆放高度控制

在小于10包，并标明厂家、等级及检测状态。散装水泥及粉煤灰采用现场罐装贮存，并标明厂家、等级及进场时间，严格控制水泥的储存时间不超过3个月。止水铜片在加工厂制作完成后运抵现场存放于仓库内。止水材料、土工布及闭孔泡沫板尽可能放于室内，置于室外时进行覆盖。各材料堆放现场均设置了标识牌，注明产地、规格、检测状态及使用部位。施工单位建立了原材料出入库管理台账，保证去向清楚，来源可追溯。针对不同材料采取不同的保护措施，砂石材料主要是防止混杂，止水铜片主要做好架立、清理砂浆及防止被撕裂或戳破等，土工布主要防晒、防戳破等。自查发现存在问题有：①部分单位原材料出入库台账还需完善；②砂、石子、水泥、粉煤灰等材料的防雨、防高温措施未落实或落实不到位；③钢筋的架高、防潮措施不到位等。

3. 整改后进一步加强原材料质量管理的措施

（1）深入开展南水北调工程原材料质量专项整顿。要求各参建单位高度重视原材料质量专项整顿工作，提高思想认识，端正工作态度，扎实分析、解决原材料质量管理自查自纠中发现的问题，及时、确保整改到位。

（2）进一步督促参建单位规范材料现场保护工作，重点是砂、石、水泥、粉煤灰的防晒、防高温，钢筋的防雨、防潮等工作。

（3）进一步规范施工、监理单位原材料进、出库管理，完善检验台账。

（4）加强对各单位原材料质量管理工作的检查，检查自查问题是否及时整改到位，是否存在自查不彻底的情况，以及原材料质量管理是否真正规范、有序。并按质量问题责任追究管理办法对相关责任单位及负责人进行责任追究和处罚。

（三）桥梁专项检查

南水北调东线一期江苏境内工程共有跨渠桥梁78座，其中生产桥48座，公路桥30座，涉及14个设计单元。

2012年7月，根据国务院南水北调办《关于组织开展南水北调跨渠桥梁工程质量检查的通知》（综监督〔2012〕61号）要求，江苏水源公司专门下发《关于对江苏南水北调在建工程跨渠桥梁进行工程质量检查的通知》，由江苏水源公司工程建设部组织、检测单位参加开展了历时22天的在建工程跨渠桥梁质量专项检查。检查范围为江苏境内南水北调在建跨渠桥梁工程，检查内容分为施工过程质量控制记录的审查和现场质量检测两个部分，重点检查工程建设强制性标准、设计技术指标的贯彻执行情况和质量控制行为。检查共涉及8个设计单元所属的17座在建跨渠桥梁，包括金宝航道设计单元工程的金唐公路桥、东荡生产桥等3座桥梁，泗阳站设计单元工程的泗阳闸桥，里下河水源调整设计单元工程的周庄公路桥、红星生产桥等8座桥梁，皂河一站更新改造设计单元工程的皂河一站公路桥，皂河二站设计单元工程的皂河二站公路桥，邳州站设计单元工程的堤顶公路桥，睢宁二站设计单元工程的进场交通桥，徐洪河影响设计单元工程的孟河头桥等。此次专项检查未发现在建跨渠桥梁质量问题，桥梁质量整体良好。8月向国务院南水北调办提交了《南水北调东线一期江苏境内跨渠桥梁工程质量专项检查报告》。

2012年9月，根据国务院南水北调办《关于开展南水北调工程重要建筑物混凝土质量检查的通知》（综监督〔2012〕83号）要求，公司专门下发了《关于转发国务院南水北调办〈关于开展南水北调工程重要建筑物混凝土质量检查的通知〉的通知》（苏水源工函〔2012〕155号），从9月14日开始组织参建单位开展了为期半个月的重要建筑物混凝土工程质量的专项检查，该次检查的范围为江苏境内南水北调完建、在建的重要建筑物混凝土，分为徐州、淮安及扬州三个片区，其中包括各种类型、各种规模的跨渠桥梁32座。重点检查混凝土强度，抽查了部分建筑物原材料质量及混凝土拌和物配合比的控制情况。包括：刘老涧二站的交通桥南1孔1号梁、交通桥南侧盖梁、交通桥南侧2～4号梁等13个部位，睢宁二站的上游拦污栅桥左边墩、上游拦污栅桥东中墩1～3号墩、上游拦污栅桥西中墩1～3号墩、上游拦污栅桥右边墩等31个部位，皂河一站的交通桥右侧第1孔梁、交通桥右侧4根立柱、交通桥左侧4根立柱等13个部位，皂河二站的交通桥右侧2根立柱、交通桥左侧2根立柱等18个部位，邳州站的上游交通桥左桥台盖梁、上游交通桥1～5号立柱、上游交通桥右桥台盖梁、清污机桥左侧挡土墙、清污机桥1～2号桥墩、清污机桥3～12号桥墩等55个部位，徐洪河影响工程的孟河头桥5～6号立柱、5～6号盖梁、4号薄壁墩、6号-1空心板、6号-2空心板、6号-3空心板、6号-4空心板、防撞护栏、1号-1空心板、1号-2空心板、1号-3空心板、1号-4空心板、2号墩等29个部位，淮安二站的交通桥、清污机桥，金宝航道桥梁工程的左家路生产桥、金塘公路桥、宝红公路桥、乌龙渡生产桥梁板场等，里下河水源调整工程的董潭生产桥、港口公路桥、朱庄生产桥、朱庄公路桥等。此次专项检查和施工过程质量控制的倒查未发现质量缺陷，桥梁混凝土质量良好。

跨渠桥梁的数次检查发现江苏桥梁建设中原材料质量及混凝土拌和物配合比的控制工作细致到位，混凝土强度均满足设计要求。对于出现的极个别质量控制资料的日期、签名等不规范及混凝土表皮浮浆清理不干净情况，采取了如下措施。

（1）会同建设处、监理单位和施工单位在现场研究分析原因，商定整改方案和整改措施，建立整改责任制，明确完成时间和验收程序，限期整改。

（2）监理单位全程现场完善处理工作，确保落实到位。

（3）建设处会同监理单位对处理事项进行复查验收，验收标准为经批准的处理方案、相关设计、合同文件规定条款及国家有关规程、规范和行业标准。

（4）认真进行备案，建设处、监理单位及施工单位签字存档，以质量追究制约束或规范质量行为。

（四）土方回填质量专项检查

为及时了解和掌握土方工程施工情况，确保工程施工质量，江苏水源公司于2012年12月2—20日对江苏南水北调部分在建工程泵站、堤防及其他建筑物的回填土压实质量进行专项检查。检查工程包括：金宝航道2标、3标，泗洪站，金湖站上游堤防，大汕子堤防和墙后回填，邳州站刘集南闸墙后回填，睢宁二站墙后回填，洪泽站堤防及墙后回填，洪泽湖影响处理工程2标堤防填筑。检查数量为：堤防1000m一个断面，每标段3个断面，每个断面至少抽检3层，每层抽3个测点；每个建筑物至少抽2个墙后断面，每个断面至少3层，每层抽3个测点。检查内容包括：检测单位在现场取样进行试验，对照各工程、各部位回填土填筑的设计指标（密实度或干密度），评价压实质量。对以密实度为控制指标的回填土还进行击实试验，确定实际回填土的最大干密度，换算后与实际干密度进行比较；检测单位对施工、监理单位土方填筑压实、碾压试验及工序等相关资料的准确性、完整性进行检查，核查“上方令”制度落实情况。

检查结果，江苏南水北调各工程的回填土均按照相关规程进行施工，含水量、密实度等指标均符合设计要求，回填土质量较好。

（五）混凝土质量专项检查

南水北调东线一期江苏境内大小建筑物较多。自南水北调工程开工建设以来，江苏水源公司一直重视混凝土工程质量。在建设过程中进行了施工单位自检自控、监理单位平行检测、建设处委托第三方检测、质监站专项检查检测等多个环节的全过程、全方位的质量监控。抓好每个工序、每个部位的施工质量，并将检查检测意见及时反馈，指导与改正施工，保证工程不留任何质量隐患。

2012年以来江苏水源公司进一步加强质量管理和控制力度，除建设处委托的常规检测外，结合季度质量检查，还专门委托江苏省水利建设工程质量检测站和河海大学实验中心进行桥梁、护坡、回填土等专项抽检，质量检查检测已成制度化、常态化。

根据国务院南水北调办《关于开展南水北调工程重要建筑物混凝土质量检查的通知》（综监督〔2012〕83号）要求，江苏水源公司专门下发了《关于转发国务院南水北调办〈关于开展南水北调工程重要建筑物混凝土质量检查的通知〉的通知》（苏水源工函〔2012〕155号）。从2012年9月14日开始组织参建单位开展了为期半个月的重要建筑物混凝土工程质量的专项检查，与此同时，配合国务院南水北调办进行的专项稽查。

该次检查的范围为江苏境内南水北调完建、在建的重要建筑物混凝土。重点检查混凝土强度，抽查了部分建筑物原材料质量及混凝土拌和物配合比的控制情况。该次检查分徐州、淮安及扬州三个片区，检测情况具体如下。

1. 徐州片区

（1）刘老涧二站。北侧第1、第2节挡土墙，北侧路堤墙，南侧挡土墙，下游右侧第3节翼墙，下游右侧路堤墙，下游左侧第2、第3节翼墙，交通桥南1孔1号梁，交通桥南侧盖梁，交通桥南侧2～4号梁等13个部位。

（2）睢宁二站。上游右侧第1、第2节翼墙，上游左侧第1、第2节翼墙，上游拦污栅桥左边墩，上游拦污栅桥东中墩1～3号墩，上游拦污栅桥西中墩1～3号墩，上游拦污栅桥右边墩，检修闸排架，水泵层，东、西侧出水流道及检修层，检修闸上、下部空箱，下游引水渠右岸1～6号挡土墙，下游引水渠左岸1～6号挡土墙等31个部位。

（3）皂河一站。交通桥右侧第1孔梁，交通桥右侧4根立柱，交通桥左侧4根立柱，引水闸4个桥墩等13个部位。

（4）皂河二站。交通桥右侧2根立柱，交通桥左侧2根立柱，北闸启闭机左边3个排架，北闸启闭机右边3个排架，下游左侧第2、第3节翼墙，下游右侧第3节翼墙，下游左侧第1、第2节路堤墙，下游右侧第1、第2节路堤墙，上游右侧第4节翼墙等18个部位。

（5）邳州站。上游交通桥左桥台盖梁，上游交通桥1～5号立柱，上游交通桥右桥台盖梁，上游右侧第2～5节翼墙，上游左侧第2～4节翼墙，流道层，辅机层，站房柱，下游右侧第2～4节翼墙，下游左侧第2～4节翼墙，清污机桥左侧挡土墙，清污机桥1号、2号桥墩，清污机桥3～12号桥墩，清污机桥右侧挡土墙，南闸上游左侧第2～5节翼墙，南闸交通桥左立柱，南闸交通桥左盖梁，南闸左边墩，南闸启闭机构造柱，辅机层东、西侧墙，辅机层北侧墙，泵站东侧边墙，泵站西侧边墙，电缆层中隔墙，电缆层东、南侧等55个部位。

（6）徐洪河影响工程。29个部位。

（7）白门楼闸。上游悬臂挡墙、第1、第2节洞身；古邳引河站：出水池墙，出水口闸墩；旧城河站：出水池墙；圯桥闸：第1、第2节洞身，匝道挡墙，上游悬臂挡墙；东联涵洞：启闭机墩，竖井墙；苏洼地涵：竖井墙；泗河地涵：竖井墙；孟河头桥：5号、6号立柱，5号、6号盖梁，4号薄壁墩，6号-1空心板，6号-2空心板，6号-3空心板，6号-4空心板，防撞护栏，1号-1空心板，1号-2空心板，1号-3空心板，1号-4空心板，2号墩。

（8）刘山站。下游左第2、第3节翼墙，下游右第2、第3节翼墙，上游左第2、第3节翼墙，上游右第2、第3节翼墙，下游右侧挡土墙等9个部位。

（9）解台站。下游左第2、第3节翼墙，下游右第2、第3节翼墙等4部位。

（10）蔺家坝泵站。进口左侧第4节翼墙，排污机桥北侧现浇板，排污机桥南侧现浇板，防洪闸排架1～6号柱等9个部位。

2. 淮安片区

（1）洪泽站。北支渠首建筑物，泵站，挡洪闸，进水闸，洪金地涵。

（2）淮安二站。交通桥，水文自计台，清污机桥。

（3）金湖站大汕子工程。拦河坝，补水闸。

（4）泗洪站。泵站，排涝闸，船闸，节制闸，调节闸。

（5）洪泽湖抬高蓄水位影响处理工程。宿迁市4标林场站，宿迁市3标裴南站、吕集电站，宿迁市1标五河闸，宿迁市2标黄码河闸、黄码东一站、黄码西二站、高松河闸、高松东一站，淮安市1标分洪南站、赵公河闸、老场沟闸，淮安市3标大莲湖洪山站、新淮泵站。

（6）金宝航道桥梁工程。左家路生产桥、金塘公路桥、新建徐沟南节制闸、宝红公路桥和乌龙渡生产桥梁场。

（7）金宝航道。1标段东荡河南站。

3. 扬州片区

（1）江都站改造工程。江都西闸、江都三站。

（2）高水河整治工程。施工1标玉带洞、肖桥洞，施工2标塘里涵。

（3）里下河水源调整工程。董潭生产桥，港口公路桥，朱庄生产桥，朱庄公路桥，阜宁站。

4. 检查结果

钢筋及其焊接件、水泥、砂子、碎石、混凝土拌和用水、外加剂等所有原材料的产品质量证明书及出厂合格证都经严格检查，均按规定频次与数量送检，检验合格后由监理单位许可采用，检验与审批手续完备；桥梁所检测的承台、桥墩、接柱、立柱、系杆、盖梁、梁板、防撞墙、路缘等的混凝土强度均达到设计要求，泵站所检测的出水池、工作便桥、交通桥、出水箱涵、电机层、胸墙、泵房柱等的混凝土强度均超过设计指标，涵闸所检测的上游连接段、下游连接段、闸室段、便桥等的混凝土强度均超过设计指标；此外，专项检查工程中仔细查阅了施工记录、施工报验资料、监理审核签批材料以及检测报告，作为现场检测的补充。总之，此次专项检查和施工过程质量控制的倒查未发现质量缺陷；原材料质量及混凝土拌和物配合比的控制工作细致到位，混凝土强度均满足设计要求，混凝土质量良好。

5. 检查发现的问题及其整改情况

此次检查中发现，极个别质量控制资料的日期、签名等存在不规范现象，存有混凝土表皮浮浆清理不干净情况。对以上存在的问题采取了如下措施：①会同建设处、监理单位和施工单位在现场研究分析原因，商定整改方案和整改措施，建立整改责任制，明确完成时间和验收程序，限期整改；②监理单位全程现场完善处理工作，确保落实到位；③建设处会同监理单位对处理事项进行复查验收，验收标准为经批准的处理方案、相关设计、合同文件规定条款及国家有关规程、规范和行业标准；认真进行备案，建设处、监理单位及施工单位签字存档，以质量追究制约束或规范质量行为。

（六）监理专项治理整顿

1. 监理专项治理整顿工作的开展

江苏水源公司按照合同文件和监理规范要求，督促监理单位认真履行监理合同，进一步规范监理工作行为。加强监理对工程建设的管理，充分发挥监理单位对工程建设“四控制”“两管理”和“一协调”作用，达到“抓监理，监理抓”的效果，确保安全、保质、按期完成江苏南水北调工程建设任务。2011年3月，江苏水源公司安排所有在建工程建设管理单位及监理单位代表参加国务院南水北调办组织的《南水北调工程建设质量问题责任追究管理办法（试行）》（国调办监督〔2012〕239号）、《南水北调工程合同监督管理规定（试行）》（国调办监督〔2012〕240号）培训。4月，各建管单位组织参建单位进行系统学习，并对照两项制度和监理规范，对工作中存在的问题进行自查自纠，取得了较好的效果。4月底江苏水源公司组织对部分在建工程自查自纠情况进行了抽查，其中包括工程建设监理专项治理整顿自查自纠。

2. 监理单位进场人员和设备配置情况

监理单位进场人员基本符合投标文件中的承诺，能根据投标时的进场计划和工程进展及时组织足够数量和符合资质的监理人员进场；主要人员的专业配备符合投标承诺，满足了工程建设的需要。个别工程调整了总监或主要监理人员，部分工程调整了其他监理人员，但调整后的人员素质与投标时基本相当，所有人员调整均经建设管理单位的批准，个别工程在这次自查后完善了相关手续，同时对部分专业监理兼职情况进行了调整。

监理单位设备配置基本符合投标文件中的承诺，生活、办公设备均能满足需要，大多监理单位主要检测设备满足投标文件要求，少数监理单位次要设备未能完全满足投标文件要求，且有少量（如测量仪器设备）等有一定的流动性。在自查自纠活动中，部分监理单位对设备配置进行了充实，对少量使用频率低的设备经同意后原则上可以流动，但必须满足建设监理工作需要，另外，各监理单位均委托有资质的检测单位进行平行检测，在不影响监理工作的前提下，同意现场不再配备此类设备。

3. 监理单位规章制度和监理实施细则的编制情况

各工程监理单位为规范和完善监理工作行为，均能按合同文件和相关监理规范等要求编制技术文件审查和审核制度、原材料及构配件和工程设备检验制度、工程质量检验制度、工程计量付款签证制度、会议制度、施工现场紧急情况报告制度、工作报告制度、工程验收制度等主要工作制度。同时为加强自身建设和管理，各监理单位还编制了监理人员守则及岗位职责、休假制度、考勤制度、监理会议制度、监理工作日志制度等内部管理制度。

各监理单位进场后均结合工程特点进一步完善了监理规划，并在总监指导下，由各专业工程师编制详细的、能反映本工程特点和具有可操作性的监理实施细则，明确工程质量控制要点和控制措施，并由总监签发报建设管理单位批准后实施。同时在实施过程中又根据图纸变更及现场实际情况及时进行补充、修改和完善，使之更具有针对性，并满足工程质量控制的需要。该次自查中也发现部分监理单位的实施细则结合工程不够紧密等现象，均由建设管理单位督促监理单位进行了进一步完善。

4. 监理单位及个人履职情况

各工程监理单位能严格按照监理合同约定及相关规范要求，组建现场项目监理部。监理部配置满足合同文件要求和监理工作需要的各层次监理人员，并在合同约定时间内驻工地现场。配备有满足合同文件要求和监理工作需要的办公和生活设施，人员和设施发生变化时能事先征得建设管理单位同意和批准。各监理单位均实行总监负责制，监理人员进场后，在总监理工程师的带领下建立有效的监理组织机构，制定岗位职责，完善各项工作和管理制度，明确内部分工，落实岗位责任，建立质量、安全、进度、投资等执行和控制体系，同时组织监理人员学习和掌握工程建设有关法律、法规、规章制度以及技术标准，熟悉工程设计文件、施工合同和监理合同文件。及时根据工程特点编制监理规划和各专业监理实施细则，为监理工作的顺利开展提供可靠保证。

工程正式开工前，监理单位能认真履行对开工准备条件控制的职责，及时签发进场通知，检查施工单位进场的人员、机械设备等，根据承包人的申请，联合考察主要原材料的货源并进行确认，完成对承包人质量保证体系、施工组织设计和专项方案、测量基准点等审核和审批，主持召开施工图纸审查和技术交底会等，并及时签发工程开工令。

工程开工后，监理单位能运用现场记录、发布文件、旁站监理、巡视检验、跟踪检测、平行检测、协调等工作方法开展监理工作。对工程质量、进度、投资、安全及合同、档案等进行有效控制和管理，使工程始终处于受控状态。督促和检查承包人建立和健全组织机构，编制质量、安全保证体系文件，建立质量、安全责任网络，明确工作岗位和工作职责，制定质量、安全、进度等管理制度；及时审核承包人的施工方案、施工进度计划等，并提出明确的批复意见；督促承包人按进场批次、规格等要求对原材料进行复检，并进行见证取样；审核承包人原材料进场报验，查验原材料及构配件的质量证明文件，同时根据合同约定或规范要求进行独立抽检，合格后方可使用，杜绝不合格材料及构配件在工程中使用。

检查中也发现监理履职过程中存在的不足。主要有部分工程主要原材料考察未形成正式的考察报告并报监理审批、原材料检测项目和频率不足、质量目标宣贯未留有书面记录、监理日志填写简单或不完整、工程技术资料漏盖公章、签字不完整、质量评定表复检不规范、旁站记录内容不完整，以及有的工程施工进度滞后监理未及时提交进度分析报告等问题。各建设处均督促监理单位进行了整改。

5. 监理单位办公、生活设施情况

各监理单位能按合同文件要求自行配备现场办公、生活设施。检查中未发现施工单位为监理单位免费提供现场办公、生活设施和交通工具等现象，以及补贴监理单位伙食等影响监理公正工作的现象。

6. 对监理人员违规行为的查处情况

江苏水源公司和现场建管单位根据国家、国务院南水北调办相关管理规定，加强对监理的

管理，发现违规行为严肃查处，一查到底，绝不姑息迁就。由于项目法人和建管单位的严格管理，江苏南水北调在建工程尚未发现监理人员利用职权参与施工单位的弄虚作假、伪造验收文件等违规行为，以及监理工程师收受关联单位现金、礼品、参加影响公正行使职权的违规行为。

7. 建管单位对监理单位工作监督检查情况

建设管理单位根据合同文件规定，认真审核监理单位配置的人员和设备等资源变化，保证调整后人员数量和素质不低于原投标人员数量和素质，调整后设备能满足工程监理需要。及时审批监理规划和监理细则。根据合同文件规定，严格考核监理工作，平时利用检查或建设例会等形式，检查监理单位履行"四控制""两管理"和"一协调"的工作情况，发现问题，通过口头或书面形式督促监理单位及时整改。

8. 严惩干扰、胁迫、威逼监理工程师正常履行职责的违规行为的情况

各工程的监理工程师均能按合同文件和监理规范要求，认真履行监理的义务和职责，未出现干扰、胁迫、威逼监理工程师正常履行职责的违规行为。

第四节　工程验收及质量评定情况

一、工程项目划分情况

江苏南水北调工程包含泵站、河道及专项等三大类工程。根据建设内容、设计和施工特点等，按照相关规程、规范和技术标准，南水北调工程江苏质量监督站对所有工程项目划分均进行了审查确认。工程项目划分情况如下。

1. 泵站工程

（1）宝应站工程。划分6个单位工程68个分部工程911个单元（分项）工程。单位工程包括泵站工程、灌溉涵洞工程、清污机桥工程、扬淮公路桥工程、泵站房建工程和管理设施工程等。其中，泵站工程、扬淮公路桥工程等2个单位工程为主要单位工程。

（2）江都站改造工程。划分为江都东西闸之间河道疏浚工程、江都三站更新改造工程、江都四站更新改造工程、江都站变电所电气工程、变电所房屋工程、环境保护及其他附属工程、江都西闸除险加固工程等7个单位工程58个分部工程1215个单元（分项）工程。其中，江都三站更新改造工程、江都四站更新改造工程、江都站变电所电气工程3个单位工程为主要单位工程。

（3）淮阴三站工程。划分为泵站引河工程、房屋建筑工程、泵站工程、清污机桥工程和水土保持工程等5个单位工程98个分部工程1074个单元（分项）工程。其中，泵站引河工程、泵站工程为主要单位工程。

（4）淮安四站工程。划分为新河东闸工程、清污机桥工程、泵站工程、变电所改造工程、淮安四站房建、水土保持等6个单位工程66个分部工程1088个单元（分项）工程。其中新河东闸工程和泵站工程为主要工程。

（5）刘山站工程。划分为10个单位工程66个分部工程1836个单元（分项）工程。单位工

程包括泵站、节制闸、跨不牢河公路桥、清污机桥、跨导流河公路桥、导流河、导流控制闸、厂房建筑装饰、管理所房屋、管理所绿化等。其中，泵站、节制闸 2 个单位工程为主要单位工程；导流控制闸、导流河 2 个单位工程为临时工程，作为检查项目。

（6）解台站工程。划分为 9 个单位工程 105 个分部工程 1325 个单元（分项）工程。单位工程包括泵站、水闸、引河、房屋建筑、管理设施、跨出水引河公路桥、跨灌溉渠公路桥、导流河、导流控制闸。其中，泵站、水闸、引河 3 个单位工程为主要单位工程；导流控制闸、导流河 2 个单位工程为临时工程，作为检查项目。

（7）刘老涧二站工程。划分为站内交通桥、泵站、水闸、房屋建筑、管理设施 5 个单位工程 77 个分部工程 900 个单元（分项）工程。其中，泵站、水闸单位工程为主要单位工程。

（8）泗阳站工程。划分为泵站、闸下交通桥、房屋建筑、管理设施、导流河等 5 个单位工程 67 个分部工程 603 个单元工程。其中泵站为主要单位工程；导流河工程为临时工程，作为检查项目。

（9）皂河一站更新改造工程。划分为一站更新改造、穿邳洪河地涵及引水闸、清污机桥、一站公路桥等 4 个单位工程 27 个分部工程 399 个单元（分项）工程。其中，一站更新改造为主要单位工程。

（10）皂河二站工程。划分为 8 个单位工程 68 个分部工程 911 个单元（分项）工程。8 个单位工程包括二站工程、二站清污机桥、二站公路桥、110kV 变电所、邳洪河北闸、邳洪河疏浚、管理设施以及施工码头。其中，二站工程为主要单位工程。

（11）淮安二站改造工程。划分为 1 个单位工程 14 个分部工程 178 个单元（分项）工程。其中，主机泵设备安装、计算机监控系统安装分部工程为主要分部工程。

（12）金湖站工程。划分为 6 个单位工程 93 个分部工程 1459 个单元（分项）工程。6 个单位工程包括泵站工程、清污机桥及引河工程、跨河公路桥工程、变电所工程、管理设施工程和水土保持工程。其中，泵站工程为主要单位工程。

（13）洪泽站工程。划分为 11 个单位工程 112 个分部工程 1841 个单元（分项）工程。11 个单位工程包括泵站工程、挡洪闸工程、进水闸工程、洪金地涵工程、泵站引河工程、影响工程、变电所工程、自动化控制工程、管理所及附属工程、水土保持工程和剩余影响工程。其中，泵站工程、挡洪闸工程等 2 个单位工程为主要单位工程。

（14）邳州站工程。划分为 8 个单位工程 83 个分部工程 1140 个单元（分项）工程。8 个单位工程包括泵站工程、刘集南闸工程、堤顶公路桥工程、清污机桥工程、厂房工程、双杨涵洞赔建工程、管理设施及附属工程和水土保持工程。其中，泵站工程、刘集南闸工程、厂房工程为主要单位工程。

（15）睢宁二站工程。划分为 6 个单位工程 78 个分部工程 1101 个单元（分项）工程。6 个单位工程包括泵站工程、清污机桥工程、交通桥工程、厂房工程、一站改造工程和管理设施工程。其中，泵站工程、厂房工程为主要单位工程。

（16）泗洪站工程。划分为 9 个单位工程 80 个分部工程 1928 个单元（分项）工程。9 个单位工程包括船闸、徐洪河节制闸、泵站、导流河、永久道路、排涝调节闸、利民河排涝闸、管理设施和水保环保工程。其中，船闸、徐洪河节制闸、泵站、排涝调节闸、利民河排涝闸 5 个单位工程为主要单位工程。

2. 河道工程

（1）三阳河潼河工程。划分为4个单项工程64个单位工程764个分部工程9433个单元（分项）工程。4个单项工程包括河道、跨河桥梁、影响工程和水土保持河道工程。

（2）淮安四站河道工程。划分为42个单位工程（其中河道4个、控制性建筑物4个、沿线跨河桥梁8个、配套建筑物及其他26个）193个分部工程2664个单元（分项）工程。

（3）高水河整治工程。划分为5个单位工程26个分部工程510个单元（分项）工程。施工1标、施工3标为主要单位工程。

（4）骆南中运河工程。划分为15个单位工程139个分部工程1791个单元（分项）工程。其中深搅桩防渗、机械垂直铺膜堤防防渗、卓玛排涝站、城南排涝站、渠首闸等为5个主要单位工程。

（5）洪泽湖抬高蓄水位影响工程。划分为121个单位工程762个分部工程4702个单元（分项）工程。

（6）徐洪河影响处理工程。划分为26个单位工程103个分部1245个单元（分项）工程。

（7）金宝航道工程。划分为20个单位工程209个分部工程2377个单元（分项）工程。

（8）沿运闸洞漏水处理工程。划分为23个单位工程159个分部工程1230个单元（分项）工程。由地方水利部门实施的项目不纳入本工程质量评定。

3. 专项工程

血吸虫北移防护专项共划分为2个单位工程18个分部工程150个单元工程。

二、质量评定依据

南水北调东线一期江苏境内工程严格按国家或行业标准进行质量评定。具体情况如下。

（1）土建、金属结构及机电设备。主要依据《水利水电基本建设工程单元工程质量等级评定标准》(SDJ 249—88)、《水利水电工程施工质量检验与评定规程》(SL 176—2007)、《江苏省水利工程施工质量检验评定标准》、《泵站安装及验收规范》（SL 317—2004）和《电气装置安装工程质量检验及评定规程》(DL/T 5161—2002)。

（2）水工建筑物外观质量：2008年前主要依据《江苏省水利工程施工质量检验评定标准》，2008年后主要依据《南水北调工程外观质量评定标准（试行）》(NSBD 11—2008)。

（3）房屋建筑及管理设施。主要依据《建筑工程施工质量验收统一标准》（GB 50300—2001）。

（4）绿化工程。主要依据《水土保持工程质量评定规程》(SL 336—2006)、《开发建设项目水土保持设施验收技术规程》（GB/T 22490—2008）和《城市园林绿化工程施工及验收规范》(DB11/T 211—2003)。

（5）建筑工程外观质量。主要依据《建筑工程施工质量评价标准》(GB/T 50375—2006)。

（6）桥梁工程。主要依据《公路工程质量检验评定标准》(JTG F80/1—2004)。

（7）变电所工程。主要依据《电气装置安装工程质量检验及评定规程》（DL/T 5161—2002）。

三、原材料、中间产品及实体质量检测情况

开展工程质量的多层次检查检测，以检查检测把握质量动态，促进质量管理，保证工程质

量。建设无较重以上质量缺陷、无安全隐患的精品工程，不留质量监控盲区。江苏南水北调工程原材料和中间产品以及实体质量检测共分4个层次：①施工的自检。各单位均在材料进场后按相关规范要求的检测项目和频次送有资质的检测单位进行检测，检测合格后向监理单位报验，待监理单位批复同意后用于工程施工。②监理单位复检。监理单位一方面核查施工单位申报的自检资料，同时根据监理规范和合同文件要求频次对原材料和中间产品送有资质检测单位进行复检，核查或复检合格后同意施工单位用于工程。③现场建管单位委托检测。开工前，各现场建设管理单位委托有资质的第三方检测单位，按合同约定的检测频率等要求，在工程建设过程中不定期地对原材料和中间产品及工程实体质量进行抽检，并出具阶段检测报告。④项目法人巡检和专题检测。江苏水源公司根据工程阶段施工特点或质量管理情况，委托检测单位有重点、有针对性地进行专题质量检测。施工和监理不委托同一检测单位，保证检测结果的客观性和公正性。江苏水源公司委托江苏省水利建设工程质量检测站和河海大学实验中心分别在睢宁二站和洪泽站设立了现场试验室，保证各在建工程检测需要。

工程建设过程中，每月各建管单位主要负责人参加至少2次质量检查，并委托第三方检测单位进行过程抽检；江苏水源公司每季度组织一次全面检查；结合国务院南水北调办开展的质量集中整治、建筑物混凝土专项检查和桥梁专项检查等，江苏水源公司和各建管单位均组织了自查；同时，江苏水源公司还委托专业检测单位开展了护坡、桥梁、土方、建筑物混凝土、机电设备安装等专项检查；另外，质量监督站1～2个月对在建工程进行一次巡查。为加强检查效果，江苏水源公司每次检查均邀请专家和检测单位参加，确保每次检查的质量。

高度重视各次检查查出的质量问题，建立质量问题台账，会同建设处、监埋单位和施工单位在现场研究分析原因，商定整改方案和整改措施，建立整改责任制，明确完成时间和验收程序，限期整改。江苏水源公司落实专人督查，整改情况由建设或监理负责复核，整改结果由各建管单位书面回复。对原材料、混凝土强度、土方回填等主要质量问题，采取零容忍，不合格的一律返工处理，并进行追踪复查，确保问题整改落实到位，及时消除质量隐患。同时，按照质量责任追究管理办法，对检查出问题相对集中或突出的参建单位进行约谈，通报了部分监理和施工单位，始终保持质量管理的高压态势。

尤其是为了实现国务院南水北调办所确定的2013年上半年基本具备全线通水条件的目标，江苏南水北调工程要全面完成运河线工程，基本完成运西线工程。江苏水源公司始终保持清醒的认识，坚定落实质量控制措施，抓好工程质量。特别是桥梁工程，未出现因任务重、时间紧而出现抢进度而忽视在建工质量监控及完工验收的现象。在现场建管单位委托第三方检测机构实时检测的基础上，江苏水源公司专门委托河海大学实验中心对在建桥梁进行抽检，并将检测意见及时反馈，指导与改正施工，保证桥梁工程施工质量。所有桥梁工程均有较为详细的质量控制记录，所有完工桥梁均按设计或规范的要求进行了各项检查检测，关键或主要部位均有质量检测报告。

四、机电及金属结构设备制造安装调试及试运行情况

江苏水源公司强化机电及金属结构设备制造与安装调试质量管理，为确保机组顺利试运行。采取了以下措施：①实行机电设备安装条件审查制度；②公司邀请相关专家并组织安装方案审查，提高审查质量；③施工过程中邀请相关专家现场进行指导，及时解决出现的质量

问题。

机电及金属结构设备制造安装调试及运行情况如下。

1. 宝应站

宝应站水泵装置模型试验成果表明，设计扬程时水泵装置模型效率为81.1%，加权平均扬程时水泵模型装置效率为80.5%，设计流量满足合同文件要求，装置气蚀性能满足设计要求，装置性能良好。

泵站试运行验收符合相关规范、规程要求。2013年1月9日和12日，技术性初步验收工作组及验收委员会随机指定开启了3号机组。运行表明，机组运行稳定，各测温点温升和噪声、振动等均正常，主要电气参数符合设计要求。同时，电气控制、保护系统和辅机系统设备运行正常。真空破坏阀动作准确，运行正常；清污机运行正常。

2. 江都站改造

江都三站水泵装置模型验收试验成果表明，设计扬程时水泵装置模型效率73.5%，平均扬程时水泵装置效率75.5%，水泵设计流量满足合同文件要求，装置气蚀性能满足设计要求。

江都四站水泵装置模型验收试验成果表明，设计扬程时水泵装置模型效率78.3%，平均扬程时水泵装置效率77.2%，水泵设计流量满足合同文件要求，装置气蚀性能满足设计要求。

两个泵站试运行验收符合相关规范、规程的要求，机组运行稳定，各测温点温升正常，主要电气参数符合设计要求，电气控制、保护系统和辅机系统设备运行正常。真空破坏阀联动动作准确，运行正常；清污机运行正常。

江都三站在机组试运行期间进行了真机装置性能现场测试，测试结果表明：真机装置性能与模型装置试验结果基本相符。改造前江都三站现场测试装置效率59%，改造后设计工况下装置效率大于74%，较改造前水泵装置性能有明显提高。

3. 淮安四站

水泵装置模型验收试验成果表明，设计扬程时水泵设计流量及装置模型效率满足合同文件要求，装置气蚀性能满足设计要求。

泵站试运行验收符合相关规范、规程的要求。为准备设计单元完工验收，项目法人组织了机组检验运行。运行表明，机组运行稳定，各测温点温升正常，主要电气参数符合设计要求，电气控制、保护系统和辅机系统设备运行正常；节制闸闸门、启闭机运行正常；泵站工作门、事故门联动动作准确，运行正常；清污机运行正常。

4. 淮阴三站

淮阴三站工程采用国内外合作方式，引进荷兰整体贯流泵结构与变频调节技术，该机组水泵、电机同轴，结构紧凑，安装、检修方便。模型试验表明，设计扬程时水泵装置模型效率达到79.6%，高于合同保证值2.6%；加权平均效率达到78.0%，高于合同保证值1.3%。

经机组试运行和初期运行，机组运行稳定，各测温点温升正常，主要电气参数符合设计要求。经现场观察，不同转速下能量指标达到了合同要求。

5. 刘山站

水泵装置模型验收试验成果表明，设计扬程时水泵设计流量及装置模型效率满足合同文件要求，装置气蚀性能满足设计要求。

泵站试运行验收符合相关规范、规程的要求。考虑泵站试运行验收后4年多未投运，为准备设计单元完工验收，项目法人于2012年11月17—18日组织了机组检验运行。运行表明，机组运行稳定，各测温点温升正常，主要电气参数符合设计要求，电气控制、保护系统和辅机系统设备运行正常；节制闸闸门、启闭机运行正常；泵站工作门、事故门联动动作准确，运行正常；清污机运行正常。

6. 解台站

水泵装置模型验收试验成果表明，设计扬程时水泵设计流量及水泵装置模型效率满足合同文件要求，泵站正常运行范围位于泵装置高效区，装置气蚀性能满足设计要求。

泵站试运行验收符合相关规范、规程的要求。考虑泵站试运行验收后4年未投运，为准备设计单元完工验收，项目法人于2012年11月16—17日组织了机组检验运行。11月20日，技术性初步验收工作组随机指定开启3号机组。运行表明，机组运行稳定，各测点温度、噪声、振动等正常，主要电气参数符合设计要求。同时，电气控制、保护系统和辅机系统设备运行正常。检验运行时，实测真机装置效率高于模型装置效率。

7. 刘老涧二站

水泵装置模型试验验收试验成果表明，设计扬程时水泵装置模型效率74.7%，水泵设计流量满足合同文件要求，在平均扬程时水泵模型装置效率为75.0%，装置气蚀性能满足设计要求。泵装置性能良好。

泵站试运行验收符合相关规范、规程的要求，机组运行稳定，叶片调节机构工作正常，各测温点温升正常，主要电气参数符合设计要求，电气控制、保护系统和辅机系统设备运行正常。在机组试运行期间进行了真机装置性能现场测试，测试结果表明：真机装置性能与模型装置试验结果基本吻合，达到了设计要求。

8. 泗阳站

水泵装置模型试验验收试验成果表明，设计扬程时水泵装置模型效率77.5%，水泵设计流量满足合同文件要求，水泵平均扬程装置效率79%，装置气蚀性能满足设计要求。

泵站试运行验收符合相关规范、规程的要求，机组运行稳定，各测温点温升正常，主要电气参数符合设计要求。电气控制、保护系统和辅机系统设备运行正常。真空破坏阀联动动作准确，运行正常；清污机运行正常。

9. 皂河一站改造

皂河一站工程改造前平均装置效率为59.7%。初步设计审查后，选择了3个模型委托河海大学进行了同台装置对比试验，确定采用扬州大学针对该工程开发的混流泵水力模型进行真机制造，主水泵的叶轮直径为5700mm，转速为75r/min，模型装置的最高效率为71.45%，在设计扬程4.78m、叶片角度为0°时，机组流量为108.6m^3/s，模型装置效率为62.44%；叶片角度为$-2°$时，机组流量为96.5m^3/s，模型装置效率为65.7%。水泵装置汽蚀性能满足设计要求，装置模型试验成果满足合同文件要求。

试运行期间，针对不同机组台数、不同叶片角度等工况进行了18次测量，同步测量扬程与工况参数。在叶片角度为$-6°$时，净扬程为3.03～4.09m，平均装置效率为68%；叶片角度为$-3°$时，净扬程为3.03～3.65m，平均装置效率为71%；实测的机组平均效率为69.4%。对比模型装置试验数据，优于模型装置效率。

试运行验收符合相关规范、规程的要求，机组运行稳定，各测温点温升正常，主要电气参

数符合设计要求，电气控制、保护系统和辅机系统设备运行正常。

10. 皂河二站

初步设计阶段皂河二站工程主水泵选用了天津同台对比试验中的 TJ04－ZL－26 号水力模型，在设计工况下，预测装置效率为73%。初步设计审批后，优选采用了 TJ04－ZL－06 号水力模型，并委托河海大学进行了装置模型试验，主水泵的叶轮直径为 2700mm，转速为150r/min。试验结果表明，模型装置的最高效率为 78.20%，叶片角度为－2°时，在设计扬程4.7m 下，模型装置效率为 77.27%，对应原型流量为 25.57m^3/s；在平均扬程 4.6m 时，模型装置效率为 77.76%，对应原型流量为 25.93m^3/s。水泵装置汽蚀性能满足设计要求，装置模型试验成果满足合同文件要求。

泵站试运行验收符合相关规范、规程的要求。机组运行稳定，各测温点温升正常，主要电气参数符合设计要求，电气控制、保护系统、主机断流系统和辅机系统设备运行正常。

11. 淮安二站

淮安二站工程改造前平均装置效率为 60%。合同要求模型装置在设计扬程时效率不低于70%，平均扬程时效率不低于 71%。该工程采用的模型试验结果表明：在设计扬程 4.89m 时装置效率为 72.2%，对应原型流量为 60.6m^3/s；在平均扬程 3.82m 时装置效率为 71%，对应原型流量为 66.4m^3/s。试验成果满足合同文件要求。

泵站机组经 2012 年 12 月 27—28 日的试运行及 2013 年 3 月 24—26 日的检测运行，测试结果表明，淮安二站主机组运行稳定，主要水力、电气参数和各部位温升、振动、噪声等均符合设计和规范要求，辅机设备等相关设备运行稳定。在检测运行中，通过现场河道断面流量测试，水泵叶片角度在－2°、扬程 4.05m 时，实测单机流量 68.5m^3/s，水泵装置效率为 71.5%，经初步分析实测水泵性能与模型性能基本一致。

12. 金湖站

合同要求模型装置在设计扬程下效率为 78.2%。该工程采用的模型试验结果表明，在设计扬程 2.45m 时，装置效率为 80.7%，对应原型流量为 38.6m^3/s；在平均扬程 2.1m 下，装置效率为 78.1%，对应原型流量为 40.2m^3/s。装置模型试验成果满足合同文件要求。

泵站试运行验收符合相关规范、规程的要求。试运行测试结果表明，金湖站灯泡贯流泵运行稳定，主要水力机械、电气参数、各部位温度、振动等均符合设计和规范要求，辅机设备、清污机、变压器等相关设备运行稳定。根据试运行和 2013 年 3 月 8 日机组性能测试结果初步分析，相同扬程工况下实测流量大于模型试验换算的流量 1.1～4.4m^3/s，实测效率对比模型试验效率高 0.6～4.0 个百分点，不同叶片角度下的性能满足合同要求。

13. 洪泽站

该工程水泵装置模型试验成果在设计扬程 6.0m 时效率为 79.5%，平均扬程 5.54m 时效率为 77.6%；最大扬程 6.5m 时效率为 81.2%，在平均扬程下，效率比招标文件低 0.4%，但加权平均效率比招标文件高 0.94%，NPHSc 为 8.2m，水泵装置模型水力和气蚀性能基本满足招标文件要求。

泵站试运行验收符合相关规范、规程的要求。试运行测试结果表明，机组运行稳定，主要水力、电气参数和各部位温度、振动等均符合设计和规范要求，辅机设备、清污机、变压器等相关设备运行正常。试运行中对泵站进行的流量测验和效率计算表明，水泵装置在扬程 6.08m

时，单机抽水流量 39.8m³/s，水泵装置效率 83.0%，流量满足设计要求，效率优于模型试验结果。

14. 邳州站

合同要求模型装置在设计扬程下效率不低于 79.5%，在平均扬程时效率不低于 80.0%。装置模型试验结果表明，在设计扬程 3.1m 时装置效率为 81.8%，对应原型流量为 33.5m³/s；在平均扬程 2.7m 时装置效率为 81.7%，对应原型流量为 33.2m³/s。装置模型气蚀性能满足合同文件要求。

泵站试运行验收符合相关规范、规程的要求。机组运行稳定，各测温点温升正常，主要电气参数符合设计要求，电气控制、保护系统和辅机系统设备运行正常。泵站工作门、事故备用门运行正常；清污机运行正常。机组试运行期间进行了真机装置性能现场测试，测试结果表明：真机装置性能与模型装置试验结果基本相符。

15. 睢宁二站

水泵装置模型试验成果表明在设计扬程 8.3m 时效率为 83.5%，平均扬程 7.8m 时效率为 83.6%，最大扬程 10.2m 时效率为 80%，加权平均效率达到 83.38%，水泵装置模型水力和空化性能满足合同要求。

泵站试运行验收符合相关规范、规程的要求。试运行测试结果表明，机组运行稳定，主要水力、电气参数和各部位温度、振动等均符合设计和规范要求，辅机系统、电气控制和保护等相关设备运行正常。试运行中对泵站进行的流量测验和效率计算表明，扬程 7.45m 时，单泵抽水流量 22.9m³/s，水泵装置效率 77%，流量满足合同要求。

16. 泗洪站

水泵装置模型试验成果表明：在设计扬程 3.23m 时效率为 78.3%，平均扬程 1.60m 时效率为 78.1%，最大扬程 4.73m 时效率为 64.3%，加权平均效率达到 77.5%，水泵装置模型能量和空化性能指标满足合同要求。

泵站试运行验收符合相关规范、规程的要求。试运行测试结果表明，机组运行稳定，主要水力、电气参数和各部位温度、振动等均符合设计和规范要求，辅机系统、电气控制和保护等相关设备运行正常。试运行中对泵站进行的流量测验和效率计算表明，扬程 1.64m 时，单机抽水流量 31.6m³/s，水泵装置效率 79.7%。相同扬程工况下流量及效率满足合同要求。

五、安全监测资料成果分析与结论

江苏水源公司高度重视工程安全监测工作。在工程施工期和管理运行期对各泵站建筑的主体均开展了沉降观测、引河河床淤积观测、测压管观测、建筑物伸缩缝观测以及工程水下检查。

观测数据分析表明，各泵站建筑物主体沉降正常，且已趋于稳定；测压管观测值与上下游水位关联性较好；各建筑物伸缩缝观测情况稳定；泵站工程水下检查显示上下游翼墙、护坦、护坡均正常。各泵站监测情况如下。

1. 宝应站

(1) 沉降观测。泵站设置 48 个监测点，施工期和管理运行期（截至 2012 年 12 月）主站身沉降量 37～45mm，最大不均匀沉降为 8mm，发生在站身底板和驼峰段底板之间；灌溉涵洞设

置28个监测点，施工期和管理运行期（截至2012年12月）洞身累计最大沉降量62mm，发生在洞身2-1位置，累计最大不均匀沉降量14mm，发生在1、2节洞身之间；清污机桥设置12个监测点，施工期和管理运行期底板累计最大沉降量19mm，发生在平底板下游右侧位置，累计最大不均匀沉降量16mm，发生在平底板和左侧斜坡段底板之间。

（2）引河河床淤积观测。上游引河共布置10个河床变形观测断面，下游引河共布置5个河床变形观测断面。根据已观测的12次测量资料分析，下游累计淤积量1690m³，上游累计淤积量17579m³。

（3）测压管观测。工程共布置16个扬压力观测点，观测167次。从测量数据分析，测压管水位与上下游水位呈周期性变化，相关性较好。

（4）建筑物伸缩缝观测。共设有7组伸缩缝观测金属标点，已观测144次，情况稳定。

（5）工程水下检查。进行4次，泵站上下游翼墙、护坦、护坡均正常。

2. 江都站改造

（1）沉降观测。江都三站、四站及西闸建于20世纪六七十年代，经多年运行，工程沉降已稳定。新建变电所及三站、四站控制室等沉降量较小，且已基本稳定。

（2）引河河床冲淤观测。江都一站、二站、三站、四站下游引河分别布设6个、7个、6个、7个观测断面。根据观测结果，站下引河范围河床淤积量分别为1814m³、6474m³、7107m³、13269m³；东西闸之间河道布置11个观测断面，经测量，河床淤积59040m³，最大淤积量发生在江都四站河口西侧，间隔淤积量4125m³。冲刷部位发生在江都西闸防冲槽外侧至江都一站引河口西侧，其间隔冲刷量1275m³。

（3）工程水下检查。根据2012年检查结果，上下游翼墙、护坦、护坡均正常。

3. 淮安四站

（1）沉降观测。泵站共设62个观测点。截至2012年4月，累计最大沉降量31mm，沉降量正常，且趋于稳定。

（2）引河河床冲淤观测。上游引河布置6个测量断面，下游引河布置8个测量断面，每年汛前和汛后观测一次。截至2012年4月，上游引河累计淤积量2644m³，下游引河累计淤积量6167m³。上下游引河河床淤积基本正常，河床稳定。

（3）测压管观测。根据测量数据分析，测压管水位总体稳定。

（4）建筑物伸缩缝观测。共设有2组伸缩缝观测金属标点，每月观测一次，测值稳定。

（5）工程水下检查。每年汛前完成一次，共4次，上下游翼墙、护坦、护坡正常。上游护坦淤积30～70cm，下游护坦淤积30～50cm。

4. 淮阴三站

（1）沉降观测。泵站共设52个观测点。截至2012年6月，包括施工期在内，累计最大沉降28mm，沉降点在站身右侧底板；累计相邻底板最大沉降差12mm，发生在站身左侧底板与下游左侧第一节翼墙底板间。建筑物沉降量正常，且已基本稳定。

（2）引河河床淤积观测。上游引河布置6个观测断面，下游引河布置7个观测断面，每年观测1次，上、下游引河河床淤积量较小，河床稳定。

（3）测压管观测。共布置24个扬压力观测点，运行期每月观测2次。测压管水位总体稳定。

（4）工程水下检查。每年汛前检查一次，上下游翼墙、护坦、护坡等水下部位均正常。

5. 刘山站

（1）沉降观测。共设64个观测测点。施工期累计最大沉降量：泵站底板5～8mm，节制闸底板5～8mm，闸站翼墙8mm；管理运行期累计最大沉降量：泵站4mm，节制闸2mm，翼墙11mm。沉降量小于设计计算值，且已趋于稳定。

（2）引河河床淤积观测。每年观测两次，汛前和汛后各一次。上游引河布置6个测量断面，下游引河布置8个测量断面。2009年4月进行了首次过水断面观测，至今观测5次，上游累计淤积量2268m^3，下游累计淤积量1320m^3，上、下游引河河床冲淤量基本正常，河床稳定。

（3）测压管观测。共布置15个扬压力观测点，施工期观测23次；运行期观测98次，从测量数据分析测压管水位与上、下游水位变化呈周期性变化，相关性较好。

（4）建筑物伸缩缝观测。设两组伸缩缝观测金属标点，每月观测一次，观测成果分析显示，变化量和温度呈周期性变化，情况稳定。

（5）工程水下检查。共对泵站下游进行了3次水下检查，下游翼墙、护坦、护坡均正常。

6. 解台站

（1）沉降观测。泵站共设58个监测点。施工期（截至2008年4月）累计最大沉降量：泵站（2孔一联底板西南角）42mm，节制闸（底板东北角）32mm，翼墙（泵站上游南侧3号翼墙南端）48mm；相邻底板间累计最大不均匀沉降量23mm，发生在泵站下游2号翼墙与3号翼墙间。管理运行期（2008年12月至2012年9月）：累计最大沉降量4mm（节制闸下游左侧2号翼墙），沉降量正常，且已基本稳定。

（2）引河河床淤积观测。泵站机组试运行验收后，上游引河共布置7个河床变形观测断面，下游引河共布置8个河床变形观测断面。根据已观测4次（每年一次）过水断面测量资料分析，有淤积现象。

（3）测压管观测。解台泵站工程共布置12个扬压力观测点，施工期在2006年6月至2007年11月，观测14次；运行期从2008年8月起，共观测56次。从观测资料分析结果显示，每年1—5月，测压管水位低于下游水位，6—12月，测压管水位基本在上下游水位之间。测压管水位变化有一定规律。

（4）建筑物伸缩缝观测。共设有4组伸缩缝观测金属标点，从2010年3月起，每月观测一次，共观测32次，根据资料分析，情况稳定，伸缩缝变化有一定规律。

（5）工程水下检查。共进行3次，上下游翼墙、护坦、护坡均正常，上游护坦淤积30～50cm，下游护坦淤积20～50cm；清污机桥拦污栅上下游有轻微淤积现象。

7. 刘老涧二站

（1）沉降观测。建设期间泵站工程最大沉降量为23.0mm，发生在泵站底板上游南侧测点；节制闸工程最大沉降量为20.6mm，发生在底板下游南侧测点，相邻两块底板最大沉降差为18.5mm，发生在泵站底板下游北侧与隔水墙底板西侧。综上所述，累计最大垂直位移、最大垂直位移差均满足设计规范要求。

（2）扬压力观测。共布置18个扬压力观测点，监测值与上下游水位的关联性较好，未见异常。

（3）工程水下检查。2012年汛前水下检查，上下游翼墙、护坦、护坡等水下部位均正常。

8. 泗阳站

（1）沉降观测。泗阳站共设垂直位移观测点共60个。截至2012年12月，泵站主体最大累计垂直位移为10mm，发生在站身上游左侧第一块底板；翼墙最大累计垂直位移52mm，发生在下游右侧第四节翼墙紧临第3节翼墙处；相邻结构最大垂直位移差为37mm，发生在下游右侧第3～4节翼墙处。综上所述，累计最大垂直位移、最大垂直位移差均满足设计规范要求。

（2）扬压力观测。泗阳站工程共设扬压力观测点10个。各项监测成果符合渗流规律，测值均在正常范围内，未见异常情况。

9. 皂河一站改造

（1）沉降观测。一站配套建筑物共有观测点30个。截至2012年9月，引水闸工程累计最大沉降24mm，发生在引水闸下游南侧第一节翼墙处；最大不均匀沉降8mm，发生在引水闸下游南侧第1节翼墙及第2节翼墙间；清污机桥累计最大沉降20mm，发生在下游北侧底板；最大不均匀沉降5mm，发生在下游北侧底板与翼墙间。目前各建筑物沉降正常，满足规范要求。

（2）引河河床淤积观测。泵站上游布置7个、下游布置4个测量断面。从2011年12月起，共观测2次，有轻微淤积现象。

（3）测压管观测。引水闸共设12个扬压力观测点，上下游无水位差。

10. 皂河二站

（1）沉降观测。①泵站共设24个观测点。截至2012年9月，包括施工期在内，累计最大沉降21mm，发生在上游北侧第一节翼墙底板；累计相邻底板最大沉降差12mm，发生在泵站与上游北侧第一节翼墙底板间。②邳洪河北闸共设32个观测点，包括施工期在内，累计最大沉降11mm，发生在下游右侧第一节翼墙底板；累计相邻底板最大沉降差8mm，发生在西侧闸室与下游第一节翼墙底板之间。建筑物沉降量正常。

（2）引河河床淤积观测。泵站上游引河布置7个观测断面，下游引河布置8个观测断面；邳洪河北闸上游引河布置5个观测断面，下游引河布置5个观测断面。通过观测河床淤积量较小。

（3）测压管观测。泵站、邳洪河北闸各布置10个扬压力观测点，从目前观测数据分析，观测值与上下游水位关联性较好。

11. 泗洪站

（1）垂直位移。共埋设173个垂直位移观测点，其中船闸56个，徐洪河节制闸49个，泵站28个，排涝调节闸24个，利民河排涝闸16个。截至2012年11月，各建筑物沉降如下：①船闸工程累计最大沉降量65mm，发生在下游1号翼墙，最大不均匀沉降为20mm，发生在下游1号、2号翼墙底板之间。②徐洪河节制闸累计最大沉降量8mm，发生在下游右侧1号、2号翼墙。截至2013年5月，泵站累计最大沉降量22mm，发生在下游左侧2号翼墙。③排涝调节闸累计最大沉降量16mm，发生在二联孔北侧墙身。④利民河排涝闸累计最大沉降量17mm，发生在上游右侧1号翼墙。⑤各建筑物沉降量正常，船闸、节制闸沉降已趋于稳定。

（2）扬压力观测。共埋设扬压力观测点66个，其中船闸21个，徐洪河节制闸17个，泵站9个，排涝调节闸19个。根据水利部基本建设工程质量检测中心监测资料，截至2012年11月，船闸、徐洪河节制闸观测5次，观测数据显示大部分测点扬压力分布基本正常；泵站、排涝调节闸已取得观测初始值。

12. 淮安二站改造

施工期对拆建的站下交通桥和新建的接长控制楼进行了垂直位移观测，共布设 8 个沉降观测点。截至 2013 年 3 月，站下交通桥累计最大沉降 2mm，发生在西南角；接长控制楼累计最大沉降 3mm，发生在东北角。建筑物沉降量正常，且已趋于稳定。施工期管理单位对泵站站身沿用原布设的 38 个沉降观测点，进行了垂直位移观测，结果表明，改造施工过程泵站主体沉降变化很小。

13. 金湖站

（1）沉降观测。①泵站共设 48 个观测点，包括施工期在内，截至 2013 年 1 月，站身累计最大沉降 50mm，发生在两联孔底板；累计相邻底板间最大沉降差 27mm，发生在泵站与上游右侧第 1 节翼墙底板间。②清污机桥共设 24 个观测点，包括施工期在内，截至 2013 年 2 月，桥身累计最大沉降 23mm，发生在 1 号桥底板；挡墙累计最大沉降 30mm，发生在左侧挡墙；累计相邻底板最大沉降差 10mm，发生在 3 号与 4 号底板临上游侧之间。③建筑物主体沉降量正常，且已趋于稳定。

（2）水平位移观测。泵站共设置 4 个水平位移观测点。从 2013 年 1 月起共开展了三次水平位移观测，累计最大位移量为 $X=1$mm、$Y=1$mm。

（3）扬压力观测。泵站布置 9 个扬压力观测点，从目前观测数据分析，033 号测压管堵塞，011 号和 021 号因雨水流入存在误差，其余观测值与上下游水位关联性较好。

14. 洪泽站

（1）沉降观测。截至 2013 年 3 月，泵站布设的 40 个观测点，累计最大沉降量 15mm，发生在二联孔底板东南角；进水闸布设的 40 个观测点，累计最大沉降量 10mm，发生在南侧底板西北角；挡洪闸布设的 28 个观测点，累计最大沉降量 9mm，发生在下游北侧 1 号翼墙临闸室处；洪金地涵布设的 30 个观测点，累计最大沉降量 15mm，发生在上洞首东南角。

（2）水平位移观测。泵站埋设 4 个观测点，最大位移量为 $X=4$mm、$Y=4$mm；进水闸埋设 2 个观测点，最大位移量为 X 轴 5mm、Y 轴 4mm；挡洪闸埋设 2 个观测点，最大位移量为 X 轴 4mm、Y 轴 5mm。

（3）扬压力观测。对泵站站身埋设的 9 根测压管进行观测，关联性较好。

15. 邳州站

（1）沉降观测。截至 2013 年 3 月，泵站主体和翼墙共布设 50 个垂直位移观测点，包括施工期在内，站身累计最大沉降 27mm，发生在进水侧底板中部；翼墙累计最大沉降 31mm，发生在上游东侧 4 号翼墙；累计相邻底板间最大沉降差 18mm，发生在上游东侧 3 号翼墙与 4 号翼墙底板间。清污机桥共设 32 个垂直位移观测点，累计最大沉降 16mm，发生在东侧 3 号桥身和西侧挡墙；累计相邻底板间最大沉降差 7mm，发生在东侧 3 号桥身和东侧挡墙底板间。刘集南闸共设 38 个垂直位移观测点，累计最大沉降 18mm，发生在出水侧墩墙中部。堤顶公路桥共设 12 个垂直位移观测点，累计最大沉降 13mm，发生在 3 号桥台南侧。

（2）水平位移观测。泵站共设置 3 个水平位移观测点，均位于出水侧液压启闭机平台。从 2012 年 12 月至 2013 年 3 月共开展了三次水平位移观测，累计最大位移为 1.4mm。

（3）扬压力观测。泵站共埋设 10 支渗压计、3 根测压管，刘集南闸共埋设 6 支渗压计，已观测，关联性较好，观测数据符合规律。

16. 睢宁二站

（1）沉降观测。共埋设101个垂直位移观测点，其中泵站工程81个，清污机桥20个。截至2013年4月，泵站底板累计沉降量最大30mm，清污机桥累计沉降量最大14mm。建筑物沉降量正常，且趋于稳定。

（2）水平位移观测。共布设水平位移观测点3个，位于站下工作便桥。累计最大位移为顺水流向（X轴）5mm，垂直水流向（Y轴）2mm。未发现明显变形。

（3）扬压力观测。泵站设扬压力观测点9个，其中泵站站身底板6个，地连墙上游侧3个。截至2013年4月，观测6次，观测数据显示扬压力与上下游水位关联性较好。

17. 三阳河潼河

完工验收前，检测了三阳河桩号17＋005、20＋700、24＋000、26＋985、30＋000、33＋000、41＋200，潼河桩号2＋110、6＋344、11＋300，共10个断面，结果显示，河底高程－3.5m的河段，淤积轻微，河坡基本完好；河底高程－5.5m的河段测了三阳河桩号17＋005一个断面，淤积0.9m，河坡基本完好，该断面已按二期标准开挖到位，对一期工程的过流能力没有影响。

18. 淮安四站输水河道

（1）主要建筑物沉降观测。①北运西闸加固工程埋置沉降观测点33个。截至2011年11月，累计最大沉降量为37mm，沉降点在下游左侧第二节翼墙。累计最大不均匀沉降为13mm，发生在下游右侧第二、第三节翼墙之间。②补水闸工程埋置沉降观测点28个，截至2008年5月，累计最大沉降为12mm，沉降点在闸室底板上游左侧。累计最大不均匀沉降为8mm，发生在闸室底板与上游左侧第一节翼墙之间。③镇湖闸工程埋置沉降观测点24个，截至2012年4月，累计最大沉降为15mm，沉降点在下游右侧第一节翼墙。累计最大不均匀沉降为12mm，发生在上游左侧第二、第三节翼墙之间。北运西闸和镇湖闸沉降量满足设计规范要求，且已趋于稳定。

（2）河床淤积观测结果为建筑物上下游引河。镇湖闸上游引河累计淤积量3288m^3，下游引河累计淤积量1225m^3；运西闸上游引河累计淤积量2112m^3，下游引河累计淤积量998m^3。河道工程；经多年运行，河道边坡基本稳定，除局部有水土流失、坍塌外，无明显滑坡现象。根据近期检测结果，河底有一定淤积，运西河各实测断面平均河底高程较竣工时增加约0.1m，穿湖段各实测断面平均河底高程较竣工时增加约0.25m，新河各实测断面平均河底高程较竣工时增加约0.3m。

19. 高水河整治工程

对玉带洞、肖桥洞等8座穿堤建筑物进行沉降观测，共设82个观测点。截至2013年1月，玉带洞最大沉降量为12mm，发生在第一节洞身左侧；肖桥洞最大沉降量为9mm，发生在洞首右侧；谈庄洞最大沉降量为10mm，发生在洞首。沉降观测结果均满足规范要求，经分析，沉降已基本稳定。

20. 骆南中运河影响处理

该工程对运南北渠首、程道渠首闸、西门闸、城南排涝站和卓玛排涝站等5个拆建建筑物提出了观测要求，共布设85个沉降观测点。截至2011年6月，运南北渠首最大沉降发生在第二节洞身，为25mm，相邻底板间最大不均匀沉降为7mm；程道渠首闸最大沉降发生在第一节洞身，为 19mm，相邻底板间最大不均匀沉降为 7mm；西门闸最大沉降发生在上游侧翼墙，为 21mm。截至 2011 年 9 月，城南排涝站最大沉降发生在泵室，为 10mm；卓玛排涝站最大沉降量发生在泵室，为 9mm。

21. 洪泽湖抬高蓄水位

淮安境内对所有新建、拆建的 2 座节制闸及 37 座泵站均进行了沉降观测，施工期的观测成果表明，沉降量满足设计要求。宿迁境内对拆建的 3 座节制闸进行了观测，施工期的观测成果表明，沉降量满足设计要求；对新建、拆建的 58 座泵站工程已经补设观测点，取得初始值。

22. 徐洪河影响处理

工程共对孟河头桥、古邳引河站、旧城河站、东联涵洞、白门楼闸、圯桥闸、苏洼地涵、泗河地涵等 8 座建筑物进行了沉降观测，共设沉降观测点 103 个。截至 2012 年 10 月，已观测的建筑物累计最大沉降量为 5mm，沉降量较小，满足设计要求。

23. 金宝航道

对大汕子套闸、拦河坝等新建、拆建的配套及影响建筑物进行了沉降观测，共设沉降观测点 271 个。截至 2013 年 4 月，累计最大沉降量为 12mm，发生在大汕子套闸下闸首和振兴圩节制闸墩墙部位，沉降量满足设计和规范要求。

24. 沿运闸洞漏水处理

工程共对大口子涵洞、张圩闸等拆建建筑物进行了沉降观测，共设 121 个观测点。截至 2013 年 1 月，累计最大沉降量为 16mm，发生在宿迁市金山涵洞第一节洞身底板。拆建建筑物沉降观测结果均满足规范要求，经分析，沉降已基本稳定。

六、历次验收有关质量遗留问题的处理

南水北调江苏段工程在通水验收阶段对以前验收提出的问题均进行了排查和处理，目前南水北调江苏段验收遗留问题为通水或完工验收阶段提出的问题。江苏水源公司高度重视存在问题的整改、认真对待验收委员提出的各项建议，在每次验收后由公司分管领导组织相关部门和现场各参建单位，加强与相关部门的协调，落实责任单位和人员、明确实施时间，安排和布置问题及建议的整改。

根据设计单元工程通水（完工）验收鉴定书，对已进行验收的 25 个设计单元工程共提出 50 个问题，其中涉及质量问题 8 个，已全部整改完毕。

根据东线全线通水验收鉴定书，涉及江苏南水北调工程的问题共有 4 个，其中与质量相关的有 3 个，均已整改完毕。

七、设计单元工程施工质量自评及质量监督机构核定结果

1. 施工质量自评

南水北调江苏段对已进行通水验收的 25 个设计单元工程，经施工单位自评、监理单位复评、项目法人（建设单位）确认。评定情况如下。

（1）2009 年前批复的 8 个设计单元工程中：宝应站、三阳河潼河、解台站、刘山站、淮安四站、淮阴三站、淮安四站输水河道和江都站改造等 8 个设计单元工程施工质量为优良等级。

（2）2009 年后批复的 17 个通水验收工程，参建单位对纳入通水验收范围内单元、分部、

单位工程相应地进行了评定，通水验收范围内的所有单元工程施工质量全部合格。

2. 施工质量核定

依据《水利水电工程施工质量检验与评定规程》（SL 176—1996）评定，质量监督部门核定。具体情况如下。

（1）三阳河潼河、宝应站、江都站改造、淮安四站、淮安四站输水河道、淮阴三站、刘山站、解台站等8个设计单元工程施工质量全部合格。其中：三阳河潼河、宝应站、淮安四站、淮阴三站、刘山站、解台站、江都站改造等7个设计单元工程施工质量核定为优良等级；淮安四站输水河道设计单元工程施工质量核定为合格等级。

（2）金湖站、淮安二站加固改造、洪泽站、泗阳站、泗洪站、刘老涧二站、睢宁二站、皂河一站更新改造、皂河二站、邳州站、高水河整治、金宝航道、洪泽湖抬高蓄水位影响处理、骆南中运河影响处理工程、徐洪河影响处理工程、沿运闸洞漏水处理工程、血吸虫北移防护工程等17个设计单元工程中，通水验收时涉及的18172个单元（分项）工程施工质量初步核定为合格。

第五节　质量管理总体成效

一、质量管理制度执行情况

南水北调工程建设期间，江苏水源公司作为项目法人制定了一系列的质量管理工作制度，在建设管理过程中严格、认真执行《南水北调东线江苏境内工程质量管理办法》，按照《南水北调东线江苏境内工程施工质量及安全生产管理考核办法》加强考核，对照《南水北调东线江苏境内在建工程建设质量问题责任追究管理办法实施细则（试行）》，对检查中发现的问题在保证处理到位的同时，严肃追究相关责任单位和责任人责任，始终保持质量管理的高压态势，切实起到了加强工程质量管理的效果。主要集中体现在以下几方面。

（1）严格工程质量检查。江苏水源公司根据《南水北调东线江苏水源有限责任公司在建工程检查办法》，每年年初制定年度质量检查计划，并按计划组织检查。①定期组织质量管理巡查。江苏水源公司每季度至少安排一次质量集中检查，着重检查在建工程现场建设管理单位及参建单位的质量管理体系、质量管理制度的建立和落实情况。各现场建设管理单位结合工程实际情况，主要领导每月至少组织两次质量巡查，对查出的质量问题均有书面记录，施工单位均有整改情况的书面回复，并经监理单位查验确认。②不定期组织质量抽查。为加强检查效果，江苏水源公司邀请部分专家参加检查，并委托检测单位对泵站及部分河道工程实体质量等进行抽检。对检查、检测出的质量问题，建立质量问题台账，及时通报检查结果，落实整改，实施有效的动态管理。③组织质量管理专题检查。对原材料、回填土、护坡和桥梁工程等组织专题检查、检测。对检查出的原材料、混凝土强度、土方回填等质量问题，采取零容忍，不合格的一律返工处理，并追踪复查，保证整改到位。

（2）严格质量目标考核。根据《南水北调东线江苏境内工程质量管理办法》和《南水北调东线江苏境内工程施工质量及安全生产管理考核办法》等，江苏水源公司每年年初均与各在建工程建设处签订年度建设目标责任状，明确质量管理的目标和要求。年终根据各工程完成情况，结合公司平时的质量检查情况，对各建设管理单位执行相关制度情况和年度目标进行考核。根据考核结果，给予不同档次的奖励，对部分比较优秀的建设管理单位在公司年度建设管理会议上进行表彰及再次给予奖励，对少数执行管理目标较差的建设管理单位在公司年度建设管理会议上进行通报批评。

（3）严格过程质量控制。特别是2011年江苏南水北调工程建设进入高峰期和关键期，工程建设全面铺开，质量管理面广量大，势必要求要加大重点项目、关键部位、重要方案、关键工序的管控力度。施工过程中采取了以下质量控制措施：①对新开工的泵站以及河道工程中的重要项目，实行施工方案报审制度，重点对底板、流道、墩墙等大体积混凝土结构施工方案，提前组织专家审查。在混凝土浇筑前，再次组织专家现场监管和指导，检查施工方案执行情况和关键工序的监控情况。②实施泵站机组安装条件审查制度，重点审查泵站机组安装方案和从土建和设备方面审查机组安装条件是否具备，加强对安装质量关键点的预控和指导，安装过程中邀请专家现场指导，提前解决或避免安装过程中可能出现的问题，保证机组安装的高质量、高效和安全。③严格质量缺陷备案制度，江苏水源公司制定了《江苏南水北调质量缺陷管理办法（试行）》，明确管理要求，规范和统一管理程序，建立了质量缺陷登记、检查、分类确认、方案制定与审查、缺陷处理、验收、备案等比较系统、完善的管理制度。各工程均按规定建立了质量缺陷台账、按制度要求进一步规范了质量缺陷的处理、验收及备案，为各个工程均建立了详细的健康档案，既保证工程发生的质量缺陷能及时得到规范处理，保证处理到位并且有据可查，也方便工程管理。从后期洪泽站、邳州站、泗洪站、睢宁二站等工程执行情况看，监控工程的实体质量明显好转。

（4）严格质量问题责任追究。根据2011年国务院南水北调办印发的《南水北调工程建设质量问题责任追究管理办法》，江苏水源公司根据江苏南水北调工程特点和实际情况，组织编制了《南水北调东线江苏境内在建工程建设质量问题责任追究管理办法实施细则（试行）》，进一步细划了质量问题责任追究的程序等，加强了可操作性。组织各参建单位认真学习和严格执行。建设过程中，在国务院南水北调办和江苏水源公司组织的各项质量检查中发现的问题，江苏水源公司和建设管理单位均按照实施细则对问题进行性质分类，明确各参建单位应承担的责任，并对相关责任单位和责任人按照问题性质实施了责令整改、诫勉谈话、书面批评、经济处罚。近年来，共计约谈相关参建单位负责人近20次，发出整改通知单10余份。对问题性质严重或突出的工程，在年初和年中建管会上通报了相关责任单位，更换建设、施工、监理单位主要负责人和主要责任人，起到了很好的警示和教育效果。

二、质量管理体系运行情况

江苏南水北调工程建设质量管理实行项目法人（建设单位）负责、监理单位控制、施工单位保证与政府监督相结合的质量管理体系。自工程开工建设以来，江苏南水北调工程质量管理体系健全、运转高效，工程质量管理各项工作总体规范、到位。

1. 项目法人质量检查体系

江苏水源公司作为项目法人，对工程的施工质量负总责。项目法人成立了质量管理的专职机构，制定了质量管理各项制度。工程建设前，组建现场质量管理机构，建立健全工程质量管

理体系，明确了质量管理责任人。与各现场建设管理单位每年年初签订建设目标责任书，明确质量管理目标和质量管理责任，要求各现场建设管理单位加强施工质量管理，杜绝重大质量事故，积极争创优质工程，每年年末对各现场建设管理单位所承建工程的质量管理和质量情况进行考核。各现场建设管理单位与监理单位、施工单位签订施工质量管理责任状，层层落实施工质量管理责任制。工程建设中，项目法人定期对工程质量进行检查，并委托检测单位对工程质量进行第三方检测和专题检测，抓质量控制的关键点和薄弱点，督促参建单位整改提高。工程完成后，项目法人组织了工程阶段验收、单位工程验收和合同项目完成验收，及时完成了对工程施工质量的确认，并对验收中发现的质量问题督促参建单位进行整改，确保不留工程质量隐患。

各建设单位作为项目法人的现场管理机构，及时组织施工图专家审查和设计单位技术交底。开展每月至少两次由主要领导组织的工程现场质量检查，并配合国务院南水北调办、质量监督站和江苏省南水北调办及江苏水源公司组织的各项质量检查活动，发现问题督促有关单位处理。对工程存在的质量问题和缺陷，按质量缺陷处理的要求，分析产生原因，提出处理方案，处理完成后组织检查验收并备案。组织金属结构和机电设备出厂验收。

2. 监理单位质量控制体系

各监理单位组建了工程现场监理机构，编制工程监理规划和实施细则，明确了监理工作职责和工作方法。工程施工过程中，按规定开展监理平行检测、跟踪检测与见证取样工作，采用自检或委托检测方式开展监理平行检测工作。监理单位通过巡查、抽检、旁站等方式，对工程原材料质量、工序质量和实体质量进行质量控制，做好工程关键阶段和重要隐蔽工程质量检查与验收工作，严格执行工序报验制度。分部工程和重要隐蔽工程完成后，组织验收。

主要金属结构和机电设备生产制造过程中，监理机构安排专业监理工程师进行驻厂监造，并参与出厂验收。工程设备到场后，监理单位组织设备开箱检查验收。设备安装过程中，做好设备安装质量的跟踪检查与检测工作。

3. 施工单位质量保证体系

各施工单位基本能按照与法人签订的承包合同，合理配置人力、机械设备等各种资源进场，组建了现场工程项目经理部，编制了工程施工组织设计或施工专项技术方案，报监理机构批准后组织施工。通过施工例会对参加施工所有人员进行工程创优、质量管理和技术教育和培训。建立质量责任网络，明确相关质量要求和目标，与相关人员签订质量责任状，明确奖罚标准，奖优罚劣，用经济手段保证质量措施落到实处。施工单位设立了质检科，设立工地试验室，或委托检测单位对工程原材料、中间产品、实物质量开展试验与检测工作，执行原材料进场报验制度和工序质量“三检制”。工程完成后，做好工程质量检验与评定工作。

4. 设计单位现场服务体系

各设计单位按要求均能及时提供施工图纸并做好设计交底工作。工程开工后，设计单位掌握现场施工情况，根据有关部门要求及工程建设需要，优化工程设计，解决施工中有关设计问题。

5. 质量监督单位质量监督体系

质量监督机构按照《南水北调工程质量监督管理办法》(国调办建管〔2005〕33号)，贯彻执行国家和国务院南水北调工程建设委员会有关工程建设质量管理的方针政策和法律法规，负责对工程建设责任主体质量管理行为责任落实情况进行监督检查，以确保工程质量。

质量监督机构审查和办理质量监督手续。根据工程的具体情况，制订质量监督工作计划、明确监督重点，采用巡回抽查和派驻项目站现场监督相结合的工作方式对工程实施质量监督。审查确认工程项目划分，监督检查责任主体建立健全质量保证体系及其运行情况，检查工程建设标准强制性条文执行情况，抽查工程实体质量，检查施工技术资料、监理资料以及检测报告等有关工程质量资料，监督检查项目法人组织的工程验收活动核定工程质量等级，提出工程质量监督报告，参与工程阶段验收和竣工验收。

三、质量管理措施发挥的作用及效果

江苏南水北调工程建设过程中，江苏水源公司在常规质量管理措施基础上，紧密配合国务院南水北调办的质量集中整治、质量问题责任追究等高压的质量管理措施，采取了具有江苏工程特点的重点部位施工方案报审并全程跟踪、泵站安装条件审查、编制质量缺陷防治手册等控制关口前移的措施，强化工程“出手”质量的管控。通过全体参建单位、全方位的严抓共管，工程质量管理取得了以下明显效果：①广大建设者的质量意识得到较大提升，质量管理责任意识也得到加强；质量管理由被动转为更加主动和积极。②质量管理行为更加规范、有序。从国务院南水北调办组织的质量集中整治、飞检及江苏水源公司的检查结果看，各工程参建单位的质量管理违规行为明显减少。2011 年，施工、监理单位的质量管理违规行为一般各有十多条，2013 年 4 月飞检时，后期实施的邳州站、睢宁二站、泗洪站和洪泽站 4 个泵站工程的施工和监理单位质量管理违规行为总计只有 10 条。质量问题的性质也明显减轻。2013 上半年飞检时，4 个泵站工程的施工和监理单位均未发现严重质量管理违规行为。质量管理取得了显著效果。2010 年以来，江苏水源公司历年被国务院南水北调办评为质量管理先进单位；③工程实体质量始终处于可控状态。泵站工程单位工程优良率达 90%以上。特别是后期实施工程实体质量得到进一步提升，质量检查发现的实体质量问题逐年减少、问题性质逐年降低。2013 年 4 月，国务院南水北调办对上述 4 个泵站飞检时，邳州站和睢宁二站均未发现实体质量问题，泗洪站和洪泽站也仅发现几条实体质量问题，未发现重大的实体质量问题。④工程外在形象得到进一步提升。不管是建筑物的混凝土外观质量，还是工程整体形象都得到较大提升，实现了一泵一景的建设目标。江苏南水北调多个工程的混凝土外观和整体形象得到了国务院南水北调办主要领导的称赞。

四、质量缺陷处理总体情况

江苏水源公司通过制定《江苏南水北调质量缺陷管理办法（试行）》及编制《江苏南水北调工程质量通病防法手册》一系列的强化管理措施，尽可能地减少了工程建设过程中质量缺陷的发生，对发生的质量缺陷进一步规范了处理程序等，质量缺陷的处理效果得到保证。目前南水北调江苏段发生的质量缺陷主要有混凝土裂缝，混凝土错台、胀模、麻面及龟裂等外观缺陷。截止各设计单元工程通水验收时，参与通水验收的 25 个设计单元工程共发生 431 项质量缺陷，其中一般质量缺陷 415 项，较重质量缺陷 13 项，严重质量缺陷 3 项。各参建单位均按管理办法的要求建立了台账，完成了质量缺陷的检查、处理、验收、备案等工作，特别是混凝土裂缝，凡是达到较重等级的，均由江苏水源公司统一委托权威质量检测机构进行修补效果的检

测，确保缺陷修补后能满足工程安全运行的需要。

五、质量问题整改的总体情况

江苏水源公司对江苏南水北调建设过程中发现的质量问题历来高度重视，组织建设管理单位分析原因、制定整改计划、落实整改措施，保证措施到位，责任到人，层层落实。每次质量问题的整改均有书面的整改记录及影像佐证材料，并有相应的责任人督查和确认，确保所有的质量问题均能处理到位，不留任何质量隐患。

国务院南水北调办的稽查、飞检、质量集中整治等相关检查发现的质量问题，均由施工单位处理、监理单位核实、建设单位确认后形成书面整改报告报江苏水源公司转国务院南水北调办，其中质量集中整治后均有相关主要领导带队进行“回头看”等复查，飞检时每次也对上次发现的问题进行复查，确保发现的问题均得到整改，对质量监督站检查发现的问题，江苏水源公司和各建设单位在收到质量监督意见后均组织参建单位进行整改，并将整改情况由建设单位汇总后报质量监督站和公司备案。每次质量监督检查前均对上次发现的整改情况进行复查。

对历次验收发现的质量问题，江苏水源公司规定必须形成书面整改情况报质量监督站和公司后再签发验收鉴定书，保证质量问题能得到及时处理。对实体质量问题形成质量缺陷的均按质量缺陷管理办法进行处理和备案。

六、工程试通水及试运行情况

为检验江苏段新建及改扩建泵站、河道等工程的规划设计能力和运行安全可靠性，取得工程初期运行、水量调度、水质监测等基础数据和技术参数，并为东线工程全线通水后的科学调度、安全运行、效益发挥等奠定基础，根据国务院南水北调办的统一安排，江苏段工程先后开展了试通水和全线试运行。为此专门成立了领导小组和各专业工作组，明确工作责任和分工，积极协调环保、交通、海事、电力等部门，编制运行、调度和现场执行方案，邀请专家分区段开展现场检查，定人、限时、跟踪质量问题整改，确保了全线工程正常运行。

2013年5月开展了江苏段工程试通水。共有9个梯级18座泵站、18条河道以及40多座水闸工程参与运行，沿线宝应湖、洪泽湖、骆马湖、下级湖等湖泊参与调蓄。各泵站均连续运行24小时以上，并以设计流量运行2小时以上。泵站累计运行4489台时。累计抽水49405万m^3。其中抽江水量11512万m^3，入洪泽湖18003万m^3，出洪泽湖5459万m^3，入骆马湖2624万m^3，出骆马湖930万m^3，入下级湖593万m^3。

2013年10月19日至11月22日，江苏段工程再次投入全线试运行，历时33天，泵站累计运行15914台时，累计抽水170332万m^3。其中抽江水量53365万m^3，入洪泽湖19217万m^3，出洪泽湖16483万m^3，入骆马湖14838万m^3，出骆马湖16855万m^3，入下级湖12318万m^3。

南水北调江苏段工程试通水和试运行期间，各工程均能及时开启、安全投运，输水能力满足规划设计要求；水情、工情正常，相关河道水流平顺，过流良好；调蓄湖库运行正常，各工程运行正常，工况良好；沿线工农业生产、生活均正常。江苏段工程取得试通水和试运行的圆满成功。

从总体运行情况看，试通水期间水量调度平稳、安全，各泵站、河道工程运行正常，未发现明显的质量问题，试通水运行获得圆满成功。

七、工程质量总体评定情况

南水北调东线一期工程全线通水验收时涉及江苏段25个设计单元工程。各设计单元工程通水验收范围内工程建设内容已按批准的设计内容完成，工程施工质量合格。工程施工期、试运行期和运行初期的工程观测资料分析成果基本符合国家和行业技术标准要求。

第六节 经验与体会

优质的工程，离不开扎实的管理。在质量管理上就是要扑下身子、耐下性子，一丝一毫严要求，一点一滴抓质量。从原材料抓起，从一道道工序抓起，从减少质量缺陷抓起，一步一步把质量工作抓好抓实。工程建设过程中，始终围绕江苏工程的特点，注重源头管理，坚持严抓严管，主动加强质量监管，加大违规处理的力度，始终保持质量管理的高压管理态势。工程质量管理取得了明显效果。

（1）通过参加南水北调工程建设，广大建设者的质量管理意识得到较大提升，充分认识到高压管理的必要性和重要性；全面提升了参建人员的质量管理行为的自觉性，使质量管理更加规范、有序。

（2）《工程质量责任追究办法》和《合同责任追究办法》是全面加强质量管理的指南。它不仅仅是在追究一些违约责任，更是一本指导工程建设全过程、落实全面质量管理的“作业指导书”。因此，应放弃传统的质量管理理念，树立全新的质量管理思路，认认真真抓好实体质量，踏踏实实做好质量管理，才能让南水北调工程在全体建设者的手中创造出一个新的辉煌，铸造起一座历史的丰碑。

（3）重新认识质量缺陷。通过南水北调工程建设，进一步全面认识了工程质量缺陷，改变了“质量缺陷就是见不得人的事”的观念。过去总想遮遮掩掩，不想留下痕迹；而现在，不仅真正承认了质量缺陷是工程建设过程中不可避免的，而且更能主动建立质量缺陷台账，详细记录质量缺陷处理的全过程，为工程建立一个永久的“健康档案”，便于工程管理和维护。这也是质量管理上的一个突破。

（4）工程质量的提高，离不开科技的支撑。紧紧围绕江苏南水北调工程的特点和建设需要，系统分析重大技术和关键设备的现状，与相关科研院校进行合作，开展国内外交流，积极开展新技术、新材料、新设备、新工艺等方面的研究和应用。确立了以优化设计为出发点，加强工程施工过程中技术及施工方案研究；以提高泵装置效率为出发点，在水泵水力模型与泵装置关键技术上重点突破；以提高水工结构质量安全为重点，探索结构设计优化新方法；以提高工程施工水平为切入点，加强施工原材料及混凝土配合比优化研究，探索泵站结构防裂的解决方案。江苏水源公司先后组织开展重大技术攻关和专题研究40余项，获得省、部级科技进步奖6项，10多项技术获得发明及实用新型专利授权，有效推动了泵站混凝土结构温控研究和结构防裂解决方案的发展，更是大幅提升了我国泵装置效率，全面提高了江苏南水北调工程的整体质量。

（5）质量管理取得的成绩得到外界充分肯定。近年来，在高压的质量管理态势下，采取种

种有特色、有针对性的质量管理措施，质量管理工作得到了业内好评。自从2010年国务院南水北调办开展质量管理先进单位评选以来，连续三年被国务院南水北调办评为质量管理先进单位。十多年来，工程的实体质量始终处于可控状态，未发生一起质量事故，质量缺陷逐年减少，质量问题性质逐年降低，验收工程单元工程优良率达到90.0%以上，主体工程单位工程质量全部达到优良等级，已通过国务院南水北调办和江苏省南水北调办组织完工验收的宝应站、解台站、刘山站、淮阴三站、淮安四站、三阳河潼河等设计单元工程质量全部为优良等级。

（6）坚持南水北调工程质量标准，是广大建设者的工作底线。进度、质量和投资是合同管理的三大目标。在合同管理中，对进度、投资都有明确的可以进行调整的条款，可以根据工程进展中的具体情况，协商解决进度、投资方面存在的问题。但唯一明确不可更改的是质量标准。任何问题的解决不能以牺牲质量为代价，这是一条高压线。在南水北调工程的质量管理上，应该说“什么都可以谈，质量问题不能谈”，这是从事南水北调工程建设的底线。严抓工程质量管理，不放松要求，不降低标准，真正把南水北调工程建设成党中央、国务院放心，全国人民放心的优质工程、高效工程、优美工程、廉洁的世纪工程，圆满完成党和人民交给的任务。

第七节　部分工程质量管理典型案例

案例一：泗洪站工程机电设备质量控制

（一）工程概况

泗洪站枢纽工程是南水北调东线工程的第四梯级泵站，其主要任务是将第三梯级抽入洪泽湖江水通过运西线徐洪河继续北送至第五梯级睢宁站，再由房亭河入骆马湖；同时具有地方排涝和通航功能。

枢纽工程位于江苏省泗洪县朱湖镇东南的徐洪河上，距三岔河大桥下游约4km，洪泽湖顾勒河口上游约16km处。工程包括泵站、排涝调节闸、徐洪河节制闸、利民河排涝闸、泗洪船闸及引河等调水、排涝、挡洪、航运交通建筑物。

泵站设计流量120m^3/s，安装后置灯泡贯流泵5台套（含1台备机），叶轮直径3050mm，单机流量为30m^3/s，配套电机功率2000kW，总装机容量10000kW。

（二）主要设备安装及提供厂家

本泵站主水泵采用3000HSTM型灯泡贯流泵五台套，由荏原博泵业有限公司提供；配套设备TG2000－56灯泡贯流式三相交流同步电动机五台套，由上海电气集团上海电机厂有限公司提供。用于泗洪泵站提水。

泵房内配备QD32/5T－14.5电动双梁桥式起重机一台，用于机组安装及以后的检修工作，由江苏象王重工股份有限公司提供。

技术供水系统1台套，提供五台主机组的循环冷却水、密封水和润滑水，由中国船舶重工集团公司第七一一研究所提供。

SLS-150-250B 检修排水泵 2 台套、50WQ25-22A-3KW 渗漏排水泵 4 台套，用于泵站内的检修排水和渗漏排水，由山东工泵电机有限公司提供。

HCB10-800/6 干式变压器 2 台套，由国能子金电器（苏州）有限公司提供，其中一台用于泵组电动机的投励电源，一台提供全泵站除主泵组外的电源使用。

WKLF-102 微机励磁装置 5 台，由北京前锋科技有限公司提供，用于五台同步电动机的励磁电源。

变频器装置 5 台套，由西门子（上海）电气传动设备有限公司提供，用于主泵机组的减负启动和正常运行。

电抗器柜 5 台套，由上海昊德电气有限公司提供，用于控制保护机组正常运行。

MNS 低压成套开关设备 9 台，配电箱 38 台，用于为全泵站的附属设备、直流系统、控制监视、通信、视频、照明及通风等系统提供动力电源；KYN28-7.2 交流金属封闭移开式开关设备 13 台，用于为主泵机组运行提供动力电源。上述设备均由江苏东源电器集团股份有限公司提供。

直流系统一套，用于为全站内提供直流电源；视频监控系统一套，用于监控全站范围内设备的运行工况；通信系统一套，用于采集各运行设备的相关运行参数；自动化控制和保护系统一套，用于主泵机组的自动化开机和关机，并监视机组运转是否正常，保护设施自动投入和切除相关故障设备。上述设备和自动化软件由南瑞集团提供。

全站动力、控制由江苏亨通电力电缆有限公司提供。

（三）质量管理措施

泗洪站枢纽工程在施工过程中采取了以下主要质量管理措施。

（1）建立质量管理网络，明确质量目标。将质量目标层层分解到部门、工种队和施工作业班组，直至具体操作者。做到“人人有责任，事事能落实”。在施工过程中树立起“百年大计、质量第一”的概念，对安装质量层层把关，上一工序的问题绝不带到下一工序，以优良等级标准严格控制。

（2）健全质量保证体系，实行全过程规范化管理。每个施工单位均能在施工过程中严格按质量手册、程序文件和合同的要求进行质量控制，规范施工管理，确保每一项工作始终处于受控状态。他们的做法是：①严格实行三级检查制度。在工程开工之初，根据本工程的特点设置检验点，并报监理工程师批准。在施工过程中对工程质量实行三级检查制度。②严格实行三级技术交底制度。项目部对各部门进行交底、各部门对生产班组进行技术交底、生产班组对操作人员进行技术交底。明确下一道工序就是本道工序的顾客，每个员工做到在自己手中无不合格产品。③强化质量预控。在工程开工之始，对潜在的不合格因素进行调查研究，制定书面的预防措施，并设置质量控制点，对特殊和重点工序编制施工方案或作业指导书，对操作人员进行技术交底，并要求操作人员在实施过程中做好相应质量记录。④制定并落实质量管理制度。除认真执行江苏水源公司和建设单位相关管理制度外，施工单位还印发了《贯标奖罚制度》和《质量管理奖惩办法》，分别与各工程队签订了《创省（部）优工程责任状》，并实施有效奖惩。在每一个单元工程的每一道工序中，对参与施工的每一个操作人员及相关班组长、队长、质检

员进行奖优惩劣。⑤配置精良的施工设备。该工程水下验收节点工期很紧，除了配备充足良好的施工设备外，严格按该公司质量文件有关要求加强设备管理，建立健全设备管理制度，加强设备的维修、保养工作，保证设备在施工过程中的完好率和保证率。

（3）材料质量控制。原材料在采购前，对生产厂家进行考察，选择优质原材料生产厂家，经监理工程师认可，签订了明确质量要求的合同；原材料进场后，按规定频率和项目进行抽样检验，检验合格后方可使用。对采购的原材料的品种、产地、数量、状态都进行了标识记录，以便计划使用。对中间产品，标识好规格、生产日期、使用部位等，并做详细记录，确保了工程质量。

（4）优化设计方案。江苏水源公司组织对灯泡贯流泵装置流道进行优化设计，委托扬州大学利用CFD优化水力设计计算对泗洪站灯泡贯流泵装置流道初步方案进行了优化，完善贯流泵装置的水力设计。对贯流泵装置模型试验进行验收。江苏水源公司组织专家赴日对贯流泵模型装置进行了验收，对装置的汽蚀、振动、效率等包括 Winter - Kennedy 特性在内的全部试验内容进行了检测和试验。经验收，各项指标均达到合同文件的要求。

（5）加强检验、测量和试验设备的控制，保证设备的测量精度和准确性。①在贯流泵等制造和工厂试验期间，监理工程师驻厂监造，依据合同规定的技术标准和相关规范的规定，监督厂家按设计图纸组织生产，监督检查主要生产工艺必须达到规范及招投标文件要求，原材料要根据标书进行选购和检测；监理工程师深入车间巡查，对其设备、材料、工艺进行检查，旁站了车间设备组装和有关工厂试验，使设备达到招标文件的质量要求；所有设备到工地后，组织各有关单位进行开箱清点验货，对设备规格型号、数量、配套专用工具、备品备件、技术文件逐一清点检查，并办理了验货手续；②加强设备安装环节质量管理。为了加强设备现场安装管理，保证设备安装精度，江苏水源公司组织专家对安装方案进行审查，优化批准后方可实施；对机组安装中心线及高程控制线等重要部位进行了重点校验；召开专家会对贯流泵进、出口座环二次混凝土浇筑进行了论证和优化设计，采用自密实混凝土进行二次浇筑，确保了设备运行稳定安全。

（四）质量管理效果

贯流泵机组和电气设备安装完成后，在公司现场机构监督、监理处协助指导下，在设备生产厂家派驻技术人员现场配合下，安装单位完成了各项设备的交接试验。交接试验主要有耐压试验、绝缘试验、回路试验及设备联动试验等，试验结果符合规范规定和安装合同要求。各工程机电设备都实现了一次试运行成功。泗洪站枢纽工程泵站机组在试运行验收、试通过水等阶段，各部位工作正常，停机后检查机组各部位，无异常现象；各项检测数据满足设计和规范要求。

案例二：邳州站工程质量管理总结

（一）工程基本情况

邳州站是南水北调东线一期工程唯一一座采用竖井式贯流泵的大型泵站。大体积异型混凝土底板、异型进出水流道、高圆弧翼墙等土建施工方案，以及竖井贯流泵机组设备安装调试，都是工程施工过程中的关键点和难点。

邳州泵站主站身设计采用38m×38.2m大体积异型混凝土整块底板，底板最厚处3.8m，最薄处1.3m。在高温季节施工存在混凝土生产能力如何保证一次性整体浇筑混凝土不出现初凝和控制温度裂缝的难题；异型进出水流道，进水流道最薄处仅38cm，最厚处接近2.0m，很容易出现结构界面突变产生裂缝；出水侧圆弧翼墙净高15m，前墙弧线长度约34m，为保证混凝土外观质量优良和节省工期，采用一次性浇筑成型方案承担很大风险；水泵进出水侧座环二期混凝土浇筑，为节省工程造价采用普通微膨胀混凝土浇筑，确保混凝土不出现渗漏和窨潮现象，施工难度很大。

针对上述难题，建设处严格按照江苏水源公司要求，对混凝土浇筑方案进行专家论证、与高校和科研院所联合举行技术攻关、调动施工经验丰富的项目经理和技术工人、强化参建单位质量管理责任意识、落实具体技术措施等，保证了混凝土不出现或少出现有害性裂缝、外观质量优良。为实现优质工程的目标，施工单位集中优势技术人员，不计成本加大设备及材料的投入，其中采用全新竹胶模板6550m^2，钢模板4570m^2，钢管280t，流道模板制作投入木材超过600m^3，为建成精品工程打下坚实的基础。

（二）全面的质量管理制度是工程质量的保障

邳州站工程各参建单位严格执行国务院南水北调办《南水北调工程建设质量问题责任追究管理办法》《南水北调工程合同监督管理规定（试行）》、江苏水源公司《混凝土质量缺陷管理办法》等质量管理制度及办法，建设处制定了《邳州站工程质量管理制度》《邳州站工程质量管理办法》《邳州站工程合同管理办法》《邳州站工程施工图预审查办法》《邳州站工程设计变更管理办法》《邳州站工程质量集中整治实施细则》等质量管理制度及办法，为确保工程质量提供制度保障。

（三）完善的质量管理责任体系是工程质量保障的根本

邳州站建设处成立了"邳州站质量管理领导小组"和"南水北调邳州站工程质量集中整治领导小组"，配备了专职质量管理员，具体负责质量管理工作；监理单位建立了质量控制体系，配备了专业监理工程师和总质检师；施工单位成立了项目经理为组长的质量管理领导小组，设置了质检科、配备了总质检师和专职质检员、试验工程师，各施工专业队和班组配备了兼职质检员。

为落实质量管理责任，建设处建立了质量责任网络，分别对建设单位、设计单位、监理单位、施工单位以及设备厂家的项目、技术等负责人进行登记，并与设计、监理、施工等单位签订质量管理承诺书，全面落实建设、设计、监理、施工多层次的质量管理责任。

（四）切实可行的质量管理措施是工程质量的保证

邳州站在施工过程中采取了以下切实可行的质量管理措施。

（1）加强设计优化和管理。优秀的设计是建成优质工程的前提，邳州站建设处高度重视招标设计和施工图设计工作。招标设计阶段，建设处配合江苏水源公司做好招标设计审查工作；施工图设计阶段，接到每批图纸后，及时组织建设、监理、施工单位进行预审，形成预审意

见，上报江苏水源公司并参与其组织的施工图审查，根据专家审查意见督促设计单位及时进行修改，避免实施过程中大量的设计变更及常见的错、碰、漏现象的发生。主水泵、电机等设备生产制造质量直接影响泵站机组效率，根据合同约定，建设处组织设计、监理、安装等单位代表及专家对水泵、电机等设备制造图纸进行审查，就模型试验、生产组织、质量保证措施及与土建和其他设备衔接等问题先后多次组织设计联络会予以讨论、研究。在施工过程中，建设加强与设计代表沟通，从优化工程设计等方面提出切合实际的意见，最大优化工程设计，促进工程设计质量的提高。特别是邳州站在初步设计批复后将泵型优化为竖井贯流泵，不仅大幅度节省了投资，也便于工程质量控制和运行管理。

（2）加强合同管理。①制定合同管理制度，落实管理责任。建设处严格按照《南水北调东线江苏水源有限责任公司合同管理办法》进行合同管理，同时制定了《邳州站工程合同管理实施细则》《南水北调邳州站工程设计变更管理办法》等合同管理制度，进一步规范合同管理行为，落实管理责任。建设处建立合同管理组织网络，明确工程科为合同管理部门，落实专人统一进行合同管理工作，分级审核。②加强履约能力考核。一方面加强对监理、项目部等关键岗位人员的管理，建设处对监理在工人员进行考勤，监理对项目部主要人员按招标文件规定及投标文件承诺进行考核。另一方面根据《南水北调江苏境内工程施工质量和安全生产目标考核办法》要求组成了考核组，对监理单位和施工单位从制度建设、人员能力、质量、安全、进度、文明工地建设等方面进行检查、考核。③开展劳动竞赛活动。考核与支付挂钩，以考核促管理和效益，提高了各方的重视程度和工程建设管理水平。④严格分包管理。建设处严格按照国家基本建设的有关规定和招标文件的要求进行分包管理。主体工程土建施工和设备安装标段的金属结构制作分包项目按招标文件要求履行了报批手续，未发生违法违规分包、转包现象。

在合同执行过程中，建设处认真履行合同规定的职责，规范投资控制、合同管理等行为，切实加强工程“静态投资，动态管理”，提高了合同执行效率。建设过程中，特别注重提前计划、认真实施，避免由于疏忽引起变更和索赔，有效地促进了工程进度，合理控制了投资。工程建设中所有合同执行规范，无合同纠纷发生。

（3）严格施工方案审查。针对施工技术难点要点，建设处先后组织了基坑围封方案、高温季节大体积底板混凝土浇筑方案、异型流道混凝土浇筑方案、辅机层混凝土浇筑方案、大型竖井贯流泵机组安装方案等专家论证会，对重要工序、施工工艺、设备安装技术要点进行专题研究，商讨质量控制措施，优化施工及安装方案，保证了工程质量。

（4）强化质量过程控制。邳州站工程施工单位严格实行班组初检、施工队复检、质检科终检的“三检制”，认真落实质量安全责任制。监理工程师从事前控制、事中检查、事后质评处理三个方面进行质量控制，通过巡视、旁站、测量、分析性复核、跟踪检测、平行检测等手段，监理工程质量。建设处建立质量检查制度，每天派员到工地巡查工程施工质量情况，定期组织参建各方专业技术人员进行质量专项检查。检查以工程施工过程、工艺、外观尺寸、工程实体质量及工程资料为主，抽样为辅；每次混凝土浇筑前组织人员进行模板、钢筋、预埋件等专项检查，混凝土浇筑过程中进行旁站监理。对检查中发现的质量问题，责令责任单位限期落实整改到位。机电设备生产制造期间安排监理单位监造工程师进行驻厂监造，及时了解、掌握设备生产制造动态、质量控制情况，积极协调解决存在的问题。设备出厂前，建设处组织对设备进行出厂验收，全面检查设备的制造质量及出厂资料，确定设备到工地时间，并形成出厂验收纪要。设备到工地后，建设、监理、安装、供货四方现场进行验收。检查设备外观质量，查看在运输过程中是否有损坏，以及核对供货清单数量与实物是否相符等，检查无误后各方人员在检查验收单上签字，并移交安装单位进行安装。施工过程中，施工单位按规范要求委托质量检测单位对原材料及过程产品进行了自检，监理进行了平行检测和跟踪检测，建设处委托了江苏省水利建设工程质量检测站进行第三方检测。

（5）严格履行质量缺陷备案制度。针对施工中出现的混凝土质量缺陷，施工单位根据规范要求进行处理，处理完成后建设、监理、设计单位联合验收，并根据江苏水源公司《江苏南水北调工程混凝土施工质量缺陷处理管理办法（试行）》进行质量缺陷备案。

（6）加强技术投入。结合工程建设实际，积极与科研院所合作开展课题研究，解决施工中的重大技术难题，以提升工程总体质量。从高边坡基坑土方开挖方案，大体积异型混凝土底板温度控制、异型进出水流道混凝土浇筑型线控制、高翼墙（15m）一次性浇筑混凝土防裂措施到水泵装置模型试验、流道型线测量分析、大型竖井贯流泵液压全调节机构研制、安装技术要求制定等方面，积极与科研院所合作开展课题研究，并运用于工程实际中，有效提高了工程的实体质量，收到了良好的效果。

（五）质量管理效果

邳州站在质量管理方面取得了以下两大效果。

（1）建设了一座独具特色的泵站。邳州站是我国首次采用液压全调节、水泵叶轮直径最大的竖井贯流泵机组的泵站，也是我国首次实现贯流泵机组叶片液压全调节机构国内自主采购、研发、制造、安装的泵站。通过进出水流道土建工程精心施工和设备的精密安装密切配合，主辅机设备性能指标和装置效率均达到了设计、招标文件和规范的要求。机组装置效率不低于同类国外产品，并且节省了大量的资金，达到了性价比最大化。

（2）建设了一项优质的土建工程。邳州泵站无论大体积异性混凝土整体底板一次浇筑、异型进出水流道混凝土芯模制作安装渐变流线控制，还是高圆弧翼墙一次性浇筑，都对土建施工提出很高的要求。参建单位高度重视，注重具体施工方案研究，采取埋设冷却水管降低内部温升速度、原材料冷却保证混凝土拌和物入仓温度、加固模板支撑、控制浇筑速度、冬季搭设保温棚悬挂草苫、延长拆模时间、加强后期养护、借鉴其他行业增设钢筋暗梁等综合措施，达到了混凝土裂缝有效控制、外观质量优良、设备运行稳定、效率较高等的良好效果。在国务院南水北调办、江苏省南水北调办、江苏水源公司组织的多次飞检、稽查和考核中，对邳州站工程质量都给予了充分的肯定。

2011年，邳州站工程获得了江苏省水利厅颁发的“廉政文化示范点”光荣称号，项目部获得了江苏省总工会颁发的“工人先锋号”荣誉称号。2013年3月8日，邳州站工程被江苏省水利厅评为2012年水利工程建设文明工地。邳州站工程建设处连续3年被江苏省南水北调办、江苏水源公司评为建设管理先进单位，每年公司考核中均名列前茅。

第十八章　南水北调东线山东段工程质量管理

南水北调工程是缓解我国北方水资源严重短缺局面的重大战略性工程。我国南涝北旱，南水北调工程通过跨流域的水资源合理配置，可大大缓解我国北方水资源严重短缺问题，促进南北方经济、社会与人口、资源、环境的可持续发展。

2002年12月27日，南水北调东线一期工程正式开工建设。作为目前世界最大的调水工程，南水北调工程建设之艰巨、管理之繁重，前所未有。在1191km齐鲁大地输水沿线，工程建设人员以饱满的工作热情，投入到如火如荼的南水北调工程建设中。全体参建人员积极围绕国务院南水北调工程建设委员会办公室和山东省委、省政府确定的2012年年底东线一期主体工程完工、2013年全线通水的决策部署和战略目标，牢记使命，科学管理，攻坚克难，以拼搏精神，圆满完成了既定目标任务；全体参建人员视质量如生命，始终对质量问题"零容忍"，以一丝不苟、精雕细刻、精益求精的精神，践行着建精品工程、优质工程、一流工程的诺言，向党和人民交出了一份合格答卷。2012年12月31日，南水北调东线一期山东境内主体工程如期、顺利、圆满完成，一道蜿蜒的河道清晰地刻画在广袤的齐鲁大地上。南水北调东线一期山东境内主体工程的完工，丰富和发展了山东水网体系建设，实现了真正意义上的全省水资源优化配置。

第一节　概　　述

一、工程概况

南水北调工程分为东线、中线、西线三条线路，横穿长江、淮河、黄河、海河四大流域，涉及10余个省（自治区、直辖市），构成我国"四横三纵、南北调配、东西互济"的水网格局，是迄今为止世界上最大的调水工程。东线、中线、西线分别从长江下、中、上游向北方调水，与长江、黄河、淮河和海河四大江河相互连接，构成"四横三纵"的工程总体布局，组成一个新的大水网。规划三条线路年调水总规模约448亿m^3，可以从根本上缓解我国北方地区严重缺水的局面。

东线工程充分改造和利用现有的江苏境内江水北调工程，并在其基础上扩大规模，向北延伸。调水线路从江苏省扬州附近的长江干流出发，利用现有的京杭大运河以及与其平行的河道输水，连通洪泽湖、骆马湖、南四湖、东平湖等湖泊，经泵站逐级提水进入东平湖（东线最高点）后，分水两路，一路向北穿黄河后自流到河北、天津，另一路向东，经陈山口出湖闸过济南市区经新辟的胶东地区输水干线接引黄济青渠道，向山东半岛供水。一期工程调水主干线全长1467km，其中长江至东平湖1045km，黄河以北174km，胶东输水干线240km，穿黄河段8km。南水北调东线从长江至东平湖设13个梯级抽水泵站（共34座泵站），总扬程65m（每一级到下一级之间水头会有一定的损失，总提水高度达到40m）。沿线调蓄总库容47.29亿m^3（洪泽湖、骆马湖、南四湖下级湖，以及山东境内新建3座水库）。根据供水目标和预测的当地来水、需调水量，考虑各省（直辖市）意见和东线治污进展，规划东线工程先通后畅，逐步扩大规模，分三期实施。东线一期工程规模为抽长江水500m^3/s，入南四湖下级湖200m^3/s，入南四湖上级湖125m^3/s，入东平湖100m^3/s；过黄河至鲁北50m^3/s，送山东半岛50m^3/s。工程建成后，多年平均年抽江水量87.66亿m^3，调入洪泽湖水量69.84亿m^3，出洪泽湖水量63.84亿m^3，调入骆马湖水量43.94亿m^3，出骆马湖水量42.15亿m^3，调入南四湖下级湖水量29.70亿m^3，调入南四湖上级湖水量17.52亿m^3，出南四湖上级湖水量13.83亿m^3，调入东平湖水量13.33亿m^3，过黄河4.42亿m^3，送到胶东8.83亿m^3。东线一期工程多年平均净供水量162.81亿m^3，其中江苏省133.70亿m^3，安徽省15.58亿m^3，山东省13.53亿m^3。工程建成后，扣除江苏原有江水北调工程规模后，多年平均向受水区输水干线分水口净增供水量36.01亿m^3。其中，江苏省19.25亿m^3，山东省13.53亿m^3，安徽省3.23亿m^3。

东线山东段工程主干线自苏鲁省界进入山东省韩庄运河，经台儿庄、万年闸、韩庄三级泵站提水进入南四湖的下级湖，经下级湖湖内航道及东股引河至南四湖二级坝，由二级坝泵站提水进入南四湖上级湖，经湖内航道进入梁济运河，由长沟、邓楼两级泵站提水进入柳长河，再由八里湾泵站提水入东平湖（老湖区），经东平湖调蓄后，分两路分别向黄河以北和胶东地区供水。向黄河以北供水线路：经穿黄隧洞过黄河，自流进入小运河至临清，东线一期工程向北经七一·六五河进入大屯水库；二期工程自临清向西经穿卫枢纽工程进入河北，向河北省、天津市供水。向胶东地区供水线路：由东平湖渠首闸引水，经胶东输水干渠输水，向济南市及其以东的整个胶东地区供水。

东线一期工程山东段共包括韩庄运河段工程、南四湖下级湖抬高蓄水位影响处理工程、南四湖水资源控制及水质监测工程、南四湖至东平湖段输水与航运结合工程、东平湖输蓄水影响处理工程、穿黄河工程、鲁北段工程、济平干渠输水工程、胶东干线济南至引黄济青段工程、山东段截污导流工程、山东段专项工程11个单项、54个设计单元工程。建设内容可概括为："七站""六河""三库""两湖""一洞"。"七站"是指新建台儿庄、万年闸、韩庄、二级坝、长沟、邓楼、八里湾等七级泵站；"六河"是指韩庄运河、梁济运河、柳长河、小运河、七一·六五河、胶东输水干线渠道等六条河道；"三库"是指新建东湖、双王城和大屯三座调蓄水库；"两湖"是指影响处理和局部疏通的南四湖、东平湖两座大型湖泊；"一洞"是指穿黄隧洞工程。

山东省南水北调工程于2013年5月17日至6月28日开展试通水工作，10月22日至11月15日开展通水试运行工作，均取得圆满成功。2014年5月12日至6月11日，根据国务院南水

北调办统一安排，顺利完成了调水运行任务，共调水 7830 万 m^3，圆满完成了国务院南水北调办下达的 2013—2014 年度调水运行任务。

截至 2015 年 4 月，万年闸泵站、济平干渠及 21 项截污导流共 23 个设计单元工程通过完工验收；文物保护验收已完成；二级坝泵站、东平湖蓄水影响处理、管理设施、信息系统 4 个设计单元工程完成通水验收；南四湖水质监测工程正在组织实施；南四湖下级湖抬高蓄水位影响处理工程是征迁安置项目，正在进行相关工作；其他 24 个设计单元工程完成完工验收技术性初步验收。

二、工程建设模式

南水北调山东段工程的项目法人是山东干线公司，根据工程特点，工程建设主要采取三种建设管理模式：①项目法人直接建设管理；②联合建设管理；③项目法人委托流域机构、地市或专业部门建设管理。

（一）建设管理机构

南水北调东线山东干线有限责任公司成立之前（南水北调东线山东干线有限责任公司 2004 年注册成立），济平干渠工程于 2002 年 12 月 27 日开工建设，由山东省南水北调工程建设指挥部直接建设管理，在工程现场直接派驻建设管理机构，成立山东省南水北调工程济平干渠工程现场指挥部，具体实施济平干渠工程的建设管理工作。项目法人成立后由项目法人委托指挥部继续承担建设管理工作。

（二）项目法人直接建设管理

对工程技术含量高、工期紧的大型工程项目，由山东干线公司在工程现场派驻管理机构直接管理，主要有韩庄运河段工程、穿黄河南区工程、济南至引黄济青段工程、南四湖至东平湖段工程和鲁北段工程 5 个单项工程。山东干线公司作为项目法人，根据各单项工程的进展情况，组建各现场建管局，由现场建管局负责各单项工程现场的建设管理工作。各现场建管局内设综合部、工程部、迁占协调部、质量安全部及各设计单元工程的建管处，作为业务部门，承担现地建设管理具体工作。

（三）联合建设管理

根据《南水北调东线一期工程二级坝泵站项目建设管理问题协调会议纪要》（国调办综合司综建管〔2005〕54 号），2006 年 3 月 9 日淮委建设局与山东干线公司以建设〔2006〕28 号文联合组建了二级坝泵站建设管理局，具体承担二级坝泵站工程的建设管理工作。山东干线公司派出具体工作人员，共同参与现场的建设管理工作。

（四）项目法人委托流域机构建设管理

对涉及山东省界等工程项目，委托水利部有关流域机构建设管理。主要有台儿庄泵站工程、穿黄河北区工程、姚楼河闸和杨官屯河闸工程、大沙河闸和潘庄引河闸工程、八里湾泵站工程。

（五）委托当地部门建设管理

委托当地部门建设管理的工程项目主要有三支沟、魏家沟水资源控制工程，南四湖至东平湖段灌区影响工程，南四湖湖内疏浚工程，小清河输水段工程，鲁北段（临清）灌区影响工程，鲁北段（夏津、武城）灌区影响工程，截污导流工程。

（六）委托专业部门建设管理

对部分专业性强的工程项目，委托专业部门建设管理。主要有穿京沪上行钢筋混凝土框架涵和黄台支线钢筋混凝土框架涵工程、济南至引黄济青段穿铁路工程、供变电工程。

三、质量管理目标和特点

山东省南水北调工程在以下质量管理目标下进行质量管理工作：①严把质量体系机制，不断规范各参建单位的质量管理工作；②突出监督重点，抓好工序过程控制；③加强程序管控，完备验收资料手续；④强化控制，确保工程建设实体质量；⑤坚持始终，抓好收尾工程的质量监督。

山东省南水北调工程质量管理目标为单元工程质量合格率100%，优良率90%以上（含90%）；分部工程优良率90%以上（含90%）；单位工程质量优良率90%以上（含90%）；设计单元工程质量优良。确保整个南水北调东线一期山东段工程达到省部级以上优质工程。

山东省南水北调工程质量管理性质主要表现在：社会性，南水北调工程是党中央、国务院作出的一项重大战略决策，是推动我国经济社会可持续发展的战略工程、生态工程、民心工程，作为重要组成部分和主要的受水区，南水北调工程建设对山东省缓解水资源严重短缺状况、改善生态环境、提高人民生活质量、促进经济社会又好又快发展具有重大的战略意义和现实意义，工程质量必须保证社会公众利益和公共安全；强制性，严格按照法律、法规和强制性标准开展质量管理，任何单位和个人不服从管理，都将受到相应的处罚；全面性，质量管理覆盖全部工程，贯穿于建设全过程，适用于各参建单位。质量管理主要包括：预测建设期和使用期对质量影响的全部因素，做好建设项目的全部规划；选择资质等级、经验、信誉合格的设计、施工及监理单位，严格合同管理，明确涉及质量的条款和质量责任；及时进行设计文件、施工组织审定；强化实施阶段的质量控制，如图纸会审与技术交底、施工设备、材料、机械供应及施工中的质量控制；重视质量信息反馈，通过组织与协调手段，进行全面质量管理。

山东省南水北调工程质量管理的特点主要表现如下：

（1）工程建设的社会和自然环境复杂。南水北调东线一期山东段工程全线长1191km；跨行政区域多，工程区域共涉及山东省17个市中的15个市（不含日照、莱芜），地质条件复杂，地形条件变化大；交叉工程多且部分工程穿越城镇和市区。工程质量控制形势严峻。

（2）工程类别多。南水北调东线一期山东段工程包含单项工程11个，设计单元工程54个。其中，不仅有一般水利工程的水库、渠道、水闸，还有大流量、低扬程泵站，超长、超大洞径过水隧洞，超大暗涵等，给质量管理带来考验。

（3）工程工期紧，集中完成投资量大。山东省南水北调工程按照要求2013年达到通水目标，大部分工程集中在通水前2～3年内完成，给质量管理带来困难。

（4）工程质量要求严格。多级泵站提水且调水流量大，同时部分渠道兼具航运功能，因此

质量标准高。

（5）参建单位多。监理、施工等参建单位多且来自全国各地、各个层面，对于施工规范和质量检验标准的理解和执行程度不一，掌握的尺度各有不同。

四、质量管理体制

山东干线公司为加强南水北调工程质量管理工作，设立了质量专职管理机构，山东省南水北调建管局设置了稽察处，成立了工程监督管理中心，建立了稽查专家库，负责稽查检查、举报调查和工程质量监督管理工作。山东干线公司实行项目法人负责、监理控制、企业保证和政府监督相结合的质量管理体制。

（1）实行质量监督制，建设、设计、监理、施工等参建单位要主动接受南水北调工程山东质量监督站的质量监督。

（2）山东干线公司根据工程建设实际，建立并组织现场建管机构对现场的工程质量管理活动，对工程质量负全面责任。

（3）监理单位依据投标书及监理合同组建工程项目监理机构，派驻施工现场；监理工作实行总监理工程师负责制；项目监理机构按照“公正、独立、自主”的原则和合同规定的职责开展监理工作，并承担相应的监理责任；监理人员根据合同的约定，工程的关键工序和关键部位采取旁站方式进行监督检查；强化施工过程中的质量控制，上一工序施工质量不合格，监理人员不得签字，不准进行下一工序施工。

（4）设计单位对其编制的勘测设计文件的质量负责，建立健全设计质量保证体系，加强设计过程质量控制，健全设计文件的审核会签制度，做好设计文件的技术交底工作；成立设计代表组，设计代表应常驻工地。

（5）施工单位依据投标文件及施工合同组建工程项目施工机构，加强施工现场管理，建立健全质量保证体系，落实质量责任制，对施工全过程进行质量控制；在施工组织设计中，制订质量控制措施计划，在施工全过程中加强质量检查工作，坚持“三检制”。

五、质量管理总体成效

山东省南水北调工程质量管理按照“高压高压再高压，延伸完善抓关键”的工作要求，坚持“检查检查再检查，细致严格抓强化”的工作思路，以工程质量为核心，以强化质量管理、落实工程质量责任为重点，突出重点项目和关键环节，创新管理机制，夯实管理基础，加强一线管控，严格责任追究，持续保持高压态势，工程质量始终可控。经评定，南水北调东线一期山东段工程单位工程优良率达到100%，分部工程优良率达到93.5%，单元工程优良率达到91.9%，无质量事故，得到了山东省委、省政府和国务院南水北调办的肯定及社会各界的好评。

第二节　质量管理体系和制度

一、组织体系

南水北调东线一期山东段工程所有参建单位均按要求落实有关保证工程质量的政策、法令、法规、规范和规程，建立健全质量管理机构及体系，质量检验机构和配备的质量检查人员与承担的任务相适应。

（1）项目法人成立南水北调东线一期山东段工程质量管理领导小组，主要职责是：研究部署、指导南水北调东线一期山东段工程建设质量管理工作；研究解决质量管理工作中的重要问题；指导和组织协调工程建设质量事故调查处理工作。领导小组设立办公室，作为领导小组的办事机构，主要职责是：贯彻落实国家关于质量管理的方针政策、法律法规及国务院南水北调办关于质量管理的制度、办法等；研究提出南水北调东线一期山东段工程建设质量目标、计划和措施建议；监督检查工程各参建单位的质量管理工作；开展质量管理宣传教育和相关培训工作；承办领导小组召开的会议和重要活动，检查督促领导小组决定事项的贯彻落实情况；承办领导小组交办的其他事项。

（2）实行工程建设监理制，监理单位建立健全工程质量控制体系，编制监理大纲及实施细则，保证现场的监理人员及设备满足投标书承诺。

（3）勘察设计单位建立质量保证体系，加强设计过程质量控制，健全设计文件的会签制度。

（4）施工单位建立质量保证体系，成立专门的质量检查机构并配备专职质量检查员，在施工中加强施工现场的质量管理，加强计量、检测等基础工作，实行“三检制”。

所有参建单位接受山东省南水北调工程建设指挥部、山东省南水北调建管局对工程项目的质量巡回检查、监督、随机抽样检测等。

二、质量管理制度

依据国务院南水北调办的有关规定、国家和行业有关工程建设的法律、法规，先后制定和完善了《山东省南水北调工程建设管理暂行办法》（鲁调水建字〔2009〕5号）、《山东省南水北调工程质量管理办法》（鲁调水企工字〔2011〕15号）、《山东省南水北调工程建设质量问题责任追究管理实施细则（试行）》（鲁调水稽字〔2011〕22号）、《山东省南水北调工程质量监督管理办法》（鲁调水质字〔2009〕2号）、《山东省南水北调工程验收管理办法》（鲁调水建字〔2009〕5号）、《山东省南水北调工程建设稽察专家聘用管理办法》（鲁调水建字〔2009〕52号）、《山东省南水北调工程巡查实施暂行办法》（鲁调水稽字〔2011〕17号）、《山东省南水北调工程建设合同监督管理实施细则（试行）》（鲁调水建字〔2011〕27号）、《山东省南水北调工程设计、监理、施工和材料设备供应单位信用管理暂行办法》（鲁调水建字〔2011〕51号）、《南水北调东线一期山东段工程建设管理考核及奖惩办法（试行）》（鲁调水企工字〔2010〕19号）、《南水北调东线一期山东段工程混凝土结构质量缺陷管理规定》（鲁调水企工字〔2010〕13号）、《南水北调东线一期山东干线工程施工合同验收实施细则》（鲁调水企工字〔2011〕16号）、《关于进一步加强原材料管理工作的通知》（鲁调水建函字〔2011〕4号）、《关于进一步加强工地实验室管理的通知》（鲁调水企工字〔2011〕20号）、《关于进一步加强渠道机械化衬砌施工质量管理的通知》（鲁调水企工字〔2011〕35号）等质量管理文件。各参建单位也都结合工程实际，建立健全了质量检查制度、重要隐蔽工程和关键部位单元工程验收制度、质量缺陷备案制度等质量管理制度。

三、质量管理组织分工

（一）项目法人的质量责任

项目法人单位对其因选择的监理、设计、施工单位不当而发生的质量问题承担责任。

（二）现场建管机构的质量责任

（1）现场建管机构对现场的工程质量负全面责任，现场建管机构的主要负责人对工程现场质量负直接领导职责，工程技术负责人对工程质量工作负技术责任，具体工作人员为直接责任人，具体明确各质量管理岗位职责。

（2）贯彻执行国家、行业、国务院南水北调办有关法律、法规、规章和标准以及上级主管部门的决定和部署。

（3）建立健全质量管理体系、质量管理网络和质量检查等质量管理制度；建立质量联络员制度；明确质量管理目标；健全和落实现场建管机构、设计、监理、施工等层次的质量责任。

（4）组织监理、设计及施工等单位进行工程项目划分，明确重要隐蔽单元工程和关键部位单元工程、主要分部和主要单位工程，并报质量监督机构确认；在工程开工前按规定向水利工程质量监督机构办理工程质量监督手续；在工程施工过程中，接受质量监督机构对工程质量的监督检查。

（5）采取日常巡查、突击检查、定期检查等方式对工程质量进行监督检查。严格合同管理，按合同和有关规定，检查设计、监理、施工等单位质量管理体系建立和运行情况。

（6）监督设计单位做好现场设计服务，进行设计交底（含设计变更及新材料、新技术、新工艺使用）、处理设计变更、解决工程施工中的问题。

（7）监督监理单位对关键部位单元工程、重要隐蔽工程及工程的关键部位进行全过程旁站监理，对原材料、中间产品、工程实体质量进行平行检测、跟踪检测和见证取样，对有关质量评定资料进行复核；审核批准监理部主要负责人员变更。

（8）监督施工单位按照合同、设计、规范和有关质量标准进行施工；检查施工单位三检是否规范，质量评定资料记录是否真实、完整；参加重要隐蔽单元工程、关键部位单元工程验收；审核批准施工项目部主要负责人员变更。

（9）加强施工现场管理，禁止转包、违法分包行为。

（10）组织完成上级检查、稽查、审计发现问题的整改工作。

（11）抓好验收工作，把好工程质量验收关。制订工程验收工作计划，组织做好相关验收工作。以验收工作为抓手，对分部工程、单位工程和合同项目完工验收前存在的问题及时解决，对不具备验收条件的工程坚决不予验收，杜绝验收不合格工程投入使用或进入下一个环节。

（12）建立和完善工程质量管理考核、奖惩机制，完善设计、施工、监理单位信用档案，并做好良好行为、不良行为信息管理工作，调动各参建单位和个人的积极性，促使其全面履约。

（13）加强现场资料和档案管理，按照有关规定编写验收报告、整理档案资料，确保资料真实、规范和完备。

（三）监理单位职责

（1）监理单位必须执行国家和水利行业的法律、法规、技术标准，履行监理合同。

（2）监理单位根据所承担的监理任务向工程施工现场派出相应的监理机构，人员配备必须满足投标承诺。总监理工程师和监理工程师上岗必须持有水利部颁发的岗位证书，一般监理人员上岗要经过岗前培训。

（3）监理单位根据监理合同参与招标工作，从而保证工程质量、全面履行工程承建合同出发，审查施工单位的施工组织设计和技术措施；指导监督合同中有关质量标准、要求的实施。督促施工单位建立健全质量检查机构，审查其质量保证措施。

（四）勘察设计单位职责

（1）勘察设计单位对其编制的本工程的勘察设计文件的质量负责。设计文件必须符合下列基本要求：设计文件符合国家、水利行业有关工程建设法规、工程勘测设计技术规程、标准和合同的要求；工程勘察文件反映工程地质、地形地貌、水文地质状况，评价准确，数据可靠；设计依据的基本资料完整、准确、可靠，设计论证充分，计算成果可靠；设计文件的深度满足相应设计阶段有关规定要求，设计质量必须满足工程质量、安全需要并符合设计规范的要求。

（2）设计单位按合同规定及时提供设计文件及施工图纸，在施工过程中要随时掌握施工现场情况，优化设计，解决有关设计问题。设计单位按合同规定派驻设计代表，及时解决有关问题。

（3）设计单位按水利部有关规定在分部工程验收、阶段验收、单位工程验收和竣工验收中，对施工质量是否满足设计要求提出评价意见。

（4）设计单位对因设计图纸问题而造成的质量问题承担责任。

（五）施工单位职责

（1）施工单位依据国家、水利行业有关工程建设法规、技术规程、技术标准的规定以及设计文件和施工合同的要求进行施工，并对其施工的工程质量负责。

（2）施工单位不得将其承接的主体工程进行转包。如确需分包，分包单位必须具备相应资质等级且必须经过建设单位认可。

（六）采购单位责任

中间产品的采购单位对其采购的中间产品质量承担相应责任。

四、质量管理责任体系

山东省南水北调工程质量管理责任体系按照“分级负责、逐级追究、责任到人、细化到序”的原则，编制了《山东省南水北调在建主体工程质量责任网格体系》（鲁调水稽字〔2012〕9号），建立了从项目法人到施工班组、操作人员的9级质量责任体系，明确质量管理范围和责任人，全面建立了项目法人负责、监理单位控制、设计单位和施工企业保证与政府监督相结合的质量保证体系。项目法人、现场建管机构、监理、施工等单位都成立了质量领导小组，设立了质量管理部门，施工单位配备了专职质检人员。同时，山东干线公司和各现场建设管理单位签订《南水北调东线一期山东段工程建设现场管理目标责任书》和《南水北调东线一期山东段

工程年度现场管理目标责任书》，各现场建管机构和监理、施工等参建单位也都按要求签订了质量管理责任书，层层落实了质量管理责任。

（一）一级工程质量责任网格划分

山东干线公司为一级网格，网格责任人为项目法人代表。

（二）二级工程质量责任网格划分

根据各部门质量管理工作职责，山东干线公司下设的与质量管理有关部门为二级网格，包括工程部（建管处）、管理中心（稽察处）、总工办、计划合同部，网格责任人为各部门主要负责人。

（三）三级工程质量责任网格划分

在质量责任体系中共有8个三级网格，包括南四湖至东平湖段工程建设管理局、济南至引黄济青段工程建设管理局、鲁北段工程建设管理局、韩庄运河段工程建设管理局、穿黄南区工程建设管理局、穿黄北区工程建设管理局、二级坝泵站工程建设管理局、八里湾泵站工程建设管理局，各网格责任人为各单位主要负责人。

（四）四级工程质量责任网格划分

每一个设计单元工程为四级网格，网格责任人为现场建管处主要负责人或各现场局分管负责人。

（五）五级工程质量责任网格划分

按照设计、监理、施工、设备或材料生产、试验检测等参建单位的工程质量管理职责，确定各设计单位、各监理部、各施工项目部、各设备或材料生产单位、各试验检测单位分别为五级网格，网格责任人分别为设计总负责人、项目总监、项目经理、设备或材料生产单位项目负责人、试验检测单位项目负责人；各建管局（处）派驻各标段工地代表视为五级网格责任人。

（六）六级工程质量责任网格划分

设计单位按照专业划分网格，网格责任人为各专业负责人。

监理部按照施工标段划分网格，网格责任人为驻各施工标段监理工程师。

施工项目部按质量管理岗位职责划分，网格责任人分别为项目总工或总质检师、质量管理部门负责人、质检员。

设备或材料生产、试验检测单位按岗位职责划分，网格责任人分别为各项目工地现场负责人、现场检测负责人。

（七）七级工程质量责任网格划分

七级网格为各施工标段的作业队，网格责任人为各土建施工、各设备安装等作业队负责人。

（八）八级工程质量责任网格划分

八级网格为各施工作业队的施工班组，网格责任人为土方、石方、钢筋、模板、混凝土、机电安装、金结安装等作业班组负责人。

（九）九级工程质量责任网格划分

九级网格责任人为土方、石方、钢筋、模板、混凝土、机电安装、金结安装等作业工序操作人员。

山东省南水北调主体工程质量责任网格体系和两湖局工程质量责任网格体系分别见图 18－2－1 和图 18－2－2，韩庄运河段工程建设管理局工程质量责任台账见表 18－2－1。

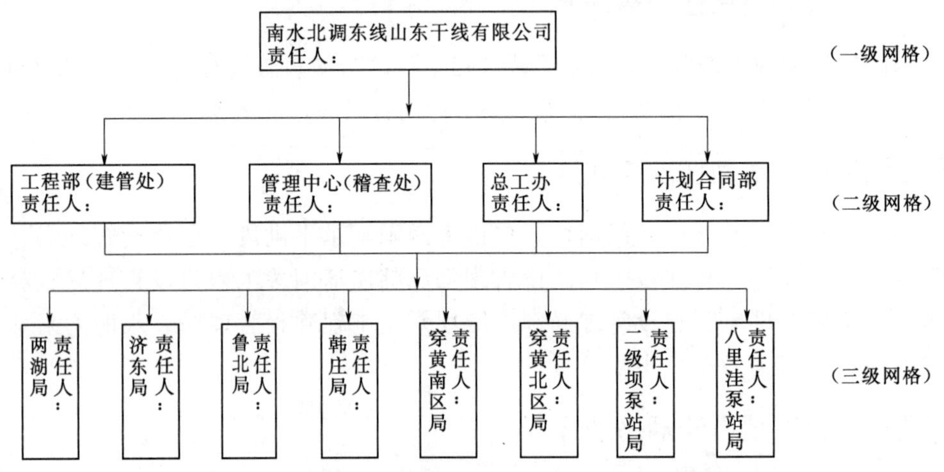

图 18－2－1　山东省南水北调主体工程质量责任网格体系图

表 18－2－1　　韩庄运河段工程建设管理局工程质量责任台账

网格名称	网格级别	责任单位	责任人
韩庄运河段工程建设管理局	三级	韩庄运河段工程建设管理局	
韩庄泵站工程	四级	韩庄泵站建管处	
万年闸泵站工程	四级	万年闸泵站建管处	
台儿庄泵站工程	四级	台儿庄泵站建管处	
驻标段建管人员	五级	派出单位名称	
各设计单元设计单位	五级	设计单位名称	
地质专业	六级		
水工专业	六级		
机电专业	六级		
金结专业	六级		
各设计单元监理（　）标	五级	监理单位名称	
驻施工（　）标段监理工程师	六级		
各设计单元施工（　）标	五级	施工单位名称	
总工或总质检师	六级		
质量管理部门责任人	六级		
各设备材料采购标	五级	生产单位名称	
工地现场责任人	六级		
各设计单元或各标段试验检测单位	五级	试验检测单位名称	
现场检测责任人	六级		

填写人：　　　　　　　　　　　　　　主要负责人：

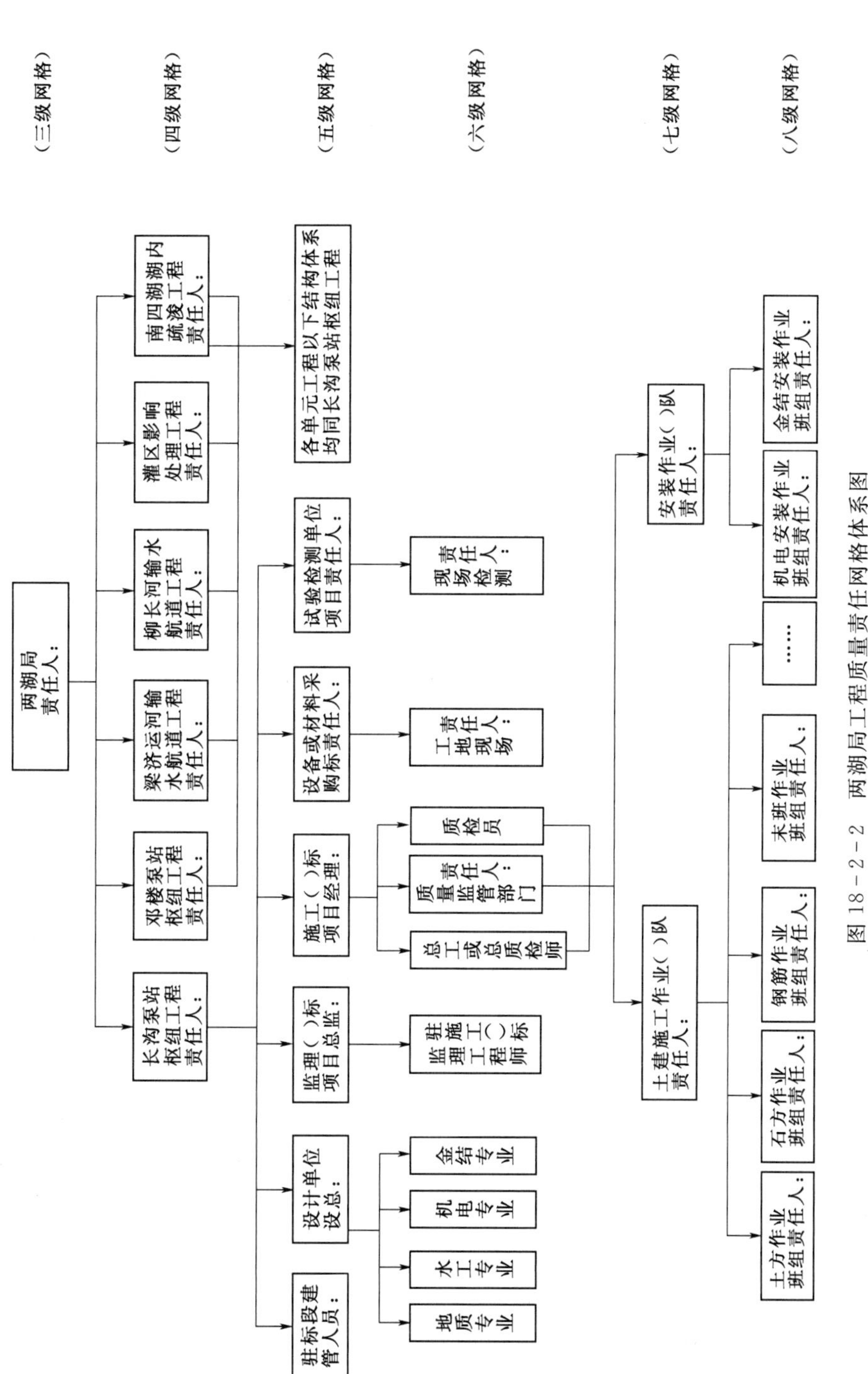

图 18－2－2　两湖局工程质量责任网格体系图

五、管理体系的制度设计

（一）山东省南水北调建管局对境内南水北调工程建设的保障协调

1. 努力营造良好施工环境，为质量管理工作创造前提

山东省政府授权山东省南水北调建管局作为山东省指挥部的办事机构，可代表山东省指挥部召集有关成员单位和工程沿线市、县（市、区）的负责人，及时研究、协调解决工程建设中遇到的具体问题，同时山东省委、省政府还将南水北调工程建设纳入全省科学发展年度综合考核指标体系，对各市党委、政府进行考核督导。山东省南水北调建管局积极协调地方政府及有关部门建立安全保卫协调机制，各市南水北调局、公安局联合南水北调工程现场建管机构成立工程安全保卫工作领导小组和联席会议办公室，设立了工程安全保卫工作组，覆盖到工程每个标段，实行警民联防，给工程建设创造无障碍施工环境。

2. 确保工程建设资金筹集到位，为质量管理工作奠定基础

为落实调水基金，深入研究制定《山东省南水北调工程基金筹集和使用管理办法》（鲁政办发〔2009〕18号），并报请山东省政府印发执行，规定从2008年1月1日起，调水基金每年在全省范围内从水资源费、排污费、省财政专项资金中征收，征收期暂定8年。积极协调争取，及时足额完成南水北调工程基金27.8亿元的征缴任务。

3. 扎实做好信访维稳工作，为质量管理工作创造条件

山东省南水北调建管局专门成立信访工作领导小组，下设信访办公室，由局办公室牵头，协调各市办事机构、各处室、各现场建管单位及时化解处理信访事项。制定了《山东省南水北调工程建设管理局信访工作暂行办法》（鲁调水办字〔2009〕16号），加强了信访队伍和网络建设，明确了职责分工、信访程序和奖惩措施，理顺来信来访事件处理机制。制定信访预警方案，及时处理重要和突发性信访问题，切实做好管控工作，最大限度地保证不发生群体性事件。

（二）坚持项目法人负责制下的多种质量管理模式相结合

山东干线公司作为项目法人，是工程建设的主体，是工程建设项目的主要组织者和实施者，在工程建设过程中处于主导地位，对工程建设各项任务和目标负总责。在工程实施各个阶段，山东干线公司严格执行基本建设程序，规范建设管理行为，全面参与工程质量管理工作，特别在重大技术方案审定等重大问题上，精心研究，周密部署，果断决策，为保证工程质量起到了决定性作用，充分显示其不可替代的核心主导作用。在工程建设管理模式上，山东干线公司结合工程建设特点和实际需要，采取了直接管理、委托管理、联合建设等多种模式，较好地调动了工程沿线参建各方的积极性，保证了南水北调工程建设质量。实践证明多种建设管理模式的结合运用，是山东省南水北调工程建设管理模式的创新和发展。

（三）严格落实招投标制，精心选择参建单位

山东干线公司严格按照《中华人民共和国招标投标法》及国务院南水北调办等有关规定开展招投标工作，所有工程项目均通过公开招标，打破地区行业界限，择优选择参建单位。招投

标工作的有效开展，为工程质量提供了有力保证。

（四）认真落实建设监理制，积极发挥监理单位的现场作用

工程实行建设监理制，经招标选定监理单位，依据监理合同按照“公正、独立、科学”的原则进行监理工作，是实现工程建设质量控制的有力保障。通过选择资质高、信誉好的监理单位，充分调动其参与南水北调工程建设的积极性。工程建设过程中，监理单位按照“公正、独立、自主”的原则，开展工程建设监理工作，公平地维护项目法人和被监理单位的合法权益。在工程的质量控制方面，监理单位通过建立规章制度，落实法律法规和行业制度要求，针对工程建设过程中的人为因素、设备、材料及构配件因素、机具因素、资金因素、水文地质因素等，积极组织人力资源配备、技术咨询和现场服务，加强合同管理、技术管理和现场管理工作，确保工程建设的顺利进行。实践证明，严格落实建设监理制，发挥好监理单位的积极作用，对于促进工程建设有着不可替代的作用。

（五）严格落实合同管理制，积极维护参建各方的利益

严格实行合同管理制，在合同条款中明确各方的责权利，并认真履行合同。通过严格的合同管理达到了维护权益、预防风险、化解纠纷、提高效益的目的，并最终保证了工程各项建设目标的实现。同时，山东省南水北调工程在建设管理中，应用丰富的工程保险机制，为工程及承包单位投保了建筑安装工程一切险、第三者责任险、雇主责任险、施工单位人员团体意外伤害险、施工单位机械设备险等保险险种，做到了全方位、全过程覆盖。通过公开招投标，选择专业的保险经济公司和有实力的保险公司为工程保驾护航，转移工程风险，节省投资，为工程建设解除了后顾之忧。

六、体系运行效果评价

（一）建立健全了管理制度

依据国务院南水北调办的有关规定、国家和行业有关工程建设的法律、法规，先后制定和完善了《山东省南水北调工程建设管理暂行办法》（鲁调水建字〔2009〕5号）、《山东省南水北调工程质量管理办法》（鲁调水企工字〔2011〕15号）、《山东省南水北调工程建设质量问题责任追究管理实施细则（试行）》（鲁调水稽字〔2011〕22号）等质量管理制度，有关制度的不断完善和建立，从根本上规范了质量管理行为，促进了质量管理工作的制度化、标准化。

根据工程建设实际，每年度研究确定质量管理工作的总体工作思路，拟定年度质量管理工作大纲，具体明确质量管理工作的指导思想、工作定位、工作内容和重点、工作要求、工作方式、工作程序、质量管理工作实施方案内容等，保证了质量管理工作的计划性和严肃性。

（二）理顺了质量管理关系，明确了管理责任

山东省南水北调建管局设置了稽察处，山东干线公司成立了工程监督管理中心（以下简称“监管中心”），组建了南水北调工程山东质量监督站和各项目站。同时，完善了质量管理体系，建立健全了质量信息管理组织，强化信息管理功能。建立了9级质量管理责任体系。通过信息

反馈获取大量的质量信息资料，随时采集处理，为领导决策和质量目标管理提供及时、准确、可靠的依据，保证了质量管理体系的有效运行。

（三）改善管理手段，丰富管理方式方法

全面开展巡检、抽检、飞检、联检、第三方检测等质量管理活动；为满足管理工作实际需要，购买了一批混凝土取芯机、回弹仪、检测尺等质量检测仪器，运用现代科学仪器进行质量检查；保证上级检查、内部管理、有奖举报管理、政府监督等方面管理的有机结合，全面创造有利的管理工作局面；确保了对在建工程管理不断线、全覆盖、无盲区；细化管理工作计划，提高工作效率，积极采用一些“短平快”的工作方式开展工作，突出管理重点，坚持把“两项制度”的贯彻落实工作抓细、抓实，确保抓出成效。

（四）充分发挥了社会管理力量

在质量管理工作中，借助社会外部力量，充分发挥了外聘专家的作用，建立了稽查专家库，聘请了一批在水利行业从事过大中型水利水电工程的设计、施工、管理方面的高级技术人员担任稽查专家。这些专家在稽查工作中表现出高度的敬业精神，对质量管理工作发挥了重要作用。

（五）建立责任明确的工程质量信息档案

为全面真实掌握工程建设情况，明确质量管理工作责任，组织开展工程信息建档工作：①所有在建工程基本信息档案，涉及所有施工标段，主要包括工程位置、参建单位、各参建单位负责人等内容；②桥梁基本信息及质量检查情况信息档案，涉及桥梁588座，主要包括所在标段、桩号、建设状态、基础结构型式、历次检查发现的质量问题及问题处理情况等内容；③混凝土建筑物基本信息档案，涉及混凝土建筑物585个，主要包括混凝土建筑物类型、形式、工程量、完成情况等内容。

第三节 建设过程质量管理

一、设计过程质量管理

设计是决定工程质量的首要环节。设计工作实行项目负责人制，统一领导，分项、分级负责。

（一）健全设计管理制度

结合山东省南水北调工程建设实际，先后制定和完善了《山东省南水北调工程初步设计管理工作实施办法》（鲁调水计财字〔2011〕13号）、《山东省南水北调工程初步设计审查遗留问题处理管理暂行办法》（鲁调水计财字〔2010〕31号）、《委托项目工程设计变更管理规定（试行）》（鲁调水企合字〔2010〕40号）、《工程变更管理规定（试行）》（鲁调水企字〔2007〕106号）、《施工图审查管理规定（试行）》（鲁调水企字〔2007〕104号）、《关于设计变更和施工图设计审查有关事项的通知》（鲁调水企合函字〔2011〕159号）等管理规定。

（二）明确设计质量责任

（1）山东省南水北调建管局对南水北调东线山东段一期工程初步设计质量负领导责任。

（2）项目法人对设计成果质量负总责。负责组织初步设计初审，跟踪初步设计成果初审、报审、审查、概算评审、批复等工作环节，负责及时组织提供相关补充材料、回复相关问题等。

（3）勘测设计单位对所承担项目的设计质量负责并承担直接责任。负责对所承担项目的初步设计质量负技术责任，负责向项目法人及时通报设计工作进展情况以及存在的问题和建议。

（三）加强初步设计管理

根据国务院南水北调办《南水北调初步设计管理办法》（国调办投计〔2006〕60号），山东省南水北调建管局制定了具体的实施方案，确定了定领导、定人员、定任务、定时限、定责任、抓质量、抓检查监督、抓奖惩的“五定三抓”工作原则，建立健全了分工明确、责任落实、重点突出、监督有力、奖惩分明、运转有序的初步设计管理组织工作体系，明确了各方责任和义务，做到了领导、人员、任务、时限、责任、质量、奖惩措施的具体落实。

“定领导”就是明确山东省南水北调建管局局长、副局长、总工，以及山东干线公司董事长、总经理等单位领导同志的权限和责任。

“定人员”就是实行初步设计工作项目负责人制，项目法人、勘测设计、设计监理（设计咨询）等单位均明确项目负责人及其职责。其中项目法人单位的项目负责人为山东干线公司财务部负责人，设计单位的项目负责人为设计单位的分管院长（总经理），设计监理（设计咨询）的项目负责人由具有监理总工程师资格的人员担任。

“定任务”就是明确当前和今后一个时期初步设计工作的主要内容和任务目标。

“定时限”就是明确每个单项工程的初步设计编制、初审、上报等完成时限。

“定责任”就是明确山东省南水北调建管局、山东干线公司领导以及项目法人、勘测设计、设计监理（设计咨询）等单位项目负责人及有关人员的工作责任。

“抓质量”就是抓好水文专业、地质勘测专业等基础资料质量，抓好工程规划设计、征地移民、水保与环保、工程管理、施工组织设计、工程概算、主材限价、专项设施规划设计等重点环节的设计工作质量。

“抓检查监督”就是对初步设计进度、质量、关键设计方案、重大技术问题、关键设计参数等进行全过程监理（或咨询）；项目法人对勘察设计计划及大纲实施审查、审批制度，对勘察设计成果进行阶段性验收，对实际完成的勘察设计工作量进行专项核查、确认，对征地移民实物指标进行随机抽查或专项核查，对工程设计的全过程进行监督管理，对初步设计阶段重大技术专题、技术方案比选、关键技术和经济指标等进行分析研究。

“抓奖惩”就是对勘测设计单位实行奖惩，合同有约定的，执行合同约定；合同未有约定的，按初步设计管理办法有关规定执行。奖金来源按有关规定执行，有关规定未明确的另行研究。一方面是奖，对采用新工艺新技术新设备、新材料提高经济效益的、获省级优秀勘测设计三等奖以上的、严格控制工程投资降低工程造价等，都给予不同的经济奖励。另一方面是罚，对发生重大设计变更导致超过可研投资估算的、勘测设计质量达不到有关标准及勘测设计合同约定内容、质量等要求的等，都给予不同经济惩罚；对勘测设计失误引起重大设计变更、因勘测设计原因造成工程设计及征地移民发生重大缺项、漏项、错项和未经项目法人批准，擅自转包、分包的，情节严重的，取消其承担或参加山东南水北调工程勘测设计的工作资格。

“五定三抓”的初步设计组织管理体系，规范了南水北调山东段工程初步设计工作管理，提高了初步设计一次审查合格率和优秀设计比例，切实减少了重大设计变更，保障了工程建设管理需求。

(四) 严格施工图审查

1. 审查内容

主要包括：是否按批准的初步设计文件进行施工图设计；施工图签署是否合法；是否符合设计合同要求，设计文件是否齐全；设计依据的基本资料是否完整、准确、可靠；施工图设计是否达到规定的深度要求；是否满足防洪、抗渗、抗冻、抗震、环保等有关强制性标准规范要求；各专业之间设计是否协调，有无矛盾；电气线路、设备装置与建筑物之间或相互间有无矛盾，布置是否合理；施工图平、立、剖面图之间有无矛盾；总平面布置与施工图的几何尺寸、平面位置、标高等是否一致；工程预算是否符合概预算编制要求，编制是否合理，结果是否正确。如单项工程预算超出批复概算投资，必须有充分的、合理的分析说明。

2. 程序与要求

设计单位向项目法人报送施工图、预算等设计文件；项目法人组织专业技术人员或委托有相应工程咨询或设计资质的单位对施工图进行审查，并形成施工图审查意见或出具施工图审查咨询报告；对关键技术问题，由项目法人邀请专家，召开专家审查会；施工图审查合格后，由项目法人审批，分送有关单位，并存档备案，对审查不合格的项目，提出审查及修改意见，退回原设计单位修改或返工后，再审查和审批。

除项目法人组织的专业技术人员审查外，施工图设计审查时建立审查专家组，审查专家组各成员和专家组组长均在设计审查意见书上签字备案。

3. 灵活采用审查方式

对施工图审查采取两种方式。

方式一：对集中供图的项目采取召开审查会集中审查。

设计单位向计划合同部报送施工图、预算等设计文件；计划合同部组织有关部门、专业技术人员或委托有相应工程咨询或设计资质的单位对施工图进行审查，并形成施工图审查意见或出具施工图审查咨询报告；对关键技术问题，计划合同部邀请专家，召开专家审查会；施工图审查合格后，由计划合同部分送有关单位，并存档备案；对审查不合格的项目，提出审查及修改意见，由计划合同部退回原设计单位修改后，再送计划合同部审查和审批。

方式二：对分散供图采取送有关部门审查的方式。

设计单位提交施工图；向现场建管机构下发通知规定在7天内提交初审意见；把现场建管机构的初审意见转发总工办审查并提出审查意见；计划合同部汇总意见并发送设计单位；设计单位修改后反馈意见；审核设计单位意见，如果能满足要求，给予批复。反之，退回设计单位修改后重新报批。

(五) 加强设计变更管理

南水北调工程沿线长，受自然条件、地质条件、社会原因等外界的影响较大，工程情况复

杂。自主体工程全面开工以来，施工单位、设计单位、山东干线公司现场建设管理局、地方等其他参建方提出的设计变更申请可归类如下：由于总工期限制对施工方案的调整、结合工程现状进行的设计优化、补充设计漏项、工程地质条件与设计依据不符、地方要求与南水北调工程结合实施、使用材料品种改变、解决南水北调主体工程对当地群众生产生活造成的影响问题等。

1. 报批程序完善，审查严密

山东干线公司以《关于印发工程变更管理规定（试行）的通知》（鲁调水企字〔2007〕106号）、《南水北调工程投资静态控制和动态管理规定山东省实施办法（暂行）》（鲁调水企财字〔2009〕34号）、《关于设计变更和施工图设计审查有关事项的通知》（鲁调水企合函字〔2011〕159号）规定了承包人、监理人、设计单位、发包人、地方等参建单位的设计变更报批程序。

承包人提出的设计变更申请经监理人、设计单位提出意见后报现场建管局，30万元以下的较小设计变更由现场建管局审查后直接批复，报山东干线公司计划合同部备案；30万元及以上的较大设计变更由现场建管局审查后报山东干线公司批复；属于重大设计变更的，由山东干线公司组织审查后报国务院南水北调办批复。

设计单位提出的一般设计变更申请报山东干线公司后，由计划合同部分发到现场建管局和总工办，待集中并综合现场建管局审查意见、技术部门审查意见、合同部门审查意见后批复。现场建管机构提出的设计变更申请报山东干线公司后，由设计单位复核并经山东干线公司审查后批复；地方提出的设计变更申请分别由现场建管单位、技术部门、合同部门及设计单位落实情况并提出处理意见，待集中并综合相关意见后批复。

一般设计变更也可采取会审形式，由计划合同部、总工办或现场建管局组织山东干线公司有关部门和相关方召集会议，对设计变更项目的技术可行性、经济合理性等进行论证，形成会议纪要，各有关单位根据会议纪要精神办理相关变更手续。

当发生紧急情况，如不及时确定设计变更方案或不及时实施，将会危及人身、工程安全，或对质量、工期产生重大损失的设计变更时，监理人向承包人发出设计变更指示，可要求立即进行变更工作后，监理机构尽快将变更情况报告发包人，并督促变更提出单位及时补办相关手续。

在审查时，设计变更文件要求全面，坚持审查原则。其中，设计变更申请或建议书包括项目名称、原因及依据、内容及范围、引起工程量的增加或减少、引起投资的增加或减少、工期的变化等；审查原则包括审查设计变更的必要性与合理性、变更后不降低工程的质量标准、不影响工程建完后的功能和使用寿命、设计变更在施工技术上可行可靠、设计变更引起的费用及工期变化经济合理、设计变更尽可能不对后续施工产生不良影响。在方案审查阶段，注重多方案比较，并选取技术可行经济合理的方案作为下一步设计依据。

2. 跟踪过程，及时批复

在办理过程中，及时梳理设计变更收文和发文，跟踪办理过程。对于设计单位能够按时限要求报送的设计变更方案或设计更改通知单，做到及时分发到现场建管、技术、合同等相关部门，及时在山东干线公司内网流转办文单，及时从不同角度收集并集中意见，确保变更方案在具有可实施条件的前提下技术可靠、经济合理并及时批复；对于未能够按时限要求报送设计变更方案或设计更改通知单，做到及时催办，及时查找原因，及时沟通并明确解决办法。确保设计变更文件能够满足工程施工质量，为施工现场提供充分的施工依据。

3. 规范文件，建立台账

设计变更申请文件量大面广，设计变更管理工作做到了有条不紊，统一了设计变更格式要求，并采用山东干线公司内网办公。其中，承包人按照《水利工程建设项目施工监理规范》（SL 288—2003）以“CB23变更申请报告”的格式提出设计变更申请，设计单位以“院发函”附设计更改通知单的方式提出设计变更申请，山东干线公司现场建管局以“局内部签报”的方式提出设计变更申请，地方等其他参建方以向“山东省南水北调建管局或山东干线公司”发文的方式提出设计变更申请。根据来文情况，山东省南水北调建管局以“鲁调水建字”、山东干线公司分别以“鲁调水企合字”和“鲁调水企合函字”发文办理。在办理过程中，与设计变更相关的补充材料也作为背景资料必须保留，保证办理的设计变更文件既具有可追溯性，又方便了今后查阅。

4. 明确责任，严控质量

如地方要求结合南水北调工程一并实施的桥梁工程，遵循《关于转发〈国家发展改革委办公厅关于协调解决南水北调东、中线一期工程跨渠交通桥问题基本原则的复函〉的通知》（综投计〔2007〕85号）规定，在确保南水北调工程输水能力和建设工期的前提下，部门、地方要求新建公路、铁路交通桥，以及扩大规模、提高标准的工程建设，双方确定办理设计变更，签订委托协议。在实施阶段，为了能够满足施工现场的工程进度、保证工程质量发生的设计变更，以及施工图虽经审查同意，但施工现场实际施工条件与设计不符而发生的设计变更，按照山东干线公司与中标人签订的施工合同或补充协议规定进行。

（六）严格设计代表驻工地管理制度

设计代表进驻工地，使设计代表专业配套，解决了现场设计问题；组织设计单位制定按合同和年度供图计划，保证及时供图，及时进行设计交底，保证了供图的进度和质量；组织设计单位参与工程质量事故分析，并对因设计造成的质量事故，提出相应的技术处理方案；组织设计代表开展施工地质预报和地质资料编录工作，根据现场施工试验或开挖揭露的地质条件，开展了现场跟踪设计；组织设计人员参加工程质量检查、工程质量事故调查和处理、工程验收工作。

二、招投标与合同管理

（一）招投标管理

山东干线公司严格按照《中华人民共和国招标投标法》、国务院南水北调办《南水北调工程建设管理若干意见》（国调委发〔2004〕5号）、《关于进一步规范南水北调工程招标投标活动的意见》（国调办建管〔2005〕103号）等有关招标投标的法律法规，招标投标活动遵循坚持公开、公平、公正和诚实信用的原则，认真组织南水北调东线山东段工程的招投标工作。在招标过程中自觉接受国务院南水北调办、山东省人民检察院、山东省纪委驻水利厅纪检组、山东省水利厅、山东省南水北调建管局的监督和指导，加强招标投标内部管理，规范招标投标活动，对预防招标投标领域的腐败行为，维护公平、公正、公开的市场竞争环境起到了积极作用。通过规范化的招标和有效的管理，使招标工作取得了显著成效，选择了优良的承包商，一批优秀的施工队伍进场施工。

1. 严格执行有关法律、法规

招标投标工作依据《中华人民共和国招标投标法》《招标投标条例》（国务院令第 613 号）、国务院南水北调办《关于进一步规范南水北调工程招标投标活动的意见》（国务院建管〔2005〕103 号）、山东省有关招标投标管理规定进行。

工程招标采用了委托招标代理的方式。委托代理机构是具有甲级工程招标代理资格和丰富的水利水电工程招标代理经历（业绩）。

招标工作主要按照以下程序进行：分标、分标方案的报批、招标设计审查及批复、编制招标文件、发布招标公告、资格审查、出售招标文件、针对施工招标所组织现场勘察和答疑、接受投标文件、开标、评标、定标、公示、与中标人签订合同等。

2. 编制高质量的招标文件

若想选到适合工程需要的高素质的施工和监理队伍，最重要的就是在编制招标文件方面多下功夫，明确并具体地表明招标人的要求和愿望，即按照自己的实质性要求和条件切实编制好招标文件。

在南水北调东线山东段工程的招标实践中，尽管采取的是委托招标代理方式，招标文件主要是由招标代理机构编制，但实际操作中，为真实、准确地表达招标人的招标要求和意图，并据此优选施工和监理服务企业，山东干线公司组织有关专家参与招标文件的编制，并重点就招标范围、标段划分、投标企业资质要求、工程技术要求、工期要求、质量标准、投标报价要求、评标的方法和标准、拟签订合同的主要条款等进行认真研究，以保证招标文件的科学、完整。特别是在确定投标企业资质要求时，根据拟招标工程的性质、规模和技术难度等确定对投标单位的资质要求，不能低，但也不能过高，以免将有能力承揽此类工程的中小型承包商排除在外，而使他们不能参与竞争，致使报价整体抬高；若资质要求过低，则加大了招标工作难度和成本，也是无益的。另外，关于工程招标范围和标段划分，招标人根据拟招标工程项目的内容、规模和专业的复杂化程度确定招标范围，合理划分标段。对于一般工程项目，避免任意肢解工程的行为出现。标段划分时注意使各标段大小适中，标段太小会增加招标人的管理工作量，增加管理成本；标段过大，可能导致具备施工能力的企业较少，投标竞争强度降低，致使报价整体抬高，或者建设过程中使施工企业资源配置和施工组织难度增大，导致工程建设风险提高。

在编制招标文件技术要求条款时，表述明确、具体、简单，不含糊其辞，有利于操作和控制，以免引起争议并有可能导致投资调整。如土建施工中的砌石工程，明确浆砌或是干砌，何种石料和规格等；对于安装工程，在招标文件中将其主要设备的规格、质量等技术指标做出较为明确的规定，或对其价格制定参考价，以指导投标单位的报价水平；对于装饰工程，在招标文件中明确说明装饰标准，不仅给出定性的标准，还给出达到此标准的具体要求，以便在评标中做到有据可依。

关于工程质量标准和工期要求方面，招标人根据项目的使用要求合理确定，不过高地提高质量标准和压缩工期，以免造成工程投资的增加。同时，过分压缩工期还有可能对工程质量造成较大的影响。

3. 制定合理的评标方法和标准

评标方法和标准体现了招标人对投标方的要求。因此，制定合理的评标方法和标准对于招标人成功招标至关重要。为此，山东干线公司作为招标人对招标文件中的评标方法和标准均做了认真研究。

在南水北调东线山东段工程招标评标中多采用综合评标法。综合评标法是对工程质量、施工工期、投标价格、施工组织设计或者施工方案、投标人及项目经理业绩等提出要求，并确定评价标准。这些要求和标准的确定，因招标人的期望值、招标人的管理水平、工程项目和建筑市场的实际情况的不同而不同。招标人根据工程项目和招标工作的实际情况对各项评价标准进行赋分，针对工程难度、技术复杂程度等方面的不同，将商务标和技术标赋予不同权重值，并对其中的细项按对招标人或工程的重要程度制定分值标准，以体现招标人的价值取向。制定的评标方法和标准越合理、科学，评选出的施工和监理企业就越能满足工程需要和招标人的要求，也就更有利于成功地进行工程建设管理。

采用综合评标法，操作上比较程序化，分初评和终评两个阶段。在终评时以赋分式进行评估，按综合得分由高到低排名，并推荐中标候选人。

4. 严格按照要求抽取评标专家

根据《南水北调工程评标专家和评标专家库管理办法》（国调办建管〔2004〕72号）及工程实际情况山东干线公司确定评标委员会人数、评标专家人数、评标专家。在国务院南水北调办评标专家库中随机抽取。

5. 坚持“三公”原则

（1）坚持公开的原则。招标工作的公开性原则主要是指招标活动具有足够的透明度，主要体现在：①招标程序的公开性，整个采购程序都在公开情况下进行；②招标投标信息公开，采用公开方式招标的，均根据有关规定在相关报刊、网络和指定媒介上发布工程招标公告，具体到南水北调东线山东段工程的招标信息则在要求的时间段在“中国采购与招标网”“中国政府采购网”和“中国南水北调网站”上发布；③资格条件和审查标准公开；④工程评标办法和标准公开；⑤中标结果公开。

（2）坚持公平的原则。招标工作的公平性原则主要是指所有潜在投标人在参与工程投标方面机会均等，能否中标关键看各自的信誉、综合实力和当期投标水平。具体到南水北调东线山东段工程，其公平性主要体现在：①坚持非歧视性原则，在招标中打破了行业垄断和地域封锁，所有有意投标的投标人都可以进行投标，并且地位一律平等，不允许对任何投标商进行歧视；②有关工程招标信息对任何投标人都是公开的；③投标人资格条件和审查标准以及投标书的评定办法和标准对任何投标人都是平等的，且评选中标商是按事先公布的标准进行的，任何潜在投标人都必须依靠自身实力公平参与竞争；④实行封闭评标，专家按照有关规定从专家库中随机抽取并以个人身份参与评标，消除了外界因素对评标过程和评标结果的影响；⑤投标是一次性的并且不准同投标商进行谈判。

（3）坚持公正的原则。招标工作的公正性原则主要是指招标程序和过程规范、合法。具体到南水北调东线山东段工程，其公正性主要体现在：①邀请山东省公证处的公证人员对整个开标过程进行现场公证；②邀请山东省纪委驻水利厅纪检组、山东省人民检察院、山东省水利厅、山东省南水北调建管局等有关纪检、行政监督部门现场监督进行开标、评标和定标；③评标委员会依据评标办法和标准独立、公正地开展工作，根据授权确定中标候选人或中标人；④进行中标公示，接收并答复投标当事人的质疑；⑤评标规则的公正性，评标定标是招标工作中最关键的环节，招标时必须制定一个公正合理、科学先进、可操作性强的评标办法，以体现

招标的公平合理。

（二）合同管理

1. 明确合同管理责任

山东干线公司为南水北调东线一期山东段工程的项目法人，现场建管局为项目法人派驻工程现场的管理机构，按照山东干线公司的职责分工开展相关工作。

（1）项目法人合同管理责任。按照《山东省南水北调工程建设合同监督管理规定实施细则》（鲁调企工字〔2010〕19号），项目法人合同管理的主要职责：按照国家有关规定订立工程建设合同（协议）或委托建设管理单位订立工程建设合同（协议）；对直接订立的工程建设合同（协议）履行情况进行管理，履行合同约定的权利、责任、义务，贯彻执行国家有关法律法规、南水北调工程建设的规程规范和技术标准；对委托建设管理单位订立的工程建设合同履行情况进行监督检查；对直管项目发生较重合同问题和违规违纪问题进行查处；向国务院南水北调办报告通过招标订立的工程建设合同情况，以及招标不成功，按有关规定订立的工程建设合同情况；每年7月10日及次年1月10日向国务院南水北调办报告工程建设合同履行情况；制定合同验收计划，并按计划组织合同验收；国务院南水北调办要求的其他合同管理事项。

（2）现场建设管理局（处）合同管理责任。现场建设管理局（处）协助订立工程建设合同（协议）；现场建设管理局直接负责项目法人订立的工程建设合同（协议）的履行及监督管理；负责对所属单项工程中委托项目的合同进行监督。严格履行合同约定的权利、责任、义务，贯彻执行国家有关法律法规及南水北调工程建设的规程规范和技术标准；现场建设管理局协助项目法人对所管项目发生较重合同问题和违规违纪问题进行查处；现场建设管理局负责对项目监理、施工及设代等人员的变更进行管理；每年7月5日及次年1月5日向项目法人报告工程建设合同履行情况；制定合同验收计划上报项目法人，并按计划组织合同验收；项目法人要求的其他合同管理事项；现场建设管理处按照现场建设管理局授权负责承担工程建设合同管理的相应职责。

2. 合同管理执行情况

（1）合同文件管理。根据《中华人民共和国合同法》及《关于印发〈合同文件管理规定（试行）〉的通知》（鲁调水企字〔2007〕105号）规定，合同文件的订立应遵循平等、自愿、公平、诚信、合法原则。合同文件管理实行统一领导，分级管理、部门管理、归口管理原则，建立健全合同文件管理体系，确保合同文件的完整、准确、系统和有效利用。计划合同部为合同的归口管理部门，负责合同的日常管理工作。建立了完整的合同管理台账，由专人管理。合同执行过程中签订的补充协议，也及时归档。建立了借阅制度，以保证合同文件的完整性。各现场建管局根据分工要求，有专人负责合同管理，建立所属工程的合同管理台账。

（2）合同变更管理。制定了《关于印发〈工程变更管理规定（试行）〉的通知》（鲁调水企字〔2007〕106号）、《关于印发〈委托项目工程设计变更管理规定（试行）〉的通知》（鲁调水企合字〔2010〕40号）、《关于设计变更和施工图设计审查有关事项的通知》（鲁调水企合函字〔2011〕159号）等规定。

施工单位提出的变更申请，由监理、设计单位、现场建管局（处）签署意见，增加投资30万元以下的由现场局审批，30万元及以上的由现场建管局（处）签署初步审查意见后转报山东干线公司审批。设计单位提出的变更通知单或变更建议按审批权限报现场建设管理局（处）或山东干线公司审批。地方政府提出的变更，均报山东省南水北调建管局审批。

（3）计量支付管理。根据《关于印发〈工程建设承包合同计量支付管理规定（试行）〉的通知》（鲁调水企字〔2007〕103号）规定，工程计量支付的依据是合同、施工图、经批准的工程变更文件等。工程计量支付管理遵循“公正、合理、合法、实事求是”的原则，并实行分级控制、会审及归口管理制度。根据工程实际情况，并委托三家造价咨询单位对所属工程施工全过程跟踪审计、工程完工结算审计。又从加强资金管理、严格控制工程投资及避免中间环节徇私舞弊的方面考虑，采用工程造价审核复审制，委托山东省工程造价咨询公司，负责南水北调东线一期工程山东段工程造价咨询服务复审工作。具体工作流程：施工单位申报计量支付报监理审核后，现场建设管理局（处）一般在3个工作日内完成复核，转报山东干线公司计划合同部，计划合同部、财务部、造价咨询机构同时审核后报董事长签批，在合同规定的时限内支付工程款。山东干线公司与施工单位签订了调整价差的补充协议，因居民消费价格指数、部分材料价格难以确定，为了缓解施工单位资金压力，山东干线公司以“鲁调水企合字〔2012〕104号”文暂付部分价差。

（4）合同履行管理。山东干线公司组织现场建设管理局（处）对参建单位合同履行情况进行不定期检查，要求相关单位整改存在的问题，并对整改情况进行复查。

三、原材料质量管理

（1）施工单位依据现行有关规范规程，完善相关规章制度。按照现行《水工混凝土施工规范》（SL 677—2014）、《水工混凝土钢筋施工规范》（DL/T 5169—2013）、《水工混凝土试验规程》（SL 352—2006）等有关规范规程对原材料进行了检验，并达到规定的频次。按相关规定对原材料进行分类存储，避免因存储不当造成质量损害。建立完善原材料入库储存、出库使用手续，并由相关责任人及时签字，保证材料使用的可追溯性。现场试验室满足资质要求，试验室及混凝土试块标养室按相关规范规程设置，试验人员持证上岗，试验设备按规定进行检定；对外委托试验的均签订协议书，内容包括试验范围、取样方式等主要内容，取样人员均有试验员资格。建立完善了试验检验工作制度及试验工作记录台账、不合格台账等资料。

（2）监理单位参与施工单位自行采购原材料的考察、选定工作。监督施工单位按照有关规定和施工合同约定进行检验，并查验进场原材料的抽样频次、材质证明资料和产品合格证等，及时签批相关手续。开展了对原材料的抽检和日常检查，并做好现场检查记录，对检验不合格的原材料，督促施工单位及时运离工地或作出相应处理，做到不使用未经检验或检验不合格的原材料，且对进场原材料进行平行检测。

（3）设计单位保证设计质量，加强内部审核，按照有关规范规程对原材料的种类、规格、性能、指标等提出了明确要求，现场设计代表检查施工中所用原材料是否满足设计要求。

（4）现场建管机构制定完善原材料管理方面的规章制度，对原材料采购、检验、存储、使用等环节进行监督检查，并采取见证取样等方式进行必要的抽检。把对原材料的检查作为日常质量巡检的一个重要内容，发现问题，责令责任单位限期整改，杜绝不按有关规定检验、料场管理混乱随意堆放、原材料使用追溯性差等现象。会同监理单位参加施工单位所选原材料的现场考察，并做好记录。

四、施工质量管理

（一）总体要求

施工前，设计单位做好技术交底；施工单位进行规范化的施工组织设计，对重要的施工工序编制施工作业指导书，对施工中的每一环节制定详细的操作规程、作业标准和控制指标，并报监理工程师审批；监理单位编制详细的监理实施细则，认真进行施工条件的审查，主要包括施工方法、资源配置、保证施工质量的技术措施、质量检验方法及现场作业记录表格等。

施工过程中，施工单位按批准的施工组织设计组织施工。对施工中间产品的质量进行检测、分析和控制，保证每一指标符合规程规范和设计要求。施工过程中的质量检验严格按照确定的程序进行，严格执行“三检制”，包括：施工班组的初检、施工队的复检、施工单位的终检。初检是搞好工程质量的基础；复检是考核、评定班组工作质量的依据；终检是保证质量的关键。终检合格后再由监理工程师复核确认，才能进入下一道工序施工。对于重要隐蔽工程和关键部位，除执行“三检制”外，还由监理组织设计、施工等单位参加的联合验收小组，共同检查验收。监理单位按照事先编制的监理实施细则进行监理，包括施工工序活动条件的质量检查，必要的旁站监督和施工效果的分析等。

施工完成后，有关参建单位及时进行工程质量评定和总结。质量总结内容包括：施工的过程描述、控制环节和有关控制参数的合理程度分析、施工质量的评价，以及进一步改善或提高工程质量的措施等。

对重要工程、特殊季节等的施工，采取专门的质量保证和管理措施。

（二）施工质量管理专项措施

在落实好国务院南水北调办飞检、集中整治、关键点控制、有奖举报、责任追究等质量管理措施的同时，山东省南水北调建管局、山东干线公司结合山东段工程建设实际，积极开展稽查检查、质量巡检、劳动竞赛、咨询培训、信用管理等质量管理活动，对保证工程质量发挥了重要作用。

1. 专项稽查检查

工程项目质量稽查检查的基本任务是依据国家有关法律法规、规章制度和技术标准对工程项目的建设质量进行检查监督。稽查、检查的目的是“检查、指导、整改、提高”，确保工程建设质量。

（1）质量稽查检查职责与内容。

1）职责：制定有关的规章制度；组织并开展项目稽查检查工作；组织对工程建设中发现的质量问题的专项调查；负责督促稽查检查整改意见的落实；负责对稽查检查组的稽查检查报告进行审核；负责稽查检查人员的管理。

2）内容：参建各单位质量保证体系建设情况，工程质量检测和质量评定情况，原材料进场检验、中间产品验收和进场设备质量检验情况，工程质量现状和质量事故处理情况，单元工程、分部工程、单位工程验收情况，工程档案资料整理情况，质量监督情况等。

（2）质量稽查检查准备工作。

1）组成稽查检查组：根据稽查、检查项目实施内容和专业要求，配备稽查、检查专家，组成稽查检查组。稽查检查组由专家组组长、专家、稽查检查部门人员等组成。

2）下达稽查检查通知书：以山东省南水北调建管局名义向被稽查检查项目的现场建管机构下达稽查通知书，告知稽查检查主要内容、稽查检查组组长及成员名单、日程安排、需要提供查阅的资料清单等。现场建管机构负责通知其他有关参建单位。

3）编制实施方案：稽查检查部门编制项目稽查实施方案，实施方案内容一般包括工程概况、日程安排、成员及分工、稽查检查内容和重点、工作底稿编写要求、工作纪律等。

4）召开预备会：稽查检查部门组织稽查检查组成员召开预备会议，讨论实施方案，结合项目实施内容、进展情况和特点，明确稽查检查重点、步骤、日程安排、专家专业分工等。

（3）实施质量稽查检查。

1）进驻现场实施稽查检查。稽查检查组进驻工程现场开展稽查检查工作。通过听取有关参建单位汇报、现场察看、查阅资料、座谈等形式，每个稽查检查专家对各自的稽查检查重点进行查证，并做好查证记录。对发现的重大问题或紧急情况，稽查检查组责成有关单位采取相应措施并按程序上报，同时报告稽查检查部门负责人，稽查检查部门向山东省南水北调建管局领导汇报。视具体情况，可对发现的质量问题安排进一步的检查或进行第三方质量检测。

2）编写稽查检查报告。各稽查专家根据查证记录编写稽查检查专业工作底稿，包括工程建设基本情况、存在质量问题、整改意见和建议；稽查检查部门会同专家组组长对每个专家提交的专业底稿进行汇总；内部讨论形成稽查检查报告。

3）专家组组长组织召开稽查检查组会议，对每个专家提出的主要问题进行内部讨论，统一意见，形成稽查检查报告。稽查检查报告主要内容包括：项目建设和管理等有关方面的基本情况、存在的主要问题、整改意见和建议。

在工程建设的高峰期和关键期的2011—2012年，共组织内部稽查检查48批次，涵盖了所有在建工程项目。稽查检查工作的有效开展，为保证工程质量发挥了重要作用。

2. 关键点控制

抓质量管理，坚持全面监控、重点管理，尤其对质量关键点更加关注。质量关键点是指对工程安全有严重影响的工程关键部位、关键工序、关键质量控制指标。结合山东南水北调工程实际，确定了以下工程质量控制关键点。

（1）水库工程。

1）迎水面护坡：复合土工膜铺设、与坝基防渗系统连接垂直连锁混凝土板预制、围坝填筑、塑性混凝土防渗。

2）穿坝建筑物：穿坝涵洞土方回填、建筑物与水库防渗系统连接。

（2）渠道工程。

1）填方渠段填筑：土工合成材料铺设、混凝土面板衬砌、背水坡反滤体填筑。

2）渠道缺口填筑：碾压、结合面处理、土工合成材料铺设、混凝土面板衬砌。

3）挖方高地下水渠段排水系统：排水管铺设、逆止阀安装和保护。

4）穿堤建筑物回填：碾压、结合面处理、反滤体填筑。

（3）倒虹吸工程。倒虹吸洞身混凝土浇筑：止水安装、混凝土浇筑。

（4）水闸工程。对水闸闸室进行止水安装、金属结构埋件安装、混凝土浇筑。

（5）桥梁工程。

1）桥梁桩基与墩柱：钢筋安装、混凝土浇筑、桩柱结合。

2）梁：预应力张拉、混凝土浇筑。

质量关键点的监督管理采用项目法人与政府监督相结合的质量监督管理体系。施工、监理现场配齐各类质量管理人员，现场建管单位和质量监督项目站开展定期巡查检查，山东干线公司和南水北调工程山东质量监督站开展不定期抽查，重点抽查施工、监理现场人员配备及履职情况，检查施工现场质量关键点的质量控制情况。认真开展见证检测和委托第三方检测，对工程实体质量进行抽检。建立了重点项目质量管理档案，主要包括工程位置、参建单位、各参建单位负责人、建设状态、历次检查发现的质量问题及问题处理情况等内容。

3. 集中整治

质量集中整治是在一段时间内对在建工程集中进行工程质量检查、质量问题整改、前期质量管理总结。

（1）组织形式。山东省南水北调建管局、山东干线公司成立质量集中整治工作领导小组。领导小组主要职责是：研究部署、指导协调南水北调工程质量集中整治工作；检查、督促南水北调工程质量集中整治工作，研究解决南水北调工程质量集中整治工作中的重要问题。领导小组下设办公室，作为工程质量集中整治领导小组的办事机构，具体负责集中整治的组织实施工作。办公室主要职责是：研究提出山东省南水北调工程质量集中整治工作目标、计划、措施建议；监督、检查公司有关部门、各现场建设管理单位（含委托建设管理单位）工程质量集中整治工作；组织对各参建单位的工程质量集中整治工作的抽查复查工作；承办领导小组召开的会议和重要活动，检查督促领导小组决定事项的贯彻落实情况。

各现场建设管理单位（含委托建设管理单位）的整治工作由其主要领导负总责，结合本单位实际组建专门机构负责整治工作的实施，同时负责组织协调、监督检查各参建单位（勘测设计、监理、施工、质量检测等单位）的整治工作。结合工程建设实际情况，制定整治工作实施方案和工作措施。

（2）整治主要内容。

1）项目法人：质量管理体系建立与运行情况，管理制度与执行情况，质量管理责任书是否符合有关要求，设计变更管理办法是否制定，工程验收工作方案和计划是否制定，对各级检查发现的问题是否督促整改到位。

2）现场建设管理单位：质量管理机构是否健全，质量管理人员是否到位，质量管理制度是否完善并得到有效执行，质量管理责任是否落实，质量检查和管理行为是否到位。

3）勘测设计单位：设计施工图质量是否满足要求，是否按规定进行设计变更，设计交底是否清楚准确，是否及时参加重要隐蔽和关键部位单元工程联合评定，是否及时提交地质编录，现场设计服务是否到位。

4）监理单位：监理单位的人员数量、专业构成和职业资格是否满足合同要求，监理大纲和监理实施细则是否齐全规范，是否对施工图严格审核，是否认真履行工程质量控制职责，是否按规范要求和合同约定进行平行检测，是否及时规范地组织验收和评定，是否制定质量缺陷处理制度并按规定对质量缺陷进行备案处理。

5）施工单位：工程实体质量是否存在问题，工程使用的原材料和中间产品是否存在质量问题，是否设置专职质量管理机构，质量管理制度是否健全，施工技术人员和质量管理人员是否履约进场，质量检查专业人员是否具有职业资格、数量是否满足工程需要，是否结合工程实际制定施工组织设计与技术方案，是否进行工艺试验并按确定的工艺参数进行施工，是否严格控制原材料采购、进场、保管和使用等环节，原材料的去向是否可以追溯，施工试验室资质、设备、人员、试验环境和试验操作是否满足规范要求，生产物料和设备是否满足要求，是否对作业人员进行岗位指导，是否按规定执行工序质量“三检制”，是否存在“三检表”造假情况，是否按规范进行检验与评定，是否存在不真实的质量检验评定资料，是否有掩盖及私自处理实体质量问题的行为。

6）质量检测机构（含施工、监理、项目法人委托的检测机构）：检测机构资质、人员、设备和试验条件是否存在不规范、不履约的情况，取样及试验是否规范，是否有伪造检测报告数据的行为。

（3）整治过程。

1）自查自纠阶段：各参建单位围绕整治的主要内容，根据本单位工程建设实际情况，对照有关法律法规、规章制度、技术标准和合同，逐项查摆存在的质量问题，分析原因，能及时整改的立即整改，对不能及时整改的明确整改日期，限期整改。各现场建设管理单位以施工标段为单位，形成自查整改报告，并在此基础上进行统计分析。统计分析主要内容包括问题责任单位（如施工单位）、问题性质（质量违规行为、质量缺陷等）及数量，主要问题描述及原因分析，整改落实情况（数量及整改率）。

2）监督检查阶段：山东省南水北调建管局、山东干线公司统一组织对在建项目采取抽查方式，结合第三方检测，由聘任的稽查专家组组长、外聘专家、有关部门、现场建管局等人员参加，分管领导带队，对自查自纠情况进行监督检查。

3）总结阶段：山东省南水北调建管局、山东干线公司对工程质量集中整治情况进行全面总结。依据检查情况，对有关单位和人员进行奖罚，对前期质量管理情况进行总结。

在工程建设高峰期的2011年和2012年，开展了两次大规模的质量集中整治活动，整治范围涵盖了所有在建施工项目。质量集中整治的全面开展，使工程质量始终处于受控状态，总体保持稳定，各参建合同主体单位质量意识有了全面的提高，工程建设管理水平有了新的提升。有效解决了存在的因责任落实不够导致质量管理工作不到位，由于现场管理粗放影响工程实体质量，管理不规范影响了质量管理的整体水平，质量管理主动性较差致使一些工作滞后等现象。

4. 有奖举报

为规范南水北调东线山东境内工程项目的建设行为，加强工程建设管理，健全检查监督制度，保证社会对工程质量的有效监督，全面开展工程质量有奖举报工作。举报对象包括项目法人（建设单位）、设计、施工、监理、咨询单位、设备材料供应商、招标投标中介机构、政府质量监督部门等，以及与举报问题有关的个人。

（1）健全制度，规范行为。明确山东省南水北调建管局稽察处为山东境内各类举报受理的主管部门，并指定专人负责举报受理管理工作。制定了《山东省南水北调工程建设项目举报受理及办理管理办法》（鲁调水稽字〔2012〕8号）。明确各项工作职责，规定具体的工作流程，细化公开受理、受理登记、组织调查、限时办结、及时归档等工作环节，建立保密工作纪律，

切实规范各种举报受理工作行为。

（2）统一标志，畅通渠道。为畅通举报渠道，山东省南水北调建管局印发了《关于统一南水北调工程建设举报公告栏制作标准的通知》（鲁调水企监字〔2012〕15号），按统一颜色、尺寸等标准设立了举报公告栏，并建立了公告栏登记制度，包括工程名称、所在标段、设立公告栏个数、具体位置（桩号）、联系人及联系方式等方面的内容。工程建设期间，山东省境内南水北调工程先后设立公告栏79个。

（3）快速反应，认真调查。对于受理的举报事项，细致做好登记，对举报的问题进行初步分析，视问题的具体实际情况，确定成立相应的问题调查工作组织；与举报人联系，了解举报人对举报问题的真实想法，确定对问题进行调查的方式方法、重点内容等；按照有关要求和办法规定认真开展调查工作。在调查工作中，积极发挥外聘专家和第三方检测的作用。对于不同性质的问题，选择不同方面的专家。根据调查工作需要，委托具有相应检测资质第三方开展工程实体质量检测工作，为问题调查提供技术指导，并为调查结论提供数据支撑。

（4）正确对待，及时反馈。对受理的举报调查结果，全面、客观、及时反馈举报人并向有关单位进行报告，真实反映调查情况，同时为举报人保密，切实保证举报人的合法权益，真正做到受理有落实，件件有回音。

2011—2012年，有关山东省境内南水北调工程建设的举报共受理16起，办结16起，除7起未能联系到举报人外，其他均已向举报人通报情况，并将调查结果向有关单位和部门报告。

5. 信用管理

为建立参建单位诚信机制，规范工程建设行为，山东省南水北调建管局制定了《山东省南水北调工程设计、监理、施工和材料设备供应单位信用管理暂行办法》（鲁调水建字〔2011〕5号），主要包括设计、监理、施工和材料设备供应单位信用信息采集与报送、良好行为和不良行为认定、行为信息公告、信用等级确定和发布、奖惩等内容。山东省南水北调建管局负责制定山东省南水北调工程信用管理制度；建立山东省南水北调工程设计、监理、施工和材料设备供应单位信用档案和管理平台，监督、指导行为信息采集、核实、报送和使用；协调与其他信用体系的关系。山东干线公司各现场建管机构（委托建设管理单位）负责其管理项目的设计、监理、施工和材料设备单位基本信息的采集、报送，行为信息的采集、核实、报送和信用等级的使用等。对设计、监理、施工、材料设备供应单位良好行为、不良行为信息在山东省南水北调网站进行公告。

6. 劳动竞赛

2011年下半年到2012年年底是南水北调东线一期工程山东段决战、决胜阶段。为确保质量和进度目标，从2011年9月到2012年12月，分阶段开展了以“攻坚克难战高峰，精细管理建精品，创先争优保目标”为主题的多种形式劳动竞赛活动。劳动竞赛分组织动员、组织实施阶段、总结评比三个阶段进行。劳动竞赛范围包括所有在建主体工程项目的各现场建管机构、委托建设管理单位、设计单位、土建施工监理和施工单位，其中设计单位、监理单位和施工单位为指派驻工地现场的设代组、项目监理部和施工项目部。按照考核评比情况对优秀单位进行物质奖励，同时在山东省南水北调网站公示，并对获奖的设计、监理和施工单位由山东干线公司致函获奖单位总部，建议给予表彰，计入业绩档案。同时，多形式开展了知识竞赛活动。

通过竞赛活动，各参赛单位认真贯彻落实有关文件精神，把建设劳动竞赛活动纳入重要工作日程，成立竞赛组织机构，制定劳动竞赛方案，配备得力的工作人员，明确相应的职责，落实相应的任务，做到领导落实、组织落实、制度落实、措施落实、责任落实。围绕工程进度、质量、安全生产等方面积极开展竞赛活动，将任务目标细化分解到月、到周、到天，抢抓关键节点控制，比质量、比进度、比技术、比安全、比管理、比团结，通过劳动竞赛激发了各参建人员的主动性、积极性、创造性，立足岗位建新功，创先争优作贡献，形成了“比学赶帮超”的良好氛围。各参建单位强化检查、考核、评比，竞赛活动组织有力、工作扎实、富有成效，克服了资金紧、工期紧、任务重、工程量大等诸多困难，高标准、高质量地完成了各阶段的任务目标。

7. 技术咨询

山东南水北调工程是一项大型的跨区域调水工程，工程在建设施工过程中遇到了一系列的关键技术难题，这些技术难题可能影响工程的施工质量，为此就工程建设施工过程中出现的一系列技术难题邀请相关方面的权威专家进行技术咨询与技术交流，以有效地解决有关技术难题，从而保证南水北调工程的施工质量。

（1）二级坝泵站工程技术咨询。国务院南水北调工程建设委员会专家委员会于2009年8月31日至9月2日在北京召开南水北调东线二级坝泵站工程技术咨询会，参加会议的有特邀专家以及国务院南水北调办建设管理司、南水北调工程建设监管中心、山东省南水北调工程建设管理局、南水北调东线山东干线有限责任公司、山东省水利勘测设计院、中国矿业大学等有关单位的领导和代表。与会专家和代表听取了南水北调东线山东干线有限责任公司和中国矿业大学的专题汇报，并进行了认真讨论，形成了主要咨询意见。

（2）东湖水库、双王城水库施工技术咨询。济南—引黄济青段东湖水库和双王城水库工程是南水北调山东段的重要节点工程。针对双王城水库和东湖水库工程地下防渗墙工程和围坝填筑等工程存在的防渗墙施工成槽困难、筑坝施工与质量安全控制不能满足加快进度的要求等问题，2011年3月召开了双王城、东湖水库工程施工技术专家咨询会。会议邀请了5位国内水利工程界的资深专家。与会专家赴东湖水库、双王城水库现场进行了考察，了解现场施工情况及存在问题，并听取了设计单位、工程建设管理单位、监理单位、施工单位、科研单位的简要汇报。针对施工中存在技术问题进行与工程参加各方交流，提出了积极有效的意见和建议。

（3）大屯水库全库盘土工膜防渗施工咨询。大屯水库是南水北调东线第一期工程山东境内的调蓄水库之一。大屯水库采用全库盘土工膜防渗，防渗面积501万m^2，坝坡防渗采用复合土工膜，防渗面积33万m^2，是迄今为止国内最大的、采用全库盘水平铺膜防渗设计的平原水库，库区地质情况复杂，施工难度大，工期要求紧。铺膜防渗施工、检测过程中出现很多具有典型性、代表性的技术问题。针对这些问题进行了一系列的研究、试验工作，并邀请了国内该专业的知名专家进行了咨询。如膜下气胀问题，膜下非饱和土被土工膜封闭后，在水库运行中，受一些因素影响，膜下气压可能会增大，直至超过膜上压重，导致土工膜被托起，甚至顶破土工膜，最终导致库盘防渗失效，水库无法正常运营。在山东省内多个采用库盘铺膜防渗方案的平原水库，已经发现存在上述膜下气场问题。为此，开展了相关研究、现场试验，并多次召开专家咨询会，包括鲁北段大屯水库工程铺膜技术咨询评审、水库土工膜防渗气胀机理及工程技术试验研究成果研讨、南水北调工程山东平原水库土工膜施工技术咨询等。

（4）防渗墙缺陷处理方案专家咨询研讨。主要有塑性混凝土防渗墙质量检测与缺陷处理专

家咨询；东湖、双王城水库塑性混凝土防渗墙质量缺陷处理方案专家审查；平原水库塑性混凝土防渗墙工程评定与验收办法专家咨询；双王城、东湖水库工程坝基塑性混凝土防渗墙安全复核报告评审。

（5）平原水库围坝迎水坡护砌混凝土砌块质量方面咨询研讨。主要有平原水库迎水坡护砌预制块混凝土配合比研讨；平原水库围坝迎水坡护砌混凝土砌块质量控制咨询；平原水库围坝迎水坡护砌预制块与安装质量控制技术指标研讨。

（6）混凝土衬砌渠道冻胀破坏及处理技术咨询。济东明渠段工程于2011年2月18日开工，2011年年底完成渠坡衬砌长度27km。2011年入冬以来，工程所在区域出现较大雨雪和持续低温天气过程，部分处于建设期和完建期的混凝土衬砌渠段出现冻胀破坏现象。为了研讨混凝土衬砌渠道在建设期、完建期和运行期内的冻胀破坏防治技术，2012年3月召开了“混凝土衬砌渠道冻胀破坏及处理技术咨询研讨会”，特邀在渠道设计、施工和管理方面的专家研讨分析济东明渠段部分渠道出现冻胀破坏的原因并研究相关处理措施。专家组分析了渠段冻胀破坏的原因，对冻胀渠段的处理措施、今后在防冻胀方面的施工质量控制以及完建期和运行期内的防冻胀保护措施等方面给出了咨询意见。

8. 技术培训

（1）南水北调山东段渠道工程施工技术培训。为保证南水北调山东段渠道建设工程施工质量，提高工程管理水平，在总结以往工程经验的基础上，结合多年来渠道工程技术研究成果，2011年1月开展了渠道工程建设技术培训。参加培训人员包括建管单位、设计、监理、施工、质量检测等单位有关人员，共80余人。培训会对渠道防渗漏、防冻胀、防扬压的新型材料和结构型式、渠道衬砌施工控制技术、渠道混凝土质量控制及衬砌机械化施工质量检验与评定、渠道混凝土衬砌机械化施工技术等几个方面进行了培训讲解，现场人员积极参与交流，通过培训与交流，进一步增强了对渠道工程施工的认识和理解，提高了贯彻执行能力，对加快“三大段”工程的机械化衬砌施工进度、确保施工质量起到了重要作用，实现了预期效果。这次培训交流会对以后的工程建设起到了积极的作用。

（2）渠道机械化衬砌施工技术培训。在山东省南水北调工程建设正处于关键期和高峰期，特别是在南水北调山东段济南至引黄济青段、南四湖至东平湖段、鲁北段的渠道机械化衬砌施工，工期进度要求紧，质量控制难度大。鉴于“三大段”渠道工程建设条件差别大、进度不齐的特点，针对不同渠段的设计和施工技术要求，分别举办施工技术培训与交流会，发挥施工现场示范、专家现场指导和互动技术交流的作用。2011年10—11月，分别在南水北调山东段济南至引黄济青段、南四湖至东平湖段、鲁北小运河段施工现场组织召开了渠道机械化衬砌施工技术培训与交流会。会议对混凝土原材料质量控制及检验、混凝土浇筑前工序的施工技术要点、机械化衬砌施工技术、单元工程质量评定进行了系统培训，对施工现场中发现的问题提出具体指导意见，对施工和监理单位所关心的问题进行解答和探讨。

（3）平原水库围坝护砌施工技术培训。南水北调山东段三座平原水库迎水坡护砌设计采用的垂直连锁混凝土砌块，要求材料为C25混凝土，抗冻等级F150，振动挤压成型。

由于国家和行业均未制定出水工混凝土砌块生产检验标准，缺乏质量检验标准依据，在试验、生产、施工中如何进行质量检验控制，尚未解决。2011年12月至2012年2月，分别在南水北调济东段东湖水库、双王城水库、鲁北段大屯水库施工现场组织召开了平原水库围坝护砌施工技术培训交流会。会议对混凝土原材料质量控制及检验、开孔垂直连锁式混凝土预制砌块施工及现场管理、复合土工膜施工工艺等进行了系统培训，对施工现场中发现的问题提出具体指导意见，对施工和监理单位所关心的问题进行解答和探讨。

（4）南水北调山东段平原水库土工膜铺设施工培训。对于平原水库、渠道土工膜防渗设计、施工及检测技术等国内尚无指导具体工作的标准、规程和规范。并且，现场的防渗材料来源不同、水库大面积防渗施工中缺乏材料使用和检测方面的统一标准等问题，针对上述问题，结合大屯水库施工开展了平原水库铺膜防渗施工研究。2012 年 2 月，在大屯水库现场建管处进行了培训，另外还邀请了国内土工膜方面的相关专家进行了现场培训、指导。

（5）平原水库围坝迎水坡护砌预制块生产与安装质量控制技术培训。为了指导东湖、双王城、大屯三座平原水库围坝迎水坡护砌预制块生产与安装质量控制，保证施工质量和工期要求，2012 年 8 月 24 日在济东段东湖水库建设现场组织召开了平原水库围坝迎水坡护砌预制块生产与安装质量控制技术培训会。培训会对护坡预制块生产与质量控制技术、干硬性混凝土控制与预制块检测方法进行了详细讲解，从原材料检测与质量控制、混凝土配合比试验、混凝土拌和物和试件的检测、预制块的检测，以及在预制块生产和铺砌施工过程中应注意的问题等技术内容进行了培训。

根据工程建设实际，多次组织开展渠道衬砌、泵站大体积混凝土浇筑、水库筑坝等方面的施工现场观摩交流活动。

（三）重要工程和关键部位质量控制

1. 大屯水库库盘铺膜施工

大屯水库工程地质情况复杂，各透水层间水力联系密切，透水性差别较小，可视为均质透水体，即坝基无相对隔水层。大屯水库库盘铺膜施工现场见图 18-3-1。

水库防渗问题是该工程的难点和重点。在可研、初设阶段，山东省水利勘测设计院对大屯水库进行了水平铺膜 350m、全库盘铺膜、混凝土防渗墙等多方案比较、专题论证，最终确定采用全库盘铺膜与坝坡铺膜相结合的防渗方案。山东省水利勘测设计院联合浙江大学、河海大学对大屯水库库区渗流稳定、应力应变及库底铺膜的排水排气问题进行理论技术研究。重点对大屯水库复合土工膜下非饱和土中孔隙气场（包括气压、气量、流速等）的产生、变化规律、最不利情况等进行分析计算，进行气场及渗流场耦合分析计算，研究水库横断面不同位置的气压变化规律，以确定不同位置土工膜上的覆土厚度，并优化排气设施布置等。同时为验证理论分析和数值模拟计算的准确性，在工程现场进行了原位模型试验。

图 18-3-1　大屯水库铺膜施工现场

为确保大屯水库防渗工程施工质量，山东省南水北调建管局、山东干线公司多次组织召开设计、监理、各施工标段、土工材料生产供货企业及第三方检测单位联络会，研究大屯水库库盘铺膜工程的工艺流程及质量控制措施，周密部署大屯水库库盘铺膜工程建设相关

事项。

（1）安排驻厂监造，从源头控制材料质量。为严格控制大屯水库库盘铺膜工程原材料质量，在土工材料生产期间安排第三方检测单位和监理单位分别派专人驻厂监造。核查各土工材料生产供货企业的质量保证体系及相关产品生产的质量保证措施，随机查验用于大屯水库工程的土工膜及土工布原材料并做好台账备案，随时进行生产巡查并做好巡查记录。

（2）强化进场材料管理，严格材料质量控制流程。在进场材料用于实体过程前，均要通过土建施工单位按频次取样检测、监理单位平行抽样检测、法人委托的第三方检测单位抽样检测和现场摊铺开进行的外观质量检验。

（3）安排铺膜生产性试验，细化铺膜施工方案。在库盘铺膜工程全面展开之前，安排施工单位实地开展铺膜生产性试验，验证施工工艺、确定施工参数、优化施工方法。根据相关规范、设计文件及生产性试验成果，安排施工单位细化、调整初拟的铺膜施工方案，并在国务院南水北调工程建设委员会专家委评审后作进一步修改、调整、完善，经监理批准后用于指导铺膜施工。

（4）注重学习培训，提升工程建设技术支持。针对库盘铺膜工程施工方案及质量监控措施等问题，组织相关人员考察、调研，聘请相关专家到工地指导、培训，多次召开库盘铺膜施工专题会议，集思广益、查缺补漏。

（5）严格全过程管理，对重要工序实行联合验收。大屯水库库盘铺膜采用膜布分置的形式，两布一膜。整个施工过程包括基面平整、排水盲沟开挖及软式透水管安装、底层土工布摊铺及缝合、PE土工膜摊铺、PE土工膜焊接、逆止阀安装、上层土工布摊铺及缝合、膜上覆土等几道工序，其中PE土工膜焊接与逆止阀安装为主要工序和重要质量控制点。全部工序采取施工单位保证、监理单位控制、建管单位监督的管理模式，严格按照确定的施工工艺、技术要求和控制参数进行现场管理，上一道工序未通过检查验收不得进行下一道工序。主要工序完成经施工单位自检合格后，由监理、现场建管、第三方检测单位、设计代表与施工单位进行现场联合验收。

2. *大跨度桥梁施工*

山东省境内跨渠桥梁涉及5个单项工程，17个设计单元工程，共有588座（其中生产桥439座，公路桥103座，人行桥及桥涵46座）。其中南四湖至东平湖段输水渠道因为兼具航运功能，交通桥梁均为80m或85m的大跨度桥梁。为确保桥梁工程质量，山东省南水北调建管局、山东干线公司委托了上海同济建设工程质量检测站对所有大跨度桥梁进行施工监控，监控单位选派了3名具有丰富经验的技术人员常驻工地现场，对每一节的桥梁进行严密监控，并根据监控数据，向施工单位提供下一步施工参数；聘请山东路桥公司有丰富经验的桥梁专家代表建设单位驻场指导，在各标段轮流蹲点，现场解决实际问题，把质量问题在萌芽状态下解决；把好关键环节，重要节点邀请专家组咨询；委托山东省公路桥梁检测中心对全部桥梁进行检测；质量监督项目站联合地方交通工程质量监督站对桥梁工程开展监督检查。两湖段王庄跨渠桥梁见图18-3-2。

3. *穿黄河滩地埋管施工*

穿黄工程河滩地埋管全长3943m，混凝土浇筑方量15万m^3，断面为内圆外城门洞型式，内径7.5m，混凝土厚0.95m，技术含量高，施工难度大，为国内最大直径现浇直埋混凝土输水圆涵。在施工中，重点做好以下工作：优化施工方案，采用了深井群降水、钢模台车及混凝土布料机进行混凝土施工的方案；开展混凝土配比研究，进行了混凝土配合比系列调整试验，确保最优混凝土配合比；细化和完善施工措施，形成合理的流水作业面；开辟试验段，通过试验段的施工，积累经验，确定施工技术参数；加强对施工过程质量控制，完善施工工艺和质量保证措施，在前期混凝土配合比优化、施工方案优化、施工模板优化的基础上，重点加强了混凝土运输、混凝土布料、振捣、养护方面的质量检查和管理，并制定了专项施工方案。穿黄河滩地埋管在施工中实现了一定的创新和改进，主要包括针对滩地地下水位高，土层含水量大，降排水难度大，不利于机械开挖施工，不利于边坡稳定等问题，通过降排水试验和基坑降水使用，使降水达到了预期的效果，水位得到了较好的控制，成功探索出一套在黄河滩地深基坑降排水的方法；埋管内模安装采用的针梁式钢模台车和液压自行式内衬台车，不但立拆模速度快，周转周期短，且台车整体结构合理，承载性能好，拆模后密封良好，无漏浆、错台现象。滩地埋管工程关于南水北调东线大口径输水管涵设计分析与施工研究课题获山东水利科学技术进步奖。国内最大直径埋管施工现场见图 18－3－3。

图 18－3－2　两湖段王庄跨渠桥梁

图 18－3－3　国内最大直径埋管施工现场

4. 塑性混凝土防渗墙施工

根据东湖和双王城水库的地质情况，从防渗效果、施工技术成熟度、防渗安全可靠性、经济等方面综合考虑，设计采用塑性混凝土防渗墙垂直截渗。针对塑性混凝土防渗墙施工中容易存在的槽孔易坍塌、混凝土灌注充盈系数过大、墙身发生夹泥层质量缺陷等问题，山东省南水北调建管局、山东干线公司多次组织有关专家和参建单位研究施工技术方案，参照《水利水电工程混凝土防渗墙施工技术规范》（SL 174—96）制定了《南水北调山东段平原水库塑性混凝土防渗墙工程评定与验收办法》（鲁调水企总工字〔2012〕10 号）。为确保工程质量，施工前，进行塑性混凝土配合比试验，提出了单位体积混凝土材料用量、外加剂的品种及掺量等。进行成墙试

图 18－3－4　双王城水库截渗施工现场

验，以检验墙体的完整性、抗渗性和耐久性，确定主要技术参数；施工过程中，严格按照施工方案施工，加强工程观察监测和旁站监理，重点保证防渗墙体均匀完整，防止有混浆、夹泥、断墙、孔洞等。成墙后及时进行墙身质量检查，全坝段检查，检查主要内容为墙体的均匀性、可能存在的缺陷和墙段接缝。竣工验收前进行全坝段防渗墙检测，评价墙体质量。双王城水库截渗施工现场见图 18－3－4。

5. 泵站大体积混凝土浇筑

大体积混凝土浇筑是泵站工程质量控制的重点，做好温控是关键。譬如，在长沟泵站施工过程中主要采取以下措施：①采用冷却水降低混凝土内部最高温升。在泵站底板绑扎钢筋的同时布设 2 层 ϕ5cm 的塑料管，排距 70cm，间距 285cm，每层为一个蛇形布置的闭合循环圈。进出水口设底板两侧。抽取深层地下水作为冷却水，循环水经出水口排入附近排水井。为保证降温效果每个闭合圈的长度不超过 200m。浇筑完成后及时通水冷却。通过调节进水阀门开度，控制进出水温度，混凝土降温期降温速度不超过 1℃/d，水流方向每 24 小时调换 1 次。通过该措施有效削减水化热升温，降低混凝土内外温差，使其满足混凝土内外最大温差不超过 20℃的设计要求。②采用深层地下水拌制混凝土。采用深度 20m 以下的地下水拌制混凝土，做到随抽随用，减少水温回升。③降低骨料温度。砂、碎石采用高堆深取法，堆高 6～8m 以上。混凝土出机口温度仍不能满足要求时对碎石喷淋地下水进一步降温。④控制浇筑升温。采用 2 台大型混凝土拌和站配 2 台混凝土泵连续入仓，加快浇筑速度，三级质检和试验人员现场统一调度指挥，确保层间台阶覆盖时间控制在 2 小时以内。⑤确保混凝土层间结合良好预防内部裂缝。预先布置好混凝土卸料点和卸料次序，加强卸料指挥，加强混凝土平仓振捣，防止骨料分离，防止漏振欠振和薄边角部位脱空，保证混凝土内部质量均一、密实，层间结合良好，防止混凝土内部产生薄弱面或初始裂缝。⑥表面保温保湿，预防表面裂缝。浇筑到收仓线后及时进行表面抹、压收面，然后立即用一层复合土工膜对外露表面覆盖严实，以保温保湿，快速提高表面温度，减小内外温差，防止出现早期表面干缩裂缝。⑦混凝土温度检测。为实时监控混凝土内部温度，在混凝土中部及距顶面和底面 10cm 处各埋设混凝土测温计，配备温度计测量进出水口水温。长沟泵站见图 18－3－5。

（四）质量通病防治

项目法人统一编制了《山东省南水北调工程质量通病防治手册》，有针对性地开展质量通病防治工作。

1. 通病问题分类

混凝土工程质量通病：蜂窝（烂根）、麻面、空洞、错台、缝隙、夹层、缺棱掉角、表面不平整、挂帘、伸缩缝处渗水、混凝土浅表性裂缝（含表面龟裂）、混凝土深层裂缝（含贯穿缝）、表面起灰、表面云彩斑、衬砌混凝土板表面波浪起伏、施工缝处渗水。

图 18－3－5　长沟泵站

模板工程质量通病：轴线位移、结构变形、接缝不严、脱模剂使用不当、立模后仓面内未清理干净、混凝土格梗模板缺陷、梁模板缺陷、柱模板缺陷、墙模板缺陷。

钢筋工程质量通病：表面锈蚀、混料、原料曲折、热轧钢筋无生产厂标志、条料弯曲、钢筋剪断尺寸不准、钢筋调直切断时被顶弯、钢筋连切、箍筋不方正、成型尺寸不准、已成型好的钢筋变形、箍筋弯钩形式不对、闪光对焊未焊透、闪光对焊氧化、闪光对焊过热、闪光对焊脆断、闪光对焊烧伤、闪光对焊塑性不良、闪光对焊接头弯折或偏心、电弧焊尺寸偏差、电弧焊焊缝成型不良、电弧焊焊瘤、电弧焊咬边、电弧焊电弧烧伤钢筋表面、电弧焊弧坑过大、电弧焊脆断、电弧焊裂纹、电弧焊未焊透、电弧焊夹渣、电弧焊气孔、骨架外形尺寸不准、绑扎网片斜扭、钢筋的混凝土保护层不准、钢筋间距不准、骨架吊装变形、同一连接区段内接头过多、钢筋遗漏、绑扎接点松扣及扎丝头向外。

桩基础工程质量通病：水泥搅拌桩搅拌体不均匀、水泥搅拌桩喷浆不正常、水泥搅拌桩抱钻冒浆、水泥搅拌桩桩顶强度低、钻孔灌注桩塌孔、钻孔灌注桩钻孔漏浆、钻孔灌注桩钻孔偏位（倾斜）、钻孔灌注桩缩孔、钻孔灌注桩钢筋笼偏位、变形、上浮、钻孔灌注桩吊脚桩、钻孔灌注桩断桩、预应力管桩桩身断裂、预应力管桩桩顶碎裂、预应力管桩沉桩达不到设计要求、预应力管桩桩顶位移、预应力管桩桩身倾斜、预应力管桩接桩处松脱开裂、预应力管桩接长桩脱桩。

土方工程质量通病：填方出现弹簧土、填土压实度达不到要求、冲沟、落水洞、土洞、挖方边坡塌方、边坡超挖、边坡滑坡、基坑（槽）泡水、基土扰动、基坑（槽）开挖遇流沙、填方基底处理不当、墙后回填土不密实。

库底铺膜工程质量通病：铺膜基面不平整、排水排气盲沟填砂顶面不平整、PE土工膜表层破损、PE土工膜焊接过焊、PE土工膜虚焊、PE土工膜漏焊、回填土造成土工膜破坏。

2. 分析与防治

通过宣传教育，提高质量管理人员对工程质量通病危害性的认识。进行岗位培训，提高施工管理人员和操作者的专业技术水平，增强责任心。《山东省南水北调工程质量通病防治手册》中，对每一种质量通病产生的原因进行了分析，针对每一种质量通病制定了相应的防治措施，并组织有关人员集中学习培训。

（五）工程质量检测

为选好南水北调工程质量第三方检测单位，保证检测工作质量，组织专家对有关水利工程质量检测单位进行了考察。考察方式是听取情况介绍、查看基础设施和环境条件及仪器设备，审阅有关文件，座谈询问和讨论研究。考察内容主要是该单位的基础设施、设备配置、人员结构、内部管理、工作业绩、信誉等。通过考察，鉴别是否具备承担南水北调工程第三方质量检测的能力，从而确定检测单位。

经考察，南水北调山东公司委托淮河流域水工程质量检测中心和黑龙江省水利工程质量检测中心站两家单位承担第三方质量检测任务，对工程原材料和实体质量进行抽检，检测范围涵盖所有在建工程项目。重点对原材料，混凝土衬砌强度、厚度、抗冻性，水库围坝土方填筑、土工膜铺设、混凝土预制衬砌块等进行检测，为工程质量提供数据支持。各监理抽

检、施工自检分别委托山东省水利工程试验中心、山东省水利工程建设质量与安全检测中心站、黄河水利委员会基本建设工程质量检测中心、中国水电建设集团十五工程局有限公司测试中心、山东大学土建与水利学院测试中心、中国水利水电第五工程局中心试验室、山东铁正工程试验检测中心有限公司、山东省公路桥梁检测中心、山东省交通科学研究所等资质符合要求的检测单位开展检测工作。委托检测均按照有关要求签订委托合同，明确检测范围、项目及其他有关事项。

（六）质量事故（问题）处理

1. 质量问题分类

（1）质量管理违规行为分类。质量管理违规行为是指在工程建设中，参建单位及其责任人在工程施工和质量管理过程中违反规程规范和合同要求的各类行为，以及监督管理单位及其责任人履职不到位或未履职的行为。根据质量管理违规行为的严重程度，将其划分为三类。

一般质量管理违规行为：在南水北调东线一期山东段工程建设中，参建单位及其责任人在工程施工、质量管理过程中违反规程规范和合同要求，并能自觉整改的一般违规行为。

较重质量管理违规行为：在南水北调东线一期山东段工程建设中，参建单位及其责任人在工程施工、质量管理过程中明显违反规程规范和合同要求，未进行整改的违规行为。

严重质量管理违规行为：在南水北调东线一期山东段工程建设中，参建单位及其责任人在工程施工、质量管理过程中蓄意违反规程规范和合同要求，骗取了有关部门对工程质量的评价认可。

监督管理单位及责任人发生的质量管理违规行为视为较重程度以上。

（2）质量缺陷分类。质量缺陷是指在工程建设过程中发生的不符合规程规范和合同要求的检验项和检验批，造成直接经济损失较小（混凝土、金属结构及机电设备安装工程小于20万元，土石方工程小于10万元），或处理事故延误工期不足20天，经过处理后仍能满足设计及合同要求，不影响工程正常使用及工程寿命的质量问题。根据质量缺陷对质量、结构安全、运行和外观的影响程度，将质量缺陷划分为一般质量缺陷、较重质量缺陷和严重质量缺陷三类。

（3）质量事故分类。质量事故是指在工程建设中，由于建设管理、勘测设计、监理（监造）、施工、设备制造及安装、安全监测等单位原因造成工程质量不符合规程规范和合同规定的质量标准，影响工程正常使用和寿命，以及对工程安全运行造成隐患和危害的事件。质量事故分类见表18-3-1。

（4）质量问题。实体质量问题严重程度等级，按照《关于印发〈山东省南水北调工程建设质量问题责任追究管理实施细则（试行）〉的通知》（鲁调水稽字〔2011〕22号）中工程实体质量问题目录的规定进行具体确定。

2. 质量问题的处理程序和认定

（1）发生质量问题的责任界定。发生质量管理违规行为，遵照“分级负责、逐级追究”的原则进行责任界定。

表 18-3-1　　　　质量事故分类

影响因素		事故类别			
		特大质量事故	重大质量事故	较大质量事故	一般质量事故
事故处理所需的物资、器材、设备、人工等直接损失费用/万元	混凝土工程，金属结构及机电安装工程	>3000	500～3000	100～500	20～100
	土石方工程	>1000	100～1000	30～100	10～30
事故处理影响合理工期/月		>6	3～6	1～3	0.6～1
事故处理后对工程功能和寿命影响		影响工程正常使用，需限制条件运行	不影响正常使用，但对工程寿命有较大影响	不影响正常使用，但对工程寿命有一定影响	不影响正常使用和工程寿命

注　质量事故类别的确定应满足以上三个条件中任何一项的较大项。

发生质量缺陷，由监理（监造）单位组织有关单位初步确认质量缺陷类别后，按以下原则进行责任界定。一般质量缺陷由监理（监造）单位组织责任界定，报现场建设管理处备案，未设立现场建设管理处的项目，报现场建设管理局备案；较重质量缺陷由现场建设管理处组织责任界定，报现场建设管理局备案，未设立现场建设管理处的项目，由现场建设管理局组织责任界定；严重质量缺陷由现场建设管理局组织责任界定。

发生质量事故，由监理（监造）单位商现场建设管理处（未设立现场建设管理处的，商现场建设管理局），联合质量监督及有关单位对事故的性质、严重程度作出初步评估。

（2）质量事故的报告。监理单位作出初步评估后，立即向现场建设管理处电话报告，由现场建设管理处立即向现场建设管理局电话报告，未设立现场建设管理处的项目，立即向现场建设管理局电话报告。现场建设管理局在接到报告后1小时内向南水北调东线山东干线有限责任公司电话报告，在接到报告后2小时内向山东省南水北调建管局电话报告；山东干线公司责成现场建设管理局作出进一步评估、分析，由山东干线公司在24小时内向山东省南水北调建管局和国务院南水北调办书面报告。质量事故报告应当包括以下内容：工程名称、建设规模、建设地点、工期，项目法人、主管部门及负责人电话；事故发生的时间、地点、工程部位以及相应的参建单位名称；事故发生的简要经过，伤亡人数和直接经济损失的初步估计；事故发生的原因初步分析；事故发生后采取的措施及事故控制情况；事故报告单位、负责人及联系方式。

发生一般质量事故，现场建设管理局组织调查，对事故性质进行认定，提出处理方案并实施处理，调查结果报山东干线公司。

发生较大质量事故，山东干线公司组织调查，对事故性质进行认定，调查结果报山东省南水北调建管局和国务院南水北调办。现场建设管理局提出处理方案，经山东干线公司批准后，现场建设管理局组织实施。

发生重大质量事故，山东干线公司向国务院南水北调办申请组成调查组对事故进行调查，对事故性质进行认定，调查结果报国务院南水北调办。山东干线公司提出处理方案，经国务院

南水北调办审定后，山东干线公司组织实施。

发生特大质量事故，国务院南水北调办组织调查，对事故性质进行认定，山东干线公司提出处理方案，经国务院南水北调办审定后，山东干线公司组织实施。

3. 对质量问题的处罚

（1）诫勉谈话。根据质量问题的性质、严重程度，分别由监理（监造）单位、现场建设管理处、现场建设管理局、山东干线公司、山东省南水北调建管局对相关单位和部门责任人进行诫勉谈话。

（2）书面批评。监理（监造）单位、现场建设管理处、现场建设管理局、山东干线公司、山东省南水北调建管局根据各自管理权限依据有关规定或合同约定，可向质量问题责任单位下发书面批评。书面批评分为：监理（监造）工程师书面批评，包括整改、整顿、停工整顿等；现场建设管理处、现场建设管理局、山东干线公司书面批评，包括整改、整顿、停工整顿、通报批评；山东省南水北调建管局及监督管理单位下发的通报批评等。

（3）经济处罚。由现场建设管理处、现场建设管理局、山东干线公司根据各自管理权限，依据国家有关规定和合同的有关约定，对发生严重质量问题的责任单位及责任人给予经济处罚。山东省南水北调建管局提出的经济处罚，依据国家有关规定直接实施。

（4）行政处罚。依据国家有关规定，对发生巨大经济损失和严重后果的质量问题的责任单位及责任人给予行政处罚。行政处罚由山东省南水北调建管局根据行政管理关系组织实施。

行政处罚包括警告、通报批评等；依据问题的严重程度，可取消责任单位参加南水北调工程建设资格或向有关部门建议停业整顿、降低资质等级、吊销资质证书等。

发生质量事故，给予有关人员停职或撤职处理（表18-3-2）。

表18-3-2　　质量事故责任人

特大质量事故	重大质量事故	较大质量事故	一般质量事故
山东干线公司负责人 山东干线公司质量管理负责人 现场建设管理局负责人 现场建设管理局质量管理负责人 现场建设管理处负责人 总监理工程师	山东干线公司质量管理负责人 现场建设管理局负责人 现场建设管理局质量管理负责人 现场建设管理处负责人 总监理工程师	现场建设管理局质量管理负责人 现场建设管理处负责人 总监理工程师	现场建设管理处负责人（未设现场建设管理处的项目，现场建设管理局质量管理负责人） 总监理工程师

注　对现场建设管理局（处）、勘测设计、施工、监理等其他人员的处理，按事故调查结果确定。

（5）追加处罚。责任单位接受处罚单位诫勉谈话3次仍再次出现相同性质的质量管理违规行为、质量缺陷问题的，处罚单位可书面批评；书面批评后仍再一次重复发生相同性质的质量问题，对责任单位处以30万元的经济处罚。

责任单位被诫勉谈话两次不进行整改的，处罚单位可书面批评；书面批评后仍不进行整改的，对责任单位追加通报批评并处以50万元的经济处罚。

各类质量问题处罚标准，按照《关于印发〈山东省南水北调工程建设质量问题责任追究管理实施细则（试行）〉的通知》（鲁调水稽字〔2011〕22号）中工程质量问题处罚细则的规定进行具体确定实施。

对发现的质量问题，按照国务院南水北调办关于工程建设质量问题责任追究的有关规定进行了责任追究。根据质量问题的轻重程度对有关参建单位分别进行诫勉谈话、书面批评、经济处罚、行政处罚。自2011年以来，山东省南水北调建管局、山东干线公司对有关单位和个人责任追究共20次，其中通报批评3个建管单位，2个设计单位，17个监理单位，21个施工单位，2个建管单位个人，3个监理单位个人，7个施工单位个人；行政处罚4个施工单位，3个建管单位个人，2个监理单位个人，3个施工单位个人；经济处罚1个监理单位，6个施工单位。约谈施工单位主要负责人51次。

五、质量目标考核与奖惩

对参建单位包括现场建管单位，设代组、项目监理部、施工项目部的考核实行分级负责。现场建管单位由山东干线公司组建考核工作组进行考核，设代组、项目监理部、施工项目部由现场建管单位组建考核组进行考核，山东干线公司考核工作组负责现场考核情况的监督检查。

1. 考核范围和时间

考核各现场建管单位（含委托建设管理单位，不包括现场建管单位下设的建设管理处）、设代组、项目监理部和施工项目部。

山东干线公司对现场建管单位每半年考核一次，考核在7月底和次年的2月底前完成。现场建管单位对设代组、项目监理部、施工项目部的考核每月考核一次，考核在次月的10日前完成。

2. 考核程序

（1）查看工程现场，必要时可进行抽查检测。

（2）查阅工程资料及有关稽查、检查和审计意见落实情况。

（3）按照考核表进行综合考评，形成初步意见。

（4）与相关单位交换意见。

（5）形成考核报告。

3. 考核表

现场建管单位、设计单位、监理单位和施工单位考核表分别见表18-3-3、表18-3-4、表18-3-5和表18-3-6。

4. 考核等次

考核结果分为优秀、良好、一般、较差四级。具体考核标准如下。

（1）现场建管单位、项目监理部、施工项目部考核标准。

优秀：量化考核评分在90分（含90分）以上；无质量事故、安全生产事故和Ⅱ类、Ⅲ类质量缺陷；已评定的单元、分部工程质量优良率在90%以上；工程实际进度达到或超过批准的进度计划要求；稽查、审计及各类检查中基本符合有关要求；无违法和违纪事件；无拖欠工程款和农民工工资现象。

表 18-3-3　　现场建管单位考核表

考核项目	考核内容		标准分	评分标准	扣分原因	扣分数	实得分	备注
工程质量管理（25分）	质量目标	是否有明确的质量管理目标（1分）；土建、机电设备安装优良率目标是否合理（1分）	2	质量目标不明确扣2分；优良率低于行业标准扣0.5分；质量目标没有上墙和行文发布扣0.5分；没有进行宣贯扣0.5分				
	质量体系	质量管理体系是否建立健全，管理体系设置是否符合现场建设管理实际，体系中单位和人员职责是否明确	2	没有建立健全质量管理体系的扣2分；没有正式行文发布的扣0.5分；管理体系设置不符合现场实际情况的扣0.5分；对体系中单位和人员的变化没有及时调整和发文明确的扣0.5分；体系中单位和主要人员职责不明确的扣0.5分				
	管理制度	质量奖罚、质量缺陷备案、质量事故处理、设计变更、质量检查、质量培训制度、验收制度是否落实	2	没有严格落实质量奖罚制度及质量缺陷备案、质量事故处理、设计变更、质量检查、质量培训制度，每有一项扣0.5分				
	质量管理和监督	是否及时申请质量监督（1分）；对设计、监理、施工等合同乙方质量管理体系建立健全是否及时进行检查和监督（1分）；是否及时组织进行项目划分，项目划分是否符合规定，重要隐蔽工程、关键部位单元工程、主要分部工程、主要单位工程是否明确（2分）；对设计现场服务、参加检查验收，监理现场质量控制、施工单位“三检制”是否进行定期和日常检查（2分）；设计交底、施工技术交底（开工前、关键部位单元工程、重要隐蔽工程，新材料、新工艺、新设备、设计变更）检查监督情况（1分）；对监理和施工单位对原材料、中间产品进场验收、检验情况是否进行检查监督（2分）；上级检查、稽查、审计发现问题整改情况（3分）	12	没有及时办理质量监督手续的扣1分；没有对设计、监理、施工等合同乙方质量管理机构、管理制度等质量管理体系建立健全，人员、设备、岗位资格及时进行检查和监督的扣1分；没有项目划分扣2分，项目划分不及时的扣0.5分，项目划分不符合规定的扣0.5分；项目划分中没有明确重要隐蔽工程、关键部位单元工程、主要分部工程、主要单位工程的扣0.5分，没有报批的扣0.5分；没有对设计现场服务、参加检查验收，监理现场质量控制，施工单位“三检制”进行定期检查的扣1分，没有日常检查的扣1分；没有及时进行对设计交底、施工技术交底（开工前、关键部位单元工程、重要隐蔽工程，新材料、新工艺、新设备、设计变更）进行检查监督的扣1分；没有对监理和施工单位对原材料、中间产品进场验收、检验情况进行检查监督的扣1分；试验数量不满足规范或技术条款要求的扣1分；上级检查、稽查、审计发现问题没有及时整改的扣2分，整改不彻底的每发现一项扣0.5分				

续表

考核项目	考核内容		标准分	评分标准	扣分原因	扣分数	实得分	备注
工程质量管理（25分）	合同验收	是否及时制定工程验收工作方案和验收计划，报验收监督管理部门核备；监督施工单位工序验收情况；是否监督监理单位及时组织单元工程验收，对验收资料的完整性、规范性是否进行检查；是否及时参加重要隐蔽单元工程、关键部位单元工程验收；是否及时参加分部工程验收，质量评定是否及时报质量监督机构核备（核定），验收鉴定书是否及时报质量监督机构核备；是否及时组织单位工程和施工合同验收，并将验收鉴定书及时报质量监督机构核备；是否成立外观质量评定组，并及时报质量监督机构备案；是否及时组织外观评定和验收，组织阶段验收，申请设计单元工程完工验收	2	出现一项不满足要求扣0.5分，最多扣2分				
	工程质量	单元工程质量情况：单元质量合格率100%；土建优良率不小于85%；机电设备安装优良率不小于90%；外观得分率不小于85%	5	合格率达不到100%，扣5分；土建优良率低于85%，每低一个百分点扣1分，低于80%扣5分；机电设备安装优良率低于90%，每低一个百分点扣1分，低于85%扣5分；外观质量得分率低于85%，每低一个百分点扣1分，低于80%扣5分				

表 18-3-4　设计单位考核表

考核项目	考核内容		标准分	评分标准	扣分原因	扣分数	实得分	备注
施工图设计质量和供图计划落实（45分）	供图计划	是否签订供图协议（3分）；供图协议执行情况（12分）	15	未签订供图协议扣3分；未按合同要求和工作进度需要及时提供施工图和设计文件，每发生一次扣3分				
	施工图和设计文件	设计成果是否满足国家规程、规范及行业标准的要求（25分），签字手续是否完备（5分）	30	设计成果满足国家规程、规范、行业标准和强制性条文的要求，发现与上述不符的每处扣5分；图纸审查意见未落实，每发生一次扣5分；落实不彻底每发生一次扣2分；审查、审批人员签字，每少签一栏扣2分；设计、审核人员签字每少签一栏扣1分				

表 18-3-5　监理单位考核表

考核项目		考核内容	标准分	评分标准	扣分原因	扣分数	实得分	备注
质量控制措施（51分）	原材料、构配件、设备控制	对涉及结构安全的试块、试件以及有关材料是否进行见证取样、送样（0.5分）；对原材料、构配件是否进行抽检，平行检测、跟踪检测数量是否符合监理规范要求（4分）；对进场设备是否进行检验、验收（0.5分）	5	未对涉及结构安全的试块、试件以及有关材料进行见证取样、送样的扣0.5分；平行检测、跟踪检测数量不符合规范要求，每少1%扣0.5分；现场有使用不合格材料或构配件现象的扣4分；未对进场设备进行检验、验收的扣0.5分，检查验收记录或签字不全扣0.2分				
	施工过程控制	关键部位及关键工序是否采取全过程旁站监理（5分）；是否检查督促施工单位严格落实“三检制”（3分）；是否召开监理例会、专题会议，检查、分析、通报工程质量情况（2分）；现场是否存在不按规范、设计施工现象（10分）	20	关键部位及关键工序未采取全过程旁站监理的扣5分，旁站记录不具体，不能反映工程实际情况，每发现一处扣0.5分；未严格落实“三检制”的扣3分；未按规定召开工程质量监理例会、专题会议，每少一次扣1分，会议未有记录每发现一次扣0.5分；现场存在不按规范、设计施工现象的每发现一次扣2分				
	质量缺陷与质量事故	质量缺陷备案情况（5分）；对出现的质量事故是否及时进行报告和按照“三不放过”原则进行处理（5分）	10	对质量缺陷的处理未实施检查、监督，或处理、验收无记录扣5分，记录不全每发现一处扣0.5分；质量缺陷未进行备案的扣5分；备案资料不全，不翔实扣1分；出现质量事故未及时报告的扣5分，未按照“三不放过”原则进行处理扣2分				
	质量监督、稽查、审计、检查发现的质量问题整改	历次质量监督、稽查、审计、检查发现的质量问题整改是否及时、彻底	16	质量监督、稽查、审计、检查发现的质量问题整改不及时，不彻底的每发现一项扣1分				
工程验收（4分）	工序、单元工程验收	是否及时进行单元（工序）验收、组织重要隐蔽工程、关键部位单元工程验收	4	接到施工单位申请，未及时进行单元（工序）验收、组织重要隐蔽工程、关键部位单元工程验收工作的每发现一次扣1分				
工程质量（15分）	单元工程评定	单元工程质量情况：已完单元工程合格率100%；土建工程优良率不小于85%；机电设备安装优良率不小于90%；外观质量得分率不小于85%	15	单元工程合格率达不到100%，扣15分；土建工程优良率不小于85%，每低一个百分点扣1分，低于80%扣15分；机电设备安装优良率不小于90%，每低一个百分点扣1分，低于85%扣15分（按分部工程）；外观质量得分率不小于85%，每低一个百分点扣1分，低于80%，扣15分（按单位工程）				

表 18-3-6　　施工单位考核表

考核项目	考核内容		标准分	评分标准	扣分原因	扣分数	实得分	备注
质量管理体系（30分）	质量控制目标	是否有明确的质量目标，并进行宣贯	5	质量目标不明确扣2分；优良率低于行业标准扣0.5分；质量目标没有上墙和行文发布扣0.5分；没有进行宣贯扣0.5分				
	现场施工管理机构设置及人员配备	是否行文建立现场施工管理机构和质量管理机构（2分）；主要人员更换是否经过监理和项目管理单位批准（2分）；现场主要管理人员和驻工地天数是否符合合同约定（2分）；关键岗位人员是否持证上岗，专职质检员、检测、测量人员是否符合合同约定，并持证上岗（2分）；特种作业人员是否有资格证书（2分）；工地试验室配备是否符合合同和规范要求（2分）；外委试验是否经过监理单位批准，合同内容是否全面、规范（2分）	14	有现场施工管理机构，没有行文的扣1分，没有行文成立质检机构或质检机构不独立的扣1分；主要人员更换没有经监理和项目管理单位批准，每发现一人扣1分；项目经理、技术负责人、总质检师、质量负责人不符合合同约定的扣2分，项目经理驻工地天数不符合合同约定的，每少一天扣0.5分；关键岗位人员每发现一人无证上岗扣0.5分；专职质检员、检测、测量人员不符合合同约定，每发现一人扣0.2分，无证上岗每发现一人扣0.5分；特种作业人员无资格证书或资格证书失效，每发现一人扣0.5分；工地试验室配备不符合合同或规范要求扣2分；外委试验没经监理单位批准扣1分，无试验检测合同扣1分，合同内容不全面或不规范，每发现一个扣0.5分				
	规章制度	是否建立工程质量检查，原材料、构配件、中间产品及设备检验保管制度，工程质量例会，工序（单元）检验、交接，质量缺陷记录和处理，技术交底，技术岗位培训，工程质量事故管理，工程施工现场管理，分包管理，档案资料管理等制度	6	应有的规章制度没有的每少一个扣1分，规章制度无针对性和可操作性，每发现一个扣0.5分				
	责任制度	是否行文制定工程岗位责任制（2分）；与职能部门和下属作业队是否签订质量责任书（3分）	5	无行文明确岗位责任制扣2分，责任制不明确扣1分；未签订责任书扣3分；责任书不全，每少一个扣0.5分				

续表

考核项目	考核内容		标准分	评分标准	扣分原因	扣分数	实得分	备注
质量管理措施（50分）	原材料、构配件、设备质量管理	对涉及结构安全的试块、试件以及有关材料是否进行见证取样、送样（0.5分）；对原材料、构配件进行进场验收情况（1分）；原材料、中间产品进行复检情况（3分）；材料代用和新材料使用是否经过审批（0.5分）；混凝土砂浆试块抗压、抗冻、抗渗检验数量和土方工程干密度检验数量是否符合技术条款和规范要求（5分）	10	未对涉及结构安全的试块、试件以及有关材料进行见证取样、送样的扣0.5分；原材料、构配件未进行进场验收的扣1分，验收记录和相关材质证明材料不完整，每发现一次扣0.2分；发现原材料、中间产品有先使用后检测现象的每发现一次扣1分（以检测报告为准）；检测数量比规范每少1%，扣0.5分；检测结果未报监理审核，每次扣0.5分；对检测资料未做台账登记的扣0.5分，现场原材料未做检测标识的，每发现一处扣0.2分；材料代用未经监理和设计单位审批的扣0.5分；新材料使用没有技术论证，或虽有技术论证，但未经监理、设计及项目管理单位同意的扣0.5分；混凝土和砂浆试块抗压、抗冻、抗渗检验数量每少一组扣0.5分，土方工程干密度检测数量比规范每少1%扣0.5分				
	施工过程管理	施工组织设计（施工方案、作业指导书、工艺试验）是否具有针对性和实用性（2分）；施工技术交底情况（2分）；“三检制”情况（5分）；是否按期召开工程质量例会（2分），召开质量专题会议（1分）；技术岗位培训情况（2分）；工程分包、劳务分包情况（2分）；现场是否存在违反设计或规范施工现象（6分）	22	施工组织设计（施工方案、作业指导书、工艺试验）针对性和实用性差发现一处扣1分，内部每缺少一级审核手续扣0.5分，未经监理机构审批发现一项扣0.5分；项目技术负责人未向作业队进行交底或交底无记录扣1分，交底无针对性扣0.5分，相关人员签字不全扣0.5分，作业队未向班组作业人员交底扣1分，交底无针对性扣0.5分，相关人员签字不全扣0.5分；“三检制”不落实扣5分，“三检制”不及时记录或记录不完整每发现一处扣0.2分，记录不真实，每发现一处扣1分，检验记录无检验人员签字和日期扣0.2分；未按规定定期召开工程质量例会，每少一次扣0.5分，会议纪要不详、不完整，每发现一次扣0.2分；未按规定进行技术培训扣0.5分，施工或新职工未进行岗前培训扣0.5分，使用“四新”技术未进行技术培训扣0.5分，未建立培训档案扣0.5分；工程分包未经批准扣1分，劳务分包未签订合同扣1分，分包合同内容不全或不规范扣0.5分；现场存在不按设计或规范施工现象，每发现一处扣2分				

续表

考核项目	考核内容		标准分	评分标准	扣分原因	扣分数	实得分	备注
质量管理措施（50分）	质量缺陷与质量事故	质量缺陷备案情况（8分），对出现的质量事故是否及时进行报告和按照“三不放过”的原则进行处理（2分）	10	质量缺陷未进行备案的或私自掩盖的，每发现一处扣2分；未严格按照缺陷管理办法要求进行备案的每发现一处扣1分；缺陷备案资料不全，不翔实扣1分；同类质量缺陷多次重复出现，出现三次及以上扣2分，出现2次扣1分，出现一次0.5分；出现质量事故未及时报告的扣2分，未按照“三不放过”原则进行处理扣1分				
	质量监督、稽查、审计、检查发现的质量问题整改	历次质量监督、稽查、审计、检查发现的质量问题整改是否及时、彻底	8	质量监督、稽查、审计、检查发现的质量问题整改不及时，不彻底的每发现一项扣2分				
工程验收（5分）	单元工程检验和自评	重要隐蔽工程、关键部位单元工程验收情况（2分）；是否及时进行工序检验和自评（3分）	5	重要隐蔽工程、关键部位单元工程未经联合验收评定扣2分；签证表填写不全，每发现一处扣0.2分，未经监督机构核备，每发现一次扣0.2分；不能及时进行工序质量评定的扣2分，工序评定日期倒置，每发现一处扣0.2分，评定结果不符合实实际或规定，每发现一次扣1分，资料不真实，填写不规范，扣0.5分				
工程质量（15分）	单元工程质量评定	单元工程质量情况：已完单元工程合格率100%；土建工程优良率不小于85%；机电设备安装优良率不小于90%；外观质量得分率不小于85%	15	单元工程合格率达不到100%，扣15分；土建工程优良率不小于85%，每低一个百分点扣1分，低于80%的扣15分；机电设备安装优良率不小于90%，每低一个百分点扣1分，低于85%扣15分（按分部工程统计）；外观质量得分率不小于85%，每低一个百分点扣1分，低于80%的扣15分（按单位工程）				

良好：量化考核评分在80分（含80分）以上；无质量事故、安全生产事故和Ⅱ类、Ⅲ类质量缺陷；已评定的单元、分部工程质量优良率在85%以上；工程实际进度达到批准的进度计划90%以上；稽查、审计及各类检查中基本符合有关要求；无拖欠工程款和农民工工资现象；无违法和违纪事件。

一般：量化考核评分在70分（含70分）以上；无质量事故、安全生产事故和Ⅱ类、Ⅲ类质量缺陷；已评定的单元、分部工程质量优良率在70%以上；工程实际进度达到批准的进度计划70%以上；无拖欠工程款和农民工工资现象；无违法和违纪事件。

较差：量化考核评分在70分以下；出现质量事故，Ⅱ类、Ⅲ类质量缺陷或安全生产重伤、死亡事故；已评定的单元、分部工程质量优良率在70%以下；工程实际进度在批准的进度计划70%以下；存在拖欠工程款和农民工工资现象；存在违法和违纪事件。

（2）设代组考核标准。

优秀：量化考核评分在90分（含90分）以上；没有因设计单位责任造成质量事故、安全生产事故和Ⅱ类、Ⅲ类质量缺陷；没有因设计供图（含设计变更）时间、质量等原因造成工期滞后；稽查、审计及各类检查中基本符合有关要求；无违法和违纪事件。

良好：量化考核评分在80分（含80分）以上；没有因设计单位责任造成质量事故、安全生产事故和Ⅱ类、Ⅲ类质量缺陷；没有因设计供图（含设计变更）时间、质量等原因造成工期滞后；稽查、审计及各类检查中基本符合有关要求；无违法和违纪事件。

一般：量化考核评分在70分（含70分）以上；没有因设计单位责任造成质量事故、安全生产事故和Ⅱ类、Ⅲ类质量缺陷。没有因设计供图（含设计变更）时间、质量等原因造成工期滞后。

较差：量化考核评分在70分以下；因设计单位原因造成质量事故，Ⅱ类、Ⅲ类质量缺陷或安全生产重伤、死亡事故；因设计单位原因造成工程实际进度滞后批准的计划进度要求。

5. 奖惩

（1）现场建管单位。半年考核作为年终考核的重要依据，年终考核作为奖惩的依据。

年终考核为优秀的现场建管单位，山东干线公司分别给前三名10万元、8万元和5万元奖励，通报表扬，并作为局建设目标管理考核的重要依据，同时根据质量、安全单项考核情况向山东省南水北调建管局、国务院南水北调办建议授予质量管理、安全生产管理等先进单位称号。

对考核一般的现场建管单位，应进行整改，并及时提交整改报告。

对考核较差的现场建管单位，或出现安全生产、质量事故的项目，应及时进行整顿，同时山东干线公司给予通报批评，其主要负责人及建管机构取消评优资格。

（2）设代组。每年年终由各现场建管单位根据考核情况综合推荐1～2名优秀等次的设代组，山东干线公司组织考核排名。对前2名的设代组，山东干线公司分别给予3万元和1万元的奖励，并通报表扬，计入良好信誉档案。

月考核一般的设代组，应及时进行整改，并将整改措施和整改结果及时报现场建管单位。

月考核较差的设代组，应立即进行整顿，同时给予通报批评和1万元罚款，并将考核结果抄送设代组本部、网站发布和计入不良信誉档案。

同时，对出现下列情况的给予一定的经济处罚：未严格按照设计规范设计；采用新结构、新材料、新工艺及特殊结构的工程未在设计中提出防范保障施工作业人员安全和预防生产安全事故的措施建议；设计代表工作不到位等造成Ⅱ类、Ⅲ类质量缺陷或出现人员死亡和重伤事故的，给予5万～10万元罚款。

(3) 项目监理部。每年年终由各现场建管单位根据考核情况综合推荐1～2名优秀等次的项目监理部，山东干线公司组织考核排名。对前2名的项目监理部，山东干线公司分别给予5万元和3万元的奖励，通报表扬，并计入良好信誉档案。

月考核一般的项目监理部，应及时进行整改，并将改进措施和整改结果及时报现场建管单位。

月考核较差的项目监理部，应立即进行整顿，同时给予通报批评和1万～3万元罚款，并将考核结果抄送项目监理部本部、网站发布和记入不良信誉档案。

对出现下列情况的给予一定的经济处罚：每出现一次Ⅱ类、Ⅲ类质量缺陷或出现人员死亡和重伤事故的，给予项目监理部1万～10万元经济处罚；若监理范围内施工单位在合同工期内未完成任务，且不是征地拆迁、外部环境、变更设计等原因造成的，山东干线公司将给予项目监理部监理服务报酬1%的罚款，每超期一天加罚监理服务酬金的0.01%；若施工单位最终的质量评定未达到投标函中承诺的质量目标，将扣除监理报酬的1%。

(4) 施工项目部。每年年终由各现场建管单位根据考核情况综合推荐1～2名优秀等次的施工项目部，山东干线公司组织考核排名。对前3名的施工项目部，干线公司分别给予30万元、20万元、10万元的奖励，并通报表扬，计入良好信誉档案。

月考核一般的施工项目部，应及时进行整改，并将改进措施和整改结果及时报监理单位。

月考核较差的施工项目部，应立即进行整顿，同时给予通报批评和20万元罚款，并将考核结果抄送施工项目部本部并计入不良信誉档案。

对出现下列情况的给予一定的经济处罚：每出现一次Ⅱ类、Ⅲ类质量缺陷或出现人员死亡和重伤事故的，给予施工项目部1万～10万元经济处罚；未完成月进度计划的，现场建管单位将给予一定的经济处罚，由于发包人原因、不可抗力因素或发包人同意延长工期的除外；若施工单位承包的合同标段，最终的质量评定未达到合同中承诺的质量目标，将按合同规定的处罚办法和金额进行处罚；对上级有关部门组织的检查、稽查、审计等下发的整改通知，不及时和彻底整改的，罚款5000～10000元（按次数加倍计算并累计处罚）。

六、技术创新与工程质量

（一）技术创新

为保障和提高工程建设质量，积极开展工程技术研究与应用工作。结合南水北调工程设计与施工实践，在对工程地质、水文地质和输蓄水工程运行特点、施工条件等进行综合分析的基础上，通过对工程现场详细勘查，进行有针对性的试验研究。对相关设备的研制以自主研发和引进、消化、再创新相结合，以自主创新为主。以国内著名科研、设计单位为技术依托，以设备生产厂家为研发基地，实行产学研结合，研究、制造和推广应用紧密结合。通过技术创新研

究，最终推出整套南水北调工程及长距离大型渠道、泵站、平原水库等工程设计与施工、管理新技术，为我国南水北调工程的设计优化与现代化施工提供了系统的技术支撑，对提高南水北调工程及长距离调水渠道工程设计、施工技术水平，以及我国大型渠道现代化施工设备国产化和产业化都具有重大的现实意义。

利用南水北调工程建设平台，先后承担了“十一五”国家科技支撑课题、水利部“948”计划技术创新与转化项目等一大批国家、省（部）级课题研究，获得多项科技成果奖项。其技术成果主要有：渠道边坡稳定与优化技术，高水头侧渗深挖方渠段的边坡稳定及安全技术，渠道防渗漏、防冻胀、防扬压的新型材料和结构型式研究，大型渠道生态环境修复技术，基于虚拟现实的长距离渠线优化与土石方平衡系统，大型渠道机械化衬砌施工技术，混凝土衬砌无损检测技术及设备，高性能混凝土技术，大型渠道清污技术，调水干线调蓄工程关键技术等。

济平干渠工程全长90.055km，渠道沿线地下水位高，土质渗水性强，渗漏严重，粉粒含量多，抗冲性能差。为保证边坡的稳定，减少渗漏损失，减少水流阻力，设计采取全断面混凝土衬砌。山东省南水北调工程建设指挥部和山东省水利勘测设计院联合承担水利部“948”项目——大型渠道衬砌技术引进。项目组按照合同计划要求，在引进意大利玛森萨公司MCP9000－4型振捣滑模衬砌机基础上，在引进国外设备及技术与试验的基础上，结合我国国情，依托南水北调工程，自主创新研制了适应我国渠道衬砌建设实际、操作轻便灵活、维护方便、工效高、寿命长、施工质量好的SCFM（SM）系列振捣滑模衬砌成型和CCFM（CM）振动碾压衬砌成型两大类成套设备与施工工艺，并实现衬砌设备国产化，打破了国外在该技术领域的垄断，填补了国内空白。在成功研制大型渠道机械化衬砌设备的基础上，总结工程实际应用，形成了完整的施工工艺体系，制定了施工工艺流程和混凝土养护、混凝土伸缩缝施工标准，健全了机械化衬砌质量评定标准。这项技术初次成功使用在济平干渠工程，济平干渠工程获得大禹水利科学技术奖。大型渠道机械化衬砌技术成功解决了长斜坡混凝土均匀布料，斜坡混凝土振动碾压密实成型，斜坡混凝土振捣密实成型，斜坡衬砌垫层密实成型，智能化自动找正、数据自动采集、处理技术及其系统集成，长斜坡大型钢结构框架的精确制造和快速装配工艺等技术难点，荣获国家科学技术进步二等奖。在总结研制大型渠道机械化衬砌施工工艺的基础上，制定了我国第一部《渠道混凝土衬砌机械化施工技术规程》（NSBD 5—2006）与《渠道混凝土衬砌机械化施工质量评定验收标准（试行）》（NSBD 8—2007），形成一整套居国际领先水平的衬砌技术，为我国实现大型渠道衬砌机械化施工提供了技术支撑，填补了大型渠道机械化衬砌设备设计制造与施工技术方面空白，实现了大型渠道从修坡、垫层密实成型、混凝土布料、衬砌成型机械化施工，推动了我国水利行业和工程机械行业的技术进步与发展。大型渠道机械化衬砌在南水北调东线干渠和南水北调中线干渠工程得到全面推广应用，并成功应用于宁津水库、夏津水库围坝护砌工程。在国内全面推广、应用的基础上，又推广到国外。

（二）自主研究编制技术规程

为更好地指导和规范现场质量管理，自主开展技术规程编制工作。

（1）《渠道混凝土衬砌机械化施工技术规程》（NSBD 5—2006）。为规范南水北调工程大型渠道混凝土衬砌机械化施工，保证渠道混凝土衬砌工程的质量，提高施工功效，制定《渠道混凝土衬砌机械化施工技术规程》。国务院南水北调办批准《渠道混凝土衬砌机械化施工技术规程》为南水北调工程建设专用技术标准，并予发布。规程适用于南水北调工程采用机械化施工的渠道薄板素混凝土衬砌工程。水库大坝、河道堤防等薄板素混凝土护坡工程可参照执行。规程主要内容包括总则、名词术语、施工准备、衬砌机械化施工设备、衬砌基面处理、衬砌机械化施工、混凝土养护、混凝土伸缩缝施工、安全文明生产等内容。

（2）《渠道混凝土衬砌机械化施工质量评定验收标准（试行）》（NSBD 8—2007）。为加强南水北调中线一期工程渠道工程建设管理，保证施工质量，确保施工质量评定工作的规范化、标准化，统一渠道工程施工质量评定标准、规范南水北调中线一期工程渠道工程施工质量评定验收工作，制定了《渠道混凝土衬砌机械化施工质量评定验收标准（试行）》。国务院南水北调办批准《渠道混凝土衬砌机械化施工质量评定验收标准（试行）》为南水北调工程建设专用技术标准，并予发布。标准适用于南水北调中线一期工程的明渠渠道土建工程（不含建筑物）的施工质量评定，适用于南水北调工程采用机械化施工的渠道素混凝土衬砌工程。水库大坝、河道堤防等薄板素混凝土护坡工程可参照执行。标准主要内容包括总则、基本规定、单元工程质量标准等内容。

（3）《南水北调工程平原水库技术规程》（NSBD 13—2009）。为规范南水北调工程平原水库勘察、设计和施工，达到安全可靠、技术先进、经济合理的目的，参照有关技术标准、规程规范，制定了《南水北调工程平原水库技术规程》。国务院南水北调办批准《南水北调工程平原水库技术规程》为南水北调工程建设专用技术标准，并予发布。规程适用于南水北调工程大中型平原水库的勘察、设计与施工，小型平原水库可参照执行。规程主要内容包括总则、术语、基本要求、库址选择、总体布置、水库特征水位及库容、平原水库地质勘察、围坝设计、泵站设计、其他建筑物设计、电工与机械设备、安全监测、计算机监控系统设计、平原水库施工等内容。

（三）自主研究编制施工指南

为加强现场施工的质量管理，增强施工过程中质量控制的针对性，自主开展施工指南编制工作。

（1）《南水北调山东段平原水库围坝填筑施工指南（试行）》（SDNSBD 01—2011）。主要编写了围坝填筑各阶段主要工序的特点及各阶段的施工质量控制的主要方法，总结填筑各阶段质量控制的主要经验，填筑前期准备阶段是质量控制事前控制阶段、填筑阶段是填筑工程中事中控制阶段、填筑评定阶段是填筑事后控制阶段；规范围坝填筑各施工工序的记录表格、质量控制、评定标准表格等，为类似工程建设施工质量控制提供了参考。该指南规范和指导了平原水库围坝填筑施工建设，加快了施工速度，确保了施工质量。

（2）《南水北调山东段平原水库防渗墙施工指南（试行）》（SDNSBD 02—2011）。主要编写了导墙施工、造槽、清槽换浆、墙体浇筑、墙段连接等关键施工点的质量控制与检验、质量判定与验收标准，以及防渗墙成墙质量检测、防渗墙施工特殊情况处理、防渗墙单项工程的验收，规范和指导了平原水库防渗墙施工建设，可为类似工程建设施工质量控制提供参考。

（3）《南水北调山东段平原水库振动挤压成型护坡预制块生产与质量控制指南（试行）》（SDNSBD 07—2012）。三座平原水库围坝开孔垂直连锁混凝土预制块护坡已完工，总体效果比较好。提出了混凝土主要原材料以及混凝土拌和物检验与质量控制；试验室提供的混凝土配合比，为生产性试验提供了参考；并进行了生产性试验，以得到合理的生产配合比、质量控制参

数及生产工艺参数；对振动挤压成型设备提出了具体要求成型工艺进行调试和优化，对生产运行参数进行监控；制定了预制块的养护、外观质量和铺砌质量标准及检验项目等，为类似工程建设施工质量控制提供了参考。

(4)《南水北调山东段渠道混凝土机械化衬砌施工指南（试行）》(SDNSBD 03—2011)。南水北调山东段工程设计有长距离、宽底长坡、形状规则的现浇素混凝土超薄衬砌渠道，对原材料、配合比、坍落度、搅拌运输、密度、平整度等都提出了较高的施工要求。如果采用人工衬砌，则需要分块立模浇筑，施工投资大，且在施工速度和施工质量方面要达到要求都有很大的难度。渠道衬砌机械化施工可以解决以上问题。但我国机械化衬砌设备与国外先进设备存在差距、机械化衬砌施工经验也较少，为规范和指导南水北调东线山东段渠道混凝土机械化衬砌的施工，明确和细化施工工序、质量检验和质量评定的操作流程编写了该指南。

(5)《南水北调山东段平原水库库底铺膜施工指南（试行）》(SDNSBD 01—2012)。该指南系统地研究、规范了南水北调平原水库铺膜防渗工程的施工管理，明确和细化了施工工序、每道工序的质量检验和质量评定的操作流程，保证了工程质量，该指南已经成功地应用在南水北调东线大屯水库土工膜防渗施工中，取得了很好的效果，不仅保证了大屯水库的工程质量，而且大大推进了铺膜施工进度。目前，大屯水库工程铺膜施工已全部完成，经后期降雨蓄水试验表明，该工程的防渗效果良好。同时，经过试验提出了土工膜与逆止阀连接的方法及质量检测、控制标准，并针对现场逆止阀的检测研制出了一套便捷的现场检测模具，可以方便地进行现场检测。

(6)《南水北调东线山东段输水河道模袋混凝土护砌施工指南（试行）》(SDNSBD 05—2011)。考虑施工期通航需求，南水北调梁济运河段部分护坡采用模袋混凝土施工。但由于北方地区模袋混凝土施工经验较少，且无专门标准进行指导，在质量控制方面存在一定难度。为规范和指导南水北调东线山东段输水河道模袋混凝土护砌施工，明确和细化施工工序、质量检验和质量评定的操作流程，促进工程建设，保证工程质量，根据国务院南水北调办、水利部以及国家有关标准、规程编写了该指南。

(7)《南水北调东线山东段平原水库围坝迎水坡护砌（开孔垂直连锁混凝土砌块）施工指南（试行）》(SDNSBD 04—2011)。为规范和指导南水北调东线山东段平原水库围坝迎水坡护砌（开孔垂直连锁混凝土砌块）施工，明确和细化施工工序、质量检验和质量评定的操作流程，促进工程建设，保证工程质量，根据国务院南水北调办、水利部以及国家有关标准、规范、规程，编写了该施工指南。该指南在编写前充分调研类似铺砌工程如临淮港和燕山水库，在吸收已有类似工程施工经验的基础上编写。

(8)《南水北调东线山东段泵站大型立式轴流泵主机组安装指南（试行）》(SDNSBD 02—2012)。为规范和指导南水北调东线山东段泵站大型立式轴流泵主机组安装，明确和细化施工工序、质量检验和质量评定的操作流程，促进工程建设，保证机组安装质量，根据国务院南水北调办、水利部以及国家有关标准、规范、规程编写了该指南。

七、档案管理

工程档案具有专业性、成套性及现实性特点。工程档案是工程建设的真实记录，是工程质量的直接反映，是工程质量控制的关键环节，是促进工程质量的重要手段。狠抓工程档案质量管理，注重细节才能确保全线工程档案质量。为此着重抓好以下几个方面。

（一）工程档案质量控制的五个阶段

工程档案质量控制，从加强规范化管理入手，从源头介入，并对整个过程的管理提出全面的、系统的质量控制要求。根据建设文件材料的归档范围和工作程序、内容、特点，将设计单元工程各工作阶段、工作程序的内容收集齐全，完整地反映该工程活动的全部内容和历史面貌，既有原始依据性文件材料，又有过程性和成果性的文件材料。

南水北调东线一期山东段工程建设程序划分有5个阶段：

（1）建设前期阶段。即从确定工程项目前期规划到可行性研究报告及审查。

（2）施工准备阶段。从初步设计到初步设计审查至国家主管部门的核准、现场具备开工条件。

（3）施工阶段。从开工到整个过程启动。

（4）运行、试运行阶段。试运行准备计划、方案及审批到试运行记录、试运行期检查、运行维护及报批材料、试运行管理等。

（5）达到设计能力移交试运行，完工竣工验收阶段。

严格把握这5个阶段，积极主动收集属于本范围内的档案资料，凡能反映与建设过程有关重要职能活动，对今后工程扩建、生产、维修等工作和企业、本单位历史发展具有查考和凭证价值的文件材料或其他载体的，均进行收集。坚持从档案材料的“源头”抓起，及时将工程各阶段验收材料、后续文件材料整理归档。

（二）加强监督检查，保证档案管理质量

加强档案工作监督检查，质量检查，把档案管理工作落到实处。工程开工之初，要求监理负责人介入档案管理工作，监理机构有义务对工程各参建单位的档案人员进行指导和帮助。同一个设计单元工程有多家监理机构的由现场建管机构指定一家监理机构牵头负责，以保证该项目工程档案规范和一致。工程施工过程中，把工程档案放到和工程质量同等重要位置来抓，坚持高标准、严要求，要求各监理单位认真进行把关，坚持做到了在检查工程质量、进度的同时检查工程档案的收集、整理情况。在单元、分部等工程验收的同时，检查工程档案的整理和归档情况，达不到要求的，不进行验收。现场档案管理人员，深入施工一线，掌握工程动态，准确把握工程档案材料形成和整理情况。做到勤检查、勤发现，提早解决问题。

（三）归档文件质量检查的主要内容

检查文件是否为原件。归档文件规定原件是作为凭证的最有力依据。但在建设过程中往往出现复印件、传真件，档案人员应认真检查，原件中（特殊情况外）杜绝任何复印件、传真件归档。

检查文件的签名、盖章手续是否完备。签名、盖章的完备与否会影响文件的合法性和有效性。意味单位和个人对质量的责任，漏签名、漏盖章现象应要求补签名、补盖章，绝对不允许代签名。

检查文件内容填写是否完整、准确。由于施工单位人员水平参差不齐，有时造成施工技术

文件填写不完整，不能反映施工过程情况。如在施工报审文件中，只有施工单位申报内容，没有监理单位审批意见等，针对内容填写不完整等应要求监理人员检查，补充完整。

检查文件数据是否存在涂改现象。文件的涂改现象，会直接影响工程档案日后的正确使用，应提出并要求相关人员整改，保证文件数据的准确性。

检查文件是否存在不耐久字迹现象。文件应一律用碳素墨水耐久字迹书写，一旦发现有不耐久字迹，及时采取补救措施。

检查竣工图编制是否符合规范要求。竣工图必须按照国家有关要求进行编制，认真核对、审查。做到物图相符、技术数据可靠、签字手续完备，真实、准确反映竣工时实际情况。

检查文件记录格式是否符合标准要求。对于文件的书写格式、竣工图图幅格式等，国家和专业部门有明确规定，要求依据相关规范达到文件材料格式的标准化、规范化要求。

检查档案整理是否科学规范。检查整套工程档案的分类、编目、组卷情况，对照归档范围、分类体系检查案卷题名是否准确，目录编制是否利于查找和信息化检索、所用档案盒是否符合国家统一要求等。

检查声像、电子材料是否符合规范要求。

同时，各参建单位档案人员与项目法人档案管理人员保持密切联系，对档案整理过程中出现的问题及时沟通、协调和整改。对历次检查中发现的问题落实责任单位和责任人，及时进行整改，把工作落实到实处。

八、验收工作管理

工程验收是全面考核工程建设成果、检查工程建设是否符合设计要求和工程质量的重要环节。为加强验收管理，保证验收质量，有针对性地开展了以下工作。

1. 高度重视，完善组织机构

为加强对验收工作的组织领导，2008 年 4 月，山东省南水北调建管局成立南水北调东线一期山东段工程验收工作领导小组。领导小组组长、副组长由有关局领导担任，成员由有关处室负责同志担任。领导小组主要职责是部署、指导南水北调山东段工程验收工作；研究解决验收工作中的重大事项；完成国务院南水北调办委托或交办的验收工作。领导小组下设办公室，作为领导小组的办事机构。领导小组办公室的主要职责是贯彻落实国务院南水北调办关于南水北调工程验收方面的规定、部署、要求等；研究提出南水北调山东段工程验收工作计划和措施建议；协调、指导南水北调山东段工程验收工作；承担国务院南水北调办委托的验收监督管理工作；检查、督促领导小组决定事项的贯彻落实情况；承办领导小组交办的其他事项。

2012 年 2 月，为贯彻落实国务院南水北调办对验收工作的部署和要求，进一步加强对南水北调东线一期工程山东段工程验收工作的领导，有序推进各项验收工作，确保验收计划按期实现，确保通水目标如期实现，根据工程建设进展和实际工作需要，山东省南水北调建管局对山东段工程验收工作领导小组进行了重新调整，进一步充实人员和机构，加强力量，落实责任。调整后的验收工作领导小组组长由局长担任组长，副组长由有关副局长担任，成员由有关处室负责同志担任。同时按照领导分工和处室职能成立了水保、环保验收专业组，消防、安全评估、档案验收专业组，完工决算、完工结算专业组，征地移民验收专业组，组织、协调、指导各工程项目相应的专项验收工作。各现场建管机构、监理、施工等参建单位也把工程验收作为工程建设的一个重要环节来抓，结合各自的工作情况成立了专门的验收工作领导机构，明确工作任务、落实工作责任到具体人员。建立起从山东省南水北调建管局和干线公司机关到现场建管机构及监理、施工单位一整套完善的验收工作领导机构，做到统一领导、分工明确、各负其责、协调推进，为验收工作有条不紊、扎实推进、如期完成奠定了坚实基础。

2. 建章立制，规范验收

2006年5月，为加强南水北调规范验收管理，明确验收职责，规范验收行为，国务院南水北调办印发了《南水北调工程验收管理规定》（国调办建管〔2006〕13号）。2007年12月，依据国家有关规定和《南水北调工程验收管理规定》，国务院南水北调办印发《南水北调工程验收工作导则》（NSBD 10—2007），对施工合同验收、阶段验收、专项验收与安全评估、设计单元工程完工（竣工）验收、单项（设计单元）工程通水验收、遗留问题及处理与工程移交等方面做出详细规定。

2009年2月，依据国家有关规定和《南水北调工程验收管理规定》（国调办建管〔2006〕13号）、《南水北调工程验收工作导则》（NSBD 10—2007），结合山东段南水北调工程建设实际，山东省南水北调建管局印发了《山东省南水北调工程验收管理办法》（鲁调水建字〔2009〕5号），指导、规范南水北调工程东线一期工程山东段验收工作。2011年6月，根据《南水北调工程验收管理规定》《南水北调工程验收工作导则》《山东省南水北调工程验收管理办法》以及国家、行业等有关规定和标准，山东干线公司印发了《南水北调东线一期山东干线工程施工合同验收实施细则》（鲁调水企工字〔2011〕16号），对验收项目、验收组织、验收内容、验收纪律等方面进行详细规定，进一步加强了验收管理工作，明确了各参建单位的验收职责，规范了验收行为，提高了验收工作质量。

3. 严格流程时限，提高工作效率

验收工作有多个环节，主要包括施工单位验收申请、监理单位初步审核、现场建管机构审核、山东干线公司或山东省南水北调建管局审批等。工作流程中任何一个环节的拖延，都会影响整个验收工作的进程。为此，为进一步明确职责，提高工作效率，根据《山东省南水北调工程建设管理局关于公布局机关各处室职能的通知》（鲁调水局办字〔2004〕16号）、《关于公布〈南水北调东线山东干线有限责任公司各部、办、局职能〉的通知》（鲁调水企字〔2008〕22号）等有关文件规定。通知要求各单位进一步转变工作作风，落实工作责任，在办理时限内完成各自的工作任务，要确保不因自身工作原因影响验收工作进程，从而影响工程建设进度。对于办事拖沓、敷衍了事的部门或个人，任何人都可以向纪检督查室或局领导举报，一经查实，对有关责任人员严肃处理，绝不姑息。有关验收工作的各类事项，需确保工作处理的及时性，决不允许个人原因造成的处理拖延。确因特殊原因不能当日完成，也不能超过办理时限的规定。

4. 做好工作计划，严格按计划开展工作

根据山东省南水北调建管局对验收工作的安排部署，各现场建管机构在向山东干线公司报送设计单元工程施工进度计划的同时，也报送验收工作计划，明确了单位工程验收、合同项目完工验收、专项验收、设计单元工程完工验收等的具体时间。在组织审查、批复施工进度计划的同时，也同时审查、批复验收工作计划，保证验收工作计划的科学性、合理性，并且明确了验收责任单位，做到各负其责、齐抓共管，确保不因验收工作影响工程建设进度，不因准备不

足，影响合同验收、设计单元工程完工（通水）验收。各现场建管机构、监理、施工等参建单位根据验收计划和工程建设实际，从验收资料、现场清理等方面提早安排，做好准备工作。特别是验收资料的整理及早和山东干线公司有关负责人员沟通，了解、掌握南水北调工程档案管理规定，保证验收资料的完整和规范，避免因验收资料不符合要求，需重新整理或反复返工，而造成人力物力的浪费，造成验收时间拖延。专项验收方面现场建管机构及时和责任处室做好对接，责任处室和现场建管机构根据验收计划和工程建设实际情况，及早联系有关主管单位，开展相关工作，避免因时间仓促，主管单位工作安排靠后，而影响验收计划的按期实施。

5. 加强过程控制，保证验收质量

工程验收检查已经完成的工程以及核对工程实施过程中形成的资料，按照有关验收依据，对已经完成的工程进行鉴定并做出是否符合有关设计、技术标准和合同结论的最后一道关口，责任重大。阶段验收、合同项目完成验收过程中，山东省南水北调建管局、南水北调工程山东质量监督站都派员参加验收会议，进行监督，确保验收工作严格贯彻落实国家、国务院南水北调办及山东省制定的有关验收办法，从验收条件、验收组织、验收方法、验收结果等各个环节严格控制，做到合法验收、有序验收，真正发挥验收的把关作用。

6. 注重及时培训，积极宣贯新规定

南水北调工程自2002年12月开工建设以来，由于其跨度大、战线长、建管模式多等特点，随着工程的进展，各种具有南水北调工程建设自身特点的建设管理规定、办法，包括验收方面的规定、导则陆续出台。为使南水北调工程各参建单位熟悉、掌握南水北调工程验收工作有关规定，保证验收工作规范有序开展，确保验收质量，山东干线公司根据工程建设进展情况，适时开展多种形式的验收培训工作。①山东干线公司组织培训班。各现场建管机构、设计、监理、施工等参建单位有关负责人员参加，对《南水北调工程验收管理规定》（国调办建管〔2006〕13号）、《南水北调工程验收工作导则》（NSBD 10—2007）等进行宣贯培训。②在工程建设现场进行培训指导。随着工程建设的全面展开，不断有新的监理、施工单位投身到南水北调工程建设。各现场建管机构及时组织培训班对新入场单位进行培训，使其熟悉南水北调工程建设有关规定和办法，为下一步工作顺利、有序开展打下基础。③及时总结工作经验并进行培训。济平干渠工程是南水北调东线一期工程山东段首个通过设计单元工程完工验收的工程项目。验收工作完成后，山东干线公司及时组织力量对济平干渠工程验收工作进行了总结，形成《山东省南水北调工程验收工作指南》，并组织现场建管机构、设计、监理、施工等参建单位有关负责人员进行了培训，对以后验收工作的顺利开展发挥了积极的指导作用。

第四节　质量管理工作总结及评价

一、工程质量评定

（一）工程项目划分情况

开工初期，建设管理单位组织施工、监理、设计等单位根据工程设计与施工部署进行了工程项目划分，并将单位工程、分部工程的划分方案和单元（分项）工程的划分原则及划分的主要单位工程、主要分部工程、重要隐蔽单元工程与关键部位单元工程行文报项目站确认。根据工程建设的开展，项目建设内容、工程设计、施工情况的变化。对项目划分进行调整，并报质量监管单位进行确认。

项目站依据水利部《水利水电工程施工质量检验与评定规程》（SL 176—2007）、《水利水电基本建设工程单元工程质量等级评定标准》（SDJ 249—88）；《水利水电工程启闭机制造安装及验收规范》（SL 381—2007）、《水利水电工程启闭机制造、安装及验收规范》（DL/T 5019—1994）、《泵站安装及验收规范》（SL 317—2004）、《公路工程质量检验评定标准》（JTGF 80/1—2004）、《建筑工程施工质量验收统一标准》（GB 50300—2001）等有关技术标准和工程设计，结合施工实际，对工程项目划分方案进行了认真审查，本着便于施工质量检验、评定的原则，提出审查确认意见。

经确认，山东干线主体工程共划分294个单位工程、2776个分部工程，其中主要单位工程64个、主要分部工程810个。

（二）质量评定依据与标准

1. 评定依据

主要依据《水利水电基本建设工程单元工程质量等级评定标准》（SDJ 249—88）、《水利水电工程施工质量检验与评定规程》（SL 176—2007）、《渠道混凝土衬砌机械化施工单元工程质量检验评定标准》（NSBD 8—2010）、《水利水电工程单元工程施工质量验收评定标准》（SL 631—2012，SL 632—2012，SL 635—2012）、《泵站安装及验收规范》（SL 317—2004）、《南水北调工程外观质量评定标准（试行）》（NSBD 11—2008）、《南水北调工程平原水库技术规程》（NSBD 13—2009）、《南水北调工程验收工作导则》（NSBD 10—2007）、《堤防工程施工质量评定与验收规程（试行）》（SL 239—1999）、《水利水电建设工程验收规程》（SL 223—2008）、《水土保持工程质量评定规程》（SL 336—2006）、《建筑工程施工质量验收统一标准》（GB 50300—2001）、《电气装置安装工程质量检验及评定规程》（DL/T 5161.1～5161.17—2002）、《水利系统通信工程验收规程》（SL 439—2009）、《工程建设标准强制性条文（水利工程部分）》（2010年版）、《工程建设标准强制性条文（电力工程部分）》（2006年版）等进行工程质量评定。

2. 评定标准

依据上述规范、规程、标准、规定进行质量评定。非水利水电项目依据现行的国家和相关行业部门发布单元工程质量等级评定标准。单元工程的评定标准见表18-4-1。

3. 评定情况

南水北调山东段工程按照《水利水电工程施工质量检验与评定规程》（SL 176—2007）、有关单元工程质量评定标准及相关行业技术标准规定进行施工质量评定。单元（分项）工程施工单位检验自评后，报监理单位核定质量等级，其中重要隐蔽单元工程与关键部位单元工程，组织由建设、监理、设计、施工、运行管理等单位代表参加的联合小组进行验收并核定质量等级；分部工程与单位工程施工单位自评后，报监理单位复核，建设单位确认，质量监督项目站核备（定）。设计单元工程，在单位工程质量评定合格后，由监理单位复核，经建设单位认定后，报质量监督项目站核备。

表 18-4-1　　　　单元工程的评定标准

项目划分	合格标准	优良标准
分部工程	单元工程全部合格，质量事故及质量缺陷已按要求处理，并经检验合格；中间产品质量全部合格	单元工程质量全部合格，其中70%以上达到优良等级，重要隐蔽单元工程和关键部位单元工程质量优良率达到90%以上，且未发生过质量事故；中间产品质量全部合格，混凝土（砂浆）试件质量达到优良等级（当试件数小于30时，试件质量评定为合格）
单位工程	分部工程质量全部合格；外观质量得分率达到70%以上；施工质量检验与评定资料基本齐全；工程施工期及试运行期，工程观测资料分析结果符合国家和行业技术标准以及合同约定的标准要求	分部工程全部合格，其中有70%以上达到优良，且主要分部工程优良，未发生过较大质量事故；外观质量得分率达85%以上；施工质量检验与评定资料基本齐全；工程施工期及试运行期，工程观测资料分析结果符合国家和行业技术标准以及合同约定的标准要求
合同项目	单位工程质量全部合格；工程施工期及试运行期，各单位工程观测资料分析结果符合国家和行业技术标准以及合同约定的标准要求	单位工程质量全部合格，其中70%以上达到优良，且主要单位工程为优良；工程施工期及试运行期，各单位工程观测资料分析结果符合国家和行业技术标准以及合同约定的标准要求

截至2015年4月，南水北调山东段干线主体工程已评定单位工程327个，其中：按水利标准评定的单位工程208个，优良率达到100%；按非水利标准评定的单位工程119个，全部合格。已评定分部工程2915个，其中：按水利标准评定的分部工程1779个，优良率达到93.5%；按非水利标准评定的分部工程1136个，全部合格。评定单元（分项）工程150370个，其中：按水利标准评定98650个，优良率91.9%；按非水利标准评定的单元工程51720个，质量全部合格。山东南水北调工程质量评定统计详见表18-4-2。

二、工程试通水和通水期间质量情况

按照国务院南水北调办的统一部署，山东境内南水北调干线工程于2013年5月17日至6月28日进行试通水，“七站”“六河”“三库”“两湖”“一洞”工程参与运行，沿线南四湖、东平湖等湖泊参与调蓄。从台儿庄泵站下游河道抽调水87万m^3，从南四湖抽调水4961万m^3，调入东平湖3595万m^3，从东平湖引水4842万m^3（含南四湖来水），三座水库都超额完成了初期蓄水至死库容的预期目标，其中东湖水库入库水量1622万m^3，双王城水库入库水量1365万m^3，大屯水库入库水量967万m^3。在试通水期间，山东省南水北调建管局、山东干线公司组织开展了质量巡查工作，未发现影响试运行的质量问题。

2013年7月27日至8月2日，国务院南水北调办组织进行南水北调东线一期工程通水验收技术性检查，专家组认为山东段工程具备全线通水验收条件。2013年8月14—15日，国务院南水北调办组织对南水北调东线一期工程进行全线通水验收。通水验收委员会认为南水北调东线一期工程与通水有关的设计单元工程已按批准的设计内容基本完工，工程施工过程中发生的质量缺陷已处理完毕，已完工程质量合格；工程形象面貌满足全线通水条件，未完工程已制定实施计划；需要进行安全评估的工程均已完成安全评估；各设计单元工程均已通过通水（完工）验收，验收中发现的问题大部分已完成整改，未完成的正在落实，不影响工程通水，全线通水后不影响遗留尾工的施工；建设责任区段已完成联动检查和试通水工作，试通水期间各设计单元工程运行正常。通水验收委员会同意南水北调东线一期工程通过全线通水验收。

表 18-4-2　　山东南水北调工程质量评定统计表

单项工程	设计单元工程	评定标准	单位工程				分部工程				单元工程			
			总个数	已验评个数	优良个数	优良率/%	总个数	已验评个数	优良个数	优良率/%	总个数	已验评个数	优良个数	优良率/%
穿黄河工程	穿黄河工程	按水利标准评定	13	13	13	100.0	87	87	84	96.6	2850	2850	2639	92.6
		非水利标准评定	3	3	/	/	33	33	/	/	546	546	/	/
		小计	16	16	/	/	120	120	/	/	3396	3396	/	/
东平湖蓄水影响处理工程	东平湖蓄水影响处理工程	按水利标准评定	4	4	4	100.0	27	27	26	96.3	211	211	194	91.9
		非水利标准评定	/	/	/	/	2	2	/	/	31	31	/	/
		小计	4	4	/	/	29	29	/	/	242	242	/	/
韩庄运河段工程	台儿庄泵站工程	按水利标准评定	5	5	5	100.0	38	38	35	92.1	1672	1672	1450	86.7
		非水利标准评定	2	2	/	/	37	37	/	/	1060	1060	/	/
		小计	7	7	/	/	75	75	/	/	2732	2732	/	/
	万年闸泵站工程	按水利标准评定	6	6	6	100.0	37	37	32	86.5	1141	1141	1019	89.3
		非水利标准评定	3	3	/	/	14	14	/	/	649	649	/	/
		小计	9	9	/	/	51	51	/	/	1790	1790	/	/
	韩庄泵站工程	按水利标准评定	8	8	8	100.0	49	49	46	93.9	2382	2382	2176	91.4
		非水利标准评定	0	0	/	/	8	8	/	/	223	223	/	/
		小计	8	8	/	/	57	57	/	/	2605	2605	/	/
南四湖水资源控制工程	二级坝泵站工程	按水利标准评定	7	7	7	100.0	47	47	45	95.7	1880	1880	1713	91.1
		非水利标准评定	8	8	/	/	48	48	/	/	877	877	/	/
		小计	15	15	/	/	95	95	/	/	2757	2757	/	/

续表

单项工程	设计单元工程	评定标准	单位工程				分部工程				单元工程			
			总个数	已验评个数	优良个数	优良率/%	总个数	已验评个数	优良个数	优良率/%	总个数	已验评个数	优良个数	优良率/%
南四湖水资源控制工程	韩庄运河段水资源控制工程	按水利标准评定	2	2	2	100.0	12	12	10	83.3	143	143	124	86.7
		非水利标准评定	/	/	/	/	/	/	/	/	32	32	/	/
		小计	2	2	/	/	12	12	/	/	175	175	/	/
济南至引黄济青段工程	济南市区段箱涵工程	按水利标准评定	15	15	15	100.0	187	187	166	88.8	3433	3433	3171	92.4
		非水利标准评定	6	6	/	/	19	19	/	/	112	112	/	/
		小计	21	21	/	/	206	206	/	/	3545	3545	/	/
	东湖水库工程	按水利标准评定	11	11	11	100.0	99	99	89	89.9	3823	3823	3624	94.8
		非水利标准评定	2	2	/	/	15	15	/	/	261	261	/	/
		小计	13	13	/	/	114	114	/	/	4084	4084	/	/
	双王城水库工程	按水利标准评定	11	11	11	100.0	92	92	89	96.7	4649	4649	4428	95.2
		非水利标准评定	2	2	/	/	12	12	/	/	139	139	/	/
		小计	13	13	/	/	104	104	/	/	4788	4788	/	/
	明渠输水工程	按水利标准评定	33	33	33	100.0	362	351	316	90.0	15253	15033	13625	90.6
		非水利标准评定	13	10	/	/	231	198	/	/	10112	10017	/	/
		小计	46	43	/	/	593	549	/	/	25365	25050	/	/
	陈庄输水工程	按水利标准评定	4	3	3	100.0	37	37	36	97.3	1566	1566	1374	87.7
		非水利标准评定	1	1	/	/	19	19	/	/	1941	1941	/	/
		小计	5	4	/	/	56	56	/	/	3507	3507	/	/

续表

单项工程	设计单元工程	评定标准	单位工程				分部工程				单元工程			
			总个数	已验评个数	优良个数	优良率/%	总个数	已验评个数	优良个数	优良率/%	总个数	已验评个数	优良个数	优良率/%
南四湖至东平湖输水与航运结合工程	长沟泵站枢纽工程	按水利标准评定	5	4	4	100.0	36	31	29	93.5	853	756	679	89.8
		非水利标准评定	3	2	/	/	24	19	/	/	761	707	/	/
		小计	8	6	/	/	60	50	/	/	1614	1463	/	/
	邓楼泵站枢纽工程	按水利标准评定	6	6	6	100.0	38	38	37	97.4	1376	1376	1260	91.6
		非水利标准评定	2	2	/	/	24	24	/	/	564	564	/	/
		小计	8	8	/	/	62	62	/	/	1940	1940	/	/
	八里湾泵站枢纽工程	按水利标准评定	4	3	3	100.0	26	24	24	100.0	621	610	502	82.3
		非水利标准评定	3	3	/	/	21	21	/	/	163	163	/	/
		小计	7	6	/	/	47	45	/	/	784	773	/	/
	梁济运河段输水航道工程	按水利标准评定	9	7	7	100.0	80	67	65	97.0	10575	9760	9200	94.3
		非水利标准评定	19	19	/	/	99	98	/	/	8757	8710	/	/
		小计	28	26	/	/	179	165	/	/	19332	18470	/	/
	柳长河段输水航道工程	按水利标准评定	6	6	6	100.0	58	50	50	100.0	5660	5660	4988	88.1
		非水利标准评定	14	12	/	/	79	76	/	/	13084	13057	/	/
		小计	20	18	/	/	137	126	/	/	18744	18717	/	/
	引黄灌区影响处理工程	按水利标准评定	11	11	11	100.0	147	147	144	98.0	4678	4678	3797	81.2
		非水利标准评定	/	/	/	/	/	/	/	/	/	/	/	/
		小计	11	11	/	/	147	147	/	/	4678	4678	/	/
	湖内疏浚工程	按水利标准评定	3	3	3	100.0	15	15	15	100.0	165	165	165	100.0
		非水利标准评定	/	/	/	/	/	/	/	/	/	/	/	/
		小计	3	3	/	/	15	15	/	/	165	165	/	/

续表

单项工程	设计单元工程	评定标准	单位工程				分部工程				单元工程			
			总个数	已验评个数	优良个数	优良率/%	总个数	已验评个数	优良个数	优良率/%	总个数	已验评个数	优良个数	优良率/%
鲁北段	大屯水库工程	按水利标准评定	8	7	7	100.0	66	53	53	100.0	6558	5602	5474	97.7
		非水利标准评定	1	0	/	/	6	0	/	/		0	/	/
		小计	9	7	/	/	72	53	/	/	6558	5602	/	/
	七一·六五河工程	按水利标准评定	11	10	10	100.0	50	47	47	100.0	5475	5475	5118	93.5
		非水利标准评定	11	11	/	/	53	53	/	/	4083	4077	/	/
		小计	22	21	/	/	103	100	/	/	9558	9552	/	/
	小运河工程	按水利标准评定	22	19	19	100.0	146	135	123	91.1	19846	19139	17834	93.2
		非水利标准评定	25	16	/	/	383	318	/	/	6355	5980	/	/
		小计	47	35	/	/	529	453	/	/	26201	25119	/	/
	德州灌区影响工程	按水利标准评定	2	2	2	100.0	34	34	32	94.1	3302	3302	3047	92.3
		非水利标准评定	/	/	/	/	2	2	/	/	301	301	/	/
		小计	2	2	/	/	36	36	/	/	3603	3603	/	/
	周公河截污管道工程	按水利标准评定	2	2	2	100.0	9	9	9	100.0	538	538	490	91.1
		非水利标准评定	1	1	/	/	7	7	/	/	1669	1669	/	/
		小计	3	3	/	/	16	16	/	/	2207	2207	/	/
山东段工程		按水利标准评定	208	198	198	100.0	1779	1713	1602	93.5	98650	95844	88091	91.9
		非水利标准评定	119	103	/	/	1136	1023	/	/	51720	51116	/	/
		小计	327	301	/	/	2915	2736	/	/	150370	146960	/	/

注 因非水利工程标准评定中没有优良等级，所以表中带“/”项不参与优良率评定。

2013年10月19日开始进行南水北调东线全线通水试运行工作，并于11月15日正式通水运行，截至12月1日8时，南四湖下级湖已停止输水，“七站”“六河”“三库”“两湖”“一洞”工程参与运行。该次运行入南四湖下级湖12292万m^3，其中通过山东韩庄运河段输水5441万m^3，通过江苏不牢河输水6851万m^3，通过二级坝泵站向上级湖输水11950万m^3。

南水北调东线一期山东段工程建设过程中，早期开工建设并率先完工投入运行的济平干渠工程在近几年的初期运行中，在防洪除涝减灾、改善生态环境等方面发挥了应有的效益。累计排除农田涝水近1000万m^3，下泄洪水总量7000多万m^3，农业灌溉调水900万m^3，向小清河输送生态和景观用水量3500万m^3，向济南市提供生态用水超过5亿m^3，大大提升了南水北调工程的社会影响力。南水北调东线一期山东段工程建成通水后，已向淄博市供水500万m^3，并开始产生效益。

南水北调东线一期工程经过28天全线试运行，工况良好，水质达标，运行平稳。在全线试通水和试运行中，各工程土建、机电及金属结构设备运行正常，泵站工程运行参数满足设计要求，水库工程运行状况正常，河道工程输水平稳、正常，水情、工情得到有效监控，具备了按设计要求全线调水的能力。沿线工农业生产、生活正常。

2013年12月1—4日，国务院南水北调工程建设委员会专家委员会对山东省南水北调工程开展工程质量评价工作。专家委员会检查组认为：山东省南水北调工程输水线路长，建筑物类型多，大型泵站密集，平原水库、穿黄隧洞等工程施工技术要求高，工程需要满足调水、供水、排涝、航运等多方面需求，工程建设和质量管理难度较大。在山东省委、省政府的大力支持下，山东省南水北调建管局和项目法人及各参建单位认真落实国务院南水北调办各项质量管理措施，建立并逐步完善质量管理体系，健全质量管理制度，落实质量责任，创新质量管理措施，加强工程质量事前、事中、事后全过程管理。工程建设过程中，严把市场准入关，优化工程设计，重视技术攻关，严格施工过程控制，强化技术指导，有效提升施工技术水平，提高了工程质量。经过各方面共同努力，工程施工质量满足设计要求，工程质量合格，通过了国务院南水北调办组织的全线通水验收。试通水及试运行期间工程运行正常、可靠，未发现影响工程安全和运行质量问题，经受了试通水、试运行的检验，质量总体优良，具备全线通水运行条件。重点检查的各项工程，也符合全线通水验收的结论，未发现影响通水安全和功能的质量问题。

三、工程质量总体评价

南水北调东线一期工程山东段干线工程各参建单位建立了比较完善、运行正常的质量管理体系；工程施工符合有关规范要求；施工过程中出现的质量缺陷已经处理，处理后工程质量满足设计要求，不影响工程使用寿命和安全运行；质量评定符合国家及有关行业技术标准；工程档案基本齐全。经质量监督单位核备（定），工程质量合格。

1. 质量管理行为

山东省南水北调工程建设各参建单位总体上能够保持高度的质量责任意识，认真落实质量责任，自觉服从质量管理，积极整改质量问题，为工程质量奠定了强有力的行为基础。具体表现如下。

建设管理单位质量目标明确具体，质量管理制度健全，质量管理措施有针对性和可操作

性；对设计、监理、施工等单位质量管理到位，质量检查、督促质量问题整改严格有效；对人员变更批复及时、合理、规范；质量管理体系运行有效。

设计单位设计交底及时、全面；设计人员进场服务，现场设代能够积极帮助解决施工中的有关问题；设计变更合理、及时、手续齐全；质量保证体系运行有效。

监理单位主要监理人员基本能够按合同承诺到位，持证满足要求，人员调整规范、手续齐全；组织机构健全，人员岗位职责明确、具体、全面；监理实施细则、监理计划完善、有针对性；能够及时督促、检查、批准施工单位按合同要求施工；能够认真审查、批准施工组织设计、特殊技术处理措施、质量安全技术措施及特殊操作工艺；能够及时审查、批准单位、分部、分项工程开工，已开工作业面有已批复的开工报告；现场工序质量控制到位、验收及时；对隐蔽工程、主要工序、重点部位旁站监理到位；质量检查资料能够做到基本真实、准确、完整、规范，整理及时，签认齐全；旁站、巡视记录、监理日志记录基本真实、准确，监理日志记录规范；质量控制体系能够运行有效。

施工单位主要施工管理人员基本上按合同承诺到位，持证满足要求，人员调整规范、手续齐全；主要施工设备数量、规格满足合同和实际需要，进场到位；组织机构和人员岗位职责组织机构健全，人员岗位职责明确、具体、全面；管理制度质量目标明确，工作管理制度健全；施工组织设计科学、规范，有操作性和指导性；能积极开展培训特殊工种岗前培训，持证上岗；施工技术交底及时、全面，内容有操作性和指导性；施工原始记录真实、准确、保存完整；自检资料真实、准确、完整、规范，整理及时。

2. 工程实体质量

参建单位按照《水利水电工程施工质量检验与评定规程》（SL 176—2007）及有关行业质量检验与评定标准，认真进行了质量检验与评定，已评定的单位工程优良率100%。国务院南水北调办、建设管理单位、南水北调工程山东质量监督站分别委托质量检测单位对工程实体质量进行了抽查检测，各现场驻地项目站进行了监督抽查，未发现工程质量异常现象。工程、设施、设备运行情况良好，满足设计要求。工程通过试通水和试运行观察监测，工程质量安全可靠，工程质量满足通水要求。

四、质量管理效果和基本经验

1. 总体效果

（1）建体系，夯实了管理基础。全面建立了项目法人负责、监理单位控制、设计单位和施工企业保证与政府监督相结合的质量保证体系。山东干线公司、现场建管机构（委托建设管理单位）、监理、施工等参建单位都成立了质量领导小组，设立了质量管理部门，配备了质量管理人员。依据国务院南水北调办的有关规定、国家和行业有关工程建设的法律、法规，制定并印发了《山东省南水北调工程质量管理办法》（鲁调水企工字〔2011〕15号）等质量管理文件，编制了《工程建设管理文件汇编》，对工程质量的程序化、规范化管理和保证工程质量起到了重要作用。山东干线公司和各现场建设管理机构签订了《南水北调东线一期山东段工程建设现场管理目标责任书》和《南水北调东线一期山东段工程年度现场管理目标责任书》，各现场建管机构和监理、施工等参建单位也都按要求签订了质量管理责任书，层层落实了质量管理责任。

（2）重源头，加强了事前管理。

1）严格招标投标制度。对所有工程项目均按照国务院南水北调办、国家和行业招投标管理规定，进行了国内或国际公开招标，公开、公平、择优地选出了一批信誉好、实力强、素质高的省内外企业承担工程建设任务，提高了实现质量管理目标的可靠性，为建设高质量的南水北调工程奠定了基础。

2）严格施工图审查制度。所有施工图均按照山东干线公司施工图审查管理规定，组织技术人员或邀请专家进行审查，减少缺项漏项和错误，优化设计成果，从源头上保证工程质量。

3）严格施工方案审批和技术交底制度。每项工程开工前，对施工单位上报的施工方案由监理单位进行严格审核，对重大技术方案请专家进行咨询会审，确保施工方案科学、严谨。

4）严格设计交底制度。工程施工前进行设计交底，特别是加强设计变更和关键工序、关键部位和重要隐蔽工程的交底，使参建单位明确设计意图和施工技术要求，为保证工程质量奠定基础。

（3）抓材料，加强了原材料、中间产品质量控制。为保证原材料质量，先后印发了《关于进一步加强原材料质量管理工作的通知》（鲁调水建函字〔2011〕4号）、《关于进一步加强工地试验室管理的通知》（鲁调水企工字〔2011〕20号），明确了各参建单位原材料管理职责，并从原材料采购、进场、入库、检测、使用等方面提出了要求。通过对外委托试验项目进行材料及产品质量试验，施工、监理单位均委托具有相应资质的试验单位负责工程原材料的试验工作。

（4）严检查，以过程精品创造精品工程。加大工程质量检查力度，始终保持高压态势。认真做好每一次检查工作，保证了检查工作整体质量。

（5）强监督，着力提高了政府质量监督效能。政府质量监督努力做到：①加大质量监督工作力度，勇于担当，敢于行动，对工程参建各单位、工程建设各环节依据有关规定制度开展质量监督工作。对质量行为、实体质量存在的问题，积极提醒，帮助纠正。对整改不到位的，及时与有关部门和单位沟通，提出相应的处理意见。②积极借鉴有效的工作经验，结合山东省南水北调工程建设实际，创新质量监督工作方式，提高工作效率，保证工作质量，全面发挥质量监督职能。③熟悉和掌握有关的质量法规、质量标准，加强新知识的学习，保证质量监督行为的准确性、科学性，使质量监督工作有据可依，有据可为，真正实现规范各方责任主体自觉履行质量责任的目的。

（6）促和谐，为工程质量管理提供了有力保障。管理机关职能部门充分发挥指导、协调、服务作用，全力协调公安、国土、电力等政府部门，及时办理相关工程建设手续；现场建管机构积极引导施工单位妥善处理爆破等施工影响问题，减少对周边群众的影响，为工程建设创造良好的外部环境；全面提高办事效率，提升工作质量，为工程建设提供良好的内部环境；积极营造参建各方既是合同关系，又是合作伙伴的氛围，大力宣传参与南水北调工程建设光荣、建造优质工程光荣的思想，提高参建各方的主动性，努力创造和谐共赢的建设局面。

2. 质量管理基本经验

（1）思想认识到位。高度重视工程质量，始终把工程质量作为建设工作的重中之重，把工程质量放在突出位置。各参建单位能够严格按照行业标准规范及国务院南水北调办和山东省南水北调建管局、山东干线公司的有关规定要求开展质量管理工作。

（2）组织领导到位。以工程质量为核心，认真健全和落实质量保证体系，夯实质量管理的

基础。项目法人、现场建管机构、监理、施工等单位都成立了质量领导小组，设立了质量管理部门，施工单位配备了专职质检人员。山东干线公司编印了《山东省南水北调工程建设稽查管理制度汇编》等建设管理文件，各参建单位也都结合工程实际，建立健全了质量检查制度、重要隐蔽工程和关键部位单元工程验收制度、质量缺陷备案制度等质量管理制度。

(3) 过程控制到位。不断增强自身的技术管理力量，加强原材料、中间产品质量控制，严格控制工序的规范化、程序化，优化资源配置，满足施工工艺和标准要求。山东干线公司加强了质量试验检测工作，各监理抽检、施工自检也都按照有关要求开展试验检测。加强了对工程质量关键点的管理，明确了关键部位、关键工序和关键质量控制指标，制定了具体的质量管理措施，重点对施工、监理现场人员配备及履职情况、施工现场质量关键点质量控制情况进行监督管理。多次召开渠道衬砌机械化施工等现场观摩会，大体积混凝土温控和防裂措施、平原水库防渗墙施工等一系列专家咨询会，混凝土防裂技术、渠道机械化衬砌、工程验收等专业培训会，及时解决工程施工中关键技术和施工难点问题。

(4) 稽查检查到位。除配合国务院南水北调办做好专项稽查、站点监督、飞检、调研等工作外，结合自身工程建设实际，有针对性地开展了多种形式的稽查检查活动，涵盖所有在建工程项目，对工程质量状况进行整体评价，指出存在的问题，分析问题的原因，提出工作建议和意见。

(5) 问题整改到位。对于自查、被查所发现的问题，各参建单位能够总结和分析自身实际工作情况，查找原因，有针对性地制定整改措施，积极组织整改，保证对发现问题的整改闭合，确保整改成效。山东干线公司定期对前期自查、被查所发现质量问题统一梳理和汇总，统一查验整改效果。

(6) 质量监督到位。进一步规范了质量监督行为，配齐了部分质量监督工作人员，配备了专门的交通工具和必要的检测工具，积极开展了质量监督活动。特别是针对大跨度桥梁的施工，主动同地方交通工程质监站联系沟通，联合开展多形式的工程质量监督活动，质量监督工作得到全面强化。

质量监督大事记

2002年

12月27日，南水北调工程开工典礼同时在北京人民大会堂和江苏省、山东省施工现场举行，这标志着南水北调工程进入实施阶段。

2003年

2月28日，按照国务院领导批示，国务院南水北调办筹备组正式成立。

7月31日，国务院决定成立国务院南水北调工程建设委员会。

8月4日，国务院南水北调办（正部级）成立。

2004年

2月4日，国务院南水北调工程建设委员会专家委员会成立，钱正英、张光斗为顾问，潘家铮为主任，高安泽、宁远为副主任，张国良为秘书长。

4月7日，经中央机构编制委员会办公室批准，南水北调工程监管中心成立。

4月13—28日，国家发展改革委、国务院南水北调办组成联合稽查组，对南水北调东线山东省济平干渠工程建设情况进行稽查。

4月21日，国务院南水北调工程建设委员会专家委员会召开第一次全体会议。对南水北调工程建设中的重大技术、经济、管理及质量等问题进行咨询，对南水北调工程建设中的工程建设、生态建设、移民工作的质量进行检查、评价和指导。

9月9日，国务院南水北调办印发《南水北调工程建设项目举报受理及办理管理办法》，公布举报受理电话。

10月8日，国务院南水北调工程建设委员会印发《南水北调工程建设管理的若干意见》。

2005年

5月12日，国务院南水北调办对中线一期主体工程中采取委托制方式进行建设管理项目的部分行政监督管理工作，分别委托河南、河北、天津、北京等省（直辖市）南水北调办承担。

5月13日，国务院南水北调办印发《南水北调工程质量监督管理办法》。

11月8—12日，国务院南水北调工程建设委员会专家委员会组织专家组对南水北调中线干线一期工程进行质量检查。

11月28日，国务院南水北调工程建设委员会专家委员会组织专家组对南水北调东线一期

江苏境内工程进行质量检查。

2006 年

7 月 25—28 日，国务院南水北调办在北京召开南水北调 2006 年稽查工作座谈会。

12 月 15 日，国务院南水北调工程建设委员会专家委员会在北京召开中线干线工程质量检查评估会。

2007 年

1 月 9—11 日，国务院南水北调办在北京市召开南水北调工程质量监督管理人员培训班暨工作总结经验交流会议，会议的主要内容是开展质量监管工作业务方面的培训，总结 2006 年质量监督管理工作，分析存在的问题，提出加强和规范质量监督管理工作的意见和建议，部署 2007 年度质量监督工作任务。

3 月 20 日，国务院南水北调办组织对南水北调中线京石段工程在建项目进行质量检查，随后对南水北调中线干线其他工程、中线水源工程、东线水源工程、东线干线工程在建项目进行质量检查。

4 月 2—7 日，国务院南水北调办在北京市举行南水北调工程建设稽查专家培训班。会上，总结了 2006 年的稽查工作情况，充分肯定了稽查工作对南水北调工程建设管理的重要作用，明确了 2007 年要围绕突出工程质量专项稽查、强化现场监督管理等方面深入展开稽查工作，并提出了要不断提高稽查工作的效率和效果。

4 月 28—29 日，国务院南水北调办在河北省保定市召开南水北调工程质量现场会议，总结交流工程质量管理工作经验，研究部署 2007 年工程质量管理工作。

5 月 24 日，国务院南水北调办印发《关于进一步加强南水北调工程质量管理的通知》，要求进一步加强南水北调工程质量管理、确保工程质量。

5 月 25 日，国务院南水北调办印发《南水北调工程质量监督信息管理办法》规范质量监督信息管理工作。

9 月 4 日，国务院南水北调办印发《关于加强南水北调工程跨渠桥梁施工质量和安全管理的通知》。

10 月 15 日，国务院南水北调办、建设部联合印发《关于进一步加强南水北调工程建筑市场管理的通知》，要求进一步加强南水北调工程建筑市场管理，规范市场主体行为，确保工程质量、安全、工期和投资效益。

11 月 5 日，国务院南水北调办与荷兰交通、公共工程与水管理部在北京联合举办中荷南水北调工程建设管理国际研讨会，中荷有关方面专家围绕大型水利工程建设管理与质量控制进行深入研讨。

12 月 14 日，国务院南水北调工程建设委员会专家委员会在北京召开中线工程质量检查总结会。此次质量检查总结会是专家委员会在组织 40 余名专家，对中线京石段应急供水工程的 40 个标段展开了为期十天的工程质量检查、评估的基础上召开的。

2008 年

3 月 18 日，国务院南水北调办在北京市召开 2008 年南水北调工程稽查专家培训会，会上对 2007 年度优秀稽查专家进行了表彰，并特邀有关专家和领导就南水北调工程验收、专项设计、财务管理等内容进行培训和交流。

7 月 28—31 日，国务院南水北调办在北京市召开 2008 年南水北调工程建设稽查工作座谈会。

9 月 11 日，中线水源公司印发《丹江口大坝加高工程施工质量缺陷处理管理办法》，规范施工质量缺陷处理行为，明确施工质量缺陷处理程序和参建各方职责。

11 月 14 日，国务院南水北调办印发《关于进一步加强南水北调工程施工单位信用管理的意见》，对信息管理的内容进行了具体的规定，建立施工单位诚信机制，规范南水北调工程建设市场秩序。

12 月 22 日，国务院南水北调办在河北省召开南水北调中线干线在建工程质量管理现场会，会上指出了工程质量管理方面存在的有关问题，并对切实保证工程质量提出了具体要求。

2009 年

1 月 13—18 日，国务院南水北调办在北京市组织召开南水北调工程质量监督工作座谈会暨业务培训会议。

3 月 19 日，国务院南水北调工程建设委员会专家委员会在北京市召开工作座谈会，会上提出要在管理思路、管理方式、管理方法上加强研究，注重质量管理，确保工程安全。

4 月 28—29 日，国务院南水北调办在河南省郑州市召开南水北调工程质量安全工作会议，国务院南水北调办副主任张野对 2009 年南水北调工程建设质量安全工程的总体思路和工作目标，强调要重点抓好 8 项工作，提出 6 个方面要求。

8 月 12—31 日，国家发展改革委与国务院南水北调办组织联合专家组对江苏省、山东省点新村部分截污导流工程项目进行稽查。

8 月 17—23 日，国务院南水北调工程建设委员会专家委员会对南水北调东、中线工程质量进行调研。

11 月 28 日至 12 月 5 日，国务院南水北调办委托河南省南水北调办对南水北调中线总干渠膨胀土（南阳）试验段工程进行稽查。

12 月 18 日，国务院南水北调办印发《关于进一步加强南水北调工程质量管理和质量监督工作的意见》，提出了建立质量巡视员制度、加强质量管理能力建设、改善质量监督条件、加强施工图审核、完善质量奖惩制度、加强质量信息报送、完善质量管理和质量监督制度、组织开展质量工作重点检查、加强对质量管理和质量监督工作领导等九项意见。

2010 年

1 月 8 日，国务院南水北调办在北京市召开南水北调工程建设稽查工作交流会。

2 月 1 日，国务院南水北调工程建委会专家委员会在北京市召开 2010 年工作会议，与会专家就 2009 年工作情况和 2010 年工作要求进行了认真讨论，对南水北调工程建设、质量管理、生态环境建设和移民工作等，提出一定的建议和意见。

3 月 9 日，国务院南水北调办印发《关于印发南水北调工程质量监督导则的通知》，对南水北调工程主体工程质量监督工作采取巡回抽查和派驻项目站现场监督相结合的方式进行。

3月20日，国务院南水北调办印发《关于进一步加强南水北调工程监理单位信用管理的意见》。

4月14日，国务院南水北调办在河北省石家庄市召开南水北调工程建设管理工作座谈会，国务院南水北调办主任张基尧要求要解决影响工程建设的突出问题，高度重视渠道填筑和混凝土施工质量，规范稽查，加强监督，认真落实整改措施，健全完善工程质量保证体系。

6月25日，国务院南水北调办在湖北省武汉市召开南水北调工程建设质量安全工作会暨质量管理年动员会，会议总结交流了南水北调工程质量安全工作经验，研究部署了2010年及今后一个时期的质量和安全生产工作，就开展质量管理年活动进行动员和安排。

2011年

1月19日，国务院南水北调办监督司、监管中心与国家发展改革委稽察办在北京市召开南水北调工程稽查工作交流会。

2月17日，国务院南水北调办主任鄂竟平主持召开主任专题办公会，分析研究2010年稽查发现主要问题。

3月4日，国务院南水北调办主任鄂竟平主持召开主任专题办公会，研究东线韩庄泵站枢纽工程稽查整改工作。

3月8日，国务院南水北调办主任鄂竟平主持召开主任专题办公会，研究加强原材料质量监管工作。

3月10日，国务院南水北调办主任鄂竟平召开主任专题办公会，研究成立质量监管部门专门队伍有关工作。

3月11日，国务院南水北调办主任鄂竟平主持召开主任专题办公会，研究加强对监理公司的监管工作。

3月15日，国务院南水北调办印发《南水北调工程建设质量问题责任追究管理办法（试行)》，明确提出对南水北调工程建设发生的质量问题，按照“分级负责、逐级追究”的原则，对相关责任单位和责任人进行责任追究和处罚。

3月16日，国务院南水北调办主任鄂竟平主持召开主任专题办公会，研究经常性稽查工作。

3月31日，国务院南水北调办组织召开南水北调工程建设质量问题责任追究、合同监督管理宣传贯彻培训会。

4月21日，国务院南水北调办主任鄂竟平主持召开主任专题办公会，研究工程质量问题。

5月10日，国务院南水北调办主任鄂竟平主持召开主任专题办公会，研究南水北调工程建设监察工作管理办法。

5月11日，南水北调工程质量集中整治工作领导小组第一次工作会议召开。

5月19日，国务院南水北调办主任鄂竟平主持召开主任专题办公会，听取质量取样检查结果及处置情况的汇报。

6月18—23日，国务院南水北调办副主任张野率检查组赴江苏省检查南水北调工程质量集中整治工作。

6月20—25日，国务院南水北调办副主任张野率检查组赴北京市、天津市、河北省检查南水北调工程质量集中整治工作。

6月27日至7月2日，国务院南水北调办副主任于幼军率质量检查组赴河南省检查南水北调工程质量。

6月28—30日，国务院南水北调办主任鄂竟平率队对南水北调山东省境内工程质量集中整治工作进行了检查。

7月14日，国务院南水北调办主任鄂竟平主持召开主任专题办公会，听取各质量集中检查组总结情况汇报，研究后续工作。

7月22日，国务院南水北调办主任鄂竟平主持召开主任专题办公会，研究工程建设质量问题责任追究有关问题。

7月25日，国务院南水北调办主任鄂竟平主持召开主任专题办公会，研究南水北调工程质量管理近期处罚措施。

7月26日，国务院南水北调办主任鄂竟平主持召开主任专题办公会，就工程建设质量管理问题约谈有关项目法人和省（直辖市）南水北调办（建管局）负责同志。

8月9日，国务院南水北调办主任鄂竟平主持召开主任专题办公会，研究质量集中整治工作。

8月12日，国务院南水北调办主任鄂竟平主持召开主任专题办公会，研究继续保持质量高压态势工作措施。

8月12日，国务院南水北调办主任鄂竟平主持召开主任专题办公会，研究稽察大队组建及有关工作。

8月19日，国务院南水北调办主任鄂竟平主持召开主任专题办公会，研究质量问题责任追究细则起草有关问题。

9月27日，国务院南水北调办主任鄂竟平主持召开主任专题办公会，研究《南水北调中线干线工程关键工序和施工工人考核奖罚办法》。

10月20日，国务院南水北调办主任鄂竟平主持召开主任专题办公会，研究质量责任终身制实施办法。

11月9日，国务院南水北调办主任鄂竟平主持召开主任专题办公会，继续研究质量责任终身制实施办法。

11月21日，国务院南水北调办主任鄂竟平主持召开主任专题办公会，研究贯彻落实国务院领导关于南水北调工程建设监管工作的批示精神。

11月24日，国务院南水北调办主任鄂竟平主持召开主任专题办公会，进一步研究质量责任终身制有关问题。

11月29日，国务院南水北调办召开会议，学习贯彻李克强、回良玉副总理关于南水北调质量监督工作的重要批示精神，研究部署国务院南水北调工程建设委员会第六次全体会议和2012年南水北调建设工作会议筹备工作。

12月6日，国务院南水北调办主任鄂竟平主持召开主任专题办公会，研究监理、原材料整顿和三批质量处罚有关工作。

12月7日，国务院南水北调办印发《国务院南水北调办工程建设举报受理管理办法》，规范南水北调工程建设举报受理和办理工作的运行和管理。

12月14日，国务院南水北调办主任鄂竟平主持召开主任专题办公会，讨论加强南水北调工程建设质量建议的细化方案。

12月16日，国务院南水北调办主任鄂竟平主持召开主任专题办公会，审议质量责任终身责任实施办法。

12月30日，国务院南水北调办主任鄂竟平主持召开主任专题办公会，研究质量问题的处罚问题。

2012年

1月11日，国务院南水北调办在江苏省南京市召开2012年南水北调工程建设工作会议，系统总结了2011年南水北调工程建设工作，客观分析南水北调工程建设面临的新形势，安排部署2012年各项工作任务，其中要求质量管理方面要突出高压抓质量。

2月14日，国务院南水北调办在天津市召开2012年度南水北调稽查专家及工作人员培训研讨会。

2月21日，南水北调工程首块举报公告牌在中线工程河南境内的双泊河渡槽工地揭牌。

3月20日，中共中央政治局常委、国务院副总理、国务院南水北调工程建设委员会主任李克强主持召开国务院南水北调工程建设委员会第六次全体会议并讲话。中共中央政治局委员、国务院副总理、国务院南水北调工程建设委员会副主任回良玉出席会议并讲话。

4月16日，国务院南水北调办印发《南水北调工程质量责任终身制实施办法（试行）》。

4月19日，国务院南水北调办主任鄂竟平主持召开专题办公会，研究南水北调工程建设举报管理工作。

4月20日，南水北调工程建设举报受理中心正式成立。

5月23日，国务院南水北调办印发《南水北调工程建设举报奖励实施细则（试行）》，规范南水北调工程建设举报奖励工作。

6月13—16日，国务院南水北调办和铁道部组成联合检查组，对南水北调铁路交叉工程建设情况进行联合检查。

7月3日，国务院南水北调办副主任蒋旭光在河南省许昌市南水北调工程现场为举报人兑奖。

7月24—25日，国务院南水北调办在江苏省南京市召开南水北调工程建设质量管理工作会议。

7月26日，国务院南水北调办主任鄂竟平主持召开专题办公会，研究质量问题权威认证工作，确定由南水北调工程建设监管中心负责认证工作。

10月12日，国务院南水北调办召开办务扩大会议，系统总结2012年前三季度工作，安排部署第四季度各项工作，继续突出高压抓质量，高压高压再高压，延伸完善抓关键。

10月18日，国务院南水北调办印发《南水北调工程建设质量问题责任追究管理办法》，对南水北调工程建设质量问题的检查、认定和责任追究作出具体规定。

10月18日，国务院南水北调办印发《南水北调工程合同监督管理规定》，规定了南水北调工程合同的监督检查和合同问题的责任追究。

10月31日，国务院南水北调工程建委会专家委组织专家组重点抽查南水北调东中线13个标段的工程质量。

11月6日，国务院南水北调办印发《南水北调工程建设关键工序施工质量考核奖惩办法

(试行)》，实行对各参加单位的关键工序考核实行分级负责、分级考核。

11 月 12 日，国务院南水北调办组织召开南水北调跨渠桥梁工程质量管理工作会议。

11 月 26—30 日，国务院南水北调办会同铁道部，组织开展铁路交叉工程建设情况联合检查。

12 月 25 日，南水北调工程建设质量管理五部委联席会议在京召开。会上通报了 2012 年南水北调工程建设和质量监管工作情况，介绍了质量监管工作的有关规定、办法，就进一步加强南水北调工程质量监管工作进行了认真讨论。

2013 年

1 月 17 日，国务院南水北调办与国家发展改革委稽察办召开南水北调工程建设稽查工作座谈会，国务院南水北调办副主任蒋旭光出席并讲话。

1 月 31 日，国务院南水北调办在北京市召开南水北调工程质量监管座谈会，国务院南水北调办副主任蒋旭光出席会议并讲话。

2 月 8 日，国务院南水北调办印发《南水北调工程建设信用管理办法（试行)》，按季度对南水北调工程建设参建单位实施信用评价，公开发布信用评价结果。

3 月 8 日，国务院南水北调办主任鄂竟平在北京就突出高压抓质量专题约谈 139 家参建位主要负责人。国务院南水北调办副主任蒋旭光主持专题约谈会。

5 月 20 日，国务院南水北调办对南水北调中线干线渠道、建筑物、桥梁印发专项质量监管方案，确定重点监管项目，加强关键工序考核，实施再加高压抓质量等各项措施。

5 月 28 日，国务院南水北调办在郑州市召开南水北调工程监理专项整治工作会，动员部署“三清除一降级一吊销”监理整治行动，坚决遏制监理违规行为，促进南水北调工程质量稳定好转。国务院南水北调办副主任蒋旭光出席会议并讲话。

7 月 24 日，国务院南水北调办在武汉市召开南水北调工程质量监管专项工作会议，集中部署质量监管再加高压的工作措施。国务院南水北调办副主任蒋旭光出席会议并讲话。

8 月 1 日，陶岔渠首枢纽工程通过了国务院南水北调办组织的蓄水验收。

9 月 12 日，国务院南水北调办在郑州市召开南水北调在建项目质量监管会议，进一步落实和强化项目法人、建管单位的质量职责，部署质量监管“回头看”集中整治活动。国务院南水北调办副主任蒋旭光出席会议并讲话。

9 月 23—28 日，国务院南水北调工程建设委员会专家委员会开展南水北调中线工程质量检查活动。

9 月 29 日，国务院南水北调工程建设委员会专家委员会在北京市召开南水北调中线工程质量检查活动总结汇报会。

11 月 15 日，南水北调东线工程全面建成通水。

12 月 20 日，陶岔渠首枢纽工程通过了国务院南水北调办组织的设计单元工程通水验收。

2014 年

1 月 3 日，国务院南水北调办主任鄂竟平主持召开主任专题办公会，研究 2014 年的质量工作。

1月9日，国务院南水北调办主任鄂竟平主持召开主任专题办公会，听取强化重点工程实体质量监管、东线通水质量检查和中线已建工程质量排查情况汇报。

2月11日，国务院南水北调办副主任蒋旭光主持召开会议，研究质量监管工作。

2月21日，国务院南水北调办在郑州市召开南水北调质量监管工作会议。

2月27日，国务院南水北调办主任鄂竟平主持召开主任专题办公会，研究2014年质量管理工作方案。

3月18日，国务院南水北调办副主任蒋旭光主持召开会议，研究重点项目质量监管工作。

4月1日，国务院南水北调办副主任蒋旭光出席工程质量从严监管约谈会，约谈南水北调中线工程建管、设计、施工、监理、检测单位负责人。

5月7日，国务院南水北调办主任鄂竟平主持召开主任专题办公会，听取中线干线跨渠桥梁质量问题排查和超载问题调查情况汇报。

5月9日，国务院南水北调办主任鄂竟平主持召开主任专题办公会，审议中线穿黄隧洞缺陷处理设计方案。

5月13日，国务院南水北调办主任鄂竟平主持召开主任专题办公会，研究南水北调工程冲刺阶段质量监管工作。

5月21日，国务院南水北调办在武汉市召开南水北调工程冲刺阶段质量监管工作会议，集中部署冲刺阶段持续从严的质量监管工作。

5月26日，国务院南水北调办副主任蒋旭光主持召开会议，研究影响通水质量问题处置和质量信用评价工作。

6月5日，南水北调中线一期工程黄河以北段总干渠开始充水试验。充水试验，既是对黄河以北段实体工程的检验，又是对运行管理的预演。

6月25日，国务院南水北调办在郑州市召开南水北调工程质量监管专项会议，总结质量重点排查阶段工作，推进全线充水阶段质量从严监管。

7月1日，国务院南水北调办主任鄂竟平主持召开主任专题办公会，听取“南水进京八大隐患有关问题”分析研究情况汇报及渡槽二次充水试验质量安全监测数值研判情况汇报。

7月3日，南水北调中线一期工程黄河以南段总干渠开始充水试验，全面检验黄河以南段工程的实体质量和安全，为汛后中线工程全线通水做好准备。

7月8日，国务院南水北调办副主任蒋旭光主持召开会议，研究中线工程充水试验质量监管工作。

9月23日，国务院南水北调办主任鄂竟平主持召开主任专题办公会，研究工程管理质量监管工作。

9月25日，国务院南水北调办主任鄂竟平主持召开主任专题办公会，听取“最严厉责任追究”督办工作汇报。

9月28—29日，国务院南水北调办副主任蒋旭光检查南水北调中线黄河以南新郑段和郑州段充水试验工程质量，检查质量监管专项行动开展情况。

10月12—15日，国务院南水北调工程建设委员会专家委员会在北京市召开南水北调中线干线工程建设质量评价会议，国务院南水北调办副主任张野参加。

10月15日、24日，国务院南水北调办主任鄂竟平主持召开主任专题办公会，听取质量问题查改情况汇报。

12 月 12 日，南水北调中线一期工程正式通水，标志着东、中线一期工程建设目标全面实现。

12 月 18 日，国务院南水北调办主任鄂竟平主持召开主任专题办公会，听取南水北调中线工程质量监管联合行动工作总结汇报。

12 月 23 日，国务院南水北调办主任鄂竟平主持召开主任专题办公会，听取南水北调中线工程质量监管联合行动查出问题处理方案有关情况汇报。

附　　录

南水北调质量监督重要文件目录

一、国务院南水北调办有关质量监管的规定

1. 关于对南水北调工程建设中发生质量、进度、安全等问题的责任单位进行网络公示的通知（综监督函〔2011〕285号）

2. 关于进一步加强南水北调工程质量管理工作的通知（国调办监督〔2012〕13号）

3. 关于印发《南水北调工程质量责任终身制实施办法（试行）》的通知（国调办监督〔2012〕65号）

4. 关于加强南水北调工程质量监督站管理工作的通知（国调办监督〔2012〕209号）

5. 关于印发《南水北调工程建设质量问题责任追究管理办法》的通知（国调办监督〔2012〕239号）

6. 关于印发《南水北调工程合同监督管理规定》的通知（国调办监督〔2012〕240号）

7. 关于印发《南水北调工程建设关键工序施工质量考核奖惩办法（试行）》的通知（国调办监督〔2012〕255号）

8. 关于加强南水北调工程质量关键点监督管理工作的意见（国调办监督〔2012〕297号）

9. 关于印发《南水北调工程建设信用管理办法（试行）》的通知（国调办监督〔2013〕25号）

10. 关于印发《南水北调一期工程2013年通水质量检查工作方案（大纲）》（综监督〔2013〕29号）

11. 关于开展以“三清除一降级一吊销”为核心的监理整治行动的通知（国调办监督〔2013〕108号）

12. 关于再加高压开展南水北调工程质量监管工作的通知（国调办监督〔2013〕167号）

13. 关于开展中线工程质量监管“回头看”集中整治活动的通知（综监督函〔2013〕343号）

14. 关于加强中线工程冬季施工质量管理的通知（综监督〔2013〕131号）

15. 关于强化冬季施工质量管理的通知（综监督〔2013〕141号）

16. 关于进一步从严实施质量监管工作的通知（国调办监督〔2014〕73号）

17. 关于强化南水北调工程建设施工、监理、设计单位信用管理的通知（国调办监督〔2014〕119号）

二、国务院南水北调办有关质量专项监管的规定

（一）举报受理类

1. 关于印发《国务院南水北调办工程建设举报受理管理办法》的通知（国调办监督〔2011〕307号）

2. 关于印发《关于加强南水北调工程建设举报受理工作的意见》的通知（国调办监督〔2011〕311号）

3. 关于加强南水北调工程举报受理工作的通知（综监督〔2012〕89号）

4. 关于印发《南水北调工程建设举报奖励实施细则（试行）》的通知（国调办监督〔2012〕111号）

（二）渠道工程类

1. 关于加强南水北调中线干线高填方渠段工程质量监管工作的通知（国调办监督〔2012〕199号）

2. 关于南水北调工程渠道保温板铺设施工统一使用U形钢钉（筋）固定的通知（综监督〔2012〕80号）

3. 关于立即组织排查渠道工程排水系统和逆止阀施工质量问题的通知（综监督〔2013〕69号）

4. 关于加强南水北调中线渠道工程质量管理的通知（综监督〔2014〕45号）

5. 关于加强中线渠道工程质量安全监测管理工作的通知（综监督〔2014〕50号）

6. 关于强化中线干线高填方加强安全措施渠段工程质量管理的通知（综监督〔2014〕51号）

7. 关于加强充水期间中线渠道工程质量管理的通知（综监督〔2014〕69号）

（三）桥梁工程类

1. 关于加快中线干线工程跨渠桥梁桩柱结合质量问题处理的通知（国调办监督〔2012〕170号）

2. 关于组织开展南水北调跨渠桥梁工程质量检查的通知（综监督〔2012〕61号）

3. 关于进一步开展南水北调跨渠桥梁工程质量检查的通知（综监督〔2013〕31号）

4. 关于印发《南水北调跨渠桥梁工程质量监管工作计划方案》的通知（综监督〔2013〕71号）

（四）混凝土建筑物工程类

1. 关于开展南水北调工程重要建筑物混凝土质量检查的通知（综监督〔2012〕83号）

2. 关于建立混凝土建筑物工程质量检查专项档案的通知（综监督函〔2012〕403号）

3. 关于紧急排查预应力波纹管内积水问题的通知（综监督函〔2012〕411号）

4. 关于开展南水北调中线混凝土建筑物工程质量检查的通知（综监督〔2013〕32号）

《中国南水北调工程　质量监督卷》编辑出版人员名单

总 责 任 编 辑：胡昌支

副总责任编辑：王　丽

责 任 编 辑：冯红春　任书杰　吴　娟

审 稿 编 辑：方　平　王沙沙　冯红春　任书杰

封 面 设 计：芦　博

版 式 设 计：芦　博

责 任 排 版：吴建军　郭会东　孙　静　丁英玲　聂彦环

责 任 校 对：梁晓静　杨文佳

责 任 印 制：崔志强　焦　岩　王　凌　冯　强